AF828627

Gesamtverzeichnis des deutschsprachigen Schrifttums (GV) 1700 – 1910

Bearbeitet unter der Leitung von
Hilmar Schmuck und Willi Gorzny
Bibliographische und redaktionelle Beratung:
Hans Popst und Rainer Schöller

61

Het - Hil

K · G · Saur München · New York · London · Paris 1982

CIP-Kurztitelaufnahme der Deutschen Bibliothek

Gesamtverzeichnis des deutschsprachigen Schrifttums :
(GV). – München, New York, London, Paris : Saur.
Bd. 1 – 6 bearb. unter d. Leitung von Peter Geils
u. Willi Gorzny.
ISBN 3-598-30000-X

1700 – 1910 / bearb. unter d. Leitung von Hilmar
Schmuck u. Willi Gorzny. Bibliograph. u. red.
Beratung: Hans Popst u. Rainer Schöller

NE: Schmuck, Hilmar [Bearb.]

61. Het - Hil. - 1982.

© 1982 by K. G. Saur Verlag KG, München
Techn. Realisierung und Druck: Norbert Gärtner, Mainz-Kastel
Binden: Karl Schaumann, Darmstadt
Printed in the Federal Republic of Germany
ISBN 3-598-30000-X (Gesamtwerk)

HETÄREN, Die. Sittengemälde aus dem Altertum. (190*.) (**Mk.** 1.50.)
Willy Schindler, Pressburg, 1910, ohne nähere Angabe.

HETÄREN, Die. Griechische Freudenmädchen. Sittengemälde aus dem Altertum. 2. Auflage. Leipzig (ca. 1905). 8°. 150 S.
S. A. von Jacobs, Vermischte Schriften.

——. Die griechische Freudenmädchen, von *F. M.* 2. Aufl. Leipzig, o. J. (c. 1907). 8°. (1 Mk., wie neu, B. Seligsberg, Bayreuth, 1908.)

Heteroceren-Raupen (und -Puppen), Die, des H. T. Peters'schen **Manuskriptwerkes: Biologische Beiträge zur brasilianischen Schmetterlings-Fauna. Neudamm [1898—]1901.** V: *Bönninghausen, Victor von.* H: *Schröder, Christoph.* (Berl)

Heterodoxie, üb. die, unsrer Zeit, u. deren Einfluß ꝛc. gr. 8. Frkf. 791. (Gehre in Thal Ehrenbreitstein). 9 gr

Hetherington, Albert E. [aus Liverpool]: Ueber Chinonanilide. . . . **Erlangen,** k. b. Hof- u. Univ.-Buchdr. v. F. Junge, 1891; 23 S. 8°
Erlangen, Phil. Fak., Inaug.-Diss. v. 1891

Hetherington, Helen F., u. H. Darwin **Burton**, Paul Nugent. Lebensführungen e Materialisten. Autoris. Uebersetzg. v. Marie Dammermann. 8. (342 S.) Stuttgart 893. J. F. Steinkopf. n. 3. 50; geb. in Lnw. n. 4. 50

Hethey, Paul, approb. Arzt aus Wetta i. W.: Zur **Casuistik** des **Tubenhaematoms.** *Würzburg: F. Scheiner 1899.* (28 S.) 8°
Würzburg, Med. Diss. v. 1899

Hetkamp. Gustav. Tierarzt aus Langerfeld in Westfalen: Aus dem Institut zur Erforschung der Infektionskrankheiten. Direktor: Prof. Dr. Tavel. Ueber die Schweissinfektion. Bern 1905. 44 S. 8°. [3. XI. 05.]
Bern. Phil. Diss. 1905/1906.

Hetkamp, Gustav. Ueber die Schweissinfektion. Diss. Phil. Bern. *Kopftitel:* Aus dem Institut zur Erforschung der Infektionskrankheiten. Direktor: Prof. Dr. [Ernest] Tavel. 43 S. 8. Bern, Stalder & Sieber, 1905.

Hetroff, J. G., Enthüllungen über die bewährtesten u. bekanntesten Schönheitsmittel nebst dazu gehörigen Recepten. Ein Buch für Alle. Berlin 864. Grothe. 16. (66 S.) 7½ ngr.

—— die vollständige Färberei in Seide, Wolle, Baumwolle, Leder, Holz, Elfenbein, Perlmutter. Ein Buch für Stadt und Land, zum Gebrauch in jeder Haushaltung, für jede Hausfrau. 16. (VIII und 66 S.) Berlin 864, Grothe.

Hetroff, J. G., goldener Hausschatz für Stadt u. Land. Ein unentbehrl. Receptbuch für Landwirthe, Hausfrauen, wie Alle, denen das Wohl ihres Hausstandes lieb ist. Berlin 865. Grothe. 16. (96 S.) n. 10 ngr.

Hetsch, Albert. Mit einer Einleitung vom Bischof Perraud v. Autun. Autoris. Uebersetzung aus dem Französ. 8. (XXXIII, 508 S. mit Hetsch's Bildniß.) Freiburg i. Br. 886, Herder'sche Verlagsh. *M 5.—; geb. *
Dass.s.a.: Netty du Boys.

Der Convertit **Albert Hetsch** auf seinem Entwickelungsgang vom Pantheismus zum Lichte der Wahrheit. Eine Apologie d. Glaubens f. Gebildete. Mit d. Bildn. von Hetsch. (Vorr.: Bischof Adolf Ludwig Perraud). Neue Ausg. *Freiburg i. Br.: Herder [1894].* (XXXIII, 508 S.) 8° [F.] [00. 1445

Hetsch, Albert

Hetsch, A., s. Barth u. Royer, Darstellung d. Auscultation.

Hetsch, Albert (Biberach), De sede sanguinis post mortem. Diss. med. Präs. Wilhelm Rapp. Tübing. (Gust. Bähr) Mai 1837. 29 S. (6.—) 14894
Gew.: Joseph Bund. — Widm. v. Präs.

Jacob Adolf Hägg. Ein schwedischer Komponist u. s. Verhältnis zu N.W. Gade. Von Gustav **Hetsch**. Deutsche Übers. von Dr. Joh. Fr. Werder. Leipzig: F. Hofmeister 1903. (18 S.) 8° [04. 8234

Hetsch, Gustav Friedrich

Hetsch, G. F., **Anleitung zum Studium der Perspective u. deren Anwendung. Nach der 3. dänischen Aufl. deutsch bearb. von J. Scholz. gr. 8. (VII, 133 S. m. eingedr. Holzschn. u. 1 Kpfrtaf. in qu. gr. Fol.) Leipzig 877. T. O. Weigel. cart.** n. 3. —

— dasselbe. Neue **wohlfeile Ausgabe. gr. 8. Ebend. 882.** cart. n. 1. 50

Hetsch, G. F., Anleitg. z. Studium d. Perspektive u. deren Anwendg. N. d. 3. dän. Aufl. deutsch bearb. v. J. Scholz. M. 124 Fig. u. e. lith. Bildtaf. in Fol. 2., verb. Aufl. gr. 8. (VIII, 136 S.) Leipzig 895. Chr. H. Tauchnitz. Geb. n. 1. 80

Hetsch, **G. F., Fortegninger for Haandvaerkere. (Vorlegeblätter für Handwerker). Med Autorisation af det Kongel. Academie for de skiönne Kunster samlede og udgivne. Heft I.—III. stor. Fol. (à 6 Blätter u. 1 Blatt dänischer u. deutscher Text), Kopenh. 832. (Hamb., Perthes u. B.) à Heft 1 rß 12 gr**

Hetsch, Gust. Fr., Foretegninger for Haandvaerkern. (Vorlegeblätter für Handwerker.) Heft IV—X. à 6 Blätter u. 1 Blatt dänisch. u. deutsch. Text. ½ Roy.-Fol. Kopenhagen 834—40. (Hamburg, Perthes, Besser u. Mauke.) (à Heft n. 1½ rß) 9½ rß (1r—3r Heft ders. Preis)

Hetsch, G. F., Fortegninger for Haandvaerkere. Med Autorisation af det Kongel. Academie for de skjöne Kunster samlede og udgivne. Heft 11. (Vorlegeblätter für Handwerker. 11. Heft.) ½ Imp.-Fol. (6 Kpfrtf. u. Text in dän. u. deutscher Sprache.) Kjöbenhavn 841. (Hamburg, Perthes-Besser u. Mauke.) n. 1½ rß Heft 12. 844. n. 1½ rß compl. 18 rß

Hetsch, Gust. Friedr., Leitfaden zu d. Studium u. d. Anwend. d. Perspective. gr. 8. (8¾ B., 1 Kpfrt. u. 118 eingedr. Holzschn.) Kopenhagen 840, Gyldendalsche Buchh. Thlr.

Hetsch, G. F., om Tegneundervisning. 2. forøgede Udgave. 8. (43 S.) Kjøbenhavn 847, Gyldendal. n. ⅓ rß

—— **über d. Unterricht im Zeichnen. N. d. Dän. gr. 8. (2 B.) Hamburg 836, [Perthes-Besser u. Mauke.]**

— **Veiledning til Perspectivens Studium og Anwendelse. 2. verb. Aufl. 8. (120 S. m. Holzschn. u. 1 Kupfertaf.) Kjøbenhavn 851. (Leipzig, Lorck.) n. 28 ngr**

Hetsch, G. F., einige Worte über Zeichenkunst und den allerersten Unterricht in derselben. Aus dem Dänischen übers. von D. Jessen. Altona 855. Lange. gr. 8. (24 S. u. 6 lith. Taf.) 9 ngr.

Hetsch, Heinrich

Hetsch, H., die experimentelle Bakteriologie u. die Infektionskrankheiten, s.: Kolle, W.

Hetsch, Heinrich [aus Mainz]: Die Behandlung der Pneumonie mit grossen Digitalis-Dosen ... Berlin, C. Vogts Buchdr., *1895;* 29 S., 1 Bl. 8.
Berlin, Med. Fak., Inaug.-Diss. v. 1. März 1895

— u. Lentz, Beitrag zur Frage nach der Spezifizität der im Serum des normalen u. choleraimmunisierten Pferdes enthaltenen Agglutinine, s.: Festschrift zum 60. Geburtstage v. Robert Koch.

— über die Differenzierung der wichtigsten Infektionserreger gegenüber ihnen nahestehenden Bakterien. (Nach e. gelegentlich der 75. Versammlg. deutscher Naturforscher u. Aerzte zu Kassel geh. Vortrage.) (22 S. m. 2 Karten.) gr. 8. Jena 904. G. Fischer. n. 1. —
Sonderabdruck aus: „Klin. Jahrb."

Die Grundlagen der Serumdiagnostik und deren Bedeutung für den Praktiker. Von Stabsarzt Dr. [Heinrich] Hetsch, Berlin. *Berlin: L. Simion Nf. 1904.* (48 S.) 8°
= Bibliothek, Moderne ärztliche. H. 12.

— vergleichende Untersuchungen üb. verschiedene Verfahren der Typhusschutzimpfung, s.: Kolle, W.

Hetsch, J., Anleitung d. Fähigkeiten d. Kinder auf eine den Naturgang ihrer Entwickelungsfähigkeiten angemessenen leichten Art zu ergreifen ꝛc. 8. St. Gallen, Huber u. Comp. 814.

Hetsch, J. Dav., Erzählungen, größtentheils nach wahren Beobachtungen bearbeitet. Ein Lesebuch für Kinder von 9—12 Jahren. Mit 8 Kpf. 8. Ulm 822.

Hetschko, Alfr., s.: Zeitung, Wiener entomologische.

Hétsey, Ad., Instruction zum Gebrauche des k. k. ausschl. privil. Schaf- u. Wollwasch-Pulvers mit kalter Anwendung, nebst praktischer Belehrung für Wollproducenten u. Wollhändler. Prag 864. Hétsey. 16. (24 S.) n. 5 ngr

Hett, Bdkt. Ksp., richtige Bestimmung d. Bestandtheile, Wirkung u. Gebrauch d. Bertricher Badewassers. 8. Trier 789.

Hett, B. K., Diss. exhibens veram somni ideam. Trior. 8°. 1778

Hetteger, G., Qua ratione M. Fabius Quintilianus in institutione oratoria laudaverit scriptores. Pr. 1905. 59 S.

HETTEMA, Jonkh. Mr.: Montanus, jurisprudentia Frisica, of Friesche Regtkennis. Een handschrift uit de 15de eeuw. 1ste 2de Stuk. *Leeuwarden. Schetsberg.* (Kaiser in *Bremen.*) 834. 36. gr. 8. (4 Thl.)

Hettenhausen, Carl Ferdinand (Teistungen/Eichsfeld), De vomitu atue ejus indicantibus et contraindicantibus. Diss. med. Halle (Ploetz) 28. IX. 1842. 45 S. mit Biogr. (M.: S. Lockemann.) (6.50) 14895
Oppon.: D. Saalmann, R. Gebhardt. — Gew.: Leopold Heitz.

Hettenkofer, Geo., Leben d. heil. Johanna Franziska von Chantal, Stifterin der Salesianerinnen, den Zöglingen der weibl. Lehr- u. Erziehungsanstalt von Dietramszell. Nebst Lebensregeln u. einem Unterrichte über christl. Nächstenliebe u. Wohlthätigkeit. gr. 8. Augsburg 836. Kollmann. 1/4 ℛ

Hetterich, **Frz. Pet., compend. logicae in tabellis exhibitum. 8. Bamb. 779. (Wesché in Frkf.) 4 gl**

Hetterschij, Jac. Joann. de inflammatione ejusque exitu diverso, praecipue de puogenesi et de pure, nec non de chemica et microscopica sputorum aliorumque excretorum indagatione. Commentatio. Cum tabula. 8maj. Trajecti ad Rhenum 841, Natan. 1⅙ ℛ

Hetterschy, Jac. Joans., dissertatio medica inaugur. de irritatione spinali in genere, atque de plethora abdominali, causa, casu morbi illustr. 8maj. (5½ B.) Trajecti ad Rh. 842. (Kemink et filius.) *

Hettich, Herm. Otto Friedr., über d. Heimweh, hauptsächl. in sein. Beziehungen z. Staats-Arzneikunde. Eine Inaugural-Dissert. gr. 8. (5 B.) Stuttgart 841, (Ebner u. Seubert.) *

Hettich, H. O. Fr., das Medizinalwesen d. Königr. Württemberg, nach dem Stande in der Mitte d. J. 1875. gr. 8. (XXIV, 270 S.) Stuttgart 875. Wildt's Sort. in Comm. n. 6. —

Hettich, Herm., Sterblichkeits-Statistik der Aerzte in Württemberg. Mit einem chronolog. und einem alphabet. Verzeichniß der von 1804 bis 1883 gestorbenen württemberg. Aerzte. gr. 8. (X, 72 S.) Stuttgart 883, Kohlhammer.

Hettinger, Curt, s. Hettinger, Kurt.

Hettinger, F. Anleitung zur Behandlung der Militär-Ersatz-Geschäfte. 2. Aufl.
Ansbach 1874. 132 S.

Hettinger, Franz

—— s. Gedenkblatt an den Hochwürd. Herrn ꝛc.

Hettinger, F., Aphorismen über Predigt u. Prediger. gr. 8. (XVI, 534 S.) Freiburg i/Br. 888. Herder. n. 4. —

Hettinger, Frz., Aphorismen üb. Predigt u. Prediger. 2. Aufl., hrsg. v. Pet. Hüls. (XVI, 553 S.) 8. Freiburg i/B. 907. Herder. 4.50; geb. in Halbfrz. 6.50

Hettinger, Frz., Apologie des Christenthums. 2 Bde. 12. Freiburg im Br., Herder'sche Verlagsh.
Inhalt:
Bd. 1. Der Beweis des Christenthums. 2 Abthlgn. 1.—3., auf's Neue durchges. Aufl. (XVI und 914 S.) 863—67. * 2 Thlr. 10 Ngr.
" 2. Die Dogmen des Christenthums. 2 Abthlgn. [1. Abthl. (VIII und 570 S.) * 1 Thlr. 10 Ngr., 2. Abthl. (III und 853 S.) * 2 Thlr. 10 Ngr.]

Hettinger, Frz., Apologie des Christenthums. 2. Bd. Die Dogmen des Christenthums. 2 Abthlgn. 3. aufs Neue durchgesehene Aufl. Freiburg im Br. 869. Herder'sche Verlagsh. 12. [1. Abthl. (VIII, 570 S.) n. 1 ℛ 10 ngr, 2. Abthl. (III, 853 S.) n. 2 ℛ 10 ngr] 3 ℛ 20 ngr

Hettinger, Frz., Apologie d. Christenthums. 3 Bde. in 5 Abthlgn. 4., auf's Neue durchgeseh. Aufl. gr. 8. (XV, 461 u. 515 S.) Freiburg i. B. 871—73. Herder. n. 19. —
1. Der Beweis d. Christenthums. 1. u. 2. Abth. (XV, 461 u. 515 S.) n. 7. —
2. Die Dogmen d. Christenthums. 3 Abthlgn. (XII, 584. 589 u. 564 S.) n. 12. —

Hettinger, Frz., Apologie des Christenthums. 2 Bde. 8. Freiburg im Br., Herder'sche Verlagsh. *
Inhalt:
Bd. 1. Der Beweis des Christenthums. 2 Abthlgn. 4., auf's Neue durchgeseh. Aufl. (XV, 461; 515 S.) 871. * M 7., und 5. auf's Neue durchgeseh. Aufl. (XV, 570; 536 S.) 875. * M 8.
" 2. Die Dogmen des Christenthums. 3 Abthlgn. 1. Abthl. (XII, 584 S.) 872. * M 4.50. — 2. und 3. Abthl. (589; 564 S.) 873. * M 7,50.

Hettinger, Frz., Apologie des Christenthums. 2. (Schluß-) Bd.: Die Dogmen des Christenthums. 3 Abthlgn. 5. auf's Neue durchgeseh. und verm. Aufl. gr. 8. Freiburg i. Br., Herder'sche Verlagsh. [1. Abthl. (XV, 613 S.) 879. *M. 4,50.; 2. und 3. Abthl. (V, 611; V, 605 S.) 880. *M. 7,50.]
1. Bd. Ebendas. 1871,75. *M. 8.

Hettinger, Frz., Apologie d. Christenthums. 1. Bd. u. 2. Bd. 1. Abth. 6., auf's Neue durchgeseh. u. verm. Aufl. gr. 8. Freiburg i/Br. 885. Herder. n. 12. 50
1. Der Beweis d. Christenthums. 2 Abthlgn. (XVI, 555 u. 516 S.) n. 8. –
2. Die Dogmen d. Christenthums. 1. Abth. (XV, 579 S.) n. 4. 50

— Apologie d. Christenthums. 2. Bd. Die Dogmen d. Christenthums. 2. u. 3. Abth. 6., auf's Neue durchgeseh. u. verm. Aufl. 8. (V, 601 u. V, 604 S.) Ebd. 887. n. 7. 50 (cplt.: n. 20. —; geb. n. 28. 80)

Hettinger, Frz., Apologie d. Christenthums. 7. Aufl., hrsg. v. Eug. Müller. 5 Bde. gr. 8. Freiburg i/B. Herder. à Bd. n. 4. —; geb. in Halbfrz. n. 5. 80
1. D. Beweis d. Christenthums. 1. Abth. (XL, IV, 567 S.) 895.
2. Dasselbe. 2. Abth. (V, 510 S.) 896.
3. D. Dogmen d. Christenthums. 1. Abth. (XV, 589 S.) 897.
4. Dasselbe. 2. Abth. (V, 616 S.) 897.
5. Dasselbe. 3. Abth. (V, 640 S.) 898.
Erschien auch in 20 Lfgn. à n. 1. —.

Hettinger, Frz., Apologie des Christenthums. 8. Aufl., hrsg. v. Eug. Müller. 20 Lfgn. gr. 8. Freiburg i/B. 899 —900. Herder. n. 20. —; in 5 Halbfrzbdn. n.n. 29. —
1–4. 1. Bd. Der Beweis des Christentums. 1. Abth. (XL, 569 S.)
5—8. 2. Bd. Dasselbe. 2. Abth. (VII, 510 S.)
9–12. 3. Bd. Die Dogmen des Christenthums. 1. Abth. (XXV, 589 S.)
13—16. 4. Bd. Dasselbe. 2. Abth. (V, 618 S.)
17—20. 5. Bd. Dasselbe. 3. Abth. (V, 640 S.)

Hettinger, Frz., Apologie des Christentums I. u. II. Bd. Der Beweis des Christentums. 2 Abtlgn. 9. Aufl., hrsg. v. Eug. Müller. (XLIV, 567 u. V, 510 S.) 8. Freiburg i/B. 906. Herder. à n. 4. 40; geb. in Halbfrz. à n. 6. 20

— Apologie des Christentums. III.—V. (Schluß-)Bd. 8. Ebd. à 4.40; geb. in Halbfrz. à 6. 20
III. Die Dogmen des Christentums. 1. Abtlg. 9. Aufl., hrsg. v. Eug. Müller. (XV, 589 S.) 907.
IV. Dasselbe. 2. Abtlg. 9. Aufl., hrsg. v. Eug. Müller. (V, 620 S.) 907.
V. Dasselbe. 3. Abtlg. Mit e. ausführl. Namen- u. Sachregister zu allen fünf Bänden. 9. Aufl., hrsg. v. Eug. Müller. (V, 616 S.) 908.

(Hettinger, Franz.) Das Christentum als Weltreligion. Fünf Lehrvorträge für Denkende aus allen Ständen. (Mainzer) Katholik 1860, Bd. 1 u. 2.

—— de theologiae speculativae et mysticae connubio in Dantis praesertim trilogia. Commentatio quam alma Julio-Maximilianea tertia saecularia celebrante auspice theologorum in eadem Academia ordine edidit F. L. H. gr. 4. (74 S.) Würzburg 882, (Thein'sche Druckerei.)
Nicht im Handel.

Hettinger, Frz., Dante und Beatrice, s. Broschüren, Frankfurter zeitgemäße.

— Dante's Geistesgang. [1. Vereinsschrift der Görres-Gesellschaft f. 1888.] gr. 8. (VII, 132 S.) Köln 888. (Bachem.) n. 2. 25

— Grundidee u. Charakter der göttlichen Komödie v. Dante Alighieri. Ein Vortrag geh. zu Bonn am 9. Decbr. 1875. gr. 8. (76 S.) Bonn 876. Henry. n. 1. —

Hettinger, Frz., Herr, den du liebst, der ist krank. Ein Kranken- und Trostbuch für kathol. Familien, besonders aber zum Gebrauche für Seelsorger. Accedit Summa Rituum in Cura animarum frequentiorum. Würzburg 855. Stahel. 8. (VIII, 216, 65 S. u. 1 Stahlst.) n. 15 ngr.

— Herr, den du liebst, ist krank. Ein Kranken- u. Trostbuch für katholische Familien, besonders aber zum Gebrauch für Seelsorger. Accedit summa rituum in cura animarum frequentiorum. 3., verb. Aufl. 8. (XII, 278 u. 77 S.) Würzburg 878. Woerl. 3. 60

Hettinger, Frz., Herr, den du liebst, der ist krank! Ein Kranken- u. Trostbuch f. kathol. Familien, besonders aber zum Gebrauche f. Seelsorger. Accedit summa rituum in cura animarum frequentiorum. 4., unveränd. Aufl. 12. (XV, 368 S. m. 1 Bild.) Freiburg i/B. 893. Herder. n. 3. —; geb. in Leinw. n. 4. —

— Herr, den du liebst, der ist krank! Ein Kranken- u. Trostbuch f. kathol. Familien, besonders aber zum Gebrauche f. Seelsorger. 5. Aufl. (XVIII, 424 S. m. Titelbild.) kl. 8. Ebd. 904. n. 2. ; geb. in Leinw. n 2. 60

— die Idee der geistlichen Uebungen nach dem Plane des heil. Ignatius von Loyola. Ein Beitrag zu deren Würdigung u. Verständniß. Regensburg 853. Manz. 8. (VII, 262 S.) 1 ℛ.

— Die Idee der geistlichen Übungen nach dem Plane des hl. Ignatius v. Loyola. Ein Beitrag zu deren Würdigg. u. Verständnis. 2. Aufl., besorgt v. R. Handmann, S. J. (VIII, 189 S.) gr. 8. Regensburg 908. Verlagsanstalt vorm. G. J. Manz. 3. —

— der Kampf der Kirche in der Gegenwart. Zwei Predigten gehalten in der deutschen Nationalkirche Sancta Maria de Anima zu Rom. Ebend. 868. 8. (28 S.) 3 ngr.

— s.: Kempis, der kleine.

— die göttliche Komödie des Dante Alighieri nach ihrem wesentlichen Inhalt u. Charakter dargestellt. Ein Beitrag zu deren Würdigung u. Verständniß. Mit Dante's Bildniß (in Stahlst.). gr. 8. (XII, 586 S.) Freiburg i/Br. 880. Herder. 5. —; geb. n. 6. —

Hettinger, Frz. Die Göttliche Komödie d. Dante Alighieri, nach ihrem wesentl. Inhalt u. Charakter dargestellt. Ein Beitrag zu deren Würdigg. u. Verständniß. 2. verm. u. verb. Aufl. 8. (XII, 618 S. m. Dante's Bild in Stahlst.) Freib. i. Br. 889, Herder. * 4 50; geb. * 6 —

Hettinger, Franz, Die „Krisis des Christentums", Protestantismus u. kath. Kirche. Freiburg, Herder, 1881, 8°, VIII, 150 S., 1,50 Mk.
Verf. verbreitet sich über d. gegenwärtige Lage des Protest., zunächst in Deutschland, dann über d. fundamentalen Charakter des kath. Glaubens, zuletzt über d. projektierten Neubau der E. v. Hartmannschen Zukunftsreligion. [Vgl. dessen Schrift: Die Selbstzersetzung des Christentums u. die Religion d. Zukunft, Berlin 1874, 1. u. 2. Aufl.] Litt. Handw. 1881, S. 686–7 (G. Hagemann). Katholik 1881, II, S. 99—103. (Innsbr.) Zeitschr. f. kath. Theol. 1881, S. 746—9 (Kobler). Ermländ. Pastoralbl. 1881, S. 117—9. Stimmen a. M.-Laach Bd. 21, S. 412–4. Litt. Rundsch. 1881, S. 527—9 (Aloys Schmid).

Hettinger, Franz, Die Kunst im Christentume. Festrede zur Jahresfeier des Stiftungstages der Julius-Maximilians-Universität Würzburg am 2. Jan. 1867. Würzburg (Stahel), 4°, 25 S., 1,50 Mk.

— dreifaches Lehramt. Gedächtnißrede auf den Heimgang des hochwürdigsten Herrn Heinr. Jos. Dominicus Denzinger, gehalten in der Universitätskirche zu Würzburg bei dem academ. Trauergottesdienste den 22. Juni 1883. 8. (24 S.) Ebendas. 883.

—— Lehrbuch der Fundamental-Theologie oder Apologetik, s. Bibliothek, theologische.

Hettinger, Franz, Lehrbuch der Fundamentaltheologie oder Apologetik. Freiburg, Herder, 1888, gr. 8°, XVI, 926 S., 2. verbess. u. verm. Aufl., 12 Mk.

Hettinger, Franz (Hrsg.), s. L e o XIII., Papst: Epistolae encyclicae ....

— die Liturgie der Kirche und die lateinische Sprache. Vier Vorträge. (Abdr. aus der Kathol. Wochenschrift.) Würzburg 856. Stahel. 8. (2 Bl., 81 S.) n. 10 *ngr.*

Hettinger, Franz, Der Organismus der Universitätswissenschaften u. die Stellung der Theologie in demselben. Ein Vortrag zum Antritt des Rektorates der k. bayerischen Julius-Maximilians-Universität Würzburg, gehalten am Stiftungstage, 2. Jänner 1862. Würzburg, Druck von Thein, 4°, 79 S., 1,60 Mk.

— der Organismus der Universitätswissenschaften u. die Stellung der Theologie in demselben. Ein Vortrag zum Antritte des Rectorates der königl. bayerischen Julius-Maximilians-Universität Würzburg gehalten den 2. Januar 862. Würzburg. (Mainz, Kirchheim.) gr. 4. (79 S.) n. 15 *ngr.*

— Pius IX. u. die Idee des Papstthums. Ansprache, geh. am 3. Juni 1877 an die zur Feier des 50jährigen Bischofsjubiläums Sr. Heil. Papst Pius IX. zu Würzburg versammelten Festgenossen. 8. (10 S.) Würzburg 877. Woerl. — 15

Hettinger, Frz., das Priesterthum der katholischen Kirche. Primizpredigten. gr. 8. (279 S.) Regensburg 851, Manz. 1 *ℳ*

— das Priestertum d. kathol. Kirche. Primizpredigten. 2. Aufl., hrsg. v. Eug. Müller. gr. 8. (VII, 295 S.) Regensburg 897. Nationale Verlagsanstalt. n. 3. —

Hettinger, Fr., Das Recht u. die Freiheit der Kirche. Ein Vortrag zur Beleuchtung der römischen Frage. Würzburg, Stahel, 1860, gr. 8°, 44 S., 70 Pf.

Katholik 1860, Bd. 1 S. 509.

Hettinger, F., Rom gehört dem Papste. [Nach Dante Alighieri.] [Aus: „Theol.-prakt. Quartalschr."] gr. 8. (16 S.) Linz 887. (Haslinger.) n. — 25

— Gottes Schutz üb. seiner Kirche. Fest-Rede, zur Secundizfeier unseres heiligsten Vaters Leo's XIII. geh. am 11. Dezbr. 1887. Lex.-8. (30 S.) Würzburg 887. Woerl. n. — 40

Hettinger, Franz, David Friedrich Strauß. Ein Lebens- u. Litteraturbild. Freiburg, Herder, 1875, 8°, 72 S., 80 Pf.

Recens. Hist.-pol. Blätt. Bd. 76, S. 739—42.

Hettinger, Frz., die Theologie der Göttlichen Komödie des Dante Alighieri in ihren Grundzügen dargestellt. [1. Vereinsschrift der Görres-Gesellschaft für 1879.] gr. 8. (VII, 134 S.) Köln 879. Bachem in Comm. n. 2. 25

— Thomas v. Aquin u. die europäische Civilisation, s.a. Broschüren, Frankfurter zeitgemäße.

Hettinger, Franz, Thomas von Aquin und die europäische Civilisation. Frankfurt a. M., Foesser, 1880, gr. 8°, 33 S., 40 Pf. (Frankf. zeitgem. Brosch. N. F. Bd. 1 Nr. 9.)

Recens. Katholik 1881, Bd. 2 S. 95—7.

— Thomas v. Aquin u. d. europ. Civilisation. 2. Aufl. gr. 8. (33 S.) Frankfurt a/M. 898. P. Kreuer. n. — 50

— Timoteo ó cartas á un joven teólogo. Obra póstuma del célebre apologista H. Ofrecida á los seminaristas y sacerdotes de los países de lengua española por D. Diego Lastras. gr. 8. (XVIII, 620 S.) Freiburg i/B. 901. Herder. n. 6. —; geb. in Halbfrz. n. 8. —

Hettinger, Franz, Timotheus. Briefe an einen jungen Theologen. Freiburg, Herder, 1890, 8°, XVI u. 549 S., 4 Mk.

— Timotheus Briefe an e. jungen Theologen. 2. Aufl., besorgt v. Alb. Ehrhard. gr. 8. (XX, 610 S.) Freiburg i/B. 897. Herder. n 4. 50; geb. in Halbfrz. n. 6. 30

— Timotheus. Briefe an e. jungen Theologen. 3. Aufl., besorgt v. Alb. Ehrhard. (XX, 592 S.) 8. Freiburg i/B. 909. Herder. 4.80; geb. in Halbfrz. 6. 60

— Timothy; or letters to a young theologian. Translated and adapted by Viet Stepka. gr. 8. (IX, 555 S.) Ebd. 902. Geb. in Leinw. n. 6. —

— die kirchliche Vollgewalt d. apostolischen Stuhles. Zugabe zu den 3 früheren Aufl. der Apologie d. Christenthumes. gr. 8. (203 S.) Freiburg i/Br. 873. Herder. n. 1. 60

Hettinger, Fr., Die kirchliche Vollgewalt des apostolischen Stuhles. Freiburg, Herder, 1887, 8°, IV, 224 S., 2. Aufl., 1,60 Mk.

1. Aufl. 1873. Die bald nach dem Vatikanum herausgeg. Schrift bildete eine ergänzende Zugabe zu den 3 ersten Aufl. der „Apologie d. Christentums", s. S. 25, u. wurde später in das Werk selbst aufgenommen. Sie enthält 2 Vorträge über den „Episkopat u. Primat" u. das „unfehlbare Lehramt des apostol. Stuhles". Die betreff. Ausführungen sind in derselben gründlichen u. lichtvollen Weise gehalten wie die betreff. Partien in den beiden größern apologet. Werken des Verf. Stimmen a. M.-Laach Bd. 7, S. 355 f. (Linzer) Theol. pr. Quartalschr. 1873, S. 319. Katholik 1873, Bd. 2 S. 125—7.

— aus Welt und Kirche. Bilder und Skizzen. 2 Bde. gr. 8. Ebendas. 885. à Bd. **ℳ* 3.50. *
geb. à Bd. **ℳ* 5.—. *

Inhalt:
Bd. 1. Rom und Italien. (VI, 472 S.)
" 2. Deutschland und Frankreich. (V, 467 S.)

— dass. — 2 Bde. 2. sehr verm. Aufl. 8. Ebendas. à Bd. **ℳ* 4.—. *
geb. à Bd. **ℳ* 5.50. *

Inhalt:
Bd. 1. Rom und Italien. (IX, 657 S.) 887.
" 2. Deutschland und Frankreich. (V, 592 S.) 888.

— aus Welt u. Kirche. Bilder u. Skizzen. 3., m. „Neuen Bildern aus Tirol" u. „Skizzen aus der Schweiz" verm., v. dem sel. Verf. f. den Druck vorbereitete Aufl. Mit dem Portr. des Autors in Lichtdr. u. 57 Illustr. 2 Bde. gr. 8. Ebd. 893. n. 10.; geb. in Halbfrz. n. 14. —
1. Rom u. Italien. (IX, 682 S.)
2. Deutschland u. Frankreich. (IX, 711 S.)

Hettinger, Dr. Franz. Aus Welt und Kirche. Bilder und Skizzen. 4. Aufl. (Unveränderter Abdruck der dritten, von dem sel. Verfasser für den Druck vorbereiteten Aufl.) 1. Bd. Rom und Italien. Mit Titelbild (Bildnis des Verfassers) in Lichtdruck und 36 Abbild. 2. Bd. Deutschland und Frankreich. Mit Titelbild und 28 Abbild. (2 Bde.) 8. Freiburg im Breisgau 1897.

— aus Welt u. Kirche. Bilder u. Skizzen. 4. Aufl. (Unveränd. Abdr. d. 3., v. d. sel. Verf. f. d. Druck vorbereit. Aufl.) 2 Bde. M. 2 Titelbild. u. 64 Abb. gr. 8. (IX, 665 u. IX, 697 S.) Ebd. 897. n. 10. —; geb. in Halbfrz. n. 14. —

Hettinger, Franz. Aus Welt und Kirche. Bilder und Skizzen. 5. Aufl. 2 Bände. 8. Freiburg im Breisgau, Herder, 1902. [zus. M. 10. 50]

Band 1: Rom und Italien. Mit dem Porträt des Verfassers in Lichtdruck [Tafel] und 37 Abbildungen [wovon 36 Tafeln]. XII + 657 S.
Band 2: Deutschland und Frankreich. Mit 34 Abbildungen [wovon 33 Tafeln]. XII + 690 S. —

Hettinger, Franz, Die Wissenschaft betet. Rede, bei der Feier des 3. Säkularfestes der Universität Würzburg gehalten. Freiburg, Herder, 1882, gr. 8°, 19 S., 40 Pf.

— die kirchlichen u. socialen Zustände v. Paris. 8. (VIII u. 408 S.) Mainz 852, Kirchheim & Schott. 1 1/6 ℳ

Hettinger, H., Kriegsspiel-Plan der Umgebung von Landshut. 1:8000. Unter Genehmigg. d. Kriegsministeriums nach d. im topogr. Bureau d. kgl. Generalstabes ausgeführten Orig.-Aufnahmen erstellt. 32 Blatt. Nebst Generalkarte dazu, 1:500,000, u. Massstab-Taf. Lith. qu. gr. Fol. München 887. (Literar.-artist. Anstalt.) n. 30. 60

Hettinger, Karl [Dr. med., pr. Arzt aus Bruchsal]: Ein Beitrag zur pathologischen Anatomie des Parotistumor ... Würzburg, Buchdr. d. „N. Bayer. Landeszeitg", 1892; 35 S. 8. Würzburg, Med. Fak., Inaug.-Diss. v. 1892

[S.] Einige Worte zur Civilprozessordnung. (Vf.: Curt **Hettinger.**) *Leipzig-Reudnitz: A. Hoffmann (1896).* (26 S.) 1 Bd 8.

Hettinger, Curt, s. a. Worte, ein., z. Civilprozeßordnung.

Hettlage, Karl, Rechtsanwalt: Die Stellung des Sachsenspiegels zum Schatzregal, zum Bergregal und zur Bergbaufreiheit. Stuttgart [1906]: J. Fink. (65 S.) 8°
Tübingen, Jur. Fak., Ref. Heck, Diss. v. 15. März 1906
[Geb. 20. März 74 Paderborn; Wohnort: Essen a. d. Ruhr; Staatsangeh.: Preußen; Vorbildung: Gymn. Theodorianum Paderborn Reife O. 93; Studium: Göttingen 2, Heidelberg 3, Göttingen 1 S.; Coll. 3. März 06.]

Hettler, A., s.: Lexikon, geographisches.

— s.: Rundschau, geographische.

— s.: Zeitschrift f. d. geschichtl. Unterricht.

Hettler, August. Adressbuch der wichtigsten Archive Europas. Mit Angaben über die Benützungszeiten, die wissenschaftlichen Beamten und die einschlägige Literatur etc. I. Theil. Deutsches Reich ohne Preussen. kl. 8. Jena 1903.

Adreßbuch der wichtigsten Archive Europas. Mit Angaben über d. Benutzungszeiten, d. wiss. Beamten u. d. einschläg. Literatur etc. Hrsg. von August **Hettler.** T. 1. *Jena: Selbstverl. 1903.* 8° [03. 1097]

Hettler, August (Hrsg.), s. Almanach, Archivalischer 1904.

Hettler, August (Hrsg.), s. Anzeiger für Reformationsgeschichte.

Archivalische Bibliographie. Verzeichnis von Schriften u. Aufsätzen über Archivwesen. Mit e. Anh.: Spezialbuchhandlungen f. archival. u. hist. Literatur. Von August **Hettler.** Halle (Saale): Hettler 1908. 40 S. 8°
Verb. u. verm. aus: Archival. Almanach. Jg. 2.

Hettler, August (Hrsg.), s. Centralblatt, Archivalisches.

Hettler, Aug., Schiller's Dramen. Eine Bibliographie. Nebst einem Verzeichniss der Ausgaben sämmtl. Werke Schiller's. gr. 8. (VI, 37 S.) Berlin 885, Wellnitz. **

Hettler, Aug., s.: Jahrbuch der deutschen historischen Kommissionen, Institute u. Vereine des Deutschen Reiches.

Hettler, Aug., s.: **Litteraturblatt, historisches.**

— s.: Literatur-Kalender, theologischer.

Hettler, Aug., s.: Literaturzeitung, philosophisch-soziologische.

— Philosophen-Soziologen-Handbuch, s. a. Arbeiten zur Philosophie u. ihrer Geschichte u. zur Soziologie. II.

Philosophen-Soziologen-Handbuch. Von August **Hettler.** T. 1. Halle (Saale): Hettler 1910. 8°
(Arbeiten z. Philosophie u. ihrer Geschichte u. z. Soziologie. 2.) [10. 3411] 3

— s.: Zeitschrift f. alte Geschichte.

HETTLER, Heinrich (Mkt.Bechhofen): Zwei Fälle plötzlichen Todes infolge von Herzlähmung.- München: Kastner & Lossen 1891. 18 S.
17.12.1891 - Chr 1891/92,25; Jv 1900/1901,238 (Prom.-Datum: 1900)
Diss. Ingolst.-Landsh.-Mchn.

Hettler, (Herm.). s.: Postbuch f. Württemberg.

Hettler, Herm., s.: Post-Hand-Buch für die Geschäftswelt.

— Verzeichnis sämmtlicher Postorte in Deutschland u. Oesterreich-Ungarn m. Angabe d. Landes, der Provinz, d. Regierungs-Bezirks u. s. w., sowie der einschlägigen Zone durch Bezeichnung d. f. jeden Ort bestimmten Taxfeldes auf der Zonenkarte. Zum Gebrauch in jedem Ort eingerichtet. Unter Benützg. amtl. Quellen bearbeitet. Zugleich vollständ. Ortsverzeichnis zu d. Verf. „Posthandbuch f. die Geschäftswelt". hoch 4. (IV, 69 S.) Stuttgart 892. R. Hahn. n. 2. 20; m. Zonenkarte n. 2. 50; Einbd. n.n. — 50

— Verzeichnis sämtlicher Postorte in Deutschland u. Oesterreich-Ungarn, enth. die Namen der Orte m. e. Postanstalt m. Angabe des Landes, der Provinz, des Bezirks etc., in denen sie liegen, sowie der Lage jedes Orts auf der Tarif-Zonen (Entfernungsstufen) eingeteilten Karte. Hiezu e. Taxquadrat-Karte d. deutschen u. österr.-ungar. Postgebiete m. Zonengrenzen u. e. Tarif zur Berechng. des Portos f. Packet- u. Wertsendgn. von u. nach sämtl. Orten. Zum Gebrauch in jedem Ort eingerichtet. Unter Benützg amtl. Quellen bearb. Zugleich vollst. Ortsverzeichnis zu des Verf. „Posthandbuch f. die Geschäftswelt". 3. verb. u. verm. Aufl. hoch 4. (103 S.) Stuttgart 899. Greiner & Pfeiffer. 2. 50; geb. 3. —

— Verzeichnis sämtl. Postorte in Deutschland u. Oesterreich-Ungarn m. Bezeichnung der Telegraphenanstalten nebst Angabe, wie die deutschen Bestimmungsorte in Telegrammaufschriften geschrieben sein müssen, um (einschl. etwaiger Zusätze) als 1 Wort zu zählen, ferner m. Angabe des Landes, Bezirks, sowie der Lage auf der Zonenkarte. Hiezu e. Taxquadrat-Karte m. Zonengrenzen u. e. Tarif zur Berechng des Portos f. Paket- u. Wertsendgn. nach u. v. sämtl. Orten. Zum Gebrauch in jedem Ort eingerichtet. Unter Benützg. amtl. Quellen bearb. Zugleich vollständ. Ortsverzeichnis zu des Verf. „Posthandbuch f. die Geschäftswelt". 4. verb. u. verm. Aufl. (107 S.) gr. 4. Stuttgart, Greiner & Pfeiffer. n. 2. 50

Hettler, Jh. Ph., († d. 10. April 1800.) neueste Nachrr. über d. Badeanstalt zu Wilhelmsbad u. dessen mineral. Quellen. 8. Frankf. 794. (Guilhaumann). 6 ℛ

Hettler, Joh. Phil.: De liquoris amnii natura ..., s. Baumer, Joh. Wilh. (Praes.)

Johannes Klaßen. Ein Trauerspiel in 5 Aufz. von Heinrich **Hettlingen.** Querfurt: Jaeckel [1910]. 120 S. 8° [11. 1437]

Hettlingen, Jos. v., Mors Christi. Der Tod des Erlösers. Nach F. G. Klopstock und [lat.] L. B. Neumann neu bearb. gr. 8. (VIII, 306 S. mit 5 Bildern in Stahlst. und Tondr.) Solothurn 884, Schwendimann.
geb. mit Goldschn.

Hettlingen, Carl von. Der Stadt Zürich Kriegskosten-Rechnung im ersten Vilmerger-Krieg. Mitgetheilt durch K' von H'.... ([Nebst] Nachwort [von] J[osef] L[eopold] B[randstetter].) [A.] 8. [Einsiedeln... 1883.]

Hettlinger. Joh(ann) Jakob H' von Winterthur. Njbl. Winterthur 1890 *s.* [Biedermann, Charles].

Hettmannsperger, August: Der Rechtsschutz des Niessbrauchers nach dem Recht des B.G.B. unter Berücksichtigung des Gemeinen Rechts. Mannheim 1908: Haas. 30 S. 8°
Heidelberg, Jur. Diss. v. 1908, Ref. Bekker
[Geb. 25. Febr. 79 Bruchsal; Wohnort: Bruchsal; Staatsangeh.: Baden; Vorbildung: Gymn. Bruchsal Reife M. 99; Studium: Freiburg i. B. 1, München 2, Heidelberg 8 S.; Rig. 3. Aug. 08.] [U 09. 1805

Hettner, Alfr., das Deutschtum in Südbrasilien u. Südchile. (24 S.) gr. 8. Leipzig 903. B. G. Teubner.
n. — 60
Sonderabdruck aus: „Geograph. Ztschr."

Hettner, Alfr., die Entwicklung d. Geographie im 19. Jahrh. Rede, geh. b. Antritt d. geograph. Professur an d. Universität Tübingen am 28. IV. 1898. [Aus: „Geograph. Zeitschr."] gr. 8. (16 S.) Leipzig 898. B. G. Teubner. n. — 50

Hettner, Alfred: Gebirgsbau und Oberflächengestaltung der Sächsischen Schweiz. Mit einer Karte, einer Figurentafel und sechs Figuren im Text., Stuttgart 1887. 111 S.
= Forschungen zur deutschen Landes- und Volkskunde. Bd. 2. Heft 4. 8°.

Hettner, Alfred [Dr.]: Der Gebirgsbau der Sächsischen Schweiz ...
Stuttgart, Verl. v. J. Engelhorn, 1887; 16 S. 8°.
Leipzig, Phil. Fak., Hab. Schr. v. 29 Jun. 1887

Hettner, Alfr., Grundzüge der Länderkunde. I. Bd. Europa. Mit 8 Taf. u. 347 Kärtchen im Text. (XVI, 737 S.) gr. 8. Leipzig 907. O. Spamer. 16.—;
geb. in Halbfrz. 18.—

Hettner, Alfred: Das Klima von Chile und Westpatagonien. Erster Teil. Luftdruck und Winde. Meeresströmungen. Bonn, Universitäts-Buchdruckerei von Carl Georgi, 1881. 8. 55 S. u. 1 Taf.

Hettner, Alfr., das **Klima von Chile und Westpatagonien.** I. Tl.: Luftdruck und Winde. **Meeresströmungen.** Geograph. Dissertation. gr. 8. (55 S. mit 1 lithogr. Taf.) Bonn 881, (Behrendt.) *

Hettner, Alfr., die Kordillere v. Bogotá, s. a. Petermann's, A., Mitteilungen aus Justus Perthes' geographischer Anstalt.

Hettner, Alfred: Die Kordillere von Bogotá. Ergebnisse von Reisen und Studien. Mit Karten und Profilen. Gotha 1892. VII, 131 S., 1 Tf., 1 Krt.
= Ergänzungsheft zu Petermann's Geographischen Mittheilungen. No. 104. 8°.

Hettner, Alfred: Regenverteilung, Pflanzendecke und Besiedelung der tropischen Anden. Mit zwei Karten.
in: Festschrift für Ferd. Frhr. v. Richthofen. S. 197–233. Berlin 1893. 37 S. 8°

— Reisen in den columbianischen Anden. gr. 8. (X, 398 S. m. 1 chromolith. Karte.) Leipzig 888. Duncker & Humblot. n. 8. —

Das Europäische Rußland. Eine Studie z. Geographie des Menschen von Alfred **Hettner**. Mit 21 Textkarten. Leipzig & Berlin: B. G. Teubner 1905. (VII, 221 S.) 8°
Erw. SA. aus: Geogr. Zeitschrift. Jg. 10. [05. 10402 9

— s.: Spamer's grosser Hand-Atlas.

Hettner. Alfr., s.: Zeitschrift, geographische.

Hettner, Anna (Hrsg.), s. Hettner, Hermann: Kleine Schriften.

Hettner, Felix

Hettner, F., die Trierer Ada-Handschrift, s.: Publikationen der Gesellschaft f. rheinische Geschichtskunde.

Hettner, Felix, zu den römischen Altertümern v. Trier u. Umgegend. [Aus: „Westdeutsche Zeitschr. f. Geschichte u. Kunst".] gr. 8. (84 S. m. Abbildgn.) Trier 892. Fr. Lintz. n. 3. -

Hettner, Fel., Bericht üb. d. v. Deutschen Reiche unternomm. Erforschg. d. obergermanisch-raetischen Limes. Ein Vortrag, geh. v. d. 43. Versammlg. deutscher Philologen u. Schulmänner in Köln am 26. Septbr. 1895. gr. 8. (36 S.) Trier 896. F. Lintz. n. 1. —

Hettner, Bericht üb. die Thätigkeit der Reichslimeskommission. S.-A. 1892. 12 S. 4°.

Illustrierter **Führer** durch das Provinzialmuseum in Trier mit 143 Abb. von Prof. Dr. **Felix Hettner**, Dir. des Mus. (Zum 25jähr. Bestehen d. Provinzialmus. hrsg. im Auftr. d. Provinzialaussch. d. Rheinprov.) (Hrsg.: H[ans] Lehner.) *Trier: F. Lintz in Komm. 1903.* (146 S.) 8° [03. 15536 5

Hettner, Felix (geb. am 29 Juli 1851 in Jena): De Iove Dolicheno . . . Bonnae, typ. C. Georgi (1877). 2 Bl., 55 S. 8. ¶ Erschien zugleich selbständig bei Strauss in Bonn.
Bonn, Phil. Fak., Diss. v. 1 Febr. 1877

(Hettner, Felix,) Katalog des Rheinischen Museums vaterländischer Alterthümer bei der Universität Bonn. Bonn 1876. 8. . . . . (D.)

Hettner, Fel., s.: Limes, d. obergermanisch-raetische, d. Römerreiches.

Hettner, Felix (Hrsg.), s. Limesblatt.

— die Neumagener **Monumente. Mit 1 (Lichtdr.-)Taf. [Aus: „Rhein. Mus. f. Philol."] gr. 8. (30 S.) Bonn 882. (Frankfurt a/M., Sauerländer.) n. 1. 25**

Hettner, Röm. Münzschatzfunde in den Rheinlanden. S.-A. 1885. 35 S.

Die römischen Steindenkmäler des Provinzialmuseums zu Trier mit Ausschluss der Neumagener Monumente. Mit einem Beitrag von HANS LEHNER und 375 Textabbildungen von E. Eichler und P. Thomas. Von Prof. Dr. FELIX HETTNER. (Von der Gesellschaft für nützliche Forschungen subventioniert und an ihre ordentlichen Mitglieder und die ihr befreundeten Vereine versandt.) Trier: 1893. Fr. Lintz. gr. 8°.

— die römischen Steindenkmäler des Provinzialmuseums zu Trier m. Ausschluss der Neumagener Monumente. Mit e. Beitrag v. Hans Lehner u. 375 Textabbildgn. v. E. Eichler u. P. Thomas. gr. 8. (V, 294 S.) Ebd. 893. n. 4. —

— **drei Tempelbezirke im Treveroralande. Festschrift zur Feier des 100jähr. Bestehens der Gesellschaft f. nützl. Forschgn. in Trier. Hrsg. im Auftrage des Prov.-Ausschusses der Rheinprovinz v. der Direktion des Prov.-Museums in Trier. Fol. (III S. u. 92 Sp. m. Abb. u. 14 Taf.) Trier 901. (F. Lintz.) In Mappe n. 16.—**

— **das römische Trier. gr. 8. (81 S.) Trier 880. Lintz.**
n. 1. —

— s.: Zeitschrift, westdeutsche, f. Geschichte u. Kunst.

Hettner, Franz

Hettner, Frz., Wahlgesetz f. die 2. Kammer der Ständeversammlung im Königreich Sachsen, s.: Handbibliothek, juristische.

Die Wahlgesetze f. den Landtag im Königr. Sachsen, s.a. Handbibliothek, juristische.

Die Wahlgesetze für den Landtag im Königreiche Sachsen nebst d. Ausführungsverordnungen u. d. Bestimmungen über d. Betrieb d. Landtags. Hrsg. von Franz **Hettner**, Landger.Dir. Leipzig: Roßberg 1909. VIII, 323 S. 8°
(Juristische Handbibliothek. Bd 81.) 09. 16330

Hettner, Frz., das Wahlrecht in Sachsen. Vortrag, geh. im nationalliberalen deutschen Reichsverein in Dresden am 3. XII. 1903 m. e. Nachtrag üb. die Denkschrift der Regierg. vom 31. XII. 1903. (64 S.) gr. 8. Leipzig 904. O. Wigand. n. 1. —

Alte mathematische **Probleme** und ihre Klärung im neunzehnten Jahrhundert. Rede z. Feier d. Geburtst. S. M. d. Kaisers u. Königs Wilhelm II. in d. Techn. Hochschule zu Berlin 1904 geh. von d. Rektor G[eorg] **Hettner**. *Berlin (1904): Deuter & Nicolas.* (18 S.) 4° 04. 4919

Hettner, Georg: Über die R e d u c t i o n der Integrale einer besonderen Classe von algebraischen Differentialen auf die hyperelliptischen Integrale. Berlin (1877). (36 S.) 4°
Berlin, Phil. Diss. v. 11. Aug. 1877

Hettner, Hermann, ein Lebensbild, s. Stern, Adf.

Hettner, Herm., die **Bilderwerke** der koeniglichen Antikensammlung zu Dresden. 2. umgearb. Aufl. 8. (132 S.) Dresden 869. (Burdach.) 1. 50

— dasselbe. 8. (132 S. m. 32 Steintaf.) Ebend. 873. n. 2. —

Hettner, Herm., das moderne Drama. Aesthetische Untersuchungen. gr. 8. (VIII u. 191 S.) Braunschweig 852, Vieweg & Sohn. n. 1 1/6 ß

—— s. Forster's, Geo., Briefwechsel mit S. Th. Sömmering.

Hettner, Hermann: G e s c h i c h t e der deutschen Literatur im achtzehnten Jahrhundert.
= H e t t n e r , Hermann: Literaturgeschichte des achtzehnten Jahrhunderts. Th. 3.

Hettner, Hermann: G e s c h i c h t e der englichen Literatur von 1660–1770.
= H e t t n e r , Hermann: Literaturgeschichte des achtzehnten Jahrhunderts. Th. 1.

Hettner, Hermann: G e s c h i c h t e der französischen Literatur im achtzehnten Jahrhundert.
= H e t t n e r , Hermann: Literaturgeschichte des achtzehnten Jahrhunderts. Th. 2.

Hettner, Herm., Goethe u. Schiller. [Aus der Literaturgeschichte des 18. Jahrh.] 2 Abthlgn. Braunschweig 870. Vieweg & Sohn. gr. 8. n. 4 ß 25 ngr.
1. Die Sturm- u. Drangperiode. (VI, 416 S.) n. 2 ß — 2. Das Ideal der Humanität. (VIII, 581 S.) n. 2 ß 25 ngr.

— Goethe u. Schiller. [Aus: „H. Hettner's Literaturgeschichte d. 18. Jahrh."] 2 Abtheilgn. 3. verb. Aufl. gr. 8. Braunschweig 876. Vieweg & Sohn. n. 14. 50
1. Die Sturm- u. Drangperiode. (VI, 420 S.)
2. Das Ideal der Humanität. (VIII, 580 S.)

Hettner, Herm., Literaturgeschichte des 18. Jahrhunderts. In 3 Thln. 1. Thl. Die englische Literatur von 1660—1770. A. u. d. T.: Geschichte der englischen Literatur von der Wiederherstellung des Königthums bis in die 2. Hälfte des 18. Jahrh. 1660—1770. Braunschweig 856. Vieweg. gr. 8. (X, 537 S.) n. 2 ß. 20 ngr.

Hettner, Herm., Literaturgeschichte des 18. Jahrhunderts. Braunschweig, Vieweg & Sohn. gr. 8.
2. Theil.: Geschichte der französischen Literatur im 18. Jahrhundert 860. (IX, 553 S.) n. 2 ß 20 ngr.
3. Theil: Geschichte der deutschen Literatur im 18. Jahrhundert. 1. Buch. Vom westfälischen Frieden bis zur Thronbesteigung Friedrichs des Großen, 1648—1740. 862. (VIII, 430 S.) n. 2 ß 4 ngr.
2. Buch: Geschichte der deutschen Literatur im 18. Jahrhundert. Das Zeitalter Friedrichs des Großen. 864. (VI, 631 S.) n. 3 ß 6 ngr.

Hettner, Herm., Literaturgeschichte des 18. Jahrhunderts. 1. u. 2. Thl. 2. umgearb. Aufl. u. 3. Thl. 3. Buch. 1. u. 2. Abthl. Braunschweig, Vieweg & Sohn. gr. 8.
1. Thl. Geschichte der englischen Literatur von der Wiederherstellung des Königthums bis in die 2. Hälfte des 18. Jahrh. 1660—1770. 2. umgearb. Aufl. (X, 561 S.) 865. n. 2 ß 20 ngr.
2. Thl. Geschichte der französischen Literatur im 18. Jahrhundert. 2. umgearb. Aufl. (IX, 593 S.) 865. n. 2 ß 20 ngr.
3. Thl. 3. Buch. Geschichte der deutschen Literatur im 18. Jahrh. Das klassische Zeitalter der deutschen Literatur. 1. Abthl. Die Sturm- u. Drangperiode. (VI, 416 S.) 2 ß
— — 2. Abthl. Das Ideal der Humanität. (VIII, 581 S.) 870. n. 2 ß 25 ngr.

— **Literaturgeschichte** d. 18. Jahrh. In 3 Thln. gr. 8. Ebend. 872. n. 46. 50
1. Geschichte der englischen Literatur von der Wiederherstellg. d. Königthums bis in die 2. Hälfte d. 18. Jahrh. 1660—1770. 3. verb. Aufl. (X, 561 S.) n. 8. —
2. Geschichte der französischen Literatur im 18. Jahrh. 3. verb. Aufl. (IX, 593 S.) n. 8. —
3. Geschichte der deutschen Literatur im 18. Jahrh.
1. Buch. Vom westfäl. Frieden bis zur Thronbesteigg. Friedrichs d. Großen, 1648—1740. 2. umgearb. Aufl. (IV, 437 S.) n. 6. 40
2. Buch Das Zeitalter Friedrichs d. Großen. 2. umgearb. Aufl. (VI, 633 S.) n. 9. 60
3. Buch. Das klassische Zeitalter der deutschen Literatur.
1. Abth. Die Sturm- u. Drangperiode. 2. Aufl. (VI, 416 S.) n. 6. —
2. Abth. Das Ideal der Humanität. 2. Aufl. (VIII, 581 S.) n. 8. 50

Hettner, Herm., **Literaturgeschichte** des 18. Jahrhunderts. 3 Thle. gr. 8. Braunschweig 879—81. Vieweg & Sohn. n. 46. 50
1. Geschichte der englischen Literatur von der Wiederherstellung des Königthums bis in die 2. Hälfte des 18. Jahrhunderts. 1660—1770. 4., verb. Aufl. (X, 563 S.) n. 8. —
2. Geschichte der französischen Literatur im 18. Jahrhundert. 4., verb. Aufl. (IX, 595 S.) n. 8. —
3. Geschichte der deutschen Literatur des 18. Jahrhunderts. 4 Bde. 3., umgearb. Aufl. (VI, 443; VI, 634; VI, 420 u. VI, 580 S.) n. 30. 50

Hettner's, Herm., Literaturgeschichte d. 18. Jahrh. Register m. Berücksicht. aller Auflagen v. Rud. Grosse. gr. 8. (182 S.) Braunschweig 883. Vieweg & Sohn. n. 2. 50 (Hauptwerk m. Register: n. 49. —)

Literaturgeschichte des achtzehnten Jahrhunderts. Von Hermann **Hettner**. In 3 Th. Th. 1–3. *Braunschweig: F. Vieweg & Sohn 1893–94.* 6 Bde 8° [F.]
1 — Gesch. d. engl. Literatur von d. Wiederherstellung d. Königth. bis in d. 2. Hälfte d. 18. Jh. 1660–1770. 5. Aufl. (Hrsg.: A[lois] Brandl.) 1894.
2 — Gesch. d. franz. Literatur im 18. Jh. 5. Aufl. (Hrsg.: Heinrich Morf.) 1894.
3 — Gesch. d. deutschen Literatur im 18. Jh. 4. Aufl. (Hrsg.: O[tto] Harnack.)
Buch 1. Vom westfäl. Frieden bis z. Thronbesteigung Friedrichs d. Gr. 1640–1740. 1893.
2. Das Zeitalter Friedrichs d. Großen. 1893.
3. Das klassische Zeitalter d. deutschen Literatur.
Abschn. 1. Die Sturm- u. Drangperiode. 1894.
2. Das Ideal d. Humanität. 1894. [illegible] 11

Hettner, Herm., Literaturgeschichte des 18. Jahrh. (In 3 Thln.) 1. u. 2. Thl. u. 3. Thl. 1. u. 2. Buch. gr. 8. Braunschweig, F. Vieweg & Sohn. n. 36. 50
1. Geschichte der englischen Literatur von der Wiederherstellung des Königthums bis in die 2. Hälfte des 18. Jahrh. 1660–1770. 5., verb. Aufl. (XIV, 505 S.) 894. n. 9.—
2. Geschichte der französischen Literatur im 18. Jahrh. 5., verb. Aufl. (XI, 601 S.) 894. n. 10. 50
3, I. Geschichte der deutschen Literatur im 18. Jahrh. 1. Buch. Vom westfälischen Frieden bis zur Thronbesteigung Friedrichs d. Großen, 1648–1740. 4., verb. Aufl. (X, 400 S.) 894. n. 7.—
3, II. — dasselbe. 2. Buch. Das Zeitalter Friedrichs d. Großen. 4., verb. Aufl. (VI, 579 S.) 894. n. 10.—

Hettner, Herm., Literaturgeschichte d. 18. Jahrhunderts. (In 3 Thln.) 3. Thl. Geschichte d. deutschen Literatur im 18. Jahrh. 3. Buch. D. klass. Zeitalter d. deutschen Literatur. 2 Abschnitte. 4., verb. Aufl. gr. 8. Braunschweig 894. F. Vieweg & Sohn. n. 18. 50 (kplt.: n. 55.—; in 6 Halbfrzbdn. n.n. 68. 50)
1. D. Sturm- u. Drangperiode. (VI, 373 S.) n. 6. 50
2. Das Ideal d. Humanität. (M. General-Reg. v. Rud. Grosse.) (VIII, 728 S.) n. 12.—

Hettner, Herm., Literaturgeschichte des 18. Jahrh. (In 3 Thln.) 3. Thl. Geschichte der deutschen Literatur im 18. Jahrh. 3 Bücher. 5., verb. Aufl. gr. 8. Braunschweig 909. F. Vieweg & Sohn. 35.50; geb. n 44. 50
1. Vom westfälischen Frieden bis zur Thronbesteigung Friedrichs des Großen. 1648–1740. (X, 400 S.) 7.—; geb. n 9. 25
2. Das Zeitalter Friedrichs des Großen. (VI, 580 S.) 10.—; geb. n 12. 25
3. 1. Abschn. Das klassische Zeitalter der deutschen Literatur. 1. Abschn. Die Sturm- u. Drangperiode. (VI, 374 S.) 6.50; geb. n 8. 75
2. Abschn. Dasselbe. 2. Abschn. Das Ideal der Humanität. (Mit General-Register.) (VI, 754 S.) 12.—; geb. n 14. 25
I. u. II. Thl. Ebd. 894. 19.50; geb. 24.—.

— das königl. **Museum** der Gypsabgüsse zu Dresden. 3. Aufl. gr. 8. (IV, 140 S.) Dresden 872. Burdach. n. 1. 50

—— das königl. Museum der Gypsabgüsse zu Dresden. 3. Aufl. gr. 8. (IV, 140 S.) Dresden 872, v. Zahn's Verlag. cart. *

Hettner, Herm., das königliche Museum der Gypsabgüsse zu Dresden. Auf hohe Veranlassung. 4. Aufl. 8. (IV, 179 S.) Dresden 881. (Burdach.) cart. n. 2.—

Photographien nach Gegenständen aus dem Königl. Historischen Museum in Dresden. Mit erläuterndem Text von **Hermann Hettner** und **Gustav Büttner**. 3 Bde. München. Fol.

Hettner, Hermann: De logices Aristotelicae speculativo principio. Halae 1843: Ploetz. 41 S. 8°
Halle-Wittenberg, Phil. Diss. v. 21. Jan. 1843
Geb. [Nieder-Leisersdorf b. Goldberg (Schles.) 12. 3. 1821]

— griechische Reiseskizzen. Braunschweig 853. Vieweg. 8. (4 Bl., 308 S. u. 4 lith. Taf.) n. 1 ₰. 20 ngr.

— Robinson und die Robinsonaden. Vortrag, gehalten im wissenschaftlichen Verein zu Berlin. Berlin 854. Hertz. 16. (42 S.) n. 6 ngr.

—— kleine Schriften. Nach dessen Tode hrsg. gr. 8. (VIII, 563 S.) Braunschweig 884, Vieweg und Sohn. *

Hettner, Hermann. Kleine Schriften. Nach seinem Tode herausgegeben von Anna Hettner. Braunschweig 1884. 8°.

—— die romantische Schule in ihrem inneren Zusammenhange mit Göthe und Schiller. 8. (V und 207 S.) Braunschweig 850, Vieweg und Sohn. *

— italienische Studien. Zur Geschichte der Renaissance. Mit 7 Taf. in Holzschn. gr. 8. (VIII, 312 S.) Ebend. 879. n. 9. —

—— Vorschule zur bildenden Kunst der Alten. 1. Bd.: Die Kunst der Griechen. gr. 8. (VIII und 392 S. mit 1 Kpfrt.) Oldenburg 848, Schulze'sche Buchh.

— der **Zwinger** in Dresden. Mit 16 Lichtdrucken v. Roemmler u. Jonas. gr. Fol. (4 Bl.) Leipzig 874. Seemann. n. 43.

Hettrich, Frz. Pet., compend. logicae in tabellis exhibit. 8. Bamb. Göbhard. 774.

Hettstedt, s.: **Preussen**, Messtischblätter.

Hettwer, E., Plan von Salzburg und nächster Umgebung. 1:14,400. Chromolithogr. qu. gr. Fol. Salzburg 876, Dieter. *

—— Umgebungskarte von Salzburg, Berchtesgaden und Reichenhall, Chromolithogr. gr. Fol. Ebendas. 876. *

Hettwer, E., Hauptmann, Umgebungskarte v. Salzburg, Berchtesgaden und Reichenhall. Chromolith. Fol. Salzburg, Dieter. n —.60. 1886.

Hettwer, E.: Umgebungskarte von Salzburg. Berchtesgaden und Bad Reichenhall. (Massst. 1:150 000.) Salzburg: H. Dieter 1899. (1 Kartenbl. 36x25 cm) 8° [Umschlagt]

Hettwer, Joann., De fidei et scientiae discrimine et consortio iuxta mentem Hugonis a s. Victore. Commentationis particula I. Breslau, Aderholz, 1875. gr. 8°, VIII, 39 S., 80 Pf.
Von der kath.-theol. Fakultät der Universität Breslau preisgekrönte Schrift. Der 2. Teil der Commentatio ist nicht erschienen.

Hettwer, Otto: Zur Bewegung eines schweren Punktes auf einer krummen Linie von der Gleichung: $r^m = a^m \cos m\theta$. 4 (32 S.).
Progr. Berlinisch. G. z. grauen Kloster *Berlin* 1896

Hettwer, Otto, zur Bewegung e. schweren Punktes auf e. krummen Linie v. d. Gleichung: $r^m = a^m \cos m\theta$. Progr. 4. (32 S.) Berlin 896. R. Gaertner. n. 1.—

Hettwig, Karl

Hettwig, C., Album moderner Verzierungen für alle Zweige der Möbel-Industrie. Zum Gebrauch für Bildhauer, Möbelfabrikanten, Tischler etc. 8 Liefgn. Berlin 867, 69. Grieben. gr. Fol. Jede Liefg. (4 Steintaf.) 24 ngr.

— — 2. Aufl. 8 Liefgn. Ebend. 870. gr. Fol. Jede Liefg. (4 Steintaf.) n. 24 ngr.; cplt. in Mappe n. 6 ₰ 20 ngr.

Hettwig, C., Album moderner Verzierungen f. alle Zweige der Moebel-Industrie. Zum Gebrauch f. Bildhauer, Moebel-Fabrikanten, Tischler etc. 2. Sammlg 8 Lfgn. (Des ganzen Werkes 9—16. Lfg.) gr. Fol (à 4 Steintaf.) Berlin 872. Grieben. à n. 2. 40; cplt in Mappe n. 20. —

Hettwig, Carl, prakt. Dekorations-Vorlagen von einf. u. geschmackvollen Gardinen- u. Portièren-Arrangements f. Zimmer-Einrichtgn. jeder Art. 4 Lfgn. Imp.-4. (à 6 lith. Taf.) Darmstadt 897—898. K. Koch-Krauss. à Lfg. 2. 50

Hettwig, C., s.: Holzbrand-Vorlagen, neue, f. Füllungen.

— Journal für Tapezierer u. Decorateure. Enthltd. alle Arten von Fenster-, Bett- u. vollständ. Zimmer-Decorationen, Polstermoebel etc. im modernsten Styl, leicht ausführbar u. den Anforderungen der Gegenwart entsprechend. 1. Bd. 6 Liefgn. Ebend. 868, 69. Fol. Jede Liefg. (6 Steintaff.) n. 24 ngr

— — 2. Bd. 1. (des ganzen Werkes 7.) Liefg. [6 (lith.) Taff.] Ebend. 870. Fol. n. 24 ngr; color. Ausg. n. 1 ₰ 10 ngr

— Journal f. Tapezierer u. Decorateure. Enthaltend alle Arten v. Fenster-, Bett- u. vollständ. Zimmer-Decorationen, Polstermoebel, Fantasiestühle, Toiletten, Tabourets etc. im modernsten Styl, leicht ausführbar u. den Anfordergn. der Gegenwart entsprechend. 2. Bd. 2—6. [d. ganzen Werkes 8—12.] Lfg (à 6 Lith.) gr. 4. Ebend. 871. à n. 2. 40; color. Ausg à n. 4. —

— dasselbe. 3. u. 4. Bd. à 6 Lfgn. [Lfg. 13—24.] gr. 4 (à 6 Steintaf.) Ebend. 872. 73. à n. 2. 40; color. Ausg à n. 4. —

— dasselbe. 5. Bd. 6 Lfgn. gr. 4. (à Lfg. 6 color. Steintaf.) Leipzig 875. Streller in Comm. à Lfg. n. 3. —

Hettwig, Carl, Journal für Tapezierer und Decorateure. Enthaltend alle Arten von Fenster-, Bett- und vollständigen Zimmer-Decorationen, Polstermöbel, Fantasiestühle, Toiletten, Tabourets etc. im modernsten Styl, leicht ausführbar und den Anforderungen der Gegenwart entsprechend. 6.—9. Bd. à Bd. 6 Lfgn. gr. 4. (à Lfg. 6 Stnt.) [Berlin 879—81.] Leipzig, Grieben's Verlag. à Lfg. *M 2.; à Bd. * color. à Lfg. *M 3.; à Bd. *

Hettwig, Carl, Journal für Tapezierer u. Decorateure. Enthaltend alle Arten von Fenster-, Bett- u. vollständigen Zimmer-Decorationen, Polstermöbel, Fantasiestühle, Toiletten, Tabourets etc. im modernsten Styl, leicht ausführbar u. den Anforderungen der Gegenwart entsprechend. 2. Aufl. 9. Bd. 1—4. Lfg. gr. 4. (à 6 Steintaf.) Leipzig 880. 81. Grieben. à n. 2. —; color. à n. 3. —

Hettwig, C., neue Möbel f. alle Räume des Hauses. Nach ausgeführten eigenen Entwürfen u. im Anschluss an die Sammlg. moderner Sitzmöbel hrsg. 5 Lfgn. gr. 4. (à 10 Chromolith.) Dresden 889. 890. Gilbers' Verl. à n. 6. — (cplt. in Mappe: n. 30. —)

— deutsches Moebel-Journal. Orig.-Zeichnungen moderner Moebel und vollständiger Modelle, Grundrisse etc. zu sämmtl. Ansichten in natürl. Grösse. 5.—7. Bd. à Bd. 6 Lfgn. gr. 4. (à Lfg. 6 Stnt. und 3 lithogr. Doppeltaf. Modelle.) Ebendas. 878—81. à Lfg. *M 2.; à Bd. * color. à Lfg. *M 3.; à Bd. *

Hettwig, C., Musterblätter für Pianoforte-Fabrikanten. Orig.-Zeichnungen moderner Piano's und Flügel. 1. Heft. Fol. (4 Stnt.) Berlin 876, Grieben. *
Nicht weiter erschienen.

— Deutsches Musterbuch für Bildhauer und Drechsler. 1.—6. Lfg. hoch 4. (à Lfg. 6 Stnt.) Berlin 872—74, Grieben. à Lfg. *M* 1,50.

— kunstgewerbl. Ornamentik. Reichhaltige Muster-Sammlg. ornamentirter Gegenstände aus dem Gebiet der Industrie. Neue Original-Entwürfe. Vorlage f. Bildhauer, Modelleure, Vergolder etc. 1—3. Lfg à 6 (lith.) Taf. gr. 4. Berlin 871. Grieben. à n. 1. 8

— Kunstgewerbliche Ornamentik. Reichhaltige Muster-Sammlung ornamentirter Gegenstände aus dem Gebiete der Industrie. Neue Original-Entwürfe. Vorlagen für Bildhauer, Modelleure, Vergolder etc. 4.—6. (Schluss-)Lfg. (à 6 lithogr. Taf.) gr. 4. Ebendas. 872. à Lfg. (*M 1,80.) *M 1,20. *
1.—3. Lfg. Ebendas. 1871. à Lfg. (*M 1,80.) *M 1,20.

— Sammlung moderner Sitzmöbel für alle Räume des Hauses. Perspectiv. Ansichten von Stühlen, Sesseln, Sophas etc. in einfacher, wie eleganter Ausstattung. Nach ausgeführten eigenen Entwürfen zum Gebrauche für Möbelfabrikanten, Möbelhandlungen, Tapeziere und Decorateure hrsg. 6 Lfgn. gr. 4. (à Lfg. 10 Chromolithogr.) Dresden 882—84, Gilbers'sche Hofverlagsh. à Lfg. *M 6. *

Hettwig, Carl, Sammlung moderner Sitzmöbel für alle Räume des Hauses. Perspectivische Ansichten von Stühlen, Sesseln, Sophas etc. in einfacher, wie eleganter Ausstattung. Nach ausgeführten eigenen Entwürfen zum Gebrauche für Möbelfabrikanten, Möbelhandlungen, Tapezirer und Decorateure hrsg. 7.—15. Lfg. gr. 4. (à Lfg. 10 Chromolithogr.) Dresden 885—88, Gilbers'sche Hof-Verlagsbuchh. à Lfg. *M 6.—. * 54 —
1.—6. Lfg. Ebendas. 1882—84. à *M 6.—.; 1.—15. Lfg. bilden 3 Serien. (à 5 Lfgn.) à Serie in Mappe *M 30.—

Hettwig, Karl (Hrsg.), s. Tischler-Zeitung, Deutsche.

HETZ, Adolf (München): Beitrag zur Casuistik der Gangraena diabetica.- München: Kastner & Lossen 1900. 24 S.
20.7.1900 - Chr 1900/01,18; Jv 1900/01,298
Diss. Ingolst.-Landsh.-Mchn.

Hetz, Hans Erich Frh. von

Hetz, Frhr. v., Bric-à-brac. Vom Pferd, vom Weib, vom Nachtfahren, v. Nietzsche u. anderem. Novellen. (VII, 176 S.) 8. Dresden (906). E. Pierson. n. 3. —; geb. n. 4.—

Ebenbürtigkeit! Nach Briefen .... bearb. von Hans Erich Frh. v. Hetz. Berlin: H. Steinitz 1906. (198 S.) 8° [07. 5414]

Hetz, Hans Erich Frhr. v., Ebenbürtigkeit! Nach Briefen .... bearb. 2.—4. Aufl. (à 198 S.) 8. Berlin 906. H. Steinitz. n. 2. —

Hetz, Hans Erich Frhr. v., des morschen Grafen Tagebuch. (290 S.) 8. Berlin (907). H. Steinitz. 3. —

HETZ, Hugo (München): Beitrag zur Casuistik maligner Tumoren bei Inguinaltestikel.- München: Ernst 1889. 26 S.
29.7.1889 - Chr 1889/90,26; Jv 1889/90,223
Diss. Ingolst.-Landsh.-Mchn.

Was lehrt uns das erste Werkstättenhaus in Wien? Von Amtsrichter a. D. R[ichard] Hetz-Steglitz. Steglitz: Korthaus (1910). 14 S. 8° [Umschlagt.]
Aus: Genossenschaftl. Korrespondenzblatt. Jg. 1910. : [11. 2312 10]

Hetz, Wilhelm, Das Hausiergewerbe im Amtsbezirk Wolfach (Grossh. Baden). Schriften d. Vereins f. Sozialpol., Bd. 81. gr. 8⁰. Leipzig 1899.

F. Chr. Hetze Gemeinnützige Praxis, auf dem Felde und Papier ohne Winkelmesser zu messen, mit 11 Kupf. Breslau, Gutsch. 8. (16 gr.) 1776.

Hetzel. Die cilicischen Seeräuber. Bromberg 1867.

Hetzel, Andr., Mahlproben, zum allgem. Gebr. f. Landleute, Bäcker ꝛc. Berechnet nach d. neuen Badischen Gewicht v. ½ Malter bis zu 20 Malter, nebst Angabe d. Molzers, den d. Müller beziehen darf. Prakt. aufgestellt. gr. 8. (2⅛ B. incl. 5 Tab.) Karlsruhe 834, Müller.

Hetzel, Andr., Mahlproben zum allgem. Gebrauche f. Landleute, Bäcker, Melber u. Müller, woraus zu ersehen ist, wie viel d. Müller an reinem Mehl, Steinmehl u. Klayen im Gewichte, nach Abzug seiner Mahlgebühr, von der Fruchtgattung zu liefern schuldig ist. Berechnet nach dem neuen bad. Gewicht ꝛc. Praktisch aufgestellt. gr. 8. (1½ B.) Karlsruhe 842, Müller'sche Hofbuchh. Thlr.

—, Resolvirung üb. d. Vermahlung aller Fruchtgattungen, nach Scheffel u. Malter; Berechn. d. Brodsatzes so wie d. Würzburger Fruchtmaaßes in d. Bayersche u. umgekehrt, zum allgem. Gebr. f. Landleute, Bäcker, Melber ꝛc. in d. Königr. Bayern u. Würtemberg. gr. 8. (4½ B.) Sulzbach 834, v. Seidel.

Hetzel, Anton, Die Klagelieder des Propheten Jeremias, aus dem hebr. Urtexte in teutsche Liederform übertragen und mit erläuternden Anmerkungen begleitet. Spaichingen, Kupferschmid, 1854, gr. 16⁰, XI u. 80 S., 70 Pf.
Recens. v. Welte, (Tüb.) Theol. Quartalschr. 1856, S. 118—121.

Hetzel, Anton s. Ruckgaber, Heinrich. Handbuch der Universalgeschichte.... Schaffhausen 1853–1865.

Hetzel, Elisabeth, Haimelig! Für Jung und Alt. 1. Bdchn. 8. (152 S.) Basel 885, Birkhäuser. *ℳ 1.60.; geb. * 2 50

Hetzel, Elisabeth. Lili und Dora unsri Zwilling. Baseldytsch fir de klaine Maiteli vorz'lese. Von Elisabeth Hetzel. Illustriert von Amélie Im Hof. 51 S. 4. Basel, Emil Birkhäuser, 1901. [geh. fr. 4. —]

Hetzel, Elis., vergangene Tage. Eine Basler Familiengeschichte. 8. (III, 210 S.) Basel 879. Bahnmaier. n. 2.40

Hetzel, Elisabeth. Vergangene Tage. Eine Basler Familiengeschichte. In-8⁰, 210 S. Basel, C. Detloff. 1879. 3 —

Hetzel, Fel. Ant., Geschichten f. arme Menschen. 12. (III, 216 S.) Memmingen 900. J. Feiner. n. 1.20; geb. n. 1.80

Hetzel, G. und Rentsch, W. Plan von Leipzig. 1 : 7000. Leipzig 1868 und 1875. Je 1 Bl. L.

Hetzel, H. Die Humanisirung d. Krieges in den letzten hundert Jahren, 1789—1889. (2. Thl.) Eine Studie. gr. 4. (VIII, 288 S.) Frankf. a. O. 891, (Trowitzsch u. Sohn). * 12 —
Der 1. Thl. ist noch nicht erschienen.

Hetzel, H., Leiden und Thaten der Frauen im Kriege, s.a. Sammlung gemeinverständl. wissenschaftl. Vorträge.

Hetzel H, Leiden und Thaten der Frauen im Kriege. (Sammlung gemeinverständlicher wissenschaftlicher Vorträge NF 59) Hamburg 1888

Hetzel, H., Luther als Ketzer vor dem Glaubensgericht de luther. Kirchenlehre, s.: Vorträge, protestantische.

— Rückblick auf die Verhandlungen des norddeutschen Reichstages am 28. Febr. und 1. März 1870 über die Aufhebung der Todesstrafe. gr. 8. (34 S.) Berlin 870, Moeser.

Hetzel, H., — die Stellung Friedrichs des Großen zur Humanität im Kriege, s.a. Sammlung gemeinverständlicher wissenschaftlicher Vorträge.

Hetzel H, die Stellung Friedrichs des Grossen zur Humanität im Kriege. (Sammlung gemeinverständlicher wissenschaftlicher Vorträge 461) Berlin 1885

— die Todesstrafe in ihrer kulturgeschichtlichen Entwicklung. Eine Studie. Berlin 870. Moeser. gr. 8. (XII, 544 S.) 2 Thlr 15 ngr

Hetzel, H., die Todesstrafe im Lichte des Christenthums. Vortrag gehalten im Berliner Unions-Verein am 19. März 1869. Berlin 869. Geelhaar. gr. 8. (27 S.) n. 2½ ngr

Hetzel, *Joseph* [Prof.]: Beiträge zur Erklärung des Propertius. Dillenburg, Druck v. E. Weidenbach, 1890; 45 S. 8⁰
Dillenburg, k. G, P 1890

Hetzel, Jos. Zur Erklärung des Propertius. 20 S. *Dillenburg* 1876.
Progr.

Maroussia. Par P. J. Stahl (d. i. Jules **Hetzel**). D'après une Légende de Markowovzok. Mit Anm. [— Anhang] z. Schul- u. Privatgebr. hrsg. von Schulrat Dr. Léon Wespy, Dir. in Hannover. [Nebst] Wörterbuch. *Bielefeld & Leipzig: Velhagen & Klasing 1904.* 3 Bde 8⁰ [F.]
= Sammlung, Velhagen & Klasings, franz. u. engl. Schulausgaben. Prosateurs franç. Lfg 153 B.

Hetzel, Karl [cand. med. aus Erlangen]: Ein Fall von Melanosarcom der Leber ... Erlangen, k. b. Hof- u. Univ.-Buchdr. v. F. Junge, 1894; 43 S. 8.
Erlangen, Med. Fak., Inaug.-Diss. v. [18.] Juli 1894

Hetzel, Ludw., die Aufnahme-Prüfung zur Kriegs-Akademie unter besond. Berücksicht. der f. die k. bayer. Armee geltenden Bestimmungen. (VI, 208 S.) gr. 8. München 904. Literarisch-artist. Anstalt. n. 3.20

— dasselbe. 1. Nachtrag, enth. die im J. 1904 gestellten schriftl. Aufgaben. (22 S.) 8. Ebd. 904. n. — 60

— dasselbe. 2. Nachtrag, enth. die im J. 1905 gestellten schriftl. Aufgaben. (35 S.) 8. Ebd. 905. n. — 80

Hetzel, Ludw. Ritter v., die Aufnahme-Prüfung zur Kriegs-Akademie unter besond. Berücksicht. der f. die kgl. bayer. Armee geltenden Bestimmungen. 3.—7. Nachtrag, enth. die in d. J. 1906—1910 gestellten schriftl. Aufgaben. gr. 8. München 907—10. Th. Riedel. 8. —
3. (1906.) (34 S.) 1.—. — 4. (1907.) (35 S.) 2.—. — 5. (1908.) (60 S.) 2.—. — 6. (1909.) (41 S.) 1.20. — 7. (1910.) (51 S.) 1.80.
Hauptwerk m. Nachtr. 1 u. 2. Ebd. 904. 05. 4.60.

Hetzel, Max, Referendar in Sonneberg i. Th.: Die **Haftung** der Gesellschafter nach dem Bürgerlichen Gesetzbuch, verglichen mit der Haftung der socii nach römischem Recht. *Borna-Leipzig 1901: R. Noske.* (IX, 58 S.) 8⁰
Leipzig, Jur. Diss. v. 1901

Hetzel, S. Elementar-Sprachbüchlein. Ein Lehr- u. Lernbüchlein der deutschen Sprache m. Uebungsaufgaben. Für die 2., 3. u. 4. Classe der Elementarschulen in Ungarn. 6. Ausg. 8. (47 S.) Budapest 891. R. Lampel. Geb. n. — 60

— Lesebuch f. Volksschulen in Ungarn. 3 Thle. Auf Grundlage d. vom hohen kön. ung. Unterrichtsministerium hrsg. Lehrplanes abgefasst. 8. Ebd. 892. Geb. n. 1. 62
1. 5. Ausg. (68 S.) n. — 40. — 2. 5. Ausg. (96 S.) n. — 56. — 3. 4. Ausg. (134 S.) n. — 68.

[F.] Wie der Deutsche spricht. Phraseologie d. volkstüml. Sprache. Ausdrücke, Redensarten, Sprichwörter u. Citate a. d. Volksmunde u. d. Werken d. Volksschriftsteller gesamm. u. erläut. v. S. Hetzel. *Leipzig: F. W. Grunow 1896.* (VII, 355 S.) 1 Bd 8. 96. 9140

Hetzel, S. M., Geschichte u. Statistik d. Volksschu wesens der k. Freistadt Temesvár. Ein Beitrag zu Geschichte d. vaterländ. Schulwesens. Nach glaul würd. Quellen bearb. Lex.-8. (VI, 271 S. m. 2 Tal in gr. 4. u. Imp.-Fol.) Budapest 874. Aigner. n. 6. -

Hetzel, Wilhelm: Die Untersuchungshaft nach deutschem, österreichischem, französischem und englichem Rechte. Breslau: Schletter, 1899. (54 S.) 8°(=Strafrechtl. Abhandlungen, H. 26.)
Giessen, Jur. Diss. v. 1899

Hetzel, Wilhelm Friedrich

Hetzel, W. F., Geist der Philosophie und Sprache der alten Welt. Lübeck und Leipzig 794. Th. I. 8.

Hetzel, Wilhelm Friederich, Geschichte der Hebräischen Sprache und Litteratur. Halle 1776.

Hetzel, Wilhelm Friederich, Erleichterte Arabische Grammatik, nebst einer kurzen Arabischen Chrestomathie. Jena 1776.

Hetzell, P., die polizeiliche Strafverfügung in Preussen. Zum prakt. Gebrauche f. Polizeibehörden u. Amtsvorsteher. 8. (37 S.) Neustettin 889. Eckstein. n. — 75

Hetzenauer, Mich., O. C., Abschreiben od. Benutzen? Ein Wort üb. die Verwendg. fremder Arbeiten in Reden, Predigten u. Schriften. 8. (32 S.) Innsbruck 902. F. Rauch. n. — 50

Hetzenauer, Michael, s. Bernardini a Piconio. Triplex expositio.

Hetzenauer, Mich., O. C., s.: Biblia sacra Vulgatae editionis.

— Epitome exegeticae biblicae catholicae. Scripsit in usum scholarum H. (Studium biblicum novi testamenti catholicum. Libri exegetici.) (X, 175 S.) gr. 8. Innsbruck 903. Wagner. n. 3. —

Hetzenauer, Mich., O. C., Introductio in librum Genesis. In qua etiam de authentia Pentateuchi necnon de inspiratione et interpretat. scripturae agitur. [Aus: „Commentar. in lib. Genesis".] (VII, 120 S.) gr. 8. Graecii et Viennae 910. Graz, Styria. 1. 80

Hetzenauer, Mich., das Kapuziner-Kloster zu Innsbruck. Das erste dieses Ordens in Deutschland. Nach archival. Aufzeichngn. beschrieben v. M. H. u. reich illustr. von Jos. Findl. Als Beigabe e. Karte d. apostol. Missionsgebietes in Indien. gr. 8. (VIII, 192 S.) Innsbruck 893. F. Rauch. n. 1. 60

— Studium biblicum utriusque testamendi catholicum. Libri exegetici. Commentarius in librum Genesis. (CXXXVI, 694 S.) gr. 8. Graz 910. Styria. 13. 60

— s.: Testamentum, novum, graece.

— s.: Testamentum, novum, Vulgatae editionis.

— Theologia biblica sive scientia historiae et religionis utriusque testamenti catholica. Scripsit in usum scholarum H. Tom. I: Vetus Testamentum. Imaginibus 100 et tabulis 3 geographicis illustrata. (XXXI, 654 S.) gr. 8. Freiburg i/B. 908. Herder. 12. —; geb. in Leinw. 13. 60

HETZENAUER, Michael
Wesen und Principien der Bibelkritik auf katholischer Grundlage. Unter besonderer Berücksichtigung der officiellen Vulgata-Ausgabe dargelegt von P. Michael Hetzenauer O. C. Mit kirchlicher Approbation. Innsbruck. 1900. Wagner. 8°. XII, 212 S. K 3.60

Hetzenecker, Jos., über die gewerbliche u. kaufmännische Erziehung unserer Jugend. (14 S.) 23×13 cm. Aschaffenburg 908. W. Walter. — 25

Hetzenecker, Joseph, aus Viechtach: Studien zur Reichs- und Kirchenpolitik des Würzburger Hochstifts in den Zeiten Kaiser Ludwigs des Bayern. (1333—1347.) *Augsburg 1901: Rackl & Lochner.* (VIII, 88 S.) 8°
Würzburg, Phil. Diss. v. 1901

Hetzenecker, Jos., Studien zur Reichs- u. Kirchenpolitik des Würzburger Hochstifts in den Zeiten Kaiser Ludwigs des Bayern. (1333--1347.) Diss. gr. 8. (VIII, 88 S.) Augsburg 901. (M. Rieger.) n. 1. 50

Hetzenecker, Joseph Dr. „Studien zur Reichs- und Kirchenpolitik des Würzburger Hochstifts in den Zeiten Kaiser Ludwigs des Bayern (1333—1347)". III—VIII und pg. 1—88. 8°. Rackl & Lochner.
Augsburg, Progr. 1900/01

Hetzer, Gerichtsverfassungsgesetz für das Deutsche Reich vom 27. Jan. 1877, nebst Einführungsgesetz, sämmtl. betr. preuß. Ausführungsgesetzen u. Anmerkungen. 16. (IV, 136 S.) Hannover 879. Helwing's Verl. cart. n. 1. —

Hetzer, Rede zur Friedensfeier am 6. März 1871 vor d. deutsch-kathol. Gemeinde zu Leipzig. gr. 8. (12 S.) Leipzig 871. Friese. — 15

Hetzer, Rede zur Wigard-Feier der deutschkatholischen Gemeinde zu Leipzig. Mit einem Vorwort von J. G. Findel. 8. (VI, 7 S.) Leipzig 886, Findel. — 10

Hetzer, David (Weida/Vogtl.), Dissertatio de causis honorum. Von Ehren=Fällen. Jena (Gollner) Sept. 1679. 22 Bl., tlws. dtsch. (7.—) 14897

— — Dasselbe. Ed. II. Jena (Gollner) 1688. 24 Blatt. (7.—) 14898

— — Dasselbe. Ed. III. Jena (Gollner/Jo. Bernh. Heller) 1715. 22 Bl. (7.—) 14899

[F.] **Hetzer**, Fritz *Herman*: Das Verbrechen der Vergiftung Greifswald, Druck v. J. Abel, 1897; 51 S. 8.
Greifswald, Jur. Fak., Inaug.-Diss. v. 1897

Hetzer, G., deutsche Auslieferungsverträge. Zusammenstellung der vom Deutschen Reiche, dem Norddeutschen Bunde und von einzelnen deutschen Staaten mit auswärtigen Staaten abgeschlossenen, noch in Kraft befindl. Auslieferungsverträge, nebst den dazu ergangenen deutschen und preuß. Ausführungsbestimmungen. Mit vergleichenden Uebersichten und Erörterungen zum prakt. Gebrauch bearb. gr. 8. (XIV, 306 S.) Berlin 883, Vahlen. *

—— die Strafproceßordnung für das Deutsche Reich vom 1. Febr. 1877. Mit den Entscheidungen des Reichsgerichts. 8. (VIII, 264 S.) Ebendas. 884. *M 8.; geb. *

— **Hieronymus Gottlieb** (Leipzig), Exercitatio quarta occasione leg. 98. dig. de R. I. Präs. Joh. Friedr. Olearius. Lpz. (Immanuel Titius) 11. V. 1709. 6 Bl. (6.—) 14900

— **Jo. Hieronymus,** Ad legem Laetoriam. Diss. jur. Lpz. (Langenheim) 23. I. 1749. 59 Seiten. (6.80) 14901

Hetzer, Kurt E(rich), a. Weimar: Die Reichenauer Glossen. Textkritische und sprachliche Untersuchungen zur Kenntnis des vorliterarischen Französisch. Teil 1 der gekrönten Preisschrift. Halle a. S. 1906: E. Karras. (VII, 58 S.) 8° ¶ (Erscheint vollst. als H. 7 der Beihefte zur Zeitschrift f. Roman. Philologie.)
Bonn, Phil. Fak., Ref. Foerster, Diss. v. 4. Aug. 1906
[Geb. 11. Febr. 83 Weimar; Wohnort: Weimar; Staatsangeh.: Sachsen-Weimar; Vorbildung: Realgymn. Weimar Reife O. 01; Studium: Leipzig 2, Bonn 6 S.; Rig. 29. Nov. 05.]

Die Reichenauer Glossen. Textkritische u. sprachl. Untersuchungen z. Kenntnis d. vorliterarischen Französisch. Gekr. Preisschrift von Kurt **Hetzer.** Halle a. S.: M. Niemeyer 1906. (X, 191 S.) 8°
— **Zeitschrift** f. romanische Philologie. Beihefte. 7. [4. 9993 3

Hetzer, Oskar, a. Leipzig: Das gegenwärtige öffentliche Leihhaus in Deutschland mit besonderer Berücksichtigung des Leipziger Leihhauses. Borna-Leipzig 1907: R. Noske. (VIII, 126 S., 2 Tab.) 8° [J.]
Tübingen, Staatsw. Fak., Ref. v. Neumann, Diss. v. 20. Juni 1907
[Geb. 7. Aug. 80 Leipzig; Wohnort: Leipzig; Staatsangeh.: Sachsen; Vorbildung: Einj.-Freiw.-Zeugnis, Wahlfähigkeitszeugnis; Studium: Handelshochsch. Leipzig 4, Univ. 3, Tübingen 3 S.; Rig. 7. März 07.]

Hetzer, P., der deutsche Sprachunterricht im 2. Schuljahre. Begleitwort zu der nach dem Grundsatze der Konzentration v J. Mundt neu bearb. 2. Abtlg. der Büscherschen Fibel. gr. 8. (52 S.) Düsseldorf 893. L. Schwann. n. - - 75

Theorie und Praxis des Sprachlehre-Unterrichtes in der Volksschule. Von P. R. **Hetzer** u. J[osef] Niessen, Sem Lehrern. Düsseldorf: Schwann 1910. 68 S. 8° [11. 1829 5

[J.] **Hetzer,** *Wilhelm* [stellvertr. Dirigent Prof.]: *Bericht über die Feier des 50jährigen Dienstjubiläums des Direktors Dr. Karl Stahlberg.* Hagen, Buchdr. v. G. Butz, 1895; 24—26 S. 4.
Hagen, RG u. G, P 1895 (375)

Hetzer, W. Der naturgeschichtliche Unterricht. [Der Wert und die Methode des naturgeschichtlichen Unterrichts.] 14 S. *Hagen* 1878.
Progr.

Hetzer, Wilhelm: Über d. chem. Zusammensetzung d. Schillerspathes von Todtmoss.
Schul-/Univ.-Schrift Hagen 1863.

Hetz-Kalender für den norddeutschen Hetz-Club. Enthaltend: die Thacker'schen Hetzgesetze nebst Erläuterungen, die Windhundrennen von 1846—1859, das Windhundgestütbuch etc. gr. 8. (120 S.) Magdeburg 860, Baensch. * *

Hetzrodt, J. B. M., Nachrichten über d. alten Trierer. gr. 8. Trier 809. Ne unveränd. Ausg. 821. Gall. 1 ℔

Hetzrodt, (J. B. M.,) Notices sur les anciens Trevirois, suivies de recherches sur les chemins Romains qui ont traversé ce pays. 2te Aufl. gr. 8. Trier 825, Gall.

Heubach, Berechnung des beschlagenen und runden Holzes nach dem Metermaß. Zur Bequemlichkeit für Maurer, Zimmerleute, Schreiner und sonst. Holz-Arbeiter. (1. Ausg. 1872, und Neue Ausg.) 8. (98 S.) Reutlingen 875, Fleischhauer und Spohn. cart.

Heubach, Berechnung des beschlagenen und runden Holzes nach dem Metermaß. Zur Bequemlichkeit für Maurer, Zimmerleute, Schreiner rc. Neue Aufl. gr. 16. (100 S.) Reutlingen 877, Fleischhauer und Spohn. cart. — 60

Heubach, Berechnung des beschlagenen u. runden Holzes nach dem Metermaß. Zur Bequemlichkeit für Maurer, Zimmerleute, Schreiner u. sonst. Holzarbeiter. Neue Aufl. 12. (100 S.) Reutlingen 882. Fleischhauer & Spohn. cart. — 60

Heubach, neue Kubikrechnung oder Berechnung des beschlagenen und runden Holzes nach dem Metermaß. Zur Bequemlichkeit für Maurer, Zimmerleute, Schreiner und sonstige Holzarbeiter. 13. Aufl. 8. (100 S.) Reutlingen 888, Fleischhauer und Spohn. cart. — 60

Heubach, neue Kubikrechnung od. Berechng. d. beschlagenen u. runden Holzes nach dem Metermaß. Zur Bequemlichkeit für Maurer, Zimmerleute, Schreiner und sonst. Holzarbeiter. schmal 12. (100 S.) Reutlingen 891. Fleischhauer & Spohn. cart. — 60

— neue Kubikrechnung od. Berechng. d. beschlagenen u. runden Holzes nach Metermaß. Zur Bequemlichkeit f. Maurer, Zimmerleute, Schreiner u. sonst. Holzarbeiter. 15., neu durchgeseh. Aufl. 12. (100 S.) Reutlingen 893. Fleischhauer & Spohn. Kart. — 60

Heubach, neuer, vermehrter, fehlerfreier Faulenzer, s.: Rise, Chr. Ad.

Heubach, A.: Linear-Perspektive und perspektivische Schattenkonstruktion mit Beleuchtungslehre. Ein kurzgefaßter Leitfaden f. d. perspektiv. Unterricht. 25 Taf. mit erl. Text. Hannover: Schlöbcke [1908]. quer 4°

Heubach, A., Linear-Perspektive u. perspektivische Schattenkonstruktion m. Beleuchtungslehre. Ein kurz gefasster Leitfaden f. den perspektiv. Unterricht. 25 Taf. m. erläut. Text (am Fusse). (Mit V S. Text.) 31,5 ×35,5 cm. Hannover 910. Hannov. Zeichenblockverlag. In Halbleinw.-Mappe 5. —

Heubach, Alfred. Monumentalbrunnen Deutschlands, Österreichs und der Schweiz aus dem 13. bis 18. Jahrhundert. 60 Lichtdruck-Tafeln, darunter 2 farbig ausgeführte Blätter, mit erläuterndem Text. (6 Lieferungen, *je in illustr. Umschlag.*) VIII + 18 S. + 60 Tafeln. fol. Leipzig, Chr. Herm. Tauchnitz, (1902—)1903. (Vollständig in 6 Lieferungen zu je M. 6. —)

Heubach, Dittmar, aus Biebrich: Das Kind in der griechischen Kunst. *Wiesbaden 1903: R. Bechtold & Co.* (69 S.) 8°
Heidelberg, Phil. Diss. v. 1903

Heubach, Dittmar, das Kind in der griechischen Kunst. Diss. (VII, 71 S. m. 1 Taf.) 8. Wiesbaden 903. (E. Bornemann.) n.n. 1.—

Heubach, Ernst, die verkehrspolitische Aufgabe der Stadt Aschaffenburg bei Weiterführung der Mainkanalisierung. Denkschrift, hrsg. vom Bezirksgremium f. Handel, Fabriken u. Gewerbe zu Aschaffenburg. Fol. (88 S. m. 2 Taf.) Aschaffenburg 899. (C. Krebs.) n.n. 3.—

Heubach, Ernst, üb. d. Einrichtg. e. regelmässigen Betriebes auf künstl. Wasserstrassen, s.: Hillinger, Heinr.

Heubach, E., Eisenbahntarife, siehe Schriften f. Socialpolitik.

— Eisenbahntarife u. Wasserfrachten, s.: Roßmann, M.

— das Verhältniss v. Wasserstrassen u. Eisenbahnen s. 1885 u. d. Wirkg. d. Rohstofftarifs auf d. Projekt d. Donau-Main-Kanals, s.a. Verbands-Schriften des deutsch-österreich-ungar. Verbandes f. Binnenschifffahrt.

Das Verhältniss von Wasserstrassen und Eisenbahnen seit 1885 und die Wirkg des Rohstofftarifs auf d. Projekt d. Donau-Main-Kanals. Von Ernst Heubach, K. Bayer. Bauamtsassessor in Speyer. *Berlin: Siemenroth & Troschel 1898.* (14 S.) 1 Bd 8
— Deutsch-Oesterr.-Ungar. Verband f. Binnenschiffahrt. Verbands-Schriften. No 30.

— die Verkehrsentwickelung auf d. Wasserstrassen u. Eisenbahnen d. Elbe-Odergebietes in d. Zeitraum v. 1882—1895. Lex.-8. (VIII, 75 S. m. 5 [3 farb.] Taf.) Berlin 898. Siemenroth & Troschel. n. 3. —

Heubach, Ernst, aus Würzburg: Die zukünftige **Verkehrsentwicklung auf dem regulierten Main mit besonderer Berücksichtigung der Stadt Würzburg.** *Leipzig: Gressner & Schramm 1901.* (IV, 74 S.) 8° [F.]
Würzburg, Jur. Diss. v. 1901

Die zukünftige Verkehrsentwicklung auf dem regulierten Main mit besonderer Berücks. der Stadt Würzburg. Von Dr. Ernst Heubach. *Leipzig: A. Deichert 1901.* (X, 74 S.) 8° [F.]
— Wirtschafts- u. Verwaltungsstudien mit bes. Berücks. Bayerns. 14. (01. 10150

Heubach, Fritz [app. Arzt aus Deutsch-Eylau '(Pr.)']: Ueber Infusionen von C. Paal'schem salzsauren Glutinpepton in die Blutbahn ... Erlangen, Druck d. Univ.-Buchdr. v. E. Th. Jacob, 1893; 51 S. 8.
Erlangen, Med. Fak., Inaug.-Diss. v. [7.] Marz 1893

Heubach, Fritz [aus Osterwieck '(Harz)']: Ueber Umlagerungsprodukte jodierter Hydrazoverbindungen ... Heidelberg, Univ.-Buchdr. v. J. Hörning, 1897; 38 S., 1 Bl. 8.
Heidelberg, Naturw.-math. Fak., Inaug.-Diss. v. [12. Apr.] 1897

Heubach, Hans (geb. am 11 Mai 1843 in Kapkeim Kr. Wehlau): Ueber Ausscheidung des Weingeistes durch den Harn bei Fiebernden ... Bonn, Druck v. C. Georgi 1875. 22 S., 1 Bl. 8.
Bonn, Med. Fak., Diss. v. 12 März 1875

Heubach, Hans [aus Deutsch-Eylau]: Beiträge zur Kenntnis der Haloidverbindungen des zweiwertigen Zinns und ihrer Doppelverbindungen ... *Konitz Wpr., Druck v. W. Dupont, 1892*; 18 S., 1 Bl. 8.
Erlangen, Phil. Fak., Inaug.-Diss. v. 1892

Heubach, Hans [aus Kloster Veilsdorf (Sachsen-Meiningen)]: Über das sulfarsensaure Natron und dessen Verhalten zu einigen Metallsalzen. ... Berlin, Buchdr. v. Gustav Schade (Otto Francke) (1890); 46 S. + 1 Bl. 8°
Berlin. Phil. Fak., Inaug.-Diss. v. 21. Jun. 1890

[F.] **Heubach**, *Hermann* [Dr.]: *Kanon der grammatischen Ausdrücke.* Eisenach, Hofbuchdr., 1895; 24—26 S. 4.
Eisenach, grossh. RG, OP 1895 (699)

Heubach, Hermann: Die lateinische Lektüre auf dem Realgymnasium. *Eisenach 1898: Hofbuchdr.* (3—23 S.) 4° [F.]
Eisenach, grossh. RG, OP 1898 (713)

Das Nibelungenlied als ein einheitlicher Organismus und als ein künstlerisches Ganzes f. d. oberen Klassen d. höh. Lehranstalten behandelt u. erkl. von Dr. H[ermann] **Heubach**, Lehrer zu Eisenach. *Langensalza: H. Beyer & Söhne 1901.* (IV, 94 S.) 8° [F.]
— **Dramen**, Deutsche, u. Epische Dichtungen f. d. Schulgebr. erl. 7.

Die Odyssee als Kunstwerk in der Lektüre des Gymnasiums und anderer höherer Schulen. Von Dr. H[ermann] **Heubach**, Prof. Langensalza: H. Beyer & Söhne 1906. (X, 172 S.) 8° [F.]
— **Dramen**, Klass., u. epische Dichtungen f. d. Schulgebr. erl. 12. (07. 3636 3

Heubach, Herm., commentarii et indicis grammatici ad Iliadis scholia veneta A specimen I, quibus vocabulis artis syntacticae propriis usi sint Homeri scholiastae. Dissertatio inauguralis. gr. 8. (67 S.) Jena 885, (Neuenhahn.) * 2 —

Heubach, H. [Dr.]: Quibus vocabulis artis criticae propriis usi sint Homeri (codicis Veneti A) scholiastae. Specimen. Eisenach, Hofbuchdr., 1889; S. 3–23; 4°
Eisenach, großh. RG, OP 1889 (635)

Heubach, H[ermann]: Commentarii et indicis grammatici ad Iliadis scholia Veneta A Spec. III. (Umschlagtitel: Quibus vocabulis artis criticae propriis usi sint Homeri scholiastae. Pars. II.) S. 3–19. 4. **Progr.** Carl Friedrichs-Gymn. *Eisenach* 1903 (772).

Heubach, Joannes Georgius: Memoriam viri ... [Trauerrede auf Marquard Wolfgang **Schröder**, Pastor, † 29. Nov. 1734.] — Flensburgi (1734): Vogel. 12 S. 4° (2°)

Der Drehstrommotor. Ein Handbuch f. Studium u. Praxis. Von Julius **Heubach**, Chef-Ing. Mit 163 Fig. *Berlin: J. Springer 1903.* (XVIII, 356 S.) 8°

Theorie der Kompensierten Asynchronmaschine. Von Julius **Heubach**, Chefingenieur. Mit 28 Abb. *Stuttgart: F. Enke 1904.* (62 S.) 8°
— **Sammlung** Elektrotechn. Vorträge. Bd 6, H. 1. (04. 3800

— Theorie der kompensierten Asynchronmaschine. (III, 62 S. m. 28 Abbildgn.) gr. 8. Stuttgart 904. F. Enke. n. 1. 20
Sonderabdruck aus: „Sammlg. elektrotechn. Vortr."

Der Wechselstrom-Serien-Motor. Von Julius **Heubach**, Chef-Elektriker, Köln a. Rh. Mit 35 Abb. *Stuttgart: F. Enke 1903.* (54 S.) 8°
— **Sammlung** Elektrotechnischer Vorträge. Bd 4, H. 1. (03. 439

Heubach, Jul., der Wechselstrom-Serien-Motor. gr. 8. (54 S. m. 35 Abbildgn.) Stuttgart 903. F. Enke. n. 1.20
Sonderabdruck aus: „Sammlg. elektrotech. Vorträge."

Heubach, Carl Christian (Grünstadt/Leiningen), Commentatio de politia Romanorum seu veteris urbis Romae. Götting. (Johann Christian Dieterich) 4. VI. 1791. 104 S. (8.50) 14902

***Heubach*, Karl Chr., († d. 16. Sept. 1797.) comment de politia Romanorum s. veteris urbis Romae, 4maj. Gött. 791 Dieterich. (Vandenhöck u. R.) 10 gr**

Heubach, Max., theologumenorum Sophocleorum particula. Dissertatio inauguralis philologica. Königsberg 866. (Akademische Buchh. von Schubert & Seydel.) gr. 8. (32 S.) n. 5 ngr

Heubach, W., neue Tierbilder. 12 Farbdr. nach Orig.-Zeichngn. (12 S. m. 21 Textabbildgn.) qu. kl. 8. Stuttgart (906). Loewe. Geb. in Leinw. 1. 50; auf Pappe 2. 50; Leporello-Ausg. 2. 50

— dasselbe. 12 Steinzeichngn. Reime v. G. Wehrenfennig. (12 farb. Bl. m. untergedr. Text.) qu. gr. 8. Ebd. (906.) Geb. 2. 50; Prachtausg. 3. 50; auf Pappe (12 S.) 3. —; Leporello-Ausg. (16 [13 farb.] S.) 3. —

Heubach, W., s.: Wandtafeln zur Tierkunde.

Heubaum, Alfred: Die Auseinandersetzung zwischen der mechanischen und teleologischen Naturerklärung in ihrer Bedeutung für die Fortentwickelung des religiösen Vorstellens seit dem 16. Jahrhundert. 4 (24 S.). Progr. Lessing-G. *Berlin* 1900
„Das Ganze erscheint u. d. T.: Die Theodicee. Ihre geschichtl. Entwickelung seit dem 16. Jahrb. Stuttgart, Fr. Frommann."

Heubaum, Alfr., die Auseinandersetzung zwischen der mechanischen u. teleologischen Naturerklärung in ihrer Bedeutung f. die Fortentwickelung des religiösen Vorstellens seit dem 16. Jahrh. Progr. 4. (24 S.) Berlin 900. [R. Gaertner.] Weidmann. n. 1. --

Heubaum, Alfr., Geschichte des deutschen Bildungswesens seit der Mitte des 17. Jahrh. 1. Bd. Bis zum Beginn der allgemeinen Unterrichtsreform unter Friedrich dem Grossen 1763 ff. Das Zeitalter der Standes- u. Berufserziehg. (XII, 403 S.) gr. 8. Berlin 905. Weidmann. n. 8. —

Heubaum, Alfr., s.: Mitteilungen der Gesellschaft f. deutsche Erziehungs- u. Schulgeschichte.

Die Nationalerziehung in ihren Vertretern Zöllner und Stephani. Von Dr. Alfred Heubaum, Oberl. *Halle a. S.: H. Schroedel 1904.* (122 S.) 8° [F.]
— Klassiker, Die pädagogischen. Bd 14.

Heubaum, Alfred. J(ohann) Heinr(ich) Pestalozzi. XII + 376 S. 8. Berlin, Reuther & Reichard, 1910. [M. 4. —, geb. 4. 80]
Die grossen Erzieher. Ihre Persönlichkeit und ihre Systeme. Hrg. von Dr. Rudolf Lehmann.... Band 3....

Das Zeitalter der Standes- und Berufserziehung. Von Alfred Heubaum. *Berlin: Weidmann 1905.* (XII, 403 S.) 8°
— Heubaum: Geschichte d. Deutschen Bildungswesens. Bd 1.

Heubel, Emil, Pathogenese u. Symptome der chronischen Bleivergiftung. Experimentelle Untersuchgn. gr. 8. (IV, 144 S.) Berlin 871. Hirschwald. n. 2. 40

Heubel, Emil, pharmakologische Untersuchungen über das Verhalten verschiedener Körperorgane zur Jodkalium-Resorption. Dorpat 865. (Gläser's Verlag.) gr. 8. (71 S.) n. 12 ngr.

Heubel, F. E. H., s. Berenger, R.: Gesch. d. Reitkunst.

Heubel, auch Heubel. F. E. H., d. Wagenrennen d. Römer. 8. Leipz. 802. (Hartknoch). 8 gr.

Heubel F. E. H.: Das Wagenrennen d. Römer ... Leipz. 1802. 44 S. 2 Tvl. P.

– s. Xenophon: Von d. Pferdewissenschaft.

Heubel, Heinrich [app. Arzt aus Saalfeld]: Aus d. patholog. Institut zu Giessen. Über ein mit dem Ductus Wirsungianus communicirendes Tractionsdivertikel des Magens ... Leipzig, Druck v. J. B. Hirschfeld, 1895; 17 S. 8.
Giessen, Med. Fak., Inaug.-Diss. v. 1895

Heubel, Johann Heinrich (Hrsg.), s. Nordberg, Georg: Leben Karl d. Zwölften, Königs in Schweden.

Heubel, Johann Ludwig, De servitute legali ejusque variis in jure effectibus. Disquis. jurid. Präs. Stephan Christoph Harpprecht v. Harpprechtstein (Kaltenthal). Kiel (Jo. Christoph Reuther) 12. IX. 1725. 32 S. (6.80) 14903

Heuber, Gotthard: Bücherverzeichnis der Lehrerbibliothek des Königlichen Gymnasiums zu Jauer. T. 1. Theologie. Jauer (1908): Hellmann. 38 S. 8°
Jauer, k. G OP 1908 (254) [S 08. 186

Heuber, Gotthard: Bücherverzeichnis der Lehrerbibliothek des Königlichen Gymnasiums zu Jauer. T. 2. Philosophie. Pädagogik u. Schulwesen. Deutsch. (Jauer 1909: Hellmann.) 30 S. 8° ¶[Forts. d. P-Beil. 1908.]
Jauer, k. G OP 1909 (268) [S 09. 186

Heuber, Gotthard: Bücherverzeichnis der Lehrerbibliothek des Königlichen Gymnasiums zu Jauer. T. 3. Geschichte. (Jauer 1910: Hellmann.) 35 S. 8° ¶(Forts. d. P-Beil. 1908. 09.)
Jauer, k. G OP 1910 (274) [S 10. 177

Die Evangelische Friedenskirche in Jauer, genannt zum heiligen Geist. Festschrift z. Feier d. 250jähr. Bestehens d. Kirche, im Auftr. d. Gemeinde-Kirchenrats verf. von G[otthard] Heuber, Prof. Jauer: Hellmann 1906. (137 S.) 8° [F.]

Heuber, J. Phil.: Realindex der onolzbach. Verordnungen. *Schwabach.* **785. 8.**

Heuberger (Fürsprech). Ein Beitrag zur Lösung des kirchlich-politischen Conflikts im Aargau. In-8°, 25 S. Baden, J. Zehnder. 1879.

Heuberger, E[mil], med. pract. aus Bern: Aus dem pathologischen Institut der Universität Zürich. Beiträge zur Kenntniss und Diagnose des Fibrosarkoms. Bern A. v. Känel, Berger u. Cie Dr. 1897. 24 S. 8°.
Zürich, Med. Diss. [v. 26. Juli 1897].

Heuberger, Jakob

Heuberger, J. Das Bundesgesetz über Schuldbetreibung und Konkurs (vom 11. April 1889) nebst dem bundesräthlichen Gebührentarif. Mit Erläuterungen u. ausführlichem Sachregister. In-8°. 230 S. Brugg, „Effingerhof". 1892

Heuberger, [Jakob]: Entwurf zu einer neuen Civilprozeßordnung für den Kanton Aargau. Erstellt im Auftr. d. Gesetzgebungskommission gemäß ihren in 2. Beratung gefaßten Beschlüssen. Brugg 1897: Effingerhof. 94 S. 4° (8°)

Heuberger, J., die zeitlichen Grenzen der Wirksamkeit des schweizerischen Obligationenrechts und des Gesetzes über die persönliche Handlungsfähigkeit. gr. 8. (VIII, 128 S.) Brugg 885, (Fisch, Wild und Comp.) * 2 40

Heuberger, J., die Sachmiethe nach dem schweizerischen Obligationenrechte, m. Berücksicht. d. gemeinen Rechtes u. d. Entwurfes e. bürgerl. Gesetzbuches f. das Deutsche Reich. 8. (XV, 240 S.) Zürich 889. Orell Füssli Verl. n. 5. –

Strafgesetzbuch für den Kanton Aargau. Entwurf von Jakob Heuberger, vom Regierungsrath ernannten Redaktor. *Brugg: 'Effingerhof' 1892.* (152 S.) 8° [F.]

Heuberger, Johann Wilhelm

Heuberger, Jh. Wlh., kurzgefaßte Geschichte d. 18. Jahrh. 8. Wesel 801. Klönne. 20 gr.

Heuberger, Jh. Wlh., f. Gilblas, d. französische.

— nothwend. Handwörterbuch zur Erklär. aller in deutschen Büchern u. Journalen vorkommenden fremden Wörter. gr. 8. Duisb., Leipz. u. Wesel 806, 7. N. Ausg. 817. Elberf., (Schönian). 2 rf 18 gr. Supplementband 2c. gr. 8. Elberf. 823. Schönian. 12 gr. Hbg. Pr. mit Suppl. 2 rf

Heuberger, Handwörterb. z. Erklär. aller in Journalen vorkommenden Wörter. Duisburg, Bädecker (in Commiss.). 807–8.

Heuberger, J. W., nothwendiges Handwörterbuch zur Erklärung aller in deutschen Büchern und Journalen vorkommenden fremden Wörter. Neue Aufl. gr. 8. Elberfeld, Büschler. 817.

Heuberger, (J. W.,) Supplementband zu d. nothwendigen Handwörterbuche z. Erklärung aller in deutschen Büchern u. Journalen vorkommenden fremden Wörter 2c. gr. 8. Elberfeld 824, Schönian.

MEINE Launen. Ein Taschenbuch für Freunde des Komischen (von *Joh. Wilh. Heuberger*). Wesel 1799.
Anon.-Lex. III. p. 12 (nach Meusel u. Goedeke).

Heuberger, Jh. Wlh., s. Tag, d. frohe.

— Todtenfeier Ludwig's XVI. u. Marie Antoniette, in Versen. 4. Neuwied 794. Gehra. 6 gGr

Heuberger, J. W., Todtenfeyer Ludwig XVI. u. Marie An. m. K. 4. Thal Ehrenbreitst. Gehra. 794.

Heuberger, Johann Wilhelm, s. Vaterfreuden.

Heuberger, Jos. Pankrat., Ave Maria! Zwölf Marienlieder für Discant, Alt, Tenor u. Baß. Einsiedeln 859. Gebr. Benziger. 4. (24 S.) 9 ngr.

Heuberger, Jul., kleine Heimatkunde v. Steiermark. Ein Wiederholungsbüchlein f. Schüler. (48 S. m. 15 Abb.) 8. Wien 908. A. Pichler's Wwe. & Sohn. — 40

Heuberger, Carl, aus Bözen: Die aargauischen Pfrundgüter und ihre Herausgabe an die Kirchgemeinden. Aarau 1908. XVI + 187 S. 8°. [28. IX. 09.]
Zürich. Univ. Staatswiss. Diss. 1909/10.

Heuberger, Carl. Die aargauischen Pfrundgüter und ihre Herausgabe an die Kirchgemeinden. Diss. Staatsw. Univ. Zürich ... von K' H'.... XVI + 187 S. 8. Aarau, H. R. Sauerländer & Cie., 1908.

Heuberger, Karl, die aargauischen Pfrundgüter u. ihre Herausgabe an die Kirchengemeinden. Begriff u. Entwicklg. des Pfrundgutes allgemein u. speziell im Gebiete des heut. Aargaus. — Kirchenpolitische Verhältnisse. — Aufhebung der Klöster. — Die materielle Trennung v. Kirche u. Staat im Kanton Aargau u. deren Folgen. (XVI, 187 S.) gr. 8. Aarau 909. H. R. Sauerländer & Co. 2.80

Heuberger, Carl, Theater-Reminiscenzen oder gemüthlicher Dilettantismus. Erlebt und erzählt. 8. (24 S.) Winterthur 883, Westfehling.
Aus: Winterthurer Nachrichten, besonders abgedruckt.

Heuberger, Carl. Untersuchungen über den chinesischen Rhabarber. Diss. Phil. Bern von Karl Heuberger.... 63 S. 8. Bern, Büchler & Co., 1902.

Anleitung zum Modulieren. Von Richard **Heuberger**. Wien, Leipzig: Universal-Ed. 1910. 52 S. 4°
Universal-Edition. No 2799.)

Barfüßele. Oper in 1 Vorspiel u. 2 Bildern ⟨nach Auerbachs Erzählung⟩ von Victor Léon, Musik von Richard **Heuberger**. Vollst. Klav.-Ausz. mit Text. Leipzig: M. Brockhaus [1905]. (211 S.) 4° [05. 5181

— s.: **Brahms**, Johannes.

Heuberger, R., Johannes Brahms' Konzert f. Violine m. Begleitung des Orchesters,
— Johannes Brahms' Rhapsodie Op. 53 u. Nänie Op. 82,
— Johannes Brahms' Trio f. Pianoforte, Klarinette (od. Bratsche) u. Violoncello Op. 114 u. Quintett f. Klarinette (od. Bratsche), 2 Violinen, Bratsche u. Violoncello Op. 115,
} s.: Musikführer, der.

— s.: Chorwerke, d. beliebtesten.

Heuberger, Rich., im Foyer. Gesammelte Essays üb. das Opernrepertoire der Gegenwart. 8. (VIII, 303 S.) Leipzig 901. H. Seemann Nachf. n. 2.80; geb. n. 4.—

Die Lautenschlägerin. Tanzspiel in 3 Bild. von H. Regel. Musik von R[ichard] **Heuberger**. Die Tänze arrangirt von L. Gundlach. Wien, Leipzig: G. Lewy [1890]. (12 S.) 8° [F.] [08. 7719

Felix Mendelssohn-Bartholdy, 'Paulus'. '(M. Text.)' Erläut. v. Richard **Heuberger** (a. d. Umschl.: Dr. E[rnst] Radecke). *Frankfurt a. M.: H. Bechhold [1896].* (33 S.) 1 Bd 8.
= **Musikführer,** Der. No 74/75. [97. 947

Heuberger, Rich., Mirjam. (Das Maifest.) Oper in 3 Aufzügen. Dichtung v. Ludw. Ganghofer. Musik v. R. H. Textbuch. 8. (47 S.) Wien 894. A. W. Künast. n. — 60

Heuberger, R., s.: Musikbuch aus Oesterreich.

Der Opernball. Operette in 3 Acten nach d. Lustspiele 'Die Rosa-Dominos' von Victor Léon u. H[einrich] v. Waldberg. Musik von Richard **Heuberger**. Clav.-Ausz. mit Text. Leipzig: Bosworth & C°. [1899]. (129 S.) 4° [06. 8883

Franz Schubert von Richard **Heuberger**. *Berlin: Harmonie 1902.* (114 S.) 4° (8°)
= Musiker, Berühmte. 14.

Robert Schumann. Das Paradies u. die Peri. Op. 50. Erl. v. Richard **Heuberger**. *Frankfurt a. M.: H. Bechhold [1896].* (17 S.) 1 Bd 8.
= **Musikführer,** Der. No 89. [97. 1360

Robert Schumann, Scenen aus Goethe's 'Faust'. F. Solost., Chor u. Orch. '(M. Text.)' Erläut. v. Richard **Heuberger**. *Frankfurt a. M.: H. Bechhold [1896].* (55 S.) 1 Bd 8.
= **Musikführer,** Der. No 62/63. [97. 948

Musikalische Skizzen. Von Richard **Heuberger**. *Leipzig: H. Seemann 1901.* (95 S.) 8°
= Studien, Musikalische. 6. [01. 7363

Struwwelpeter. Ballet-Pantomime in 4 Abth. ⟨nach d. bekannten Bilderbuche⟩ von Victor Léon. Musik von Richard **Heuberger**. Ill. von Clemens Crnčić [!]. Choreographie u. Inscenirung v. Otto Thieme. [Text.] Leipzig: J. Weinberger 1896. (30 S.) 8° [F.] [06. 5107

Heuberger, R., Volkslieder aus Steiermark, s.: Rosegger, P. K.

Heuberger, S[amuel], und Bäbler, J[ohann] J[acob]. Abriss der deutschen Grammatik. Für Bezirksschulen bearb. von S. H' und Dr. J. J. B' ⟨†⟩. 8. Aufl. IV + 69 S. 8. Aarau, H. R. Sauerländer & Co., 1910. [cart. fr. 1. —]
Die frühern Aufl. s. Bäbler, J[ohann] J[acob], und Heuberger, S[amuel].

Heuberger, S[amuel]. Das römische Amphitheater von Vindonissa ⟨Windisch⟩. Fremdenführer. Im Auftrage des h. eidgenössischen Departements des Innern hrg. von der Antiquarischen Gesellschaft Brugg. Text von S. H', Pläne von C[onrad] Fels. [Mit illustriertem Umschlag und 8 Tafeln.] 25 S. 8. Brugg, Buchdr. Brugger Zeitungsverein ⟨A.-G.⟩, 1905. (fr. —. 60)

Heuberger, S[amuel]. Aus der Baugeschichte Vindonissas und vom Verlauf ihrer Erforschung. [Mit Illustrationen, 3 Plänen und 29 Tafeln.] Sonder(a)bdruck aus der Festschrift zum 50jährigen Jubiläum der Historischen Gesellschaft des Kantons Aargau. 10. November 1909 [= Argovia, Band 33]. 106 S. 8. Aarau, H. R. Sauerländer & Co., 1909. [fr. 4. —]

Heuberger, S[amuel]. Brugg im 19. Jahrhundert. (Vortrag, gehalten an der Jahresversammlung der aargauischen historischen Gesellschaft am 11. Nov. 1901 in Brugg.) [SA. aus dem Taschenbuch der hist' Ges' des Kantons Aargau für das Jahr 1904.] 46 S. 8. [Aarau, H. R. Sauerländer & Co.]

Heuberger, S[amuel]. Eine Galavorstellung im römischen Amphitheater zu Vindonissa im Jahr 298 n. Chr. [2. Ausgabe. Mit illustriertem Umschlag.] 28 S. 8. Aarau, H. R. Sauerländer & Co., 1907. [fr. —. 80]
(Erstmals veröffentlicht im Jahre 1904.)

Geschichte der Stadt Brugg bis zum Jahre 1415. Von S. **Heuberger.** *Brugg 1900: Buchdr. Effingerhof.* (84 S.) 8° [F.] (m. 1441

Heuberger, S[amuel]. Die aargauische Volksschule im 19. Jahrhundert. Vortrag gehalten an der kantonalen Lehrerkonferenz ‹Schul-Centenarfeier› am 21. September 1903 in Baden. 32 S. 8. Aarau, Buchdr. Aargauer Nachrichten, [1904].

Heubes, Arthur [pract. Arzt aus Düsseldorf]: Über die Resection der Rippen bei gesunden Brustorganen .... Würzburg, Becker's Univ.-Buchdr., 1886; 27 S. 8°.
Würzburg, Med. Fak., Inaug.-Diss. v. 1886.

Heubes, Arthur, über die Resection der Rippen bei gesunden Brustorganen. Diss. Würzburg 1886, Stahelsche Univ.-Buchh. 8°. 27 S.

Heubes, Eduard (Düsseldorf), Die Wirkungen Kohlensäurehaltiger Sool- und Eisenbäder bei chronischen Herzkrankheiten. Diss. med.-chir. Bln. (Gust. Schade [O. Francke]) 2. V. 1884. 48 S. mit Biogr. (M.: G. Heitemeyer.) (5.50) 14904
Oppon.: E. Polzin, E. Beaucamp, J. Vorster.

Heubner, G. H. L. Aus dem Vermächtniss eines Heimgegangenen. Blätter der Erinnerung an den am 19. November 1877 i. d. e. O. eingegangenen ehrw. Mstr. v. St. Br. Gust. Heinr. Leonh. Heubner für die Brüder der Loge zur Pyramide. Plauen, Neupert. 1878. 8. 2 Bl. 71 S.

Heubner, Dr. Heinrich Leonhard. Nekrolog. Von Einem seiner ehemaligen Schüler. Aus der Evangel. Kirchenzeitung abgedr. Berlin 853. L. Oehmigke. 8. (22 S.) 3 ngr

Heubner, Bruno, u. Gust. Leonhardti, der schriftl. Verkehr im geschäftl. Leben. Ein Handbuch zur Erlernung des modernen Geschäftsstyls im kaufmänn. u. gewerbl. Leben, sowie zur Belehrung über die im tägl. Verkehr vorkommenden Rechtsangelegenheiten für alle Classen. Unter Mitwirkung mehrer prakt. Geschäftsmänner bearb. u. hrsg. 5 Lfgn. gr. 8. (XIV u. 482 S.) Leipzig 850. 51, Haendel. (à ¼ ℛ) 1¼ ℛ

Heubner, Bruno, u. Gust. Leonhardti, moderner Geschäftsbriefsteller. Der schriftliche Verkehr im geschäftlichen Leben. Ein Handbuch zur Erlernung des modernen Geschäftsstyle im kaufmännischen u. gewerblichen Leben rc. für alle Classen. 2. (Titel-)Ausg. Leipzig (851.) 856. Haendel. gr. 8. (XIII, 482 S.) 22½ ngr.

Heubner, Gust., Gedichte. 16. (VII und 168 S.) Zwickau 851, Gebr. Thost. *-

Heubner, Gust., das vereinigte Gutenbergs- u. Turnfest d. Stadt Plauen am 24. Juni 1840, beschrieben nebst d. dabei gehalt. Reden u. gesung. Liedern. gr. 8. (1¾ B.) Plauen 840, Schmidt.

—— das häusliche Leben in seiner hohen Bedeutung für die öffentl. Wohlfahrt. Gastpredigt den 14. Jan. zu Leipzig gehalten. gr. 8. (20 S.) Leipzig 849, Kollmann.

Heubner, Gust., Rede bei der Eröffnung der Handelsschule zu Plauen, s. Reden.

—— Rede zu Blums Todtenfeier in Schneeberg gehalten den 3. Decbr. 1848. gr. 8. (15 S.) Schneeberg 849, (Goedsche'sche Buchh.) **.

— Wittekind. Schauspiel in fünf Aufzügen. [Den Bühnen gegenüber als Mscr. gedr.] 8. (IV u. 250 S.) Leipzig 852, O. Wigand. 1 ℛ

Heubner, Gustav Heinrich Leonhard

Heubner, G. H. L.,) Blätter der Erinnerung für die Brüder der Loge Pyramide von Br. G. H. L. H. Plauen, Neupert. 1859. kl. 8. 4 Bl. 64 S.

Heubner, G. H. L.,) Blätter der Erinnerung für die Brüder der Loge Pyramide von Br. G. H. L. H. 2. Heft. Plauen, Neupert. 1866. kl. 8. IV. 76 S.

Heubner, Gust. Heinr. Leonh., Blätter der Erinnerung f. die Brüder der Loge Pyramide. (III.) Nebst: Geschichte der Freimaurerei i. O. v. Plauen. Von Karl Frdr. Höckner. [Hdschr. f. BBr. Freimaurer.] gr. 16. (V, 123 S.) Plauen 876. Neupert. n. 1. 80

Festzeichnung am Br. [-] & Schw.-Feste der drei Logen zur Pyramide in Plauen, Bruderkette zu den drei Schwanen in Zwickau und Lessing zu den drei Ringen in Greiz auf dem Schwanenschlösschen zu Zwickau am 17. Aug. 1873 von G[ust.] H[einr.] L[eonh.] Heubner. Plauen [1873]: Neubert. 3 S. 8° [Umschlagtit.]
Tt. 2066. Betrachtung in Versen, anknüpfend an die Namen der feiernden Logen. „Was prangt der Saal in heitrem Festesglanze, . . ."

Liederbuch der F. M. Loge Pyramide in Plauen. [Hrsg. von Gust. Heinr. Leonh. **Heubner.**] Plauen 1867: Wieprecht. XV, 120 S. 8°
Tt. 2317. 100 Gesänge ohne Noten. Als Einl. dient ein Verzeichnis der Dichter mit Nachweisung der von ihnen verf. Lieder. 439.

Der leere Schrank. Ein Gleichniss, gedichtet von Gust. H[einr.] Leonh. **Heubner.** (7. Febr. 1864.) [Darmstadt: 1871.] 2 Bl. 8° [Kopftit.] (Mittheilungen aus d. L. Johannes d. Evangelist z. Eintracht, Darmstadt 1871. 2.)
Abgedr. in: Z. 2 (1872) S. 3.
„Ein hoher König, der vor hundert Jahren . . ."
3. 100.

Plauen: Weihgesang. Ged. v. G[ust.] H[einr.] L[eonh.] **Heubner**, comp. v. F. M. **Gast.** Plauen o. J.: Neupert. 1 Bl. 4° [Lithogr.] [Kopftit.]
Mit Noten: „Prangende Halle, . . .“ 157.

Heubner, Heinrich (Hrsg.), s. Heubner, Heinrich Leonhard: Katechismuspredigten. – Predigten über freie Texte.

Heubner, Heinrich Leonhard

Heubner, H. L., Züge aus seinem Leben etc., s. Koch, A.

Heubner, Superint., Erinnerungen an denselben, s.: Wachs.

Heubner, Heinr. Leonh., die christl. Betrachtung schwerer gerichteter Verbrecher. Predigt nach d. am 9. Mai erfolgt. Hinrichtung e. Mörders gehalten etc. gr. 8. (1½ B.) Wittenberg 834, Zimmermann.

Heubner, Heinr. Leonh., praktische Erklärung des Neuen Testaments. Nach dessen handschriftl. Nachlaß u. den Heften seiner Zuhörer herausg. von Aug. Hahn. Potsdam, Riegel'sche Buchhdlg. gr. 8.
1. Bd.: Das Evangelium des Matthäus. 855. (XII. 476 S.) n. 2 Thlr. — 2. sorgfältig durchgesehene u. verm. Aufl. 858. (XII, 404 S.) n. 1 Thlr. 22 ngr.
2. Bd.: Das Evangelium des Lucas und Johannes. 856. (IV, 541 S.) n. 2 Thlr. 7½ ngr.
3. Bd.: Die Briefe an die Römer, Korinther und Galater. 858. (IV, 482 S.) n. 2 Thlr.

Heubner, Heinr. Leonh., praktische Erklärung des Neuen Testaments. Nach dessen handschriftlichem Nachlaß u. den Heften seiner Zuhörer herausg. von Aug. Hahn. Potsdam, Riegel'sche Buchhdlg. gr. 8.
2. Bd.: Das Evangelium des Lucas u. Johannes. 2. sorgfältig durchgesehene u. verm. Aufl. 860. (IV, 460 S.) n. 2 Thlr.
3. Bd.: Die Briefe des Apostel Paulus an die Römer, Korinther u. Galater. 2. verb. u. verm. Aufl. 862. (IV, 423 S.) n. 1 Thlr. 25 ngr.
4. Bd.: Die Briefe des Paulus an die Epheser, Philipper, Colosser, Thessalonicher u. an Timotheus, die Briefe des Petrus u. Johannes, der Brief an die Hebräer u. der Brief des Jacobus. Mit dem lith. Bildnisse des Verf. 859. (IV, 576 S.) n. 2 Thlr. 15 ngr.

Heubner, Heinr. Leonh., praktische Erklärung des Neuen Testaments. Nach dessen handschriftl. Nachlaß u. den Heften seiner Zuhörer hersg. von Aug. Hahn. 4. Bd. Die Briefe des Paulus an die Epheser, Philipper, Colosser etc., die Briefe des Petrus u. Johannes, der Brief an die Hebräer u. der Brief des Jacobus. 2. verb. u. verm. Aufl. Potsdam 867. Riegel'sche Buchh. gr. 8. (470 S. mit dem lith. Bildniß des Verf.) n. 2 Thlr.

— d. Gerechte stirbt nie zu früh; e. Predigt. 8. Wittenb. 817.

Heubner, Heinr. Leonh., das Gleichniß vom verlornen Sohne. Drei Predigten. gr. 8. (4⅛ B.) Halle 840, Schwetschke u. Sohn.

Heubner, M. Heinrich Leonhard (Lauterbach / Montanus), Historia antiquior dogmatis de modo salutis tenendae et justificationis seu veniae peccatorum a deo impetrandae instrumentis. Disp. histor. Präs. Johann Matthias Schroeckh. Part. I. Wittbg. (Meltzer) 23. II. 1805. 28 S. (6.—) 14905
Gew.: Wolff Carl August v. Wolfframsdorf.

— — u. **Carl Christian Gottlieb Kessler** (Braunsroda/Thüring.), Dasselbe. II. Wittbg. (Meltzer) 23. II. 1805. (S. 29—44.) (4.50) 14906

— — Miraculorum ab evangelistis narratorum interpretatio grammatico-historica asserta contra eos, qui e naturae causis illa deducere conantur, et ab ipsis scriptoribus sacris deducta esse affirmant. — Adjectae sunt vindiciae historiae Lazari in vitam a Jesu revocati. Disp. exeget.-histor. Wittbg. (Sam. Gottfr. Zimmermann) Juli 1807. 46 S. (6.50) 14907

— Katechismus-Predigten. Herausg. von Heinr. Heubner. Halle 855. Schrödel u. Simon. gr. 8. (XII, 1076 S.) n. 2 Thlr. 6 ngr.

— Katechismus-Predigten. Hrsg. von Heinr. Heubner. 1. Thl.: Predigten über das erste Hauptstück. 2. Aufl. gr. 8. (X und 312 S.) Halle 865, Schrödel und Simon. *

— Kirchenpostille, d. i. Predigten über die Evangelien und Episteln des Kirchenjahres, hrsg. von A. S. Neuenhaus. 2 Bde. gr. 8. Halle 854, [Schrödel und Simon.] *
Inhalt:
Bd. 1. Evangelienpredigten. (XVI und 875 S.)
" 2. Epistelpredigten. (VIII und 912 S.)

— **Kirchenpostille, d. i. Predigten über die Evangelien und Episteln des Kirchenjahres, hrsg. von A. S. Neuenhaus. 2., durchgeseh. Aufl. 8 Lfgn. gr. 8. Halle 857. 58, Schroedel und Simon. à Lfg. * 15 Ngr.** *
Inhalt:
Lfg. 1—4. Evangelienpredigten. (XII und 735 S.)
" 5—8. Epistelpredigten. (VI und 786 S.)

— d. gute Muth e. evangel. Lehrers; eine Predigt, gr. 8. Wittenb. 832. Zimmermann. 4 Gr.

— Predigt am 1. Nov. etc., in Dörffurts Beschreib. d. Jubelfestes.

Heubner, Hnr. Leonh., Predigt am Reformationsfeste d. 31. Oct. 1821. 8. Wittenb. 821. Zimmermann. 4 Gr.

— **Predigt am 2ten zur Schulfeier bestimmten Tage d. Reformat.-Jubelfester. 8. Wittenb. 817. Zimmermann. 5 Gr.**

— **Predigten während d. Belagerung 1813 u. 14 in Wittenberg gehalten. 8. Wittenb. 814. Zimmermann. 20 Gr.**

Heubner, Heinr. Leonh., Predigten u. Rede bei der 300jähr. Gedächtnißfeier d. Todestages Dr. Mart. Luther's am 18. Febr. 1846 gehalt. zu Wittenberg. gr. 8. (3⅛ B.) Wittenberg, Zimmermann'sche Buchh. *

Heubner, Heinr. Leonh., Predigten über die sieben Sendschreiben Jesu Christi in der Offenbarung Johannis und über das hohepriesterl. Gebet Joh. 17. nebst einigen Reformations- und Gedächtnißpredigten. 1. Ausg. Berlin 1847. 2 Thlr. und wohlf. Ausg. gr. 8. (VI und 428 S.) Magdeburg 851, Heinrichshofen'sche Buchh. *

— Predigten über freie Texte, hrsg. von Heinr. Heubner. 1. Bd.: Predigten über die evangel. Geschichte, vornämlich Passionsgeschichte. 1. Heft. gr. 8. (S. 1—128.) Potsdam 856(57,) Riegel'sche Buchh. *

Heubner, Heinr. Leonh., Predigten über freie Texte, hrsg. von Heinr. Heubner. 1. Bd.: Predigten über die evangel. Geschichte, vornäml. Passions-Predigten. 2—4. Heft. gr. 8. (IV und S. 129—558.) Potsdam 857, Riegel'sche Buchh. Thlr. *
1. Heft. Ebendas. 1856. * 10 Ngr.

—— dass. — Hrsg. von Demselben. 2. Bd.: Predigten über freie Texte für die Festtage des Kirchenjahres. gr. 8. (VII und 560 S.) Ebendas. 860. *

—— Predigten über freie Texte. Hrsg. von Heinr. Heubner. 3. Bd.: Predigten über das äußere und innere Leben des Christen. gr. 8. (IV und 442 S.) Potsdam 866, Riegel'sche Buchh. *
1. und 2. Bd. Ebendas. 1856—60. * 3 Thlr. 15 Ngr.

—— dankbarer Preis des Herrn für die 25jährige Erhaltung unsrer geistlichen Pflanzschulen. Predigt am Michaelisfeste 1842 gehalten. gr. 8. (1½ B.) Berlin 842, Haude u. Spenersche Buchh. *

Heubner, Heinr. Leonh., biblische Real- u. Verbal-Hand-Concordanz, s.: Büchner, Gfr.

— christliche Topik oder Darstellung der christlichen Glaubenslehre für den homiletischen Gebrauch. Nach dessen handschriftlichem Nachlaß u. den Heften seiner Zuhörer herausg. Ebend. 863. gr. 8. (VII, 408 S.) n. 1 Thlr 20 ngr.

—— der unveränderl. Werth d. Augsburg. Glaubensbekenntnisses. Eine Predigt bei d. Feyer d. 3. Jubelfestes am 25. Juni 1830. gr. 8. (1½ B.) Wittenberg, Zimmermann.

Heubner, Hermann

Heubner, H., Landschaften aus den Tyroler Alpen nach Aquarellen. Fol. (8 Bl. in Farbendr.) Leipzig 892. Grimme & Hempel. In Mappe. n. 25. —

Heubner, H., Landschaften aus d. Tiroler Alpen nach Orig.-Aquarellen v. H. gr. Fol. (19 Farbendr.) Leipzig 896. Grimme & Hempel. In Leinw.-Mappe 40. —

Heubner, Hermann. Ferdinand Lassalle. Schauspiel in 5 Akten. 70 S. 8. Leipzig, H. A. Ludwig Degener, 1905. [M. 1. —, geb. 1.50]
(*Schauplatz im* 1. Akt: Rigi-Kaltbad, *im* 2.—5. Akt: Genf.)

Heubner, H., aus meiner Wandermappe. Landschaftsstudien nach der Natur. 1. Lfg. Fol. (4 Taf. in Farbendr.) Leipzig 890. [Zohl.] E. Haberland. n. 4. 50

Heubner, J. B. Otto, s. Heubner, Otto.

Heubner, Julius Leonhard *Beschreibung der Feier des 10jähr. Stiftungsfestes der Realschule.* 4 (S. 26 – 30 der Schuln.).
Progr. Rsch. *Reudnitz* 1887 (537).

Heubner, Otto

Heubner, O., s.: Archiv f. Kinderheilkunde.

Heubner, (J. B.) O., Beiträge zur internen Kriegsmedicin. Nach Beobachtungen in einem Reservelazareth. gr. 8. (III, 153 S.) Leipzig 871, O. Wigand. *
Aus: Archiv der Heilkunde, besonders abgedruckt.

Heubner, Otto, die experimentelle Diphtherie. Gekrönte Preisschrift. 8. (IV, 60 S. mit 1 Taf. in Farbendr.) Leipzig 883, Veit und Comp. *

Heubner, O., Dysenterie, s. Handbuch der speciellen Pathologie und Therapie.

Heubner, O., s.: Ergebnisse d. inneren Medizin u. Kinderheilkunde.

—— die luetische Erkrankung der Hirnarterien. Nebst allgemeinen Erörterungen zur normalen und patholog. Histologie der Arterien sowie zur Hirncirculation. Eine Monographie. gr. 8. (VI, 238 S. mit 4 lithogr. Taf. in gr. 8. und qu. 4.) Leipzig 874, F. C. W. Vogel.

—— ein paradoxer Fall von infantiler progressiver Muskelatrophie, s. Beiträge zur pathologischen Anatomie und klinischen Medicin.

— s.: Festschrift zur Eröffnung des Kaiserin Auguste Victoria-Hauses.

Ueber Gedeihen und Schwinden im Saeuglings-Alter. Festrede, geh. am Stiftgst. d. Kais. Wilhelms-Akademie f. d. militärärztl. Bildgsw., 2. Dec. 1897, v. O[tto] **Heubner**, o. Prof. an d. Univ. . . . *Berlin: Buchh. O. Lange (1897).* (30 S.) 1 Bd 8. [98. 193

-- über Gedeihen u. Schwinden im Säuglings-Alter. Festrede, geh. am Stiftungstage d. Kaiser-Wilhelms-Akademie f. d. militärärztl. Bildungswesen, 2. XII. 1897. gr. 8. (36 S.) Berlin 898. A. Hirschwald. n. 1. —

Heubner, O., Handbuch der acuten Infectionskrankheiten, } s. Handbuch der speciellen Pathologie und Therapie.

Heubner, O., s.: Jahrbuch f. Kinderheilkunde.

Ueber angeborenen Kernmangel (infantiler Kernschwund, Moebius). Von Prof. Dr. O[tto] **Heubner**. Mit 5 Taf. u. 1 Abb. im Text. *Berlin: A. Hirschwald 1901.* (35 S.) 8°
Aus: Charité-Annalen. Jg. 25. [01. 13243

-- Krankheiten d. Nervensystems, s.: Handbuch der speciellen Pathologie u. Therapie.

Lehrbuch der Kinderheilkunde von O[tto] **Heubner**, Prof., Berlin. Mit Abb. Bd 1. 2. Leipzig: J. A. Barth 1903–06. 2 Bde 8° [06. 3908

— Lehrbuch d. Kinderheilkunde. 2 Bde. Lex.-8. Leipzig 906. J. A. Barth. n. 31. —; geb. in Halbfrz. n. 36. —
I. Mit 47 Abbildgn. im Text u. auf 1 Taf. 2. durchgeseh. Aufl. (VIII, 719 S.) 17. —; geb. 19. 50
II. Mit 30 Abbildgn. 2. unveränd. Aufl. (VII, 568 S.) 14. —; geb. 16. 50
1. Aufl. (VIII, 716 u. VII, 558 S.) 903. 906.

Ueber chronische Nephritis und Albuminurie im Kindesalter v. Dr. O[tto] **Heubner**, o. ö. Prof. . . . and. Univ. Berlin. *Berlin: A. Hirschwald 1897.* (1 Bl., 70 S.) 1 Bd 8. [97. 5037

Säuglingsernährung und Säuglingsspitäler v. Dr. Otto **Heubner**, o. ö. Prof. . . . an d. Univ. Berlin. M. 19 Curven u. 1 Sk. im Text. *Berlin: A. Hirschwald 1897.* (2 Bl., 73 S.) 1 Bd 8. [97. 3008

Heubner, O., üb. die Scharlachdiphtherie u. deren Behandlung, s.: Sammlung klinischer Vorträge.

— klinische Studien üb. d. Behandlg. d. Diphtherie m. d. Behringschen Heilserum. Nach e. a. d. 13. Kongress f. innere Medicin erstatt. Bericht, nebst Belegen. Lex.-8. (V, 124 S. m. Abb. u. 1 farb. Taf.) Leipzig 895. J. A. Barth. n. 5. —

Heubner, O., Syphilis, s.: Handbuch d. Kinderkrankheiten.

— Syphilis (hereditaria, acquisita, tarda) im Kindesalter. [Aus: „Gerhardt's Handb. d. Kinderkrankh."] gr. 8. (III, 135 S. m. Abb.) Tübingen 896. H. Laupp. n. 3. —

— die neue Universitäts-Klinik u. -Poliklinik f. Kinderkrankheiten im königl. Charitékrankenhaus. (16 S. m. 9 Abbildgn.) Lex.-8. Berlin 904. A. Hirschwald. n.n. — 60
Sonderabdruck aus: „Charité-Annalen".

Heubner, Otto Leonhard

Heubner, Otto, Gedichte. Zum Besten seiner Familie hrsg. von seinen Brüdern. Mit der Lebensbeschreibung des Verf. 1. Aufl. (XLVII und 176 S.) * 15 Ngr. und 2., verm. Aufl. 16. (XLVII und 191 S. mit Heubner's Portr. in Stndr.) Zwickau 850, Gebr. Thost. * —
Fein Pap. *

— neuere Gedichte aus der Gefangenschaft. (Auf dem Königstein.) (Nachtrag zu dessen Gedichten. 1. Aufl.) 16. (S. 177—191 mit Portr. in Stndr.) Zwickau 850, Gebr. Thost. Thlr. *
Fein Pap. *

Heubner, Otto Leonhard, s. Geschichten für die Jugend.

Heubner, Otto Leonh., kleine Geschichten für die Jugend. Seinen Kindern in der Heimat erzählt. 2. verm. Aufl. Leipzig 860. Brockhaus. 8. (X, 114 S.) n. 8 ngr.

Herr Goldschmid und sein Probirstein, s. Volks-Bibliothek.

Klänge aus der Zelle in die Heimath. 1849—1859. Dresden 859. Kuntze. 8. (VI, 194 S.) n. 24 ngr.

— Schau's an, lern' d'ran! Bilderbüchlein mit Versen den Kindern von den Müttern vorzusagen. Mit 22 Holzschn. Dresden 862. Kuntze. gr. 8. (22 Bl.) 10 ngr.

Heubner, Otto, Selbstvertheidigung in seiner auf Hochverrath gerichteten Untersuchung. Hrsg. von Angehörigen des Verfassers. 8. (VI und 149 S.) Zwickau 850, Gebr. Thost. *

Heubner, O L [Übers.]
s. Thackeray, William Makepeace: Aufzeichnungen von Cornhill nach Groß-Cairo. 1851.

Heubner, P. M., Gesundheit üb. alles! Ein neues unträgl. Heilverfahren, um [illegible] in den schwersten, langwierigsten Krankheitsfällen seine Gesundheit rasch u. ohne Arznei wieder zu erlangen. Zum Wohle der leid. Menschheit nach den [illegible] Hellmethoden [illegible] u. Schroth's u. nach eigener Erfahrg., sowie zahlreichen Erfolgen der kombinierten Methode zusammengestellt. gr. 8. (56 S.) Leipzig 892. E. Wiest. n. — 80

Heubner, Paul Leonhard

Heubner, Paul L., die Leipziger Messe. s.: Bücherei, kaufmännische. II.

Heubner, Paul Leonhard: Der Musterlagerverkehr der Leipziger Messen. Mit 2 Übersichtskarten. Tübingen 1904: H. Laupp jr. (117 S.) 8° (= Zeitschr. f. d. ges. Staatswiss., Erg.-H. 11.)
Leipzig, Phil. Diss. v. 1904

Der Musterlagerverkehr der Leipziger Messen. Von Dr. Paul Leonhard **Heubner**, Handelskammersekr. Mit 2 Uebersichtskarten. *Tübingen: H. Laupp 1904.* (116 S.) 8°
— Zeitschrift f. d. gesamte Staatswissenschaft. Erg. H. 11.

— Die Stätten der Leipziger Mustermesse. (16 S. m. Abb.) gr. 8. Leipzig 908. [G. Merseburger] Fr. Richter. — 30
Sonderabdruck aus: „Leipz. Kalender".

Heubner, Rud., Dichtungen. gr. 16. (115 S.) Plauen i. V. 893. F. E. Neupert's Verl. n. 1. 50; kart. n. 1. 75; geb. n. 2. —

Heubner, Rud., das Haar der Berenike. (195 S.) 8. Breslau 905. Berlin, S. Schottlaender's schles. Verlagsanstalt. n. 2. —; geb. n. 3. —

Heubner, Rud., der König u. der Tod. Roman. (307 S.) 8. Leipzig 908. L. Staackmann. 4. —; geb. 5. —

— Karoline Kremer. Roman. (576 S.) 8. Ebd. 910. 5.50; geb. in Leinw. 6. 50

— Napoleon. (120 S.) 8. Leipzig 906. C. F. Amelang. n. 2. —

— der Sekretär d. Königs. Novelle. gr. 8. (90 S.) Ebd. 894. n. 1. 25; kart. n. 1. 50; geb. n. 1. 80

— Stürme u. Sterne. Novellen. 2 Bde. 8. (V, 236 u. V, 216 S.) Leipzig 895. Th. Leibing. n. 4. —; in 1 Leinwbd. n. 5. —

Heubner, Wolfgang, aus Leipzig: Die Spaltung des Fibrinogens bei der Fibringerinnung. *Leipzig 1903: J. B. Hirschfeld.* (15 S.) 8°
Straßburg, Med. Diss. v. 1903

Heuch, F. C., reformjüdische Polemik gegen das Christenthum im Gewande moderner Aesthetik. Kritisch beleuchtet. Deutsche Ausg. gr. 8. (52 S.) Flensburg 879. Westphalen.. n. 1. —

Heuch, J. C. Glaube u. Unglaube. Populäre Vorträge. Deutsch v. H. Hansen. 8. (VIII, 140 S.) Basel 889, [Spittler.] Jaeger u. Kober. * 1 —; geb. * 1 80

Heuch, J. C., die Praxis der Krankenseelsorge. Ein Beitrag zur Pastoraltheologie. Deutsche, vom Verf. autoris. Ausg. von E. Schumacher. 2. Abdr. 8. (VI, 114 S.) Leipzig 883, J. Naumann.
Erschien zuerst in einer Zeitschrift.

— die Seelsorge an den Kranken. Deutsch v. H. G. W. Hansen. 8. (V, 124 S.) Gotha 887. F. A. Perthes. n. 1. 60

— das Wesen des Unglaubens. Populäre polem. Vorträge. Aus dem Norweg. von O. Gleiss. Autoris. Ausg. gr. 8. (IV, 312 S.) Leipzig 886, Fr. Richter. *ℳ 3.60.; geb. * 4 60

Die Heuchelei u. die Blößen des Altkatholicismus. Dem kath. Volke dargelegt von einem Wahrheitsfreunde. Mainz, Kupferberg, 1872. gr. 8°, 14 S., 20 Pf.

Heucheley, die glückliche, s. Romane v. Genlis 9r Bd.

Heuchelei, liberale. Antwort auf die Seeschlange der Volkszeitung: „Konservative Demagogie." [Aus: Berliner Revue.] Berlin 864. (Akademische Buchh.) gr. 8. (31 S.) 7½ ngr.

Heuchelei, moderne, oder die Interessen des allgemeinen Wohles und der Moral im christlichen Staate gegenüber der Stellung der Wortführer des Zeitgeistes und ihrer Judenpresse zur Frage der nothwend. Zucht der heranwachsenden Jugend und der angemessenen Besserungsmittel für jugendl. Verbrecher von L. v. E. 8. (64 S.) Leipzig 886, Uhlig. * 1 —

Heuchelei, unverschämte, d. Revolutionsbischöffe in Frankreich rc. (Von Ben. Stattler.) gr. 8. Straßb. u. Basel 782. (Münch.), J. Lindauer. 12 K

Heuchelei, Unverschämte, der Revolutionsbischöffe in Frankreich in der . . . Harmonie der wahren Grundsätze der Kirche, der Moral, und der Vernunft . . . Strasb. u. Basel [München] 1792. V: *Stattler, Benedict.* (ML) (Ky) (Wr) (Jes)

Heuchelin, Franz Casimir (Sonthem. Limpurg.), De pretio affectionis et amoenitatis. Disp. ex jure gentium & civ. Präs. Heinrich Coccej. Dez. 1680 (1700). 15 S. (5.50) 14908

— — Dasselbe. 1715. (5.50) 14909

Heuchelin, Ph. Chr., s. Behandlung d. Steuersatzes.

(Heuchelin, Ch.): „Ueber die Behandlung des Steuersatzes im Wirttembergischen", Stuttgart 1797 (Löfflund).

Heucher, Johann Heinrich

Heucher, Jo. Heinr. (Praes.), s. Benemann, Jo. Gottl.: De igne non urente.

— — **von** (Rector), Civibus academicis s. p. d. Wittbg. (Gerdes' Erb.) 1729. 6 Bl. (3.—) 14911

— — Dasselbe. Wittbg. (Gerdes) Febr. 1734. 4 Bl. (3.—) 14912

Jo. H. Heucher paria analyseos mathematicae et anatomicae fata. Viteb. 1709. 4.

Heucher, Johann Heinrich, De historia naturali, a fabulis repurgata. Wittbg. (Christian Gerdes) 1706. 7 Bl. (5.—) 14910

Jo. Henr. Heucher (resp. Valent. Herm. Thryllitius) plantarum historia fabularis. Viteb. 1713. 4.

Heucher (J. H.). Index . . . horti med. acad. wittenbergensis. Wittenbergae, 1711. 4°. Novi proventus, 1711–3.

Rectore magnificentissimo etc. Dn. Friderico Augusto, electoratus saxonici herede etc. exercitationem physico-mathematicam de mechanicis non mechanicis praeside *Jo. Hen. Heuchero* Phil. et Med. D. Phys. Prof. subst. defendet *Samuel Christoph Vrsinus*, Buttelstad. Thuring. Med. C. Vitembergae prelo Gerdesiano. 4. 6 Bogen 1708

Heucher, Jo. Henr., Opusc. sist. morbos ex nimio veneris usu Vitenb. 4°.

1700

Heucher, I. H. de, opera medica. 4. Lips. Langenheim. 744.

Heucher opuscula physica, mathematica et medica. Witteberg. 1721.

Heucher, J. Henr., De organo tactus. Wittenb. 4°. 1710

Heucher, Diss. ingeniorum praesidia. Witteb. 4°. Auch: Opp. I, 218. 1709

— n. proventus horti medici Vitemb. 4. Vitemb. Gerdes. 713.

Heucherus, M. Jo. Henr. (Vindobonens.), et Jo. *Fabricius* (Rosnavia-Hungarus, ss. Theol. & Phil. cult.) de *vegetabilibus magicis.* Wittebergæ, typis Joannis Hakii. MDCC. (1700.) 4°. 1 Bl. m. gering. Textverlust beschäd. Stempel auf d. Titel. Cart.
9 Bll., unpag. — Sehr selten!

Heuchler, der. Lustsp. in 5 Aufz. von Moliere. 8. Wien, Wallishäußer.

HEUCHLER, Der entlarvte, oder Felix und Colombe. 2 Thle. Berlin u. Stralsund, bei Gottlieb Aug. Lange 1787. 8°. 408 fortl. gez. S. (incl. Tit. m. Ornament u. 2 Bll. „Nachricht des Herausgebers"). Zahmer Roman in 50 Briefen (wohl aus d. Französ. übers.?). Th. 2 beg. mit neuem Titel (S. 193). Selten!

Heuchler, der entlarvte, od. Felix u. Colombe. 2 Thle. 8. Berl. 788. Lange. 20 K

Heuchler, Eduard

Heuchler, Ed., Album für Freunde des Bergbaues, enth. eine Folge von 14 bildl. Darstellungen aus dem Berufsleben des freiberger Berg- und Hüttenmannes. 1—3. Heft. qu. Fol. (15 Stnt. und 1 Bl. Text.) Freiberg 851—52, (Craz und Gerlach.) à Heft ** 1 Thlr. 10 Ngr. **

Heuchler, Ed., Album für Freunde des Bergbaues, enth. eine Folge von 14 bildl. Darstellungen aus dem Berufsleben des Berg- und Hüttenmannes. Entworfen und nach der Natur gez. 2. Aufl. qu. Fol. (14 Stnt. in Tondr. und 1 Bl. Text.) Freiberg 855, Engelhardt. *

Heuchler, Ed., die Bergknappen in ihren Berufs- und Familienleben bildlich dargestellt und von erläuternden Worten begleitet. 4 Hefte. qu. Fol. (47 Stnt. und lithogr. Titel in Tondr. und 12 S. Text.) Dresden 857—59, Kuntze. à Heft * 1 Thlr. 15 Ngr. *

Heuchler, Ed., der Dom zu Freiberg. In geschichtlicher u. kunsthistorischer Beziehung beschrieben. Hierzu 4 Taf. Lithogr. u. 1 Taf. Photogr. Freiberg 862. Engelhardt in Comm. gr. 4. (VII, 52 S.) nn. 1 ₰ 15 ngr.

HEUCHLER, E. *Bergmanns Lebenslauf.* Eine Erzählung mit Illustrationen für die reifere Jugend von Eduard Heuchler. Verlag von Julius Frotscher in Freiberg [1852?; dieser Titel in getönter Lithogr., oben Bild: erzählender Bergmann]. 28 bedr. SS. und 21 lithogr. Umrißtafeln. Gr.-8°. Karton d. Z., lithogr. Or.Umschlag (Inschrift: Glück auf! u. Embleme), aufgezogen, Lwd.-rücken. 48.—
★ Erstausgabe dieses sehr originellen Buchs, das gleich eindrücklich in Text wie in Bildern den Bergmannsberuf schildert. Sehr gut erhalten.

Heuchler, Ed., Bergmanns Lebenslauf. Eine Erzählung mit Illustrationen für die reifere Jugend. Freiberg 867. Frotscher. 4. (37 S. Text mit 21 Steintaff.) cart. n. 1 ₰ 15 ngr.

Heuchlerin, Die, oder Weiberrache. Ein Schauspiel in zwei Aufzügen. [Augsb. 1815.] V: *Bonafont, Carl Phil.* (GGr)

Heuck, [Franz]: [Gedächtnisrede auf den am 11. Sept. 1909 verstorbenen Professor Dr. Otto Hoffmann.] S. 15—20. 4.
Progr. Friedrichs-Werdersches Gymn. *Berlin* 1910 (66).

Heuck, Frz., zum Religionsunterricht an höh. Schulen. (IV, 53 S.) 8. Berlin 904. A. Duncker. n. 1.—

(B) **Heuck**, Frz., z. Religions-Unterricht. 904. Jetzt: Berlin, A. Glaue.

Heuck, Franz *Friedrich Walther* [aus Malchin]: Die Temporalsätze und ihre Konjunktionen bei den Lyrikern des XII. Jahrhunderts ... (Enth. nur e. Theil d. eingereichten Arb.) Berlin, C. Vogts Buchdr., *1896;* 47 S. 8.
Berlin, Phil. Fak., Inaug.-Diss. v. 7. März 1896

Die Bestimmungen des B. G.-B. über Miete, Pacht, Kauf, insbes. Gesinderecht und Viehkauf. Zsgest. im Auftr. d. landw. Lokal-Abt. Mörs u. von Notar u. Rechtsanw. [Friedrich Emil] **Heuck**. *Mörs a. Rh.: J. W. Spaarmann in Komm. (1900).* (30 S.) 8° [F.] [01. 2764

Heuck, H., s.: Arbeiten aus d. Gebiete der Geburtshülfe u. Gynaekologie.

— Beitrag zur Frage d. Endometritis, insbes. d. Retentio chorii et deciduae, s.: Arbeiten aus d. Gebiete d. Geburtshülfe u. Gynaekologie.

Heuck, Hans [aus Kützerhof]: Beitrag zur Frage der diuretischen Wirkung des Calomels bei renalem Hydrops. ... Rostock, Univ.-Buchdr. v. Adler's Erben, 1889; 27 + 1 S. 8°
Heidelberg, Med. Fak., Inaug.-Diss. v. [13. März] 1889

Heuck, Ludwig, Referendar in Wiesbaden: Die Unterzeichnung schriftlicher Erklärungen, Verträge und Wechsel durch Vertreter. Borna-Leipzig 1905: R. Noske. (IX, 36 S.) 8°
Leipzig, Jur. Fak., Diss. v. 4. Febr. 1905
[Geb. 5. Apr. 74 Neunheilingen, Kr. Langensalza, Wohnort: Neunheilingen; Staatsangeh.: Preußen; Vorbildung: Lessing-Gymn. Frankfurt a. M. Reife M. 97; Studium: Berlin 2, Halle 4 S.; Rig. 30. Sept. 01.]

Heuck, Rich. [diplom. Chemiker aus Kützerhof]: Ueber die Condensation von aromatischen Aldehyden mit Cyanacetamid, Malonamid und Malonitril ... Rostock, C. Boldt'sche Hof-Buchdr., 1896; 40 S., 1 Bl. 8.
Würzburg, Phil. Fak., Inaug.-Diss. v. 1896

Heuck, W., u. H. **Zscherland**, die Gehaltsverhältnisse der Volksschullehrer in mehr als 300 Städten der verschiedensten deutschen Gaue, m. besond. Berücksicht. Preußens, nebst ausführl. Angaben üb. Art u. Anzahl d. Schulen in den aufgeführten Orten. 16. (IV, 85 S.) Bielefeld 889. Helmich. n. 1.25; cart. n. 1.50

HEUCK, Wilhelm (Bonn): Beitrag zur Kasuistik der idiopathischen Herzhypertrophie.- München: Wolf 1902. 60 S.
10.3.1902 - Chr 1901/02,25; Jv 1901/02,272
Diss. Ingolst.-Landsh.-Mchn.

Heucke, Albert, Kammergerichts-Ref.: Begriff und Rechtsstellung des Verschwenders nach römischem und deutschem Recht. *Berlin: Stuhr (1898).* (IX, 127 S.) 8°
Berlin, Jur. Diss. v. 3. Okt. 1898

Heucke, Alb., Begriff u. Rechtsstellg. d. Verschwenders nach röm. u. deutschem Recht, bis z. bürgerl. Gesetzbuch histor. dargest. gr. 8. (X, 127 S.) Berlin 898. J. Räde. n. 2.—

Begriff und Rechtsstellung des Verschwenders nach römischem u. deutschem Recht, bis zum Bürgerl. Gesetzb. histor. dargest. von Dr. jur. Albert **Heucke**, Kammerger.Ref. *Berlin: Stuhr 1898.* (IX, 127 S.) 8°
[Erschien zuerst als Berliner Diss. 1898.] [00. 3107 II

Heucke, Alexander [cand. med. aus Lindstedt]: Beitrag zur Lehre von der Aetiologie und Behandlung der Luxationen der Krystalllinse ... Strassburg i. E., Buchdr. C. Goeller, 1893: 40 S., 1 Bl. 8.
Strassburg, Med. Fak., Inaug.-Diss. v. 1893

Heucke, Joh. Frid. Theophil. (geb. Frose in Anh. 7. 9. 1813): De coremorphosi. Berolini (1840). (27 S.) 8°
Berlin, Med. Diss. v. 31. März 1840

Heucke, Jh. Joach., Dizionario nouvo Italiano-Tedesco e Tedesco-Italiano etc. Neues italien.-deutsches u. deutsch-italien. Wörterbuch, grammatikalisch bearbeitet. 2 Thle. gr. 8. Augsb. 806. M. Rieger. 8 ₰ 12 gr
Vgl. Heuke, Joh. Joachim.

Heucke, Giov. Gioach., nuovissimo Dizionario italiano-tedesco e tedesco-italiano, composto su i Dizionari dell' Acad. della Crusca del Francesco de Alberti di Villanuova e Flathe e Jagemann, ed arricchito di molti articoli importanti delle scienze e delle arti. — Oder neuestes italiän.-deutsch. u. deutsch-italiän. Wörterbuch, grammatikal. bearb. nach d. Adelung'schen größern deutsch. Wörterbuche, um vorzügl. d. Italiänern die Erlern. d. deutschen Sprache zu erleichtern. 2 Thle. (Neue Ausg.) gr. 8. (184¾ B.) Augsburg 836, Rieger'sche Buchh. *

Heucke, Karl, die Gefahr der Quecksilbervergiftung in den Hutstoff- u. Hut-Fabriken. Ein Beitrag zur Gewerbehygiene. gr. 8. (43 S. m. 9 Abbildgn. im Text u. auf 1 Taf.) Frankfurt a/M. (900). Gebr. Knauer. n. 2.—

HEUCKE, KARL. Ueber p-Amidodiphenylamin. (Erlangen) Quedlinburg, 1889. Diss. 31 S

Heucke, Margar., das weiße Haus u. andere Erzählungen. (III, 133 S.) 8. Wismar 908. [H. Bartholdi.] Leipzig, E. Ungleich. Geb. in Leinw. 2.50

Heucken, Franz Jacob (Weyer/Fulda), Verum dominum, tanquam malae fidei possessorem. Den wahren Eigenthums=Herrn / als einen unrechtmäßigen Besitzer. Diss. jur. Rector Philipp Wilhelm Grf. v. Boineburg. Präs. Johann Philipp Treiber. Erfurt (Limprecht) 23. XII. 1711. 8 Bl. (6.—) 14913

Heuckendorf(f), Andreas Johann

Heuckendorff A. J.: Bemerkungen beym praktischen Versuch d. Pisé-Baues ... Rostock 1804. 24 S. 1 Tvl. P.

Heuckendorf, Andr. Jh., († d. 6. Juni 1826.) Bemerkk. beim prakt. Versuch d. Pisé-Baues; nebst Beschreib. e. Stumpfmaschine. Mit 1 Kpft. 8. Rostock 806. Stiller. 5 gr

Heuckendorff, Frau Helene, Märchen für Knaben und Mädchen. gr. 8. (118 S. mit 4 prachtvollen Farbdr.-Bildern nach Aquarellen von R. E. Kepler.) Stuttgart 886, [Hänselmann.] Süddeutsches Verlags-Institut. geb. * 3 —

Die Bibliothek des kgl. romanischen Seminars an der Universität Halle 1875–1900. (Verf.: F[erdinand] **Heuckenkamp**.) *Halle a. S. 1901: (E. Karras).* (VIII, 52 S.) 8° [01. 7623 3

Heuckenkamp, Ferd., s.: Chevalier, le, de Papegau.

Heuckenkamp, Ferdinand [aus Pappenheim]: Die heilige Dimphna ... Halle a. S., *Druck v. R. Oldenbourg, München*, 1887; 3 Bl. + 48 S. 8°
Halle, Phil. Fak., Inaug.-Diss. v. 12. Nov. 1887

Heuckenkamp, Ferdinand, die heilige Dimphna. Diss. Halle 1887, Lippertsche Buchh. 8°. 48 S.

Heuckenkamp, Ferdinand [Dr. phil.]: Le dit de la rose von Christine von Pisan ... Halle a. S., Buchdr. d. Waisenhauses, 1891; VI, 19 S. 8.
Halle, Phil. Fak., Hab.-Schr. v. 22. Okt. 1891

Heuckenkamp, Ferd., s.: Joyes, les quinze, de mariage.

Heuckenrott, M. Jo. Gottlieb u. **Jo. Georg Maudrich** (Merseburg), Quid statuendum ubi deficit historia. Lpz. (Zunkel) 1721. 24 S. (6.50) 14914

Heückenrott, Christian Samuel (Pristebl. Misnicus), Jus gentium naturale. Präs. M. Johann Friedrich Schneider (Merseburg). Lpz. (Zunkel) 26. X. 1729. 24 S. (6.50) 14915

Heucking, Eduard

Heucking, Ed., über die Organisation des Thrombus. Inaugural-Dissertation. gr. 8. (54 S.) Dorpat 886, (Karow.) * 1 —

Heucking, Heinr. Ernst, über ein relativ neues in methodisch-volksthümlichem Style gehaltenes öffentlich-gesundheitspflegerisches Curverfahren. St. Petersburg 861. (Minlos.) Lex.-8. (51 S.) n. 10 ngr.

Heucking, Heinr. Ernst, die sixtinische Madonna. In ihrer sittl. Wirkung ausgelegt und erklärt. gr. 8. (XXIV und 167 S.) St. Petersburg 862, (Röttger.)
Mit 1 Photogr. * 1 Thlr. 12 Ngr.; mit 3 Photogr. *

Heucking, H. E., die Sixtinische Madonna in ihrer sittlichen Wirkung. Im Auszuge m. Vorwort hrsg. v. S. P. 8. (V, 38 S.) Stuttgart 880. Metzler's Verl. n. 1. —

Heude, W., Voyage de la Côte de Malabar à Constantinople par le golfe persique, l'Arabie, la Mésopotamie, le Kourdistan et la Turquie d'Asie, fait en 1817. Trad. de l'anglais. avec une Carte et des gravures. in 8. Paris, 820.

HEUDORFER, Georg (Bondorf): Die Krankheiten der Leber in den Jahren 1885-1889 (incl.) auf der II. medicin. Abtheilung (Krankenhaus l.I.).- München: Wolf 1890. 23 S.
30.5.1890 - Chr 1889/90,29; Jv 1889/90,225
Diss. Ingolst.-Landsh.-Mchn.

Heuduck, Martin (aus Brumby b. Calbe a. d. Saale): Ueber den Mechanismus der Einklemmung von Darmbrüchen .... Berlin, Buchdr. v. Gustav Schade (Otto Francke) (1887); 31 + 1 S. 8°.
Berlin, Med. Fak., Inaug. Diss. v. 28. Mai 1887.

Heuduck, Martin, ueber den Mechanismus der Einklemmung von Darmbrüchen. Diss. Berlin 1887, Mayer & Müller. 8°. 31 S.

Heuer, Albert

Heuer, Alb. Hausaltar, ein Erbauungsbuch, gesammelt aus dem Nachlass von Heuer, von einem seiner Freunde. In-8°, 116 S. Bern, Krebs. 1882. cart. 1 20

Heuer, A., religiöse Lieder f. Schule u. Haus. 8. (VII, 79 S.) Bern 873. Dalp. n. — 80

Heuer, A., Antiquarische Notizen aus der Umgebung von Burgdorf. Burgdorf 1877.
Progr.

Heuer, A., Schulgeschichte von Burgdorf. Burgdorf 1874.
Progr.

Heuer, August

Heuer, A., Gefahr und Hülfe. Wort der Mahnung zu einer zeitgemäßen Reform der öffentlichen Erziehung. Bremen 861. Müller in Comm. gr. 8. (66 S.) n. 10 ngr.

Heuer, August, Katalog der Elischer'schen Goethe-Sammlung. [Goethe-Zimmer der Ung. Akademie der Wissenschaften.] Budapest 1896.

— über Körperbildung in der Schule. Vortrag gehalten auf der 13. allgemeinen Lehrerversammlung in Gera. Abdr. aus der allgem. deutschen Lehrerzeitung 1862. Leipzig 862. Klinkhardt. 8. (38 S.) 3 ngr.

Heuer, Clemens, s. Heuer, Klemens.

Heuer, D., und H. Päpke, praktisches Schul-Rechenbuch, s. Päpke, H.

Heuer, Ed., de Stesimbroto Thasio ejusque reliquiis. Dissert. philologica. Münster 863. (Coppenrath.) gr. 8. (52 S.) n. 10 ngr.

Heuer, F., Führer im Zeichen-Unterricht nach den 20 Wandtafel-Gruppen f. einfache Volksschulen. gr. 8. (44 S. m. 85 Fig. u. 2 Taf.) Harburg 891. Elkan. Kart. n. 1. 20

— **Wandtafeln f. den Zeichenunterricht in preussischen Volksschulen. 20 Wandtafel-Gruppen (à 3 lith. Bl.) f. den Unterricht im Freihand-, Linear- u. Zirkel-Zeichnen auf Grund der „Allgem. Bestimmgn. v. 15. Oktbr. 1872" u. im Anschluss an die ministerielle Anweisg. vom 20. Mai 1887. 76×49,5 cm. Ebd. 891. Auf Leinw. m. Oesen in Mappe. n.n. 34. —**

—— Zeichenhefte, s. Elkan.

Heuer, Ferdinand

— Handbuch beim Kopfrechenunterricht. Zum Gebrauch für Lehrer. Hannover 853. Helwing. 12. (VIII, 303 S.) 17½ ngr.

Heuer, Ferd., Handbuch beim Kopfrechenunterricht. Zum Gebrauch für Lehrer. 2. verm. u. verb. Aufl. Hannover 859. Helwing. 8. (VIII, 382 S.) 25 ngr.

Heuer, Ferd., Handbuch beim Kopfrechenunterricht. Zum Gebrauch f. Lehrer. 4. Aufl., nach der neuen Maß- u. Gewichts-Ordng. Norddeutschlands u. unter besond. Berücksicht. e. steten Anschließens an das Tafelrechnen umgearb. Mit 47 erläut. Abbildgn. (in eingedr. Holzschn.) 8. (IV, 431 S.) Hannover 872. Helwing'3 Verl. n. 3. —

— Handbuch beim Rechenunterricht. Zum Gebrauch f. Lehrer. 5. Aufl. nach der neuen Münz-, Maaß- u. Gewichtsordng. d. deutschen Reichs u. unter besond. Berücksicht. e. steten Anschließens d. Kopfrechnens an das Tafelrechnen umgearb. 1. Thl. gr. 8. (VII, 254 S.) Ebend. 876. n. 3. —

— Raumlehre f. Volksschulen in Städten u. auf dem Lande. Nach den ministeriellen allgem. Bestimmgn. vom 15. Octbr. 1872. 1. Thl. Von den Linien, Winkeln u. Flächen. Mit 130 eingedr. Holzschn. gr. 8. (95 S.) Ebend. 874. n. 1. —; Antworten. Mit 130 eingedr. Holzschn. (15 S.) n. — 20

— dasselbe. Antworten. 2. Thl. gr. 8. (20 S.) Ebend. 875. n. — 20

—— Raumlehre für Volksschulen in den Städten und auf dem Lande. Nach den ministeriellen allgemeinen Bestimmungen vom 15. October 1872 bearb. 2. Thl.: Von den Körpern. gr. 8. (93 S. mit 28 Holzschn.) Ebendas. 875. 1 —
Antworten dazu. gr. 8. (20 S.) 875. — 20
1. Thl. Ebendas. 1874. *M.* 1. — Antworten. 20 Pf.

Heuer, Ferd., Rechnenbuch besonders für hannoversche Volksschulen. 1. Stufe oder Fibel. 8. (46 S.) Hannover 851, Helwingsche Hofbuchh.

—— dass. — 2. und 3. Stufe. gr. 12. (168 S.) Ebds. 851. à Stufe 2½ Ngr.

—— Antworten dazu. gr. 12. (IV und 42 S.) Ebds. 851.

—— Rechenbuch besonders für hannoversche Volksschulen. 2. Stufe. 2., verm. Aufl. gr. 12. (96 S.) Hannover 855, Helwingsche Hofbuchh.

—— Antworten zur 1. u. 2. Stufe rc. 2. verm. Aufl. Ebend. 855. 12. (VI, 41 S.) 2½ ngr.

Heuer, Ferd., Antworten zum Vorcursus und zu den Wiederholungsexempeln des Rechenbuchs besonders für hannoversche Volksschulen. 2. Stufe. 2. verm. Aufl. Hannover 855. Helwing. 8. (12 S.) 1¼ ngr.

—— Rechenbuch besonders für hannoversche Volksschulen. 1. Thl. 3., verb. Aufl. gr. 12. (IV und 148 S.) Hannover 857, Helwing'sche Hofbuchh.

—— dass. — 2. Thl. 3., verb. und verm. Aufl. 12. (IV und 156 S.) Ebendas. 858.

—— Antworten dazu. 3. Aufl. gr. 12. (69 S.) Ebendas. 858.

—— — 2. Thl. 3—5. Aufl. Ebend. 859—62. (2 Bl., 156 S.) 4 ngr.
Antworten dazu, 3. Aufl. 859. (69 S.) 3 ngr.

—— Rechenbuch für Volksschulen. 1. Thl. 4—11. Aufl. Ebend. 859—63. 12. (2 Bl., 143 S.) 4 ngr.;
Antworten dazu, 5. Aufl. 863. (54 S.) 2½ ngr.

Heuer, Ferd., Rechenbuch für Volksschulen. 1. Thl. 9.—13. Aufl. 12. (IV und 143 S.) Hannover 863, Helwing'sche Hofbuchh.
Antworten dazu. 5. Aufl. (54 S.)

Heuer, Ferd., Rechenbuch für Volksschulen. 1. Theil. 12—15. Aufl. Hannover 865—69. Helwing'sche Hofbuchh. 12. (IV, 143 S.) 4 ngr.
Antworten dazu. 7. Aufl. (54 S.) 2½ ngr.

—— Rechenbuch. 1. Thl. 15. und 16., nach den neuen gesetzl. Bestimmungen über die Eintheilung des Groschens umgearb. Aufl. 8. (137 S.) Ebendas. 869.
Antworten dazu. 1. Thl. 7. Aufl. (54 S.)

—— dass. — 2. Thl. 7., nach den preuß. Münzeinheiten umgearb. Aufl. 8. (156 S.) Ebendas. 869.

—— dass. — 1. und 2. Thl. 17.—22. nach der neuen Maß- und Gewichts-Ordnung Norddeutschlands umgearb. Aufl. 8. Ebendas. 870—72. [1. Thl. (86 S.) * 25 Pf.; 2. Thl. (VI, 114 S.) * 30 Pf.] *

—— 1—3. Thl. 17. nach der neuen Maß- u. Gewichts-Ordnung Norddeutschlands umgearb. Aufl. Ebend. 869, 70. 8. n. 8½ ngr.
1. Thl. (86 S.) n. 2½ ngr. — 2. Thl. (VI, 114 S.) 3 ngr. — 3. Thl. (120 S.) 3 ngr.
Antworten zum 3. Thl. 8. (64 S.) 3 ngr.

—— dass. — 3. Thl. 17.—22. Aufl. nach der neuen Maß- und Gewichts-Ordnung Norddeutschlands und zu gleichmäß. Gebrauch bei Kopf- und Tafelrechnen umgearb. und unter Mitwirkung von Tölke, Stoffregen und Harbort hrsg. 8. (120 S.) Ebendas. 870—72.
Antworten dazu. 3. Thl. 17. Aufl.

—— dass. — 4. Thl. 17. und 18. Aufl., nach der neuen Maß- und Gewichts-Ordnung Norddeutschlands zu gleichmäß. Gebrauch bei Kopf- und Tafelrechnen umgearb. unter Mitwirkung von Tölke, Stoffregen und Harbort. 8. (IV, 211 S. mit 29 eingedr. Holzschn.) Ebendas. 871.

—— Rechenbuch für Stadt- und Landschulen. 1.—4. Thl. Nach der neuen Münz-, Maß- und Gewichts-Ordnung des deutschen Reichs zu gleichmäß. Gebrauch bei Kopf- und Tafelrechnen unter Mitwirkung von Tölke, Stoffregen und Harbort umgearb. 8. Ebendas. 873,74. [1. Thl. Vorschule. 23.—26. Aufl. (92 S.) * 33 Pf.; 2. Thl. 23.—26. Aufl. (112 S.) * 50 Pf.; 3. Thl. 23. und 24. Aufl. (132 S.) * 45 Pf.; 4. Thl. 19. Aufl. (168 S. mit 30 eingedr. Holzschn.) *ℳ 1.] *
Antworten dazu. 1.—3. Thl. 23. Aufl.; 4. Thl. 19. Aufl. [1. Thl. Vorschule. (36 S.) * 33 Pf.; 2. Thl. (72 S.) * 33 Pf.; 3. Thl. (69 S.) * 40 Pf.; 4. Thl. (95 S.) * 80 Pf.] *

—— Rechenbuch f. Stadt- u. Landschulen. 1—3. Thl. Nach der neuen Münz-, Maß- u. Gewichts-Ordng. d. deutschen Reichs zu gleichmäß. Gebrauch bei Kopf- u. Tafelrechnen unter Mitwirkg. v. Tölke, Stoffregen u. Harbort umgearb. 8. Ebend. 874. 76. n. 1. 15
1. Vorschule. 26. Aufl. (92 S.) n. — 35. — 2. 29. Aufl. (119 S.) n. — 35. — 3. 24. Aufl. (132 S.) n. — 45.

—— Rechenbuch für Stadt- und Landschulen. 1.—3. Thl. gr. 8. Ebendas. * 1 50
Inhalt:
Thl. 1. Vorschule. Zum Gebrauch beim Kopf- und Tafelrechnen unter Mitwirkung von Tölke, Stoffregen und Harbort umgearb. 27.—34. Aufl. * 35 Pf.; 35.—40. Aufl. (VI, 114 S.) 1874—79. * 50 Pf.
„ 2. Zum Gebrauch beim Kopf- und Tafelrechnen unter Mitwirkung von Tölke, Stoffregen und Oehlkers umgearb. 27.—35. Aufl. (IV, 116 S.) 874—79. * 50 Pf.
„ 3. Zu gleichmäßigem Gebrauch bei Kopf- und Tafelrechnen unter Mitwirkung von Tölke, Stoffregen und Harbort umgearb. 25. und 27. Aufl. (119; 109 S.) 874—78. * 50 Pf.
4. Thl. Ebendas. 1874. *ℳ 1.

—— dass. — Antworten. 3 Thle. gr. 8. Ebendas. [1. Thl. 24.—33. Aufl. (36 S.) 874—78; 2. Thl. 24.—33. Aufl. (64 S.) 874—76; 3. Thl. 24.—26. Aufl. (60 S.) 874—78.] à Thl. * 40 Pf. * 1 20

—— dasselbe. Antworten. 2—4. Thl. 8. Ebend. 880. 81. n. 1. 80
2. 33. Aufl. (64 S.) n. — 40. — 3. 26. Aufl. (60 S.) n. — 40. — 4. 21. Aufl. (III, 100 S.) n. 1. —

Heuer, Ferd., Rechenbuch für Stadt- und Landschulen. Zum Gebrauch beim Kopf- und Tafelrechnen unter Mitwirkung der Commissionsmitglieder Tölke, Stoffregen und Oehlkers umgearb. und theilweise zum Besten hannov. Pestalozzivereine hrsg. 4 Thle. 8. Hannover, Helwing'sche Verlagsh. *
Inhalt:
Thl. 1. Vorschule. Zum Gebrauch beim Kopf- und Tafelrechnen unter Mitwirkung von Tölke, Stoffregen und Oehlkers umgearb. 41.—53. Aufl. (II, 109 S.) 880,81. * 50 Pf.
„ 2. Zum Gebrauch beim Kopf- und Tafelrechnen unter Mitwirkung von Tölke, Stoffregen und Oehlkers umgearb. 36.—46. Aufl. (IV, 116 S.) 880—83. * 50 Pf.
„ 3. Zu gleichmäßigem Gebrauch bei Kopf- und Tafelrechnen unter Mitwirkung von Tölke, Stoffregen und Harbort umgearb. 28.—31. Aufl. (IV, 106 S.) 879—81. * 50 Pf.
„ 4. Zum Gebrauch beim Kopf- und Tafelrechnen unter Mitwirkung von Tölke, Stoffregen und Oehlkers umgearb. 20. und 21. Aufl. (164 S. mit 30 eingedr. Holzschn.) 879,81. *ℳ 1.

—— dass. — Antworten zum 3. und 4. Heft. gr. 8. Ebendas. 880,81. [3. Heft. 27. Aufl. (60 S.) * 60 Pf.; 4. Heft. 21. Aufl. (III, 100 S.) *ℳ 1.] *
1. und 2. Heft. Ebendas. 1876,78. à * 40 Pf.

Heuer, Ferd., Rechenbuch f. Stadt- u. Landschulen. 2. u. 3. Tl. Zum Gebrauch beim Kopf- u. Tafelrechnen unter Mitwirkg. v. Tölke, Stoffregen u. Oehlkers umgearb. gr. 8. Hannover. Helwing's Verl. à n. — 50
2. 48. Aufl. (IV, 116 S.) 885. — 3. 30. Aufl. m. 27 Holzschn. (IV, 106 S.) 884.

Heuer's, Ferd., Rechenbuch für Stadt- und Landschulen. Ausg. A. 1. Tl., 2. Tl. in 2 Heften und 3. und 4. Tl. Zum Gebrauche beim Kopf- und Tafelrechnen unter Mitwirkung von Stoffregen, Oehlkers und Peper bearb. von K. H. L. Magnus. gr. 8. Hannover 885—88, [Helwing's Verlag.] C. Meyer. * 2 70

Inhalt:
Tl. 1. Der Zahlenkreis von 1—100. 54.—60. Aufl. (110 S.) * 50 Pf.
" 2. 1. Heft. (1. Abschn.): Der Zahlenkreis von 1—1000. 47.—51. Aufl. (62 S.) * 30 Pf.; cart. * 35 Pf.; geb. * 40 Pf.
" 2. 2. Heft. (2. Abschn.): Der Zahlenkreis von 1—1000000 aufwärts und bis 0,001 abwärts. 47.—51. Aufl. (104 S.) * 40 Pf.; geb. * 55 Pf.
" 3. (3.—6. Abschn.): Bruchrechnung, Decimalbruchrechnung, Zeitrechnung, Rechnungsarten des bürgerlichen Lebens, Aufgaben aus den übrigen Unterrichtsgegenständen. 32.—36. Aufl. (128 S.) * 50 Pf.; geb. * 65 Pf.
" 4. (Für gehobene Schulen.) Die zusammengesetzten und schwierigeren Rechnungsarten des bürgerlichen Lebens, Quadrat- und Kubikwurzeln. 22. Aufl. (164 S.) * ℳ 1.—; geb. * ℳ 1.30.

Heuer's, Ferd., Rechenbuch für Stadt- und Landschulen. Ausg. B. 1.—3. Tl. Zum Gebrauch beim Kopf- und Tafelrechnen unter Mitwirkung von Stoffregen, Oehlkers und Peper umgearb. gr. 8. Hannover 885—87, Helwing's Verlag. [1. Tl. 54.—64. Aufl. (110 S.); 2. Tl. 47.—52. Aufl. (116 S.); 3. Thl. 32.—35. Aufl. (IV, 106 S.)] à Tl. * 50 Pf. * 1 50

— dasselbe. 2. Tl. Ausg. B. Resultate. 34. Aufl. 8. (64 S.) Ebend. 884. n. — 40

— dasselbe. Ausg. B. 1—3. Tl. Zum Gebrauche beim Kopf- u. Tafelrechnen unter Mitwirkg. v. Tölker, Stoffregen, Oehlkers u. Peper umgearb. gr. 8. Ebend. 886. à n. — 50
1. 61. Aufl. (109 S.) — 2. 52. Aufl. (IV, 116 S.) — 3. 33. Aufl. (IV, 106 S. m. 27 Holzschn.)

— dasselbe. Ausg. B. 1.—3. Tl. gr. 8. Ebd. 887. à n. — 50
1. 64. Aufl. (IV, 110 S.) — 2. 54. Aufl. (IV, 116 S.) — 3. 35. Aufl. (IV, 106 S.)

— Rechenbuch f. Stadt- u. Landschulen. Anh. z. d. Lehrerhefte d. Ausg. A u. B, 3. Tl., s.: Magnus, K. H. L.

Heuer's, Ferd., Rechenbuch f. mehrklassige Schulen. Ausg. A. Tl. I, II, 1—2, III u. IV. Unter Mitwirkg. v. Stoffregen, Oehlkers u. Peper bearb. v. K. H. L. Magnus. gr. 8. Hannover, C. Meyer. n. 2. 10; geb. n.n. 2. 85
I. 63. Aufl. (80 S. m. Fig.) 889. n. — 40; geb. n.n. — 55
II. 1. 57. Aufl. (62 S.) 890. n. — 30; geb. n.n. — 40
2. 56. Aufl. (104 S. m. Fig.) 890. n. — 40; geb. n.n. — 55
III. 39. Aufl. (64 S.) 890. n. — 50; geb. n.n. — 70
IV. 40. Aufl. (128 S.) 890. n. — 50; geb. n.n. — 65

Heuer, Ferdinand. Rechenbuch f. mehrklassige Schulen. Bearb. v. K. H. L. Magnus. Ausg. A. 1. Tl.; 2. Tl. 1 u. 2.; 3. Tl. gr. 8. Hannov., Meyer. * * 1 65
1. Das Zahlengebiet v. 1—100. 68. Stereotyp-Aufl. (79 S.) 892. * — 40; 2. 1. Das Zahlengebiet v. 1—1000. 58. Stereotyp-Aufl. (62 S.) 891. ** — 30; 2. 2. Das Zahlengebiet v. 1 bis zu den Einermillionen aufwärts u. bis zu den Tausendsteln abwärts. 59. Stereotyp-Aufl. (104 S.) 891. * — 40; 3. Das Rechnen m. gemeinen Brüchen. Das Rechnen m. Dezimalzahlen, Zeitrechnung ꝛc. 42. Stereotyp-Aufl. (144 S.) 892. ** — 55.
4. Tl. Ebd. 1888. * 1 —.

Heuer's, Ferd., Rechenbuch f. mehrklassige Schulen. Ausg. A. 1. Tl., 2. Tl. 1. u. 2. Abschn. u. 3. Tl. Unter Mitwirkg. der Kommissionsmitglieder Stoffregen, Oehlkers u. Peper bearb. v. K. H. L. Magnus. 8. Hannover, C. Meyer. n. 1. 65; geb. n.n. — 2. 25
1. 73. Ster.-Aufl. (80 S. m. Bildern.) 894. n. — 40; geb. n.n. — 55
2. Zum Gebrauche beim Kopf- u. Tafelrechnen. 1. Abschn. 62. Ster.-Aufl. (II, 62 S.) 894. n. — 30; geb. n.n. — 40
2. — dasselbe. 2. Abschn. 61. Ster.-Aufl. (II, 104 S.) 893. n. — 40; geb. n.n. — 55
3. Zum Gebrauche beim Kopf- u. Tafelrechnen. 42. Ster.-Aufl. (II, 145 S.) 892. n. — 55; geb. n.n. — 75

— dasselbe f. mehrklassige Schulen. Ausg. A. 4. Tl. Unter Mitwirkg. v. Oehlkers, Peper, Specht u. Kreipe bearb. v. K. H. L. Magnus. 23. Aufl. 8. (160 S.) Ebd. 894. n. 1. —; geb. n.n. 1. 80

— dasselbe. Bearb. v. K. H. L. Magnus. Ausg. A u. B. III. Tl. Anh. gr. 8. (16 S.) Ebd. 894. n.n. — 10

— dasselbe. Ausg. A. 4. Tl. Lehrerheft. Bearb. von K. H. L. Magnus. gr. 8 (44 S.) Ebd. 895. n. — 75

[F.] Ausgabe A. 1. Teil. Ferdinand Heuers Rechenbuch f. mehrklassige Schulen. Tl 1. Unt. Mitw. ... bearb. v K. H. L. Magnus, Seminarl. in Wunstorf. 79. Aufl. *Hannover: C. Meyer 1897* 8. [illegible]

Heuer's, Ferd., Rechenbuch f. mehrklassige Schulen. Ausg. A. 1. Tl., 2. Tl., 2 Abschnitte, 3. u. 4. Tl. 8. Hannover, C. Meyer. n. 2. 65; geb. n.n 3. 50
1. D. Zahlenreihe v. 1—100. Unt. Mitwirkg. v. Peper, Kreipe, Specht u. Feldmann bearb. v. K. H. L. Magnus. 80 Aufl. (80 S. m. Bild.) 898. n. — 40; geb n.n. — 55
2, I. Abschn. D. Zahlenreihe v. 1—1000. Unt. Mitwirkg. v. Peper, Specht, Kreipe u. Feldmann bearb. v. K. H. L. Magnus. 68. Aufl. (66 S.) 897. n. — 30; geb n.n. — 40
2, II. Abschn. D. Zahlengebiet v. 1 bis zu d. Einermillionen aufwärts u. b. zu d. Tausendsteln abwärts. Zum Gebrauche beim Kopf- u. Tafelrechnen unt. Mitwirkg. v. Stoffregen, Oehlkers u. Peper bearb v. K H. L. Magnus. 66. Ster. Aufl. (II, 104 S.) 898. n. — 40; geb. n.n. — 55
3, III. Abschn. D. Rechnen m. gemeinen Brüchen. IV. Abschn.: D. Rechnen m. Dezimalzahlen. V. Abschn.: Zeitrechnung u. d. Rechnungsarten d. bürgerlichen Lebens. VI. Abschn.: Aufgaben aus d. Arbeiter-Versicherungsgesetzen, Raumlehre. Unt. Mitwirkg. v. Peper, Specht, Kreipe u. Feldmann bearb. v. K. H. L. Magnus. 49. Aufl. (155 S.) 898. n.n. — 55; geb. n.n. — 70
4. Wiederholg. d. Grundrechngn., Wurzelrechng., Verhältnisse u. Proportionen, Aufgaben aus d. Rechnungsarten d. bürgerl. Lebens; Körperberechng. Unt. Mitwirkg. v. Peper, Specht, Kreipe u. Feldmann bearb. v. K. H. L. Magnus. 24. Aufl. (160 S.) 898. n. 1. —; Einbd. n.n.n. — 30

Heuer's, Ferd., Rechenbuch f. mehrklassige Schulen. Ausg. A. 2. u. 3. Tl. Lehrerheft. gr. 8. Hannover, C. Meyer. n. 3. 30; geb. n. 3. 90
2. 2. Abschn. Das Zahlengebiet von 1 bis zu d. Einermillionen aufwärts u. bis zu den Tausendsteln abwärts. Zum Gebrauche beim Kopf- u. Tafelrechnen bearb. von K. H. L. Magnus. (116 S. m. Fig.) 900. n. 1. 50; geb. n. 1. 80
3. 3. Abschn.: Das Rechnen m. gemeinen Brüchen. 4. Abschn.: Das Rechnen m. Dezimalzahlen. 5. Abschn.: Zeitrechnung u. die Rechnungsarten des bürgerl. Lebens. 6. Abschn.: Aufgaben aus den Arbeiter-Versicherungsgesetzen. Raumlehre. Zum Gebrauch beim Kopf- u. Tafelrechnen bearb. v. K. H. L. Magnus. (140 S.) (900.) n. 1. 80; geb. n. 2. 10

Heuer's, Ferd., Rechenbuch f. mehrklassige Schulen. Ausg. A. III Tl. 8. Hannover, C. Meyer. n. — 55; geb. n.n. — 75
3. Abschn.: Das Rechnen m. gemeinen Brüchen. 4. Abschn.: Das Rechnen m. Dezimalzahlen. 5. Abschn.: Zeitrechnung u. die Rechnungsarten des bürgerl. Lebens. 6. Abschn.: Aufgaben aus den Arbeiter-Versicherungsgesetzen, Raumlehre. Unter Mitwirkg. v. Peper, Specht, Kreipe u. Feldmann bearb. v. K. H. L. Magnus. 53. Ster.-Aufl. (154 S.) 901.

Heuer's, Ferd., Rechenbuch für mehrklassige Schulen. Ausg. A. I.—III. Tl. Unter Mitwirkg. v. Peper, Feldmann u. Schmalgemeyer bearb. v. K. H. L. Magnus. Mit neuer Rechtschreibg. 8. Hannover, C. Meyer. n.n. 1. 35; geb. n.n. 1. 95
I. Die Zahlenreihe v. 1—100. 89. Ster.-Aufl. Mit neuer Rechtschreibg. (83 S. m. Abbildgn.) 906. n. — 40; geb. n.n. — 60
II. 2. Abschn. Die Zahlenreihe von 1 bis zu den Einermillionen aufwärts u. bis zu den Tausendstein abwärts. 75. Ster.-Aufl. (84 S.) 905. n. — 40; geb. n.n. — 60
III. 3. Abschn.: Das Rechnen mit gemeinen Brüchen. 4. Abschn.: Das Rechnen mit Dezimalzahlen. 5. Abschn.: Zeitrechnung u. die Rechnungsarten des bürgerl. Lebens. 6. Abschn.: Aufgaben aus den Arbeiterversicherungsgesetzen, Raumlehre. 55. Aufl. (144 S.) 904. n.n. — 55; geb. n.n. — 75

Heuer's, Ferd., Rechenbuch f. mehrklassige Schulen. Ausg. A. I.—III. Tl. Unter Mitwirkg. d. Kommissionsmitglieder Peper, Feldmann u. Schmalgemeyer bearb. v. K. H. L. Magnus. 8. Hannover, C. Meyer. 1.45; geb. nn 2. —
  I. Die Zahlenreihe v. 1—100. 93. (Ster.=)Aufl. (100 S. m. Abb.) 910. — 40; geb. n — 60
  II. (Früher II. Tl., 1. Abschn.) 1. Abschn.: Die Zahlenreihe v. 1—1000. 2. Abschn.: Die Zahlenreihe v. 1—100000. Nach d. minist. Bestimmgn. v. 31. I. 1908 neu bearb. 79. Aufl. (104 S.) 910. — 50; geb. — 70
  III. 3. Abschn.: Die Zahlenreihe bis zu d. Millionen. 4. Abschn.: Die Dezimalzahlen. 78. Aufl. (112 S. m. 1 eingedr. Kartenskizze.) 909. nn — 50; geb. nn — 70

—— Lehrerheft zum Rechenbuch, s. Magnus, K. H. L.

—— Rechenbuch für ein- bis dreiklassige Volksschulen. Ausg. B. 1.—3. Tl. Zum Gebrauch beim Kopf- und Tafelrechnen unter Mitwirkung von Stoffregen, Oehlkers und Peper bearb. von K. H. L. Magnus. 8. Hannover 887,888, [Helwing's Verlag.] C. Meyer. * 1 15
  Inhalt:
  Tl. 1. Unterstufe. 62.—64. Aufl. (64 S.) * 35 Pf.
  „ 2. Mittelstufe. 53.—55. Aufl. (96 S.) * 40 Pf.
  „ 3. Oberstufe. 35. Aufl. (80 S. mit Holzschn.) * 40 Pf.

— dasselbe f. 1—3klassige Volksschulen. Ausg. B. 3 Hfte. Zum Gebrauche beim Kopf- u. Tafelrechnen unter Mitwirkung v. Stoffregen, Oehlkers u. Peper bearb. von K. H. L. Magnus. gr. 8. Ebd. 890. n. 1. 20; Einbde. à n.n. — 15
  1. Unterstufe. 73. Aufl. (64 S. m. Fig.) n. — 35; geb. n.n. — 50
  2. Mittelstufe. 67. Ster. Aufl. (96 S.) n. — 40; geb. n.n. — 55
  3. Oberstufe. 42. Ster. Aufl. (103 S.) n. — 45; geb. n.n. — 60

—— Rechenbuch f. ein- bis dreiklassige Volksschulen. Bearb. v. K. H. L. Magnus. Ausg. B. 3 Tle. gr. 8. Ebd. 892. ** 1 25
  1. (Unterstufe.) 78. Stereotyp-Aufl. (64 S.) ** — 35. — 2. (Mittelstufe.) 74. Aufl. (95 S.) * — 40. — 3. (Oberstufe.) 46. Stereotyp-Aufl. (117 S.) ** — 50.

— dasselbe f. 1—3klassige Volksschulen. Zum Gebrauche beim Kopf- u. Tafelrechnen unter Mitwirkg. der Kommissionsmitglieder Stoffregen, Oehlkers u. Peper bearb. von K. H. L. Magnus. Ausg. B. 3 Tle. 8. Ebd. n.n. 1. 25; geb. n.n. 1. 70
  1. Unterstufe. 82. Ster.-Aufl. (64 S. m. Bildern.) 891. n. — 35; geb. n.n. — 50
  2. Mittelstufe. 78. Aufl. (96 S.) 894. n. — 40; geb. n.n. — 55
  3. Oberstufe. 48. Ster.-Aufl. (120 S.) 893. n. — 50; geb. n.n. — 65

[F.] Ausgabe B. 1. Teil. „(Unterstufe.)“ Ferdinand Heuers Rechenbuch f. ein- bis dreiklassige Volksschulen. Tl 1. Unt. Mitw. . . . bearb. v. K. H. L. Magnus, Seminarl. in Wunstorf. 93. Aufl. *Hannover: C. Meyer* 1897. 8.
(98. 11425 fo)

— Rechenbuch f. ein- bis dreiklassige Volksschulen. Ausg. B. 3 Tle. 8. Ebd. 898. n. 1. 25; geb. n.n. 1. 70
  1. (Unterstufe.) D. Zahlenreihe v. 1—100. Unt. Mitwirkg. v. Peper, Kreipe, Specht u. Feldmann bearb. v. K. H. L. Magnus. 94. Aufl. (68 S. m. Bildern.) n. — 35; geb. n.n. — 50
  2. (Mittelstufe.) 1. Abschn.: D. Zahlenkreis v. 1—1000. 2. Abschn.: D. Zahlenkreis v. 1—1000000 aufwärts u. bis 0,001 abwärts. Z. Gebr. beim Kopf- u. Tafelrechnen unt. Mitwirkg. v. Stoffregen, Oehlkers u. Peper bearb. v. K. H. L. Magnus. 86. Ster.-Aufl. (96 S.) n. — 40; geb. n.n. — 55
  3. (Oberstufe.) 3. Abschn.: D. Rechnen m. gemeinen Brüchen. 4. Abschn.: D. Rechnen m. Decimalzahlen. 5. Abschn.: Zeitrechng. u. d. Rechnungsarten d. bürgerl. Lebens. 6. Abschn.: Aufgaben aus d. übr. Unterrichtsgegenständen u. d. Arbeiter-Versicherungsgesetzen. Z. Gebr. beim Kopf- u. Tafelrechnen unt. Mitwirkg. v. Stoffregen, Oehlkers u. Peper bearb. v. K. H. L. Magnus. 53. Ster.-Aufl. (120 S.) n. — 50; geb. n.n. — 65

Heuer, Ferdinand: Rechenbuch für ein- bis dreiklassige Volksschulen ... Bearb. von K. H. L. Magnus. Ausg. B. Hannover: C. Meyer
  T. 1. (Unterstufe.) 95. Aufl. 1899. T. 2. (Mittelstufe.) 87. Ster.-Aufl. 1898.
  T. 3. (Oberstufe.) 54. Ster.-Aufl. 1898.

— Rechenbuch f. ein- bis dreiklassige Volksschulen. Ausg. B. I.—III. Tl. 8. Ebd. n.n. 1. 30; geb. n.n. 1. 85
  I. (Unterstufe.) Die Zahlenreihe von 1 bis 100. Unter Mitwirkg. v. Peper, Kreipe, Specht u. Feldmann bearb. von K. H. L. Magnus. 100. Ster.-Aufl. (72 S. m. Abbildgn.) 901. n. — 35; geb. n n. — 55
  II. (Mittelstufe.) 1. Abschn.: Die Zahlenreihe von 1 bis 1000. 2. Abschn: Die Zahlenreihe von 1 bis 1 000 000 aufwärts u. bis 0,001 abwärts. Unter Mitwirkg. der Kommissionsmitglieder Peper, Specht, Kreipe u. Feldmann bearb. von K. H. L. Magnus. 93. Ster.-Aufl. (112 S.) 902. n. — 45; geb. n.n. — 60
  III. (Oberstufe.) 3. Abschn.: Das Rechnen m. gemeinen Brüchen. 4. Abschn.: Das Rechnen m. Dezimalzahlen. 5. Abschn.: Zeitrechnung u. die Rechnungsarten des bürgerl. Lebens. 6. Abschn.: Aufgaben aus den Arbeiter-Versicherungsgesetzen. Raumlehre. Unter Mitwirkg. v. Peper, Specht, Feldmann bearb. v. K. H. L. Magnus 57. Ster.-Aufl. (112 S.) 901. n.n. — 50; geb. n.n. — 70

— dasselbe. II. Tl. Lehrerheft. gr. 8. Ebd. n. 2. —; geb. n.n. 2. 30
  II. (Mittelstufe.) 1. Abschn.: Die Zahlenreihe von 1 bis 1000. 2. Abschn.: Die Zahlenreihe von 1 bis 1 000 000 aufwärts u. bis 0,001 abwärts. Zum Gebrauch beim Kopf- u. Tafelrechnen bearb. v. K. H. L. Magnus. (172 S.) 900.

— Rechenbuch f. ein- bis dreiklassige Volksschulen. Ausg. B. I.—III. Tl. Unter Mitwirkg. v. Peper, Feldmann u. Schmalgemeyer bearb. v. K. H. L. Magnus. Mit neuer Rechtschreibg. 8. Ebd. n.n. 1. 30; geb. n.n. 1. 90
  I. (Unterstufe.) Die Zahlreihe von 1—100. 105. Ster.-Aufl. (72 S. m. Abbildgn.) 905. n.n. — 35; geb. n.n. — 55
  II. (Mittelstufe.) 1. Abschn.: Die Zahlenreihe von 1—1000. 2. Abschn.: Die Zahlenreihe von 1—1 000 000 aufwärts u. bis 0,001 abwärts. 98. Ster.-Aufl. Mit neuer Rechtschreibg. (112 S.) 906. n. — 45; geb. n.n. — 65
  III. (Oberstufe.) 3. Abschn.: Das Rechnen mit gemeinen Brüchen. 4. Abschn.: Das Rechnen mit Dezimalzahlen. 5. Abschn.: Zeitrechnung u. die Rechnungsarten des bürgerl. Lebens. 6. Abschn.: Aufgaben aus den Arbeiter-Versicherungsgesetzen. Raumlehre. 61. Ster.-Aufl. Mit neuer Rechtschreibg. (112 S.) 905. n. — 50; geb. n. — 70

— dasselbe f. ein- bis dreiklassige Volksschulen. Ausg. B. I. u. II. Tl. Unter Mitwirkg. d. Kommissionsmitglieder Peper, Feldmann u. Schmalgemeyer bearb. v. K. H. L. Magnus. 8. Ebd. — 80; geb. 1. 20
  I. Die Zahlenreihe von 1—100. 110. Ster.-Aufl. (100 S. m. Abb.) 910. — 40; geb. — 60
  II. (Mittelstufe b.) 1. Abschn.: Die Zahlenreihe v. 1—1000. Nach den ministeriellen Bestimmungen v. 31. I. 1908 neu bearb. 102. Aufl. (68 S. m. 1 Abb.) 910. — 40; geb. — 60

— dasselbe, Lehrerheft dazu, s.: Magnus, K. H. L.

— Tabellen üb. alte u. neue Maße. Nr. 1. Umwandlung hannover. Ellen in Meter, u. der Meter in Ellen nebst Umrechnung der Ellenpreise in Meterpreise, u. der Meterpreise in Ellenpreise. Ein Hülfsbüchlein f. Jeden, der Ellenwaaren kauft od. verkauft. gr. 8. (30 S.) Hannover 871. Helwing's Verl. — 30

Heuer, Ferd., Tabellen üb. alte u. neue Maße. Nr. 2. Umwandlung der bisher. hannover. Längen-, Flächen- u. Kubikmaße in die neuen Metermaße u. der neuen Metermaße in die bisher. hannover. Maße nebst Umrechng. der Preise alter Maße in Meterpreise u. der Meterpreise in Preise der alten Maße. Ein Hülfsbüchlein f. Landleute, Tischler, Maurer &c. gr. 8. (72 S.) Ebend. 872. — 60

— Übungsbuch beim Rechenunterricht. 1. u. 2. Teil. gr. 8. (IV, 108 u. IV, 120 S.) Ebend. 880. 81. à n. — 50

— dasselbe. Antworten zum 1. Tl. gr. 8. (69 S.) Ebend. 881. n. — 50

— dasselbe. Antworten zum 2. Tl. gr. 8. (III, 92 S.) Ebend. 882. n. — 75

— Übungsbuch beim Rechenunterricht. 1. Tl. 3. Aufl. 8. (IV, 108 S.) Ebend. 886. n. — 50

— Übungsbuch beim Rechenunterricht. 1. Tl. 4. Aufl. gr. 8. (IV, 108 S.) Hannover 887. C. Meyer. n. — 50; geb. n.n. — 65; Antworten. (69 S.) 881. n. — 50

—— Uebungsbuch für den Rechenunterricht. Ausg. C., 67. Aufl. der Ausg. A. in 7 Heften. Bearb. von K. H. L. Magnus. 1.—5. Heft u. 6. Heft a. u. b. gr. 8. Ebd. ** 2 75
1. Die vier Grundrechnungen in der Einerreihe bis 10 u. in d. Zehnerreihe bis 100. (28 S.) 891. ** — 20; 2. Die vier Grundrechnungen in d. Gesamtreihe bis 100. (60 S.) 892. ** — 35; 3. Die vier Grundrechnungen bis 1000. (68 S.) 892. * — 40; 4. Die vier Grundrechnungen in der unbegrenzten Zahlenreihe. (68 S.) 893. * — 40; 5. Die vier Grundrechnungen mit mehrsortigen Zahlen nichtdezimaler Währung u. mit Dezimalzahlen, leichtere Fälle d. Bruchrechnung, Flächenberechnung. (64 S.) 893. * — 40; 6a. Die vier Grundrechnungen mit ungleichnamigen Brüchen, Schlußrechnungen, Durchschnitts- u. Verteilungsrechnung 2c. (64 S.) 893. * — 40; 6b. Die vier Grundrechnungen m. ungleichnamigen Brüchen, die Rechnungsarten d. bürgerl. Lebens 2c. (96 S.) 893. * — 60.

— Übungsbuch f. den Rechenunterricht. Unter Mitwirkg. der Kommissionsmitglieder Stoffregen, Oehlkers, Peper, Specht u. Kreipe bearb. v. K. H. L. Magnus. Ausg. C. 1.—7. Hft. 67. Aufl. der Ausg. A in 7 Hftn. 8. Ebd. n.n. 3. 75
1. (28 S.) 891. n.n. — 20. — 2. (60 S.) 892. n.n. — 35. — 3. (68 S.) 892. n.n. — 40. — 4—6. (68, 64 u. 64 S.) 893. à n.n. — 40. — 6b. (96 S.) 893. n.n. — 60. — 7. (160 S.) 894. n.n. 1. —.

— dasselbe. Lehrerheft. Hft. 3—6, 6b, 7. Bearb. von K. H. L. Magnus. gr. 8. Ebd. n. 3. 40
3. (16 S.) 894. n. — 40. — 4. (41 S.) 894. n. — 50. — 5. (28 S.) 894. n. — 50. — 6. (33 S.) 894. n. — 50. — 6b. (48 S.) 894. n. — 75. — 7. (44 S.) 895. n. — 75.

— Übungsbuch f. d. Rechenunterricht. Unt. Mitwirkg d. Kommissionsmitglieder Peper, Specht u. Kreipe bearb. v. K. H. L. Magnus. Ausg. C. 1., 3., 4. u. 7. Hft. gr. 8. Hannover, C. Meyer. n.n. 2. —
1. 68. Aufl. d. Ausg. A in 6 u. in 7 Hftn. (28 S.) 896. n.n. — 20
3. D. 4 Grundrechnungsarten b. 1000. 69. Aufl. d. Ausg. A in 6 u. in 7 Hftn. (68 S.) 897. n.n. — 40
4. D. 4 Grundrechngn. in d. unbegrenzten Zahlenreihe. Unt. Mitwirkg. v. Peper, Specht, Kreipe u. Feldmann bearb. v. K. H. L. Magnus. 69. Aufl. d. Ausg. A in 6 u. in 7 Hftn. (70 S. m. 1 Karte.) 898. n.n. — 40
7. Wiederholg. d. Grundrechngn., Wurzelrechng., Verhältnisse u. Proportionen, schwierigere Aufgaben a. d. Rechnungsarten d. bürgerl. Lebens; Körperberechng. 68. Aufl. d. Ausg. A in 6 u. in 7 Hftn. (160 S.) 897. n.n. 1. —

— Übungsbuch f. den Rechenunterricht. Ausg. C. Hft. 1 u. 6b. Unter Mitwirkg. v. Peper, Specht u. Kreipe bearb. v. K. H. L. Magnus. Ebd. 900. n.n. — 90
1. Die 4 Grundrechnungen in der Einerreihe bis 10 u. in der Zehnerreihe bis 100. 69. Aufl. der Ausg. A in 6 u. in 7 Hftn. (28 S.) n.n. — 20
6b. Die 4 Grundrechnungen m. gemeinen Brüchen; die Rechnungsarten des bürgerl. Lebens; Flächen- u. Körperberechnung. In 2 Jahreskursen. 68. Aufl. der Ausg. A in 6 Hftn. (112 S. m. 2 Fig.) n.n. — 70

— dasselbe. Hft. 4, 5 u. 6b. Bearb. v. K. H. L. Magnus. Lehrerheft. gr. 8. Ebd. n. 3.40
4. Die 4 Grundrechnungen in der unbegrenzten Zahlenreihe. (95 S. m. Abbildgn.) 900. n. 1. 20; geb. n. 1. 50
5. Zeitrechnung, das Rechnen m. Decimalzahlen, Flächenberechnung. (42 S.) 901. n. — 80
6b. Die 4 Grundrechnungen m. gemeinen Brüchen; die Rechnungsarten des bürgerl. Lebens; Flächen- u. Körperberechnung. Zum Gebrauch beim Kopf- u. Tafelrechnen. (108 S.) 900. n. 1. 40; geb. n.n. 1. 70

— Uebungsbuch f. den Rechenunterricht. Ausg. C. 1.—3. u. 5. Heft. Unter Mitwirkg. v. Peper, Feldmann u. Schmalgemeyer, bearb. v. K. H. L. Magnus. 8. Ebd. n.n. 1. 35
1. Die vier Grundrechnungen in der Einerreihe bis 10 u. in der Zehnerreihe bis 100. 70. Aufl. der Ausg. A in 6 u. in 7 Heften. (28 S.) 905. n.n. — 20
2. Die vier Grundrechnungen in der Gesamtreihe bis 100. 71. Aufl. der Ausg. A in 6 u. 7 Heften. (Mit neuer Rechtschreibg.) (II, 52 S.) 903. n.n. — 35
3. Die vier Grundrechnungen bis 1000. 71. Aufl. der Ausg. A in 6 u. in 7 Heften. Mit neuer Rechtschreibg. (68 S.) 905. n.n. — 40
5. Zeitrechnung; das Rechnen mit Dezimalzahlen; Flächenberechng. 70. Aufl. der Ausg. A in 6 u. 7 Heften. Mit neuer Rechtschreibg. (64 S.) 904. n.n. — 40

— Übungsbuch f. d. Rechenunterricht. Ausg. C. 4. Heft. Die vier Grundrechngn. in d. unbegrenzten Zahlenreihe. Unter Mitwirkg. d. Kommissionsmitglieder Peper, Feldmann u. Schmalgemeyer bearb. v. K. H. L. Magnus. 71. Aufl. d. Ausg. A in 6 u. in 7 Heften. (70 S. m. 1 Karte.) 8. Ebd. 907. nn — 40

—— Uebungsbuch f. d. Rechenunterricht in Mädchenschulen. Ausg. D. 1.—6. Heft a. Bearb. v. K. H. L. Magnus. 67. Aufl. d. Ausg. A. in 7 Heften. gr. 8. Ebd. [1. Heft. (28 S.) 891. ** — 20; 2. Heft. (60 S.) 892. ** — 35; 3. Heft. (68 S.) 892. * — 40; 4. Heft. (68 S.) 893. * — 40; 5. Heft. (64 S.) 893. * — 40; 6. Heft a. (64 S.) 893. * — 40.] ** 2 15
Inhalt stimmt mit dem d. Ausgabe C. überein.

— Übungsbuch f. den Rechenunterricht in Mädchenschulen. Ausg. D. Hft. 6b. Die vier Grundrechngn. m. gemeinen. Brüchen; die Rechnungsarten des bürgerl. Lebens; Flächen- u. Körperberechng. In 2 Jahreskursen. Unter Mitwirkg. v. Peper, Specht, Kreipe u. Feldmann bearb. v. K. H. L. Magnus. 68. Aufl. der Ausg. A in 6 Hftn. gr. 8. (110 S.) Ebd. 900. n.n. — 60

— dasselbe in Mädchenschulen. Ausg. D. 2. u. 3 Heft. Unter Mitwirkg. v. Peper, Feldmann u. Schmalgemeyer bearb. v. K. H. L. Magnus. gr. 8. Ebd. n.n. — 75
2. Die 4 Grundrechngn. in der Gesamtreihe bis 100. 70. Aufl. der Ausg. A in 6 u. 7 Heften. (Mit neuer Rechtschreibg.) (II, 52 S.) 903. n.n. — 35
3. Die vier Grundrechnungen bis 1000. 69. Aufl. der Ausg. A in 6 u. 7 Heften. (68 S.) 906. n.n. — 40

— dasselbe in Mädchenschulen. Ausg. D. 2. Heft. Die 4 Grundrechngn. in d. Gesamtreihe bis 100. Unter Mitwirkg. d. Kommissionsmitglieder Peper, Feldmann u. Schmalgemeyer bearb. v. K. H. L. Magnus. 72. Aufl. d. Ausg. A in 6 u. 7 Heften. (II, 52 S.) 8. Ebd. nn — 35

Heuer, Franz

Heuer, Frz., das Zeichnen d. Schlosser- u. Maschinenbaulehrlinge. 12 Taf. u. e. Stoffverteilungsplan f. den Gebrauch an Lehrlingsschulen. (4 S.) 38×24,5 cm. Berlin (908). H. Spamer. In Umschlag 3. —

Heuer F, das Zeichnen für Schlosser- und Maschinenbau-Lehrlinge. (12 T) 4° Berlin (1909)

Heuer, Frida, goldene Märchen, s.: Haag, Ella.

— s.: Märchen, goldene.

Heuer, Frida, s.: Märchenheim.

— Frida v. Kronoff, Willy Zühlke u. Emil Oeflinghaus, Märchenstrauß. Neue Märchen f. die Jugend. Mit 4 feinen Farbendr.-Bildern nach Aquarellen v. W. Schäfer. (1.—7. Taus.) gr. 8. (120 S.) Wesel (899). W. Düms. Geb. 1. —

— s.: Neues aus der Märchenwelt.

Heuer, Frida, s.: Neues aus dem Zauberlande.

Heuer, G. L., Handbuch für Wege-Voigte u. Landbewohner. 8. Pyrmont 821. (Uslar). 4 K

Heuer, H., die Mission in der Volksschule. Vortrag. 8. (22 S.) Hermannsburg 894. Missionshandlg. n. — 20

Die Kaiserkrönung Heinrichs VI. vom Jahre 1191. H[ellmut] Heuer, c. ph. Posen 1910: Merzbach. 28 S. 8° [11. 378, 3

Heuer, Carolus: De praeceptis Romanorum euphonicis. Jena 1909: Neuenhahn. 58 S. 8°
Jena, Phil. Diss. v. 30. Juli 1909, Ref. Götz
[Geb. 3. Aug. 82 Sonneborn, Lippe; Wohnort: Sonneborn; Staatsangeh.: Lippe; Vorbildung: Gymn. Lemgo Reife O. 03; Studium: München 1, Berlin 2, Jena 8 S.; Rig. 28. Nov. 08.] [U 09. 2182

Heuer, Clemens, approb. Arzt aus Hagstette: Ueber **Hufeisenniere**. *Leipzig 1902: B. Georgi.* (37 S.) 8°
Leipzig, Med. Diss. v. (27. Jan.) 1902

Ueber die Gänge der Normal-Uhren der Deutschen Seewarte. Von K[uno] **Heuer**. *Hamburg 1903: Hammerich & Lesser in Altona.* (6 S.) 4°
— **Archiv**, Aus dem, d. Deutschen Seewarte. Jg. 26, No 5. [04. 8717

Heuer, Max, appr. Arzt aus Goslar: **Beiträge** zur Kenntniss der Extrauteringravidität in den ersten Monaten. *Göttingen 1900: Dieterich.* (63 S.) 8°
Göttingen, Med. Diss. v. [12. Nov.] 1900

Heuer, Max, Beiträge zur Kenntniss der Extrauteringravidität in den ersten Monaten. Diss. gr. 8. (63 S.) Göttingen 900. (Vandenhoeck & Ruprecht.) n. 1. 40

Heuer, O., s.: Aus d. Frankfurter Goethe-Museum.

Freies Deutsches Hochstift. — Zur Eröffnung des Frankfurter Goethemuseums am 20. Juni 1897. Ungedruckte Briefe Goethes an J. J. von Gerning in Frankfurt a. M. 1794—1828. (Herausgegeben von O. HEUER. Mit 4 Tafeln.) Frankfurt a. M. (1897.) Druck von Gebrüder Knauer.
Umschlagtitel: Freies Deutsches Hochstift. Zur Eröffnung des Frankfurter Goethemuseums am 20. Juni 1897. Frankfurt a. M. (1897.) Gebrüder Knauer. 8°.

Heuer, O., Faust in d. Geschichte, Sage u. Dichtg. Zur Erläuterg. d. v. Freien Deutschen Hochstift in Frankfurt a. M. i. J. 1893 veranstalt. Faust-Ausstellung. [Aus: „Berichte d. Freien Deutschen Hochstiftes".] gr. 8. (16 S.) Frankfurt a/M. 894. Gebr. Knauer. n. 1. —

KATALOG der Ausstellung von Autographen, Schattenrissen, Bildnissen, Druckwerken und Illustrationen zu Goethe's Leiden des jungen Werther aus der Autographen-Sammlung des Oberhofmeister Freiherrn Hugo von Donop in Weimar nebst Ergänzungen aus dem Archiv und der Bibliothek des Freien Deutschen Hochstiftes. Juli—October 1892. (Herausgegeben von O. HEUER.) Frankfurt a. M. (1892.) Druck von Gebrüder Knauer.
Umschlagtitel: Werther-Ausstellung im Goethehause zu Frankfurt a. M. 1892. Frankfurt a. M. (1892.) Druck von Gebrüder Knauer. 8°.

Heuer, O., s. a. Katalog der Ausstellung von Autographen etc. zu Goethe's Leiden d. jungen Werther etc.

KATALOG der Ausstellung von Werken Jul. Schnorrs von Carolsfeld, veranstaltet vom Freien Deutschen Hochstifte in Frankfurt am Main. Juli und August 1894. (Herausgegeben von O. HEUER.) (Mit 1 Tafel.) Frankfurt a. M. (1894.) Druck von Gebrüder Knauer.
Umschlagtitel: Jul. Schnorr von Carolsfeld-Ausstellung des Freien Deutschen Hochstiftes in Frankfurt am Main. Juli und August 1894. (Frankfurt a. M. 1894. Druck von Gebrüder Knauer.) 8°.

Heuer, Otto: Der öffentliche Glaube des Grundbuchs nach dem Rechte des deutschen Bürgerlichen Gesetzbuchs. Borna-Leipzig 1910: Noske. IX, 74 S. 8°
Heidelberg, Jur. Diss. v. 16. Aug. 1910, Ref. Endemann
[Geb. 23. Nov. 79 Beuthen O.-S.; Wohnort: Godesberg; Staatsangeh.: Preußen; Vorbildung: Gymn. Koblenz Reife O. 03; Studium: Bonn 5, Berlin 1 S.; Rig. 11. Juli 10.] [U 10. 1891

Heuer, Otto: Städtebundsbestrebungen unter König Sigmund. 1. Teil ... Berlin, gedr. bei Julius Sittenfeld, 1887, 30 S.+ 1 Bl. 8°
Berlin, Phil. Fak., Inaug.-Diss. v. 11. Aug. 1887.

Heuer, Otto, Städtebundsbestrebungen unter König Sigmund. 1. Teil. Diss. Berlin 1887, Mayer & Müller. 8°. 30 S.

Thorn-St. Georgen. Geschichte d. Georgengemeinde, ihrer alten Kirche u. ihres Hospitals. Baugeschichte u. Baubeschreibung d. neuen Georgenkirche in Thorn-Mocker. Mit 115 Abb., Grundrissen, Kartenskizzen u. 1 alten Stadtpl. Von Reinhold **Heuer**, Pfarrer. Thorn: E. Golembiewski 1907. (163 S.) 8° [F.] [07. 8356

Heuer, S. Jak., Jesus Christus auf seinem Leidenswege nach Golgatha, od. welche Anwendung machte Jesus von den letzten Tagen seines Lebens? 7 Fastenpredigten. 8. Hildburgh. 823. Kesselring. 9 gr.

Thermometer mit Alkoholfüllung, an welchem die Zimmer- wie Badetemperaturen und gleichzeitig die zweckmäßigen Wärmegrade der Speisen und Getränke sowie zuverlässiges Gelingen des Hefeteigs abzulesen sind v. Sophie **Heuer**. Kiel. 1887. 8°

Heuer, Thdr., erstes Sprach- u. Aufgabenbuch f. den Unterricht in der Grammatik der deutschen Sprache. Für die Unter- u. Mittelstufe. gr. 8. (VI, 84 S.) Lauterberg a/H. 875. (Hannover, Helwing's Verl.) n. — 50

Heuer, Thdr., 1. Sprach- u. Aufgabenbuch für den Unterricht in der Grammatik der deutschen Sprache. Nach Maßgabe der amtl. Orthographie bearb. Für die Unter- u. Mittelstufe. 2., bedeutend verm. Aufl. gr. 8. (VIII, 88 S.) Hannover 880. Helwing's Verl. n. — 50

— zweites Sprach- u. Aufgabenbuch f. den Unterricht in der Grammatik der deutschen Sprache. Oberstufe. gr. 8. (VII, 72 S.) Ebend. 876. n. — 60

[F.] **Heuer**, W.: Ueber die Interpunktion in der französischen und englischen Sprache. Referat. Duisburg, Druck v. J. Ewich, *1891;* S. III—XV; 8°
Duisburg a. Rh., st. HT, OP 1891 • •

Großes Helgoländer Album. Spezialansichten von Helgoland. N. d. Natur gez. u. lithogr. v. Wilhelm **Heuer**. Hamburg. o. J. Quer-Fol., 40/63 cm.
Daraus: 1. Unterland. Grosse Treppe. Falm.
2. Die Westküste.
Titelblatt fehlt.

Heuer, W., Andenken an Hamburgs Alster. Album von 6 Ansichten in Farbendruck. Hamburg (853.) Gassmann. Imp.-Fol. n. 4 Thlr.

Heuer, Wilh., Andenken an Helgoland. 12 Blatt. Lithogr. und color. qu. 8. Hamburg 865, Gassmann's Verlag. In Carton. *

Heuer, Wilhelm: Angriff auf die Dänischen Schanzen bei Missunde am 2. Februar 1864 durch Preussische Artillerie und Infanterie. Gez. u. lithogr. o. O. u. J. 1 Bl. Fol., 28/42 cm.

Heuer, W., malerische Ansichten von Hamburg u. Umgebung. qu. gr. 4. (12 Steintaf.) Hamburg 877. Gassmann's Verl. cart. n. 10. —

— malerische Ansichten aus den Herzogthümern Holstein, Schleswig u. Lauenburg. 1. Heft. Hamburg (855.) Gassmann. qu. Fol. (4 lith. Bl.) n. 1 Thlr. 18 ngr.; color. n. 2 Thlr. 12 ngr.; einzelne Bl. à n. 12 ngr.; color. à n. 18 ngr.

Heuer, W., malerische Ansichten von Schleswig etc., s. a. Ansichten.

Malerische Ansichten von Schleswig, Holstein und Lauenburg. Nach der Natur aufgenommen und mit der Feder auf Stein gez. v. Wilhelm **Heuer**, mit erläuterndem Texte v. August **Hartmeyer**. Abth. 1, Schleswig; Abth. 2, Holstein; Abth. 3, Lauenburg. Hamburg. 1844—47. Fol.

Heuer, W., Erinnerung an Hamburg. Gallerie Hamburger Trachten. 4. (6 lith. u. color. Bl.) Hamburg 849, Jowien. n. 24 ngr.

Heuer, Wilh., Erinnerung an Helgoland. Vier malerische (lith.) Ansichten der berühmten Insel nach der Natur gezeichnet. Hamburg (859.) Gassmann. qu. Fol. 1 Thlr.

Klopstock's Grab in Ottensen. N. d. Natur gez. u. lithogr. v. Wilhelm **Heuer.** (Hamburg.) o. J. 1 Bl. Quer-Fol., 47/32 cm.

Heuer, W., Hamburg und seine Umgebungen. Eine Sammlung malerischer Ansichten der Stadt und Umgegend, mit besonderer Berücksichtigung der schönsten Punkte unserer Alster- und Elbufer, des Sachsenwaldes etc. Nach der Natur gez. u. lith. 1. 2. Liefg. Hamburg (853.) Gassmann. gr. 4. Jede Liefg. von 2 Bl. Subscr.-Pr. n. 15 ngr.; in Farbendr. n. 20 ngr.; Prachtausg. fein color. n. 1 ₰. 6 ngr.; einzelne Bl. à n. 9 ngr.; in Farbendr. à n. 12 ngr.

(Hamburg und seine Umgebungen. Eine Sammlung malerischer Ansichten der Stadt und Umgegend. Mit besonderer Berücksichtigung der schönsten Punkte unserer Alster- und Elbufer, des Sachsenwaldes etc. N. d. Natur gez. u. lith. v. Wilhelm **Heuer.** Mit Randverzierungen. Hamburg. o. J. 104 Bl. Quer-Fol. 32/40 cm.)

Daraus: 3. Friedrichsruh im Sachsenwalde. 24. Helgoland ⟨von der Düne gesehen⟩. 51. Blankenese. 57. Baron Brandts Landhaus in Neumühlen. 58. Donners Landhaus in Neumühlen. 71. Mde Gumpels Landhaus ⟨in Neumühlen⟩.

Titelblatt fehlt.

Helgoland. Aussicht von der Düne. N. d. Natur gez. u. lithogr. v. Wilhelm **Heuer.** Hamburg. o. J. 1 Bl. Quer-Fol., 40/63 cm.

Heuer, Wilhelm (Emil): Kausalität und Notwendigkeit. Erkenntnistheoretische Untersuchungen. Heidelberg 1907: K. Rössler. (38 S.) 8°

Heidelberg, Phil. Fak., Ref. Windelband, Diss. v. 9. Okt. 1907

[Geb. 21. März 80 Mainz; Wohnort: Frankfurt a. M.; Staatsangeh.: Preußen; Vorbildung: Realgymn. Darmstadt Reife M. 00; Studium: Zürich 2, Straßburg 3, Heidelberg 1, Harvard Univ. Cambridge Mass. 1, Bern 1, Freiburg i. B. 1, Heidelberg 4 S.; Rig. 17. Juni 07.]

Heuer, Wilh., **Kausalität u. Notwendigkeit. Erkenntnistheoret. Untersuchgn.** (38 S.) 8. **Berlin 908.** (Vaterl. Verlags- u. Kunstanstalt.) -- 60

Heuer, Wilh., London en miniature. Album von London. qu. 8. (20 Stnt.) Hamburg 862, Gassmann's Verlag. cart. geb. * 2 Thlr.; in Tondr., geb. * In Farbendr. * Prachtausg. ill., in Leder geb. * *

—— Miniatur-Album von Hamburg. qu. 8. (20 Stnt. in Tondr.) Hamburg 859, Gassmann. ill. und geb. *

—— neues Miniatur-Album von Hamburg. 20 Blatt. Lithogr. in Tondr. qu. 8. Hamburg 865, Gassmann's Verlag. In Carton. *

Panorama von Helgoland. Nach photograph. Aufnahmen. Lithogr. v. Wilhelm **Heuer.** Hamburg. o. J. 1 Bl. Quer-Fol., 43/66 cm.

Heuer, Wilhelm, aus Dortmund: **Über manuelle Placentarlösung und ihren Einfluss auf das Wochenbett.** *Würzburg 1899: N. Seubert.* (32 S.) 8°
Würzburg, Med. Diss. v. 1899

Heuer, W., Plan von Hamburg und Altona. 1868, und Neue revid. Aufl. Fol. (16 S. Text in 16.) Hamburg 869, Gassmann's Verlag. In Carton

—— von Lübeck nach Kiel. Miniaturalbum in 12 (lithogr.) Ansichten (in Tondr.). 4. Hamburg 867, Gassmann's Verlag. In Carton. * In Doppeltondr. * 1 Thlr. 6 Ngr.; ill. *

Heuerling, der, von Oberstedal, s. Schillings-Bücher des Rauhen Hauses.

Heuerling, Richard: Über einige Halogenoxyazobenzole. Gießen 1903: Nitschkowski. (28 S.) 8°
Gießen, Phil. Diss. v. 1903

Heuermann, Adf. (Hrsg.), s. Abeken, Bernhard Rud.: Goethe in meinem Leben.

Heuermann, Adolf Die Bedeutung der Statistik für die Ethik. 34 S. **Progr.** Ratsg. *Osnabrück* 1876.

Heuermann, A., die Bedeutung der Statistik für die Ethik. gr. 4. (34 S.) Osnabrück **1876.** (Göttingen 877. Vandenhoeck & Ruprecht.) n. 1. 20

Heuermann, Adolf [pr. Arzt aus Burgsteinfurt]: Über die konservierende Behandlung schwerer Finger- und Zehenverletzungen. Berlin, Buchdr. v. G. Schade, *1891;* 29 S., 1 Bl. 8°
Berlin, Med. Fak., Inaug.-Diss. v. 13. Aug. 1891

Heuermann, Adolf *Wilhelm Heinrich* Erinnerungen *Bernhard Rudolf* Abekens aus den beiden letzten Jahrzehnten des vorigen und dem ersten dieses Jahrhunderts. Mitgeteilt von A. H. 8 (64 S.).
In: Festschrift z. 300jähr. Jubelfeier des Ratsg. *Osnabrück* 1895.
Nicht im Tauschverkehr.
Progr.

Heuermann, Adolf Luthers reformatorische Grundgedanken vor dem Ausbruche des Ablaßstreites. 27 S. Ratsg. *Osnabrück* 1881.
Progr.

Heuermann, [Adolf]: Die Neuordnung des höheren Mädchenschulwesens. Osnabrück 1909: Kisling. S. 3--10. 4°
Osnabrück, st. HM u. Lehrerinnen-Bildungs-A OP 1909 [218] [S 09. 187

Heuermann, A. u. A. E. Zwitzers. Übersicht der Geschichte der christlichen **Kirche** f. Schule u. Haus. gr. 8. (VII, 100 S. m. 13 Holzschn.) Essen 891, **Baedeker.** * 1 20; geb. * 1 40

Heuermann, A., u. A. E. Zwitzers, Übersicht der Geschichte der christlichen Kirche f. Schule u. Haus. 2. Aufl. gr. 8. (VII, 103 S.) Essen 893. G. D. Baedeker. n. 1. 20; geb. n. 1. 40

Übersicht der Geschichte der christlichen Kirche für Schule und Haus. Von Dr. A[dolf] **Heuermann,** Dir. in Osnabrück, u. A. E. Zwitzers, Dir. in Emden. Mit 13 Holzschn. 3. Aufl. Essen: G. D. Baedeker 1904. (IV, 130 S.) 8° [F.] [05. 4736

Heuermann, A., u. A. E. **Zwitzers, Übersicht d. Geschichte der christl. Kirche u. der christl. Liebestätigkeit f. höh. Mädchenschulen u. Lehrerinnenseminare. 4. Aufl. (VIII, 166 S. m. 14 Holzschn.) 8. Essen 910. G. D. Baedeker. Geb. 1. 40**

Heuermann, Georg: Abhandlungen der vornemsten chirurgischen Operationen am menschlichen Cörper mit Abzeichnungen der hiezu erforderlichen nötigen und neuen Instrumenten. Bd 1 - 3, gbd., Abb.

Copenhagen u. Leipzig: Pelt 1754 - 1757

— **Abhandl. aller chirurg. Operationen am menschl. Körper.** 3 Thle. 8. **Kopenh. Pelt.** (Gräff, Leipz. in Commiss.) 754-57.

Georg Heuermanns [Heuermann] Abhandelungen [Abhandlungen] der vornemsten chirurgischen Operationen am menschlichen Cörper. Mit Abzeichnungen der hiezu erforderlichen nötigen und neuen Instrumenten. Bd 1 - 3. Copenhagen & Leipzig: Pelt 1756 - 73. 8°

Bd 1: 1773.
Bd 2: 1756.
Bd 3: 1757.

Heuermann, Geo., (†1768.) **vermischte Bemerkk. d. ausübenden Arzneiwissenschaft.** 2 Thle. gr. 8. **Kopenh. 765, 66.** (Brummer). 1 ₰ 16 gr Schrbp. 2 ₰

Heuermann, Georg, Bemerk. d. ausübenden Arzneywissenschaft. 2 Thle. gr. 8. Kopenh. Proft. 765. 66. Schreibp.

Vermischte Bemerkungen und Untersuchungen, der ausübenden Arzeneiwissenschaft,...von George Heuermann. Bd 1.2. Coppenhagen & Leipzig: Rothe 1765 - 67. 1 Bd 8°
Bd 1: 1765.
Bd 2: 1767.

Heuermann, Geo., Geschichte des reformirten gräflich Bentheimschen Gymnasium illustre Arnoldinum zu Burgsteinfurt. gr. 8. (XXVIII, 172 S.) Burgsteinfurt 878. Falkenberg'sche Buchh. n. 2. 50

Heuermann: Ueber die Clienten unter den ersten römischen Kaisern. 37 S.–Burgsteinfurt, Progr. 1856

Heuermann, Georg [Landwirtschaftslehrer]: Können grössere Mengen gebundener Schwefelsäure nachteilig auf die Vegetation wirken? ... Werl in Westfalen, *Druck v. Gressner & Schramm in Leipzig*, 1888; 1 Bl. [-41 + 1 S. 8°
Giessen, Phil. Fak., Inaug.-Diss. v. 1888

Heuermann, Geo., können grössere Mengen gebundener Schwefelsäure nachteilig auf die Vegetation wirken? Inaugural-Dissertation. gr. 8. (44 S.) Werl 888, Stein. * 1 —

Georg Heuermanns [Heuermann] Physiologie.Th.1-4. Copenhagen & Leipzig: Pelt 1751-55. 8°
Th.1:Welcher e. ...Beschreibung derer...Würkungen u. Verrichtungen,so zu d.Leben e.Menschen erfordert werden...enthält. 1751.
Th.2:Welcher e. ...Beschreibung derer ...Würkungen u.Verrichtungen d.Seele...enthält. 1752.
Th.3:Welcher...e.Beschreibung derejenigen Würckungen d.menschl.Cörpers...enthält, so man d.natürlichen Verrichtungen...zu benennen pfleget. 1753.
Th.4:Worinn d.Lehre v.d.Ernärung, Absondrung d.Urins, Erzeugung...abgehandelt worden. 1755.

Heuermann, G., Untersuchungen über die Sportula der Clienten. Pr. 1875. 9 S. 4°. —.90

Heuermann, H., einfache Buchführung f. Geflügelzüchter. (41 S.) 4. Hildesheim (905). F. Borgmeyer. n. 1. —

Heuermann, Max, prakt. Arzt a. Burgsteinfurt: Ein Fall von Hernia diaphragmatica congenita bei einem Neugeborenen. Halle a. S. 1905: C. A. Kaemmerer. (24 S.) 8°
Halle, Med. Fak., Ref. Veit, Diss. v. 5. Dez. 1905
[Geb. 5. März 74 Burgsteinfurt, Westf.; Wohnort: Gelsenkirchen-Uckendorf; Staatsangeh.: Preußen; Vorbildung: Gymn. Burgsteinfurt Reife O. 94; Studium: Berlin Kais. Wilh.-Akad. 4, Univ. 1, Halle 6 S.; Coll. 28. Nov. 05; Approb. 11. März 03.]

Das Glücksjuwel. Lebenswege e. Ungenannten. Veröffentl. von W. H. Schneeglöckchen. Von Wilhelm **Heuermann**. Striegau: Th. Urban [1907]. (68 S.) 8° [F.]
— **Volksbücher**, Urbans christliche. No 16. [07. 13571

Heuertz, Felix: Die Reblaus. Phylloxera vastatrix Pl. Gemeinverständliche Darst., in Wort und Bild, des Körperbaues, der Entwicklung und Lebensweise der Reblaus, der Erkennungsmerkmale der Reblauskrankheit, sowie der Maßregeln zu ihrer Abwehr und Vertilgung. [Mit] einer Bildertaf. und zwei Textabb. Luxemburg: Verf. 1905. 12 S. -- 121

Heuertz, Jean-Pierre: Die Besitzungen des Priorates Marienthal während des ersten Jahrhunderts seines Bestehens. S. 1–45. Luxemburg, École industrielle et commerciale de l'Athénée, Progr. 1894/95

v. **Heufeld**, Franz, († d. 23. März 1795.) s. 1) Bauer, der, aus dem Gebirge. 2) Geburtstag. 3) Guldenschmitt. 4) Haushaltung, die, nach d. Mode. 5) Jones, Thomas. 6) Julie, oder der Wettstreit rc. 7) Liebhaber, der, nach der Mode. 8) Tochter, die, des Bruder Philipps.

Heufelder, Ferd. Fritz Freiherr von Gagern, Pseudo-Commissarius der deutschen Reichsgewalt oder „die kühnen Griffe." Eine Episode aus der Zeit des ersten deutschen Parlaments und in Beziehung zu demselben resp. der Centralgewalt nebst meiner Rechtfertigung. Leipzig, E. Keil 1849. 64 S. 8.

Ueber die ger. und vollk. Johannisloge „Friedrich zur Frankentreue" im Or. Kulmbach. [Unterz.:] Hans Heufelder. [Mit Vorw. von Wilh. Flessa.] Kulmbach [1900]: Dachert. 29 S. 4°
Recens: L. 23 (1900) S. 40.
Gesch. der Frmrei in Franken, besonders in Kulmbach bis zur Einweihung der Loge (1883—1900). Nebst Verzeichn. der Mitgl. u. sonstigen statistischen Zsstellungen.
303.

Heufelder, Martin

Heufelder, M., ein Blumen-Kranz. Gesammelt von einem alten Gärtner in verschied. Gärten zum Besten der Jugend. Passau 865. Elsässer & Waldbauer. 8. (IV, 172 S.) 10 ngr

Heufelder, Mart., Trauerrede auf d. Hochwürd. rc. Hrn. Karl Joseph, aus d. adel. Familie v. Riccabona auf Reichenfels, Bischof v. Passau rc. gr. 8. (2¼ B.) Passau 830, Pustet'sche Buchh. ⅙ Thlr., Blnp.

Heufer, A., und W. Röttgers, praktisches Rechenbuch, s. Röttgers, W.

Heuffel, Joh., enumeratio plantarum in Banatu Temesiensi sponte crescentium et frequentius cultarum. (Aus den Verhandlungen der k. k. zoologisch-botan. Gesellsch. in Wien.) Wien 858. (Braumüller.) gr. 8. (204 S.) n. 20 ngr
Vgl.Heufler, Ludw.R.v.

Druckschriften des Ludwig Ritter von Heufler nach der Zeit geordnet. (Bis Ende September 1855.) Wien, 1855. Gedruckt bei Leopold Grund. XVII. 8.)

Heufler, Ludw. v., ein botanischer Beitrag zum deutschen Sprachschatz. Aus einem Sendschreiben an die Brüder Jak. und Wilh. Grimm. gr. 8. (38 S.) Wien 852, Gerold's Sohn.

— Italienische Briefe. Mit einem Anhange: Erinnerungen aus dem Küstenlande. Wien 853. Mechitharisten-Congreg.-Buchhdlg. 8. (2 Bl., 304 S.) 1 ₰. 10 ngr

Heufler, L. Ritter v., enumeratio plantarum in Banatu Temesiensi sponte crescentium et frequentius cultarum. (Aus d. Verhandl. d. k. k. zoolog. botan. Gesellschaft in Wien.) gr. 8. (204 S.) Wien, Braumüller. 1860. 1 fl.
Vgl.Heuffel, Joh.

—— Fragmente über Unterrichtswesen in Oesterreich. 8. (IV und 64 S.) Wien 853, Mechitaristen-Congregations-Buchh.

v. **Heufler**, Ldw., die Golazberge in der Tschitscherei. Ein Beitrag zur botan. Erdkunde. Mit 1 Karte. gr. 4. Triest 845, Favarger. n. ⅔ ₰

Heufler, Ludwig Ritter von —. Die Kronländer von Oesterreich. Ein geographischer Versuch von — —. 2. u. 3. Lieferun. A. u. d. T. Die Alpenländer von Oesterreich. Ein geographischer Versuch. Von — —. Wien. 1855. Druck und Verlag von Leopold Grund. (8.)

Heufler, Ludwig Ritter v. —. Die Kronländer von Oesterreich. Ein geographischer Versuch. Von — —. 4. Lieferung: A. u. T.: Die Sudetenländer von Oesterreich. Ein geografischer Versuch. Von — —. Wien 1855. Druck und Verlag von Leopold Grund. (84 S. 8.)

Heufler, Ludwig Ritter von —. Die Kronländer von Oesterreich. Ein geographischer Versuch von — —. 5. Lieferung A. u. d. T. Die Karpathenländer von Oesterreich. Ein geographischer Versuch von — —. Wien, 1855. Druck und Verlag von Leopold Grund. (204 S. 8.)

Heufler, Ludwig Ritter von — Die Kronländer von Oesterreich. (Auch unter dem Titel: Oesterreich und seine Kronländer.) Ein geographischer Versuch von — —. Sechste (Schluß) Lieferung. Noten und Register. Wien, 1856. Druck und Verlag von Leopold Grund. (LIX. 76 S. 1 Bl. und 1 Tabelle 8.)

Heufler, Ludw. v., die Laubmoose von Tirol. Geographisch erläutert. gr. 8. (32 S.) (Wien 851, Braumüller.) *
Aus: Sitzungsberichte der mathemat.-naturwissenschaftl. Classe der k. Akad. der Wissensch. 1851., besonders abgedruckt.

Heufler, L. R. v. — Nachrichten über die Mittel gegen die Traubenkrankheit. Von — —. 8. (16 S.) Wien. Druck von Leopold Sommer. Verlag von L. W. Seidel. 1853.

— Österreich und seine Kronländer. Ein geograph. Versuch. (5 Abthlgn.) Wien 854—56. Grund. 8. (LIX, 4 Bl., 148; 3 Bl., 325; 2 Bl., 84; 2 Bl., 204; 77 S.) 3 ℛ. 6 ngr.

Heufler, Ludw. v., Asplenii species europaeae. Untersuchungen über die Milzfarne Europa's. Mit 3 (in Kpfr. gest.) Taf. Abbildgn. (wovon 2 color. in gr. 8. u. 4.) u. 1 (lith. u. color.) Erdkarte (in qu. Fol.). Vorgelegt in den Sitzungen d. zoolog.-botan. Vereines in Wien vom 1. Mai u. 4. Juni 1856. Wien 857. (Braumüller.) gr. 8. (120 S.) n. 28 ngr.

— specimen florae Cryptogamae vallis Arpasch Carpatae transilvani. A. u. d. T.: Eine Probe der kryptogamischen Flora des Arpaschthales in den siebenbürgischen Karpaten. Wien 853. (Leipzig, Brockhaus.) Imp.-Fol. (66 S. u. 7 Taf. in Naturselbstdr.) n. 1 ℛ. 20 ngr.

—— historisch-politische Studien und kritische Fragmente aus den J. 1848 bis 1853, s. Studien.

Heufler, Ludw. v., Untersuchungen über die Hypneen Tirol's. (Aus den Verhdlgn. der k. k. zoologisch-botan. Gesellsch. in Wien.) Wien 860. Braumüller in Comm. gr. 8. (120 S.) n. 16 ngr.

Heufler zu Rasen, s.: Hohenbühel, Ludw. Frhr v.

Heu-, Emd- und Ernd-Gedanken, Erbauliche. Basel 1758. V: *Annone, Hieron. d'*. (Cat. d. Stadtbibl. Zürich. Zürich 1864—97.)

Heugel (C.). Die Laubmoose der Ostseeprov. Russlands. Riga, 1875. 8°.

Heugel, Hans Albr. v., letzter Wille in geistl. Dingen. 8. Magdeb. Scheidhauer. 735.

Heugel, Johann Jacob (Regensburg), De praescriptione vel hypothecarum. Diss. acad. Präs. Wilhelm Hieronymus Bruckner. Jena (Nis/Joh. Volckm. Marggrafe) Febr. 1719. 30 S. (6.50)
14917

v. **Heugel**, Carl, demokratisches ABC u. Lesebuch. Ein Geschenk f. große u. kleine Demokraten. Mit Bildern in (Holzschn.) u. erbaulichen Versen. 8. (64 S.) Berlin 850, Wohl & Co. 6 ℳ

Schleswig-Holsteins Gegenwart. Geschrieben nach der Schlacht bei Idstedt von einem deutschen Offizier [d. i.: Carl Baron von **Heugel**]. Hamburg. 1850. 8°.

Heugel, Carl v., lachende Geschichten. (V, 148 S.) 8. Dresden 903. E. Pierson. n. 2. 50; geb. n. 3. 50

Heugel, Carl v., Czerski's erste christl.-apostol.-kathol. Predigt in der Stadt Posen. gr. 8. (1½ B.) Posen 845. Cohn. *.

— die Berliner Revolution des 18. u. 19. März vom sittlichen Standpunkte betrachtet. Beweis, daß dieselbe den vorangegangenen Regierungsmaßregeln als nothwendige Folge entspringen mußte u. keine Revolution des Pöbels war. Rede, gehalten im „polit. Verein" zu Posen am 24. Juni 1848. gr. 8. (22 S.) Posen 848, Gebr. Scherk in Comm. n. 2 ℳ

Heugel, Carl v[on]. Entgöttlichte Seelen. Realistischer Roman. 154 S. 8. Zürich, Caesar Schmidt, 1902. [fr. 2. 50]

— s. Spiegel, Monatsschrift.

Tannhäuser-Fahrten. Lyrische Liebeskränze von Carl v. **Heugel**. Berlin-Charlottenburg: H. Kurtzig [1907]. (80 S.) 8° [F.] [08. 1639

Heugel, Carl v., Tannhäuser-Fahrten. Lyrische Liebeskränze. (VII, 80 S.) kl. 8. Berlin-Charlottenburg (908). [H. Kurtzig.] Berlin, L. M. Barschall. 1. 50

Heugel, Carl v. Die Vorfälle in Posen am 28. und 29. Juli 1845. — Wer trägt die Schuld! Ein Wort an die Polen. — Bericht über die Anwesenheit Czerskis in Posen. — Artikel aus der polnischen Posener Zeitung Nr. 188 und 189 übersetzt. — Beleuchtung dieser Artikel. Posen. J. Cohn 1845. 30 S. 8.

Heugherr, A., über die Unentgeltlichkeit der Lehrmittel und Schreibmaterialien. 8. (20 S.) Aarau 887. Sauerländer's Verlag. n. -- 50

Heuglin, F., Die Würtembergischen Familien-Stiftungen nebst geneal. Nachrichten über die zu denselben berechtigten Familien. Stammlisten zu den Esslinger Familien-Stiftungen. 1. Heft. Burkhardt-Bardilische Stiftung. Esslingen 1844. 8.

Heuglin, (M.) Theodor von

Heuglin, Th. v., über die Antilopen und Büffel Nordost-Afrika's. Mit 3 Taf. (in Kpfrst.) (Aus den Verhdlgn. der Leop.-Carol. deutschen Akad. der Naturforscher.) Jena 863. Fr. Frommann. gr. 4. (46 S.) n. 1 Thlr 20 ngr.

(von Heuglin, M Theodor): Theodor von Heuglin's Aufnahmen in Ost-Spitzbergen, 1870. Begleitworte zur neuen Karte dieses Gebietes. (Geographie und Erforschung der Polar-Regionen. No. 46. Petermann's Geographische Mittheilungen. 1871. Heft 5. S. 176—182.) Gotha 1871. 8 S., 1 Krt.
an: von Heuglin: Forschungen in Ost-Spitzbergen. August und September 1870. 4°.

von Heuglin, M Theodor: Beiträge zur Fauna, Flora und Geologie von Spitzbergen und Novaja Semlja. Mit einer Tafel: Endophytische Pilze. Braunschweig 1874. VIII, 352 S.
= von Heuglin: Reisen nach dem Nordpolarmeer. Bd. 3. 8°.

—— Beiträge zur Zoologie Central-Afrika's. gr. 4. (15 S. mit 1 Stnt.) Dresden 864. (Jena, Fr. Frommann.) *
aus: Verhandlungen der k. Leop.-Carol. deutschen Akad. der Naturforscher, besonders abgedruckt.

Heuglin, über ein Cetaceum [Balaenoptera Lacep.?] aus dem rothen Meere. Mit 1 (lith.) Taf. [Aus d. Sitzungsberichten 1851 d. kais. Akad. d. Wiss. abgedr.] gr. 8. (3 S.) Wien 851. (Braumüller.) n. 4 ngr.

Heuglin, (Th. v.), über ein Cetaceum (Balaenoptera Lacep?) aus dem rothen Meere. gr. 8. (3 S. mit 1 Stnt.) Wien 852, (Gerold's Sohn.) *

Heuglin, (M.) Th. v., Diagnosen neuer Säugethiere aus Afrika am Rothen Meere. gr. 4. (7 S. mit 2 chromolithogr. Taf. in gr. 4. und gr. Fol.) Jena 861, Frommann. ° Thlr. *
Aus: Verhandlungen der k. Leop.-Carol. d. A., besonders abgedruckt.

Heuglin, Theodor v., Expedition nach Inner-Afrika, zur Aufhellung der Schicksale Dr. Eduard Vogel's und zur Vollendung seines Forschungswerkes. Gotha 1860.

(von Heuglin, Theodor): Die Tinne'sche Expedition im westlichen Nil-Quellgebiet 1863 und 1864. Aus dem Tagebuche von Theodor von Heuglin. Nebst ethnographischen, zoologischen und kartographischen Anhängen und einer Originalkarte. Gotha 1865. VIII, 46 S.
= Ergänzungsheft zu Petermann's Geographischen Mittheilungen. No. 15. 8°.

—— die Tinne'sche Expedition im westlichen Nil-Quellgebiet 1863 und 1864, s. Mittheilungen aus J. Perthes' geograph. Anstalt.

(von Heuglin, M Theodor, und Graf Waldburg-Zeil): Theodor von Heuglin's und Graf Waldburg-Zeil's Forschungen in Ost-Spitzbergen, August und September 1870. Nach brieflichen Mittheilungen Theodor von Heuglin's, 26. Sept. bis 19. Okt. 1870. (Geographie und Erforschung der Polar-Regionen. No. 40 Petermann's Geographische Mittheilungen. 1870. Heft 12. S. 443—451.) Gotha 1870. 9 S. 4°.

Heuglin, M. Th. v., Karte von Aethiopien: Abessinien, Takah u. Ost-Sennar nebst Höhen-Profil von Central-Abessinien. Mit Benutzung der Bestimmungen von Bruce, Rüppell etc. nach eigenen astronom. u. trigonometr. Messungen entworfen. Chromolith. Jena 868. Costenoble. gr. Fol. In Carton n. 1 Thlr

— Ornithologie Nordost-Afrika's, der Nilquellen u. Küstengebiete des rothen Meeres u. des Somali-Landes. Mit 30 Taff. Abbildgn. in Chromolith. 1—4. Liefg. Cassel 869. Fischer. Lex.-8. (S. 1—128 mit 8 Chromolith.) Jede Liefg. n. 1 Thlr

Heuglin, (M.) Thdr. v., Ornithologie Nordost-Afrika's der Nilquellen u. Küstengebiete d. rothen Meeres u. d. Somali-Landes. Mit 30 Taf. Abbildgn. in Chromolith. 5—57. (Schluss-) Lfg. Lex.-8. (XVI u. S. 129—1512. Einleitg. 117 S. u. Nachträge m. Reg. S. 49—325. m. 43 Chromolith. u. 1 chromolith. Karte in 4.) Cassel 871—75. Fischer. n. 133. —
5—17. à n. 3. —. — 18—57. à n. 2. 50.

— Reise nach Abessinien, den Gala-Ländern, Ost-Sudán u. Chartúm in den Jahren 1861 u. 1862. Mit Vorwort von A. E. Brehm. Jena 868. Costenoble. gr. 8. (XII, 462 S. nebst 10 Illustr. in Farbendr. u. Holzschn., ausgeführt von J. M. Bernatz, 1 Steintaf. in 4. u. 1 lith. u. color. Originalkarte in gr. Fol.) n. 5 Thlr

von Heuglin, (M.) Theodor: Reise nach Abessinien, den Gala-Ländern, Ost-Sudan und Chartum in den Jahren 1861 und 1862. Mit Vorwort von A. E. Brehm. Nebst 10 Illustrationen in Farbendruck und Holzschnitt, ausgeführt von J. M. Bernatz, 1 lithographirten Tafel und 1 Originalkarte. Neue Ausgabe. Gera 1874. XII, 462 S. 8°.

—— Reise in das Gebiet des weissen Nil und seiner westlichen Zuflüsse in den J. 1862—1864. Mit einem Vorworte von Aug. Petermann. Nebst 1 (lithogr.) Karte (in Imp.-Fol.), sowie 9 in den Text gedr. Holzschn. und 8 Taf., nach Orig.-Zeichnungen entworfen und auf Holz übertragen von C. Heyn. gr. 8. (XII, 382 S.) Leipzig 869, C. F. Winter'sche Verlagsh. (ℳ 12.) *

Heuglin, (M.) Th. v., Reise in Nordost-Afrika. Schilderungen aus dem Gebiete der Beni Amer u. Habab, nebst zoolog. Skizzen u. einem Führer für Jagdreisende. 2 Bde. Mit einer (lith.) Karte (in gr. Fol.), 3 chromolith. Taf. u. 10 Illustr. (Holzschntaf.). gr. 8. (XV, 285 u. VI, 304 S.) Braunschweig 877. Westermann. n. 16. 40

von Heuglin, M. Theodor: Reise nach Novaja Semlja und Waigatsch im Jahre 1871. Unternommen mit der Rosenthal'schen Expedition. Mit einer Originalkarte, einem Farbendruck-Bild und sieben Illustrationen. Braunschweig 1873. VI, 300 S.
= von Heuglin: Reisen nach dem Nordpolarmeer. Bd. 2. 8°.

— Reise zu Kaiser Theodorus und nach der Festung Magdala, Februar bis Mai 1862. Gotha 1867.

— Reisebericht aus Chartum vom 25 Oktober 1852. S. 9. 915 . . . . —.50
Separatabdruck

— Reisen in Nord-Ost-Afrika. Tagebuch einer Reise von Chartum nach Abyssinien mit besond. Rücksicht auf Zoologie und Geographie unternommen in den J. 1852 bis 1853. gr. 8. (X und 136 S. mit 1 in Kpfr. gest. und ill. Karte in qu. gr. Fol., 1 chromolithogr. Gebirgs-Durchschnitte in qu. Fol. und 8 chromolithogr. Bildern.) Gotha 857, J. Perthes. geb. *
Vgl.: Hornemann II.

—— Reisen nach dem Nordpolarmeer in den J. 1870 und 1871. 3 Thle. gr. 8. Braunschweig, Westermann. *

Inhalt:

Thl. 1. Reise in Norwegen und Spitzbergen im J. 1870. Unternommen in Gesellschaft des Grafen K. von Waldburg-Zeil-Trauchburg von M. Th. v. Heuglin. Mit 2 Originalkarten, 1 Farbendruckbild, 29 Illustr. und einem Vorwort von A. Petermann. (XII, 328 S. mit eingedr. Holzschn., 15 Holzschntaf., 1 Farbendruckbild und 1 chromolithogr. Karte in gr. 4.) 872. *ℳ 8,40.
» 2. Reise nach Novaja Semlja und Waigatsch im J. 1871. Unternommen mit der Rosenthal'schen Expedition von M. Th. v. Heuglin. Mit 1 Originalkarte, 1 Farbendruckbild und 7 Illustr. (VI, 300 S. mit 7 Holzschntaf., 1 Farbendruckbild und 1 chromolithogr. Karte in gr. 4.) 873. *ℳ 8.
» 3. Naturhistorischer Theil: Beiträge zur Fauna, Flora und Geologie von Spitzbergen und Novaja Semlja. Mit 1 Taf.: Endophytische Pilze. (VIII, 352 S.) 874. *ℳ 8,80.

Heuglin, Theodor von: S c h r e i b e n aus Assuan.
S.-A. aus: Sitzungsber. d. kais. Akad. d. Wiss. in Wien. Bd 9. S. 235.

—— systematische Übersicht der Säugethiere Nordost-Afrika's mit Einschluss der arab. Küste, des rothen Meeres, der Somáli- und der Nilquellen-Länder, südwärts bis zum 4. Grade nördl. Breite. Nach briefl. Mittheilungen und den Orig.-Exemplaren des Verf. ergänzt und mit Zusätzen versehen von Leop. Jos. Fitzinger. Lex.-8. (75 S.) Wien 867, (Gerold's Sohn.) *
Aus: Sitzungsberichte der k. Akademie der Wissenschaften, besonders abgedruckt.

— systematische Übersicht der Vögel Nord-Ost-Afrika's mit Einschluss der arab. Küste des rothen Meeres und der Nil-Quellen-Länder südwärts bis zum 4. Grade nördl. Breite. Aus d. Sitzungsberichten d. k. Akad. d. W. Wien 856. (Gerold.) gr. 8. (72 S.) n. 12 ngr.

Heuke, Johann Joachim. Neuestes deutsch-italienisches und italienisch-deutsches Wörterbuch, grammatikalisch bearbeitet nach dem Adelung'schen grösseren deutschen Wörterbuch etc. (2 Bde.) 8. Augsburg 1806.

Vgl. Heucke, Joh. Joachim.

Heukelom, J. B., für Werkstatt u. Schule. Motive, entworfen auf Grund des Vierecks. Für die Praxis u. zum Gebrauch in Gewerbeschulen. (31 z. Tl. farb. Taf.) qu. 4. Leipzig (903). K. F. Koehler. n. 4. 50

Heukelom J B, f. Werkst. u Schule. Mot. a. Grund d. Vierecks. (31 T) kl 4° Leipzig (1904)

Heukeshoven, E., das Branntweinsteuergesetz, s. Materne's Steuer-Examinatorium.

Heukeshoven, E., s.: Materne's Steuer-Examinatorium.

Heukeshoven, E., Zoll-Examinatorium, s.: Materne.

Heukeshoven, E., die deutsche Zolltarif-Reform vom Jahre 1879, nach dem Regierungs-Entwurf, den Motiven, den Berichten der Enquete-Kommissionen über die Baumwollen-, Leinen- u. Eiseinindustrie, den Vorschlägen der Reichstags-Tarifkommission u. den Beschlüssen des Reichstags für Zoll- u. Steuerbeamte, Landwirthe, Gewerbe- u. Handeltreibende erläutert. gr. 8. (VIII, 148 S.) Breslau 880. Kern's Verl. n. 3. —

Heukeshoven, Jos., s. Schematismus der öffentlichen katholischen Elementarschulen d. Biet. Breslau.

Heukeshoven, Jos., s.: Schematismus d. öffentl. kathol. Volksschulen d. Prov. Schlesien.

Heukeshoven, R. [Apotheker]: Experimentelles über die Wirkung des „Thiocols" bei der Tuberkulose. Bern 1899. 66 S. 17 Taf. 8°.
Bern. Phil. Diss. 1899/1900.

Heukrath, T., De Properti codice lusatico L. Diss. 1910. 71 S. 2.50

Heukuppe, s.: Wiener Ausflugskarten.

Heule, A[lbert]. Der Wallensee und das St. Galler Oberland (*Umschlag: Vom Wallensee zur Tamina). Mit einer Karte von Prof. F[ridolin] Becker [und Illustrationen]. Hrg. vom Verband der Kur- und Verkehrsvereine am Wallensee und im St. Galler Oberland. 60 S. 8. Glarus, J. Spälti, 1903. [fr. —. 60]

Heule, A., der Wallensee u. das St. Galler Oberland. Mit e. Karte v. F. Becker. Hrsg. v. Verband d. Kur- u. Verkehrsvereine am Wallensee u. im St. Galler Oberland. (60 S. m. Abb. u. 1 Karte.) 8. Glarus (907). (Ragaz, H. Richter.) — 50

[Heule, Albert.] Wallenstadt und Wallenstadtberg am Wallensee. Eisenbahnlinie Zürich-Wesen-Ragaz-Chur. [Illustr. Prospekt.] II + 31 S. quer-8. [Wallenstadt, Gebr. Wildhaber, 1904.]

Heulein, Johann Albert (Heilsbronn/Frk.), De filiis electorum. Von Chur=Printzen. Diss. jur. Präs. Christian Wildvogel. Jena (Müller) Juli 1711. 37 S. (6.50) 14919
Gew.: Samuel Frh. v. Christell.

Heulenburg, Heulalius von (Heinrich Hoffmann). Der Heulerspiegel. Mittheilungen aus dem Tagebuche des Herrn H. v. H. Leipzig, G. Meyer 1849. 30 S. 8.

Heulerspiegel, der. Mittheilungen aus dem Tagebuche des Hrn. Heulalius v. Heulenburg. (Von Heinr. Hoffmann.) 1. und 2. Aufl. gr. 8. (30 S.) Leipzig 849, G. Mayer. *

HEULER, Fr. Michael (Zeuzleben): Beitrag zu der operativen Behandlung der Pseudarthrosen.- München: Heller 1882. 24 S.
5.7.1882 - Urk (Titel: De curatione pseudarthrosium operativa.); Chr 1882/83,16
Diss. Ingolst.-Landsh.-Mchn.

Heuler, Gernebald, s.: Reime, goldene, s. Männlein u. Weiblein, so sich der edlen Gesangskunst befleißigen wollen.

Heuler, Raim., Lehrpläne f. d. Volksschulgesangunterricht. Nach d. Grundsätzen d. Eitzschen Tonwort-Verfahrens. (2 S. u. Bl. 3—13.) Lex. 8. Würzburg 910. R. Banger Nachf. 1. 20

— Rhythmische Leseübungen f. Volks- u. Mittelschulen. (15 S.) gr. 8. Ebd. 909. — 25

— Dr. Hugo Riemann als Volksschulgesangpädagog. (24 S.) Ebd. 910. — 60
Sonderabdr. aus: „Sonde". Monatsschr. f. pädagog. Kritik.

— Moderne Schulgesangreform. Der Gesangunterr. in d. unteren Klassen d. Volksschule als Grundlage e. fortschrittl. musikal. Jugend- u. Volkserziehg. (48 S. m. 1 Tab.) gr. 8. Würzburg 908. R. Banger Nachf. 1. 80

— Deutsches Schulsingbuch. Ausg. f. geteilte Schulen. 1. Tl. (Bis z. Mittelstufe.) (III, 93 S.) gr. 8. Ebd. 909. 1. 20

— dasselbe. Nach d. Grundsätzen d. Eitzschen Tonwortverfahrens bearb. Ausg. B. 1.—3. Tl. gr. 8. Ebd. 2. 90
1. (48 S.) 909. — 60. — 2. (28 S.) 910. 1. 50. — 3. (66 S.) 909. — 80

Heulerbibliothek, allgemeine. Im Verein mit mehreren berühmten Heulern hrsg. von *Ludwig Kalisch.* 2 Hfte. (in 1 Bdchn.). Frankfurt a. M., literar. Anstalt (Heft 2: S. Schmerber), 1849. 8°. Titelbl. zu 1 nicht rein. Ppb.
Sehr ergötzliche Satyren auf polit. Heuler (gesinnungslose Erz-Philister). 1: Heulerbrevier. 32 S. 2: Muster-Beredsamkeit. 32 S. — Längst vergriffen u. selten!

Schinznach-les-bains. A. Heumann, compte-rendu de la Saison 1871. in-8. 1872.

Heumann, A., Vorschlag zur Behandlung des Nervenfiebers durch das Wasser-Heil-Verfahren, unterstützt von den besseren der gebräuchl. arzneil. Mittel. Für Aerzte und Nicht-Aerzte geschrieben. gr. 8. (43 S.) Darmstadt 850, Leske.

Heumann, August

Heumann, A., wie lernt u. lehrt man Rundschrift? Eine method. Anleitg. nebst 4 Uebungsheften (je 24 S.), besonders zum Selbstunterricht. (23 S.) 4. Hannover 903. [F. Cruse]. Hahn. n. 1. —; Textheft allein n. — 50; Uebungshefte allein à n. — 10; 4 Reinschrifthefte (je 24 S.) à n. n. — 15

— dasselbe. 1. u. 3. Heft. 2., verb. u. verm. Aufl. (Je 28 S.) 4. Hannover (904). Hahn. à n. — 20

Heumann, A., wie lernt u. lehrt man Rundschrift. 4 Hefte. 8. Hannover (910). Hahn. — 90
I. 4. Aufl. (28 S.) — 20. — II. 3. Aufl. (24 S.) — 25.
III. 4. Aufl. (28 S.) — 25. — IV. 2. Aufl. (24 S.) — 20

— dasselbe. Ausg. in 1 Hefte. (IV, 28 S.) 8. Ebd. (910). — 40

— dasselbe. Eine method. Anleitg. f. die Hand des Lehrers u. besond. z. Selbstunterr. 2. Aufl. (14 S.) 8. Ebd. (910). — 35

— wie verwendet man die Rundschrift? 50 Beispiele zum prakt. Gebrauch. (48 S.) 4. Hannover (903). F. Cruse. n. — 60; erhöhter Preis n. — 75

Wie verwendet man die Rundschrift? 50 Beispiele z. prakt. Gebrauch bearb. von A[ugust] Heumann, Lehrer in Hannover. *Hannover: F. Cruse [um 1904].* (48 S.) 8° [Umschlagt.] [04. 0873 7

— Wortgruppen, bezw. Wortgruppen u. Diktatstoffe zur deutschen Rechtschreibung, s.: Brammer, L.

Heumann, C. F., Disputatio de Hippodamo Milesio ad Aristoteles Politic. II, 5. Diss. 1841. 58 S. 4°.

Heumann, Christoph August

—— Lebensbeschreibung; aus dess. hinterlass. Manuscripten u. andern Nachr. verfaßt, v. G. A. Cassius. 8. Marb. 768. Krieger. 12 gr

— Acta Philosophorum oder gründliche Nachricht aus der Historia Philosophiae etc. XVIII Tom. 8. Halae, Renger. 715 - 26.

— Anmerkk. üb. seine Erklärung d. N. Test., worinnen verschied. Verbesserungen angebracht ꝛc. worden. 8. Götting. 764.

— — Programma de primis apostolis iisdemq. evangelistis, pastoribus Bethlehemicis. Götting. (Hager) 10. I. 1734. 15 S. (4.50) 14924

Heumanni, C. A., Commentatio de arte critica. Acc. Fr. Robortelli Disp. de arte critica corrigendi antiquor. libros. Norimb. et Altorf. 747. 8. 4 gr.

— de arte critica. 8. Norimb. Monath. 747.

Heumann, C. A., de baptizatis super mortuos. ad 1 Cor. 15, 29. Isen. 1710; rep. Jen. 1740. 4; rep. in ejsd. poecile 3. 1.

Heumann, C. A., de bibliotheca selecta. Götting. 720. 4.

— — XXX. programma secundum de bibliotheca selecta. Götting. (Hampe) 27. IV. 1723. 12 S. (1.50) 14923

Heumann, Christoph August (Präs.), s. Breithaupt, Justus Friedr. Vitus: De claris Tarsensibus.

Heumann, C. A., de praecipua causa, ob quam discipulis Christi se conspiciendos et audiendos praebuerunt Moses et Elias. Gotting. 1732. 4; rep. in ejsd. syll. dissertt. 1, 1. p. 94 ss.

Heumann, C. A., de censu ante-Quiriniano. Gotting. 1732. 4; rep. in ejsd. syll. 1. p. 763 ss.

— augusta Concilii Niceni II. censura, s. via ad hist. lit. 8. Hannov. Helwing. 731.

Heumann, C. A., de Chresto Suetonii. Jen. 1709. 4; repet in ejsd. sylloge dissertt. 1. p. 536.

Heumann, Christoph August, M. TULLII CICERO- //NIS // Sechs Reden, // I. // Vor den Archias, // II. // Wider den Catilina, // III. IV. // Nach seiner Zurückkunft, // V. // Vor das Manilische Gesetz, // VI. // Vor den Milo, // verteutschet // von // Christoph August Heumannen. // Eisenach und Naumburg, // In Verlag Michael Gottl. Grießbachs, // 1735. - 12 Blatt (nicht paginiert) Titelblatt und Vorrede. - 256 S.
Es folgt Seite (257)-272:
Von dem Nutzen // der // Übersetzungen // in den Schulen // der Beredtsamkeit // handelt hierinnen kürtzlich, // und ladet zugleich // zu einer // in dem Königl. und Churfürstlichen // Gymnasio // zu haltenden Red-Übung // ehrerbietigst ein // dessen Inspector // Christoph August Heumann, // S. Theol. D. & Prof.
Und Seite 257-262:
CORNELII TACITI // Vorrede // zu seiner Lebens-Beschreibung // des Agricola.

Heumann, C. A., de conjuge Paulino ad Phil. 4, 3. Gotting. 1732. 4.

— conspectus reipubl. literariae. 8. Hannov. 718. Ed. II. 726. Ed. IV. 735. Ed. V. eademque ultima. 746. Ed. VI. 753. Ed. VII. 763. Ed. VIII. ed. J. N. Eyring. Prs. I. II. 8. 791. P. II. 797. Helwing. 1 rß

Heumann, C. A., de Cyria, S. Joannis amica. Gotting. 1726. 4.

Heumann, C. A., vera descriptio priscae contentionis inter Romam et Asiam de vero paschate. Gotting. 1745. 4; rep. in ejsd. syll. dissertt. I. p. 156 ss.

Heumann, Christoph August, Epistola critica de jure latinam linguam augendi novis vocabulis ad virum Jo. Tobiam Wilhelmi novum gymnasii Schleusingensis conrectorem gratul. Eisenach (Urban), 22. VI. 1714. 16 S. (5.—) 14920

— Erklärung d. N. Testaments. 12 Thle. gr. 8. Götting. 750—63. (Helwing in Hannov.) 9 rß 6 gr

— Erklär. des N. Testaments. 12 Thle. gr. 8. Ebend. 749—60. (1r 6r u. 10r à 1 Rthlr. 4r 7r 8r 9r 11r à 18 gr. 2r 3r 5r à 16 gr. 12r 12 gr.)

Heumann, Cph. Aug., († d. 1. Mai 1764.) Erweis, daß d. Lehre der reform. Kirche vom Abendmahle die rechte sei. 3 Thle. 8. Heidelb. u. Götting. 764. (Laue in Berl.) 11 gr (2r Thl., welcher die nöthigen Beilagen zum 1n Thle. enthält (keine Fortsetz., sondern e. Widerlegung v. A. B. Grulich. 3r Thl., v. e. Unbek.)

Heumannn, C. A., Erw., daß die Lehre d. reform. Kirche vom Abendmahle die rechte sey. 3 Thle. 8. Halle, Curt. 764.

Heumann, Christoph August.
Erweis, dass die Lehre der reformirten Kirche vom heil. Abendmahl die rechte und wahre sei. Eisleb. u. Wittenb. 1764. H: *Sack.* (winer)

— Erweis, als ein Oelblatt des Friedens. 2 Stck. 8. Hanau, Schulz. 766.

— — Fabellam pontificiam de Joannis apostoli pontificatu maximo ex historia ecclesiastica exterminat simulque antistiti supremo ducatus Gottingensis summe venerando D. Henrico Philippo Gudenio theol. celeb. abitum divinis regiisque auspiciis susceptum ad consistorium Hannoveranum et ad dioecesin Rondebergensem observ. gratul. Götting. (Hager) 15. X. 1734. 12 S. (5.—) 14925

Heumann, C. A., de geographia Christum tentantis diaboli. Jen. 1737. 4; rep. in ejsd. syllog. dissertt. 1, 1. p. 174 ss.

— — Ad disputationem inaug. viri Christian Wilhelm Franz Walch (Jena) invitat praefatus de haeretico Paulino in epistola ad Titum cap. I. 10. Götting. (Jo. Christ. Ludolph Schulz) 27. IX. 1754. 20 S. mit genealog. Biogr. W.'s (M.: Ch. C. Budde) u. Schriftenverz. (7.—) 14927

Heumann, Christoph August (Präs.), s. Heiss, Leonhard: De vocatione divina ad ministerium ecclesiastium.

Heumann, Christoph August (Präs.), s. Hermann, Jo. Georg: Dissertatio in qua par scandalorum exegeticorum ... tollitur.

Heumann, Christoph August: Historia Christi et apostolorum. Göttingen 1758. 4°

— — Historiam gladii academici. Götting. (Hager) 7. XI. 1734. 15 S. (5.—) 14926

Heumann, Christoph August: De illuminatione Sauli. Jen. 1741. 4°

Heumann, C. A., interpretatio γεωγραφίας Christi a Joanne commemoratae. Gotting. 1738. 4; rep. in Poec. I. p. 173 ss.

— succincta interpretatio apocalypseos Joannis apost. voluntate auctoris e MSto edita. 8. Frkf. 765. Rossiegel. 3 ℛ

Heumann, C. A., de Joanne in ferrens oleum conjecto; Isenac. 1715. 4; cfr. bibl. Brem. 3. p. 316.

Heumanni, C. A., Dissert. de Isidoro Pelusiota et ejus epistolis. Götting. 737. 4.

Heumann, C. A., de jubilaeis evangel. eccl. quinquagesimo quoque anno celebrandis. Lips. 1730. 4.

Heumann, C. A., de LXX Christi legatis. Gotting. 1745. 4; rep. in ejsd. nova sylloge dissertt. I. p. 120—155.

— von d. majest. Leiden unsers Herrn Jesu Christi. 4. Leipzig, Junius. 745.

— dial. de mentis hum. libertate, decreto non sublata. 4. Hannov. Helwing. 711.

— de libris anonymis ac pseudonymis. 8. Jenae. 711.

Heumann, C. A., de locis, quibus Chr. legitur vetuisse publicari suum aliquod miraculum. Gotting. 1747. 4; rep. in ejsd. nova syll. diss. 2. p. 50 ss.

— Lutherus apocalypticus. 8. ibid. 717.
dasselbe mit breit. Rand

Christoph. Aug. Heumann (resp. Müller) de miraculis Vespasiani. Jen. 1707. 4. (Ad Sueton. Vesp. VII.)

Heumann, C. A., de ortu nominis Christianorum. Gott. 1736. 4; rep. in ejsd. primit. Gotting. p. 130—153.

Heumanni, C. A., Parerga critica. Acc. commentatio de arte critica. Jen. 712. 8. 4 gr.

Heumann, C. A., de passione Christi majestatica. Gotting. 1735. 4.

Heumann, C. A., de Paulo Atheniensium religiositatem quodammodo laudante. Gotting. 1724. 4.

Heumanni, C. A., Disp. de persecutione Christianorum Pliniana. Götting. 731. 4.

HEUMANN, CHRISTOPH AUGUST. Der Politische Philosophus Das ist, Vernunfftmäßige Anweisung zur Klugheit Im gemeinen Leben. Frankfurt & Leipzig 1714, Kl. 8°. *Frontispiz*, 7 Bl. 143 S. 15 Bl. 40 S. Etwas fleckig HPgt. d. Z. 60.—

Originalausgabe. Dieses volkstüml. Handbuch der Lebensweisheit ist eine der wenigen in deutscher Sprache abgefaßten Schriften des ungeheuer vielseitigen Theologen, Philosophen, Polyhistors und Schulmannes H. (1681 bis 1764; vgl. d. ausführl. Biogr. von Klippel u. Tschackert, RE VIII, 26 ff.). In einem Anhang gibt der Vf. selbst „Kurtze und gründliche Anmerckungen" über s. Buch.

— polit. Philosophus, od. Anweis. zur Klugheit im gem. Leb. n. 8. Ebend. 724.

— Poecile. Hal. 722-34. 3 Tom. 8. 2 rthlr.

— poecile, s. epist. ad lit. Vir. III Tmi. libri XII. 8. ibid. 727.

— de pia impii Herodis praeceptione de officiis erga manifestatum Christum, ad Matth. 2, 8. Gotting. 1731. 4.

Heumann, C. A., praeconium angelicum. Gotting. 1732. 4.

— Primitiae Göttingenses academicae sive dissertationes. Hannov. 738. 4. 10 gr.

— primitiae Gottingens. acad. 4. Hann. Helwing. 738.

— — Programma quo de optima secta philosophorum disserit. Götting. (Woyk) 28. IV. 1720. 8 S. (3.50) 14922

— de prudentia christiana. II Pts. 8. Götting. 761—63. (Helwing in Hannov.) 12 ℛ

Heumanni, C. A., Sapientia scenae Romanae, cum annotatt. Isen. 716. 12. 3 gr.

Heumann, C. A., de scribis epistolarum Pauli. Jen. 1742. 4.

Heumann, C. A., de stella Magis praelucente. Gotting. 1723. 4; rep. in ejsd. poecile 2. 1.

— dissertation. sylloge. T. I. pts IV. 8. Gött. Schmidt. 743-50.

— — nova syll. II pts. 8. Vism. Boedner. 751-54.

— nova sylloge Dissertationum. II Partes. 8. Rostock u. Wismar 752—54. Bödner. 20 ℛ

— L. Caecil. firm. Lactantii symbolum s. epigrammata, tristicha aenigmatica. 8. ibid. 722.

— s. Testament, d. neue.

— d. Neuen Testaments Uebers. 2 Thle. 8. Ebend. 748.
Schreibr.

Heumann, C. A., de testimonio resurrectionis Christi angelico. Gotting. 1746. 4.

Heumann, C. A., de titulo filii hominis. Gotting. 1740. 4; rep. in sylloge 1. p. 848 ss.

— de titulo Theologi, Joanni tributo. Isen. 1715. 4.

Heumann, C. A., ubi et qualis episcopus fuerit Hippolytus. Gotting. 1737. 4.

— — Programma de vaticiniis casu veris. Gött. (Woyk) 9. X. 1718. 8 S. (3.—) 14921

— Vita Mart. Lutheri br. expos. a Melanchtone conscr. 4. ibid. 747.

Heumann, C. A., de Juliani imp. voce extrema: Vicisti, Galilaee! Gotting. 1740. 4.

Christoph[orus] August[us] Franc[iscus] Heumann: De cessante, ob aetatem, mensium fluxu et morbis inde oriundis. Helmstadii (1776:) Schnorr. XXIX & 8

Helmstedt, Med. Diss. v. 28. Dez. 1776

Heumann, G., neu inventirte Degengefäße. 2 Thle. m. K. Fol. Nrnb. Schneider u. W.

Heumann, Georg Daniel. Der in Göttingen herüm schriende Lühe, oder der Göttingische Ausruff. Zu finden bey Georg Daniel Heumann in Nürnberg [um 1740].
Mit dem Tit. 28 Taf. in Kupferst. 4°.
Heumann auch Stecher der Taf. des 1742 in Göttingen erschienenen Werkes von Haller: Enumeratio stirpium Helvetiae.
Abb. 46

—. Dasselbe. o. O. u. J.
28 Taf. in kol. Kupferst. 8°.
Titelinschrift auf Bl. 1 fehlt, ferner der Strohstuhlverkäufer, der Armenvogt u. der Schollenverkäufer. Der Lumpensammler ist zum Uhrenhändler geworden und der Nachtwächter neu hinzugefügt.

Heumann, Gustav (Darmstadt)
Mikroskopische Untersuchungen an hungernden und verhungerten Tauben.
Giessen: W. Keller 1850. 57 S. (in Δ mit „Thesen")
Diss. med. 22.6.1850. vorh. 26. 11. Δ.

Heumann, H. Dissertatio de aula regia Susorum, causa interitus regni Persarum antiqui primaria. 24 S.
Recklinghausen, Progr. 1847

Heumann, H. De dignitate jurisjurandi ap. veteres, praesertim ap. Graecos. 16 S.
Progr. Recklinghausen 1832

Heumann, H. De ostracismo Atheniensium. 20 S.
Progr. Recklinghausen 1839

Heumann, H. F., Anleitung z. christl. Glauben u. z. Gottseligkeit. 8. (3¼ B.) Oldenburg 823. (Bremen, Kaiser.) *

—— dass. — für Taubstumme. Erster schriftl. Lehrgang. 8. (1¼ B.) Bremen 836, Kaiser. *

— naturgemäßer Sprachunterricht für Taubstumme. 1r Thl. 2 Abthll. ABC- u. erstes u. zweites Sprechbuch. gr 8. Bremen 833. Kaiser. ¼ ₰ — 2r Thl. Einfache Satzbildung. gr. 8. Ebd. 835. ¼ ₰ — 3r Thl. Einfache Satzbildung. (Die ersten Deklinations- u. Präpositions-Verhältnisse.) 8. Ebd. 836. 5 gr (1–3. 17 gr)

Heumann, Hermann, Reg.-Baumeister: Das Windwerk von Hochbahnkranen mit feststehender Winde, wagerechter oder schwach geneigter Fahrbahn und nicht selbstfüllenden Fördergefäßen. 1910. 142 S., 9 Taf. 8°
Danzig, Dr.-Ing.-Diss. v. 10. 5. 1910

Heumann, Hermann Gottlieb

— **Hermann Theophil** (Rudestad/Weimar), De tributoria actione. Diss. jur. Jena (Bran) 18. III. 1836. 76 S. (6.50) 14928
Gew.: Fr. Heerwart (Eisenach).

Heumann, H. G., Handlexicon zum Corpus juris civilis. Nach den Quellen bearb. 3 Lfgn. gr. 8. (35 B.) Jena 843—46, Hochhausen. *

Heumann, H. G., Handlexicon zu den Quellen des römischen Rechts. 2. verm. u. verb. Aufl. des Handlexicons zum Corpus juris civilis. In 2 Hälften. gr. 8. (VIII u. 639 S.) Jena 850. 51, Mauke. n. 3 ₰

Heumann, H. G., Handlexicon zu den Quellen des römischen Rechts. 3., verm. und verb. Aufl. Lex.-8. (IV und 647 S.) Jena 856(57,) Mauke. Thlr. *

Heumann, H. G., Handlexicon zu den Quellen des röm. Rechts. 4. verm. und verb. Aufl. Hrsg. von Ch. A. Hesse. 5 Lfgn. gr. 8. (IV, 647 S.) Jena 868,69, Dufft. à Lfg. * ℳ 1,80. *

Heumann, H. G., Handlexikon zu den Quellen des römischen Rechts. 5. verm. und verb. Aufl. Hrsg. von Ch. A. Hesse. gr. 8. (VI, 617 S.) Jena 879, Fischer. * 10 —

Heumann, H. G., Handlexikon zu den Quellen des römischen Rechts. 6. veränd. und verb. Aufl. gr. 8. (XI, 595 S.) Jena 884, Fischer. *

Heumann, H. G., Handlexikon zu den Quellen d. römischen Rechts. 7. Aufl. Hrsg. v. A. Thon. Lex.-8. (X, 560 S.) Jena 890. Fischer. n. 10.

Heumann, H. G. Handlexikon zu den Quellen d. römischen Rechts. 7. veränd. u. verb. Aufl. Hrsg. v. Aug. Thon. gr. 8. (X, 560 S.) Jena 891, Fischer. * 10 —

[F.] Handlexikon zu den Quellen des röm. Rechts von Dr. H[erm.] G[ottl.] **Heumann**, weil. Appellationsgerichtsrath in Eisenach. 8. veränd. u. verb. Aufl. hrsg. von Dr. A[ug.] Thon, ... Prof. ... zu Jena. *Jena: G. Fischer 1895.* (X, 560 S.) 1 Bd 8. [97. 7218 Nr

Heumann, H. G., Handlexikon zu den Quellen des römischen Rechts. 8. veränd. u. verb. Aufl., hrsg. v. A. Thon. (2. anastat. Abdruck der Ausg. v. 1895.) (X, 569 S.) Lex.-8. Jena 895. (904). G. Fischer. n. 10. —

Heumann, H. G., Handlexikon zu den Quellen des römischen Rechts. 9. veränd. u. verb. Aufl., bearb. v. E. Seckel. (XVIII, 648 S.) Lex.-8. Jena 906. G. Fischer. n. 12. —; geb. n. 14. 50

(H[ermann] G[ottlieb]) **Heumanns** Handlexikon zu den Quellen des römischen Rechts. In 9. Aufl. neu bearb. von Dr. E[mil] Seckel, Prof., Berlin. (In 2 Abt.) Jena: G. Fischer 19(06–)07. (XVII, 643 S.) 4°(8°) [F.] [07. 7015

Heumann, J., De epyllio Alexandrino. Diss. 1904. 68 S.

Heumann, I. C., Comm. in Herm. Boerhaave instit. med. VII Pts. 8. Lps. 752.

Heumann, Johann

Heumann, Th. I., († d. 3. Jan. 1802.) physikal.-ökonom. Anleit. zu e. richtigen Kenntniß der Bienen 2c. 1e Abtheil. 8. Erl. 797. Palm. 6 gr

Heumann (a Teutschenbrunn) J.: Apparatus ad Jurisprud. liter. *Nürnb.*, Grattenauer. (752.) locupl. a J. Ch. Siebenkees. 780. gr. 8. (20 Gr.)

— apparatus jurisprudentiae literarius. 8 maj. Nürnb. 752. Edit. II. ed. J. C. Siebenkees. 8 maj. Nürnb. 780. (Eichhorn; a. Lauffer in Leipz.) 20 gr

— — gr. 8. Augsb. Stage. 752.

Heumann (v. Teutschbrunn) Jh., († d. 29. Sept. 1760.) commentarii de re diplomatica Imperatorum ac Regum Germanorum, inde a Caroli M. temporibus adorat. II T. 4 maj. Nürnb. 745—53. (Lauffer in Leipz.) 4 ₰

Heumann, I., comm. de re diplomatica Imperator. II Tmi. 4. Nrnb. Grattenauer 745—53.

Commentarii de re diplomatica imperatricum augustarum ac reginarum Germaniae ex probis literarum monimentis ad temporum seriem adornati a Joanne **Heumanno.** Accedunt Appendices 2 in quibus de diplomatibus nonnullis cum augustarum et reginarum Italiae tum imperatricum Constantinopolitanarum disseritur. Norimbergae. 1749. 4° k.

— de re diplomatica imperatricum. c. fig. et sigill. 4. ibid. (et. Stage in Augsb.) 749.

— — Commentarii de re diplom. imperat. august. ac regin. Germaniae. 4maj. Nürnberg, 749. Jetzt Lauffer in Leipzig.

Heumann (a Teutschbrunn) Jo.: Conspectus jur. civ. communis Germanor. cum nativi tum asciti, in tabb. quibusdam. *Norimberg.*, (Recknagel). 760. fol. (16 Gr.)

— conspectus juris civilis communis Germanorum cum nativi tum adsciti, in tab. Fol. Altd. u. Nürnb. 760. Monath u. K. 16 gr

— — Commentatio de definitione in jure periculosa. Altdorf (Joh. Georg Meyer) Juni 1748. 32 Seiten. (6.—) 14931

—documenta literaria varii argumenti. 8. Altd. u. Leipz. 758. Teubner. 12 gl

— Exercitation. iuris univ., praec. germanici. III Vol. 4. Altd. (F. C. W. Vogel in Lips.) 749.

— — idem liber. III Tom. 4. Norimb. Grattenauer. 749.

J. Heumann (a Teutschenbrunn): Exercitatt. jur. univ., praecipue Germ. ex genuinis fontibus restituti; praemittitur meditatio de juris germ. studio utiliter persequendo. *Altorf.* 749—52. 2 V. 4. (1 Thl. 16 Gr.)

Heumannus, Jo.: Exercitationes iuris universi praecipue Germanici Vol. 1—3. Altorfii 1749—57.

— — Commentatio de fontibus et oeconomia legum civilium. — Praemittitur prolusio de rerum universitatis symphonia legis naturae principio. Altdorf (Jo. Friedr. Vestner) 1754. XXXII, 160 S. (9.—) 14932

— Commentatio de fontibus et oeconomia legum civilium. 4. Nürnb. 754. (W. Vogel in Leipz.) 12 gl

— — 4. Lps. Iunius. 754.

Heumann, Johann (Präs.), s. Fürer von Haimendorff, Jod. W. M.: De vera vocis comeciae Significatione.

Heumann (v. Teutschbrunn), Joh.: Geist d. teutschen Gesetze. 2e Ausg. von F. E. Siebenkees. *Nürnb.* (760.) 779. (*Lpz.*, Lauffer.) 8. (1 Thl.)

— Geist der Gesetze der Deutschen. gr. 8. Nürnb. 761. 2e, (v. J. C. Siebenkees) besorgte Auflage. 779. (Eichhorn). (Lauffer in Leipz.) 1 rß

Heumann (von Teutschbrunn,) Johann. Geist der Gesetze der Deutschen. 2. Aufl. 1779. H: *Siebenkees, Johann Christian.* (KY)

— Geist der Gesetze d. Deutschen. gr. 8. Nrnb. Grattenauer. 779.

Heumann, Johann (Präs.), s. Grundherr v. Weierhaus u. Altenthann, Chr. Karl: De Characteribus superioritatis territorialis caute designandis.

— **Johann** (Muggendorff / Bayreuth), De habitu philosophiae Tribonianeae in institutis. Diss. II. Präs. Christian Heinrich Freiesleben. Altdorf (Jod. Wilh. Kohles) 13. XII. 1732. 16 S. (6.—) 14929

Heumann, Johann (Präs.), s. Haller von Hallerstein, Christoph Joachim: De judiciis communitatum quae vulgo Ehafft = Gerichte dicuntur.

— initia juris politiae Germanorum. 8 maj. Nürnb. 757. (Lauffer in Leipz.) 20 gl

— initia iuris politiae Germ. gr. 8. Nrnb. (Stage, Augsb.) 757.

— — idem l. 8. Norimb. Grattenauer. 757.

— rechtl. Katechismus, oder fragweis abgefaßte Anweis. zu der gemeinen deutschen bürgerl. Rechtslehre. gr. 8. Altd. 759, 60. 3e Aufl., mit e. Vorr. von J. B. Hoffer. 772. 4e Aufl. 791. Monath u. K. 12 gl

Heumann, Jh. U., Materialien zur Uebung im richtigen Denken. 8. Magdeb. 797. Creutz. 8 gl

— — Observationes de imperatore mortuo ex annalibus et legibus conquisitae. Altdorf (Lorenz Schupfel / Jo. Georg Meyer) 1741. 70 S. (7.50) 14930

— de imperatore mortuo. 4. Nrnb. Monath. 741.

Heumannus, Joh.: Opuscula, quibus varia juris germanici itemque historica et philologica argumenta explicantur. Norimbergae 1747.

— opuscula, quib. varia iuris publ. etc. argum. c. fig. explic. 4. Nrnb. Grattenauer. (et. Stage in Augsb.) 747.

— Opuscula quibus varia juris germanici explicantur. 4maj. ibid. 747. Jetzt Lauffer in Leipzig.

— — hist. philologica. 4. ibid. 747.

— — var. numismatica hist. et iurid, c. fig. 4. ibid. 749.

Heumann, Joh., Commentatio academica de salmannio, qua de nomothesia veterum Germanorum ... invitat. Altorfii 1740. 4. . . . . (D.)

— — De rerum universitatis symphonia legis naturae principio. Prolus. acad. Altdorf (Johann Adam Hessel) Febr. 1754. 32 S. (6.—) 14933

— s. Vorstellung, rechtsgegründete.

Heumann, Johann David

— — De Aristarcho Grammatico. Exercit. philol. Präs. M. Christ. Lor. Matthesius (Orlamünde / Thüring.). Jena (Margraf) Juli 1725. 40 Seiten. (5.—) 14935

De cura Graecorum veterum quam in educationem filiorum inpenderunt pauca praefatus iuvenes bonis litteris deditos ad audiendas in Carolino antiquitates Graecas invitat humaniter M. Io. David Heumannus, Collegii Carolini prof. extra ordinem publ. et gymnasii ducalis Cathariniani conrector. (Dat. Oct. 1745.) 8 S. 8[0]

— **Johann David** (Alstad. Saxo-Palat.), Dissertat. qua polyhistoris idea delineatur. Präs. M. Johann Gotthelf Rosa. Jena (Nis/Joh. Volckm. Marggraf) Febr. 1721. 20 S. (4.50) 14934

— **Johann Heinrich** (Westfalen), De literarum humaniorum laudibus ab historia vitae magistra. Disp. philos. Präs. Johann Ludwig Schulz. Halle (Johann Heinrich Hess), 1778. 32 Seiten. (6.30) 14936
Gew.: Carl Abraham Frh. v. Zedlitz (Cansdorf, Michelwitz). — Widm. v.: Präs., A. E. Silberschlag.

Heumann, Jh. Hnr., üb. den Werth d. humanist. Wissenschaften zur Bildung der Jugend. gr. 8. Halle 779. Gebauer. 1 ₰

Heumann, K. N., allgemeines Bücher-Lexikon, s.: Heinsius, W.

Heumann, Karl, (1888) s.a. Ador, Paul

Heumann, K(arl). Die Anilinfarben und ihre Fabrikation. Von Dr. K. H', (*Theile 2—4:* weiland) Professor am eidgenössischen Polytechnikum in Zürich. 4 Theile. 8. Braunschweig, Friedrich Vieweg & Sohn, 1888—1906.
Theil 1: Triphenylmethan-Farbstoffe. Mit 42 eingedruckten Holzstichen [sowie Spectralcurven und 1 Tabelle]. II + XII + 599 S. 1888. (M. 20. —)
Theil 2. Nach des Verfassers Tode fortgesetzt und hrg. von Dr. Paul Friedlaender.... [Mit 2 Tabellen.] II + VIII + 687 S. 1898. (M. 20.—)
Theil 3. Nach des V' T' fortg' und hrg. von Dr. Paul Friedlaender.... 2 Hälften. [*je* Mit 1 Tabelle.] II + VIII S. + S. 1—800 *u.* II + VI S. + S. 801—1758. 1900. (M. 20.— *u.* 24.—)
Theil 4. Hrg. von Dr. Gustav Schultz.... 2 Hälften (in drei Abtheilungen). 1903—1906. — 1. Hälfte. [Mit 1 Tabelle.] II + VIII S. + S. 1—1040. 1903. (M. 30.—); — 2. Hälfte, Abtheilung 1. IV + VIII S. + S. 1041—1940. 1906; — 2. Hälfte, Abtheilung 2 (Schluss des Werkes). II + VI S. + S. 1941—2595. 1906. [*beide Abth. zus.* M. 50.—, geb. 56. —]

Heumann, Karl, Anleitung zum Experimentiren bei Vorlesungen über anorganische Chemie. Zum Gebrauch an Universitäten u. techn. Hochschulen, sowie beim Unterricht an höheren Lehranstalten. Mit zahlreichen in den Text eingedr. Holzst. 1. Lfg. gr. 8. (IX, 160 S.) Braunschweig 876. Vieweg & Sohn. n. 4. —

Heumann, Karl, Anleitung zum Experimentiren bei Vorlesungen über anorganische Chemie. Zum Gebrauch an Universitäten u. techn. Hochschulen, sowie beim Unterricht an höheren Lehranstalten. Mit zahlreichen in den Text gedr. Holzst. 2—4. (Schluss-) Lfg. gr. 8. (XXXIV u. S. 161—668.) Braunschweig 877—79. Vieweg & Sohn. n. 13. 20 (cplt.: n. 17. 20)

Heumann, Karl, Anleitung zum Experimentiren bei Vorlesungen üb. anorganische Chemie. Zum Gebrauch an Universitäten u. techn. Hochschulen, sowie beim Unterricht an höheren Lehranstalten. 2., verm. u. verb. Aufl. gr. 8. (XXXIV, 705 S. m. 322 Holzst.) Braunschweig 893. F. Vieweg & Sohn. n. 16. —

Karl **Heumanns** Anleitung zum Experimentieren bei Vorlesungen über anorganische Chemie z. Gebrauch an Universitäten, Techn. Hochschulen u. höh. Lehranst. von Prof. Dr. O[tto] Kühling. 3. Aufl. Mit 404 Abb. *Braunschweig: F. Vieweg & Sohn 1904.* (XXIX, 818 S.) 8° [04. 338-7

Heumann, K., das Feuer, s.a. Vorträge, öffentliche, gehalten in der Schweiz.

Heumann K, das Feuer. (Vorträge, Offentliche VII, 6) Basel 1883

Heumann, Karl [app. Arzt aus Hildesheim in Hannover]: **Aus d. chirurg. Poliklinik zu Kiel.** Ueber die typische Radiusfractur und ihre Behandlung mit der Mitella ... Kiel, Druck v. Ch. Donath, 1894; 18 S., 1 Bl. 8.
Kiel, Med. Fak., Inaug.-Diss. v. [8. Apr.] 1894

Heumann, Ludw., Armenseelen-Büchlein. M. vollst. Gebetbuch. gr. 16. (160 S. m. 1 Farbdr.) Essen 898. Fredebeul & Koenen. Geb. in Leinw. n. — 50

Heumann, Ludw., kleines Gewitter-Büchlein, s.: Faustmann, Dominik. Jos.

— d. Weltuntergang nach Bibel u. Astronomie. 12. (31 S.) Elbersroth 898. (Würzburg, F. X. Bucher.) n. — 40

— **Der Weltuntergang nach Bibel u. Astronomie. 6. bis 8. Taus. 2. Aufl. 12. (32 S.) Paderborn 900. F. Schöningh. n. — 25**

Heumann, Mich., vereinzelte Beiträge zur Kenntniß der mustergültigen lateinischen Prosa. Programm. Dilingen 852. Friedrich. gr. 4. (27 S.) n. 6 ngr.

Vereinzelte Beiträge zur Kenntniß der mustergültigen lateinischen Prosa. (Fortsetzung) Von Michael Heumann, P. — 1860. Ebend. — S. 3—23.
Progr. München.

Heumann, Mich., vereinzelte Beiträge zur Kenntniß der mustergültigen lateinischen Prosa. [2. Fortsetzg.] gr. 4. (14 S.) München 871. (Lindauer.) n. — 50
(1 u. 2.: n n. 1. 10)

Heumann, Rob., allgemeines Bücher-Lexikon, s. Heinsius, Wilh.

Heumann, S., ein Schicksalslied. Dichtg. 8. (53 S.) Köln 898. P. Neubner. n. 1. 50

— d. Sportstudentin. 12. (III, 119 S.) Leipzig 898. O. Borggold. n. 1. —

Heumann, S., Die Sportstudentin. (119 S.) Leipzig 1898. O. Gottwald.

[F.] Volkswirtschaftliche Belehrungen. Bearb. v. Wilhelm **Heumann**, Rektor. *Breslau: F. Hirt 1898.* (144 S.) 1 Bd 8.
— **Erläuterungen** zu F. Hirts Deutschem Lehrbuch. Ausg. B. Bdch. v. [98. 9796 Br

Die Nationale Volksschule eine Notwendigkeit für Gegenwart und Zukunft. Von Wilhelm **Heumann**, Rektor in Luckenwalde. *Halle a. S.: H. Schroedel 1900.* (129 S.) 8° [00. 19600

[F.] Deutsche Volkswirtschaftslehre. Von Wilhelm **Heumann**, Rektor. *Breslau: F. Hirt 1898.* (76 S.) 1 Bd 8. [98. 8657

Volksunterhaltungsabende und die Stellg d. Lehrer dazu. Von W[ilh.] Lahn, Lehrer em. zu Stolpe bei Berlin. Wie kann die Volksschule auch schon in ihrer gegenwärtigen Gestalt den künftigen Beruf der Mädchen berücksichtigen? Von W. Heumann, Rektor zu Herrenstadt in Schlesien. *Bielefeld: A. Helmich [1896].* (19 S.) 8.
— **Sammlung** pädagogischer Vorträge. Bd IX. H. 5. [97. 1476

Heumann von **Teutschenbrunn**, Johann,
s. Heumann (von Teutschenbrunn), Johann.

Heun, s.: Logarithmen, dreistellige, der Zahlen u. trigonometrischen Funktionen.

Heun, Fr. Wilhelm: De barometro itinerario. Witemb. 1770. 4°

— s. 1) Brownrigg, Küchensalz. 2) J. Dicks, Gartenkunst.

Heun, Fr. Wlh., († d. 31. Jan. 1812.) Versuch der Kunst, alle Arten Biere nach Engl. Grundsätzen zu brauen. 1r Thl. 8. Lpz. 777. (Brockhaus). 12 gr

Heun, F. W., Versuch der Kunst, alle Arten Biere n. engl. Grunds. zu brauen. 1r Th. 8. Lpz. Gleditsch. 777.

— Versuch e. Natur- u. Kunstgeschichte des gestirnten Himmels. Mit Kpf. 8. Dresd. 774. Walther. 1 ₰ 8 gr

Heun, Georg: Ueber die Producte der Condensation des Acetophenons mit dem Diaethyl-Ester der Bernsteinsäure und Malonsäure unter dem Einfluss des Natriumaethylates. *Leipzig 1897: B. Georgi.* (61 S.) 8°
Leipzig, Phil. Diss. v. [15. Sept.] 1897

— **Georg Horst** (Teuditz), De casu aliquo cordis dilatati in nosocomio St. Jacobi Lipsiensis observato. Diss. med. Lpz. (Staritz) 20. XII. 1844. 20 S. (6.—) 14940
Gew.: Philipp Wilhelm Rousset, Carl August Rinkleben.

Heun, Hans

—— 140 praktische, methodisch geordnete Rechenaufgaben für für die Hand der Schüler in den Mittelklassen der Volksschule. 1. und 2. Aufl. 8. (28 S.) Ebendas. 885,86. * — 20

—— 200 praktische, methodisch geordnete Rechenaufgaben für die Hand der Schüler in den Oberklassen der Volksschule. Zugleich für Sonntags- und Fortbildungsschulen geeignet. 1. und 2. Aufl. 8. (47 S.) Ebendas. 885,86. * — 25

Heun, Hans, Ergebnisse zu den praktischen, methodisch geordneten Rechenaufgaben für die Mittel- und Oberklassen der Volksschule. 8. (16 S.) Würzburg 885, Stuber's Verlag. * — 40

—— Rechenfibel für die Schüler in der Vorbereitungsklasse der Volksschule über den Zahlenraum von 1 bis 20 mit Ausschluß der Multiplikation und Division. 8. (II, 38 S.) (Ebendas.) 886. * — 20
—— dass. — über den Zahlenraum von 1—20 mit Ausschluß der Division. 2. Aufl. 8. (32 S.) (Ebendas.) 888. * — 20

Heun, H., Rechenfibel f. die Hand der Schüler in der Vorbereitungsklasse der Volksschule. 3. Aufl. 8. (32 S.) Würzburg 889. (Stuber's Verl.) n. — 20

Heun, Hans. Rechenfibel f. die Hand der Schüler in der Vorbereitungsklasse der Volksschule üb. den Zahlenraum von 1—20 m. Ausschluß der Division. 4. Aufl. 8. (32 S.) Würzb. 891, (Stuber's Verlag). * — 20

Heun, Hans, Rechenfibel f. die Hand der Schüler in der Vorbereitungsklasse der Volksschule üb. den Zahlenraum von 1 bis 20 m. Ausschluß der Division. 6. Aufl. 12. (32 S.) Würzburg 894. (A. Stuber's Verl.) n. — 20

Heun, Hans, Rechenfibel f. die Hand der Schüler in der Vorbereitungsklasse der Volksschule (1. Schulj.) üb. den Zahlenraum von 1—20 ohne u. m. Ueberschreitung des I. Zehners beim Addieren u. Subtrahieren, jedoch mit Ausschluß der Multiplikation u. Division. (Rechenübungen. Ausg. A in 7 Heften.) 11. Aufl. (32 S.) 8. Würzburg 905. (A. Stuber's Verl.) n. — 20

— dasselbe. (Rechenübungen. Ausg. B in 4 Heften.) Ohne Ueberschreitg. des I. Zehners beim Addieren u. Subtrahieren u. m. Ausschluß der Multiplikation u. Division. 11. (Ster.-)Aufl. (20 S.) 8. Ebd. 905. n. — 15

—— methodisch geordnete Rechenübungen für die Hand der Schüler in den Mittelklassen der Volksschule. 3. gänzl. umgearb. Aufl. 8. (56 S.) Ebendas. 888. * — 25

— dasselbe, f. die Hand der Schüler in den Mittelklassen der Volksschule. 4., verb. Aufl. 8. (56 S.) Ebd. 890. n. — 25

—— methodisch geordnete Rechenübungen aus dem praktischen Leben für die Hand der Schüler in den Oberklassen der Volksschule. Zugleich für Sonntags- und Fortbildungsschulen geeignet. 3. verm. und verb. Aufl. 8. (50 S.) Ebendas. 887. *

— dasselbe aus dem praktischen Leben f. die Hand der Schüler in den Oberklassen der Volksschule. Zugleich f. Sonntags- u. Fortbildungsschulen geeignet. 4., verm. Aufl. 8. (50 S.) Würzburg 889. (Stuber's Verl.) n. — 25

—— dass. — aus dem praktischen Leben f. die Hand der Schüler in d. Oberklassen der Volksschule. Zugleich f. Sonntags- u. Fortbildungsschulen geeignet. 5. verm. u. verb. Aufl. 8. (52 S.) Ebd. 891. * — 25

— dasselbe, aus dem praktischen Leben f. die Hand der Schüler in den Oberklassen der Volksschule. Zugleich f. Sonntags- u. Fortbildungsschulen geeignet. VI u. VII. 6., gänzlich umgearb. Aufl. 8. (60 S.) Ebd. 894. n. — 25

— dasselbe, f. die Hand der Schüler in den Unterklassen der Volksschule. Ausg. f. Stadtschulen. 1. u. 2. Hft. 8. Ebd. 887. à n. — 15
1. II. Schulj. Zahlenraum 1—100. (28 S.)
2. III. Schulj. Zahlenraum 1—1000 [bezw. 10000]. (25 S.)

— dasselbe. Ausg. f. Landschulen. Zahlenraum: A. von 1—100, B. bis 1000 [bezw. 10 000] 8. (52 S.) Ebd. 887. n — 20

—— dass. — in den Unterklassen der Volksschule über den Zahlenraum: A. von 1 bis 100, B. bis 1000 [bezw. 10000]. [In ungeteilten Schulen auch noch für den 4. Jahrg. zu gebrauchen.] 2. Aufl. 8. (52 S.) Ebendas. 888. * — 20
—— dass. — für die Hand der Schüler in den Unterklassen der Volksschule. 2. und 3. Heft. 2. Aufl. 8. (28; 26 S.) Ebendas. 888. à Heft * 15 Pf. * — 30

— methodisch geordnete Rechenübungen f. die Hand der Schüler in den Unterklassen der Volksschule üb. den Zahlenraum: A. von 1—100, B. bis 1000 [bezw. 10 000]. [In ungeteilten Schulen auch noch f. den 4. Jahrg. zu gebrauchen.] 4. Aufl. 8. (52 S.) Ebd. 890. n. — 20

—— Method. geordnete Rechenübungen f. d. Hand der Schüler in d. Unterklassen der Volksschule üb. d. Zahlenraum: A. v. 1—100, B. bis 1000 (bezw. 10,000). (In ungeteilten Schulen auch noch f. d. 4. Jahrg. zu gebrauchen.) 5. Aufl. 8. (52 S.) Ebd. 893. * — 20

— methodisch geordnete Rechenübungen f. die Hand der Schüler in den Unterklassen der Volksschule über den Zahlenraum: A. von 1 bis 100, B. bis 1000 (bezw. 10000). (In ungeteilten Schulen auch noch f. den 4. Jahrg. zu gebrauchen.) 6., gänzlich umgearb. Aufl. 12. (60 S.) Ebd. 894. n. — 25

— dasselbe. 2. u. 3. Hft. 12. (à 32 S.) Ebd. 894. à n. — 20
2. (II. Schulj.) über den Zahlenraum von 1 bis 100. 5., gänzlich umgearb. Aufl. — 3. (III. Schulj.) über den Zahlenraum von 1 bis 1000 (bezw. 10000). 4., gänzlich umgearb. Aufl.

Heun, Hans, method. geordn. Rechenübungen (4.—6. Hft.) für d. Hand d. Schüler in d. Volksschule. Ausg. A in 7 Hftn. 8. Würzburg, A. Stuber's Verl. à n. — 20
4. F. d. Mittelklassen d. Volksschule. (IV. Schulj.) (47 S.) 896.
5. F. d. Mittelklassen d. Volksschule. (V. Schulj.) (48 S.) 896.
6. F. d. Oberklassen d. Volksschule. (VI. Schulj.) (III, 40 S.) 893.

— dasselbe. Für d. Hand d. Schüler in der Volksschule. Ausg. B. (In 4 Hftn.) 2.—4. Hft. gr. 8. Ebd. 897. à n. — 25

2. F. d. Unterklassen (II. u. III. Schulj.) üb. d. Zahlenraum v. 1—100. Mit Beigabe über den Zahlenraum v. 1—1000. 8. Aufl. (III, 45 u. 13 S.)

3. F. d. Mittelklassen (IV. u. V. Schulj.). D. Zahlenraum v. 1—1000. D. unbegrenzte Zahlenraum. Ein. v. d. gemeinen Brüchen. D. Rechnen m. mehrfach benannten Zahlen decimaler Währg. in d. Decimalbruchform, wobei d. Multiplikator w. Divisor ganze Zahlen sind. D. Notwendigste v. der Zeitrechng. 7. Aufl. (III, 61 S.)

4. F. d. Oberklassen (VI. u. VII. Schulj.). Zugl. f. Sonntags- u. Fortbildungsschulen geeignet. Weiterführung d. gemeinen Brüche. D. nichtdecimalen Maße u. Gewichte. Weiterführg. d. Decimalbrüche u. ihre Anwendg. auf d. decimale Längenmaß, Hohlmaß, Gewicht u. Papierzählmaß. Flächen- u. Körperberechngn. nach vorher. Einübg. d. Flächen- u. Körpermaße. Prozent- u. Zinsrechngn. Teilungs- u. Durchschnittsberechng. Vermischte Aufgaben. Anhang üb. d. Invaliditäts- u. Altersversicherg. 8. Aufl. (IV, 68 S.)

Heun, Hans, methodisch geordnete Rechenübungen f. die Hand der Schüler in der Volksschule. Ausg. A in 7 Hftn. gr. 8. Würzburg, A. Stuber's Verl. n. 1. 45

1. Rechenfibel f. die Vorbereitungsklasse (I. Schulj.) über den Zahlenraum von 1 bis 20, ohne u. mit Überschreitung des 1. Zehners beim Addieren u. Subtrahieren, jedoch m. Ausschluß der Multiplikation u. Division. 9. Aufl. (32 S. m. Fig.) 899. n. — 20

2. Für die Unterklassen (II. Schulj.) üb. den Zahlenraum von 1 bis 100. 7. Aufl. (III, 40 S.) 900. n. — 20

3. Für die Unterklassen (III. Schulj.) üb. den Zahlenraum v. 1 bis 1000 bezw. 10000. 6. (Ster.-) Aufl. (IV, 40 S.) 901. n. — 20

4. Für die Mittelklassen (IV. Schulj.). Der Zahlenraum bis zu Millionen. Das Einfachste üb. das Wesen der gemeinen Brüche. Verwandlung der Ganzen in Brüche u. umgekehrt. Zweifach benannte Zahlen m. decimaler Einteilg. 3. (Ster.-) Aufl. (48 S.) 902. n. — 20

5. Für die Mittelklassen (V. Schulj.). Decimalbrüche. Resolvieren u. Reduzieren der decimalen Maße u. Gewichte. Rechnen m. reinen, benannten u. angewandten Decimalzahlen. Gemeine Brüche. Die nicht decimalen Maße u. Gewichte. Zeitrechng. (Berechng. der Zeitdauer). Wiederholungsaufgaben. 3. (Ster.-) Aufl. (IV, 44 S.) 902. n. — 20

6. Für die Oberklassen (VI. Schulj.). Wiederholg. der Grundrechngn.: I. Mit ganzen Zahlen. II. Mit gemeinen Brüchen. III. Mit Decimalbrüchen. Flächen- u. Körperberechnungen. (Quadrat u. Rechteck; Würfel u. Prisma) nach vorher. Einübung der Flächen- u. Körpermaße. Umrechng. v. Münzen u. Maßen. Die einfacheren Prozent-, Zins-, Teilungs- u. Mischungsrechngn. Vermischte Aufgaben zur Wiederholung. 2. (Ster.-)Aufl. (III, 40 S.) 902. n. — 20

7. Für die Oberklassen (VII. Schulj.), sowie f. Sonntags- u. Fortbildungsschulen. Wiederholg. u. Weiterführg. d. Flächen- u. Körperberechng. u. der bürgerl. Rechnungsarten. Wiederholung nach Sachgebieten. Aufgaben üb. d. Arbeiterversicherg. Allgemeine Übgn. zur gelegentl. Wiederholg. 2. (Ster.-)Aufl. (IV, 60 S. m. Fig.) 902. n. — 25

— dasselbe. Ergebnisheft (m. Zwischen- u. Endresultaten u. Bezeichng. des Lösungsganges). 5.—7. Hft. gr. 8. (71 S.) Ebd. 901. n. — 80

— dasselbe. Ausg. B in 4 Hftn. gr. 8. Ebd. n.n. — 90

1. Rechenfibel f. die Vorbereitungsklasse (I. Schulj.) üb. den Zahlenraum von 1 bis 20 ohne Überschreitung des 1. Zehners beim Addieren u. Subtrahieren, jedoch m. Ausschluß der Multiplikation u. Division. 9. Aufl. (20 S. m. Fig.) 899. n.n. — 15

2. Für die Unterklassen (II. u. III. Schulj.) üb. den Zahlenraum von 1—100 bezw. 1000. 11. (Ster.-)Aufl. (III, 48 u. 13 S.) 901. n. — 25

3. Für die Mittelklassen (IV. u. V. Schulj.). Der Zahlenraum von 1 bis 1000. Der unbegrenzte Zahlenraum. Einiges von den gemeinen Brüchen. Das Rechnen m. mehrfach benannten Zahlen decimaler Währung in der Decimalbruchform, wobei der Multiplikator wie Divisior ganze Zahlen sind. Das Notwendigste v. der Zeitrechng. 9. (Ster.-)Aufl. (III, 64 S.) 901. n. — 25

4. Für die Oberklasse (VI. u. VII. Schulj.) Zugleich f. Sonntags- u. Fortbildungsschulen geeignet. Weiterführg. der gemeinen Brüche. Die nichtdecimalen Maße u. Gewichte. Weiterführg. der Decimalbrüche u. ihre Anwendg. auf d. decimale Längenmaß, Hohlmaß, Gewicht u. Papierzählmaß. Flächen- u. Körperberechngn. nach vorher. Einübg. der Flächen- u. Körpermaße. Prozent- u. Zinsrechngn. Teilungs- u. Durchschnittsberechng. Vermischte Aufgaben. Anhang üb. die Invaliditäts- u. Altersversichera. 10. (Ster.-)Aufl. (IV. 68 S.) 901. n. — 25

— dasselbe. Ergebnisheft (m. den Zwischen- u. Endresultaten u. Bezeichng. des Lösungsganges). 8. (44 S.) Ebd. 899. n. — 60

— methodisch geordnete Rechenübungen f. die Hand der Schüler in der Volksschule. Ausg. A in 7 Heften. 2.—4. u. 6. Heft. gr. 8. Ebd. 906. n. — 80

2. Für die Unterklassen (II. Schuljahr) über den Zahlenraum von 1—100. 10. (Ster.-Aufl.) (III, 40 S.) n. — 20

3. Für die Unterklassen (III. Schulj.) üb. den Zahlenraum von 1—1000 bezw. 10000. 9. (Ster.-)Aufl. (IV, 40 S.) n. — 20

4. Für die Mittelklassen (IV. Schulj.). Der Zahlenraum bis zu Millionen. Das Einfachste üb. das Wesen der gemeinen Brüche, Verwandlung der Ganzen in Brüche u. umgekehrt. Zweifach benannte Zahlen m. dezimaler Einteilg. 5. (Ster.-) Aufl. (48 S.) n. — 20

6. Für die Oberklassen (VI. Schulj.). Wiederholg. der Grundrechngn.: I. Mit ganzen Zahlen. II. Mit gemeinen Brüchen. III. Mit Dezimalbrüchen. Flächen- u. Körperberechnungen. (Quadrat u. Rechteck, Würfel u. Prisma) nach vorher. Einübg. der Flächen- u. Körpermaße, Umrechnung d. Münzen u. Maßen. Die einfacheren Prozent-, Zins-, Teilungs- u. Mischungsrechngn. Vermischte Aufgaben zur Wiederholung. 3. (Ster.-)Aufl. (III, 40 S. m. Fig.) n. — 20

Heun, Hans, methodisch geordn. Rechenübungen f. d. Hand d. Schüler in d. Volksschule. Ausg. A in 7 Heften. 2.—8. Heft. 8. Würzburg, C. Kabitzsch. 1. 25

2. Für die Unterklassen. (II. Schulj.) üb. d. Zahlenraum v. 1 bis 100. 13. (Ster.-)Aufl. (III, 40 S.) (910.) — 20

3. Für d. Unterklassen (III. Schulj.) üb. d. Zahlenraum v. 1 bis 1000 bezw. 10000. 12. (Ster.-)Aufl. (40 S.) (910.) — 20

4. Für d. Mittelklassen (IV. Schulj.) Der Zahlenraum bis zu Millionen. Das Einfachste üb. d. Wesen d. gemein. Brüche. Verwandlung d. Ganzen in Brüche u. umgekehrt. Zweifach benannte Zahlen m. dezimaler Einteilg. 6. Aufl. (48 S.) (908.) — 20

5. Für d. Mittelklassen (V. Schulj.). Dezimalbrüche. Resolvieren u. Reduzieren d. dezimalen Maße u. Gewichte. Rechnen m. reinen, benannten u. angewandten Dezimalzahlen. Gemeine Brüche. Die nicht dezimalen Maße u. Gewichte. Zeitrechng. (Berechng. d. Zeitdauer.) Wiederholungsaufgaben. 6. (Ster.-) Aufl. (IV, 44 S.) (910.) — 20

6. Für d. Oberklassen. (VI. Schulj.) Wiederholung d. Grundrechngn.: I. Mit ganzen Zahlen. II. Mit gemeinen Brüchen. III. Mit Dezimalbrüchen. Flächen- u. Körperberechngn. (Quadrat u. Rechteck; Würfel u. Prisma) nach vorh. Einübg. d. Flächen- u. Körpermaße. Umrechnung v. Münzen u. Maßen. Die einfacheren Prozent-, Zins-, Teilungs- u. Mischungsrechngn. Vermischte Aufgaben z. Wiederholg. 4. (Ster.-)Aufl. (III, 40 S. m. Fig.) (908.) — 20

7. 8. Für d. Oberklassen. (VII. u. VIII. Schulj.) Mündl. u. schriftl. Wiederholungsaufgaben zur Steigerg. d. Rechenfertigkeit. — Wiederholung u. Weiterführg. d. Flächen- u. Körperberechng. u. d. bürgerl. Rechnungsarten. — Wiederholung nach Sachgebieten. 5. erweit. u. verb. Aufl. (II, 78 S.) (909.) — 25

— dasselbe. Ausg. B in 4 Heften. II/III, IV/V u. VI/VII. 8. Ebd. — 75

II. III. Unterklassen (II. u. III. Schulj.) üb. d. Zahlenraum v. 1 bis 100 bzw. 1000. 17. Aufl. Ster.-Dr. d. 8. Aufl. (48 u. 13 S.) (910.) — 25

IV. V. Mittelklass. (IV. u. V. Schulj.). 13. (Ster.-)Aufl. (64 S.) (909.) — 25

VI. VII. Oberklassen (VI. u. VII. Schulj.). 14. (Ster.-)Aufl. (IV, 68 S. m. Fig.) (909.) — 25

— Sammlung prakt., methodisch geordneter Rechenaufgaben m. Erläutergn., Anleitgn. u. gelösten Musterbeispielen f. d. 8. Werktagschulklasse, f. Fortbildungs- u. Fachschulen, Institute u. zum Selbstunterrichte. (VI, 106 S.) 8. Ebd. 907. — 50

Heun, Heinr., Beitrag zur Lehre der Gasphlegmone des Menschen. Diss. (41 S.) gr. 8. Strassburg 903. J. Singer. n. 1. —

Heun, Johann Heinrich

Heun, J. H., Lehrbuch z. Erlernung d. Dezimalrechnung in Frag u. Antworten. 8. Marb. Krieger. 812.

HEUN, Johann Heinrich: Tabellen über den cubischen Inhalt der Cylinder und Kegel in Decimalbrüchen; bis auf Hunderttheile von Schuhen berechnet; zunächst für Forstmänner. - Giessen 1825

Heun, Jh. Hnr., Tabellen üb. den cubischen Inhalt d. Cylinder u. Kegel in Decimalbrüchen; bis auf Hunderttheile von Schuhen berechnet. 8. Gießen 825. Heyer. 6 ℊℊ

Heun, Jh. Karl, († d. 22. Oct. 1798.) üb. Vererbungen u. Verpachtungen; ein Versuch. 8. Dresd. 787. Walther. 4 ℊℊ

Heun, Johann Carl: „Ueber Vererbungen und Verpachtungen; ein Versuch", Dresden 1787 (Hilscher).

Heun, Karl, Formeln u. Lehrsätze der allgemeinen Mechanik, in systematischer u. geschichtl. Entwickelg. dargestellt. 8. (VIII, 112 S. m. 25 Fig.) Leipzig 902. G. J. Göschen. Geb. in Leinw. n. 3.50

Heun, Karl, die Kugelfunktionen u. Lame'schen Funktionen als Determinanten. Inaugural-Dissertation. gr. 4. (32 S.) Göttingen 881. (Vandenhoeck & Ruprecht.) n. 1.60

Heun, Karl, Lehrbuch der Mechanik, s. a. Sammlung Schubert.

Lehrbuch der Mechanik. Von Karl **Heun**, Dr., Prof. T. 1. Leipzig: G. J. Göschen 1906. 8°
— **Schubert**, Sammlung. 37.

Die Kinetischen Probleme der wissenschaftlichen Technik. Bericht, erstattet der Deutschen Mathematiker-Vereinigung von Karl **Heun** in Berlin. *(Leipzig: B. G. Teubner 1900.)* (VI, 123 S.) 8°
= **Jahresbericht** d. Deutschen Mathematiker-Vereinigung. Bd 9, H. 2. [01. 516]

Heun, Karl Untersuchungen über die Gaufssche Quadraturmethode. 4 (19 S.). Erste städt. höh. Bürgersch. *Berlin* 1892 (108). **Progr.**

Heun, Karl, Untersuchungen üb. die Gausssche Quadraturmethode. Progr. gr. 4. (19 S.) Berlin 892. R. Gaertner. n. 1. —

Heun, Karl: Die Vektoren der Geschwindigkeit und der Beschleunigung des Punktes und der geraden Linie. *Berlin: R. Gaertner 1898.* (28 S.) 4°
Berlin, Erste R, OP 1898 (117)

Heun, Karl Geo., († d. 4. Mai 1828.) Hygiea an d. Ungeweihten, od. Grundriß d. Arzneikunst f. die Nichtärzte rc. 2 Bde. 8. Lpz. 804. Compt. f. Litt. 3 ₰ 20 ₰

— s. Jadelot, anatom. Beschreibung.

Heun, Carl Georg (Teuditz/Merseburg), De pneumoniae theoria atque curatione secundum systema incitationis. Specim. med. Präs. Adam Michael Birkholz. Lpz. (Georg Joach. Goeschen) 14. IX. 1802. XII, 59 S. (6.—) 14938
Gew.: Johann Christ. Traugott Schlegel, Johann Christian Stark (Lautenthal, Sachsenhausen), Joh. Chn. Stark, Ephraim Mos. Levy.

— Diss. inaug. (Praes. Birkholz) de pneumoniae theoria atque curatione secund. systema incitationis. 4 maj. Leipz. 802. Rein. 12 ₰

Heun, Karl Gottlieb Samuel
s. a. Clauren, H. [Pseud.]

Heun, Karl Gtl. Sam., vertraute Briefe an alle edel gesinnte Jünglinge Deutschlands, die auf Universitäten gehen wollen. 2 Thle. gr. 8. Gera 792. (1r Thl., 2e Aufl. 794.) Heinsius. 1 ₰ 12 ₰ (2r Thl. Auch u. dem T.: Uebersicht aller Universitäten Deutschlands. 1 ₰)

Heun, K., vertr. Briefe an alle edelges. Jünglinge Deutschl. die auf Univ. gehen wollen. 2 Thle. gr. 8. Gera, Heinsius. 795.

— **Carl Theophil Samuel** (Dobrilugk), De commercio interno et externo. Diss. jur. Präs. Carl Gottlob Rössig. Lpz. (Solbrig) 30. XII. 1790. VIII, 32 S. mit 3 S. Literaturangab. (6.20) 14939
Gew.: Friedrich Ludwig v. Wurmb (Grossenfurra), Georg Reinhard Grf. v. Wallwitz (Schweikertshayn, Schmorke, Wiese), Friedrich Wilhelm v. Ferber (Junkendorf). — Widm. v. Präs.

— — Erzählungen. 5 Bde. Dresden, Hilscher, 1818 bis 1819. 8°.
Prof. Kürschner's Bibl., Lpz., Mai-Auct. 1904, no. 697.

— — Erzählungen. 6 Bde. Ebd. 1822. 8°. (5 Rthl.)
Schönste Clauren-Ausgabe.

GUSTAV Adolph; ein Familiengemählde aus zwey Jahrhunderten (von *Carl Gottlieb Samuel Heun*). Leipzig 1791. 8°. Selten!
Anon.-Lex. II. p. 248 (nach Kayser, Meusel, Hitzig u. Koner). — Heun's (der später unter dem Pseud. H. Clauren schrieb) Jugendarbeiten sind stellenweise freien Inhalts.

Heun, Karl, s. a. Gustav Adolph.
Karl's väterl. Reisen.

CARLS Vaterländische Reisen, in Briefen an Eduard (von *Carl Gottlieb Samuel Heun*). Mit 1 Kpf. von Schulz. Leipzig 1793. 8°. (8 Mk. J. Taussig, Prag, 1906.) Selten!
VIII, 567 S. „Sehr frei, besonders die Briefe über Göttingen, Cassel und die Rheingegend, zum Theil in Versen."

— — Liesli und Elsi, zwei Schweizergeschichten. Mit (pikantem) Titelkpf., gestoch. v. Stoelzel. Ebd. 1821. 8°.

— — Mimili. Eine Erzählung. Mit Mimili's Bildnis, nach d. Natur gemalt v. Wocher, gestochen v. Bolt. Dresden, 1816, bei Paul Gottlob Hilscher. 8°. 2 Bll., 138 S. u. 1 Bl. (8 Mk., fleckiges Leihbibl.-Expl., Adolf Weigel, 1907.)
Erste Ausgabe. Clauren's bekanntestes Opus, das noch jetzt Leser findet.

— — Dasselbe. Zweite Aufl. Ebd. 1817. 8°. 2 Bll., 138 S. u. 1 Bl. (12 Mk., schönes Expl., der Vorige.)

— — Dasselbe. Dritte Aufl. Ebd. 1819. 8°. (12 Mk. Derselbe, mit Beibd. „Liesli und Elsi", s. unten.)

— — Dasselbe. (Nachdruck.) Mit Mimili's Bildniß. Reutlingen, 1816, bei Fleischhauer u. Bohm, 8°. 2 Bll. u. 91 S.

— — Scherz und Ernst. 10 Bde. Ebd. 1823 ff. 8°.

CLAUREN, H. (eigentl. *Karl Gottlieb Sam. Heun*, geh. Hofrath in d. preuß. Staatskanzlei, später beim Postwesen, geb. 20. März 17 1 zu Dobrilugk in der Lausitz, † zu Berlin 1855). — „Er schrieb eine ungeheure Menge Novellen u. Romane, auch einige Schauspiele, die vom Berliner Publikum ebenso verschlungen wurden, wie früher die Sachen Kotzebue's, u. aus demselben Grunde, weil sie zugleich frivol u. sentimental waren, und sich gerne zum Gemeinen hinabließen. Er löste Kotzebue nur ab. Seine Epoche fällt in d. Jahre 1815—25." (Wolfg. Menzel II. p. 141.)
C's Romane, einst beliebte Lektüre selbst der besten Gesellschaftskreise, sind jetzt fast vergessen. Stehen niedrig im Preise, da noch in vielen grösseren Leihbibliotheken zu finden. Schriften. 80 Thle. Stuttgart, Macklot, 1827 bis 1829. 8°. (5 Rthl. Ed. Fischhaber, ca. 1870; 40 Mk. Adolf Weigel, Mai 1907.)

Heun, Karl Gtlieb Sam., Allgemeine Übersicht sämmtlicher Universitäten in Teutschland. Leipzig 1792. 8.
Ist Th. 2. von: K. Heun, Vertraute Briefe an alle edelgesinnte Jünglinge Deutschlands die auf Universitäten gehen wollen. . . . . (FBA.)

Heun, N., Beweis, daß Luther zu d. Pabstth. Reform. berufen sey. 8. Dresden, Gerlach. 723.

Heun, Osc., zur Arbeiterfrage. Offener Brief an J. Venedey in Oberweiler. gr. 16. (8 S.) Grimma 869, (Gensel.) *

Heun, Osc., Arbeitercatechismus. Mit einem Anh. über Pensionen u. Wartegelder an Militärinvaliden gegen den Herrn Redacteur des Grimmaischen Wochen- u. Anzeigeblattes. Mit einem Inhaltsverzeichnisse. Grimma 865. Heun. 8. (29 S.) 2½ ngr; Velinpap. 5 ngr.

— einige Kanones d. päpstlichen Syllabus vor der Kritik der reinen Vernunft. Worin versucht wird darzustellen sich auf eine neue Art gegen den Papst u. die römisch-katholische Kirche zu vertheidigen. Grimma 870. Heun. 8. (8 S.) n. 2 ngr.

—— Nagt der Militarismus am Wohlstande des Volkes? Verneinend beantwortet. 8. (4 S.) (Ebendas.) 871. **

— die „öffentliche Sittenlosigkeit". Offener Brief an den Central-Ausschuß für die innere Mission der deutschen evang. Kirche. Grimma 860. (Gensel.) 8. (8 S.) n. 2 ngr.

Heune, Wilhelm [aus Eberswalde]: Die Cäsur im Mittelfranzösischen .... Greifswald, Druck v. Julius Abel, 1886; i + 105 S. 8°. Greifswald. Phil. Fak., Inaug.-Diss. v. 21. Apr. 1886.

Heune, Wilhelm, die Cäsur im Mittelfranzösischen. Diss. Greifswald 1886, Jul. Bindewald. 8°. 105 S.

Heuner, Eug., und Joh. Friedr. Heuner, Aufgaben zum Kopf- und Zifferrechnen für die ungeteilte Volksschule. Heft Aa. Für die Unterklasse. Kopfrechnen: Zahlenraum 1 bis 100. Zifferrechnen: Zahlenraum 1 bis 10000. Ausg. für Schüler. 8. (48 S.) Ansbach 885, Seybold's Buchh. *

Heuner, Jo. Eugen (Bearb.), s. Heuner, Johann Friedr.: Aufgaben zum Kopf- u. Zifferrechnen. 1907. – Rechenaufgaben. 1902.

Heuner's, Joh. Friedr., Aufgaben zum Kopf-Rechnen. Allseitig, insbesondere auf die neuen Münzen, Maße und Gewichte angewendet. 3 Hefte. 8. Ansbach 874, Seybold. à Heft * 20 Pf. *

Inhalt:
Heft 1. [Für Elementarklassen.] 8. Aufl. (44 S.)
» 2. [Für Mittelklassen.] 32 Aufl. (44 S.)
» 3. [Für Oberklassen.] 30. Aufl. (48 S.)

Heuner's, Joh. Frdr., Aufgaben zum Kopf-Rechnen. Allseitig, insbesondere auf die neuen Münzen, Maße u. Gewichte angewendet. 3 Hfte. 8. Ansbach 876. Seybold. à n. — 20
1. Für Elementarklassen. 11. Aufl. (41 S.)
2. Für Mittelklassen. 39. Aufl. (41 S.)
3. Für Oberklassen. 35. Aufl. (48 S.)

Heuner's, Joh. Friedr., Aufgaben zum Kopf-Rechnen. Allseitig, insbesondere auf die neuen Münzen, Maße und Gewichte angewendet. 3 Hefte. 8. Ansbach 875—79, Seybold's Buchh. à Heft * 20 Pf. * — 60

Inhalt:
Heft 1. Für Elementarklassen. 9.—14. Aufl. (44 S.)
» 2. Für Mittelklassen. 33.—47. Aufl. (44 S.)
» 3. Für Oberklassen. 31.—43. Aufl. (48 S.)

—— Aufgaben zum Kopf- und Zifferrechnen. Heft A, B und C. 8. Ebendas. 879. à Heft * 20 Pf. * — 60

Inhalt:
A. Für die Unterklassen. 127. Aufl. (40 S.)
B. Für die Mittelklassen. 131. Aufl. (52 S.)
C. Für die Oberklassen. 90. Aufl. (52 S.)

Heuner, Joh. Friedr., Aufgaben zum Kopf- und Zifferrechnen. Ausg. für Schüler. Heft A, B und C. 8. Ansbach 880—83, Seybold's Buchh. à Heft * 20 Pf. *

Inhalt:
Heft A. Unterklasse. Zahlenraum 1—100. 128.—167. Aufl. (40 S.)
» B. Mittelklasse. Die Grundrechnungsarten mit reinen, ein- und mehrfach benannten Zahlen. 132.—164. Aufl. (52 S.)
» C. Oberklasse. Die Decimal- und gemeinen Brüche mit Anwendung; einfache und zusammengesetzte Regeldetri; Tausch-, Procent-, Gewinn- und Verlust-, Zins-, Abzugs-, Teilungs-, Mischungs-, Flächen- und Körperberechnung; vermischte Aufgaben. 91.—119. Aufl. (52 S.)

— dasselbe. Ausg. für Schüler. Hft. C. Jubel-Aufl. 8. (52 S.) Ebend. 880. n. — 20

—— dass. — Ausg. für Lehrer. Heft A, B und C. 8. Ebendas. [Heft A. 1.—3. Aufl. (72 S.) 880—83. * 60 Pf.; Heft B. 1.—3. Aufl. (100 S.) 880,81; Heft C. 1.—4. Aufl. (96 S.) 880—83. à * 80 Pf.]

Heuner's, Joh. Fr., Aufgaben zum Kopf- u. Zifferrechnen m. d. Ergebnissen. Ausg. f. Lehrer. A—C. 8. Ansbach 883. Seybold. n. 2. 20
A. Für die Unterklasse. 3. Aufl. (72 S.) 883. n. — 60
B. Für die Mittelklasse. 4. Aufl. (100 S.) 885. n. — 80
C. Für die Oberklasse. 5. Aufl. (96 S.) 885. n. — 80

Heuner, Joh. Friedr., Aufgaben zum Kopf- und Zifferrechnen. Ausg. für Schüler. Heft A—C. 8. Ansbach 885—88, Seybold's Buchh. à Heft * 20 Pf. *

Inhalt:
Heft A. Unterklasse. Zahlenraum 1—100. 168.—219. Aufl. (40 S.)
» B. Mittelklasse. Die Grundrechnungsarten mit reinen, ein- und mehrfach benannten Zahlen. 165.—200. Aufl. (52 S.)
» C. Oberklasse. Die Decimal- und gemeinen Brüche mit Anwendung; einfache und zusammengesetzte Regeldetri; Tausch-, Procent-, Gewinn- und Verlust-, Zins-, Abzugs-, Teilungs-, Mischungs-, Flächen- und Körperberechnung; vermischte Aufgaben. 120.—148. Aufl. (52 S.)

— dasselbe, m. den Ergebnissen. Ausg. f. Lehrer. Hft. A—C. 8. Ebd. n. 2. 20
A. Für die Unterklasse. 4. Aufl. (72 S.) 887. n. — 60
B. Für die Mittelklasse. 5. Aufl. (100 S.) 887. n. — 80
C. Für die Oberklasse. 7. Aufl. (96 S.) 888. n. — 80

Heuner, Joh. Fr. Aufgaben z. Kopf- u. Zifferrechnen. Ausg. f. Schüler. Heft A—C. 8. Ansbach, Seybold. à Heft * — 20
A. Für die Unterklasse. 247. Aufl. (40. S.) 892.
B. Für die Mittelklasse. 221. Aufl. (52 S.) 891.
C. Für die Oberklasse. 165. Aufl. (52 S.) 892.
—— dass. — Mit den Ergebnissen. Ausg. f. Lehrer. Heft A., B. u. C. 8. Ebd. * 2 20
A. Für die Unterklasse. 6. Aufl. (72 S.) 892. * — 60.
B. Für die Mittelklasse. 6. Aufl. (100 S.) 890. * — 80.
C. Für die Oberklasse. 8. Aufl. (96 S.) 890. * — 80.

— dasselbe. Ausg. f. Lehrer m. den Ergebnissen. Hft. A, B, C. 8. Ebd. n. 2. 20
A. Für die Unterklasse. 6. Aufl. (72 S.) 891. n. — 60
B. Für die Mittelklasse. 7. Aufl. (100 S.) 893. n. — 80
C. Für die Oberklasse. 9. Aufl. (96 S.) 892. n. — 80

Heuner's, Joh. Fr., Aufgaben zum Kopf- u. Zifferrechnen. Hft. A, B u. C. Ausg. f. Schüler. 8. Ansbach 895. F. Seybold. à n. — 20
A. Für die Unterklasse. 268. Aufl. (40 S.)
B. Für die Mittelklasse. 237. Aufl. (52 S.)
C. Für die Oberklasse. 177. Aufl. (52 S.)

— dasselbe. Ausg. f. Lehrer m. d. Ergebnissen. Hft. A—C. 8. Ebd. n. 2. 20
A. F. d. Unterklasse. 7. Aufl. (72 S.) 894. n. — 60
B. F. d. Mittelklasse. 8. Aufl. (100 S.) 897. n. — 80
C. F. d. Oberklasse. 11. Aufl. (96 S.) 897. n. — 80

Heuner's, Joh. Fr., Aufgaben z. Kopf- u. Zifferrechnen. Ausg. f. Schüler. Hft. A—C. 8. Ansbach 898. F. Seybold. à n. — 20
A. F. d. Unterklasse. Zahlenraum: 1—100. 285. Aufl. (40 S.)
B. F. d. Mittelklasse. D. Grundrechnungsarten m. reinen, ein- u. mehrf. benannten Zahlen. 251. Aufl. (52 S.)
C. F. d. Oberklasse. D. Decimal- u. gemeinen Brüche m. Anwendg.; einf. u. zusammenges. Regeldetri, Tausch-, Prozent-, Gewinn- u. Verlust-, Zins-, Abzugs-, Teilungs-, Mischungs-, Flächen- u. Körperberechg.; vermischte Aufgaben. 190. Aufl. (52 S.)

— dasselbe. Ausg. f. Lehrer m. den Ergebnissen. Hft. A u. C. 8. Ebd. n. 1. 40
A. 8. Aufl. (72 S.) 899. n. — 60
C. 13. Aufl. (96 S.) 902. n. — 80

Heuner's, Joh. Fr., Aufgaben zum Kopf- u. Zifferrechnen. Ausg. f. Schüler. Hft. A—C. 8. Ansbach 902. F. Seybold. à n. — 20
A. Für die Unterklasse. Zahlenraum: 1—100. 305. Aufl. (40 S.)
B. Für die Mittelklasse. Die Grundrechnungsarten m. reinen, ein- u. mehrfach benannten Zahlen. 268. Aufl. (52 S.)
C. Für die Oberklasse. Die Decimal- u. gemeinen Brüche m. Anwendg.; einfache u. zusammengesetzte Regeldetri; Tausch-, Prozent-, Gewinn- u. Verlust-, Zins-, Abzugs-, Teilungs-, Mischungs-, Flächen- u. Körperberechng.; vermischte Aufgaben. 202. Aufl. (52 S.)

— dasselbe. Ausg. f. Lehrer. Heft B u. C. gr. 8. Ebd. à n. — 80
B. 9. Aufl. (100 S.) 902. — C. 14. Aufl. (96 S.) 903.

Heuner's, Joh. Fr., Aufgaben zum Kopf- u. Zifferrechnen. Ausg. f. Schüler. Heft A, B u. C. 8. Ansbach, F. Seybold. à n. — 20
A. Für die Unterklasse. Zahlenraum: 1—100. 310. Aufl. (40 S.) 904.
B. Für die Mittelklasse. Die Grundrechnungsarten m. reinen, ein- u. mehrfach benannten Zahlen. 270. Aufl. (52 S.) 904.
C. Für die Oberklasse. Die Dezimal- u. gemeinen Brüche m. Anwendg.; einfache u. zusammengesetzte Regeldetri; Tausch-, Prozent-, Gewinn- u. Verlust-, Zins-, Abzugs-, Teilungs-, Mischungs-, Flächen- u. Körperberechng.; vermischte Aufgaben. 205. Aufl. (52 S.) 903.

Heuner's, Jo. Fr., Aufgaben zum Kopf- u. Zifferrechnen. Nach sämtl. bayer. Kreislehrplänen neubearb. v. Jos. Eug. Heuner. Heft A 1, 2, B u. C. Ausg. f. Schüler. 8. Ansbach, F. Seybold. — 70
A 1. Für die Vorbereitungsklasse. Zahlenraum: 1—10. 317. Aufl. (32 S.) 907. — 15
A 2. Für d. Unterkl., Zahlenraum: 1—100. 317. Aufl. (40 S.) 907. — 15
B. Für d. Mittelklasse. Die Grundrechnungsarten m. reinen, ein- u. mehrfach benannten Zahlen. 276. Aufl. (52 S.) 907. — 20
C. Für d. Oberklasse. Die Dezimal- u. gemeinen Brüche m. Anwendung; einfache u. zusammengesetzte Regeldetri; Tausch- u. Um-, Prozent-, Gewinn- u. Verlust-, Zins-, Abzugs-, Teilungs-, Mischungs-, Flächen- u. Körperberechnung; vermischte Aufgaben. 211. Aufl. (52 S.) 907. — 20

Heuner's, Jo. Fr., Aufgaben zum Kopf- u. Ziffernrechnen m. den Ergebnissen u. weiterem Übungsstoffe. Heft A 1 u. 2. Heft B u. C. Ausg. f. Lehrer. 8. Ansbach, F. Seybold. 2. 80
A 1. 11. Aufl. (64 S.) 907. — 60
A 2. 11. Aufl. (64 S.) 907. — 60
B. 11. Aufl. (96 S.) 907. — 80
C. 17. Aufl. (96 S.) 907. — 80

Heuner, Joh. Friedr., Aufgaben zum Ziffer-Rechnen. 1—3. Heft. gr. 8. Ansbach 854, Gummi's Buchh. à Heft 2 Ngr. *
Inhalt:
Heft 1. Die Zahlen von 1—100. (42 S.)
" 2. Die vier Grundrechnungsarten mit unbenannten und benannten ganzen und gebrochenen Zahlen. (40 S.)
" 3. Regeldetri. Decimalbrüche, Flächen- und Körperberechnung. (36 S.)

Heuner, Joh. Friedr., Aufgaben zum Ziffer-Rechnen zunächst für Bayerns deutsche Schulen. 3 Hefte. (Für die Unter-, Mittel- und Oberklasse.) Ansbach 854. Gummi. (Seybold.) gr. 8. Jedes Heft n. 2 ngr.
Inhalt: 1. Die Zahlen von 1 bis 100. (1 Bl., 42 S.) — 2. Die vier Grundrechnungsarten mit unbenannten und benannten ganzen und gebrochenen Zahlen. — 2. verb. Aufl. 857. (40 S.) — 3. Regeldetri, Decimalbrüche, Flächen- und Körperberechnung. (36 S.)

Heuner, Joh. Friedr., Aufgaben zum Ziffer-Rechnen. 1—3. Heft. 8. Ansbach, Seybold. à Heft * 2 Ngr. *
Inhalt:
Heft 1. Die Zahlen von 1—1000. 3., verb. und verm. Aufl. (40 S.) 860.
" 2. Die vier Grundrechnungsarten mit unbenannten und benannten ganzen und gebrochenen Zahlen. 2. Aufl. 1857. und 3., verb. und verm. Aufl. (40 S.) 860.
" 3. Regeldetri; Tausch-, Gesellschafts-, Mischungs-, Procent- rc. Rechnung. 2., sehr verm. Aufl. (48 S.) 860.

Heuner, Joh Friedr., Aufgaben zum Ziffer-Rechnen. 1.—3. Heft. 8. Ansbach, Seybold. à Heft * 2 Ngr.
Inhalt:
Heft 1. Die Zahlen von 1 bis 1000. 4.—17. Aufl. (40 S.) 862—68.
" 2. Die 4 Grundrechnungsarten rc. 4.—24. Aufl. (40 S.) 862—68.
" 3. Einfache und zusammengesetzte Regeldetri rc. 3.—12. Aufl. (48 S.) 862—68.

—— Ergebnisse dazu. 2. und 3. Heft. 8. Ebendas. 868. [2. Heft. (23 S.) * 2⅓ Ngr., 3. Heft. (15 S.) * 2 Ngr.] cart. *

—— Aufgaben zum Ziffer-Rechnen. Allseitig, insbesondere auf die neuen Münzen, Maße und Gewichte angewandt. 3 Hefte. 8. Ebendas. 868—75. à Heft * 20 Pf. *
Inhalt:
Heft 1. Die Zahlen von 1—1000. 18.—87. Aufl. (40 S.)
" 2. Die vier Grundrechnungsarten mit unbenannten, ein- und mehrfach benannten ganzen Zahlen und mit den leichteren gemeinen Brüchen. 25.—100. Aufl. Jubel-Ausg. (44 S.)
Heft 3. Die Decimal- und gemeinen Brüche mit Anwendung; einfache und zusammengesetzte Regeldetri, Tausch-, Verwandlungs-, Procentberechnung rc. 13.—65. Aufl. (48 S.)

—— dass. — Ergebnisse dazu. 2. und 3. Heft. 8. (22; 20 S.) Ansbach 874, Seybold. cart. à Heft * 25 Pf. *

—— Aufgaben zum Ziffer-Rechnen. Allseitig, insbesondere auf die Reichs-Münzen, neuen Maße und Gewichte angewendet. 3 Hefte. 8. Ebendas. 875—79. à Heft * 20 Pf. * — 60
Inhalt:
Heft 1. Die Zahlen von 1—1000. 88.—126. Aufl. (40 S.)
" 2. Die vier Grundrechnungsarten mit unbenannten, ein- und mehrfach benannten ganzen Zahlen und mit den leichteren gemeinen Brüchen. 101.—130. Aufl. (44 S.)
" 3. Für Oberklassen. 66.—89. Aufl. (48 S.)

—— dass. — Ergebnisse zum 2. und 3. Heft. 8. (22; 20 S.) Ebendas. 876. à Heft * 20 Pf. * — 40
Ergebnisse zum 1. Heft sind nicht erschienen.

—— Aufgabensammlung zum Rechenunterrichte. Für Lehrer-Bildungsanstalten bearb. 8. (VI, 172 S.) Ebendas. 877. * 1 20
Ergebnisse (36 S.) * — 40

—— Aufgabensammlung zum Rechenunterrichte. Für Lehrer-Bildungsanstalten. 2. und 3. verb. Aufl. 8. (VI, 172 S.) Ebendas. 878,80.

— dasselbe. Ergebnisse. 3. Aufl. 8. (36 S.) Ebend. 880. n. — 40

—— dass. — 4. und 5. durch Aufgaben zum Kopfrechnen verm. Aufl. 8. (VI, 196 S.; VI, 198 S.) Ebendas. 882,83.
Ergebnisse. (39 S.) 883.

—— Aufgabensammlung zum Rechenunterrichte. Für Lehrerbildungsanstalten bearb. 6. Aufl. 8. (VI, 198 S.) Ebendas. 887. *

— Aufgabensammlung zum Rechenunterrichte f. Lehrerbildungsanstalten. 7. Aufl. 8. (VI, 198 S.) Ebd. 889. n. 1. 20; geb. n. 1. 50

—— Aufgabensammlung z. Rechenunterrichte. Für Lehrerbildungsanstalten bearb. 8. Aufl. gr. 8. (VI, 198 S.) Ebd. 892. * 1 20
—— dass. — Ergebnisse. Neue Aufl. 8. (39 S.) Ebd. 889. * — 40

— Aufgabensammlung zum Rechenunterrichte. Für Lehrerbildungsanstalten bearb. 9. Aufl. gr. 8. (VI, 198 S.) Ebd. 894. n. 1. 20;
Ergebnisse. Neudr. (39 S) n. — 40

— Aufgabensammlung zum Rechenunterrichte. Für Lehrerbildungsanstalten bearb. 10. Aufl. gr. 8. (VI, 198 S.) Ebd. 896. n. 1. 20

— dasselbe. Ergebnisse. Neudr. gr. 8. (39 S.) Ebd. 896. n. — 40

— Aufgabensammlung zum Rechenunterrichte. Für Lehrerbildungsanstalten. 12., verb. u. verm. Aufl., bearb. v. Geo. Hensold. gr. 8. (IX, 402 S.) Ebd. 900. n. 2.40

Heuner's, Joh. Fr., Aufgabensammlung f. den Rechenunterricht in Lehrerbildungsanstalten. Ergebnisse. Zur 12. Aufl. neubearb. u. m. Andeutgn. zu den Lösgn. versehen v. Geo. Hensold. gr. 8. (IV, 155 S.) Ansbach 901. F. Seybold. n. 1. 60

— Aufgabensammlung zum Rechenunterrichte. Für Lehrerbildungsanstalten. 13., verb. Aufl., bearb. v. Geo. Hensold. (X, 410 S.) 8. Ebd. 907. 2. 40; geb. in Leinw. n 3. —

— dasselbe. Ergebnisse. Zur 13. Aufl. bearb. u. m. Andeutgn. zu den Lösgn. verseh. v. Geo. Hensold. (V, 180 S.) 8. Ebd. 907. 1. 60

Heuner, Joh. Friedr., das Kopf- od. Denkrechnen, durch einige Tausend method. geordn. u. mit Andeutungen z. bildenden Gebr. versehener Aufgaben. Für d. Hand d. Lehrers u. d. Schülers. 2. Aufl. gr. 8. (3 B.) Nürnberg 840, Stein'sche Buchh.

Heuner, Joh. Friedr., das Kopf- od. Denkrechnen durch einige Tausend methodisch geordneter, mit Andeutungen zum bildenden Gebrauche versehener Aufgaben. Für Mittel- u. Oberklassen. 3., verb. u. verm. Aufl. gr. 8. (3½ B.) Würzburg 843, Voigt u. Mocker.

—— das Kopf- oder Denkrechnen durch einige Tausend methodisch geordneter, mit Andeutungen zum bildenden Gebrauche versehener Aufgaben. Für Mittel- und Oberklassen. 4., verb. Aufl. gr. 8. (56 S.) Leipzig 852, Rein'sche Buchh.

Heuner, Joh. Frdr., das Kopf- oder Denkrechnen durch einige Tausend methodisch geordneter, mit Andeutungen zum bildenden Gebrauche versehener Aufgaben. Für Mittel- u. Oberklassen. 4. verb. Aufl. gr. 8. (56 S.) Leipzig 852, Stein. 3½ ngr

—— das Kopf- und Denkrechnen durch einige Tausend methodisch geordneter, mit Andeutungen zum bildenden Gebrauche versehener Aufgaben. Für Mittel- und Oberklassen. 5., verb. und verm. Aufl. 8. (60 S.) Ansbach 860, Seybold. *

—— das Kopf- oder Denkrechnen durch einige Tausend methodisch geordneter, mit Andeutungen zum bildenden Gebrauche versehener Aufgaben. Für Mittel- und Oberklassen. 6.—12. Aufl. 8. (64 S.) Ansbach 862—67, Seybold. *

—— Lehrgang des Rechenunterrichts mit gleichmäßiger Berücksichtigung des Kopf- und Zifferrechnens. 2., durchaus umgearb. und verm. Aufl. gr. 8. (VIII und 368 S. mit 1 lithogr. Figurentaf.) Ansbach 858, Seybold. *

—— Lehrgang des Rechenunterrichts mit gleichmäßiger Berücksichtigung des Kopf- und Zifferrechnens. 3.—6. Aufl. gr. 8. (VIII und 392 S. mit 1 lithogr. Figurentaf.) Ansbach 862—68, Seybold. *

—— Lehrgang des Rechenunterrichts mit gleichmäß. Berücksicht. des Kopf- und Zifferrechnens. 8.—10. mit besond. Rücksicht auf das neue Maß- und Gewichtssystem umgearb. Aufl. gr. 8. (VIII, 400 S. mit 2 lithogr. Fig.-Taf.) Ebendas. 871. *

—— dass. — 11. und 12. mit besond. Rücksicht auf das neue Münz-, Maß- und Gewichtssystem umgearb. Aufl. gr. 8. (VIII, 412 S. mit 2 lithogr. Fig.-Taf.) Ebendas. 873,74. *

—— dass. — 13., mit besond. Rücksicht auf das im deutschen Reiche gilt. Münz-, Maß- und Gewichtssystem umgearb. Aufl. gr. 8. (VIII, 412 S. mit 2 lithogr. Fig.-Taf.) Ebendas. 875. *

—— Lehrgang des Rechenunterrichts mit gleichmäßiger Berücksicht. des Kopf- und Zifferrechnens. 14., mit besond. Rücksicht auf das im deutschen Reiche gilt. Münz-, Maß- und Gewichtssystem umgearb. Aufl. gr. 8. (VIII, 424 S. mit 2 lithogr. Fig.-Taf.) Ebendas. 878. * 3 60

—— Lehrgang des Rechenunterrichts, mit gleichmäßiger Berücksicht. des Kopf- und Zifferrechnens. Mit 2 (lithogr.) Fig.-Taf. 15. Aufl. (VIII, 420 S.) 1880; 16. Aufl. gr. 8. (VIII, 416 S.) Ebendas. 882. *

— Lehrgang des Rechenunterrichts m. gleichmäßiger Berücksicht. des Kopf- u. Zifferrechnens. 16., m. besond. Rücksicht auf das im deutschen Reiche gilt. Münz-, Maß- u. Gewichtssystem umgearb. Aufl. Mit 2 (lith.) Fig.-Taf. gr. 8. (VIII, 416 S.) Ansbach 882. Seybold. n. 3. 60

—— Lehrgang des Rechenunterrichts mit gleichmäßiger Berücksichtigung des Kopf- und Zifferrechnens. 17. Aufl. gr. 8. (VIII, 416 S. mit 2 Fig.-Taf.) Ebendas. 887. *

— Lehrgang d. Rechenunterrichts m. gleichmäß. Berücksicht. d. Kopf- u. Zifferrechnens. 18. Aufl. gr. 8. (VIII, 424 S. m. 2 Taf.) Ebd. 896. n. 3. 60

—— Lehrgang des Rechen-Unterrichts in Volks-Schulen. gr. 8. (VI und 410 S.) Ansbach 854, Gummi's Buchh. *

— Lehrgang des Rechnen-Unterrichtes in Volksschulen. Ebend. 854. gr. 8. (VI, 400 S.) n. 24 ngr

Heuner, Johann Friedrich

—— Rechen-Aufgaben. Mit gleichmäß. Berücksicht. des Kopf- und Zifferrechnens. Ausg. für Schüler. 7 Hefte. 8. Ebendas. 879. [1. Heft. 1.—8. Aufl. (32 S.); 2. Heft. 1.—6. Aufl. (40 S.); 3. Heft. 1.—6. Aufl. (44 S.); 4. und 5. Heft. 1.—3. Aufl. (à Heft 40 S.); 6. und 7. Heft. 1. und 2. Aufl. (à Heft 40 S.)] à Heft * 20 Pf. * 1 40

—— Rechen-Aufgaben. 7 Hefte. 8. Ebendas. 880—83. à Heft * 20 Pf. *

Inhalt:

Heft 1. Zahlenkreis 1—20. 9.—19. Aufl. (32 S.)
" 2. Zahlenkreis 1—100. 7.—16. Aufl. (40 S.)
" 3. Die Grundrechnungsarten mit unbenannten und einfach benannten Zahlen. 7.—15. Aufl. (44 S.)
" 4. Die Grundrechnungsarten mit mehrfach benannten Zahlen. 4.—9. Aufl. (40 S.)
" 5. Die Rechnungsarten mit Decimal- und gemeinen Brüchen. 4.—8. Aufl. (40 S.)
" 6. Uebungen zur Wiederholung und Erweiterung; einfache und zusammengesetzte Regeldetri; die einfacheren Fälle aus der Tausch- und Umrechnung, aus der Procent-, Gewinn- und Verlust-, Zins-, Abzugs-, Gesellschafts-, Mischungs-, Flächen- und Raumberechnung. 3.—7. Aufl. (40 S.)
" 7. Verhältnißrechnungen a. ohne Procentbestimmung; b. mit Procentbestimmung; Gesellschafts- und Mischungs-, Flächen- und Körperrechnung; vermischte Aufgaben. 3.—5. Aufl. (40 S.)

—— dass. — Ergebnisse, nebst weiterem Übungsstoffe zum 1.—7. Schülerhefte. Ausg. für Lehrer. 3 Hefte. 8. Ebendas. à Heft * 60 Pf. *

Inhalt:

Heft 1. Unterklasse. Ergebnisse nebst weiterem Übungsstoffe zum 1., 2. und 3. Schülerhefte. (76 S.) 880.
" 2. Mittelklasse. Ergebnisse nebst weiterem Übungsstoffe zum 4. und 5. Schülerhefte. (72 S.) 880.
" 3. Oberklasse. Ergebnisse nebst weiterem Übungsstoffe zum 6. und 7. Schülerhefte. 1. und 2. Aufl. (72 S.) 880,83.

—— Rechen-Aufgaben. Mit gleichmäßiger Berücksichtigung des Kopf- und Zifferrechnens. Ausg. für Schüler. 7 Hefte. 8. Ebendas. 885—88. à Heft * 20 Pf. *

Inhalt:
Heft 1. Zahlenkreis 1—20. 20.—31. Aufl. (32 S.)
„ 2. Zahlenkreis 1—100. 19.—31. Aufl. (40 S.)
„ 3. Die Grundrechnungsarten mit unbenannten und einfach benannten Zahlen. 16.—28. Aufl. (40 S.)
„ 4. Die Grundrechnungsarten mit mehrfach benannten Zahlen. 10.—18. Aufl. (40 S.)
„ 5. Die Rechnungsarten mit Decimal- und gemeinen Brüchen. 9.—16. Aufl. (40 S.)
„ 6. Uebungen zur Wiederholung und Erweiterung; einfache und zusammengesetzte Regeldetri; die einfacheren Fälle aus der Tausch- und Umrechnung, aus der Procent-, Gewinn- und Verlust-, Zins-, Abzugs-, Gesellschafts-, Mischungs-, Flächen- und Raumberechnung. 8.—13. Aufl. (40 S.)
„ 7. Verhältnißrechnungen: a. ohne Procentbestimmung; b. mit Procentbestimmung; Gesellschafts- und Mischungs-, Flächen- und Körperrechnung; vermischte Aufgaben. 6.—9. Aufl. (40 S.)

—— dass. — Ergebnisse, nebst weiterem Übungsstoffe zum 1.—7. Schülerhefte. Ausg. für Lehrer. 3 Hefte. 8. Ebendas. à Heft * 60 Pf. *

Inhalt:
Heft 1. Unterklasse. Ergebnisse nebst weiterem Übungsstoffe zum 1., 2. und 3. Schülerhefte. 2. Aufl. (76 S.) 885.
„ 2. Mittelklasse. Ergebnisse nebst weiterem Übungsstoffe zum 4. und 5. Schülerhefte. 2. Aufl. (72 S.) 885.
„ 3. Oberklasse. Ergebnisse nebst weiterem Übungsstoffe zum 6. und 7. Schülerhefte. 3. Aufl. (72 S.) 888.

— dasselbe. Ergebnisse nebst weiterem Übungsstoffe zum I., II. u. III. Schülerhefte. Ausg. f. Lehrer. Unterklasse. 3. Aufl. (76 S.) Ebd. 890. n. — 60

— dasselbe. Ergebnisse nebst weiterem Übungsstoffe zum IV. u. V. Schülerhefte. Mittelklasse. Ausg. f. Lehrer. 3. Aufl. 8. (72 S.) Ebd. 888. n. — 60

— dasselbe. Ergebnisse nebst weiterem Übungsstoffe zum VI. u. VII. Schülerhefte. Oberklasse. Ausg. f. Lehrer. 4. Aufl. 8. (72 S.) Ebd. 890. n. — 60

—— Rechen-Aufgaben. Mit gleichmäß. Berücksicht. d. Kopf- u. Zifferrechnens. Ausg. f. Schüler. 7 Hefte. 8. Ebd. à Heft * — 20
1 39. Aufl. (32 S.) 891. — 2. 41. Aufl. (40 S.) 892. — 3. 37. Aufl. (40 S.) 892. — 4. 26. Aufl. (40 S.) 892. — 5. 23. Aufl. (40 S.) 891. — 6. 18. Aufl. (40 S.) 891. — 7 13. Aufl. (40 S.) 891.

—— dass. — Ergebnisse nebst weiterem Übungsstoffe zum I.—VII. Schülerhefte. Ausg. f. Lehrer. 3 Hefte. 8. Ebd. à Heft * — 60
1 Unterklasse zum 1.—3. Schülerhefte. 3. Aufl. (76 S.) 889; 2. Mittelklasse. Zum 4. u. 5. Schülerhefte. 4. Aufl. (72 S.) 892; 3. Oberklasse. Zum 6. u. 7. Schülerhefte. 5. Aufl. (72 S.) 891.

— dasselbe. Ausg. f. Lehrer. Ergebnisse nebst weiterem Übungsstoffe zum 1.—7. Hfte. In 3 Hftn. 8. Ebd. à n. — 60
1– 3. Unterklasse. 4. Aufl. (76 S.) 893. — 4. 5. Mittelklasse. 4. Aufl. (72 S.) 892. — 6. 7. Oberklasse. 6. Aufl. (72 S.) 893.

— Rechen-Aufgaben. Mit gleichmäß. Berücksicht. d. Kopf- u. Zifferrechnens. 7 Hfte. 8. Ebd. à n. — 20
1. 44. Aufl. (32 S.) 894. — 2. 47. Aufl. (40 S.) 895. — 3. 43. Aufl. (40 S.) 895. — 4. 30. Aufl. (40 S.) 894. — 5. 26. Aufl. (40 S.) 894. — 6. 22. Aufl. (40 S.) 895. — 7. 16. Aufl. (40 S.) 895.

Heuner's, Joh. Fr., Rechen-Aufgaben. Mit gleichmäß. Berücksicht. d. Kopf- u. Zifferrechnens. Ausg. f. Lehrer. Ergebn. nebst weiterem Übungsstoffe. 1.—3. Schülerhft. Unterklasse. 5. Aufl. 8. (76 S.) Ansbach 897. F. Seybold. n. — 60

— dasselbe. Ausg. f. Lehrer. (3. Hft.) Ergebn. nebst weit. Übungsstoffe z. 6. u. 7. Schülerheft. Oberklasse. 8. Aufl. 8. (72 S.) Ebd. 897. n. — 60

— Rechen-Aufgaben. M. gleichmäß. Berücksicht. d. Kopf- u. Zifferrechnens. Ausg. f. Schüler. 7 Hfte. 8. Ebd. 898. à n. — 20
1. Zahlenkreis: 1–20. 50. Aufl. (IV, 32 S.)
2. Zahlenkreis: 1–100. 53. Aufl. (40 S.)
3. D. Grundrechnungsarten m. reinen u. einf. benannten Zahlen. A. Im Zahlenkreise v. 1–1000. B. Im unbegrenzten Zahlenraum 49 Aufl (40 S.)
4. D Grundrechnungsarten m. mehrf. benannt. Zahlen. 35. Aufl. (40 S.)
5. D. Rechnungsarten mit Decimal- u. gemeinen Brüchen. 31. Aufl. (40 S.)
6. Uebgn. z. Wiederholg. u. Erweiterg.; einf. u. zusammenges. Regeldetri; d. einf. Fälle aus d. Tausch- u. Umrechng., aus d. Prozent-, Gewinn- u. Verlust-, Zins-, Abzugs-, Gesellschafts-, Mischungs-, Flächen- u. Raumrechng. 25. Aufl. (40 S.)
7. Verhältnißrechngn. a. ohne Prozentbestimmg.; b. m. Prozentbestimmg.; Gesellschafts- u. Mischungs-, Flächen- u. Körperrechng.; vermischte Aufgaben. 19. Aufl. (40 S)

- dasselbe. Ausg. f. Lehrer. Ergebnisse nebst weiterem Übungsstoffe zum I.—VII. Schülerhefte. 8. Ebd. 901. n. 2. —

I.	Vorbereitungsklasse. 7. Aufl. (48 S.)	n. — 40
II. III.	Unterklasse. 8. Aufl. (48 S.)	n. — 40
IV V.	Mittelstufe. 7. Aufl. (72 S.)	n. — 60
VI. VII.	Oberklasse. 10. Aufl. (72 S.)	n. — 60

— Rechen-Aufgaben. Mit gleichmäß. Berücksicht. des Kopf- u. Zifferrechnens. Nach sämtl. bayer. Kreislehrplänen neubearb. v. Joh. Eug. Heuner. Neubearbeitg. Ausg. f. Schüler. 7 Hfte. gr. 8. Ebd. 902. à n. — 20
1. Zahlenkreis: 1—20. 59. Aufl. (40 S.)
2. Zahlenkreis: 1—100. 62. Aufl. (40 S.)
3. Die Grundrechnungsarten m. reinen u. einfach benannten Zahlen. A. Im Zahlenkreise von 1—1000. B. Im unbegrenzten Zahlenraum. 58. Aufl. (44 S.)
4. Aufgaben zur Wiederholg. u. zur Förderg. der Rechenfertigkeit. Die Grundrechnungsarten m. mehrfach benannten Zahlen. 42. Aufl. (48 S.)
5. Aufgaben zur Wiederholg. u. zur Förderg. der Rechenfertigkeit. Die Rechnungsarten m. Decimal- u. gemeinen Brüchen. 37. Aufl. (48 S.)
6. Übungen zur Wiederholung u. Erweiterg.; einfache u. zusammengesetzte Regeldetri; die einfacheren Fälle aus der Tausch- u. Umrechng., aus d. Prozent-, Gewinn- u. Verlust-, Zins-, Abzugs-, Gesellschafts-, Mischungs-, Flächen- u. Raumrechng. 30. Aufl. (48 S.)
7. Aufgaben zur Wiederholg. u. zur Förderg. der Rechenfertigkeit; Verhältnißrechngn. a. ohne Prozentbestimmg.; b. m. Prozentbestimmg.; Gesellschafts- u. Mischungs-, Flächen- u. Körperrechnung.; vermischte Aufgaben. 23. Aufl. (48 S. m. 1 Taf.)

— Rechen-Aufgaben. Mit gleichmäß. Berücksicht. des Kopf- u. Zifferrechnens. Nach sämtl. bayer. Kreislehrplänen neubearb. v. Joh. Eug. Heuner. Neubearbeitung. Ausg. f. Schüler. 7 Hefte. gr. 8. Ebd. à n. — 20
1. Zahlenkreis: 1—20. 61. Aufl. (40 S.) 904.
2. Zahlenkreis: 1—100. 64. Aufl. (40 S.) 904.
3. Die Grundrechnungsarten mit reinen u. einfach benannten Zahlen. A. Im Zahlenkreise von 1—1000. B. Im unbegrenzten Zahlenraum. 59. Aufl. (44 S.) 903.
4. Aufgaben zur Wiederholung u. zur Förderung der Rechenfertigkeit. Die Grundrechnungsarten m. mehrfach benannten Zahlen. 44. Aufl. (48 S.) 904.
5. Aufgaben zur Wiederholung u. zur Förderung der Rechenfertigkeit. Die Rechnungsarten mit Dezimal- u. gemeinen Brüchen. 38. Aufl. (48 S.) 903.
6. Uebungen zur Wiederholung u. Erweiterung; einfache u. zusammengesetzte Regeldetri; die einfacheren Fälle aus der Tausch- u. Umrechng., aus der Prozent-, Gewinn- u. Verlust-, Zins-, Abzugs-, Gesellschafts-, Mischungs-, Flächen- u. Raumrechng. 31. Aufl. (48 S.) 903.
7. Aufgaben zur Wiederholung u. zur Förderung der Rechenfertigkeit; Verhältnisrechnungen a. ohne Prozentbestimmg.; b. m. Prozentbestimmg.; Gesellschafts- u. Mischgs.-, Flächen- u. Körperrechng., vermischte Aufgaben. 24. Aufl. (48 S. m. 1 Taf.) 903.

Heuner, Johann Friedrich

—— Fr. Fleischmann und F. Panzer, Sprachstoff für die Elementarklasse. 2. Aufl. 1868, und 3. unveränd. Aufl. 8. (32 S.) Ansbach 870, Seybold. *

—— Fr. Fleischmann und F. Panzer, Sprachstoff für die Elementarklasse. 1. Heft. 4.—6. verb. Aufl. 8. (32 S.) Ansbach 870—75, Seybold's Buchh. * — 20

—— Fr. Fleischmann und F. Panzer, Sprachstoff für die Elementarklasse. Den Bestimmungen der mittelfränk. Schul- und Lehrordnung, sowie der durch höchste Ministerialentschließung vom 21. Septbr. 1879 angeordneten Rechtschreibung gemäß umgearb. und mehrfach erweitert von Friedr. Weiß. 2 Hefte. 7. und 8. Aufl. 8. Ebendas. 881,82. à Heft * 20 Pf.

Inhalt:
Heft 1. [Erstes und zweites Schuljahr.] (28 S.)
„ 2. [Drittes Schuljahr.] (48 S.)

—— Fr. Fleischmann und F. Panzer, Sprachstoff für die Elementarklasse. Den Bestimmungen der mittelfränk. Schul- und Lehrordnung, sowie der durch höchste Ministerialentschließung vom 21. Septbr. 1879 angeordneten Rechtschreibung gemäß umgearb. und mehrfach erweitert von Friedr. Weiß. 2 Hefte. 9. Aufl. 8. Ansbach 886,87, Seybold's Buchh. à Heft * 20 Pf. *

Inhalt:
Heft 1. [Erstes und zweites Schuljahr.] (28 S.)
„ 2. [Drittes Schuljahr.] (48 S.)

— Fr. Fleischmann u. F. Panzer, Sprachstoff f. die Elementarklasse. Den Bestimmgn. der mittelfränk. Schul- u. Lehrordng., sowie der durch höchste Ministerialentschließg. vom 21. Septbr. 1879 angeordneten Rechtschreibg. gemäß umgearb. u. mehrfach erweitert v. Frdr. Weiß. 1. Hft. [1. u. 2. Schulj.] 10. Aufl. 8. (28 S.) Ebd. 891. n. — 20

— Fr. Fleischmann u. F. Panzer, Sprachstoff f. d. Elementarklasse. D. Bestimmgn d. mittelfränk. Schul- u. Lehrordng., sow. d. durch höchste Ministerialentschließg. v. 21. Septbr. 1879 angeordn. Rechtschreibg. gem. umgearb. u. mehrfach erweitert v. Frdr. Weiß. 2. Hft. (III. Schulj.) 10. Aufl. 8 (48 S.) Ebd. 893. n. — 20

—— Uebungen zur Einführung in die neue Maß- und Gewichts-Ordnung im Königr. Bayern. 1.—10. Aufl. 8. (38 S.) München 870—72, Oldenbourg. cart. *

—— dass. — Ergebnisse. 1.—5. Aufl. 8. (16 S.) Ebendas. 870. *

—— Uebungen zur Einführung in die neue Maß- und Gewichts-Ordnung im Königr. Bayern. 11. Aufl. 8. (38 S.) München 872, Oldenbourg. cart. * — 20

Heunig, Paul, e. wahre Gesch. 8. Grätz, Zaunrieth. 792.

— — dasselbe. 8. Salzb. Mayr. 793

Heunisch, s.a. Heinisch.

Heunisch, A. J. V., und Alois Schreiber, Baden, geograph. u. maler. beschrieben. Mit 94 Ansichten. (Holzschn.) 2. verm. Aufl. der „Beschreib. d. Großhrzgth. Baden." Lex.-8. (15 B.) Stuttgart 838, [Scheible, Rieger u. Sattler.] Thlr. *
Vgl. Baden. — Erdball, u. oben: Dess., Handbuch.

Heünisch, A. J. V., das Großherzogthum Baden nach seinen Bestandtheilen, Standes- u. Grundherrschaften, Acquisitionen u. Cessionen u. seiner neuesten Provinz-Eintheilung, als histor. Karte bearbeitet. Karlsr. 819. Braun. 1 ℛ 12 ℊ

— das Großherzogthum Baden nach seinen Bestandtheilen, Standes- u. Grundherrschaften, Acquisitionen u. Cessionen, unter Zugrundlegung der Major Hammerschen u. and. Karten, als histor. Karte bearbeitet. Federzeichnung auf Stein von K. Müller. Imp.-Fol. Karlsr. 832. Braun. 1 ℛ

Heunisch, A. J. V., das Großherzogthum Baden, historisch-geographisch-statistisch-topographisch beschrieben, mit Beigaben von J. Bader. Mit 1 (lith. u. color.) Karte des Großherzogth. Baden (in gr. Fol.). Heidelberg 856, 57. J. Groos. (Emmerling.) gr. 8. (XII, 816 S.) n. 1 ℛ 28 ngr; die Karte einzeln n. 8 ngr.

— das Großherzogthum Baden auf 3 Bl., mit 4 Karten u. 1 Tab. geschichtl. dargestellt. Roy.-Fol. Karlsr. 825. Braun. 3 ℛ 16 ℊ

Heunisch, A. J. V., Beschreibung des Großherzogth. Baden. Mit 1 Höhen-Karte, 1 Stahlst. u. 94 Holzschn. gr. 8. Stuttgart 836. Schweizerbarts Buch. 1 1/2 ℛ — dass. außer der Höhen-Karte, mit 1 Karte v. Würtemberg u. Baden. 1 7/8 ℛ s. auch Erdball, der.

Heunisch (auch Heünisch), A. J. V., geograph.-statist.-topograph. Beschreibung d. Großhrzgth. Baden nach d. Bestimmungen d. Organisation v. J. 1832, größtenth. nach offiziellen Quellen bearb. Nebst 1 ausführl. Karte d. Großh. Baden, nach d. neuen Kreis-Eintheil., mit Zufügung d. Nachbarstaaten u. mit Angabe d Poststationen u. Stundenentfernungen. (Imp.-Fol. u. ill.) gr. 8. (31½ B. u. 1 B. Tab. gr. Fol.) Heidelberg 833, Groos.

Heunisch, A. J. V., Die Deutschen Bundesstaaten, in 22 (lith. u. color.) Karten. Carlsruhe i. Baden, Marx, 1828. qu.-Fol. (1 ½ ℛ)

Heunisch, A. J. V., Deutschland mit Dänemark u. den Niederlanden, nebst einem Entwurf der Bildung des Deutschen Bundes-Heeres etc. in tabellarischer Form. M. 1 5000000. Carlsruhe, G. Braun, 1820. Fol. (7/12 ℛ)

— Entwurf der Bildung des deutschen Bundesheeres nach den in den Grundzügen der Militairverfassung ausgesprochenen Bestimmungen. Mit 1 Karte v. Deutschland. kl. Fol. Ebd. 820. 14 ℊ

— kl. Geographie u. Statistik d. Großherzogth. Baden. Mit 1 Karte. gr. 8. Karlsr. 821. Braun. 10 ℊ Die Geographie einzeln. 6 ℊ Die Karte. 4 ℊ ill. 6 ℊ

— Karlsruher genealog. Geschäfts-, Schreib-, Erinnerungs-, auch Reise rc.-Taschenbuch. 1r — 9r Jahrg. 8. Karlsr. 823 — 31. Marx. à 1 ℛ 16 ℊ

—— Karlsruher Geschäfts-, Schreib-, Erinnerungs-, auch Reise-, Landwirthschafts- u. Conversations-Taschenbuch f. d. J. 1829 — 35. 5—11. Jahrg. 8. ... Karlsruhe, Marx. à 1—4. Jahrg. 1825—28. Ebendas. à 1 Thlr. 6 Gr.

— neuer Hand-Atlas über alle Theile d. Erde, f. Freunde d. Erdkunde, u. besond. zum Gebrauch in Schulen. 52 lith. u. ill. Kart. 1e u. 2e Abtheil. qu. Fol. Karls. 827. 2e Aufl. 829. Marx. 4 ℛ 8 ℊ

— neuer Hand-Atlas über alle Theile der Erde, für Freunde der Erdkunde und besonders zum Gebrauche in Schulen. 1e u. 2e Abthl. 4e Aufl. (52 lithogr. u. illum. Karten.) qu. gr. 4. Carlsruhe u. Baden 834. Marx. 1 1/2 ℛ — 5e A. 836. 2 1/2 ℛ

—— Handbuch f. Reisende im Großhzgth. Baden, mit besond. Berücksichtig. d. interessantesten Orte, mit Reiserouten u. Meilenzeiger. Und e. Anh. v. Al. Schreiber. M. 2 Kart. (gr. Imp.-Fol.) u. 94 Ansichten (Holzschn.). Lex.-8. (19 B. u. 1 Stahlst.) Stuttgart 837, 30, [Scheible, Rieger u. Sattler.] *

— Kalender f. das gemeine Leben auf d. J. 1823 — 27. 1r — 5r Jahrg. Karlsr., Marx. à 12 ℊ 2 ℛ 12 ℊ

— die natürl. Kinder im Großh. Baden. Eine statist. Betrachtung für geistl. u. weltl. Behörden, und alle, denen der sittl. Zustand des Volkes am Herzen liegt. Nach amtl. Quellen dargestellt. 8. Karlsruhe 841, Artist. Institut. 1/4 ℛ

— der vollständ. Landwirth. 2e Aufl. Karlsr. 825. Marx. 15 𝒦

— das Herzogth. Nassau. In einer Tabelle geograph.-statistisch dargestellt. gr. Fol. Karlsr. 822. Marx. 1 ℛ

— d. Passagier, od. Handbuch f. Reisende durch Europa. 2e Aufl. Karlsr. 825. Marx.

Heunisch, A. J. V., Post-, Stunden- u. Strassenkarte von Baden, Würtemberg, Rheinbaiern, Hohenzollern u. d. angränzenden Provinzen von Hessen u. s. w. Nach offiz. Notizen bearb. Heidelberg, Groos, 1821.

— Poststunden u. Straßenkarte von Baden, Würtemberg u. den angrenzenden Ländern; mit e. kl. Reisebuch. Karlsr. 826. Groos. 1 ℛ 12 𝒦 auf Leinwand. 2 ℛ

— Europa's Regierungen im Jahre 1831, mit Angabe des Areals, der Volkszahl, Staatseinkünfte u. Staatsgrundgesetze dargestellt. 2 lith. Karten von Europa u. Deutschland, ill. nach Regierungs-Formen, mit Marginalien, auf 1 Blatt in gr. Fol. Karlsr. 832. Müller. 1 ℛ

—— allgem. Schul-Atlas d. neuesten Erdbeschreibung. 4. Aufl. qu. 4. (33 lith. u. ill. Karten.) Carlsruhe (834), Marx.

—— allgem. Schul-Atlas d. neuesten Erdbeschreibung. 5. Aufl. qu. Roy.-4. (33 lith. u. col. Kart.) Carlsruhe 836, Marx'sche Buchh.

— Stundenkarte von Frankreich mit einer General-Postübersichtskarte u. einem statist. Tableau. gr. Imp.-Fol. Karlsr., Marx. 1 ℛ 12 𝒦

—— Stunden-, Strassen- und Post-Karte von Baden, Würtemberg, Hohenzollern, Rheinbaiern, Hessen und den angrenzenden Ländern, — mit Post-Notizen und einem statistisch-topographischen Wegweiser für Reisende. Revidirt im Juli 1827 von F. L. Hofmeister. M. 1 : 250000. Heidelberg, C. Groos, 1827.

— Taschen-Atlas üb. alle Theile d. Erde, für d. ersten geograph. Unterricht in Knaben- u. Mädchenschulen. (Mit 24 lith. u. ill. Karten.) Karlsr., 6e Aufl. 830. 7e Aufl. 831. Marx. 14 𝒦

— Taschen-Atlas über alle Theile der Erde, für den ersten geograph. Unterricht in Knaben- u. Mädchenschulen. 8e verm. Aufl. breit 16. Karlsruhe u. Baden 833. Marx. 1/2 ℛ — 9e Aufl. qu. 12. Ebd. 834. 1/2 ℛ — 10e Aufl. Ebd. 835. 1/2 ℛ — 11e Aufl. Ebd. 837. 1/2 ℛ

Heünisch, A. I. V., Taschen-Atlas über alle Theile d. Erde f. den ersten geograph. Unterricht. 14., verm. Aufl. qu. 16. (31 col. Karten.) Carlsruhe 843, Marx'sche Buchh.

— Taschen-Atlas der alten Welt. — Orbis terrarum antiquus forma parva delineatus. In us. scholarum. (24 lithogr. Blätter, wovon 20 illum. sind.) 4. Karlsruhe u. Baden 834. Marx. 5/8 ℛ

— genealog. Taschenbuch, Carlsruher, s. Taschenbuch.

— tabellar. Uebersicht der Erwerbungen u. Abtretungen des Hauses Baden, vom Regierungsantritt Karl Friedrich 1746, bis auf die neueste Zeit, nebst Aufführung aller Standes- u. Grundherrn mit Angabe ihres Besitzstandes, der Volkszahl, dem Areal u. Statistik, als Seitenstück u. Erläuterung seiner historischen Karte vom Großherzogthum Baden bearbeitet. Karlsr. 819. Braun. 1 ℛ 12 𝒦

Heunisch, A. J. V., Statistisch-topographischer Wegweiser f. Reisende durch Baden, Würtemberg, Hohenzollern, Rheinbaiern, d. Grossherzogl. Hessischen Provinzen Starkenburg u. Rheinhessen u. d. angränzenden Länder mit Postnotizen, in alphabet. Ordnung. Heidelberg (1818.) 1822. gr. 8. . . . . (H.)

Heünisch, A. J. V., statist.-topograph. Wegweiser f. Reisende durch Baden, Würtemberg, Hohenzollern, Rheinbaiern, die Großherzogl. Hessischen Provinzen Starkenburg u. Rheinhessen u. die angrenzenden Länder, mit Postnotizen, in alphabet. Ordn. gr. 8. Heidelb. (822). Groos. 6 𝒦 Mit Karte. 1 ℛ 12 𝒦

Heunisch, Georg Christoph (Schweinfurt/Frk.), De executione sententiae contra tertium. Diss. jur. Altdorf (Magnus Daniel Meyer) 29. XI. 1728. (6.80) 14941

Heunisch, I. F., clavis apocalypt. 4. Ienae. 708.

— **Johann** (Schweinfurt), De jure circa sacra pagorum imperii immediatorum. Von dem Rechte beym Gottesdienste in denen unmittelbaren Reichs=Landen zu ordnen. Disp. inaug. Präs. Immanuel Weber. Giessen 11. II. 1717. Wittbg. (Bossoegel) 1747. 46 S., tlws. dtsch. (6.80) 14942

— **Johann Friedrich** (Schwarzburg/Thüring.), Irenicum Pauli et Ulpiani L. XXV. D. liberat. leg. et L. LXXV. D. de legat. I. Präs. Carl Otto Rechenberg. Lpz. (Imman. Titius) 22. IV. 1727. 24 S. (6.80) 14943

— — (Schweinfurt), De judiciis pacis in Imperio Rom. Germanico, von denen teutschen Friedens= und Bundts=Gerichten. Diss. jur. Präs. Jo. Fried. Kayser. Giessen (Eberh. Heinr. Lammers) März 1747. 52 S. (6.80) 14944

— — Dasselbe. 1749. 63 S. (7.—) 14945

— **Johann Heinrich** (Schweinfurt/Frk.), De sepultura gratis concedenda. Daß die Begräbnisse denen Rechten und der Billigkeit nach umsonst und ohne Entgeld verstattet werden solten. Diss. jur. Präs. Wilhelm Hieronymus Bruckner. Jena (Gollner) 11. II. 1708. 48 S. (7.50) 14946

— — Dasselbe. Ed. III. 1712. 47 S. (7.—) 14947

— — Dasselbe. 1713. (7.—) 14948

— — Dasselbe. Jena (Heller) 1716. (7.—) 14949

— — Dasselbe. 1723. 46 S. (7.—) 14950

Heupel, Albert [aus Ravensburg (Württemb.)]: Beiträge zur Kenntniss des Propargylamins und des Isobutylpropargylamins ... Würzburg, Becker's Univ.-Buchdr., 1892; S. 8.
Erlangen, Phil. Fak., Inaug.-Diss. v. 1892

Heupel, G. F., Marci Evangel. not. gramm. hist. crit. illustr. 8. Strasb. 716.

— diss. de Vlphila, s. versione IV. Evang. Gothica. 8. Brem. Cramer. (et. Lips. Barth.) 772.

Heupel, L. W., Lurlei, s.: Kray, W.

Plastische Anatomie des Menschen. Ein Leitfaden z. Studium f. Künstler von Prof. L[udwig] **Heupel-Siegen.** 2. Aufl. Düsseldorf: Bagel 1909. 108 S. 8° [10. 5376 B

Heur, Felix, das zweckmäß. Fangen, Tödten u. Aufbewahren d. Käfer. Eine kurze Anweis. f. Anfänger u. Liebhaber d. Entomologie. 8. (7 1/4 B. u. 6 Stnt.) Neuhaldensleben 838, Eyraud.

Heurath, s.a. Heirath. – Heyrath.

Heurath, die,. Comödie. 8. Berlin, Birnstiel. 773.

Heurath, die, Seitenstück z. Erbschaft von ders. Verf.; aus d. d. Engl. nach d. 3n Aufl. v. *r. 3 Bde. 8. Leipz. 827. Focke. 3 ℛ 18 g (A. u. d. T.: Gallerie auserles. Familiengemälde. 6r—8r Bd.)

— die, des Antonio. Ein Divertissement. 8. Amsterdam, (Jülicher in Linz.) 790.

Heurath, d. eigennützige, od. d. Gesch. der Miß Schenstone. 2 Thle. a. d. Engl. 8. Bresl. Korn d. ält. 776.

— die, aus Liebe. Nachsp. mit Arien und Gesängen. 8. Gotha, Ettinger. 788.

— ohne Liebe. Lustsp. 8. Rotenburg, Hermstädt. (a. Nitzsche in Nordh.) 778.

— durch List. Ein Originallustspiel in 3 Aufz. von J. Kaspar. 8. Wien, Wallishäußer. 806.

— die, durchs Loos. Lustsp. 8. Frankf. 752.

— die maskirte; aus d. Engl. 8. Leipz. 783. Schwickert. 16 g

— die, nach d. Mode, nach Hogarth, m. K. 4. Hambg. Herold. 771.

— die, nach d. Mode, od. Briefe d. Gräfin v. Castelli an die Baronesse v. Freville, a. d. Franz. 8. Lpz. Heinsius. (Gleditsch.) 789.

— die, nach der Mode, od. Briefe d. Gräfin v. Castelli. 8. Lpz. 789. Gleditsch. (Brockhaus). 16 g

— die, wider die Mode. Lustsp. 8. Wien, Kraus. 769.

— aus Rache, (H. a. d. Tit. Henriko u. Blanka.) 8. Danzig, Brückner. 797.

— die uneigennützige, od. Gesch. des Herrn Frankland, 2 Thle. 8. Breslau, Korn d. ält. 776.

— die unvernünftige, ist d. Lesekabinet z. angen. u. lehrr. Zeitvertr. 5r.

— d. verkehrte; e. unterhaltend wahrhaftes Histörchen. 2 Thle. 8. Lpz. Schäfer. (Kühn.) 803.

Heurath, die, durch ein Wochenblatt. Posse v. Schröder. 8. Hamburg, Gundermann. 805. Rthlr.

— d. zweyte,. Lustsp. in 5 Aufz. 8. Amsterd. Kunst- u. Ind. Compt. 809.

HEURATHS-ABREDE zwischen Franz Dölpel und seiner ehrebedürftigen Jungfer Braut, sammt einem lustigen Hochzeitslied in schwäbischer Sprache (Mundart). O. O. u. J. (um 1690?). 8°. (In Stuttgart.) 14 S.

Auct. C. Huschke. Lpz. 1871. p. 125.
Ein ähnliches derbes Jocosum ist: „Kurtzweiliger Ehe-Contract, oder Heurahts (!)-Abrede, nach dem neuesten Stylo. Im Namen der Götter geschrieben bey heitern Wetter, zwischen eins und drey, der Schatz und die Schätzin waren dabey." (Prosa.) In: Memel, J. P. de (ps.), Gantz umbgekehrte .... Lustige Gesellschaft .... O. O. (Bremen?) 1700. 12°. S. 88—92.

HEURATHSBRIEF. Offenes Bl. in Fol. O. O. u. J. (c. 1780).
Haydinger's Bibl. I. 2. p. 47.

HEURATHS-CONTRACT, Wohlbedachter .... Aufsatz oder .... nebst einem Liede an die Schwester Lorgen. O. O. u. J. 8°. (In München: L. eleg. m. 850, 10.) Rarl

Heurathsgut, das mit Lug u. Trug vermischte,. Schäfersp. 8. Langensalze, Schneider. 770.

Heurathshistorien, v. Fr. Laun, (Fr. A. Schulz.) enth. 1) d. Husarenoffizier; 2) die Gouvernante. 8. Freyberg, Craz u. G. 801.

Heurathskontrakt, der, e. Buch f. Verlobte. 2 Thle. 8. Lpz. Jacobäer. 785.

Heurathskontrakt, der, ein Buch f. Verlobte. 2 Thle. 8. Lpz. 785. (Aue in Altona). 21 g

Heurathskontrakt, der,. Schausp. in 5 A. v. J. F. Wutstrack. 8. Berlin, Maurer. 799.

Heurck, Henri van, **Observationes criticae et descriptiones plantarum novarum herbarii van Heurckiani. — Recueil d'observations botaniques et de descriptions de plantes nouvelles. Fasc. 1 et 2. gr. 8. Berlin, Friedländer und Sohn.** [Fasc. 1. (S. 1—117.) 870. *M 8.; Fasc. 2. (S. 118—249.) 871. *M 8,60.] *

„Heureka". Monatstabellen der wichtigsten Vorgänge im Bereiche der Börse, Volkswirtschaft, Politik. Hrsg. v. Wilh. Mannes. 1. Jahrg. 1906. 12 Nrn. (à 1 Bl.) Fol. Berlin, Sochaczewski & Löwenberg. n. 6. —
Erscheint nicht mehr.

Heures [Sachliches Ordnungswort]

Heures, cent, d'Agoine; ou Relation des Aventures de Delessalle etc. 8. Leipz. Reinicke. 802.

Heures dernières de Louis XVI. av. fig. **8. Braunschw. 816. Plüchart. 10 g**

Heures, Les dernières, de la vie de l'empereur Nicolas I. Traduit du Russe. Breslau 1855. V: *Demidov, Anatol Fürst von.* (Russell III, 503)

Heures, Les dernières, – de Sa Majesté l'Empereur Nicolas. Méditation par l'auteur des pèlerins russes a'Jérusalem. Vienne. 1855. Imprimerie de L. C. Zamarski. Leipsic, Francois Wagner. (28 S. 8°)

Heures, les dernières, de la vie de l'empereur Nicolas I. Traduit du russe. Vienne 855. (Breslau, Kern.) 4. (25 S. u. 3 Lithogr.) n. 16 ngr

Heures, Les dernieres — de la vie de l'empereur Nicolas I. Traduit de Russe. Vienne, 1855. Imprimerie de M. Auer. Mit 3 Lithographien. Gedruckt bei Josef Stoufs in Wien. (25 S. 8.)

— de la journée chrétienne, ou sont enseignées les voies du salut. gr. 8. Wien 760. Trattner. 10 Kr

Heures ou méditations réligieuses ... Zuric 1816—17. V: *Meister, Jac. Hnr.* (MGT) (Ky)

— ou méditations de réligieuses à l'usage de toutes les communions de l'église, (par Jak. H. Meister). 8. Zürich 816, 17. Orell. 1 ℛ 5 Kr

Heures ou meditations religieuses à l'usage de toutes les communions de l'église. Part. I. à III. 8. Zuric, Orell. 816—821. (I. 20 Gr. II. III. à 9 Gr.)

— de Notre-Dames-des-Ermites, ou recueil d'exercices de piété à l'usage de tous les chrétiens et principalement des serviteurs de Marie. IV Ed. Avec fig. gr. 12. Einsiedeln 829. (Zürich, Orell). 12 Kr

Heures de Notre-Dame des Ermites ou recueil d'exercices de piété à l'usage de tous les chrétiens et principalement des serviteurs de Marie. Revu par l'abbé L. C. Bourquard. 2. Ed. 16. (542 S. m. eingedr. Holzschn. u. 2 Chromolith.) Einsiedeln 870. Benziger. 1. 10

— nouvelles ou Prières choisies. 8. Wien 757. Trattner. 9 Kr

— nouvelles en l'honneur du très s. Sacrement. II Pts. 8. Wien 760. Trattner. 18 Kr

— nouvelles, contenant les prières du matin et du soir. 16. Cobl., Hölscher. 4 Kr

— petites, de Notre-Dames-des-Ermites, ou exercices de piété propres à chaque chrétien. Avec fig. 32. Einsiedeln 830. (Zürich, Orell). 2 Kr

Heures, petites, de Notre-Dame des Eremites, ou exercices de Piété, propres à chaque Chrétien. in-24. Einsiedeln 841, Gebr. Benziger. 2 ngl — Velp. 3¾ ₰ in-48. 1¼ ngr

— petites, de Notre-Dame des Ermites ou exercices de piété propres à chaque chrétien. 32. (191 S. m. e. Steintaf.) Einsiedeln 873. Wyss, Eberle & Co. — 20

— dasselbe. Kleinere Ausg. 32. (192 S. m. 1 Steintaf.) Ebend. 873. — 15

— petites, de notre-dame des ermites ou exercices de piété, propres á chaque chrétien. 32. (192 S.) Einsiedeln 874. Eberle, Kälin & Co. — 15

Heures [Verfasser]

Heures, Marie d' [Pseud.]
s.a. Collin de Plancy, Clotilde-Marie

d'Heures, (M.) u. Renée Roger, Lebewohl. Roman a. d. Französ. v. L. Kruse. 8. 3 Thle. Leipz. 825, C. Klein.

— dieselben, die Wüste in Paris. Novelle nach d. Franz. v. Kruse. 8. Leipzig 826, Klein.

Heureus, Pierre: Bewahrungsmittel wider die Wirkung der üblen Luft in den Feldspitälern auf die Gesundheit ... o. V., Wien 1783. 3 Bl. + 14 S.

d'Heureuse, (Augustus) Albert, (geb. Berlin 17. 1. 1822): De effectu quem ferrum atque zincum in acidum ejusque in connubia exercent. Berolini (1848). (30 S.) 8°
Berlin, Phil. Diss. v. 18. Mai 1848

d'Heureuse, Aug., Anleitung zum Bau der Roßmaschine mit Stufenwalzen. Mit 2 Abbildd. 4. Berlin 834. (Hold.) ²/₃ ₰

d'Heureuse-Schmelzdorf. Die Besteuerung des Spiritus. 8°. Berlin 1887.

Heureusement. Coméd. en 1 Acte p. Rochon de Chabannes. 8. Brschwg. Pluchart.

Heurgelmer. Der politische Thierkreis, oder die Zeichen unserer Zeit. 2. verbess. und verm. Aufl. (2 Bde.)
8. Strassburg und Mainz 1800.

Heurige, der. Illustrirter humoristisch-satyr. Volkskalender für das J. 1856. Mit Beiträgen von J. Wagner. 8. (78 S. mit eingedr. Holzschn.) Gratz 855, (Ferstl'sche Buchh.)

Heurlin, Maunu af: Bakteriologische Untersuchungen des Keimgehaltes im Genitalkanale der fiebernden Wöchnerinnen mit Berücksichtigung der Gesamtmorbidität im Laufe eines Jahres. Helsingsfors 1910. IV + 618 pg. nebst 3 Tafeln und 17 Tabellen. 8:o.
Diss. Hels.

Heurung, Anton: Der Begriff des „Unternehmens" im Strafrecht. *München 1897: J. G. Weiss.* (68 S.) 8°
Erlangen, Jur. Diss. v. 1897

Heurüpfel: Der Heurüpfel
(4) Der Freischütz (5) vor 1864 (8) Muri (Ag): Anton Heller (10) der Drucker (17) freisinnig (13) G. Wiederkehr in der Sondernummer der «Freiämter Zeitung», August 1949.

Heüs, Pancratius (Memmingen/Schwaben), De mutatione ultimae voluntatis. Disp. jur. Rector Philipp Wilhelm Grf. v. Boineburg. Präs. Ernst Tenzel. Erfurt (Limprecht) 18. V. 1714. 31 S. (6.50) 14916
Gew.: Elias Christoph Heüs.

Geschichte der Familie Heusch. Hrsg. von Albert **Heusch**. Aachen 1909: La Ruelle. 351 S. 4° [10. 11008

Heusch, August: Beiträge zur Kenntnis der ⟨α⟩ 1-Naphtochinolin-8-Sulfonsäure und des 8-Oxy-⟨α⟩ 1-Naphtochinolins. *Freiburg i. B. 1898: F. Wagner.* (40 S.) 8°
Freiburg i. B., Phil. Diss. v. 1898

Heusch, L., Vocabulaire et conversations françaises à l'usage des écoles de jeunes filles. 8. (III, 143 S.) Mannheim 882, Nemnich. *

Heuschen, Jos., französ. Lesebuch, s.: Dickmann, Otto E. A.

Heuscher, J[ohannes], in Zürich [von Schwellbrunn, Kt. Appenzell A.-Rh.]: Zur Anatomie und Histologie der Proneomenia Sluiteri Hubrecht. (S. A. aus: Jenaische Zeitschrift für Naturwissenschaft. Bd XXVII. N. F. XX [S. 477—512]). [Die Tafeln XX—XXIII sind nicht beigegeben]. Jena G. Fischer 1892. 1 Bl., 36 S. 8°.
Zürich, Phil. Diss. [v. 15. Juli 1892].

Heuscher, J[ohannes]. Anleitung zur Aufzucht von Forellen-Sömmerlingen als Besatzmaterial für die Gewässer der Schweiz. Im Auftrage des Centralkomitees des «Schweizerischen Fischereivereins» verfasst. 1904. [Mit Figuren.] 31 S. 8. Zürich, F. Lohbauer.

Heuscher, J., Crustacea. — Rotifera, s.: Bibliographie d. schweizer. Landeskunde.

Heuscher, J[ohannes]. Hydrobiologische Excursionen im Kanton St. Gallen. SA. 8. [St. Gallen 1892.]

Heuscher, Dr. J[ohannes], in Zürich: Der Sempacher-See und seine Fischereiverhältnisse. Pfäffikon-Zür. E. Zwingli Dr. 1895. 1 Bl., 51 S. 8°. [Zürich, Phil. Fac., Habilitationsschrift].

Heuschert, Franz *Carl Wilhelm* [aus Boizenburg a. d. E.]: Die Beziehungen des Typhus abdominalis zur Tuberculose ... Berlin, Buchdr. v. G. Schade, *1893*; 30 S., 1 Bl. 8.
Berlin, Med. Fak., Inaug.-Diss. v. 27. Febr. 1892

Heuscheuergebirge, s.: Geologische Karten. Flegel.

Heuscheuer-Gebirge, s.: Glatz. Hansi, G.

Heuschkel, Hermann: Hat die grosse Übereinstimmung zwischen Spinoza und Fénélon statt, die Jakobi in seinem Sendschreiben an Fichte behauptet? Tremessen 1906: L. Marten. (S. 3—15.) 4°
Tremessen, k. PG OP 1906 (212)

Heuschkel, Walter: Das Ehrgefühl und seine Behandlung in der Schule. Eine hist.-pädag. Untersuchung. *Apolda (1902): R. Birkner.* (S. 3—10.) 4° [F.]
Apolda, großh. W. & L. Zimmermanns R, OP 1902**

Heuschkel, Walter, Realschullehrer: Untersuchungen über Ramlers und Lessings Bearbeitung von Sinngedichten Logaus. *Jena 1901: A. Kämpfe.* (69 S.) 8° [F.]
Jena, Phil. Diss. v. (15. Dez.) 1900

Heuschkel, Walt., Untersuchungen üb. Ramlers u. Lessings Bearbeitung v. Sinngedichten Logaus. Ein Beitrag zur Geschichte der deutschen Sprache. gr. 8. (70 S.) Leipzig 902. Buchh. G. Fock. n. 1. 20

Heuschkel, *Walter* [aus Lobeda]: Krankhafte Vorgänge an den Kiefern und ihr Zusammenhang mit Anomalieen der Zähne, betrachtet im Anschl. an einige Fälle aus d. chirurg. Universitätsklinik d. Herrn Prof. Dr. Riedel zu Jena ... Jena, Frommannsche Buchdr., 1892; 30 S. 8.
Jena, Med. Fak., Inaug.-Diss. v. [3. Jan.] 1892

Heuschkel, W., Wald- u. Feldkulte, s.: Mannhardt, Wilh.

Heuschling, Philippe-François-Xavier-Théodore, u. M. Block: Das Kaiserthum Frankreich und das Königreich Belgien, geographisch statistisch dargestellt aus der siebenten Auflage von Stein's „Grundbuch der Geographie und Statistik". Leipzig 1871. VI, 273, 608 S.

Heuschling, Philippe-François-Xavier-Théodore: Statistisches Gemälde des Königreichs Belgien. Nach der gleichzeitig erscheinenden, vom Ministerium des Innern herausgegebenen Statistique générale de la Belgique und andern amtlichen Quellen, bearbeitet von J. E. Horn. Mit einer Einleitung von Xavier Heuschling. Dessau 1843. 8°

Heuschling, Philippe-François-Xavier-Théodore: Geographie und Statistik des Königreichs Belgien. Leipzig 1864. 8°

Heuschling, X., das Königreich Belgien, s. Stein, C. G. D., und F. Hörschelmann, Handbuch der Geographie.

Heuschling, Xavier, Bibliographie historique de la statistique en Allemagne. Avec une introduction générale. Manuel préparatoire à l'étude de la statistique. gr. Lex.-8. (7 B.) Bruxelles 845. (Muquardt.) *—

Heuschmidt, A., durch welche Mittel kann die Bodenmelioration, insbesondere die Ent- u. Bewässerung gefördert werden? Welche Rolle spielt hierbei die Organisation d. culturtechn. Dienstes? (Internationaler land- u. forstwirthschaftl. Congress zu Wien 1890, 3. Hft.) gr. 8. (11 S.) Wien 890. (Frick.) n. 1. —

Heuschmid, A., Landesmelioration, Moorkultur, Arrondirung u. Spüljauchenrieselung. Reisebericht an das königl. bayer. Staatsministerium des Innern zu München. gr. 8. (V, 158 S. m. 4 chromolith. Plänen.) München 880. Ad. Ackermann. n. 6. —

Heuschmid, Hermann: Die Lebensmittel-Politik der Reichsstadt Überlingen bis zum Anfall an Baden. Achern 1909: Unitas. V, 111 S. 8°
Freiburg i. B., Phil. Diss. v. 1909, Ref. v. Below
[Geb. 30. März 85 Oberachern; Wohnort: Oberachern; Staatsangeh.: Baden; Vorbildung: Gymn. Rastatt Reife Juli 05; Studium: Freiburg i. B. 8 S.; Rig. 23. Juli 09.] [U 10. 1055

Die Heuschrecke in ihrem Heer-Zuge, als ein wahrer Schrecke-Gast in Betrachtung gezogen, von einem Liebhaber der Natur-Wissenschaft. Leipzig: Schönermarck 1748. 38 S. 8°

Heuschrecken, die, in Afrika, s.: Missionsschriften f. Kinder.

Heusde, Andreas Cornelius van

— **Diatribe in locum philosoph. moralis qui est de consolatione apud Graecos.** 8maj. (11⅛ B.) Trajecti ad Rh. 840, Natan. (Lipsiae, Volckmar.) *

Heusde, A. C. v., Diatribe in locum philosophiae moralis qui est de consolatione apud Graecos. Diss. 1840. 169 S. 2.—

Heusde, Andr. Corn. van, Disquisit. histor.-juridica de lege Poetelia Papiria. 8 maj. (8¾ B.) Trajecti ad Rhen. 842, Natan. *

Heusde, Joh. Adolf Charles van

Heusde, J. A. C. van, M. T. Cicero Φιλοπλάτων. Disquisit. de philosoph. Ciceronianae fonte praecipuo. 8maj. (19½ B.) Trajecti ad Rh. 836, Natan. (Lipsiae, Volckmar.) *

— **Diatribe in Guilielmi Ludovici Nassavii vitam, ingenium, merita.** Lex.-8. (19 B. u. Bildn.) Trajecti ad Rh. 835, Altheer. (Lipsiae, libr. Weidmann; T. O. Weigel.) *

— **Disquisitio de L. Aelio Stilone, Ciceronis in rhetoricis Magistro, Rhetoricorum ad Herennium, ut videtur, auctore.** Inserta sunt Aelii Stilonis et Servii Claudii Fragmenta. 8maj. (7½ B.) Trajecti ad Rh. 839, Natan. (Lipsiae, Volckmar.) *

Heusde, J. A. C. v., Disquisitio de L. Ael. Stilone, Ciceronis in rhetoricis magistro, Rhetoricorum ad Herennium auctore. Gel. 1889. 109 S. 2.—

— epistola ad Car. Frid. Hermann de C. Lucilio. 8 maj. (3½ B.) Trajecti ad Rhenum 844. Kemink et filius. *

Heusde, J. A. C. v., Epistola ad C. F. Hermann de C. Lucilio. Gel. 1844. 52 S.

— s. Horatius Fl., Sat. I.

van Heusde, Jo. Ad. Car., Studia critica in C. Lucilium poetam. 8maj. Trajecti ad Rh. 842, Kemink et fil. n. 1⅚ ₰

Heusde, Philip Willem van

Heusde, Phil. Wilh. van, Briefe üb. d. Natur u. d. Zweck d. höheren Unterrichts. A. d. Holländ. nach d. 2. Ausg. übers. v. Joh. Klein, mit e. Vorrede begl. v. Fr. H. Chr. Schwarz. gr. 8. (18¼ B.) Heidelberg 830, Groos. Thlr.

—— (dass. u. d. T.:) Briefe üb. d. Natur u. Tendenz d. höheren Unterr. A. d. Holländ. frei übers. v. L. Weydmann. gr. 8. (16 B.) Crefeld 830, Funcke.

Heusde, Ph. Guil. van, Characterismi principum philosophor. veter., Socratis, Platonis, Aristotelis. Ad criticam philosophandi rationem commendandam scripsit. 8maj. (16¾ B.) Amstelodami 839, Müller. •

Heusde, P. W. v., Diatribe in civitates antiquas. 4 Abschn. S.-A. 1817. 90 S. 4°. 1.50

—— Initia philosophiae Platonicae. Vol. I. Philosophia pulcri. — Vol. II. Pars I—III. Philosophia veri: De veri amore. — De disciplinis. — De veri sive τοῦ ὄντος scientia. 8maj. (41½ B.) Trajecti ad Rhenum, Altheer 827 et 831. (Lipsiae, Fr. Fleischer; Weigel.)

—— Initia philosophiae Platonicae. Vol. III. Philosophia justi, Platonis de rebus divinis effata, Epilogus. 8maj. (17 B.) Trajecti ad. Rh. 836, Altheer. (Lipsiae, Fr. Fleischer; T. O. Weigel.) •
Vol. I., II. Ibid. 1827, 31. • 5 Thlr. 12 Gr.

Heusde, Phil. Guil. van, Initia Philosophiae Platonicae. Edit. II. emend. 8maj. (38⅓ B.) Lugduni-Batav. 842, Hazenberg et Soc.

—— Oratio de naturali artium et doctrinar. conjunctione. Accedit Protrepticus ad filium promotionis more major. opportunitate. Lex.-8. (2¾ B.) Trajecti ad Rh. 836, Altheer. (Lipsiae, libr. Weidmann.) •

—— Philosophie. Versuche philosoph. Forschungen in d. Sprachen, z. Beantwort. d. Fragen: „Wie gelangt d. Mensch zu Wahrheit? Wie gelangt er zu Tugend? Wie sollen wir einst zu Weisheit gelangen? gr. 8. (13½ B.) Utrecht 838, Natan. (Leipzig, Volckmar.)

— ad bonarum artium in academia Rheno-Trajectina studiosus protrepticus. 8 maj. Trajecti ad Rh. 830. Altheer. (Leipz., Weigel). 8 gl

— de school van Polybius of Geschiedkunde voor de Negentiende eeuw. gr. 8. Amsterdam 841, Müller. n. 2 ℳ

—— die socratische Schule, od. Philosophie f. d. 19. Jahrh. Uebers. v. J. Leutbecher. 2 Thle. 1., u. 2., unveränd. Aufl. gr. 8. Erlangen 838, 40, F. Enke. à Aufl.
A. u. d. Titln.:
Thl. 1. Die Encyclopädie. Probe philosoph. Nachforschungen üb. des Menschen Seelenvermögen u. deren Harmonie, z. Beantwort. d. Frage: „Welches ist die Verwandtschaft, welches d. wechselseit. Verbind. aller Künste u. Wissenschaften?“ (14 B.)
„ 2. Die Encyclopädie. Probe philosoph. Nachforschungen üb. des Menschen Seelenvermögen u. deren Harmonie rc. (12½ B.)

Heusde, P. W. v., Specimen criticum in Platonem. Accod. Wyttenbachii epistola ad auctorem item collationes codicum mss. Platonis, cum a Ruhnkenio confectae tum aliae. 1803. LX. 174 S.

— s. Gerhard Stockfeld.

Heuse, Erwin (geb. am 12 Okt. 1844 in Elberfeld): Ueber die Behandlung von Kopfverletzungen ... Bonn, Druck v. F. Krüger 1867. 1 Bl., S. 5–30, 1 Bl. 8.
Bonn, Med. Fak., Diss. v. [6 Aug.] 1867

Heuse, Erwin. Ueber die Erscheinung d. „Geistes“ im Hamlet. gr. 8. (20 S.) Elberfeld 890, Baedeker. • 1 —

Heuse, Erwin, zur Lösg. d. Hamlet-Problems. Vortrag, geh. in d. Aula d. Realgymnasiums zu Elberfeld am 26. II. 1897. gr. 8. (32 S.) Elberfeld 897. Baedeker. — 75

Heuse, Wilhelm: Über scheinbare A b w e i c h u n g e n vom Mariotteschen Gesetz ... – Über einen A p p a r a t zur Messung sehr kleiner Drucke.
s. S c h e e l , Karl.

Heuse, Wilhelm, aus Elberfeld: **Beiträge** zur Kenntnis der Glimmentladung. 1. Glimmentladung in Gasgemischen. 2. Glimmentladung im Helium. *Berlin (1901): G. Schade.* (27 S.) 8°
Berlin, Phil. Diss. v. 14. Jan. 1901

Heuse, Wilhelm: B e s t i m m u n g d. Ausdehnung d. Platins ... – B e s t . d. Sättigungsdruckes von Wasserdampf unter 0° , s. S c h e e l , Karl.

Heusel, F. Plan von Alzey. 1 : 1600. Giessen 1894. 1 Bl. c. I.

Heusel, Friedrich: Statistik des Schülerbestandes der Grossherzogl. Realschule und des Progymnasiums (mit Vorschule) zu Alzey vom 1. Febr. 1811 bis Ostern 1891. Nach amtl. Quellen bearb. *Giessen, Druck v. E. Ottmann, 1891;* S. 21–48; 4°
Alzey, grossh. R u. PG (m. VS), Festschr. 1891 (628)

Heuseler, J. A., s. M. Luther, Sprüchwörter.

Heuseler, Wilhelm [aus Taubenwalde, Kr. Mogilno (Posen)]: Ueber die operative Behandlung der Magenkrankheiten vom Standpunkte der inneren Medizin ... Berlin, C. Vogts Buchdr., *1895;* 69 S., 1 Bl. 8.
Berlin, Med. Fak., Inaug.-Diss. v. 29. Nov. 1895

Versuch einer Zusammenstellung der Materialien für das Forschen der Geschichte des Revolutionskrieges vom Jahre 1792–1815. Von einem ehemal. Generalstabs-Offizier (Grf v. Heusenstamm). Bd 1 (1792–1793). Mit 1 Krtbd. Mainz 1828. 836 S. 8° u. 4°

†Heusenstamm, Thdr. Graf v. [Thdr. Stamm], im Abendstrahl. Dichtung und Betrachtung. 2 Thle. gr. 8. (VIII, 248; XIV, 249 S.) Leipzig 880,84, O. Wigand.
à Thl. ℳ 4.

Heusenstamm, Thdr. Graf v. [†Thdr. Stamm], Maske und Lyra. gr. 8. (X, 257 S.) Leipzig 886, O. Wigand. *

—— die wunderlichen Pilger. Phantast. Lustspiel in 5 Acten. 8. (VII, 142 S.) Ebendas. 884. geb.

Heusenstamm, Th. H. Graf v., Schattenrisse aus Giulio's Leben. gr. 12. (14½ B.) München 852, Franz.

Heusenstamm, Thdr. Graf, Gesammelte Werke, II.—V. Bd. 8 Wien, W. Braumüller. n. 9. —
II. Lyrische Dichtungen. II. — III. Erzähl. Dichtungen u. Sprüche in Reimen. (VIII, 186 u. VI, 266 S.) 898. n. 3. —
IV. Dramen. (XX, 597 S.) 897. n. 3. —
V. Schattenrisse aus Giulios Leben. Erzählgn.: 1. Thl. (VII, 443 S.) 897. n. 3. —
Bd. I ist noch nicht erschienen.

Heusenstamm, Thdr. Graf, gesammelte Werke. I u. VI. 8. Wien 900. W. Braumüller. à n. 3. —
I. Lyrische Dichtgn. I. (XXXIII, 291 S.)
VI. Erzählungen: 2. Thl. Kritische Schriften. Reflexe u. Reflexionen. (XXIV, 460 S.)

Heuser, latein. Muster z. Gebrauch der studier. Jugend. 8. Cöln, Fabricius.

Heuser, üb. ein Zwillingsei. Marburg. 1864.
Schul-/Univ.-Schrift

Heuser, A., die Verpflichtung der Pfarrer, die heil. Messe für die Gemeinde zu appliciren. Eine kirchenrechtliche Abhandlung. Nach zwei Dissertationen des Prof. Dr. Verhoeven mit besond. Rücksicht auf Deutschland bearb. gr. 8. (VI und 106 S.) Düsseldorf 850, Schaubsche Buchh. *

Heuser, A. R. J. Ueb. Cöln in literär. Hinsicht. (Hauptſ. üb d. frühere Akademie.) Progr. Cöln 1820

Heuser A.R. J., Logica praelectionibus accommodata. 8. Coeln, Schmitz. 813.

v. Heuser, Ant.: Histor.-polit. Beleucht. der Wahleigenschaft e. röm. Kaisers. *Frkf. a. M.*, Pech. 792. gr. 8. (6 Gr.)
Vgl. Heuser, Nik. Ant.

Heuser, Ant., dissertatio theologico-canonica de potestate statuendi impedimenta dirimentia pro fidelium matrimoniis soli ecclesiae propria etc. Lovanii (853.) (Coloniae, Heberle.) gr. 8. (2 Bl., III, 148 S.) 15 *ngr.*

Heuser, August

Heuser, A., die hohe Bedeutung der Viehzucht für die deutsche Landwirthschaft und Mittel zur Förderung derselben. Vortrag gehalten im landwirthschaftl. Vereine Hameln a/Weser in Hannover. gr. 8. (24 S.) Neuwied 867, Heuser.

Heuser A.: Beitrag z. Boden-Ersatzfrage. Bis zu welchem Grade ist der Bodenersatz durch Zukauf v. Kraftfuttermitteln zweckmässiger zu bewirken, als durch Verwendung v. künstlichen Düngemitteln? Diss. (Jena). Neuwied u. Leipz. 1869. 46 S. P.

Heuser, Aug., Beitrag zur Boden-Ersatzfrage. Bis zu welchem Grade ist der Bodenersatz durch Zukauf von Kraftfuttermitteln zweckmäßiger zu bewirken, als durch Verwendung von künstl. Düngemitteln? Nebst einem hierauf bezügl. Anhang über Bodenersatz-Berechnung. br. 8. (72 S. mit 1 Tab. in qu. 4.) Neuwied 869, Heuser's Verlag.

Heuser, Aug., die landwirthschaftlichen Verhältnisse d. Amtsbezirks Eppingen. Im Auftrage des Großherzogl. bad. Handelsministeriums beschrieben u. hrsg. gr. 8. (VI, 74 S.) Karlsruhe 873. Neuwied, Heuser. n. 1. 20

Heuser, B. C.: Cantate auf den Begräbnistag Friderich des Fünften ... den 18. März 1766. — Altona: Burmester (1766). 4 Bl. 8° (4°)

Heuser, C., das kaufmännische Recht des deutschen Reiches, s. Rechtsbeistand, der.

Heuser, C., das Wahlrecht zum Reichstag. Ein Vorschlag zu seiner Reform. gr. 8. (15 S.) Hannover 879. Schüßler. — 30

Heuser, C. N., Grundlinien zur Bildung u. Beurtheilung dramatischer Künstler. 8. Aschaffenb. 819. Knode.

Heuser, C. W., die Siegesfreudigkeit in der Gemeine des Herrn. Eine Betrachtung unserer Zeit nach Anleitung von Psalm 46, auf Verlangen ausgeführt nach einer in Barmen den 4. Septbr. 1870 frei gehaltenen Predigt. Elberfeld 870. (Barmen, Klein.) gr. 8. (24 S.) n. 3 *ngr.*

Heuser, C. W., der Tag des Zorns über das älteste Weltreich. Nahums Weissagung vom Untergang Ninive's, als ein aus den neu entdeckten Trümmerstätten wiederhallender Mahnruf an unsre Zeit für das erbauliche Bedürfniß ausgelegt. Elberfeld 862. Hassel's Sortbdlg. in Comm. gr. 8. (112 S.) n. 7½ *ngr.*

Heuser, Carl, s. Heuser, Karl.

Heuser, E., die Chansons des Loherains eine Quelle der Chevalerie Ogier; Text des Lothringer Bruchstücks Z 5, s. Ausgaben und Abhandlungen aus dem Gebiete der romanischen Philologie.

Heuser, E. W. Ueber die Teile, in welche die Lothringer Geste sich zerlegen lässt. I. Diss. Marburg 1884. 47 S. Progr.

Heuser, Emil. Beiträge zur Geschichte der Universitätsbibliothek Giessen, s. Centralblatt f. Bibliothekswesen.

[F.] Die dritte und vierte Belagerung Landaus im spanischen Erbfolgekrieg. (1704 u. 1713.) Von Emil Heuser, Bahnhofverwalter, Hauptm. a. D. *Landau: E. Kaussler 1896.* (3 Bl., 318 S., 4 Taf., 2 Pl.) 1 Bd 8.

Heuser, E., die Belagerungen v. Landau in den J. 1702 u. 1703. gr. 8. (XL, 208 S. m. 6 Lichtdr.-Taf., 1 Lith. u. Textabbildgn.) Landau 894. (E. Kaußler.) n. 4. —

— Führer durch Speier a. Rh., s.: Beckmann.

Heuser, Emil, pfälzische Geschichtsbilder. Städte, Burgen, alte Kirchen- u. Klosterbauten, Steindenkmäler usw. in der bayer. Pfalz u. einigen Grenzbezirken. (IV, 109 S.) 8. Neustadt a. d. H. 905. L. Witter. n. — 60; geb. n. — 90

Heuser, Emil, Frankenthaler Gruppen u. Figuren. Ein Verzeichnis von mehr als 800 figürl. u. etwa 500 anderen kunstgewerbl. Erzeugnissen d. kurfürstlich pfälz. Porzellanfabrik Frankenthal. (Unter Ausschluß v. Geschirr.) Mit e. Einleitg. u. m. Anmerkgn. gr. 8. (33 S.) Speier 899. (Jäger). n. 1. 25

— Katalog der vom Mannheimer Altertumsverein im Frühj. 1899 veranstalteten Ausstellung v. Frankenthaler Porzellan. Mit einer Einleitg. über die Geschichte der Frankenthaler Porzellanfabrik v. Frdr. Walter. Hrsg. v. Vereinsvorstand. gr. 8. (164 S. m. 3 Taf.) Mannheim 899. Mannheimer Altertumsverein. n.n. 3. —

— Katalog d. städt. Museums in Landau i. d. Pfalz. gr. 8. (128 S. m. Abb.) Ebd. 895. n. 1. —

Heuser, Emil: Über Oxalmalonsäureester. 1909. 59 S. 8° ¶ Gekürzt u. etwas verändert in: J. Liebig's Annalen d. Chemie. Bd 397. 1913. S. 301 ff.
Karlsruhe, Dr.-Ing.-Diss. v. 12. 3. 1909

Heuser, Emil: Pennsylvanien im 17. Jahrhundert und die ausgewanderten Pfältzer in England. *Mit drei Faksimile-Drucken. Neustadt a. d. Haardt: Ludwig Witter 1910. (1), 82 S., ill.*

— neuer Pfalz-Führer. Ein Reisehandbuch f. die bayer. Pfalz u. angrenz. Gebiete links des Rheins. 2., vollständig umgearb. Aufl. Mit 1 topograph. Karte der Pfalz in 6 Blättern, 1 Eisenbahnkarte, 1 Karte der Hauptwanderwege, 1 Bergprofilkarte u. 1 Karte der Gegend v. Kreuznach. Ferner m. e. Anh.: Die 30 schönsten Radfahrten durch die Pfalz. 12. (XV, 483 S.) Neustadt a. d. H. 902. L. Witter. In Leinw.-Decke n. 3. —

— Neuer Pfalzführer. Ein Reisehandbuch f. d. bayer. Pfalz u. angrenz. Gebiete. 4. Aufl. in 4 getrennten Tln. Mit topogr. Karten u. Darstellg. der farb. Wegezeichen auf 5 Kartenblättern. (IV, 134; VII, 195 u. IV, 130 S. m. 1 Fig., 1 Taf. u. 9 Karten.) 19,5×11,5 cm. Ebd. 908. In Mappe 3. 60

— Neuer Pfalzführer. Jetzt: Neustadt a. d. H., „Tenram-Verlag", W. Marnet.

— Pfälzisches Porzellan des 18. Jahrh. im Zusammenhang m. der Entwicklg. d. europ. Porzellan-Fabrikation. (58 S. m. 3 Taf.) gr. 8. Ebd. 907. 2. —
Sonderabdr. aus: „Mittlgn. des histor. Vereins der Pfalz".

Die Pfalz-Zweibrücker Porzellanmanufaktur (Zweibrücken). Ein Beitr. zur Geschichte d. Porzellans u. zur Kulturgeschichte e deutschen Kleinstaates im 18. Jahrh. Von Emil Heuser — Neustadt a. d. Hardt: Witter in Komm. 1907 VI, 240 S., 6 Taf. 4"

— Die Porzellanwerke v. Frankenthal nach dem Pariser u. dem Mannheimer Preisverzeichnis nebst Geschichte der Frankenthaler Formen. (IV, 68 S.) gr. 8. Ebd. 909. 3. —

Heuser, Emil. Die Protestation von Speier. Geschichte der P' und des Reichstags 1529, nebst Veröffentlichung bisher unbekannter Nachrichten über diesen Reichstag. Mit 2 Schriftabbildungen [wovon 1 Tafel]. Hrg. zur feierlichen Einweihung der Gedächtniskirche in Sp' am 31. August 1904. IV + 64 S. 8. Neustadt a d. Hdt., Ludwig Witter, (1904). [M. 1. 20]

Sammlung des Herrn Emil **Heuser** in Speier a, Münzen u. Medaillen d. Pfalz b, Neuere deutsche Thaler *Frankfurt a. M. (S. Rosenberg) 1902.* (58 S.) 8°
(S Rosenberg Frankfurt a. M Auctions-Catalog.)

— Speyer u. Umgebg., s.: Beckmann-Führer.

Heuser, Emilie, gründliche Anleitung zur Kunst des Namenstickens für Lehrerinnen und zum Selbstunterricht. 1. Heft: Einfache Buchstaben. 4. (7 S. mit 10 Stnt.) Elberfeld 878, Faßbender's Buchh. * 1 —

Heuser, Emilie, gründliche Anleitung zur Kunst des Namenstickens für Lehrerinnen und zum Selbstunterricht. 2. Heft: Verzierte Buchstaben. 4. (10 Stnt. mit 7 S. Text.) Elberfeld 880, Faßbender's Buchh.
1. Heft. Ebendas. 1878,79. *.ℳ 1.

HEUSER, Ernst (Kirchvers): Myelitis cervicalis post trauma.- München: Kastner & Lossen 1897. 39 S.
4.6.1897 - Chr 1896/97,21; Jv 1896/97,252
Diss. Ingolst.-Landsh.-Mchn.

Heuser, Ernst: Aus grosser Zeit Oper in 1 Akt Text v. Otto Hausmann. Elberfeld: S. Lucas [1896]. (15 S.). 8°
= Operntexte. Lucas'. Ser. II, G.

Heuser, Erwin: Aus d. Med. Universitätsklinik zu Kiel. Beitrag zur pathologischen Anatomie der Poliomyelitis anterior acuta. Kiel 1909: Schmidt & Klaunig. 57 S. 8°
Kiel, Med. Diss. v. 13. Jan. 1910, Ref. Lüthje
[Geb. 22. Febr. 85 Aachen; Wohnort: Auerbach; Staatsangeh.: Preußen; Vorbildung: Gymn. Wiesbaden Reife O. 03; Studium: Freiburg i. B. 7, Kiel 4 S.; Coll. 20. Aug. 09; Approb. 1 Juli 09.] [U 10. 2443

Heuser, Friedr.: Bonifacius und d. Staatsstreich Pipins Im J. 1752. 12 S. – Cassel, R, Progr. 1869.

Heuserches Familienbuch mit Nachrichten über verwandte Geschlechter. Für d. Familien-Mitglieder, Verwandten u. Freunde hrsg. von Friedrich Wilhelm **Heuser**, Kammerdir. in Meerholz. Als Ms. gedr. *Meerholz; (Frankfurt a. M.) 1900: (R. Baumbach).* (XV, 231 S.) 8° [F.] [01. 7404

Heuser, G., Braunschweig u. Wolfenbüttel, s.: Liebold, B.

Heuser, G., Berlin,
— Braunschweig und Wolfenbüttel,
— Erfurt und Heldberg,
— Halberstadt nebst Nachbarorten und Magdeburg,
— Hamburg,
— Hildesheim,
— Lüneburg,
— Merseburg und Halle,
} s. Renaissance, deutsche.

Heuser, G., Köln,
— Mainz,
— Paris, Louvre-Museum,
} s. Renaissance, deutsche.

Cantate zur Feier des St. Johannisfestes, gedichtet vom Br [Gust. Adolph v.] Klöden, in Musik gesetzt vom Br G. Heuser. Berlin 1843: Sittenfeld. 4 Bl. 8° [Umschlagtit.]
Ohne Noten: „Es dehnet sich nach Ost und West . . ." 25.

Heuser, Gerhard, aus Köln Über die **Einwirkung** von Pyridin auf Dinitrochlorbenzol, Trinitrochlorbenzol und Dinitrochlorbenzoesäure *Marburg 1901. R. Friedrich.* (42 S.) 8°
Marburg, Phil. Diss v [29. Juli] 1901

Heuser, Gustav, Referendar aus Barmen Die **Auslobung** nach dem Bürgerlichen Gesetzbuche, unter Berücksichtigung der gemeinrechtlichen Streitfragen. *Borna-Leipzig 1903: R. Noske.* (99 S.) 8°
Leipzig, Jur. Diss. v 1903

(H[euser], G[ustav] v[on].) Friedrichshafen am Bodensee. Mit 13 Illustrationen von J[ohann] Weber [wovon 4 Tafeln] und einer Karte. (Europäische Wanderbilder. № 125.) 8. Zürich ([18]87).

Heuser, Hugo, Gerichtsref. aus Duisburg **Rechte des Schenkers, wenn die Vollziehung der Auflage unterbleibt, nach römischem Recht und dem Recht des bürgerlichen Gesetzbuchs.** *Duisburg 1902.* (48 S.) 8°
Rostock, Jur. Diss. v [3. Jan.] 1903

Heuser, J. C., Anff. f. Deutschl. künst. Meltz. u. Volkslehrer. 2 Thle. 8. Wien, Hörling. 783. 87. (1r 10 gr. 2r 8 gr.)

Katalog von kartographischen Werken. Herausgegeben von der J H. Heuser'schen Buchhandlung in Neuwied. Neuwied und Leipzig 1877.

Heuser, J. P., praktische Anleitung zur Buchstabenrechnung und Algebra, für Elementar- und höhere Bürgerschulen, zugleich ein belehrendes Uebungsbuch zum Selbstunterricht. 4. Aufl. 8. Gütersloh 872, Bertelsmann's Verlag. *
Auflösung der Aufgaben *

—— dass. — Auflösungen der Aufgaben. 2. Abdr. 8. (116 S.) Ebendas. 871.

Heuser, J. P., Praktische Anleitung zur Buchstabenrechnung und Algebra, für Elementar- und höhere Bürgerschulen, zugleich ein belehrendes Uebungsbuch zum Selbstunterricht. 5. Aufl. 8. (VIII, 168 S. mit 1 Fig.-Taf.) Gütersloh 875, Bertelsmann.
Vgl. Heuser, P.

Heuser, Johann Albrecht

Heuser, Jh. Albr., († d. 28. Mai 1796.) Entschluß d. Religion in d. Herzen d. Christen. 8. Berl. 760, Rüdiger, 4 gl.

— fromme Jünglingsjahre Jh. Sam. Werkenthins. Mit Anmerkk. 8. Halle 774. Waisenhaus-B. 1½ gl.

Heuser, J. A., Pflichten eines mit Ruhe und Frieden beglückten Volks am Dank-Tage wegen des wieder hergestellten Friedens vorgestellet. (Predigt) Magdeburg, Frankfurt und Leipzig 1763. 8.

Heuser, Jh. Chr., kurzer Entwurf d. Geschichte der Handlung u. ihres gegenwärt. Zustandes in Europa ꝛc. 8. Köln 785.

Heuser, Jh. Fr. Just., († d. 28. Juni 1813.) Denkmal J. J. G. Schellers, mit Schellers Portrait. 8. Brieg. (Bresl.) 803. Holäufer. 10 gr.

Heuser's, J. F. J., Denkmal J. G. Schellers. Bresl. 804. 8. 10 gr.

— Geschichte d. Gymnasiums zu Brieg. 4. Brieg 801.

Heuser, Johann Heinrich: D e f e n s i o lectionis vulgaris in Diogene Laertio et Suida de Chaldaeis in Persia, ... s. N e u b a u e r , Ernst Friedr. (Präs.)

Heuser, Joh. Heinr.: De i m m e r s i o n e in Christum veritati noxia, s. B e n n e r , Johann Hermann [Praes.]

Heuser, Julius [aus Rodenberg]: Der Coupletreim in Shakespeare's Dramen ... (Vgl.: Jahrb. d. Deutschen Shakesp.-Ges., Bd XXVIII.) Marburg, *Druck v. R. Wagner in Weimar*, 1893; 3 Bl., 96 S., 1 Bl. 8.
Marburg, Phil. Fak., Inaug.-Diss. v. [26. Apr.] 1893

[J.] [Kopft. :] **Heuser,** Julius: Warum ist Schiller populärer als Goethe? *Cassel, 1892*; 1—8 S. 4.
Cassel, R in d. Hedwigstr., OP 1892 (402)

Heuser, Justus Georg

— — (Holzheim/Hessen), De distinctione regalium inter essentialia et accidentalia ejusque usu. — Specim. jur. publ. — In quo simul pauca quaedam de splendore ac fatis illustris gentis Tanniorum praefatur. Götting. (Ant. Heinrich Schulz) 1755. 13 Bl., V, 46 S. (8.—) 14956
Gew.: Christoph Friedrich Frh. v. u. zu Tann (Ostheim, Nordheim . .).

Heuser, Justus Georg (Eysenbach), De jure glandis legendae. Diss. jur. Präs. Joh. Friedr. Hertel. Jena (Buch) März 1736. 46 S. (6.80) 14953

— — Dasselbe. (Tractatio de eo quod justum est circa jus glandis legendae: oder was Rechtens ist bey der Eichel=Lese). Jena (Christ. Franz Buch) 1736. (6.80) 14954

— — Dasselbe. 1742. 40 S. (6.80) 14955

HEUSER, Justus Georg: Tractatio de eo quod iustum est circa jus glandis legendae oder: Was rechtens ist bey der Eichel-Lese. - Jenae 1736. - Dass. ebd. 1747

Heuser, K. Ueber die Aussprache des *s* im Englischen. Nordhausen, G., 1866. 23 S. 4. Progr.

Heuser, Karl, a. Neuwied a. Rhein: Beitrag zur Frage: Dupuytren'sche Contractur und Unfall. Neuwied 1904: Heuser. (37 S.) 8°
Bonn, Med. Fak., Ref. Bier, Diss. v. 4. Aug. 1904
[Geb. 29. März 78 Neuwied a. Rh.; Heimatsort: Neuwied; Staatsangeh.: Preußen; Vorbildung: Gymn. Neuwied O. 99; Studium: München 8, Kiel 2, Freiburg i. B. 1, Berlin 1, Bonn 3 S.; Coll. 4. Aug. 04; Approb. 24. Febr. 04.]

Heuser, Karl [aus Hannover]: Hydrazo- und Azoverbindungen der Fettreihe ... München, *Buchdr. d. Leipz. Tagebl., Leipzig*, 1896; 49 S. 8.
München, Phil. Fak., Inaug.-Diss. v. 1896

Heuser, Carl, Canäle u. Eisenbahnen in ihrer wirthschaftlichen Bedeutung. gr. 8. (IV, 49 S.) Berlin 880. Springer. n. 1. 20

Heuser, Carl, Referendar aus Köln a. Rh.: Das ausbedungene Rücktrittsrecht beim Kaufvertrage (lex commissoria) im gemeinen Recht und Bürgerlichen Gesetzbuche. *Köln 1899: J. Pohl.* (49 S.) 8°
Erlangen, Jur. Diss. v. 20. Juni 1898

Heuser, Karl, wie spiele ich am besten Klavier? Eine Methodik des Klavierunterrichts. 8. (53 S.) Leipzig (901). F. Reinboth. n. — 60

Heuser, Karl Chr., über Krankenexamen. 8. Rinteln. (Lemgo) 806. Meyer. 16 gr.

HEUSER, Karl Leopold (Kapstadt): De semiologia oculorum. (Titel nach der Urkunde)
27.4.1833 - Urk; P 61
Diss.-Ingolst.-Landsh.-Mchn.

Heuser, M. E., Blankos Geburtstag, s.: E r z ä h l u n g e n f. Schulkinder. V. 10.

Heuser, Math., über d. öftern Empfang d. heil. Sakramente d. Buße u. d. Altars. Eine gekr. Preisschr. 8. (6 B.) Trier 837, Gall.

Heuser, Matth., Leben heiliger Kinder aus allen christl. Jahrhunderten. gr. 8. (VI u. 272 S.) Trier 850, Lintz. 2/3 Thlr

— die letzten Lebenstage frommer Christen, oder Tugendbeispiele für Kranke und Sterbende. breit 8. Trier 840. Gall. 1 1/4 Thlr

— s. N a c h t g e d a n k e n d. heil. Augustinus.

Heuser, Matth., Tauf- u. Trauungs-Reden, nebst Erklärn. d. Tauf-Ceremonien. Eine gekr. Preisschrift. 8. (6½ B.) Trier 834, Wagener.

Heuser, Matth., Tauf- u. Trauungs-Reden, nebst Erklärung d. Tauf-Ceremonien. Eine gekrönte Preisschrift. 2., verm. Aufl. gr. 12. (5 1/2 B.) Trier 842. Lintz'sche Buchh.

Heuser, Nik. Ant., († 1831,) Beleuchtung d. Wahleigenschaft e. Römischen Kaisers. gr. 8. Frankf. a. M. 798. Pech. 6 gr.
Vgl. Heuser, Ant. v.

Heuser, O. L., bemerkenswerthe Entscheidungen der Criminal-Kammer des Ober-Appellations-Gerichts zu Cassel, s. E n t s c h e i d u n g e n.

— Entscheidungen des Crim.-Senates des O.-A.-G. zu Cassel, s. E n t s c h e i d u n g e n ꝛc.

Heuser, O. L., bemerkenswerthe Entscheidungen des Criminal-Senates des Ober-Appellations-Gerichtes zu Cassel. 2 Bde. à 2 Hfte. gr. 8. Kassel, Krieger'sche Buchh. [1. (48 B.) 845. 3 Thlr., 2. (50 3/4 B.) 46, 47. * 2 Thlr. 20 Ngr.] *

Heuser, O. L., die Ermordung der Reichstagsabgeordneten Generals v. Auerswald u. Fürsten Lichnowsky zu Frankfurt a. M., zugleich als Beitrag zu der strafrechtl. Lehre vom Complott, nach d. Akten beider Instanzen, d. Schwurgerichtes zu Hanau u. d. Ober-Appellat.-Gerichtes zu Cassel, sowie nach anderen Quellen bearb. [Abdruck aus dem 6. Bd. der „Bemerkenswerthen Entscheidungen der Criminal-Kammer des Ober-Appellat.-Gerichtes zu Cassel."] gr. 8. (163 S.) Cassel 850, Fischer. 2/3 Thlr

Heuser, D. L., systematisches Handbuch des Kurhessischen Straf- und Polizei-Rechtes mit Einschluß der noch gültigen Strafbestimmungen des älteren Fuldaer, Hanauer, Mainzer, Isenburger und Schaumburger Rechtes und der Praxis des Ober-Appellations-Gerichtes rc. Cassel 853. Fischer. gr. 8. (XX, 960 S.) n. 3 Thlr. 3 ngr.

—— alphabetisches Inhaltsverzeichniß zu Unterholzner's Lehre des röm. Rechtes von den Schuldverhältnissen. gr. 8. (III und 85 S.) Cassel 852, Fischer.

Heuser, D. L., Sachen- und Quellen-Register zu v. Savigny's System des heutigen römischen Rechts, bearb. und mit Genehmigung des genannten Hrn. Verf. nebst einem Vorworte desselben hrsg. gr. 8. (III und 383 S.) Berlin 851, Veit und Comp. *

Heuser, P., praktische Anleitung z. Buchstabenrechnung u. Algebra f. Elementar- u. höhere Bürgerschulen, zugleich ein belehrendes Uebungsbuch z. Selbstunterricht. 8. (11⅛ B.) Elberfeld 840, Büschler'sche Vrlasb. *

—— Auflösungen der Aufgaben in dieser Anleitung z. Buchstabenrechnung u. Algebra. 8. (7 B.) Elberfeld 840, Büschler'sche Vrlgsb. *

Heuser, P., praktische Anleitung zur Buchstabenrechnung und Algebra für Elementar- und höhere Bürger-Schulen, zugleich ein belehrendes Uebungsbuch zum Selbstunterricht. 2., verb. und verm. Aufl. 8. (VIII und 183 S. mit 1 Figurent. in Holzschn.) Gütersloh 855, Bertelsmann. *

— — Auflösungen dazu. Nebst den Nachträgen zur 2. Aufl. Ebend. 855. 8. (1 Bl., 114 S.) n. 6 ngr.
Vgl. Heuser, J. P.

—— Aufgaben z. Kopfrechnen f. Schüler in Elementarschulen u. höhern Lehranstalten. 1. Aufl. (4½ B.) 842. * 5 Ngr. u. 2., verm. Aufl. 8. (5 B.) Elberfeld 844, Büschler'sche Vrlgsb. *

Heuser, P., über die metrische Behandlung der deutschen Sprache in Realschulen. Progr. der Real- und Gewerbeschule Elberfeld 1846.

—— üb. d. metrische Behandlung d. deutschen Sprache in Realschulen. gr. 8. (2½ B.) Elberfeld 846, Büschler'sche Vrlasb. *

Heuser, Pastor, ..., s. Feier des Eintritts des Pastor Feldhoff.

Heuser, P., Gedenk-Blätter in fünfzig Dichtungen. 8. (142 S.) Elberfeld 850, (Friederichs.) *

Heuser, P., Geschichte d. merkwürdigsten Staaten alter u. neuer Zeit, ethnograph. dargest. Ein Hülfsb. f. d. reif. Jugend u. z. Selbstunterr. 2 Abthln. gr. 8. (46 B.) Elberfeld 840, Büschler'sche Vrlsbuchh.

— method. Handbuch,
— Handbuch für den Gesammt-Unterricht im Rechnen,
s. F. A. W. Diesterweg.

—— praktisches Handbuch f. d. kaufmänn. u. gewerbliche Geschäftsleben, enthalt. eine Handelsgeographie, m. Hinzufügung der Münz- u. Wechselverhältnisse, mehr. Tabellen über Maß- u. Gewichtsgleichungen, so wie auch Zins- u. Zinseszinstafeln, der preuß. u. französ. Wechselgesetze u. s. w. gr. 8. (24 B.) Elberfeld 845, Büschler'sche Vrlgsh.

—— praktisches Handbuch für das kaufmänn. und gewerbl. Geschäftsleben, enth. eine Handelsgeographie mit Hinzufügung der Münz- und Wechselverhältnisse, mehrerer Tabellen über Maß- und Gewichts-Gleichungen, so wie auch Zins- und Zinseszinstafeln, der preuß., französ. und deutschen Wechselgesetze rc. Neue, wohlf. Ausg. gr. 8. (XVI und 379 S.) Elberfeld 851, Friederichs.

Heuser, P., Handbuch f. d. Unterricht im Rechnen, s. Diesterweg, F. A. W.

Heuser, P., der Jugendfreund, e. Lehr- u. Lesebuch f. Stadt- u. Landschulen. 1. u. 2. Thl. Elberfeld, Büschler. [1. gr. 12. (6½ B.) 833. 6 Gr., 2. gr. 16. (19 B.) 834. 10 Gr.]

—— der Jugendfreund, e. Lehr- u. Leseb. f. Stadt- u. Landschulen. 1. Thl. 2. Aufl. gr. 12. (6½ B. u. 3 Bild.) Elberfeld 838, Büschler'sche Vrlsbuchh.
2. Thl. Ebendas. 1834. 10 Gr.

—— der Jugendfreund, ein Lehr- u. Lesebuch f. Stadt- u. Landschulen. 1. Thl. 3. Aufl. 8. (9 B.) Elberfeld 842, Büschler'sche Vrlasb. Thlr. *

—— der Jugendfreund, ein Lehr- und Lesebuch für Stadt- und Landschulen. 2. Thl. 2., gänzlich umgearb. und verm. Aufl. 8. (334 S. und 3 lithochrom. Charten in 8. und 4.) Elberfeld 851, (Friederichs.) *

— Rechenbuch f. Elementar- u. Mädchenschulen, s. F. A. W. Diesterweg.

—— prakt. Rechenbuch f. d. unt. u. mittl. Klassen d. Elementar-Schulen,
—— prakt. Rechenbuch f. d. Elementar- u. höh. Bürger-Schulen rc.,
—— dass. — Auflösungen d. Aufgaben rc.,
s. Diesterweg, F. A. W.

Heuser, P. (Mitarb.), s. Auflösung der Aufgaben in dem 1. Thl. d. prakt. Rechenbuchs f. Elementar- u. höh. Bürgerschulen.

—— praktisches Rechenbuch für Gewerbschulen sowie auch zum Selbstunterricht für Bürger und Handwerker. 8. (IV und 252 S.) Elberfeld 852, Friderichs. *

(—) die schwierigsten Aufgaben in Heusers praktischem Rechenbuche für Gewerbschulen aufgelöset von dem Verf. desselben. Gütersloh 854. Bertelsmann. 8. (35 S. u. 1 lith. Taf.) n. 6 ngr.

Heuser, P., Uebersicht der merkwürdigsten Begebenheiten aus der allgemeinen Weltgeschichte für die untern u. mittlern Klassen höherer Lehranstalten synchronistisch dargestellt. 8. Elberfeld 835. Büschler. 1/6 Thlr.

— Uebersicht der merkwürdigsten Begebenheiten aus der allgemeinen Weltgeschichte, für die unteren und mittleren Klassen höherer Lehranstalten, synchronistisch dargestellt. 2. verb. Aufl. 8. Ebend. 840. 1/6 Thlr.

—— Uebersicht der merkwürd. Begebenheiten aus der allgem. Weltgeschichte, für die untern und mittlern Klassen höh. Lehranstalten, synchronistisch dargestellt. 3., verb. und verm. Aufl. 8. (60 S.) Elberfeld 850, Friederichs. *

— Uebersicht der merkwürd. Begebenheiten aus der allgem. Weltgeschichte, f. die untern u. mittlern Klassen höh. Lehranstalten, synchronistisch dargestellt. 3. verb. u. verm. Aufl. 8. (60 S.) Ebd. 851. n. 1/6 Thlr.

Heuser, P., methodisch geordnete Uebungen und Aufgaben zum Kopfrechnen für Lehrer in Elementarschulen u. höheren Lehranstalten. 8. Elberfeld 842, Büschler. n. 1/4 Thlr. — 2. verm. Aufl. 8. Ebend. 843. n. 7 ngr.
Hieraus ist abgedruckt:
— Aufgaben zum Kopfrechnen für Schüler. 8. Ebend. 842. n. 1/8 Thlr. — 2. verm. Aufl. 8. Ebend. 845. n. 1/8 Thlr.

—— Unterricht im Rechnen, s. Diesterweg, F. A. W.

— Versuch eine Kreisfläche in einer geradlinigen Figur darzustellen, oder über die Auflösung des Problems die Quadratur des Kreises. Essen 856. Bädeker in Comm. gr. 8. (16 S. u. 2 lith. Taf.) n. 6 ngr.

— das Volksschulwesen in der Kolonie Schönau, od. belehrende Unterhaltungen üb. Erziehung u. Unterricht f. Eltern, Lehrer u. Schulfreunde. 8. (XVI u. 468 S.) Elberfeld 849, Büschler. 1 1/3 ß

—— das Volksschulwesen in der Kolonie Schönau, oder belehrende Unterhaltungen über Erziehung und Unterricht für Eltern, Lehrer und Schulfreunde. 8. (XVI und 468 S.) Elberfeld 849, [Friederichs.]

Heuser, Joh. Friedr. Wilberg, s. Diesterweg, F. A. W., und Heuser.

— das Wissenswürdigste aus d. Münz-, Maß- u. Gewichtskunde, eine Zugabe zu jedem prakt. Rechenbuche für Real- u. Bürgerschulen. 8. Elberfeld 839. Büschler. 5/12 ß

Heuser, R. J., s. Heuser, A. R. J.

Heuser, W., Abrahams Führungen. In 12 Predigten vor der Gemeinde Wupperfeld betrachtet. Eine Abschiedsgabe. Barmen 861. Langewiesche. 8. (VII, 185 S.) 20 ngr.

Heuser, W., und F. Sander, der kleine Catechismus Lutheri als Grundlage einer ausführlichen Unterweisung im Christenthum. 8—11. Aufl. Castrop u. Barmen 854—57. Falkenberg. 8. (2 Bl., 122 S.) n. 5 ngr.

Heuser, W., und F. Sander, der kleine Catechismus Lutheri als Grundlage einer ausführlichen Unterweisung im Christenthum. 14. Aufl. 8. (IV und 122 S.) Burgsteinfurt 866, Falkenberg'sche Verlagsh. *

Heuser, W., und F. Sander, der kleine Catechismus Lutheri als Grundlage einer ausführl. Unterweisung im Christenthum. 15. Aufl. gr. 8. (IV, 122 S.) Burgsteinfurt 870, Falkenberg. *

Heuser, W., und F. Sander, der kleine Catechismus Lutheri als Grundlage einer ausführlichen Unterweisung im Christenthum. 16. und 17. unveränd. Aufl. 8. (122 S.) Oldenburg 875,76, Falkenberg'sche Verlagsh. *

Heuser, W., u. F. Sander, der kleine Katechismus Lutheri als Grundlage einer ausführlichen Unterweisung im Christenthum. 18., unveränd. Aufl. 8. (126 S.) Oldenburg 880. Frankfurt, Wilke. n. — 50; geb. n. — 80

Heuser, W., und F. Sander, der kleine Katechismus Lutheri als Grundlage einer ausführlichen Unterweisung im Christentum. 19. [Ster.-]Aufl. 8. (126 S.) Frankfurt a. M. 886, Wilcke. *

Heuser, W., u. F. Sander, der kleine Katechismus Lutheri als Grundlage e. ausführl. Unterweisung im Christentum. 20. [Ster.-]Aufl. 8. (126 S.) Frankfurt a/M. 889. Wilcke. n. — 50

Heuser, W., u. F. Sander, der kleine Katechismus Lutheri als Grundlage e. ausführlichen Unterweisung im Christentum. 21. [Ster.-]Aufl. 12. (126 S.) Frankfurt a/M. 891. Wilcke. n. — 50

Festländische Einflüsse im Mittelenglischen. Von Dr. W(ilhelm) Heuser. *Bonn: P. Hanstein 1902.* (S. 173–182.) 8°
— Beiträge, Bonner, z. Anglistik. H. 12, [4.] [03. 1338

Wilhelm Heuser: Das frühmittelenglische Josephlied. Bonn: P. Hanstein 1905. (S. 83–121.) 8°
— Beiträge, Bonner, z. Anglistik. H. 17, [3.] [05. 8050 4

— die Kildare-Gedichte, s.: Beiträge, Bonner, z. Anglistik. 14.

Heuser, Wilhelm: Die mittelenglischen Legenden von St. Editha und St. Etheldreda, eine Untersuchung über Sprache und Autorschaft .... Göttingen, Druck d. Dieterich'schen Univ.-Buchdr. (W. Fr. Kästner), 1887; 2 Bl. + 49 + 1 S. 8°.
Göttingen, Phil. Fak., Inaug.-Diss. v. 1. Jun. 1886.

Heuser, Wilh., die mittelenglischen Legenden von St. Editha und St. Etheldreda, eine Untersuchung über Sprache und Autorschaft. gr. 8. (49 S.) Erlangen 887, Deichert'sche Verlagsh. Nachf. *

Altfriesisches Lesebuch mit Grammatik und Glossar von Dr. Wilhelm Heuser, Oberl. zu Wilhelmshaven. *Heidelberg: C. Winter 1903.* (XI, 161 S.) 8°
— Sammlung germanischer Elementarbücher. Reihe 3, 1.

Heusermann, Emil: Naturbegriff und Naturgefühl in der deutschen Litteratur des anbrechenden 18. Jahrhunderts. Goldberg i. Schl. 1909: Collmar. 25 S. 8°
Goldberg i. Schl., st. PG OP 1909 (263) [S 09. 188

Heusgen, Paulus Hubert. (geb. Muchhausen im Rheinl. 28. 11. 1816):
De catalepsi. Berolini (1841). (32 S.) 8°
Berlin, Med. Diss. v. 16. Jan. 1841

Heusinger, Alfr., über den medianen Steinschnitt. Inaugural-Dissertation. gr. 8. (32 S. mit eingedr. Holzschn.) Heidelberg 878. C. Winter. n. 1. —

Heusinger, E., zwei Kriege 1809 u. 1866. Braunschweig 868. Graff & Müller. 8. (XVI, 130 S.) n. 25 ngr.
Vgl. Heusinger, Edmund.

Heusinger, C., s. a. Heusinger, E.

Heusinger, E., die Auswanderung. Ein Mahnwort für Alle die es angeht. Braunschweig 855. G. M. Meyer jun. (Litolff.) 16. (1 Bl., 74 S.) n. 10 ngr.

Heusinger, E., (Verf. der Feldzüge in Valencia u. Catalonien, also nicht E. H.), des Kriegers Feierabende, oder historisch-romantische Darstellungen, Kriegs- u. Reisefahrten, Seebilder und Reminiscenzen, aus der Zeit der deutschen u. span. Befreiungskriege. 2 Thle. 8. Braunschweig 835. Horneyer, jetzt Fischer in Cassel. 2 1/3 ß

— Geschichte der Residenzstadt Braunschweig von 1806 bis 1831. Mit besonderer Berücksichtigung der westphälischen Hof- u. Staatsverhältnisse. Braunschweig 861. Bock & Co. 8. (VII, 291 S.) n. 1 ß

—— das Patent Sr. Maj. d. Königs Ernst August u. d. hannöverschen Landstände. gr. 8. (3 B.) Gotha 838, (Müller.)

— Wanderungen eines Invaliden. 2 Thle. kl. 8. Bunzlau 838. Appun's Buchh. 1 2/3 ß

Heusinger, Eph. Fr., neue Auswahl e. Anekdoten u. Charakterzüge berühmter Männer u. Frauen. 1r Bd. 8. Hildburgh. 805. (Er. Fleischer in Leipz. u. a. Taubert das.) 8 gr.

Heusinger, E. F., Ausw. v. Anekd. u. Charakterz. ber. Männer u. Frauen. 1r Bd. 8. Hildburgh. Hanisch. 805.

— Erzähll. aus d. Geschichte d. Römer unter d. Kaisern, f. Kinder. 8. Coburg 806. (Riemann). 20 gr.

— Erzähl. a. d. Gesch. d. Römer unt. d. Kais. 8. Coburg, Ribl. 806.

— s. Handwörterbuch d. Handlungs-, Compt.- u. Waarenkunde.

Heusinger, Christoph F.: Leipziger Handwörterbuch der Handlungs-, Comptoir- u. Waarenkunde. . , s. Hecht, C. L.

— s. Universallexikon f. die Handlungswissenschaften.

Heusinger, Dan. Ehrenfried (Strausberg/Mark), De noxia et incongrua favorabilium ac odiosorum interpretatione. Diss. jur. Präs. Johann Friedrich Polac. Frankfurt/O. (Tobias Schwartz) 18. III. 1728. 30 S. (6.80) 14958
Gew.: Christian v. Herold, Friedrich Wilhelm v. Rochow.

Heusinger, E., s.a. Heusinger, C.

Heusinger, (E.,) Ansichten, Beobachtt. u. Erfahrungen, gesammelt während d. Feldzüge in Valencia u. Catalonien in d. J. 1813 u. 14, mit Bezugnahme auf d. Operationen d. verbünd. englisch-sicilianisch-span. Armeen 2c. gr. 8. Braunschweig 825, Meyer.

Heusinger, E. Ansichten, Beobachtungen u. Erfahrungen gesammelt während der Feldzüge in Valencia u. Katalonien i. d. J. 1813 u. 1814, mit Bezugnahme auf die Operationen der verbündeten engl.-sicilian.-span. Armeen 2c Braunschweig 1825. 282 S.

Heusinger, E., Bilder aus den Freiheitskämpfen des 19. Jahrhunderts. 4. Bde. Leipzig 863. O. Wigand. 8. (XVI, 1235 S.) 5 ℛ

Heusinger, E., Bilder aus den Freiheitskämpfen des 19. Jahrhunderts. 4 Bde. 2. wohlf. (Titel-)Aufl. Leipzig 867. O. Wigand. 8. (XVI, 1235 S.) 2 ℛ

Heusinger, E., Braunschweig in seiner Betheiligung an der deutschen Volkserhebung. Rückblicke u. Zeitbilder. 4 Hfte. 8. (VI u. 272 S.) Braunschweig 849, Leibrock in Comm. (à n. 1/3 ℛ) n. 1 1/3 ℛ

Heusinger, E., diesseits u. jenseits des Oceans. 8. (25 1/8 B.) Braunschweig 846, Rademacher.

Heusinger, E., Einblick in die gegenwärtigen Zustände des türkischen Reiches. Nach eigenen Beobachtungen u. nach handschriftlichen Mittheilungen eines Officiers im Gefolge des früheren englischen Gesandten bei der Pforte Lord Stratford de Retcliffe. gr. 8. (70 S.) Braunschweig 877. Hafferburg. n. 1. 20

Heusinger, E., Geschichte der Residenzstadt Braunschweig von 1806 bis 1831. Mit besond. Berücksicht. der westphäl. Hof- und Staatsverhältnisse. 8. (VII und 291 S.) Braunschweig 861, Bock und Comp. *

—— das Hermanns-Fest im Teutoburger Walde. Dramat. Fragment. gr. 8. (3 B.) Arnstadt 844. (Meinhardt.)

(Heusinger, E.) Achtundvierzig Jahre. Zeichnungen und Skizzen aus der Mappe eines constitutionellen Offiziers. 4 Bde. Cassel, Hotop 1851—52. 8.

— s. Jahre, achtundvierzig. Zeichnungen u. Skizzen 2c.

Heusinger, E., Novellen, s. Abende, deutsche.

-- poetische Phantasieen ohne politische Färbung. Mit (6) Illustr. v. G. H. Naß. gr. 8. Jena 844, Bran'sche B. 1 ℛ

— s. Volksfreund, Braunschweigischer.

— Weltbilder. Militairische Erinnerungen. 2 Bde 12. (263 u. 236 S.) Hannover 847, Kius. 2 1/2 ℛ

Heusinger, E. H., s.a. Heusinger, C

Heusinger, E. H., Roma, od. Nationalcharakter 2c., s. Duncan.

Heusinger, Edm., europäische Bilder aus d. Land- u. Seefahrten e. britischen Militärs währ. d. Kreuzzüge geg. d. Kaiser Napoleon u. nach denselben. Bilder aus Deutschland, Helgoland, England, Irland. 2 Thle. 8. (28 1/2 B.) Jena 841, Bran'sche Buchh.

Heusinger, Ed., eines Königs Dank. Historischer Roman aus der Zeit des letzten span. Königs aus dem Hause Bourbon. 3 Bde. 8. (183; 213; 204 S.) Leipzig 869, Rötschke. [Zander.] (ℳ 9.)

(——), Gtll. Hieron. Werner Heusinger v. Waldegge, weil. Prediger zu Großen-Nenndorfe 2c. in seinem Leben u. Wirken dargest. v. sein. Enkel Edm. H. gr. 12. (1 1/2 B.) Hannover 835, (Helwing'sche Hofbuchh.)

—— zwei Kriege 1809 und 1866. 8. (XVI, 130 S.) Braunschweig 866, Graff und Müller. *
Vgl. Heusinger, B.

Heusinger, E., Sage und Geschichte aus den Sachsenländern. Leipzig 856. Kollmann. 16. (XVI, 348 S. u. 1 Holzschn.) 1 ℛ. 20 ngr.

—— Sagen aus dem Werrathale. 8. (11 1/2 B. u. 2 lith. Ansicht.) Eisenach 841, Bärecke. *

—— Schicksals Walten. Novellen und Skizzen. 2 Bde. 8. (à Bd. III, 279 S.) Braunschweig 873, Haering und Comp.

Heusinger, Fr. Wilh., Den Anfängern im Turnen zur Anleitung. Dresden 1844, 36 S., 8°.

Heusinger, Friedrich

— ausführl., auf Erforschung d. Gesetze des Pflanzenwachsthums u. auf Erfahrung gegründ. Anweis. zur naturgemäßen Obstbaumzucht. Mit 1 Kpf. gr. 8. Lpz. 824, Baumgärtner. 16 gr

— ausführl., auf Erforsch. d. Gesetze d. Pflanzenwachsthums u. auf Erfahr. gegründ. Anweis. z. naturgemässen Obstbaumzucht od. Herstellung guter Obstbäume u. Obstsorten durch Edelkerne u. d. Kreisnarbe d. Aeste ohne Impfung u. Wildlinge etc. Mit 1 Kpf. gr. 8. Ebend. 1825. – 20

— comment. de jure peculii. 8. Jsenac. 751. Griesbach. 3 gr

Heusinger, Fr.: Comm. de jure peculii adventitii extraordinarii, tam Romani, quam Germanici, legibus atque moribus constituto. *Isen.* 757. 8.

— **Fried.** (Laubach/Wetterau), Epistola de titulo matris castrorum qua viro Jo. Friderico Eckhardo soc. lat. quae Jenae floret socio digniss. collatos ab ampl. philos. ordine summos in philos. honores nomine societatis gratul. Jena (Horn) 1746. 4 Bl. (5.—) 14959

— d. Feldwirthschaft od. d. Ackerbau-, Wiesen- u. Rasenpflege, s. Katechismus d. Landwirthschaft. 1r Thl.

— Katechismus d. Landwirthschaft, od. Unterricht üb. d. Gewerbe des Landwirthes. 1r Thl., enthalt. die Feldwirthschaft, oder d. Ackerbau u. die Wiesen- u. Rasenpflege. gr. 8. Leipz. 827. Baumgärtner. 12 gr 2r Thl., enth. Hauswirthschaft u. Land-Gärtnerei. Ebd. 828. Baumgärtner. 16 gr

Heusinger, F., „Katechismus der Landwirthschaft; oder ein fasslicher und gedrängter Unterricht über die wichtigsten Gegenstände und die besten Verfahrensarten in dem nützlichen Gewerbe des Landwirths", 1. Teil· „Feldwirthschaft; oder der Acker- und Wiesenbau und die Rasenpflege", 2. Teil: „Hauswirthschaft und Gärtnerey", Leipzig 1828 (Baumgärtner).

Heusinger, Fr., de numo Gortyniorum. Jenae 744. 4. (8 Seiten).

— Unterricht üb. den Bau u. Gebrauch d. tragbaren Windschrotmühle, mit Abbild. der einzelnen Theile u. Erklärung derselben. Mit 4 Kpf. gr. 8. Leipz. 822. Baumgärtner. 20 gr

—— vollständ. Unterricht üb. d. Futterbau auf benarbtem Boden, od. Anleit. gutes u. reichliches Futter auf Wiesen u. Huthrasen zu gewinnen; mit e. Anzeige der an d. Wiesen rc., während e. jeden Monats, vorzunehm. Arbeiten. Nach d. best. neuest. Verfahrungsarten u. eig. Erfahrn. bearb. M. 3 Kpfrt. (gr. 4.) 8. (18 B.) Leipzig 831, Baumgärtner.
Aus der „Allgem. Encyklopädie d. gesammt. Land- u. Hauswirthschaft rc., hrsg. v. Putsche," besond. abgedruckt.

Heusinger, Fr. 1., († d. 20. Oct. 1757.) Vers. e. Abhandl. von d. Nutzen d. deutschen Münzwissenschaften mittlerer Zeiten, sowohl in d. Grammatik, d. Geschichten, d. Erdbeschreib. rc., als der deutschen Lehn-, Staats- u. Kirchenrecht. Mit Kpf. 8. Nürnb. 750. Grattenauer; (a. Stage in Augsb.) 6 gr

Heusinger, Frdr „Versuch einer Abhandlung von dem Nutzen der Teutschen Münzwissenschaft mittlerer Zeiten, sowohl in der Grammatik, den Geschichten, der Erdbeschreibung und der Wappenkunst, als dem Teutschen Lehn-, Staats- und Kirchen-Recht", mit Kupfern, Nürnberg 1750 (Joh. Gg. Lochners). — Vorhanden: StB Nürnberg, Com. Bibl. Hamburg, Bibl. des German. Museums Nürnberg.

— die Verwandlung d. Bergseiten in ebene Beete, u. die Gießbäche in Abzuggräben; od. die Terrassirung d. Berge mit der Wasserleitung, als d. beste u. wohlfeilste Art, Berge zu benutzen, sie vor Verödung zu schützen u. Ueberschwemmung zu verhüten. Mit 6 Kpft. gr. 8. Leipz. 826. Baumgärtner. 1 Thlr 8 gr

Heusinger, Friedr., Deutschlands Wohlstand an d. Stelle des durch d. Uebervölkerung hervorgebrachten Nothstandes, nebst Abhülfe dess. Für Gutsbesitzer, Staatsdiener rc. bargest. u. durch Thatsachen aus d. Geschichte d. Deutschen der alten u. mittl. Zeit erläut. gr. 8. (19 B.) Frankfurt a. M. 830, Fr. Wilmans.

Heusinger, G., Dr Ch H Heusel, ein edles Charakterbild. gr 8 (67 S.) Neustadt a. d. Haide 852. (Coburg, Riemann.) n 16 ngr

Heusinger, G., deutsches Kaiserfest. Ein Jubelactus als patriotischer Geburtstagsgruß. gr. 16. (59 S.) Neustadt b/Coburg. 877. (Leipzig, Rößling.) n. 1. --

— goldene Kaiser-Hochzeitweihe. Jubel-Festspiel zur Feier des 11. Juni 1879 für deutsche Volksschulen. A. Deklamations-Ausg. 8. (30 S.) Ebend. 879. n. 1. 10

Heusinger, G., deutsches Sieges- und Friedensfest. Charakteristische Bilder aus dem deutsch-französ. Kriege im J. 1870—1871. Cyclus v. 16 Gesängen m. verbindender Deklamation. gr. 16. (IV, 58 S.) Hildburghausen 871. Gadow & Sohn. — 60;
Ausg. II f. den Sängerchor: (27 S.) — 30

Heusinger, G., deutsches Sieges- u. Friedensfest. Characterist. Bilder a. d. deutsch-französ. Kriege im J. 1870—71. Cyclus v. 16 Gesängen m. verbind. Deklamation als Festactus z. Feier d. vaterländ. Gedenk- u. Ehrentage, einger. u. gedichtet. (Ausg. d. Lieder f. d. Sängerchor.) 12. (IV, 27 S.) Hildburghausen 895. F. W. Gadow & Sohn. n. — 16

— Victoria-Germania! Alldeutschlands Sieges- und Friedenswerk im J. 1870, dargestellt in e. Cyclus von 14 Gesängen m. verbindender Declamation als Festactus zur Feier vaterländ. Gedenktage für deutsche Männergesangvereine. gr. 8. (36 S.) Hildburghausen 871. (Kesselring.) n.n. 1. 75.

Heusinger, G., Von 1806 bis 1815! Charakteristische Bilder aus den deutschen Freiheitskriegen. Jubelgabe in Deklamation u. Gesang. Ein Festactus zur Feier der vaterländischen Gedenktage für Volksschulen eingerichtet. Ausgabe für den Lehrer u. Deklamator. Leipzig 863. Kahnt. 8. (74 S.) 10 ngr
Ausgabe der Lieder für den Sängerchor. (12 S.) 2½ ngr

Heusinger, Glieb., das Geheimnis des Lebens od. Die Lehre vom Glück. Der leid. Menschheit gewidmet. gr. 8. (III, 36 S.) Leipzig 899. O. Mutze. n. — 60
Vgl. Heusinger v. Waldegg, Gottlieb.

— Heinrich (Braunschweig), Observata quaedam sistens circa rhoa toxicodendron et radicantem. Diss. med. Helmstedt 24. X. 1809. 37 S. (6.—) 14960
Gew.: Carl Himly.

Heusinger, Hieron. Herm. Guillielm. (Hamburgens.), auct. (praeside Geo. Heur. *Ayrero*), dissertatio inaug. de *societate mariti et uxoris mercatoria*. Goettingae, litteris Barmeierianis, 1773. 4°. Cart.
Tit., 1 Bl. Widm. (an den Senat der freien Stadt Hamburg), 54 S.

Heusinger, J. C. Fr., u. J. Chr. W. Köhler, allgem. Gewerbsblatt, s. Gewerbsblatt.

Heusinger, J. Chr. Fr., († d. 27. Jan. 1795.) Casualbibliothek. 14 Thle. 8. Eisenach 777—88, (Bärecke); 4 Thlr 16 gr Register üb. alle 14 Thle. 8. Ebd. 791. 4 gr

Heusinger, J. C. F., Casualbiblioth. 14 Thle. m. Reg 8. Eisen. Wittekind. 777-88. Rtblr.

— der Christ am Geburtstag. Eine Predigt, 8. Eisenach 761. Wittekind. 1 gr

— Festpredigten. gr. 8. Eisen. 787. (Bärecke; a. Nauck in Lpz.) 1 Thlr

— Zeitpredigten. gr. 8. Ebend. (a. Sommer in Leipzig.) 786.

— heil. Reden üb. alle Sonn- u. Festtags-Evangelien. 2 Thle. 4. Eisen. 768—70. Wittekind. 2 Thlr

— Samml. e. erbaul. Hochzeitpredigten u. Traureden. 11 Thle., nebst Register. 8. Eisen. 773—90. (Bärecke). 4 Thlr 14 gr

— Samml. v. Hochzeitpredigten u. Traureden. 11 Thle. nebst Register. 8. Eisenach, Wittekind. 773-90.

— neueste Samml. auserles. u. noch ungedruckter Leichenpredigten. 18 Thle., mit Regist. 8. Eisen. 765—76. (Bärecke). 7 Thlr 16 gr

— dreifaches Wort an eine Stadt, in welcher d. Herr dem Feuer gerufen. Eine Predigt. 8. Eisen. 780. Wittekind. 2 gr

— ein Wort zur Erweckung am Erndtefest. Eine Predigt. 8. Eisenach. 771. Wittekind. 2 gr

Heusinger, Jakob Friedrich

— s. Cicero de officiis.

— — Dissertatio epistolica de donariis poetarum, qua viro Friedrich Andreas Hallbauer regimen academicum rite susceptum societatis latinae nomine gratul. Jena (Ritter) Aug. 1746. 8 Seiten. (4.—) 14962

Heusinger, Jak. Fr., († d. 27. Sept. 1778.) fragmenta Cornelii Nepotis Guelpherbytana a censoria Lipsiensis critici virgula vindicata. 4. Guelpherb. 766.

— — (Rector), Nicaeae Bithyniae urbis inscriptiones aliquot. Wolfenbüttel (Johann Wilhelm Bindseil) 2. VIII. 1768. 22 S. (5.50) 14963

Heusinger, Jakob Friedrich (Hrsg.), s. Fl. Mallius Theodorus: De metris liber.

Heusingeri, J. Fr., Periculum emendationum Callimachearum. Guelph. 766. 4.

— **Jacob Friedrich**, Specim. observat. criticar. in Aiacem et Electram Sophoclis ex collatione codicis manu scripti cujus brevis praemissa est descriptio sibi subnatarum. Jena (Marggraf) 1745. 20 Bl. (6.50) 14961
Gew.: Friedrich Carl Fürst Stolberg.

Heusinger, Johann Christian Karl Friedrich, s. Heusinger, Karl Friedrich

Heusinger, Johann Heinrich Gottlieb

— Antwort auf Fichte's Erwiederung. 8. Gotha 800. Perthes. 4 gr

— Beitrag zur Berichtig. einiger Begriffe über Erziehung 2c. gr. 8. Halle 794. Gebauer. 21 gr

— Beyträge zur Bericht. einiger Begr. über Erzieh. 2c. gr. 8. Halle, Gebauer. 794.

— über d. Benutzung des bei Kindern so thätigen Triebes, beschäftigt zu seyn. 8. Gotha 797. 2e A. 799. Perthes. 4 gr

Heusinger, Joh. Heinr. Gtli., Besuche bei Todten u. Lebenden. gr. 8. (15¾ B.) Leipzig 834, Hartleben's Vrls.-Exped.

— Bildungsbuch f. junge Männer bei ihrem Eintritt in d. Welt. 2 Thle. — A. u. d. T.: Der Mann v. Welt; od. Grundsätze u. Regeln d. Anstandes, d. feinen Lebensart, u. d. wahren Höflichkeit, f. d. verschied. Verhältn. d. Gesellschaft. Verfaßt v. J. G. Wenzel. 9., verb. u. verm. Aufl. v. Heusinger. — Die Umgangskunst, od: Der Mensch in gesellschaftl. Verhältn., nach d. Regeln d. Weltklugheit u. d. prakt. Lebensweisheit. Ein Seitenstück z. Mann v. Welt. Neue, verb. u. verm. Aufl. v. Heusinger. gr. 12. (19 B.) Leipzig 834, Hartleben's Vrls.-Exped. à 12 Gr.

Heusinger, Johann Heinrich Gottlieb, s. Bodin: Geschichte Englands.

— d. Elementargeographie, oder d. Topographie d. Erdbodens, als Grundlage jeder besondern Geographie dargestellt u. z. Schul- u. Selbstgebrauche eingerichtet. 8. Mit 1 Atlas v. 16 lithograph. Charten-Zeichnungen in qu. Fol. Dresd. 826. Hilscher. (Leipz., Focke). 1 Thlr 18 gr

— die Elementar-Geographie, oder die Topographie des Erdbodens 2c. Mit 1 Atlas von 16 Blätt. 2e verb. Aufl. gr. 16. Leipzig 833. Focke. 1¾ Thlr

Heusinger, Jh. Hnr. Gli., Erzählungen. 8. (Jena) 804. Hinrichs in Leipz. 12 gr

Heusinger, Johann Heinrich Gottlieb, s. Erzählungen in Karl Stille's Manier.

— u. C. C. Andre, Ulr. Flamming, ein Lesebuch für Kinder 2c. 8. Braunschw. Schulbuchhandl. 790.

— u. Chr. Karl André, Ulr. Flamming. Ein Lesebuch für Kinder. 8. Braunschw. 799. Schulbuchhandl. 6 gr (A. u. d. T.: Vorbereitung zum Unterr. in der Geschichte.)

Heusinger, Joh. Heinr. Gtli., die allgem. Geschichte. Ein Lehrb. f. Jeden, welcher diese Wissenschaft in ihrer Allgemeinheit u. in ihren Hauptheilen kennen lernen will, vorzügl. aber f. d. Bedürfniß d. Lehrer u. Lehrerinnen eingerichtet. 4 Abthln. 8. (50¾ B.) Dresden u. Leipzig 835, Arnoldische Buchh.
Abthl. 1. Gesch. d. Menschheit. Nebst 1 ill. Zeittaf. Roy.-Fol.
" 2. Gesch. d. Völker.
" 3. Gesch. einzelner Begebenheiten.
" 4. Gesch. einzelner Personen.

— Geschichte d. Europäer, aus d. weltbürgerl. Gesichtspunkte dargestellt. gr. 8. Gotha 825. Perthes. 10 gr

— Geschichte der Kreuzzüge, s. de Saint-Maurice.

— Geschichte d. Kreuzzüge nach de Saint-Maurice, s. Histor. Taschenbibliothek. 7r Thl.

— die Grundlehren d. Größenkunst. Eine ganz neue Bearbeit. d. Elemente d. Mathematik u. allgem. verständl. Anleit. z. Kenntniß d. Grundsätze u. d. Geistes d. Mathematik. gr. 8. (28½ B. incl. Tab., u. 10 Kpfrt.) Leipzig 835, Barth.

Heusinger, Joh. Heinr. Gottlieb. Hand-Atlas über alle bekannten Länder des Erdbodens. Fol. Gotha 1809.

— Handatlas über alle bekannte Länder des Erdbodens, nach einer auf Naturgrenzen beruh. Darstell. der Länd. entworfen, zum Studium der Geographie u. Gesch. zum Jugendunterricht u. f. jed. allgem. Bedürfn. d. Liebh. d. Geogr. bestimmt. gr. Folio, nebst Repertorium dazu in gr. 8. Gotha, Perthes. 810.

— geograph. Handatlas über alle bekannten Theile des Erdbodens, nach einer auf Naturgrenzen beruh. Darstell. d. Länder entworfen, zum Studium der Geographie u. Geschichte, zum Jugendunterr. u. für jed. allgem. Bedürfn. d. Liebhab. der Geographie bestimmt. In 24 großen Karten, mit e. Repertorium, gr. Fol. u. Repertor. dazu in gr. 8. Gotha 810. Perthes. 8 Thlr

Heusinger, J. H. G. Handbuch der Aesthetik oder Grundsätze zur Bearbeitung und Beurtheilung der Werke einer jeden schönen Kunst, als der Poesie, Malerei, Bildhauerkunst, Musik, Mimik, Baukunst, Gartenkunst u. s. w. Für Künstler und Kunstliebhaber. 2 Bde. Gotha 1797. 8°.

Heusinger, Jh. Hnr. Gli., Handbuch der Aesthetik. 2 Bde. gr. 8. Gotha 797, 800. Perthes. 2 Thlr

— die Kreuzzüge; ein Lehrb. für d. Jugend. 1r Thl. gr. 8. Dortm. 799. (Wundermann in Hamm). 20 gr Hdp. Pr. 10 gr

— Kreuzzüge, ein Lesebuch für die Jugend. 1r Thl. gr. 8. Dortm. Mallinkrodt. 799.

— **Joh. Heinr. Gottl. u. Andreas Haeuffel** (Bösing / Preßburg / Ungarn), De obsequio legi civili praestando. Diss. philos. Jena (Fiedler) 5. XI. 1796. 24 S. (5.50) 14964

Heusinger, Johann Heinrich Gottlieb, s. P l a n t , J T · Handbuch

— I. R o u s s e a u ' s auserlesene Werke. J. J. R o u s s e a u, Emil. R o u s s e a u, Glaubensbekenntniß. J. J. R o u s s e a u, über d. Ursprung ɩc. S c h u l a t l a s.

J. H. Gli. **Heusinger**: Gutwills Spaziergänge m. sm. Wilhelm, f. junge Leser. *Zittau*, Schöps. 792. 8° 7 gl

— über d. idealist.-atheist. System des Prof. Fichte. 8. Gotha 799. Perthes. 8 gr

J. H. Gli. **Heusinger's** Versuch e. Encyklop. d. Philosophie, verbunden m. e. prakt. Anleit. z. Studium d. krit. Philos. *Weim.*, Industrie-C. 796. 2 Thle. gr 8° 2 rthl 12 gl

— Versuch eines Lehrbuchs d. Erziehungskunst. gr. 8. Leipz. 795. Hertel. 10 gr

— die Familie Wertheim. 5 Thle. gr. 8. Gotha 798—99. Perthes. 5 rthl

— d. Familie Wertheim. 5 Thle. gr. 8. Ebend. 800-9.

Heusinger, Johann Michael

— s. 1) C i c e r o de officiis. 2) C o r n e l i u s Nepos. 3) A e s o p i fabulae.

H e u s i n g e r i, J. M., Emendationes aliquot locor. in Plinii Epistolis. Isen. 739. 4.

H e u s i n g e r, I. Mich., emend. et observ. ad C o r n e l i i N. vit. imp. XVIII prior. 4. Eisen. Wittekind. 744.

Heusinger, Jh. Mich., († d. 24. Febr. 1751.) emendationum libr. II, quibus scriptores gr. et lat. repurg. 8. Gotha 751. 12 gr

— **Jo. Michael** (Gotha), Dissertatio de noctiluca mercuriali sive de luce quam argentum vivum in tenebris fundit. Präs. Jo. Georg Liebknecht. Giessen (Johann Müller) 10. IX. 1716. 50 S. mit Widm. v. Präs. (7.—) 14965

— opuscula minora varii argumenti, exhibuit, praefatus et vitam auctoris dedit Gr. Aug. Töpfer, 8. Nördl. 773. Beck. 18 gr

Heusinger, Jos. Hnr., s. 1) J. J. Rousseau, Bekenntnisse. 2) J. J. Rousseau, Abhandl. über d. Bürgervertrag.

Heusinger, Karl Friedrich

H e u s i n g e r, C. F., vier Abbildungen d. Schädels d. Simia Satyrus, v. verschied. Alter, z. Aufklär. d. Fabel vom Orañ utañ, hrsg. Fol. (12 B.) Marburg 838, Garthe.

— üb. den Bau u. die Verrichtung der Milz. Ein anatomisch-physiologischer Versuch. gr. 8. Eisen. 817. (Bärecke) 1 rthl

Heusinger, C. Fr., Beobachtungen üb. d. epidem. Brechruhr, s. Beobachtungen.

H e u s i n g e r, (C. Fr.,) Berichte v. d. kön. anthropotomischen Anstalt zu Würzburg. 1r Bericht f. d. Schuljahr 18 24/25. Mit 3 Kupfer. u. 1 Steintaf. gr. 4. Würzb 826, Etlinger.

— Berichte von d. königl. zootomischen Anstalt zu Würzburg. 1r Bericht für d. Schuljahr 18 24/25. Mit 3 Stein. u. 1 Kpft. u. 2 Vign. gr. 4. Würzb. 826. Etlinger. 16 gr

Betrachtungen und Erfahrungen über die Entzündung und Vergrößerung der Milz. Ein nosographisches Fragment. Von Carl Friedrich Heusinger. Eisenach: Bärcke 1820. XII,258 S. 8°

— Nachträge zu d. Betrachtt. u. Erfahrr. üb. die Entzündung u. Vergrößerung d. Milz. 8. Eisenach 823. Bärecke. 1 rthl 4 gr

Heusinger, C. F., commentatio de Joachimo Cureo, summo saecul. dec. sext. medico, theologo, philosopho, historico. Marburgi (853.) (Elwert.) gr. 4. (2 Bl., S. 1—40, 40a—40h, 41—56.) 12 ngr.

H e u s i n g e r, C(arol.) F(rid.), **Commentatio** de Joachimo Cureo, summo saecul. dec. sext. medico, theologo, philosopho, historico. 4maj. (IV und 56 S.) Marburgi 854, libr. univers. Elwert.

H e u s i n g e r, C. F., **Commentatio semiologica** de variis somni vigiliarumque conditionibus morbosis, earumque in morborum et diagnosi et prognosi dignitate. 8. Eisenach, Bärecke (in comm.) 820. Rthlr.

—— die sogenannte Geophagie oder tropische (besser: Malaria-) Chlorose als krankheit aller länder und klimate dargestellt. gr. 8. (VIII und 183 S.) Cassel 852, Hotop. *

Heusinger, C. F., Geschichte des Hospitals Sanct Elisabeth in Marburg. Nebst Bemerkungen über die Schicksale der Gebeine Elisabeths und über Wunder-Heilungen im Allgemeinen. gr. 8. (86 S.) Marburg 868, Elwert'sche Verlagsh.

Aus: Schriften der Gesellschaft zur Beförderung der gesammten Naturwissenschaften, besonders abgedruckt.

—— Grundriss d. phys. u. psych. Anthropologie. gr. 8. (24 B.) Eisenach 830, Baerecke.

Heusinger, (Johann Christian) K(arl) F(riedrich): Grundriss der Encyclopädie und Methodologie der Natur- und Heilkunde nebst einer Uebersicht der Geschichte der Medicin und des gegenwärtigen Standes des Medicinal-Unterrichtswesens in den europäischen Staaten. 548 S., gbd.

Eisenach: Bärecke 1839

— Grundriss der Encyclopädie u. Methodologie der Natur- u. Heilkunde nebst einer Uebersicht der Geschichte der Medicin. Neue (Titel-)Ausg. Wien (839) 868. Braumüller. gr. 8. (XVI, 548 S.) 2 rthl

—— Grundzüge d. vergleich. Physiologie, mit besond. Rücksicht auf d. nutzbar. Haus-Säugethiere. 8. (16¾ B.) Leipzig 831, Baumgärtner.
Aus der „Allgem. Encyklopädie d. gesammt. Land- u. Hauswirthsch., hrsg. v. Putsche," besond. abgedruckt.

Heusinger C. F.: Grundzüge d. vergleichenden Physiologie m. besond. Rücks. auf die nutzbaren Haus-Säugethiere. Leipz. 1831. 260 S.
(Ein integrirender Th. d. allgem. Encyklopädie d. gesammten Land- u. Hauswirthschaft d. Deutschen).

— s. F. Jahn, Ahnungen. Lemazurier, medicin. Geschichte. F. Magendie, Hindernisse.

Heusinger, (Johann Christian) K(arl) F(riedrich) (Übers.u.Comm.):

s.: Magendie, F(rançois) Handbuch der Physiologie. (Précis élémentaire de physiologie. Troisième édition revue et corrigée. Dt.) Bd 1 - 2. Eisenach u.Wien: 1834 - 1836

—— Meletemata quaedam de antiquitatibus castorei et moschi. 4maj. (31 S.) Marburgi 852, libr. univers. Elwert.

— Progr. De metamorphosi rostri pici et generatione mucoris in animali vivente. 4. Jena 821.

Heusinger, Carl Friedr., die Milzbrandkrankheiten der Thiere und des Menschen. Historisch-geographisch-patholog. Untersuchungen. Lex.-8. (XVI und 808 S.) Erlangen 850, Enke's Vrlgsh.

— Progr. de organogenia. Particula I. de materia organica amorpha. 4. Jena (822). (Eisen., Bärecke). 9 ggr.

— de organogenia Particula I. de materia organica amorpha Programma. 4. Jenae 824. (Eisenach, Bärcke.)

Car. Frid. Heusinger progr. de purpura antiquorum. Virceburgi 1826. 4. (Murex brandaris; cfr. Heusinger Zeitschrift für organische Physik, 1827, Heft 1.; de purpura prius egerunt Neucrantz, Lubec. 1648. 1666.; dein *Columna* et *Major*, Kilon. 1673.)

Heusinger, Charl. Fr., Recherches de pathologie comparée. Cahier I. Histoire comparée de la médecine vétérinaire. gr. in-4. Cassel 844, Hotop. n. 2 Thlr. — Cahier II. III. Nosographie comparée. gr. in-4. le même 844. (à) n. 2 Thlr.

Heusinger C. F.: Recherches de pathologie comparée. Cassel 1844. 155, 549 S. 4°.

—— Recherches de pathologie comparée. Cah. 4. et 5. Pathologie générale. gr. 4. (VIII und 518 S.) Cassel 847, Hotop.
Cah. 1—3. Le même 1844. * 6 Thlr.

— recherches de pathologie comparée. 2 vols. Cassel 853. Hotop. 4. (VI, 674; 3 Bl., DXLIX S.) 10 Thlr.

— s. Royle, J. F., Versuch über das Alterthum der indischen Medicin.

Carol. Fr. Heusinger specimen artis Japonicae anthropologico-medicum. Marburg. 1830. f.

— Specimen malae conformationis organorum auditus humani, rarissimum et memoratu dignissimum. Cum III tabb. aeri incisis. Fol. maj. Jenae 824, Maucke.

Heusinger, (Johann Christian) Karl Friedric[h]
System der Histologie. Th.1: Histographie. 278 S., gbd., 4 Taf.

Eisenach: Bärecke 1822

— System d. Histologie. 1r Thl. 1s u. 2s Heft. M. Kpfrn. gr. 4. Eisenach 822—23, Bärecke. I. 1s 1 Rthl. I. 2s 2 Rthlr. 12 gr.

Heusinger, Carl Friedrich: Theomnestus, leibthierarzt Theoderichs des grossen, konigs der Ostgothen. E. glückwunsch z. jubelfeier d. E(rnst) L(udwig) Wilhelm Nebel zu Giessen den 12. dec. 1843. (Cassel 1843.) 8 S.

Heusinger, Karl Fr., Theomnestus, Leibthierarzt Theodorichs des großen Königs der Ostgothen. 4. Cassel 844, Hotop. 1/6 Thlr.

— physiolog.-patholog. Untersuchungen. 1s Hft. Untersuch. üb. d. anomale Kohlen- u. Pigmentbildung in d. menschl. Körpern, mit besond. Beziehung auf Malonosen ꝛc. gr. 8. Jena 823. Bärecke in Eisenach.

Heusinger C. F.: Untersuchungen üb. die anomale Kohlen- u. Pigment-Bildung in dem menschlichen Körper ... Eisenach 1823. 214 S.

Heusinger, Karl Friedrich, s. Willis, Rob.: Die Krankheiten des Herzens.

—— Zeitschrift f. d. organ. Physik, s. Zeitschrift.

Heusinger, Kaspar Fr.

— Biographie des Würzburg. Arztes Reder. gr. 8. Straubing. 807. Heigl. 9 ggr.

Heusinger, Ksp. Fr., Biographien d. Patrioten Baierns. 1s Bdchn. 8. Straubingen 805. Heigl. 12 ggr.

Heusinger, Konrad

— s. 1) Cicero de officiis. 2) Encyclopädie der latein. Classiker. 3) Journal, Braunschweigisches, ꝛc. 4) Livius, röm. Geschichte. 5) Ovidii Heroides.

Heusinger, Konr., († d. 12. Jan. 1820.) Eröffnung der Schularbeiten im Katharinen-Gymnasium. gr. 8. Braunschw. 801. Reichardt. 4 ggr.

Heusinger, O. F., die Stellung der Aerzte und Sanitäts-Beamten im Staate. Eine Denkschrift. Göttingen 861. Wigand. gr. 8. (XI, 42 S.) n. 10 ngr.

Heusinger, Otto, über die Getränke, s. Vorträge, öffentliche.

Heusinger, Otto, amerikanische Kriegsbilder. Aufzeichnungen aus den Jahren 1861—1865. Leipzig 869. Grunow. 8. (VIII, 203 S.) n. 1 Thlr. 10 ngr.

— über das Turnen. Marburg 863. Ehrhardt in Comm. gr. 8. (23 S.) 3 ngr.

v. Heusinger, *Otto Daniel Ferdinand Erwin* [aus Marburg]: Aus d. patholog. Institut zu Marburg. Ueber die anatomischen Veränderungen tuberkulöser Lungen nach Behandlung mit Koch'schen Injectionen ... Marburg, Univ.-Buchdr. v. J. A. Koch, 1891; 42 S., 1 Bl. 8.
Marburg, Med. Fak., Inaug.-Diss. v. [24. Okt.] 1891

Heusinger, Rud., Bad Ilmenau, s.: Bleisch, Paul.

Heusinger, Thdr. Otto, Studien über den Ergotismus, insbesondere sein Auftreten im 19. Jahrhundert; aus Anlass einer Epidemie in Oberhessen im Winter 1855—56. Mit 2 lith. Figurentaf. (in Fol.) Marburg 856. Koch. gr. 4. (VIII, 76 S. u. 1 Tab. in Fol.) n. 1 Thlr.

Heusinger v. Waldegge, Edm., Abbildung und Beschreibung der Locomotive-Maschine nach den besten und neuesten Constructionen. Unter Benutzung des engl. Werks von Tredgold und der französ. Schriften von Le Chatelier, Flachat, Petiet, Polonceau, Mathias und Armengaud, für Practiker bearb. 1. und 2. Heft. Mit Abbildungen. Imp.-4. (S. 1—80 und 18 Stnt. in qu. Fol.) Wiesbaden 851—52, Kreidel. à Heft * 2 Thlr. *

Heusinger v. Waldegg, Edm., Abbildung und Beschreibung der Locomotive-Maschine nach den besten und neuesten Constructionen. Unter Benutzung des engl. Werkes von Tredgold und der französ. Schriften von Le Chatelier, Flachat, Petiet etc. für Praktiker bearb. 3. und 4. Heft. Imp.-4. (S. 81—136 und I—XXXII. mit 17 Stnt. Abbild. in qu. Fol.) Wiesbaden 853—54, Kreidel und Niedner. à Heft * 2 Thlr. *
1. und 2. Heft. Ebendas. 1851—52. 4 Thlr.

—— und Wilh. Clauss, **Abbildung und Beschreibung der Locomotive-Maschine nach den besten und neuesten Constructionen. Unter Benutzung der engl. Werke von Tredgold, Kinnear Clark, und der französ. Schriften von Le Chatelier, Flachat, Petiet etc. für Praktiker bearb. 5. (Schluss-) Heft. Imp.-4. (IV und S. 137—175 und XXXIII—XXXVI mit 11 Stnt. Abbild. in qu. gr. Fol.) Wiesbaden 858, [Kreidel's Verlag.]** *
1—4. Heft. Ebendas. 1851—54. * 8 Thlr.

Heusinger von Waldegg, Edm., die eiserne Eisenbahn oder neue einfache Eisen-Constructionen für Eisenbahnen, wodurch die wichtigsten Bau- und Betriebs-Gegenstände ungleich solider, dauerhafter u. billiger als bisher hergestellt werden können. Für Staats- u. Eisenbahn-Verwaltungen, neue Eisenbahn-Unternehmungen, Ingenieure rc. Mit 12 (lith.) Fol.-Taf. Zeichnungen. Hannover 863. C. Rümpler. gr. 4. (V S., 146 Sp.) n. 3 Thlr. 10 Ngr.

Heusinger v. Waldegg, Edm., Entwurf eines Centralbahnhofs auf dem Exercierplatze zu Flensburg, mit Einmündung der Schleswigschen Bahnen u. der Kiel-Eckernförde-Flensburger Bahn, sowie der projectirten Bahnen Flensburg-Lock-Niebüll u. Flensburg-Gravenstein-Souderburg, nebst Verbindungsbahn nach dem Güterbahnhof am Hafen, unter Beseitigung der Nordschleswigschen Weiche. Im Auftrage des Magistrats zu Flensburg ausgearb. u. begutachtet. Mit 3 lith. Zeichnungen in Fol. Lex.-8. (32 S.) Hannover 878. (Wiesbaden, Kreidel.) n. 2. —

Heusinger v. Waldegg, E., Fortschritte der Technik des deutschen Eisenbahnwesens, s. Organ für die Fortschritte des Eisenbahnwesens.

Der Gips. Von Edmund **Heusinger** v. Waldegg. Mit 210 Abb. 2. gänzl. umgearb. Aufl. bearb. von Dr. Albert Moye. Leipzig: Thomas 1906. IX, 438 S. 4°(8°)
(Heusinger v. Waldegg: Die Ton-, Kalk-, Cement- u. Gips-Industrie. T. 3.) (11. 1196)

— der Gypsbrenner, Gypsgießer und Gypsbaumeister sowie Tünch- und Stuckarbeiter. Gründliche Anleitung zur Anlage und zum Betriebe von Gypsbrennereien und Gypsmühlen, zur Herstellung billiger, solider und massiver Bauwerke in Gypspisé (Annalith) rc. Ein Hand- und Hülfsbuch für Gypsbrenner, Gypsmüller, Maurer rc. Nach selbstständ. Erfahrung bearb. 1. Aufl. 1863. * 2 Thlr. 10 Ngr. und neue wohlf. (Titel-) Ausg. gr. 8. (XVI und 354 S. mit 130 eingedr. Holzschn.) Leipzig 867, Thomas. *

— Handbuch für specielle Eisenbahntechnik, s. Handbuch.

— — Handbuch für specielle Eisenbahntechnik. Leipzig 1870—78. med. 8°. Bd. 1: Der Eisenbahnbau. Text mit 225 Holzschn. u. Atlas von 53 Zeichnungstfln. Bd. 2: Der Eisenbahnwagenbau. Text mit 205 Holzschn. u. Atlas von 47 Zeichnungstfln. Bd. 3: Der Locomotivbau. Text mit 496 Holzschn. u. Atlas von 58 Tfln. Bd. 4: Die Technik des Eisenbahnbetriebes mit Signalwesen u. Werkstätten-Einrichtung. Text mit 155 Holzschn. u. Atlas von 47 Tfln. Erg.-Heft zu Band 4: Die Betriebskosten der Eisenbahnen von W. Launhardt. Bd. 5: Bau und Betrieb der Secundär- und Tertiär-Bahnen einschliesslich der schwebenden Draht- u. Seilbahnen. Text mit 204 Holzschn.-Figuren u. Atlas von 99 Zeichnungstafeln.

Heusinger von Waldegg, E., Handbuch für spezielle Eisenbahn-Technik. 2. Auflage. 4 Bände Text. Leipzig 1874 u. 75. 4.
4 „ Pl.

Heusinger v. Waldegg, Edm., Handbuch f. specielle *Eisenbahn-Technik*. Bd. 1: Der Eisenbahnbau. 3. verbess. Aufl. Mit 259 Holzschn.-Figg. im Text u. 1 Atlas, enth. 56 Zeichnungstaf. Leipzig 1873. Imp.-8°. Hfrzbde. XXII—824 S. — Frühere Ausg. 1870 u. 1871.

— s. Handbuch der Ingenieurwissenschaften.

Heusinger v. Waldegg, Edm., s.: Kalender f. Eisenbahn-Techniker.

Die Kalkbrennerei und Cementfabrikation mit Anh. über die Fabrikation der Kalksandsteine. Von Edmund **Heusinger** v. Waldegg. Mit 236 Abb. u. 1 Taf. 5. Aufl. bearb. von Obering. Carl Naske. Leipzig: Thomas 1903. XIII, 360 S. 4°(8°)
(Heusinger v. Waldegg: Die Ton-, Kalk-, Cement- u. Gips-Industrie. T. 2.) (11. 1196)

die Kalk-, Ziegel- und Röhrenbrennerei. In ihrem ganzen Umfang u. nach den neuesten Erfahrungen. Gründliche Anleitung zur Anlage u. zum Betriebe von Kalkbrennereien u. Ziegeleien, zur Fabrikation von allen Arten Backsteinen, Hohlziegeln, Dachziegeln rc. Ein Hand- u. Hülfsbuch für Ziegler, Kalk-, Cement- u. Backsteinbrenner, für Maurer rc. Nach selbstständigen Erfahrungen bearb. Mit 233 (eingedr.) Holzschn. Ebend. 861. gr. 8. (XXIV, 440 S.) n. 3 Thlr.

— **die Kalk- Ziegel- u. Röhrenbrennerei. In ihrem ganzen Umfang u. nach den neuesten Erfahrungen. Gründliche Anleitung zur Anlage u. zum Betrieb von Kalkbrennereien u. Ziegeleien, zur Fabrikation von allen Arten Backsteinen, Hohlziegeln, Dachziegeln rc. Ein Hand- u. Hülfsbuch für Ziegler, Kalk-, Cement- u. Backsteinbrenner, für Maurer rc. Nach selbstständ. Erfahrung bearb. 2., umgearb. u. vielfach verm. Aufl. 2 Thle. Leipzig 867. Thomas. gr. 8.** n. 3 Thlr.
1. Thl. Die Kalk- u. Cementfabrikation einschließlich der Mörtel- u. Betonbereitung, Fabrikation der Kalksandziegel u. anderer künstl. Bausteine rc. (XVI, 208 S. mit 62 eingedr. Holzschn.) n. 1 Thlr.
2. Thl. Die Ziegel- u. Röhrenfabrikation einschließlich der neuesten Maschinen- u. Ofenconstructionen. (XVI, 416 S. mit 204 eingedr. Holzschn.) n. 2 Thlr.

— **die Kalk, Ziegel- u. Röhrenbrennerei in ihrem ganzen Umfange u. nach den neuesten Erfahrgn. Gründliche Anleitung zur Anlage und zum Betrieb von Kalkbrennereien u. Ziegeleien, zur Fabrikation v. allen Arten Backsteinen, Hohlziegeln, Dachziegeln, thönernen Fließen u. Röhren, zur Herstellg. v. Cementen u. Mörtel. Ein Hand- und Hülfsbuch f. Ziegler, Kalk-, Cement- u. Backsteinbrenner rc. Nach selbstständ. Erfahrgn. bearb. 3. umgearb. u. vielfach verm. Aufl. 2 Thle. gr. 8. Leipzig 875. 76. Thomas.** 13. 50
1. Thl. Die Kalk- u. Cementfabrikation einschließlich der Mörtel- u. Betonbereitg., Fabrikation der Kalksandziegel, Schlackensteine u. anderer künstl. Bausteine, sowie der Anfertigg. der verschiedensten Kitte. Mit 71 (eingedr.) Holzschn. (XIX, 253 S.) 4. 50
Thl. 2. 1. Abthl.: Die Ziegelfabrikation einschließlich der neuesten Maschinen und Ofenconstructionen. (S. 1—376 mit 377 eingedr. Holzschn. und 1 Tab. in qu. Fol.) 876. 2. Abthl.: Die Röhrenfabrikation einschließlich der neuesten Maschinen und Geräthe für die Ziegelfabrikation. Nach selbstständiger Erfahrung bearb. (I—XIX, S. 377—469 mit 61 eingedr. Holzschn.) 876. M. 9.

4.u.5.Aufl.s.:Heusinger v.Waldegg:
Die Ziegel-,Röhren- u.Kalkbrennerei...

—— Musterconstructionen für Eisenbahn-Bau. 1. Bd. 1.—3. Lfg. 1. Hälfte oder 1. Halbbd. Fol. Hannover, Helwing'sche Verlagsh. [1. Lfg. (Sp. 1—24 mit 10 Stnt. in qu. gr. Fol.) 876. Subscr.-Pr. *ℳ 5.; Einzelpr. *ℳ 7,20.; 2. Lfg. 2 Hälften. (Sp. 25—56 mit 10 Stnt. in qu. gr. Fol.) 877. Subscr.-Pr. à Hälfte *ℳ 2,50.; Einzelpr. à *ℳ 3,60.; 3. Lfg. 1. Hälfte. (Sp. 57—72 mit 5 Stnt. in qu. gr. Fol.) 878. Subscr.-Pr. *ℳ 2,50.; Einzelpr. *ℳ 3,60.]
Subscr.-Pr. *ℳ 12,50.; Einzelpr. *

Heusinger v. Waldegg, Edm., Musterconstructionen für Eisenbahn-Bau. 1. Bd. 3. Lfg. 2. Hälfte. Fol. (Sp. 78—84 mit 5 Stnt. in qu. gr. Fol.) [Hannover 880, Helwing'sche Verlagsh.] Leipzig, Baumgärtner's Buchh. *

Heusinger v. Waldegg, Edm., Musterconstructionen für Eisenbahn-Bau. In 16 Serien hrsg. 1. Halbbd. Neue wohlf. (Titel-)Ausg. gr. 4. (76 Sp. mit 25 lithogr. Taf. und kurzem erläut. Text.) [Leipzig 886, Baumgärtner's Buchh.] Dresden, Kühtmann. cart. *

— Musterconstructionen für Eisenbahn-Betrieb. 1. Bd. 1. Lfg. Fol. (Sp. 1—16 m. 10 Steintaf. in qu. gr. Fol.) Ebend. 876. n. 6. —

— Musterconstructionen für Eisenbahn-Betrieb. 1. Bd. 2. Lfg. Fol. (40 Sp. mit 10 Steintaf. in qu. gr. Fol.) Ebend. 877. n. 6. —

— dasselbe. 1. Bd. 3. Lfg. Fol. (Sp. 41—64 mit 11 Steintaf. in qu. gr. Fol.) Ebend. 878. 80. Subscr.-Pr. n. 8. —; Einzelpr. n. 9. — (I. 1—3.: n. 21. —)

—— Musterconstructionen für Eisenbahn-Betrieb. In 16 Serien. 1. Halbbd. Neue wohlf. (Titel-)Ausg. gr. 4. (48 Sp. mit 25 lithogr. Taf. und kurzem erläut. Text.) Ebendas. 886. cart. *

— die neuesten Oberbau-Constructionen der dem Vereine deutscher Eisenbahnverwaltungen angehörenden Eisenbahnen, s. Organ für die Fortschritte des Eisenbahnwesens.

— s.: Organ f. die Fortschritte des Eisenbahnwesens.

— Sammlung bewährter Bahnhofsgrundrisse, s.: Organ f. d. Fortschritte des Eisenbahnwesens.

Heusinger v. Waldegg, Edm., die Schmiervorrichtungen und Schmiermittel der Eisenbahnwagen. Geschichtlich-statistisch-kritische Darstellung. Gekrönte Preisschrift. gr. 4. (XII und 135 S. mit 13 lithogr. Fol.-Taf. Zeichnungen und 75 eingedr. Holzschn.) Wiesbaden 864, Kreidel's Verlag. *

—— die Schmiervorrichtungen und Schmiermittel der Eisenbahnwagen. Geschichtlich-statistisch-krit. Darstellung. Eine vom Oesterreich. Ingenieur-Verein gekrönte Preisschrift. Neue Ausg. Imp.-4. (XII, 135 S. mit 13 lithogr. Foliotaf. Zeichnungen und 75 eingedr. Holzschn.) Wiesbaden 871, Kreidel's Verlag. *

— Skizzen u. Hauptdimensionen der Locomotiven, s.a. Organ für die Fortschritte des Eisenbahnwesens.

Heusinger v. Waldegg, E: Skizzen und Hauptdimensionen der Locomotiven nach verschiedenen Systemen. Wiesbaden 1869 (Anh. zu: Fortschr. d. Technik d. deutsch. Eisenbahnwesens in d. letzten Jahren. Abth. 2)

Heusinger v. Waldegg, E., Die Technik des Eisenbahnbetriebes mit Signalwesen und Werkstätten-Einrichtung. 2. verm. und verb. Aufl. Lex.-8°. XX, *727 S.* mit 180 Holzschnitten und 55 Zeichngstaf. als Atlas. Leipzig, Engelmann. 1876. M. 30.— (Cap. II. Sonne, E., Signalwesen. Mit 5 Taf. u. 3 Holzschn.)
(Handb. f. spec. Eisenbahn-Technik in 5 Bänden. Bd. 4.)

— die Ton-, Kalk-, Cement- u. Gips-Industrie. Ein Hand- u. Hilfsbuch f. Fabrikanten u. Techniker. 2. u. 3. Tl. gr. 8. Leipzig, Th. Thomas. n. 26. —; geb. in Halbfrz. n. 31. —
2. Die Kalkbrennerei u. Cementfabrikation, m. Anh. über die Fabrikation der Kalksandsteine. 5. Aufl., bearb. von Carl Naske. Mit 236 Abbildgn. im Text u. 1 Taf. (XIII, 360 S.) 903. n. 10. —; geb. n. 12. 50
3. Der Gips. 2., gänzlich umgearb. Aufl., bearb. von Alb. Moye. Mit 210 Abbildgn. im Text. (IX, 439 S.) 906. n. 16. —; geb. n. 18. 50
Tl. 1 u. d. T.: Die Ziegel-, Röhren- u. Kalkbrennerei, Ebd. 901. n. 20. —; geb. n. 23. —.

— Vorarbeiten, Erd-, Strassen-, Grund- u. Tunnelbau, sowie Construction der Stütz- u. Futtermauern, s.: Handbuch der Ingenieurwissenschaften.

Heusinger v. Waldegg, Edm., die Ziegel-Röhren- u. Kalkbrennerei in ihrem ganzen Umfange u. nach den neuesten Erfahrungen. 4., umgearb. Aufl., bearb. v. P. Kayser. 1. Thl. gr. 8. Leipzig 891. Thomas. n. 20. —
Die Ziegel- u. Röhrenbrennerei einschließlich der neuesten Maschinen u. Geräthe f. die Ziegelfabrikation. Mit 624 Holzschn. im Text u. auf 5 Taf., sowie e. Tabelle. (XX, 812 u. XI S.)
1.-3.Aufl.s.Heusinger v.Waldegg: Die Kalk-,Ziegel- u.Röhrenbrennerei.

— die Ziegel-Röhren- u. Kalkbrennerei in ihrem ganzen Umfange u. nach den neuesten Erfahrungen. Nach selbstständ. Erfahrg. bearb. 4., durchaus umgearb. Aufl., bearb. v. P. Kayser. 2. Tl. gr. 8. Leipzig 892. Th. Thomas. n. 10. — (kplt.: n. 30. —)
Die Kalk- u. Cementbrennerei einschließlich der neuesten Mörtel- u. Betonbereitung, Herstellung der Kalksandziegel, Schlackensteine u. anderer künstlicher Bausteine, sowie der Anfertigung der verschiedensten Kitte. (XII, 409 S. m. 146 Holzschn. u. 1 Taf.)

Die Ziegel-, Röhren- und Kalkbrennerei in ihrem ganzen Umfange und nach den neuesten Erfahrungen. (2 u. 3: Die Ton-, Kalk-, Cement- und Gips-Industrie. Ein Hand- und Hilfsbuch f. Fabrikanten u. Techniker.) Gründliche Anleitung ... Von Edmund Heusinger v. Waldegg. Mit Abb. Th. 1–3. Leipzig: Thomas 1901–06. 8° (2 u. 3: 4°(8°))
1. Die Ziegel- u. Röhrenbrennerei. 5. Aufl. bearb. von L. Schmelzer. 1901.
2. Die Kalkbrennerei u. Cementfabrikation ... Mit 1 Taf. 5. Aufl. bearb. von Karl Naske. 1903.
3. Der Gips. 2. Aufl. bearb. von Albert Moye. 1906. [11. 11959

Heusinger v. Waldegg, Edm., die Ziegel-Röhren- u. Kalkbrennerei in ihrem ganzen Umfange u. nach den neuesten Erfahrungen. Gründliche Anleitg. zur Anlage u. zum Betriebe v. Ziegeleien u. Kalkbrennereien, zur Anfertigg. aller Arten Backsteine, Hohlziegel, Dachziegel, thönerner Fliessen u. Röhren, zur Herstellg. v. Cement, Kalk u. Mörtel. Ein Hand- u. Hülfsbuch f. Ziegler, Kalk-, Cement-, Backstein-Brenner, Maurer, Fabrikanten, Fabrikdirektoren, Gutsbesitzer, Architekten, Ingenieure, Techniker, techn. Hochschulen, andere techn. Behörden etc. 5. durchaus umgearb. u. verb. Aufl., bearb. v. L. Schmelzer. 1. Tl. gr. 8. Leipzig 901. Th. Thomas. n. 20. —; geb. in Halbfrz. n. 23. —
Die Ziegel- und Röhrenbrennerei einschließlich der neuesten Maschinen u. Geräthe f. die Ziegelfabrikation. Nach selbstständ. Erfahrgn. hrsg. Mit ca. 500 Abbildgn. im Text. (XXII, 706 S.)

Heusinger v. Waldegg, Glieb., d. Freude am Leben (Lebensbejahung). Neue Gedanken üb. das Leben u. d. Religion d. Zukunft. (VII, 183 S.) 8. Berlin 907. Herm. Walther. 3. —
Vgl.Heusinger, Gottlieb.

Heusler-Von der Mühll, Wilhelm, ehemaliger Präsident des Direktoriums der Schweizerischen Centralbahn ... Basel 1904. V: *Leupold, Rud.* (BBullschw 4, 1904.)

Heusler, A., De prohibita rei litigiosae alienatione secundum praecepta juris Romani. Basel (Schweighauser / Aug. Wieland) 1830. 27 Seiten. (6.—) 14966
Gew.: Wilhelm Snell.

Heusler, A., de prohibita rei litigiosae alienatione secundum praecepta juris Romani. 4maj. Basel 831. Schweighauser. 6 ul

Heusler, Andr., s.: Abhandlungen, germanistische, Hermann Paul dargebracht.

Heusler, Andr., Basels Aufnahme in die schweizer Eidgenossenschaft. Rede, geh. am 6. VII. 1901 bei dem akadem. Festakte der Universität Basel zur Erinnerg. an Basels Eintritt in den Schweizerbund. gr. 8. (34 S.) Basel 901. (C. Beck.) n. 1. —

Heusler, Andreas. Basels Aufnahme in die Schweizer Eidgenossenschaft. Rede, gehalten am 6. Juli 1901 bei dem akademischen Festakte der Universität Basel zur Erinnerung an Basels Eintritt in den Schweizerbund (**Umschlag:* Festgabe der Universität Basel zum 13. Juli 1901). [Umschlag illustriert.] 34 S. 8. Basel, Friedrich Reinhardt, 1901.

[Heusler, Andreas *II*: geb. 1834.] Basel vom grossen Sterben bis zur Erwerbung der Landschaft. 1349–1400. [Mit Vignetten und 1 Tafel.] (Njbl. Basel 1860.) 4. [Basel.]

Heusler, A[ndreas] *I* [1802–1868]. Der Bauernkrieg von 1653 in der Landschaft Basel. ([Mit] Beilagen.)
Basel: Neukirch 1854. 199 S. 8°.

Heusler, Andreas: Beitrag zum Consonantismus der Mundart von Baselstadt .... Strassburg, Verl. v. Karl J. Trübner, 1888; X S. + 1 Bl. + 50 S. 8°
Freiburg i. B., Phil. Fak., Inaug.-Diss. v. 1888

Heusler, Andr., die Beschränkung der Eigenthumsverfolgung bei Fahrhabe u. ihr Motiv im deutschen Rechte. gr. 4. (31 S.) Basel 871. (Bahnmaier.) n. — 80

Heusler, Andreas: Bilder aus Island. 1. Die Landschaft. 2. Das Volk. (Deutsche Rundschau. Jahrg. 22. Heft 11. S. 202—223. Heft 12. S. 385—410.) Berlin 1896. 1 Bd. 22, 26 S. 8°.

Heusler, Andr[eas] *I*. Der Bund Zürichs mit den vier Waldstätten vom 1. Mai 1351. Mit Bemerkungen über die ältesten Verhältnisse von Uri und Schwyz. Von Dr. Andr. Heussler.... SA. 8. [Basel 1854.]

Heusler, Andr.: Commentatio ad l. 27, pr. de serv. praed. urb. et l. 4, § 7, fin. reg. Berolini (1856). (37 S.) 8°
Berlin, Jur. Diss. v. 12. Juni 1856

Eddica minora. Dichtungen eddischer Art aus den Fornaldarsögur und anderen Prosawerken zsgest. u. eingel. von Andreas Heusler u. Wilhelm Ranisch. *Dortmund: F. W. Ruhfus 1903.* (CX, 160 S.) 8° (03.33873

Heusler, Andr., s.: Eddica minora.

Heusler, Andr[eas] *I*. Zur Entstehung des eidgenössischen Defensionals. Academische Einladungsschrift [Univ. Basel]. 4. Basel 1855.

Heusler, A. Zur Frage einer eidg. Rechtsschule. In-8°. 28 S. Basel, R. Reich vormals C. Detloff's Buchh. 1891. — 60
*** Sonderabdr. aus „Zeitschrift für schweizer. Recht. N. F. Band X."

Heusler, Andreas. Geschichte der öffentlichen Bibliothek der Universität Basel. In-4°. 83 S. 1896.
*** Programm zur Rektoratsfeier der Universität Basel 1896. — Nicht im Handel.

Heusler, Andr., Geschichte der öffentlichen Bibliothek der Universität Basel. Progr. (88 S.) Lex.-8. Basel 896. (Leipzig, C. Beck.) n. 2. 50

— s.: Geschichte, die, vom Hühnerthorir.

Heusler, Andr., zur Geschichte der altdeutschen Verskunst, s.: Abhandlungen, germanistische.

Heusler, Andr. II, Zur Geschichte der altdeutschen Verskunst. Breslau 1891. 8.
Ist: Germanistische Abhandlungen. II. 8. . . . . (D.)

Zwei Isländer-Geschichten, die Hoénsna-thóres und die Bandamanna saga, m. Einl. u. Glossar hrsg. v. Andreas Heusler. *Berlin: Weidmann 1897.* (2 Bl., LXII S., 1 Bl., 164 S.) 1 Bd 8. (97.3045

Heusler, Andreas. Geschichtliches und Mythisches in der germanischen Heldensage. Sonderabdruck [aus:] Sitzungsberichte der Königlich Preussischen Akademie der Wissenschaften. [Band] 37, 1909.... (Ausgegeben am 29. Juli.) II S. + S. 920—945. 8. (Berlin,) Verlag der Königlichen Akademie der Wissenschaften. Comm. Georg Reimer, [1909]. ⟨M. 1.—⟩

Heusler, Andr. I., Die Gewere. (Investitura.) Weimar 1872. 8. . . . . (D.)

— die Gewere. gr. 8. (XXVII, 502 S.) Weimar 873. Böhlau. n. 9. —

— Goethe u. die italienische Kunst. gr. 8. (41 S.) Basel 891. Reich. n. 1. —

(Heusler, A[ndreas]. Gutachten in Sachen der Theaterangelegenheit, [erstattet an]) Herrn Regierungsrat E[ugen] Wullschleger, Vorsteher des Departements des Innern (von Basel-Stadt. Basel, den 20. Januar 1906). 10 S. 8. [Basel, G. Krebs.]

—— Institutionen des deutschen Privatrechts, s.: Handbuch, systematisches, der deutschen Rechtswissenschaft.

Heusler, Andr., Institutionen des deutschen Privatrechts. Bd. 1. 2. Leipzig 1885—86. 8. (HKG.)

Heusler, Andr. (I.), der alemanische Consonantismus in der Mundart von Baselstadt. gr. 8. (XV, 131 S.) Strassburg 888, Trübner. *

Heusler, Andreas. Lied und Epos in germanischer Sagendichtung. 53 S. 8. Dortmund, Fr. Wilh. Ruhfus, 1905. [M. 1.—]

— die Lieder der Lücke im Codex Regius der Edda. gr. 8. (98 S.) Strassburg 902. K. J. Trübner. n. 2. 50
Sonderabdruck aus: „Germanist. Abhandlgn., Herm. Paul dargebracht".

—— Der Ljóþaháttr. Eine metr. Untersuchg. gr. 8. (83 S.) Berl. 889, Mayer u. Müller. * 2 40
Aus: Acta Germanica I, 2, besonders abgedruckt.

— deutsche Rechtsalterthümer, s.: Grimm, Jac.

Heusler, Andreas, Dr. jur. et phil., o. Prof. für Deutsches Recht: Aus der Basler Rechtspflege durch fünf Jahrhunderte. 34 S. 8°.

—— Rechtsquellen d. Cantons Wallis. gr. 8. (VIII, 493 S.) Basel 890, [Detloff.] Reich. * 8 —
Aus: Zeitschrift f. schweizer. Recht, besonders abgedruckt.

—— die Trennung d. Kantons Basel. 1. Bd. gr. 8. (21½ B.) Zürich 839, Orell, Füßli u. Comp.

—— die Trennung des Kantons Basel. 2. Bd. gr. 8. (32 B.) Zürich 842, Orell, Füßli u. Comp.
Aus: Schweizer Annalen rc., besond. abgedruckt.
1. Bd. Ebendas. 1839. 27½ Ngr.

Heusler, Andreas. Die gelehrte Urgeschichte im altisländischen Schrifttum. Aus den Abhandlungen der Königl. Preuss. Akademie der Wissenschaften vom Jahre 1908. 102 S. 4. Berlin, Verlag der Königl. Ak' der W', Komm. Georg Reimer, 1908. [M. 4. —]

Heusler, Andr., der Ursprung d. deutschen Stadtverfassung. gr. 8. (VIII, 252 S.) Weimar 872. Böhlau. n. 4. —

— Urväterhort, s.: Koch, Max.

Heusler, Andr., Verfassungsgeschichte der Stadt Basel im Mittelalter. Mit einer Beilage u. 3 (lith.) Siegeltaf. Basel 860. Bahnmaier. gr. 8. (XVIII, 508 S.) n. 2 ℛ 18 ngr.

Heusler. Andreas *II*. Verfassungsgeschichte der Stadt Basel im Mittelalter. Mit einer Beilage und drei Siegeltafeln. (*Umschlag:* 2. Ausg.) 8. Basel 1860 (**Umschlag:* 1888).

Deutsche Verfassungsgeschichte. Von Andreas **Heusler**, Prof. zu Basel. Leipzig: Duncker & Humblot 1905. (x, 298 S.) 8° [J.] [05. 13018

— üb. germanischen Versbau, s. a. Schriften zur germanischen Philologie.

Heusler, Andr., Über germanischen Versbau. Berlin 1894. 8.
Ist: Schriften z. german. Philol. H. 7. . . . . (D.)

— Volo spo. Die Weissagung der Seherin. Aus dem Altnord. übers. u. erläutert. 8. (59 S.) Berlin 887. G. Reimer. n. 1. 50

Heusler, A[ndreas] *I*. Bürgermeister (Hans Rudolf) Wettsteins eidgenössisches Wirken in den Jahren 1651–1666. Vortrag vor der allgemeinen geschichtforschenden Gesellschaft der Schweiz gehalten zu Basel am 20. September 1843 von Dr. A. H'.... Nebst der Eröffnungsrede von J[ohann] C[aspar] Zellweger (**Umschlag:* Nebst einem Vortrage J. C. Zellwegers).... 8. Basel [1843].

Heusler, A., Bürgermeister Wettsteins eidgenössisches Wirken in d. J. 1651—1666. Vortrag vor der allgem.-geschichtforschenden Gesellschaft der Schweiz gehalt. zu Basel am 20. Sept. 1843. Nebst der Eröffnungsrede von J. C. Zellweger v. Trogen. Lex.-8. (3½ B.) Basel 845, Schweighauser'sche Buchh.

Heusler, Andreas, siehe: *Zeitschrift* f. Schweiz. Recht.

Heusler, Elisabeth. Des Kindes Tageslauf. Kinderlieder von E' H'. In Musik gesetzt von Carl Füglistaller. Originale [der Illustrationen] von Leo Kainradl. 38 S. 8. Esslingen und München, J. F. Schreiber, [1910]. [geb. M. 1. 50]

Über die ferromagnetischen Eigenschaften von Legierungen unmagnetischer Metalle. Von Fr[iedrich] **Heusler** u., unter Mitw. von F[ranz] Richarz, von W. Starck u. E. Haupt. Mit 13 Fig., 8 Zahlentab. u. 3 Curventaf. *Marburg: N. G. Elwert 1904.* (64 S.) 8°
— Schriften d. Gesellschaft z. Beförderung d. gesammten Naturwissenschaften zu Marburg. Bd 13, Abth. 5. [04. 319

Heusler, Fritz [aus Bonn]: Ueber aromatische Fluorverbindungen .... Bonn, Univ.-Buchdr. v. Carl Georgi, 1887; 47 + 1 S. + 1 Bl. 8°.
Bonn, Phil. Fak., Inaug. Diss. v. 4. Aug. 1887.

Heusler, Fritz, über aromatische Fluorverbindungen. Diss. Bonn 1887, Emil Strauss. 8°. 47 S.

Chemische Technologie von Dr. F[riedrich] Heusler, Geschäftsführer in Dillenburg. Mit zahlr. Abb. Leipzig: B. G. Teubner 1905. (XVI, 351 S.) 8°
(Teubners Handbücher f. Handel u. Gewerbe.) [05. 18870

Die Terpene. Von Dr. Fr[iedr.] **Heusler**, Privatdoc. ... in Bonn. *Braunschweig: F. Vieweg & Sohn 1896.* (Erweit. SA. aus d. neuen Handwörterbuch d. Chemie.) (XII, 183 S.) 1 Bd 3. [96. 6607

Heusler, G., (Pfr.), Abschiedspredigt geh. in Winterthur d. 19. Okt. 1873. 8. Zürich, Dépôt d. evang. Gesellschaft. 1873. —. 30

Heusler, G.: Zur Erinnerung an Herrn Dr. Johann [?] Melchior Ziegler, geboren den 27. November 1801, gestorben den 1. April 1883. (Basel 1883.) 15 S. 8°.

Heusler, Gust. (Mitarb.), s. Auf alle Tage.

Heusler, G[ustav]. [Jean] Calvins Ehegattin, Idelette von Büren. Nach Dr. E[rnst] Stähelin und Jules Bonnet zusammengestellt von G. H'.... 8. Basel 1884.

Heusler, Konrad

Heusler, C., Beschreibg. d. Bergreviers Brühl-Unkel u. d. niederrhein. Braunkohlenbeckens. Bearb. im Auftr. d. kgl. Oberbergamtes zu Bonn. M. 1 Übersichtskarte üb. d. Braunkohlenablagergn. u. sonstig. Minerallagerstätten in d. Bergrevieren Brühl-Unkel u. Deutz-Ründeroth, Oberbergamtsbez. Bonn, m. Profilblättern u. Abb. v. Säulen-Basaltvorkommen. gr. 8. (IV, 239 S.) Bonn 897. A. Marcus & E. Weber's Verlag. n. 7. 50

Heusler, K., Die Verbreitung und Produktion von Steinkohlen und Eisenerzen in England und Schottland nach ihrer wirtschaftlichen Bedeutung und im Vergleich zu Deutschland. Halle, 1890. 21 S.

Heusler, M., allerlei Kinder. Erzählungen aus dem Engl. u. Ital. Deutsch v. M. H. 8. (VII, 181 S.) Gotha 889. Gera, Griesbach. cart. 2. —

Heusler, M. Allerlei Kinder. Erzählungen aus dem Engl. u. Ital. Deutsch v. M. H. 8. (VII, 181 S.) Gotha 889, F. A. Perthes. 2 —

Heusler, *Rudolf Ernst* Otto *Max* [aus Bonn]: Aus d. pharmakolog. Institut zu Bonn. Über die Wirkung des Chlorkohlenstoffs CCl_4 und des Dreifachchlorkohlenstoffs C_2Cl_6 auf den Warmblüter. . . . Bonn, Univ.-Buchdr. v. C. Georgi, 1891; 32 S., 1 Bl. 8°
Bonn, Med. Fak., Inaug.-Diss. v. [24.] Jun. 1891

Heusler, Paul [pract. Arzt aus Basel]: Statistische Beiträge zur Morbidität und Mortalität der Stadt Basel während der Jahre 1881–1890. Bern 1897. 30 S. 4°. (Separatabdruck aus der 3. Lieferung der „Zeitschrift für schweizerische Statistik", 33. Jahrgang. 1897.)
Basel. Med. Diss. 1896/97.

Heusler, W. Zur Rechtfertigung des Ankaufs der Grellinger Wasserversorgung durch den Staat. Basel 1878.

(Heusler-Von der Mühll, W[ilhelm].) Über die finanzielle Lage des Kantons Baselstadt Ende 1902. Basel, 7. März 1904. ([Zugabe zum Bericht der Rechnungs-Kommission über die Staatsrechnung des Kantons Basel-Stadt vom Jahre 1903. Mit] Beilagen zum Bericht des Herrn W. H'-V'....) 26 + *Beilagen* 20 S. 8. [Basel, Franz Wittmer.]

Heusmann, F., Bemerkungen und Ideen über Gegenstände der militairischen Veterinairkunde. Hannover 854. (Schmorl u. v. Seefeld.) 8. (2 Bl., 76 S.) n. 12 ngr.

KATALOG DER BIBLIOTHEK des Niederrheinischen Vereins für öffentliche Gesundheitspflege. Neuzusammengestellt von HEUSNER. ... Barmen 1880. Buchdruckerei von Wilh. Wandt. 8o.

Heusner u. Stöckel C. M.: Ueber die Versorgung d. Städte mit Milch. — Ueber Molkerei-Genossenschaften. Vorträge. Danzig 1877. 32 S.
(Schriften d. milchw. Vereins No. 6). 523.

Heusner, Friedrich

Heusner, Frid. (geb. Boppard 2. 4. 1835): De sanguinis analysi chemica. Berolini (1857). (32 S.) 8°
Berlin, Med. Diss. v. 7. Aug. 1857

HEUSNER, FR. De sanguis analysi chemica. Berolini, 1858.

Heusner, F., Bath Creuznach, handbook for physicians and visitors. The medical part with the cooperation of J. Hessel, J. Molthan, H. Prieger, H. Schultz, E. Stabel, F. Strahl by F. H. The descriptive and economical part by Paul Foltynski. With 24 views and 3 maps of Creuznach and neighbourhood. 8. (VIII, 96 S.) Berlin 885, Maurer-Greiner. geb. *ℳ 2.—.; mit Goldschn. *
Fürsten-Ausg. auf Büttenpap. geb. mit Goldschn. *

—— Creuznach-les-Bains. Renseignements à l'usage des médecins et des baigneurs. La partie médicale rédigée par H., avec la collaboration de Hessel, Molthan, Prieger, Schultz, Stabel, Strahl. La partie descriptive rédigée, au nom de l'association des propriétaires d'hôtels et de maisons de bains à Creuznach-les-Bains, par Paul Foltynski. Orné de 24 vues et de 3 plans. 8. (V, 100 S.) Ebendas. 885. geb. *ℳ 2.—.; mit Goldschn. *
Fürsten-Ausg. auf Büttenpap. geb. mit Goldschn. *

Heusner, F., über die Diät im Bade Kreuznach. Kreuznach 868. Voigtländer. gr. 8. (43 S.) n. 5 ngr.

— s.: Kreuznach, Bad.

Heusner, Resultate der hydrotherapeutischen Behandlung in der Wasserheilanstalt Mühlbad bei Boppard a. Rh. Berlin 863. Hirschwald. gr. 8. (50 S.) n. 10 ngr.

— Resultate der hydrotherapeutischen Behandlung in der Wasserheilanstalt Mühlbad bei Boppard a. Rh. Berlin 860. A. Hirschwald. gr. 8. (50 S.) n. 10 ngr.

Heusner, Karl, a. Moskau: Über Derivate des p-Jodacetanilids sowie des Jod-o-acettoluids mit mehrwertigem Jod und die Darstellung von jodhaltigen Chloracylaminen. Freiburg i. B.: Speyer & Kaerner 1906. (38 S.) 8°
Freiburg i. B., Phil. Fak., Ref. Gattermann, Diss. v. 1907
[Geb. 26. Mai 83 Moskau; Wohnort: Freiburg i. B.; Staatsangeh.: Rußland; Vorbildung: Gymn. Moskau Reife Juni 01; Studium: T.H. Darmstadt 5, Univ. Freiburg i. B. 5 S.; Rig. 2. Nov. 06.]

Takol [! Carolus] Chr[istian] Heusner: Descriptio monstrorum avium, amphibiorum, piscium quae extant in Museu Univ. Lit. Berol. eorumque cum monstris mammalium comparatio. Berolini (1824:) Brüschcke. 44 S. 8°
Berlin, Med. Diss. v. 22. Dez. 1824

Heusner, R(udolf), appr. Arzt a. Kreuznach: Ueber ein Doppelgeräusch in der Magengegend bei ulcus ventriculi chronicum. Leipzig 1907: B. Georgi. (29 S.) 8°
Leipzig, Med. Fak., Ref. Hoffmann, Diss. v. 17. Jan. 1907
[Geb. 1. März 78 Kreuznach; Wohnort: Rixdorf b. Berlin; Staatsangeh.: Preußen; Vorbildung: Gymn. Höxter Reife M. 97; Studium: Heidelberg 3, Erlangen 1, Göttingen 1, Berlin 4 S.; Coll. 8. Febr. 07; Approb. 17. Juni 03.]

Heuson, Johann Christian (Frankfurt/M.), De residuo passionum Christi, quod Paulus in carne sua ecclesiae causa cum gaudio adimplevit. Exercit. theol. ad Coloss. I, 24. Präs. D. Thomas Ittig. Lpz. (Immanuel Titius) 18. II. 1701. 48 S. (6.50) 14968

Heuss

— s.: Jahrbuch des internat. Frauenbundes f. Vogelschutz.

Heuss, v., Illustrationen zu den Chorgesängen des Ammergauer Passionsspieles. Originalzeichnungen. Mit begleit. Text von Leop. Höhl. 16. (77 S. u. 60 Holzschntaf. mit Text auf der Rückseite.) Würzburg 880. Woerl's Sep.-Cto. geb. n. 5. —

Heuß, Adam, die Ablösung der grundherrl. Rechte im Großherzogth. Weimar mit und ohne Landrentenbank. 12. (28 S.) Weimar 848, (Landes-Industrie-Comptoir.) *

Beethoven, Messe in Cdur. Kleiner Konzertführer von Alfred **Heuß**. Leipzig: Breitkopf & Härtel [1907]. (20 S.) 8° [F.]
— **Musikbücher**, Breitkopf & Härtels. Abt. 2. No 611. 07. 17995

Händel-Fest Berlin 1906 ... Programm-Buch ... red. von Dr. A. **Heuß**. (H. 1–3.) Berlin: H. Wolff (1906). 8°

Heuss, Alfred. Die Instrumental-Stücke des «Orfeo» und die venetianischen Opern-Sinfonien. [Mit Noten.] 8.
Ausg. A: [2 Teile.] *In:* S[ammelbände] d[er] I[nternationalen] M[usikgesellschaft. Jahrg.] 4. [Heft 2 u. 3. Leipzig, Breitkopf & Härtel, 1903. Vierteljahrshefte, für Nichtmitgl. à M. 5. —.] — [Teil 1] *u. d. T.:* Die Instrumental-Stücke des «Orfeo». S. 175 — 224; — [Teil 2] *u. d. T.:* Die venetianischen Opern-Sinfonien. S. 404—477.
Ausg. B: Diss. Phil. Leipzig ... von Alfred Heuss aus Chur. VIII + 125 S. Leipzig, Breitkopf & Härtel, 1903.

Heuß, Alfred (Hrsg.), s. Krieger, Adam: Arien.

— Magnificat v. Johann Sebastian Bach. Kleiner Konzertführer. (14 S.) kl. 8. Ebd. (909). — 20

Heuss, Alfred. Johann Sebastian Bachs Matthäuspassion. [Mit Notenbeispielen.] VIII + 166 S. 8. Leipzig, Breitkopf & Härtel, 1909. [M. 2. —, geb. 3. —]

Missa solemnis ⟨Graner Festmesse⟩ von Franz Liszt. Kleiner Konzertführer von Alfred **Heuß**. Leipzig: Breitkopf & Härtel [1906]. (16 S.) 8° [F.]
— **Musikbücher**, Breitkopf & Härtels. Abt. 2. No 600. 06. 8845

Les Préludes ⟨Präludien⟩. Nach Lamartine. Symphonische Dichtung von Franz Liszt. Kleiner Konzertführer von Alfred **Heuß**. Leipzig: Breitkopf & Härtel [1907]. (12 S.) 8° [Ant. u. F.]
— **Musikbücher**, Breitkopf & Härtels. Abt. 2. No 610. 07. 17994

Saul von G. Fr. Händel in der Einrichtung von Frd. Chrysander. Kleiner Konzertführer von Alfred **Heuß**. Leipzig: Breitkopf & Härtel [1907]. (30 S.) 8° [F.]
— **Musikbücher**, Breitkopf & Härtels. Abt. 2. No 608/09. 07. 17993

— Stabat mater v. G. B. Pergolese. Kleiner Konzertführer. (15 S.) kl. 8. Ebd. (909). — 20

Te Deum von Anton Bruckner. Kleiner Konzertführer von Alfred **Heuß**. Leipzig: Breitkopf & Härtel [1908]. 16 S. 8°
(Breitkopf & Härtels Musikbücher. Abt. 2. Nr 634.) 09. 8633

Heuss, Arthur, a. Moskau ⟨Rußl.⟩: Zur Kenntnis der aromatischen Aldehyde. Freiburg i. B.: Speyer & Kaerner 1904. (33 S.) 8°
Freiburg i. B., Phil. Fak., Ref. Gattermann, Diss. v. 23. Jan. 1905
[Geb. 16. Aug. 77 Moskau; Wohnort: Freiburg; Staatsangeh.: Baden; Vorbildung: Realgymn. Stuttgart Reife 97; Studium: München 3, Karlsruhe 1, Freiburg 8 S.; Rig. 29. Juli 04.]

Heuß, Chr. Fr., († d. 31. Mai 1766.) tägl. Beschäftigung d. Herzens mit Gott. 4. Halle 774. (Hahn in Hannov.) 2 ggl Wohl f. neue Ausg. mit veränd. Titel von:
Biblische Seelenweide...

— Betr. üb. d. Leiden Jesu. 8. Jena, Cuno. 747.

— biblische Seelenweide für d. Christen auf alle Tage im Jahre. 4. Halle 756.

HEUSS, Eduard (Oggersheim): De foetu in foetu. (Titel nach der Urkunde)
14.2.1832 - Urk; F 60
Diss.Ingolst.-Landsh.-Mchn.

Heuss, Ernst. Beitrag zur Kenntnis der Atrophia maculosa cutis. Habilitationsschr. Med. Univ. Zürich. Mit einer Tafel. (Sonderabdruck aus Monatshefte für Praktische Dermatologie... . Band 32.) II + 43 S. 8. Hamburg und Leipzig, Leopold Voss, 1901.

Heuss, E[rnst]. Über Helmitol, ein neues Harndesinfiziens. Von Privatdozent Dr. E. Heuss-Zürich. Sonder-Abdruck aus «Monatshefte für Praktische Dermatologie», Band 36. 1903. S. 121—126. 8. Hamburg u. Leipzig, Leopold Voss, (XII. 02).

Heuss, Ernst. Ueber das Vorkommen v. Milchsäure im menschlichen Harne. Diss. gr. 8. (8 S.) Lpz. 889. (Bern, Körber.) * — 40

Heuss, E., üb. das Vorkommen v. Milchsäure im menschlichen Harne. Inaug.-Diss. gr. 8. (8 S.) Leipzig 889. (Bern, Huber & Co.) n. — 40

Heuss, Ferd. v., chirurgisch-pathologische Tafeln. — Tableaux-chirurgico-pathologiques. 1. u. 2 Lfg. Imp.-Fol. (7 Chromolith. m. 7 S. Tafelerklärgn.) Würzburg 875. 76. Kressner. In Mappe. n.n. 42. —

Heuss, Ferd. v., chirurgisch-pathologische Tafeln. — Iconographie chirurgico-pathologique. 3. u. 4. Lfg. Imp.-Fol. (6 chromolith. u. 1 Lichtdr.-Taf. m. 7 Bl. Tafelerklärungen.) Würzburg 877. Kressner. In Mappe. n.n. 36. — (1—4.: n.n. 78. —)

Heuss, Ferdinand von: Videant consules! Eine zeitgemässe agrarisch-medizinische Studie über Winzer und Weingesetz verfasst im Interesse des durch das Weingesetz dem Untergang geweihten reellen Winzers, des reellen Weinhandels und zum Schutze des Konsumenten. 2., durchgesehene u. verm. Aufl. Würzburg: Stürtz 1906. VII, 105 S. -- 36*

Heuß, Gf. Fd., kurze Anleit. zum Unterricht in d. Lehre d. Christenthums. 8. Stuttg. 800. Löflund. 8 K

Heuß, G. F., kurze Anleitung z. Unterricht in der Lehre des Christenth. 8. Stuttg. Löflund. 809.

— Anweis., das Rechnen im Kopfe, nach den einfachsten allgem. Regeln so zu lehren, daß es zugleich die beste Uebung der Seelenkräfte rc. werde. 8. Stuttg. 804. Magaz. f. Litt. 18 K

Heuß, Gf. Fd., kurze Religionsgesch. für Kinder. 8. Stuttg. 809. Löflund. 3 K

v. **Heuss, H.** Zwangsvorstellungen in der Pubertät, unter besonderer Berücksichtigung militärischer Verhältnisse. (Diss.) Berlin 1910.

Heuß, J. St., Freiheitskampf d. Griechen. Vom J. 1821—1829. nebst e. logisch geordneten Beschreibung d. im J. 1828 begonn. Kriegs d. Russen mit d. Türken, bis zum Friedensschluß am 14. Sept. 1829. 8. Dinkelsbühl, Walthr. (Leipz., Central-Compt.) 6 K

Heuss, Johann Heinrich (Hamburg), De resignatione dominii in feudis. Diss. jur. Präs. Christian Gottl. Buder. Jena (Schill) 8. VI. 1758. 36 S. (6.50) 14969
Gew.: Jo. Hartwig Ernst Frh. v. Bernstorff. Widm. v.: Präs., Joh. Gottfr. Sonnenkalb (Hamb.), Carl Ernst August Lossau, I. H. V. Noelting (Hamburg), Christian Ludwig Forch (Altona).

— **Johann Philipp** (Strassburg), De civitatum dispari nexu cum S. R. Imperio. Von Reichs und freyen Reichs=Städten. Diss. jur. Präs. Johann Peter Ludewig. Halle (Christoph Andreas Zeitler) 30. X. 1710. 88 S., tlws. dtsch. mit Widm. v. Präs. (7.50) 14970

— — Dasselbe. Halle (Jo. Heinrich Grunert). 96 S. (7.50) 14971

Dauerritte. Betrachtungen u. Ratschläge ... Von Dr. [Karl] **Heuß**, Oberveterinär. Berlin: E. S. Mittler & Sohn 1908. (IV, 54 S.) 8° [F.] [08. 13779

Heuss, [Karl]: Wissenschaftliche Kriegsveterinärkunde.
Aus: Zeitschrift für Veterinärkunde. 1910, H. 2.

Heuss, Karl, aus Usingen: **Mass- und Gewichtsbestimmungen über die morphologische Asymmetrie der Extremitätenknochen des Pferdes und anderer Perissodaktylen. Eine osteolog. Studie.** *Paderborn 1898: F. Schöningh.* (62 S.) 8°
Leipzig, Phil. Diss. v. [14. Sept.] 1898

Heuss, Karl, Mass- u. Gewichtsbestimmungen üb. die morphologische Asymmetrie der Extremitätenknochen des Pferdes u. anderer Perissodaktylen. Eine osteolog. Studie. Diss. gr. 8. (62 S.) Paderborn 898. Rossarzt Dr. Heuss. 1. 50

Heuss, Ludwig, appr. Arzt a. Brackenheim (Württemberg): Ein Fall von Nieren-Sarkom im kindlichen Alter. München 1906: C. Wolf. (27 S.) 8°
München, Med. Fak., Ref. v. Bollinger, Diss. v. 9. März 1906
[Geb. 26. Jan. 81 Brackenheim; Wohnort: Heilbronn; Staatsangeh.: Württemberg; Vorbildung: Karls-Gymn. Heilbronn Reife Juli 99; Studium: Tubingen 4, Kiel 1, Berlin 1, Munchen 4 S.; Coll. 9. März 06; Approb. 14. Sept. 05.]

HEUSS, Rudolf von (Würzburg): Über amyotrophische Lateralsklerose und verwandte Krankheiten. (Titel nach der Urkunde) Diss. Ingolst.-Landsh.-Mchn.
24.7.1901 - Urk; Chr 1901/02,24

Heuß, Steph., Gedichte für Diejenigen, welche nach dem Bessern und Unvergänglichen streben. 2., verm. Aufl. gr. 8. (240 S.) Schwäbisch Hall 849, Haspel'sche Buchh.

Heuß, Thdr., s.: Schwaben, sieben.

Heuß, Theodor: Weinbau und Weingärtnerstand in Heilbronn a. N. Heilbronn 1906: Schell. (144 S.) 8° [F.]
München, Staatswirtsch. Fak., Ref. Brentano, Diss. v. 21. Okt. 1905
[Geb. 31. Jan 84 Brackenheim, Wurttemberg; Wohnort: Heilbronn a. N.; Staatsangeh.: Wurttemberg; Vorbildung: Karls-Gymn. Heilbronn a. N. Reife Juli 02; Studium: Munchen 2, Berlin 2, Munchen 2 S.; Rig. 21. Okt. 05.]

Heuß, Thdr., Weinbau u. Weingärtnerstand in Heilbronn a. N. (VIII, 148 S.) gr. 8. Heilbronn 906. E. Salzer. n. 2. 50

Heuss, Willy, Rechtsprakt.: Anreizung zum Klassenkampf. Heidelberg 1909: Rössler & Herbert. VI, 85 S. 8°
Heidelberg, Jur. Diss. v. 18. Febr. 1909, Ref. v. Lilienthal
[Geb. 17. Nov. 08 Adelsheim; Wohnort: Wiesloch; Staatsangeh.: Baden; Vorbildung: Gymn. Heidelberg Reife Juli 02; Studium: Heidelberg 5, Berlin 1, Munchen 1 S.; Rig. 9. Dez. 08.] [U 09. 1806

Heuß-Knapp, Elly, Bürgerkunde u. Volkswirtschaftslehre. Leitfaden f. Frauenschulen u. verwandte Anstalten. (VII, 194 S.) 8. Leipzig 910. R. Voigtländer. Geb. 1. 60

[F.] **Heussel,** Adam: Friedrichs des Grossen Annäherung an England im Jahre 1755 und die Sendung des Herzogs von Nivernais nach Berlin ... Giessen, J. Ricker'sche Buchh., 1896; 31 S. 8.
Giessen, Phil. Fak., Inaug.-Diss. v. 1896

[F.] Friedrichs des Grossen Annäherung an England im Jahre 1755 und die Sendung des Herzogs von Nivernais nach Berlin. Von Dr. Adam **Heussel.** *Giessen: J. Ricker 1897.* (VIII, 43 S.) 1 Bd 8.
= **Studien,** Giessener, auf d. Gebiete d. Geschichte. H. IX. [97. 797

Heufsel, Friedrich [app. Arzt aus Langstadt]: '(Aus d. geburtshilfl.-gynäkolog. Klinik d. Hrn Prof. Dr. Löhlein zu Giessen)'. Über die Erfolge der Castration bei Osteomalacie ... Giessen, W. Keller'sche Druckerei, 1892; 35 S. 8.
Giessen, Med. Fak., Inaug.-Diss. v. 1892

Heussel, Georg, a. Langstadt: Ueber permutable Gruppenbasen aus zwei Elementen. Darmstadt 1907: H. Uhde. (44 S.) 8°
Gießen, Phil. Fak., Ref. Netto, Diss. v. 20. Febr. 1907
[Geb. 28. Okt. 83 Aschaffenburg; Wohnort: Darmstadt; Staatsangeh.: Hessen; Vorbildung: Neues Gymn. Darmstadt Reife O. 02; Studium: Gießen 2, München 1, Gießen 4 S.; Rig. 7. Dez. 06.]

Heuser, Meta; eine zürcherische Dichterin. (Vortrag.) [Zürich 1896.] V: *Pestalozzi, Ludwig.* (Cat. der Stadtbibl. Zürich. Zürich 1864—97.)

Heusser, Sonnenberg-Sellisberg, s.: Thomann, Ed.

Heusser, Christian, s.a. Heusser, J. Christian.

Heusser, Chr., das Erdbeben im Visperthal Kanton Wallis vom Jahr 1855. (Neujahrsblatt LVIII. der Naturforschenden Gesellschaft in Zürich.) Zürich 856. Orell, Füßli u. Co. in Comm. 4. (2, 31 S. u. 4 Lithogr.) n. 20 ngr.

Heusser, (J[ohann]) Chr[istian]. Das Erdbeben im Visperthal, Kanton Wallis, vom Jahr 1855. [Mit 4 Tafeln.] (2., für den Buchhandel bestimmte Ausg. [vom] Njbl. Naturf. Ges. Zürich 1856.) 4. Zürich 1856.

Heusser, (Jac.) Christian. (geb. Zürich 1826): De nonnullorum formiatum crystallinis formis. Berolini (1851). (45 S.) 8°
Berlin, Phil. Diss. v. 5. Apr. 1851

— die Schweizer auf den Kolonien in St. Paulo in Brasilien. Bericht an die Direktion der Polizei des Kantons Zürich. Zürich 857. Schultheß. gr. 8. (2 Bl., 96 S.) n. 10 ngr.

Heusser, D[iethelm] Theodor: De versione in caput. Tur. ex offic. Or. Fuessl. et soc. 1846. 31 S. 8°
Zürich, Med. Diss. v. 14. März 1846

Heusser, J. Christian, s.a. Heusser, Christian.

Heusser, J. Chr., drei Aufsätze, betreffend die europäische Auswanderung nach den Argentinischen Provinzen Buenos Aires, Sta Fé und Entrerios. gr. 8. (212 S. mit 1 Karte in Farbendr.) Zürich 885, Orell, Füssli und Comp., Verlag. *

Heusser, J. Chr. Beitrag zur Kenntniss des brasil. Küstengebirges. 1858.

Heusser, J. Ch. und George **Claraz**: Beiträge zur geognostischen und physikalischen Kenntniss der Provinz Buenos Aires. ([S.-A.] Denkschrift der schweizerischen naturforschenden Gesellschaft. Bd. 21.) Zürich 1864. 22 S., 1 Tf. 8°.

Heusser, J. Chr. Bemerkungen über Fleischproduction und Fleischverwerthung in Buenos-Aires. Winterthur 1868.

Heusser, J. Ch., Ueber die Dispersion der Elasticitätsaxen in zwei- und eingliedrigen Krystallen. (Aus: Poggendorff's Ann., Bd. XCI.)

Heusser, J. Chr. Über den Dufrénoisit, Binnit und Adular des Binnenthales.

Heusser, J. Chr. Über die Krystallformen einiger citronensauren Salze.

Heusser, J. Chr. Die Mineralien des Binnen- und Saas-Thales.

— Untersuchung über die Brechung des farbigen Lichts in einigen krystallinischen Medien. (Aus: Poggendorff's Ann., Bd. LXXXVII.)

Heußer, J. G., schriftliche Arbeiten zum 1. Abschnitte d. Lesebuchs f. die kath. Volksschulen Württembergs. Zum Gebrauche f. Lehrer an mittleren u. oberen Abteilungen ein- u. mehrklass. Volksschulen. Mit e. Anh., enth. die wichtigsten elementaren Sprachregeln nach dem Normallehrplan. gr. 8. (247 S.) Horb 889. (Christian.) geb. n. 3.—

Heusser, Johs. Ein Beitrag zur Casuistik der Hypophysistumoren. Diss. gr. 8. (23 S. m. 1 Taf.) Berl. 887. (Bern, Körber.) * —80
Aus: Archiv für patholog. Anatomie u. Physiologie, besonders abgedruckt.

Heusser, J., e. Beitrag zur Casuistik der Hypophysistumoren. Inaug.-Diss. [Aus: „Virchow's Archiv".] gr. 8. (23 S. m. 1 Taf.) Berlin 887. (Bern, Huber & Co.) n. —80

Heusser, Joh., die bedingte Verurteilg., s.a. Zeitfragen, sozialpolit., der Schweiz. 7. Heft.

Heusser, Joh[annes]. Die bedingte Verurteilung. 24 S. 8. Zürich, Buchh. des Schweiz. Grütlivereins, 1909. fr. —. 50
Sozialpolitische Zeitfragen der Schweiz…. Heft 7.

Heußer, Karl

— Ansichten üb. d. Zeitgeist unserer dramat. Dichtung, der Kunst u. d. dramat. Künstler. 8. Hadamar 822, Gel. B.

— Ansichten über d. Zeitgeist unserer dramat. Dichtung, der Kunst u. d. dramatischen Künstler. 8. Hadamar 822. (Lanz in Weilb.) 5 gr

— Gedanken üb. d. bürgerl. Staatsvereinigung d. Israeliten. 8. Hadamar 823, Gelehrt. Buchh.

— Gedanken über die bürgerl. Staatsvereinigung d. Israeliten. 8. Hadamar 823. (Lanz in Weilb.) 7 gr

Heußer, (Carl,) encyclop. Kunstlexicon, mit besond. Rücksicht auf Schauspiel-, Ton-, Dicht- u. Malerkunst. gr. 8. Coblenz 824. Neue Gel. Buchh.

Heußer, Karl, encyklop. Kunstlexikon, mit besond. Rücksicht auf Schauspiel-, Ton-, Dicht- u. Malerkunst. gr. 8. Coblenz 824. (Lanz in Weilb.) 2 ß 20 gr

— die Türken, was sie waren, was sie sind u. was sie seyn werden. 8. Hadamar 827, Gelehrt. B.

— die Türken, was sie waren, was sie sind und was sie seyn werden. 8. Hadamar 827. (Lanz in Weilb.) 4 gr

— Vade mecum f. angehende Schauspieler, od. Elementar-Unterricht z. Bildung dramat. Künstler, nebst e. Anh. üb. d. Verfall d. Provinzialbühne rc. 8. Hadamar 827, Gel. B.

— Vade mecum für angehende Schauspieler, oder Elementar-Unterricht zur Bildung dramat. Künstler, nebst e. Anh. über d. Verfall d. Provinzialbühne rc. gr. 12. Hadamar 827. (Lanz in Weilb.) 9 gr

Heußer, (C.,) der Vaterstand. Schauspiel in 3 Akten, nach d. deutschen Hausvater des Freiherrn v. Gemmingen, frei bearb. 8. Hadamar 824, Neue Gelehrten-Buchh.

Heußer, Karl, der Vaterstand. Schspl. in 3 A., nach d. deutschen Hausvater des Freiherrn v. Gemmingen, frei bearb. 8. Hadamar 824. (Lanz in Weilb.) 9 gr

Heußer, Dr. K. Ein Wort über das Duell in akadem. u. milit. Hinsicht. Hadamar 1822. 22 S.

— ein Wort üb. d. Duell in academ. u. milit. Hinsicht. 8. Hadamar 822, Gel. Buchh.

— ein Wort über d. Duell in academ. u. milit. Hinsicht. 8. Hadamar 822. (Lanz in Weilb.) 3 gr

Heußer, Meta, s.a. Heußer-Schweizer, Meta.

Heußer, Meta, Gedichte. Neue Ausg. 4. Aufl. 12. (XVII, 379 S.) Basel 898. Kober. n. 2. 40; geb. in Leinw. n. 3. 20; m. Goldschn. n. 3. 60

Heusser, Theodor

Heusser, Th., üb. d. Behandlung d. Tuberculose m. Zimmtsäure. gr. 8. (38 S.) Davos 898. H. Richter, Verl. n. 1. —

Heusser, Theodor, Med. pract. aus Hirzel [Kt. Zürich]: Ein Beitrag zur Kenntniss der Hydronephrosen mit besonderer Berücksichtigung der Differentialdiagnose. Zür. Zürcher u. Furrer Dr. 1878. 2 Bl., 60 S., 1 Bl. Thesen. 8°.
Zürich, Med. Diss. [v. 13. März 1878].

Heußer, Thdr., d. Brief St. Pauli an d. Römer, erklärt. 8. (162 S.) Stuttgart 898. J. F. Steinkopf. Kart. n. 1. 40

Evangelienharmonie. Die heiligen vier Evangelien übers., chronol. zusammengefügt u. m. textkrit., sprachl. u. sachl. Erklärungen vers. von Theodor Heußer, Pfarrer a. D. Bd 1. 2. (In 12 H.) Gütersloh: Bertelsmann 19(08–)09. 4°(8°) [11. 11834

Heusser, Theodor. Evangelienharmonie. Die heiligen vier Evangelien übersetzt, chronologisch zusammengefügt und mit textkritischen, sprachlichen und sachlichen Erklärungen versehen. 2 Bände. 8. Gütersloh, C. Bertelsmann, 1909. [zus. M. 10. —]
Band 1. [Mit 1 Illustration.] XXIV + 232 S. — Band 2. II + 421 S.

Heußer, Th. Griechische Syntax zum Neuen Testament, nebst Uebungsstücken zum Uebersetzen ins Griechische f. Formenlehre u. Syntax. Mit Vorwort v. Th. Haarbeck. 8. (VII, 88 S.) Basel 889, [Spittler.] Jaeger u. Kober. geb. * 1 50

Der wiedergefundene Sohn oder Der Erbschleicher. Weihnachtsspiel mit Gesang in 4 Akten von H. Heußer-Leemann. Paderborn: B. Kleine [1906]. (35 S.) 8° [F.]
— Theater, Kleines. H. 369. [o6. 13634

Heußer-Schweizer, Meta, s.a. Heußer, Meta.

Heußer-Schweizer, Meta, Gedichte. Mit einem Vorwort von Alb. Knapp. Der „Lieder einer Verborgenen" 2., verm. Aufl. Leipzig 863. Holtze. 8. (X, 202 S.) n. 24 ngr.

—— dass. — 2. Sammlung. 8. (VII und 175 S.) Ebendas. 867. * 22 Ngr.; geb. mit Goldschn. *

Heußer-Schweizer, Meta, Gedichte. 1. Sammlung. Mit einem Vorwort von Alb. Knapp. Der „Lieder einer Verborgenen". 3. Aufl. 8. (X, 202 S.) Leipzig 877, Holtze. * geb. mit Goldschn. *
2. Sammlung. Ebendas. 1867. * M. 2,20.; geb. mit Goldschn. * M. 2,80.

Heussi u. Romberg, Gedächtnißreden b. d. Trauerfeier f. d. heimgegang. Pastor emer. Martin Pistorius zu Schwerin am 1. XI. 1897. gr. 8. (16 S.) Schwerin 897. F. Bahn. n. — 30

Heussi, Jak., leichtfaßliche Anleitung zum Feldmessen und Nivelliren mit den einfachsten Hülfsmitteln. Für Forst- u. Landwirthe, Bautechniker, Forst- u. landwirthschaftliche Anstalten rc. Mit 52 Fig. in Holzschn. Leipzig 863. Brockhaus. 8. (X, 126 S.) n. 15 ngr.

Heussi, Jac., leichtfaßliche Anleitung zum Feldmessen u. Nivelliren mit den einfachsten Hülfsmitteln. Für Forst- u. Landwirthe, Bautechniker, forst- u. landwirthschaftliche Anstalten, Gewerbe-, Bürger- u. Realschulen bearb. 2., verb. Aufl. Mit 54 (eingedr.) Fig. in Holzschn. 8. (X, 126 S.) Leipzig 879. Brockhaus. n. 1. 50

— der physikalische Apparat, insbesondere als Lehrmittel in Gymnasien, Realschulen und anderen Unterrichtsanstalten. gr. 8. Parchim 845, Hinstorff'sche Hofbuchh. n. 1/3 ℛ︀

Heussi, Jac., der physikalische Apparat. Anschaffung, Behandlung und Gebrauch desselben. Für Lehrer und Freunde der Physik. Mit über 500 in den Text gedr. Holzschn. 2 Hälften. gr. 8. Leipzig, Frohberg. [1. Hälfte. (S. 1—256.) 874. * M. 4,50.; 2. Hälfte. (XVI, S. 257—581.) 875. * M. 5,50.] *

Heussi, Jac., Erinnerungen aus dessen Leben, s.a. Dühr, A.

Heussi, Jak. Erinnerungen aus dessen Leben, von A. Duhr. In-8°. Leipzig, Matthies. 1893. 1 35

Heussi, Jac., die Experimental-Physik, method. dargest. 3 Curs. gr. 8. Berlin, Duncker u. Humblot. *
Curs. 1. Kenntniß d. Phänomene. 1. Aufl. (5½ B. u. eingedr. Holzschn.) 836., 2., verm. u. verb. A. (6½ B. u. eingedr. Holzschn.) 839. à * 8 Gr., 3., verb. u. verm. A. (8¼ B. u. 108 eingedr. Holzschn.) 843. * 12 Gr.
„ 2. Von d. physikal. Gesetzen. 1. Aufl. (24 B. u. 5 Kpfrt.) 838. * 1 Thlr. 8 Gr., 2., verb. A. (17 B. u. 6 Kpfrt.) 843. * 1 Thlr.
„ 3. Von d. physischen Kräften. (22½ B. u. 6 Kpfrt. 840.) * 1 Thlr. 8 Gr.

Heussi, Jak., die Experimental-Physik, methodisch dargestellt. 2. Curs.: Von den physikal. Gesetzen. 3., verb. Aufl. gr. 8. (VIII und 255 S. mit 6 Kpfrt. in qu. 4.) Berlin 847, Duncker und Humblot. *
Den 1. Curs. erschien ebendas. 1852 die 6. Aufl. und kostet * 15 Ngr.

Heussi, Jak., die Experimental-Physik, methodisch dargestellt. 1. Kursus: Kenntniß der Phänomene. 6., verb. Aufl. gr. 8. (VIII und 127 S. mit 108 in den Text eingedr. Holzschn.) Berlin 852, Duncker und Humblot. *

—— dass. — 3. Kursus. Von den physischen Kräften. 2., verb. Aufl. Mit 7 Kpfrt. (in qu. Fol.), 2 mathemat. Anhängen und einem Anhange enthaltend Materialien zur Uebung und Wiederholung. gr. 8. (XVI, 353 und Anh. 68 S.) Ebds. 854. *
der Anhang apart *
2. Kursus. (3. Aufl.) Ebendas. 1847. 1 Thlr.

Heussi, Jak., die Experimental-Physik, methodisch dargestellt. 1. Kursus. Kenntniß der Phänomene. 8., verb. Aufl. gr. 8. (XII und 164 S. mit 108 in den Text gedr. Holzschn. und einem Anhang, enthaltend Materialien zur Uebung und Wiederholung.) Berlin 861, Duncker und Humblot. *

Heussi, Jakob: Geschichte der Gelehrtenschule zu Parchim. Parchim 1865, 4° 26 S.
Schul-/Univ.-Schrift

—— Grammatik der engl. Sprache. Mit Berücksichtigung d. neuern Forschungen auf dem Gebiete d. allgem. Grammatik. gr. 8. (38 B.) Berlin 848, Duncker u. Humblot. *

—— und A. Steffenhagen, Compendium der allgemeinen Arithmetik, s. Steffenhagen.

Heussi, (Lehrer) Jak., Lehrbuch d. Arithmetik für Schulen, Gymnasien u. d. Selbstunterricht. Enthaltend eine gründl. u. leichtfaßliche, den Erfordernissen der neueren Pädagogik angemessene Darstellung des Kopf- u. Zifferrechnens, u. deren Anwendung auf das bürgerl. Leben u. auf besondere Geschäftszweige. 1r Thl. Die 4 Operationen in ganzen, gebroch., unbenannten u. benannten Zahlen enthaltend. gr. 8. Berl. 832. Duncker u. H. 12 gGr. 2r Thl. Die Anwendungen der 4 Operationen enthaltend. gr. 8. Ebd. 832. 10 gGr. 3r Thl. A. u. d. T.: Samml. arithmetischer Aufgaben. gr. 8. Ebd. 832. 10 gGr. 4r Thl. Die Resultate aller arithmet. Aufgaben d. 3n Thls. enthaltend. gr. 8. Ebd. 832. 4 gGr.

—— Lehrbuch der Geodäsie. Nach dem gegenwärt. Zustande der Wissenschaft für Feldmesser, Militärs und Architekten bearb. Mit ungefähr 500 in den Text gedr. Fig. in Holzschn. Leipzig 861, Brockhaus. [1. Hälfte. (VIII und 272 S.) * 1 Thlr. 20 Ngr., 2. Hälfte. (S. IX — XXIV und S. 273 — 584.) * 2 Thlr.] *

— Lehrbuch der Physik für Gymnasien, Realschulen und andere höhern Bildungsanstalten. 4. gänzl. umgearb. Aufl. Mit 440 in den Text gedr. Abbildgn. u. e. farb. (lith.) Spectraltaf. gr. 8. (XX, 492 S.) Ebend. 871. n. 4. 20

— Lehrbuch der Physik für Gymnasien, Realschulen u. andere höhere Bildungsanstalten. 5., verb. Aufl. Mit 436 in den Text gedr. (Holzschn.-)Abbildungen u. einer farbigen Spectraltaf. gr. 8. (XII, 514 S.) Ebend. 879. n. 4. 20

Heussi, J., Lehrbuch der Physik f. Gymnasien, Realschulen u. andere höhere Bildungsanstalten. 5., verb. Aufl. Neue (Titel-)Ausg. gr. 8. (XII, 514 S. m. 436 Textfig. u. 1 farb. Spectraltaf.) Braunschweig 890. Salle. n. 4. 20

Heussi, Jac., Lehrbuch der Physik f. Gymnasien, Realgymnasien, Oberrealschulen u. andere höhere Bildungsanstalten. 6. Aufl., neu bearb. v. A. Leiber. gr. 8. (VIII, 503 S. m. 422 Abbildgn.) Braunschweig 894. O. Salle. n. 5. —

Heussi, Jacob. Lehrbuch der Physik für Gymnasien, Realgymnasien, Oberrealschulen und andere höhere Bildungsanstalten. Von Dr. J' H' [von Mollis, 1803—1883]. 7. Aufl., vollständig neu bearb. von Dr. E[duard] Götting.... Mit 487 in den Text gedruckten Abbildungen. XII + 476 S. 8. Berlin, Otto Salle, 1907. [M. 5.—]

—— Lehrbuch d. engl. Sprache, mit deutschen u. engl. Uebungen u. zugehör. Wörterverzeichnissen. Zum Gebr. in Schulen u. beim Privatunterr. 8. (23 B.) Berlin 831, Logier.

—— elementarer Leitfaden der Physik. 9., gänzl. umgearb. Aufl. gr. 8. (VII, 120 S. mit 101 in den Text gedr. Holzschn.) Leipzig 868, Duncker und Humblot. [Frohberg.] *

— elementarer Leitfaden der Physik. 11. verb. Aufl. Mit 114 in d. Text gedr. Holzschn. gr. 8. (IX, 137 S.) Ebend. 876. n. 1. 20

— Leitfaden der Physik. 12., wesentlich verb. Aufl. Mit 152 in den Text gedr. Holzschn. Bearb. v. H. Weinert. gr. 8. (139 S.) Ebd. 889. n. 1. 50

— Leitfaden der Physik. 13., verb. Aufl. Bearb. v. H. Weinert. gr. 8. (VIII, 139 S. m. 152 Holzschn.) Ebd. 892. n. 1. 50; m. Anh.: Die Grundbegriffe der Chemie. Von H. Weinert. (32 S. m. 26 Holzschn.) n. 1. 80; Anh. allein n. — 50

Heussi, Jac., Leitfaden d. Physik. 14., verb. Aufl. Bearb. v. H. Weinert. M. e. Anh.: H. Weinert, Grundbegriffe d. Chemie. 2. Aufl. gr. 8. (VIII, 144 u. 36 S. m. 159 Holzschn.) Berlin 897. O. Salle. n. 1. 80

Heussi, Jac, Leitfaden der Physik. 15., verb. Aufl. Bearb. v. H. Weinert. Mit einem Anh.: H. Weinert, Grundbegriffe der Chemie. 3. Aufl. gr. 8. (VIII, 148 u. 36 S. m. 172 Abbildgn.) Berlin 901. O. Salle. n. 1. 80

Leitfaden der Physik. Von Dr. Jacob Heussi. 16. Aufl. Mit 199 Holzschn. Neu bearb. von Dr. E[duard] Götting, Prof. zu Göttingen. Berlin: O. Salle 1906. (IX, 139, 42 S.) 8° [F.] [06. 1086]

— neues engl. Lesebuch, oder Sammlung prosaischer u. poetischer Aufsätze von den vorzügl. neuern engl. Schriftstellern, nebst e. Wörterverzeichnisse. Zum Gebrauch in Schulen u. beim Privatunterrichte. 8. Berlin 836. Duncker u. Humblot. n. 5/6 Thlr

— neues englisches Lesebuch, od. Sammlung prosaischer u. poet. Aufsätze von den vorzügl. neueren engl. Schriftstellern, nebst einem Wörterverzeichnisse, in welchem die Aussprache mittelst Ziffernbezeichnung angegeben ist. Zum Gebrauch in Schulen u. beim Privatunterrichte. 3. verb. Aufl. A. u. d. T.: English reading-lessons in prose and poetry, extract from the best mod. authors etc. gr. 8. (XII u. 356 S.) Ebd. 848. n. 1 Thlr

— neues englisches Lesebuch, oder Sammlung prosaischer und poetischer Aufsätze von den vorzüglichsten neueren englischen Schriftstellern, nebst Vorübungen über die Aussprache und einem Wörterverzeichnisse 2c. Zum Gebrauche in Schulen u. beim Privatunterrichte. 4. verb. Aufl. A. u. d. T.: English reading-lessons in prose and poetry. Intended for the use of schools and private instruction. Berlin 855. Duncker u. Humblot, gr. 8. (XII, 348 S.) n. 1 Thlr.

— neues englisches Lesebuch oder Sammlung prosaischer u. poetischer Aufsätze von den vorzüglichsten neueren englischen Schriftstellern, nebst Vorübungen über die Aussprache, einigen den Unterricht fördernden Sammlungen u. einem Wörterverzeichnisse, in welchem die Aussprache mittelst Zifferbezeichnung angegeben ist. Zum Gebrauche in Schulen u. beim Privatunterrichte. 6., verb. Aufl. gr. 8. (X, 362 S.) Leipzig 880. Frohberg. n. 3. —

—— Neues englisches Lesebuch, od. Sammlung pros. u. poet. Aufsätze v. den vorzügl. neueren engl. Schriftstellern, nebst Vorübgn. üb. die Aussprache etc. 6. verb. Aufl. Neue (Titel-) Ausg. gr. 8. (X, 362 S.) Ebd. 890. * 3 —

Heussi, Jak., Materialien zur Uebung und Wiederholung des physikalischen Unterrichts. 1. Cursus. gr. 8. (30 S.) Berlin 852, Duncker und Humblot. Thlr. **
Aus des Verf. „Experimental-Physik" 1. Kursus, besonders abgedruckt.

—— Materialien zur Uebung und Wiederholung des physikalischen Unterrichts zu des Verf. Physik. 2. Cursus. gr. 8. (80 S.) Parchim 862, Wehdemann. *

— Materialien zur Uebung u. Wiederholung d. physikal. Unterrichts. Eine Ergänzg. zu jedem Lehrbuch der Physik. 2 Thle. gr. 8. Ebend. 873. n. 1. 70
1. Die Aufgaben. 2., umgearb. Aufl. (VII, 101 S.) n. 1. 20
2. Die Resultate. (42 S.) n. — 50

Heussi, Jakob: Die Mathematik als Bildungsmittel. Berlin 1836.

—— die Pflichten d. Mitglieder unseres Vereines. Rede, gehalten am zweiten Stiftungsfeste des Gewerbevereins zu Parchim, d. 30. Nov. 1845. gr. 8. (1 B.) Parchim, Hinstorff'sche Buchh. *

—— english Reading-Lessons etc. — A. u. d. T.: Neues engl. Lesebuch, od. Samml. prosa. u. poet. Aufsätze von d. vorzügl. neueren engl. Schriftstellern, nebst e. Wörterverzeichnisse, in welchem die Aussprache mittelst Ziffernbezeichn. angegeben ist. Zum Gebr. in Schulen u. beim Privatunterr. 1. Aufl. (22 B.) 836. * 5/6 Thlr., 2., verm. u. verb. Aufl. gr. 8. (23 B.) Berlin 842, Duncker u. Humblot. *

—— English Reading-Lessons in prose and poetry, extracted from the best modern authors; preceded by easy lessons for pronunciation; to which is added a Dictionary explaining both the meaning and pronunciation of all the words used in the extracts. Intended for the use of schools and private instruction. 5th edition, revised and corrected. — Neues englisches Lesebuch. gr. 8. (IX, 353 S.) Leipzig 871, Frohberg. *

—— Schulfragen unserer Zeit. Erste Frage, theilweise vorgetragen zu Parchim in der 13. Versamml. d. Vereins norddeutscher Schulmänner. gr. 8. (2¾ B.) Parchim 846, Hinstorff'sche Hofbuchh.

Heussi, Jak., Schulfragen unserer Zeit. 1. Frage. gr. 8. (44 S.) Parchim 847, Hinstorff. ¼ ₰

Heussi, Jac., Shakspeare's Hamlet erklärt. gr. 8. (VII, 307 S.) Parchim 868, Heussi. *
—— dass. — 2. (Titel-)Aufl. gr. 8. (VII, 307 S.) Leipzig 872, Frohberg. *

— s. a. Shakspeare's Hamlet.

—— methodisches Uebungsbuch für den Unterricht im Englischen. 8. (VIII und 345 S.) Berlin 850, A. Hirschwald, Vrlgsh.

—— wie ein moderner Philologe bei der alten Philologie Besuche macht und von ihr empfangen wird, aktenmäßig. gr. 8. (103 S.) Parchim 847. [Wismar,] Hinstorff.

Heussi, Carl, und Mulert, Hermann. Atlas zur Kirchengeschichte. 66 Karten auf 12 Blättern. Von Dr. K' H' und H' M'. 19 S. + 12 Tafeln. 4. Tübingen, J. C. B. Mohr, 1905. [cart. M. 4. —]

Heussi, Karl, cand. rev. min.: Die Kirchengeschichtschreibung Johann Lorenz von Mosheims. *Gotha: F. A. Perthes 1903.* (IV, 77 S.) 8° ¶ [— Geschichtl. Untersuchungen H. 4.]
Leipzig, Phil. Diss. v. 1903

Die Kirchengeschichtschreibung Johann Lorenz von Mosheims. Von Dr. phil. Karl **Heussi**. *Gotha: F. A. Perthes 1904.* (VI, 77 S.) 8°
[Erschien auch als Inaug.-Diss. Leipzig 1903.]
— Untersuchungen, Geschichtliche. H. 4. [04. 3189

Kompendium der Kirchengeschichte von Karl **Heussi**. Dr. phil. (In 2 Hälften.) Tübingen: Mohr 19(07—)09. XV, 620 S. 8° [09. 17624

Heussi, Karl, Kompendium der Kirchengeschichte. 2. verb. Aufl. (XXXII, 612 S.) gr. 8. Tübingen 910. J. C. B. Mohr. 9.—; geb. in Halbfrz. 11.—
1. Aufl. (XV, 620 S.) 907—09. 8.60; geb. 10. —

— Johann Lorenz Mosheim. Ein Beitrag zur Kirchengeschichte des 18. Jahrh. (IV, 237 S.) gr. 8. Tübingen 906. J. C. B. Mohr. n. 6, —

Heussi, Paul [prakt. Arzt von Mühlehorn (Kt. Glarus)]: Über das Wachstum des Adeno-Carcinoms der Leber. Zürich 1898. 26 S. 8°.
Zürich. Med. Diss. 1897/98.

Heussi, Paul Frdr., wie ich meinen chronischen Lungenkatarrh losgeworden bin. Seinen Leidensgefährten erzählt. (47 S.) 8. Leipzig (908). (Oranienburg, Orania-Verlag.) n. — 50

(H) Heußi, P. F., Lungenkatarrh. 908. Jetzt: Oranienburg, F. Koslowsky.

Heußinger, Konrad: Das Bauwesen in Alt-Nürnberg erläutert an einigen Beispielen der Ein- und Zweihof-Anlage. Nürnberg: Zerreiss [1909]. 108 S., 1 Taf. 4°
Dresden, Dr.-Ing.-Diss. v. 25. 11. 1908

Heussler *s. auch* Heusler.

Heußler, Abraham

Heußler, Abr., kurzer Abriß d. deutschen Sprachlehre. 2. veränd. Aufl. gr. 8. (Mit 2 Tabellen.) Basel 844, Schweighauser. ½ ₰

Heußler, A'br., kurzer Abriß der deutschen Sprachlehre. 3., veränd. Aufl. gr. 8. (VIII und 137 S. mit 1 Tab. in qu. gr. Fol.) Basel 850, Schweighauser'sche Vrlgsh.

Heußler, Abr., kurzer Abriß der deutschen Sprachlehre. 4., wenig veränd. Aufl. Basel 855. Schweighauser'sche Verlhdlg. gr. 8. (XII, 131 S.) 15 ngr.

Heußler, Abr., kurzer Abriß der deutschen Sprachlehre. 5. durchgesehene Aufl. gr. 8. (IV, 121 S.) Basel 870. Schweighauser. n. 1. —

— dasselbe. 6. durchgeseh. Aufl. gr. 8. (116 S.) Ebend. 873. n. 1. —; geb. n. 1. 40

Heußler, Abr., kurzer Abriß der deutschen Sprachlehre. 7. durchges. Aufl. gr. 8. (IV, 121 S.) Basel 883, Schwabe. geb.

Heußler, Abr., kurzer Abriß der deutschen Sprachlehre. 8. durchgeseh. Aufl. gr. 8. (IV, 121 S.) Basel 886, Schwabe. *
geb. *

Heussler, Abr[aham]. Kurzer Abriss der deutschen Sprachlehre. 9. durchgesehene Aufl. IV + 123 S. 8. Basel, Benno Schwabe, 1902. [geb. fr. 1. 60]

Heussler, Abr(aham). Kurzer Abriss der deutschen Sprachlehre. 10., völlig umgearbeitete Aufl. von Wilh[elm] Bruckner. VI + 127 S. 8. Basel, Benno Schwabe & Co., 1910. [geb. fr. 1. 80]

Heußler, A., Pestalozzi's Leistgn. im Erziehungsfach, s. d. Quellenschriften, pädagog.

Heußler, A., Pestalozzi's Leistungen im Erziehungsfache. Einladungsschr. z. Promotionsfeier d. Gymnasiums u. d. Realschule. gr. 8. (6¾ B.) Basel 838, Schweighauser'sche Buchh. *

Heußler, A.: Pestalozzi's Leistungen im Erziehungsfache. Basel 1838. 107 S.

[F.] Pestalozzis Leistungen im Erziehungsfach. Von Prof. A. **Heussler**, ... weil. Lehrer am Gymn. zu Basel. (Neue Ausg.) *(Langensalza: F. G. L. Gressler 1897.)* (3 Bl., 90 S.) 1 Bd 8.
— Quellenschriften, Pädagogische. Bd 4. [97. 3-90

[Heussler. Abraham.] Die Zeiten des grossen Erdbebens. [Mit 1 Vignette und 1 Tafel.] (Njbl. Basel 1841.) 4. (Basel.)

Heußler, Friedrich

Heussler, F. Die Stellung vom Subjekt und Prädikat in der Erzählung des Melibeus und in der des Pfarrers in Chaucer's Canterbury Tales. Wesel, G., 1888. 28 S.
Progr.

Heußler, Hans

Heussler, H., Francis Bacon u. seine geschichtliche Stellung. Ein analyt. Versuch. gr. 8. (VII, 199 S.) Breslau 889. Koebner. n. 4. 50

Heussler, Hans, der Rationalismus des 17. Jahrh., in seinen Beziehungen zur Entwickelungs-Lehre dargestellt. gr. 8. (VIII, 160 S.) Breslau 885, Koebner. *

Heußler, J. C., kurze Beschreibung der neuen Colonie Queensland in Australien u. ihrer Vortheile für Ansiedler u. Einwanderer. Offizielle Ausgabe m. 1 (lith.) Karte. Frankfurt a. M. 862. Auffarth. 8. (36 S.) n. 4 ngr.

Heußler, Phpp., Lehrgang für den Unterricht in den Elementen des Freihandzeichnens, s.: Fortbildungsschule, die unterfränkische.

— Lehrgang für den Unterricht im Freihandzeichnen. Für Schulen u. zum Selbstunterricht. 3 Tle. gr. 8. Würzburg 882. Stahel. n. 3. —
1. (11 S. m. 6 Steintaf.) n. — 60. — 2. (15 S. m. 46 Steintaf.) n. 1. 70. — 3. (8 S. m. 12 Steintaf.) n. — 70

Heussler Ph, die ersten Schritte im Freihandzeichnen in 60 stufenweisen geordneten Vorlegeblättern. Würzburg

Heußner, Alfr., Aufgabe u. Stellung des Chorgesangs im evangel. Hauptgottesdienst. Referat auf der Hauptversammlg. des evangel. Kirchengesang-Vereins f. den Konsistorialbez. Kassel in Hofgeismar den 17. X. 1904. (16 S.) 8. Kassel 906. F. Lometsch. n. — 30

— die französische Kolonie in Cassel, s.: Geschichtsblätter des deutschen Hugenotten-Vereins. XII. 2. 3.

Heussner, Alfred *Georg Ludwig Wilhelm* [aus Cassel]: Die altchristlichen Orpheusdarstellungen ... Cassel, Druck v. Baier & Lewalter, 1893; 4 Bl., 44 S., 1 Bl. 8.
Leipzig, Phil. Fak., Inaug.-Diss. v. [27. Jan.] 1893

Heußner, Alfr., die philosoph. Weltanschauungen u. ihre Hauptvertreter. Erste Einführg. in d. Verständnis philosoph. Probleme. (IV, 270 S.) 8. Göttingen 910. Vandenhoeck u. Ruprecht. 3.20; geb. 3. 50

Heußner, Alfr., wie soll ich das Abendmahl feiern? Für unsere Gemeinden beantwortet. 1. u. 2. Aufl. 8. (à 16 S.) Kassel (899. 900). E. Röttger. n. 15

Heussner, Friedrich *Ansprache bei der Trauerandacht für Se. Majestät Kaiser Wilhelm I.* 4 (S. III—VI). Wilhelms-G. *Cassel* 1888 (363).
Progr.

Heussner, Fr. Die luthersche Bibelübersetzung, Festrede geh. am 10. Nov. 1883 in der Aula des Gymnasiums. 19 S. *Eutin* 1884.
Progr.

Heussner, Friedrich: Zur **Einführung** unserer Schüler in die **Kasseler Bildergalerie.** *Kassel 1898: L. Döll.* (3—11 S.) 4° [F.]
Cassel, k. Friedrichs-G, P 1898 (401)

Heussner, Fr[iedrich], Dir. Dr.: Zur **Einführung** unserer Schüler in die Kasseler Bildergalerie, 2. ⟨Rembrandt.⟩ *Kassel 1899: L. Döll.* (S. 3—14.) 4° [F.] ¶(Forts. d. P-Beil. 1898.)
Cassel, k. Friedrichs-G, P 1899 (406)

Heußner, Frdr., zur Einführung unserer Schüler in die Kasseler Bildergalerie. (I u. II.) Progr. gr. 4. Kassel (M. Siering). à n. — 40
I. (11 S.) 898. — II. (Rembrandt.) (14 S.) 899.

Heußner, Friedrich u. Paulus, Otto: Zur Einführung unserer Schüler in die Kasseler Bildergalerie. 4 (S. 3—11). II. (Rembrandt) (Umschlagtitel: ... II.) 4 (S. 3—14). III. Die Vorhalle unserer Bildergalerie und die Echtermeierschen Länderstatuen. (Umschlagtitel: ... galerie, III) 4 (S. 3—20).
Kgl. Friedrichs-G. *Cassel* 1898 (401). 1899 (406). 1900 (411).
Progr.

Heußner, Frdr., zur Einführung unserer Schüler in die Kasseler Bildergalerie, IV. (das niederländ. Sittenbild). Progr. (13 S.) gr. 4. Cassel 903. (M. Siering.) n. — 40
Tl. III u. d. T.: Paulus, Otto, die Vorhalle unserer Bildergalerie u. s. w. Ebd. 900. n. — 40.

Heussner, Friedrich, Dir. Dr.: Zur **Einführung** unserer Schüler in die Kasseler Bildergalerie. 4. ⟨Das niederländische Sittenbild.⟩ *Kassel 1903: L. Döll.* (S. 3—13.) 4° [F.] ¶[Forts. d. P-Beil. 1898—1900.]
Cassel, k. Friedrichs-G, P 1903 (443)

Heußner, Friedrich: Zur Einführung unserer Schüler in die Kasseler Bildergalerie, IV. (Das niederländische Sittenbild.) (Umschlagtitel: ... IV.) S. 3—13. 4. Zur ... Casseler Bildergalerie, V. (Das niederländische höhere Sittenbild.) (Umschlagtitel: ... Bildergalerie.) S. 3—11. 4.
Progr. Kgl. Friedrichs-Gymnasium *Cassel* 1903 (443). 1905 (525).

Heußner, F[riedrich]: Zur Einführung unserer Schüler in die Casseler Bildergalerie. 5. ⟨Das niederländische höhere Sittenbild.⟩ Cassel 1909: Weber & Weidemeyer. S. 3—11. 4° ¶[Forts. d. P-Beil. 1898—1900. 03.]
Kassel, k. Friedrichs-G P 1909 (525) [S 09. 189

[F.] **Heussner,** Friedrich [Dir. Dr.]: *Die Gideon-Vogt-Stiftung des Friedrichs-Gymnasiums zu Cassel.* Cassel, Druck v. L. Döll, 1894; 14—16 S. 4.
Cassel, k. Friedrichs-G, P 1894 (382)

Heußner, Friedrich [Dir. Dr.]: Freytags Ingo und Ingraban im Unterrichte der Prima. (Umschlagt.: ... Abt. I.) Cassel, Druck v. Baier & Lewalter, 1892; 3—27 S. 4.
Cassel, k. Wilhelms-G, OP 1892 (382)

Heussner, F., das Lateinische in der Einheitsschule, s.: Schriften d. deutschen Einheitsschulvereins.

Heussner, Frdr., unsere Muttersprache u. ihre Pflege. Festgruss des Lehrercollegiums des Gymnasiums zu Hanau an das Gymnasium zu Cassel zu seiner Säcularfeier am 14. Aug. 1879. gr. 8. (76 S.) Cassel 879. Freyschmidt. n. 1. 50

Heussner, Fr., Observationes criticae in Catulli Veronensis librum. Diss. 1869. 48 S.

Heussner, Frideric., Observationes grammaticae in Catulli Veronensis librum. gr. 8. (48 S.) Berlin 870, Calvary und Comp. *

Heussner, Friedrich, Direktor Dr.: Die Schillerfeier am 9. u. 10. Mai 1905. Ansprache. Cassel 1906: Weber & Weidemeyer. (S. 19—25.) 4° [F.]
Cassel, k. Friedrichs-G P 1906 [475]

Die Schillerfeier am 9. und 10. Mai 1905. Otto Paulus: Festrede im Anschluß an Goethes Epilog zur Glocke. Friedrich Heußner: Ansprache. (Etwas erweitert.) S. 3—25. 4.
Progr. Kgl. Friedrichs-Gymn. *Cassel* 1906 (475).

— die Vossische Uebersetzung des Homer. Festrede, gehalten in der Aula des Gymnasiums am 100jähr. Gedenktage der Ankunft Joh. Heinr. Vossens in Eutin. gr. 8. (19 S.) Ebend. 882. n. — 40

Heussner, F., Die Vossische Uebersetzung des H. 1889. 19 S. 1.—

Johann Heinrich Voss als Schulmann in Eutin. Festschrift zum 100 j. Gedenktage seiner Ankunft daselbst v. Friedrich **Heussner.** Nebst einem Anhang, welcher enthält 1. die gegenwärtigen Lehrer und Schüler des Gymnasiums, 2. die Primaner desselben vom Jahre 1820 an v. (Albert) Schramm und (Hugo) Schmidt, 3. ein Verzeichniss der Gaben zur Errichtung eines Denkmals für Voss. Eutin. 1882. 4°

— Johann Heinrich Voss als Schulmann in Eutin. Festschrift zum 100jähr. Gedenktage seiner Ankunft daselbst. gr. 4. (V, 87 S.) Eutin 882. (Struve.) n. 1. 35

Heussner, Friedrich **Das neue Königliche Wilhelms-Gymnasium und die Feier der Eröffnung desselben.** 4 (S. 3—16, 3 Taf.).
Progr. Wilhelms-G. *Cassel* 1887 (360).

Heußner, G., das Fremdwort in d. Baukunst. (56 S.) 16. Idstein (907). G. Grandpierre. In Leinw. kart. nn — 50

Heußner, R., Geschichte der Stadt u. Festung Ziegenhain. Mit Ansichten der Stadt, Planzeichnung der früheren Festg. u. Urkunden-Beilagen. 8. (IV, 108 S.) Ziegenhain 888. Korell. n.n. 1. 25

(Heußner, R.) Ein deutschkathol. Gottesdienst, s. Gottesdienst etc.

(Heußner, R.), ein deutschkatholischer sogenannter Gottesdienst am 2. Ostertage den 17. April 1854 in der St. Peterskirche zu Frankfurt a. M. Von einem Augen- und Ohrenzeugen, der sich nennt und für die Wahrheit des Gesagten einsteht. gr. 8. (8 S.) Frankfurt a. M. 854, Völcker.

Heußner, R., Machet euch Freunde mit dem ungerechten Mammon. Erklärende u. anwendende Betrachtung über das Gleichniß vom „ungerechten Haushalter" Luc. 16, 1—13. Marburg 861. Elwert. (Frankfurt a. M., Völcker.) gr. 8. (80 S.) 10 ngr.

Heussner, Rud., Chronik der französischen Colonie Schwabendorf, s.: Geschichtsblätter des deutschen Hugenottenvereins. VIII. 6.

Heuszon. J. C. Diluvium Franconicum Magnum, das ist: Wahrhafte und historische Nachricht von der grossen fränkischen Wasserfluth, — von schädlicher Ueberschwemmung und Verwüstung verschiedener Provinzen von Europa. — von den See-Würmern in Nord-Holland. Frankfurt a. M. 1733. 4.

Heussy, Emil, von Flawyl (Kanton St. Gallen): Phlebitis der Hirnsinus in Folge von Otitis interna. Zür. F. Walder u. S. Dr. 1855. VII. 8—39 S. 8°.
Zürich, Med. Diss. v. 10. Febr. 1855.

HEUSST, Joseph Friedrich (Rapperswil): De taenia. (Titel nach der Urkunde) 29.8.1828 - Urk; F 39
Diss. Ingolst.-Landsh.-Mchn.

Heusweiler, s.: Preussen. Messtischblätter.

Heut' lebst du, heut' belehre dich! 8. (2 S.) Basel 874. Spittler. pro 100 Exple n. — 80

Heut, Gottlieb Dr. **„Beiträge zur Einführung in die Chemie".** pg. 1—19. **8°. Mit Textfiguren. Anton Fellerer.**
Freising, Progr. 1883/84

Heut, G.: Einige Beobachtungen über Peucedanin und seine Zersetzungsproducte. Diss. Erlangen 1874

Heut, Gottlieb [Dr., Prof.]: **Materialien für den Unterricht in der Chemie an Mittelschulen.** (Erweiterte Umarbeitung d. P-Beil. 1884.) **Augsburg,** Druck d. Literar. Inst. v. Haas & Grabherr, 1895; 38 S., 1 Bl. 8.
Augsburg, k. RG, P 1895*

Heute. Von e. Optimisten. Europa. 1900. gr. 8. (185 S.) Breslau 900. Schles. Buchdruckerei etc. n. 3. —; geb. n. 4. —

Heute. Von e. Optimisten. Europa 1900. *Breslau: S. Schottlaender 1900.* (185 S.) 8° [F.] (04. 86)

Die heute angeschlagene Proklamation des Herrn Krotowski . . . (wird widerlegt). — Die Deputation der Deutschen im Großherzogthum Posen. Druck von C. Litfaß. 1 Bl. Fol.
Flugblatt. Berlin, 26. April 1848.

Heute Christtag. Ein Weihnachtsgruß. 2. Aufl. Ludwigsburg 862. Riehm in Comm. 16. (8 S.) 1 ngr.

Heute große Wäsche. Ein hübsches Buch m. bewegl. Fig. f. artige Mädchen. 4. (6 farb. Taf. m. 6 Bl Text.) Fürth 894. (Leipzig, W. Opetz.) Kart. 1. 50

Heute mir, morgen dir! Gedanken üb. Sonntagsheiligung u. Gnadenzeit aus Anlaß des Eisenbahnunglücks bei Geislingen am 8. Novbr. 1868. 3. Aufl. 8. (16 S.) Stuttgart 881. Buchh. der Evangel. Gesellschaft. n. — 4

Heute mir, morgen dir! Gedanken üb. Sonntagsheiligg. u. Gnadenzeit aus Anlaß d. Eisenbahnunglücks b. Gaislingen am 8. Novbr. 1868. 4. Aufl. 8. (16 S.) Stuttgart 896. Buchh. d. Evang. Gesellschaft. . n. — 04

Heute Mittag um ein Uhr wird ein feierlicher Zug — Buchdruckerei der Reform. 1 Bl. Fol.
Flugblatt. Berlin, 31. Okt. 1848.

Heuteroth – Morgen tot. Deutsche Soldatenlieder in Bildern von Hermann Bek-Gran. Berlin: Fischer & Franke [1900]. (24 Bl.) 8° [Umschlagt. F.]
— Jungbrunnen [5.] (05. 1008)

— **wird gepoltert,** je lauter, je besser! Neueste Sammlung gefälliger u. überall **leicht** ausführbarer **Polterabend-Scherze.** Nebst einer Auswahl von **häufig** verwendbaren Polterabend-Gedichten. Dessau 864. Central-Verlag. 8. (VII, 152 S.) 10 ngr.

Heute wollen wir lachen! Eine Samml. v. Aufsätzen d. Scherzes, d. Frohsinns u. d. Laune f. spaßliebende Näscher jeden Standes. Gesammelt v. lustigen Bruder M. Weinrausch. 12. (6 B.) Nordhausen 837, Fürst. Thlr.

Heute wollen wir lachen. Drollige Anekdoten und heitere Schwänke. Von Hanns Immerlustig. 8. (32 S. mit eingedr. Holzschn.) Wien 880, Neidl. *

Heuten, Ed., Recueil de poèmes, s.: Nouhelput, F.

Heutzfeld, Hermann (Glogau/Schles.), De nicotiana. **Diss. med. Bln. (Aug. Petsch) 30. VI. 1828. 30 S. mit Biogr. (4.50) 14972**
Oppon.: M. Ascherson, J. Schayer, H. Bressler. — Gew.: I. A. Heutzfeld (Vater).

***van den Heuvel,* C. G., tentam. nosolog., sist. morborum a vitio vis vitalis divisionem et disposit. pract. etc. 8maj. Leipz. 788. Dänzer in Düsseld. 1 ℛ 20 ℊ**

Heuvell, C. G. van der, tentam. nosolog., sist. morbor. a vitio vis vitalis divisionem et disposit. pract. etc. 8. maj. Leid. Daenzer. 788.

Heüveldop, Rudolf, approb. Arzt aus Emsdetten (Westf.): Ueber **Pneumothorax** im Kindesalter. *Freiburg i. B. 1901: Ch. Lehmann's Nachf.* (30 S.) 8°
Freiburg i. B., Med. Diss. v. 1902

Heuwes, *Joseph* [Dr.]: **Beiträge zur Würdigung der Opitzschen Übersetzung der Sophokleischen Antigone.** Erster Teil. Warendorf, J. Schnell'sche Buchdr., 1890; S. 1—21; 4°
Warendorf, k. G Laurentianum, P 1890

—: [**Bericht über seine Einführung als Direktor der Anstalt.**] S. 21—22. 4. **Progr.** Städt. Gymn. *Bocholt* 1904 (405).

— : [Prof. Dr. Gerhard van Haag † 6. Dezember 1909.] S. 14. 4.
Progr. Städt. Gymn. *Bocholt* 1910 (464).

Heuwes, J[oseph]: [Rückblick auf die bisherige Entwicklung der Anstalt.] S. 18—20. 4.
Progr.

Heuwes, J., De tempore quo Ovidii Amores Heroides Ars amatoria conscripta atque edita sint. Diss. 1888. 57 S. 1.50

Heuwieser, Max: Die stadtrechtliche Entwicklung der Stadt Passau bis zur Stadtherrschaft der Bischöfe. Landshut [1910]: Thomann. 104 S. 8° ¶(Ersch. auch als Buch b. Kleiter, Passau. T. 1 einer d. ganze vfgesch. Entw. d. St. Passau umfassenden Arbeit.)
München, Phil. Diss. v. 23. Juli 1909, Ref. v. Riezler, Grauert
[Geb. 21. Sept. 78 Tann, Niederbayern; Wohnort: Tann; Staatsangeh.: Bayern; Vorbildung: Gymn. Burghausen Reife Juli 99; Studium: Passau Lyz. Phil. 2, Theol. 6, Phil. München 4 S.; Rig. 23. Juli 09.] [U 10. 3058

Heuwieser, Max, die stadtrechtliche Entwicklung der Stadt Passau bis zur Stadtherrschaft d. Bischöfe. Ein Beitrag z. Gesch. d. Städtewesens in Deutschland. (II, 106 S. m. 1 eingedr. Plan.) 8. Passau 910. G. Kleiter. nn 1.50

Der Heu- und Sauerwurm. Sammlung von Vorträgen. Neustadt a. d. Haardt: Meininger 1910. 168 S. -- 121°

Heuzey, L., Recherches sur les lits antiques considerés particulièrement comme forme de la sépulture. 1873. 24 S. m. Abb. 4°. 1.—

HEVÁNSZKY, LEOPOLD: Dank-Rede gehalten als die Cholera-Seuche in der Stadt Pesth nachgelassen hatte, und vorgetragen in der Hauptpfarrkirche den 2. Oct. 1831. Pest 1831. Gedr. bei Joseph Beimel. 15 S. - 8°

HEVÁNSZKY, LEOPOLD: Die Ewigkeit, / dargestellt / in sechs Predigten, / nebst einer Predigt am Charfreitage. Von Leopold Hevánszky. Preßburg 1842: Joseph Landes. 88 (2) S. - 197 mm

HEVÁNSZKY, LEOPOLD: Fasten-Predigt nebst einer Predigt am Charfreitage, vorgetragen in der Haupt-Pfarrkirche zu Pesth 1833 von Leopold Hevánszky. Pesth 1833: Jos. Beimels Verlag. Graner Buchdruck. 130, 2 S. - 220 mm

HEVÁNSZKY, LEOPOLD: Fasten- und Gelegenheitspredigten. Handschriftlicher Nachlaß Leopold Hevánszky's. Preßburg 1845: Joseph Landes sel. Witwe. 4, 264 S. - 222 mm

HEVÁNSZKY, LEOPOLD: Fastenpredigten nebst einer Predigt am Charfreitage gehalten in der Bürger-Spital-Kirche zu Pressburg im Jahre 1837. Pressburg 1837: Landes. 108, 2 S. - 210 mm

HEVÁNSZKY, LEOPOLD: Fastenpredigten nebst einer Predigt am Charfreitage von Leopold Hevánszky. Preßburg 1838: Jos. Landes. 108, 2 S. - 206 mm
- Dass. Pressburg 1841: Landes. 108, 2 S. - 8°

HEVÁNSZKY, LEOPOLD: Fasten-Predigten / nebst einer / Predigt am Charfreytage / vorgetragen / in der Haupt-Pfarrkirche zu Pesth im J. 1830 / von Leopold Hevánszky. Gran 1830: Gedr. b. Jos. Beimel. 4, II, 116, 1 S. - 202 mm
- Dass. Pesth 1830: Josef Beimel's Verlag. 130, 2 S. - 8°

HEVÁNSZKY, LEOPOLD: Predigt am Tage des H. Joseph Calasanct vorgetragen in der Kirche der E. E. Väter der frommen Schulen zu Pesth im J. 1830 von Leopold Hevánszky. Pesth 1830. Gedr. bei Joseph Beimel, Besitzer der Graner u. einer Pesther Buchdruckerey. 16 S. - 8°

Heveker, Karl, a. Holzminden: Die Schlacht bei Tannenberg. (Gräfenhainichen 1906: C. Schulze.) (67 S.) 8°
Berlin, Phil. Fak., Ref. Delbrück, Diss. v. 19. Mai 1906
[Geb. 30. Aug. 82 Holzminden; Wohnort: Berlin; Staatsangeh.: Braunschweig; Vorbildung: Gymn. Holzminden Reife O. 02; Studium: Berlin 7 S.; Rig. 5. März 06.]

Hevel, J., s.: Optik, meteorologische.

Heveling, August (geb. Haldern im Rheinl. 27. 12. 1848): Ueber Insufficienz der Mitralis und Stenose am linken Ostium atrioventriculare. Berlin (1871). (31 S.) 8°
Berlin, Med. Diss. v. 27. Juli 1871

Heveling, Ivlivs (geb. am 3 Dez. 1842 in Haldern bei Rees): De Francisco Baldvino ivris consvlto eivsqve stvdiis irenicis atqve politicis ... Bonnae, form. C. Georgi (1871). 2 Bl., 58 S., 1 Bl. 8.
¶ Erschien zugleich selbständig bei Henry in Bonn.
Bonn, Phil. Fak., Diss. v. 16 März 1871

Heveling, Jul., de Francisco Balduino, iuris consulto eiusque studiis irenicis atque politicus. gr. 8. (56 S.) Bonna 871. Aachen, I. Schweitzer. — 40

Hevelius oder Anekdoten und Nachrichten von diesem berühmten Manne. Danzig 1780. V: *Lengnich, Carl Benj.* (Ky)

Hevelius, oder Anekdoten u. Nachrichten von diesem berühmten Manne. 8. Danz. 780. (W. Nauck in Leipz.) 8 gr

Hevelius, oder Anekdoten u. Nachrichten von diesem berühmten Manne. 8. Danz. (Sommer, Lpz.) 780.

Hevelius, J. A.: De spiritu vini ac alto Boerhavii alembico. Halae Salanae. 1759.

Hevelke, wie ist die kirchl. Armenpflege einzurichten, damit sie neben der bürgerl. ihre Bestimmg. zum Segen der Gemeinde erfülle. Vortrag. gr. 8. (12 S.) Danzig 891. A. W. Kafemann. n. — 30

Freymaurer-Reden, in der Loge [Janus] zu Bromberg gehalten, und auf Verlangen derselben hrsg. von Heinr. Hevelke. Posen: Mittler in Comm. 1827. IV, 210 S. 8°
Kl. 1236 b. 358 a.

Hevelke (Jh. Dn.) Hnr., juristisches Handwörterbuch für Rechtscandidaten, vorzügl. als Vorbereitungsmittel zum Examen u. für Nichtjuristen gebild. Stände. 2 Thle. gr. 8. Leipz. 804. Dyck. 4 rß Schrbp. 5 rß

HEVELKE, H.: Jurist. Handwörterb. f. Rechtscandidaten vorz. als Vorbereitungsmittel z. Examen, u. f. Nicht-Juristen gebild. Stände; m einer Vorr. v. HILTEBRANDT, *Lpz.*, Dyk. 804. 8.

— de rei vindicationis civilis natura. 4. Königsb. 812.

Hevelke, Heinr.: Studien des preussischen und des gemeinen Rechts. Halle.
Bd 1. [einz.] enth. einen Commentar zu einzelnen Stellen des Landrechts und des 1. Theils der Gerichtsordnung für die preuss. Staaten, nebst Abhandlungen über mehrere, bes. über streitige Gegenstände des gemeinen Civil- und Kirchenrechts. 1818.

Hevelke, Heinr., Studien des preussischen und des gemeinen Rechts. 1r Bd. gr. 8. Halle, Kümmel. 818.

— neue Unterhaltung für Deutschlands Jugend. 4 Bdchn. 8. Leipz. 802, 3. Dyck. 3 rß 6 gr (1s Bdchn. auch u. d. T.: Reise von Berlin nach Vorpommern u. d. Insel Rügen. 20 gr 2s Bdchn. A. u. d. T.: Schnepfenthal u. d. umliegende Gegend. 1802. 16 gr 3s Bdchn. A. u. d. T.: Eine Reise durch d. Harz u. Bemerkk. auf e. Reise von Dresden nach Leipzig. 1 rß)

— die Wiedervereinigung; Gelegenheitsstück in 2 Abtheill.; nebst e. Gedichten. 8. Berl. 816.

Hevelke, Johann Andreas

— Gelegenheitsgedichte, nur für Gönner u. Freunde zum Andenken gesammelt. 8. Thorn 781.

— Gesellschaften der Redner sind eine Schule angehender Geistlichen, e. Rede. 4. Jena 765.

Hevelke, Jh. Andr., († d. 21. Jan. 1791.) 5 Predigten bei außerordentl. Fällen. 8. Berl. 784. Nicolai. 10 gr.

Hevenesi, Gabriel, s. Alphabetum Angelicum sive Angeli custodis in cliente suo adolescente ad custodiendam Castitatem instuendo conatus.

HEVENESSI, GABRIEL S. J.: Auserlesene Beyspiele der Tugenden, fürnehmlich der Unschuld und Reinigkeit auf jeden Tag des Jahres eingetheilet aus dem Leben der Heiligen gezogen. Wien 1779: Gerold, 372 S. - 140 mm

HEVENESI, GABRIEL: Tägliche Blumen, oder: Beispiele von Heiligen, welche die Keuschheit liebten, für die einzelnen Tage des Jahres gesammelt und zur Nachahmung keuschen Menschen vorgestellt. Passau 1837: Pustet'sche Buchdruck. - 8°
- Dass. 2. Ausg. Passau 1839: Pustet.

Hevenesi, Gabriel S., tägl. Blumen, oder: Beispiele von Heiligen, welche die Keuschheit liebten; für die einzelnen Tage des Jahres gesammelt u. zur Nachahmung keuschen Menschen vorgestellt. Jan. — Decbr. 8. Passau 837. Winkler. 3/8 Rthl. — 2e Ausg. 8. Ebd. 839. Pustet'sche Buchh. 1/4 Rthl.

Hevenesi, Gabr., tägliche Blumen oder: Beispiele von Heiligen, welche die Keuschheit liebten, für die einzelnen Tage des Jahres gesammelt und zur Nachahmung keuschen Menschen vorgestellt. Neue (Titel-)Ausg. Passau (839.) 853. Pleuger. gr. 8. (188 S.) 4 ngr.

(HEVENESI, GABRIEL S. J.:) Indianisches Blumenbüschel oder geistliche Lehrstuck aus denen guldenen Sendschreiben des heil. Indianer Apostels Francisci Xaverii zusammen getragen. München 1739: Verlag des Guldenen Allmosen. (190 f.) - 130 mm

HEVENESI, GABRIEL (- DOLMAN, GABRIEL): Allezeit blühender Blumen Garten. Das ist, Exempien deren Heiligen, so die Keuschheit geliebt haben, Auff alle Täg des gantzen Jahrs außgetheilt. Von dem Ehrwürdigen P. GABRIEL HEVENESI auß der Gesellschafft Jesu in Latein beschrieben, Und Durch einen anderen Priester auß derselbigen Gesellschafft ins Teutsch übersetzt. Cölln am Rhein, Bey Heinrich Rommerskirchen Buchhändleren unter fetter Hennen 1711. Cum Facultate Superiorum & Privil. Caes. 458 S. - 8°

— Ephemerides piarum ephemeridum, seu opera omnia ascetica. 4. Budae, Typ.

HEVENESI, GABRIEL S. J.: Heilige Fasten Christo, dem leydenden Heiland gewidmet, mit täglichen Betrachtungen versehen. In das Teutsch versetzet von einem Priester eben gemeldter Gesellschaft. Wien 1758: Schilgin. 396, 1 S. - 160 mm

Hevenesius, Gab., Flores Indici. 12. Vien. Gerold 747. Rthlr.

— Flores quotidiani. 12. Colon. 727.

— geistliche Lehrstücke des heiligen Indianer Apostels, Franz Xaverius u. s. w. 12. Ebend.

Hevenesi, Gabr., das bittere Leiden Jesu Christi in Betrachtungen für alle Tage der heil. Fastenzeit. Bearb. nach dem Latein. Hrsg. und mit einem Anhang von Gebeten versehen von Wilh. Sander. 16. (VIII, 440 S. mit 1 Stahlst.) Paderborn 868, Junfermann'sche Buchh.

Das Leiden Jesu Christi. Erwägungen f. alle Tage d. heil. Fastenzeit. Von P. Gabriel **Hevenesi**. Neubearb. von Johannes Bapt. Lohmann. 2. Aufl. Paderborn: Junfermann 1908. (VIII, 389 S.) 8° [F.] (08. 5488

— s. Jos. Pemble, pietas quotidiana.

Hevenes, Gabriel. Quadragesima Christo Patienti Sacra. Clagenfurti, Kleinmayr, 1751. Duodez. 452 S.

Hevenesius, Gabr., scientitiae Ignatianae. 12. Wien 769. Gerold. 9 gr.

— scintillae Ignatianae seu Sancti Ignatii de Loyola sententiae et effata sacra quae per singulos anni dies distribuit, denuo edidit Carol. Schrod. Trier 868. Groppe. 32. (IV, 263 S.) n. 10 ngr.

— speculum innocentiae sive vita Aloys Gonzagae. 12. Wien 752. Trattner. 4 gr. 12. Ofen 762. Typogr. Soc. 4 gr.

HEVENESI, (GABRIEL): Spiegel der Unschuld Oder Englisches Leben Deß Seeligen Aloysii Gonzagae der Gesellschafft Jesu, In zwey Theil entschiden, Vnd Mit geistreichen Lehr-Sprüchen, zu mehrer Nachfolg- vnd Verehrung dises Gottseeligen Vorbilds, Erstlich in Lateinischer Sprach Von P. GABRIELE HEVENESI Soc. Jesu beschriben, hernach aber ins Teutsch übersetzet. Cum Permissu Superiorum. Mit Röm. Käys. Maj. &c. auch Churfürstl. Gnad vnd Freyheit nit nachzudrucken. München, In Verlegung Johann Hermann von Gelder seel. Wittib, vnd Erben. Getruckt bey Maria Magdalena Rauchin Wittib. 1700. 318 (3) S. 47 t. - 12°

—— Tropfen aus dem Leidenskelche des Herrn, oder Betrachtungen auf alle Tage der heil. Fastenzeit. Aus dem Latein. übers. von einem Priester der Diözese Paderborn. 12. (448 S. mit 1 Stahlst.) Soest 867, Nasse's Verlag.

Hevenesi, Gabr., Tropfen aus dem Leidenskelche d. Herrn od. Betrachtgn. auf alle Tage der heil. Fastenzeit. Aus dem Lat. übers. v. e. Priester der Diöcese Paderborn. Mit angehängtem Gebetbuche u. e. Stahlst. 2. Aufl. 16. (448 S.) Münster 875. Nasse. 1. 50

Hevenesi, Gabriel, Tropfen aus dem Leidenskelche d. Herrn od. Betrachtgn. auf alle Tage der heil. Fastenzeit. Aus dem Lat. übers. v. e. Priester der Diöcese Paderborn. Mit angehängtem Gebetbuche u. e. Stahlst. 3. Aufl. 16. (440 S.) Paderborn 891. F. Schöningh. n. 1. 50; geb. n. 2. —

Hevera, Vinc., die Wälder Böhmens. Erörterung der Frage: „Welche sind mit besonderer Rücksichtnahme auf die Verhältnisse Böhmens die geeigneten Mittel u. Wege, um nicht nur der Entwaldung vorzubeugen, sondern auch die Aufforstung derzeit kahler Bergkuppen, Bergabhänge u. Uferlehnen zu fördern?" Staats-Preisgekrönte Schrift in Folge Zuerkennung des Landes-Kulturraths im Königreich Böhmen vom 2. Oktbr. 1876, Z. 2671. 8. (148 S.) Prag 878. Mikuláš & Knapp. n. 1. 80

Hevesi, Jos., falsche Diamanten. Gesellschaftliche Novelletten u. Skizzen. Nach dem Magyar. frei übers. u. bearb. v. Ad. Kohut. Einzig autoris. Ausg. 8. (VII, 77 S.) Zürich 890. Verlags-Magazin. n. 1. —

Hevesi, Ludw., des Schneidergesellen Andreas Jelky Abenteuer in vier Welttheilen. Nach histor. Quellen zum ersten Male ausführlich dargestellt und der reiferen Jugend gewidmet. Deutsche Orig.-Ausg. Mit 6 Holzschn. nach Zeichnungen von Joh. Greguß. 2. unveränd. Aufl. gr. 8. (VIII, 311 S.) Budapest 879. (Leipzig, Haessel.) *
1. Aufl. Vgl.: Abenteuer.

Hevesi, Ludw., Almanaccando. Bilder aus Italien. 8. (XI, 436 S.) Stuttgart 888, Bonz und Comp. * 4 50
geb. * 5 60

Rudolf von Alt. Variationen von Ludwig **Hevesi**. Mit 6 Abb. u. 1 Schriftprobe. Wien: C. Konegen 1905. (96 S.) 8° (05. 6918

Hevesi, Ludw., d. Althofleute. E. Sommerroman. M. Illustr. v. Wilh. Schulz. 12. (V, 407 S.) Stuttgart 897. A. Bonz & Co. n. 3. —; geb. in Leinw. n. 4. 20

Hevesi, Ludw., Altkunst — Neukunst. Wien 1894—1908. (XII, 608 S.) gr. 8. Wien 909. C. Konegen. 11.—; geb. 12.—

— das bunte Buch. Humoresken aus Zeit u. Leben, Litteratur u. Kunst. 12. (VIII, 327 S.) Ebd. 898. n. 3. 60; geb. in Leinw. n. 4. 80

— Buch der Laune. Neue Geschichten. 8. (381 S.) Ebd. 889. n. 4. —; geb. n. 5. —

Hevesi, Ludw., Budapest u. seine Umgebungen. Auf Veranlassg. der hauptstädt. Commune dargestellt. Mit e. nach den neuesten authent. Daten des Bauratheѕ verfertigten (chromolith.) Plane der Hauptstadt (in Imp.-Fol.), einem alphabetisch geordneten Strassen-Verzeichniss u. 20 in den Text gedr. Abbildgn. (in Holzschn.) 16. (X, 293 S.) Budapest 873. Ráth. n. 3. —; geb. n. 3. 75.

— die fünfte Dimension. Humore der Zeit, des Lebens, der Kunst. (V, 308 S.) 8. Ebd. 906. n. 4. —; geb. n. 5. 50

— blaue Fernen. Neue Reisebilder. 12. (VIII, 378 S.) Ebd. 897. n. 3. 60; geb. in Leinw. n. 4. 80

—— Technische Fertigkeiten, s. Kehr, C., Geschichte der Methodik d. Volksschulunterrichts.

— Flagranti u. andere Heiterkeiten. (V, 235 S.) kl. 8. Stuttgart 909. A. Bonz & Co. 2.50; geb. in Leinw. 3. 50

Hevesi, Ludw., der zerbrochene Franz nebst anderen Humoresken u. Geschichten. 12. (IV, 277 S.) Stuttgart 900. A. Bonz & Co. n. 3. —; geb. in Leinw. n. 4. —

Hevesi, Ludw., Zerline Gabillon. Ein Künstlerleben. Mit 18 Zeichngn. v. Helene Bettelheim-Gabillon u. 2 Bildnissen. 12. (VIII, 238 S.) Stuttgart 894. A. Bonz & Co. n. 3. 60; geb. in Leinw. n. 4. 80

—— neues Geschichtenbuch. 8. (VII, 365 S.) Ebendas. 885. f *ℳ 4.—.; geb. * 5 —

[F.] Wilhelm Junker. Lebensbild e. Afrikaforschers. Von Ludwig **Hevesi**. M. 1 Bildn. *Berlin: Weidmann 1896.* (VII, 243 S., 1 Portr.) 1 Bd 8. [96. 498

— die bildende Kunst in Oesterreich, s.: Pflege, die, der Kunst in Oesterreich 1848—1898.

Oesterreichische Kunst im neunzehnten Jahrhundert. Ein Versuch von Ludwig **Hevesi**. *Leipzig: E. A. Seemann 1903.* (IV, 334 S.) 4° [03. 1331

Oesterreichische Kunst im 19. Jahrhundert. Von Ludwig **Hevesi**. T 1 2. *Leipzig: E. A. Seemann 1903.* 2 Bde 4°(8°) [F.]
1 1800–1848. 2. 1848–1900.
— **Geschichte** d. modernen Kunst. Bd 2. 3. [03. 446] 11

— s.: Messerschmidt's, Frz. Xav., Werke.

— Gut munkeln. Neue Humore der neuen Zeit. (V, 331 S.) kl. 8. Stuttgart 909. A. Bonz & Co. 8.—; geb. in Leinw. 4. —

— Mütter u. Töchter, s.: Berczik, Arpad v.

— s.: Olbrich, Ideen.

— Regenbogen. Sieben heitere Geschichten. Mit Illustr. v. Wilh. Schulz. 12. (V, 242 S.) Stuttgart 892. A. Bonz & Co. n. 3. —; geb. in Leinw. n. 4. 20

— glückliche Reisen. 12. (VII, 376 S.) Ebd. 895. n. 4. —; geb. in Leinw. n. 5. —

— Mac Eck's sonderbare Reisen zwischen Konstantinopel u. San Francisco. 12. (VII, 372 S.) Stuttgart 901. A. Bonz & Co. n. 3. 60; geb. in Leinw. n. 4. 80

— Schiller. — Lenau. 2 Concordia-Reden. (48 S.) 8. Wien 905. C. Konegen. n. 1. —

Hevesi, Ludw., auf der Schneide. Ein Geschichtenbuch. 8. (380 S.) Stuttgart 884, Bonz und Comp. * geb. *

— e. englischer September. Heitere Fahrten jenseits d. Kanals. 8. (X, 306 S.) Ebd. 891. n. 3. 60; geb. in Leinw. n. 4. 80

Hevesi, Ludwig: Acht Jahre Sezession (März 1897–Juni 1905). Kritik, Polemik, Chronik. Wien: Konegen 1906. XIII, 550 S. 8°

— sie sollen ihn nicht haben. Heiteres aus ernster Zeit. 8. (VII, 160 S.) Leipzig 871. (Budapest, Lauffer.) n. 2. —

— Sonne Homers. Heitere Fahrten durch Griechenland u. Sizilien 1902—1904. (VI, 428 S.) kl. 8. Stuttgart 905. A. Bonz & Co. n. 3. 60; geb. in Leinw. n. 4. 80

—— auf der Sonnenseite. Ein Geschichtenbuch. 8. (405 S.) Ebendas. 886. *ℳ 4.50.; geb. * 5 60

— Ludwig Speidel. Eine literarisch-biograph. Würdigg. (Titel u. Einbde. zeichnete Lucian Bernhard.) (77 S. m. 1 Bildnis.) 8. Berlin 910. Meyer & Jessen. 1. —

— ewige Stadt, ewiges Land. Frohe Fahrten in Italien. 12. (IV, 367 S.) Stuttgart 903. A. Bonz & Co. n. 3. —; geb. in Leinw. n. 4. —

— s.: Tilgner's, Vict., ausgew. Werke.

— Wiener Totentanz. Gelegentliches über verstorbene Künstler u. ihresgleichen. 12. (VIII, 394 S.) Ebd. 899. n. 3. 60; geb. in Leinw. n. 4. 80

— von Kalau bis Säkkingen. Ein gemütl. Kreuz u. Quer. 12. (VII, 323 S.) Ebd. 893. n. 4. —; geb. in Leinw. n. 5. —

— der Zug um den Mund. Neue Humore. (V, 298 S.) kl. 8. Ebd. 907. n 3. —; geb. in Leinw. n. 4. 20

Hevesy, Edmund von: Die staatliche Industrieförderung in Ungarn. Freiburg i. B. 1907: C. A. Wagner. (87 S.) 8°
Freiburg i. B., rechts- u. staatsw. Fak., Ref. von Schulze-Gaevernitz, Diss. v. 1907
[Geb. 22. Okt. 81 Budapest; Wohnort: Budapest; Staatsangeh.: Ungarn; Vorbildung: Gymn. d. Piaristen Budapest Reife Juni 99; Studium: München 1, Budapest 1, Freiburg i. B. 5 S.; Rig. 26. Jan. 06.]

Hevesy, Georg von: Über die schmelzelektrolytische Abscheidung der Alkalimetalle aus Ätzalkalien und die Löslichkeit dieser Metalle in der Schmelze. Freiburg i. B.: Speyer & Kaerner 1908. 29 S. 8°
Freiburg i. B., Phil. Diss. v. 1909, Ref Himstedt
[Geb. 1 Aug. 85 Budapest Wohnort Budapest, Staatsangeh.: Ungarn, Vorbildung Gymn. Budapest Reife Juni 03, Studium Budapest 2, Berlin Techn. Hochsch. 1, Freiburg i. B. 7 S. Rig. 10. Dez. 08.] [U 09. 1016

Hevesy Georg von und **Paneth** Fritz, Dr Mitteilungen aus dem Institut für Radiumforschung 42. Über Versuche zur Trennung des Radium D von Blei. S. 122. IIa. 966 „ —.30
— — — 43. Über Radioelemente als Indikatoren in der analytischen Chemie. S. 122. IIa. 1001 „ —.30
— — — 44. Über die elektrochemische Vertretbarkeit von Radioelementen (mit 4 Textfiguren). S. 122. IIa. 1037 „ —.60
— — — 45. Über die Gewinnung von Polonium S. 122 IIa. 1049 „ —.20
Separatabdruck

Victor HEVLER Höhenbestimmungen von Mondbergen.
Diss. Prag 1900/01

Hevler, Viktor: Höhenbestimmung von Mondbergen auf Grund des Prager photographischen Mondatlasses des Herrn Prof. Dr. L. Weinek, . . . Doktorsdissertation. (Umschlagtitel: . . . Mondbergen.) S. 3—38. 8.
K. k. Erzherzog Rainer-Gymn. im II. Gemeindebezirke *Wien* 1906. Progr

Hewel, Martin: Dissertatio canonica et moralis de impedimentis matrimonivm dirimentibus; quam, praeside Petro Josepho Weber, S. T. D., . . . Pastore in Niedererbach, moralis theoreticae et practicae Professore publico, ordinario, ac Bibliothecario, vna cvm practicis thesibvs in antiqvissimo stvdio generali Trevirensi exponebant, Reuerendi, nobiles ac pereruditi Domini, studii generalis Candidati: . . . Proponebant Reuerendi, ac pereruditi Domini, Studii generalis Candidati: . . . Augustae Treuirorum 1788. 2, 90, 4 S. 4°

Hewel, Theo, Assistenzarzt im Kgl. Bayr. 13. Inf.-Reg. „Kaiser Franz Josef von Österreich": Über einen Fall von Syringomyelie verbunden mit akromegalischen Veränderungen. ⟨Garnisonslazarett Ingolstadt.⟩ München 1905: G. J. Manz. (21 S.) 8°
Erlangen, Med. Fak., Ref. Voit, Diss. v. 10. März 1906
[Geb. 7. Juni 76 Cöln; Wohnort: Ingolstadt; Staatsangeh.: Bayern; Vorbildung: Gymn. z. d. Aposteln Cöln Reife 95; Studium: Bonn 1, Marburg 1, Leipzig 5, Erlangen 8 S.; Coll. 28. April 05; Approb. 21. Mai 04.]

Hewel, Wilhelm [aus Köln-Ehrenfeld]: Beiträge zur Kenntniss der pyrophosphorsauren Salze. . . . Rostock, Carl Boldt'sche Hof-Buchdr., 1890; 43 + 1 S. 8°
Rostock, Phil. Fak., Inaug.-Diss. v. 2. Aug. 1890

Hewelcke, M. R., die Loreleysage. (67 S.) gr. 8. Paderborn 908. Junfermann. 1.25

Hewer, Johann Jakob

Hewer, Dr. J. J. Geschichtliche Beschreibung der Burgen an der Saar. Mit Abb.
Trier 1847. 87 S.

Hewer, J. J., geschichtliche Beschreibung der Burgen an der Saar. gr. 8. (X und 77 S.) Trier 848, (Lintz'sche Buchh.) *

Hewer, (J. J.), Dr. Beurich und sein Wunderbild. Trier 854. Lintz. 8. (16 S.) 3 ngr.

Hewer, Dr. J. J., Castell (an der Saar), eine histor. Topographie. Mit 2 Abbildd. gr. 12. Trier 839. Lintz. 1/2 ngr

Hewer, Johann Jacob (Saarburg), De functione digestionis. Diss. med. Bln. (Joh. Friedr. Starck) 27. XII. 1820. 32 S. mit Biograph. (M.: A. G. Emmerich). (6.—) 14975
Oppon.: Susewind, Schloss, Alertz.

Hewer, J. J., Geschichte von Montclair, nach Urkunden zusammengestellt. (Abgedr. aus den Jahresberichten der Gesellschaft für nützl. Forschungen von 1859.) Trier 861. Lintz. 8. (51 S.) 15 ngr.

Hewer, J. J., Geschichte der Burg und der Stadt Saarburg. gr. 8. (XI und 100 S.) Trier 862, (Lintz' Verlag.) *

(——) Mosaik der römischen Villa zu Nennig. 8. (15 S.) Trier 854, Lintz'sche Buchh.

—— Rundschau des Kreises Saarburg. Eine geschichtliche Landschaftsbeschreibung. gr. 8. (32 S.) Trier 852, Lintz'sche Buchh.

Bibliothek Professor [Waterman Thomas] **Hewett** Ithaca, New-York. Deutsche Litteratur. Originalsilhouetten, Autographen, Stammbücher aus Privatbesitz. Versteigerung ... 1909 ... durch C. G. Boerner, Leipzig. (Altenburg [1909]: Bonde.) 135 S. 8°

Hewitt, A. S. Notizen über die Erzeugung von Stahl und Eisen. Uebersetzt von P. Tunner. Abdruck. Wien, 1869.

Hewitt's, Graily, Diagnose, Pathologie u. Therapie der Frauen-Krankheiten. Deutsch hersg. v. Herm. Beigel. Mit 124 in den Text eingedr. Holzschn. Erlangen 869. Enke. Lex.-8. (VIII, 578 S.) n. 3 ℛ 22 ngr.

Hewitt's, Graily, Diagnose, Pathologie u. Therapie der Frauen-Krankheiten. Deutsch hrsg. v. Herm. Beigel. 2. vollständig umgearb. Aufl. Mit 139 in den Text gedr. Holzschn. gr. 8. (XX, 770 S.) Stuttgart 873. Enke. n. 15. —

Hewitt, Halford Wotton (Lichfield)
De enteritide. Inaug. Diss.
[lt. Dekanatsbuch handschriftliche Diss.]
Dr. med. 3.1.1845.

Hewitt, John Theodore [aus Cambridge]: Zur Kenntnis der Chlorphenylhydrazine . . . Heidelberg, Univ.-Buchdr. v. J. Hörning, 1893; 38 S., 1 Bl. 8.
Heidelberg, Naturw.-math. Fak., Inaug.-Diss. v. [12. Jan.] 1893

Fond Adventures. Tales of the youth of the world. By Maurice **Hewlett**. Copyright ed. Leipzig: Tauchnitz 1905. 303 S. 8°
(Collection of British authors. Tauchnitz Ed. Vol. 3813.) [11. 8606

— Fond adventures, s.: Collection of British authors.

New Canterbury Tales. By Maurice **Hewlett**. Copyright ed. Leipzig: Tauchnitz 1901. 285 S. 8°
(Collection of British authors. Tauchnitz Ed. Vol. 3537.) [11. 8407

Hewlett, Maurice, new Canterbury tales, s.: Collection of British authors.

Open Country. A comedy with a sting. By Maurice **Hewlett**. Copyright ed. Leipzig: Tauchnitz 1910. 294 S. 8°
(Collection of Brit. Authors. Tauchnitz Ed. Vol. 4225.) [10. 17117

Hewlett, Maurice, open country, s.: Collection of British authors.

The Fool errant. Being the memoirs of Francis-Antony Strelley, citizen of Lucca, edited by Maurice **Hewlett**. Copyright ed. In 2 vol. Vol. 1. 2. Leipzig: Tauchnitz 1906. 8°
(Collection of British authors. Tauchnitz Ed. Vol. 3864/5.) [11. 8647

— The fool errant, s.: Collection of British authors.

The forest lovers. A romance by Maurice **Hewlett**. Copyright ed. *Leipzig: B. Tauchnitz 1899.* (335 S.) 8°
(Collection of British Authors. Tauchnitz Ed. Vol. 3353.) [05. 14838 10
Dass. s.a.: Collection . . .

Halfway House. A comedy of degrees. By Maurice **Hewlett**. Copyright ed. In 2 vol. Vol. 1. 2. Leipzig: Tauchnitz 1909. 8°
(Collection of British authors. Tauchnitz Ed. Vol. 4106/7.) [11. 8830

— Halfway house, s.: Collection of British authors.

— die Herzogin v. Nona, s.: Sammlung Franckh. 31. Bd.

The Spanish Jade. By Maurice **Hewlett**. Copyright ed. Leipzig: Tauchnitz 1908. 255 S. 8°
(Collection of British authors. Tauchnitz Ed. Vol. 4060.) [11. 8796

- The Spanish jade, s.: Collection of British authors.

The stooping Lady. By Maurice Hewlett. Copyright ed. Leipzig: Tauchnitz 1908. 304 S. 8°
(Collection of British authors. Tauchnitz Ed. Vol. 4018.)

- The stooping lady, s.: Collection of British authors.

Hewlett, Maurice, the life and death of Richard Yea-and-Nay, s.: Collection of British authors

Little Novels of Italy. By Maurice Hewlett. Copyright ed. Leipzig: Tauchnitz 1899. 304 S. 8°
(Collection of British authors. Tauchnitz Ed. Vol. 3396.)

Dass. s.a.: Collection...

The Queen's quair or the six years' tragedy. By Maurice Hewlett Copyright ed. In 2 vols. Vol. 1 2 Leipzig B. Tauchnitz 1904 2 Bde 8°
(Collection of British authors. Tauchnitz Ed. Vol. 3730. 3731.) 10

— The queen's quair; or, the six years' tragedy, s.: Collection of British authors.

Hewlett, Maurice, Borsos Urteil. Madonna unter dem Pfirsichbaum. Italienische Novellen. Autoris. Uebersetzg. aus dem Engl. v. Max Pannwitz. 2 Aufl. (227 S.) 8. Stuttgart (903). Franckh. n. 3.—; geb. n. 4.20

Hewrisone's Fabeldichtungen, s. Diebler, Arth. Rich.

Hewser, [Paul H.] A.: Lehrbuch der Electro-Homöopathie Leipzig W Friedrich 1896. (2 Portr., XXVI S., 1 Bl., 590 S.) 8°

Hewser, A., Lehrbuch d. Electro-Homöopathie. 2. [Titel-] Aufl. gr. 8. (XXXVI, 590 S. m. 2 Bildn. u. 1 Taf.) Leipzig (896) 899. W. Friedrich. n. 12.—

Hewser, Paul H. A., Lehrbuch der Electro-Homöopathie. 2. Aufl gr. 8. (XXVI, 384 S. m. 2 Bildnissen u. 1 Taf.) Regensburg 901. J. Habbel. Geb. in Leinw. n 9.—

— dasselbe. 3. vollst. umgearb. u. verm. Aufl. gr. 8. (644 S. m 1 Taf. u. 1 Bildnis.) Ebd. 902. Geb. in Leinw. n. 9 —

Hewser, Paul H. A., Lehrbuch d. Elektro-Homöopathie. 4. Aufl. Durchgeseh. u. nach den neuesten Erfahrgn. verb. v. Thdr. Krauß. (638 S. m. 1 Doppel-Taf.) gr. 8. Regensburg 911. J. Habbel. 9.—; geb. 10.—

— Elektro-homöopathisches Rezeptbuch, s.: Vademecum der Elektro-Homöopathie.

William Hewson, [Experimental Inquiries, Teilausg. Deutsch:] Vom Blute, seinen Eigenschaften, u.einigen Veränderungen desselben in Krankheiten. Nebst e.Anh. betr. die Entdeckung der lymphatischen Gefäße in Vögeln, Fischen u. Amphibien. [Übers.: Karl Heinrich Spohr.] Nürnberg: Lochner & Grattenauer 1780. 162 S. 8

Hewson, W., v. Blute, seine Eigenschaften rc. A. d. Engl. (v. K. H. Spohr.) gr. 8. Nürnb. 780. (Lauffer in Leipz.) 10 gr.

— disquis. experim. de sanguinis nat. etc., ed. Winpersse II pts. c. fig. 8. maj. Leid. (Weidmann Lips). 785.

Hexamer und A. Carl, die Staats-Umwälzungen der J. 1847 und 1848, s. Carl, A.

Hexamer, Adph. E., die Kinder-Cholera oder summer complaint in den Vereinigten Staaten, ihre Natur, Verhütung und rechtzeitige Erkennung. New-York 858. Westermann u. Co. 12. (VI, 77 S.) n. 20 ngr.

Hexameron v. Rosenhayn, v. C. M. Wieland. 8. Leipz. Göschen. 805.

Hexameter, Englische. [Weimar 1796.] V: *Böttiger, Carl Aug.* (MGT)

Hexe

— an die, zu Kadmonbor. (Von J. G. Hamann.) 4. Berl. (Frankf. a. M.) 773.

Hexe, Die, vom Karrenberge. Eine Erzählung aus den Zeiten der Kreuzzüge. Der gesammten edleren Lesewelt, besonders aber der reiferen Jugend dargereicht von dem Verfasser der Beatushöhle. Regensburg 1840. V: *Bauberger, Wilhelm.* (Russell IX, 541)

Hexe, die, vom Karrenberge. Eine Erzähl. aus d. Zeiten d. Kreuzzüge. Der gesammten edleren Lesewelt, besond. aber d. reif. Jugend dargereicht v. d. Verf. der „Beatushöhle." 8. (13 B. u. 1 Stahlst.) Regensburg 840, Manz.

Hexe, die, u. die Königskinder. Märchen m. 6 Farbendr.-Bildern in Holzschn. nach Orig.-Zeichgn. v. Emil Sachße. (Meinhold's Märchen-Bücher.) gr. 4. (8 S.) Dresden (902). C. C. Meinhold & Söhne. n. 1.—

Hexe, Die, von vier Wochen. Breslau u. Leipzig 1763. V: *Weitzler, Gg Christoph.* (Ky) (ML)

Hexe, die, von vier Wochen. 8. Bresl. 763. Horn. 6 gr.

Hexen, die, Berlins. Eine cultur-histor. Studie aus dem J. d. Heils 1871 v. W. R. 16. (39 S.) Berlin 872. Albrecht. n. — 50

Hexen u. Hexenprozesse, s.: Miniatur-Bibliothek.

Hexen und Hexenprocesse. Zur Geschichte des Aberglaubens und des inquisitorischen Processes. Leipzig 855. O. Wigand. 32. (119 S.) 5 ngr.

[J.] Die Hexenangst des Evangelischen Bundes vor den Katholischen Klosterfrauen. *Berlin: Germania (1897).* (95 S.) 1 Bd 8.
— Flugschriften, Kathol., z. Wehr u. Lehr'. No 124/125.

Hexen-Büchlein, d. i. Ware entdeckung vnd erklärung oder Declaration fürnämlicher Artikel der Zauberey und was von Zauberern, Unholden, Hengsten, Nachtschaden etc. zu halten sei. Allen Vögten, Schultheißen etc. nützlich zu lesen. Etwann durch — Jac. Freyherrn von Lichtenberg — erfahren und jetzt durch einen gelehrten Doctor beschrieben. s. l. et a. 4.

Hexenbulle, die, Papst Innocens' VIII. Summis desiderantes. Aus dem Bullarium magnum übertr. u. hrsg. v. Paul Friedrich. (15 S.) gr. 8. Leipzig 905. J. Zeitler. n. 1.80

Hexenfahrten und Teufelskünste aus dem geheimen Archiv der Walpurgisnächte auf dem Blocksberge. Leipzig 1797. V: *Vulpius, Chn. Aug.* Vgl. Jb. d. Samml. Kippenberg 6 (1926), S. 90. (DARP)

Hexenfahrten und Teufelskünste aus dem geheimen Archiv der Walpurgisnächte auf dem Blocksberg. Mit interess. Titelkpfr. u. Vign. Bagdad, 1797. Bei Beelzebub. (Leipzig, Rein.) 8°. Selten! (3 fl. Ö. W. Gilhofer & Ranschburg, Wien, c. 1888.)
274 S. nebst 14 S. Titel, Vorbericht und Inhalt.

Hexen- oder Studentengeschichte, die sich im Jahre 1768 zu Ingolstadt soll zugetragen haben. München 1768. V: *Edlweckh, Joh. Ev.* (KY 2/97) (DIBLPORT)

Hexen- u. Gespenstergeschichten. Ein Lesebuch für die deutschen Schulen. 8. Freiburg ... (Gräffer u. Schmidl in Wien). 6 K

HEXEN- und Gespenster-Geschichten. Ein geschriebenes Lesebuch zunächst für die deutschen Schüler, dann auch für alle grosse und alte Kinder in der Stadt und auf dem Lande. Freiburg und Konstanz, o. J. (Wien, Gräffer, c. 1780). 8°. (1 Mk. 50 Pfg. E. Frensdroff, c. 1905.)
Weller, fing. Dr.

HEXEN- u. Gespenstergeschichten. Marburg 1806. 8°. (6 Sgr. Ferd. Schmitz, Elberf., 1869; jetzt theurer!) Selten!

WALTERSHAUSEN in Thüringen. — Zwei Hexengeschichten aus —, nebst einem mythologischen Excurs über Hexen .... Berlin 1888. 8°. (40 Pfg. E. Frensdorff, c. 1905.)

Hexen- und Gespenstergeschichten, zwölf, für große und kleine Leute. Mit vielen Schattenbildern (Holzschn. im Text). Ulm 854. F. Ebner. 16. (253 S.) 18 ngr.

Hexekunst, allerneueste probate, s. Prophezei- und Hexekunst.

Drei neue Hexenmährchen, a. d. Franz. 749. 8.

Hexenmährchen, drei neue, ꝛc. 8. Hamb. 750. Hoffmann. 3 K

HEXENMÄHRGEN, Drey neue, mit einer Vorrede, die nicht minder ernsthaften Inhalts ist. Durch Frau *D****. O. O. 1789. 8°. (3 Mk. 50 Pfg., Prgtbd., Carl Uebelen, München, c. 1892.) Rar!

Hexenmeister, der. 300 der interessantesten und überraschendsten Kunststücke aus dem Gebiete der natürl. Magie, meistens ohne Beihülfe eines Andern und ohne besondere Apparate auszuführen. Von Philadelphia dem Jüngern. 1. Aufl. 1848. und 2. Aufl. 16. (120 S. und 1 Lithochrom.) Cöthen 851. [Dessau,] Neubürger.

Hexenmeister, der. 310 der interessantesten und überraschendsten Kunststücke aus dem Gebiete der natürlichen Magie, meistens ohne Beihülfe eines Andern und ohne besondere Apparate auszuführen. Von Philadelphia dem Jüngern. 4. und 5., verm. und verb. Aufl. 16. (XX und 154 S. mit 1 Ttlbld. in Holzschn.) Dessau 855, Neubürger.

Hexenmeister, der. 320 der interessantesten und überraschendsten Kunststücke aus dem Gebiete der natürl. Magie, meistens ohne Beihülfe eines Andern und ohne besondere Apparate auszuführen. Von Philadelphia dem Jüngern. 6. Aufl. 1858. und 7., verm. und verb. Aufl. 32. (XL und 144 S. mit eingedr. Holzschn. und 1 Titelbild in Holzschn.) Dessau 861, Neubürger.

Hexenmeister, der. 320 der interessantesten und überraschendsten Kunststücke aus dem Gebiete der natürl. Magie, meistens ohne Beihülfe eines Andern und ohne besondere Apparate auszuführen. Von Philadelphia dem Jüngeren. 8. verm. und verb. Aufl. 16. (XL, 144 S.) Dresden 871, am Ende. [Kaufmann.]

Hexenmeister, der amüsante. Eine Sammlung höchst überraschender und leicht ausführbarer Taschenspieler-Kunststücke. 8. (58 S.) [Elberfeld 879.] Köln, Püttmann.

Hexenmeister, der amüsante. Eine Sammlg. wirkungsvoller leicht ausführbarer Taschenspieler-Kunststücke, nebst zur Unterhaltg. v. Gesellschaften geeigneten Scherzen, e. Anleitg. zum Kartenlegen, sowie Einführung in die Kunst des Gedankenlesens u. Anweisung zur Ausführg. höchst überrasch. Zahlengedächtnis-Produktionen. 5. Aufl. (93 S.) kl. 8. Berlin (906). Leipzig, F. Püttmann. — 50

— die beiden. Ein Tag bei Maus u. Igel, s.: Bilderbücher, kleine lustige. Nr. 3.

— der jovialste aller. Eine Quintessenz der leichtesten, überraschendsten und unbegreiflichsten Kunststücke. 3. Aufl. 861. — 4. Aufl. 862. — 5. stark verm. Aufl. Plauen 865. Schröter. 8. (160 S.) n. 10 ngr.

—— der jovialste aller. Eine Quintessenz der leichtesten, überraschendsten und unbegreiflichsten Kunststücke. 6. Aufl. 1871, und 7. stark verm. Aufl. 8. (160 S.) Plauen 872, Schröter's Verlag.

—— der jovialste aller. Eine Quintessenz der leichtesten, überraschendsten und unbegreiflichsten Kunststücke. 8. und 9. verm. Aufl. 8. (144 S.) Plauen 876,78, Schröter's Verlag.

Hexenmeister, der kleine, s. Eberhards magisch. Kunststücke 36.

—— der kleine, od.: die Kunst jedermann zu sagen, wie viel Geld er bei sich habe. Ein arithmet. Unterhaltungs-Spiel. 8. (1/2 B. Text u. 7 Kart.) Preßburg 843, Korn. (Leipzig, Kummer.)

Hexenmeister, der kleine. Enthaltend die überraschendsten u. angenehmsten Kunststücke aller Art. 32. (40 S.) Erfurt 841, Bartholomäus.

—— der kleine od. die Kunst das Alter e. Person zu errathen. 32. (8 Kärtchen.) Weißenfels 846, Gueß.

— der neue polnische. Ein beredter Dolmetscher für Alle, welche in kurzer Zeit ohne Lehrer polnisch sprechen, lesen u. schreiben lernen wollen. Breslau 863. Kern. 16. (192 S.) 10 ngr.

Hexenmeister, der neue polnische. Ein beredter Dolmetscher für Alle, welche in kurzer Zeit ohne Lehrer polnisch sprechen, lesen u. schreiben lernen wollen. 2., verb. Aufl. Breslau 867. Kern. gr. 16. (192 S.) 10 ngr

— der neue polnische. Ein beredter Dolmetscher f. Alle, welche in kurzer Zeit ohne Lehrer polnisch sprechen, lesen u. schreiben lernen wollen. 3., verb. Aufl. gr. 16. (192 S.) Breslau 879. Kern's Verl. cart. 1.50

Hexenmeister, der neue polnische. Ein beredter Dolmetscher für Alle, welche in kurzer Zeit ohne Lehrer polnisch sprechen, lesen und schreiben lernen wollen. 4. verb. Aufl. 12. (164 S.) Breslau 888, Kern's Verlag. cart. in Leinw. 1 50

Hexenmeister, d. neue polnische. Ein be... der Dolmetscher f. Alle, welche in kurzer Zeit ohne Lehrer polnisch sprechen, lesen u. schreiben lernen wollen. 5., verb. Aufl. 12. (164 S.) Breslau 896. J. U. Kern's Verl. In Leinw. kart. 1. 50

Hexenmeister, der neue polnische. Ein beredter Dolmetscher f. alle, welche in kurzer Zeit ohne Lehrer polnisch sprechen, lesen u. schreiben lernen wollen. 6. verb. Aufl. (173 S.) kl. 8. Breslau (909). J. U. Kern. In Leinw. kart. 1. 50

— der unübertreffliche, oder Kunst, binnen 10 Minuten ein Zauberer zu werden. Enthalt. die schönsten Kunststücke aus dem Gebiete der Magie; die sinnreichsten Karten- u. Rechnungskünste u. Vexirstücke. kl. 16. Wien 846, Wenedict's Buchh. 1/8 Rthlr — 2. verm. Aufl. 16. Ebend. 846. n. 4 ngr

— der unübertreffliche, oder die Kunst binnen 10 Minuten ein Zauberer zu werden. Enthaltend die schönsten, überraschendsten, interessantesten u. wenig bekannten Kunststücke aus dem Gebiete d. natürlichen Magie; die sinnreichsten Karten-, Rechnungskünste u. Vexirstücke, welche ohne Kostenaufwand m. geringer Mühe ausgeführt werden können. 3. bedeutend verm. Aufl. 16. (54 u. X S.) Wien 851, Wenedikt. n. 4 ngr

— der unübertreffliche, oder Kunst, binnen 10 Minuten ein Zauberer zu werden. Eine Sammlung von 180 Kunststücken, zur Erheiterung in gesellschaftlichen Zirkeln. 4—7. verm. Aufl. Wien 853—57. Wenedikt. 16. (X, 54 S.) 4 ngr

— der unübertreffliche, oder Kunst, binnen 10 Minuten ein Zauberer zu werden. Eine Sammlung von 180 Kunststücken, zur Erheiterung in gesellschaftlichen Zirkeln. 8., bedeutend verm. Aufl. Wien 864. Wenedikt. 16. (X, 54 S.) n. 4 ngr

— der unübertreffliche, od. Kunst, binnen 10 Minuten e. Zauberer zu werden. Enth. die schönsten, überraschendsten u. wenig bekannten Kunststücke aus dem Gebiete der natürl. Magie ꝛc. Eine Sammlg. v. 180 Kunststücken, zu Erheiterg. in gesellschaftl. Zirkeln. 9., bedeutend verm. Aufl. 16. (X, 54 S.) Wien 871. Wenedikt. n. — 4

Hexenmeister, der unübertreffliche, oder Kunst, binnen zehn Minuten ein Zauberer zu werden. Enthaltend die schönsten, überraschendsten und wenig bekannten Kunststücke aus dem Gebiete der natürl. Magie; die sinnreichen Karten-, Rechnungskünste und Vexierstücke, welche ohne Kostenaufwand mit geringer Mühe und Leichtigkeit ausgeführt werden können. Eine Sammlung von 180 Kunststücken, zur Erheiterung in gesellschaftl. Cirkeln. 4. Aufl. 12. (60 S.) Bern 870, Jenni's Buchh.

—— der vollkommene, s. Bellachini, Carlo.

Hexen- und Gespenster-predigt gehalten am heiligen Skapulierfeste . . . O. O. 1788. V: *Geiger, Carl Ignaz.* (ML)

Hexen-Predigt, Die, am Oktoberfest von der Erzhexe und Grossmutter des Teufels auf dem Sendlinger Hügel. O. O. u. J. (18**). 8⁰. Aeussers: selten!

Hexenprocess, Der, ein Traum, erzählt von einer unparteyischen Feder im Jahr 1767. O. O. u. J. V: *Sterzinger, Joseph.* (Fieger, Ferd.: Sterzinger, S. 143) (BIBLPORT)

Hexenprocess, der, ein Traum, erzählt von einer unparteyischen Feder, im Jahre 1767. O. O. 4⁰. Beibd.
18 S. Seltene satyr. Schrift, worin der Hexenstreit zwischen Sterzinger u. März auf eine lustige Art erzählt u. März lächerlich gemacht wird.

Hexen-Process, Der, und die Blutschwitzer-Prozedur; zwei Fälle aus der Criminal-Praxis des Kanton Zug aus den Jahren 1737—38 und 1849. Zug 1849. V: *Wyss, Johann Fidel Beat.* (CLZür Forts. III)

Ein Hexenprozeß in der Bromberger Gegend im Jahre 1761. (Posener Prov.-Blätter 1886, No. 43). (In Posen, Bibl. d. histor. Gesellsch.)

(BREMER) Ein Hexenprozess aus dem Jahre 1641. (S.-A.) 8⁰. (1 Mk. E. Frensdorff, c. 1905.)

— merkwürdiger, gegen den Kaufmann G. Köbbing, bei dem Stadtgerichte zu Cösfeld im J. 1632 geführt. Vollständig aus den Original-Acten mitgetheilt, u. mit e. Vorr. begleitet, v. J. Niesert. 8. Cösfeld 827. (Klönne in Wesel). 14 gr

Hexen-Proceß, neuester, in Baiern. 8. Wien ... Wucherer. 3 gr

Hexenproceß, Neuester. aus dem aufgeklärten heutigen Jahrhundert, oder: so dumm liegt noch mein Bayrisches Vaterland unter dem Joch der Mönche und des Aberglaubens. Von *A. v. M.* O. O. 1786. 4⁰. 1 Bogen. Sehr rar!

Hexenprozesse in Birnbaum. (Pos. Prov.-Blätt. 1887. No. 46). (In Posen, Bibl. d. histor. Gesellsch.)

Hexenprocesse in Holstein im 17. Jahrh. aus Akten . . . gezogen. O. O. [1799]. V: *Meyer, Frdr. Marquard.* (LS)

Hexenprocesse, zwei, aus dem Jahre 1688 geführt bei dem Hochfürstlichen Amte in Ballenstedt. Quedlinburg 863. Huch. 8. (104 S.) n. 12½ ngr

Her, Rath (?), 2 Hexenprozesse zu Schongau aus den Jahren 1587—92. München 1849. Gr. 8⁰. (1 Mk. Gust. Pietzsch, Dresden. 1908.)

Hexenreformation, über die, d. Prof. Weber zu Dillingen (v. Frz. Jos. Schmid). 8. Augsb. 788. Doll. 4 gr

HEXENSCHABBAS, Der. Ein Marionettenfest in 1 Aufzug. Mit 2 Holzschn. O. O. u. J. (ca. 1760). Gr. 8⁰. 20 unpag. S. (20 Mk., eleg. Hfrzbd., Bernh. Liebisch, Lpz., 1908:)
„Nirgends citiert. In derben Ausdrücken: „Wir wollen durch Wetter, durch Donner und Krachen, In Städten, und Dörfern, was schaden kann, machen, Den Bauern die Läuse, den Dirnen die Krätzen, Und Würmer auf Aecker und Wiesen versetzen."

Hexentanz, Der; ein Gedicht. O. O. [ca. 1786]. V: *Binder von Krügelstein, Johann Frdr. Freih. von.* (MGT)

Hexenwahn, der, u. die Hexenprozesse, s.: Schriften f. das evangelische Deutschland.

Hexenwesen, das, im Fürstenthum Neisse, österreich. u. preuß. Antheils v. Schlesien, dann im Gesenke Mährens, im 17. Jahrh. Nach Originalquellen dargest. v. H..d. R..f. 8. (3¾ B.) Neisse 836, Hennings.

Hexerei, Zauberei, Wahrsagerei, Lotterie, Traum u. Geisterspuk, Kartenschlagen u. Schatzgraben, die geistliche Schildwach, der Kolomanussegen und das Koronagebet, die himmlischen Schlößer u. Riegel, Läng Christi u. heimliche Leiden Christi, Läng u. geistliche Bekleidung Mariä, der himmlische Hof der heil. Luitgard, Fraißbrief, vom Himmel gefallener Brief, goldene Schatzkammer, Brautschau auf dem Kreuzweg, Gebete gegen Gewitter, Gicht, Podagra, Krampf ꝛc. ꝛc.; Unglücks-Personen, -Tage, -Zahlen u. 100 andere Geheimnisse, für junge u. alte Weiber, f. Schatzgräberei, Lottospieler, Wilderer, Heirathslustige u. andere wißbegier. Seelen gesammelt, beleuchtet u. hrsg. v. Gelasius Kobold, e. Mönche d. Abendlandes. 8. (VI, 72 S.) Regensburg 887. Coppenrath. n. — 60

Hexerei, Zauberei, Wahrsagerei, Lotterie, Traum u. Geisterspuk, Kartenschlagen u. Schatzgraben, die geistliche Schildwach, der Kolomanussegen u. das Koronagebet, die himmlischen Schlößer u. Riegel, Läng Christi u. heimliche Leiden Christi, Läng u. geistliche Bekleidung Mariä, der himmlische Hof der hl. Luitgard, Fraißbrief, vom Himmel gefallener Brief, goldene Schatzkammer, Brautschau auf dem Kreuzweg, Gebete gegen Gewitter, Gicht, Podagra, Krampf ꝛc., Unglücks-Personen, -Tage, -Zahlen u. 100 andere Geheimnisse, f. junge u. alte Weiber, f. Schatzgräber, Lottospieler, Wilderer, Heirathslustige u. andere wißbegier. Seelen gesammelt, beleuchtet u. hrsg. v. Gelasius Kobold, e. Mönche des Abendlandes. 2. Aufl. 8. (VI, 74 S.) Regensburg 895. A. Coppenrath's Verl. n. — 60

HEXEREY-KRIEG. Wie man von Zauberey etc. glauben soll. An dem Maynstrome. 1767. Rar!
Weller, fing. Druckorte.

Hey, f.: **Wienerstadt.**

Hey, C., e. Erzieher d. deutschen Waldes. [Friedrich Wilhelm Leopold Pfeil.] gr. 8. (40 S. m. 2 Photogr. u. 4 Kopfleisten.) Halberstadt 891. J. Schimmelburg. n. 1. —

Hey, C., Geschichte d. Volksschulunterrichts in den technischen Fertigkeiten, f.: **Kehr,** C., Geschichte der Methodik d. Volksschulunterrichts.

Hey, Chr. Errichtung einer National-Lebensversicherung, verbunden mit einer Nationalbank. Ein Antrag ans deutsche Volk. Leipzig 1847.

Hey, Chr., Errichtung einer National-Lebens-Versicherung, verbunden mit einer Nationalbank. Ein Antrag an das deutsche Volk. Zur Berathung in den Kammern seines Herzens u. seines Verstandes. gr. 8. (40 S.) Leipzig 848, Jurany (jetzt: Kittler). 1/4 ꝛf.

Hey, Fr., der Tropenarzt. Ausführlicher Ratgeber f. Europäer in den Tropen, sowie f. Besitzer v. Plantagen u. Handelshäusern, Kolonial-Behörden u. Missions-Verwaltgn. (IV, 459 S. m. 1 Fig. u. 2 Taf.) gr. 8. Offenbach 906. [J. Scherz.] Wismar, Dr. med. Hey. n. 8. —; geb. in Leinw. n. 9. —

Hey, Fr., der Tropenarzt. Ausführlicher Ratgeber f. Europäer in den Tropen, sowie f. Besitzer v. Plantagen u. Handelshäusern, Kolonial-Behörden u. Missions-Verwaltgn. (Neue [Titel-]Ausg.) (VI, 459 S. m. 1 Fig. u. 2 Taf.) gr. 8. Wismar [906] 907. (Hinstorff's Verl.) 8. —; geb. in Leinw. 9. —

— **Wegweiser** für den Christen üb. Leiden, Krankheiten, Heilung. Freies Wort. (III, 200 S.) 8. Ebd (905). n. 2. —; geb. n. 2. 50

Hey, Franz, appr. Arzt a. Wulfen (Anhalt): Über ein pseudospondylolisthetisches Assimilationsbecken. (Becken No. 117 aus der Sammlung der Kgl. Universitäts-Frauenklinik zu Halle.) Halle a. S. 1905: C. A. Kaemmerer. (28 S.) 8°
Halle, Med. Fak., Ref. Veit, Diss. v. 18. Nov. 1905
[Geb. 21. März 80 Merbitz, Prov. Sachsen; Wohnort: Wulfen i. Anh.; Staatsangeh.: Preußen; Vorbildung: Gymn. Cöthen Reife O. 99; Studium: Marburg 7, Berlin 1, Marburg 1 S.; Coll. 13. Nov. 05; Approb. 14. März 04.]

Hey, Friedrich Oskar

Der Traumglaube der Antike. Ein historischer Versuch. I. Teil. — Von Fr. Oskar Hey, G.-A. — 1908, München, G. Hafner. — P. 3—40.
Progr. München, Realgymn.

Hey, Fr. **Oskar:** Der Traumglaube der Antike. Ein histor. Versuch. 1. München 1908: Straub. 40 S. 8°
München, k. RG P 1908* [S 08. 187

Hey, Fr[iedrich] **Oskar:** Die Wurzeln der griechischen Religion, in besonderem Zusammenhang mit dem Traumglauben. Ein histor. Versuch. Neuburg a. D. 1910: Grießmayer. 59 S. 8°
Neuburg a. D., k. G P 1910* [S 10. 178

Hey, G., Handbuch z. Einführg. in d. deutsche Litteratur, f.: **Hentschel,** C.

Hey, Georg Andreas: De l e g e regia Romanorum, s. W a l d k i r c h, Joh. Rudolf von, (Praes.)

Hey, Gertr., **Margherita.** Thüringer Sang aus alter Zeit. (78 S.) 8. Magdeburg (906). R. Zacharias. n. 1. 50; geb. n. 2. 50

Margherita: Thüringer Sang aus alter Zeit von Gertrud **Hey.** Magdeburg: R. Zacharias [1907]. (79 S.) 8° [07. 6137 3

— **Veilchen.** Gedichte. (VII, 182 S.) 8. Dresden 905. E. Pierson. n. 2. —; geb. n. 3. —

Hey, Gustav

Hey, G., De dialecto Cretica. Diss. 1869. 53 S.

Hey, Gust., de dialecto Cretica. Dissertatio inauguralis philologica. gr. 8. (53 S.) Dessaviae 871. (Döbeln, Schmidt.) n. — 8

Hey, Gust., die **Ortsnamen** der Döbelner Gegend erklärt. gr. 8. (43 S.) Dessau 875. (Döbeln, Schmidt.) n. — 80

Hey, Gust. Die slavischen Ortsnamen des Königreichs Sachsen. 55 S. Progr. *Döbeln* 1883.

Hey, Gust., die slavischen Ortsnamen des Königr. Sachsen. 4. (55 S.) Doebeln 883, (Schmidt.)

Hey, G[ustav]: [Rektor Dr. Rühlmann † 17. November 1908.] S. 4 bis 6. 4.
Kgl. Realgymn. u. höhere Landwirtschaftsschule *Döbeln* 1909 (749).
Progr.

Die Siedelungen in Anhalt. Ortschaften und Wüstungen mit Erklärung ihrer Namen von Dr. Gustav **Hey,** Prof., u. Dr. Karl Schulze, Prof. em., Ballenstedt. Halle a. S.: Waisenhaus 1905. (VI, 192 S.) 8°

Hey, Gust., die slavischen Siedelungen im Königr. Sachsen m. Erklärung ihrer Namen. gr. 8. (V, 335 S.) Dresden 893. W. Baensch. 6. —; geb. n. 7. 50

Hey, H. v. der, Tanz-Commando-Büchlein. 16. (31 S.) Oldenburg 896. Bültmann & Gerriets. n.n. — 25

Hey, H. v. der, Tanz- u. Commando-Büchlein. (23 S.) 16. Oldenburg (907). Bültmann & Gerriets. — 25

Hey, J. Fr., die Werkstätten-Buchführung. Leitfaden zum Gebrauche f. Handwerker, Meisterkurse u. Fortbildungsschulen. Im amtl. Auftrage hrsg. (IV, 51 S.) 8. Straßburg 903. Straßburger Druckerei u. Verlagsanstalt. Kart. n. — 60

Hey, Julius: Aus der psychiatrischen- und Nerven-Klinik des Herrn Geheimrat Prof. Dr. Jolly. Ueber Aneurysmata an der Basis cerebri mit besonderer Berücksichtigung eines Falles von Aneurysma Art. communicantis post. dextrae. *Berlin (1898): M. Gunther.* (57 S.) 8°
Berlin, Med. Diss. v. 29. Juli 1898

Hey, Julius. Deutscher Gesangs-Unterricht. Lehrbuch des sprachlichen und gesanglichen Vortrags. Theil I. II, (1. 2.) III. Mainz, London, Paris, Brüssel.

Hey, Jul., das Gansersche Symptom, seine klinische u. forensische Bedeutung. (V, 108 S.) Lex.-8. Berlin 904. A. Hirschwald. n. 3. —

Hey, Jul., Richard Wagner als Vortragsmeister 1864—1876. Erinnerungen. Hrsg. v. Hans Hey. (XI, 253 S. m. 3 Bildnissen u. 2 Fksms.) 8. Leipzig 911. Breitkopf & Härtel. 6.—; geb. in Leinw. n 7.—; in Ldr. 8. —

Hey, K., Predigt am 2. Osterfeiertag, zur Feier d. Einführung d. neuen Stadtverwaltungsordnung zu Gotha. 8. ... Gotha 833, Becker.

Hey, Karl, das Andenken an die Befreiung unsers Vaterlandes vom fremden Joch, eine ernste Mahnung an unser Volk! Predigt zur Feier des 18. Octbr. 1863 gehalten in der Margarethenkirche zu Gotha. Jena 863. Frommann. gr. 8. (11 S.) 3 ngr.

Hey, Karl: Die Lage der Parzellenwirte im Königreich Sachsen. Tübingen 1903: H. Laupp jr. (96 S.) 8°
Erschien erweitert 1903 als: Zeitschr. f. d. ges. Staatswiss., Erg.- H. 5.
Leipzig, Phil. Diss. v. [24. Apr.] 1903

Hey, Carl, Maßregeln gegen die Futternot. Vortrag, geh. in der ökonom. Gesellschaft im Königr. Sachsen. Dresden am 7. X. 1904. (24 S.) gr. 8. Leipzig 905. Berlin, R. C. Schmidt & Co. n. — 60

(8) Hey, Carl, Maßregeln gegen d. Futternot. 905. (KVL 33.) Jetzt: Leipzig, Fritzsche & Schmidt.

Die Parzellenwirtschaften im Königreich Sachsen. Von Dr. Karl Hey, Landwirtschaftslehrer. *Tübingen: H. Laupp 1903.* (216 S.) 8°
— Zeitschrift f. d. gesamte Staatswissenschaft. Erg.H. 5.

Hey, Karl, Tidian, s. a. Hecht, Gust.

[F.] Tidian. Dichtg '(nach e. Harzsage)' v. Karl Hey. F. Solostimmen, Chor u. Orchester komp. v. Gustav Hecht. Op. 34. [Textbuch.] *Quedlinburg: Chr. F. Vieweg [1895].* (12 S.) 1 Bd 8. [96. 4913]

Hey, Osk., s. Archiv f. latein. Lexikographie u. Grammatik.

Hey, Oskar: Doppelformen und Bedeutungsdifferenzierung im Lateinischen ... (Vollst. u. d. T.: 'Semasiologische Studien' in: Fleckeisens Jbb. f. klass. Philol. Suppl.- Bd. XVIII.)
Leipzig, Druck v. B. G. Teubner, 1891, 2 Bl., S 121–163, 8°
München, Phil. Fak., Inaug.-Diss. v. 1891

— Zur Enallage adiectivi. S.-A. 1905. 8 S.

Max Haushofer der Dichter. Von Oskar Hey. Mit d. Bildnis Haushofers, e. Probe seiner Hs. u. e. Ansicht von Frauenchiemsee. Stuttgart & Berlin: J. G. Cotta Nachf. 1907. (47 S.) 8° [F.] [07. 18077]

— Ein Kapitel aus der lateinischen Bedeutungsgeschichte. S.-A. 1908. 24 S.

Hey, Osk., ausgewählte Sagen des Altertums. gr. 8. (224 S. m. 12 farb. Bildern.) Fürth 893. G. Löwensohn. Geb. n. 4. 50

— semasiologische Studien. [Aus: „Jahrbb. f. class. Philologie, 18. Suppl.-Bd."] gr. 8. (S. 83—212.) Leipzig 891. B. G. Teubner. n. 3 20

Hey, O., Uebersetzungen aus latein. Dichtern. (Ausonius No. 151, 152 Bip., Statius Silv. V, 4, Claudianus Kl. Ged. No. 20 u. 25, Horat. Od. III 18, Tibull. IV 13, Catull. X, Poet. min. IV p. 107 u. V p. 85. ed. Bährens.) S. A. 1902. 8 S. —.60

Hey, Paul, für Freunde der Natur. Ein Landschafts-Malbuch. (12 [6 farb.] Bl.) 20×29 cm. Nürnberg (909). Th. Stroefer. 1. —

— Die zwölf Handwerker, s.: Trojan, Joh.

— Landschafts-Malbuch, der Jugend gewidmet. (20 [10 farb.] Bl.) 20×29 cm. Nürnberg (909). Th. Stroefer. 1.50

— Natur u. Kunst. Ein Landschafts-Malbuch. (12 [6 farb.] Bl.) 20×29 cm. Ebd. (909). 1. —

Hey, Paulus Eduard. (geb. Berlin 27. 9. 1814) De angina membranacea seu polyposa. Berolini (1846). (31 S.) 8°
Berlin, Med. Diss. v. 13. Okt. 1846

Hey, Paula, nur Sehnende kennen den Sinn! Dichtungn. (96 S.) 8. Leipzig 907. Modernes Verlagsbureau. 2. —

Nur Sehnende kennen den Sinn! Dichtungen von Paula Hey. Berlin-Leipzig: C. Wigand 1907. (96 S.) 8° [08. 5489]

Hey, Rudolf, Referendar: Kinderraub und Entführung (§§ 235–238 R.St.G.B.). Breslau 1909: Breslauer Genossensch.-Buchdr. 61 S. 8°
Breslau, Jur. Diss. v. 27. Juli 1909, Ref. Gretener-Fischer
Geb. 10. Juni 84 Breslau; Wohnort: Breslau; Staatsangeh.: Preußen; Vorbildung: Gymn. Kreuzburg O.-S. Reife O. 04; Studium: Breslau 6 S.; Rig. 18. Febr. 09.] [U 09. 483

Hey's, Wilhelm, Leben, s. Bonnet, J. —

Hey, Wilh., e. Bild seines Lebens u. Dichtens, s.: Bütow, A.

Hey's, Wilh., Leben, s.: Hansen, Th.

— Vgl.: Kehr, C. — Knauf, Fr. — Pfeiffer, Wilh. — Richter, Ludw. — Schneider, Gst.

— zum 100jährigen Geburtstage, s.: Schneider, G.

— Antrittspredigt, nebst der Rede seiner Einweihung v. J. F. C. Löffler. Gotha 815. Reyher. 3 K

— Auswahl von Predigten, in d. Hofkirche zu Gotha gehalten. gr. 8. Hamb. 829. Fr. Perthes. 14 K

Hey, Wilh., Auswahl von Predigten, in d. Hofkirche zu Gotha während d. J. 1829 gehalten. gr. 8. (10½ B.) Hamburg 830, Fr. Perthes.

—— Auswahl von Predigten, in d. Hofkirche zu Gotha während d. J. 1831 gehalten. gr. 8. (15½ B.) Hamburg 832, Fr. Perthes.

Hey, Wilh.. s.: Bilder aus W. Heys 50 Fabeln.

Hey, Wilh., Bilder und Reime, s. Bilder und Reime.

Hey, Wilh., Bilder u. Reime, s.: Richter, Ludw.

Hey, Wilh., Bildergallerie aus Hey-Speckter's Fabeln. 8. (24 Holzschntaf. mit Text auf Pappe.) Gotha 867, F. A. Perthes. In Carton. *

Hey, Wilh., Erzählungen aus d. Leben Jesu f. d. Jugend, dichterisch bearb. (Zu Olivier's Volksbilderbibel.) gr. 8. (14¾ B.) Hamburg 838, [Fr. u. Andr. Perthes.]

Hey, Wilhelm. *Erzählungen* aus dem Leben Jesu . . . Gotha, F. A. Perthes [c. 1860]. VI, 224 S. 8°. Blindgepr Lwd. d. Z. m. Rv. 14.—
Titelauflage der 1838 erschienenen Erstausgabe (vgl. Goed. XIII, 1361, 9). — Etw. fleckiges Ex. Einbd. ganz leicht benutzt.

— Fabelbuch. Mit 50 Fabeln u. 50 Textillustr. (102 S.) 14,5×21 cm. Stuttgart (910). Loewe. Geb. in Leinw. 1.50

— Fabelbuch m. Versen. 2 Hfte. 4. (à 12 S. m. farb. Abbildgn.) Eßlingen 890. J. F. Schreiber. Kart. à n. —30

Hey, Wilh., ausgewählte Fabeln m. 20 Buntdrucken nach Contouren von E. M. Elias. 4. (Mit eingedr. Text.) Wurzen 889. Kiesler. geb. 2.50

— ausgewählte Fabeln. Mit Bildern v. Otto Speckter. Ausgewählt vom Hamburger Jugendschriften-Ausschuß. 1.—5. Taus. (41 S.) 8. Hamburg 905. A. Janssen. Kart. n. —50

— Ausgewählte Fabeln. Mit Bildern v. Otto Speckter. Ausgewählt v. Hamburger Jugendschriften-Ausschuß. 6.—10. Taus. (41 S.) 8. Hamburg 907. A. Janssen. Kart. —50

— Ausgewählte Fabeln f. Kinder. Mit vielen Bildern v. A. Weczerzick u. R. Hansche. (63 S. m. z. Tl. farb. Vollbildern.) Lex. 8. Reutlingen (909). Enßlin & Laiblin. Geb. in Leinw. 3.—

Hey, Wilhelm: Fünfzig Fabeln f. Kinder, s.a. Fabeln.

[Hey, W.] *Funfzig Fabeln* für Kinder. In Bildern gezeichnet von Otto Speckter. Nebst einem ernsthaften Anhange. Zweite Auflage. Hamburg, F. Perthes [1834]. 2 Titel, 50 Bl. (Bilder mit Text) und 42 S. (Anhang). 8°. Chromolithogr. Or.Karton mit 2 Umschlagsillustr. (in grünen Ranken verschiedene Tiere in Sepiadruck). 65.—
Ehmcke 5 u. S. 49: „Die 2. Auflage . . . ist in Tiefdruck hergestellt (Steinradierung?) und noch größtenteils Speckters Originalarbeit." Ex mit dem äußerst seltenen Or.Einband. Dieser ist leicht läd. u. etw. abgenützt, einige SS. des Anhangs eingerissen u. geklebt, durchgehend kl. Flecke; Einbandrücken mit Leinen ergänzt.

[Hey.] *Funfzig Fabeln* für Kinder. In Bildern, gezeichnet von Otto Speckter. Nebst einem ernsthaften Anhange. Hamburg, bei Friedrich Perthes [1836]. Titel, 50 einseitig bedruckte Bll. mit 50 Kupferstichen von J. Leudner nach Otto Speckter, 44 SS. Anhang. Kl.-8°. Neuerer einfacher Halbleinenbd. 80.—
Ehmcke 5. ★ Erste Ausgabe in Kupferstich, während die beiden vorherigen Ausgaben lithogr. waren. Einige Bll. sind signiert: Speckter fec., Leudner sc. 1835. Gutes Ex., wenn auch nicht sehr geschickt gebunden u. ganz leicht beschnitten.

Hey. *Funfzig Fabeln* für Kinder. In Bildern, gezeichnet von Otto Speckter. Nebst einem ernsthaften Anhange. Hamburg, bei Friedrich Perthes [1840?]. 2 Bl., 50 Bl. m. 50 Holzschnitten, 42 S. 2 Bl. (Anzeigen). 8°. Hlwd. d. Z., d. (ganz)lithogr. Or.Umschläge aufgezogen. 65.—
Sehr frühe, vielleicht erste Holzschnittausgabe, wohl gleichzeitig mit der französ., von Rümann 2485 erwähnten Holzschnittausgabe erschienen; kräftige gute Abdrucke. Der Umschlag entspricht dem der ersten Ausgabe, auch die Verlagsanzeigen am Schluß scheinen dieselben wie die zur ersten Ausgabe (1833) zu sein. — Wenig kleine Flecken.

Hey, W., funfzig Fabeln für Kinder. In Bildern gezeichnet von Otto Speckter. Nebst einem ernsthaften Anhange. Neue Ausg. mit (eingedr.) Holzschn. nach neuen Zeichnungen. (50 Bl. und 40 S.) Hamburg 850, Fr. Perthes. *

Hey, W., funfzig Fabeln für Kinder. In Bildern gez. von Otto Speckter. Nebst einem ernsthaften Anhange. Neue Ausg. mit Holzschn. nach neuen Zeichnungen. 8. (50 Bl. und 40 S.) Hamburg 852, Fr. Perthes. *
ill. *

—— dass. — Wohlf. Ausg. 8. (25 Bl. und 31 S.) Ebds. 852. *

—— dass. — (Wohlf. Ausg.) 8. (83 S. mit eingedr. Holzschn.) Ebds. 855. *

—— dass. — Nebst einem ernsthaften Anhange. (Neue wohlf. Ausg. 8. (81 S., wovon 50 mit eingedr. Holzschn.) Ebds. 856. *

Hey, W., funfzig Fabeln für Kinder. In Bildern (Holzschn. im Text), gez. von O. Speckter. Nebst einem ernsthaften Anhange. (Wohlf. Ausg. Neuer Abdr.) Gotha (857, 58.) Fr. A. Perthes. 8. (26 Bl. u. Anh. 31 S.) n. 15 ngr

Hey. *Funfzig Fabeln* für Kinder. In Bildern gezeichnet nach Otto Speckter. Nebst einem ernsthaften Anhange. Neue Ausgabe . . . Gotha, Perthes [c. 1865?]. M. 50 Holzschnitten. Gr.-8°. Chromolith. verzierter Or.Karton m. Leinenrücken. Leicht benutztes Ex. Einbd. etwas locker. 18.—

— 50 Fabeln für Kinder. In Bildern, gez. von Otto Speckter. Nebst einem ernsthaften Anhange. (Neue wohlf. Ausg.) Ebend. 866. 8. (81 S. mit eingedr. Holzschn.) cart. n. 15 ngr

Hey, W., 50 Fabeln f. Kinder. In Bildern gezeichnet v. Otto Speckter. Wohlfeile Ausg. Nebst e. ernsthaften Anhange. gr. 8. (81 S.) Gotha 874. F. A. Perthes. n. 1. 50

Hey, Wilh., 50 Fabeln für Kinder. In Bildern gezeichnet von Otto Speckter. Nebst einem ernsthaften Anhang. Neue Ausg. Lex.-8. (50 Holzschntaf. mit eingedr. Texte und Anh. 40 S.) Gotha 877—79, F. A. Perthes. cart. * 3 50
geb. * M. 4.; color. cart. * 6 —

—— dass. — (Schul-Ausg.) Neue Ausg. 8. (50; 31 S mit eingedr. Holzschn.) Ebendas. 877. cart. * 1 50

—— fünfzig Fabeln für Kinder. In Bildern, gezeichnet von Otto Speckter. Nebst einem ernsthaften Anhange. Jubiläums-Ausg. 1. und 2. Aufl. qu. 8. (IV, 70 S. mit eingedr. Holzschn.) Gotha 883, F. A. Perthes. cart. *

— dass. — Color. Ausg. (1. Bd.) gr. 8. (50 Bl. mit eingedr. color. Holzschn. und Anhang 40 S.) Ebendas. 883. cart. *

Hey, Wilh., fünfzig Fabeln für Kinder. In Bildern nach Otto Speckter. Pracht-Ausg. 1. Heft. qu. Fol. (12 Chromolithogr. mit untergedr. Text.) Gotha 887, F. A. Perthes. cart. * 6 —

—— dass. — (Neue Ausg.) qu. Fol. (12 Chromolithogr. mit eingedr. und 12 Bl. Text mit eingedr. Holzschn.) Ebendas. 888. * 6 —

—— dass. — In Bildern von P. Wagner, O. Böhret, H. Zierold u. a. Mit einem ernsthaften Anhange. 4. (58 S. mit eingedr. Chromolithogr.) Eßlingen 886, Schreiber. geb. * 3 50

Hey, W., 50 Fabeln f. Kinder. In Bildern v. P. Wagner, O. Wöhret, H. Zierold u. anderen. Mit e. ernsthaften Anh. 2. Aufl. 4. (58 S. m. farb. Abbildgn.) Eßlingen 892. J. F. Schreiber. Kart. n. 3. 50

— dasselbe. Mit 8 Farbdr.=Bildern nach Aquarellen v. Eug. Klimsch u. 60 Textabbildgn. v. W. Schäfer u. Ch. Votteler. 1. u. 2. Aufl. gr. 4. (31 S.) Stuttgart 892. 893. F. Loewe. Kart. 3. —

— 50 Fabeln f. Kinder. M. 8 Farbdr.=Bild. n. Aquarellen v. Eug. Klimsch u. 60 Textabb. v. W. Schäfer u. Ch. Votteler. 5. Aufl. 4. (31 S.) Stuttgart 898. F. Loewe. Geb. 3. —

— 50 Fabeln f. Kinder. Mit 14 Farbendr.=Bildern u. vielen Textabbildgn. nach Originalen von Mila v. Luttich, Leo Kainradl u. andern. 4. (40 S.) Ebd. (901). Geb. in Leinw. n. 3. —

— dasselbe. Mit 8 Farbdr.=Bildern nach Aquarellen v. Eug. Klimsch u. 60 Textabbildgn. v. W. Schäfer u. Ch. Votteler. 6. Aufl. 4. (31 S.) Stuttgart (902). Loewe. Geb. in Leinw. 3. —

— dasselbe. In Bildern nach Otto Speckter. Pracht-Ausg. (11 Bl. u. 2 S. m. Abbildgn. u. 12 farb. Taf. mit untergedr. Text.) qu. Lex.-8. Gotha (905). F. A. Perthes. Geb. n. 5. —

— dasselbe. Mit 8 Farbdr.-Bildern nach Aquarellen von Eug. Klimsch u. 60 Textabbildgn. v. W. Schäfer u. Chr. Votteler. 7. Aufl. (31 S.) gr. 8. Stuttgart (905). Loewe. Geb. 3. —

Hey, W(ilhelm). 50 Fabeln für Kinder. Mit Holzschnitten, gezeichnet von Otto Speckter [und illustriertem Umschlag]. Nebst einem ernsthaften Anhange. II + 78 S. 8. Konstanz, Carl Hirsch; Für die Schweiz: Evangelische Buchh., Emmishofen, [1906]. [cart. M. —. 40]

— 50 Fabeln f. Kinder. Mit 8 Farbdr.-Bildern nach Aquarellen v. Eug. Klimsch u. 60 Textabb. v. W. Schäfer u. Chr. Votteler. 8. Aufl. (31 S.) gr. 8. Stuttgart (909). Loewe. Geb. in Leinw. 3. —

— dasselbe. Neue Folge. Mit 8 Farbdr.-Bildern sowie 54 Textabbildgn. v. W. Claudius, W. Schäfer u. Chr. Votteler. 2. Aufl. (31 S.) 4. Ebd. (903). Geb. 3. —

— dasselbe. Neue Folge. Mit 8 Farbdr.-Bildern sowie 54 Textabb. v. W. Claudius, W. Schäfer u. Chr. Votteler. 3. Aufl. (31 S.) gr. 8. Ebd. (909). Geb. in Leinw. 3. —

— Fabeln u. Gedichte nebst 55 Sprüchen, s.: Universal-Bibliothek f. die Jugend.

Hey. *Hundert Fabeln* für Kinder. [12. Tausend]. In Bildern von Fedor Flinzer, Woldemar Friedrich und Anderen. Berlin, G. Grote [c. 1885]. Farbig illustr. Titel, 1 Bl. u. 72 S. mit vielen farb. Abbildungen. Gr.-4°. Chromolithogr. Or.Pappbd. mit Leinenrücken. 22.—
Rümann 398. Teilw. etw. lose, 2 Bll. leicht repariert, sonst gutes Ex.

—— 100 Fabeln für Kinder. In Bildern von Fed. Flinzer u. A. gr. 4. (IV, 72 S. mit eingedr. farb. Bildern.) Berlin 886, Grote'sche Verlagsh. cart. * 6 —

— dasselbe. In Bildern v. Fed. Flinzer, Wold. Friedrich u. A. 14. Taus. gr. 4. (IV, 72 S. m. farb. Bildern.) Berlin 889. G. Grote Geb. 6. —

— hundert Fabeln f. Kinder. Mit 6 Farbdr.=Bildern u. vielen Holzschn. 12. (80 S.) Stuttgart 891. G. Weise. Kart. n. — 50

Hey. *Hundert Fabeln* etc. In Bildern von Fedor Flinzer, Woldemar Friedrich und Anderen. 20. Taus. Berlin, Grote [c. 1894]. Farb. ill. Titel, 1 Bl. und 72 S. mit vielen großen Bildern in Farbendruck. Gr.-4°. OrHlwd. m. farb. Deckelbildern. 16.—
Schönes, um die Jahrhundertwende beliebtes Bilderbuch. — Etwas benutzt, einige Bleistiftspuren, 2 kleine Einrisse.

— 100 Fabeln f. Kinder. M. 16 Farbdr.=Bild., sow. 120 Textabb. u. Orig.=Zeichngn. v. E. Klimsch, W. Claudius, Chr. Votteler u. W. Schäfer. 4. (IV, 30 u. 30 S.) Ebd. 898. Geb. in Leinw. 6. —

— 100 Fabeln f. Kinder. Mit 6 Farbdr.-Bildern u. 138 Textabbildgn. nach Originalen v. Geo. Mühlberg, Chr. Votteler u. W. Schäfer. Komplette Ausg. (VIII, 136 S.) gr. 8. Ebd. (903). Geb. in Leinw. 3. —

— dasselbe, nebst e. ernsthaften Anh. Für die Jugend durchgesehen m. Berücksicht. der neuen Rechtschreibg. v. Karl Becker. Mit 3 schwarzen Textbildern v. E. Hanetzog, sowie 3 farb. Bildern v. Ernst Zimmer. (VII, 109 S.) 8. Berlin (904). Verlag Jugendhort. Geb. in Halbleinw. n. 1. 40

— 100 Fabeln f. Kinder. Mit 6 Farbdr.-Bildern, 138 Text-Abb. nach Originalen v. Geo. Mühlberg, Chr. Votteler u. W. Schäfer. Komplette Ausg. 3. Aufl. (VIII, 136 S.) 8. Ebd. (909). Geb. in Leinw. 3. —

— 100 Fabeln nebst Liedern u. Sprüchen f. Kinder, s.: Volks- u. Jugendschriften, ausgewählte.

— Fabeln f. die Kinderwelt. Mit 16 Farbdr.-Bildern u. 120 Textabb. nach Orig.-Zeichngn. v. E. Klimsch, W. Claudius, Chr. Votteler u. W. Schäfer. (IV, 30 u. 30 S.) gr. 8. Ebd. (909). Geb. in Leinw. 4. 50

— schönste Fabeln. Mit 16 prächt. Buntbildern. gr. 4. (16 Bl.) Stuttgart (902). Loewe. Geb. 2. —

— die schönsten Fabeln f. Kinder. Mit 118 Textabbildgn. nach Orig.-Zeichngn. v. Chr. Votteler u. W. Schäfer. Volks-Ausg. (VII, 112 S.) gr. 8. Stuttgart (903). Loewe. Geb. 1. 50

— Die schönsten Fabeln f. Kinder. Mit 118 Textabbildgn. nach Orig.-Zeichngn. v. Chr. Votteler u. W. Schäfer. Volks-Ausg. 4. Aufl. (VII, 112 S.) 8. Stuttgart (909). Loewe. Geb. 1. 50

—— 60 ausgewählte Fabeln, s. Hausbibliothek, kleine, für die Jugend.

— u. Otto Speckter, zwölf Fabeln f. Kinder, s.: Schatzgräber's Kinderbuch. Nr. 1.

—— cinquante Fables pour les enfants, trad. de l'allemand et ornées de 50 gravs. s. bois exécutées, d'après les vigns. d'Otto Speckter par Fr. Guill. Gubitz. Avec des notes destinées à faciliter aux enfants l'intelligence du texte et l'étude de la langue franç. gr. in-8. (8¾ B.) Hamburg 841, [Fr. et Andr. Perthes.] *

—— 50 fables pour les enfants. Traduites de l'allemand, ornées de 50 gravures sur bois d'après les vignettes d'Otto Speckter. gr. 8. (VI S. und 50 Blatt.) Gotha (861)62, F. A. Perthes. 1*

— 50 fables pour les enfants. Traduites de l'allemand. Ornées de 50 gravures sur bois d'après les vignettes d'Otto Speckter. Nouvelle édit. Ebend. 868. Lex.-8. (VI S. u. 50 Holzschntaff. mit Text.) geb. n. 1 ₰; in engl. Einb. n. 1 ₰ 10 ngr

— cinquante fables pour les enfants. Traduit de l'allemand. Ornées de 50 gravures sur bois d'après les vignettes d' Otto Speckter. Edition à bas prix. gr. 8. (54 S.) Ebend. 874. geb. n. 2.—

— 50 fables pour les enfants. Traduites de l'allemand. Ornées de 50 gravures sur bois d'après les vignettes d' Otto Speckter. (56 S.) gr. 8. Gotha (908). F. A. Perthes. Kart. 1.—; geb. 1. 25

—— 50 fables for children. Illustrated by Otto Speckter. With a serious appendix. Translated into English by Sophie Klingemann. gr. 8. (50 Holzschntaf. und 40 S. Text.) Gotha 867, F. A. Perthes. cart. *

— 50 fables for children. Illustrated by Otto Speckter. With a serious Appendix. Translated into english by Sophie Klingemann. Lex.-8. (50 Bl. m. eingedr. Holzschn. u. Anh. 40 S.) Ebend. 877. cart. n. 3. —

—— other 50 fables for children. Illustrated by Otto Speckter. With an appendix. Translated into English by Sophie Klingemann. Lex.-8. (137 S.) Ebendas. 869. cart. * geb. *

—— 50 favole per i fanciulli, tradotte dal Tedesco ed adornate di 50 stampe in legno, copiate da Otto Speckter. 8. (VI S. und 50 Blatt.) Gotha 861, F. A. Perthes. *

— Festgedicht zur dritten Jubelfeier d. Gymnasiums zu Gotha. gr. 8. Gotha 824. Becker. 6 K

Hey, Wilh., Gedichte. 8. Berlin, Reimer. 816.

— 100 der sinnigsten Fabeln. 12. (64 S. m. 8 Farbdr.) Berlin (900). A. Weichert. Geb. 1. —

—— Jesus Christus gestern u. heute rc. Abschiedspredigt. 8. ... Gotha 832, Becker.

—— das Kind von der Wiege bis zur Schule, s. a. Schneider, Heinr. Just.

Hey. *Das Kind von der Wiege bis zur Schule.* Dritte Auflage. Gezeichnet und radirt von Heinr. Justus Schneider. Mit begleitendem Text [in Versen] von Wilhelm Hey. Gotha, Fr. A. Perthes [ca. 1855]. Radierter Titel, 19 Radierungen, VI SS. u. 19 Bll. Text. Quer-8°. Einfacher Halbleinenbd. 30.—

Trotz einigen kl. Fl. gutes Ex. des entzückenden Buches, in dem Text und Bilder gut harmonieren. Einige Bl. eingeklebt.

— das Kind von der Wiege bis zur Schule. Gezeichnet u. radirt von H. J. Schneider. Mit begleitendem Text qu. gr. 8. (19 Kpfrtaf. m. Text auf der Rückseite.) Ebend. 878. n. — 80

—— Kinderglöckchen. Fabeln und Erzählungen mit 16 feinen Farbendr.-Bildern (auf Karton). 4. Eßlingen 886, Schreiber. geb. * 2 —

— Kinderlust. Gezeichnet u. radirt v. H. J. Schneider. 4. (8 S. u. 19 Stahlst.) Ebend. 870. geb. n. 2. 40

—— Kinderlust. Gezeichnet und radirt von H. J. Schneider. 5. Aufl. 4. (46 S. und 20 Stahlst.) Ebendas. 871. geb. *

— Kinderlust. Gezeichnet von H. J. Schneider. 5. Aufl. hoch 4. (VIII S. u. 19 Kpfrst. m. eingedr. Texte.) Ebend. 877. geb. n. 2. 40

—— das Leben eines Kriegspferdes, s. Prätorius, M.

— u. Fr. Müller-Münster, gute Lehren. Gedichte v. H. Bilder v. M. [Aus der Sammlg.: „Das deutsche Bilderbuch".] (15 S. farb. Abb.) 22,5×29,5 cm. Ebd. (910). Geb. 1. —

— s. Lossius, Kasp. Fr., Gumal u. Lina.

— Noch fünfzig Fabeln f. Kinder, s.a. Fabeln.

Hey. *Noch funfzig Fabeln für Kinder.* In Bildern, gezeichnet von Otto Speckter. Nebst einem ernsthaften Anhange. Hamburg, bei Friedrich Perthes (c. 1840?). 2 Bl., 50 Bl. mit Lithogr. nach Speckter, 44 S. Gedichte. 8°. Hlwd. d. Z. Lithogr. u. bedruckte Or.Umschläge aufgezogen. 75.—

Von Ehmcke, Goedeke u. a. nicht erwähnte, anscheinend zweite Ausgabe, die ohne den musikalischen Anhang erschien. Das erste Bild trägt die Unterschrift: „Litho. bei C. Hellfarth in Gotha." — Wenige unbedeut. Gebrauchsspuren, der Einband leicht benutzt. Gutes Ex.

Hey. *Noch fünfzig Fabeln* für Kinder von Wilhelm Hey. In Bildern [50 Holzschnitte] gezeichnet von Otto Speckter. Nebst einem ernsthaften Anhange. Neue Ausgabe mit Holzschnitten nach neuen Zeichnungen. Gotha, F. A. Perthes [1863?]. Titel, 50 Bl., 45 S. Gr.-8°. Grauer illustr. Or.Karton (Rücken erneuert). 35.—

Ehmke 44. Rümann 2487. Erstdruck der neuen Holzschnitt-Ausgabe. Hauptsächlich in dieser Form ist das Buch bekannt geworden. Die Ausgabe von 1837 hatte Steindrucke. Einige Bll. leicht stockfleckig.

—— noch 50 Fabeln für Kinder. In Bildern, gez. von Otto Speckter. Nebst einem ernsthaften Anhange. Wohlfeile Ausg. 8. (89 S. mit eingedr. Holzschn.) Gotha 866, F. A. Perthes. cart. *
Feine Ausg. gr. 8. cart. * 1 Thlr. 5 Ngr.; geb. *

— Noch 50 Fabeln f. Kinder. In Bildern gezeichnet v. Otto Speckter. Wohlfeile Ausg. Nebst e. ernsthaften Anhange. gr. 8. (89 S.) Ebend. 874. n. 1. 50

— noch 50 Fabeln für Kinder. In Bildern gezeichnet von Otto Speckter. Nebst einem ernsthaften Anhang. Neue Ausg. 1877. Lex.-8. (50 Holzschntaf. m. eingedr. Texte u. Anhang 45 S.) Ebend. 877. cart. n. 3. 50; in Callico geb. n. 4. —; color. cart. n. 6. —

— dasselbe. (Schul-Ausg.) 8. (50 u. 39 S. m. eingedr. Holzschn.) Ebend. 877. cart. n. 1. 50

— noch fünfzig Fabeln für Kinder. Jubiläums-Ausg. 1. und 2. Aufl. qu. 8. (72 S. mit eingedr. Holzschn.) Ebendas. 883. cart. *

— u. Frdr. Güll, Scherz u. Ernst. Ausgewählte Gedichte. Bilder v. F. Müller-Münster u. Marie Hohneck. [Aus d. Sammlg.: „Das deutsche Bilderbuch".] (16 u. 15 S. farb. Abb.) 22,5×29,5 cm. Mainz (910). J. Scholz. Geb. 2. —

—— zweimal fünfzig Fabeln für Kinder. Nebst einem ernsthaften Anhang. [Die Klassiker der Kinderwelt.] 16. (108 S.) Ebendas. 884. * 20 Pf.; geb. *

Zweimal fünfzig Fabeln für Kinder von W[ilhelm] Hoy. Nebst e. ernsthaften Anh. Für Kinder bis zu 8 Jahren. *Langensalza: F. G. L. Gressler 1900.* (119 S.) 8° [F.]
— Jugendbücherei, F. G. L. Gresslers Neue. Bd 4.

— zweimal 50 Fabeln f. Kinder, s. a. Greßler's, F. G. L., neue Jugendbücherei. 4. Bd.

Hey, Will., chirurg. Beobachtt., f. Handbibliothek, chirurg., Vr Bd.

— f. Rob. Pallok, d. Lauf d. Zeit.

Heybal, Ant., katolický Katechismus v otázkách a v odpovědích, čili Rukovět u přednášení a vysvětlování katechismu pro druhou třídu obecných škol. Brünn 855. Karaflat. 8. (XV, 778 S.) n. 2 ₰.

—— dass. — 2. Vydání. 6 Lfgn. gr. 12. (1. Lfg. XVIII und S. 1–144.) Ebds. 856. *

Heyberger, Alphons [aus Obermorschweier (Els.)]: Ueber einen Fall von Poliomyelitis anterior acuta ... Freiburg i. B., Buchdr. H. Epstein, 1895; 28 S. 8.
Freiburg i. B., Med. Fak., Inaug.-Diss. v. 1895

Heyberger, Greg., ABC des romanischen u. gotischen Baustils. Ein Leitfaden zum Studium u. Verständnis der roman. u. got. Bauordng. Lex.-8. (36 S. m. Fig. u. 13 Doppeltaf.) Würzburg 892. L. Woerl. Kart. n. 4. —

Heyberger, Greg., ABC des romanischen u. gotischen Baustils. Ein Leitfaden zum Studium u. Verständnis der roman. u. got. Bauordng. Neue [Titel-]Ausg. Lex.-8. (36 S. m. Abbildgn. u. 13 Doppeltaf.) Freiburg i/B. [892] (899). Herder. Kart. n. 2. —

Heyberger. G. & J. Füsslen. Festzug zur Vollendung des Ulmer Münsters 1377/1890 von G. Heyberger u. J. Füsslen. J. Ebners Verlag Ulm [1890]. (Umschlagtit.)
8 S. 17 Taf. 8°

—— —— s.a. **Festzug zur Vollendung des Ulmer Münsters.**

Heyberger, G., Vorbilder zur würdigen Ausschmückung unserer Kirchen, nach alten u. neuen Entwürfen gezeichnet. 1.—3. Hft. gr. 8. (à 3—4 S. m. 8 Bl. Zeichngn.) Würzburg 890. Woerl. à 1. —

— **Vorbilder zur würdigen Ausschmückung unserer Kirchen, nach alten u. neuen Entwürfen gezeichnet.** 4.–8. Hft. Lex.-8. (40 S. m. 42 Bl. Zeichngn.) Würzburg 891. L. Woerl. à 1. — (1. Serie [1.—8. Hft.] kplt. geb. in Leinw.: n. 10. —)

Heyberger, J., Anleitung z. schriftl. Aufsätzen, — Anleitung zum Rechnen, — kurzgefaßte Geschichte d. Königr. Bayern, } s.: Kamerad, der.

Heyberger, Josef

Heyberger, J., Eisenbahnkarte von Mittel-Europa. Regensburg, Pustet, 1861. qu. Fol. Lith.

——, Chr. Schmitt und v. Wachter, topographisch-statistisches Handbuch des Königreichs Bayern, s. a. Bavaria. 5. Bd.

Heyberger J., Chr **Schmitt** und v. **Wachter**: Topographisch-statistisches Handbuch des Königreichs Bayern nebst alphabetischem Ortslexikon. Nach amtlichen Quellen bearbeitet. München 1867 1542, 271 S. 8°

Heyberger, J., Oberlieut., Hauptm. Chr **Schmitt** und Hauptm. v **Wachter**. Topographisch-statistisches Handbuch des Königreichs Bayern nebst alphabetischem Ortslexikon. Nach amtlichen Quellen bearbeitet. 8. München 1867—1868.

Heyberger, J., Das Bayerische Hochland und Theile des Schweizer, Tyroler und Salzburger Gebirges. M. 1. 400000. München 1870. . . . . (Br. Mus.)

Heyberger, J., München. Plan der Stadt mit ihren öffentlichen Gebäuden und Sehenswürdigkeiten. Nebst Karte der Umgebung von München. Fol. München 870, Bruckmann's Verlag. In Carton *

Heyberger, J., Plan der königlichen Haupt- und Residenz-Stadt München. Neu bearb. Maassstab 1 : 5000. Mit Text. (7 S. in gr. 8.) Lithogr. Imp.-Fol. München 866, Mey und Widmayer. 1 Thlr.; mit 2 Suppl. *

—— kleiner Schul-Atlas in 12 Kärtchen für das Königreich Bayern. qu. 4. (12 Bl. in Holzschn. und Buntdr.) München 865, Central-Schulbücher-Verlag. cart.

Heyberger's, J., Topographische Specialkarte der Alpen Bayerns und Nord-Tirols von der Zugspitze bis zum Kaisergebirge. München, Mey & Widmayer (1865?) (Br. Mus.)
——. —— Andere Ausg. Ebda (1865.) . . . . (Br. Mus.)

Heyberger, Jos., Special-Karte der Umgebung von Tölz, Tegernsee, Schliersee, Kochel- und Walchensee. Terrain von Gust. Glas. Lithogr. und color. qu. Fol. München 877, J. A. Finsterlin. *
Ohne Terrain *

Eisenbahnlinien — Uebersichtskarte der bayerischen -- und Eisenbahn-Projekte. München, Mey & Widmayer 1862. 800,000. Zusammeng. von J. Heyberger. 1 Bl.

Heyberger's Uebersichts-Karte der bayer. Eisenbahnlinien u. Eisenbahn-Projecte 3. Aufl. München, Mey u. Widmayer. 1863. Fol. In Orig.-Carton-Bd.

Heyberger, J. Uebersichtskarte der Eisenbahnen und Eisenbahnprojekte des Königreichs Bayern. München 1864. 1 Bl. c. I

Heyberger, **Wlh. Jh., († 1781.) Ichnographia chronici Babenbergensis diplomatica. Prs. 1. 4. Bamb. 774. (Frankf. a. M., Wesché). 16 ℳ**

Heyberger, G. I., Ichnographia chronici Bambergens. diplom. etc. III pts. 4. Bamb. Göbhardt. 784.

Heybrock, J. M., und J. A. H. C. **Ratzeburg**, nautischer Hand-Atlas zum Gebrauch für Seeleute und Alle, welche sich für das Seewesen interessiren. Berlin 857. A. Hirschwald. qu. Fol. (VII, 19 lith. Bl. u. lith. Titel.) n. 1 ₰. 25 ngr.

HEYCK, CHR. GUIL., De hæmorrhagia uteri post partum nimia. Specimen inaug. med. Kiliæ. 1802. P.

Hans von Bartels. Von Ed. **Heyck**. Mit Bildn., 104 Abb. u. 10 Einschaltbild. *Bielefeld & Leipzig: Velhagen & Klasing 1903.* (116 S.) 4°(8°) [F.]
— **Künstler-Monographien**. 67. [04. 3037

Die geschichtliche Berechtigung des deutschen Nationalbewusstseins. Rede geb. 1896 in Berlin von Prof. Dr. Eduard **Heyck**, fürstenberg. Archivr. *München: J. F. Lehmann 1897.* (20 S.) 8° [F.]
— **Flug-Schriften** hrsg. vom All-Deutschen Verband. [1.]

Heyck, Ed., d. geschichtl. Berechtigg. d. deutschen Nationalbewußtseins. Reden, geh. am 6. Septbr. 1896 in Berlin auf d. All-Deutschen Verbandstage. gr. 8. (20 S.) München 897. J. F. Lehmann's Verl. n. — 40

[F.] Bismarck. Von Ed[uard] **Heyck**. M. 14 Kunstbeil. u. 228 authent. Abb. *Bielefeld & Leipzig: Velhagen & Klasing 1898.* (2 Bl., 192 S., 6 Portr., 2 Facs., 7 Taf., 1 Tab.) 1 Bd 4.(8.)
— **Monographien z. Weltgeschichte**. [Bd] IV. [98. 3403

Bismarck. Von Ed[uard] **Heyck.** Mit e. Brief-Faks. u. 190 Abb. 3., umgestalt. Ausg. *Bielefeld & Leipzig: Velhagen & Klasing 1904.* (194 S.) 4°(8°) [F.]
— **Monographien z. Weltgeschichte.** 4. [04. 6873 II

Bismarck von Ed[uard] **Heyck**. Mit 119 Abb., darunter 3 Faks. 4 umgestaltete Ausg. Bielefeld & Leipzig: Velhagen & Klasing 1910. 173 S. 4°(8°)
(Monographien z. Weltgeschichte. 4.) [11. 1679

Johanna von Bismarck. Von Prof. Dr. Eduard **Heyck**. Mit 5 Kunstdr. Bielefeld & Leipzig: Velhagen & Klasing 1907. (197 S.) 8° [F.]
— **Frauenleben.** 11. [08. 5008

Heyck, Eduard, deutsche Burschenschaft. (1. Festrede, geh. am 22. V. 1902 zur Einweihg. des v. der deutschen Burschenschaft errichteten vaterländ. Denkmals. 2. Festrede, geh. am 18. I. 1902.) 2.—4. Taus. gr. 8. (48 S.) Berlin 902. G. H. Meyer. n. — 80

(B) — Deutsche Burschenschaft. 902. Jetzt: Berlin, F. Wunder.

— Lukas Cranach, s.a. Künstler-Monographien.

Heyck, Eduard: Lukas Cranach. Mit 103 Abb. Bielefeld & Leipzig: Velhagen & Klasing 1908. 124 S. 4° (8°)
(Künstler-Monographien. 95.)

Anselm Feuerbach. Von Ed[uard] **Heyck.** Mit 113 Abb. Bielefeld & Leipzig: Velhagen & Klasing 1905. (162 S.) 4°(8°) [F.]
— **Künstler-Monographien.** 76. [05. 3653

Feuerbach. Von Ed[uard] **Heyck.** Mit 1 Titelbild, 8 Einschaltbildern u. 97 Textabb. 2. veränd. Aufl. Bielefeld & Leipzig: Velhagen & Klasing 1909. 159 S. 4°(8°)
(Künstler-Monographien. 76.)

Florenz und die Mediceer. Von Prof. Dr. Eduard **Heyck.** Erw. 2. Ausg. der Monographie 'Die Mediceer'. Mit 5 Kunstbeil. u. 194 Abb. *Bielefeld & Leipzig: Velhagen & Klasing 1902.* (185 S.) 4°(8°) [F.]
— **Monographien z. Weltgeschichte.** 1. [02. 2624

Florenz und die Medici. Von Ed[uard] **Heyck.** Mit 183 Abb. 3. Aufl. Bielefeld & Leipzig: Velhagen & Klasing 1909. 180 S. 4°(8°)
(Monographien z. Weltgeschichte. 1.) [10. 2008

Frauenschönheit in Wandel von Kunst und Geschmack. Von Prof. Dr. Ed[uard] **Heyck.** Mit 130 Abb. *Bielefeld & Leipzig: Velhagen & Klasing 1902.* (170 S.) 4°(8°) [F.]
— **Sammlung Illustrierter Monographien.** 8. [03. 6695

Friedrich I. und die Begründung des preussischen Königtums. Von Prof. Dr. Ed[uard] **Heyck.** Mit 7 Kunstbeil., 1 Faks. u. 145 Abb. *Bielefeld & Leipzig: Velhagen & Klasing 1901.* (128 S.) 4°(8°) [F.]
— **Monographien z. Weltgeschichte.** 14. [01. 2525

Heyck, Ed., Genua und seine Marine im Zeitalter der Kreuzzüge. Beiträge zur Verfassungs- und zur Kriegs-Geschichte. gr. 8. (VIII, 199 S.) Innsbruck 886, Wagner'sche Universitäts-Buchh. * 5 —

— deutsche Geschichte. Volk, Staat, Kultur u. geist. Leben. 12 Abtlgn. (1. Bd. VI, 526 S.; 2. Bd. VI, 686 S. u. 3. Bd. VIII, 658 S. m. Abbildgn., 9 Fksms., 30 [17 farb.] Taf., 9 Karten u. 7 Bl. Erklärgn.) Lex.-8. Bielefeld (905. 906.) Velhagen & Klasing. à n. 8. —

— dasselbe. 3 Bde. Lex.-8. Ebd. n. 36. —; geb. in Leinw. n. 48. 50; in Halbfrz. n. 45. —
1. Mit 11 Abbildgn. in Farbendr., 277 Abbildgn. im Text u. 5 (farb.) Karten. (VI, 526 S.) 905. n. 10. —; geb. in Leinw. n. 12. 50; in Halbfrz. n. 13. —
2. Mit 15 Abbildgn. in Farbendr., 423 Abbildgn. im Text u. 1 (farb.) Karte. (VI, 686 S.) 906. n. 13. —; geb. in Leinw. n. 15. 50; in Halbfrz. n. 16. —
3. Mit 16 Beilagen in Schwarz- u. Farbendr., 3 farb. Karten u. 356 Abbildgn. im Text. (VIII, 658 S.) 906. n. 13. —; geb. in Leinw. n. 15. 50; in Halbfrz. n. 16. —

Heyck, Ed., Geschichte der Herzoge v. Zähringen. Hrsg. v. der bad. histor. Commission. gr. 8. (XV, 607 S. m. 1 Stammtaf.) Freiburg i/B. 891. J. C. B. Mohr. n. 16. —

Die Kreuzzüge und das heilige Land. Von Ed[uard] **Heyck.** Mit 74 Kunstbeil., 163 Abb. u. 5 Karten. *Bielefeld & Leipzig: Velhagen & Klasing 1900.* (173 S.) 4°(8°) [F.]
= **Monographien z. Weltgeschichte.** 12. [01. 2513

— s.: Kultur, moderne.

Der Grosse Kurfürst. Von Prof. Dr. Ed[uard] **Heyck.** Mit 101 Abb., 2 Faks. u. 1 Karte. *Bielefeld & Leipzig: Velhagen & Klasing 1902.* (118 S.) 4°(8°)
= Monographien z. Weltgeschichte. 16.

— Luther, s.a. Monographien zur Weltgeschichte.

Luther von Ed[uard] **Heyck.** Mit 114 Abb. u. 3 Faks. Bielefeld & Leipzig: Velhagen & Klasing 1909. 155 S. 4°(8°)
(Monographien z. Weltgeschichte. 29.) [09. 11048 II

Maria Stuart Königin von Schottland von Prof. Dr. Eduard **Heyck.** Mit 5 Kunstdr. Bielefeld & Leipzig: Velhagen & Klasing 1905. (210 S.) 8° [F.]
= **Frauenleben.** 7. [06. 3601

Heyck, Eduard [aus Doberan]: Genua's Marine in ihrem Verhältniss zur Regierung der Stadt. I. Die ältere Verfassungsgeschichte Genua's .... Innsbruck, Druck d. Wagner'schen Univ.-Buchh., 1885; 49 S. 8°.
Heidelberg, Phil. Fak., Inaug.-Diss. v. 1885.

Heyck, Eduard, Genua's Marine in ihrem Verhältniss zur Regierung der Stadt. I. Die ältere Verfassungsgeschichte Genua's. Diss. Heidelberg 1885, Theodor Groos. 8°. 49 S.

[F.] Kaiser Maximilian I. Von Ed[uard] **Heyck.** M. 4 Kunstbeil. u. 142 authent. Abb. *Bielefeld & Leipzig: Velhagen & Klasing 1898.* (2 Bl., 128 S., 3 Portr., 1 Portr.-Taf.) 1 Bd 4.(8.)
— **Monographien z. Weltgeschichte.** [Bd] v. [98. 5309

[F.] Die Mediceer. Von Archivr. Prof. Dr. Ed[uard] **Heyck.** M. 4 Kunstbeil. u. 148 Abb. *Bielefeld & Leipzig: Velhagen & Klasing 1897.* (2 Bl., 126 S., 4 Taf., 1 Tab.) 1 Bd 4.(8.)
— **Monographien z. Weltgeschichte.** [Bd] I. [97. 2202

— s.: Monographien zur Weltgeschichte.

—— s. Nicolai episcopi Botrontinen sisrelatio de Heinrici VII. imperatoris itinere italico.

—— Heidelberger Studentenleben zu Anfang unseres Jahrhunderts. Nach Briefen und Acten. 8. (V, 94 S. mit 4 Lichtdr.-Bildern nach Originalen im Besitze der hies. Universitätsbibliothek.) Heidelberg 886, C. Winter's Universitäts-Buchh. [* *M.* 2.50.] * 1 —

— Heidelberger Studentenleben zu Anfang unseres Jahrhunderts. Nach Briefen u. Akten. 2. (Titel-)Ausg. Mit 4 Lichtdr.-Bildern nach Originalen im Besitze der hies. Universitätsbibliothek. gr. 8 (V, 94 S.) Heidelberg 894. C. Winter. n. 1. —

Heyck, Ed[uard]. Das Unrecht der Nachwelt an Herzog Bertold V von Zähringen. [Illustriert. SA.] 4. [Freiburg i. B. 1892.]

— Urkunden, Siegel u. Wappen der Herzoge v Zähringen. gr. 8. (XII, 89 S. m. 1 Abbildg. u. 4 Lichtdr. Taf.) Freiburg i/B. 892. J. C. B. Mohr. n. 4. —

Heyck, E., s.: Vaterlandslieder.

Wilhelm von Oranien und die Entstehung der freien Niederlande. Von Prof. Dr. Ed[uard] **Heyck**. Mit 1 Faks. u. 100 Abb. (Liebhaber-Ausg.) Bielefeld & Leipzig: Velhagen & Klasing 1908. (140 S.) 4°(8°) [F.]
— **Monographien** z. Weltgeschichte. 28. 08. 5108

[F.] Die Allgemeine Zeitung 1798—1898. Beiträge z. Gesch. d. deutschen Presse. Von **Ed. Heyck**. *München: Allg. Zeitg 1898.* (IV, 352 S., 2 Bl. Facs.) 1 Bd 8. 98. 94

— die Allgemeine Zeitung 1798—1898. Beiträge z. Geschichte d. deutschen Presse. gr. 8. (IV, 352 S. u. 1 Fksm., 4 S. in 4.) München 898. (Leipzig, E. F. Steinacker.) n. 5. —

Heyck, J[oh.] H[enr.] G[uill.], De aqua frigida secundum methodum Currieanum in febribus externo adhibita diss. inaug. Kiliæ. 1836.

Heyck-Jensen, Maina, meiner Jugend Sonne. Geschichten aus dem Leben. 1. u. 2. Aufl. (V, 200 S.) kl. 8. Stuttgart (907. 08). Levy & Müller. Geb. in Leinw. 3. —

Heyck-Jensen, Maina, was ich meinem Hans erzählte. 30 Kindergeschichten. Buchschmuck v. P. Ernst. (VI, 156 S. m. Abbildgn. u. farb. Titelbild.) 8. Stuttgart (906). Levy & Müller. Geb. in Leinw. n. 3. —

Heyd G. Anleitung zur gewerblichen Buchführung für Fleischer. (39 S.) Ulm 1900

Heyd, G., prakt. Anleitg. z. gewerbl. Buchführung f. Bäcker u. Gastwirte. Z. Selbstunterr. u. f. Fortbildungsschulen. 3., verb. Aufl. 8. (IV, 46 S.) Eßlingen 899. W. Langguth. n. 1. —

Heyd, G., die gewerbliche Buchführung. Praktische Anleitg. in zwei Kursen m. Musterheften, Belehrgn., Fragen u. Antworten. Für Gewerbetreibende u. Fortbildungsschulen. 8. (III, 37 u. 86 S. m. 2 Musterheften in 4. m. je 16 autogr. S.) Stuttgart 891. Paulus.

— d. gewerbliche Buchführung. Prakt. Anleitg. durch Belehrgn., Übungsmuster, Fragen u. Antworten. Für Gewerbetreib. u. Fortbildungsschulen. 2., vollst. neubearb. u. verb. Aufl. gr. 8. (VI, 96 S.) Ebd. 897. Kart. n. 1. 50

— dasselbe. Übungsheft. Kassen-, Tage- u. Hauptbuch m. Inventarium. 4. (48 S.) Ebd. 896. n. — 30

Heyd, G., d. gewerbliche Buchführung. Übungsstoff. Inventuren u. Geschäftsnotizen d. Schlossers f. d. Hand der Schüler. gr. 8. (16 S.) Eßlingen 897. W. Langguth. n. — 20

Heyd, G., zur gewerblichen Buchführung. Die Buchführg. d. Bäckers. I. Tl. Geschäftsnotizen (Geschäftsvorfälle). Übungsstoff zum Selbstunterricht u. f. Fortbildungsschulen. II. Tl. Beigaben. Belehrungen durch Muster. 4. (15 u. 16 S.) Ulm 894. Selbstverlag. n. — 75

— zur gewerbl. Buchführung. Die Buchführung d. Bäckers. 2., verb. u. verm. Aufl. 1. Tl. Geschäftsnotizen (Geschäftsvorfälle). Übungsstoff z. Selbstunterr. u. f. Fortbildungsschulen. 2. Tl. Beigaben. Belehrung durch Muster. 4. (15 u. 17 S.) Ulm 894. Selbstverlag. — 80

— Buchführung üb. e. Kurzwaren-Geschäft f. Fortbildungs- u. Frauenarbeitsschulen. gr. 8. (41 S.) Ebd. 896. n. — 60

— Geschäftsnotizen (Geschäftsvorfälle) d. Küfers (Böttchers). Übungsstoff zur gewerbl. Buchführg. 4. (15 S.) Eßlingen 892, Langguth. — 25; Beigaben dazu (III, 16 S.) 893. * — 75

— Geschäftsnotizen d. Küfers (Böttchers). Übungsstoff zur gewerbl. Buchführg. f. Fortbildungsschulen u. zum Selbstunterricht. 4. (15 S.) Ebd. 892. n. — 25; Beigaben dazu (III, 16 S.) 893. n. — 75

— dasselbe d. Schlossers. Übungsstoff zur gewerbl. Buchführg. f. Fortbildungsschulen u. zum Selbstunterricht. 2., verb. Aufl. 1. u. 2. Kurs. 4. (à 16 S.) Ebd. 892. à n. — 25

— dasselbe d. Schreiners. Übungsstoff zur gewerbl. Buchführg. f. Fortbildungsschulen u. zum Selbstunterricht. 2., verb. Ausg. 4. (16 S.) Ebd. 891. n. — 25

— gewerbliche Buchführung. Beigaben zu den Geschäftsnotizen [Geschäftvorfällen] d. Schreiners f. die Hand d. Lehrers. Zur 2. Ausg. der „Geschäftsnotizen" [„G.-Vorfälle"]. 4. (16 S.) Eßlingen 892. W. Langguth. n. — 50

— dasselbe d. Schuhmachers. Übungsstoff zur gewerbl. Buchführg. f. Fortbildungsschulen u. zum Selbstunterricht. 4. (18 S.) Ebd. 894. n.n. — 25; Beigaben (19 S.) n.n. — 50

Heyd, G., Übungsstoff zur gewerblichen Buchführung. Inventuren u. Geschäftsnotizen des Schlossers f. die Hand der Schüler. 2. verb. Aufl. gr. 8. (16 S.) Eßlingen 902. W. Langguth. n. — 20

Heyd, Geo. Konr., († d. 3. Jan. 1791.), s. das einzige Verlange nach d. ewigen Leben.

Heyd, Heinrich

— u. Fr. **Schottenmüller,** Festschrift z. 70. Geburtstag d. Großherzogs Friedrich v. Baden, nebst e. kurzgef. Geschichte der Entwickelg. d. bad. Unterrichtswesens unter dessen segensreicher Regierg. Für Schule u. Haus hrsg. 8. (32 S. m. Bildn.) Pforzheim 896. E. Haug. — 20

Heyd, Heinr., s.: Geschichte der Entwicklung des Volksschulwesens im Großherzogt. Baden.

Ein Vierteljahr verwundet und gefangen in Frankreich. Erlebnisse e. Grenadiers im Kriege von 1870/71. Von H[einrich] **Heyd**, Hauptlehrer. *Karlsruhe: J. J. Reiff 1901.* (88 S.) 8° [F.]
— **Badener** im Feldzug 1870/71. Bd 16. 01. 11916

Heyd, Johann Georg Friedrich (Präs.), De revocatione ultimae voluntatis. Diss. jur. in acad. militari ducali. Stuttgart (Cotta) 11. XII. 1778. 56 Seiten. (6.80) 14976
Respondenten: Philipp Christian Friedrich v. Normann (Schwed.-Pommern), Wilhelm Friedrich Carl Bregenzer (Alto-Asp.), Johann Friedrich Schmidlin (Stuttgart), Carl Eberhard Waechter (Stuttgart), August Friedrich Baz (Regensb.), Wendelin Bilfinger (Stuttgart), Georg Friedrich Boigeol (Montisbel. [Montbéliard = Mömpelgard]), Ludwig Friedrich Johann Grub (Stuttgart), Carl Ludwig Reichenbach (Stuttgart).

— theses juris civilis de pactis et contractibus. 4. Stuttg. 781.

— theses juris civilis de servitute. 4. Stuttg. 777.

Heyd, Ludwig Friedrich

Heyd, L. F., Geschichte d. Grafen v. Gröningen, größtenth. nach Archival-Urkunden untersucht u. dargest. 8. (7½ B., 1 Stnt. u. 3 Tab.) Stuttgart 829, [Beck u. Fränkel.]

— Geschichte d. Grafen von Gröningen, größtentheils nach Archival-Urkunden untersucht u. dargestellt. Mit 1 Steintaf. 8. Stuttg. 829, Löflund. 20 ß

—— Geschichte d. vormal. Oberamts-Stadt Markgröningen, mit besond. Rücksicht auf d. allgem. Gesch. Wirtembergs; größtenth. nach ungedr. Quellen. M. 1 Musikbeil. 8. (18 B.) Stuttgart 829, [Beck u. Fränkel.]

— Geschichte der vormal. Oberamts-Stadt Markgröningen, mit besond. Rücksicht auf die allgemeine Geschichte Würtembergs; größtentheils nach ungedruckten Quellen. Mit 1 Musikbeil. 8. tuttg. 830. Löflund. 18 ß

Heyd, Ludw. Friedr., Melanchthon u. Tübingen. 1512—18. Ein Beitr. zu d. Gelehrten- u. Reformations-Geschichte d. 16. Jahrh. gr. 8. (7⅛ B.) Tübingen 839, Fues.
Besonders abgedruckt aus: Tübinger Zeitschrift f. Theologie.

Heyd, H. Fr., die Schlacht bei Laufen, den 12. u. 13. Mai 1534. Mit 10 Beill. 8. Stuttg. 834. Löflund, jetzt Beck u. F. 1/2 rℓ

Heyd, L. F. Die Schlacht bei Laufen, den 12 u. 13. Mai 1534. Mit Beil. Stuttgart 1834. 91 S

——, Ulrich, Herzog zu Württemberg. Ein Beitr. z. Gesch. Württembergs u. d. deutschen Reichs im Zeitalter d. Reformation. 2 Bde. gr. 8. Tübingen 841, Fues. [1. (37½ B. u. Herzog Ulrich's Bildn.), 2. (31½ B., Bildn. d. Herzogin Sabina u. 1 Kärtchen.) à 2 Thlr.]

Heyd., Ludw. Friedr., Ulrich, Herzog zu Württemberg. Ein Beitrag z. Geschichte Württemberg's u. des deutschen Reichs im Zeitalter der Reformation. 3. Bd., vollendet u. hrsg. v. Karl Pfaff. Mit d. Bildniß des Herz. Christoph. gr. 8. (39⅛ B.) Tübingen 844, Fues, Vrlgsh.

Heyd, L. Fr., etymolog. Versuche für Alterthumswissenschaft u. Sprachkunde. gr. 8. Tübing. 824. Laupp. 10 ß

Heyd, L. Frd. Vita Polybii Megalopolitani. (39) 4 Tübingae 1812.

—— der wirtemberg. Canzler Ambrosius Volland. Ein Beitr z. Gesch. d. Herzoge Ulrich u. Christoph zu Wirtemberg, grossen Theils nach ungedr. Quellen. 8. (10⅛ B.) Stuttgart 828, [Beck u. Fränkel.]

— der würtemberg. Kanzler,, Ambrosius Volland. Ein Beitrag zur Geschichte der Herzöge Ulrich u. Christoph zu Würtemberg, grossentheils nach ungedruckten Quellen. 8. Stuttg. 828. Löflund. 20 ß.

Heyd, Thdr., die Kanalisation f. Oppau in der Rheinpfalz. (19 S. m. Fig. u. 15 Taf.) 4. München 906. R. Oldenbourg. n. 4. —

Heyd, Th[eodor]: Die Planung wirtschaftlicher Städte-Kanalisationen. 1908. 104 S., 2 Taf. 8⁰ ¶ Erw. bei Haas in Mannheim u. d. T.: Die Wirtschaftlichkeit bei den Städte-Entwässerungsverfahren.
Stuttgart, Dr.-Ing.-Diss. v. 11. 3. 1908

— die Praxis des städtischen Tiefbaues. I. Elemente des Kanalbaues. 1. Lfg. (17 [2 Doppel-]Taf.) 4. Darmstadt 906. H. L. Schlapp. n. 2. 60

Heyd, Thdr., die Praxis des städtischen Tiefbaues. I. Elemente des Kanalbaues. 2. u. 3. Lfg. (35 [7 Doppel-] Taf.) 34×21,5 cm. Darmstadt, H. L. Schlapp. 6. 80
2. 908. 3. 20. — 3. 910. 3. 60

— Die Wirtschaftlichkeit bei den Städte-Entwässerungsverfahren. Bearb. im Auftrag der deutschen Steinzeugwarenfabrik f. Canalisat. u. chem. Industrie, Friedrichsfelde (Baden.) (VII, 203 S. m. Abbildgn., 1 Taf. u. 1 Tab.) 8. Mannheim 908. Dr. H. Haas.
7.—; geb. in Leinw. 8. —

Heyd, W., zur Frage der Uebertragung der Syphilis durch die Schutzpockenimpfung u. über die Methode der Impfung direkt von der Kuh, auf Grund der gegenwärtig in der Académie impériale de médecine zu Paris geführten Verhandlungen. Stuttgart 867. Kröner. gr. 8. (88 S.)
n. 20 ngr.

Heyd, Wilh., Beiträge zur Geschichte d. deutschen Handels. Die grosse Ravensburger Gesellschaft. gr. 8. (86 S.) Stuttgart 890. Cotta Nachf. n. 3. —

Heyd, Wilh., Beiträge zur Geschichte des Levantehandels im 14. Jahrh., s.: Festschrift zur 4. Säcular-Feier der Eberhard-Karls-Universität zu Tübingen.

Heyd, Wilh., Bibliographie der württemberg. Geschichte. Im Auftr. d. württemberg. Kommission f. Landesgeschichte bearb. 1. u. 2. Bd. gr. 8 Stuttgart, W. Kohlhammer. u. 8. -
1. (XIX, 346 S.) 895. n. 3. —. — 2. (VIII, 794 S.) 896. n. 5. —

Heyd, Wilh., s.a. Bibliographie der württemb. Geschichte.

— Geschichte des Levantehandels im Mittelalter. 2 Bde. gr. 8. (XXII, 604 u. VI, 781 S.) Stuttgart 879. Cotta. n. 30. —

Heyd, W. v., die historischen Handschriften, s.: Handschriften, die, der königl. öffentlichen Bibliothek zu Stuttgart.

Heyd, W., histoire du commerce du Levant au moyen-âge. Édit. française refondue et considérablement augmentée, publiée sous le patronage de la Société de l'Orient latin par Furcy Raynaud. 2 vols. gr. 8. (XXIV, 554; VI, 799 S.) Leipzig 885,86, Harrassowitz. [*ℳ 30.—.] * 40 —

Heyd, Wilh., s.: Schickhardt, Heinr., Handschriften u. Handzeichnungen.

Heyde, s.a. Heide, Heiden, Heyden.

Heyde, die unterrichtliche Behandlung d. 6. Gebotes in der Schule, s.: Ziethe.

Heyde, ..., s. Lesage, Geschichte d. Gilblas v. Santillana.

Heyde, Adolf Ueber einige neue geometrisch isomere Derivate des Diphenyläthylens. Rostock 1910 Hinstorff. 37 S. 8°
Rostock, Phil. Diss. v. 21. März 1910, Ref Stoermer
[Geb. 16 Dez 8 Felsberg, Reg Bez Kassel; Wohnort: Rostock; Staatsangeh.: Preußen, Vorbildung Gymn. Hersfeld bis M 01, Studium. Marburg 7, Rostock 10 S., Rig 15. März 10.] [U 10. 3953

Heyde, Alb., die französische **Partie.** Auf Grundlage der neuesten Forschgn bearb. u. m. zahlreichen Musterpartien versehen. gr. 8. (72 S. m. Diagrammen.) Braunschweig 891. O. Lobbecke. n. 1. 60

— der **Schachwettkampf** zwischen S. Tarrasch u. M. Tschigorin, Ende 1893. Mit gründl. Erläutergn. hrsg. Mit den Bildern u. Lebensbeschreibgn. der beiden Spieler. 8. (92 S. m. Diagrammen.) Berlin 893. W. T. Bruer. n. 2. 40; geb. n. 3. —

Heyde, Alb., s.: Wochenschach, deutsches.

Heyde, Arnold, a. Groß-Lichterfelde: Über Pikramin- und α-Naphtylpurpurat. Göttingen 1905: E. A. Huth. (57 S.) 8°
Göttingen, Phil. Fak., Ref. Wallach, Diss. v. 7. Nov. 1905
[Geb. 19. Febr 79 Tempelhof, Wohnort: Berlin; Staatsangeh.: Preußen Vorbildung Gymn. Groß-Lichterfelde Reife O. 99; Studium: München 1, Berlin 1, Genf 1, Berlin 4, Göttingen 5 S., Rig. 19. Juli 05.]

Heyde, Bertha, die fleißige Puppenschneiderin, s.: Lutz, J.

Heyde, Eduard

Heyde, Ed., und Adph. Froese, Geschichte der Belagerung von Paris im J. 1870—71. Auf Befehl der königl. General-Inspection des Ingenieur-Corps und der Festungen unter Benutzung amtl. Quellen bearb. 3 Thle. Lex.-8. Berlin 874, Schneider und Comp. [1. Thl. Mit einem Atlas, enth. 16 (lithogr. und chromolithogr.) Karten und Pläne (in gr. Fol.). (VII, S. 1—255.) *M 14.; 2. und 3. Thl. Mit 10 Beilagen (A—K) und einem Atlas, enth. 9 (lithogr. und chromolithogr.) Karten und Pläne in gr. Fol. (XI, S. 257—678, und Beilagen 23 S.) *M 25.] *

Heyde, Ed., Landesbefestigung. Eine Studie. gr. 8. (III, 98 S.) Rathenow 886, Babenzien. *M 2.50.; geb. ** 3 25

Heyde, oder Heydenvogel, Ernst, († d. 2. März 1787.), s. Trentsleva.

Heyde, F. W., Liederbuch f. Landschulen, enth. die Volkslieder, welche in den Schulen des Inspektionsbezirks Leipzig II einzuüben sind, sowie e. Anzahl anderer beliebter Lieder. 8. (32 S.) Leipzig 888. O. Klemm. n.n. — 15

—— Liederbuch für Volksschulen. Eine Auswahl der beliebtesten Volkslieder, nebst einem Anhang, enthaltend rhythm., Stimm- und Treff-Übungen. 2 Hefte. 8. Lindenau 887. (Leipzig, O. Klemm.) ** 60 Pf. bezw. ** — 70

Inhalt:

Heft 1. Ein- und zweistimmige Lieder für die untern und mittlern Klassen. 6. verb. und verm. Aufl. (II, 54 S.) ** 20 Pf.
" 2. Zwei- und dreistimmige Lieder für Oberklassen. 4. verb. und verm. Aufl. (IV, 132 S.) cart. ** 40 Pf.; mit Motetten-Anhang (16 S.) cart. ** 50 Pf.

Heyde, F. W. Liederbuch f. Volksschulen. Eine Auswahl der beliebtesten Volkslieder, nebst e. Anh., enth. rhythm., Stimm- u. Treff-Übgn. 2. Heft. 8. Lindenau 890. (Lpz., Klemm's Sort.) cart. ** — 40
Zwei- u. dreistimmige Lieder f. Oberklassen. 7. verb. u. verm. Aufl. (IV, 140 S.) 1. Heft. Ebd. 1887. * — 20.

Heyde, Ferdinand von der: Aus d. Prosectur d. Städt. Krankenh. München r. d. Isar. ⟨Prosector Oberndorfer.⟩ Ein Beitrag zur Kenntnis des multiplen Myeloms. ⟨Mit 1 Abb.⟩. München 1908: Wolf. 39 S. 8°
München, Med. Diss. v. 23. Jan. 1909, Ref. v. Bollinger
[Geb. 22. April 83 Bremen; Wohnort: Bremen; Staatsangeh.: Bremen; Vorbildung: Gymn. Bremen Reife M. 02; Studium: Heidelberg 1, Freiburg i. B. 4, München 5 S.; Coll. 23. Jan. 09; Approb. 14. Jan. 09.] [U 09. 3336

Gefährlicher Schiff-Bruch des ostindischen Jagdschiffes, der Schelling (v Franz Janß von der **Heyde**). Franckfurth u Leinzig 1755 8°

Heyde, G. v. d. Der Feldzug des herzoglich Braunschweigischen Corps im Jahre 1809. 8. Berlin 1810.

v. d. Heyde, G., der Feldzug des Herzogl. Braunschw. Corps im Jahre 1809. 8. Berl. 819. Mittler. 12 K

Heyde, G v. der Der Feldzug des herzogl. braunschweigschen Korps i. J. 1809. Berlin 1819. 143 S

Heyde, G. W. von der, s. Heyde, W. G. von der.

Heyde, J. J., der nach d. Gewißh. u. Wahrh. der heil. Schr. forsch. Heide. 8. Berlin, Realsch. 793.

Heyde, J. J., der nach d. Gewißheit u. Wahrheit d. heil. Schrift forschende Heyde, In 5 Betrachtt. 8. Berl. 793. Reimer. 6 K

Heyde, Johann Daniel, Voluntatis ab intellectu dependentiam. Präs. Johann Christoph Gottsched. Lpz. (Breitkopf) 10. IV. 1737. 28 S. (6.50) 14977
Gew.: Paul Gottlieb Hoffmann (Annaberg), Johann Christoph Wex.

Heyde, K., lohnt sich die Geflügelzucht als Privatunternehmen?, s. a. Aus Theorie u. Praxis der Geflügelzucht.

Heyde, K.: Lohnt sich Geflügelzucht als Privatunternehmen? Berlin: Pfenningstorff [1907]. 30 S. 8°
(Aus Theorie u. Praxis d. Geflügelzucht. Jg. 1, H. 3.)

— Lohrhauptener Nutzgeflügelzucht in Wort u. Bild. (122 S.) gr. 8. Leipzig 907. F. Jansa. 2. —

Die Ventilation in der künstlichen Brut. Ein Beitrag z. Lösung d. Problems von erfolglosen Maschinenbruten von Pfarrer **Heyde**, Lohrhaupten. o. O. [1906]. (15 S.) 8° [Kopft. F.] [07. 2518 4

Heyde, Karl, was werde ich? Ratgeber f. die Berufswahl der männl. Jugend m. Volksschulbildg. Im Auftrage der Zentrale f. Jugendfürsorge zu Dresden bearb. (185 S.) kl. 8. Dresden (906). (A. Köhler.) Kart. n. — 75

Heyde, Ludw., die volkswirtschaftliche Bedeutung d. technischen Entwicklg. in der dtschen. Zigarren- u. Zigaretten-Industrie, s. a. Abhandlungen, Tübinger staatswissenschaftliche. 10. Heft.

Die volkswirtschaftliche Bedeutung der technischen Entwicklung in der deutschen Zigarren- und Zigaretten-Industrie. Von Dr. Ludwig **Heyde**. Mit 7 Abb. Stuttgart: Enke 1910. X, 216 S. 8°
(Tübinger Staatswissenschaftl. Abhandlungen. H. 10.) [10. 17830

Deutsche Sektion, Gesellschaft für Soziale Reform. — Urlaub für Arbeiter und Angestellte in Deutschland. Bericht, erstattet an die Internationale Vereinigung für gesetzlichen Arbeiterschutz, von Dr. LUDWIG HEYDE, Mitglied des Bureaus für Sozialpolitik in Berlin. Berlin. Druck der Vaterländischen Verlags- und Kunstanstalt. 8°

— **Ludwig Jacob** u. (Respond.) **Friedrich Wolfgang Reiz** (Windsheim), De beatitate dei ad 1 Timoth. I, II. coll. cap. VI, 15. Lpz. (Langenheim) Juni 1754. 47 S. (6.50) 14978

Heyde, Martin, appr. Arzt a. Dresden: Ein Beitrag zur Frage der bindegewebsbildenden Fähigkeit des Blutgefässendothels. Rudolstadt 1904: F. Mitzlaff. (28 S.) 8°
Tübingen, Med. Fak., Ref. v. Baumgarten, Diss. v. 25. Juni 1905
[Geb. 17. Aug. 80 Dresden; Wohnort Dresden, Staatsangeh.: Sachsen; Vorbildung: Gymn. Dresden Reife O. 99; Studium Lausanne 1, Greifswald 1, Tübingen 8 S.; Coll. 21. Dez. 04; Approb. 16. Aug. 04.]

Heyde, Moritz

— Karl Krause und H. F. Steinmann, Lehrbuch der Gabelsberger'schen Stenographie. Mit dem Bildnisse Gabelsberger's u. dessen stenograph. Facsimile (in Stahlst.). Dresden 853. Meinhold. gr. 8. (IV, 92 S., 18 lith. S., 24 lith. Bl. u. 1 lith. Taf. in Fol.) n. 20 ngr.

Heyde, Mor., und C. Krause, Lesebuch zum Lehrbuch der Gabelsberger'schen Stenographie, s. Krause, C.

Heyde, Osk. v. der, s.: Heide, Osk. v. der.

Heyde, *August* Otto [app. Arzt aus Grimma, Kgr. Sachsen]: Aus d. medicin. Klinik in Kiel. Operationen bei eitriger Pericarditis .. Kiel, Druck v. P. Peters, 1896; 28 S., 1 Bl. 8.
Kiel, Med. Fak., Inaug.-Diss. v. [11. Jan.] 1897

Heyde, Paul, Fragen- u. Aufgabenheft zu Fr. Polacks kleinem Realienbuche. Zur Wiederholg., Übg. u. Verarbeitg. der Realstoffe zusammengestellt. gr. 8. (40 S.) Gera 899. Leipzig, Th. Hofmann. n.n. — 15

Heyde, Paul *(geb. Költschen in Schles. 19. 11. 1846)*: Ueber die Zersetzung der kohlensauren alkalischen Erden durch schwefelsaure Alkalien. Breslau 1874. (37 S.) 8° [F. u. Ant.]
Breslau, Phil. Diss. v. 23. [vielmehr 24.] Juli 1874

Heyde, W. G. von der

Heyde, G. W. von der, Anleitung z. vorschriftsmäß. Verfahren hinsichtl. d. Transports d. Verbrecher ꝛc.; der Auslieferung d. Verbrecher u. Deserteure; der Anträge z. Aufnahme gewißer Individuen in d. öffentl. Besserungsanstalten, so wie von d. Communen zu verpfleg. Armen in die Landarmen-Anstalten; der polizeil. Behandl. d. Bettler, des Nachweises d. chrl. Gewerbes u. der Entlassung d. Züchtlinge aus d. öffentl. Strafanstalten; der Beobachtung d. unt. polizeil. Aufsicht gestellten Personen u. d. allgem. Landesvisitationen, od. auch Zusätze ꝛc. zu d. im J. 1836 erschien. Repertorium v. Verordnn. üb. d. Transportwesen ꝛc. 8. (21¾ B.) Magdeburg 840, (Heinrichshofen.) *
Vgl. unten: Deſſ., Repertorium ꝛc. üb. d. Transp. d. Verbrecher ꝛc.

Heyde, W. G. von der, Archiv v. Gesetzen, Verordn. u. gesetzl. Bestimmungen üb. d. Servis-, Einquartierungs- u. Verpflegungswesen d. Militairs, u. üb. d. Vorspannswesen; ferner in Betreff d. Modalitäten bei d. Aufbringung d. Communal-Bedürfnisse u. d. Beitragspflichtigkeit zu dens., d. Sachverhältnisses bei mehr. Communal-Lasten u. hinsichtl. d. Grundsätze bey d. Armen-Vorsorgung. gr. 8. (19¼ B.) Magdeburg 829, Creutz.

v. d. Heyde, W. G., Archiv v. Verordnungen, das Elementar-Schulwesen u. die persönl. Verhältnisse d. Elementar-Schullehrer betreffend. 8. Magdeburg 846, Baensch. n. 5/6 ℛ︀

von der Heyde, W. G., das Armenrecht in den Preuß. Staaten. 8. Magdeburg 835. (Creutz.) n. 5/12 ℛ︀

—— das Armenrecht in d. k. preuß. Staaten. 8. Magdeburg 835, (Heinrichshofen.) *

Heyde, W. G. von der, Armenverpflegungs-Ordnung, Domizilverhältniß und Erwerbung der Befugniß zur Niederlassung in den Gemeinden, oder Zusammenstellung noch Gültigkeit und prakt. Bedeutung besitzender Gesetze, Verordnungen, Kabinets-Ordres und Erlasse von 1812 bis 1856. (2. Aufl.) Stettin 856. (Nagel. — Saunier.) 8. (X, 302 S.) n. 28 ngr.

— gesetzliche Bestimmungen über den Kleinhandel mit geistigen Getränken und den Betrieb der Gast- u. Schankwirthschaft nebst einer vollständ. Mittheilung der für die Nichtbefolgung der gewerbepolizeilichen Verpflichtungen der Gast- u. Schankwirthe angeordneten Strafen. Auf Grund der neuesten Gesetze bearb. Stettin 857. Nagel. gr. 8. (XI, 92 S.) n. 10 ngr.

Heyde, W. G. v. d., Dienstherrschaften und Gesinde bezüglich auf gegenseit. Rechte und Pflichten oder Rechts- und polizeil. Verhältnisse in Gesindesachen. Mit besond. Berücksicht. der neuesten Gesetzgebung bearb. Nebst einem Anhange Erörterungen im bürgerl. Leben nicht selten in Frage stehender Angelegenheiten. 8. (70 S.) Stettin 851. Magdeburg, Baensch. *

— Entscheidungen des Gerichtshofes für Kompetenz-Streitigkeiten in Landes- und Gemeindeverwaltungs-Angelegenheiten und in Polizeisachen und Erlasse der Kgl. Ministerien über Ressortverhältnisse u. Amtsbefugnisse, geordnet u. gesammelt ꝛc. Stettin 858. Saunier. 8. (XV, 122 S.)

— Ergänzungen u. Zusätze zu dem Paß- u. Fremden-Gesetze und zu dem Repertorium v. Verordnungen über das Transportwesen, begründet auf die in den Jahren 1839 bis incl. 1845 desfalls erlassenen Ministerial- und Regierungs-Rescripte. gr. 8. Ebend. 846. n. 2/3 ℛ︀

—— der Gast- u. Schank-Wirth, od. Mittheilung d. üb. d. Gewerbsbetrieb u. d. polizeil. Verhältnisse d. Gast- u. Schankwirthe, so wie üb. d. Handel mit Getränken überh., besteh. gesetzl. Bestimmungen. 1. Aufl. (9⅛ B.) Magdeburg 841, Heinrichshofen, 2. u. 3. A. (?), 4. A. 8. (8¼ B.) Magdeburg 842, Baensch. à *

—— Gesindeordnung, s. Gesindeordnung.

— Preuß. Gesinde-Recht, mit Inbegriff dessen, seit d. J. 1808 bis 1831 erschienenen Erläuterungen, Ergänzungen u Zusätze. Nebst e. sachgemäßen Darstellung der über die Rechtsverhältnisse zwischen den Dienstherrschaften u. den Haus-Officianten, den Erziehern u. Erzieherinnen der Kinder, den Lohnbedienten ꝛc., so wie über die Rechtsverhältnisse zwischen Handwerksmeistern mit Gesellen ꝛc. bestehenden gesetzl. Vorschriften; ferner solcher gesetzl. Bestimmungen, welche auf die Verträge mit Künstlern u. Handwerkern in Betreff der ihnen verdung. Werke Anwendung finden. 2e verb. Aufl. 8. Magdeburg 833, (Heinrichshofen.) 1 ℛ︀ — 3e Aufl. ... — 4e verm. u. verb. Aufl., bis zum Jahre 1835. 8. Ebd. 835. 1 ℛ︀ —

v. d. Heyde, W. G.: Preuss. Gesinde-Recht mit Inbegriff dessen, seit d. J. 1810 — 1836 erschien. Erläuterungen, Ergänz. u. Zusätze. Nebst e. sachgemässen Darstell. d. üb. die Rechtsverhältnisse zwischen den Dienstherrschaften u. d. Hausofficianten, d. Erziehern u. Erzieherinnen d. Kinder, d. Lohnbedienten u. s. w. so wie üb. d. Rechtsverh. d. Publicums, bezügl. auf d. Handelsverkehr u. s. w. üb. d. Rechtsverh. zw. Handwerksmeistern mit Gesellen u. s. w. besteh. gesetzl. Vorschriften; ferner solcher gesetzl. Bestimmungen, welche, auf d. Verträge mit Künstlern und Handwerkern in Betreff der ihnen verdung. Werke Anwendung finden. 5te vermehrte Aufl., welche d. von 1808 bis incl. 1835 erschien. Erläuterung u. s. w. erhalt. *Magdeburg*, Heinrichshofen. 836. 8. (21 Gr.)
— Nachträge z. dem im J. 1832 herausgegeb. b. zum J. 1836 in mehrern Aufl. erschienenen Gesinde-Rechte. *Ebend.* 836. 8. (7 Gr.)

—— dass., mit Inbegriff der seit d. J. 1810 bis z. J. 1849 erschien. Erläutern., Ergänzn. u. Zusätze 2c. 6., verm. u. verb. Aufl. 8. (11½ B.) Ebds. 840.

— das Gesinde-Recht in d. Königl. Preuß. Staaten, mit Erläuterungen, Ergänzungen u. Zusätzen. 6. verm. Aufl. 8. Magdeburg 841, Heinrichshofen. ⅞ Thlr.

Heyde WGvd, die allgemeine (preussische) Gewerbeordnung 1845, nebst den Ministerialreskripten. Magdeburg 1847

—— die allgemeine Gewerbe-Ordnung nebst dem Entschädigungsgesetz zu derselben vom 17. Jan. 1845. Nebst allen dahin gehörenden, bis jetzt ergangenen Ministerial-Rescripten, so wie den Verordnungen über Errichtung von Gewerbegerichten und Gewerberäthen vom 9. Febr. 1849. 2., mit Nachträgen verm. Aufl. 8. (X und 186 S.) Magdeburg 850, Baensch. *

— landwirthschaft-polizeiliches Handbuch, als praktisches Hülfsmittel, die Ursachen, Kennzeichen, den Verlauf, die Heilung u. Vorbeugung, sowie die sämmtlichen sicherheitspolizeilichen Maßregeln zur Verhütung der Weiterverbreitung dem Viehstande des Landwirths Gefahr u. Verlust bringender Viehkrankheiten kennen zu lernen; nebst einem Anhange die in Betreff des Abledern des Viehs, der Berechtigung zur Ausübung der Thierheilkunde, der Gewährleistung bei dem Viehhandel 2c. bestehenden Vorschriften enth. Gegründet auf allgem. landespolizeiliche Gesetze 2c. 8. (VIII u. 263 S.) Ebd. 847. n. 1 Thlr. — Enthaltend eine Sammlung sämmtl. Gesetze in Betreff der Viehkrankheiten, deren Abwehr u. Heilung; zum Gebrauche f. Polizeibehörden, Gutsbesitzer, Landwirthe u. Thierärzte. 2. m. e. Nachtrage verm. Aufl. 8. (VI u. 278 S.) Ebd. 850. 1 Thlr.

—— Handbuch f. Magisträte u. Stadtverordnete, od.: Sammlung der die Vorschriften der beiden Städte-Ordnungen vom 19. Novbr. 1808 u. 17. März 1831 bezügl. auf die Rechte u. Pflichten der Magisträte u. Stadtverordneten ergänz. u. erläut. Ministerial-Rescripte. 8. (10¾ B.) Magdeburg 845, Baensch. *

—— neuestes Handbuch für die Behandlung der Uebertretungen der Polizei-Strafgesetze und der polizeilichen Ermittelung der Verbrechen auf die Gesetze vom 3. Jan. 1849 und 14. Mai 1852 und den, von den k. Ministerien der Justiz und des Innern erlassenen deklarator. Verordnungen begründet. Eine Hülfsschrift für Polizei-Verwaltungen, Polizei-Richter und Polizei-Anwalte. 8. (181 S.) Stettin 852. (Magdeburg und Leipzig, Gebr. Baensch.) * *

—— Handbuch für Polizei-Anwalte und Polizei-Beamte. Enthaltend: Sämmtliche für die Neugestaltung des polizeil. Strafverfahrens in Anwendung kommende gesetzl. Vorschriften. 8. (XIV und 218 S.) Magdeburg 850, Baensch.

— Handbuch für Polizeibeamte, bezüglich auf die Polizeiverwaltung im Allgemeinen. gr. 8. Magdeb. 827. 2e mit e. Anh. verm. A. 828. Creutz. 1 Thlr. 16 ggr Anhang f. d. Besitzer der 1n Aufl. apart gr. 8. Ebd. 828. 8 ggr

von der Heyde, W. G.: „Handbuch für Polizey-Beamte, bezüglich auf die Polizey-Verwaltung im Allgemeinen, besonders aber auf die Verfahrungsweise bei den polizeylichen Untersuchungen und Bestrebungen, nebst Hinweis auf das gerichtliche Verfahren bei Untersuchungen", 2. Auflage, Magdeburg 1827 (Creutz).

Heyde, W. G. von der, Handbuch für die Polizei-Verwaltungen auf dem platten Lande, betreffend die Landes- und Orts-Polizei-Verwaltung auf dem platten Lande überhaupt, ferner Angabe der vorzugsweise die Wirksamkeit der Polizei-Verwaltungen auf dem platten Lande in Anspruch nehmenden polizeilichen Angelegenheiten 2c. Stettin 854. Saunier. 8. (VIII, 116 S.) nn. 15 ngr

— Hülfsschrift, zum Gebrauch bei der Verwaltung der ausübenden Polizei. Nützlich für Landräthe, Polizei-Beamte, Magisträte, Schulzen u. Inhaber der Patrimonial-Gerichtsbarkeit. 8. Magdeburg 833. (Heinrichshofen.) 2 Thlr. — (2 Sammlungen.) 8. Ebd. ... (Creutz.) n. 1½ Thlr.

—— Communal-Steuer- u. Communal-Verwaltungs-Ordnung. Eine Hülfsschrift f. Magisträte, Stadtverordnete, Gutsobrigkeiten u. Schulzen. gr. 8. (25½ B.) Magdeburg 838, (40,) (Creutz'sche Buchh.; Heinrichshofen.) *

— Landes- u. Lokal-Polizei-Verfassung in d. Königl. Preuß. Staaten. 1. u. 2. Bd. — A. u. d. T.: Polizei-Verwaltung, bezüglich auf den Inbegriff der Landes- u. Lokal-Polizei-Verwaltung auf die Landes- u. Lokal-Polizei-Behörden, u. auf deren Wirkungskreis u. Geschäftsführung. Der Polizei-Beamte, oder Darstellung d. amtl. u. persönl. Verhältnisse der Polizei-Beamten. 8. Magdeburg 843, Baensch. n. 3⅓ Thlr. 3.—6. Thl. A. u. d. T.: Die Polizei-Gesetzkunde, eine systemat. geordnete, höchst vollständ. Sammlung bis zum Jahr 1843 in Betreff der ausübenden Polizei erlass. Gesetze 2c. 1.—4. Thl. 8. Ebend. 843. n. 4 Thlr.

— Landgemeinde-Verfassung nebst erläuternden und ergänzenden Ministerial-Verordnungen in Betreff der Rechte und Verpflichtungen der Gutsherrschaften und Gemeinden in wesentl. Gemeinde-Verwaltungssachen und der Beitragsleistung zu den Gemeinde-Lasten in Kirchen- und Schul-Angelegenheiten, und einer systematisch geordneten Zusammenstellung gesetzlicher Bestimmungen, die Rechte und Pflichten der Kreisstände überhaupt, als auch deren Mitglieder im Besonderen betreffend. Stettin 856. (Nagel. — Saunier.) 8. (VIII, 324 S.) nn. 1 Thlr. 10 ngr

—— Militair-Handbuch, od.: Sammlung v. Erläutern., Ergänzn. u. Zusätzen, hinsichtl. der im 1. Theile d. Militair-Handbuchs üb. d. Servis-, Einquartierungs- u. Verpflegungswesen d. Militairs, üb. Vorspann-Sachen, üb. d. Gerichtsbarkeit 2c. enthalt. Gesetze u. Verordnungen, 2c. 2 Thle. 8. Magdeburg 835, (Heinrichshofen.) [1. * 1⅓ Thlr., 2. * ⅔ Thlr.] *

—— dass. — Erster Anhang dazu. 8. Ebds. ... *

—— der Militair-Versorgungsberechtigte und dessen Ansprüche auf die Anstellung im Civildienste. 8. (VIII und 104 S.) Magdeburg 860, E. Baensch. *

von der Heyde, W. G., der Militair-Versorgungsberechtigte und dessen Ansprüche auf die Anstellung im Civildienste. Stettin 860. Saunier in Comm. 8. (VIII, 60 S.) nn. 10 ngr

—— Mittheilungen üb. d. verschieb. Gattungen v. Räubern, Dieben u. Gaunern, üb. d. Art u. Weise u. d. Mittel, welcher sich e. jede dieser Verbrecher-Klasse bei Ausübung ihrer Verbrechen bedient u. üb. d. Diebeshehler u. Diebesherbergen, begleit. mit e. Hinweis. auf d. Verhalten d. Polizei-Beamten z. Verhütung v. Räubereien u. Diebstählen, so wie bei d. Entdeckung ders., besond. in Absicht d. Wiedererlangung d. gestohl. Sachen. 8. (5½ B.) Magdeburg 833, (Heinrichshofen.)

— Königl. Preuß. Paß-Polizei-Gesetz u. die darauf gegründete General-Paß-Instruction. Nebst deren sämmtl. Zusätzen, Ergänzungen u. Erläuterungen, aus hohen Ministerial-Rescripten u. Königl. Regierungs-Verordnungen entlehnt, so wie in Betreff der über das Fremdenwesen besteh. polizeilichen Vorschriften. 8. Magdeburg 834. (Heinrichshofen.) ⅔ Thlr. — Nachträge hierzu: 1e Nachlfrg. 8. Ebd. 835. ⅔ Thlr. — 2r Nachtrag. 8. Ebd. 839. (Creuz'sche Buchh.) n. ⅔ Thlr.

— die Patrimonial- u. Polizei-Gerichtsbarkeit, od. Rechte und Pflichten der mit der Patrimonial- und Polizei-Gerichtsbarkeit beliehen. Rittergutsbesitzer. gr. 8. Ebend. 842. n. 1⅙ Thlr. — 3. Aufl. ... 4. Aufl. gr. 8. Ebend. 843. n. 1⅙ Thlr. — 5. Aufl. 845. n. 1⅙ Thlr.

—— die Polizei-Gesetzkunde, Bau- u. Feuer-Polizei-Verordnungen enthaltend. (Landes- u. Lokal-Polizei-Verfassung. V.) 8. (18⅝ B.) Magdeburg 841, Baensch. *

— die Polizeigewalt als thätige Gehülfen des Richters u. des Staatsanwalts. — Die Polizei-Strafgerichtsbarkeit. Ein sowohl für städtische als auch ländliche Ortspolizei-Verwaltungen seine prakt. Brauchbarkeit verbürgendes Werk. 2 Bde. Stettin (857.) (Saunier. — Nagel.) 8. (VIII, 96; IV, LXXV, 74 S.) n. 1 ℛ. 2 ngr.

—— Polizei-Strafgewalt in d. kgl. preuß. Staaten, od. auch Darstell. d. Verhältnisses d. Polizeigewalt zu d. Justizgewalt, die Ausübung d. Polizei-Strafrechts u. d. Handlungen, welche zu d. Polizei-Straffällen gehören. Ein Handb. f. Polizei- u. Justiz-Beamte. 4 Thle. 8. Magdeburg, Heinrichshofen. [1. 1—5. Aufl. (à $26\frac{1}{2}$ B.) à * $1\frac{1}{2}$ Thlr., 2. 1—5. A. (à 28 B.) 837—40. à * 1 Thlr., 3., 4. ($27\frac{1}{8}$ B.) 841. * $2\frac{1}{2}$ Thlr.] *

von der Heyde, W. G.: „Polizey-Strafgewalt in den Königlich Preussischen Staaten, oder auch: Darstellung des Verhältnisses der Polizey-Gewalt zu der Justiz-Gewalt, der Ausübung des Polizey-Strafrechtes und der Handlungen, welche zu den Polizey-Straffällen gehören", Band I—III, Magdeburg 1840 bis 1842. — Vorh.: Preuß. Oberbergamt Dortmund —

— Polizei-Strafgewalt in den Königl. Preuß. Staaten, mit Inbegriff von Mittheilungen, das bessere Gelingen polizeil. Zwecke befördernder, durch gesetzliche Bestimmungen ausgesprochener Grundsätze. 3. u. 4. Thl. 8. Magdeb. 841, Heinrichshofen. $2\frac{1}{2}$ ℛ — erster Nachtrag ꝛc. der vom Jahre 1840—1844 publicirten Gesetze ꝛc. 8. Ebend. 844. $\frac{1}{2}$ ℛ

—— erster Nachtrag zur Polizei-Strafgewalt, od. systemat. geordnete Sammlung der das Verfahren in Betreff der Bestrafung der Polizei-Contraventionen vervollständigenden u. verbessernden, vom Jahre 1840 bis 1844 publicirten Gesetze, Ministerial-Rescripte u. Regierungs-Verordnungen. 8. (8 B.) Magdeburg 844, Heinrichshofen.
Das Werk selbst 4 Thle. Ebendas. 1837—41. * 5 Thlr.

— Preuß. Polizei-Untersuchungs-Ordnung, nebst einer Sammlung der über die Competenz der Justiz- und der Polizei-Behörden in verschied. Untersuchungs-Sachen u. dienstlichen Angelegenheiten entscheid. Ministerial-Bestimmungen, und einer andern Sammlung von ergänz. u. erläut., auf die Geschäftsführung der Polizei-Behörde bezügl. Vorschriften, die Anwendung des gesetzl. Stempel-Papieres betreffend; auch einer vollständ. Anleitung zur Geschäftsführung der Schulzen, sowohl in Gemeinde- als auch in Polizei-Angelegenheiten, ꝛc. 2 Thle. 8. Magdeburg 833. (Heinrichshofen; auch Creutz.) $2\frac{5}{12}$ ℛ — dass. 2 Thle. (2r Thl. 3e verb. u. verm. Aufl.) 8. Ebd. 834. $2\frac{5}{12}$ ℛ — 3r Thl. 8. Ebd. 838. n. $1\frac{2}{3}$ ℛ (1r — 3r Thl. $4\frac{1}{2}$ ℛ, bei Creutz n. $4\frac{1}{6}$ ℛ)

—— preuß. Polizei-Untersuchungs-Ordnung. 3 Thle. 1—4. Aufl. 8. Magdeburg 834—40, (Heinrichshofen.) [1. * $\frac{7}{8}$ Thlr., 2. * $1\frac{1}{2}$ Thlr., 3. * $1\frac{5}{8}$ Thlr.] *

—— erster Nachtrag zur Polizei-Untersuchungs-Ordnung, od. systemat. geordnete Sammlung der das Polizei-Untersuchungs-Verfahren vervollständigenden u. verbessernden vom J. 1839 bis incl. 1844 publicirten Gesetze, Ministerial-Rescripte u. Regierungs-Verordnungen. 8. (11 B.) Magdeburg 844, Heinrichshofen.
Das Werk selbst 3 Thle. Ebendas. 1834—40. * 4 Thlr.

— Polizei-Untersuchungs-Ordnung in der Königl. Preuß. Staaten. Neue Aufl. 3 Thle. 8. Ebend. 841. 4 ℛ — 1. Nachtrag. Sammlung der vom J. 1839—incl. 1844 publicirten Gesetze ꝛc. 8. Ebend. 845. $\frac{5}{6}$ ℛ

— Polizei-Verfassung und polizeigerichtliches Untersuchungs-Verfahren auf dem platten Lande. Auf Grund der allerneuesten Polizei-Gesetzgebung bearb. 3. Aufl. Stettin 856. Nagel. 8. (368 S.) n. 1 ℛ. 15 ngr.

— die Polizei-Verwaltung auf dem platten Lande. (2. verb. Aufl.) Stettin 855. (Nagel.) 8. (VIII, 304 S.) n. 1 ℛ. 10 ngr.

—— Regeln f. d. Geschäftsführung in Betreff d. Einquartierungs-, Militair-Marschverpflegungs- u. Vorspann-Wesens, sowie hinsichtl. d. Gestellung d. Pferde bei d. Mobilmachung d. Armee u. zu d. Landwehr-Uebungen, nebst e. vollständ. Mittheil. gesetzl. Vorschriften üb. d. polizeil. Verhältnisse d. Militair-Personen u. der bei d. Versorgung derselb. im Civildienst zur Anwend. komm. Grundsätze. 8. ($7\frac{1}{4}$ B.) Magdeburg 840, (Heinrichshofen.) *

— Register sämmtlicher Gesetze u. Verordnn., welche seit der Besitznahme des Herzogth. Sachsen bis zum 1. Juli 1819 bekannt geworden, u. auf die Landesadministration, die Justizverwaltung u. die Militairverfassung Bezug haben. gr. 8. Merseb. 819. (Halle, Kümmel). 22 ggr

v. d. Heyde, W. G.: Register sämmtl. Gesetze u. Verordnn., welche seit d. Besitzn. d. Herzogth. Sachsen b. z. 1. Jul. 1819 bekannt geworden. *Halle*, Kümmel. 820. gr. 8. (22 Gr.)

Heyde, W. G. von der: Register der Gesetze und Verordnungen welche seit der Wiedereroberung des Herzogthums Magdeburg bis zum 1. Oct. 1820, durch das Gouvernements-Blatt, durch das Amtsblatt und durch die Gesetz-Sammlung bekannt gemacht sind, und auf die Landes-Verwaltung, die Justiz-Verfassung und auf die Militair-Angelegenheiten Bez. haben. Magdeburg 1820.

— Register d. Gesetze u. Verordnungen, welche seit der Wiedereroberung des Herzogthums Magdeburg bis zum 1. Oct. 1820 bekannt gemacht sind, u. auf die Landesverwaltung, Justizverfassung u. auf Militairangelegenheiten Bezug haben. gr. 8. Magdeb. 821. 2e verm. Aufl. gr. 8. Ebd. 825. Rubach. 1 ℛ
Aus Obigem besonders: Nachtr. zu d. Register, Gesetzen u. Verordnn. ꝛc. Zusätze v. 1. Oct. 1820 bis zum 31. Dec. 1824 enthaltend. 8. Ebd. 825. 12 ggr

Heyde, W. G.: Register sämmtl. Gesetze u. Verordnungen, welche seit der Wiedereroberung des Herzogth. Magdeburg bis zum 31. Dec. 1824 bekannt gemacht sind. 2e mit *Zus.* v. 1. Oct. 1810 bis zum 31. Deb. 1824 verm. Ausg. *Magdeb.*, (*Berlin.*) Rubach. (821.) 825. gr. 8. (1 Thl.)

—— Register von Verordnungen in Polizei-Angelegenheiten, durch die Amtsblätter der kgl. Regierungen zu Aachen, Coblenz, Cöln, Düsseldorf u. Trier, — zu Arnsberg, Minden u. Münster, — zu Breslau, Liegnitz u. Oppeln, — zu Bromberg u. Posen, — zu Cöslin, Stettin u. Stralsund, zu Danzig, Gumbinnen, Königsberg u. Marienwerder, — zu Erfurt, Magdeburg u. Merseburg, — zu Frankfurt u. Potsdam, in den jüngsten dreißig Jahren, v. 1816 bis 1846, erlassen. 8 Hfte. 8. ($19\frac{1}{2}$ B.) Magdeburg 846, Baensch. à

—— Repertorium d. kgl. preuß. Gesetze u. Verordnungen üb. d. Transport d. Verbrecher u. Vagabunden; ferner üb. d. Aufgreifung u. Ablieferung d. Landstreicher u. Bettler in die Landarmenhäuser, üb. d. polizeil. Behandlungsweise der aus d. öffentl. Straf- u. Besserungs-Anstalten entlass. Individuen, so wie üb. das polizeil. Verfahren hinsichtl. d. Beaufsichtigung der, der öffentl. Sicherheit gefährl. u. sonst verdächt. Personen. Nebst e. vollständ. Samml. d. über d. Landes-Visitationen u. Haussuchungen besteh. gesetzl. Vorschriften. 8. (28 B.) Magdeburg 836, Heinrichshofen. *
Zusätze hierzu, vgl. dess., Anleitung z. vorschriftmäß. Verfahren ꝛc.

— Repertorium der Königl. Preuß. Gesetze u. Verordnungen über d. Transport der Verbrecher u. Vagabunden; ferner über die Aufgreifung u. Ablieferung der Landstreicher u. Bettler in die Land-Armenhäuser, über die polizeil. Behandlungsweise der aus den öffentl. Straf- u. Besserungs-Anstalten entlassenen Individuen, so wie über das polizeil. Verfahren hinsichtlich der Beaufsichtigung der, der öffentl. Sicherheit gefährlichen u. sonst verdächtigen Personen. Nebst einer vollständ. Sammlung der über die Landes-Visitationen u. Haussuchungen bestehenden gesetzl. Vorschriften. 8. Magdeburg 836. Heinrichshofen; auch Creutz. n. 2 Rthlr.

—— Repertorium v. Gesetzen u. Ministerial-Rescripten über die Aufbringung d. Kommunal-Bedürfnisse durch Einführung von Kommunal-Steuern nach d. neuesten Gesetzgebung zusammengest. u. system. geordnet. 8. (11 B.) Magdeburg 846, Baensch. *

— Repertorium der Polizeigesetze u. Verordnungen in den Königl. Preuß. Staaten. 3 Thle. gr. 8. Halle 819 u. 20. Gebauer u. S. 7 Rthlr. 12 gGr. 4r Thl. A. u. d. T.: systemat. Zusammenstellung d. Polizeigesetze, Verordn. u. Vorschriften in d. K. Preuß. Staaten aus d. J. 1819 bis 1821. gr. 8. Magdeb. 822. Creutz. 2 Rthlr.

—— Repertorium der Uebertretungen der Polizei-Strafgesetze und Polizei-Strafen nebst den, die richtige Beurtheilung der Ersteren und Anwendung der Letzteren bezweckenden Erläuterungen. Eine Hülfsschrift für Polizei-Richter, Polizei-Anwalte und Polizei-Verwalter. 8. (XXVI und 301 S.) Stettin 853, Saunier. (Magdeburg und Leipzig, Gebr. Baensch.) **

Heyde, W. G. v. d., Ressort-Verhältnisse zwischen den Justiz-, Polizei- und Communalbehörden. Ein Handbuch für Justiz- und Polizei-Beamte, sowie für Grund- und Gutsbesitzer. gr. 8. (VIII und 302 S.) Magdeburg 850, Baensch. Thlr.

— der Rittergutsbesitzer, in Bezug auf dessen Gerechtsame u. Obliegenheiten in Gemeinde-Verwaltungs-Sachen u. in gutsherrl. Angelegenheiten, nebst e. ausschließlich z. prakt. Gebrauch f. Rittergutsbesitzer u. Polizei-Verweser bearb. Polizei-Ordnung für das platte Land. gr. 8. Ebend. 846. n. $1\frac{1}{2}$ Rthlr.

— der Rittergutsbesitzer in Bezug auf dessen Gerechtsame u. Obliegenheiten in Gemeinde-Verwaltungssachen u. in gutsherrlichen Angelegenheiten nebst einer Polizei-Ordnung für das platte Land. 2. Aufl. gr. 8. (VIII u. 177 S.) Ebd. 847. n. $1\frac{1}{2}$ Rthlr.

—— Sammlung v. Ministerial-Verordn., bezügl. auf d. Polizei-Verwaltung; in systemat. Ordn. zusammengestellt als Supplem. z. „Repertorio d. Polizeigesetze u. Verordn. in d. K. Preuß. Staaten." gr. 8. (11½ B.) Magdeburg 828, Creutz. Dess. „Repertorium ɪc." 1—3 Thl. Halle, Gebauer. 1819, 20. 7 Thlr. 12 Gr. — 4. Thl. Magdeburg, Creutz. 1822. 2 Thlr.

—— das Schulzen-Amt oder prakt. Unterricht für die Schulzen um ohne Aufwand von Zeit und Mühe die unentbehrl. Geschäftskenntniß in Gemeinde- und Polizeisachen zu gewinnen, und um sich einen zuverlässigen Anhalt für das dienstl. Verhalten in allen dabei vorkommenden Fällen zu verschaffen nebst Mittheilung der Vorschriften der im J. 1854 revidirten Dorfgerichts-Ordnung in Betreff der Gerichtshandlungen der Dorfgerichte. 8. (IV und 147 S.) Stettin 857, (Graßmann's Verlag.) **

— Staats- u. Orts-Angehörigkeits- und Armenverpflegungs-Verhältnisse, so wie polizeiliche Behandlung der Bettler, Landstreicher u. Arbeitsscheuen. Geordnet durch die Gesetzgebung der Jahre 1842 u. 1843, die darauf bezügl. Ministerial-Rescripte u. die aus der ältern Gesetzgebung noch zur Anwendung kommenden Vorschriften. 2. Aufl. 8. Magdeburg 844, Heinrichshofen. n. $1\frac{1}{4}$ Rthlr. — 4. Aufl. 8. Magdeburg 846, Baensch. n. $1\frac{1}{4}$ Rthlr. — 2. Thl. 8. Ebend. 845. 1 Rthlr.

—— Staats- u. Orts-Bürgerrecht, od. auch Samml. v. Verordn. üb. Ein- u. Auswanderungen, Niederlassungen, od. Recht d. freien Wahl d. Wohnsitzes in d. kgl. preuß. Staaten, üb. Domicil-Verhältnisse od. Grundsätze, welche bei Feststellung d. Ortsangehörigkeit z. Anwend. zu bringen sind, u. üb. d. Orts-Bürgerrecht. 1. Aufl. (19½ B. incl. Anhang.) Magdeburg 839, 40, (Creutz'sche Buchh.) * $2\frac{1}{6}$ Thlr., 2. Aufl. 8. (16 B.) Magdeburg 840, (Heinrichshofen.) *

Heyde, W. G. v. d., das Stadt-Bürgerrecht. Eine systematisch geordnete Sammlung die Gewinnung u. den Verlust des Stadt-Bürgerrechts betreff. Verordnungen. Ein Handbuch f. Magisträte u. Stadtverordnete. 8. ($7\frac{7}{8}$ B.) Magdeburg 845, Baensch. Thlr. *

—— das Strafgesetzbuch, s. Strafgesetzbuch.

—— Verfahren in Armen-Versorgungs-Angelegenheiten, sowohl in d. Städten als auch in d. Dörfern, od. auch Samml. erläut. u. ergänz. Verordnn. in Bezug auf das, von d. Verf. im J. 1835 hrsg. Armenrecht. 8. ($5\frac{1}{4}$ B.) Magdeburg 840, (Heinrichshofen.) *

—— Verfassung der Kreisstände, od. Samml. gesetzl. Bestimmungen üb. die den Kreisständen überhaupt u. deren Mitgliedern insbesond. verliehenen Rechte u. obliegenden Verpflichtungen. 8. ($9\frac{7}{8}$ B.) Magdeburg 845, Baensch. *

Heydė, W. G. v. d. Verpflichtung zur Uebernahme von Kommunal-Lasten und Abgaben, sowie Grundsätze in Betreff deren Vertheilung und Erhebung und in Betreff der Berechtigung zu Kommunnl-Nutzungen oder Zusätze zur Kommunal-Steuer- und Kommunal-Verwaltungs-Ordnung. 8°. Magdeburg, Baensch, 1845.

—— gesetzliche Vorschriften bezüglich auf die polizeil. Wirksamkeit in Untersuchungs-Sachen, mit Hinweisung auf die Ressort-Verhältnisse zwischen den Polizei- und Justiz-Behörden. 8. (X und 144 S.) Magdeburg 847, Baensch. *
Bildet auch eine Fortsetzung zu des Verf. „preuß. Polizei-Untersuchungsordnung. 2 Thle."

—— das Censur-Gesetz nebst Zusätzen, Ergänzungen u. Erläutern. Systemat. geordn. Samml. der bis z. J. 1841 üb. d. Censurwesen bekannt geword. gesetzl. Vorschriften. gr. 8. (11½ B.) Magdeburg 841, Heinrichshofen.

Heyde, Wilhelm von der

Heyde, W. von der Der Kampfweise der Franzosen zu begegnen. Mit Taf. Lübben 1863. 30 S.

von der Heyde, Wilh., der Kampfweise der Franzosen zu begegnen. Nebst einem Anhang. Berlin 864. (Schlesier.) 8. (30 S. u. 2 lith. Taf. in 4.) n. 6 ngr.

—— die Offensive der preußischen Armee. gr. 8. (34 S.) Berlin 864, Schlesier.

v. Heydebrand u. d. Lasa, über die Taktik der Cavallerie des Hrn. Major v. Decker. gr. 8. Bresl. 828. Herbig. 10 gGr.

Heydebrand und der Lasa, v. über die Taktik der Kavallerie des Herrn Major v. Decker Berlin 1828. 68 S.

Heydebrand und der Lasa. Zusammenstellung einiger Zahlen zum Dienst der Kavallerie. Berlin 1835. 36 S.

Heydebrand und der Lasa, Detlev v., viertausend Meilen unter Sturmsegeln auf Sr. königl. Hoheit des Prinzen Heinrich von Bourbon Grafen von Bardi Yacht „Aldegonda". gr. 8. (XIV, 277 S. mit 1 Portr. in Lichtdr., 106 Illustr. und 1 Karte.) Wien 887, Hartleben. geb. * 6 —

Heydebrand und der Lasa, Leopold von

Heydebrand u. der Lasa, L. v., die Amazone. Einführung in das Gebiet der edlen Reitkunst für Damen. Mit 78 in den Text gedr. Illustr. und 1 Titelbild von Alb. Richter. 8. (XII, 214 S.) Leipzig 884, Spamer. *M 4,50.; geb. *

—— die Behandlung des Pferdes und seine Vorbereitung für den Herrensport. Eine Anleitung zum Selbst-Trainiren der Pferde für Flach-Rennen, Steeple-Chases und für die Jagd. Nebst Directiven zur Selbst-Behandlung kranker Pferde bis zur Ankunft des Thierarztes, statist. Tabellen und einer Sammlung von Pedigree-Taf. 2. vollständig umgearb. und bedeutend verm. Aufl. gr. 8. (XII, 319 S.) Leipzig 882, Werner. *M 6.; geb.
1. Aufl. (165 S.) Bern 878, Bureau des „Sporn". *M 4.

— illustrirte Geschichte der Reiterei. Die Entwickelg. der Reitkunst seit Jahrtausenden. Mit 80 Illustr. v. Mor. Ledéli, Carl Ritter v. Czaderski u. Raim. Schima. gr. 8. (XV, 188 S.) Wien 892. A. Hartleben. n. 4. 50; geb. n. 6. —

Heydebrand und der Lasa, Leop. v., Handbuch des Damen-Sport. 8. (VI, 408 S. mit 66 Abbild., darunter 14 Initialen, gezeichnet von Vict. Hausmann.) Ebendas. 886. geb. * 5 40

— Handbuch des Fahr-Sport. 8. (XXXII, 269 S. mit 34 Abild.) Wien 883, Hartleben's Verlag. geb.

Heydebrand und der Lasa, Leopold von, Handbuch für Halbblutzüchter. Mit 77 Illustrationen. gr. 8. (VII u. 272 S.) Wien, A. Hartleben. 2 fl. 75 kr., elegant gebunden 3 fl. 30 kr. 1884

— Handbuch des Reit-Sport. Mit 45 (eingedr. Holzschn.-)Abbildungen. 8. (XIV, 286 S.) Wien 882. Hartleben. geb. 5. 40

Heydebrand u. d. Lasa, L. v., Handbuch d. Reit-Sport. Mit 50 Abbildgn. 2., verm. Aufl. 8. (XXII, 296 S.) Wien 889. Hartleben. geb. n. 5. 40

Heydebrand und der Lasa, L. v., Instruction für den Offizier-Pferde-Burschen. Hrsg. vom Coblenzer Offizier-Reiter-Verein. 2. und 3. Aufl. 8. (III, 55 S.) Coblenz 877, Krabben'sche Buchdr. * — 60
—— dass. — 4. Aufl. 8. (62 S. mit 30 Text-Illustr. und 1 Titelbilde in Holzschn.) Leipzig 878, Werner. * 1 —

— das Pferd des Infanterie-Offiziers. Unterweisung üb. das Pferd im Allgemeinen, seine Fehler, Krankheiten u. Untugenden, sowie üb. Ankauf, Stallpflege u. üb. seinen Gebrauch. Mit 76 Text-Illustr. u. einem Titelbilde (in Holzschn.). 8. (VIII, 198 S.) Leipzig 878. Spamer. n. 3. —; geb. n. 4. —

Heydebrand u. der Lasa, Leop. v., die Schleppjagd u. ihre Bedeutung für die Armee. Eine Anleitung zur Haltung u. Führung einer Schleppmeute. 2. Aufl. gr. 8. (44 S.) Berlin 877. Exped. d. „Sporn". n. 2. —

—— die Schleppjagd und ihre Bedeutung für die Armee. Eine Anleitung zur Haltung und Führung einer Schleppmente. 2. Aufl. gr. 8. (44 S.) Berlin 877. (Leipzig, Werner.) * 2 —

— die hohe Schule m. besond. Rücksicht auf ihren Betrieb in der k. k. Hofreitschule in Wien u. ihren Wert f. die anderen Zweige der Reitkunst. Mit e. Titelbild u. 5 in den Text gedr. Taf. gr. 8. (VI, 137 S.) Leipzig 892. R. Brodow. n. 5. —

Heydebrand und der Lasa, Leopold v. Der Reitkunst hohe Schule mit besonderer Rücksicht auf ihren Betrieb in der K. u. K. Hofreitschule in Wien und ihren Wert für die anderen Zweige der Reitkunst. Leipzig, Verlag Otto Klemm 1898.
VI + 137 S., 16 Taf. 8°.
Illustrationen von Rich. Schoenbeck.
2. illustr. Ausg. 1. Aufl. 1891.

Heydebrand u. der Lasa, L. v., d. Reitkunst hohe Schule m. bes. Rücksicht auf ihren Betrieb in d. k. u. k. Hofreitschule in Wien u. ihren Wert f. d. and. Zweige d. Reitkunst. M. d. Portr. d. k. u. k. Oberbereiter Franz Gebhardt u. 15 Vollbild. nach Federzeichngn. v. Rich. Schönbeck. Illustr. Ausg. gr. 8. (VIII, 137 S.) Leipzig 898. O. Klemm. Geb. in Leinw. n. 8. –

(S) Heydebrand u. d. Lasa, L. v., der Reitkunst hohe Schule. 898. Jetzt: Berlin, Neufeld & Henius.

Heydebrand und der Lasa, Tassilo von

Heydebrand u. d. Lasa, v. Exkurs üb. d. mittelalterliche Schachspiel, s. Bibliothek älterer Schriftwerke d. deutschen Schweiz.

Zur Geschichte und Literatur des Schachspiels. Forschgn v. T[hassilo Heydebrand] v. der Lasa. M. zahlr. Fig. *Leipzig: Veit & C. 1897.* (VIII, 209 S.) 1 Bd 8. [97. 2393

Erneutes Verzeichniss meiner (a. d. Umschl.: einer) Sammlung von Schriften über das Schachspiel (a. d. Umschl.: im Besitze von T[hassilo] v. H[eydebrand] u. d[er] Lasa) ... *Wiesbaden: Dr. v. Gebr. Petmecky 1896.* (208 S.) 1 Bd 8. [96. 4417

Ueber den Begriff der unbewussten Vorstellung. Von Dr. A[dolf] v. Heydebreck, nebst der dabei stattgehabten Diskussion. Halle a. S.: C. E. M. Pfeffer 1884. (S. 77–140.) 8°
= Vorträge. Philosophische. N. F. H. 8, [2.]

Heydebreck, A. v., üb. die Gewissheit im Allgemeinen, s.: Vorträge, philosophische.

Heydebreck, Adolf von: De recta ratione philosophandi. Berolini (1866). (79 S.) 8°
Berlin, Phil. Diss. v. 24. Nov. 1866

Heydebreck, C. v., Dauerritte. Kurze Anleitg. zu ihrer sachgemäßen Ausführg. 8. (55 S.) Berlin 890. E. S. Mittler & Sohn. Kart. n. — 90

Heydebreck, Claus v., Stammliste des Dragoner-Regiments v. Arnim (2. brandenburgischen) Nr. 12. (III, 180 S.) gr. 8. Berlin 903. R. Eisenschmidt. n. 5. 60; geb. in Leinw. n. 7. —

Heydeck, Joh. Gf., pharmaceut.-chem. Abhandl. über die alkal. Salze u. die officinellen Zubereitungen 2c. 8. Berl. 793.

Heydeck, Otto, die Gewerbesteuer-Einschätzung. Ratgeber f. jeden Gewerbetreibenden! Wie hat man sich zur Gewerbesteuer einzuschätzen? Wie hoch ist die Gewerbesteuer? Wie reklamiert man m. Erfolg? Zusammengestellt nach amtl. Quellen, insbesond. unter Berücksicht. d. Entscheidgn. des königl. Oberverwaltungsgerichts. (IV, 99 S.) 8. Königsberg 910. F. Beyer. 1. 50

[F.] Was muss der Steuerpflichtige wissen, um sich zur Einkommensteuer u. Ergänzungssteuer richtig einschätzen zu können? Zsgest. nach amtl. Quellen, insbes. unter Berücksichtigg d. Entscheidgn des Kgl. Oberverwaltgsgerichts v. Otto **Heydeck**, Steuer-Supernumerar . . zu Königsberg i. Pr. *Königsberg i. Pr.: Selbstv.; Dr. v. R. Schenk 1897.* (2 Bl., 80, XVIII S.) 1 Bd 8. [97. 2945

Heydeck, Otto, was muß d. Steuerpflichtige wissen, um sich z. Einkommensteuer u. Ergänzungssteuer richtig einschätzen zu können? Zusammengest. nach amtl. Quellen, insbes. unt. Berücksicht. d. Entscheidgn. d. königl. Oberverwaltungsgerichts 2. Aufl. gr. 8. (VI, 80 u. XVIII S.) Berlin 898. H. Friedrich. n. 1. —

Was muß der Steuerpflichtige wissen, um sich richtig einschätzen zu können? Zsgest. nach amtl. Quellen, insbes. unter Berücks. d. Entscheidungen d. Kgl. Oberverwaltungsgerichts von Otto **Heydeck**, Steuer Sekr. 3. (verb.) Aufl. T. 1. 2. Königsberg i. Pr. F. Beyer 1905. 2 Bde 8° [F.]
1. Die Einkommensteuer. 2. Die Ergänzungssteuer

Was muß der Steuerpflichtige wissen, um sich richtig einschätzen zu können? Zsgest. nach amtl. Quellen, insbes. unter Berücks. d. Entscheidungen d. Oberverwaltungsger. von Otto **Heydeck**, Steuer-Sekr. 4. Aufl. T. 1. 2. Königsberg i. Pr. F. Beyer (1905). 2 Bde 8° [F.]
1. Die Einkommensteuer. 2. Die Ergänzungssteuer [05. 8339

Was muß der Steuerpflichtige wissen, um sich richtig einschätzen zu können? Zsgest. nach amtl. Quellen, insbes. unter Berücks. d. Entscheidungen d. Kgl. Oberverwaltungsger. von Otto **Heydeck**, Steuer-Sekr. 5. Aufl. T. 1. 2. Königsberg i. Pr.: F. Beyer 1905(–06). 2 Bde 8° [F.]
1. Die Einkommensteuer. 2. Die Ergänzungssteuer [06. 13047 10

Heydeck, Otto, was muß der Steuerpflichtige wissen, um sich richtig einschätzen zu können? 1. u. 2. Tl. Zusammengestellt nach amtl. Quellen insbesondere unter Berücksicht. der Entscheidgn. des kgl. Oberverwaltungsgerichts. gr. 8. Königsberg, F. Beyer. n. 2. 10
1. Die Einkommensteuer. Zusammengestellt nach amtl. Quellen insbesond. unter Berücksicht. der Novelle vom 19. VI. 1906 zum Einkommensteuergesetz u. der Entscheidgn. des kgl. Oberverwaltungsgerichts. 6., vollständig neu bearb. u. verm. Aufl. m. ausführl. Sachregister. (VII, XXII, 138 S.) 907. n. 1. 60
4. u. 5. Aufl. (à VII, XVI, 94 S.) 905. 906. à n. 1. 20
2. Die Ergänzungssteuer. 3.–5. Aufl. (VIII, VII, 32 S.) 906

Was muß der Steuerpflichtige wissen, um sich richtig einschätzen zu können? Zsgest. nach amtl. Quellen, insbes. unter Berücks. d. Novelle v. 19. Juni 1906 z. Einkommensteuergesetz u. d. Entscheidungen d. Kgl. Oberverwaltungsgerichts von Otto **Heydeck**. 7., vollst. neubearb. verm. Aufl. mit ausführl. Sachreg. T. 1. 2. Königsberg i. Pr. F. Beyer 1907–08. 2 Bde 8° [F.]
1. Die Einkommensteuer 1907. 2. Die Ergänzungssteuer 1908. [08. 3314

Was muß der Steuerpflichtige wissen, um sich richtig einschätzen zu können? Zsgest. nach amtl. Quellen, insbes. unter Berücks. d. Novelle v. 19. Juni 1906 z. Einkommensteuergesetz u. d. Entscheidungen d. Kgl. Oberverwaltungsgerichts von Otto **Heydeck**. 10., vollst. neubearb. verm. Aufl. mit ausführl. Sachreg. T. 1. Königsberg i. Pr. F. Beyer [1908]. 8° [F.] [08. 3315

— Was muß der Steuerpflichtige wissen, um sich richtig einschätzen zu können? 2 Tle. 8. Ebd. 2. 30
1. Die Einkommensteuer. Zusammengestellt nach amtl. Quellen insbesondere unter Berücksicht. der Novelle vom 19. VI. 1906 zum Einkommensteuergesetz u. der Entscheidgn. des königl. Oberverwaltungsgerichts. 11., vollständig neu bearb. verm. Aufl. m. ausführl. Sachregister. (VII, XXII, 138 S. u. Nachtrag 1 Bl.) (909). 1. 50
2. Die Ergänzungssteuer. Zusammengestellt nach amtl. Quellen insbesondere unter Berücksicht. der Entscheidgn. des königl. Oberverwaltungsgerichts u. der Novelle vom 19. VI. 1906. 6. Aufl. (VIII, VII, 36 S.) 908. — 80

Heydecke, die Bekämpfung der verheerenden Ueberschwemmungen, des Wassermangels u. der Dürre. Eine kultur- u. hydrotechn. Abhandlg. in volkstüml. Darstellg. gr. 8. (80 S.) Braunschweig 894. J. H. Meyer. n. 1. —

Heydecke, Karl

Heydecke, Car., dissertatio qua Barnabae epistola interpolata demonstretur. gr. 8. (79 S.) Braunschweig 875. H. Bruhn. n. 1. 60

Heydecke, C., die rechte christliche Gottesverehrung. Ein Beitrag zur Beurteilg. des „Entwurfs v. Formularen f. die Agende der evangel. Landeskirche Preußens". gr. 8. (91 S.) Braunschweig 893. C. A. Schwetschke & Sohn. n. 1. —

Heydecker, Fr. Wlh., († d. 6. Aug. 1811.) Beschreib. d. Gesundbrunnens u. Bades zu Freienwalde. gr. 8. Berl. 796. Maurers B. 20 gl.

Heydefuß, Th., und Fernau, die gesammten Vereinigten Staaten von Nord-Amerika, s. Fernau.

Heydekrug. Kreis. s.: Gumbinnen.

Heydel, Paul, s. Aus Amor's Werkstatt.

HEYDEL, Paul, Aus Amors Werkstatt. Ein (zahmes) Bilderbuch für Liebende. 12 Compos. in Lichtdruck mit Dichtungen v. Richard Schmidt-Cabanis. Berlin, o. J. (c. 1890). Gr 4° (Orig. Prachtbd. Mk. 10—) (5 Mk. 50 Pfg., J. F. Mischel, Düsseldorf, c. 1892.)

Heydel's, Paul, Amoretten. gr. 4. (8 Bl. in Lichtdr.) Leipzig 878. Arnold. In Mappe. n. 6. —

— u. J. Trojan, gesellige Freuden. Zeichnungen v. P. H. Dichtungen v. J. T. gr. 4. (II, 24 Bl.) Berlin 890. Max Krause. geb. m. Goldschn. 20. —

Heydelmann, Jo. Caspar (Schleiz/Vogtl.), De modis inclarescendi apud Romanos diatribe parergica. Präs. M. Ge. Nicolaus Kriegk. Jena (Nis) 5. III. 1707. 62 S. (6.80) **14982**

(HEYDELMANN, J. C): Diatr. hist.-jur. de receptione jur. Romani ejusdemque ac legum Germaniae veterum uti et Saxonici et Suecici Speculor. in foris usu auctoritateque. (*Goth.*?) 713. 4.

Heydemann

— s. a. **Heidemann.**

Heydemann, A., u. E. K[illegible], der Bühnen-Umbau d. königl. Schauspielhauses in Berlin. Ausgeführt vom 1. Mai 1888 bis Sommer 1890. [Aus: „Zeitschr. f. Bauwesen".] Imp.-4. (16 S. m. 4 Abbildgn. u. 4 Kupfertaf.) Berlin 892. W. Ernst & Sohn. Kart. n. 5. —

Heydemann, A.G.: Einige Andeutungen über die Realklassen des Friedrich-Wilhelms-Gymnasiums, besonders in Betreff des deutschen und des lateinischen Unterrichts. 14 S. – Posen Fr. W., Progr. 1852.

Heydemann, A. G.: Über den Anfang der neueren Geschichte. 13 S. – Stettin Mar. G., Progr. 1870.

Heydemann: Einige Bemerkungen über den napoleonischen Julius Caesar. 13 S. – Stettin, Progr. 1866

— s. Ideler, L., u. Nolte, Handbuch der französ. Sprache u. Literatur, 3. Thl.

Heydemann, A. G. (Director), Zu d. öffentl. Prüfung d. Schüler d. Friedr.-Wilh. Gymnas. — Inh.: 1. De Ammiano Marcellino. Scrips. C. A. Müller II. — Einige Andeutungen üb. d. Realklassen d. Friedr.-Wilh.-Gymnasiums, besonders in Betreff d. deutsch. u. d. latein. Unterrichts. Vom Director. 2. Schulnachrichten v. Director. Posen (W. Decker & Comp.) 1852. 47 S. (4.80) 14983

— — Dasselbe. — Inh.: 1. Erläuterungen über d. Gedankenplan des periclëischen Epitaphios, gegeben durch Erklärung betreffender Stellen. Von Dr. Heinrich Krahner. 2. Schulnachrichten v. Director. Posen (W. Decker & Comp.) 1855. 38 S. (4.80) 14984

— — Dasselbe. — Inh.: 1. Commentatio de Isocratis orationibus πρὸς Καλλίμαχον et περὶ τοῦ ζεύγους. Scrips. Hermann Starke. 2. Schulnachrichten v. Director. 3. Anhang: Ueber den dem Gymnasial-Unterricht vorhergehenden Elementar-Unterricht. Von Karl Hielscher. Posen (W. Decker & Comp.) 1856. 36, 20 S. (5.—) 14985

Heydemann, A. G., über das franz. Secundär-Unterrichtsgesetz vom Jahre 1844. Eine Vorlesung geh. in der Gymnasiallehrer-Gesellschaft zu Berlin am 12. März 1845. 12. (3 B.) Berlin 845, Nauck's'che Buchh.

Heydemann, A.G.: Ueber die in den höheren Schulen in Anwendung kommenden Strafen S. 13-23. –Stettin Mar. G., Progr. 1870.

Heydemann, A.G.: Ueber den lateinischen Unterricht mit besonderer Beziehung auf das Vokabellernen. 30 S. – Stettin, Progr. 1856.

Heydemann, A. G. (Hrsg.), s. Zeitschrift für das Gymnasialwesen.

Heydemann, Alb. (Bearb.), s. Aristoteles: Kategorien.

Heydemann, A. Die Kategorieen des Aristot., übersetzt und erläutert. 42 S.
Progr. Berlin F.W. 1834

Heydemann, Alb. Rede zur Feier des Vertrags von Verdun. 15 S.
Berlin, Fr. W., Progr. 1843

Heydemann, A. Rede zur hundertjährigen Gedächtniß-Feier der Thronbesteigung Friedrichs des Gr. 6 S. . . . .
Progr. Berlin F.W. 1840

Heydemann, Alexander [Tierarzt in Berlin]: Histologische Untersuchungen über das Luftblasengekröse des Schweines. Mit 3 Abbildungen auf einer Tafel. (S.-A. a. d. Archiv f. wissensch. u. prakt. Tierheilkunde. Bd. 30. 1904.) Berlin 1904. 19 S. 8°. [24. VII. 03.]
Bern. Vet.-med. Diss. 1903/1904.

Heydemann, Alexander. Histologische Untersuchungen über das Luftblasengekröse des Schweines. Diss. Vet.-Med. Bern. Mit 3 Abbildungen auf 1 Tafel. (Sonder-Abdruck aus dem Archiv f. wissensch. u. prakt. Tierheilk[unde] Bd. 30. 1904.) 19 S. 8. Berlin, L. Schumacher, 1904.

Heydemann, Alfr., zwei Methoden amerikanischer Buchführung m. Vermeidg. der Umrechng. der in fremden Währgn. auszudrück. Buchungsposten, Unterdrückg. verschied., sonst allgem. üblicher, Bücher u. Zulassg. e. unbeschränkten Anzahl v. Konten d. Bestände u. Kapital-Konten. gr. 4. (274 S.) Ulm a. d. D. 896. Selbstverlag. Geb. in Leinw. n. 10. —

Heydemann, Elisabeth

Heydemann, E., s. a.: Möhring, Elisab.

— Novellen u. Skizzen. gr. 8. (167 S.) Hamburg (897). P. Conström. n. 2. -- ; geb. n. 3. —

Heydemann, Ernst, Gerichtsassessor: §§ 1084 und 1085 des Bürgerlichen Gesetzbuches. Rostock 1905: Adlers Erben. (VI, 57 S.) 8°
Rostock, Jur. Fak., Ref. Bernhöft, Diss. v. 10. März 1905
[Geb. 23. März 76 Tessin i. M.; Wohnort: Rostock i. M.; Staatsangeh.: Mecklenburg-Schwerin; Vorbildung: Gymn. Neubrandenburg Reife M. 96; Studium: Heidelberg 3, Berlin 1, Rostock 4 S.; Rig. 7. Febr. 05.]

Heydemann, Ferd., die neuere Geschichte der Stadt Neu-Ruppin. Neu-Ruppin 863. Oehmigke & Riemschneider. gr. 8. (359 S.) n. 20 ngr.

Heydemann, Ferd., die evangelischen Prediger Neu-Ruppins von der Reformation bis zur Gegenwart. Ein kirchengeschichtl. Beitrag zur Geschichte Ruppins. Nach dem Nachlasse hrsg. Neu-Ruppin 867. (Oehmigke & Riemschneider'sche Buchh.) gr. 8. (VIII, 96 S.) n. 10 ngr.

Alexander der Große und Dareios Kodomannos auf unteritalischen Vasenbildern von Heinrich **Heydemann.** Mit 1 Doppeltaf. u. 2 Holzschn. Halle: M. Niemeyer 1883. (26 S.) 4°
= **Winckelmannsprogramm**, Hallisches. 8. [05. 2880]

Heydemann, Henr. (Gust. Dieudonné) (geb. Greifswald 28. 8. 1842): Analecta Thesea. Berolini (1865). (30 S.) 8°
Berlin, Phil. Diss. v. 24. Juli 1865

Heydemann, Henr., Analecta Thesea. Dissertatio inauguralis archaeologica. Berlin 865. (Calvary & Comp.) gr. 8. (39 S.) n. 10 ngr.

— Analekten zu den Kunstdarstellungen aus der Niobesage. S.-A. 1888. 10 S. u. 8 Taf.

Heydemann, Heinr., über eine nacheuripideische Antigone. Ein Beitrag zur griech. Literaturgeschichte. 4. (25 S. mit 2 lithogr. Taf. in qu. Fol.) Berlin 868, Th. C. F. Enslin. *

— Zu Berliner Antiken. S.-A 1888. 6 S. 4°.

Heydemann, Heinr., Pariser Antiken. [12. Hallisches Winckelmannsprogramm.] gr. 4. (91 S. mit 2 Taf. und 8 Holzschn.) Halle 887, Niemeyer. * 7 —

Vase Caputi mit Theaterdarstellungen von Heinrich **Heydemann.** Mit 2 Taf. u. 2 Holzschn. Halle: M. Niemeyer 1884. (22 S.) 4°
= **Winckelmannsprogramm**, Hallisches. 9. [05. 3883]

— Elias ed Asia sul vaso dei Persiani nel museo nazionale di Napoli. S.A. 1874 88 S. u. 8 Tfln.

— H., Le frecce amorose di Eros. S.-A. s. a. et l. 9 S.

Dionysos' Geburt und Kindheit von Heinrich **Heydemann.** Mit 1 Doppeltaf. Halle: M. Niemeyer 1885. (58 S.) 4°
= **Winckelmannsprogramm**, Hallisches. 10. [05. 3884]

Gigantomachie auf einer Vase aus Altamura von Heinrich **Heydemann.** Mit 1 Doppeltaf. Halle M. Niemeyer 1881. (20 S.) 4°
= **Winckelmannsprogramm,** Hallisches. 6.

Iason in Kolchis von Heinrich **Heydemann.** Mit 1 Doppeltaf. Halle M. Niemeyer 1886. (23 S.) 4°
= **Winckelmannsprogramm,** Hallisches. 11

— **Iliupersis auf einer Trinkschale des Brygos.** Ebend. 866. gr. 8. (38 S. mit 3 Steintaff. Abbild., wovon 1 in Buntdr., u. 1 eingedr. Holzschn.) n. 1 ₰ 10 ngr

— Hetaere Kallipygos. S.-A. 1887. 2 S. m. Abb. 4°.

Die Knochelspielerin im Palazzo Colonna zu Rom von Heinrich **Heydemann.** Mit 2 Taf. u. 2 Holzschn. Halle a/S., M. Niemeyer 1877. (28 S.) 4°
= **Winckelmannsprogramm,** Hallisches. 2.

—— die antiken **Marmor-Bildwerke** in der sogen. Stoa des Hadrian, dem Windthurm des Andronikus, dem Wärterhäuschen auf der Akropolis und der Euphorie im Cultusministerium. gr. 8. (338 S. mit 1 lithogr. Taf. in qu. 4. und 5 eingedr. Holzschn.) Berlin 874, G. Reimer.

Mittheilungen aus den Antikensammlungen in Ober- und Mittelitalien von Heinrich **Heydemann.** Mit 6 Taf. u. 7 Holzschn. Halle a/S. M. Niemeyer 1879. (120 S.) 4°
= **Winckelmannsprogramm,** Hallisches. 3.

-- Monumenti relativi all' Odissea. S.-A. 1876. 14 S. u. 1 Taf.

Heydemann, Heinrich Nereiden mit den Waffen des Achill. Ein Beitrag zur Kunstmythologie Mit 5 Taf. Abb. (Halle: Niemeyer 1879) 23 S 5 Taf. 2°
Glückwunsch der vereinigten Friedrichs-Universität Halle-Wittenberg zur Feier des 50jährigen Bestehens des Kaiserl Deutschen archäologischen Instituts in Rom am 21 April 1879

— Niobe u. die Niobiden auf griech. Vasenbildern. S.-A. 1875. 26 S. u. 1 Taf.

— Unedierte Niobiden-Reliefs. S.-A. 1877. 84 S. u. 5 Taf.

— Rappresentazione del mito di Erittonio. S.-A. 1879. 8 S. u. 1 Taf.

Marmorkopf Riccardi von Heinrich **Heydemann.** Mit 2 Taf. u. 2 Holzschn. Halle M Niemeyer 1888. (18 S.) 4°
= **Winckelmannsprogramm,** Hallisches. 13.

Satyr- und Bakchennamen von Heinrich **Heydemann.** Mit 1 Doppeltaf. Halle: M. Niemeyer 1880. (47 S.) 4°
= **Winckelmannsprogramm,** Hallisches. 5.

— Seilenos vor Midas. S.-A. 1887. 8 S. 4°.

— **vorhüllte Tänzerin, Bronze im Museum zu Turin.** [4. Hallisches Winckelmannsprogramm.] Mit einer (lith.) Taf. u. 2 (eingedr.) Holzschn. gr. 4. (21 S.) Ebend. 879. n. 2. —

Heydemann, H., Una tazza di Coliade. S.-A. 1877. 14 S. m. 2 Taf.

— Tazza Cornetana di Pamphaios. S.-A. 1880. 22 S. u. 2 Taf.

Terracotten aus dem Museo Nazionale zu Neapel von Heinrich **Heydemann.** Mit 3 Taf. u. 1 Holzschn. Halle: M. Niemeyer 1882. (28 S.) 4°
= **Winckelmannsprogramm,** Hallisches. 7.

—— griechische **Vasenbilder.** Imp.-Fol. (V, 14 S. mit 13 Stnt.) Berlin 870, Th. C. F. Enslin. *

— Humorist. Vasenbilder aus Unteritalien. Pr. 1870. 16 S. m. 2 Taf. 4°.

— humoristische **Vasenbilder** aus Unteritalien. Nebst e. (lith.) Taf. (in qu. Fol.) 4. (16 S.) Berlin 872. Hertz in Comm. n. 1. —

-- die **Vasensammlungen** d. Museo Nazionale zu Neapel. Mit 22 lith. Taf. gr. 8. (XII, 923 S.) Berlin 872. G. Reimer. n. 17. —

Heydemann, Heinr., s. **Winckelmannsprogramm,** 14. Hallisches.

Heydemann, Heinrich, Gerichtsassessor, Rostock Die Wirkungen der Annahme an Kindes Statt nach §§ 1757–1759 des Bürgerlichen Gesetzbuchs. Rostock 1907: Adlers Erben. (78 S.) 8°
Rostock, Jur. Fak., Ref. Matthiaß, Diss. v. 5. Aug. 1907
[Geb. 2. Jan. 81 Gustrow; Wohnort: Rostock; Staatsangeh.: Mecklenburg-Schwerin; Vorbildung: Gymn. Rostock Reife O. 00; Studium: Heidelberg, Berlin, Munchen, Rostock; Rig. 12 Juli 07.]

Zeus im Gigantenkampf von Heinrich **Heydemann.** Mit 1 Taf. Halle a/S.: M. Niemeyer 1876. (20 S.) 4°
= **Winckelmannsprogramm,** Hallesches. 1.

Heydemann, Johannes, a. Schmachthagen: Die Variationen des Herpes corneae nach den Beobachtungen der Rostocker Augenklinik vom 1. Oktober 1901 bis 1. Oktober 1904 nebst Mitteilung eines durch Facialis-Abducens- und Chorda-parese komplizierten Falles von Herpes zoster ophthalmicus. Rostock 1904: Adlers Erben. (38 S.) 8°
Rostock, Med. Fak., Ref. Peters, Diss. v. 2. Jan. 1905
[Geb. 8. Juli 79 Schmachthagen, Meckl.-Schw.; Wohnort: Stavenhagen; Staatsangeh.: Mecklenburg-Schw.; Vorbildung: Gymn. Waren Reife M. 99; Studium: Berlin 1, Munchen 1, Erlangen 2, Berlin 2, Rostock 3 S.; Coll. 30. Juni 04; Approb. 29. Juni 04.]

Heydemann-Rostock, Karl, Gerichtsassessor Konkurs der unter dem gesetzlichen Güterrechte stehenden Ehefrau. Rostock 1905: Adlers Erben. (70 S.) 8°
Rostock, Jur. Fak., Ref. Wachenfeld, Diss. v. 30. März 1905
[Geb. 17. Febr 78 Tessin i. M.; Wohnort: Rostock i. M.; Staatsangeh.: Mecklenburg-Schwerin; Vorbildung: Gymn. Rostock Reife O. 96; Studium: Rostock 5, Heidelberg 2, Berlin 2 S.; Rig. 11 Febr 05.]

Heydemann, Ludwig *Karl Friedrich* [aus Pommern]: Aus d. patholog. Institut zu Greifswald. Beitrag zur Histogenese der Hornhauttuberkel Greifswald, Druck v. J. Abel, 1894; 54 S. 8.
Greifswald, Med. Fak., Inaug.-Diss. v. 4. Juli 1894

Heydemann, Ludwig Eduard

Heydemann, Ludw. Ed., Anklänge d. preussischen Landrechts an die deutsche Parentelenordnung. gr. 4. (12 S.) Berlin 871. (Weber.) n. — 80

Heydemann, Ludw. Ed., Einleitung in das System des Preußischen Civilrechts. 2., völlig umgearb. Aufl. des Grundrisses. 1—3. Liefg. Leipzig 859—61. Veit & Co. gr. 8. (1. Bd.: XII, 452 S.) n. 3 ₰

Heydemann, Ludw. Ed., Einleitung in das System des preußischen Civilrechts. 2., völlig umgearb. Aufl. des Grundrisses. 2. Bd. 1. Liefg. Leipzig 868. Veit & Co. gr. 8. (IV, 223 S.) n. 1 ₰ 15 ngr

Heydemann, Ludw. Ed., die Elemente d. Joachimischen Constitution v. J. 1527. Ein Beitr. z. Entwickelungsgesch. d. deutschen Rechts. gr. 8. (27½ B.) Berlin 841, Veit u. Cp. *

Entwurf eines Gesetzes für Deutschland zum Schutze des Eigenthums an Werken der Wissenschaft und Kunst gegen Nachdruck und Nachbildung, nebst Motiven. (Von HEYDEMANN. HINSCHIUS. von RÖNNE.) (Als Manuskript gedruckt.) (Berlin 1857. Gedruckt bei Julius Sittenfeld.) fol.

— s.: Festgaben f. Aug. Wilh. Heffter.

Heydemann, Ludov. Eduard. (geb. Berlin 18. 5. 1805): De iure successionum ex statutis Marchicis antiquioribus. Berolini (1840). (54 S.) 8°
Berlin, Jur. Diss. v. 8. Febr. 1840

— und O. Dambach, die preußische Nachdrucksgesetzgebung erläutert durch die Praxis des königl. litterarischen Sachverständigen-Vereins. Berlin 863. Th. Enslin. gr. 8. (XXVIII, 632 S.) n. 2 ₰ 20 ngr.

Heydemann, L. E., Sammlung der Gutachten des literar. Sachverständigen-Vereins, s. Sammlung.

Heydemann, Ludw. Ed.: Sammlung der Gutachten des Königlichen Preußischen Literarischen Sachverständigen-Vereins. Berlin 1848.

Heydemann, Ludw. Ed.: Der internationale Schutz des Autorrechts. Berlin 1873.

Heydemann, L. E., System des Preußischen Civilrechts im Grundrisse. gr. 8. (VI u. 218 S.) Berlin 851, Veit & Co. n. 1 ₰

Heydemann, L. E.: System des Preußischen Civilrechts im Grundrisse. Berlin 1851.

— 2. Aufl. [u. d. Tit.:] Einleitung in das System des Preußischen Civilrechts. Bd 1. 2. Lfg 1. [Mehr nicht ersch.] Leipzig 1861. 68. 2 Bde

Heydemann, L[udov.] E[duard.]: De systemate iuris Borussici communis. Berolini 1851. (10 S.) 4°
Berlin, Jur. Fak., Antrittsprogr. v. 15. Mai 1851

Heydemann, R., Schwiegereltern u. Schwiegerkinder im Lichte d. göttl. Wortes. 8. (168 S.) Bad Ems 897. (R. Sommer.) Geb. in Leinw. m. Goldschn. n. 3. —

Heydemann, Th., Adeon u. Curpone, oder die Gewalt d. Liebe, ein mytholog. Dichtung. 16. Berlin, Schmidt. 798.

— Mnemosyne, oder über die Wirkung der Phantasie. 8. Berlin, Franke. 798.

— sanfte Naturschwärmereyen für den höh. Lebensgenuß. 2 Bdch. 8. Lpz. W. Fleischer, 798.

Heydemann, Victor: Friedrich der Große und William Pitt. Berlin 1908: Trowitzsch. S. 37—57. 8°
Berlin, k. Wilhelms-G, in Festschr. z. 50j. Jubil., P 1908 [S 08. 188

Heydemann, Victor, Dr.: Aus den Papieren des päpstlichen Nuntius Aleander. *Berlin 1899: Trowitzsch & Sohn.* (S. 3—18.) 4°
Berlin, k. Wilhelms-G, P 1899 (65)

—— de senatu Atheniensium quaestiones epigraphicae selectae, s. Dissertationes philologicae Argentoratenses.

Heydemann, Victor [Sedinensis]: De senatu Atheniensium quaestiones epigraphicae selectae. Argentorati, apud Carolum I. Truebner, 1880. 8. 55 S.

Heydemann-Möhring, Elisabeth, s. 1. Heydemann, Elisabeth, 2. Möhring, Elisabeth.

Heyden

— s. a. **Heide, Heiden, Heyd(e).**

Heyden, v. der, † Emerentius Scävola.

Heyden, v: Arzneistoffe der Chemischen Fabrik von Heyden. Radebeul-Dresden 1903

v. Heyden, ..., s. Katechismus für Lumpen.

Heyden. Die Lebensversicherung. Ein Beitrag zur Widerlegung von Vorurteilen. Essen 1862.

Heyden (Hrsg.), s. Sparkasse, Die.

v. Heyden. Die Sparkassen-Gesetzgebung Deutschlands. Essen 1862.

Heyden, van der. Tagebuch üb. d. geh. Thätigkeit d. Gesellsch. Jesu in Friesland, s. Für die Feste u. Freunde d. G.-Ad.-Vereins.

Heyden, der Wechsel, Wesen und Bedeutung desselben im Verkehr und nach dem Rechte. Zur Erläuterung der mit Wechseln vorkommenden Geschäfte dargestellt. 2. Aufl. Duisburg 864. Nieten. 8. (66 S.) n. 10 ngr.

Heyden, v: Xeroform. H. 4, enthaltend die Literatur der Jahre 1901—1905. Radebeul-Dresden 1905

Heyden, A. v., Anton Hart, s.: Bücher, bunte.

— Anton Hart, s.: Köhler's illustr. Jugend- u. Volksbibliothek.

Heyden, A. v.: Soldatengeschichten u. anderes, s. Bücher, Bunte.

Heyden, Adf., das Tafelsilber Ihrer königl. Hoheiten des Prinzen und der Prinzessin Wilhelm von Preussen. Festgeschenk zu höchstderen Vermählung am 27. Febr. 1881, dargebracht von preuss. Städten. Text von Jul. Lessing. Lichtdr. von Alb. Frisch. 5 Hefte. gr. Fol. (25 Lichtdr.-Taf. mit 11 S. Text.) Berlin 883, Bette. à Heft ‡
In Mappe ‡]
Ausg. auf chines. Pap. in Halbldr.-Bd. *]

— Silberarbeiten (Fortsetzung von Obigem) (6 S 16 T) grfol Berlin 1881

Heyden, Alfred von: Die Neutralitätserklärungen und ihre quellengeschichtliche Entwickelung. *Greifswald 1901: J. Abel.* (35 S.) 8° [F.]
Greifswald, Jur. Diss. v. [8. März] 1901

Heyden, Aug. v., Bilder aus dem deutschen Studentenleben, s.: Henneberg, R.

von Heyden, August. Blätter für Kostümkunde. Historische und Volks-Trachten. Unter Mitwirkung von O. Brausewetter, L. Burger, C. E. Doepler, A Greil, Fr Hiddemann, V. St-Lerche, J. Lulvès, F. Meyerheim. B. Nordenberg, B. Plockhorst, R. Schick. N. Schrödel, F. Skarbina. P. Thumann. S. Watter, C. Werner, C. v. Wietersheim u. A. herausgegeben von A von Heyden 3 Bde. Berlin 1876--1887 4°.

—— s. a. Blätter für Kostümkunde.

— Die Entwicklung der Trauerschnebbe
2 Sp m. 13 Abb. 4°
Aus Illustrirte Frauenzeitung Jg 24 1897 H. 3 Berlin. Franz Lipperheide 1897

Heyden, A[ugust] v. Erläuterungen zu der Sammlung historischer Hute des Herrn J. G. Wilke von A. von Heyden. Als Manuskript gedruckt. Druck von G. B. Teubner in Leipzig 1981.
10 S. 8°

Heyden, Aug. v., s.: Jahrhundert, e., d. Mode.

— Jury u. Kunstausstellungen. [Aus: „Deutsche Revue".] 8. (IX, 37 S.) Berlin 894. F. Fontane & Co. n. — 50

Heyden, August v. Der Muff Plauderei von August von Heyden
Aus Illustrirte Frauen-Zeitung. Jg. 21. 1894 Heft 5 und 6. Berlin, Franz Lipperheide
5 Sp m. 16 Abb 2°.

Heyden, A. v., die Perlen. Ein Märchen. Mit Zeichnungen vom Autor, in Holz geschnitten von H. Kaeseberg. gr. 4. (67 S. mit eingedr. Holzschn.) Berlin 881, Grote'sche Verlagsb. geb. mit Goldschn.

— aus eigenem Rechte der Kunst. Ein Wort zur Abwehr. 8. (24 S.) Ebd. 894. n. — 50

— aus der Teufe. Zwei Märchen. gr. 16. (115 S. m. eingedr. Holzschn.) Ebend. 879. n. 3. —

Heyden, A. v., die Tracht der Kulturvölker Europas, s. a. Seemann's Kunsthandbücher.

Heyden, A. von. Die Tracht der Kulturvolker Europas vom Zeitalter Homers bis zum Beginne des XIX. Jahrhundert. Mit .. teilweise vom Verfasser gezeichneten Abbildungen. Leipzig, E. A. Seemann 1889.
XVI – 262 S m. 222 Abb. 8°
(Seemanns Kunsthandbücher. 4.)

Heyden, Bertha, bewährte u. vorteilhafte Anleitung zum Einmachen, Konservieren u. Trocknen der Früchte u. Gemüse u. zur Bereitung v. Fruchtsäften, Getränken, Liqueuren 2c. Eine Sammlg. erprobter Rezepte f. den Haushaltungsgebrauch u. f. Erwerbszwecke. Ster.-Ausg. 12. (96 S.) Reutlingen 894. Enßlin & Laiblin. — 50

Heyden, Bertha, bewährte u. vorteilhafte Anleitung zum Einmachen, Konservieren u. Trocknen der Früchte u. Gemüse u. zur Bereitung von Fruchtsäften, Getränken, Liqueuren 2c. Eine Sammlg. erprobter Rezepte f. den Haushaltungsgebrauch u. f. Erwerbszwecke. 52.—66. Tausend (96 S.) 16. Reutlingen 910. Enßlin & Laiblin. — 50

Heyden, Bertha, Kochbuch oder gründliche Anweisung, einfache und feine Speisen mit möglichster Sparsamkeit zuzubereiten, unter besond. Berücksicht. der Fortschritte, die in der Chemie gemacht sind. 16. Aufl. gr. 8. (XXIII, 427 S.) Reutlingen 887, Enßlin und Laiblin. geb. 3 —

Heyden, C., neues Schlosserbuch, m. K. Fol. Nrnb. Schneider u. W.

von der Heyden, C. H. G., Chrysobothris veterana u. Blattera avita, 2 fossile Insekten, siehe: Palaeontographica, I. Bd.

Heyden, C. H. G. von, Reptilien, s. Rüppell, Ed., Atlas.

Heyden (C. H. G. v.), Reste von Insecten aus der Braunkohle von Salzhausen und Westerburg, siehe: Dunker, Ueber mehrere Pflanzenreste. Fossile Flora, S. 384.

Heyden (C. H. G. von). Reste von Insecten aus der Braunkohle von Salzhausen und Westerburg. (Die 2 Tafeln fehlen.) Cassel 1856. 4.

S.-A. aus: Palaeontographica. Bd. 4.

Heyden, Carl, s. Heyden, Karl.

Heyden, E., Karoline Schultze, s. a. Bloch's, Ed., Theater-Korrespondenz.

[F.] Karoline Schultze. Schwank in 1 Akt v. E. Heyden. *Berlin: E. Bloch [1895].* (41 S.) 1 Bd 8.
— Theater-Korrespondenz, Eduard Blochs. No 276. [96. 8369

Heyden, Ed., Gallerie berühmter und merkwürdiger Frankfurter. Eine biograph. Sammlung. 1—3. Heft. gr. 8. (S. 1—320 und 3 Kpfrt.) Frankfurt a. M. 849—50, Brönner. à Heft * 12 Ngr. *

—— Gallerie berühmter und merkwürdiger Frankfurter. Eine biograph. Sammlung. Mit 18 Bildnissen. 4—6. Heft. gr. 8. (IV und S. 321—612 mit 1 Kpfrt.) Frankfurt a. M. 861, Brönner. *
1—3. Heft. Ebendas. 1850. * 1 Thlr. 6 Ngr.

— Gallerie berühmter und merkwürdiger Neußenländer. Eine biographische Sammlung. Frankfurt a. M. 858. Sauerländer's Sortbdlg. in Comm. 8. (XVI, 256 S.) n. 24 ngr.

Heyden, Ed., der Frankfurter Chronist A. A. v. Lersner, s. Neujahrs-Blatt.

Heyden, Ed., Aander, Beiträge zur Geschichte Antiochus d. Grossen Königs v. Syrien. gr. 8. (64 S.) Emmerich 873. Romen. n. 1. —

Heyden, Ed. Aander, Res ab Antiocho III. Magno, Syriae rege, praeclare gestae ad regnum Syriae reficiendum donec in Graeciam exercitum traiecit. 223—192. Dissertatio inauguralis. gr. 8. (64 S.) Monasterii 877. (Göttingen, Vandenhoeck und Ruprecht's Verlag.) 1 20

—— s. Urkundenbuch, westfälisches.

Heyden, Erich von der, Gerichtsassessor: Die Ansprüche des Besitzers auf Ersatz von Verwendungen bei der Zwangsvollstreckung und dem Konkurse über das Vermögen des Eigentümers. Greifswald 1909: Abel. 91 S. 8°
Greifswald, Jur. Diss. v. 27. April 1910, Ref. Pescatore
[Geb. 18. Dez. 77 Berlin; Wohnort: Schöneberg-Friedenau; Staatsangeh.: Preußen; Vorbildung: Gymn. Steglitz Reife M. 97; Studium: Lausanne 1, Freiburg i. B. 1, München 3, Berlin 2 S.; Rig. 30. April 09.] [U 10. 1587

Heyden, F. H., de Mosis resuscitatione. Hal. 1723. 4.

Heyden, Fr. von

— Bemerkk. über d. Schreiben Friedrich Wilhelms III. nach dem Frieden zu Tilsit 2c. 8. Stettin 809. Kaffke. 8 gr

Heyden, F. W. v., Beurth. d. versch. in Pommern übl. Eintheil. d. Felder in Schläge 2c. gr. 8. Stettin, Kaffke. 805.

v. Heyden, Fr. W., Beurtheilung d. verschied. in Pommern üblichen Eintheilungen d. Felder in Schläge. gr. 8. Stettin 805. (Nicolai in Berl.) 18 gr

H(eyden), Fr.: Enthüllungen des wahren Glaubens. Hrsg. von Fr. Hedelt. Stettin F. Hedelt [1904]. (145 S.) 8°

Heyden, Fr. H., s. Enthüllungen des wahren Glaubens.

Heyden, Friedr. v. (II.), die hygienische Bedeutung der Salicylsäure. Ein Rückblick bis zum J. 1878. 16. (VII, 56 S.) Dresden 883, v. Zahn und Jaensch. *

Heyden, Friedrich von Ueber Diazophenole. Jena, 1873.

Heyden, Friedr. v., Dichtungen. 8. Königsberg, Unzer. 820.

— d. Gallione. Gedicht in 6 Gesängen. 8. Leipz. 825. G. J. Göschen. 1 ℛ 4 𝒢𝒢

Heyden, Friedr. v., Gedichte. Mit einer Biographie des Dichters hrsg. von Th. Mundt. 8. (LII und 315 S.) Leipzig 852, Brandstetter. *

Heyden, Friedr. v., die Intriguanten. Roman. 2 Thle. 8. (27¾ B.) Leipzig 840, Einhorn.

Heyden, Friedr. v., der Kampf d. Hohenstaufen. Trauersp. 8. (11 B.) Berlin 828, Reimer.

Heyden, Friedr. v., die Königsbraut. Gedicht in fünf Gesängen. 16. (64 S. mit 1 Stahlst.) Leipzig 851, Brandstetter.

v. Heyden, Fr., Conradin; e. Trspl. gr. 8. Berl. 819. Reimer. 1 ℛ 12 𝒢𝒢

Heyden, Friedr. v., weitere Mittheilungen zur Streitfrage über das Kolbe'sche Salicylsäure-Patent. gr. 8. (8 S.) Dresden 877, von Zahn's Verlag. * — 50

— dramat. Novellen. 2 Thle. 8. Königsb. 819. Unzer. 1 ℛ 16 𝒢𝒢

—— Randzeichnungen. Eine Samml. v. Novellen u. Erzähln. 2 Thle. gr. 12. Leipzig 841, Einhorn. 2 Thlr., 2. (13⅓ B.) 1½ Thlr.]

—— Reginald. Romant. Gedicht in fünf Gesängen. gr. 8. (15 B.) Berlin 831, Reimer.

— Renate; e. romant. Drama. 8. Berl. 816. Reimer. 20 𝒢𝒢

Heyden, Friedrich (geb. am 14 März 1848 in Bonn): Ueber die Rupturen der Chorioidea ... Bonn, Druck v. J. F. Carthaus [1871]. 26 S., 1 Bl. 8.
Bonn, Med. Fak., nachträgl. erschienene Diss. v. 22 Juli 1870

Heyden, Frdr. v., die Salicylsäure u. ihre Anwendung in der Medicin, der Technik u. im Hause. gr. 8. (36 S.) Leipzig 876. Barth. n. — 80

—— der Schuster zu Ispahan. Neupersische Erzählung in Versen. br. 8. (XX und 284 S. mit 1 Stahlst.) Leipzig 850, Brandstetter.

Heyden, F. v., zur Streitfrage über das Kolbe'sche Salicylsäure-Patent. gr. 8. (1 B.) Dresden 877. v. Zahn. — 30

—— s. Studien, medicinische, über Salicylsäure und Salicylgase.

Heyden, Friedr. v., Theater. 3 Thle. 8. (73 B.) Leipzig 842. [Brandstetter.]
Thl. 1. Nadine. Trauersp. in 5 Aufz. — Die Modernen. Lustsp. in 5 Aufz.
" 2. Der Liebe Zauber. Schausp. in 5 Aufz. — Album und Wechsel. Schausp. in 5 Aufz.
" 3. Der Geschäftsführer. Lustsp. — Der Spiegel des Akbar. Trauersp. — Geheimnisse u. ihr Ende.

Heyden, Friedrich von der, a. Ronsdorf (Rheinprovinz): Untersuchungen über Wanderungen von Radikalen in den Molekülen aromatischer Verbindungen. Greifswald 1908: H. Adler. (66 S.) 8°
Greifswald, Phil. Fak., Ref. Auwers, Diss. v. 14. Mai 1908
[Geb. 9. Febr. 83 Ronsdorf, Kr. Lennep. Wohnort: Ronsdorf. Staatsangeh.: Preußen. Vorbildung: Realgymn. Elberfeld Reife O. 02. Studium: Bonn 1, Greifswald 11 S. Rig. 5. Mai 08.]

—— das Wort der Frau. Eine Festgabe. gr. 16. (14⅝ B. u. lith. Titlblatt.) Leipzig 843. [Brandstetter.]

—— das Wort der Frau. Eine Festgabe. 2. Aufl. (VIII und 223 S. mit 1 Stahlst.) 1849. und 3., revid. Aufl. 8. (VIII und 187 S.) Leipzig 851, Brandstetter.

Heyden, F. v., das Wort der Frau. Eine Festgabe. 4—7. Aufl. 853—57. (VIII, 187 S. u. 1 Stahlst.) — 8. Aufl. Leipzig 858. Brandstetter. 16. (XXVIII, 175 S., 1 Stahlst., Portr. in Stahlst. u. 6 Holzschn.) 1 ℛ 15 ngr

Heyden, Frdr. v., das Wort der Frau. Eine Festgabe. Mit 7 Illustr. (Holzschn. in Farbendr.) von W. Georgy. 9. Aufl. 861. — 10. Aufl. 862. — 11. Aufl. 863. — 13. Aufl. Leipzig 865. Brandstetter. 16. (XXVIII, 171 S.) geb. 2 ℛ

— — 12. Aufl. Ebend. 863. 4. (X, 170 S.) geb. n. 6 ℛ

Heyden, Friedr. v., das Wort der Frau. Eine Festgabe. Mit 7 Illustr. (in Holzschn. und Tondr.) von W. Georgy. 16. Aufl. gr. 16. (XXVIII, 171 S.) Leipzig 868, Brandstetter. In Sammt- und Metalldeckel-Einbd. *

Heyden, Friedr. v., das Wort der Frau. Eine Festgabe. 18.—20. Aufl. Mit 7 Illustr. von W. Georgy (in Holzschn. und Tondr.). gr. 16. (XXIV, 171 S.) Leipzig 870—73, Brandstetter. In Medaillon-Einbd. mit Goldschn.

Heyden, Friedr. v. (I.), das Wort der Frau. Eine Festgabe. Mit 7 farb. (Holzschn.-)Illustr. von W. Georgy. 21. und 22. Aufl. gr. 16. (XXVIII, 171 S.) Leipzig 875,78, Brandstetter. * ℳ 4,50.; geb. mit Goldschn. *

Heyden, Frdr. v., das Wort der Frau. Eine Festgabe. 23. Aufl. Mit 20 (Holzschn.-)Illustr. nach Zeichnungen vom Historienmaler A. v. Heyden. gr. 8. (VIII, 175 S.) Leipzig 882. Brandstetter. geb. m. Goldschn. n. 6. —

— dasselbe. 64. (221 S.) Leipzig 882. Lenz. n. 1. —; geb. n. 1. 75

Heyden, F. v., das Wort der Frau. Eine Festgabe. gr. 16. (148 S.) Leipzig 889. Fock. geb. m. Goldschn. n. 1. 20

— dasselbe. 8. (155 S.) Berlin 890. Norddeutsches Verlags-Institut, F. Jolowicz. geb. m. Goldschn. 2. —

Heyden, Frdr. v., d. Wort d. Frau. Eine Festgabe. (Neue Min.-Ausg.) 12. (144 S.) Leipzig 896. G. Fock, Verlag. Geb. in Leinw. m. Goldschn. 1. 20

Heyden, Friedrich von: Das Wort der Frau. Eine Festgabe. Mit e. Vorbemerkung von Dr. Franz Kwest. Halle a. d. S.: O. Hendel (1899). (VI, 110 S.) 8°
= Bibliothek d. Gesamtlitteratur d. In- u. Auslandes. No 1245.

Heyden, Frdr. v., das Wort der Frau. Eine Festgabe. 24. Aufl. Mit 20 Illustr. nach Zeichngn. von A. v. Heyden, in Holzschn. ausgeführt v. Kaeseberg & Oertels xylograph. Institut. 8. (VIII, 175 S.) Leipzig 900. F. Brandstetter. Geb. in Leinw. m. Goldschn. n. 6. —

Das Wort der Frau. Ein Sang vom Rhein von Friedrich v. **Heyden**. Ill. von E. Brüning. Berlin: H. L. Schroeter [1905]. (173 S.) 8° [F.] (07. 7379 II

—— dass. — s. Haus-Bibliothek, deutsche.

—— dass. — s. Universal-Bibliothek Nr. 1660.

Heyden, Gotthard Edu. van der: Meine Schlussrede bei Niederlegung des Amtes als Grossmeister des Eklektischen Freimaurerbundes gehalten in der Grosslogensitzung im Or.·. Frankfurt a. M. am 7. Dec. 1883. [Unterz.:] G[otthard] Ed[u.] van der Heyden. Frankfurt a. M. [1883]: Werner & Winter. 6 S. 8⁰ [Umschlagtit.]
Abgedr. in: MitthF. (NF.) 115 (1883) S. 175 bis 180. 358.

Thätigkeits-Bericht der Loge Sokrates zur Standhaftigkeit im Jahre 5880 und meine Niederlegung des ersten Hammers als Mstr. v. St. in der Arbeitsloge vom 29. Jan. 1881. Seinen Brüdern in Liebe und Dankbarkeit gewidmet von G[otthard] Ed[u.] van der Heyden. Frankfurt a. M. [1881]: Werner & Winter. 8 S. 8⁰ [Umschlagtit.]
Tt. 763. 439.

Heyden, (E.) *Heinrich* von der Elementare Anwendungen der Hyperbelfunktionen. 4 (22 S.). Rg. u. höh. Bürgersch. *Essen* 1886 (441).
Progr.

Heyden, Heinrich Beiträge zur Geschichte des höheren Schulwesens in der Oberlausitz. 4 (28 S.). **Progr.** G. *Zittau* 1889 (520).
Vgl. denselben Titel in: Jahrbb. f. Phil. u. Päd. 144 (1891) S. 113—124: „ein Teil der folgenden Ausführungen ist in anderer Form schon im Programm des G. Zittau gedruckt gewesen".

Heyden, *Friedrich Wilhelm* Heinrich Bemerkungen zur Geschichte des Unterrichts in der deutschen Sprache auf dem Gymnasium. 8 (S. 3—8). Z. Gedächtnisfeier f. Ph. F. A. Just. G. *Zittau* 1887.
A. Die deutsche Sprache in den Kloster- und Latein-Schulen bis zum Ausgange des fünfzehnten Jahrhunderts. B. Die deutsche Sprache in den höheren Schulen des sechzehnten Jahrhunderts. C. Der Unterricht in der deutschen Sprache auf dem Gymnasium im siebzehnten Jahrhundert.
Nicht im Tauschverkehr.
Progr.

Heyden, (Heinrich): Geschichte des Unterrichts in der Lateinschule zu Meissen. Meissen 1909: Klinkicht. 44 S. 4°
Meißen, Fürsten- u. Landes-S St. Afra P 1909 (738) [S 09. 190

Heyden, *E. Heinrich* v. d. Der immerwährende Kalender. 8 (S. 117—120). 1889.
In: Festschrift zur Feier des 25jähr. Bestehens der Reallehranstalt *Essen* 1890 (zu 471).
Progr.

von der **Heyden, Heinrich** [Oberl. Prof. Dr.]: Zur Lehre von den Kennzeichen der Teilbarkeit der Zahlen. Essen, Druck v. G. D. Baedeker, 1889; S. 100—116; 8°
Essen, RG u. HB, Festschr. 1889 (1890)

Heyden, H., Quaest. de Aelio Dionysio et Pausania Atticistis etymologici magni fontibus. Diss. 1885. 60 S. 1.—

Ehren-Zeichen (Kriegs-Denkzeichen, Verdienst-, Dienstalters-Zeichen, Rettungs-Medaillen) und Abzeichen in Frankreich und Belgien. Von H(ermann) v. Heyden, Oberstlt. a. D. *Frankfurt a. M.: H. Keller 1903.* (303 S.) 8° [03. 14153

Ehren-Zeichen '(Kriegs-Denkzeichen, Verdienst- und Dienstalters-Zeichen)' der erloschenen und blühenden Staaten Deutschlands und Österreich-Ungarns. Von Hermann v. **Heyden**, Kammerherr ... d. Herz. v. Sachs.-Mein. ... [Nebst] Nachtrag. *Meiningen: Komm.-V. v. Brückner & Renner; (Keyssner'sche Hofbuchdr.) 1897. 98.* 2 Bde 8.
Ehrenzeichen. 1897. (XII, 295 S.) Nachtrag. 1898. (2 Bl., 19 S.) [98. 7746

Heyden, Herm. v., Ehren-Zeichen (Kriegs-Denkzeichen, Verdienst- u. Dienstalters-Zeichen) der erloschenen u. blühenden Staaten Deutschlands u. Österreich-Ungarns. (Neue [Titel-]Ausg.) gr. 8. (XII, 295 u. 19 S.) Frankfurt a/M. (H. Keller.) [897. 898.] 902. n. 7. —

Heyden, Herm. v., Ehren-Zeichen (Kriegs-Denkzeichen, Verdienst- u. Dienstalters-Zeichen) der erloschenen u. blühenden Staaten Deutschlands u. Österreich-Ungarns. II. Nachtrag. 1898—1906. (III, 70 S. m. 2 Abb.) Lex. 8. Frankfurt a/M. 906. H. Keller. 2. 50
Hauptwerk. Ebd. 902. 7.—.

Heyden, Hugo v. der, das Bergische Land. 30 Ansichten. (1.—3. Aufl.) qu. gr. 4. (30 S. m. III S. Text.) Mettmann (900). H. v. der Heyden. n. 4. —; geb. in Leinw. 4. 50

Heyden, J. Grundplan der Fabrick- und Handels-Stadt **Elberfeld**. Elberfeld 1828. 1 Bl. L.

Heydenus, J. H., de Zacharia in templo obmutescente. Hal. 1716. 4.

Heyden, Jac. v. der, speculum Cornelianum. In sich haltent: Viel artiger Figuren, betreffent das Leben e. vermeynden Studenten, sampt andern lehrhafften Vorbildungen. Jetzt auffs newe m. vielen schönen Kupfferstücken sampt der Beschreibung deß Lebens Cornelij Relegati, vermehrt vnd gebessert. Anno 1608. Reproduit en Photolith. par Ed Stribeck, Neudorf-Strassbourg. Livr. 1. qu. 4. (15 Bl.) Strassburg 879. Hagemann & Co. n.n. 6. —

— — Dasselbe. Facsimile-Reproduction in der Grösse des Originals auf holländ. Papier, nur in kleiner Auflage hergestellt. (Strassburg 1880.) (20 Mk., mit 1 ähnl. Reprod. in eleg. französ. Prgtbd., Adolf Weigel, 1893.) Längst vergriffen! — 20 Mk., ohne Beibd., A. Buchholz, München, 1910.)

— Johann van der (Amsterdam), Meditatio de principio primo juris naturae. Präs. Andreas Julius Dornmeyer. Halle (Christoph Andreas Zeitler) April 1707. 16 S.. (6.—) 14989

Heyden, Johann Huldreich (Präs.), s. Heyden, Karl Sam. Daniel: De autore ... suspiritorum inenarrabilium ...

Heyden, Joh. Mart., die heil. Charwoche, s. Charwoche.

— Joh. Matthäus (Frankfurt/M.), Jus sacratissimi imperatoris et imperii in ducatem Mediolanensem. Präs. Gabriel Schweder. Tübing. (Kerner) 3. VI. 1702. 72 S. (9.—) 14990
Gew.: Dominicus Heyden (Vater).

Heyden, Jul. A. v. d.

—Hymnus, nach den Schlachten an d. Katzbach gesungen. 8. Berl. 814. Dümmler. 2 gl

v. d. Heyden, Jul. A., Liederkränze. 1r—5r Kranz. 12. Berl. 822—25. Boicke. 2 ₰

— an mein Schwert, drei Lieder. 8. Berl. 814. Dümmler. 2 ℊ

— poetische Versuche. 2 Bde. 8. Bresl. 810. Graß, Barth u. C. 1 ₰

Heyden, J. A. v., poetische Versuche. 2r Bd. 8. Breslau, Holäufer. 811.

Heyden, Karl von

Heyden, C. v. Gliederthiere aus der Braunkohle des Niederrheins, der Wetterau und der Rhön.

Heyden, Carl, kaufmännisches Handbuch, enth. das Gesamtgebiet der Handelswissenschaft in kurzer, leicht faßlicher Darstellg. gr. 8. (286 S. m. 1 Taf.) Rostock 897. (Leipzig, Th. Thomas.) n. 4. —; auch 11 Lfgn. à n. — 35

Heyden, Carl und Lucas v., Käfer und Polypen aus der Braunkohle des Siebengebirges. Dipteren-Larve aus dem Tertiär-Thon von Nieder-Flörsheim in Rhein-Hessen. gr. 4. (29 S. mit 3 chromolithogr. Taf. Abbild.) Cassel 866, Fischer.
Aus: Palaeontographica, besonders abgedruckt.

Heyden, Karl, a. Kloster Heilsbronn, Ratsakzessist d. Kgl. Regierungsfinanzkammer v. Oberbayern: Die Subsidiarität der Strafgesetze. München 1907: Wild. (76 S.) 8°
Erlangen, Jur. Fak., Ref. Allfeld, Diss. v. 3. Okt. 1907
[Geb. 1. Juni 76 Kloster Heilsbronn; Wohnort: München; Staatsangeh.: Bayern; Vorbildung: Luitpold-Gymn. München Reife M. 96; Studium: München 6, Erlangen 2 S.; Rig. 29. Juli 07.]

Heyden, C. v. Verwandlungsgeschichte des Trachys minutus und Rhamphus flavicornis. ca. 1850.

Heyden, Carl Samuel Daniel (Meisenheim-Zweibrücken), De autore ϛεναγμῶν ἀλαλήτων, suspiriorum inenarrabilium, quam benedicente spirituum patre. Diss. philol.-theol. ex Rom. VIII, v. 26. Präs. Joh. Huldreich Heyden (Vater). Halle (Joh. Christian Hilliger) 17. VIII. 1724. 16 S. (6.80) 14986
Gew.: Marquard Ludwig Frh. v. Prinzen (Caro), Emil Marius Albert v. Freyberg (Melau), Wilhelm Duhram, Joh. Dan. Schmidtmann, August Steinberg. — Widm. v.: Präs., Franz Rud. Mencel, H. Bass, Johann Philipp Heinius, Joh. Simon.

von der Heyden, Carolus Guilelmus (geb. am 21 Sept. 1801 in Holten Rgbz. Düsseldorf): De acupunctura . . Bonnae, typ. P. Neusseri (1826). X, 21 S. 8.
Bonn, Med. Fak., Diss. v. 9 Sept. 1826

Heyden, Ludwig Jakob (Übers.u.Comm.):

s.: Störck, Anton (Freiherr von): Abhandlung ...daß der Schierling (cicuta) nicht nur innerlich...sondern auch...ein sehr nützliches Mittel in vielen Krankheiten sey... (Libellus, quo demonstratur cicutam... Dt.) Wien: 1761

JB 6.534

Heyden, Ludwig Jakob (Übers.u.Comm.):

s.: Störck, Anton (Freiherr von): Abhandlung ...daß der Schierling (cicuta) nicht nur innerlich...sondern auch...ein sehr nützliches Mittel in vielen Krankheiten sey... (Libellus, quo demosntratur cicutam... Dt.) Abhandlung 1 - 2 (nebst) Anhang. Wien: 1764

JB 1.547

Heyden, Lukas von

Heyden, L. v., E. Reitter et J. Weise, catalogus coleopterorum Europae et Caucasi. Ed. III. gr. 8. (IV, 228 S.) Berlin 883. Nicolai's Verl. n. 6. —

Catalogus coleopterorum Europae, Caucasi et Armeniae Rossicae. Auctoribus L[ukas] v. Heyden, E(dmund) Reitter, J[ulius] Weise, cum aliis sociis coleopterologicis. Ed. 2. Ed. Edmund Reitter. Berlin: R. Friedländer & Sohn (1906). (774 Sp.) 4°(8°) [07. 8884

Heyden, L. v., s. a. Catalogus Coleopterorum Europae, Caucasi et Armeniae rossicae.

Heyden, L. v., fossile Dipteren aus der Braunkohle v. Rott im Siebengebirge. Mit 2 (lith.) Taf. Abbildgn. [Aus „Paläontographica. Beiträge z. Naturgesch. d. Vorwelt".] gr. 4. (30 S.) Kassel 871. Fischer. n. 13. 50

Heyden, Lucas v.: Insecta. I. Coleoptera. II. Hymenoptera. III. Diptera. *Frankfurt a. M. 1897.*
in: Ergebnisse e. zoolog. Forschgsreise in d. Molukken u. Borneo ... Tl 2. Bd 1, H. 4.
= Abhandlungen hrsg. v. d. Senckenbergischen naturforsch. Gesellschaft. Bd 23, H. 4. [98. 1913

— Insecta (der Kükenthal'schen Forschungsreise in d. Molukken u. Borneo). I. Coleoptera. — II. Hymenoptera. — III. Diptera. [Aus: „Abhandlgn. d. Senckenberg. naturforsch. Gesellsch."] gr. 4. (56 S.) Frankfurt a/M. 897. (M. Diesterweg.) n. 2. 50

(B) Heyden, Lucas v., Insecta. 897. Jetzt: Frankfurt a/M. (Viktoria-Allee 7), Senckenberg. naturforsch. Gesellsch. Erm. Pr. nn 1. —

— die Käfer von Nassau u. Frankfurt. [Aus: „Jahrb. d. Nass. Ver. f. Naturkde."] gr. 8. (358 S.) Wiesbaden 877. Niedner. n. 6. —

Heyden, Luc. v., die Käfer v. Nassau u. Frankfurt. 1.—7. Nachtrag. [Aus: „Jahrbb. d. nass. Ver. f. Naturkde."] gr. 8. Wiesbaden, J. F. Bergmann. n. 7. — (Hauptwerk u. Nachtrag: n. 13. —)
1. (31 S.) 879. n. — 60. — 2. Zugleich e. Beitrag z. Käferfauna d. unt. Lahn v. Buddeberg. (28 S.) 882. n. — 80. 3. (20 S.) 883. n. 1. — 4. (14 S.) 881. n. — 60. 5. (41 S.) 889. n. 1. 20. — 6. (18 S.) 892. n. 2. —. 7. (20 S.) 896. n. — 80.

Heyden, L. v., die Käfer v. Nassau u. Frankfurt. 8. Nachtrag. Zugleich e. Beitrag zur Käferfauna der unteren Lahn v. Buddeberg. gr. 8. (S. 75—83.) Wiesbaden 900. J. F. Bergmann. n. — 60
(Hauptwerk m. 1., 2. u. 4.—8. Nachtrag n. 12. 60)
Sonderabdruck aus: „Jahrb. d. nass. Ver. f. Naturkde."

— Die Käfer v. Nassau u. Frankfurt. II. Aufl. (Neues Hauptverzeichnis auf Grund der I. Aufl. 1877 u. der Nachträge I—VIII 1879—1900 von v. Heyden u. Buddeberg. (425 S.) gr. 8. Frankfurt a/M. (Viktoria-Allee 7) 904. Senckenbergische naturforschende Gesellschaft. nn 6. —

Heyden, Lukas von: Käfer u. Polypen aus der Braunkohle des Siebengebirges, s. Heyden, Karl von.

Heyden, Luc. v., Catalog der Coleopteren von Sibirien mit Einschluss derjenigen der Turanischen Länder, Turkestans u. der chinesischen Grenzgebiete. Mit speciellor Angabe der einzelnen Fundorte in Sibirien u. genauer Citirung der darauf bezügl. einzelnen Arbeiten nach eigenem Vergleich, sowie mit besond. Rücksicht auf die geograph. Verbreitung der einzelnen Arten über die Grenzländer, namentlich Europa u. Deutschland. Hrsg. von der Deutschen entomolog. Gesellschaft als besonderes Heft der Deutschen entomolog. Zeitschrift. gr. 8. (XXIV, 224 S.) Berlin 880—81. (Nicolai's Verl.) n. 9. —

Heyden, Luc. v., Catalog d. Coleopteren v. Sibirien, m. Einschluss derjenigen d. östl. Caspi-Gebietes, v. Turcmenien, Turkestan, Nord-Thibet u. d. Amur-Gebietes. M. spec. Angabe d. einz. Fundorte u. genauer Citirg. d. darauf bezügl. Literatur. 1. Nachtrag. Hrsg. v. d. deutschen entomolog. Gesellschaft 1895. gr. 8. (217 S.) Berlin (895). (Nicolai's Verl.) n. 9. — (Hauptwerk u. 1. Nachtr.: n. 18. —)

LUCAS von HEYDEN, Catalog der Coleopteren von Sibirien, mit Einschluss derjenigen des östlichen Caspi-Gebietes, von Turcmenien, Turkestan, Nord-Thibet und des Amur-Gebietes. Mit specieller Angabe der einzelnen Fundorte und genauer Citirung der darauf bezüglichen Literatur. Herausgegeben von der Deutschen Entomologischen Gesellschaft. Nachtrag I. Berlin 1893. A. W. Schade's Buchdruckerei (L. Schade). 8°. Nachtrag II. ib. 1896. — III. ib. 1898. —

— **Lepidopteren v. Madagascar,** s.: Saalmüller, M.

— entomolog. Reise nach dem südl. Spanien etc. — Revision der europäischen Hymenoplia-Arten, } s.: Zeitschrift, Berliner entomologische.

Heyden, Paul, pr. Tierarzt: Aus d. physiol. Inst. d. Univ. zu Bonn. Prof. E. Pflüger. Über den Einfluß, den die Konzentration der Kalilauge auf die quantitative Analyse des Glykogenes ausübt. Bonn 1909: Broch. 38 S. 8°
Gießen, Veterinär-Med. Diss. v. 16. März 1909, Ref. Garten
[Geb. 18. Juli 77 Cöln; Wohnort: Hermülheim; Staatsangeh.: Preußen; Vorbildung: Realgymn. Cöln Reife O. 97; Studium: Tierärztl. Hochschulen München 4, Berlin 7 S.; Rig. 20. Jan. 09.] [U 09. 1119

Heyden, Paul v. d.: Ueber Resection der Synchondrosis sacro-iliaca. *Bonn 1898: A. Henry.* (52 S.) 8°
Bonn, Med. Diss. v. [2. März] 1898

Heyden, Raphael [Oberl.]: Elementare Einführung in die Lehre von den harmonischen Bewegungen. M. 4 Fig. (Umschlagt.: Demonstrationen und Probleme aus der Physik.) (Th. 1.) Berlin, R. Gaertner, 1892; 26 S. 4.
Berlin, Luisenst. OR, OP 1892 (101)

Heyden, Rob., das Chlorom. (31 S.) Lex.-8. Wiesbaden 904. J. F. Bergmann. n. 1. —
Rostock, med.Diss.v.25.6.1904.

Heyden, Rudolph: Erstreckung der Hypothek auf die Abbruchsmaterialien. *Hamburg 1897: Schröder & Jeve.* (40 S.) 8°
Göttingen, Jur. Diss. v. [22. Dez.] 1897

Wenn Europa lacht. Der Witz in internationaler Beleuchtung von Rudolf **Heyden.** Berlin: Großkopf 1910. 133 S. 8° [11. 441

Heyden, W.

Heyden, der Kux. Kurze Darstellung der bergrechtlichen Bestimmungen für Gewerken. 8. (29 S.) Essen 880. Bädeker. n. 1. —

Heyden, Wilh., die Entwicklung des politischen Wahlrechts in Hamburg. gr. 8. (VIII, 96 S.) Hamburg 894. (C. Boysen.) n. 1. 50

Heyden, Wilh., die Mitglieder d. Hamburger Bürgerschaft 1859—1862. Festschrift zum 6. XII. 1909. (IV, 199 S. m. 5 Bildnissen.) Lex. 8. Hamburg 909. (Herold.) 4. —; geb. in Leinw. 6. —

— die Hamburger Sparkasse v. 1827. Mit Namensverzeichnissen, sowie statist. u. graph. Taf. v. Gust. Hoffmann. gr. 4. (VIII, 247 S.) Hamburg 893. O. Meissner's Verl. n. 8. —

Heyden, Wilhelm, Apotheker a. Hamburg: Über Thio- und Anilinoderivate des 4 Chlor-lutidoncarbonsäureesters. Rostock 1906: C. Hinstorff. (54 S.) 8°
Rostock, Phil. Fak., Ref. Michaelis, Diss. v. 10. März 1906
[Geb. 9. Mai 76 Hamburg; Wohnort: Hamburg; Staatsangeh.: Hamburg; Vorbildung: Gelehrtensch. d. Johanneums Hamburg Obersekunda-Reife O. 94; Studium: München 1, Erlangen 3, Rostock 7 S.; Rig. 26. Febr. 06.]

Heyden-Leistenow, v., Der Personalkredit des ländlichen Kleingrundbesitzes in Vorpommern. Schriften d. Vereins f. Sozialpol., Bd. 74. gr. 8°. Leipzig 1896.

Heyden-Linden, Albrecht von: Auf welche von mehreren Forderungen ist eine vom Schuldner geleistete Zahlung, welche nicht zur Deckung aller Forderungen ausreicht, anzurechnen? ...
Greifswald, Druck v. J. Abel, 1895, 31 S. 8°
Greifswald, Jur. Fak., Inaug.-Diss. v. 1895

de Heyden-Linden, Gvilelmvs Helmvth Elias (geb. am 1 Aug. 1842 in Dresden): De fvrti notione et generibvs ... Bonnae, typ. expr. P. Nevsser 1865. 3 Bl., 40 S., 2 Bl. 8.
[Bonn], Jur. Fak., Diss. v. 23 Dez. 1865

Heyden-Rynsch, von der,
— Vide: Schmoller, G.

Prolegomena in Pseudocelli de universi natura libellum scripsit Joannes de **Heyden-Zielewicz.** *Vratislaviae: M. & H. Marcus 1901.* (77 S.) 8°
[S. 1—38 erschien als Breslauer phil. Diss. 1901.]
— Abhandlungen, Breslauer philologische. Bd 8, H. 3. [01. 10551 3

Heydenau, A., ein weiblicher Paris. Schwank in 3 Akten. gr. 8. (61 S.) Berlin (894). M. Böhm. 2. —

Heydendahl, Nicola, Lieder u. Träume. 8. (320 S.) Düsseldorf 893. (A. Schneider.) n. 2. —

Heydenfeldt, H. K. v., e. Frau. Studie nach dem Leben. 1. u. 2. Aufl. 8. (8, 120 S.) Leipzig 892. 893. Dresden, E. Reißner. n. 2. —

Heydenreich

— s. a. **Heidenreich.**

s. auch Haidenreich.

HEYDENREICH, Henriette Juliana, ein 17jähriges Mädchen. Beschreibung ihres Verbrechens, nebst der darauf erfolgten Hinrichtung zu Berlin. Ein warnendes Beyspiel für Herrschaften, ihre Kinder den Dienstboten nicht so ganz allein zu überlassen. Auch zugleich für junge Mädchen, sich nicht vom Leichtsinn beherrschen zu lassen, sondern immer Gott und ihre Pflichten im Auge und im Herzen zu behalten. O. O. u. J. (Anfang des 19. Jahrhunderts.) 8°.

Heydenreich, Adv., Excurs eines Laien über Kirchenzucht. gr. 8. (10 S.) Dresden 875, Weiske. * — 25

Heydenreich, A. H. C., (auch Wlh. Hnr. u. d. wahre Name Jh. Chr.), s. 1) K. H. Heydenreich, Gedichte. 2) Panorama d. wirkl. Welt.

Heydenreich, Adolf: Karl Ernst von Baer als Geograph. Mit 3 Kärtchen. München: Th. Ackermann 1908. 87 S., 3 Taf. 8°
¶ Auch als: Münchener geogr. Studien. Stück 23. 1909.
München, Dr.-Ing.-Diss. v. 4. 8. 1908

Heydenreich, Alfr., Karl Ernst v. Baer als Geograph, s.a. Studien, Münchener geographische. 23.

Heydenreich, Alfred: Karl Ernst von Baer als Geograph. Mit 3 Kärtchen. München: Ackermann 1909. 87 S. 8°
(Münchener Geographische Studien. St. 23.)

Heydenreich, August Heinrich (Dres. Misnicus), De circitoribus. Diss. jur. Präs. Andreas Florens Rivinus. Wittbg. (Jo. Friedr. Schlomach) 15. XI. 1755. 38 S. (6.20) 14992

Heydenreich, Aug. Hnr., († ...) das Grab, in vier Gesängen. 8. Coburg 775.

Heydenreich, August Ludwig Christian, s.a. Heydenreich, Gustav Heinrich.

Heydenreich, Aug. Ludw. Chrstn., einige Bemerkungen üb. d. Frage: ob u. in welchem Sinne d. Christenthum perfectibel sey? 1. u. 2. (letzt.) Abthl. — Denkschr. d. evangel.-theolog. Seminariums zu Herborn f. d. J. 1828 u. 29. 4. (12½ u. 15 B.) Marburg. (Kassel, Krieger.) à

Heydenreich, (Aug. Ludw. Christ.,) Lepidopterorum europaeorum catalogus methodicus. Systematisches Verzeichniss der europ. Schmetterlinge. 3. Ausg. Lex.-8. (II und 131 S.) Leipzig 851, Klinkhardt.

Heydenreich, (A. L. Ch.,) Commentarius in priorem divi Pauli ad Corinthios epistolam. Vol. I. Cap. 1—8. compl. 8maj. Marburgi 825, Krieger.

— Commentar. in I. Pauli ad Corinthios epistolam. II Voll. 8maj. Marburg 825 u. 27. Krieger. (Vol. I. 3 ℛ Voll. II. 3 ℛ 3 ℊ) 6 ℛ 3 ℊ

— Commentarius in priorem divi Pauli ad Corinthios epistolam. Vol. II. Cap. 9—16. compl. 8maj. (89 B.) Marburgi 828. [Cassellae, Krieger.]

Heydenreich, Aug. Ludw. Christ., Denkschrift d. evangel. theol. Seminariums zu Herborn f. d. Jahr 1837. — Enthalt.: Ein Wort zur Vertheid. der Aechtheit des 2. Briefes Petri mit Rücksicht auf die neuesten Gegner derselben. 4. Herborn 1837. (Frankfurt a. M., Hermann'sche Buchh.) *

Heydenreich, Aug. Ldw. Chr., das Evangelium Marci, s. J. Hörner, biblisches Erbauungsbuch 2r Thl.

— das Evang. Marci, s. Erbauungsbuch, neues bibl., 2. Thl.

Heydenreich, Aug. Ludw. Chr., über Freiheit und Determinismus u. ihre Vereinigung. 8. Erlangen 793. Palm. 10 ℊ

Heydenreich, Ueb. Freiheit u. Determinismus u. ihre Vereinigung. 179 S. Erl. 8°. 1793.

— einige Jahrgänge neuer Sonn- u. Festtags-Perikopen für das ganze Kirchenjahr, zum Gebrauche der evangel. Geistlichkeit des Herzogthums Nassau ausgewählt. 8. Wiesbaden 843, Schellenberg. n. ⅓ ℛ

— s. auch Journal, homiletisches.

Heydenreich, Aug. Ldw. Chr., die eigenthümlichen Lehren des Christenthums, vorzügl. für prakt. Geistliche rein biblisch dargestellt. 1r Bd., die Prolegomenen enthalt. A. u. d. T.: Grundlegung zu einer reinbibl. Darstellung d. eigenthümlichen Lehren des Christenthums. gr. 8. Weilburg 833. Lanz. 2 ℛ

— 2r Bd. A. u. d. T.: Die auf die eigenthümlich christl. Heilslehre vorbereit. Grundlehren des Christenthums, reinbiblisch dargestellt. gr. 8. Ebd. 836. 2⅔ ℛ — 3r Bd. 1e u. 2e Abthl. A. u. d. T.: Die christl. Erlösungs- u. Heilslehre. 1e u. 2e Abthl. gr. 8. Ebd. 838 u. 39. 5⅓ ℛ

Heydenreich, August Ludwig Christian, s. Monatsschrift für Predigerwissenschaften.

— d. Pastoralbriefe Pauli. Nebst Anhang e. Uebersetzung d. Schutzrede d. heil. Gregor v. Nazianz wegen seiner Flucht ꝛc. 1r Bd. gr. 8. Hadamar 827, Gel. Buchh.

— die Pastoral-Briefe Pauli erläutert, nebst Anhang einer Uebersetzung d. Schutzrede des heil. Gregor v. Nazianz wegen seiner Flucht. 2 Bde. gr. 8. Hadamar 827 u. 28. (Lanz in Weilb.) 3 ℛ 10 ℊ

— Predigt am 23n Sonntage nach Trinitatis 1837 beim Antritte seines Amtes. gr. 8. Wiesbaden 837. Haßloch. n. ⅙ ℛ

— christl. Predigten. 1r, 2r Thl. 8. Hadamar 830. 31. (Lanz in Weilb.) 2 ℛ 20 ℊ

— christl. Predigten auf alle Sonn- u. Festtage d. Kirchenjahres. Ein Haus- u. Familien-Andachtsbuch f. d. christl. Privatgottesdienst. I. Bd. 5 Lfgn. gr. 8. (20½ B.) Frankfurt a. M. 842, Hermann'sche Buchh.

— u. Wlh. Otto, Predigten über auserlesene Stellen der Apostelgeschichte, in der Hauptkirche zu Herborn gehalten. 2 Bde. gr. 8. Nürnberg 835. Stein. 3½ ℛ

— Quartalschrift f. Predigerwissenschaften. 1r Bd. 1s u. 2s Hft. gr. 8. Wiesbaden 825, Schellenberg.

— über d. Unzulässigkeit d. myth. Auffassung d. Historischen im neuen Testam. u. im Christenthume. 1. u. 2. Abthl. 4. Herborn. (Frankfurt a. M., Streng.) [1. (15 B.) 831. 14 Gr., 2. (15½ B.) 833. 16 Gr.]

— Verzeichniss der europäischen Schmetterlinge. gr. 8. (22 S.) Leipzig 851, Klinkhardt.

— Zeitschrift f. Predigerwissenschaften, s. Zeitschrift.

— u. L. Hüffel, Zeitschrift f. Predigerwissenschaften. I. 1s u. 2s Hft. gr. 8. Marb. 827, Krieger u. C. à 18 gr.

— evangel. Zeugnisse in einem Jahrgang von Predigten auf alle Sonn- u. Festtage des Kirchenjahres. I. Bd. 1. u. 2. Abthl. Von Advent bis zum Charfreitage. gr. 8. Gießen 840, Heyer's Verl. [1. Abthl. (23 B.) 2. (20 B.) à 1 Thlr. 10 Ngr.]

— **August Wilhelm Rudolph** (Gotha), Difficultates quaedam circa Jo. Brunonis theoriam medicam. Diss. med. Jena (Stranckmann) 15. V. 1799. 22 S. (6.—) 14993

— **Benjamin Carl Heinrich** (Dresden), Quaedam de dotalitio, ejusque ob adulterium amissione. Diss jur. Präs. Heinrich Gottfried Bauer (Stoetteritz). Lpz. (Walther) 13. V. 1784. 24 S. mit Widm. v. Präs. (6.—) 14994

Heydenreich, Bj. K. H.: Erörter. d. *Pütterschen* Zweifel gegen d. *dissert. de jure Apanagii*, (785.) wegen Anwend. d. kursächs. Landesgesetze auf d. beim gräfl. Stollberg. Concurse geford. Apanagien. *Dresd.*, Walther. 787. 4, (4 Gr.)

Heydenreich, ..., Erörterung d. in J. S. Pütters Bedenken aufgeworfenen Zweifel, wegen d. Stollberg. Concurs rc. 4. Dresd. 787. Walther. 4 gl.

— — De jure apanagii comitum S. R. I. mediatorum in Saxonia conturbata re familiari. Diss. jur. Lpz. (Klaubarth) 19. V. 1785. 68 S. mit dtsch. Anhang. (7.—) 14995
Betr. d. gräfl. Haus Stollberg.

— **Christ. August Heinrich,** An stipendium familiae ei sit concedendum, qui ob praerogativam alterius illud durantibus annis academicis consequi haud potuit? Problema jur. eccles. Präs. Joh. Christ. Schroeter (Wickerstedt). Jena (Müller) 5. X. 1729. 36 S. (6.50) 15007

Das Archiv der Stadt Mühlhausen in Thüringen, von Prof Dr **Eduard Heydenreich**. Mit 1 Lichtdrucktaf., 1 lith. Beigabe, 1 Tondr u. 40 Holzschn Der Hauptversamml. d. Thüringer Archivtages am 12 Mai 1901 dargebr vom Mühlhauser Altertumsver *Mühlhausen i. Th. C Albrecht 1901.* (66 S.) 4° (8°) [F.]
Aus Mühlhauser Geschichtsblätter Jg 2 [01. 7360 3

Heydenreich, Ed., Archivwesen u. Geschichtswissenschaft. gr. 8. (XVI, 40 S.) Marburg 900. N. G. Elwert's Verl. n. 1. —

— Bau- u. Kunstdenkmäler im Eichsfeld u. in Mühlhausen. Vortrag, geh. auf der Frühjahrs-Versammlg. des geschäftsführ. Ausschusses der Prov.-Denkmälerkommission der Prov. Sachsen in Heiligenstadt am 20. V. 1902. Lex.-8. (35 S. m. 40 Holzschn. u. 2 Taf.) Mühlhausen i/Th. 902. C. Albrecht. n. 2. —
Sonderabdruck aus: „Mühlhäuser Geschichtsblätter".

— die Bedeutung der Stadtarchive, ihre Einrichtung u. Verwaltung. Vortrag, geh. auf Anregg. des Thüringer Archivtages auf der Hauptversammlg. des Thüringer Städteverbandes in Weimar am 30. VI. 1900. 8. (70 S.) Erfurt 901. Keyser. n. 1. 50

Heydenreich, E., Bericht üb. d. Litt. zu Phaedrus 1878 bis 1882. S.-A. 1884. 88 S.

Heydenreich, E., u. **P. Knauth,** die Beziehungen des Hauses Wettin zur Berghauptstadt Freiberg. Festschrift. Hrsg. u. dargebracht v. der Stadt Freiberg. gr. 8. (83 S.) Freiberg 889. Craz & Gerlach. n. 1. 50

— das älteste Fuldaer Cartular im Staatsarchive zu Marburg, das umfangreichste Denkmal in angelsächsischer Schrift auf deutschem Boden. Ein Beitrag zur Paläographie u. Diplomatik, sowie zur Geschichte des Hochstiftes Fulda. Mit 2 Fcsm.-Taf. gr. 4. (IV, 59 S.) Leipzig 899. B. G. Teubner. n. 5. —

— Fabius Pictor u. Livius. Ein Beitrag zur röm. Quellenforschung. gr. 8. (42 S.) Freiberg 878. Engelhardt. n. 1. 25

– Führer durch die ständige Archivausstellung, die Münzsammlung u. die Ausstellung prähistorischer Altertümer in den Archivgewölben des Rathauses der Stadt Mühlhausen in Thüringen. Lex.-8. (52 S. m. Abbildgn. u. 2 Taf.) Mühlhausen i/Th. 901. C. Albrecht. n. 1. —
Sonderabdruck aus: „Mühlhäuser Geschichtsblätter".

Heydenreich, Eduard (*Karl Heinrich*) [Dr.]: Ein Gang durch die Geschichte des Schneeberger Lyceums. (Aus: W. Gilbert, Kurzer Ueberblick über d. Begründung . . d. K. Gymn.) *Schneeberg, Druck v. C. M. Gärtner, 1891;* S. III IX; 4°
Schneeberg, k. G m. Realkl., Festschr. 1891 (540 ° °

— kurze Geschichte des Kirchspieles Leubnitz bei Dresden. Auf Grund der Archive bearb. u. mit fortlaufenden Quellennachweisungen versehen. gr. 8. (VII, 110 S.) Leipzig 878. Teubner. n. 1. 50

— aus der Geschichte der Reichsstadt Mühlhausen in Thüringen. Mit 11 Holzschn. u. 6 Lichtdr.-Taf. gr. 8. (XX, 60 S.) Halle 900. O. Hendel. n. 3. 50

Heydenreich, Ed., Geschichte u. Poesie d. Freiberger Berg- u. Hüttenwesens. 8. (XIII, 180 S.) Freiberg i/S. 892. Craz & Gerlach. n. 2. —

Heydenreich, Eduard, s.: Geschichtsblätter, Mühlhäuser.

Heydenreich, Ed. (C H.) Die Hyginhandschrift der freiberger Gymnasialbibliothek. Eine kritische Untersuchung. 28 S.
Progr. G *Freiberg i. S.* 1878

— die Hyginhandschrift der Freiberger Gymnasialbibliothek. Eine kritische Untersuchung. 4. (27 S.) Freiberg 878. Engelhardt. n. 1. —

Heydenreich, Ed. (C. H.) Kriegsdrangsale von Freibergs ländlicher Umgebung im 18. Jahrh. Nach ungedr. archival. Quellen dargestellt. [Aus: „Mittheilgn. d. Freiberger Alterthumsver."] 8. (32 S.) Freiberg 879. Craz & Gerlach. n. — 60

Heydenreich, Ed., Livius und die römische Plebs, s. Sammlung gemeinverständlicher wissenschaftlicher Vorträge.

Heydenreich E Livius und die römische Plebs. (Sammlung gemeinverständlicher wissenschaftlicher Vorträge 401) Berlin 1882

Heydenreich, **Eduard** (*Karl Heinrich*) Mitteilungen aus den Handschriften der alten Schneeberger Lyceumsbibliothek. 4 (S. 40—48).
In· Festschrift z. Einweihung des neuen Schulgebäudes Kgl. G. mit Realklassen *Schneeberg* 1891 (zu 540).
Progr.

—— Quaestiones Propertianae. Dissertatio inauguralis. gr. 8. (39 S.) Dresdae 875. (Freiberg, Engelhardt'sche Buchh.) 1 —

Heydenreich, Eduard, familiengeschichtliche Quellenkunde. Hrsg. auf Veranlassg. der Zentralstelle f. dtsch. Personen- u. Familiengeschichte, Sitz Leipzig. (XVI, 517 S.) Lex. 8. Leipzig 909. H. A. L. Degener. 14.—; geb. 15.—

Heydenreich, Ed., bibliographisches Repertorium üb. die Geschichte der Stadt Freiberg u. ihres Berg- u. Hüttenwesens, s. a. Mitteilungen des Freiberger Altertumsvereins.

Heydenreich, Ed., bibliographisches Repertorium über die Geschichte der Stadt Freiberg und ihres Berg- und Hüttenwesens. Für akadem. Vorlesungen und für den Freiberger Altertumsverein. gr. 8. (XI, 128 S.) Freiberg 885, (Craz und Gerlach.) * 2—

Heydenreich, Ed. (K. H.) aus großer Zeit. Histor. Festreden. gr. 8. (131 S.) Marburg 897. N. G. Elwert's Verl. n. 2.—

— **Eduard Heinrich** (Dresden), Claudius Tryphoninus de jure pignorum pars I. Comment. ad L. XXIII. d. de pigner. act. Präs. Paul Christoph Gottlob Andreae. Wittbg. (Friedrich Immanuel Seibt) 14. I. 1812. 64 S. (6.50) 15009
Gew.: Carl Heinrich Heydenreych, Samuel Friedrich Junghans.

Heydenreich, F. F. Anwendung der Trigonometrie auf die Auflösung der Gleichungen bis zum 4ten Grade. 14 S.
Tilsit, Progr. 1842

Heydenreich, F. F. Von den leg. Beweisen, aus einer Logik für Gymn. 21 S.
Progr. Tilsit 1835

Heydenreich, F. F., Geschichte d. deutschen Dichtkunst; für d. obern Klassen der Gymnasien. 8. Königsb. 831. Unzer. 12 gl

Heydenreich, F. F., u. E. Besseldt, Handbuch d. deutschen Sprache und des deutschen Schriftthums. Th. 1—4. Tilsit 1820—22. 8.

Heydenreich u. Besseldt, Handbuch d. deutschen Sprache und des deutschen Schriftthums. 3 Bände. 8. Tilsit, Glokner, 820.

— u. K. Besseldt, Handbuch d. deutschen Sprache u. d. deutschen Schriftthums. 4 Thle. 8. Tilsit 822. Glöckner. 4 Thlr

Heydenreich, F. F., Paul der Knecht. Ein Lesebuch für Landwirthe, zunächst des bäuerlichen Standes. Berlin 856. Boffelmann. gr. 8. (2 Bl., 244 S. m. Holzschn. im Text, 2 lith. u. 1 Holzschnitttaf.) n. 22½ ngr.
Vgl. Heydenreich, J.F.

Heydenreich, F. F. Transformationen der Formeln aus der ebenen und sphär. Trigonometrie. 13 S. . . . .
Progr. Tilsit 1828

– Die klimatischen Verhältnisse von Litthauen im Regierungsbezirk Gumbinnen nach den 50jähr. Beobachtungen in der meteorologischen Station Tilsit. Tilsit 1870. Fol.

Heydenreich: Die klimatischen Verhältnisse von Tilsit. 24 S. – Progr. Tilsit 1852.
Vgl. Heydenreich, Karl Heinrich.

Heydenreich, Fr. Erdm. Aug., Abbadon oder Charakter-Verderber d. städtischen Jugend. 8. Neustadt (823.), Wagner. 12 gl

Heydenreich, F. E. A. Abbadon, oder Charakter-Verderber der städtischen Jugend. Allen Städtebewohnern, vorzüglich denen, welche auf die Bildung des Charakters dieser Jugend Einfluss haben, zur prüfenden Ansicht gewidmet. 8. *Neustadt, Wagner.* 1823

— Abhandl. über wichtige Gegenstände der Homiletik. gr. 8. Leipz. 802. Graffé. 2 Thlr 8 gl (A. u. d. T.: Ideen u. Vorschläge zur Beförderung der Nutzbarkeit d. Predigtamts.)

— über die zweckmäßige Anwendung d. Universitätsjahre. gr. 8. Leipz. 804. Steinacker. 1 Thlr 12 gl

— Beleuchtung wichtiger Anforderungen meiner Zeitgenossen an die Lehrer der Religion, nebst Bemerkk. für diese. 8. Erfurt 821. Müller. 21 gl

— d. Buch für Eltern, oder: Wenn dürfen Eltern hoffen, von ganzem Herzen fromme Kinder zu erziehen? 8. Neustadt (822.) Wagner. 6 gl

— über den Charakter d. Landmanns in religiöser Hinsicht. gr. 8. Leipz. 800. Dyck. 1 Thlr 8 gl

— meine Eigenheiten, e. Lectüre für Prediger. 8. Leipz. 808. Hinrichs. 1 Thlr 8 gl

— über d. größte Gebrechen meines Zeitalters, in freimüthigen Betrachtungen über d. jetzt herrschende Gleichgültigkeit gegen Religion u. Christenthum. gr. 8. Halle 823. Reinicke u. C. 20 gl Schrbp. 1 Thlr

— Communionbuch für Gebildete. Mit 1 Kpf. 8. Leipz. 807. Hinrichs. 12 gl

— über gute Landschullehrer. Meinen Amtsbrüdern, d. Predigern auf d. Lande zur Prüfung u. weitern Empfehlung gewidmet. 8. (Halle) 796. (Reinicke u. C.) 12 gl

— über gute Landschullehrer. 8. Halle, Ruff. 796.

— tägliches Morgen- u. Abendgebetbuch, nebst Gebeten bei mehreren Gelegenheiten u. Vorfällen im menschlichen Leben. 8. Leipz. 809. 2e verm. Ausg. 820. Hinrichs. 16 gl Velinp. 1 Thlr

— eine gute Ortsschule, als eine große Wohlthat rc. 4. Merseburg 819.

— Reden an gebildete Jünglinge vor d. Abendmahlsfeier. 8. Leipz. 796. Barth. 14 gl

— Unterhaltungen mit gebildeten Frauenzimmern über die wichtigsten Gegenstände ihres Nachdenkens. 8. Leipz. 803. Kummer. 1 Thlr 8 gl

— Unterhaltungen mit Personen, welche in den höhern Jahren des Lebens stehen oder dieselben erreichen dürften. Mit 1 Kpf. gr. 8. Leipz. 806. Steinacker. 1 Thlr 4 gl

Heydenreich, Fr. Erdm. Aug., wie viel es auf sich habe, in unsern Zeiten Lehrer der Religion zu seyn. 8. Halle 798. (Reinicke u. C.) 1 Thlr

— Worte liebevoller Mahnung an Jünglinge, welche zur Universität übergehen u. sich d. Predigtamte widmen. 8. Neust. 822. Wagner. 6 gl

— **Gottl. Adolph Heinr.** (Weimar), De alienatione fideicommissorum familiae, vel omnibus etiam de ea consentientibus, illicita. Disp. jur. Präs. Joh. Fried. Hertel. Jena (Cröker) 24. VIII. 1737. 54 S. (7.—) 15010

— **Gottlob Heinrich,** De austregis conventionalibus serenissimae domus Saxoniae. Präs. Jo. Christian Schroeter. Jena (Müller) Jan. 1720. 80 S. (7.50) 15011

Widm. v.: Präs., Jo. Philipp Ringler, Ludwig Heinrich Heydenreich (Vater).

— — (Dresden), Disceptationes juris. Specim. III. Präs. Georg Stephan Wiesand. Wittenbg. (Adam Christian Charisius) 22. IX. 1792. 12 S. (5.—) 15012

Heydenreich, Gustav, sieben Louisd'or u. eine Alkoventhür 2 Thle. 8. Ronneburg 816. Hahn. ... (NB. Sind 128 Erzählungen u. haben früher wohl einen andern Titel gehabt)

Heydenreich, Gustav Heinrich, s.a. Heydenreich, August Ludwig Christian

Heydenreich, Gust. Hnr., Beschreibung der 50jähr. Amtsjubelfeier des würdigen Schullehrers u. Cantors Dreyhaupt zu Webau. 8. Weißenfels 844. (Leipzig, Klinkhardt.) n. 1/4 ℛ

— Lepidopterorum Europaeorum catalogus methodicus. Systematisches Verzeichniss der Europaischen Schmetterlinge. 3. Ausg. Lex. 8. (II u. 131 S.) Leipzig 851. Klinkhardt. 1 ℛ

Heydenreich, (Gust. Heinr.,) Erntefestpredigt zu Weißenfels 1847 gehalten. gr. 8. (8 S.) Weißenfels 847, Sueß. *

— der lebendige Glaube an Christum, wie er sich in uns zu erkennen gibt. Predigt am Sonnt. Judica zu Sonnenburg gehalten. gr. 8. (14 S.) Berlin 851, Wohlgemuth's Buchh. (W. Schultze) in Comm. n. 1/12 ℛ

Heydenreich, Gust. Heinr., Kirchen- u. Schul-Chronik d. Stadt u. Ephorie Weißenfels seit 1539, zur Erinnerung an d. 300jähr. Jubelfeier d. Einführung d. Reformation in Weißenfels u. Umgegend. gr. 8. (31 B. u. 3 Stnt.) Weißenfels 840. (Leipzig, Hinrichssche Buchh.) *

Heydenreich, G. H., Predigt über die hohe Wichtigkeit eines evangel. Kirchenvorstandes. gr. 8. (Leipz. 823. Hinrichs). 2 gr

— Verzeichniss der Europaischen Schmetterlinge. gr. 8. (22 S.) Ebd. 851. 6 gr

— systemat. Verzeichniß d. europäischen Schmetterlinge. gr. 8. Leipzig 846, Klinkhardt. n. 1/6 ℛ

Heydenreich, H. Rud., gothaische Annalen. 4. Gotha, (Dieterich, Gött.) 721.

— bes. Merkwürdigkeiten, was sich von 1665–690 im Röm. Reiche Veränderliches zugetrag. 8. Gotha, Hantsch. 726.

— **Heinrich Friedrich** (Langensalza/Thür.), De incendiis tam civiliter, quam criminaliter consideratis. Disp. jur. Rector Philipp Wilhelm Graf v. Boineburg. Präs. Joh. Heinrich Meier. Erfurt (Joh. Heinr. Grosch) 7. V. 1712. 18 Blatt. (6.50) 15013

HEYDENREICH, Hermann (Nienburg): Ein Fall von Aortitis luetica.- München: Fuller 1901. 25 S. 8.3.1901 - Chr 1900/01,20; Jv 1900/01,238
Diss. Ingolst.-Landsh.-Mchn.

Heydenreich, J. A., heil. Rede am 300jähr. Jubiläum d. Pfarrkirche in Wiesbaden. 8. Frankf. a. M. 788. Gebhardt u. K. 2 gr

Heydenreich, J. C., Gott mein Vertrauen u. reinste Liebe rc. Gebetbuch für alle Stände. Mit Kpf. gr. 12. Leipz., Joachim. 12 gr

Heydenreich, J. F., Paul der Knecht. Ein Lehr- u. Lesebuch für Landwirthe, besonders des bäuerlichen Standes. 2., verm. u. verb. Aufl. Mit e. Anh. über das neue deutsche Maaß u. Gewicht. Mit 49 erläut. Abbildgn. (in eingedr. Holzschn.) Berlin 870. Wiegandt & Hempel. gr. 8. (IV, 212 S.) n. 22½ ngr
Vgl. Heydenreich, F.F.

Heydenreich, J. R., praes. W. **Wedel,** Diss. proponens juvenem melancholia laborantem. 28 pp. Jen. 4°. 1775

Heydenreich, Jh. Chr., († ...), s. A. H. C. Heydenreich.

Heydenreich, Jh. Hnr. Chr., (a. Wlh. Hnr.), s. 1) Amors Larven u. Spielereien. 2) Erzählungen, drollige. 3) Gustav. 4) Schmidt, Gust.

Heydenreich, K. H. II., († d. 17. Jan. 1823.) Anweisung für Bienenwirthe u. Bienenaufseher. 8. Wittenb. 796. (Leipz., Barth). 3 gr

— meine Erfahrungen u. Meinungen. Ein Beitrag zur heutigen Geschichte der Bienenzucht u. deren Pflege. 8. Wittenb. 796. (Leipz., Barth). 18 gr

Heydenreich, üb. d. Faulbrut, oder Bienenpost rc. 8. Dresd. Walther. 803.

Heydenreich, C. H., Über die Faulbrut oder Bienenpest, welche auch in d. Gegend um Dresden 1796—1808 geherrscht, u. d. westind. gelb. Farin- oder Rohzucker, a. d. beste Notfutter. Dresden 08. Walther. M. 1.25

— s. über d. Faulbrut oder Bienenpest.

Heydenreich, Karl: Photo-elektromotorische Untersuchungen von Chlorsilber und Bromsilber. 1911. 108 S., 4 Taf. 8°
München, Dr.-Ing.-Diss. v. 18. 11. 1910

Heydenreich, Karl Heinrich

— Abhandlung üb. d. Charakter d. Gartens, s. Marnezia, schöne Gartenkunst rc.

— — Adumbratio quaestionis: num ratio humana sua vi et sponte contingere possit notionem creationis ex nihilo? Lpz. (Saalbach) 24. III. 1790. 16 S. (5.—) 15001

Heydenreich, Karl Heinrich, s. A l i s o n : Über d. Geschmack.

— — Solemnia inauguralia viri Herm. Wern. Fried. Scherell (Leipzig. Wallhausen/Thür.). — Inest brevis expositio: an officium, auctorem de deficiente litterarum cambialium adimplemento quantocyus certiorem reddendi, ad praesentantem recte restringatur? Lpz. 6. IX. 1838. 12 S. mit Biogr. S.'s. (M.: E. Kern.) (5.—) 15004

— — (Stolpen), Animadversiones in Mosis Mendelii Filii refutationem placitorum Spinotzae. — Viro Carl Gottlob Sonntag (Radeberg) summos in philos. honores gratul. Lpz. (Solbrig) 1787. 16 S. mit Namen d. Gratul. (5.—) 14999

Heydenreich, K. H., Beyträge zur Kritik des Geschmacks. 1 Th. Grundsätze der Kritik des Lächerlichen mit Hinsicht auf das Lustspiel. Nebst e. Abhdl. üb. d. Scherz u. die Grundsätze seiner Beurtheilung. Lpz. Herzog 1797 8°.
Vgl. Heydenreich: Kl. Schriften...

Eb. Betrachtt. üb. d. feine Lebensart nach *Bellegarde*, mit Anmerkk. u. e. Abhandl. üb. d. Vereinbarkeit artiger Sitten m. unverfälschter Redlichkeit. *Lpz.*, Schiegg. 800. 8° 1 ß

K. H. Heydenreich's Betrachtt. üb. d. Philosophie d. natürl. Religion. *Lpz.*, Weygand. 790-91. 8° 2 Bde. 1 ß 14 gl

— Betrachtt. über d. Philosophie der natürl. Religion. 2 Bde. gr. 8. Leipz. 790. 91. 2e verb. A. 805. Weygand. 1 ß 18 gl

— Betrachtt. über d. Würde des Menschen im Geiste d. Kant. Sitten- u. Religionslehre, herausg. v. J. G. Gruber. 8. Leipz. 803. (Gnobloch). 1 ß

– s. Joseph B i t a u b e z; e. Gedicht.

— Briefe über den Atheismus. 8. Leipz. 796. Martini. (Gnobloch). 16 gl

– s. B r i e f e eines Frauenzimmers.

– s. C r a m a z i n o : Geschichte.

— Darstellung d. feinen Lebensart für junge Leute v. Stande. 8. Leipz. ... 2e A. 802. (Gnobloch). 1 ß

— Darstell. der feinen Lebensart für junge Leute v. Stande. 8. Leipz. Schiegg. (a. Vollmer in Hamb.) 802.

– s. D e s l a n d e s : Miscell.

K. H. Heydenreich's encyklopäd. Einleit. in das Studium d. Philosophie nach d. Bedürfnn. uns. Zeitalters, nebst Anleitt. z. philosoph. Literat. *Lpz.*, Weygand. 793. gr 8° 20 gl

Heydenreich, Karl Heinr., Ueber das menschliche Elend, zum Nachdenken u. zur Beruhigung für Leidende. 8°. Leipzig 1796.

Heydenreich, Karl Hnr. I., psycholog. Entwickelung d. Aberglaubens u. d. damit verbund. Schwärmerei. gr. 8. Leipz. 798. Weygand. 1 ß

K. H. Heydenreich's psychol. Entwickel. d. Aberglaubens u. d. damit verknüpften Schwärmerey. *Lpz.*, Weygand. 798. gr 8° 1 ß

Heydenreich, K. H., Psychologische Entwicklung des Aberglaubens u. der damit verbundenen Schwärmerei. 280 S. Lpz. 1798. 8°.

K. H. Heydenreich's Fragmente f. d. Gebiet d. prakt. Lebensphilos., a. d. Briefwechsel d. Verstorb. m. ein. vertrauten Freunden. *Lpz.*, Schödel. 804. 8° 21 gl

— Fragmente über das Gebiet der pract. Lebensphilosophie etc. 8. Lpz. Bruder u. Hoffmann. 804.

— Fragmente über das Gebiet d. prakt. Lebensphilosophie etc. 8. Leipz. 804. (Schönian in Elberf.) 21 gl

— philosophische Gedanken über den Selbstmord, freimüthig geprüft von einem seiner Freunde. 8. (Weißenfels). 804.

HEYDENREICH, Karl Heinr. (1764—1801), G e d i c h t e. Leipzig (1792). 8°.

— — Dasselbe. Leipzig (F. G. Baumgartner) 1794. 8°.
Tit. u. 254 SS. S. 181—184: Flora's Verwandlung (15 vierzeil. Str.); S. 199—193: Brautnachtgesang (nach d. Arabischen des *Thograi*). Stand bereits in: Erotische Liebes-Gedichte . . . . Frankf. u. Lpz. (Ulm), o. J. (1793). als Nr. 50. (9 sechszeil. Str.)

— — G e d i c h t e. Mit (2) Kpfrn. (nach S c h n o r r v. K a r o l s f e l d gest. v. J. J. W a g n e r). Leipzig, bey F. G. Baumgärtner, o. J. (c. 1795). 8°. Gestoch. Tit. u. 255 S. (8 Kr. Halm & Goldmann, 1907.)
Darin u. a.: Flora's Verwandlung (15 vierzeil. Str.); Die Wollust (22 vierzeil. Str.); Amor im Buchladen, an Göschen, bey seiner Hochzeitfeier (10 sechszeil. Str.); Brautnachtgesang (9 sechszeil. Str.).
Das Gedicht: „D i e W o l l u s t", stand vorher in: Beiträge zur Beruhigung und Aufklärung über diejenigen Dinge, die dem Menschen unangenehm sind oder sein können, und zur nähern Kenntniss der leidenden Menschheit hrsg. von Joh. Sam. F e s t. Leipzig, Weidmann. 1788—96. V. 8°. I. St. 1. S. 108—112; nachher in: Praktisches Handbuch zur . . . Lektüre der deutschen Klassiker, für Lehrer und Erzieher hrsg. von Karl Heinr. Ludw. P ö l i t z. Leipzig, Schwickert. 1804—17. V. 8°. III. 1805. S. 199—202.

— — — — Z w e y t e r B d. Nach dessen (H's) Tode gesammelt u. hrsg. von A. H. H e y d e n r e i c h (Bruder des Dichters). Mit Kpfrn. (incl. Titelkpf. von F a s c h). Ebd., in der Baumgärtnerischen Buchhdlg., o. J. (1802). 8°. XXIV—208 S.
Darin u. a.: Der Bienenstich, od. der erste Kuss; der verwandelte Adonis; Idyllen etc.

— — Dasselbe. 2 Bdchn. Mit TKpfrn. Ebd. 1802. 8°.
I: Gestoch. Tit. u. 255 SS. II: XXIV u. 208 SS. (3 Mk. Lehmann u. Lutz.)

— Gedichte. Nach d. Verf. Tode gesammelt u. herausg. v. A. H. C. Heydenreich. 2 Thle. Mit 3 Kpf. 8. Leipz. (802.) Baumgärtner. 2 ß Hbg. Pr. 1 ß

— — Dasselbe. (Nachdruck.) 2 Bde. Wien, Bauer, 1817. 8°.

— — Dasselbe. (Auswahl.) 2. Etui-Ausgabe. Mit Portr. Aachen, 1817, bey F. W. Fortsmann. Zwickau, bey den Gebr. Schumann. (Auch titulo: Etui-Bibliothek der deutschen Klassiker. No. 15.) 16°. XVI—143 S.
Darin auch die beiden freien Gedichte.

— Gemälde aus d. goldenen Zeitalter, s. Gemälde.

— Gemälde aus dem goldenen Zeitalter. 8. Lpz. Göschen. 788.

Heydenreich, Karl Heinrich, s. Grohmann, Joh. Gf: Schöne Gartenkunst

— Grundsätze zur Bildung für Geist u. Herz, s. Frau v. Lambert.

K. H. **Heydenreich's** Grundsätze z. Bild. f. Geist u. Herz, jungen Zögl. d. Kriegswiss. a. d. höh. Ständen gew., nach d. Franz. der Marq. *v. Lambert* bearb.; nebst e. Rede üb. d. Verdienst d. Officiers. *Lpz.*, Martini. 798. 12° 10 gl

K. H. **Heydenreich's** Grundsätze d. moral. Gotteslehre, nebst Anwendd. auf geistl. Rede- u. Dichtkunst. *Lpz.*, Weygand. 792. gr 8° 18 gl

K. H. **Heydenreich's** Grundsätze d. natürl. Staatsrechts u. seiner Anwend., nebst e. Anh. staatsrechtl. Abhandll. *Lpz.*, Weygand. 795. 2 Thle. 8° 1ß 16 gl

— — (Dresden), De rusticorum dotalium immunitate a jurisdictione et oneribus secularibus ad paragraphum LXX. decr. synod. revis. Specim. jur. eccles. Präs. Christoph Ludw. Crell. Wittbg. (Schlomach) 28. IV. 1755. 34 Seiten (6.30) 14997

— — (Dresden), De interventione cambiali. Diss. jur. Lpz. (Christian Adolph Deutrich) 24. X. 1826. 52 S. (6.40) 15002
Gew.: Ernst Friedrich Carl Emil Frh. v. Werthern (Wiehe, Oberau), Carl Einert.

(K. H. **Heydenreich**): die Kunst zu leben; vortreffl. Regeln e. alten Weltmannes fürs menschl. Leben (nach *Bths. Gracian*). *Lpz.*, Weygand. 786. 8° 9 gl

– s. v. Lambert: Sämmtl. Schriften.

— — Mann und Weib. Ein Beytrag zur Philosophie über die Geschlechter. Leipzig bei Gottfried Martini 1798. 8°. VI und 198 S. (4 Mk. Max Harrwitz, 1904; 8 Kr., unbeschn. in modern. Hmaroqu.-Bd., Halm & Goldmann, 1907.)

— Mann u. Weib, e. Beitr. zur Philosophie über d. Geschlecht. 8. Leipz. 798. Martini. (Gnobloch). 16 gl

– s. Mann, d., v. Welt.

— der Mann von Welt, ein nach Balth. Gracian frei bearbeitetes nachgelass. Manuscript. 8. Leipz. 802. Martini. (a. Centr.-Compt.) 1ß Schrbp. 1ß 8 gl

(K. H. **Heydenreich**): d. Mann v. Welt, eingeweiht in d. Geheimnisse der Lebensklugh., e. nach *Bths. Gracian* frey bearb., vollständ. hinterlassenes Mscr. (h. v. K. Glo. **Schelle.**) *Lpz.*, Martini. 803. 8° 1ß

— Maximen für den geselligen Umgang. Ein Taschenbuch für junge Personen. Mit Titelkpf. 8. Leipz. 801. Martini. (Gnobloch). 18 gl

– s. Mercier. Über Einsamkeit.

— Miscell. üb. ber. Männer, d. scherzend gestorb. s. Miscellaneen.

Heydenreich, K. H., Mittheil. aus d. Gebiete d. Gartenwesens d. östl. Provinzen Preussens. 1. Bd. 1827. 2. Bd. 1—10. Hft. 1828. Tilsit.

Eb. kleine Monatsschr. f. Freunde d. Religion u. Feinde des Aberglaubens. *Lpz.*, Kramer. 798-99. 8° 4 St. 1ß 4 gl

— kleine Monatsschrift für Freunde d. Religion u. Feinde des Aberglaubens. 6 Stcke. 8. Leipz. 798. 99. Schiegg. (Gnobloch). 1ß 12 gl

— Natur u. Gott, nach Spinoza. 1r Bd. 8. Leipz. 788. Müller. (Joachim). 1ß

— d. Naturrecht nach den Grundsätzen d. Vernunft. 2 Thle. 8. Leipz. 794. 95. (1r Thl. N. A. Leipz. 801.) (Brockhaus). 1ß 14 gl Schrbp. 1ß 22 gl

— Naturrecht n. Gründ. d. Vern. 2 Thle. 8. Leipz. Gleditsch. 794. 95. (1r 20 gr. 2r 18 gr.)
Schreibp. (I. 1 Rthlr. II. 22 gr.)

— — u. **Heinrich Victor August v. Ferber,** Observationes de nexu sensus et phantasiae, ratione habita ethices rhetorices et poetices. Sectio I. Lpz. (Saalbach) 26. IX. 1787. 27 S. (6.—) 15000
Gew.: Johann Gottfried Hermann.

Heydenreich, Karl Hnr. l., Opfer der weltbürgerl. Gesinnung u. des Patriotismus beim Eintritt d. 19n Jahrh., nebst einer Denkschrift. 8. Weißenfels. 801.

— Originalideen über d. interess. Gegenstände der Philosophie. 3 Thle. gr. 8. Leipz. 793—96. Baumgärtner. 2ß 12 gl

K. H. **Heydenreich's** Originalideen üb. d. interessantesten Gegenstände d. Philosophie. *Lpz.*, Weygand. 793-96. 3 Bde. gr 8° 2ß 12 gl

— hinterlassene Papiere eines philosophischen Predigers, s. Chr. W. Kindervater.

— hinterl. Papiere e. philos. Landpred. 8. Leipz. Sommer. 799.

– s. Pascal: Ideen.

PERSIFLEUR, Der. Zeitschrift (verfasst von *Carl Heinr. Heydenreich*). 2 Hefte (cplt.?) Leipzig 1796. Rar!
Anon.-Lex. III. p. 264 (nach Meusel u. Kayser)

Dass.s.a.: Persifleur, Der.

K.H. **Heydenreich**'s Philosophie üb. d. Leiden d. Menschh., specul. u. popul. Inhalts. *Lpz.*, (Leupold. 797-99.) Herzog. 868. 3 Thle. gr 8° 2 ß

— Philosophie über d. Leiden d. Menschheit. Ein Lesebuch für Glückliche u. Unglückliche. 3 Thle. 8. Leipz. 797—99. N.A. 807. (Klein). 2 ß 16 gr

— — u. (Respond.) **Emmerich Anschuetz** (Leipzig), De antiqua facultatis juridicae Lips. potestate, sententias criminales ferendi, per legem Saxonicam novissimam b. d. 28. I. 1835 latam circumscripta. Lpz. (Ed. Kummer) 22. XII. 1836. 34 S. (5.50) 15003

— d. Privaterzieher in Familien, wie er seyn soll, Entwürfe, Vorschläge, Wünsche, in Hinsicht d. sogenannten Hofmeister. 2 Bde. 8. Leipz. 800. Martini. (Cnobloch). 2 ß 20 gr

— Propädeutik d. Moralphilosophie nach Grundsätzen der reinen Vernunft. 3 Thle. 8. Leipz. 794. Weygand. 2 ß 4 gr

— — **Solemnia inauguralia viri Ludwig Constantin Osterloh (Doehlen b. Dresden). — Inest quaestio ad ord. jud. vet. tit. XX. §. 8. et ad ord. jud. rec. tit. XXIII. §. 2. Lpz. (Staritz) 24. XI. 1842. 12 S. mit Biogr. O.'s. (M.: A. A. Huebel.) (4.50)** 15006

— — **Solemnia inauguralia viri Hermann Theodor Schletter (Dresden). — Insunt duae quaestiones altera ad decis. elect. 28. de a. 1746. et ad mandatum de d. 12. m. Nov. a. 1828. altera ad §. 2. legis Saxon. de d. 28. m. Febr. a. 1838. Lpz. 23. IV. 1839. 15 S. mit Biogr. S.'s. (M.: Ch. F. Liebmann.) (4.50)** 15005

— **Carl Heinrich,** De revocatione feudi illorum qui in ejus alienationem valide consenserunt. Diss. jur. Präs. Christian Wildvogel. Jena (Müller) 18. II. 1719. 128 S., tlws. dtsch. (8.50) 14996
Widm. v.: Jo. Phil. Slevogt, Präs., Jo. Philipp Ringler, Ludwig Heinrich Heydenreich (Vater).

— kleine Schriften, zur Kritik d. Geschmacks. 1r Thl. (A. u. d. T.: Grundsätze d. Kritik d. Lächerlichen, mit Hinsicht auf d. Lustspiel.) 8. Leipz. 797. Leupold. 10 gr Schw. Pap. 16 gr
Vgl. Heydenreich: Beyträge...

— über den Selbstmord. 8. Weißenfels 796. Buse. 6 gr

— System d. Aesthetik. 1r Thl. 8. Leipz. 790. Göschen. 1 ß 8 gr

HEYDENREICH, K. H.: System d. Naturrechts nach krit. Principien. *Leipz.*, Feind. 794—95. 2 Thle. 8. (1 Thl. 4 Gr.) Neue Aufl. *Eb.* 801. 8. (1 Thl. 14 Gr.)

K.H. **Heydenreich**'s philosoph. Taschenb. f. denkende Gottesverehrer. *Lpz.*, Martini. 796-98. 3 Jahrg. 8° 3 ß 4 gl

— philosophisches Taschenbuch für Gottesverehrer. 1r—4r Jahrg. 12. Leipz. 796—99. Martini. (Cnobloch). 3 ß 20 gr

Heydenreich, K. H., über die durch gesetzwidrige Wirkung äußerer Sinne entstehenden abergläubischen Täuschungen. Von —. Leipz. 797. 8.

— Programm, über die, d. gesetzwidrige Wirkung äußerer Sinne entstehende abergläubische Täuschungen. 4. Leipz. 798. Martini. (Cnobloch). 4 gr

(Heydenreich, Carl Heinrich, [und] Kindervater, Christian Victor.) Todtenfeier (Georg Joachim) Zollikofers (1730[–1788]). (Ode von K' H' H'. — Ueber Zollikofers Leben und Verdienste von Ch' V' K'. [Mit 2 Vignetten.]) 4. *o. O.* 1788.

– s. Uebersicht d. schön. Litt.

Heydenreich, Karl Heinrich: Die klimatischen Verhältnisse von Tilsit. (Programm des Königlichen Gymnasiums zu Tilsit. 1852.) Tilsit 1852. 24 S. 8°.
Vgl. Heydenreich, F. F.

K.H. **Heydenreich**'s Vers. üb. d. Heiligkeit d. Staats u. d. Moralität d. Revolutionen. *Lpz.*, Schwickert. 794. 8° 10 gl

— — Vesta. Kleine Schriften zur Philosophie des Lebens, besonders des häuslichen. 4 Bde. Mit 1 Titelkpfr. Leipzig 1798—1801. 8°. (5 Mk. Isaak St. Goar, Frankf. a. M., 1909.)
Enth. u. a. Vergleichung der Lustbarkeiten des Mittelalters mit den gegenwärtigen; über Hurerei, Ehebruch u. Ehescheidung.

— Vesta. Kleine Schriften z. Philosophie des Lebens. 5 Bde. (5r Bd. v. Fr. Bouterweck herausg.) 8. Leipz. 798—801. Martini. (Cnobloch). 4 ß 9 gr

— — **Vorbereitung einer Untersuchung über die Gültigkeit der Gesetze für Werke der Empfindung und Phantasie. Lpz.** (Saalbach) o. J. 22 S. **(6.20)** 14998
Herrn Heinrich Blümner, der Philos. D. bey Erlangung der höchsten Würde in der Rechtsgelehrsamkeit im Nahmen seiner Freunde gew. (Mit Namen d. Gratul.).

— Vorbereitung einer Untersuch. über d. Ursprung u. die Gültigkeit d. Gesetze für Werke d. Empfindung 2c. 8. Leipz. 788.

— — Die Wollust, ein Gedicht, in Musik gesetzt v. J. C. Fleischmann. Leipzig (1844.). Qu.-Fol. 30 S.

— Worte e. edl. Mutter, s. Worte.

Eb. Worte e. edlen Mutter an d. Geist u. d. Herz ihrer Tochter; nebst e. Anhang üb. weibl. Seelengrösse, h. v. *Eb. Eb.* (796.) 2e vb. u. vm. A. 799. 3e A. m. dem Zus. auf d. Tit.: Nebst Worten d. Dankes e. guten Tochter an ihre Mutter b. d. Feier ihres Geburtst. *Lpz.*, Cnobloch. 822. 12° 20 gl, hbg. Pr. 12 gl

Heydenreich, [Karl Heinrich]: Worte einer edlen Mutter an den Geist u. das Herz ihrer Tochter. Nebst Worten d. Dankes einer guten Tochter an ihre Mutter. 2., verm. Aufl. — Leipzig[: Martini] 1799. 125 S. 8°

— ästhetisches Wörterbuch über die bildenden Künste nach Watelet u. Levesque. 4 Bde. gr. 8. Leipz. 793—95. Wengand. 3 ℛ 20 ℊ

– s. Ximenez: Mein Zimmer.

Heydenreich, Carl Heinr. (Hrsg.), s. Zuschauer, Der, im häuslichen Leben.

Heydenreich, L., klinische u. mikroskopische Untersuchungen über den Parasiten d. Rückfallstyphus u. die morpholog. Veränderungen des Blutes bei dieser Krankheit. Mit 2 (lith.) Taf. gr. 8. (V, 150 S.) Berlin 877. Hirschwald. n. 4. 80

Heydenreich, L. W., elementary german reader, on the plan of Jacobs' greek reader, with a full vocabulary. 12. (164 S.) New-York 858. (Philadelphia, Schäfer und Koradi.) geb. *

— **Leberecht Wilhelm Heinrich** (Wolfenbüttel). De valida feudi absque domini consensu a vasallo facta alienatione. Diss. jur. feudalis. Präs. Georg Adolph Schuberth. Lpz. (Andreas Martin Schede) 8. IV. 1723. 45 S. (6.80) 15016
Gew.: Friedrich Gotthilf Frh. v. Marschall gen. Greiff (Osmanstaedt . . .). — Widm. v. Präs.

Heydenreichius, Leb. Wilh. Heinr.: Succincta expositio de alienatione feudorum. olim in acad. Lipsiensi ventilata. Revisa. et . . . auctior edita. Lipsiae 1731.

— — Succincta expositio de alienatione feudorum, quae fit absque domini directi, agnatorum, et in Saxonia simultaneae investitorum. Lpz. (Schede) 1731. 111 S., tlws. dtsch. (10.—) 15018

Heydenreichius, Lebr. Guil. Henr.: Exercitatio iuris publici epistolica, de juribus . . . principum imperii apanagiatorum in ministros et officiales, in territorio principis primogeniti et regentis. Erfordiae 1736.

Lebrecht Wilhelm Heinrich **Heydenreichs** Historia des ehemals Gräflichen nunmehro Fürstlichen Hauses Schwartzburg, bis auf gegenwärtige Zeiten, mit Diplomatibus etc. Mit einer Vorrede. . . . ingleichen einem Register, wie auch Anhang einer kurtzen genealogischen und historischen Beschreibung derer Grafen von Hohnstein. Erfurt 1743. 4°k.

Heydenreich, Lebr. W. H., Hist. d. Haus. Schwarzburg, nebst e. Beschr. d. Graf. v. Hohenstein. 4. Erf. Jungnickel. 743.

— — De praerogativa portionis statutariae prae legitima, ejusque computatione ex bonis feudalibus noviter acquisitis. Diss. jur. Präs. Jo. Christ. Schroeter. Jena (Müller) 21. II. 1725. 68 S. (7.50) 15017

Heydenreich, Ludwig Heinrich

— — (Dresenensis [= Dresden]), De cathedraticis inthronisticis et emphanisticis. Observat. jur. eccles. Präs. Andreas Florens Rivinus. Wittbg. (Schlomach) 7. II. 1761. 19 S. (5.50) 15020

Heydenreich, R., mein erster Wilderer, s.: Familien-Bibliothek.

Heydenreich, Rob., u. Karl Sauer, Rechtskunde für den praktischen Landwirt. (VIII, 348 S.) 8. Jena 903. G. Fischer. Geb. in Leinw. n. 3. —

Heydenreich, Thdr. v., Schussverletzungen der Hände u. Finger. Eine kriegs-chirurg. Studie nach Beobachtungen in zwei Feldzügen. Mit 5 lith. Taf. gr. 8. (V, 111 S.) Wien 881. Braumüller. n. 3. —

Heydenreich, Walter, appr. Arzt aus Leipzig: Einige Erfahrungen über die Totalexstirpation des Uterus nach dem Doederleinschen Verfahren. *Leipzig 1901: B. Georgi.* (33 S.) 8°
Leipzig, Med. Diss. v. (26. Juli) 1901

Heydenreich, Wilhelm

Heydenreich, W., Dr.: Geschichte der dänischen Sprache von Dr. Verner Dahlerup. Unter Mitwirkung des Verfassers übersetzt. ⟨T. 1.⟩ Nördlingen 1904: C. H. Beck. (44 S.) 8°
Günzburg, k. humanist. G P 1904*

Heydenreich, W[ilhelm], Dr.: Geschichte der dänischen Sprache von Dr. Verner Dahlerup, Dozenten a. d. Universität Kopenhagen. Unter Mitw. d. Vf. übers. ⟨T. 2.⟩ Nördlingen 1905: C. H. Beck. (53 S.) 8° ¶[Forts. d. P-Beil. 1904, auch als Buch erschien.]
Günzburg, k. human. G P 1905*

Heydenreich, Guilelmus, Onoldinensis: De Quintiliani institutionis oratoriae libro x, de Dionysii Halicarnassensis de imitatione libro II, de canone, qui dicitur, Alexandrino, quaestiones. *Erlangae 1900: Jacob.* (62 S.) 8°
Erlangen, Phil. Diss. v. 29. Mai 1900

Heydenreich, Wilhelm Heinrich, s.a. Heydenreich, A. H. C., u.: Heydenreich, Johann Chr.

HEYDENREICH, W. H., Drollige Abenteuer aus der wirklichen Welt. (Nebentitel: Launige Skizzen. Th. 2.) Leipzig, G. B. Meissner, 1798. 8°. (1 Rthl.) Freie Erzählungen, zum Theil in Versen. VIII—317 S. (7 Mk. H. Streisand, Berlin, 1908.)
1. Der Glückswechsel. 2. Die Versöhnung. 3. Die Erbschaft. 4. Die Raubjäger. 5. Die Heirath durch List. 6. Seltsamer Tod.

Heydenreich's drolligte Erzählungen, siehe a. Erzählungen.

— — Drolligte Erzählungen und Schwänke. 2 Bdchn. Mit color. TKpf. Leipzig, Sommer, 1804. 8°. (2 Mk. 50 Pfg., O. Richter, Lpz., 1875.)

— — Dasselbe. Neue Aufl. Ebd. 1816. 8°. (1⅔ Rthl.)
Kayser, Roman-Verz. p. 35.

— — Launige Skizzen. 2 Thle. Mit schönen Titelvignetten, gez. v. Schnorr, gestoch. v. C. A. Brummer. Ebd. 1798. 8°. (4 Mk., nur Th. 1, 3 Bll. u. 239 S., Adolf Weigel, c. 1904; 6 Mk. J. Halle, München, c. 1905.)
Freie Erzählungen, zum Theil in Versen.

Heydenreich, Wlh. Hnr., (Jh. Chr.), launige Skizzen. 8. Leipz. 798. Meisner. 18 gr

Heydenreich, Willy

Heydenreich, W., das moderne Feldgeschütz, s. a. Sammlung Göschen. 306/307.

Heydenreich, W: Das moderne Feldgeschütz. Leipzig 1906
T. 1. Die Entwicklung des Feldgeschützes seit Einführung des gezogenen Infanteriegewehrs bis einschließlich der Erfindung des rauchlosen Pulvers, etwa 1850 bis 1890.
T. 2. Die Entwicklung des heutigen Feldgeschützes auf Grund der Erfindung des rauchlosen Pulvers, etwa 1890 bis zur Gegenwart

[F.] Die Lehre vom Schuss und die Schusstafeln. Auf dienstl. Veranl. bearb. v. [Willy] Heydenreich, Hauptm. à la suite d. ... 1. Feldart.-Reg. Nr. 12 ... (Abt.) 1. n. *Berlin: E. S. Mittler & Sohn 1898.* 2 Bde 8.
I. (VIII, 67 S.) II. (IV, 100, 79 S.) [98. 3424

Heydenreich, die Lehre vom Schuß f. Gewehr u. Geschütz. Gleichzeitig 2. Aufl. des auf dienstl. Veranlassg. bearb. Werkes „Die Lehre v. Schuß u. d. Schußtafeln". 2 Abtlgn. gr. 8. Berlin 908. E. S. Mittler & Sohn. 8.—; geb. 10.—
1. Die Grundbegriffe beim Schuß u. die Aufstellung d. Schußtaf. Mit 22 Abb. im Text. (X, 112 S.)
2. Innere u. äußere Ballistik. Mit 18 Abb. im Text u. 7 ballist. Taf. sowie 10 Rechenmustern als Anh. (IV, 160 u. 88 S.)

Heydenreich, Wolfg. Benj., Schulhandbuch. 8. Leipzig, Gleditsch. 731.

Heydenreichs, K. H., letzte Lebensjahre, e. wicht. Beitrag zu Karl Glo. Schalle, Schrift v. d. Wohlfahrt. 8. Altenb. 802. Schnuphase. 6 gr

Heydenvogel, Er., s. Heyde.

Heyder, C. J., Wie erhält das kathol. Volk seine Priester? und was erhält es in seinen Priestern? Beantwortet in e. Primiz-Predigt. gr. 8. Breslau 833. Max u. Comp. $^1/_8$ rf

Heyder, Ernst (geb. Schöneberg bei Berlin 25. 2. 1848): Ueber die Complicationen der Scarlatina. Berlin [o. J.] (31 S.) 8°
Berlin, Med. Diss.
nachgeliefert v. dem am 21. Juli 1870 auf Grund gedruckter Thesen promov. Verf.

Heyder, Er. Cph. Glo., († d. 29. Nov. 1821.) d. Bauer als Obstpflanzer rc., s. a. Bauer.

Heyder, C. C. G., d. Bauer als Obstpflanzer rc. 8. Hildburgh. Hanisch. 801.

Heyder, E. Chr. Glo., d. Bauer als Obstbaumpflanzer. Mit Holzschn. 8. Hildburghausen, 1801. (Leipzig, Fr. Fleischer.) — 12¼

— s. Etwas zur Kurzweil.

Etwas

zur Kurzweil und zum Zeitvertreib, jedoch zum Nutzen und Frommen (von *Ernst Chp. Georg Heyder*). Coburg 1801. 8°.
Meusel's Bibl. Coburg 1822. p. 226; Anon.-Lex. II. p. 72 (nach Meusel u. Kayser).

Heyder, G., etwas zur Kurzweil u. Zeitvertreibe für Bauersleute. 8. Coburg 801. Meusel. 8 gr

Heyder, Fr. Das Ganze der Kleidermacherkunst oder gründlicher Selbstunterricht ... Ein Handbuch ... Ilmenau 1824. Gedruckt und verlegt bei Bernh. Friedr. Voigt
XVI – 254 S., 20 Taf. in Lithogr. 8°

Heyder, Fr., das Ganze der Kleidermacher-Kunst. 2e durchaus umgearb., mit den Erfindungen u. Lehren der jüngsten Zeit verm. u. durch viele lithogr. Zeichnungen erläut. Aufl. 8. Weimar 837. Voigt. 1 rf (Vgl. Schauplatz der Künste u. Handwerke 9r Bd.)

[F.] Heyder, Franz *Ferdinand Gotthold:* Beiträge zur Frage der Auswanderung und Kolonisation ... Heidelberg, *Wendt & Klauwell, Langensalza,* 1894; 2 Bl., 112 S. 8.
Heidelberg, Phil. Fak., Inaug.-Diss. v. [8. Dez.] 1893

Heyder, Franz [aus Regensburg]: Ueber die elektrolytische Reduktion aromatischer Nitrokörper ... Heidelberg, Univ.-Buchdr. v. J. Hörning, 1895; 30 S., 1 Bl. 8.
Heidelberg, Naturw.-math. Fak., Inaug.-Diss. v. [27. Juni] 1895

Heyder, Günther, Veilchen und Cypressen. Gedichte. Pest 858. (Osterlamm.) 16. (X, 176 S.) n. 20 ngr

Heyder, Günther —. Wiesen-Blumen. Gedicht von — —. Herausgegeben von Julius Beermann. 8. (2 Blätter und 100 S.) Pesth. Buchdruckerei von Gustav Emich. 1854.

Heyder, Gustav Ludwig Theophron (Dresden), Quaedam de staphylomate. Diss. med. Lpz. (C. A. Deutrich) 19. VIII. 1833 (1823!). 26 Seiten. (5.—) 15021
Gew.: Christoph Eusebius Raschig, Gottlob Heinrich Ohle.

Heyder, Hermann: Untersuchungen über den Wechsel der Lage und Stellung des Kindes in den letzten Wochen der Schwangerschaft. Arnstadt 1881: Frotscher. 56 S. 8°
Halle-Wittenberg, Med. Diss. v. 18. Juli 1881
Geb. Arnstadt 20. 9. 1857. V.
Verf. erlebte die Diplomerneuerung 1931 als Sanitätsrat in Arnstadt.

Heyder, Karl (Ludwig Wilhelm)

Heyder, Karl L. W., kritische Darstellung u. Vergleichung der Aristotelischen u. Hegel'schen Dialektik mit Berücksichtigung der Dialektik der vorangegangenen Systeme. 1. Bd. 1. Abthl. Die Methodologie der Aristotelischen Philosophie u. der früheren Systeme. gr. 8. Erlangen 845, Heyder. 1½ rf

Heyder, Carl, academische Festrede zur Feier des 100jährigen Geburtstages Johann Gottlieb Fichtes an der Friedrich-Alexanders-Universität zu Erlangen, gehalten am 19. Mai 1862. Erlangen, (Bläsing.) 4. (24 S.) n. 8 ngr

Heyder, Carl, die Lehre v. den Ideen in e. Reihe v. Untersuchgn. üb. Geschichte u. Theorie derselben. 1. Abth. Zur Geschichte der Ideenlehre. gr. 8. (X, 400 S.) Frankfurt a/M. 874. Heyder & Zimmer. n. 8.—

Heyder, C., Rede bei der Eröffnung des archäolog. Museums in Erlangen. Gel. 1857. 12 S. 4°. —.60

— Rede zur Feier des 100jährigen Geburtstages Friedrich Schiller's im Redouten-Saale in Erlangen gehalten. Ebend. 859. gr. 8. (18 S.) 3 ngr.

Heyder, Car. (Lud. Guil.), Ecclesiastae de immortalitate animi, qualis fuerit sententia. Smaj. (5¼ B.) Erlangen 838, Heyder.

Heyder, C. (L. W.) Ethices Pythagoreae vindiciae. Hab. 1854. 34 S.

Heyder, Car. (L. W.) ethices Pythagoreae vindiciae. Francofurti ad M. 854. Heyder u. Zimmer. gr. 8. (34 S.) n. 5 ngr.

Heyder, Carl Heinrich [app. Arzt aus Gernsheim a. Rh.]: Die Operationsmethoden des Rectumcarcinoms. . . . Giessen, C. v. Münchow, Univ.-Druckerei, 1890. 48 S. 8°.
Giessen, Med. Fak., Inaug. Diss. v. 1890

Heyder, Conrad (geb. am 2 Juni 1861 in Mülheim a. Rh.): '(Aus d. chirurg. Klinik zu Bonn.)' -- Ueber Enucleation des Bulbus wegen epibulbären oder palpebralen Carcinoms ... Bonn, Univ.-Buchdr. v. C. Georgi 1885. 46 S. 8.
Bonn, Med. Fak., Diss. v. 12 März 1885

Heyder, Paul: Zur Entwicklung der Lungenhöhle bei Arion. Nebst Bemerkungen über die Entwicklung der Urniere und Niere, des Pericards und Herzens. Mit Taf. v—vii u. 6 Fig. im Text. Leipzig: W. Engelmann 1909. 72 S. 8° ¶(Aus: Zeitschr. f. wiss. Zool. Bd 93, H. 1.)
Heidelberg, Naturw.-math. Diss. v. 4. Juni 1909, Ref. Bütschli
[Geb. 23. Juli 82 Dingelstadt; Wohnort: Heidelberg; Staatsangeh.: Baden; Vorbildung: Oberrealsch. Heidelberg Reife Juli 02; Studium: Heidelberg 9 S.; Rig. 30. Okt. 08.] [U 09. 2043

Heyder, Richard: Disulfide mit benachbarten Doppelbindungen. Freiburg i. B.: Speyer & Kaerner 1910. 54 S. 8°
Freiburg i. B., Phil. Diss. v. 30. März 1910, Ref. Gattermann
[Geb. 7. Jan. 85 Düren Rhpr.; Wohnort: Düren; Staatsangeh.: Preußen; Vorbildung: Realgymn. Düren Reife O. 04; Studium: Heidelberg 4, Berlin 2, Bonn 1, Freiburg i. B. 4 S.; Rig. 19. Nov. 09.] [U 10. 1056

Heyder-Ménidré, L., recueil de poésies à l'usage des écoles supérieures de jeunes filles. 8. (VII, 56 S.) Metz 897. P. Even. Geb. n. —80

Heyderhoff, Julius, a. Düsseldorf: Der bergische Volksmann Johann Friedrich Benzenberg. Ein rheinischer Liberaler im vormärzlichen Preußen. 1777 1840. Abschnitt 1. (Elberfeld 1907: A. Martini & Grüttefien.) (42 S.) 8° [F.] ¶(Nur d. beiden ersten Kapitel, erscheinen zugleich in d. „Zeitschrift d. Bergischen Geschichtsv." Bd 40. Wo d. Rest d. Arbeit erscheinen wird, noch nicht bestimmt.)
Berlin, Phil. Fak., Ref. Hintze, Diss. v. 26. Okt. 1907
[Geb. 18. Juni 84 Hilden, Kr. Düsseldorf; Wohnort: Düsseldorf; Staatsangeh.: Preußen; Vorbildung: Gymn. Düsseldorf Reife O. 02; Studium: Bonn 2, Tübingen 1, Leipzig 1, Berlin 5 S.; Rig. 18 Juli 07.]

Heyderhoff, Jul., Johann Friedrich Benzenberg, der erste rheinische Liberale. Vereinsgabe des Düsseldorfer Geschichts-Vereins 1909. (VI, 190 S. m. 2 Bildnissen.) gr. 8. Düsseldorf (909). E. Lintz. 3.60

Heyderich, Heinrich Christoph (Greiz), De conditionibus principis diversis. Diss. jur. univers. Präs. Christian Heinrich Breuning. Lpz. (Langenheim) 2. X. 1754. 24 S. mit Widm. v. Präs. (6.—) 15022

— **Johann Florian** (Varnstad./Querfurt), Jus retroemendi indefinite concessum tempore longissimo praescribi. Präs. Heinrich Gottfried Bauer. Lpz. (Breitkopf) 28. V. 1762. 8 S. (4.50) 15023

Heydewald, Blauaugen, s.: Theater-Bibliothek f. Vereine.

Heydiger, Joh. Jac.: „Kurtze Anleitung zu gründlichem Verstande des Wechsel-Rechts . . . . Sampt einigen Extracten die exceptionem non numeratae pecuniae betreffend. Zuletzt wird beygefüget Matth. Bode Disputation de cambiis", Köln 1715. — Vorh.: Bibl. des Kammergerichts Berlin — Ff. 1690.

Heydinger, Joh. Bapt. Wend., die Eiffel. Geschichte, Sage, Landschaft u. Volksleben im Spiegel deutscher Dichtung. Für Schule, Haus u. Wanderschaft. Coblenz 853. Hölscher. 12. (XXIX. 552 S.) n. 1 ₰. 6 ngr.

Heydinger, J. B. W., die Eiffel, s. Eiffel, die.

Heydinger, Jos. W., archidiaconatus, tituli S. Agathes, in Longuiono, archidioecesis Trevirensis, in novem decanatus, nimirum in Arlunensem, Basellonsem, Ivodiensem, Iuvigniensem, Kyllburgensem aut Bitburgensem, Longuionensem, Lutzenburgensem, Merschensem et Remigensem divisi, descriptio, quam ex codicibus mss. saeculi XVI. primus eruit, animadversionibus illustravit et indicibus auxit. gr. 8. (XVIII, 456 S.) Trier 884, Groppe's Verlag. *

Heydkamp, Wilhelm

Heydkamp, W. Remarques sur la langue de Molière. Münstereifel. G., 1882. 19 S. 4. Progr.

Heydkamp, [Wilhelm], Prof.: Wort- u. Phrasenschatz zu französischen Sprechübungen. Für d. Klassen d. PG zsgest. *Linz a. Rh. 1903: C. Schulze.* (36 S.) 8°
Linz a. Rh., k. PG, P 1903 (522)

Heydler: Materialien zur Geschichte des Bischofs Stephan von Brandenburg, aus Handschriften gesammelt. 43 S.–Brandenburg Ri.A., Progr. 1866

Heydler, Ed., neue leichte Uebungen im Landschaftszeichnen. In 20 lithogr. Blättern. qu. 4. Dresden 852, Naumann. *

— Vorlegeblätter f. den Elementar-Unterricht im Blumenzeichnen. 3 Hefte. qu. Lex.-8. Dresden, Naumann. [1. (20 Stnt.) 842, 2. (12 Stnt. u. 1 Bl. Text.) 44. à * 10 Ngr., 3. (12 Stnt. u. 1 Bl. Text.) 45. * 12½ Ngr.] *

Heydler, Ed., Vorlegeblätter für den Elementarunterricht enth. hauptsächlich Geräthschaften. 1. und 2. Heft. 2. Aufl. qu. 4. (12 und 16 Stnt.) Dresden 848. Leipzig, Dörffling und Franke. [1. * 5 Ngr., 2. * 10 Ngr.] *

— Vorlegeblätter f. d. Elementarunterricht (im Landschaftszeichnen.) 2 Hfte. qu. 4. (32 Stnt.) Dresden 842, 43, Naumann. à *

Heydler, Ed., 12 Vorlegeblätter f. d. Elementarunterricht, enthalt. 72 Gegenstände hauptsächlich in Geräthschaften. 1. Hft. qu. 4. (12 Stnt.) Dresden 844, Naumann. *

Heydler, Ed., Vorlegeblätter für den Elementar-Zeichnen-Unterricht, als Einleitung für schon Vorhandenes. 1. Heft. 81 Zeichn. auf 12 Bl. in qu. gr. 4. Dresden 842, Naumann. ½ ₰ — 2. Hft. 20 lithogr. Taf. qu. 4. Ebend. 843. n. ⅓ ₰ — 3. Hft. 12 lithogr. Taf. qu. 4. Ebend. 845. n. 5/12 ₰

Heydler, Wilhelm Ferdinand

Heydler: Eine Abhandlung über den neutestamentlichen Sprachgebrauch der Namen Hierosolyma und Jerusalem. 10 S.–Frankfurt a/O., Progr. 1856.

Heydler, Wilh. Ferd.: Aphorismen aus dem Gebiete der vergleichenden Grammatik. 18 S. – Frankfurt, Progr. 1853.

Heydler, W. F., s. Augustin, des heil. Aurel., Büchlein an den Marcellinus.

Heydler, W. F. Ueber philosophische Grammatik mit besonderer Beziehung auf die französische Sprache. Frankfurt a. O., G., 1831. 13 S. 4. Progr.

Heydler, Wilh. Ferd. Über National-Erziehung. 20 S.

Frankfurt, Progr. 1849

Heydler, W. F. Über Plates Philebus und die Bedeutung von ἀντίστροφος. 19 S.

Frankfurt, Progr. 1844

Heydler, F.W. Vergleichung des Rolandsliedes vom Pfaffen Conrad und des Karl vom Stricker nebst einem Fragm. einer niederdeutschen Predigt aus dem 13. Jahrhundert. 17 S. . . . . .

Progr. Frankfurt 1840

Heydler, W. F. Ueber das Wesen und die Anfänge der christlichen Kirchenlieder. Ein litterar-historischer Versuch. 24 S.

Progr. Frankfurt 1835

Heydler, W. F., über das Wesen und die Anfänge christlicher kirchlicher Lieder. Progr. des Gymn. Frankfurt a/Oder 1835. 4°. 24 S.

Heydler, W. F. Einige Worte über den Artikel, besonders im Griechischen. Frankfurt a. d. O., G., 1826. 12 S. 4. Progr.

Heydloff, Johannes: Ueber Ohrkrankheiten als Folge und Ursache von Allgemeinkrankheiten. Halle a/S. (1876): Plötz. 44 S. 8°

Halle-Wittenberg. Med. Diss. v. 8. Jan. 1876

Geb. Erfurt 6. 8. 1852. V.

Heydloff, Car. Reinhold. (geb. Weissensee in Thür. 5. 7. 1815): De haemorrhoidibus. Berolini (1838). (40 S.) 8°

Berlin, Med. Diss. v. 9. Juli 1838

HEYDNER, Friedrich: Ueber die Verwendbarkeit des Hydrargyrum sozojodolicum in gelöster Form bei der Behandlung der Lues.- München: Kastner & Lossen 1897. 44 S.
16.7.1897 – Chr 1897/98,16; Jv 1897/98,212
Diss. Ingolst.-Landsh.-München.

Heydner, Geo., Beiträge zur Kenntnis des kindlichen Seelenlebens. gr. 8. (96 S.) Leipzig 894. R. Richter. n. 1.60

— Lesebuch f. das 2. Schuljahr. Unter Mitwirkg. mehrerer öffentl. Lehrer bearb. gr. 8. (123 u. VIII S.) Nürnberg 894. F. Korn. Geb. n.n. — 60

— das Lesebuch in der Volksschule. Naturgemässe Forderg. gr. 8. (IV, 72 S.) Ebd. 891. n. — 75

Heydner, Geo., die Scheidung der Schüler nach ihrer Begabung. Ein Wort wider das Mannheimer Schulsystem Dr. Sickingers. (15 S.) gr. 8. Nürnberg 904. F. Korn. n. — 30

Sonderabdruck aus: „Freie bayer. Schulzeitg."

— zur Theorie des Unterklassen-Lesebuches. Ein Begleitwort zu den Nürnberger Unterklassen-Lesebüchern. 8. (IV, 48 S.) Ebd. 895. n. — 40

Heydorn, H. D. (Hrsg.), s. S a m m l u n g der Verfügungen, Entscheidungen u. Bekanntmachungen, welche für das Patrimonialgut Horst erlassen sind.

Heydorn, Lotte, Bergsommer. (162 S.) 8. Strassburg 908. J. Singer. 2.50

Das Klösterlich Uetersener Gut **Horst** gez. v. Wilhelm **Heydorn.** 1:25600. o. O. 1854 Lithogr. 1 Bl. Fol., 59·16 cm.

Leben im Licht. 1. Ein Buch für die, so nach Freiheit und Friede und Freude dürstet hrgg. v. Wilhelm **Heydorn.** Breslau. 1910. 8°

[F.] Amen! Opern-Drama in 1 Akte u. 1 musikal.-pantomim. Vorsp. '(Reinhards Verbrechen)' v. Bruno **Heydrich.** Textbearb. v. Max Behrend. Als Ms. gedr. [Textbuch.] *Köln: Kölner Verl.-Anst. u. Dr. A.-G. 1895.* (27 S.) 1 Bd 8. [96. 4974

Amen. Opern-Drama in 1 Akte u. e. musikal.-pantomim. Vorspiele Reinhards Verbrechen v. Bruno **Heydrich.** Text bearb. v. Max Behrend. Originalauszug v. Componisten. *Cöln a. Rh.: Alt & Uhrig [1896?].* (1 Bl., 87 S.) 1 Bd 4. [96. 2408

Heydrich, Christ(ianus) Friedr. (geb. am 5 Okt. 1788 in Sondershausen): De salutari vi quarundam regionum ad Rhenum inferiorem sitarum, phthisin, e tuberculis pulmonum oriundam, praecavendi et coercendi . . . Bonnae, typ. Thormannianis (1825). 1 Bl., 35 S. 4.
¶ Erschien zugleich selbständig bei Habicht in Bonn.

Bonn, Med. Fak., Diss. v. 9 März 1825

Heydrich, Erwin [approb. Arzt]: Beitrag zur Lehre der hyalinen Degeneration der quergestreiften Muskulatur . . . . Strassburg, Univ Buchdr. v. J. H. Ed. Heitz (Heitz u. Mundel), 1887; 48 S. 8°.

Strassburg, Med. Fak., Inaug. Diss. v. 1887.

Heydrich, Erwin, Beitrag zur Lehre der hyalinen Degeneration der quergestreiften Muskulatur. Diss. Strassburg i. E. 1887, Trübners Buchh. u. Antiqu. (E. d'Oleire). 8°. 48 S.

Heydrich, F.: Über die weiblichen C o n c e p t a k e l n von Sporolithon. M. 2 Taf. Stuttgart: E. Nägele 1899. (25 S.) 4°
= Bibliotheca botanica. H. 49.

Neue Kalkalgen von Deutsch-Neu-Guinea '(Kaiser Wilhelms-Land)' v. F. **Heydrich.** M. 1 Taf. u. 1 Textfig. *Stuttgart: E. Nägele 1897.* (2 Bl., 11 S., 1 Taf.) 4.
= Bibliotheca botanica. H. 41. [97. 2916

Das Tetrasporangium der Florideen, ein Vorläufer der sexuellen Fortpflanzung. Von F. **Heydrich,** Wiesbaden. Mit 1 Taf. *Stuttgart: E. Nägele 1902.* (9 S.) 4°
= Bibliotheca botanica. H. 57.

Heydrich, Ferd., Das Weltgericht oder die Lösung des socialen Problems. 8°. Berlin, Hempel, 1848.

Heydrich, Ferd. Wozu seid Ihr hier? An die Volksvertreter. Berlin, 1848. Zu haben bei Lindner. 1 Bl. Fol.
Flugblatt. Berlin, 30. Juni 1848.

Heydrich, (Carl) Louis: B e i t r ä g e zur vergleichenden Anatomie einiger Zwiebelgewächse . . . Halle a. S.: Druck v. E. Karras 1890. 32 S. 1 Bl. 8°
Halle, Phil. Fak., Inaug.-Diss. v. [4.Dez.] 1890.

Heydrich, Moritz

—— Tiberius Gracchus. Geschichtliches Trauerspiel in 5 Aufzügen. (Den Bühnen gegenüber als Mscr.) 16. (175 S.) Dresden 861, Kuntze. *

Heydrich, Mor., goldene Hochzeit. Vaterländisches Festspiel zur Feier d. 50jähr. Jubiläums ihrer Maj. d. Königs Johann u. der Königin Amalie v. Sachsen am 10. Novbr. 1872. gr. 16. (29 S.) Leipzig 871. Halle, Gesenius. n. — 50

Heydrich, Mor., Goldene Hochzeit. Vaterländisches Festspiel zur Feier des 50jähr. Jubiläums Ihrer Maj. des Königs Johann und der Königin Amalie von Sachsen am 10. Novbr. 1872. gr. 16. (29 S.) Leipzig 872, Gnobloch. *

Heydrich, Mor., Prinz Lieschen. Posse in 3 Aufzügen. Dresden 861. Kuntze. 16. (167 S.) n. 15 ngr.

Heydrich, Mor., Schwarz-gold-roth! Deutsches Bannerlied. 8. (4 S.) Leipzig 848, Naumburg. *

dramaturgische Skizzen. 1. Heft: Lilla von Bulyovszky, Königl. Sächs. Hofschauspielerin. Ebend. 861. 16. (32 S.) n. 5 ngr.

Heydrich, Mor., Sonnenschein auf dunklem Pfade. Gedichte. Leipzig 870. Matthes. 16. (XII, 291 S.) In engl. Einb. mit Goldschn. 1 ₰ 15 ngr.

[5] Heydrich, Wilhelm [Rechtspraktikant in Bayreuth]: Bemerkungen zu Artikel 83 der deutschen Wechselordnung .. Bayreuth, Druck v. L. Ellwanger. 1895. 55 S. 8.
Erlangen, Jur. Fak. Inaug.-Diss. v. 1895

Heydt, Herr van der, mit seinem Staatshaushalts-Etat pro 1862 dem Tribunale des Abgeordnetenhauses vorgeführt. Berlin 862. Haude & Spener. 8. (48 S.) 6 ngr.

Heydt's, v. der, Kolonial-Handbuch. Jahrbuch der deutschen Kolonial- u. Uebersee-Unternehmgn. Hrsg. v. F. Mensch u. J. Hellmann. 1. Jahrg. 1907. (XX, 233 S.) 8. Berlin, Verlag f. Börsen- u. Finanzliteratur. Geb. in Leinw. 5. —

Heydt's, v. der, Kolonial-Handbuch. Jahrb. d. dtschn. Kolonial- u. Uebersee-Unternehmgn. Hrsg. v. Frz. Mensch u. Jul. Hellmann. 4. Jahrg. 1910. (XXXIX, 335 S.) 8. Berlin, Verl. f. Börsen- u. Finanzliteratur. Geb. in Leinw. 5. —

Heydt, Eduard, Frhr. von der: Der Aufsichtsrat der Aktiengesellschaften, seine wirtschaftliche Funktion und die Frage seiner Reform. Freiburg i. B.: A. Mehlhase 1905. (307 S.) 8°
Freiburg i. B., Rechts- u. staatsw. Fak., Ref. Fuchs, Diss. v. 1905
[Geb. 26. Sept. 82 Elberfeld; Wohnort: Elberfeld; Staatsangeh.: Preußen; Vorbildung: Gymn. Elberfeld, Studium: Genf 2, Freiburg i. B. 1, Berlin 1, Freiburg i. B. 2 S.; Rig. 15. Juli 05.]

Heydt, Ernst v. der, Choralbuch zum evangelischen Gesangbuche f. Rheinland u. Westfalen, s.: Schmachtenberg, J. P.

Heydt, F. von der, Sang und Klang, s. Sang.

Heydt, Franz. Freilager Vorpostenaufstellung und Marschordnung der k. k. Infanterie, Kavallerie u. Artillerie bis zur Stärke einer Brigade. Zusammengestellt von — —. 1857. Lithogr., der Druck von Gottl. Haase Söhne. (71 S. 8.)

Heydt, Frz., Freilager, Vorposten-Aufstellung und Marschordnung der kaiserl. königl. Infanterie, Cavallerie und Artillerie bis zur Stärke einer Brigade. 3. Aufl. 8. (71 lithogr. S.) Prag 857, (Credner's Verlags-Conto.) **

Heydt, (Franz), k. k. Major. Freilager, Vorposten-Aufstellung und Marschordnung der k. k. Infanterie, Cavallerie und Artillerie bis zur Stärke einer Brigade. 4. Auflage. 12. Prag 1857.

Heydt, Franz, k. k. Major, Freilager, Vorposten-Aufstellung und Marschordnung der k. k. Infanterie, Cavallerie und Artillerie bis zur Stärke einer Brigade. 5. verm. u. verb. Aufl. Nebst einem Anhange: Uebersicht über das Plänkeln der französischen Jäger und Zouaven. kl. 8. (VIII. 131 S.) Wien, Braumüller's Sort.-Gte. 1861. 1 fl. 50 kr.

Heydt, Franz, *Hauptmann*. Vorlegeblätter zum Schönschreiben. Bearbeitet und zusammengestellt nach den neuesten hohen Vorschriften. Zum Gebrauche in allen Schulen. *Prag* 1857. Lithogr. von *Gottl. Haase S.* I. Heft. 6 Bl. Quer-Fol. (3 current, 3 latein.)

Heydt, Friedr. v. der, Bilder und Erlebnisse von Nah und Fern. Ein Geschichtenbüchlein für die Jugend. Elberfeld (857.) Schmachtenberg. 12. (24 S.) n. 2 ngr.

Heydt, Friedr. v. der, Bilder und Erlebnisse aus Nah und Fern. Ein Geschichtenbüchlein für die Jugend. 12. (24 S.) Elberfeld 859, Schmachtenberg. *

— Dein Reich komme! Eine Beleuchtung verschiedener Lebensfragen auf dem Gebiete des Reiches Gottes für Jedermann. 1. Heft. A. u. d. T.: Der Tag des Herrn. Eine Mahnung zur würdigen Sonntagsfeier. (Preisschrift.) Mülheim 854. (Duisburg,) Nieten in Comm. 8. (56 S.) n. 5 ngr.

Heydt, Frdr. v. der, Dein Reich komme! Eine Beleuchtung verschiedener Lebensfragen auf dem Gebiete des Reiches Gottes für Jedermann. 2. Heft. A. u. d. T.: Lasset die Kindlein zu mir kommen! Ein Wort der Liebe an Väter u. Mütter. Nebst Vorw. von Bräm. Ruhrort 859. Andreae & Co. in Comm. 12. (48 S.) n. 4 ngr.

Heydt, Friedr. v. der, Preußens Krieg u. Sieg im Sommer 1866. Eine kurzgefaßte Mittheilung für Jedermann. 1—3. Aufl. Elberfeld 866. Lucas. gr. 4. (48 S. mit eingedr. Holzschn.) 5 ngr.

Heydt, Frdr. v., Altdeutschlands Kriegs- u. Siegeszug gegen die Franzosen 1870—1871. Volksthümlich erzählt. Mit Bildern u. Karten. gr. 8. (III, 235 S. m. eingedr. Holzschn., 3 Holzschntaf. u. e. lith. u. color. Karte in qu. 4.) Wesel 871. Bagel. geb. 1. 80

— Lebensbilder aus der christlichen Gemeinde. Gesammelt u. mitgetheilt rc. 1. 2. Heft. Ruhrort 857. Andreae u. Co. 8. (54; 48 S.) Jedes Heft n. 4 ngr.

Heydt, Fr. v. der, s. Schmachtenberg, J. P., Choralbuch.

Heydt, J. Daniel v. d.

Heydt, J. D. v. d., Liederbuch f. Jungfrauenvereine. J. Austr. d. Vorständeverbandes hrsg. 12. (303 S.) Bremen 895. J. Morgenbesser. Geb. in Leinw. n. 1. —

Heydt, J. D. v. d., evangelisches Liederbuch f. Jungfrauenvereine u. Mädchenschulen. 2., verb. Aufl. (267 S.) 12. Bremen 903. J. Morgenbesser. Geb. in Leinw. n. 1. —

Heydt, Dan. v. der, s.: Philotesia.

— die ultramontane Propaganda in u. um Berlin. Vortrag, geh. auf der XVIII. Generalversammlg. des Ev. Bundes in Hamburg am 10. X. 1905. (16 S.) 8. Leipzig 905. (C. Braun.) n. — 25

Heydt, J. D. v. der, d. Religionsunterricht in Schule u. Kirche. Ein Beitrag zur Reform desselben. gr. 8. (III, 83 S.) Gotha 896. E. F. Thienemann. n. 1. 40

Heydt, J. Wolfg., allern. geogr. u. topogr. Schauplatz von Afrika u. Ostindien. 4 Thle. m. K. Fol. Nürnb. 753.

Heydt, Karl v. d., Aphrodite. Schauspiel in 8 Akten. (Bibliothek moderner Dramen.) (80 S.) 8. Berlin-Charlottenburg (907). Vita. 2. —

Heydt, Karl v. der, Johanne Arc. Ein Schauspiel in 4 Bildern. (169 S.) 8. Berlin (904). Verlag Continent. n. 2. 50; geb. n. 3. 50

Heydt, Karl v. der, exegetischer Commentar zu neun Briefen des Apostels Paulus. 2 Bde. gr. 8. (788 u. 714 S.) Elberfeld 882. Friderichs in Comm. n. 10. —

Karl v. der **Hoydt.** Variationen über das Thema Weib. Rhythmen vom Leben, von d. Liebe u. vom Tode. *Elberfeld: S. Lucas in Komm. [1903].* (226 S.) 8° [Umschlagt.] [04. 4480 5

— dasselbe. 2. Aufl. (242 S.) 8. Berlin (904). Verlag Continent. n. 3. —; geb. n. 4. —

Heydt, Wilhelmine v. der. Frauenbriefe, s. Unterhaltungs-Bibliothek, christliche.

von der Heydt-Kersten & Söhne. Zum 150jährigen Bestehen des Bankhauses — zu Elberfeld am 1. October 1904.

(**Heydte,** August Freiherr v., k. k. Oberst.) Der Revolutionskrieg in Siebenbürgen in den Jahren 1848 und 1849. Von einem österreichischen Veteranen. (Verfasser der „Skizzen und kritische Bemerkungen der Ereignisse in Siebenbürgen" etc.) 1. Abtheilung. Der Winterfeldzug 1848—1849. 2. Abtheilung. Der Sommerfeldzug 1849. Mit 2 Schlachtplänen. (In 1 Bd.) 8. Leipzig 1861—1863.

(**Heydte, A. Frhr v.**) Der Revolutionskrieg in Siebenbürgen in den Jahren 1848 und 1849. Abt. 1. 2. Leipzig 1861—63. 8°. — 1. Der Winterfeldzug in Siebenbürgen 1848 und 1849. — 2. Der Sommerfeldzug 1849.
Dass. Abt. 2. Prag 1864.

Heydtmann: Beiträge zur Kritik und Interpretation der Schrift des Cicero de nat. deor. 48 S. – Neu-Stettin, Progr. 1858.

Heydtmann, Johs., Lehrbuch der deutschen Poetik, s.: Stohn, Herm.

Heydtmann, Johs., deutsches Lesebuch f. Lehrerinnenseminarien. Für den Unterricht in der Literaturkunde ausgewählt u. hrsg. I. Tl. 2 Hälften. gr. 8. Leipzig 902. B. G. Teubner. Geb. in Leinw. n. 7. 60
1. Von Vulfila bis zum Ende des 18. Jahrh. (XVI, 316 S.) n. 3. 60
2. Vom Anfang des 19. Jahrh. bis zur Gegenwart. (XIV, 355 S.) n. 4. —

— deutsches Lesebuch f. Lehrerinnenseminarien. Ausgewählt u. hrsg. 2. Tl. Wissenschaftliche u. rhetor. Prosa; Briefe; Erlasse. Unter Mitwirkg. v. Eduard Clausnitzer. (XIV, 416 S.) gr. 8. Leipzig 903. B. G. Teubner. Geb. in Leinw. n. 4. 80

— Deutsches Lesebuch f. Lehrerinnenseminarien. Für den Unterricht in der Literaturkunde ausgewählt u. hrsg. 1. Tl. Ausg. B in 1 Bde., bearb. v. Ernst Keller. (X, 326 S.) gr. 8. Ebd. 908. Geb. 4. —

— u. Eduard **Clausnitzer,** deutsches Lesebuch f. Lehrerseminare. Für evangel. Anstalten nach den Bestimmgn. üb. das Präparanden- u. Seminarwesen vom 1. VII. 1901 ausgewählt u. hrsg. 1. Tl. Deutsche Nationalliteratur von den Anfängen bis zur Gegenwart. gr. 8. (XX, 352 S.) Ebd. 903. Geb. in Leinw. n. 4. —

— u. Eduard **Clausnitzer,** deutsches Lesebuch f. Lehrerseminare. Für evangel. Anstalten nach den Bestimmgn. über das Präparanden- u. Seminarwesen vom 1. VII. 1901 ausgewählt u. hrsg. 2. Tl. Prosa aus Religion, Wissenschaft u. Kunst; Reden; Briefe; Erlasse. (XIV, 416 S.) gr. 8. Ebd. 903. Geb. in Leinw. n. 4. 80

— — deutsches Lesebuch für Präparandenanstalten. Für evangel. Anstalten nach den Bestimmgn. über das Präparanden- u. Seminarwesen vom 1. VII. 1901 ausgewählt u. hrsg. 3 Tle. gr. 8. Ebd. Geb. in Leinw. n. 9. 60
1. Poesie u. Prosa f. die 3. Klasse. (VIII, 238 S.) 903. n. 2. 60.
2. Poesie für die 2. u. 1. Klasse. (VII, 176 S.) 903. n. 2. 20.
3. Prosa für die 2. u. 1. Klasse. (X, 470 S.) 903. n. 4. 80.

Heydtmann, Johs., deutsches Lesebuch f. den Unterricht in der Literaturkunde, ausgewählt u. hrsg. Nach den Lehrplänen v. 1908 zunächst f. den Gebrauch an Lyzeen u. Studienanstalten bearb. v. Ernst Keller. 1. u. 2. Tl. (XI, 330 u. X, 323 S.) gr. 8. Leipzig 909. 10. B. G. Teubner. Geb. in Leinw. à 3. 80

Heyduck, M.: Bemerkungen zur Physik des Aristoteles. 14 S. 4° – Greifswald, Progr. 1871.

Heyduk, A., nastin bajesloví slovanského a germanského, s. Diví škola.

Heydweiller, Adolf

Heydweiller, A., die Entwickelung der Physik im 19. Jahrh. Vortrag, geh. im Humboldt-Verein f. Volksbildg. zu Breslau am 6. II. 1900. gr. 8. (32 S.) Berlin 900. P. Parey. n. 1. —

Heydweiller, Ad., Hülfsbuch f. die Ausführung elektrischer Messungen. gr. 8. (VIII, 262 S. m. 58 Fig.) Leipzig 892. J. A. Barth. n. 6. —; geb. n. 7. —

Heydweiller, Ad. [Dr.]: Galvanometrische Messungen am Ruhmkorff'schen Induktionsapparat .... Würzburg, K. Univ.-Druck. v. H. Stürtz, 1887; 34 S. 8°.
Würzburg, Phil. Fak., Hab.-Schr. v. 1887.

— galvanometrische Messungen am Rühmkorff'schen Induktionsapparat. Hab.-Schr. Würzburg 1887, Stahelsche Univ.-Buchh. 8°. 34 S.

Heydweiller, Ad. [aus Crefeld]: Vergleichende absolute Strommessungen mittelst der elektro-dynamischen Wage nach Lord Rayleigh und der Tangentenbussole .... Würzburg, Druck d. Thein'schen Druckerei (Stürtz), 1886; 40 S. 8°.
Würzburg, Phil. Fak., Inaug.-Diss. v. 1886.

Heydweiller, Ad., vergleichende absolute Strommessungen mittelst der elektro-dynamischen Wage nach Lord Rayleigh und der Tangentenbussole. Diss. Würzburg 1886, Stahelsche Univ.-Buchh. 8°. 40 S.

Heydweiller, Ernst [app. Arzt aus Frankenthal (Pfalz)]. Ein Beitrag zur Casuistik der Multiplen Fibromibildungen der Haut. (Mollusca fibrosa.) . . . St. Ingbert, F. X. Demetz, Buchdr. u. lith. Anst. 1888. 28 S. u. 5 Taf. 8°
Erlangen, Med. Fak., Inaug.-Diss. v. 30. Dez. 1887

Heydweiller, Franz [aus Krefeld]: Über Lungenchirurgie Berlin, Buchdr. v. G. Schade, *1894*; 30 S., 1 Bl. 8.
Berlin, Med. Fak., Inaug.-Diss. v. 26. Jan. 1894

Heydweiller, Georg [pr. Arzt aus Dürkheim a/H. Rheinpfalz]: Ueber Gonorrhoea rectalis der Frauen . . . Leipzig, Druck v. A. Edelmann, Univ.-Buchdr., *1896*; 23 S. 8.
Leipzig, Med. Fak., Inaug.-Diss. v. 4. Mai 1896

Heye, A., die passagere Befestigungskunst. Für Offiziere und Unteroffiziere der Infanterie. (Mit 94 in den Text eingedr. Holzschn.) Oldenburg 853. Schmidt. 8. (131 S.)
n. 20 ngr.

Heye, A., die kaiserlich deutsche Marine. Ein Handbuch zur Orientirung über die Marine. Für die Armee zusammengestellt. gr. 8. (36 S. mit 6 Taf.) Kiel 887, Universitäts-Buchhandlung. * 1 —

Heye, A., die Marine-Infanterie vom 23. Dezbr. 1849—1. Oktbr. 1890. Ein Beitrag zur Geschichte der kaiserl. Marine. gr. 8. (VI, 201 S. m. Abbildgn. u. Skizzen.) Berlin 891. E. S. Mittler & Sohn. n. 5. —; geb. n.n. 6. 50

Heye, A. Das See-Bataillon 1852—86. Berlin 1887. 8°.
Dass. u. d. T.: Die Marine-Infanterie 1849—90. 1891.

— das See-Bataillon 1852—1886. Ein Beitrag zur Geschichte der kaiserl. Marine. Mit 2 farb. Uniformbildern. gr. 8. (48 S.) Berlin 887. Mittler & Sohn.
n. 1. —

Die Oldenburger in Schleswig-Holstein im Jahre 1848. Geschrieben von einem Offizier des ersten Bataillons [d. i. Adolf Heye]. Oldenburg. [1849.] 8°

Heye, Alexander (Hrsg.), s. H e y e , Wilh.: Kriegstagebuch.

Heye, Friedrich Albert (Leipzig), **Quaedam de hydrope in universum nec non de urina in hoc morbo coagulabili, signo renum labe affectorum pathognomonico. Diss. med. Präs. Christian Friedrich Schwaegrichen. Lpz. (Staritz) 29. VII. 1831. 36 S. (6.20) 15025**
Gew.: Ludwig Cerutti, Carl Haubold.

Der Christ. Mensch und Officier, oder erneuertes Andenken des seligen Hauptmannes Georg Adam von Heye in Rendsburg, nebst einem Anhange und einem Zusatze, v. A. G. J. K. D. O. Schleswig. 1783. 8°.

Heye, Hermann: Über die Haftung des Verkäufers von Wertpapieren. Borna-Leipzig 1910: Noske. VI, 34 S. 8°
Jena, Jur. Diss. v. 27. Jan. 1910, Ref. Thon
[Geb. 19. April 82 Gr.-Lobke; Wohnort: Bremen; Staatsangeh.: Preußen; Vorbildung: Realgymn. Hildesheim Reife O. 02; Studium: Heidelberg 1, Göttingen 3, Berlin 2, Göttingen 1 S.; Rig. 7. Dez. 09.] [U 10. 2245

Heye, J. P., der kleine Kinderfreund. Ein Büchlein für die lieben Kinder. Aus dem Holländ. übertr. von Carl Arenz. 8. (28 S. mit 8 lithogr. und ill. Illustr. in Tondr. von J. B. Sonderland.) Düsseldorf 851, Schulgen. *

Heyo, Karl *Hermann Friedmann* [aus Burgdorf (Hannover)]: Die historische Entwicklung der Landwirtschaft auf Rittergut Trebsen seit Mitte des 18. Jahrhunderts . . . Halle a S., Plötz'sche Buchdr., 1896; 77 S., 1 Bl. 8.
Halle, Phil. Fak., Inaug.-Diss. v. [17. Aug.] 1896

Heye, Richard G. H., appr. Arzt a. Lienen b. Elsfleth (Oldenburg), Assistenzarzt am Peter Friedrich Ludwig-Hospital, Oldenburg i. Gr.: Klinische Untersuchungen über die von P. Zweifel angegebene vaginale Austupfung zur Verhütung der Fieberanfälle im Wochenbett an der Hand von 800 Geburten an der Freiburger Universitäts-Frauenklinik. Oldenburg i. Gr. 1907: A. Littmann. (28 S.) 8°
Freiburg i. B., Med. Fak., Ref. Krönig, Diss. v. 1907
[Geb. 23. Okt. 78 Lienen, Wohnort: Oldenburg; Staatsangeh.: Oldenburg: Vorbildung: Gymn. Leer (Ost-Friesland) Reife M. 00; Studium: München 3, Gießen 1, Jena 1, Kiel 1, Berlin 1, Freiburg i. B. 3 S.; Coll. 3. Aug. 06.; Approb. S.-S. 06.]

Kriegstagebuch des weil. Major und Bataillons-Kommandeurs im 2. Nassauischen Infanterie-Regiments [!] Nr. 88 Wilhelm **Heye**. Hrsg. von s. ältesten Sohne Alexander H e y e , Major. Mit 2. Kartenbeil. u. 5 Textskizzen. Oldenburg i. Gr.: G. Stalling 1905. (XXXIII, 300 S.) 8° [F.] (05. 1386)

Heyenga, H., Neue Methode zur Erleichterung der Bestimmung des Schiffsortes, der Variation und Deviation des Kompasses, aus astronomischen Beobachtungen ausser dem Meridiane, nebst den dazu gehörigen Tafeln.
Hamburg 1862.

Heyenga, H., O r t s b e s t i m m u n g u. Kompass-Berichtigung nach neuer Theorie unter Anwendg. v. 3 verschied. Standlinien-Systemen zur Erweiterg., Vervollkommng. u. Vereinfachg. d. naut. Astronomie. Fol. (IV, 140 S. m. Fig.) Hamburg 898. Eckardt & Messtorff. Geb. in Leinw. n. 10. —

Heyer, Gesetz-Sammlung f. das Großherzogt. Hessen, s.: **Reh.**

Heyer, A., dritte Nachlese zu Weller's deutschen Zeitungen, s.: **Centralblatt f. Bibliothekswesen.**

Heyer, Albert [aus Mainz]: Ueber α-Naphtylaethylketon und α-Naphtylpropylketon . . . . Freiburg i. B., Buchdr. v. Chr. Ströcker, 1887; 43 S. 1 Bl. 8°
Freiburg i. B., Phil. Fak., Inaug.-Diss. v. 1887

[F.] **Heyer,** Alfons: Geschichte der Kartographie Schlesiens bis zur preussischen Besitzergreifung . . . (Aus: Zeitschr. d. Ver. f. Gesch. u. Alterth. Schlesiens Bd 23. v. u. Bd 24. XIII.) Breslau, Druck v. R. Nischkowsky, 1891; 1 Bl., 115 S., 1 Bl. 8.
Breslau, Phil. Fak., Inaug.-Diss. v. 10. Okt. 1891

Heyer, Alfons, Johann Christian Günthers Leben auf Grund seines handschriftlichen Nachlasses. 1., unverkürzte Ausg. seiner Taschenbücher, m. ergänz. Einführg. u. Anmerkgn. v. Adalb. Hoffmann. (XV, 273 S.) 8. Leipzig 909. Dieterich. 5.—; geb. 6.—;
Liebhaberausg. auf Bütten, geb. 12. —

Heyer, Alfons [Hrsg.], s.a. G ü n t h e r , Johann Christian: Leben.

H e y e r , Arthur, und H i l d e b r a n d , Friedrich Otto. Niki, eine drollige Hundegeschichte; [Bilder] von A' H', mit Versen (**Umschlag:* die Verse) von Fr' O' H'. 1.—6. Tausend. [30 S.] 4. München ... : Aarau, Edward Erwin Meyer, [1909]. [geb. fr. 4. 70]

H e y e r , Arthur, und E r n s t , Otto. Im Wunderwald, ein Märchen. Bilder von A' H', mit Versen von O' E'. 1.—6. Tausend. [32 S.] 4. München ... ; Aarau, Edward Erwin Meyer, [1909]. [geb. fr. 5. 35]

Heyer, August

Heyer: Über den Einfluss des Lichtes auf verschiedene Körper u. über die davon abhängigen Abbildungen auf denselben. Ein Vortrag. 14 S.– Koenigsberg i/N., Progr. 1867.

Heyer, A. Die Lehre von den Decimalbrüchen für die untern Klassen bearbeitet. 16 S.
Glogau, Ev., Progr. 1848

Heyer. Die Rechnung mit abgekürzten Decimalbrüchen. 20 S. Forts. 20 S.
Königsb., Nm., Progr. 1858, 1859

Heyer: Die Rechnungen mit abgekürzt. Dezimalbrüchen. 38 S.–Königsb. i/N., Progr. 1858, 1859

Heyer, August: Uebersicht der urweltlichen Pflanzenreste aus den verschiedenen Entwicklungsepochen der Erde nebst Folgerungen über die wahrscheinliche Entstehung der Kohlen. (Programm des Königlichen Evangelischen Gymnasiums zu Gross-Glogau. 1853.) Glogau 1853. 12 S. 8°

Heyer, C., Ahnentafel (256feldige) des Otto Wilhelm Christian von Linsingen, kurfürstl. hessischen General-lieutenants und Gouverneurs von Rinteln, geb. 22. Mai 1837. Selbstverlag.

Heyer, Carl, s. Heyer, Karl.

Heyer, Chr. Hnr., († d. 5. Febr. 1812.) das Laster der Hurerei in seiner Abscheulichkeit. 8. Altenb. 777. (Hennings in Neisse). 8 gl.

HEYER, Chr Heinr., Das Laster der Hurerey in seiner wahren Abscheulichkeit. Altenburg, Richter, 1777. 8° Sehr selten!
Ehestandsalmanach II. p. 263.

Heyer, C. H., das Laster der Hurerey in seiner Abscheulichkeit. 8. Altenb. (Academ. Buchh. in Jena.) 777.

— der fröhliche Morgen e. Christen am Morgen der Auferstehung. gr. 8. Leipz. 779.

Heyer, Conrad, s. Heyer, Konrad.

Heyer, Eduard

Heyer, Ed., Anleitung zum Bau von Waldwegen, welche zum Forstproducten-Transport auf der Axe dienen. Mit 16 (lith.) Fig.-Taf. (in 4.). Gießen 864. Ricker. gr. 8. (X, 232 S.) n. 1 ₰ 20 ngr.

– über die praktische Ausbildung der Forsteleven mit besonderer Berücksichtigung des Unterrichts auf der Forstlehranstalt zu Gießen. Ebend. 860. gr. 8. (IV, 102 S.) n. 20 ngr.

Heyer, Ed., Beitrag zur näheren Würdigung des Flächenfachwerks. gr. 8. (IV u. 59 S.) Gießen 852, Ricker. 1/4 ₰

—— Flächentheilung und Ertragsberechnungs-Formeln. gr. 8. (VIII und 128 S.) Gießen 859, Ricker. *

—— zur Holzmassen-Ermittlung, Bonitirung und Kritik der Taxationsmethoden ein Beitrag. gr. 8. (VIII und 126 S. mit 4 Tab. in gr. 4.) Gießen 861, Ricker. *

Heyer, Ed., über Messung der Höhen sowie der Durchmesser der Bäume im Allgemeinen, besonders aber bei forststat. Untersuchgn., nebst einleit. Bemerkgn. über Bildg. der Massen- u. Ertragstafeln. Mit 3 lith. Taff. (in qu. 4.) Gießen 870. Ricker. gr. 8. (V, 77 S.) n. 20 ngr.

Heyer, Ed., Tafeln zur Erdmassen-Berechnung beim Bau der Waldwege, nebst Anleitung zum einfachsten Verfahren in besonderen Fällen. gr. 8. (IV, 81 S. m. eingedr. Fig.) Leipzig 879. H. Voigt. n. 2. 50

Heyer, Ed., das Waldertrags-Regelungsverfahren d. Herren &c. Dr. Karl Heyer u. H. Karl nach ihren Principien geprüft u. verglichen. gr. 8. Gießen 846, Ricker. [illegible]

HEYER, Eduard: Die Waldertrags-Regelungsverfahren der HHn Dr Carl Heyer und H. Karl nach ihren Principien geprüft und verglichen. - Giessen 1846. 53 S.

Heyer, Ernst, s.: Heidelmann's, A., Theaterbibliothek.

Heyer, Ernst, Kasernenhofblüten od. Nachexerzieren u. Instruktionsstunde auf der Stube im Drillichanzug. s. a. Heidelmann's, A., Theaterbibliothek.

Kasernenhofblüthen oder Nachexercieren u. Instruktionsstunde auf d. Stube im Drillichanzug. Recht drastisch militair. Schwank in 1 Akt von Ernst Heyer. *Bonn: A. Heidelmann [1898]* (8 S.) 8° [F.]
— Theaterbibliothek, A. Heidelmann's. H. 3. [oo. 5934 5

In Feindes Land. Urkomischer Militärschwank in 1 Akt von Ernst Heyer. *Bonn: A. Heidelmann [1901].* (15 S.) 8° [F.]
— Theaterbibliothek, A. Heidelmann's. H. 34. [o4. 3039 5

— O, diese Männer, 's ist schrecklich' s. a. Heidelmann's, A., Damenbühne.

[F.] O, diese Männer, 's ist schrecklich! Schwank in 1 Akt v. Ernst Heyer. *Bonn: A. Heidelmann [1898]* (7 S.) 1 Bd 8.
— Theaterbibliothek, A. Heidelmann's H. 2 [98 9686

Ein echter Studentenulk oder Merkwürdige Prozente. Urkom. Schwank in 1 Akt von Ernst Heyer. *Bonn: A. Heidelmann [1901].* (35 S.) 8° [F.]
— Theaterbibliothek, A. Heidelmann's. H. 42. [o1. 8770 5

Studio, Studio auf der Welt, man macht's nicht so! Studenten-Couplet-Walzer-Lied. Text u. Mus. v. Ernst Heyer. Op. 104 *Bonn. A. Heidelmann 1898.* (3 S., 1 Bl.) 1 Bd 4. [98. 9543

— Bestrafte Untreue od. Edelsinn e. deutschen Generals, s. a. Heidelmann's, A., Theaterbibliothek.

Bestrafte Untreue oder Edelsinn e. deutschen Generals. Schausp. in 4 Akten von Ernst Heyer. *Bonn: A. Heidelmann [1898].* (20 S.) 8° [F.]
— Theaterbibliothek, A. Heidelmann's. H. 4. [oo. 5935 5

— Zu dumm, um zu freien, s. a. Heidelmann's, A., Theaterbibliothek

[F.] Zu dumm, um zu freien! Urkomischer Schwank in 1 Act v. Ernst Heyer. *Bonn: A. Heidelmann [1898].* (16 S.) 1 Bd 8.
— Theaterbibliothek, A. Heidelmann's. H. 1. [98. 9685

Heyer, F., die Ausbildung der Priesterherrschaft u. die Inquisition, s. a. Sammlung gemeinverständl. wissenschaftl. Vorträge.

Heyer F. die Ausbildung der Priesterherrschaft und die Inquisition. (Sammlung gemeinverständlicher wissenschaftlicher Vorträge 280) Berlin 1877

— Canossa u. Venedig, s. a. Zeit- u. Streit-Fragen, deutsche.

Heyer F., Canossa u Venedig. Festschr. z. Canossafeier. (Zt.-u Str. 80) Berlin 1877

— die Habsburger u. die Hohenzollern in ihrer deutschen Reichspolitik, s.: Volksschriften, deutsche.

Heyer, F., Obstbau und Obstnutzung in den Vereinigten Staaten von Nord-Amerika. Nach einem Reiseberichte, erstattet dem königl. preuss. Ministerium für Landwirthschaft, Domänen und Forsten und dem königl. preuss. Ministerium der geistl., Unterrichts- und Medicinal-Angelegenheiten. gr. 8. (VII, 147 S. mit 42 Textabbild.) Berlin 886, Parey. * 3 —

Heyer, F. v., die Pocken [Blattern] u. ihre homöopathische Behandlg. nebst e. Anh. üb. einige andere Krankheiten. 8. (30 S.) Leipzig 871. Schwabe in Comm. n. — 40

Heyer, F., De bellorum a Romanis cum Gallis inter I. et II. bellum Punicum gestorum scriptoribus. Diss. 1867. 31 S. 1.20

Heyer, F. De bellorum a Romanis cum Gallis inter I. et II. Bellum Punicum gestorum scriptoribus. (31) 4. Regiomonti. Pr. Berolini 1867. 1,00.

Heyer, Florian, s. Passionspredigten. 13.

Heyer, Frz., aus dem alten deutschen Reiche. Histor. Erzählungen in romant. Form aus dem Mittelalter. Für die heranwachsende deutsche Jugend. 1.—5. Bd. (Mit je 1 Titelbilde.) 8. Breslau, Woywod. à Bd. * cart. à Bd. *M 1.20.; geb. *

Inhalt:

Bd. 1. Kaiser Konrad II. (156 S.) 887.
„ 2. Kaiser Heinrich III. (163 S.) 887.
„ 3. Kaiser Heinrich IV. (160 S.) 888.
„ 4. Der erste Kreuzzug. (140 S.) 888.
„ 5. Kaiser Heinrich V. (159 S.) 888.

Heyer, Frz. Aus dem alten deutschen Reiche. Historische Erzählgn. in romant. Form aus dem Mittelalter. Für die heranwachs. deutsche Jugend. 6.—12. (Schluß-)Bd. 11. 8. (Mit je 1 Titelbild.) Breslau 889,90, Woywod. à Bd. * 1 —; cart. à Bd. * 1 20; geb. à Bd. * 1 50

6. Die Hohenstaufischen Brüder. (110 S.)
7. Kaiser Friedrich I. (154 S.)
8. Kaiser Heinrich VI. (151 S.)
9. Philipp v. Schwaben. (154 S.)
10. Kaiser Friedrich II. 1215—1250. (167 S.)
11. Landmeister Hermann Balk. (151 S.)
12. Die letzen Hohenstaufen. (160 S.)
1.—5. Bd. Ebd. 1887,98. à Bd. * 1 —; cart. à Bd. * 1 20; geb. à Bd. * 1 50.

(B) Heyer, F., aus d. alten dtschn. Reiche. 12 Bde. 887—890. Jetzt: Breslau, F. Goerlich.

Heyer, Frz., aus dem neuen deutschen Reiche. Historische Romane, f. die reifere Jugend. 1.—3. Bd. gr. 8. Leipzig, Geibel & Brockhaus. Geb. in Leinw. à n. 4. 50

1. Der erste Hohenzoller u. die Quitzows. Historischer Roman aus der Morgendämmerung des neuen deutschen Reiches. Illustr. v. Hans Wützel. (VIII, 168 S.) 893.
2. Kurfürst Friedrich II. m. eisernem Zahn u. die märkischen Städte. Illustr. v. Felix Schmidt. (III, 184 S.) 894.
3. Der deutsche Achilles. Historischer Roman. Mit 6 Illustr. v. A. Deußer. (V, 197 S.) 895.

Heyerus, Fridericus: De Aesthetici vera indole et potestate, quam in vita regenda exerceat. 27 S. 2°
Halle-Wittenberg, Phil. Diss. v. 14. März 1853
Geb. [Giessmannsdorf (Kr. Bunzlau) 5. 6. 1819]

Heyer, Friedrich, aus Gröningen (Reg.-Bez. Magdeburg): Untersuchungen über das Hypothetische Silbersubchlorid. *Leipzig 1902: E. Glausch.* (64 S.) 8°
Leipzig, Phil. Diss. v. [30. Apr.] 1902

Heyer, Friedrich: Untersuchungen über das Verhältniss des Geschlechtes bei einhäusigen und zweihäusigen Pflanzen unter Berücksichtigung des Geschlechtsverhältnisses bei den Thieren und dem Menchen. Halle a. S. 1883: (Paessler in Dresden). 52 S. 8°
Halle-Wittenberg. Phil. Diss. v. 21. Apr. 1883
Geb. Löbejün (Saalkr.) [18.] 8. 1848. V.
Ersch. vollst. im Buchhandel Dresden: Schönfeld 1884. 152 S. 8° (Berichte aus dem physiologischen Laboratorium u. der Versuchsanstalt d. landwirthschaftlichen Instituts der Universität Halle. H. 5.)

Heyer, F., Untersuchungen über das Verhältniß des Geschlechtes bei einhäusigen und zweihäusigen Pflanzen unter Berücksicht. des Geschlechtsverhältnisses bei den Thieren und dem Menschen, s. Berichte aus dem physiologischen Laboratorium und der Versuchsanstalt des landwirthschaftlichen Instituts der Universität Halle.

Heyer, Fritz: Bericht über die Feier zur Vollendung des Gebäudes der Oberrealschule II i. E. am Königs-Wege zu Kiel. Kiel 1909: Jensen. S. 33—42. 4°
Kiel, OR II i. E. P 1909 (398) [S 09. 101

—: [Bericht über die mit den Schülern der oberen Klassen im Sommer 1903 unternommene Ferienreise.] S. 18—20. 4.
Progr. Reform-Realgymn. mit Realschule *Kiel* 1904 (339).

Heyer, Fritz, Dr.: Bericht über eine mit Schülern der Ober-Realschule und des Reform-Realgymnasiums in Kiel unternommene Instruktionsreise. *Kiel 1902: P. Peters.* (23 S.) 4° [F.]
Kiel, OR m. Reform-RG, P 1902 (324)

Heyer, Fritz: [Bericht über eine Unterrichtsreise der Oberklassen der Realschule und des Reform-Realgymnasiums.] S. 20—21 der Schuln. 4.
Progr. Oberrealschule mit Reform-Realgymn. *Kiel* 1903 (340).

Ober-Realschule II i. E. am Königswege zu Kiel. . . . **Jahresbericht** über das Schuljahr . . . erstattet v. Fritz Heyer. 1 ff., 1907/08 ff. Kiel. 1908 ff. 4°

—: Unser Lehrausflug nach dem Altonaer Heimatmuseum und dem Hagenbeckschen Tierpark in Stellingen. — Naturgeschichtliche Lehrausflüge in die Umgegend Kiels. S. 16—25. 4.
Progr. Ober-Realschule II i. E. am Königs-Wege *Kiel* 1908 (382).

Heyer, Fritz, Assessor aus Berlin: Die Selbsthülfe nach dem Bürgerlichen Gesetzbuch. *Berlin 1901: J. Sittenfeld.* (VII, 76 S.) 8° [F.]
Halle, Jur. Diss. v. 20. Apr. 1901

Heyer, Fritz, Dr.: Unterrichtsreisen und ihre Bedeutung für Unterricht, Bildung und Beruf. Eine Unterrichtsreise nach Westfalen und dem Rheinlande. Kiel 1905: A. F. Jensen. (28 S.) 4° [F.]
Kiel, Reform RG m. R am Knooper Weg P 1905 (341)

Heyer, Gli. Lebr., († d. 11. April 1796.), s. 1) Gellerts Schriften 6r—9r Thl. 2) J. Saurin, Reden.

Heyer, Gottlieb Lebrecht (Penig), De conscientia dei morali modesta disputatio, qua viris Johann Gotthelf Kupfer (Zschopau) et Friedrich Adolph Ludwig (Lengefeld) summos philosophiae honores gratul. Lpz. (Eisfeld) 1745. 6 Bl. (4.50) 15026

— — De Hylozoitis. Disp. philos. Präs. M. Friedrich Adolph Ludwig (Lengefeld/Misn.). Lpz. (Eisfeld) 17. III. 1745. 20 S. (6.50) 15027
Gew. (v. Präs.): Johann Heinrich Ludwig (Vater).

Heyer, Gust., Anleitung zur Waldwerthrechnung. Leipzig 865. Teubner. gr. 8. (XVIII, 177 S.) n. 1 ⅓ 10 ngr

Heyer, Gust., Anleitung zur Waldwerthrechnung. 2. Aufl. (XII, 142 S.) 1876. *M 3,50.; 3. verb. Aufl. Mit einem Abriß der forstl. Statik. gr. 8. (XVI, 267 S.) Leipzig 883, Teubner. *

Heyer, Gust., Anleitung zur Waldwertrechnung. Mit e. Abriß der forstl. Statik. 4. Aufl., in teilweise neuer Bearbeitg. hrsg. v. Karl Wimmenauer. gr. 8. (XX, 887 S.) Leipzig 892. B. G. Teubner. n. 6. 80; geb. in Halbfrz. n. 8. —

Heyer, Gustavus (Bernardus) *(geb. Goschin bei Danzig 12 8.1839)*
De consensu parentum in matrimoniis liberorum contrahendis necessario. Vratislaviae (1863). (46 S.) 8°
Breslau, Jur. Diss. v. 30. Mai 1863

Heyer, Gust., über die Ermittlung der Masse, des Alters u. des Zuwachses der Holzbestände. Mit 19 lith. Taf. gr. 8. (VI u. 151 S.) Dessau 852, Katz. 1⅓ rf

Heyer, Gustav (Giessen)
Grundsätze für den Entwurf von Holzschadenersatztarifen. Giessen 1849. 13 S.
Habil. phil. 1849, 24. Aug.

— Handbuch der forstlichen Statik, bearb. in Verbindg. m. mehreren Fachgenossen. 1. Abth. Die Methoden der forstl. Rentabilitätsrechng. Lex.-8. (XVI, 163 S.) Ebend. 871. n. 3. 60

Heyer, Gustav (Hrsg.), s. Heyer, Karl: Der Waldbau 2. u. 3. Aufl. – Die Waldertragsregelung. 3. Aufl.

Heyer, Gust., Lehrbuch der forstlichen Bodenkunde und Klimatologie. Mit 183 in den Text eingedr. Holzschn., 1 lith. schwarzen u. 2 Farbentaf. (in 8. u. 4.) Erlangen 856. Enke. gr. 8. (XX, 568 S.) n. 3 rf. 4 ngr.

HEYER, Gustav: Nachruf für Professor Dr Carl Heyer - Frankfurt a. M. 1856. 8 S. - (Sonderbeil. z. Septemberh. d. Allgem. Forst- u. Jagdztg. 1856)

Heyer, Gustav [Gerichtsaccessist in Darmstadt]: Die Standesherrn des Grossherzogtums Hessen und ihre Rechtsverhältnisse in Geschichte und Gegenwart ... Darmstadt, Druck v. H. Brill, 1897; VI, 120 S. 8.
Giessen, Jur. Fak., Inaug.-Diss. v. 1897

Heyer, Gust., die Standesherrn des Grossherzogt. Hessen u. ihre Rechtsverhältnisse in Geschichte u. Gegenwart. gr. 8. (VI, 120 S.) Darmstadt 897. L. Brill. n. 3. —

— das Verhalten der Waldbäume gegen Licht u. Schatten. Mit 2 Taf. in Farbendr. (in 4.) Lex. 8. (VI u. 89 S.) Erlangen 852, Enke. n. 18 ngr

Heyer, Hermann, Assistenzarzt am städt. Krankenhause zu Worms: Über einen Fall von Ohrcarcinom, behandelt mit Resection des Felsenbeins. *Leipzig 1899: J. B. Hirschfeld.* (13 S.) 8°
Heidelberg, Med. Diss. v. [20. Jan.] 1899

Heyer, Joh., de intestinis sub Ludovico Pio ejusque filiis in Francorum regno certaminibus. Dissert. histor. Monasterii 858. (Cazin.) gr. 8. (2 Bl., 47 S.) 15 ngr.

Heyer Johann: Zur Frage der Zusammensetzung mit bes. Ber. des Slawischen.
1908 PN 2498 Diss. Wien, Univ.

Heyer, Joh., Handbuch der sicheren u. gewinnbringenden Kapitalanlage. Eine ausführl., unparteiische Darstellg. der verschiedenen Arten, kleine u. grosse Kapitalien anzulegen, unter Berücksichtigung derjenigen bank- u. börsenmäss. Einrichtgn., die f. den Kapitalisten in Betracht kommen. (II, 228 S.) Lex.-8. Leipzig 906. H. Buschmann. n. 10. —; geb. in Leinw. n. 12. —

Tod, wo ist dein Stachel? Schauspiel in 4 Akten von Johannes Heyer. Wandsbek-Hinschenfelde o. O. [1905]. (56 S.) 8° [F.] 07. 1811 8

Heyer, Johann Ernst Friedrich

Heyer, Ioan. Ern. Frid. (geb. Giesmannsdorf bei Bunzlau 5. 6. 1819) De defectu vitiisque vocis et loquelae. Berolini (1857). (35 S.) 8°
Berlin, Med. Diss. v. 29. Aug. 1857

— **Johann Heinrich** (Slanstad/Halberstadt). De transactionibus (Meditat. ad pandectas specim. 44). Präs. Augustin Leyser. Helmstedt (Georg Wolfgang Hamm) 21. VIII. 1715. 4 Bl., tlws. dtsch. (4.80) 15028

Heyer, Just. Chr. Hnr., chemische Versuche mit Bernstein, u. J. K. W. Voigt über Aquamarin u. Topas. gr. 4. Erf. 787. Keyser. 3 gr

Heyer, Carl, Anleitung zu forststatistischen Untersuchungen, verfaßt im Auftrag d. Versammlung süddeutscher Forstwirthe. Mit zahlr. Hilfstab. gr. 4. (18 B., wov. 6 B. Tab. u. 2 Stat.) Gießen 846, Ricker

HEYER, Carl: Anleitung zu forststatischen Untersuchungen. - Darmstadt 1845. - Giessen 1846. VI, 184 Sp., 46 S., 2 Taf., Tab.

HEYER, Carl: Aufruf zur Bildung eines forststatischen Vereins, gerichtet an die hochverehrliche Versammlung der süddeutschen Forstwirthe 1845. - Giessen 1845. 15 S.

Heyer, Carl, Beiträge zur Forstwissenschaft, s. Beiträge.

HEYER, Carl (Hrsg.): Beiträge zur Forstwissenschaft. - Gießen 1842 u. 1847. 2 H. 163 S. u. 200 S.

Heyer I., Carl, die Ent- und Bewässerung des Wietzebruchs. Eine Abhandlung für die Wietzebruchs-Interessenten 2. Aufl. Burgdorf 860. (Celle, Schulze.) gr. 8. (22 S.) n. 5 ngr.

Heyer, Carl, Encyclopädie der Forstwissenschaft. 4. Bd. A. u. d. T.: Der Waldbau oder die Forstproductenzucht. Mit 275 in den Text eingedr. Abbildgn. (Holzschn.) Leipzig 854. Teubner. gr. 8. (XI, 403 S.) n. 2 rf. 4 ngr.
1—3. Bd. sind noch nicht erschienen.

Heyer, Carl, Encyclopädie der Forstwissenschaft. 4. Bd. A. u. d. T.: Der Waldbau oder die Forstproductenzucht. Mit 288 in den Text eingedr. Abbildgn. (Holzschn.). 2. verm. u. verb. Aufl. herausg. von Gust. Heyer. Leipzig 864. Teubner. gr. 8. (XII, 423 S.) 2 rf 7½ ngr.

— — 8. Bd. 2. Abth. A. u. d. T.: Die Waldertrags-Regelung. 2. Aufl. Ebend. 862. gr. 8. (XII, 247 S. u. 1 Tab. in Fol.) n. 1 rf 10 ngr.

— Erläuterung und practische Anwendung der Hannoverschen Gesetzgebung über Entwässerung u. Bewässerung der Grundstücke, sowie über Stauanlagen. Zum Handgebrauche für intelligente Landwirthe, Wiesenbau- u. Wasserbau-Techniker 2c. Nebst einer Abhandlung über die Ent- u. Bewässerung des Wietzebruchs. Mit einem Vorw. begleitet von v. Hammerstein. Ebend. 859. gr. 8. (VII, 273 S.) n. 1 rf 15 ngr.

—— königlich hannoversche Gesetzgebung über Entwässerung und Bewässerung der Grundstücke, sowie über Stauanlagen. Mit den Motiven der Regierung und der Kammern. Zum prakt. Gebrauche für Landes-Oeconomie-Officianten, Wiesenbau- und Wasserbau-Techniker rc. Ergänzungs-Band zur Landes-Oeconomie-Gesetzgebung des Königr. Hannover. 1. Aufl. (VII und 273 S.) 1859. und 2., verb. Aufl. Bevorwortet von Frhrn. v. Hammerstein. gr. 8. (VIII und 317 S.) Celle 861, Schulze'sche Buchh. *

Heyer, Karl (Giessen)
Ueber die percussorische Grenzbestimmung der Lungenspitze mit besonderer Rücksicht auf die bei Lungentuberkulose vorkommenden Abweichungen.
Giessen: Brühl 1863. 27 S. u. 1 Taf.
Diss. med. 6.3.1863.

—— die Hauptmethoden zur Waldertrags-Regelung grundsätzlich geprüft und verglichen. gr. 8. (XII und 166 S.) Gießen 848, Ricker. *

Heyer, Carl: Zur Kenntniss der Oxydation des Rohrzuckers. Halle a. S. 1882: Waisenhaus. 38 S. 8°
Halle-Wittenberg, Phil. Diss. v. 18. März 1882
Geb. Erfurt 27. 5. 1860. V.
Aus: Archiv der Pharmazie. Bd 220. Halle a. S. 1882. S. 336–330, 430—450.

—— Landes-Oeconomie-Gesetzgebung des Königreichs Hannover. Mit den Motiven der Regierung und der Kammern nebst sachdienl. Auszügen aus den Verhandlungen der allgem. Ständeversammlung und Erläuterungen. Zum Handgebrauche für Landes-Oeconomie-Officianten, Juristen und Theilungs- und Verkoppelungs-Interessenten. (In 10 Lfgn.) 1. Bd. 1—5. Lfg. gr. 8. (IX und S. 1—480.) Celle 860, Schulze'sche Buchh. à Lfg. * 10 Ngr. *

Heyer, Carl (I.), Landes-Oeconomie-Gesetzgebung des Königreichs Hannover. Mit den Motiven der Regierung und der Kammern nebst sachdienl. Auszügen aus den Verhandlungen der Allgem. Ständeversammlung und Erläuterungen. 2. Bd. 6 Lfgn. gr. 8. (S. 481 — 1059.) Celle 862, Schulze'sche Buchh. à Lfg. * 10 Ngr. *
1. Bd. Ebendas. 1860. * 1 Thlr. 20 Ngr.

HEYER, Carl: Landes-Oeconomie-Gesetzgebung des Königreichs Hannover aus dem Zeitraume von 1802 bis 1856. - Celle 1860-1862. In einz. Lfg. ersch. 1059 S. - 2. Aufl. ebd. 1866

Heyer (K.). Phanerogamenflora der . . . Provinz Oberhessen. Giessen, 1860–2. 8°.
Vgl. Heyer, Karl Justus.

— Phanerogamen-Flora der grossherzoglichen Provinz Ober-Hessen u. insbesondere der Umgebungen von Giessen, enthaltend die in dem bezeichneten Gebiete wildwachsenden u. häufiger im Freien cultivirten Blüthenpflanzen. Nach dem Tode des Verf. bearb. u. herausg. von Jul. Rossmann. Giessen 863. Ferber. (Roth.) gr. 8. (VIII, 482 S.) n. 1 ℳ 6 nn.

Heyer, Karl (Gustav) (Bessungen)
Ueber das Reproductionsvermögen der Holzgewächse, mit besonderer Hinsicht auf die Rothbuche und die Weißtanne.
[In: Forst- u. Jagdarchiv von u. für Preußen, Bd5, H. 1 1820.] [lt. Promotionsakten.]
Dr. phil. Giessen 20.7.1825.

Heyer, Carl, Ursache und Beseitigung des Bleiangriffs durch Leitungswasser. Chemische Untersuchungen aus Anlass der Dessauer Bleivergiftungen im J. 1886. gr. 8. (IV, 58 S. mit 1 Steindrt.) Dessau 888, Baumann. * 1 20

Heyer, Karl (Gust.) d. Vortheile u. d. Verfahren beim Baumroden. Mit 1 Kpf. 8. Gießen 826. Heyer. 10 gr

HEYER, Carl: Die Vortheile und das Verfahren beim Baumroden. - Giessen 1826. IV, 103 S., 1 Taf., 1 Tab.

Heyer, (C.,) d. Vortheile u. d. Verfahren beim Baumroden. M. 1 Kupf. 8. Gießen 827, Heyer.

HEYER, Carl: Der Waldbau oder die Forstproductenzucht. - Leipzig 1854. XI, 403 S. - 2. verm. u. verb. Aufl. ebd. 1864. XI, 423 S. hrsg. v. Gustav Heyer. - (1. u. 2. Aufl. = 4. Bd. d. Encyclopädie d. Forstwiss. hrsg. v. C. Heyer). - 3. Aufl. ebd. 1878. VIII, 410 S. hrsg. v. Gustav Heyer. - 4. Aufl. ebd. 1893. XII, 634 S. hrsg. v. Richard Hess. - 5. Aufl. Leipzig, Berlin 1906 u. 1909, 2 Bd.- Bd. 1: Vorbereitender Teil. XII, 518 S., 331 Abb. - Bd. 2: Angewandter Teil. 302 S., 57 Abb. hrsg. v. Richard Hess

Heyer, Carl, der Waldbau oder die Forstproductenzucht. Mit 297 in den Text eingedr. Holzschn. 3. Aufl. der neuen Bearbeitung hrsg. von Gust. Heyer. gr. 8. (VIII, 410 S.) Leipzig 878. Teubner. n. 6. 80

Heyer, Carl. Der Waldbau od. die Forstproduktenzucht. 1. Hälfte. Mit 286 in den Text gedr. Holzschn. 4. Aufl., in neuer Bearbeitg. hrsg. v. Rich. Heß. gr. 8. (320 S.) Lpz. 891, Teubner. * 4 —

Heyer, Carl, der Waldbau od. die Forstproduktenzucht. 4. Aufl., in neuer Bearbeitg. hrsg. v. Rich. Heß. gr. 8. (XII, 634 S. m. Holzschn.) Leipzig 893. B. G. Teubner. n. 8. —; geb. in Halbfrz. n. 10. —

Heyer, Carl, der Waldbau oder die Forstproduktenzucht. 5. Aufl., in neuer Bearbeitung in 2 Bdn. hrsg. von Rich. Heß. 1. Bd. Vorbereitender Tl. (XII, 518 S. m. 331 Abbildgn.) gr. 8. Leipzig 906. B. G. Teubner.

Heyer, Carl, der Waldbau od. die Forstproduktenzucht. 5. Aufl., in neuer Bearbeitg. in 2 Bdn. hrsg. v. Rich. Heß. 2. Bd. Angewandter Tl. (VI, 302 S. m. 57 Abb.) gr. 8. Leipzig 909. B. G. Teubner. 5.—; geb. in Halbfrz. 7. —
Bd. 1. Ebd. 906. 7.—; geb. 9.—.

Heyer, Carl, die Wald-Ertrags-Regelung. gr. 8. (17 B. u. 1 lith. Tab., Fol.) Gießen 841, Ferber.

Heyer, Karl, die Wald-Ertrags-Regelung. gr. 8. (Mit 1 lith. Tabelle in Fol.) Gießen 842, Ferber. 1 1/3 ß

HEYER, Carl: Die Wald-Ertrags-Regelung. - Giessen 1841. 264 S., 1 Tab. - 2. Aufl. Leipzig 1862. XII, 247 S., 2 Tab. - (=2. Abt. d. 8. Bd. v.: Encyclopädie der Forstwissenschaft v. C. Heyer). - 3. Aufl. ebd. 1883. XII, 343 S. bearb. v. Gustav Heyer

Heyer, Carl, die Waldertrags-Regelung. 3. Aufl., bearb. von Gust. Heyer. gr. 8. (XII, 343 S.) Leipzig 883, Teubner. +

Heyer, Karl Gustav, s. a. Heyer, Karl.

Heyer, Karl Gustav

— Anleit. zur Technologie, für Lehrer, Real- u. Bürgerschulen. 2e A. gr. 8. Gießen 832. Heyer. 16 gr (Aus Schlez's Handbuch rc. 3r Bd. abgedr.)

— s. 1) Anleit. z. Technologie für Schüler. 2) J. F. Schlez, Handbuch für Volksschullehrer.

HEYER, Carl Justus: Phanerogamen-Flora der großherzoglichen Provinz Ober-Hessen und insbesondere der Umgebung von Gießen, enthaltend die in dem bezeichneten Gebiete wildwachsenden und häufiger im Freien cultivirten Blüthenpflanzen. Nach dem Tode des Verfassers bearb. u. hrsg. v. Julius Roßmann. - Gießen 1860. VIII, 482 S.
Vgl. Heyer, Karl.

Heyer, Conr., Abhandl. a. verschied. Theilen d. Rechtswiss., s. a. Abhandlungen.

Heyer, Konr., Abhandlungen aus verschied. Theilen d. Rechtswissenschaft. gr. 8. Gießen 841, Heyer Vater. 2/3 ß

Ueber den Werth [Wert] der Krankheitsformen, nebst e. Beitrage zu der nähern Kenntniß der Augenentzündungen. ... Von Konrad Friedrich Heyer. Braunschweig: Reichard 1802. 49 S. 8°

Heyer, Konr. Fr., († d. 4. Juni 1810.) über den Werth d. Krankheitsformen, nebst einem Beitr. zu d. Kenntniß d. Augenentzündung. 8. Braunschw. 803. Reichard. 3 gr. (a. Vogler in Potsd.)

Heijer, Martinus [Arzt aus Nymegen '(Holland)'. Geb. in Amsterdam]: Zur Pathogenese der Pleuritis unter dem Einfluss des Bacterium coli commune ... Nijmegen, F. E. Macdonald, 1897; 4 Bl., 95 S., 2 Bl. 8.
Freiburg i. B., Med. Fak., Inaug.-Diss. v. 1897

[Arab. u. Ant.] ... Nyimbo za kumsifu M'ngu. Lieder zu Gottes Preis im Lamu-Suaheli vf. v. R. **Heyer** & W. **Pieper**, Missionare in Lamu. *Neukirchen: Stursberg & C. 1896.* (1 Bl., 109 Doppels., 1 Bl.) 1 Bd 8. [98. 3037

Heyer, R. Das System der Kulturgeschichte des Menschen, insbes. das System ihrer tektonischen Form u. der Baustyl der Gegenwart. Stettin, Danzig, Elbing. [1863.] 8

Heyer, R., das System der Kulturgeschichte des Menschen, ins Besondere das System ihrer tektonischen Form u. der Baustyl der Gegenwart. Stettin 864. Saunier. gr. 8. (VIII, 175 S.) n. 1 ℳ

Heyer, Richard

Heyer, Rich., Alt-Hildesheim. Bemerkenswerte Gebäude u. Einzelmotive in Photogravuren u. Chromolithographien nach Aquarellen. 1. Sammlg. gr. Fol. (6 Photograv. u. 4 Farbdr. m. 2 S. Text.) Wolfenbüttel 898. J. Zwissler. In Mappe n. 20. —

Heyer, R., Aufgaben f. das Fachzeichnen an Fortbildungs- u. Fachschulen. I—V, VIII u. IX. qu. 4. Leipzig, Seemann & Co. à n. 1. —
I. Für Zimmerer. (15 Taf.) (901.)
II. Für Maurer. (Fenster, Hausthüren u. Giebel in Backsteinen.) (12 Taf.) (901.)
III. Für Maurer u. Steinhauer. (Hausteinformen.) Serie A. (12 Taf.) (901.)
IV. Für Maurer u. Steinhauer. (Fenstersohlbank- u. Sturzformen.) Serie B. (15 Taf.) (901.)
V. Für Bautischler (Formenelemente). Serie A. (12 Taf.) (902.)
VIII. Für Maschinenbauer (Maschinenelemente). Serie A. Bearb. v. Paul Brandes. (11 Taf.) (902.)
IX. Für Maschinenbauer (Fortsetzung der Maschinenelemente.) Serie B. (11 Taf.) (902.)

Heyer R, Aufgab. f. d. Fachzeichnen. 1. Für Zimmerer. (15 T) qu 4° Leipzig (1902)

Heyer R, Aufgaben für das Fachzeichnen. 2. Für Maurer. (12 T). — 3. 4. Für Maurer und Steinhauer. Serie A und B. (12 und 15 T) qu 4° Leipzig (1902)

Heyer, R., Aufgaben f. das Fachzeichnen an Fortbildungs- u. Fachschulen. VI—IX. qu. 4. Leipzig [Seemann & Co.] Breslau, F. Hirt. à n. 1. —
VI. Für Bautischler (Zimmertüren, Fenster u. Haustüren). Serie B. (15 Taf.) (903.)
VII. Für Bautischler (Treppen). Serie C. (12 Taf.) (903.)
VIII. Für Maschinenbauer (Maschinenelemente). Serie A. Bearb. v. Paul Brandes. (11 Taf.) (903.)
IX. Dasselbe. (Fortsetzung der Maschinenelemente.) Serie B. Bearb. v. Paul Brandes. (11 Taf.) (903.)
Hft. I—V jetzt Ebd. 901. 902. à n. 1. —.

Heyer R, Aufg. f. d. Fachzeichn. 5. Für Bautischler. Ser. A. (12 T) qu 4° Leipzig (1905)

Heyer R, Aufgaben für das Fachzeichnen. 8. 9. Für Maschinenbauer. Serie A. B. Bearbeitet von P Brandis. (je 11 T) qu 4° Leipzig (1905)

Heyer, Richard (Hrsg.), s. Bericht über die Meisterkurse in der Provinz Schlesien.

Heyer R, Fachzeichnen für Tapezierer. (Lachner III, 4) 4° Leipzig 1899

— dasselbe f. Tapezierer, s.a. Lachner's, Karl, Lehrhefte.

— Fachzeichnen f. Tapezierer, s.a. Lehrhefte f. den Einzelunterricht an Gewerbe- u. Handwerkerschulen.

Heyer, Rich., Fachzeichnen f. Glaser; Klempner; Maurer; Steinhauer u. Maurer; Tischler u. f. Zimmerer, s.a. Lehrhefte f. das Fachzeichnen an gewerbl. Schulen.

Heyer R und J Freter, Lehrhefte für das Fachzeichnen. 2. Für Gärtner von J Freter und E Heinze. (3 S 11 T) qu 4° Breslau (1910)

Heyer R und J Freter, Lehrhefte für das Fachzeichnen. 3. Glaser. (9 T) qu 4° Leipzig (1908)

Heyer R und J Freter, Lehrhefte für das Fachzeichnen. 4. Für Goldarbeiter von J Freter und R Schröder. (3 S 10 T) qu 4° Breslau (1910)

Heyer R und J Freter, Lehrhefte für das Fachzeichnen. 5. Klempner. (12 T) qu 4° Leipzig (1908)

Heyer R und J Freter, Lehrhefte für das Fachzeichnen. 6. Für Konditoren und Pfefferküchler von J Freter und W Nitzschke. (2 S 10 T) qu 4° Breslau (1910)

Heyer R und J Freter, Lehrhefte für das Fachzeichnen. 7. Maler von J Freter und H Ludwig. (9 T) qu 4° Leipzig (1909)

— — 9. 10. Maschinenbauer von P Brandes. (je 11 T) qu 4° Leipzig (1908)

Heyer R und J Freter, Lehrhefte für das Fachzeichnen. 11. 12. 13. Maurer. (15. 12. 10 T) qu 4° Leipzig (1908)

Heyer R und J Freter, Lehrhefte für das Fachzeichnen. 14. 15. 16. Steinhauer und Maurer. qu 4° Leipzig (1908)

Heyer R und J Freter, Lehrhefte für das Fachzeichnen. 17. Mechaniker von W Aderhold. (15 T) qu 4° Leipzig (1908)

Heyer R u J Freter, Lehrhefte für das Fachzeichnen. 18. Sattler von J Freter und W Nitzschke. (12 T) qu 4° Leipzig (1909)

Heyer R u J Freter, Lehrhefte für das Fachzeichnen. 19. Schlosser von J Freter und G Schönfelder. 20. Schmiede von J Freter. (je 14 T) qu 4° Leipzig (1908)

Heyer R und J Freter, Lehrhefte für das Fachzeichnen. 21. Schneider von J Rembacz. (15 T) qu 4° Leipzig (1908)

Heyer R u J Freter, Lehrhefte f. d. Fachzeichnen. 22. Schornsteinfeger. (14 T) qu 4° Leipzig (1909)

Heyer R und J Freter, Lehrhefte für das Fachzeichnen. 24. Schuhmacher von F Fuchs. (15 T) qu 4° Leipzig (1908)

Heyer R u J Freter, Lehrhefte f. d. Fachzeichnen. 25. Stellmacher. (12 T) qu 4° Leipzig (1908)

Heyer R u J Freter, Lehrhefte für das Fachzeichnen. 26. Tapezierer und Dekorateure von J Freter und J Klar. (14 T) qu 4° Leipzig (1909)

Heyer R u J Freter, Lehrstoffe für das Fachzeichnen. 27-31. Tischler (je 9-15 T) qu 4° Leipzig (1908. 09)

Heyer R und J Freter, Lehrhefte für das Fachzeichnen. 32. Töpfer und Ofenbauer. (10 T) qu 4° Leipzig (1908)

Heyer R und J Freter, Lehrhefte für das Fachzeichnen. 33. Zimmerer. (15 T) qu 4° Leipzig (1908)

Heyer, Richard: Über Umwandlungen des Sabinaketones. Hildesheim 1909: Lax. 58 S. 8°
Göttingen, Phil. Diss. v. 22. Febr. 1909, Ref. Wallach
[Geb. 7. Juni 79 Riga; Wohnort: Riga; Staatsangeh.: Rußland; Vorbildung: Stadtgymn. Riga Reife Juni 99; Studium: Dorpat 11, Königsberg 2, Göttingen 5 S.; Rig. 13. Jan. 09.] [U 09. 1358

Heyer, Th., De Hesiodi carmine, quod Opera et Dies inscribitur, forma antiquissima. Pr. 1848. 80 S. 4°. 1.20

Heyer, Wilh., Handbuch z. d. in d. Herzogthümern Baden u. Hessen gebrauchten Katechismus d. christl. Lehre f. d. evangel. protest. Kirche. 1. Ausg. (35¼ B.) 842. * 1 Thlr. 25 Ngr. u. 2. Ausg. 8. (36¼ B.) Carlsruhe 846, Groos.

Heyer, Wilh., s. Snell, J. P. L., Katechismus der christlichen Lehre.

Heyer von Rosenfeld, Friedrich: Der Adel von Galizien, s.a. Bojničić, Ivan von

Heyer v. Rosenfeld, Frdr., u. Ivan v. Bojnicic, der Adel v. Galizien, Lodomerien u. der Bukowina, s.a. Siebmacher's, J., grosses u. allgemeines Wappenbuch. IV, 14.

[Heyer, Friedrich v. Rosenfeld u.] Bojničić, Ivan v.: Der Adel von Galizien, Lodomerien und der Bukowina. (Galizisch-bukowinisches Wappenbuch). Nürnberg: Bauer & Raspe 1905. (J. Siebmacher's großes und allgemeines Wappenbuch. Bd 4. 14. Abt. 2 Tle.)

Heyer v. Rosenfeld, F., die Orden u. Ehrenzeichen der k. u. k. österreichisch-ungar. Monarchie m. histor. Einleitung u. beschreib. Texte, nach authent. Quellen bearb. 12 Taf. in Farbendr. Imp.-4. (V, 32 S.) Wien 888. Schroll & Co. geb. n. 21. —

Heyer v. Rosenfeld, Frdr., d. Orden u. Ehrenzeichen der k. u. k. österreichisch-ungarischen Monarchie. Mit histor. Einleitg. u. beschreib. Texte. Nach authent. Quellen bearb. Berichtigt u. ergänzt v. Hugo Gerard Ströhl. 16 Taf. in Farbendr. 2. verm. Ausg. Fol. (25 S. Text.) Wien 899. A. Schroll & Co. Geb. in Leinw. n. 15. —

Heyer v. Rosenfeld, Friedr., die See-Flaggen, National- und Provinzial-Fahnen, sowie Cocarden aller Länder, nach officiellen Quellen zusammengestellt und bearbeitet. hoch 4. (20 Chromolithogr. mit 1 Bl. Text.) Wien 888, Hof- und Staatsdruckerei. *

Heyer von Rosenfeld Fr., die Staatswappen der bekanntesten Länder der Erde. Nebst Landesflaggen u Kokarden. 8. A. (6 T) aufol u 10. A. (14 T) 4° Frankfurt 1881. 95

Heyer v. Rosenfeld, Frdr., die Staats-Wappen der bekanntesten Länder der Erde. Nebst deren Landesflaggen u. Cocarden. Nach durchaus amtl. Mittheilgn. hrsg. 10., vollständig umgearb. u. vielfach verm. Aufl. (In 3 Lfgn.) 1. Lfg. gr. 4. (5 farb. Taf.) Frankfurt a/M. 894. H. Keller. n. 4. —

Heyer v. Rosenfeld, Frdr., d. Staats-Wappen der bekanntesten Länder d. Erde. Nebst deren Landesflaggen u. Cocarden. Nach durchaus amtl. Mittheilgn. hrsg. 10., vollst. umgearb. u. vielfach verm. Aufl. 2. u. 3. Lfg. gr. 4. (9 farb. Taf.) Frankfurt a/M. 895. H. Keller. In Mappe. à n. 4. —

Heyermans, Jr., Herm., s. a.: Heijermans jr., Herm.

Hermann Heijermans [Heyermans]. Die Augen oder Jobs' wundersame Erlebnisse. Roman. Berlin: Boll & Pickardt 1910. XIV, 246 S. 8° [10. 11698

Der Brandstifter. Drama in 1 Akt von Hermann Heyermans. Einzig autor. f. d. Deutsche Bühne hergestellte Uebers. von R[egina] Ruben. Berlin: Boll & Pickardt 1908. (79 S.) 8° [F.] [08. 8517

— die Hoffnung (op hoop van zegen). Ein Seestück in 4 Akten. Einzig autoris. Uebersetzg. Deutsch v. Franziska de Graaff. 8. (136 S.) Berlin (901). (Leipzig, K. F. Koehler.) n. 2. —; geb. in Leinw. n. 3. —

— ein Judenstreich, s.: Bibliothek berühmter Autoren. 1. Bd.

Heyers, Heinrich, Referendar: Beiträge zur Lehre von der Doppelversicherung. Greifswald 1910: Wolfram. 46 S. 8°

Greifswald, Jur. Diss. v. 3. Mai 1910, Ref. Frommhold

[Geb. 18. März 82 Tiinen; Wohnort: Berlin; Staatsangeh.: Preußen; Vorbildung: Gymn. Meppen Reife O. 03; Studium: Bonn 2, Innsbruck 1, Berlin 5 S.; Rig. 2. Juli 09.] [U 10. 1518

Heyers, Hermann, Referendar: Zur Lehre vom Aufhebungsvertrage und der condictio ob causam finitam. Borna-Leipzig 1909: Noske. VI, 41 S. 8°

Leipzig, Jur. Diss. v. 21. März 1910

[Geb. 19. März 82 Meppen; Wohnort: Meppen; Staatsangeh.: Preußen; Vorbildung: Gymn. Meppen Reife O. 00; Studium: Freiburg i. B. 1, München 1, Bonn 1, Berlin 1, Göttingen 2 S.; Rig. 24. Juli 09.] [U 10. 2733

Heyes, Hermann Joseph, Repetent am Collegium Leoninum zu Bonn: Bibel und Ägypten. Abraham und seine Nachkommen in Ägypten. T. 1. Gen. Kap. 12—41 inkl. Münster i. W. 1905: Aschendorff. (XVI, 31 S.) 8° ¶[Ersch. vollst.: Münster i. W.: Aschendorff 1904 ff.]

Bonn, Kath.-theol. Fak., Ref. Kaulen, Diss. v. [23. Mai] 1905

[Geb. 17. Febr. 73 Garzweiler (bei Grevenbroich); Heimatsort: Bonn; Staatsangeh.: Preußen; Vorbildung: Gymn. Münstereifel Reife O. 93; Studium: Bonn 6, Cöln (Priesterseminar) 2, Bonn (Hospitant) 4 S.; Rig. 22. Febr. 05.]

Heyes, Herm. Jos., Bibel u. Ägypten. Abraham u. seine Nachkommen in Ägypten. 1. Tl. Gen. Kapitel 12—41 inkl. (XVI, 286 S.) Lex.-8. Münster 904. Aschendorff. n. 9. —

Die Aufgaben der Stuttgarter Gemäldegalerie gegenüber der heimischen Kunst von Dr. Erich Heyfelder, Privatd. Tübingen: G. Schnürlen 1907. (56 S.) 8° [F.] [07. 15469

Erich Heyfelder. Die Illusionstheorie und Goethes Ästhetik. *Freiburg im Br.: H. Heyfelder 1905.* (200 S.) 8°
— Heyfelder: Ästhetische Studien. H. 2. [04. 16110

Heyfelder, Erich, Klassicismus u. Naturalismus b. Fr. Th. Vischer. gr. 8. (86 S.) Berlin 901. [R. Gaertner.] Freiburg i/B., H. Heyfelder. n. 1. 60

Klassicismus und Naturalismus bei Fr. Th. Vischer. Von Erich Heyfelder. *Berlin: R. Gaertner 1901.* (86 S.) 8°
— [Heyfelder: Ästhetische Studien. H. 1.] [04. 16109

— Die Reitkunst auf den deutschen Universitäten. (VIII, 36 S. m. 4 Taf.) 8. Berlin 909. Weidmann. 1.20

Heyfelder, Erich, ästhetische Studien. 2. Hft. Die Illusionstheorie u. Goethes Aesthetik. (201 S.) gr. 8. Freiburg i/B. 904. [H. Heyfelder.] Berlin, Weidmann. n. 4. —
Hft. 1 u. d. T.: Klassicismus u. Naturalismus bei Fr. Th. Vischer. Jetzt Ebd. 901. n. 1. 60.

Heyfelder, Erich: Ästhetische Studien. 2. Heft. Die Illusionstheorie und Goethes Ästhetik. Freiburg i. Br.: H. Heyfelder 1905. (200 S.) 8° ¶(H. 1 erschien 1901 u. d. T.: Klassicismus und Naturalismus bei Fr. Th. Vischer.)

Tübingen, Phil. Hab.-Schr. v. 1905

Heyfelder, Johann Ferdinand

(Heyfelder, J. F.) Anleitung z. Kranken-Wartung. 4. (2 B.) Stuttgart 837, Hoffmann'sche Verlsbuchh. *

— s. a. Anleitung zur Kranken-Wartung.

Heyfelder, J. F., über Bäder u. Brunnenkuren, besond. an d. Mineralquellen d. Taunusgebirges, namentlich Ems, Schlangenbad, Wiesbaden u. Schwalbach. 8. (9 B.) Stuttgart 834, [Beck u. Fränkel.]

Heyfelder, Beiträge zur patholog. Anatomie, s. Acta u. phys.-med. Acad. Caes. Leopold. Carol. XIX. Pts. II.

—— **Beobachtungen üb. d. Cholera asiatica auf e. in Folge höh. Auftrags in d. von jener Krankheit heimgesuchten Gegenden unternomm. Reise u. während e. mehrmonatl. Aufenthalts in Berlin u. Magdeburg, sowie im Cüstrin'schen, Königsberg'schen u. Oberbarnim'schen Kreise gesammelt u. mit höh. Genehmigung hrsg. (1. Thl.) M. 1 lll. Taf. gr. 8. (14¾ B.) Bonn 832, Weber.**

—— **dass. 2. Thl. — A. u. d. T.: Die Cholera in Frankreich, besond. im Mosel-, Maas-, Marne-, Seine- u. Marne-Seine- u. Oise- u. Oise-Departement, sowie in Paris in Folge höh. Auftrags beobachtet. gr. 8. (14 B.) Ebds. 832.**

Heyfelder, (Johann Ferdinand): Beobachtungen über die Krankheiten der Neugebornen, namentlich über Zellgewebsverhärtung, Augenentzündung, Rose, Gelbsucht, Verschließung des Afters, Aphthen, nach eigenen Erfahrungen in den Hospitälern zu Paris. 97 S., gbd.

Leipzig: Hartmann 1825

Heyfelder, Dr. Beobachtt. über d. Krankheiten d. Neugebornen, namentlich über Zellgewebeverhärtung, Augenentzündung, Rose, Gelbsucht, Verschließung d. Afters, Aphthen. gr. 8. Leipz. 825. (Voß). 12 gr.

— s. Bibliothek d. ausl. Litt. für Medicin. 3r Bd.

—— die **Heilquellen** d. Grosshrzgth. **Baden**, d. Elsass u. d. Wasgau. gr. 8. (15½ B. u. 2 Ansichten.) Stuttgart 841, Ebner u. Seubert.

Heyfelder, J. F.: Die Heilquellen des Grossherzogthums Baden, des Elsass und des Wasgau. Mit den Ansichten von Rippoldsau und Petersthal. Stuttgart 1841. VIII 232 S. 8°.

— die **Heilquellen** u. Molkenkur-Anstalten des Königreichs Würtemberg u. der Hohenzollernschen Fürstenthümer. Mit d. Ansichten von Niederau, Teinach, Wildbad u. dem Sulzerrain bei Cannstatt. gr. 8. Stuttg. 840. Ebner u. Seubert. 1½ Thlr.

Heyfelder, die Heilquellen d. Königr. Württemberg, m. Einschluss der Hohenzollern'schen Fürstenthümer, des Grossherzogth. Baden, des Elsass u. des Wasgau. 2. Aufl. 8. (30⅞ B.) Stuttgart 840, Ebner u. Seubert. *

—— **Jmnau u. seine Heilquellen. (M. 1. Anticht v. Jmnau. gr. 4.) 16. (1½ B.) Stuttgart 834, Brodhag.**

—— de lipomate et de steatomate inprimis microscopii ope indagatis nonnulla. 8 maj. (1½ B.) Stuttgartiae 842, Ebner et Seubert. *

Heyfelder, Joannes Ferdinandus (Martinus) *(geb. Küstrin 21. 1. 1798)*: De prosopalgia Fothergilli adnexa singularis hujus morbi historia. Vratislaviae (1820). (31 S.) 4°

Breslau, Med. Diss. v. 15. März 1820

Heyfelder, Johann Ferdinand, s. Repertorium der Thierheilkunde.

Heyfelder, J. F., über Resectionen und Amputationen. Mit 4 Steindrucktaf. (in 4. u. Fol.) Breslau und Bonn 854. E. Weber. gr. 4. (7 Bl., 270 S.) n. 5 Thlr.

—— **der Selbstmord in arznei-gerichtl. u. in medicin.-polizeil. Beziehung. gr. 8. (7½ B.) Berlin 828, Enslin'sche Buchh.**

—— **Studien** im Gebiete d. Heilwissenschaft. 2 Bde. gr. 8. Stuttgart, Hallberger'sche Vrlsbuchh. [1. (19½ B. u. 1 Stnt.) 838., 2. (18 B.) 839. à 1¾ Thlr.]

Heyfelder (J. F.), das Verhalten zur Abwehr der Cholera. 2., verm. Aufl. Erlangen 854. Deichert. gr. 8. (8 S.) n. 2 ngr.

Heyfelder, (F.), die Versuche mit dem Schwefeläther und die daraus gewonnenen Resultate in der chirurg. Klinik zu Erlangen. gr. 8. (99 S. und 2 Kpfrt.) Erlangen 847. [Frankfurt a. M., Heyder und Zimmer.]

—— die Versuche mit dem Schwefeläther, Salzäther und Chloroform und die daraus gewonnenen Resultate in der chirurg. Klinik zu Erlangen. gr. 8. (XII und 158 S.) Erlangen 848. [Frankfurt a. M., Heyder und Zimmer.] Thlr. -

Heyfelder, O. General Graf Todleben vor Plewna 1877. A. d. Russ. Kassel 1887. 34 S.

Heyfelder, O., **Transkaspien** u. seine Eisenbahn. Nach Acten des Erbauers M. **Annonkoff** bearb. gr. 8. (X, 159 S. m. eingedr. Illustr., 8 Taf. u. 1 Karte.) Hannover 888. Helwing's Verl. n. 8. —

Heyfelder, O., **Transkaspien** u. s. Eisenbahn. Nach Acten d. Erbauers M. Annenkow bearb. 2., unveränd. [Titel-]Aufl. gr. 8. (X, 159 S. m. Fig., 8 Taf. u. 1 Karte.) Hannover (888) 889. Leipzig, Zuckschwerdt & Co. n. 4. —

Transkaspien und seine Eisenbahnen. Nach Acten d. Erbauers Gen.Lt. M. Annenkow bearb. von Dr. O. **Heyfelder**, Staatsrath in St. Petersburg. 2., unveränd. Aufl. *(Leipzig: Zuckschwerdt & Co.) 1889.* (x, 159 S.) 8°
— **Russland** in **Asien**. Bd 1.

Heyfelder, Oscar, über den Bau der Lymphdrüsen. Mit 1 Steindrucktaf. [Für d. Kaiserl. Leopold.-Carol. Akad. d. Naturforscher.] gr. 4. (22 S.) Breslau u. Bonn 852, Weber. n. ⅓ Thlr. (siehe auch: **Actorum**, novor., acad. caes. Leop. Carol. nat. curiosor. vol. XXIII. pars 2.)

Heyfelder, O. Bericht üb. m. ärztl. Wirksamk. a. Rhein u. i. Frankreich während d. dtsch.-franz. Krieges 1870/71. Petersburg 1871.

Heyfelder, O., **Bericht** üb. meine ärztliche Wirksamkeit am Rhein u. in Frankreich während d. deutsch-französischen Krieges 1870—1871. gr. 8. (V, 96 S. m. 2 Steintaf.) St. Petersburg 872. Röttger. n. 2. —

Heyfelder, Osk., die **Kindheit** des Menschen. Ein Beitrag zur Anthropologie u. Psychologie. Erlangen 857. Enke. gr. 8. (VI, 92 S.) n. 14 ngr.

— — 2. verm. Aufl. Ebend. 858. gr. 8. (X, 118 S.) n. 16 ngr.

Heyfelder, Osc., das Lager von Krasnoe Selo im Vergleich mit dem von Chalons. Militärärztliche Studie. Berlin 866. G. Reimer. gr. 8. (VIII, 64 S. mit 4 Steintaff. in 8. u. qu. 4.) 15 ngr.

Heyfelder, Osc., Lehrbuch der Resectionen. Mit 8 Kpfrtaf. u. 31 in den Text gedr. Holzschn. 2. Abdr. Wien 863. Braumüller. gr. 8. (XII, 405 S.) n. 3 Thlr. 10 ngr.

—— **Operationslehre und Statistik der Resectionen. gr. 8. (VIII und 399 S. mit 8 Kpfrt. und 81 in den Text gedr. Holzschn.) Wien 861, Braumüller's Verlags-Conto.**

— die Resection des Oberkiefers, eine Monographie. Mit 2 (lith.) Taf. (in 4. u. Fol.) Berlin 857. G. Reimer. gr. 8. (3 Bl., 113 S.) 22½ ngr.

— kriegs-chirurgisches Vademecum. 8. (VII, 250 S.) St. Petersburg 874. Hoppe. n. 4. 50

— über falsche Wege. Ein Beitrag zur Pathologie der Harnwerkzeuge. (Aus „Nova Acta Acad. Caes. Leop.-Carol. Vol. XXIV.") Breslau u. Bonn 854. E. Weber. gr. 4. (S. 497—548 u. 1 lith. Taf.) n. 24 ngr.

Heyfelder, Victor [aus Bromberg]: Über den Begriff der Erfahrung bei Helmholtz ... Berlin, *Druck v. L. Simion,* 1897; 81 S., 1 Bl. 8.
Berlin, Phil. Fak., Inaug.-Diss. v. 15. Mai 1897

Heyfelder, Vict., über den Begriff d. Erfahrung bei Helmholtz. gr. 8. (81 S.) Berlin 897. R. Gaertner. n. 1. 60

Kurzgefaßte Grammatik zur Erlernung der russischen Sprache. Zsgest. von v. **Heygendorff.** Leipzig: Baldamus 1897. VI, 152 S. 8° [11. 11833

Heygendorff, v., Übungen zur Förderung der Körperentwicklung unserer Jugend, 23 S., 16°.

Heygendorff, Werner von, a. Bad Elster i. V.: Über das Verteilungs-Gleichgewicht der Jonen. Leipzig: G. Schlemminger 1904. (32 S.) 8°
Leipzig, Phil. Fak., Ref. Ostwald u. Wiener, Diss. v. 10. Jan. 1904 [I]
[Geb. 19. Mai 69 Bad Elster; Wohnort: Elster; Staatsangeh.: Sachsen; Vorbildung: Gymn. Dresden-N. Reife O. 90; Studium: Leipzig 10 S.; Rig. 6. Dec. 04.]

Festschrift zum 75-jährigen Bestehen der städtischen Sparkasse in Memel. Verf. von A[rthur] **Heygster,** Stadtrath. *Memel 1901: F. W. Siebert.* (11 S.) 8° [F.] [01. 7890 10

Heyken, Georg [app. Arzt aus Werdumer alten Grode (Ostfriesland)]: Anatomische Untersuchungen über die Muskulatur der breiten Mutterbänder. (Gekrönte Preisschrift ... Kiel, Druck d. „Nord-Ostsee-Zeitung", 1890: 13 (1 S.) 1 Bl. 8°
Kiel, Med. Fak., Inaug. Diss. v. 24. Mai 1890

Heyken, Geo., anatomische Untersuchungen üb. die Muskulatur der breiten Mutterbänder. [Gekrönte Preisschrift.] Inaug.-Diss. gr. 8. (13 S.) Kiel 890. (Gnevkow & v. Gellhorn.) n. 1. —

Heyking, A. v., s.: Gesetz, das, üb. die Umgestaltung der Polizei in den baltischen Gouvernements u. die Instruction f. die Ordnungsmänner des kurländischen Gouvernements.

Heyking, Baron Alphonse. De l'exterritorialité. gr. 8. (170 S.) Berl. 889, Puttkammer u. Mühlbrecht. 3 —

Heyking, Alfons Baron, zwei brennende Fragen für den ländlichen Grundbesitz Kurlands, statistisch beleuchtet. gr. 8. (45 S.) Mitau 864, Lucas. *

Heyking, Alfons, Baron (Hrsg.), s. Heyking, Karl Hnr.: Aus Polens u. Kurlands letzten Tagen.

—— Land und Leute der Mitauschen Oberhauptmannschaft. Eine Beigabe zu der vom kurl. statist. Comité hrsg. Specialkarte der Mitauschen Oberhauptmannschaft. 1. Lfg.: Das Kirchspiel Sessau. gr. 8. (70 S.) Mitau 867, (Lucas.) *

Heyking, Alfons Baron, statistische Studien über die ländlichen Zustände Kurlands. gr. 8. (71 S. mit 3 chromolithogr. Karten in qu. Fol.) Mitau 862, Lucas. *

v. Heyking, Dietr. Er., († d... 1781.) Beantwortung u. Widerlegung der in diesem Jahr herausgekommenen Zusätze zum Kurländ. Staatsrecht d. v. Ziegenhorn. 8. Leipz. 777. Hartknoch. 6 gr.

— s. Betracht. üb. d. Ausland v. Kurland.

— die in einer gründlichen Auflösung verschiedene zweifelhafte Staatsmaterien enthält. Geschichte d. Grund- u. Hauptverfass. v. Kurland u. Semgallen. 8. Warschau 762. (108 S.)

— Kurlands Grundverfassung gereinigt von den Meinungen u. Vorurtheilen, auf welche das v. Ziegenhornsche kurländ. Staatsrecht ruhet. 8. (Warschau.) 774.

Heyking, Edmund Freiherr von (geb. Riga [?] 3. 1850): Zur Geschichte der Handelsbilanztheorie. Berlin 1880. (89 S.) 8°
Berlin, Phil. Diss. v. 12. Aug. 1880

Heyking, Edm. Frhr. v., zur Geschichte der Handelsbilanztheorie. 1. Thl.: Einleitendes. Aeltere engl. Systeme u. Theorien. gr. 8. (V, 90 S.) Berlin 880. Puttkammer & Mühlbrecht. n. 2. —

Heyking, Edm., Reisebilder aus dem europäischen Rußland u. dem Kaukasus. 8. (VIII, 124 S.) Leipzig 878. Steinacker in Comm. n. 2. 40

Heyking, Baronin Elisab. v., geb. Gräfin Flemming, s.: Briefe, die ihn nicht erreichten.

Briefe, die ihn nicht erreichten. [Verf.: Elisabeth v. **Heyking.**] 18. Aufl. *Berlin: Gebr. Paetel 1903.* (269 S.) 8° [04. 1453 11

Briefe, die ihn nicht erreichten. [Verf.: Elisabeth v. **Heyking.**] 21. Aufl. *Berlin: Gebr. Paetel 1903.* (269 S.) 8° [F.] [03. 15315

[Heyking, Elisab. Freifr. v.:] Briefe, die ihn nicht erreichten. 31. Aufl. Berlin: Paetel 1903.

Briefe, die ihn nicht erreichten. [Verf.: Elisabeth v. **Heyking.**] 37. Aufl. Berlin: Gebr. Paetel 1903. (269 S.) 8°

Briefe, die ihn nicht erreichten. [Verf.: Elisabeth v. **Heyking.**] 58. Aufl. Berlin: Gebr. Paetel 1904. (269 S.) 8° [07. 7014 11

Briefe, die ihn nicht erreichten. [Verf.: Elisabeth v. **Heyking.**] 63. Aufl. *Berlin: Gebr. Paetel 1904.* (269 S.) 8°

[Heyking, Elisabeth v.:] Der Tag anderer. Von d. Verf. d. 'Briefe, die ihn nicht erreichten'. 4. Aufl. Bln '05. 224 S.
[—] — 5. Aufl. '05. 224 S.

Der Tag anderer. Von d. Verf. d. 'Briefe, die ihn nicht erreichten' [d. i. Elisabeth v. **Heyking**]. 10. Aufl. Berlin: Gebr. Paetel 1905. (224 S.) 8° [06. 9030 11

Der Tag anderer. Von d. Verf. d. 'Briefe, die ihn nicht erreichten' [d. i. Elisabeth v. **Heyking**]. 21. Aufl. Berlin: Gebr. Paetel 1905. (224 S.) 8° [06. 9032

— s. Tag, der, Anderer.

[F.] Aus Polens und Kurlands letzten Tagen. Memoiren d. Bn Karl Heinrich **Heyking** (1752—1796). In deutscher Bearb. nebst Anm. u. Beil. hrsg. v. Bn Alfons Heyking sen. *Berlin: J. Räde 1897.* (3 Bl., 501 S.) 1 Bd 8. [97. 5356

Heyl, Adolph (Darmstadt)
a.) Analyse eines nickelhaltigen Glockenmetalls
b.) Analyse der officinellen Schwammkohle.
[In: Liebigs Annalen Bd 62 (1847), S. 85-89.
Dr. phil. Giessen 11.3.1847.

Heyl, Alfred: Die im Herzogtum Sachsen-Meiningen üblichen Fruchtfolgen, unter Berücksichtigung ihrer geschichtlichen Entwicklung. Coburg 1907: A. Roßteutscher. (159 S., 1 Karte) 8°
Jena, Phil. Fak., Ref. Edler, Diss. v. 27. Dez. 1907
[Geb. 6. Febr. 82 Bibra (Sachsen-Meiningen); Wohnort: Meiningen; Staatsangeh.: Sachsen-Meiningen; Vorbildung: Realgymn. Meiningen Reife O. 02; Studium: Leipzig 4, München 2, Jena 3 S.; Rig. 15. Juni 07.]

Heyl, Carl, s. Heyl, Karl.

Heyl, Eduard [aus Berlin]: Ueber einen Fall von periostealem Osteosarkom am Oberschenkel .... Berlin, Druck: W. Moeser, Hofbuchdr. (1886); 35+1 S. 8°.
Berlin, Med. Fak., Inaug.-Diss. v. 14. Aug. 1886.

Heyl, Eduard, über einen Fall von periostealem Osteosarkom am Oberschenkel. Diss. Berlin 1886, Mayer & Müller. 8°. 35 S.

Heyl, Eugen [aus Friedberg, Hessen]: Über Ketone des o-, m- und p-Chlortoluols und des o- und p-Chlorphenetols. Darmstadt 1896. 47 S. 8°.
Basel. Phil. Diss. 1896/97.

Heyl, Ferdinand

— the stranger's guide to Wiesbaden. (The town and its environs.) Translated by Ch. Benson. 3. ed. 8. (216 Sp. m. Plan u. Karte.) Wiesbaden 893. Chr. Limbarth. n.n. 1. —

Hey'l, Ferd., humoristische Original-Vorträge in Prosa. Für gesellige Kreise, Vereine u. Gesellschaften. 1. u. 2. Heft. Berlin 863, 64. Lassar. Lex.-8. (151 S. m. Holzschn.) Jedes Heft n. 15 ngr.

Hey'l, F. Rechenschaftsbericht über die Tätigkeit des Kreis-Vereins f. d. Pflege im Felde verwundeter u. erkrankter Krieger zu Wiesbaden von Juli 1870 bis Mai 1871.
Wiesbaden 1871. 70 S.

—— und Berlepsch, neuestes Reisehandbuch für West-Deutschland. Illustrirte Ausg. 8. (VIII und 977 S. mit 28 Karten, wovon 18 chromolithogr. und 15 in Holzschn., 14 Plänen, wovon 9 chromolithogr. und 5 in Holzschn., 8 Panoramen und 52 Ansichten in Stahlst. in 8., gr. 4., Fol. und qu. Fol.) Hildburghausen 867, Bibliographisches Institut. geb. *

Hey'l's, F., Rhein- u. Lahnführer. [Wegweiser auf der nassauischen Rhein- u. Lahnbahn.] Mit Einschluss der Taunusbäder Ems, Schlangenbad, Schwalbach, Wiesbaden, der Städte: Biebrich, Coblenz u. Oberlahnstein u. der Seitentouren: durch das Wisperthal u. über den Niederwald. Ein prakt. Handbuch für Reisende. [1. Abth. v. F. Heyl's Rhein-, Main- u. Lahnführer.] 4. durchaus verm. u. verb. Aufl. [Mit e. (lith.) Karte des Lahnthals (in qu. Fol.). Wiesbaden 869. (Feller & Gecks.) 8. (160 S.) n.n. 20 ngr.

Heyl's, Ferd., Rhein- u. Lahnführer. Mit Einschluss der Taunusbäder: Ems, Schlangenbad, Schwalbach, Wiesbaden, der Städte: Biebrich, Coblenz u. Oberlahnstein, u. der Seitentouren: durch das Wisperthal u. über den Niederwald. Ein prakt. Handbuch für Reisende. [I. Abth. von F. Heyl's Rhein-, Main- u. Lahnführer.] 5., durchaus verm. u. verb. Aufl. [Mit einer (lith.) Karte des Lahnthals.] 8. (186 S.) Wiesbaden 881. (Feller & Gecks.) n. 2. —

Hey'l, Ferd., Rheinlande, s. a. Meyer's Reisebücher.

—— und Berlepsch, die Rheinlande von Basel bis Holland. 2. Aufl. von „West-Deutschland". Illustr. Ausg. Mit 30 (lithogr. und chromolithogr.) Karten und 16 Stadtplänen (in 8., 4. und Fol.) von L. Ravenstein, 8 Panoramen (in Stahlst.) in qu. Fol. und 54 Ansichten (in Stahlst.) von P. Ahrens. gr. 8. (XVI, 1032 S.) Hildburghausen [Leipzig] 871, Bibliogr. Institut. geb. *

—— —— dass. — Ausg. II. Mit 20 (lithogr. und chromolithogr.) Karten und Plänen (in 8., 4. und Fol.) von L. Ravenstein und 15 Ansichten (in Stahlst.). gr. 8. (XIV, 1032 S.) Ebendas. 871. geb. *

Hey'l und Berlepsch, Die Rheinlande von Basel bis Holland. 2. Aufl. von »West-Deutschland«. Illustr. Ausgabe. Mit 25 lith. u. chromolith. Karten u. Stadtplänen in 8., 4. u. Fol. von L. Ravenstein, 8 Panoramen in Stahlstich u. qu.-Fol. u. 50 Ansichten in Stahlst. von P. Ahrens. Hildburghausen, Bibliogr. Institut, 1872. gr. 8. (n.)
——, —— Ausgabe II. Mit 20 lith. u. chromolith. Karten u. Plänen in 8., 4. u. Fol. von L. Ravenstein u. 15 Ansichten in Stahlst. Ebenda 1871. gr. 8.

—— Die Rheinlande oder West-Deutschland von Ferd. Heyl. 3. Aufl. Mit 20 lith. u. chromolith. Karten, 16 Plänen, 8 Panoramen in Stahlst., u. 46 Ansichten in Stahlst. Hildburghausen 1874. 8.

Hey'l, Ferdinand. Rheinlande. 4. Aufl. In-18°, mit 16 Karten, 22 Plänen, etc. Leipzig, Bibliogr. Institut. 1879. XII, 4, 6 .. geb. 6 70

——, —— 5. Aufl. Mit 16 Karten, 12 Plänen, dem Panorama vom Niederwald u. dem Rheinpanorama von Mainz bis Coblenz. Ebda 1884. 8.
——, —— 6. Aufl. Mit 20 Karten, 13 Plänen u. 2 Panoramen. Leipzig 1888. 12.

Heyl, Ferdinand, Rheinlande. 8. Auflage. Mit 20 Karten, 17 Plänen und 7 Panoramen. 8. (XII, 312 S.) In Lnwd. geb. Ebda. 1896.

— vom deutschen Strom. Bilder v. den Ufern d. Rheins. 8. (VII, 265 S.) Wiesbaden 875. Bischkopff. n. 3. —

Hey'l, humoristisch-närrischer Volkskalender der Narhalla, s. Volkskalender, humoristisch-närrischer.

— Wiesbaden u. seine Umgebungen. Ein zuverläss. Führer durch die Curstadt u. ihre Umgebung. 2. Aufl. Wiesbaden 867. (Limbarth.) 8. (200 Sp. mit 1 chromolithogr. Stadtplan u. 1 lithogr. Karte der Umgegend in 4.) n. 8 ngr.

Hey'l, Ferd., Wiesbaden und seine Umgebungen. Ein zuverlässiger Führer durch die Curstadt und ihre Umgebung. Mit einem (chromolithogr.) Stadtplan (in gr. 4.) und 1 (chromolithogr.) Karte der Umgegend (in qu. gr. 4.) von Ludw. Ravenstein. 5. Aufl. 8. (224 Sp.) Wiesbaden 872, Feller und Gecks. — Limbarth. *

—— Wiesbaden und seine Umgebungen. Ein zuverläss. Führer durch die Curstadt und ihre Umgebung. Mit 1 (chromolithogr.) Stadtplan und 1 (chromolithogr.) Karte der Umgegend von Ludw. Ravenstein. 10. und 11. Aufl. 8. (322 Sp.) Wiesbaden 880,81, Feller und Gecks. **

— dasselbe. 12. Aufl. 8. (340 S.) Wiesbaden 882. Moritz & Münzel. n. 1. —

—— dass. — Mit 1 (chromolithogr.) Stadtplan und 1 (lithogr.) Karte der Umgebung von Ludw. Ravenstein. 13. Aufl. 8. (336 Sp.) Ebendas. 884. **

—— Wiesbaden und seine Umgebungen. 14. Aufl. 8. (330 Sp. mit 1 Stadtplan und 1 Karte der Umgebung von Ludw. Ravenstein.) Wiesbaden 886, (Moritz und Münzel.) **

Hey'l, Ferd., Wiesbaden u. seine Umgebungen. 17. Aufl. 8. (330 Sp. m. 1 Plan, 1 Karte u. 1 Ansicht.) Wiesbaden 892. Chr. Limbarth. — Moritz & Münzel. n.n. 1. —

— Wiesbaden u. seine Umgebgn. (Umschlag: Wiesbadener Fremdenführer. Die Curstadt u. ihre Umgebgn.) Nach d. Tode d. Verf. durchaus neu bearb. M. e. Stadtplan v. J. Bornhofen, e. Karte d. Umgebg., sowie mehr. Routenskizzen. 19., reichillustr. Aufl. 71.–76. Taus. 8. (231 S.) Wiesbaden 898. (R. Bechtold & Co.) 1. —

Hey'l, Ferd., Wiesbaden u. seine Umgebungen. Nach dem Tode des Verf. durchaus neu bearb.. Mit e. Stadtplan, e. Karte der Umgebg., sowie mehreren Ausflugsskizzen. (Umschlag: Wiesbadener Fremdenführer.) 23. reichillustr. Aufl. (220 S.) kl. 8. Wiesbaden 904. (R. Bechtold & Co.) n. 1. —

Hey'l, Ferd., Wiesbaden u. seine Umgebungen. Nach dem Tode des Verf. jährlich durchaus neu bearb. u. ergänzt. Mit e. Stadtplan, e. Karte d. Umgebg., sowie mehr. Ausflugsskizzen. 27. reich illustr. Aufl. (231 S.) kl. 8. Wiesbaden 908. (R. Bechtold & Co.) 1. —

— dasselbe. Kleine Ausg. Mit e. Stadtplan, e. Karte d. Umgebg., sowie mehreren Ausflugsskizzen. (II, 78 S.) kl. 8. Ebd. 908. — 50

Heyl, Fritz, aus Saalfeld a. S., Assist. am chem. Laborat. d. Univ. Jena: Ueber Wanderung von Methylgruppen in Benzol- und Pyridinderivaten. *Jena 1901: G. Neuenhahn.* (33 S.) 8°
Jena, Phil. Diss. v. (19. Dez.) 1900

Heyl, Geo., das hessische Apothekenwesen, s.: Gesundheitspflege.

Heyl, Geo., Erklärung der technischen Prüfungsmethoden des deutschen Arzneibuches IV. gr. 8. (27 S. m. Fig.) Berlin 902. Selbstverlag des deutschen Apotheker-Vereins. n. — 60

Erklärung der technischen Prüfungsmethoden des Deutschen Arzneibuches IV. Von Prof. Dr. Georg **Heyl**, Obermedizinalrat in Darmstadt. 2. Aufl. Berlin: Deutsch. Apotheker-Ver. 1905. (31 S.) 8° (05. 4067

Heyl, Geo., Erklärung der technischen Prüfungsmethoden des deutschen Arzneibuches IV. 3. Aufl. (32 S. m. Abbildgn. u. 1 Tab.) 8. Berlin 906. Selbstverlag des deutschen Apotheker-Vereins. n. — 60
2. Aufl. (31 S.) 905. n. — 60.

— s.: Handel, der, m. Giften, Arzneimitteln u. Drogen außerhalb der Apotheken.

Heyl, Georg, Dr. phil.: Über Oxydiphenylenketon und o-Phenylsalicylsäure. Leipzig: J. A. Barth 1899. 32 S. 8° ¶ Aus: Journal f. prakt. Chemie. Bd 167. N. F. Bd 59. Darmstadt Te. H., Hab.-Schr. v. 7. 6. 1899

Heyl, Georg *Paul* [aus Darmstadt]: Ueber die elektrolytische Reduktion von Nitrokörpern der Chinolinreihe ... Heidelberg, Univ.-Buchdr. v. J. Hörning, 1894; 33 S., 1 Bl. 8.
Heidelberg, Naturw.-math. Fak., Inaug.-Diss. v. [20. Dez.] 1894

Heyl, H. Gutachten betr. die von den Lebensvers.-Gesellschaften zu liefernden statistischen Nachweise. Verhandl. des preuß. Versicherungsbeirats. Berlin 1897.

Heyl, Hedwig, geb. Crüsemann, das ABC der Küche. 2., verb. Aufl. Mit 12 Holzschn. u. 2 lith. Taf. Lex.-8. (XLII, 824 S.) Berlin 888. Habel. n. 7. 50; geb. n.n. 9. —; Prachtausg. in 4. n. 10. —; geb. n.n. 12. 50

— dass. — Pracht-Ausg. 4. (XLII, 824 S.) Ebendas. 888. * geb. **
Die 1. Aufl. kam nicht in den Handel.

Heyl, Hedwig, geb. Crüsemann, das ABC der Küche. 3., völlig durchgearb., verb. u. verm. Aufl. (4.–10. Taus.) Lex.-8. (LII, 914 S. m. 12 Holzschn. u. 5 lith. Taf.) Berlin 892. C. Habel. n. 7. 50; geb. in Leinw. n.n. 9. —

Heyl, Hedwig, geb. Crüsemann, das ABC der Küche. 4., völlig durchgearb., verb. u. verm. Aufl. (11. bis 16. Taus.) gr. 8. (XV, 916 S. m. 14 Holzschn. u. 2 Taf.) Berlin 897. C. Habel. n. 7. 50; geb. in Leinw. n.n. 9. —; in Liebhaberbd. n.n. 10. —

Das ABC der Küche von **Hedwig Heyl** geb. Crüsemann. 5. verb. u. verm. Aufl. Mit 14 Holzschn., 2 lithogr. Taf. u. 4 Farbendrucktaf. *Berlin: C. Habel 1900.* (VIII, 935 S.) 8° (00. [illegible]

Heyl, Hedwig, geb. Crüsemann, das ABC der Küche. 6. verb. u. verm. Aufl. (24.–30. Taus.) gr. 8. (XI, 963 S. m. 16 Abbildgn, 2 lith. u. 4 Farbdr.-Taf.) Berlin 902. C. Habel. n. 7. 50; geb. in Leinw. n.n. 9. —; Halbfrz. n.n. 11. —

Heyl, Hedwig, geb. Crüsemann, das ABC der Küche. 8., verb. u. verm. Aufl. (37.–43. Taus.) (XII, 999 S. m. 16 Abbildgn. u. 6 [4 farb.] Taf.) gr. 8. Berlin 906. C. Habel. Geb. in Leinw. n. 10. —; in Halbfrz. n. 12. —
7. Aufl. (X, 983 S. m. 6 Taf.) 905. 7. 50; geb. 9. — u. 11. —

Heyl, Hedw., ABC der Küche. 10. verb. u. verm. Aufl. 51.—63. Taus. (XI, 992 S. m. 16 Abb., Bildnis, 6 Taf.) gr. 8. Berlin 910. C. Habel. Geb. in Leinw. 10.—; in Halbfrz. 12. —

Heyl, Hedwig: Hauswirtschaftliche Erziehung. Vortr. z. Besten d. Charlottenburger Hauspflege. — Berlin: Habel [1903]. 26 S. 8°

— Fragen f. den Koch-Unterricht nach dem ABC der Küche. gr. 8. (32 S.) Ebd. 892. n.n. — 30

— Hilfsbuch f. die Hauspflege. Unter Mitwirkg. v. Mitgliedern der Charlottenburger Hauspflege hrsg. (VII, 136 S.) 8. Ebd. 906. Geb. in Leinw. n. 1. 80

Kochkunst. Vortrag geh. im Berliner Verein f. Volkshyg. von Hedwig **Heyl**. Berlin: C. Habel [1903]. (30 S.) 8° [F.] (03. 13436

[F.] Erprobte Kochrezepte. Verkostet u. gesammelt auf der ... im März 1896 zu Berlin stattgehabten Kochkunst-Ausstellung des Damen-Komitees. Hrsg. v. d. Vorsitzenden **Hedwig Heyl**, geb. Crüsemann. *Berlin: P. Parey 1897.* (VIII, 175 S.) 1 Bd 8. (97. 2947

Kochvorschriften aus dem ABC der Küche. Mit Anleitung zu Einkauf, Aufbewahrung, Vorbereitung von Lebensmitteln u. Restverwendung. Alphab. geordnet von **Hedwig Heyl**. Mit 2 Taf. *Berlin: C. Habel 1902.* (IV, 655 S.) 8° [F.]

— die Krankenkost. qu. 12. (XVI, 301 S.) Ebd. 889. n. 2. 20; geb. n.n. 3. —

— häusliche Küche. Praktisches Kochbuch f. alle Stände. Kochvorschriften aus dem ABC der Küche m. Anleitg. zu Einkauf, Aufbewahrg., Vorbereitg. v. Lebensmitteln u. Restverwendg. (V, 656 S. m. Abbildgn. u. 2 lith. Taf.) 8. Ebd. (904). Geb. in Leinw. n. 4. 80

Leitfaden für den Volks-Kochunterricht. 40 Stunden z. Erlernung d. einfachen Küche von Hedwig Heyl. Lehrgang d. Pestalozzi-Fröbel-Hauses II ... Für d. Hand d. Lehrerin. 2. Aufl. Berlin: C. Habel 1906. (XVI, 150 S.) 8° [F.] (05. 15437

— Restverwendung in der Küche. [Aus: „H., Kochvorschriften".] gr. 8. (68 S.) Ebd. 902. Geb. in Leinw. n. 1.20

— **Die hauswirtschaftliche Schule. S. 153–160 in: Der Stand d. Frauenbildung in d. Kulturländern. 1902. (Handbuch d. Frauenbewegung. T. 3.)**

— Volks-Kochbuch f. Schule, Haus u. Mädchenheim. 20 Lektionen zur Erlerng. der einfachen Küche. 2 Tle. 8. Ebd. 891. n. 1. 30; kart. n. 1. 50

1. Für den praktischen Gebrauch. (VIII, 96 S.) n. — 60; kart. n. — 70
2. Für die Hand der Lehrerin. (XVI, 62 S. m. 1 Tab. u. 2 Holzschn.) n. — 70; kart. n. — 80

Volks-Kochbuch für Schule, Fortbildungsschule und Haus von Hedwig Heyl. 2. Aufl. Berlin: C. Habel 1906. (157 S.) 8° [F.] (05. 15438

Häusliche Wäsche. Hrsg. von Hedwig Heyl. Mit 23 Textabb. Berlin: C. Habel [1903]. (120 S.) 8° [F.] (05. 15439

Heyl, Heinr., ornamentale Vorlageblätter f. das Freihand-Zeichnen. I. Hft. hoch 4. (20 Taf.) Berlin 893. G. Siemens. In Mappe. n. 4. 50

Heyl, Jakob Phil.

Heyl, J. Ph., Avoir und Etre, nebst einem Anhange von Erzählungen und Gedichten zum Deklamiren, für Kinder von 6—9 Jahren. Coblenz 855. Hölscher. gr. 8. (VIII, 128 S.) n. 10 ngr.

Heyl, Jac. Ph., gründlicher Leitfaden zum Erlernen der französischen Sprache. In Fragen u. Antworten; nach einer prakt. Methode bearb., mit besonderer Rücksicht auf das Sprechen. 12. Coblenz 845, Blum. n. 2/3 ℛ

Heyl, Jacob Phil., Französische Sprachlehre. 1. Cursus. Für die untere Klasse einer Realschule. gr. 8. (75 S.) Coblenz 851, Hölscher. 6 ngr — 2. Cursus. Für die mittleren Klassen einer Realschule. gr. 8. (IV u. 172 S.) Ebd. 852. 12 ngr (1. 2.: 18 ngr)

Heyl, Johann Adolf

Heyl J. A.: Ein Beitrag zur Beurtheilung der politischen Thätigkeit Kleons. 14. Bozen R. 79. Progr.

Heyl, J. Ad., auf stürmischer Fahrt. Bilder u. Geschichten f. die reifere Jugend u. das Volk aus dem Leben e. deutschen Tirolers. Gesammelt u. hrsg. 3 Tle. 8. Brixen 903. Buchh. des kath.-polit. Preßvereins. n. 6. —; geb. n. 8. —

1. In schwankendem Kahn durch brandende Wellen. (290 S.)
2. I. Bd. An Bord der Argo durch schäumende Wogen. (373 S.)
3. II. Bd. Sturmfluten. (329 S.)

Heyl J. A.: Das Gerichtswesen und die Ehehaft-Tädigungen des Gerichtes zum Stein auf dem Ritten. 63. 16. Bozen R. 84. 85. Progr.

Heyl, Joh. Adf., das Gerichtswesen und die Ehehaft-Tädigungen des Gerichtes zum Stein auf dem Ritten. gr. 8. (82 S.) Wien 886, Pichler's Wwe, und Sohn. *

Heyl, Joh. Adf., das Gerichtswesen u. die Ehehaft-Tädigungen d. Gerichtes zum Stein auf dem Ritten. 2. (Titel-)Aufl. gr. 8. (82 S.) Wien 891. A. Pichler's Wwe. & Sohn. n. 2. —

Heyl, Joh. Adf., Gestalten u. Bilder aus Tirols Drang- u. Sturmperiode. Größtentheils nach ungedr. Quellen bearb. 8. (VIII, 203 S.) Innsbruck 890. Wagner. n. 2. —

— Heimatglocken. Gedichte aus den Tiroler Bergen. gr. 16. (172 S.) Innsbruck 893. C. Rauch. n. 1. 40

Heyl, J. A.: Die Hofnamen im alten Gerichte zum Stein auf dem Ritten. 3 S. -- Bozen, Progr. 1885.

Heyl, Joh. Adolf: Volkssagen, Bräuche und Meinungen in Tirol. Ges. und hrsg. — Brixen: Kath.-politischer Preßverein 1897. 847 S.

— Johann Gottlob (Zittau), De juribus foeminarum praecipuis in feudis. Diss. jur. Präs. Johann Carl Naevius. Wittbg. (Gerdes) Mai 1711. 64 S. (7.—) 15030

Heyl, Jul., Tourenbuch d. Salzkammergutes f. Radfahrer. M. 1 Strassenkarte. Hrsg. v. Gmundner Radfahrerverein gr. 16. (48 S.) Gmunden (Schiffslände 1) 897. Selbstverlag. 1. 20

Heyl, Carl. Beiträge zur Kenntniss des Cinchonin's. Freiburg i. B., 1883.

Heyl, Carl, Rechtsprakt.: Das Indexrecht. Würzburg 1909: Seelmeyr. 81 S. 8°
Würzburg, Jur. Diss. v. 19. Nov. 1909, Ref. Meurer
[Geb. 22. März 82 Dachau; Wohnort: Würzburg; Staatsangeh.: Bayern; Vorbildung: Gymn. Aschaffenburg Reife Juli 03; Studium: Würzburg 6, München 2 S.; Rig. 5. Mai 09.] [U 10. 4301

Heyl, Karl F. (Hrsg.), s. Mission House Aerolith.

Heyl, Carl Friedrich (Bamberg), De genuino sensu paragr. 52. art. 5. I. P. O. Diss. jur. Präs. Peter Franz Schwaan. Ad mentem viri Johann Georg Engelhart. Bamberg (Johann Georg Klietsch) 28. VI. 1774. 54 S. (6.80) 15029

Heyl, Kornelius Wilhelm Frh. von, s. Heyl zu Herrnsheim, Kornelius Wilhelm Frh. von

Von Metz nach Bukarest. Mein Ritt vom 3. bis 27. Okt. 1901. Von Kurt Heyl, Oberlt. im Drag.-Reg. No 9. Mit 1 Übersichtspl., 22 Textskizzen u. 2 Taf. *Berlin: E. S. Mittler & Sohn 1902.* (VIII, 89 S.) 8° [F.] (03. 1384

Luther-Bibliothek des Paulus-Museum der Stadt Worms. Gesammelt und zur 400jährigen Jubelfeier gestiftet v. Rittmeister [Max] Heyl. (München.) 1883. 8°.

Heyl, Nicolai, Zählungsresultate betreffend die farblosen u. die rothen Blutkörperchen. Inaugural-Dissertation. gr. 8. (61 S.) Dorpat 882. (Schnakenburg.) n. 1. —

Heyl, R., Votum bei den Hannöverschen Landständen, die Befreiung von der Grundsteuer betreffend. 8. Hannover 817. Hahn. 6 gGr.

Heyl, *Hermann* Richard [pr. Arzt aus Berlin]: Klinische Beobachtungen über das Coffeïnsulfosaure Natrium als Diureticum ... Berlin, Buchdr. v. G. Schade, *1894*; 58 S., 1 Bl. 8.
Berlin, Med. Fak., Inaug.-Diss. v. 2. Febr. 1894

Heyl & Comp.: Zusammenstellung aller bedeutenden Kurorte und Mineralquellen Deutschlands, Oesterreichs und der Schweiz. Berlin 1873–74. 8°

Heyl zu Herrnsheim, Kornelius Wilhelm Frh. von

Heyl, Corn. W., die Arbeiter-Invalidenkasse vor dem Reichstage. gr. 8. (31 S.) Berlin 879. Puttkammer & Mühlbrecht. n. — 60

[F.] Organisation der Arbeiter und Arbeitgeber. Rede d. Herrn Abg. [Wilh.] Frh v. Heyl zu Herrnsheim in d. Sitzg d. Reichstags am 11. März 1898. *(Berlin: Dr. d. 'Nat.-Zeitg' 1898.)* (14 S.) 1 Bd 8. (98. 5058

Heyland, Alex., eine Methode zu experim. Untersuchgn. an Induktionsmotoren, s. a. Sammlung elektrotechn. Vorträge. II. 2.

Heyland A, eine Methode zu experimentellen Untersuchungen an Induktionsmotoren. (36 S) (Sammlung elektrotechnischer Vorträge II, 2) Stuttgart 1900

Heyland, Alex., eine Methode zu experimentellen Untersuchungen an Induktionsmotoren. 2. Aufl. (38 S. m. 28 Abbildgn.) Lex.-8. Stuttgart 904. F. Enke. n. 1.20
Sonderabdruck aus: „Sammlg. elektrotechn. Vorträge".

Heyland, M. Anton August (Leipzig), Juris controversi theoretico-practici decas IX. Präs. Lüder Mencken. Lpz. (Immanuel Titius) 31. III. 1718. 16 Bl. (6.50) 15031

— — De valore pacti inter creditorem et debitorem initi, vi cujus creditor singulos debitoris haeredes in solidum convenire potest. Diss. jur. Lpz. (Immanuel Titius) 30. VII. 1720. 44 Seiten. (6.50) 15032

Heyland, Enoch

— — (Stuttgart), Praxis antiquomoderna actionum forensium in specie realium et personalium in differentiis principalioribus. Präs. Michael Grass. Tübing. (Franck) Nov. 1723. 40 S. (5.—) 15035

Heyland, Ernst Moritz: De acaro scabiei humano. Berolini (1836). (26 S.) 4°
Berlin, Med. Diss. v. 29. Aug. 1836.

— **M. Heinrich Gottfried** (Leipzig), De fistula lacrymali. Disp. med. Präs. Jo. Zacharias Platner. Lpz. (Immanuel Titius) 11. VIII. 1724. 48 S. u. 1 Tfl. Abb. (Krügner sc.) (4.50) 15036

HEYLAND, JOAN. AUG. HERM., Diss. inaug. sistens analysin chemicam radicis Caincæ. Kiliæ. 1827. 4. P.

Berichte über die von der Landwirtschaftskammer für die Provinz Sachsen veranstalteten Wettbewerbe von Schrotmühlen und Heuwendern. Berichterstatter: O[tto] Heylandt-Halle. Leipzig: R. C. Schmidt & Co. 1906. (28 S.) 8° [F.]
= Arbeiten d. Landwirtschaftskammer f. d. Prov. Sachsen. H. 9. (06. 29003

Heylandt, O., s. a. Berichte üb. d. usw. Wettbewerbe v. Schrotmühlen u. Heuwendern.

Heylbut, Gustav

— Zur Ethik des Theophrast von Eresos. S.-A. 1888. 6 S.

Heylbvt, Gvstavvs (geb. am 13 Juni 1852 in Hamburg): De Theophrasti libris περὶ φιλίας ... Bonnae, typ. C. Georgi 1876. 44 S. 8.
¶ In Komm. bei Behrendt in Bonn.
Bonn, Phil. Fak., Diss. v. 15 Juli 1876

Heyler, Karl Christian

Heyler, Karl Chr., Anhang zu Müllers griech. Grammatik. 8. Marb. 776. Krieger. 4 gr.

— s. Archiv für Erziehung.

Heyler, Carl Christian, De ingenuo doctoris scholastici artificio in profliganda discentium negligentia exponit. Giessen (Jo. Jac. Braun) 29./30. III. 1779. 20 S. (5.50) 15040

Heyler, Karl Christian (Paed. Giess. Collega)
Dissertatio inauguralis de collatione Bibliorum hebraicorum minime ad solas consonas restringenda.
Giessae 16. April 1779: Braun. 12 S. 4°
pro gradu ... doctoris philosophiae.

— über einige Fehler d. Methode im griech. Elementarunterricht. 8. Gießen 778.

— Grundriß d. Geschichte Englands. 8. Worms 788.

— — (Rector d. Gymnasiums), Ueber die Harmonie in Gymnasien. Eine Abhandlung. Grünstadt 1780. Gedruckt zu Worms (Kranzbühler). 18 S. (5.50) 15041

— Lesebuch für d. Lateinischen Anfänger. 1s—3s Stck. 8. Worms. 785. 86.

Heyler, Karl Christian, s. Repertorium f. Pädagogik.

— über Hesiodus Schild des Herkules. 8. Grünst. u. Worms. 784.

Heyler, L. H., s. *Juliani* imperat. quae feruntur epistolae.

Heyligenstaedt, Carl (Jena), De facultate, recedendi a licito intra licitationis terminum, ob deteriorationem praedii, casu exortam, licitatori deneganda. Diss. jur. Jena (Stranckmann) 27. IV. 1799. 33 S. (6.30) 15042

Heyligenstädt, Karl (J. K. Erh.), († d. 6. Oct. 1800.), Civil-Acten, s. Jh. Köp. Genßler.

— **Johann Elias** (Eisenach), De crimine quasi perduellionis contra ministros principis. Diss. jur. Erfurt (Joh. Michael Funck) 5. XI. 1732. 49 S. (7.—) 15043
Widm. v.: Joh. Christ. Bernhard Zeideler (Arnstadt).

— **Paul Ludwig** (Halberstadt), De legato heredis in arbitrium collato. Diss. jur. Präs. Carl Friedrich Walch. Jena (Strauss) 18. IV. 1761. 60 Seiten. (7.—) 15044
Gew.: Christoph Dietrich v. Keller (Stedten, Ingersleben). — Widm. v.: Paul Wilhelm Schmid, Präs., Jo. Reinhardt Gottfr. Hasserodt (Eisenach), I. E. I. Heyligenstaedt (Jena), Carl Friedrich Reichard (Altenburg), Johann August Reichardt (dtsch.).

Heylmann, Philipp Lud., Leo Arctous redivivus, qui est Gustavus Adolphus, gloriosissimae memoriae rex Suecorum Augustus, ob strenuè vindicatam Germaniae libertatem verè Germanicus. Frankfurt a. M. (Johann Philipp Andreae) 1703. 4 Bl., 79 S. m. Medaill.-Abb. (I. S. f.) (10.—) 15046
(Präs.: Imm.Weber.)

Heym u. Kögel, zum Gedächtniß an die verewigte Königin Elisabeth Luise v. Preußen. gr. 8. (30 S.) Berlin 874. Enslin. n. — 75

Festgabe für die V. Versammlung des Rosenauer Vereins der Forstwirthe in Eisfeld, im September 1854. - Hildburghausen. 16 S. (Enthält: Kurze Erläuterung der Verhältnisse des Theils des Thüringer Waldes, welcher bei der 5. Versammlung des Rosenauer Vereins für die Exkursionen gewählt wurde. Von A. Heym)

Geschichte des Kreises Briesen und seiner Ortschaften von Benno **Heym,** Rektor. *Briesen Westpr.: O. Weise 1902.* (IV, 388 S.) 8° [J. u. Ant.] [03. 6776 10

Denkschrift zum 25jähr. Bestehen der Firma Knoch & Kallmeyer, Technisches Büro für Hoch- und Tiefbau in Halle a. S. (1884—1909.) (Verf.: Ferd[inand] Heym, Karl Taube.) — (Halle a. S. 1909: Nietschmann.) 40 S., 1 Tab. 8°

Heym, G.: Friedrich Gernsheim. Erste Symphonie in G-moll (op. 32). Erl. von –. Leipzig: H. Seemann Nachf. [1901]. (11 S.) 8°
= Musikführer. No 232.

H(eym), J. L. von: „Ueber das Vereinzelnen der Güter und Pachtungen als Erbzinsgut", Leipzig 1799 (Tauchnitz).

Heym, Johann

— Anleitung zur Handlungswissenschaft. 8. Moskau. 804.

v. Heym, Jh., († d. 16. Oct. 1821.) Chrestomathie für Anfänger d. Ruß. Sprache ꝛc. gr. 8. Riga 804. Hartmann. 18 gr

— deutsche Grammatik für die Klassen d. Gymnasiums u. d. adel. Pension bei d. Universität zu Moskau. 12. Moskau 802.

— Lesebuch f. Anf. d. Ruß. Spr. 8. Riga, Hartmann.

— Ruß. Lesebuch oder Auswahl auserles. prosaiſ. u. poetisch. Aufsätze ꝛc. Livre de lecture Russe etc. 8. Riga 805. (Brockhaus in Leipz.) 12 gr

— Ruß. Sprachlehre für Deutsche. 8. Moskau 789. N. A. mit e. Chrestomathie. 2 Bde. gr. 8. Riga 794 u. 804. (Taubert in Leipz.) 2 ℛ Neubearb. von S. Weltzien. A. u. d. T.: Weltziens, S., neue prakt. Grammatik d. ruß. Sprache. gr. 8. Riga 816. Hartmann. 2 ℛ N. A. gr. 8. Leipz. 831. Taubert. 1 ℛ 18 gr

Heym, Johann, Prof. etc. Russische Sprachlehre für Deutsche. Neue, umgearb. Aufl. 8. Riga 1804.

— Deutsch-Ruß.-Französisches, u. Französisch-Ruß.-Deutsches Taschenwörterbuch. 3 Thle. in 4 Bdn. gr. 18. Riga 804. 805. Hartmann. 8 ℛ

— Versuch einer vollständ. geograph.-topograph. Encyclopädie d. Ruß. Reichs in alphabet. Ordnung. gr. 8. Götting. 796. Dieterich. 3 ℛ

Heym, J., Prof. etc. Deutsch-russisches und russisch-deutsches Wörterbuch. (5 Bde.) 8. Riga 1795—1801.

— Deutsch-Ruß. u. Ruß.-Deutsches Wörterbuch. 2 Bde. gr. 8. Riga 795—801. 2e A. 803—5. Hartmann. 6 ℛ 12 gr

Heym, Johann: Russisch-Französisch-Deutsches, Französisch-Russisch-Deutsches und Deutsch-Russisch-Französisches Wörterbuch mit Verbesserungen u. Zusätzen herausg. von F. Swätnoi. 2. Aufl. 3 Thle. gr. 8°. Leipzig: Karl Tauchnitz 1844.

Heym, Johann Gottlob

— Gebetbuch für evangel. Christen. 8. Züllich. 777. Frommann in Jena. 4 gr

— Gesangbuch für evangel. Christen, besonders für Landleute, in welchen 689 Lieder enthalten sind. 8. Züllich. 777. Frommann in Jena. 14 gr

— u. Gesangb. f. d. öffentl. Gottesd. ꝛc. 8. Ebend. 777.

— Lesebuch f. Kind. ꝛc. 8. Ebend. 784.

— neue Samml. von Predigten auf alle Sonn- u. Festtage d. ganzen Jahres über besond. Texte. 2 Thle. gr. 8. Züllich. 781. Frommann in Jena. 1 ℛ 12 gr

— Samml. von Predigten für christl. Landleute über alle Sonn- u. Festtags-Episteln d. ganzen J., zur Erbauung u. zum Vorles. mit e. Vorr. herausg. v. Chr. Fr. K. Herzlieb. 4. Jena 789. 2e A. 792. 3e A. 802. Frommann. 1 ℛ 12 gr

Heym's, Joh. Glob., († d. 27. Jan. 1788), vollständige Sammlung von Predigten f. christliche Landleute über alle Sonn- u. Festtagsepisteln des ganzen Jahres zur häuslichen Erbauung u. zum Vorlesen in Kirchen. Nebst einer kurzen Lebensbeschreibung des Verf. Verbessert hrsg. u. m. einer Vorrede begleitet v. Chrn. Frdr. Karl Herzlieb. 4. Aufl. gr. 8. (XXII u. 722 S.) Jena 848, Frommann. 1²/₃ ℛ

— vollständ. Samml. v. Predigten für christl. Landleute, über alle Sonn- u. Festtags-Evangel. d. ganzen Jahres, zur Erbauung u. zum Vorlesen. 2e Aufl. 774. 7e Aufl. verbess. u. mit e. Vorr. herausg. v. Edw. Schloßer. 4. Jena 802. Frommann. 1 ℛ 12 gr

Heym's, Jh. Glo., Samml. v. Predigten für christl. Landleute über alle Sonn- u. Festtags-Evangelia des ganzen Jahres. 8. Aufl. 1. 2. Liefg. gr. 8. Jena 846, Frommann. à ¹/₃ ℛ

— Sammlung v. Predigten f. christl. Landleute üb. alle Sonn- u. Festtags-Evangelia des ganzen Jahres. 8. Aufl. 3—5. Lfg. gr. 8. (XVI S. u. S. 353—836.) Jena 847, Frommann. à ¹/₃ ℛ (cmplt. 1²/₃ ℛ) — 8. Aufl. Wohlfeile Ausg. gr. 8. (XVI u. 836 S.) Ebd. 847. 1¹/₃ ℛ

Heym, Jh. Glo., († d. 27. Jan. 1788.) Unterricht in d. Hauptlehre d. Christenthums, für Kinder u. d. Gesinde d. Landleute. Nebst e. Lesebuche. 8. Züllich. 784. Frommann in Jena. 4 gr
Das Lesebuch apart 2 gr

Heym, Karl, die Anfertigung des Rechnungsabschlusses von Grabecassen und Krankencassen. Im Auftrage der königl. sächs. Regierung verfaßt. Leipzig 856. G. Wigand. 4. (58 S.) 15 ngr

Heym, Karl, Anzahl u. Dauer der Krankheiten in gemischter Bevölkerung. 20 Jahre Erfahrungen, den Acten der Leipziger Kranken-, Invaliden- u. Lebensversicherungs-Gesellschaft „Gegenseitigkeit" entnommen. 4. (31 S.) Leipzig 878. Strauch. n. 2. —

Heym, Karl, Anzahl und Dauer der Krankheiten in gemischter Bevölkerung. 25 Jahre Erfahrungen der Versicherungs-Gesellschaft Gegenseitigkeit zu Leipzig. Ein Beitrag zum Reichsgesetz, betr. die Kranken-Versicherung der Arbeiter. 2. Aufl. gr. 8. (51 S.) Leipzig 884, Strauch.

Heym, K. Einige Bemerkungen aus den Akten der Leipziger Krankenkasse von ihrer Begründung im Juni 1855 bis zum Schluß des Jahres 1858. Leipzig 1859.

Heym, Karl, Ueber die Einrichtung von Krankenkassen. 8⁰. Leipzig 1855.

Heym, Karl, zur Geschichte d. mathematischen u. naturwissenschaftlichen Unterrichts an Gymnasien, insbesondere an der Thomasschule in Leipzig. 4. (54 S.) Leipzig 873. (Hinrichs' Sort.) n. 2. —

Heym, K. Gesetze und Ausführungsverordnung, die Kgl. sächsische Altersrentenbank betr., nebst einer Anleitung zu deren Benutzung. Im Auftrage des Finanzministeriums verfaßt. Dresden 1865.

— Die Grabecassen. Ihre Einrichtung und Verwaltung sowie die Reorganisation der bestehenden fehlerhaften Institute. Im Auftrage der Kgl. sächsisch. Regierung verfasst. gr. 8⁰. Leipzig, Schlicke, 1850. 64 S.

Heym, Karl, die Kranken- und Invaliden-Versicherung. Zum Gebrauche bei Errichtung von Kranken- und Invalidencassen populär behandelt. Leipzig 863. Hinrichs. gr. 8. (71 S.) 12 ngr.

— Ein Paar Worte über das Projekt der Begründung einer allgemeinen Wittwen- und Waisencasse unter den Lehrern Leipzigs. Leipzig 1860.

Heym, Ludwig Maximilian [aus Nossen]: Darstellung und Kritik der ästhetischen Ansichten Johann Georg Sulzers ... Leipzig-R., Druck v. O. Schmidt, 1894; 55 S. 8.
Leipzig, Phil. Fak., Inaug.-Diss. v. [1. Okt.] 1894

Heym, M., die Behandlung der Schwachsinnigen in der Volksschule. Vortrag, geh. auf der Jahresversammlg. sächs. Schuldirektoren zu Bautzen 1902. (20 S.) gr. 8. Leipzig 903. E. Wunderlich. n. — 50

Heym, Mich. Sigm., Samml. heil. Reden über Wahrh. des Glaubens. 2 Thle. 8. Sorau, Hebold. 766—68.

Heym, Otto. Die Geschichte d. Reitenden Feldjäger-Corps während der ersten 150 Jahre seines Bestehens 1740—1890. Lex.-8. (VIII, 222 S. m. 1 Portr., Facsm., 3 Lichtdr.-Bildern u. 3 Farbendr.-Taf.) Berl. 890, Peters. geb. ** 10 —
—— dass. — Nachtrag: Festbericht üb. die Tage v. 24.—26. Novbr. 1890, zusammengestellt v. H. v. Minckwitz. Lex.-8. (23 S.) Ebd. 891. geb. ** 1 25

Heym, Rob., die Ansiedler od. die Quellen d. Reichthums. Eine Erzählung für das deutsche Volk. 8. (VI u. 130 S.) Leipzig 849. (Schlicke.) n. 1/3 ℛ

—— über Magazinirung und das Schulzesche Aufspeicherungssystem auf Gegenseitigkeit. 8. (53 S.) Leipzig 848, Spamer. *

Heym, Rob., Maschinen oder Handarbeit? Ein Wort an die deutschen Arbeiter. gr. 8⁰. Chemnitz, Ernesti, 1848. 48 S.

Heym, Theodor

Heym, Th., Fibel, s.: Fütting, W. U.

Heym, Th., die Vögel Deutschlands nach ihrem Nutzen u. Schaden in tabellarischer Uebersicht. gr. 4. (16 S.) Wurzen 889. Ad. Thiele. n. 1. —

Heymach, Ferdinand Ramond de Carbonnières. Ein Beitrag zur Geschichte der Sturm- und Drangperiode. (Umschlagtitel: ... Carbonnières). 4 (S. 3—20). Progr. Waldecksch. G. *Corbach* 1887 (361).

Heymach, Ferd., Gerhard v. Eppenstein, Erzbischof v. Mainz. 1. Thl. Inaugural-Dissertation. gr. 8. (70 S.) Strassburg 880. Trübner. n. 1. —

Heymach, Ferdinand: Geschichte des Weilburger Gymnasiums. 1540—1817. *Weilburg (1898): A. Cramer.* (53 S.) 8°
Weilburg, k. G, OP 1898 (419)

Heymach, *Ferdinand* Nachrichten über das Leben des am 6. Februar 1892 verstorbenen Gymnasialdirektors Professor Dr. Bernhardt. 4 (S. 19—22 der Schuln.).
Kgl. G. *Weilburg* 1892 (398).
Progr.

Heymach, Ferd., Nassau. Balladen u. Lieder. (48 S.) 8. Wiesbaden 909. Moritz & Münzel. 1. —

Heyman, Augustin (Bremen), De communione bonorum inter conjuges nobiles atque illustres per Germaniam exule. Diss. jur. Präs. Emil Lud. Hombergk zu Vach. Marburg (Müller) 27. VIII. 1767. 106 S. (8.50) 15047
Widm. v.: Johann Georg Estor, Präs.

Heyman, Herm. v., die sociale Krisis u. die Aufgaben der evangelischen Kirche. Referat auf der Dekanatssynode zu Zwingenberg. gr. 8. (59 S.) Darmstadt 891. Waitz. n. 1.20
Vgl. Heymann, Hermann v.

Heyman, Hugo, Reichsbank u. Geldverkehr. (58 S.) gr. 8. Berlin 908. Puttkammer & Mühlbrecht. 1.20

Heyman, (Johann Peter)

s.: Heymann, Johann Peter

Heyman, Carl, Mineral-Quellen u. Winter-Aufenthalt in Wiesbaden. Herausg. v. dem Curverein der Stadt Wiesbaden. gr. 8. (IV, 84 S.) Wiesbaden 875. (Bischkopff — Rodrian.) n. 1. 50

Heymann, K., u. G. Krebs, physikalisch-medicinische Untersuchungen über die Wirkungsweise der Mineralbäder. Wiesbaden 870. Limbarth. br. 8. (54 S.) n. 10 ngr.

Heymann

— s. a. **Haeymann, Heimann, Haymann.**

Heymann, Predigt, bei d. Säcularfeier d. Buchdruckerkunst am 21. Juni 1840 in d. Kreuzkirche zu Dresden gehalten. gr. 8. (1 B.) Dresden. (Leipzig, Fr. Fleischer.) *

Heymann's Sammlung v. Prüfungs-Bestimmungen. Nr. 3. gr. 8. Berlin 895. C. Heymann's Verl. n. 1. —
Vorschriften üb. d. Ausbildg. u. Prüfg. f. d. Staatsdienst im Baufache. Nebst Anweisg. f. d. prakt. Ausbildg. d. Regierungs-Bauführer d. Eisenbahnbaufaches, d. Eleven u. d. Regierungs-Bauführer d. Maschinenbaufaches. 5. Aufl. (60 S.)

— dasselbe. Nr. 4. 8. Ebd. 897. n. — 50
Vorschriften üb. d. Ausbildg. u. Prüfg. f. d. höh. Staatsdienst in d. Berg-, Hütten- u. Salinenverwaltg. V. 18. IX. 1897. Amtl. Ausg. (32 S.)

Heymann's Sammlung v. Prüfungs-Bestimmungen. Nr. 11. gr. 8. Berlin, C. Heymann's Verl. n. 1. —
Anstellung u. Vorbildung der Geistlichen der evangel. Landeskirche. Erläutert v. E. Nitze. d. Ausl. d. Prüfungs-Bestimmgn. f. Theologen. (VII, 64 S.) 900.

Heymann. Sammlung älterer und neuerer Vorschläge in Beziehung auf Schulen für Arme und Waisen-Kinder. *Görlitz* 1754 — 1757.

Heymann, Dr. Die Trunksucht u. deren Folgekrankheiten. Berlin, Selbstverlag, 1880. 90 S. 8°.

Heymann's Vorbereitungsbücher f. d. erste juristische Prüfung s. a. u. folgenden Einzeltiteln:
I. Brosy, Ludw. Deutsches Privatrecht u. Rechtsgeschichte. — II. Brosy, Ludw. Handelsrecht. — III. Crea, Adf. Preuß. Privatrecht. — IV Crea, Adf. Reichs-Civilprozeß. — V. Brosy, Ludw. Kirchenrecht. — VI. Crea, Adf. Reichs-Strafprozeß. — VII. Crea, Adf. Preuß. Verwaltungsrecht. — VIII. Willkomm, Sophus. Rechtsphilosophie. — IX. Schmidt, Paul. Allgem. u. deutsches Staatsrecht. — X. Willkomm, Sophus. Nationalökonomie u. Finanzwissenschaft. – XI. Willkomm, Sophus. Deutsche Staats- u. Rechtsgeschichte

— juristische Vorbereitungsbücher. I—IV. 12. Ebd. Kart. n. 8. 40
I. Deutsches bürgerliches Recht. Unter besond. Berücksicht. des preuß. Rechts bearb. Von Adf. Crea. 1. Bdchn. (XI, 210 S.) 900. n. 2. —
II. Deutsches Handelsrecht. Auf Grund des neuen Handelsgesetzbuches vom 10. V. 1897 unter besond. Berücksicht. der preuß. Gesetzgebg. bearb. Von Adf. Crea. (IX, 194 S.) 900. n. 2. —
III. Deutsches bürgerliches Recht. Unter besond. Berücksicht. des preuß. Rechts bearb. Von Adf. Crea. 2. Bdchn. (IX, 287 S.) 900. n. 2. 40
IV. Reichs-Civilprozeß. Nach der Civilprozeßordnung v. 1898 u. unter besond. Berücksicht. der preuß. Ausführungs-Gesetzgebg. bearb. Von Adf. Crea. 3. verm. u. verb. Aufl. (XI, 202 S.) 900. n. 2. —

Heymann's juristische Vorbereitungsbücher. VIII—XIII. gr. 16. Berlin, C. Heymanns Verl. Kart. à n. 2. —
VIII. Rechtsphilosophie, bearb. v. Sophus Willkomm. (IX, 140 S.) 891.
IX. Allgemeines u. deutsches Staatsrecht, bearb. v. Paul Schmidt. (VI 146 S.) 891
X. Nationalökonomie u. Finanzwissenschaft, bearb. v. Sophus Willkomm. (XI, 222 S.) 891.
XI. Deutsche Staats- u. Rechtsgeschichte, bearb. v. Sophus Willkomm. (X, 144 S.) 892.
XII. Wechsellehre u. Wechselrecht. Bearb. v. Eckart Frhrn. v. u. zu Aufseß. Mit Formularen. (X, 205 S.) 893.
XIII. Das deutsche Reichsstrafrecht nach dem Reichsstrafgesetzbuche u. den sonstigen Reichsstrafgesetzen. Systematisch dargestellt von Rich. Frhrn. v. Weißenstein. 1. Bd. (XII, 194 S.) 894.

— juristische Vorbereitungsbücher. Nr. XIV. 12. Ebd. 895. Kart. n. 2. —
D. deutsche Reichsstrafrecht nach d. Reichsstrafgesetzbuche u. den sonst. Reichsstrafgesetzen. Systemat. dargest. v. Rich. Frhrn. v. Weißenstein. 2. Bd. (IX, 167 S.)

Heymann, Abraham (Pyritz/Pom.), De asthmate infantum laryngeo. Diss. med. Bln. (Nietack) 7. IX. 1836. 32 S. mit Literatur u. Biogr. (M.: J. Cohn.) (6.20) 15051
Oppon.: A. Cohnfeld, M. Litten, J. Pollnow.

HEYMANN, Adolf (Praszka): Beitrag zur Casuistik der Hernia foraminis Winslowii.- München: Wolf 1892. 14 S.,1 Bl.
23.1.1891 - Chr 1890/91,19; Jv 1891/92,203 (Prom.-Datum: 1892)
Diss. Ingolst.-Landsh.-Mchn.

Heymann, Albert, Referendar: Die rechtliche Stellung des Zedenten zur Forderung nach der Abtretung bis zur Kenntnis des Schuldners nach dem Bürgerlichen Gesetzbuche. Leipzig: Wigand 1908. 71 S. 8°
Leipzig, Jur. Diss. v. 27. Nov. 1908
[Geb. 4. April 82 Chemnitz; Wohnort: Limbach i. S.; Staatsangeh.: Sachsen; Vorbildung: Gymn. Chemnitz Reife O. 02; Studium: Lausanne 1, Berlin 1, Leipzig 4 S.; Rig. 19. Juli 06.] [U 09. 3546

Heymann, Alfred: Ein Beitrag zur Radikaloperation der Hydrozele testis mittelst Tunica-Reffung. Greifswald 1904 H. Adler (36 S.) 8°
Greifswald, Med. Diss. v. 11. Juni 1904.

Heymann, Armin. Car. (geb. Schaulen in Russl. 12. 2. 1842) De menstruatione. Berolini (1867). (32 S.) 8°
Berlin, Med. Diss. v. 15. Aug. 1867

Heymann, Arnold, über das Auftreten v. Pneumonie u. Pleuritis bei Typhus abdominalis. Diss. (50 S. m. 1 Tab.) 8. Würzburg (904). F. Freudenberger. n. 2.80

Heymann, Ahron [¹] (geb. Pyritz 1819) De neuromate nervi optici. Berolini (1842). (20 S.) 8°
Berlin, Med. Diss. v. 1. Aug. 1842

Heymann, Aron Hirsch

Heymann, A. H., Lebenserinnergn. Nach seiner Niederschrift im Auftrage seiner Kinder hrsg. v. Heinr. Loewe. (VI, 477 S. m. 2 Bildnissen.) Lex. 8. Berlin 909. (M. Poppelauer.) 8.—; geb. 10.—

Heymann, B., Bericht üb. die 2jährige Thätigkeit der Diphtherie-Untersuchungsstation d. hygienischen Instituts zu Breslau, s.: Neisser, Max.

Heymann, Bernhard [aus Camen i. Westfalen]: Ueber die Oxydation von Homologen der Phenole .... München, k. Hof- u. Univ.-Buchdr. v. Dr. C. Wolf & Sohn, 1887; 60 S. 8°
München, Phil. Fak., Inaug.-Diss. v. 1887

Heymann, Bernhard, über die Oxydation von Homologen der Phenole. Diss. München 1887, A. Buchholz. 8°. 60 S.

Heymann, Berth. Vide: Monatshefte (Socialistische).

— — Student (Der socialistische).

Heymann, Boleslaw [aus Prasgka]: Ueber die Condensation von Paratoluylaldehyd mit Acetophenon und den nitrierten Acetophenonen. Bern 1898. 31 S. 8°.
Bern. Phil. Diss. 1897/98.

Heymann, Bruno, Dr., Assistent am hygien. Institut: ⟨Aus d. hygien. Institut d. Universität Breslau.⟩ Über neuere Anforderungen an Desinfektions-Anstalten. Breslau 1904: Bresl. Genoss.-Buchdr. (52 S.) 8°
Breslau, Med. Fak., Hab.-Schr. v. 30. Nov. 1904

Heymann, Bruno: Beiträge zur pathologischen Anatomie der Rückenmarkscompression. *Breslau: (G. Reimer in Berlin) 1897.* (48 S. mit Taf.) 8° ¶ (Aus: Virchow's Archiv für pathologische Anatomie und Physiologie und für klinische Medicin, Bd 149.)
Breslau, Med. Diss. v. 29. Sept. 1897

Heymann, Bruno, Beiträge zur patholog. Anatomie d. Rückenmarkscompression. Diss. [Aus: „Virchow's Archiv".] gr. 8. (48 S. m. 1 Taf.) Breslau 897. (Schletter.) n.n. 1. —

Heymann, C. G. J., biblisches Lehrbuch d. christl. Religion f. die Jugend. 8. Dresd. Hilscher. 811.

Heymann, Carl, s. Heymann, Karl.

Heymann, Christian Friedrich

— **Christ. Friedrich** (Bielefeld), De moxa. Diss. med.-chir. Bln. (August Petsch) 13. III. 1826. 32 S. mit Biogr. (M.: Ch. Steinacker.) (6.50) 15053
Oppon.: Brandt, Sick, Beckhaus. — Gew.: Carl Berghaus.

— **Christian Gottlob,** De uxore desertrice dote sua ex regula quidem non semper tamen privanda. Disp. jur. Präs. August Friedrich Schott. Lpz. (Jacobäer) 28. X. 1779. 36 S. (6.50) 15054

(— **Christian Moritz.**) — Viro Christiano Mauritio Heymanno, consistor. Saxon. consiliario etc. munus pastoris ad aed. St. Cruc. in urbe et ephori in dioecesi Dresdensi dom. VII p. Trin. 1837 gratul.: Boettger, Burckhardt, Dillner, M. Fischer, M. Leuschner, Pabst, Steinert, Stephan, M. Thenius, Wischke, Zscheile. — Annexa est T h e n i i de I. Joh. XIII., 21—38, dissertatiuncula. Dresden (Meinhold). 15 S. (6.—) 15055

— — De doctrina justitiae et justificationis e novo testamento accuratius repetenda. Liber I. Leipzig. Druck: Dresden (Meinhold) 1839. 31 Seiten. (6.—) 15056

Heymann, E., unsere Heimat. Erstes geograph. Hilfsbuch f. Schüler in der Prov. Brandenburg. Mit e. Kreiskarte der Provinz. gr. 8. (32 S.) Cottbus 891. (Differt.) n. — 40

Heymann's, E., Kalender f. Aerzte, s.: Taschen-Kalender.

Heymann, E., der Obstbau. Kurze Anleitg. zur Anzucht, Pflanzung u. Pflege der Obstbäume, nebst e. Auswahl guter Obstsorten. gr. 8. (36 S.) Brandenburg 881. Haeckert's Verl. n. — 80; geb. n. 1. —

Heymann, E., der Obstbau. Kurze Anleitung zur Anzucht, Pflanzung und Pflege der Obstbäume, nebst einer Auswahl guter Obstsorten. Im Auftrage des hiesigen Vereins für Gartenbau und Landwirthschaft bearb. gr. 8. (IV, 36 S.) Forst 881, (Harschau.) Hoffmann.

Heymann, E., der Obstbau. Kurze Anleitung zur Anzucht, Pflanzung und Pflege der Obstbäume, nebst einer Auswahl guter Ostsorten. gr. 8. (IV, 36 S.) Borna 886, Harschan. *

Heymann. Eduard. (geb. Breslau 1815): De albuminuria. Berolini (1839). (32 S.) 8°
Berlin, Med. Diss. v. 13. Apr. 1839

Heymann, Eduard, a. Dirschau: Die deutschen Arbeitgeberverbände. ⟨Ihre geschichtl. Entwicklung, ihre Zwecke u. Ziele u. ihre Stellung gegenüber d. Gewerkvereinen.⟩ (Berlin 1908: G. Schade.) (74 S.) 8°
Berlin, Phil. Fak., Ref. Sering, Diss. v. 12. Aug. 1908
[Geb. 10. Nov. 74 Dirschau; Wohnort: Charlottenburg; Staatsangeh.: Preußen; Vorbildung: Gymn. Schneidemühl Reife M. 94; Studium: Berlin 12 S.; Rig. 21. Mai 08.]

Heymann, Eduardus (Romanus Robertus) *(geb. Albendorf bei Glatz 13. 11. 1811)*: De eclampsia parturientium. Vratislaviae (1835). (36 S.) 8°
Breslau, Med. Diss. v. 30. Nov. 1835

[F.] **Heymann,** Eduard [Referendar]: Die Wahrnehmung berechtigter Interessen im Sinne des § 193 des Strafgesetzbuches ... Greifswald, Druck v. J. Abel, 1897; 43 S. 8.
Greifswald, Jur. Fak., Inaug.-Diss. v. 1897

HEYMANN, Emil (Altona): Zur Kasuistik der Schußverletzungen des Schädels vom Jahre 1897–1902.- München: Wolf 1902. 43 S.
23.7.1902 - Chr 1902/03,23; Jv 1902/03,307
Diss. Ingolst.-Landsh.-Mchn.

Heymann, Erich, Gerichtsass.: Das Vorrecht der Hausbesitzer nach § 10 der preußischen Städteordnung von 1853. Magdeburg 1910: Baensch. VIII, 53 S. 8°
Marburg, Jur. Diss. v. 22. Febr. 1910, Ref. Schücking
[Geb. 9. Okt. 80 Breslau; Wohnort: Magdeburg; Staatsangeh.: Preußen; Vorbildung: Gymn. Rogasen Reife O. 99; Studium: Breslau 2, Berlin 2, Breslau 3 S.; Rig. 9. Febr. 10.] [U 10. 3302

Heymann, Ernst, s.: Arbeiten zum Handels-, Gewerbe- u. Landwirtschaftsrecht.

— G e s c h ä f t s a n w ä l t e u. Treuhandgesellschaften als Vermögensverwalter nach englischem u. deutschem Recht. Eine rechtsvergleich. u. rechtspolit. Betrachtg. (S. 561—596.) gr. 8. Berlin 910. F. Vahlen. 1. 20
Sonderabdruck aus: „Festgabe f. Dr. Karl Güterbock".

[F.] **Heymann,** Ernst [Dr. d. Rechte]: Die Grundzüge des gesetzlichen Verwandten-Erbrechts nach dem Bürgerlichen Gesetzbuch für das Deutsche Reich. '(Reichstagsvorlage.)' ... Breslau, *Druck v. B. Vopelius in Jena,* 1896; 1 Bl., 68 S., 1 Bl. 8.
Breslau, Jur. Fak., Hab.-Schr. v. 1. Apr. 1896

[F.] Die Grundzüge des gesetzlichen Verwandten-Erbrechts nach dem Bürgerlichen Gesetzbuch für das Deutsche Reich. '(Reichstagsvorl.)' Von Dr. Ernst **Heymann,** Privatdoc. an d. Univ. Berlin. *Jena: G. Fischer 1896.* (2 Bl., 68 S.) 8.
— Abhandlungen z. Privatrecht u. Civilproz. d. Deutschen Reiches. Bd 1. H. 1. [96. 3751

Hundert Jahre Berliner Juristenfakultät. Ein Gedenkblatt von Dr. Ernst **Heymann,** Prof., Marburg. [Berlin: Liebmann 1910.] 66 S. quer-8°
Aus: Liebmann, Otto: Die jurist. Fak. d. Univ. Berlin. Berlin 1910. [11. 9195 4

Heymann, Ernst, s.: Kommentar z. bürgerl. Gesetzbuch.

Heymann, Ernst: Napoleon und die grossen Mächte im Frühjahr 1806. T. 1. Berlin & Leipzig: Rothschild 1910. 68 S. 8° ¶ (Ersch. vollst. u. d. T.: Napoleon u. d. grossen Mächte 1806, als: Abhandl. z. mittleren u. neueren Gesch. H. 22.)
Freiburg i. B., Phil. Diss. v. 1910, Ref. Meinecke
[Geb. 27. Mai 83 Berlin; Wohnort: Berlin; Staatsangeh.: Preußen; Vorbildung: Gymn. Königsberg i. N. Reife O. 03; Studium: Freiburg i. B. 1, Berlin 1, Freiburg i. B. 2, Straßburg 2, Freiburg i. B. 2 S.; Rig. 28. Febr. 10.] [U 10. 1057

Napoleon und die grossen Mächte 1806. Von Dr. Ernst **Heymann.** Berlin & Leipzig: Rothschild 1910. XII, 171 S. 8°
(Abhandlungen z. mittleren u. neueren Geschichte. H. 22.) [10. 9866 5

Parochialänderung und Katholizitätsprinzip nach Hessischem Kirchenrecht. Gutachten in d. Casseler Eingemeindungsfrage von Dr. jur. Ernst **Heymann,** Prof. Marburg a. L.: O. Ehrhardt 1905. (61 S.) 8° [06. 8486 4

Parochialänderung u. Katholizitäts-Prinzip nach Kurhessischem Kirchenrecht. Ein Gutachten. Zugleich e. Beitrag z. Rechtsgeschichte d. Toleranz. Von Dr. jur. Ernst **Heymann,** Prof., Marburg. Erw. Ausg. Marburg: N. G. Elwert 1906. (XVI, 77 S.) 8° [06. 1008] 4

— T r u s t e e u. Trustee-Company im deutschen Rechtsverkehr. (67 S.) Lex. 8. Weimar 910. H. Böhlau's Nachf. 2. 40
Sonderabdr. aus: „Festschr., Heinr. Brunner z. 70. Geburtstag dargebr."

— d. Vorschützen d. Verjährung. Zugl. e. Beitrag z. Lehre v. Exceptio u. Einrede. gr. 8. (V, 165 S.) Breslau 895. Schletter. n. 3. 20

[F.] **Heymann,** Ernst [Referendar am Kgl. Landger. zu Breslau]: Wird nach römischem Recht die Verjährung von Amtswegen berücksichtigt? ... [Erschien vollst. 1895 u. d. T.: Das Vorschützen der Verjährung. Zugl. e. Beitr. z. Lehre v. Exceptio u. Einrede.] Breslau, Schletter'sche Buchh., 1894; 2 Bl., 58 S., 1 Bl. 8.
Breslau, Jur. Fak., Inaug.-Diss. v. 3. Nov. 1894

— die dingliche Wirkung der handelsrechtlichen Traditionspapiere (Konnossement, Ladeschein, Lagerschein), s.a. Festgabe f. Felix Dahn.

Die dingliche Wirkung der handelsrechtlichen Traditionspapiere (Konnossement, Ladeschein, Lagerschein) von Dr. jur. Ernst Heymann, Prof. Breslau: M. & H. Marcus 1905. (S. 135–241.) 8°
Aus: Festgabe f. F. Dahn zu s. 50j. Doctorjub. gewidmet von ... Angehörigen d. Bresl. jur. Fak. T. 3. [05. 13476 4

Heymann, Eug., die preußischen Hypotheken=Aktien=Banken u. das Staats=Interesse. gr. 8. (63 S.) Breslau 881. Fiedler. n. 1. 25

— vor dem neuen Krach! Material für die Gesetzgebung betreffs der Aktien=Hypothekenbanken u. Bodenkredit=Anstalten. gr. 8. (33 S.) Berlin 878. Puttkammer & Mühlbrecht. n. — 60

Heymann, Eug., ophthalmolog. Operationslehre, speciell f. prakt. Aerzte u. Landärzte. 1. u. 2. Bd. gr. 8. (III, IV, 272 S. m. Abbildgn.) Halle 901. 902. C. Marhold. n. 5. 60 (1.: n. 2. 40; 2.: n. 3. 20)

Heymann, Eug., ophthalmologische Operationslehre speziell f. prakt. Aerzte u. Landärzte. (Neue [Titel-] Ausg.) (VII, 272 S. m. Abbildgn.) gr. 8. Halle [901. 902] 903. C. Marhold. n. 5. 60

Heymann, Eug., bacteriologische Untersuchungen einiger Gebrauchswässer Dorpats, unter besond. Berücksicht. der im J. 1871 v. der Cholera verseucht gewesenen Bezirke. Diss. gr. 8. (70 S.) Jurjew (Dorpat) 892. (E. J. Karow.) n. 1. 50

Heymann, F.M., Astigmatismus-Tafeln nach Dr. Pray. Leipzig 870. Engelmann. Fol. (2 Blatt mit 1 Bl. Text in 8.) n. 10 ngr.

Heymann, F. M., das Auge und seine Pflege, s.a. Gesundheitsbücher, illustrierte.

Heymann, F. M., das Auge und seine Pflege im gesunden und kranken Zustande. Nebst einer Anweisung über Brillen. 8. (XII, 215 S. mit 16 in den Text gedr. Abbild. in Holzschn.) Leipzig 870, Weber. *

Heymann, F. M., das Auge und seine Pflege im gesunden und kranken Zustande. Nebst einer Anweisung über Brillen. 2. Aufl., bearb. von Paul Schröter. 8. (XIII, 192 S. mit 24 in den Text gedr. Holzschn.-Abbild.) Leipzig 879, Weber. *
geb. *

Heymann, F. M., das Auge u. seine Pflege im gesunden u. kranken Zustande. Nebst e. Anweisung üb. Brillen. 3. Aufl., bearb. v. P. Schröter. Mit 24 in den Text gedr. Abbildgn. 8. (XIII, 202 S.) Leipzig 887. J. J. Weber. n. 2. —; geb. n. 3. —

Heymann, F., die Autoskopie des Auges und eine neue Methode derselben. Mit 1 Taf. in Holzschn. (in Fol.). Leipzig 863. Engelmann. Lex.-8. (V, 58 S.) 18 ngr.

— die empfindende Netzhautschicht. Ein Beitrag zur Erkenntniss des Sehvorgangs. Mit 2 (lith.) Taf. (Aus den Verhdlgn. der kais. Leop.-Carol. deutschen Akad. der Naturforscher.) Dresden 864. (Jena, Fr. Frommann.) gr. 4. (87 S.) n. 2 ₰ 20 ngr.

— Ophthalmologisches aus dem J. 1867. gr. 8. (III, 52 S.) Leipzig 868, Engelmann. *

Heymann, Felix: Ueber die Wirkung subkutaner Injektionen von Albumose und Pepton ... Berlin, gedr. bei L. Schumacher, 1896; 56 S. 8.
Berlin, Med. Fak., Inaug.-Diss. v. 28. Jan. 1896

Heymann, Fel., Zukunftsmedizin. E. Bild d. zukünft. Gestaltg. d. Medicin. Nebst sozialem Ausblick. Roman. 2., unveränd. Aufl. 8. (92 S.) Leipzig 896. Verlag d. „Reichs-Medizinal-Anzeigers", B. Konegen. n. 2. —

Heymann, Friederike, geb. Berghaus, Aufruf zum Kampfe, in 8 Volksliedern. Zum Besten d. hiesigen Frauenvereins. Münster 815.

Heymann, Friedrich Alfred, Referendar: Die formellen Erfordernisse der Eheschließung. *Breslau 1901: A. Stenzel.* (58 S.) 8°
Breslau, Jur. Diss. v. 30. Juli 1904

— Friedrich Moritz (Schneeberg), De lienis tumore. Diss. med. Lpz. 9. VII. 1850. 28 S. mit Biogr. (M.: A. C. Güntz.) (6.—) 15057
Gew.: Johann Christian Gottfried Jörg, Eduard Wilhelm Güntz.

Heymann, Fritz, aus Berlin: Die Spaltungsprodukte des symmetrischen Dinitrobenzoylacetessigesters. *Kiel 1903: P. Peters.* (42 S.) 8°
Kiel, Phil. Diss. v. [18. Juli] 1903

Heymann, Georg, a. Christburg W.-Pr.: Aus dem Zoologischen Museum in Königsberg i. Pr. Neue Distomen aus Cheloniern. M. 1 Taf. u. 2 Abb. im Text. Jena: G. Fischer 1905. (25 S.) 8° ¶(Aus Zoolog. Jahrbücher. Bd 22. Abt. für Systematik, 1905.)
Königsberg, Med. Fak., Ref. Stieda, Diss. v. 24. März 1905
[Geb. 9. März 81 Christburg W.-Pr.; Wohnort: Königsberg i. Pr.; Staatsangeh.: Preußen; Vorbildung: Gymn. Elbing Reife O. 00; Studium: Königsberg 4, Berlin 1, Königsberg 4 S.; Coll. 22. März 05.]

Heymann, Georg, Referendar aus Altona: Die rechtliche Natur des Selbsthülfeverkaufs bei Gläubigerverzug nach Handelsrecht vor und nach dem 1. Januar 1900. *Rostock 1902: C. Hinstorff.* (61 S.) 8°
Rostock, Jur. Diss. v. [5. Dez.] 1902

Heymann, Hans, Medizinalpraktikant: Über die moderne chirurgische Behandlung der diffusen eitrigen Peritonitis. Emmendingen: Dölter 1908. 23 S. 8°
Freiburg i. B., Med. Diss. v. 1908, Ref. Kraske
[Geb. 9. Sept. 83 Berlin; Wohnort: Berlin; Staatsangeh.: Preußen; Vorbildung: Kölln. Gymn. Berlin Reife O. 02; Studium: Berlin 10 S.; Coll. 5. Juni 08.] [U 09 936

Heymann, Hans, Referendar in Hamburg: Irrtumsanfechtung und Mängelhaftung. Hamburg 1908. (49 S.) 8°
Rostock, Jur. Fak., Ref. Matthiaß, Diss. v. 15. Juli 1908
[Geb. 7. Febr. 81 Hamburg; Wohnort: Hamburg; Staatsangeh.: Hamburg; Vorbildung: Wilhelms-Gymn. Hamburg Reife M. 01; Studium: München 4, Berlin 1, Kiel 3 S.; Rig. 18. März 08.]

Heymann, Hans, Kammergerichtsreferendar in Berlin: Die Mitvormundschaft und ihre Arten im gemeinen und bürgerlichen Recht. Borna-Leipzig 1906: R. Noske. (IX, 51 S.) 8°
Leipzig, Jur. Fak., Diss. v. 13. Sept. 1906
[Geb. 20. Mai 82 Dortmund; Wohnort: Charlottenburg; Staatsangeh.: Preußen; Vorbildung: Gymn. Dortmund Reife O. 00; Studium: Lausanne 1, München 2, Berlin 2, Bonn 2 S.; Rig. 10. Dez. 04.]

Heymann, Hans Gideon: Die gemischten Eisenwerke an Mosel, Sieg und Ruhr. *Stuttgart 1904: Union.* (130 S.) 8° ¶(Erschien vollst. 1904 u. d. T.: 'Die gemischten Werke im deutschen Großeisengewerbe' als: Münchener volkswirtsch. Studien, Stück 65.)
München, Staatswirtsch. Diss. v. 1903

Die gemischten Werke im deutschen Großeisengewerbe. Ein Beitrag z. Frage d. Konzentration d. Industrie von Hans Gideon Heymann. *Stuttgart & Berlin: J. G. Cotta 1904.* (IX, 342 S.) 8°
— Studien, Münchener Volkswirtschaftliche. Stück 65.

Heymann, H(einrich): Skandinavien im geographischen Unterricht der Quarta. (Oppenheim 1909: Traumüller.) 17 S. 4°
Oppenheim, großh. R OP 1909 (877) [S 09. 192

Heymann, Hermann, Referendar: Das eheliche Güterrecht des Rügischen Landrechts. *Greifswald 1902: J. Abel.* (60 S.) 8°
Greifswald, Jur. Diss. v. [4. Mai] 1902

Heymann, Herm. v. Die sociale Krisis u. die Aufgaben der evangelischen Kirche. gr. 8. (59 S.) Darmst. 891, Waitz. 1 20
Vgl. Heyman, Hermann v.

Heimann [*Vita richtig:* **Heymann**], Hermannus (geb. am 18 Mai 1836 in Bonn): De lupo ... Bonnae, form. F. Kruegeri (1860). 2 Bl., 32 S., 2 Bl. 8.
Bonn, Med. Fak., Diss. v. 18 Aug. 1860

Heymann, Hugo [aus Berlin]: Ein Beitrag zur Kentnis des Fibroms der Mamma .... Berlin, Buchdr. v. Gustav Schade (Otto Francke) (1888); 31 + 1 S. 8°
Berlin, Med. Fak., Inaug.-Diss. v. 29. Jun. 1888

Heymann, J., der Droschkenkutscher, s. **Both's** Bühnen-Repertoir.

Heymann, J. (I.), der Droschkenkutscher, s. **Bühnen-Repertoir des Auslandes,** von L. W. Both.

Heymann, J., Law und sein System. Ein Beitrag zur Finanzgeschichte. München 853. Rieger. gr. 8. (VI, 174 S.) n. 20 ngr.

Geometrisches Linearzeichnen. Als Vorbereitg f. d. Projektionszeichnen an gewerbl. u. techn. Schulen. Von J. **Heymann,** Lehrer an d. Gewerbeschule in Lübeck. *Düsseldorf: F. Wolfrum (1896).* (1 Bl., 15 gez. Bl.) 1 Bd 8. [96. 4451

Heymann, J. Gf., Gesch. d. Gesellsch. d. Gelehrt. 6 Stck. 8. Leipz. 742—43.

Heymann, James, kritische Erörterungen zur Ethik Schopenhauers. Progr. (22 S.) gr. 8. Berlin 909. Weidmann. 1.—

Heymann, James, aus Berlin: Die Kausalsätze der deutschen Lyriker im 12. Jahrhundert. *Zossen-Berlin (1903): Deutsche Buch- u. Kunstdr.* (56 S.) 8° ¶ (Abschnitt 1 d. eingereichten Arbeit.)
Berlin, Phil. Diss. v. 7. März 1903

Heymann, Ign. (k. k. Oberpostamtsoffizier in Triest), Deutschlands Postkarte. (Triest?) 1800. Imp.-Fol., 4theilig, auf Lwd. gez., in Etui. (Steht bei 8°.)
Titel u. Zeichenerklärung auf der Karte in color., schön ornamentirter Umrahmung.

——, Postkarte von Deutschland ... Karte des postes ... Wien, Kunst- und Ind.-Comptoir, 1808. 3. verb. Aufl. 4 Bll. gr. qu.-Fol. Kupf. u. kolor. . . . . (D.)

Heymann, Ignaz: „Postkarte von Deutschland und den angraenzenden Laendern", 3. verb. Auflage Wien 1812. — Vorh.: Büch. der Industrie- und Handelskammer Leipzig.

Heymann, Ignaz, Triester k. k. Oberpostamts-Officier. Historische Reisebeschreibung durch die ganze **Lombardie** und einen Theil ihrer Gränzländer. 8. Triest 1797.

Heymann, J., Streifzüge durch d. Lombardei u. einen Theil der angrenz. Länder. 8. Grätz 804. Ferstl. 10 K

Heymann, Joach. Henr. (geb. Berlin 3. 1. 1840): De urethrae virilis stricturis. Berolini (1865). (32 S.) 8°
Berlin, Med. Diss. v. 2. Jan. 1865

Heymann, Joh., architektonische **Einzelheiten.** Zum Gebrauch f. Architekten u. Bauhandwerker. (50 Taf. m. 4 S. Text.) 4. Lübeck (904). Ch. Coleman. In Leinw.-Mappe n. 10. —

— moderne **Schriften**. Vorlagen f. die Beschreibg. techn. Zeichngn. Für Techniker aller Fächer, insonderheit f. Architekten u. Bauhandwerker. (10 Taf.) Fol. Leipzig (903). Seemann & Co. In Mappe n. 7. 50

Heymann, (Johann Peter): Die Entbindung lebloser Schwangern mit Beziehung auf die Lex Regia. 57 S., gbd., 6 Tab.

Coblenz: Hölscher 1832

JB 4.008

Heymann, Carl: Bericht über die Verlagsthätigkeit von Carl Heymanns Verlag im Jahre 1897. Berlin 1898

Heymann, Carl, Gerichtsreferendar a. Schöppingen i. Westf.: Ist das Verlöbnis ein Vertrag im Sinne des ersten Buches des BGB. und welche praktische Bedeutung hat die Entscheidung dieser Frage? Borna-Leipzig 1907: R. Noske. (VIII, 62 S.) 8°
Rostock, Jur. Fak., Ref. Bernhöft, Diss. v. 20. Febr. 1907
[Geb. 2. Sept. 83 Schöppingen (Kr. Ahaus); Wohnort: Bocholt; Staatsangeh.: Preußen; Vorbildung: Gymn. Burgsteinfurt Reife O. 02; Studium: München 3, Berlin 1, Münster 2 S.; Rig. 6. Febr. 06.]

Katalog der Buchhandlung Carl **Heymanns** Verlag 1815–1904. [Nebst] Nachtrag. Bericht über d. Verlagstätigkeit in den J. 1905–08. Berlin: Heymann 1904–1909. 8° [10. 900

— kritisches **Literaturblatt** für Rechts- u. Staatswissenschaft. Unter Mitwirkung namhafter Theoretiker u. Praktiker hrsg. von **Rich. Ryck.** 1. Jahrg. 1879. 24 Nrn. (B.) hoch 4. Ebend. n. 6. —

Heymann's, Carl, Literaturblatt f. Rechts- u. Staatswissenschaft. 1—3. Jahrg. 1874—1876. 10 Nrn. (à ½—1 B.) gr. 8. Berlin, C. Heymann's Verl. à Jahrg. 1. 50

Heymann's, Carl, Literaturblatt für Rechts- u. Staatswissenschaft. Red.: **Otto Löwenstein.** 4. u. 5. Jahrg. 1877 u. 1878. à 10 Nrn. (à 1—1½ B.) Lex.-8. Berlin, C. Heymann's Verl. à Jahrg. 1. 50

Heymann, Karl, Gerichtsreferendar zu Bonn: Die Pfändung der Eigentümergrundpfandrechte. Borna-Leipzig 1907: R. Noske. (VIII, 50 S.) 8°
Leipzig, Jur. Fak., Diss. v. 1. Aug. 1907
[Geb. 29. Nov. 83 Sobernheim (Nahe); Wohnort: Bonn; Staatsangeh.: Preußen; Vorbildung: Herbstgymn. Mainz Reife Juli 02; Studium: Bonn 4, Berlin 2 S.; Rig. 11. Jan. 06.]

Heymann, Carl: Verlags-Archiv. Chronologische Zusammenstellung der 1871—1888 in C. Heymanns Verlag erschienenen Werke und Zeitschriften. Berlin 1889

Heymann, Leonid. Über Doppelfluoride des einwertigen Thalliums. Diss. Phil. Bern. 51 S. 8. Königsberg i. Pr., Rudolf Gruel, 1910.

Heymann, Leopold, Referendar a. Hörde: Die güterrechtlichen Befugnisse des Ehemannes hinsichtlich des der Ehefrau gegen einen Verwandten zustehenden Rechtes auf Unterhalt nach dem BGB. Rostock 1907: H. Winterberg. (47 S.) 8°
Rostock, Jur. Fak., Ref. Matthiaß, Diss. v. 20. Sept. 1907
[Geb. 19. Mai 85 Hörde; Wohnort: Dortmund; Staatsangeh.: Preußen; Vorbildung: Gymn. Dortmund Reife O. 04; Studium: München 1, Berlin 2, Münster 3 S.; Rig. 2. Aug. 07.]

(Heymann, Lida Gustava:) Frauenstimmrecht, eine Forderung der Gerechtigkeit! Frauenstimmrecht, eine Forderung sozialer Notwendigkeit! Frauenstimmrecht, eine Forderung der Kultur! 6.–10. Taus. — (München 1907: Kastner & Callwey.) 7 Bl. 8°
[Umschlagt.:] Gleiches Recht, Frauenstimmrecht ...

Heymann, Lida Gustava, das Wahlrecht der Frauen zu den Handelskammern in den deutschen Bundesstaaten, s.a. Kultur u. Fortschritt.

Heymann, Lida Gustava: Das Wahlrecht der Frauen zu den Handelskammern in den deutschen Bundesstaaten. Hrsg. vom Dt. Verb. f. Frauenstimmrecht. — Gautzsch b. Leipzig: Dietrich 1910. 32 S. 8° [Umschlagt.] (Kultur u. Fortschritt. 322/23.)

— — (Leipzig 1910: Andrä.) 32 S. 8°

— Das kommunale Wahlrecht der Frauen im Deutschen Reiche. — München 1910: Kastner & Callwey. 80 S. 8°

HEYMANN, Ludwig: Ein Fall von primärem Oesophaguscarcinom, interessant durch seltene primäre Erscheinungen. Beitrag zur Lehre von den Metastasen und ihren klinischen Erscheinungen bei Carcinoma des Oesophagus.- München: Kastner & Lossen 1896. 32 S.
22.1.1894 - Chr 1893/94,13; Jv 1896/97,232 (Prom.-Datum: 1896)
Diss. Ingolst.-Landsh.-Mchn.

Heymann, Ludw., die medicinische Klopf- und Hörkunst, oder Auscultation und Percussion in Versen bearb. 8. (32 S.) Breslau 864, Maruschke und Berendt. *

Heymann, Ludwig [aus Raab]: Absolute Messung der Capacität eines elektrischen Condensators mit der Wage. Zürich-Oberstrass 1899. 42 S. 4 Taf. 8°.
Zürich. Phil. Diss. II. 8. 1899/1900.

Heymann, Ludov. (geb. Breslau 26. 8. 1815): Nonnulla de pollutionibus. Berolini (1840). (32 S.) 8°
Berlin, Med. Diss. v. 6. März 1840

Heymann, Ldw., s. Terquem, L., die Beschneidung. — Thiers, A., Geschichte des Consulats u. des Kaiserreichs.

Heymann, M. Eug., Pocket dictionary of the English and French languages, s.: Wessely, J. E.

Heymann, Max [Gerichtsref. aus Eckenhagen]: Der Niessbrauch an Forderungen ... Bonn, Druck v. K. Drobnig, 1896; 87 S. 8.
Erlangen, Jur. Fak., Inaug.-Diss. v. 1896

Heymann, Max, Referendar: Das Verfügungsrecht des Absenders im Landfrachtgeschäft nach Handelsrecht unter Ausschluß des Eisenbahnfrachtgeschäfts. Eilenburg 1910: Walter. 40 S. 8°
Leipzig, Jur. Diss. v. 18. Juli 1910
[Geb. 5. Okt. 82 Löbtau; Wohnort Bautzen; Staatsangeh. Sachsen; Vorbildung: Nikolaisch Leipzig Reife O. 02; Studium: Leipzig 6 S., Rig. 10. Juli 05.] [U 10. 2734

Heymann, Oscar F[riedrich]: Ueber den Kammerprozeß der Schwefelsäure und die Bestimmung von Stickoxydul in Kammergasen. 1906. 68 S. 8° ¶ Vgl. Zeitschrift f. Elektrochemie. Jg. 12. S. 600 ff.
Dresden, Dr.-Ing.-Diss. v. 18. 7. 1906

Heymann, Otto: Die Entwicklung des Pfälzer Tabakhandels seit den 70er Jahren. Karlsruhe: Braun 1909. 168 S. 8° ¶(Ersch. auch als: Volkswirtsch. Abhandlungen d. Bad. Hochschulen. Bd 10, H 5.)
Heidelberg, Phil. Diss. v. 28. Jan. 1909, Ref. Gothein
[Geb. 25. Juli 87 Mannheim; Wohnort: Mannheim; Staatsangeh. Baden; Vorbildung Gymn. Mannheim Reife M 05; Studium Heidelberg 2, München 1, Heidelberg 1, Berlin 1, Heidelberg 1 S.; Rig. 24. Juli 08.] [U 09. 1996

Heymann, Otto, die Entwicklung d. Pfälzer Tabakhandels seit den 70er Jahren, s.a. Abhandlungen, volkswirtschaftl.. der badischen Hochschulen. X, 5.

Heymann, Paul

Heymann, P., üb. die Anwendung einiger neuer Aluminiumverbindungen in Nase u. Hals. Vortrag, geh. in der laryngolog. Gesellschaft zu Berlin am 9. Juni 1893. [Aus: „Monatsschr. f. Ohrenheilkde."] gr. 8. (3 S.) Berlin 893. O. Coblentz. n. 1.—

— die Bedeutung der Galvanokaustik f. die Behandlung der Krankheiten der Nase u. des Schlundes, s.: Klinik, Berliner.

Heymann, Paul (Hrsg.), s. Handbuch der Laryngologie

Heymann, Paul (geb. Pankow bei Berlin 7. 3. 1849): Ueber Insufficienz der Aortenklappen, verursacht durch Aneurysma am Sinus Valsalvae. Berlin (1874). (35 S.) 8°
Berlin, Med. Diss. v. 25. Nov. 1874

Kehlkopf und Luftröhre bearb. v. ... hrsg. v. Dr. Paul Heymann, Privatdoc. an d. Univ. Berlin. Hälfte 1. 2. *Wien: A. Hölder 18(96–)98.* 2 Bde 8.
1. Seite 1–794. M. 4 Farbendrucktaf. u. 142 Abb. im Text. (X, 794 S. 4 Taf. m. je 1 Erl.-Bl.)
2. Seite 795–1531. M. 3 farb. u. 80 schw. Abb. im Text. (1 Bl., 795–1531 S.)
= Handbuch d. Laryngologie u. Rhinologie. Bd 1. [98. 11852

Heymann, Paul, a. Forst i. Lausitz: Helwigs Märe vom heiligen Kreuz. ⟨Einl. u. Kap. 1—2.⟩ (Berlin: Mayer & Müller 1908.) (53 S.) 8° ¶(Erscheint vollst. als „Palaestra" 75.)
Berlin, Phil. Fak., Ref. Roethe, Diss. v. 29. April 1908
[Geb. 26. Dez. 84 Forst; Wohnort: Charlottenburg; Staatsangeh.: Preußen; Vorbildung: Joachimsth. Gymn. Berlin Reife O. 03; Studium: Berlin 8 S.; Rig. 21. Nov. 07.]

Heymann, Paul, s.: Helwig's Märe vom heiligen Kreuz.

Die Nase bearb. von ... Hrsg. von Dr. Paul Heymann, Prof. in Berlin. Hälfte 1. 2. (In 13 Lfgn.) *Wien: A. Hölder (1896–)1900.* 2 Bde 8°
1. S. 1–652. Mit 96 Abb. 2. S. 653–1260. Mit 49 Abb.
— Handbuch d. Laryngologie u. Rhinologie. Bd 3. [00. 5303

Heymann, Paulus: In Propertium quaestiones grammaticae et orthographicae. Halis Saxonum 1883: (Leiner in Leipzig). 87 S. 8°
Halle-Wittenberg, Phil. Diss. v. [30. Juli] 1883
Geb. Halsbrücke b. Freiberg (Sachsen) 11. 11. 1856. V.
Im Buchhandel Halis Sax. (Leipzig: Fock) 1883.

Heymann, P., die Untersuchung der Nase und des Nasenrachenraums, s. Sonderabdrücke der Deutschen Medizinal-Zeitung.

Heymann, P., über pathologische Zustände, die von der Nase ihre Entstehung finden können, s. Sonderabdrücke der Deutschen Medizinal-Zeitung.

Heymann, Philibert: Ueber Oxazoline und Thiazoline [Anhydrobasen von Amidoalkoholen und Amidomercaptanen] ... Berlin: A. W. Schade's Buchdr. 1891. 43 S. 8°
Berlin, Phil. Fak., Inaug.-Diss. v. 10. Jan. 1891.

Heymann, Reinhold, aus Breslau: Aus d. kgl. med. Klinik zu Greifswald. Über einen Fall von sog. Pseudolebercirrhose, Leberschwellung und Ascites ohne Oedem der Beine bei Verwachsung des Herzbeutels. *Greifswald 1904: J. Abel.* (30 S.) 8°
Greifswald, Med. Diss. v. 23. Febr. 1904

Heymann, Richard. Fröhliche Fahrten. VIII + 302 S. 8. Dresden, Carl Reissner, 1907. [M. 3.—]

Heymann, Rich., Humor vom Pregelstrande. Dichtungen. 8. (VII, 166 S.) Königsberg 900. Bon's Buchh. n. 2.—

Humore vom Pregelstrande. Dichtungen von Richard Heymann ... 2. Aufl. Königsberg i. Pr.: Bon 1900. (VII, 170 S.) 8°

An des Jahrhunderts Neige. Dramat. Scene von Richard Heymann. *[Königsberg i. Pr.: Bon in Komm. 1899.]* (4 Bl.) 8° [F.]

Heymann, Rich., U. S. A. Persönliche Erlebnisse u. unpersönl. Betrachtgn. Amerikanische Reisebeschreibg. (161 S.) gr. 8. Wüstegiersdorf 903. (M. Jacob.) n.n. 3. —

Als Ms. gedr.!! Die große Trilogie der Travestierten Monna Vanna. Bühnen-, Fest-, Weih-, Bei- u. Nachspiel in 3 Hauptstücken (sehr frei nach M. Maeterlinck) von Richard Heymann. 1. Monna Vanna. 2. Das fidele Gefängnis. 3. Neun Monate später. (Königsberg i. Pr. [1903]: Hartung.) (16 S.) 8° [F.] 10

— Monna Vanna. Travestiertes Bühnen-, Fest-, Weih-, Bei- u. Nachspiel (sehr frei nach M. Maeterlinck) in 3 Hauptstücken. Geziert m. erläut. Bildwerk v. E. Riesen. (28 S.) 8. Berlin (903). E. Bloch. n. 1.—

— dasselbe, s.: Fastnachtsbühne. 93. Hft.

Heymann, Rich., von Königsberg nach Kairo. Reisebilder. 8. (178 S.) Dresden 897. E. Reißner. n. 2. 50; geb. n. 3. —

Heymann, Rob., s. a.: Ladenburg, Max.

— Abenteuer des Marquis Montesquieu, s.: Bibliothek wunderbarer Erlebnisse. 2. Bd.

Heymann, Rob., s.: Affenspiegel, der.

— Astarte. Betrachtungen üb. die Liebe. [Aus „Isis".] 8. (86 S.) Leipzig 902. H. Dege. n. 1. 50

— die Fürstin v. Berlsa. Ein Roman aus Rußlands Gegenwart. (195 S.) 8. Gotha 905. Verlagsanstalt u. Druckerei (H. Bartholomäus). n. 1.—

— Die Dame im Schleier, s.: Sammlung, bunte, interessanter Erzählungen. 6.

Heymann-Dvořák, Robert. Ehre? Ein Militärroman. [Mit illustriertem Umschlag.] 98 S. 8. Zürich, Caesar Schmidt, 1904. [fr. 1. 50]

Robert Heymann. Kaiser Commodus Ende. Leipzig: H. Dege 1902. (63 S.) 8° [Ant. u. F.] 9

— Francesco Ferrer. Ein Roman aus dem modernen Spanien. (260 S.) 8. Dresden (910). Verlag Meteor. 2. 50

Gefallene Frauen. 4 Dramen von Robert Heymann, München. 1. Herrenrecht. Drama in 1 Aufz. 2. Opfer d. Gesellschaft. Eine Scene. 3. Gerechtigkeit. Eine Tragödie aus d. Volke. 4. Heimkehr. Drama in 2 Szenen. Leipzig: H. Dege 1902. (102 S.) 8° [F.] 9

— s.: Frührot.

— Geníe u. Laster. s.: Bibliothek wunderbarer Erlebnisse. 1. Bd.

Gerechtigkeit. Eine Tragödie aus d. Volke in 1 Aufz. von Robert Heymann-München. *(Leipzig: H. Dege [1902].)* (17 S.) 8° [Umschlagt. F.] 10

— Eine blonde Heldin, s.: Sammlung, bunte, interessanter Erzählungen.

Herrenrecht. Drama in 1 Aufz. von Robert Heymann. (Leipzig: H. Dege [1902].) (14 S.) 8° [F.]

— Hetärengeschichten. gr. 8. (118 S. m. Abbildgn.) Ebd. (902). n. 5. —

Moralische Idioten und Deutsche Sachverständige. Ein Beitrag z. Reform d. deutschen Strafprozesses von Robert Heymann. Straubing: C. Attenkofer [1908]. (30 S.) 8°

— s.: Isis.

— Istar d. i. die Liebe. Drama in 1 Akte m. 2 Aufzügen. gr. 8. (56 S.) Leipzig (902). H. Dege. n. 2. —

— Graf Mirabeaus Jugendliebe. Historischer Roman. (108 S.) 8. Werdohl 905. [W. Scholz.] Leipzig, E. Maerter. 1. 50

— das Kind. Erlebtes u. Erlauschtes. (38 S.) kl. 8. Flöha 905. A. Peitz & Sohn. Geb. in Leinw. n. 1. 25

— Frau Königin. Ein Act. 12. (71 S.) München (901). [Verlag Frührot.] Leipzig, H. Dege. n. 1. —

HEYMANN, Rob. (Chef-Red. d. Zeitschr. „Die Moderne", geb. 28. Febr. 1879 in München), Laïs, die Hetäre. (Erotisches Epos.) 2 Bde. (I: Die Brautnacht der Priesterin. Mit Illustrationen und Buchschmuck von L. Leonard u. P. Renner. — II: Die Babylonierin.) München und Leipzig (1902). Gr. 4°. (Mk. 12—.) (12 Mk., unaufgeschn., wie neu, M. Edelmann, Nürnb., 1906; 6 Mk., unbeschn. in den Orig.-Umschl., Fr. Waldau, Fürstenwalde, 1907; Bd. 1 apart: 4 Kr. Vict. Eytelhuber, Wien, 1904.)
Der 1. Bd. (zuerst 1901 ersch.) dieser erotischen Schilderungen wurde confisciert.

— Laïs, die Hetäre. (3 Bücher.) 2 Bde. Leipzig, H. Dege. n. 12. —
1. Die Brautnacht der Priesterin. 4. (151 u. 10 S. m. 4 Taf. u. Bildnis. 901.) n. 5. —
2. gr. 4. (112 Bl.) (902.) 7. —

— Vom Leben, Lieben u. anderen Torheiten. Texte u. Zeichngn. (68 S.) 8. Berlin-Zossen (909). P. Otte. 1. —

Liebe und Hunger. Gesammelte Gedichte von Robert **Heymann**. 2. Aufl. Leipzig: H. Dege [1902]. (144 S.) 8° [F.]

— Liebe u. Hunger. Ges. Gedichte. 2. Aufl. schmal gr. 8. (132 S.) Ebd. (902). n. 3. —
1. Aufl. (104 S.) Ebd. 901. n. 2. –.

— Liebe, Scham u. Sünde. Streiflichter f. unsere Moralisten. (64 S.) gr. 8. Bamberg (909). Handels-Druckerei u. Verlagsh. 1. 50

— Seine Majestät der Rubel. Lopuchin — Azew — Reinboth. Ein echt russ. Kulturbild. 2. Aufl. (253 S.) 8. Dresden (909). Verlag „Meteor". 2. 50

— Maria. 12. (52 S.) München 901. Leipzig, H. Dege. n. 1. –

Maria von Robert **Heymann**. 2. Aufl. Leipzig: A. Dege [um 1902]. (64 S.) 8° [F.] [07. 3838 9

— der internationale Menschenmarkt. Kulturgeschichte des Frauenhandels u. seiner Bekämpfg. (112 S.) gr. 8. Berlin (S. W. 11. Luckenwalderstr. 15.) (904.) E. Hahn. n. 3. —; geb. n. 5. —

Weisse Nächte. Märchen von Robert **Heymann**. München: Frührot 1901. (95 S.) 8° [F.] [07. 4937 9

— weiße Nächte. Märchen. gr. 8. (95 S.) München 901. [Schacherl & Mütterlein.] Leipzig, H. Dege. n. 2. –

— Nackt. Lebensbilder. 2. Aufl. schmal gr. 8. (82 S. m. Bildnis.) Leipzig (902). H. Dege. n. 3. –
1. Aufl. (97 S.) Ebd. 901. n. 2. –.

— die Novize v. der Rue Montmartre. Briefe. (47 S.) 8. Ebd. (904). n. 1. —

— Opfer der Gesellschaft. Eine Szene. 8. (15 S.) Ebd. (902). – 75

— der deutsche Preßverbrecher. Psychologische Notizen zur Strafvollstreckg. (16 S.) 8. München (905). E. Koch. n. — 50

— der Raubmörder, s.: Geschichten, intime.

— s.: Recht, das.

— s.: Recht, das, der Feder.

— die russische Revolution u. ihre historische Begründung. (88 S.) gr. 8. Bamberg (905). Handels-Druckerei u. Verlagsh. n. — 60

— Deutsche Schildbürgerstädte. Ein literar. Streifzug von Schilda bis nach Köpenick. (54 S. m. Abbildgn.) 8. Gotha (908). Verlagsanstalt u. Druckerei (H. Bartholomäus). — 50

— Zwanzig Jahre Sibirien (Fürstin v. Bertha) (Umschlag: Blankensee, Theo v., 20 Jahre Sibirien), s.: Sammlung in- u. ausländ. Sensations-, Criminal- u. Detektiv-Romane. 2. Bd.

— Skizzen u. Geschichten. gr. 8. (170 S.) München (901). Ebd. n. 1. —

— Madame Steinheil. (Die rote Witwe.) Sitten-Roman aus der Pariser Gesellschaft. 3. Aufl. (252 S.) 8. Dresden (909). Verlag „Meteor". 2. 50

Der Stunden-Schlag. Novellen von Rob. **Heymann**. Halle a. S.: Kaemmerer 1910. 108 S. 8° [11. 3114 3

— das Theater im Dienste der Prostitution. Kulturgeschichtliche Skizze. (24 S.) 8. Reichenau (905). J. Wehner. n. — 60

Tod. Drama in 2 Akten von Robert **Heymann**. Leipzig: H. Dege 1902. (94 S.) 8° [07. 4938 9

— Um die Ehre gespielt, s.: Kürschner's Bücherschatz.

Um die Ehre gespielt. Roman von Robert **Heymann**. Mit Ill. von L. Berwald. Berlin, Leipzig: Hillger [1910]. 112 S. 8°
(Kurschners Bucherschatz. Nr 716.)

Ein Verbrecher u. andere Erzählungen. Von Robert **Heymann**. 2. Aufl. Leipzig: H. Dege [1902]. (164 S.) 8° [F.] [07. 4939 9

— von Golgatha nach Rom. Historischer Roman. (280 S.) 8. Leipzig (904.) [H. Dege.] Stargard, Prange. n. 3. —; geb. n. 4. —
Auch die übrigen Schriften dess. Verf. aus dem Verlage von H. Dege sind an obige Firma übergegangen.

— Wunder der Zukunft. Roman aus dem 3. Jahrtausend. 1.—4. Bd. 8. Leipzig, J. Püttmann. à Bd. 1. —
1. Der unsichtbare Mensch vom J. 2111. (98 S. m. Bildnis.) 909.
2. Der rote Komet. (94 S.) 909.
3. Die über u. unter der Erde. (96 S.) 909.
4. Die Seele des ägypt. Priesters. (98 S.) 910.

Heymann, S., Lehrbuch der gesammten Comptoir-Wissenschaften. Zum Selbstunterrichte theoretisch und praktisch ausgearb. 1. und 2. Bd. br. 8. Leipzig 870, Pardubitz'sche Buchh. [Lorber. — Bern, Haller'sche Verlagsh.]

Inhalt:
Bd. 1. Die einfache Buchhaltung. Zum Selbstunterricht theoretisch und praktisch ausgearb. (160 S.) *M 3.
" 2. Die doppelte Buchhaltung. Zum Selbstunterricht theoretisch und praktisch ausgearb. (106 S.) *M 4,50.

— dass. — 3. Thl.: Die kaufmännische Correspondenz nebst einem Anhang, enth.: Die Comptoirwissenschaft im engeren Sinne. Zum Selbstunterrichte theoretisch und praktisch ausgearb. gr. 8. (204 S.) Zürich 871, Schröter.

Heymann, S., s.: Züchter-Adressbuch, internationales, f. Geflügel, Tauben, Vögel, Hunde, Kaninchen.

Heymann, S. L., Versuch einer pathologisch-therapeutischen Darstellung der Krankheiten in den Tropenländern. (Abdr. aus den Verhandlgn. d. phys.-med. Gesellsch. in Würzburg.) 2 Hefte. Würzburg 855. Stahel. gr. 8. (VIII, 231 S. u. 1 lith. Taf.) n. 1 $\frac{1}{3}$ Thlr.

Heymann, Stanislaw: Ueber die Nitrophenylketone des m.- und p.-Xylols, des Mesitylens und Pseudocumols. 1903. 48 S. 8°
Karlsruhe, Dr.-Ing.-Diss. v. 20. 1. 1903

Heymann, Stanislaw: Ueber die Xylylnitrophenylketone. 1900. 27 S. 8°
Karlsruhe, Dipl.-Diss. v. 9. 3. 1893

Heymann, Theodor

Heymann, Th. u. A. Uebel, Aufgaben zur Buchführg. e. Gewerbetreibenden. Zum Gebrauche f. die Hand der Schüler in Fortbildungs- u. Gewerbeschulen. 2., 3. u 6. Hft. gr. 8. Wittenberg, R. Herrosé. à n. — 10
2. Schlosserlehrgang. 4. Aufl. (15 S.) 902.
3. Tischlerlehrgang. 3. Aufl. (15 S.) 899.
6. Materialwarenhändler. 2. Aufl. (16 S.) 899.

— u. A. Uebel, Aufgaben zur Buchführung e. Gewerbetreibenden. Zum Gebrauche f. die Hand der Schüler in Fortbildungs-, Gewerbe- u. Handelsschulen. 2., 3., 5. u. 6. Hft. gr. 8. Wittenberg 904. R. Herrosé. à n. — 10
2. Schlosserlehrgang. 5. Aufl. (15 S.) 905.
3. Tischlerlehrgang. 4. Aufl. (15 S.) 904.
5. Bäckerlehrgang. (13 S.) 903.
6. Materialwarenhändler. 4. Aufl. (13 S.) 906.

Heymann, Th., u. A. Uebel, Aufgaben zur Buchführung e. Gewerbetreibenden. Zum Gebrauche f. die Hand der Schüler in Fortbildungs- u. Gewerbeschulen. 1.2.u.6.Heft. 8. Wittenberg, R. Herrosé. à — 10
1. Buchbinderlehrgang. 8. Aufl. (16 S.) 907.
2. Schlosserlehrgang. 7. Aufl. (15 S.) 910.
6. Materialwarenhändler. 5. Aufl. (16 S.) 908.

Heymann, Thdr., Fortbildungsschule u. Volksschule. Vortrag, geh. am 14. XI. 1905 in der amtl. Hauptkonferenz des Bezirksschulinspektionsbez. Leipzig I, durch einige Zusätze erweitert. (24 S.) gr. 8. Leipzig 906. Dürr'sche Buchh. n. — 50

— Grundzüge e. Lehrplans f. Klassen m. Angehörigen verschiedener Berufe (Gemischtberufliche Klassen), s.: Schulze, E., Lehrplan f. Metallarbeiterklassen.

Heymann, Thdr, u. A. Uebel, aus Hellas u. Rom. Kommentar zu Ad. Lehmann's kulturgeschichtl. Bildern aus dem Altertume. I u. II. 8. Leipzig, Leipz. Schulbilderverlag v. F. E. Wachsmuth. à n. — 80
I. 1. Weihe e. griech. Tempels. 2. Die Akropolis v. Athen. 3. Olympia in griech. Zeit. (VIII, 64 S. m. 3 Abbildgn.) 906.
II. 1. Inneres e. röm. Hauses. 2. Forum Romanum zur Kaiserzeit. 3. Im röm. Lager. (VIII, 70 S. m. 3 Abbildgn.) 906.

Heymann, Theodor Ueber die innere Reibung von stromlosen und stromführenden Elektrolyten. Diss. Phil. [II.] Univ. Zürich. [Mit 9 Figuren] 47 S. 8. Zürich, Müller, Werder & Cie., 1901.

Heymann, Th., u. A. Uebel, aus dem Schriftwesen des Mittelalters. Kommentar zu Ad. Lehmanns kulturgeschichtl. Bildertafeln. 1. Mittelalterliche Handschriften. 2. Erfindung der Buchdruckerkunst. (60 S.) gr. 8. Leipzig 907. F. E. Wachsmuth. — 80

Heymann, Th., u. A. Uebel, aus vergangenen Tagen. Kommentar zu Ad. Lehmann's kulturgeschichtl. Bildern. 3 Hfte. Mit Abbildgn. gr. 8. Leipzig, Leipz. Schulbilder-Verlag v. F. E. Wachsmuth. à n. — 80
1. Kommentar zur 1. Serie. (88 S.) 889. — 2. Kommentar zur 2. Serie. (99 S.) 889. — 3. Kommentar zur 3. Serie. (120 S.) 890.

Heymann, Th., u. A. Uebel, aus vergangenen Tagen. Kommentar zu Ad. Lehmanns kulturgeschichtl. Bildern. (3 Hfte.) 1. u. 2. Hft. gr. 8. Leipzig, Leipziger Schulbilder-Verlag, F. E. Wachsmuth. à n. — 80
1. Kommentar zur 1. Serie. (88 S. m. Bildern.) 891.
2. Kommentar zur 2. Serie. 2. Aufl. (109 S. m. 4 Abbildgn.) 893.

Heymann, Th., u. A. Uebel, aus vergangenen Tagen. Kommentar z. Ad. Lehmanns kulturgeschichtl. Bild. 3. Hft. Kommentar z. Serie III d. kulturgeschichtl. Bilder. 2. Aufl. gr 8. (136 S. m. 4 Abb.) Leipzig 894. Leipziger Schulbilderverlag v. F. E. Wachsmuth. n. 1. 20

— — aus vergangenen Tagen. Kommentar zu Ad. Lehmanns kulturgeschichtl. Bildern u. Ergänzg. zu jedem Geschichtslehrbuche. 1. u. 3. Hft. gr. 8. Leipzig 901. Leipziger Schulbilderverl. v. F. E. Wachsmuth. à n. 1. 20
1. Kommentar zu Serie I der kulturgeschichtl. Bilder. 5. Aufl. (103 S. m. 4 Abbildgn.)
3. Kommentar zu Serie 3 der kulturgeschichtl. Bilder. 4. Aufl. (144 S. m. 4 Abbildgn.)

— — aus vergangenen Tagen. Kommentar zu Ad. Lehmanns kulturgeschichtl. Bildern u. Ergänzg. zu jedem Geschichtslehrbuche. 3 Hefte. Kommentar zu Serie I – III der kulturgeschichtl. Bilder. gr. 8. Ebd. 903. à n. 1. 20
I. 6. Aufl. (100 S. m. 4 Abbildgn.) — II. 5. Aufl. (118 S. m. 4 Abbildgn.) — III. 5. Aufl. (141 S. m. 4 Abbildgn.)

— — Aus vergangenen Tagen. Kommentar zu Ad. Lehmanns kulturgeschichtl. Bildern u. Ergänzg. zu jedem Geschichtslehrbuche. 2. Heft. Kommentar zur Serie II der kulturgeschichtl. Bilder. 6. Aufl. (112 S. m. Abbildgn.) gr. 8. Ebd. 906. 1. 20

— — im Tempel zu Jerusalem. Kommentar zu Ad. Lehmanns kulturgeschichtl. Bildern u. Ergänzg. zu jedem Geschichtslehrbuch. 1. Der Tempel zu Jerusalem zur Zeit Christi. 2. Im Priesterhofe des Tempels zu Jerusalem. (Opferscene.) (58 S. m. 3 Abbildgn.) gr. 8. Ebd. 903. n. — 80

— — aus der Zeit der Pharaonen. Kommentar zu Ad. Lehmanns kulturgeschichtl. Bildern u. Ergänzg. zu jedem Geschichtslehrbuche. 1. Ägyptischer Tempel. — 2. Ägyptischer Totenkultus. gr. 8. (72 S. m. Abbildgn.) Ebd. 902. n. — 80

HEYMANN, V. H. V.: Allgemeine Witterungskunde. Ein tägliches Taschenbuch für jedermann, besonders für Forstmänner ... - Herborn 1834

Heymann, Walth., Nehrungsbilder. (120 S.) gr. 8. Königsberg 909. Deutschherren-Verlag. 3.—; kart. 4.—; geb. in Ldr. 6. —

Heymann, Walth., der Springbrunnen. Gedichte. Mit e. Titelzeichng. von Arth. Grunenberg. (112 S.) 8. München 907. R. Piper & Co. n. 2. 50; geb. in Halbperg. n. 4. —

Heymann, Wilhelm

Heymann, W., Betriebs-Ergebnisse v. Berliner Ortskrankenkassen m. freier Arztwahl im J. 1894. gr. 8. (30 S.) Berlin 895. (J. Goldschmidt.) n. — 60

Heymann, W[ilhelm]: Französische **Dialektwörter** bei Lexikographen des 16. bis 18. Jahrhunderts. *Gießen 1903: v. Münchow.* (100 S.) 8°
Gießen, Phil. Diss. v. 1903

Heymann, Wilhelm, pr. Arzt: Zur Kasuistik der traumatischen Luxationen des Kniegelenkes. Borna-Leipzig 1910: Noske. 28 S. 8°
Leipzig, Med. Diss. v. 19. Juli 1910, Ref. Trendelenburg
[Geb. 16. Nov. 74 Lublinitz; Wohnort: Jauer; Staatsangeh.: Preußen; Vorbildung: Gymn. Pleß Reife O. 97; Studium: Breslau 5, Kiel 1, Leipzig 1, Straßburg 4 S.; Coll. 29. Juli 10; Approb. 3. Juli 03.] [U 10. 2981

Heymann, W. Das l der indogermanischen Sprachen gehört der indogermanischen Grundsprache an. Diss. Göttingen 1873. 49 S.

Heymann, Wilh., das l der indogermanischen Sprachen gehört der indogermanischen Grundsprache an. Eine sprachgeschichtl. Untersuchg. gr. 8. (76 S.) Göttingen 873. Breithaupt. n. 2. —

Heymann, Wilh., das l der indogermanischen Sprachen gehört der indogermanischen Grundsprache an. Eine sprachgeschichtl. Untersuchung. gr. 8. (76 S.) Göttingen 873, Rente'sche Buchh. *

Heymann, W. Ueber die Lehre vom bestimmten Artikel im Engl., s. Studien, engl., 12. Bd. 2. Heft.

Heymann, W., das bremische Plattdeutsch. Eine grammatische Darstellg. auf sprachgeschichtl. Grundlage. Hrsg. auf Veranlassg. des Vereins f. niedersächs. Volkstum. (XV, 176 S.) gr. 8. Bremen 909. G. Winter Verl. 3.—; geb. in Leinw. n 3. 50

Heymann, Wilh., s.: Reform, medicinische.

Heymann, Wilh., praktische Vorschläge zur Richtigstellung der deutschen Krankenkassenstatistik. Für den Verband der Aerzte Deutschlands zur Wahrg. ihrer wirthschaftl. Interessen bearb. Mit e. Einleitg. v. L. Pfeiffer sen. (16 u. 15 S.) Fol. Leipzig (903). (O. Regel.) n. 2. 25

Heymann, Wilhelm, Dr. jur.: Die Zweigniederlassung im deutschen Handelsrecht. Leipzig: A. Roßberg 1907. (92 S.) 8°
Leipzig, Jur. Fak., Diss. v. 5. März 1907
[Geb. 16. Sept. 82 Bremen; Wohnort: Bremen; Staatsangeh.: Bremen; Vorbildung: Gymn. Bremen Reife M. 01; Studium: Freiburg i. B. 3, Leipzig 6 S.; Rig. 7. Febr. 06.]

Heymann, W(oldemar), Prof. Dr.: Über die Auflösung von Gleichungen durch Iteration auf geometrischer Grundlage. Chemnitz 1904: Pickenhahn & S. (S. 1—48.) 4°
Chemnitz, Techn. Staatslehranstalten OP 1904

Heymann, W(oldemar): Ueber hypergeometrische Functionen, deren letztes Element speciell ist, nebst einer Anwendung auf Algebra. *Chemnitz 1898: J. C. F. Pickenhahn & Sohn.* (3—44 S.) 4°
Chemnitz, techn. Staatslehr-A, OP 1898

Heymann, Wold., Studien üb. die Transformation u. Integration der Differential- u. Differenzengleichungen, nebst e. Anh. verwandter Aufgaben. gr. 8. (X, 436 S.) Leipzig 891. B. G. Teubner. n. 12. —

Heymann-Dvorák, Rob., s. Heymann, Rob.

Heymannskinder, vgl. Haimonskinder, u.: Heymonskinder.

Heymannskinder, d. vier,. Ein komisches Volksmährchen m. Gesang in 4 Aufz. v. Gleich. 8. Kupffer und Wimmer. 809.

Heymans, Gerardus

Heymans, G., Einführung in die Metaphysik auf Grundlage der Erfahrung. (VIII, 349 S.) gr. 8. Leipzig 905. J. A. Barth. n 8. 40; geb. in Leinw. n. 9. 40

Heymans, G., die Gesetze u. Elemente d. wissenschaftlichen Denkens. Ein Lehrbuch der Erkenntnisstheorie in Grundzügen. 1. Bd. gr. 8. Leiden 890. (Leipzig, Harrassowitz.) n.n. 6. —
Allgemeiner Theil u. Theorie des mathematischen Denkens. (XI, 270 S.)

Heymans, G., die Gesetze u. Elemente des wissenschaftlichen Denkens. Ein Lehrbuch der Erkenntnisstheorie in Grundzügen. 2. (Schluss-)Bd. Theorie des naturwissenschaftl. Denkens. gr. 8. (VI u. S. 273—478.) Leiden 894. Leipzig, O. Harrassowitz. n.n. 6. — (kplt.: n.n. 12. —)

Die Gesetze und Elemente des wissenschaftlichen Denkens. Ein Lehrbuch d. Erkenntnistheorie in Grundzügen von Dr. G[erardus] **Heymans**, Prof. 2. verb. Aufl. Leipzig: J. A. Barth 1905. (X, 421 S.) 8° (05. 15035 6

Heymans, G., die Psychologie der Frauen, s.: Psychologie, die, in Einzeldarstellungen.

Heymans, G[erardus]: Die Psychologie der Frauen. — Heidelberg: Winter 1910. VIII, 308 S. 8° (Die Psychologie in Einzeldarstellungen. 3.)

Heymans, J. F., kurzes Lehrbuch der Physiologie d. Menschen, s.: Gad, Johs.

Heymans, J. F. Physiologie d. Menschen, s. Wreden's Sammlung mediz. Lehrb.

Heyme, s.a. Hayme

Heyme, Christian Gottfried (Dresden), De conjunctione loci et suffragii in comitiis provincialibus cum dominio praediorum nobilium. Präs. Joh. Theophil Seger. Lpz. (Langenheim) Mai 1769. 44 S. mit Widm. v. Präs. (6.50) 15058

— — Specimen observationum ad eruendas origines juris publici Germanici. Disp. jur. Präs. Johann Theophil Seger. Lpz. (Langenheim) 27. V. 1773. 26 S. (6.50) 15059

Heyme, Christoph

Heyme, C., christl. Hausbetstunden. 8. Ebend. 712.

Heymens, Christoph, Wunder-Geschicht von Arrbts Paradieß-Gärtlein. Leipz. 713. 8.

— **Heinrich Ludwig** (Dresden), Disceptationes juris. Specimen V. Präs. Georg Stephan Wiesand. Wittbg. (Adam Christian Charisius) 16. I. 1796. 18 S. (6.—) 15060
Gew.: Christian Gottfried Heyme (Vater).

Heymel, Alfred Walter (Hrsg.), s. Almanach der Insel für 1900.

Heymel, Alfr. Walt., die Fischer u. andere Gedichte. Mit Buchschmuck v. E. R. Weiss. 12. (94 S.) Berlin 899. Schuster & Loeffler. Geb. m. Goldschn. n. 3. —; auf Japanpap. n. 25. —

— **in der Frühe.** Gedichte u. Sprüche. gr. 8. (67 S.) Bremen 898. J. Storm. n. 3. —

Heymel, Alfr. Walt. v., s.: Hyperion.

Heymel, Alfr. Walt., s.: Insel, die.

Heymel, Alfr. Walth., 12 Lieder. (Mit Vignetten v. Carl Walser.) (16 Bl.) 8. Leipzig 905. Insel-Verlag. n. 1. —: geb. n. 2. —

— Spiegel. Freundschaft. Spiele. Studien. (135 S.) kl. 8. Leipzig 908. Insel-Verlag. 2.50; geb. in Halbperg. 3. 50

Der Tod des Narcissus. Ein dramat. Gedicht in 1 Aufzug von Alfred Walter Heymel, Bremen 1898. *Berlin: Schuster & Loeffler 1901.* (50 S.) 8° [04. 9380

Ritter Ungestüm. Eine Gesch. erzählt von Alfred Walter Heymel. *Leipzig & Berlin: Schuster & Loeffler 1900.* (98 S.) 8° [04. 1403

— Ritter Ungestüm. Eine Geschichte. kl. 4. (98 S. m. Titelbild.) Berlin 900. Leipzig, Insel-Verlag. Geb. n. 8.—

— Zeiten. Ein Buch Gedichte. (Titel- u. Einbd.-Vignette v. R. A. Schroeder.) (167 S.) 8. Ebd. 907. 4.—; in Pappbd. 5. —

— dasselbe. Gesammelte Gedichte aus den J. 1895—1910. (2. verm. Aufl.) (129 S.) 8. Ebd. 910. 2.—; in Pappbd. 3. —

Heymer, Kaspar [cand. med. aus Vosswinkel in Westf.]: Beiträge zur Kenntnis des Glioms der Retina ... Strassburg i. E., Buchdr. C. Goeller, 1893; 34 S., 1 Bl. 8.
Strassburg, Med. Fak., Inaug.-Diss. v. 1893

Heymer, Frau Ludmilla, s.a. Rehren, Ludmilla v.

Aazo und Linda. Eine Geschichte aus Livlands Vergangenheit. Von Ludmilla v. Rehren (L(udmilla) Heymer). Mit 5 Vollbild. Riga: Plates [1902]. 83 S. 8°

Vom Baume der Erkenntnis. Novellen von Ludmilla v. Rehren [d. i. Heymer]. 1.–10. Taus. *Berlin: R. Eckstein Nachf. [1902].* (94 S.) 8°
= Bibliothek, Ecksteins Moderne. No. 20.

Drei aus einem Nest u. andere Geschichten. Von Ludmilla v. Rehren (d. i. Ludmilla Heymer, geb. v. Rehren). Mit Ill. von W. Roegge. Berlin, Eisenach, Leipzig: H. Hillger [1905]. (112 S.) 8° [F.]
= Bücherschatz, Kürschners. No 451.

[Heymer], Ludmilla: Gertrud Gawenda. Ein Berliner Roman von Ludmilla v. Rehren [d.i. Heymer]. Berlin, Leipzig: Hillger [1909]. 128 S. 8°
(Kürschners Bücherschatz. Nr. 651.)

Moderne Nonnen. Novellen u. Skizzen von Ludmilla v. Rehren [d. i. Heymer]. (1.–10. Taus.) *Berlin: R. Eckstein Nachf. [1903].* (95 S.) 8°
= Bibliothek, Ecksteins Moderne. No. 26. [04. 4140

Reinheit. Die Freunde. Von Ludmilla v. Rehren (L. Heymer). Mit Ill. von A. Lewin. *Berlin, Eisenach, Leipzig: H. Hillger [1903].* (108 S.) 8° [F.]
= Bücherschatz, Kürschner's. No 368. [04. 958

Heymer, Rud., Gebührentarif für Telegramme. Gültig vom 1. Juli 1886 ab. Nachtrag zum Illustr. Post- und Telegraphen-Handbuche, Sommer-Ausg. 1886. 8. (7 S.) Weimar 886, Zuckschwerdt.

Heymer, Rud., illustrirtes Post-, Telegraphen- und Eisenbahn-Handbuch für das Publikum. Nach amtlichen Quellen bearb. 1. Jahrg. Winter-Ausg. 1878/79. 8. (49 S.) Weimar 878, (Dittmar.) *

—— dass. — 2. Jahrg. Sommer-Ausg. 1879. 8. (48 S.) (Ebendas.)

—— dass. — 2. Jahrg. Winter-Ausg. 1879/80. 8. (64 S.) Weimar, Zuckschwerdt.

Heymer, Rud., illustrirtes Post-, Telegraphen- und Eisenbahn-Handbuch für das Publikum. Nach amtl. Quellen bearb. 3.—6. Jahrg. 1880—1883. à Jahrg. 2 Hefte. 8. (à Heft 64 S.) Weimar, Zuckschwerdt. à Heft 75 Pf.

—— illustrirtes Post- und Telegraphen-Handbuch für das Publikum. 7. Jahrg. 1884. 2 Hefte. 8. (à Heft ca. 60 S.) Ebendas. à Heft * 75 Pf. *
Nebst Anhang: Zonen-Verzeichnisse zur Berechnung des Porto für Packete und Geldbriefe innerhalb Deutschlands und im Verkehr mit Oesterreich Ungarn. (48 S.) *
Zonen-Verzeichnisse allein à *

—— illustrirtes Post- und Telegraphen-Handbuch für das Publikum. 8.—11. Jahrg. 1885—1888. à Jahrg. 2 Hefte. 8. (à Heft ca. 64 S.) Ebendas. à Jahrg. *

—— dass. — Anhang: Zonen-Verzeichniss Nr. 8—15 zur Berechnung des Porto für Packete und Geldbriefe innerhalb Deutschlands und im Verkehr mit Oesterreich-Ungarn. 8. (48 S.) Ebendas. *
Zonen-Verzeichniss allein à *
Inhalt der Zonen-Verzeichnisse:
Nr. 8. Für Bamberg, Bayreuth und Hof. 885.
» 9. Für Erlangen, Fürth und Nürnberg. 885.
» 10. Für München, Schweinfurt und Würzburg. 886.
» 11. Für Augsburg, Kaiserslautern und Regensburg. 886.
» 12. Für Heilbronn, Stuttgart und Ulm. 887.
» 13. Für Darmstadt, Freiburg i. Br. und Heidelberg. 887.
» 14. Für Frankfurt a. M., Hanau, Homburg vor der Höhe und Worms. 888.
» 15. Für Bonn, Coblenz, St. Johann a. S. und Saarbrücken. 888.

Heymer, R., illustrirtes Post- u. Telegraphen-Handbuch f. das Publikum. 13. Jahrg. 1890. 2 Hfte. 8. (1. Hft. 64 S.) Weimar, Zuckschwerdt. à n. — 75; Nachtrag zur Sommer-Ausg. (4 S.) — 15; nebst Anh.: Zonen-Verzeichniss zur Berechnung d. Porto f. Packete u. Geldbriefe innerhalb Deutschlands u. im Verkehr m. Oesterreich-Ungarn (32 S.) n. 1. —; Zonen-Verzeichniss allein n. — 40

Heymer, Rud. Illustrirtes Post- u. Telegraphen-Handbuch f. das Publikum. 15. Jahrg. 1892. 2 Hefte. 8. (à Heft 64 S.) Weim., Zuckschwerdt. à Heft * — 75
Erscheint jährlich 2 Mal.
—— dass. — Anhang: Zonen-Verzeichniss Nr. XVI—XX zur Berechng. d. Portos f. Packete u. Geldbriefe innerhalb Deutschlands u. im Verkehr m. Oesterreich-Ungarn. 8. (à Nr. 32 S.) Ebd. 889—892. à Nr. * — 40; je 1 Heft d. Post- u. Telegraphen-Handbuch u. 1 Anhang zusammen * 1 —
Inhalt der Zonen-Verzeichnisse:
XVI. Für Duisburg, Ruhrort, Hagen (Westf.), Haspe u. Münster (Westf.).
XVII. Für Borna, Leipzig nebst Vororten u. Wurzen.
XVIII. Für Bautzen, Cölln (Elbe), Dresden m. Vorstädten u. Meissen.
XIX. Für Colditz, Döbeln, Grimma, Leisnig u. Waldheim.
XX. Für Adorf, Eibenstock, Hohenstein-Ernstthal, Lichtenstein-Callberg, Markneukirchen u. Schwarzenberg.

Heymer, Rud., illustr. Post- u. Telegraphen-Handbuch f. das Publikum. 17. Jahrg. 1894. 2 Hfte. 8. (1. Hft. 68 S.) Weimar, A. Zuckschwerdt. à n. — 75; m. Zonenverzeichniss (Auszug) à n. 1. —; m. vollständ. Zonenverzeichniss à n. 2. —

Heymer, Rud., illustrirtes Post- u. Telegraphen-Handbuch f. d. Publikum. 21. Jahrg. 1898. 2 Hfte. (à ca. 80 S.) 8. Weimar, A. Zuckschwerdt. à n. — 75; m. Zonenverzeichniss (Auszug) (32 S.) à n. 1. —; m. vollständ. Zonenverzeichniss à n. 2. —

Heymer, Rud., illustr. Post- u. Telegraphen-Handbuch f. das Publikum (m. Strassenverzeichniss f. Berlin u. Breslau). 25. Jahrg. 1902. 2 Hfte. 8. (à ca. 96 S.) Weimar, A. Zuckschwerdt. à n. 1. —

Heymer, Rud., illustriertes Post- u. Telegraphen-Handbuch zum täglichen Gebrauch für jedermann (m. Strassenverzeichnis f. Berlin u. Breslau). 29. Jahrg. 1906. 2 Hefte. (à 96 S.) 8. Weimar, A. Zuckschwerdt. à n. 1. —

Heymer, illustriertes Post- u. Telegraphen-Handbuch zum täglichen Gebrauch j. jedermann (m. Strassenverzeichnis f. Berlin). 33. Jahrg. 1910. 2 Hefte. (à ca. 104 S.) 8. Weimar, A. Zuckschwerdt. à Heft 1. —

— Vollständ. Post-Zonenbuch (Portotaxe) f. Aachen (Burtscheid), Cöln (Deutz, Ehrenfeld, Lindenthal, Nippes) u. Hagen i. Westf. (Gevelsberg, Haspe, Milspe, Schalksmühle) sowie f. die am Schlusse des Buches verzeichneten Postorte zur Berechnung des Portos f. Pakete u. Geldbriefe innerhalb Deutschlands u. im Verkehr m. den hauptsächlichsten Orten Oesterreich-Ungarns. (144 S.) 8. Ebd. (909.) Geb. in Leinw. 2. 50

— vollständiges Post-Zonenbuch (Portotaxe) f. Altona (E.), Bremen, Hamburg, Harburg (E.), Hemelingen, Kiel u. Ottensen sowie für die am Schlusse des Buches verzeichneten Postorte zur Berechnung des Portos f. Pakete u. Geldbriefe innerhalb Deutschlands u. im Verkehr m. den hauptsächlichsten Orten Oesterreich-Ungarns. (144 S.) 8. Ebd. (906). Geb. in Leinw. n. 2. 50

— dasselbe f. Augsburg, München u. Nürnberg (Umschlag: f. Augsburg [Pfersee], München [Pasing] u. Nürnberg), sowie f. die am Schlusse des Buches verzeichneten Postorte zur Berechnung des Portos f. Pakete u. Geldbriefe innerhalb Deutschlands u. im Verkehr mit den hauptsächlichsten Orten Oesterreich-Ungarns. (144 S.) 8. Ebd. 910. Geb. in Leinw. 2. 50

— dasselbe f. Barmen, Elberfeld (Ronsdorf, Schwelm), Düsseldorf (Ratingen) u. M.-Gladbach (Dülken, Rheydt, Viersen) sowie f. die am Schlusse des Buches verzeichneten Postorte. (144 S.) 8. Ebd. (908.) Geb. in Leinw. 2. 50

Heymer, Rud., vollständiges Post-Zonenbuch (Portotaxe) f. Berlin, Charlottenburg, Friedenau, Pankow, Rixdorf, Schöneberg, Weissensee, Westend u. Wilmersdorf. (144 S.) 8. Weimar (906). A. Zuckschwerdt. Geb. in Leinw. n. 2. 50

— dasselbe f. Braunschweig, Hannover (Hainholz, Linden, Wülfel) u. Magdeburg (Buckau, Sudenburg, Westerhüsen a. Elbe) sowie f. die am Schlusse des Buches verzeichneten Postorte zur Berechnung des Portos f. Pakete u. Geldbriefe innerhalb Deutschlands u. im Verkehr m. den hauptsächlichsten Orten Oesterreich-Ungarns. (144 S.) 8. Ebd. (907.) Geb. in Leinw. 2. 50

— dasselbe f. Chemnitz, (Einsiedel, Gablenz, Siegmar), Crimmitschau, Glauchau, Greiz, Reichenbach (V.), (Elsterberg, Lengenfeld [V.], Mylau, Netzschkau), Werdau u. Zwickau (S.) (144 S.) 8. Ebd. (906). Geb. in Leinw. n. 2. 50

— dasselbe f. Dresden (Kötzschenbroda, Loschwitz, Potschappel, Radebeul-Oberlössnitz), Leipzig u. Plauen (V.), sowie f. die am Schlusse des Buches verzeichneten Postorte zur Berechnung des Portos f. Pakete u. Geldbriefe innerhalb Deutschlands u. im Verkehr m. den hauptsächlichsten Orten Oesterreich-Ungarns. (144 S.) 8. Ebd. (908.) Geb. in Leinw. 2. 50

Heymer, vollständiges Post-Zonenbuch (Portotaxe) f. Frankfurt (Main) [Bockenheim, Homburg v. d. H.], Karlsruhe (B.) [Durlach, Ettlingen] u. Mannheim [Frankenthal i. Pfalz, Ludwigshafen a. Rhein], sowie f. die am Schlusse des Buches verzeichneten Postorte zur Berechnung des Portos f. Pakete u. Geldbriefe innerhalb Deutschlands u. im Verkehr m. den hauptsächlichsten Orten Oesterreich-Ungarns. (144 S.) 8. Weimar (909.) A. Zuckschwerdt. Geb. in Leinw. 2. 50

- dasselbe f. Strassburg (E.) [Kehl, Schiltigheim], Mülhausen (E.) [Dornach] u. Stuttgart [Cannstatt, Untertürkheim], sowie f. die am Schlusse des Buches verzeichneten Postorte zur Berechnung des Portos f. Pakete u. Geldbriefe innerhalb Deutschlands u. im Verkehr m. den hauptsächlichsten Orten Oesterreich-Ungarns. (144 S.) 8. Ebd. (910.) Geb. in Leinw. 2. 50

— vollständiges Post-Zonenbuch m. Zonentabelle zur Berechnung des Paket- u. Geldbriefportos nach u. v. allen Orten Deutschlands u. im Verkehr m. den hauptsächlichsten Orten Oesterreich-Ungarns. 2. verm. u. besonders durchgearb. Aufl. (143 S.) 8. Ebd. (906). Geb. in Leinw. n. 2. 50

— Vollständiges Post-Zonenverzeichniss. A—C. gr. 8. (à Ausg. 112 S.) Ebd. à Ausg. * 1 25

A. Für Altona, Berlin, Bremen, Charlottenburg, Hamburg, Harburg u. Ottensen, sowie f. die auf Seite 3 verzeichneten Orte. 891.

B. Für Barmen, Bochum, Düsseldorf, Elberfeld, Ronsdorf u. Schwelm, sowie f. die auf S. 3 verzeichneten Orte. 892.

C. Für Braunschweig, Hannover u. Magdeburg, sowie f. die auf Seite 3 verzeichneten Orte. 892.

— postalisches Taxquadratnetz v. Deutschland u. Oesterreich-Ungarn. 48,5×48,5 cm. Nebst Zonenzeiger. 37×37 cm. Ebd. (902.) n. 1. —

— Zonenbuch zur Berechnung des Paket- u. Geldbriefportos nach u. von allen Orten Deutschlands u. im Verkehr m. den hauptsächlichsten Orten Oesterreich-Ungarns. Mit Zonentabelle od. Taxquadratkarte nebst Zonenzeiger. (128 S.) 4. Ebd. (903). n. 2. 50
In Ausgaben f. verschiedene Orte erschienen.

Heymer, Rud., vollständiges Zonenverzeichniss D f. Altenburg (S.-A.), Leipzig nebst Vororten u. Plauen (Voigtland), sowie f. die auf Seite 3 verzeichneten Orte zur Berechnung d. Portos f. Packete u. Geldbriefe innerhalb Deutschlands u. im Verkehr m. Oesterreich-Ungarn. Anh. zu H.'s illustr. Post- u. Telegraphen-Handbuche. gr. 8. (112 S.) Weimar 893. A. Zuckschwerdt. n. 1. 25

— Zonenverzeichniss f. Altenburg (S.-A.), Leipzig nebst Vororten u. Plauen (Vogtl.), sow. f. d. auf S. 3 verzeichn. Orte z. Berechng. d. Portos f. Packete u. Geldbriefe innerhalb Deutschlands u. im Verkehr m. Oesterreich-Ungarn. Anh. zu Heymer's illustr. Post- u. Telegraphen-Handbuche. gr. 8. (112 S.) Ebd. 896. n. 1. 25

— Zonenverzeichniss f. Braunschweig, Hannover u. Magdeburg, sowie f. die auf Seite 3 verzeichneten Orte zur Berechnung des Portos f. Packete u. Geldbriefe innerhalb Deutschlands u. im Verkehr m. Oesterreich-Ungarn. Anh. zu H.'s illustr. Post- u. Telegraphen-Handbuche. gr. 8. (112 S.) Weimar 892. A. Zuckschwerdt. n. 1. 25

— vollständiges Zonenverzeichniss E. f. Chemnitz, Crimmitzschau, Dresden, Glauchau, Werdau u. Zwickau (S.), sowie f. die auf Seite 3 verzeichneten Orte zur Berechnung des Portos f. Packete u. Geldbriefe innerhalb Deutschlands u. im Verkehr m. Oesterreich-Ungarn. Anh. zu H.'s illustr. Post- u. Telegraphen-Handbuche. gr. 8. (112 S.) Ebd. 894. n. 1. 25

Heymeran von Flaming, Quinctius. Berlin [Wien] 1800. V: *Lafontaine, Aug. Hnr. Jul.* [?]. (wr)

Heymons, E., Eduard v. Hartmann. Erinnerungen aus den Jahren 1868—1881. Mit Eduard v. Hartmann's (Stahlst.=)Portr. 8. (64 S.) Berlin 882. C. Duncker. n. 1. —

Heymons, Richard: Beiträge zur Morphologie und Entwicklungsgeschichte der Rhynchoten. Von Dr. Richard Heymons, Privatd. in Berlin. Mit 3 Taf. Halle, Leipzig: W. Engelmann in Comm. 1899. (107 S.) 4°
= Acta, Nova, Academiae Caes. Leopoldino-Carolinae Germanicae naturae curiosorum. T. 74, No 3.

— biologische Beobachtungen an asiatischen Solifugen nebst Beiträgen zur Systematik derselben. gr. 4. (65 S.) Berlin 902. (G. Reimer.) n. 2. 50
Sonderabdr. a.: „Abhandlgn. d. k. preuss. Akad. d. Wiss., Anh."

Heymons, R., H. **Heymons** u. Th. **Kuhlgatz,** Collembola, Neuroptera, Hymenoptera, Rhynchota, s.: Süsswasserfauna, die, Deutschlands.

Die Embryonalentwickelung von Dermapteren u. Orthopteren unter bes. Berücks. der Keimblätterbildg. Monographisch bearb. v. Dr. Richard **Heymons,** Privatdoz. ... in Berlin. M. 12 lith. Taf. u. 33 Abb. im Text. *Jena: G. Fischer 1895.* (VIII, 136 S., XII Taf. m. 12 Erl.-Bl.) 1 Bd 2.(4.)
(97. 476

Heymons, Richard *Friedrich Wilhelm Carl* [aus Berlin]: Die Entstehung der Geschlechtsdrüsen von Phyllodromia (Blatta) germanica L. (Aus d. zoolog. Institut zu Berlin) . . . Berlin, Buchdr. v. G. Schade, *1891;* 71 S. 8°
Berlin, Phil. Fak., Inaug. Diss. v. 20. Jun. 1891

Heymons, Rich., die Entstehung der Geschlechtsdrüsen v. Phyllodromia [Blatta] germanica L. [Aus dem zoolog. Institut zu Berlin.] Diss. gr. 8. (71 S.) Berlin 892. (R. Friedländer & Sohn.) n. 1. 50

— zur Entwickelungsgeschichte d. Chilopoden. [Aus: „Sitzungsber. d. k. preuss. Akad. d. Wiss."] gr. 8. (8 S.) Berlin 898. (G. Reimer.) n. — 50

Die Entwicklungsgeschichte der Scolopender von Dr. Richard **Heymons.** Privatd., Berlin. Mit 8 Taf. u. 42 Fig. (In 2 H.) *Stuttgart: E. Nägele 1901.* (VIII, 244 S.) 4°
= Zoologica. H. 33.

— Grundzüge d. Entwickelung u. d. Körperbaues von Odonaten u. Ephemeriden. [Aus: „Abhandlgn. d. Akad. d. Wiss. z. Berlin."] gr. 4. (66 S. m. 2 Taf.) Ebd. 896. Kart. n. 4. —

Heymons, Rich., die Hinterleibsanhänge der Libellen u. ihrer Larven. (S. 21—58 m. 11 Abbildgn. u. 1 Taf.) Lex.-8. Wien 904. (A. Hölder.) n. 2. —
Sonderabdr. aus: „Annalen d. k. k. naturhist. Hofmuseums".

— Mitteilgn. üb. d. Segmentirung u. d. Körperbau d. Myriopoden. [Aus: „Sitzungsber. d. k. preuss. Akad. d. Wiss."] gr. 8. (9 S. m. 2 Fig.) Ebd. 897. n. — 50

— die flügelförmigen Organe (Lateralorgane) d. Solifugen u. ihre Bedeutung. (13 S. m. Abbildgn.) gr. 8. Berlin 904. (G. Reimer.) n. — 50
Sonderabdr. aus: „Sitzungsber. d. preuss. Akad. d. Wiss."

— üb. d. Organisation u. Entwickelg. v. Bacillus rossii Fabr. [Aus: „Sitzungsber. d. Akad. d. Wiss. zu Berlin".] gr. 8. (11 S. m. 1 Fig.) Ebd. 896. n. — 50

— d. Segmentirung d. Insectenkörpers. [Aus: „Abhandlgn. d. k. preuss. Akad. d. Wiss. zu Berlin."] gr. 4. (39 S. m. 1 Taf.) Ebd. 895. Kart. n. 2. —

— d. Variationen bei Artemia salina Leach., s.: Samter, M.

Heymons-Kinder, s.a. Haimons-Kinder u.: Heymannskinder.

Heymonskinder, die, ein Gedicht in 20 Gesängen. 8. Nördlingen 840. Beck'sche Buchh. 11/12 ₰

Heymonskinder, die. Ein Gedicht in 20 Gesängen. 2. Ausg. gr. 8. Nördlingen 846, Beck'sche Buchh. 1/3 ₰

Heyn, s.a. Heyne.

Mitteilungen über die Städt. gewerbliche Fortbildungsschule und über die Städt. Handwerkerschule zu Kiel. [Verf.: (Heyn).] (Kiel. 1908.) 8°

Heyn, A., gynäkologische Operationen, s.: Küstner, O.

Heyn's, Alb., ausführl. Dispositionslehre u. 66 Prüfungsaufsätze v. Militäranwärtern f. Militäranwärter. 1. Bd. 2. Aufl. (200 S.) 16. Berlin (S.W. 29, Fidicinstr. 16) (907). Lehrer Alb. Heyn. Kart. 1. 80
2. Bd. u. d. T.:

— Dispositionslehre u. 50 Prüfungsaufsätze, Muster zu Lebensläufen u. Gesuchen, nebst e. prakt. Satz- u. Satzzeichenlehre (f. Militäranwärter. II. Bd. 2. Aufl. (211 S.) kl. 8. Ebd. 907. 2. —

Heyn, Albert, Rechtspraktikant aus München: Die **Vermögens-Verwaltung** in den Berufsgenossenschaften. *München-Dachau 1903: F. Mondrion.* (80 S.) 8°
Erlangen, Jur. Diss. v. 18. Juni 1903

Heyn, Arthur, Assistenzarzt an d. Kgl. Frauenklinik zu Breslau: Aus d. Pathol. Institut zu Breslau. Ueber disseminirte **Nephritis** bacillaris Tuberculöser ohne Nieren-Tuberkel. *Berlin 1901: G. Reimer.* (44 S.) 8° ¶ (Aus: Virchow's Archiv f. pathol. Anatomie u. Physiol., Bd 165, 1901.)
Breslau, Med. Diss. v. 27. [Juli] 1901

Heyn, C., Anleitung zum Erlernen der Rundschrift. 2 Hefte nebst Uebungsheft. (28, 24 u. 24 S.) qu. 8. Cassel 906. Carl Weidner, Buchdruckerei. (Nur direkt.) n. 1. 50

Heyn, C. W., Modulationen mit Erläuterungen aus C-dur u. C-moll in alle übrigen Tonarten. Nebst 13 leichten u. kurzen Vorspielen f. d. Orgel. Zum Gebrauch f. angeh. Orgelspieler. gr. 4. Freiberg 846, Engelhardt. 1/2 ₰

Heyn, C. W., einige Regeln zur Harmonicenlehre für Anfänger. Freiberg 856. Wolf. gr. 8. (32 S.) 10 ngr

Heyn, C. W., einige Regeln zur Harmonicenlehre für Anfänger. 2. (Titel-)Ausg. Altona (856) 867. Verlagsbüreau. gr. 8. (32 S.) n. 10 ngr

Heyn, Carl, s. Heyn, Karl.

Metallographie. Kurze, gemeinfaßl. Darstellung d. Lehre von d. Metallen u. ihren Legierungen, unter besond. Berücks. d. Metallmikroskopie. Von Prof. E. **Heyn** u. Prof. O. Bauer. Mit Abb. u. Lichtbildern. 1. 2. Leipzig: Göschen 1909. 8°
1. Allg. T. 2. Spezieller T.
(Sammlung Göschen. 432. 433.) A 12. 13011

— u. O. **Bauer**, Metallographie, s.a. Sammlung Göschen.

Heyn, E., die Metallographie im Dienste der Hüttenkunde. (43 S. m. 26 Fig.) gr. 8. Freiberg 903. Craz & Gerlach. n. 1. —

Heyn, E., über e. Vorrichtung zur vereinfachten Prüfg. der Kugeldruckhärte u. üb. die damit erzielten Ergebnisse, s.: Martens, A.

Heyn, E., der Westerwald u. seine Bewohner von den ältesten Zeiten bis heute. Eine Geschichte der wichtigsten Verhältnisse des Westerwaldes u. seiner Bewohner, nebst e. Beschreibg. u. Topographie des Oberwesterwaldkreises auf Grundlage der Quellen. gr. 8. (VIII, 300 S. m. 1 histor. Karte.) Marienberg (Westerwald) 893. E. Heyn's Selbstverl. n. 4. —

Heyn, E., Westerwald-Führer. Hrsg. f. den Westerwald-Klub. Mit 1 den ganzen Westerwald umfass. Karte u. m. in den Text eingedr. Abbildgn. 5. neubearb. Aufl. (288 S.) kl. 8. Marienberg (Westerwald), H. Schnabelius 910. (Leipzig, R. Giegler's Sort.) Geb. in Leinw. 2. 50

Heyn, Erich. Der Kaiser. Dichtg. aus dem Mittelalter. 12. (151 S.) Berl. 891, Rosenbaum u. Hart. geb. in Leinw. * 3 —

Heyn, Ernst, Charakterbilder deutscher Waldbäume. 17 Kupferstiche von A. Krause u. Ad. Neumann. Mit (12 S.) begleit. Text von E. A. Rossmässler. Leipzig 863. C. F. Winter. Fol. n. 4 ℳ

Heyn, Ernst, Geschichte des alten Bundes, s.: Religionsunterricht, evangelischer. 7. Bd.

— Geschichte des Lebens Jesu, s.: Religionsunterricht, evangelischer. 8. Bd.

— Herder u. die deutsche christliche Gegenwart. Aussprüche aus Herders theolog. Schriften, geordnet u. beurteilt. (X, 152 S.) gr. 8. Leipzig 905. E. Wunderlich. n. 2. —; geb. n. 2. 50

Kirchengeschichte bis 1500, s.: Religionsunterricht. evangel.

— Kirchengeschichte von 1500 bis zur Gegenwart, s.: Religionsunterricht, evangelischer. 10. Bd.

— Evangelisches Religionsbuch, s.: Neukauf, A.

Heyn, F., d. Freunde, s.: Jugend-Bücherei, farbig illustr.

Heyn, Friedrich, Assistenzarzt an der Landes-Heil- und Pflege-Anstalt Uchtspringe: Ein Beitrag zur Lehre vom Myxödem. Berlin 1905: L. Schumacher. (20 S.) 8° ¶ Aus: Archiv für Psychiatrie und Nervenkrankheiten ⟨Bd 41, H. 1.⟩

Kiel, Med. Fak., Ref. Siemerling, Diss. v. 20. Dez. 1905

[Geb. 23. Mai 78 Brietzig, Kr. Pyritz; Wohnort: Brietzig; Staatsangeh.: Preußen; Vorbildung: Gymn. Greifswald Reife O. 96; Studium: Berlin 3, Kaiser Wilh.-Akad. 6 S.; Coll. 21. Juni 05; Approb. 16. April 02.]

Des Gothaischen Oberberg-Inspektors u. Zehndners Friedrich **Heyn** zu Manebach Beschreibung der Bergwerke am Sachsenstein u. bei Manebach im Thüringer Walde i. Jahre 1695. Leipzig 1695 erschienen ... Nach einem im Herzogl. Staatsminist. zu Gotha vorhand. Orig. neu hrsg. von d. Kgl. Geol. Landesanst. in Berlin. Berlin: Geol. Landesanst. 1907. (8 Bl.) 8° [F.] 07. 1634

Heyn, Frdr., s.: Carnevals-Ulk, Cölner.

Heyn's, Frdr., neuester Führer zu allen Sehenswürdigkeiten v. Cöln, nebst vollständ. Geschichte u. Beschreibg. d. Domes. Nach den besten Quellen bearb. 15. Aufl. 16. (XLII, 54 u. 12 S. m. lith. Plan.) Cöln 890. Heyn. n. 1. —

Stamm- und Ranglisten sämtlicher Offiziere des 3. Westpreuss. Infanterie-Regiments Nr. 129 von 1881 bis 1906. Auf Befehl d. Regts zsgest. von (Gotthilf) **Heyn**, Hauptm., (Siegfried) Woltersdorf, Oberlt. Abgeschlossen am 1. Febr. 1906. Berlin, Oldenburg, Leipzig: G. Stalling 1906. (172 S.) 8° [F.] 06. 7453

Heyn u. **Woltersdorf**, Stamm- u. Ranglisten sämtlicher Offiziere des 3. westpreuß. Infanterie-Regiments Nr. 129 von 1881 bis 1906. Auf Befehl d. Regiments zusammengestellt. Abgeschlossen am 1. II 1906. (V, 172 S. m. 9 Bildniss.) gr. 8. Oldenburg 906. G. Stalling's Verl. n. 7 75; geb. n.n. 9. 25

Heyn, Herbert, Referendar: Begriff und Wesen des Geschäftsanteils und des Geschäftsguthabens in der eingetragenen Genossenschaft nach dem Reichsgesetz vom 1. 5. 1889 in der Fassung vom 20. 5. 1898. Borna-Leipzig 1907: R. Noske. (VIII, 43 S.) 8°

Breslau, Jur. Fak., Ref. Schott-Meyer, Diss. v. 12. Juli 1907

[Geb. 9. März 85 Carlsruh O.-S.; Wohnort: Neiße; Staatsangeh.: Preußen; Vorbildung: Gymn. Neiße Reife O. 03; Studium: Genf 1, Breslau 3, Heidelberg 1, Breslau 1 S.; Rig. 20. Dez. 06.]

Heyn, Hugo, Beweis e. europäischen Doppelkrieges im Laufe der J. 1868—1870. Schleiz 868. Hübscher. Lex.-8. (20 S.) n. 5 ngr.

— Königgrätz die Ursache eines preussisch-französischen Krieges. Der Krieg ist unvermeidlich. Preussen hat alle Aussicht zu triumphiren. Wien 867. Hügel. gr. 8. (32 S.) 6 ngr.

Heyn, J., Abhdl. vom Schlafe der Seelen nach dem Tode, gegen T. *Seidel*, Halberst. Schreiben a. d. † Verf. Frkf. a. M. 1754. — V. d. Zustande der Seelen rc. als Antwort u. gegen den Verstorb. Halberst. 1755. 8°.

Heyn, J., Altes u. Neues aus dem Gebiete der Stoffwechselkrankheiten. (81 S.) 8. Leipzig 909. B. Konegen. 1. 80

Heyn, J., Betr. über die Cometen rc. 8. Berl. Haude. 742.

— gesammelte Briefe v. Cometen, d. Sündfluth rc. 8. Ebd. 745.

— Sendschr. v. Schlafe der abgeschiedn. Seelen. 8. Ebend. 746.

Heyn, J., Sendschreiben an S. J. *Baumgarten*. J. *Walt's* Schlaf der abgeschiedenen Seelen geprüfet. Frkf. a. M. — Beantwortung v. J. S. *Baumgarten*. Halle. 8°.

1746

Heyn, J. Ant., Animadversiones anat., juxta nervum opticum atque amphiloletstroidam lunicam. Kil. 4°.

1751

Heyn, J. G., neues kölner Adreßbuch, s. Adreßbuch.

Heyn, Immanuel

Heyn, J., offener Brief an Hrn. Hofprediger a. D. Stöcker in Sachen des christlichen Gewissens u. der evangelischen Freiheit, nebst Beleuchtg. der v. Hrn. Stöcker versuchten Antwort. gr. 8. (16 S.) Braunschweig 894. C. A. Schwetschke & Sohn. n. — 80

Heyn, Imman., Einer ist euer Meister! Predigten f. denk. Christen. gr. 8. (VIII, 285 S.) Greifswald 892. J. Bindewald. n. 2. 50; geb. n. 3. 50

Heyn, J., die weltumfassende Größe des Christentums. Predigt über 1. Korinth. 3, 21–23, bei der Kirchenvisitation am 21. VIII. 1904 geh. (8 S.) 8. Greifswald 904. L. Bamberg. n.n. — 30

Heyn, Imman., der Herr ist der Geist. Ein Jahrgang Predigten üb. die altkirchl. Evangelien. gr. 8. (VIII, 515 S.) Greifswald 900. L. Bamberg. n. 6. —; geb. in Leinw. n. 7. —

Der **Herr** ist der Geist. Ein Jahrg. Predigten über d. altkirchl. Evangelien von **Immanuel Heyn,** Pfarrer. *Greifswald: L. Bamberg 1901.* (VIII, 515 S.) 8° [F.]

Jesus im Lichte moderner Theologie. Von Immanuel **Heyn,** Pfarrer. Greifswald: L. Bamberg 1907. (147 S.) 8° [F.] 07. 14004 9

Heyn, Imman., Jesus im Lichte moderner Theologie. (VII, 147 S.) gr. 8. Greifswald 909. L. Bamberg. 2. 20

— Predigt, bei der General-Kirchenvisitation am 6. VI. 1899 geh. gr. 8. (10 S.) Ebd. (899). n n. — 25

Heyn, Immanuel: Das neue Pommersche Provinzial-Gesangbuch. Antwort auf d. Schrift d. Herrn Prof. H. Fischer. Zur Gesangbuchfrage. Von I[mmanuel] Heyn, Pfarrer zu Greifswald. Berlin: G. Reiner 1896. (40 S.) 8°
Aus: Prot. Kirchenzeitung. 1896. No 39–41.

Reformationsfestpredigt über Evg. Joh. 4, 19–26 geh. von I[mmanuel] **Heyn,** Pfarrer, Greifswald. *Greifswald: L. Bamberg 1903.* (11 S.) 8° [F.] 03. 14397 9

Heyn, J., die Segnungen d. Protestantismus f. Volk u. Vaterland, s.: Flugschriften d. Evangel. Bundes.

Zum Streit um Babel und Bibel. 2 Vorträge von I[mmanuel] **Heyn.** Pfarrer, Greifswald. *Greifswald: L. Bamberg 1903.* (55 S.) 8° [F.] 03. 9049 9

Heyn, Imman., vergeßt der treuen Toten nicht. Gedächtnispredigten für Kaiser Wilhelm I. und Friedrich III., am 11. März und 17. Juni 1888 gehalten. gr. 8. (17 S.) Pyritz 888, Backe. *

Heyn, Joachim Christoph (Greifswald/Pomm.), De pietate naturali nunquam molesta. Disp. philos.-moralis. Präs. M. Christian Anton Brunnemann. Greifswald (Carl Höpfner) 13. II. 1738. 20 S. (6.—) 15061
Gew.: Joh. August v. Meyerfeld. — Widm. v. Präs.

Heyn, Johannes, Referendar a. Stettin: Das eigene Verschulden des Beschädigten bei Schadensersatzansprüchen nach gemeinem Rechte und dem Rechte des Bürgerlichen Gesetzbuches. Greifswald 1907: J. Abel. (71 S.) 8° [F.]
Greifswald, Jur. Fak., Ref. Pescatore, Diss. v. 5. Juni 1907
[Geb. 28. Febr. 82 Stettin; Wohnort: Stettin; Staatsangeh.: Preußen; Vorbildung: Kgl. Wilhelms-Gymn. Stettin Reife O. 00; Studium: Berlin 3, Freiburg i. B. 3, Greifswald 3 S.; Rig. 22. Juni 07.]

Heyn, Johs., wach' auf, Deutschland! Vortrag, geh. im Krystallpalast zu Leipzig. (16 S.) gr. 8. Leipzig 910. J. Heyn. — 25

Heyn, Johs., und Herm. Tuch, die bezähmte Widerspenstige. Polterabend-Scherz in 3 Acten zur Vorfeier der Vermählung. Bützow 864. (Berg.) gr. 8. (V, 23 S.) n. 5 ngr.

Heyn, Joh. Matth., die in das feine Netz der Union gerathene evang.-lutherische Kirche in besond. Beziehung auf Hamburg. Mit beigefügten Documenten. Enttäuscht von ꝛc. gr. 8. (21 B.) Hamburg 814. [Berlin, Gebauer'sche Buchh.] *

Heyn, Joh. Math., die zur Union führende Mission, nebst Ehrenrettung der unveränd. Augsburg. Confession u. luther. Kirche. Angehängt: „Erdm. Neumeister's „kurzer Beweis" ꝛc. Mit besond. Beziehung auf Hamburg, doch zu allgem. christl. Interesse. Zum Druck geordnet v. J. G. Scheibel. 2e, sehr verm. Aufl. 8. Hamburg 838. (Niemeyer.) 3/4 Rthlr.

Heyn, Joh. Matth., was ist die sogenannte evang. Kirche für eine, wenn es keine Lutherische u. keine Reformirte sein soll? Eine bescheidene Anfrage in Beziehung des Ministeriums. Mit Documenten. Ferner die von Erdmann Neumeister im J. 1730 zum Druck beförderte Augsburgische Confession ꝛc. gr. 8. (XXX u. 378 S.) Hamburg 847. Berlin, Gebauer in Comm. n. 1 Rthlr.

Heyn, Justus *Gottlob* [aus Cantreck i. Pomm.]: Ein Beitrag zur Lehre vom Muskel-Echinokokkus ... Berlin, C. Vogts Buchdr., *1894;* 26 S., 3 Bl. 8.
Berlin, Med. Fak., Inaug.-Diss. v. 5. Juni 1894

Heyn, K. E., s. Schildereien aus dem Alpenlande.

Heyn, Carl, Album des Königreichs Bayern in seinen Residenzen, Schlössern u. Landsitzen. In naturgetreuen, künstlerisch ausgeführten Abbildungen. Mit historisch-topograph. Texte von Carl Wilh. Vogt. 1. Sect. Kreis Oberbayern. 1. Heft. Leipzig 860. Expedition des Albums etc. qu. gr. 4. (2 Bl., S. 1–12 u. 3 lith. Bl.) n. 1 Rthlr; color. n. 1 Rthlr 20 ngr.

Heyn, Carolus (geb. am 21 Aug. 1842 in Arnsberg Westf.): De Floro historico ... Bonnae, typ. Carthausianis (1866). 2 Bl., 53 S. 1 Bl. 8.
Bonn, Phil. Fak., Diss. v. 28 Mai 1866

— landschaftliche Zeichnen-Vorlagen. 1. Heft. qu. Fol. (4 Stnt., wovon 2 in Tondr.) Leipzig 861, Friese.

Heyn, Carl, landschaftliche Zeichnen-Vorlagen. 2. und 3. Heft. qu. Fol. (à 4 Stnt., wovon 2 in Tondr.) Leipzig 862,63, Friese. [2. Heft 15 Ngr., 3. Heft 10 Ngr.]
1. Heft. Ebendas. 1861. 15 Ngr.

HEYN, Ludwig: Die deutsche Großklengindustrie und ihre Stellung zur Kiefernsamenprovenienzfrage. - Frankfurt a. M. 1910. 13 S.

Heyn, Otto

— d. Erfolglosigkeit o. Hebg. d. Silberpreises (mit oder ohne — internationale — Einführg. d. Bimetallismus) als Mittel z. Heilg. d. Schäden d. deutschen Erwerbslebens. gr. 8. (III, IV, 231 S.) Ebd. 895. n. 3. —

Heyn, Otto, Irrthümer auf dem Gebiete des Geldwesens. gr. 8. (III, 85 S.) Berlin 900. Puttkammer & Mühlbrecht. n. 2. —

Heyn, Otto, d. Concurrenz d. Silberländer, sow. d. Länder m. Papierwährg. u. d. Bimetallismus. [Aus: „H., Kritik d. Bimetallismus".] gr. 8. (V u. S. 109—174.) Berlin 897. Puttkammer & Mühlbrecht. n. 1. 20

Dr. Otto **Heyn**. Kritik des Bimetallismus. *Berlin: Puttkammer & Mühlbrecht 1897.* (2 Bl., 184 S.) 1 Bd 8. (97. 977

Heyn, Otto, Papierwährung m. Goldreserve f. den Auslandsverkehr. Ein Mittel zur Lösg. der Währungsfrage. gr. 8. (IV, 86 S.) Berlin 894. Puttkammer & Mühlbrecht. n. 2. —

Reform des Postscheckverkehrs. Vor. Dr. Otto **Heyn**-Nürnberg. Berlin: Simion 1910. 86 S. 8° (11. 6943

— **der indische Silberzoll u. die Hebung des Rupiencourses in ihrer Bedeutung f. Europa.** gr. 8. (43 S.) Ebd. 894. n. 1. —

Heyn, O. Das Steigen des Rupienkurses nach der Aufhebung der indischen Silberwährung und seine Ursachen. (Sonderabdruck aus den »Jahrbüchern für Nationalökonomie und Statistik«, Band 83, 1904.)

— **Theorie des wirtschaftlichen Werths. I. Der Begriff des Werths.** Lex.-8. (III, 129 S.) Ebd. 899. n. 3. —

Die indische **Währungsreform**. Im Auftr. d. Ver. z. Schutz d. deutschen Goldwährung von Dr. Otto **Heyn**. *Berlin: J. Guttentag 1903.* (VIII, 375 S.) 8°
= Schriften d. Vereins z. Schutz d. deutschen Goldwährung. Bd 3. (03. 11. 4

HEYN, Paul: Zehn Myomectomien.- München: Wolf 1902. 54 S.
9.5.1902 - Chr 1901/02,26; Jv 1901/02,272
Diss. Ingolst.-Landsh.-Mchn.

Heyn, R., über Ermittelung d. Einheitspreise f. Steinmetzarbeiten. (36 S. m. 10 Abbildgn.) gr. 8. Wiesbaden 903. C. W. Kreidel. n. — 80

Heyn, Rudolf

Heyn, R., Atlas des Bauwesens, s.: **Fränkel**, W.

Heyn, Rud., Hauptsätze der Perspective, Spiegelung und perspectivischen Schattenconstruction mit Übungsbeispielen. Hrsg. durch den Architekten-Verein am königl. Polytechnikum zu Dresden. Fol. (III, 15 S. mit 14 einfachen und 3 Doppeltaf.) Leipzig 885, Felix. In Mappe *

Heyn, Rud., Hauptsätze d. Perspektive. Zum prakt. Gebrauch b. perspektiv. Zeichnen nach Plänen u. nach d. Natur f. Architekten, Maler u. Dilettanten. 2., wohlf. [Titel-]Ausg. M. 14 einfachen u. 3 Doppeltaf. Fol. (III, 15 S.) Leipzig (885) 897. A. Felix. In Mappe n. 5. —

Heyn, R., praktische Regeln und Bemerkungen bezüglich der wichtigsten Bauconstructionen. Ein Rathgeber im Baubüreau u. auf dem Werkplatze. Für Bauzeichner u. Werkführer, insbesondere für Maurer- u. Zimmerpoliere. Mit 60 Holzschn. Mainz 864. Kunze. 8. (VIII, 116 S.) 18 ngr.

Heyn-Cohn, Paul, prakt. Arzt aus Breslau: Experimentelle und mikroskopische Studien über die Unterbindung der Ureteren. *Jena 1901: Frommann.* (32 S.) 8°
Jena, Med. Diss. v. (11. Juni) 1901

Heynacher, das Wesen des Fiebers u. die Erkrankung des Blutes physiologisch entwickelt. Danzig 866. (Kafemann.) gr. 8. (III, 49 S.) n. 10 ngr.

Heynacher, F., die Kindheitsgeschichte unsers Heilandes Jesu Christi. Für die Jugend in 7 Oeldr.-Bildern. Mit bibl. Text, Spruch u. Lied. gr. 4. (18 S.) Berlin 876. Grossmann. cart. 3. —; geb. n. 4. —

Heynacher, F., 25 Taufscheine in Lith., nach e. Orig.-Zeichng. v. H. Serie A, B, C. Fol. (à 25 Bl.) Bethel 899. Buchh. der Anstalt Bethel. à n. 5. —

Heynacher, [Max] (Provinzialschulrat): [Ansprache bei der Einführung des Direktors Dietrich Mülder.] S. 15—17. 4.
Progr. Kgl. Wilhelms-Gymn. *Emden* 1910 (412).

[F.] **Heynacher**, *Max* [Prof. Dr., Dir.]: Ansprache am 9. Juli 1892 *bei seiner Einführung als Director.* Aurich, Druck v. H. W. H. Tapper & Sohn, 1893; 3—5 S. 4.
Aurich, k. G, P 1893 (300)

Heynacher, *Max*: Rede siehe: Die bei der Einführung des Direktors Heynacher gehaltenen Reden
Progr.

Heynacher, Max, Aufgaben zum Übersetzen ins Lateinische im Anschluss an Cäsars gallischen Krieg Buch I—VII. gr. 8. (67 S.) Essen 902. G. D. Baedeker. n. — 80

Heynacher, Max [Prof. Dr., Oberl.]: Beiträge zur zeitgemäßen Behandlung der lateinischen Grammatik auf statistischer Grundlage. Norden, Druck v. D. Soltau, 1892; 52 S. 8.
Norden, k. Ulrichs-G, OP 1892 (313)

Heynacher, M., Beiträge zur zeitgemässen Behandlung der lateinischen Grammatik auf statistischer Grundlage. gr. 8. (52 S.) Berlin 892. Weidmann. n. 1. —

Heynacher, [Max], Schulrat, u. [Paul] Niemann: Zwei Einführungsreden. Celle 1908: Grossgebauer. S. 3—10. 4°
Celle, k. G OP 1908 (388) [S 08. 18]

[F.] **Heynacher**, *Max* [Dir. Dr.]: Festrede, in der Lambertikirche zu Aurich am 17. September 1896 gehalten. Aurich, Druck v. H. W. H. Tapper & Sohn, 1897; 11—15 S. 4.
Aurich, k. G, P 1897 (309)

Heynacher, Max: Festschrift zu der 250jährigen Stiftungsfeier des Königlichen Gymnasiums zu Aurich am 17. September 1896. 8 (IV, 134 S.). **Progr.** Kgl. G. *Aurich* 1896.
Graf Ulrich II. und seine Zeit. Rückblick auf die Entwickelung der lateinischen Schule. Die Schulerweiterung im Jahre 1646. Das Leben des Brandanus Dätrius. Auricher Briefe des Dätrius an Calixtus. Rektor Nessel und die beiden ersten Jahrzehnte der Schule. Nessels Propempticon Oxenstiernae.
Nicht im Tauschverkehr.

Heynacher, Max, Festschrift zu d. 250jähr. Stiftungsfeier d. kgl. Gymnasiums zu Aurich am 17. Septbr. 1896. gr. 8. (IV, 134 S.) Aurich 896. (D. Friemann.) n.n. 1. 50

— Lehrplan der lateinischen Formenlehre. 30 S. 8. *Norden* 1883.
Progr.

Heynacher, Max, Lehrplan der lateinischen Stilistik für die Klassen Sexta bis Sekunda. 8. (28 S.) Paderborn 885, F. Schöningh. *

Heynacher, M., Lehrplan der lateinischen Stilistik für die Klassen Sexta bis Prima. 2., verm. Aufl. 8. (52 S.) Paderborn 889. F. Schöningh. n. — 50

Lehrplan der lateinischen Stilistik für die Klassen Sexta bis Prima v. Prof. Dr. **Max Heynacher**, Dir. ... zu Hildesheim. 3. Aufl. *Paderborn: F. Schöningh 1897.* (54 S.) 1 Bd 8. (97. 812

Lehrplan der lateinischen Stilistik für die Klassen Sexta bis Prima von Prof. Dr **Max Heynacher**, Dir. zu Hildesheim. 4. Aufl. *Paderborn: F. Schöningh 1902.* (56 S.) 8° [ca. 1914]

— Lehrplan der lateinischen Stilistik für die Klassen Sexta bis Prima. 5. Aufl. (60 S.) 8. Paderborn 906 F. Schöningh. n. — 50

Heynacher, Max, Goethes Philosophie aus seinen Werken, s. Bibliothek, philosophische. 109. Bd.

Heynacher, Max, üb. die Quellen d. Silius Italicus. 1. Thl. Inaugural-Dissertation. gr. 8. (31 S.) Ilfeld 874. (Jena, Deistung.) n. — 50

Heynacher, Max Die Stellung des Silius Italicus unter den Quellen zum 2. punischen Kriege. 68 S. **Progr.** *Ilfeld* 1877

— die Stellung des Silius Italicus unter den Quellen zum 2. punischen Kriege. gr. 4. (68 S.) Ebend. 877. n. 2. —

Heynacher, Max, Übungsbuch zum Übersetzen aus dem Deutschen ins Lateinische, s.: Spieß.

— Uebungsbuch zum Uebersetzen aus dem Lateinischen ins Deutsche u aus dem Deutschen ins Lateinische, s.: Spieß, K.

Heynacher, Max Was ergiebt sich aus dem Sprachgebrauch Caesars im bell gall. für die Behandlung der lat. Syntax in der Schule? 87 S. 8 [2 verm. Aufl. Berlin 1886, Weidmann 3 Mk] **Progr.** *Norden* 1881

Heynacher, Max, was ergiebt sich aus dem Sprachgebrauch Caesars im bellum Gallicum für die Behandlung der lateinischen Syntax in der Schule? gr. 8. (87 S.) Berlin 881. Weidmann. n. 1. 60

—— was ergiebt sich aus dem Sprachgebrauch Caesars im bellum Gallicum für die Behandlung der lateinischen Syntax in der Schule? 2. verm. Aufl. gr. 8. (IV, 134 S.) Berlin 886, Weidmann'sche Buchh. *

Heynacher, Max, Dir. Prof. Dr. **Wie spiegelt sich die menschliche Seele in Goethe's Faust?** *Hildesheim 1902: Gebr. Gerstenberg.* (67 S.) 8°
Hildesheim, k. G. Andreanum, OP 1902 (341)

— wie spiegelt sich die menschliche Seele in Goethes Faust? gr. 8. (67 S.) Berlin 902. Weidmann. n. 1. 40

Heynatz, Johann Friedrich

Heynatz, Jo. Friedr. Ad academiam Eberhardo-Carolinam. [Frankf. a. O. 1777]. 2 Bl. 8°

Heynatz, Jh. Fr., († d. 5. März 1809.) centum aenigmata symposii. 8. Frankf. 775. (Sander in Berlin). 3 gl

Heynatz, I. F., centum aenigmata symposii. 8. Frcf. Academ. Handl. 775.

Heynatz, J. F., centum aenigmata symposii. 8. Frankf. a. d. O., 775. jetzt Flittner.

— Anweisung zur deutschen Sprache. 8. Berl. 785. Mylius. 6 gl

Heynatz, J. F., de archaismo Romano. Progr. I-III. Francof. 777-79. 4.

— neue Beitr. zur Verbesser. d. deutschen Sprache rc. 1s Stück. 8. Cüstrin 801. Neumann. 14 gl

Heynatz, Joh. Frdr., Briefe die deutsche Sprache betreffend. Th. 1—6. Berlin 1771—75. 8. (D. z. T.)
——, —— Neue Aufl. Th. 1. Berlin-Küstrin 1774. 8.

— Briefe die deutsche Sprache betreffend. 6 Thle. 8. Berl. 771—75. (1r Thl. 2e A. 774.) Mylius. 1 ℛ 12 gl

Heynatz, Johann Friedrich, s. Buchholz, Joh. S.: Geschichte

— Entw. e. Schulstudienplans. 3 Stck. 8. Zittau, Schöps 785—91.

— — dess. 4n Stcks. 1ste 2te u. 3te Abth. 794.

— Entwurf eines Schulstudienplans. 1r — 4r Abschn. 1e—3e Abtheil. 8. Berl. 790—95. (Schöps in Zittau). 13 gl

— auserlesene Erzähll. aus d. bibl. Geschichte. 8. Frankf. 776. Kunze. 5 gl Neu bearb. v. W. Usener. 8. Marb. 832. Elwert. 4 gl

Heynatz, Joh. Friedr., auserles. Erzählungen aus d. bibl. Geschichte, neu bearb. v. W. Usener. 1. Aufl. (6 B.) 832, 2., verb. A. 8. (7 B.) Marburg 835, Elwert. ⅛

Heynatz, Jh. Fr., auserlesene Erzählungen aus der biblischen Geschichte, neu bearb. von W. Usener, 2e verb. u. verm. Aufl. 8. Marburg 835. Elwert. 1/10 ℛ — 3e verb. Aufl. 8. Ebd. 837. 1/10 ℛ

— Handbuch zur richtigen Verfertigung u. Beurtheilung aller Arten schriftl. Aufsätze rc. 5 Thle. Mit 14 Kpft. 8. Berl. Sander. (1r Thl. mit 14 Kpft. Briefe. 773—93. 5 Auflagen. 6e A. 800. 1 ℛ 9 gl 2r Thl. Rechnenbuch. 777. 2e A. 780. 3e A. 798. 4e A. 819. 16 gl 3r Thl. Handbuch d. allgem. Weltgeschichte (v. Fr. Schulz.) 784. 2e A. 792. 1 ℛ 8 gl 4r Thl. Handbuch d. allgemeinen Erdbeschreibung (v. Fr. Schulz.) 1 ℛ 8 gl 5r Thl. Encyklopädie für Ungelehrte (v. Fr. Schulz.) 1 ℛ 8 gl) 6 ℛ 1 gl

Heynatz, Joh. Fr., Märkisches Küchengartenbuch. 8. Frankfurt, 1808. (Berlin, G. Reimer.) 1. 7½

— Märkisches Küchengartenbuch. 8. Frankf. 808. (Sander in Berl.) 1 ℛ 6 gl

— Lehre von der Interpunktion. 8. Berl. 772. 2e A. 782. Mylius. 3 gl

— s. 1) Morus, Inbegriff. 2) Ch. Peschek, Rechenschüler und dessen Rechenstunden.

Heynatz, M. Johann Friedrich (Rector adjunctus), De justo pretio exercitiis quae dicunt scholasticis statuendo prolusio. Ad examen publ. in lyceo Francofurtano. Frankfurt/O. (Winter) 9. X. 1775. 16 S. (5.50) 15062

— ausführliches Rechenbuch, s. oben Handbuch.

— ausführliches Rechenbuch, vorzüglich zum Selbstunterricht. 4te Aufl. 8. Berlin, Sandersche Buchhandl. 819.

— deutsche Sprachlehre für Schulen. 8. Berl. 770. 2e—4e A. 772, 77, 90. 5e A. 804. Mylius. 8 gl

Heynatz, Johann Friedrich. Deutsche Sprachlehre, zum Gebrauche der Schulen ... 2. u. 3. Theil. Liegnitz 1773 —76. V: *Deust, Johann Caspar.* (ML) (Rüdiger, Neuest. Zuwachs. Lpzg. 1782—93. IV, 24.)

— Versuch eines deutschen Antibarbarus oder Verzeichn. solcher Wörter, deren man sich in d. reinen deutsch. Schreibart enthalten muß. 2 Bde. gr. 8. Berl. 796—97. Acad. Buchh. 3 ℛ 4 g (Nauck). 1 ℛ 16 g

— Versuch eines Schulstudienplans. 8. Berl. 784. Franke. (Stuhr). 1 g.

Heynatz, Joh. Frdr., Versuch eines möglichst vollständigen synonymischen Wörterbuchs der deutschen Sprache. Bd. 1. 2., Abth. 1. Berlin 1795—98. 8. . . . . . . (D.)

— Versuch eines synonymen Wörterbuches der deutschen Sprache. 1n u. 2n Bds. 1e Abtheil. gr. 8. Berl. 795, 98. Belitz. (Wienbrack in Leipz.) 2 ℛ

— Wochenblatt über die Richtigkeit d. deutsch. Ausdr. 805. 1s 2s Viertelj. 8. Züllichau, Darnmann.

— Wochenblatt über d. Richtigkeit d. deutschen Ausdrücke. 1s—4s Vierteljahr. 8. Berl. 803. Franke. 1 ℛ 12 g

Heyne, s.a. H e y n .

Heyne, d. Jüngere, ... Beantwort. d. Frage: welches sind d. Mittel, d. kranken Verstand eines Kindes gesund zu machen? Mit e. Zugabe v. R. Z. Becker. 8. Leipz. 785. W. Vogel. 10 g

Heyne, A., Frühlingsstürme. Ein Offiziersroman. (320 S.) 8. Minden (909.) W. Köhler. 3.—; geb. in Leinw. 4.—

Frühlingsstürme. Ein Offiziersroman von A. **Heyne.** Minden i. W. & Leipzig: Köhler [1910]. 320 S. 8° (10. 16485

Heyne Alex., d. palaearkt. Grossschmetterlinge u. ihre Naturgeschichte, s.: R ü h l, Fritz.

— die exotischen Käfer in Wort u. Bild. 1. u. 2. Lfg. gr. 4. (S. 1—10 u. 48 S. in gr. 8. m. 4 farb. Taf.) Leipzig 893. 894. E. Heyne. à n. 4.—

— d. e x o t i s c h e n Käfer in Wort u. Bild 3.—8. Lfg. gr. 4. (S. 11—58 u. 16 Bl. in gr. 8. m. 8 Farbdr.) Leipzig 895—897. E. Heyne. à Lfg. n. 4.—

Heyne, Alex., die exotischen Käfer in Wort u. Bild. 9.—12. Lfg. gr. 4. (S. 59—90 m. 8 farb. Taf.) Leipzig 900—902. [E. Heyne.] G. Reusche. à n. 4.—

Heyne, Alex., die exotischen Käfer in Wort u. Bild Begonnen v. H. Fortgeführt v. Otto Taschenberg. 13.—22. Lfg. (S. 91 - 194 m. 14 farb. Taf.) gr. 4. Leipzig 903—906. G. Reusche. à n. 4.—

Heyne, Alex., die exotischen Käfer in Wort u. Bild. Begonnen v. H. Fortgeführt u. vollendet v. Otto Taschenberg. 23.—27. (Schluss-)Lfg. (L u. VII S. u. S. 195—262.) 37×28 cm. Leipzig 907. 08. [G. Reusche.] Esslingen, J. F. Schreiber. à 4.—; (kplt., erm. Pr. 40.—; geb. 45.—)

Systematisches und alphabetisches Verzeichnis der bis 1892 beschriebenen exotischen Cicindelidae. Nach Fleutiaux, Catalogue systemat. des Cicindelidae décrits depuis Linné zsgst. von Alexander **Heyne.** Leipzig: E. Heyne 1894. (30 gez. Bl.) 4°(8°) (08. 17152

Ⓑ — Verzeichnis d. exot. Cicindelidae. 894. Jetzt: Berlin. E. A. Böttcher.

Heyne, Alfred, Referendar: Zur Lehre von der rechtlichen Natur des Lebensversicherungsvertrags. Dresden 1909: Schiller. VIII, 93 S. 8°

Leipzig, Jur. Diss. v. 1. Sept. 1909

[Geb. 17. Nov. 82 Wechselburg; Wohnort: Dresden; Staatsangeh.: Sachsen; Vorbildung: Kreuz-Gymn. Dresden Reife O. 02; Studium: Leipzig 7 S.; Rig. 21. Juli 05.] [U 10. 2735

Heyne, Anton (Warendorf/Westf.), De enterostenosi. Diss. med. Bln. (Brüschck) 21. III. 1826. 34 S. mit Biogr. (M.: E. Boekmann.) (6.40) 15065 Oppon.: Pet. Weber, Jos. Herbrand, Hen. Wolff. — Gew.: Anton Heyne (Vater).

Heyne, Arno

Heyne, A., De nominibus propriis apud Homerum. Diss. 1866. 67 S. 1.80

Heyne, Arno, de nominibus propriis apud Homerum. Dissertatio inauguralis philologica. Königsberg 867. (Akadem. Buchh. von Schubert & Seidel.) gr. 8. (68 S.) n. 10 ngr.

Heyne, Bern.: Über B e s e s s e n h e i t s w a h n bei geistigen Erkrankungszuständen. Von B[ern.] Heyne, Anstaltsgeistl., Münster i. W. Mit 13 Fig. Paderborn: F. Schöningh 1904. VIII, 147 S. 8°
= Seelsorger-Praxis. 14.

Ein Sonntag in der Gemeinde Alvear. Von Pfarrer B[runo] **Heyne**-Oberrißdorf. Potsdam: Stiftungsverl. [1910]. 10 S. 8° [Umschlagt.]
(Gut deutsch u. evangelisch allewege. 8.) (10. 14347

Wie es in Argentinien zur Gründung der Deutschrussengemeinden kam. Von Bruno **Heyne,** Pfarrer. Potsdam: Stiftungsverl. [1910]. 10 S. 8° [Umschlagt.]
(Gut deutsch u. evangelisch allewege. 4.) (10. 14343

Heyne, C. T., s. H e y n e , Karl Traugott.

Chr. von Heyne Cirkelflächen-Berechnung, oder von Quadratur der Circul, mit beygefügten Fig. u. Kupf. Lingen bey Jülicher. 8. (3 gr.) 1792.

Heyne, Chr. G., Wie sollen christl. Landleute in dieser vielbewegten Zeit ihre Liebe zum Vaterlande kund thun? Predigt. gr. 8. Leipz. 831. (Reclam). 3 g

Heyne, Christian Gottlob

Heyne, Chr. G., Biographie, s. a. Heeren, A. H. L.

H e y n e , C. G., Biographisch dargestellt von Heeren. Götting. 813. 8. 2 rthl.

(— —). — J. A. M. L. epistola ad virum inclutum C. G. Heyne professorem Gottinganum sub tempus feriarum semisecularium Almae Georgiae scripta. — Exponitur de libris Lucani editis, qui seculo quintodecimo typographorum formulis descripti sunt. Dez. 1787. 36 S. (6.50) 15072

Heyne, Christian Gottlob, s. Abhandll. d. Acad. d. Inschriften.

Heyne, Christian Gottlob (Hrsg.), s. Acta, Allerneueste, publica . . .

— additamenta ad lect. variet. in Pindari carm. ed. Gött. 1773 notata. 4. Götting. 791. Dieterich. 1 ₰

Heyne, C. G., Progr. de animabus siccis ex Heracliteo placito. Götting. 781. f. Steht auch in Heynii Opusc. Vol. 3.

Heynii, C. G., Antiquitas Byzantina. Commentationes duae. Götting. 809. 8.

— — Antiquitas Romana inprimis juris Romani. In usum lectionum academicarum. Gött. (Joh. Christ. Dieterich) 1779. 16 S. (3.50) 15071

— — (Waldheim), Bernhardus Ascanius dux Saxoniae varii generis observationibus. Präs. Joh. Theophil Seger. Lpz. (Loeper) 3. VI. 1783. 24 S. (6.—) 15064
Gew.: Georg Reinhard Grf. v. Wallwitz (Schweickershayn . .). — Widm. v. Präs.

– s. Jh. Binder: Comment.

[HEYNE, Christian Gottlob] 1729 - 1812
De Belli Romanorvm Socialis Cavssis et Eventv, respectu ad bellum cum Coloniis Americanis gestum habito.
Göttingen: Dieterich. [1783]. VIII S. 2°.
Universitätsbibliothek Tübingen
Wieder veröffentlicht in seinen Opuscula academica, 1785-1812, Bd. 3 [1788], S. 144-161.
Sabin 26762: mit Verfasser J. Chr. Gatterer.

— Opum regni Macedonici auctarum, attritarum et eversarum causae. Progr. Götting. 790. f.

Heynii, C. G., Censura ingenii et doctrinae Salviani librique de gubernatione Dei. Götting. 806. f.

Heyne, C. G., censura ingenii et morum Q. Aurel. Symmachi. Gotting. 1801. f. ; rep. in Matthiae miscell. philol. I.

Heynii, C. G., Censura ingenii et morum Symmachi cum memorabilibus ex ejus epistolis. Götting. 801. f.

Heynii, C. G., Censura Panegyricorum veterum. Götting. 803-805. Programmata tria. f.

– s. Charitons Liebesgeschichte.

— Progr. Libertatis et aequalitatis civilis in Atheniensi republica delineatio. Götting. 793. f.

– s. Diodorus Sicul.: Biblioth.

E quibus terris mancipia in Graecorum et Romanorum fora fuerint advecta. Gottingae 1789. V: *Heyne, Christian Gottlob.* (MGT)

Heyne, Chr. Gottl. Einleitung in das Studium der Antike, oder Grundriss einer Anführung zur Kenntniss der alten Kunstwerke. Göttingen und Gotha. 8°.

— Einleitung in das Studium der Antike. Gött. o. J. (1772) 8.

— Einleitung in das Studium der Antike. 8. Götting. u. Gotha 782. Dieterich. 1 ℛ

— elogium Jh. Cph. Gatterer. 4maj. Götting. 800. Dieterich. 1 ℛ

— elogium Dh. Dav. Michaelis. 4maj. Götting. 791. Dieterich. 1 ℛ

— elogium Jh. Andr. Murray. 4maj. Götting. 791. Dieterich. 1 ℛ

— elogium Rud. Aug. Vogel. 4maj. Götting. 774. Dieterich. 1 ℛ

— elogium C. G. F. Walchii. 4maj. Götting. 783. Dieterich. 1 ℛ

– s. J. Chr. Engel: Comment.

– s. Epictet: Enchyridion.

– s. Eratosthenes.

– s. Euripides Orestes.

Chr. Glo. Heyne commentatio de febribus epidemicis Romae falso in pestium censum relatis. Gotting. 1782. 4. — *Scribebatur nomine Jo. Andr. Murray et redit in* H. opuscc. acad. vol. III. p. 108—126.

– s. Fiorillo: Grabmal Homers.

Chr. Glo. Heyne historiae naturalis fragmenta ex ostentis, prodigiis et monstris. Gotting. 1784. 1785. 4. — *Scribebantur nomine Jo. Steph. Pütter et redeunt in H.* Opusc. acad. Vol. III. p. 198—215 et 255—274.

— über die bürgerliche Frei- u. Gleichheit in d. Republik d. Athenienser. 8. Lingen 794. Jülicher. 2 ℛ

– s. J. M. Gesner: Primae Lin.

Heyne, C. G., Das vermeinte Grabmal Homers; nach einer Skizze des Le Chevalier gezeichnet von J. D. Fiorillo, erläutert von Heyne. Mit Kupf. Leipz. 794. 8. 18 gr.

Heyne, Christian Gottlob (Übers.), s. Guthrie, Wilhelm: Allgem. Weltgeschichte.

[Christian Gottlob] Heyne an (Carl Friedrich) Heinrich. Bisher ungedruckte Briefe aus dem Nachlass des letzteren. Hrgg. v. [Andreas Christian] Lucht. Rendsburg. 1867. 4°. Real-Gymn.-Progr.

– s. J. G. Herder: Sämmtl. Werke.

– s. M. G. Hermann: Handbuch.

– s. Homer, nach Antiken.

Homer nach Antiken gezeichnet von Heinr. Wilh. Tischbein. Mit Erläuterungen von Christian Gottlob Heyne. Göttingen 1801. Fol.

– s. Homeri carmina.

Heyne, C. G., Monumentorum Etruscae artis ad genera sua et tempora revocatorum illustratio II. S.-A. 1774. 16 S. 4°. 1.—

Heyne, C. G., Philostrati Imagines et Callistrati Statuae illustratae. Götting. 796. 801. 2 Progr. f.

— — De veris bonarum artium litterarumque incrementis ex libertate publica. Götting. (Victor Bossiegel) 23. VII. 1763. 40 S. (6.50) 15069

– s. Jubelfeier der Universität Göttingen.

— — **Christian Gottlob** (Chemnitz), Disputatio de jure praediatorio. Präs. Jo. August Bach. Lpz. (Stopfel) 11. IV. 1752. 40 S. (6.50) 15063
Gew.: Sebastian Seydel. — Widm. v. Präs.

– s. Kasten d. Cypselus.

— üb. d. Kasten d. Cypselus, e. alt. Kunstw. nach Pausanias. 4. Ebend. 770.

– s. Lechevalier: Beschreib. v. Troja.

— C. G., De antiqua Homeri lectione indaganda, dijudicanda et restituenda. S.-A. 1795. 24 S. 4°. 2.—

Heynii, C. G., Leges agrariae perniciosae et execrabiles. Progr. Götting. 793. f.

– s. J. G. Lipenii biblioth.

– s. Ph. D. Lippert: Dactiliothecae.

— Lobschrift auf Winckelmann. 4. Cassel 778. 8. Leipz. 778. Weygand. 2 ggr Dass. ins Franz. übers. v. C. Brack, 8. Götting. 783. Dieterich. 2 ggr

— Memoria Jh. Beckmanni. 4. Götting. 811. Dieterich. 4 ggr

— memoria Ernest. Brandis. 4maj. Götting. 810. Dieterich. 4 ggr

— memoria Jh. Fr. Gmelin. 4. Götting. 805. Dieterich. 2 ggr

— memoria Cph. Meiners. 4. Götting. 810.

— memoria Joannis de Müller etc. 4maj. Götting. 810. Dieterich. 4 ggr

— Rerum Chersonesi Tauricae memoriae breviter expositae. Progr. Götting. 787. f.

— Nachricht von d. Einricht. d. Pädagogie zu Ilefeld. gr. 4. Götting. 780. Dieterich. 9 ggr

— notae ad Apollodori bibl., s. *Apollodorus.*

Heyne, Chr. Glo., nova armorum inventa in vetere Graecia quid ad rerum summam profecerunt? 4maj. Götting. (782.) Dieterich. 2 ggr

— — De obitu Caroli Wilhelmi Paetz i. u. professoris a. d. 27. III. 1807 ad Heerenium suum scr. 8 S. (4.—) 15073

— Serioris artis opera quae sub imperatoribus Byzantinis facta memorantur. S.-A. 1791. 24 S. 4°. 1.20

HEYNE, Christian Gottlob 1729 - 1812
Chr. G. Heynii ... opuscula academica collecta et animadversionibus locupletata
Volumen I [- VI].
Göttingen: Dieterich. 1785 [- 1812]. 8°.
Universitäts- und Stadtbibliothek Köln
Sabin 31665.

— — Oratio in anniversariis inaugurationis sacris acad. Georgiae Augustae. Gött. (Johann Christian Dieterich) 17. IX. 1776. 12 S. (1.50) 15070

— oratio in solemni sacro I.—III. inaugurationis Georgiae August. a. d. 17. Sept. 1790. etc. 4. Götting. Dieterich. 4 ggr

— **Christ. Gottlob, Oratio** sollennis in ipsis academiae Georgiae Augustae anniversariis inaugurationis sacris et de pace augustiss. ac potentiss. Britanniarum regis Georgii III. moderatione sapientia ac virtute orbi terrarum reddita gratulationibus publico academiae nomine. Götting. (Victor Bossiegel) 1763. 50 S. (6.50) 15067

– s. Parthenii narration.

– s. H. G. Pätz: Fortges. Nachricht.

– s. Philetae Coi fragm.

— Pietas societatis Reg. scientiarum Götting. in Münchhusii viri immortalis conditoris conservatorisque sui funere. Fol. Götting. 770. Dieterich. 2 ggr

– s. Pindari carmina.

– s. C. Plinii Sec. maj. historiae.

Heyne, C. G, Historiae scribendae inter Graecos primordia. S.-A. 1799. 22 S. 4°

Heynii, C. G., Progr. I-III. quibus recensentur numi familiarum Romanarum, qui in museo academico adservantur. Götting. 777. 78. f.

— Prolusiones nonnullae academicae in usum collectae. 8. Londini 790.

— Progr. de Romanorum prudentia in coloniis regundis. Götting. 781. f.

– s. Rasche: Lexicon.

— antiquitatis Byzantinae recognitio, historia et critica. II. Ptes. 4maj. Götting. 810. Dieterich. 8 ggr

— Rede bei der Trauerfeierlichkeit, zur Ehre d. Freiherrn von Münchhausen. gr. 8. Götting. 770. Dieterich. 2 ggr

— Res a Phocione in republica Atheniensium gestae in disceptationem vocatae. Progr. Götting. 787. f.

— Samml. antiquarischer Aufsätze. 2 Stücke. gr. 8. Leipz. 778, 79. Weidmann. 1 rthl 4 ggr

– s. H. Schlichthorst: Geograph.

Heyne, Christn. Gottlob, Schreiben eines Buchdruckergesellens aus H. an seinen guten Freund in L. über einige bisher im Druck erschienene Schriften der Preussischen Publicisten. 1757. 4. (38 S.)
— Dasselbe, anderer Druck 31 Seiten.

— neue Schulverfassung u. Schulordnung für d. Stadtschule zu Göttingen. 4. Götting. 798. Dieterich. 2 ggr

– s. Silius Italicus.

— sind Wissenschaften d. Regierung gefährlich? Aus d. Latein. 8. Leipz. 796. (Nauck). 4 gr.

– s. Stesichorus, ed. Suchfort.

– s. Tibulli carmina.

– s. D. Tiedemann: System.

– s. Verzeichniß d. Gröllschen Bücher.

— — **De morum vi ad sensum pulchritudinis quam artes sectantur. Götting. (Schulz) 23. VII. 1763. 26 S. (6.20)** 15068

– s. Virgilii opera.

Heyne, Chr. Gottl., s. Virgilius M., Publ., varietate lectionis etc.

— Vita antiquissimor. hominum Graeciae maxime ex servorum et barbaror. populor. comparatione illustrata. Progr. I et II. Götting. 779. f.

Heyne, Chr. G. Vorlesung über die Archaeologie. Erster Theil. (Manuscript.) C. 1779. 4°.

— academische Vorlesungen über d. Archäologie d. Kunst des Alterthums, insbesond. der Griechen u. Römer. 8. Braunschw. 821. Vieweg. 2 Rthlr.

Heyne, Christian Gottlob. Akademische Vorlesungen über die Archaeologie der Kunst des Alterthums, insbesondere der Griechen und Römer. Braunschweig 1822. 8°.

– s. Weltgeschichte, allgem., v. Guthrie.

– s. Zosimi historia.

Heyne, Christian Lebrecht, s. Wall, Anton.

Heyne, E. v., Geschichte des 5. thüringischen Infanterie-Regiments Nr. 94 [Großherzog v. Sachsen] vormal. großherzogl. sächs. Bundes-Contingentes u. seiner Stämme. Mit 1 (lith. u. color.) Titelbild. Weimar 869. Böhlau. gr. 8. (XVI, 258 S.) n. 1 Rthlr. 20 ngr.

Heyne, Ernst Adph., Reden bei der Beerdigung des Herrn Anstalts-Directors Johann Gottfried Braun zu Klein-Struppen den 18. Juni 1867 gehalten u. mit einem Vor- u. Nachworte herg. Pirna 867. (Diller & Sohn.) gr. 8. (26 S.) n. 5 ngr.

Heyne, (F. S.) Geschichte d. Päbste v. Errichtung d. heil. Stuhls bis auf unsere neueste Zeit. 8. Wien 822, Tendler u. v. Manstein.

Heyne, F. W., (J. Oehlinger.) Geschichte der Päpste von Errichtung d. heil. Stuhls bis auf unsere neueste Zeit. 8. Wien 822. Tendler. 1 Rthlr.

Heyne, Ferd. Ant. (geb. Sassenberg in Westf. 18. 3. 1818): Nonnulla de angina membranacea. Berolini (1847). (26 S.) 8°
Berlin, Med. Diss. v. 25. Aug. 1847

Heyne, Fr.

Heyne, F., die sieben Abende; ein belehrendes Unterhaltungsbuch für die Jugend. Mit 7 illumin. Kupf. gr. 12. Berlin, Nauck. 819.

Heyne, Fr., die sieben Abende; ein belehrendes Unterhaltungsbuch für die Jugend. Mit 6 ill. Kpf. gr. 12. Berl. 819. 2e A. 821. Herbig. 1 Rthlr. 8 gr.

— s. Bildergeographie d. Preuß. Staats.

Heyne, Fr., das Deutsche Buch, s. Buch.

— das deutsche Buch. Aus deutschen Musterschriften nach der Zeitfolge geordnet, beabsichtigt: die Jugend, wie mit den Namen unserer Klassiker, so zugleich mit solchen Probestücken aus ihnen bekannt zu machen, welche den Abstufungen des jugendlichen Alters zusagen. 1e Abtheil. für junge Leser von 10—12 Jahren. gr. 8. Berl. 828. Nauck. 6 gr. 2e Abtheil. für Leser von 12—15 Jahren. gr. 8. Ebd. 828. 12 gr.

Heyne, Fr., Eubosia oder die Jahreszeiten. Ein Lesebuch für die Jugend. Mit ill. Kpf. 8. Berl. 817. Hasselberg. 16 gr.

Heyne, Fr., s. Hertha.

— der kleine Mathematiker. Mit 1 Kpft. Berl., Hasselberg. 6 gr.

— Metadosion. Erzählungen aus d. wirkl. Leben für d. Jugend bearbeitet. Mit 4 sauber ausgem. Kpf. 12. Berl. 824. Herbig. 1 Rthlr. 6 gr.

— Völker- u. Sittengemälde in einer Darstellung merkwürdiger Länder u. Völker, deren Gebräuche u. Sitten, nach des Kapitains von Krusenstern, Langsdorff, Lintenstein, Koß, des Prinzen Wied von Neuwied u. andern Entdeckungsreisen für die Jugend bearbeitet, mit 7 illum. Kupf. 12. Berlin, Nauck. 820.

— Völker- u. Sittengemälde in einer Darstellung merkwürdiger Länder u. Völker, deren Sitten u. Gebräuche. Für d. Jugend bearb. Mit 7 illum. Kpf. 12. Berl. 820. 2e A. 824. Herbig. 1 Rthlr. 12 gr.

Heyne, F., die Weihnachtsfreude. Ein Lesebuch für kleine Knaben und Mädchen. Mit 6 illum. Kupfern. 8. Berlin, Hasselberg. 817. Geb. Rthlr.

— die Weihnachtsfreude. Ein Lesebuch für kleine Knaben u. Mädchen. Mit 6 ill. Kpf. 8. Berl. 817. 2e A. 821. Hasselberg. 18 gr.

— die Welt im Kleinen, s. Welt.

Heyne, Frz., Gesangbuchstunden für Kirche, Schule und Haus. (2 Hefte.) Magdeburg 856. Heinrichshofen. 8. (XIV, 332 S. u. 1 Musikbeilage.) 25 ngr.

— Biblische Geschichte für die Unter- u. Mittelklassen der Elementar-Schulen. Nebst einem Anh. von Wochensprüchen u. Gebeten. Leipzig 858. Baensch. (Gräbner.) 8. (IV, 47 S.) n. 4 ngr.

Heyne, Frz., biblische Geschichte für Elementar-Schulen. Nebst einem Anh., enthltd.: Gebete, Luther's Katechismus u. die dazu gehör. Bibelsprüche. 2., verb. Aufl. Leipzig 866. Gräbner. gr. 8. (IV, 62 S.) n. 4 ngr.

Heyne, Frz., biblische Geschichte f. Elementar-Schulen. Nebst e. Anh., enth. Gebete, Luther's Katechismus u. die dazu gehör. Bibelsprüche. 3. verb. Aufl. gr. 8. (70 S.) Magdeburg 874. Heinrichshofen. n. — 40

Heyne, Frz., Biblische Geschichte für Elementar-Schulen. Nebst einem Anhang, enth. Gebete, Luther's Katechismus und die dazu gehör. Bibelsprüche. 4. verb. Aufl. gr. 8. (IV, 70 S.) Magdeburg 878, Heinrichshofen'sche Verlagsh. * 40 Pf.; geb. *

Heyne, Frz., biblische Geschichte für Elementar-Schulen. Nebst einem Anhang, enthaltend Gebete, Luther's Katechismus und die dazu gehör. Bibelsprüche. 5. verb. Aufl. 8. (IV, 70 S.) Magdeburg 885, Heinrichshofen's Verlag. geb. * *

Heyne, Frz., biblische Geschichte f. Elementar-Schulen. Nebst e. Anh., enth. Gebete, Luther's Katechismus u. d. dazu gehör. Bibelsprüche. 6., verb. Aufl. gr. 8. (82 S.) Magdeburg 892. Heinrichshofen's Verl. Geb. n.n. — 50

Heyne, Frz., biblische Geschichte für die Unter- und Mittelklassen der Elementar-Schulen. Nebst einem Anhang von Wochensprüchen und Gebeten. gr. 8. (IV und 47 S.) Leipzig und Magdeburg 858. [Leipzig, Gräbner.] *

—— Lehrplan für eine aus zwei Klassen bestehende Landschule. gr. 8. (47 S.) Magdeburg [und Leipzig] 854, Gebr. Baensch. *

—— Lehrplan für Elementar-Schulen. 2., nach den preuß. Regulativen umgearb. und verm. Aufl. gr. 8. (IV und 80 S.) Magdeburg 858. [Leipzig, Gräbner.] *

Heyne, F., deutsche Sprachlehre. Magdeburg 860. Heinrichshofen. 12. (48 S.) n. $2\frac{1}{2}$ ngr

—— Deutsche Sprachlehre. 2. verb. und verm. Aufl. 8. (54 S.) Mühlhausen 870, Heinrichshofen'sche Buchh. *

—— deutsche Sprachlehre. 3. verb. und verm. Aufl. 8. (IV, 52 S.) Ebendas. 885. *

Heyne, Franz Adolf

Heyne, Frz. Ad., († d. 7. Aug. 1826.) die sehr leichte Kunst, unsere Wohnungen feuerfest zu machen u. unsere Waldungen v. Untergang zu retten. Mit 2 Kpf. 8. Freiberg 803. Craz u. G. 20 gr

— Pflanzenkalender. 1s, 2s Hft. 8. Leipz. 804. 2e verm. Aufl. mit e. Anleit. zum Studium d. Botanik v. F. Schwägrichen. 806. Barth. 1 rthl 12 gr

Heyne, Frz. Jul., Apollodor. Griech. Lesebuch, enthaltend das Wichtigste aus der griech. Mythologie, mit grammat. Anmerkungen u. e. vollständ. Lexicon versehen. Für untere u. mittlere Klassen. gr. 8. Leipzig 836. O. Wigand. 1 rthl

Heyne, Frid. Reinboldus [!] (geb. Merseburg 6. 9. 1820): De angina membranacea. Berolini (1845). (29 S.) 8°
Berlin, Med. Diss. v. 21. Juni 1845

de **Heyne**, Frid. Guil. (geb. Kruschwitz in Posen 3. 10. 1843): De salubritate nosocomiorum. Berolini (1867). (32 S.) 8°
Berlin, Med. Diss. v. 15. Aug. 1867

Heyne, Geo., die Veränderung des Irisgewebes bei verschiedenen Augenerkrankungen. Inaugural-Dissertation. 8. (27 S.) Königsberg 884, (Beyer's Verlag.) *

Heyne, Georg Gottl.

Heyne, G. G.: „Der ganz neu ankommende Buchhalter", Frankfurt a. M. und Leipzig 1726.

Heyne, G. G.: „Der mit Nutzen klüglich handelnde neue Handelsmann", Frankfurt und Leipzig 1727.

Heyne, G. G. Georg Gottlob Heynens drey hundert auserlesene deutsche Kaufmannsbriefe, welche nach der neuesten Art verfertiget ... und auf alle ersinnlichen Fälle eingerichtet sind. Nürnberg, Monath, 1749. 8°. *Mit Frontispiz (Merkur)*. 5 Bl. 278 S. 7 Bl. Pbd. d. Z., Rücken unten beschädigt.
Briefsteller mit Originalbeispielen. Anfangs e. Lobgedicht auf d. Verfasser.

Heyne, Geo. Gottlieb, deutsche Kaufmannsbriefe. 8. Nürnb. Monath. 757.

— kaufmann. Rechenbuch. 8. Ebend. 757.

Heyne, G(ustavus): De Aristotelis casu et contingenti. Halis Saxonum (1866): Fischer in Bromberg. 30 S. 8°
Halle-Wittenberg, Phil. Diss. v. 28. [vielmehr: 29.] Mai 1866
Geb. Bromberg 18. 2. 1855 [! vielmehr: 1845]. V.
Im Buchhandel Halis Saxonum (Berlin: Calvary) 1867. 32 S. 8°

HEYNE, H., Ueber die Weiber in Wien. Wien 1782. 8°.
Karajan's Bibl. II. no. 4448. — Rar!

Heyne, Herbert: Die Sprache in Henry The Minstrel's 'Wallace'. Laut- und Flexionslehre. Kiel 1910: Fiencke. 189 S. 8°
Kiel, Phil. Diss. v. 29. Juli 1910, Ref. Holthausen
[Geb. 1. Sept. 87 Hamburg; Wohnort: Hamburg; Staatsangeh.: Hamburg; Vorbildung: Realgymn. d. Johanneums Hamburg Reife M. 05; Studium: Göttingen 3, München 1, Kiel 5 S.; Rig. 18. Dez. 09.] [U 10. 2503

HEYNE, HERMANN. Ueber einige neue Ketonabkömmlinge. Jena, 1873.

Heyne, Hildeg., Max Klinger im Rahmen d. modernen Weltanschauung u. Kunst. Leitfaden zum Verständnis Klinger'scher Werke. (IV, 68 S.) 8. Leipzig 907. G. Wigand. 1. 20

Heyne, Hugo, Tierarzt: Aus d. ophthalmol. Abt. ‹Leiter v. Pflugk› d. physiol. Inst. d. Tierärztl. Hochsch. zu Dresden. Beiträge zur Anatomie des Ciliarmuskels bei Katze, Hund und Kaninchen. Mit 3 Taf. u. 1 Textfig. Jena 1908: Frommann. 38 S. 8°
Leipzig, Veterinär-Med. Diss. v. 20. Nov. 1908, Ref. Ellenberger
[Geb. 30. Okt. 84 Krogis; Wohnort: Eisenberg S.-A.; Staatsangeh.: Sachsen; Vorbildung: Gymn. Freiberg Reife O. 03; Studium: Dresden Tierärztl. Hochsch. 7 S.; Coll. 18. Dez. 08; Approb. 10. März 08.] [U 09. 2790

Heyne, Hugo, approb. Arzt aus Trebitz ‹Mansfelder Seekreis›: Ein Lipomrecidiv. *Halle a. S. 1894 [vielm. 1901/02]: F. Rode.* (25 S.) 8°
Würzburg, Med. Diss. v. 1894

Heyne, J., dass d. Stern, welcher den Weisen a. M. erschienen, ein Comet gewesen ist. Halle 1742. 8.

— specimen cometologiae sacrae. Lips. 1742. 4.

Heyne, J., Specim. cometologiae sacrae duabus diss. propos. quarum alt. de diluvio per cometam orbi inducto, altera de praeludio judicii extremi orbi per cometas exhibendo agit. Lips. 747. 8.

Heyne, J. C. Geographisch und Historisches Journal vom 21. Sept. 1757 — 26. Juli 1758 . . . (betr. Sächs. Truppen in Böhmen und Ungarn und deren Marsch nach dem Elsaß). Bd 1. 2. Freiberg 1772—73. 8°. — 2 u. d. T.: Journal von dem Feldzuge 1758 (—1762) zwischen der Französ. u. der Armee derer Alliirten . . . Nebst Auszug der Geschichte beyder Armeen vom Anfange des Krieges 1757. 1773.

Heyne, J. C. Journal vom 21. Sept. 1757 bis 26. Juli 1758, betr. den Marsch von Prag nach Ungarn; Delogirung der in Ungarn versammleten Sachsen, nebst deren Formirung u. dem Marsche des in Französ. Sold getretenen Chur-Sächs. Corps nach dem Elsass. — Journal von dem Feldzuge Anni 1758(—62) zw. der Französ. u. der Armee der Alliirten, bes. insof. das Sächs. Corps dems. beygewohnt. 2 Bd. 8. Freyberg 1772. 73.

Heyne, J. F. A.

— Naumburg zur Zeit der Reformation u. des dreißigjährigen Krieges. 8. Naumburg 845, Lange. 3 ngr

Heyne, J. F. A., die Vortheile des Gebrauchs der dekadischen Ergänzungen beim Rechnen, theoret.-prakt. dargestellt. 8. Naumburg 845. (Lange.) n. $\frac{1}{6}$ rthl

Heyne, J. G., de episcopis invitis. Lips. 1770. 4.

Heyne, Johs., die Entwickelung der Schafzucht im Königr. Sachsen von der Einführung der spanischen Merinos bis auf die Gegenwart. 4. (VII, 72 S.) Dresden 890. Friese & v. Puttkamer. n. 2. —

Heyne, Johs., die Frage des Wollzolles. (32 S.) gr. 8 Leipzig 904. Berlin, R. C. Schmidt & Co. n. — 80

(S) Heyne, Joh., d. Frage des Wollzolls. 904. Jetzt: Hannover, M. & H. Schaper.

Heyne, Joh., Fragmente und Skizzen aus der Geschichte der katholischen Stadtpfarrkirche St. Peter und Paul zu Köben a. O. im Steinauer Kreise. (Aus Original-Urkunden, Aktenstücken und Geschichtsquellen älterer und neuerer Zeit.) Ein Beitrag zur schlesischen Kirchen- und Diöcesan-Geschichte. Köben 853. (Neisse, Hennings.) 8. (4 Bl., 48 S.) n. 6 ngr.

Heyne, Joh., dokumentirte Geschichte des Bisthums und Hochstiftes Breslau. Aus Urkunden, Aktenstücken, älteren Chronisten und neueren Geschichtschreibern. 1. u. 2. Bd. Breslau 860, 64. Korn. gr. 8. Jeder Bd. n. 3 ℛ 10 ngr.
1. Bd.: Denkwürdigkeiten aus der Kirchen- u. Diöcesan-Geschichte Schlesiens. Von der Einführung des Christenthums in Schlesien bis zur böhmischen Oberherrschaft über dieses Land [966—1355]. (XXXII, 1072 S.)
2. Bd.: Denkwürdigkeiten aus der Geschichte der katholischen Kirche Schlesiens. Von der Mitte des 14. bis zum Anfange des 15. Jahrhunderts im Entwicklungsgange der kirchengeschichtlichen Thatsachen urkundlich dargestellt. (XLV, 972 S.)

Heyne, Joh., dokumentirte Geschichte des Bisthums u. Hochstifts Breslau. Aus Urkunden, Aktenstücken, älteren Chronisten u. neueren Geschichtsschreibern. 3. Bd. (Schluß des 2. Zeitraums.): Denkwürdigkeiten aus der Geschichte der kathol. Kirche Schlesiens. Von der 1. Hälfte des 15. bis in die Mitte des 17. Jahrh. (1418—1648) im Entwicklungsgange der kirchl. Thatsachen u. Zustände urkundlich dargestellt. Breslau 868. Korn. gr. 8. (XI, 1312 S. mit 1 Tab. in qu. 4.) Subscr.-Pr. n. 3 ℛ 10 ngr. Ladenpr. n. 4 ℛ

Heyne, Johs., die ungünstige Lage der Schafzucht, nebst Angabe der Mittel zu ihrer Hebg. gr. 8. (VII, 92 S.) Stuttgart 894. J. B. Metzler's Verl. n. 1.25

Die Schafzucht. Rassen, Züchtung u. Ernährung d. Schafes, Wollkunde u. techn. Verarbeitung d. Wolle. Von Johannes **Heyne**, Schäferei-Dir. Berlin: P. Parey 1906. (VIII, 148 S.) 8° [J.]
— Thaer-Bibliothek. Bd 107. [07. 11909]

— die technische Verarbeitung der Wolle. Für Landwirte bearb. gr. 8. (48 S.) Berlin 891. P. Parey. n. 1.50

— **M. Johannes Gottlob** (Kirchhayn / Laus.), De Ethnarcha Aretae Arabum regis Paullo apostolo insidiante. Präs. Johann Daniel Ritter. Wittbg. (Schlomach) 13. VIII. 1755. 52 S. (6.50) 15074
Tl. II (ab S. 37) v. 14. VIII. 1755 (Respond. Johann Friedrich H e n n e [Sonnenwalde / Laus.]).

Heyne, Johann Gottlob (Präs.), s. G r u l i c h, Jo. Anastasius: De servitute erudita pace religiosa sublata.

Heyne, Johann Gottlob: Progr. de m e d i c i s heroibus et heroibus medicis. Viteb. 1755. 4°

— **Johann Wilhelm** (Bothfeld b. Lützen), Animadversiones nonnullas in lithiasin. Diss. med. Bln. (Brüschck) 28. XII. 1825. 28 S. mit Biogr. (M.: E. R. Frank.) (6.50) 15075
Oppon.: A. W. Rittler, F. E. Schillbach, E. Gabler. — Gew.: H. v. Witzleben, Pet. Krukenberg, Aug. Zimmermann.

Heyne, Julius: Zwei spontan geheilte Fälle von Urinfisteln des Weibes nebst therapeutischen Vorschlägen zur Behandlung frischer Harnfisteln. Halle 1881: Karras. 41 S. 8°
Halle-Wittenberg, Med. Diss. v. 26. Sept. 1881
Geb. Artern (Kr. Sangerhausen) 3. 5. 1858. V.

Heyne, Carl, allzeit fidel! Sammlung humorist. Handwerkerlieder. Zum Vortrag unter Berufsgenossen u. in fröhl. Gesellschaft. 16. (IV, 52 S.) Naumburg 873. Regel. n. — 50

Heyne, Carl, Ausgezeichnet amusirt! Neuestes Gesellschaftsbüchlein, enth.: die interessantesten, heitersten und überraschendsten Unterhaltungen im Freien wie im Zimmer in neuesten Arrangements und reichster Auswahl, nebst einer Anleitung zum Deklamiren im Familienkreise wie in größeren Gesellschaften. Unentbehrlich für Alle, welche ihre Gäste angenehm unterhalten, oder Gesellschaften erheitern wollen. 16. (IV, 132 S.) Naumburg 873, Regel. *

Heyne, Carl (II.), und J. G. Günther, die Bahnhöfe Leipzigs 2c., s. Günther.

Heyne, Carl, die Hilfskasse f. deutsche Rechtsanwälte. Ein Mahnwort zur Einigg. u. Vorschlag zum Ausbau (Angliederg. e. Sterbe- u. Unterstützungskasse.) (36 S.) 8. Düsseldorf 907. L. Schwann. — 80

Heyne, Carl (I.), Hilfstafeln zur leichten Berechnung der Flächeninhalte von Querprofilen bei Erdbauten nebst einigen anderen zum Abstecken der Bahnlinie und für die Legung des Oberbaues nothwendigen Tabellen. Für Eisenbahn- oder Straßenbaubeamte und Unternehmer von Erdarbeiten berechnet und zusammengestellt. gr. 8. (XIV und 85 S. mit 2 Figurentaf.) Leipzig 847, Arnoldische Buchh. *

—— Kunst und Politik, s. Album für Liebhaber-Theater.

Heyne, Carl, was sich die Kaserne erzählt. Soldaten-Lust und Freud im Bivouak und bei langen Abenden in der Kaserne. Sammlung humorist. Schwänke und ernste Episoden aus dem Soldatenleben in Poesie und Prosa zum Vortrag und zur Erheiterung der Kameraden. 8. (80 S.) [Elberfeld 879.] Köln, Püttmann.

Heyne, Carl: Ueber den Werth der Klimatologie bei Lungenkrankheiten Halle (1872): Plötz. 28 S. 8°
Halle-Wittenberg, Med. Diss. v. 5. Aug. 1872
Geb. Merseburg 28. 5. 1846. V.

— **Carl August** (Meissen), De tinea capitis. Diss. med. Präs. Traugott Carl August Vogt. Wittbg. (Wwe. Tzschiedrich) 31. V. 1805. 36 S. (6.50) 15066
Gew.: Johann Gottfried Leonhardi, Präs.

Heyne, Karl Traugott

— Anleitung zum Uebersetzen aus dem Deutschen in's Franz., zur method. Einübung der franz. Formenlehre. Als Supplement zu jeder franz. Grammatik. gr. 8. Leipzig 840. Polet. 5 gl.

—— Anleitung z. Uebersetzen aus d. Französischen in's Deutsche 2c. gr. 8. (2½ B.) Leipzig 840, Polet.

—— Geschichte Napoleon's von d. Wiege bis z. Grabe. Für alle Völker deutschen Sinnes u. deutscher Zunge in Wort u. Bild. Bearb. nach d. anerkannt besten Quellen d. deutschen u. französ. Literatur. 2 Bde. (18 Hfte.) 16. (71½ B. u. 53 Stint.) Chemnitz 840, [Leipzig, Binder.]
M. col. Stnt.

Heyne, C. T. Geschichte Napoleons von der Wiege bis zum Grabe. 2 Bde. (72 B.) 16. Chemnitz u. Leipzig 1841. 6,75. — Neue Ausg. 18 Bdchn. 16. ib. 1843. 44. 9,00. — Braunschweig 1846. 47.

Heyne, C. T., Geschichte Napoleon's von der Wiege bis zum Grabe in Wort u. Bild. Bearb. nach den anerkannt besten Quellen der deutschen u. französ. Literatur. Neue Ausg. mit Stahlstichen. 18 Bdchn. 16. (Mit 4 Stahlst.) Leipzig 843, 44, Binder. (Bamberg.) (à $\frac{1}{6}$ ß)

Heyne, C. T., Geschichte Napoleons von der Wiege bis zum Grabe in Wort u. Bild. Bearb. nach den anerkannt besten Quellen d. deutschen u. französ. Literatur. Neue Ausg. 18 Bdchn. 16. (72 B. u. 22 Stahlst.) Leipzig 843, 44. [Braunschweig, Westermann.] à Bdchn. 5 Ngr.

— Neue Ausgabe mit 22 Stahlstichen. 1. Bd. 1. u. 2. Lfg. 16. (7$\frac{1}{8}$ B. u. 3 Stahlst.) Braunschweig 846, Westermann. à *

Heyne, Carl Traugott, Geschichte Napoleons von der Wiege bis zum Grabe in Wort u. Bild. Neue Ausg. 3—20. Lfg. 16. (1. Bd. S. 113—572. 2. Bd. 571 S. mit 19 Stahlst.) Braunschweig 847, Westermann. à n. 4 ngl (2 Bde. n. 2$\frac{2}{3}$ ß) — 4. Stereot.-Aufl. 2 Bde. oder 20 Lfgn. Mit 22 Stahlst. gr. 16. (574 u. 571 S.) Wolfenbüttel 847. 48, Holle. (à 4 ngl) 2$\frac{2}{3}$ ß

Heyne, C. T., französ. Grammatik f. Anfänger. Ein Leitfaden ꝛc. (2 Thle.) gr. 8. Leipzig, Polet. Thlr.

A. u. d. Ttln.:

(Thl. 1.) Wie kann d. Schüler in kürzester Zeit fast alle franz. Wörter richtig lesen lernen? (3¼ B.) 839. 4 Gr.

(„ 2.) Wie kann d. Schüler in kürzester Zeit fast alle gebräuchl. Formen d. franz. Sprache lernen? (11 B.) 840. 8 Gr.

Aus dess., Universalgrammatik d. franz. Sprache ꝛc., besond. abgedruckt.

— Joseph der Zweite der große Mann des deutschen Volks. Nach den besten Quellen geschildert. Mit 16 Stahlst. 3 Bde. oder 30 Lfgn. gr. 16. (416. 460 u. 368 S. mit 10 Stahlst.) Mit der Gratiszugabe: Zimmerverzierungen aus der Geschichte Joseph des Zweiten. 1—3. Lfg. gr. 4. (6 Stahlst.) Leipzig 847. 48, Schäfer. (à Lfg. 3 ngl) 3 ß Die Zimmer-Verzierungen einzeln (à Lfg. $\frac{1}{3}$ ß) 1 ß

— Napoleon. Hft. 1. Mit 4 Steindr. 16. Chemnitz 839. Gocdsche. n. $\frac{1}{8}$ ß, color. n. $\frac{1}{6}$ ß — 28—186 Bchn., u. d. T.: Geschichte Napoleons, von der Wiege bis zum Grabe. Für alle Völker deutschen Sinnes und deutscher Zunge in Wort u. Bild. Nach den besten Quellen bearb. Mit 50 Steindr. 16. Ebd. … à Bdchn. n. $\frac{1}{18}$ ß, color. à n. $\frac{1}{6}$ ß

— d. Deutsche Parlament, s.: Portfolio d. Fortschritts.

— s. Thiers, A., Geschichte d. Consulats ꝛc.

Heyne, C. T., Universalgrammatik der französ. Sprache, Für Schulen u. zum Selbstunterricht. Unter Mitwirkung des Hrn. Lasitte herausg. A. u. d. T.: Vollständ. Lehrbuch der reinen franz. Aussprache. gr. 8. Leipzig 839. Polet. $\frac{5}{12}$ ß. Ein Auszug hieraus ist: Franz. Grammatik für Anfänger. A. u. d. T.: Wie kann der Schüler in kürzester Zeit fast alle franz. Wörter richtig lesen lernen? Ein Leitfaden ꝛc. gr. 8. Ebd. 839. $\frac{1}{6}$ ß — 2r Bd. A. u. d. T.: Vollständ. Lehrbuch der Formenlehre (Etymologie) der franz. Sprache. gr. 8. Ebd. 840. $\frac{2}{3}$ ß Hieraus ist abgedruckt: Franz. Grammatik für Anfänger. (II.) A. u. d. T.: Wie kann der Schüler in kürzester Zeit fast alle gebräuchl. Formen der franz. Sprache lernen? Ein Leitfaden zum Unterricht in der Etymologie. gr. 8. Ebd. 840. $\frac{1}{3}$ ß

Heyne, Karl Wlh. Ldw., de ileo. (Diss. inaug. med.) 4. Götting. 783. Dieterich. 2 ggl

Heyne, Curt: Beitrag zur Praxis der Versicherungswertermittelung an beweglichen Gegenständen im Brandschadenfalle unter Zugrundelegung des Reichsgesetzes über den Versicherungsvertrag vom 30. Mai 1908 und der Allgemeinen Versicherungs-Bedingungen vom 8. Mai 1909. Leipzig-Reudnitz 1910: Hoffmann. 57 S. 8°

Königsberg, Phil. Diss. v. 31. Jan. 1910, Ref. Gerlach, Albert

[Geb. 15. März 74 Insterburg; Wohnort Insterburg; Staatsangeh.: Preußen; Vorbildung: Gymn. Insterburg Reife O. 02; Studium Heidelberg 4, Berlin 1, Königsberg 4 S.; Rig. 4. Dez. 09.] [U 10. 2603]

Heyne, Curt, die Versicherung gegen Brandschaden u. die Brandschadenregulierung nach dem Reichsgesetz v. 30. V. 1908 u. den allgem. Versicherungsbedingungen v. 1. I. 1910, nebst Zusatzbedingungen f. Landwirtschaft. (XIV, 193 S.) kl. 8. Leipzig 910. Duncker & Humblot. Geb. in Leinw. 4. —

Heyne, L. (Red.), s. Hotel-(Gasthofs-)Zeitung

Heyne, Ludw., prakt. Erfahrungen im Gebiete d. Homöopathie, od. erfahrungsgemäße Beleuchtung ihrer wahren Heilungsweise u. einiger neuen Heilmittel, als e. Wort zu Aufmunterung d. Homöopathiker u. zu Bekehrung vernünft. Antipathiker. Für Aerzte u. gebild. Nichtärzte. gr. 8. (7½ B.) Leipzig 834, Schumann.

Heyne, M. Der schwedische Investiturstreit 1648 bis 1664. 29 S. Progr. Weilburg 1883

HEYNE, Max (Bochum): De anaesthesia quadam universali. (Titel nach der Urkunde) 23.2.1883 - Urk; Chr 1884/85,21
Diss. Ingolst.-Landsh.-Mchn.

Heyne, Max: Beiträge zur Geschichte Biebrich-Mosbachs. Biebrich, Lewalter'sche Buchdr., 1890; S. 23 45, 4°
Biebrich am Rhein, RPG, OP 1890

Heyne, Mor., s.: Beowulf.

Heyne, M., Beówulf, s. a. Bibliothek der ältesten deutschen Litteratur-Denkmäler.

Heyne, Moritz. Beówulf. Mit ausführlichem Glossar hrg. von Moritz Heyne. 7. Aufl., besorgt von Adolf Socin. VIII + 298 S. 8. Paderborn, Ferdinand Schöningh, 1903. [M. 5. —]

Bibliothek der ältesten deutschen Litteratur-Denkmäler. Band 3: Angelsächsische Denkmäler. Teil 1

Fünf Bücher deutscher Hausaltertümer von den ältesten geschichtlichen Zeiten bis zum 16 Jahrhundert. Ein Lehrbuch v Moritz Heyne. Bd. 1 Wohnung. Leipzig. 1899 Bd. 2 Nahrung ebd. 1901 Bd. 3. Korperpflege und Kleidung. ebd 1903. 8°

A. u. d. T Das deutsche Wohnungswesen von den ältesten geschichtlichen Zeiten bis zum 16. Jahrh. etc etc

Heyne, Mor., fünf Bücher deutscher Hausaltertümer von den ältesten geschichtlichen Zeiten bis zum 16. Jahrh. Ein Lehrbuch. 1. u. 2. Bd. gr. 8. Leipzig, S. Hirzel. à n. 12. —; geb. à n. 15. —

1. Das deutsche Wohnungswesen. Mit 104 Abbildgn. im Text. (VII, 406 S.) 899.
2. Das deutsche Nahrungswesen. Mit 75 Abbildgn. im Text. (VII, 408 S.) 901.

— fünf Bücher deutscher Hausaltertümer von den ältesten geschichtlichen Zeiten bis zum 16. Jahrh. Ein Lehrbuch. 3. Bd. Körperpflege u. Kleidg. bei den Deutschen. Mit 96 Abbildgn. im Text. (VII, 373 S.) gr. 8. Leipzig 903. S. Hirzel. n. 12. —; geb. n. 15. —

Bd. 1 u. 2. Ebd. 899. 901. à n. 12. —; geb. à n. 15. —

Heyne, Car[olus] Mauritius: * De carmine anglo-saxonico Beovulfum heroa celebrante. 6 Bl. 8° (4°) und namentlich auf Grund seines gedruckt eingereichten Werks: Beovulf. Mit ausführlichem Glossar hrsg. v Moritz Heyne. Paderborn: Schöningh 1863. VIII, 284 S. 8°

Halle-Wittenberg, Phil. Diss. v. 3. Dez. 1863

Geb. [Weissenfels 8. 6. 1837]

Heyne, Mor., kleinere altniederdeutsche Denkmäler, s.: Bibliothek der ältesten deutschen Litteratur-Denkmäler.

— altniederdeutsche Eigennamen aus dem 9—11. Jahrh. Halle 867. Buchh. des Waisenhauses. gr. 8. (IV, 40 S.) n. 7½ ngr.

— fünf deutsche mittelalterliche Erzählungen in neuen Versen. Mit Bildern v. Otto Meves. 12. (XVIII, 74 S.) Berlin 902. G. H. Meyer. n. 1. 80; geb. n. 2. 50

Ⓑ Heyne, Mor., fünf deutsche mittelalterl. Erzählgn. 902. Jetzt: Berlin, F. Wunder.

Heyne, Mauritius: Formulae allitterantes ex antiquis legibus lingua Frisica conscriptis extractae et cum aliis dialectis comparatae. Halae (1864): Ploetz. 32 S. 8°
Halle-Wittenberg, Phil. Hab.-Schr. v. 17. Dez. 1864

— kleine altsächsische u. altniederfränkische Grammatik. gr. 8. (120 S.) Paderborn 873. Schöningh. n. 1. 50

Heyne, Mor., kurze Grammatik der altgermanischen Sprachstämme Gothisch, Althochdeutsch, Altsachsisch, Angelsächsisch, Altfriesisch, Altnordisch. 1. Thl.: Kurze Laut- und Flexionslehre. Paderborn 862. Schöningh. gr. 8. (X, 342 S.) n. 1 ₰ 10 ngr.

— kurze Grammatik der altgermanischen Dialecte. Gothisch, Althochdeutsch, Altsächsisch, Angelsächsisch, Altfriesisch, Altnordisch. 1. Thl. Kurze Laut- u. Flexionslehre der altgermanischen Dialecte. 2. verb. Aufl. Paderborn 870. Schöningh. gr. 8. (X, 354 S.) n. 1 ₰ 12 ngr.

— kurze Laut- u. Flexionslehre der altgermanischen Dialecte. 3. verb. Aufl. gr. 8. (X, 354 S.) Paderborn 874. Schöningh. n. 4. 50

— kurze Grammatik der altgermanischen Dialecte Gothisch, Althochdeutsch, Altsächsisch, Angelsächsisch, Altfriesisch, Altnordisch. 1. Teil. A. u. d. T.: Kurze Laut- u. Flexionslehre der altgerman. Dialecte. 3., verb. Aufl., 2. Abdr. gr. 8. (X, 356 S.) Paderborn 880. F. Schöningh. n. 5. —

Heyne, Moriz. Das Altdeutsche Handwerk. Aus dem Nachlass von M' H' ([hrg. von Dr.] B[runo] Crome, Göttingen....) Mit dreizehn Abbildungen im Text [und auf 1 Tafel]. XVI + 218 S. 8. Strassburg, Karl J. Trübner, 1908. [M. 6. —, geb. 7. —]

Heyne, Mor., s.: Hêliand.

Körperpflege und Kleidung bei den Deutschen von den ältesten geschichtlichen Zeiten bis zum 16. Jahrhundert. Von Moriz Heyne. Mit 96 Abb. *Leipzig: S. Hirzel 1903.* (373 S.) 8°
— Heyne: Fünf Bücher deutscher Hausaltertümer. Bd 3.

Heyne M, Kunst im Hause. Gegenstände aus der mittelalterlichen Sammlung zu Basel. 2 Bde (30 S 64 T) 4° Basel (1880-82)

Heyne, Mor. (II.), Kunst im Hause. 34 (photolithogr.) Taf. Abbild. von Gegenständen aus der mittelalterl. Sammlung zu Basel. Hrsg. und mit einer Einleitung versehen. Gezeichnet von W. Bubeck. gr. 4. (15 S.) Basel 881, [Bahnmaier's Verlag.] Detloff's Buchh. In Mappe *
— dass. — II. Reihe. Abbild. von Gegenständen aus der mittelalterl. Sammlung zu Basel. Hrsg. und mit einer Einleitung versehen. Gezeichnet von W. Bubeck. gr. 4. (13 S. mit 30 Photolithogr.) Basel 883, Detloff's Buchh. In Mappe *

— über die Lage und Construction der Halle Heorot im angelsächsischen Beovulfliede. Nebst einer Einleitung über angelsächs. Burgenbau. gr. 8. (VII und 60 S.) Paderborn 864, Schöningh. *

Heyne, Moritz: Kurze Laut- und Flexionslehre d. altgerm. Dialecte, s. Heyne: Kurze Grammatik d. altgerm. Dialecte ... Th. 1.

Mitteilungen zur Vorgeschichte der Loge Augusta zum goldenen Zirkel in Göttingen aus dem 18. Jahrhundert. Von Mor. Heyne. Hs. f. BBr.·. Göttingen 1896. [Heiligenstadt 1896: Brunn.] 21 S. 8° [Umschlagtit.]
Auszug in: BrL. 14 (1896—1897) S. 18–
Recens: FZ. 50 (1896) S. 263—264; L. 10 (1896) S. 112.
cf. Bbl. 10 (1896) S. 515.

Heyne, Moriz. Das deutsche Nahrungswesen von den ältesten geschichtlichen Zeiten bis zum 16. Jahrhundert. Mit 75 Abbildungen im Text. — *A. u. d. T.:* Fünf Bücher deutscher Hausaltertümer von den — — Jahrhundert. Ein Lehrbuch. Band 2: Nahrung. VIII + 408 S. gr.-8. Leipzig, S. Hirzel, 1901. [br. M. 12. —, geb. M. 15. —]

— s.: Rudlieb.

Heyne, Mor., über die mittelalterl. Sammlung zu Basel. (Neujahrsblatt.) 24 Stn. 4. Basel, C. Schultze. 1874. 1. 20

— altdeutsch-latein. Spielmannsgedichte des 10. Jahrh. Für Liebhaber des deutschen Altertums übertr. 12. (XXIV, 78 S.) Göttingen 900. Berlin, F. Wunder. n. 1. —

Heyne, Mor., Übungsstücke zur Laut- u. Flexionslehre der altgermanischen Dialekte Gotisch, Althochdeutsch, Altsächsisch, Angelsächsisch, Altfriesisch, Altnordisch. gr. 8. (III, 95 S.) Paderborn 881. F. Schöningh. n. 1. 35

— Ulfilas, s.: Stamm, Frdr. Ludw.

— deutsches Wörterbuch, s.: Grimm, Jac.

— deutsches Wörterbuch. 1. u. 2. Halbbd. hoch 4. (1. Bd. XIV, 1282 Sp.) Leipzig 890. Hirzel. n. 10. —; geb. n.n. 13. —

Heyne, Mor. Deutsches Wörterbuch. (In 6 Hlbbdn.) 1.—4. Hlbbd. hoch 4. (1. Bd. XIV, 1282 S.; 2. Bd. XXIV, 1288 S.) Lpz. 889—892, Hirzel. à Hlbbd. * 5 —; geb. à Bd. ** 13 —

— dasselbe. 5. Halbbd. Lex.-8. (592 Sp.) Ebd. 893. n. 5. —

— deutsches Wörterbuch. 6. Halbbd. (Schluß.) Lex.-8. (3. Bd. VIII u. Sp. 593—1464.) Leipzig 895. S. Hirzel. n. 5. — (3. Bd. kplt.: n. 10. —; geb. n.n. 13. —)

— dasselbe. Kleine Ausg. Lex.-8. (III, 1288 Sp.) Ebd. 896. n. 10. —; geb. in Halbfrz. n. 13. —
Erschien auch in 20 Lfgn. à n. — 50.

Heyne, Moriz. Deutsches Wörterbuch. 2. Aufl. (nach der neuesten amtlichen Rechtschreibung). ⟨6. bis 8. Tausend.⟩ 3 Bände. 4. Leipzig, S. Hirzel, 1905—1906. (*cpl.* in 3 Bänden zu je M. 10.—) Lesesaal
Band 1: A—G. XII + 1284 Sp. 1905.
Band 2: H—Q. IV S. + 1240 Sp. 1906.
Band 3: R—Z. XXVIII + 1464 Sp. 1906.

Heyne, Oskar [cand. med. aus Krögis]: Ueber die Ursachen des vorzeitigen Meconiumabganges sub partu ... München, Buchdr. Kastner & Lossen, 1896; 1 Bl., 75 S. 8.
München, Med. Fak., Inaug.-Diss. v. 1896

Heyne, Otto, der Kurfürstentag zu Regensburg von 1630. Berlin 866. Guttentag. gr. 8. (X, 202 S.) n. 25 *ngr.*

Heyne, Paul

— **Diccionario práctico de electrotécnica y química alemán-inglés-español. Redactado según los últimos adelantos en la construcción de máquinas, en la fundición y metalurgia. Tomo 3, español-alemán-inglés. 8. (VIII, 218 S.) Ebd. 900. Geb. in Leinw. n. 4. 80**

Heyne, Paul, practical dictionary of electrical engineering and chemistry in German, English and Spanish. Treating especially of modern machine industry, the foundry and metallurgy. Vol. II. English—Spanish—German. 8. (VIII, 209 S.) Dresden 899. G. Kühtmann. Geb. in Leinw. n. 4. 80

Heyne, Paul, engl. Englisch. Uber den treffend richt., **formvollendeten Ausdruck in der engl. Sprache u. üb. den amerikan. Sprachgebrauch. (212 S.) kl. 8. Freiburg i/B. 909. J. Bielefeld. Geb. in Leinw. 2. 50**

Heyne, Paul, prakt. Wörterbuch d. Elektrotechnik u. Chemie in deutscher, engl. u. span. Sprache. Mit bes. Berücksicht. d. modernen Maschinentechnik, Giesserei u. Metallurgie. (In 3 Bdn.) 1. Bd. Deutsch-Englisch-Spanisch. 8. (VIII, 196 S.) Dresden 898. G. Kühtmann. Geb. in Leinw. n. 4. 80

Heyne, Paul Nathanael: Ueber die gleichzeitige Unterbindung der art. und vena femoralis. Halle (1868): Plötz. 31 S. 8°
. Halle-Wittenberg, Med. Diss. v. 17. Sept. 1868
Geb. Salbke bei Magdeburg [4. 4. 1843]. V.

Es ist eine Ros' entsprungen. Weihnachtsscene von **Robert Heyne.** *Mühlhausen i. Th.: G. Danner [1901].* (16 S.) 8° [F.]
— **Aufführungen** f. Weihnachten u. Neujahr. No 2. [01. 8115]

Heyne, Rob. Otto, de comitiis electorum anno 1630 Ratisbonae habitis. Dissertatio inauguralis historica. Berlin 865. (Calvary & Co.) gr. 8. (50 S.) n. 12 *ngr.*

Heyne, Rob. Theod., Erörterungen aus dem Grundeigenthums- u. Hypothekenrechte nach gemeinem u. partikularem, besond. Sächs. Rechte. gr. 8. (XII u. 172 S.) Leipzig 847, B. Tauchnitz. 28 *ngr.*

Heyne, Rob. Thdr., Commentar über das Königl. Sächsische Gesetz, die Grund- u. Hypothekenbücher u. das Hypothekenwesen betreffend, vom 6. Novbr. 1843. 2 Bde. gr. 8. Leipzig 843, 46, B. Tauchnitz jun. (1. Bd. n. 2 *th* 2. Bd. n. 1 1/3 *th*) n. 3 1/3 *th*

Heyne, Rob. Theod., über d. Cumulation d. Eidesantrages mit and. Beweismitteln. 8. (3 1/2 B.) Dresden u. Leipzig 840, Arnoldische Buchh.

— Untersuchung practisch wichtiger Materien a. d. Gebiete des im Königreiche Sachsen geltenden Rechts, s. Schwarze, Ldw. Fr. Osk.

—— de **voluntatis** tacite patefactae et praesumtae vi atque indole ejusque in jure effectibus. Comment. jurid. Smaj. (10 3/4 B.) Dresdae et Lipsiae 840, libr. Arnold.

Heyne, Rud., Drachenzähne. (91 S.) 12. Halle 903. (E. Anton.) n. 1. 50

Drachenzähne. Als Ms. gedr. Halle a.S., Okt. 1903, Rudolf Heyne. *Halle a. S. 1903: (R. P. Nietschmann).* (91 S.) 8° [F.] [04. 2181 3

Heyne, Rud., s.: Goethe, Joh. Wolfg. v., Liebesorakel.

Heyne, Rud., Spreu u. Weizen. Aus dem Tagebuche e. stillen Wanderers. 12. (95 S.) Halle 900. (E. Anton.) n. 1. 20

— dasselbe. (2. Sammlg.) 12. (95 S.) Ebd. 901. In Leinw. kart. n. 1. 20

ERHEITERUNGEN (von *Theod. Heyne*). Erfurt 1806.
Anon.-Lex. II. p. 43 (nach Meusel).

Heyne, Thdr., Taschenbuch für junge Leute, d. sich d. Handlung gewidmet. 12. Erf. 816. Müller. (a. Weygand in Leipz.) 12 *gr.*

Heyne, Walter, aus Magdeburg: Über **o-Biderivate** der Benzolsulfosäure. *Marburg 1902: R. Friedrich.* (66 S.) 8°
Marburg, Phil. Diss. v. [16. Aug.] 1902

Heyne, Wilh., der Erdbau in seiner Anwendung auf Eisenbahnen und Strassen. Mit ungefähr 160 (eingedr.) Orig.-Holzschn. 1. Lfg. gr. 8. (S. 1—80.) Wien 874, Hölder. *

Heyne, Wilh., der Erdbau in seiner Anwendung auf Eisenbahnen und Strassen. Mit 170 (eingedr.) Orig.-Holzschn. 2.—5. (Schluss-)Lfg. gr. 8. Wien 876, Hölder. [2.—4. Lfg. (S. 81—320.) à *M 2,20.; 5. Lfg. (VIII, S. 321—363.) M 2.]
1. Lfg. Ebendas. 1874. *M 2,40.; compl. *M 12.

Heyne, Wilh., das Traciren von Eisenbahnen in 4 Beispielen und einem Anh. 2. Aufl. gr. 8. (XVI und 268 S. mit Atlas enth.: 11 grav. Taf. in gr. Fol.) Wien 865, Beck'sche Universitäts-Buchh. *

—— das Traciren von Eisenbahnen in vier Beispielen und einem Anhang. Mit Atlas, enth.: 11 gravirte (lithogr.) Taf. in gr. Fol. 3. verb. Aufl. gr. 8. (XVI, 280 S.) Ebendas. 870. *
—— dass. — Mit Atlas (in qu. gr. Fol.) enth.: 10 gravirte Taf. in gr. Fol. und 35 in den Text gedr. Holzschn. 4. verb. Aufl. gr. 8. (XIV, 304 S.) Ebendas. 872. *

Heynemann, über Bezirksarmenhäuser, s. Bibliothek, kleine, für innere Mission.

Heynemann, ..., († 1797.), s. Ovids Werke 1r Bd., Verwandlungen. 8. Frankf.

Heynemann, Abraham: Des Edlen Weinstocks an den Elbstrohm Anbau / Vermehr- und Erhaltung / so wohl darzu erfordernte Vier- und zwantzigerley Arbeiten / i Zwey Theilen ... beschrieben durch Abraham Heynemannen. Meissen: Günther 1685. 91 S. -- 14*
Bibliotheca oenologica: Heinemann, A.
--- Dass. Dresden: Winckler 1712. 32 S. -- 35*. Frei 100*

Ansprache an den Verein für naturwissenschaftl. Unterhaltung in Frankfurt a. M. zu seiner 25. Jahresfeier am 19. Januar 1884 von D. F. HEYNEMANN. s. l. & a. 8°.

Heynemann, D. F. (Red.), s. Nachrichtsblatt der dt. Malakozoologischen Gesellschaft.

Heynemann, D. F., die geographische Verbreitung der Nacktschnecken. Eine zusammenfass. krit. Darstellg. unserer Kenntnisse derselben zu Anfang des 20. Jahrh. Mit den Doppeltaf. 1 u. 2 u. 9 Karten im Text. (92 S.) Lex.-8. Frankfurt a/M. 905. (M. Diesterweg.) n. 7. 50
Sonderabdruck aus: „Abhandlgn. d. Senckenberg. naturforsch. Gesellsch."

Die geographische Verbreitung der Nacktschnecken. Eine zusammenfassende krit. Darstellung unserer Kenntnisse derselben zu Anfang d. 20. Jhs von D. F. **Heynemann** in Frankfurt a. M. Mit d. Doppeltaf. 1 u. 2 u. 9 Karten im Text. (Frankfurt a. M.: M. Diesterweg in Komm. 1906.) (92 S.) 4°
— **Abhandlungen** hrsg. von d. Senckenbergischen naturforschenden Gesellschaft. Bd 30, H. 1. [o6. 9654

Heynemann, D. F., d. geograph. Verbreitg. d. Nacktschnecken. Jetzt: Frankfurt a. M. (Viktoria-Allee 7.). Senckenberg. naturforsch. Gesellschaft.

Heynemann, Hans, a. Magdeburg: Ueber die Zersetzung des Antimonwasserstoffes. (Berlin 1906: A. W. Schade.) (36 S.) 8°
Berlin, Phil. Fak., Ref. Fischer, Diss. v. 28. Juli 1906
[Geb. 10. April 81 Magdeburg; Wohnort: Magdeburg; Staatsangeh.: Preußen; Vorbildung: Domgymn. Magdeburg Reife O. 01; Studium: München 1, Berlin 9 S.; Rig. 25. Juni 06.]

Heynemann, Ludwig Hans, aus Hannover: Ueber das Hydrazid der Pyrazol-3, 4, 5-Tricarbonsäure. *Hannover 1901: A. Molling & Co.* (56 S.) 8°
Heidelberg, Naturw.-math. Diss. v. 1901

Analecta Horatiana. Von Dr. Sigismund Sussmann **Heynemann** ⟨†⟩. Aus s. Nachlaß hrsg. von Dr. Gustav Krüger, ([Geh. SchulR.], Dessau). Gotha: F. A. Perthes 1905. (40 S.) 8°

Heynemann, S. S., zwei Briefe eines jüdischen Getauften, s. Schriften des Institutum judaicum in Leipzig.

Heynemann, Sigism. Sußmann, zwei Briefe e. jüdischen Getauften. Geschrieben u. hrsg. 2. erweit. Aufl. (Nach dem Tode des Verf. m. seinem Bildnis versehen.) (48 S. m. 2 Taf.) 8. Leipzig 909. Dörffling & Franke. — 50

Gnade und Wahrheit. Erinnerungen aus d. Leben des S(igismund) S(ußmann) Heynemann, Dr. phil. Aus s. schriftl. Nachlaß zsgest. (von s. Nichte). Mit e. Vorw. von D. Dr. Hermann Bezzel, Neuendettelsau. Leipzig: A. Deichert Nachf. 1909. (XIV, 554 S.) 8° [Fr.] [o8. 17123

Heynemann, Svssmannvs ⟨geb am 22 Dez. 1841 in Halberstadt⟩: De interpolationibvs in carminibvs Horatii certa ratione diivdicandis ... Bonnae, form. C. Georgi 1871. IV, 74 S., 1 Bl. 8. ¶ Erschien zugleich selbständig bei Marcus in Bonn.
Bonn, Phil. Fak., nachträgl. ersch. Diss. v. 28 Juli 1870

Heynemann, S., de interpolationibus in carminibus Horatii certa ratione dijudicandis. gr. 8. (IV, 92 S.) Bonn 871. A. Marcus. n. 1. 50

Heynemann, Svssmann ⟨geb. am 22 Dez. 1841 in Halberstadt⟩: Theses ... loco dissertationis De interpolationibvs Horatianis conscriptae ... Bonnae, form. C. Georgi (1870). 2 Bl. 8.
Bonn, Phil. Fak., Thes. v. 28 Juli 1870

Heynemann, Theodor, aus Lemgo: Aus d. Kgl. Universitäts-poliklinik f. Hautkrankheiten zu Kiel. Casuistische Beiträge zur Kenntnis der Nagelerkrankungen. *Kiel 1904: H. H. Peters.* (11 S.) 8°
Kiel, Med. Diss. v. [2. Apr.] 1904

Heynen, Gust. (Adolph.) (geb. Laubau 29. 8. 1840): De cerebri tumoribus. Berolini (1865). (32 S.) 8°
Berlin, Med. Diss. v. 20. März 1865

Heynen, H., deutsche u. engl. Vorlegeblätter z. gründl. Erlernung d. Schreibekunst. 4. Münster 823. Coppenrath. 9 gr.

— Vorlegeblätter zur Deutschen Schönschrift. qu. Fol. (Cöln 820. Bachem). 14 gr.

— Vorlegeblätter zur Englischen Schönschrift. (Ebd.) 820. 1 ₰

— Kalligraphische Wandfibel zum Elementarunterricht in der deutschen u. englischen Schönschrift in 11 Tafeln. (Ebd.) 820. 1 ₰ 4 gr.

Heynen, Jos., Erklärung u. Berechnung d. neuesten Wechsel-Course als Beilage zum unentbehrlichen Handbuch f. Kaufleute, besonders f. Banquiers zum Berechnen aller Wechsel-Course von den Haupthandelsplätzen. 12. ($3^{5}/_{12}$ B.) Bonn 843. (Wittmann.) *

Heynen, Jos., unentbehrl. Handbuch f. Kaufleute, besond. f. Banquiers, z. Berechnen d. neuesten Wechsel-Course u. Geld-Preise v. d. Haupt-Handelsplätzen. 8. (9 B.) Cöln 831. [M. Gladbach, Schmachtenberg u. Comp.]

Heynen, Jos., der practische Kaufmann im Rechnen und Buchführen in der doppelten Buchhaltung. gr. 8. (IV und 68 S.) Bonn 848, (Habicht.) *

—— allgem. prakt. Rechenbuch, kurz verfaßt f. d. tägl. Gebr., sowohl f. d. Bürger- u. Kaufmannsstand als f. Stadt- u. Landschulen. 8. ... M. Gladbach 832, Schmachtenberg u. Comp.

Heynen, J., Reductionstabelle von 1 Kreuzer bis zu 10,000 Gulden im 24 Guldenfuße in Thaler, Silbergroschen u. Pfennige, à 104, 105 u. 108 Kreuzer. Bonn ... Dunst. $7^{1}/_{2}$ gr.

Heynen, Reinhard: Zur Entstehung des Kapitalismus in Venedig. Stuttgart 1905: Union. (129 S.) 8° ¶ (= Münchener volkswirtsch. Studien Stück 71.)
München, Staatswirtsch. Fak., Ref. Brentano, Diss. v. 17. Juli 1905
[Geb. 9. Aug. 84 Elberfeld; Wohnort: Düsseldorf; Staatsangeh.: Preußen; Vorbildung: Gymn. Düsseldorf Reife O. 02; Studium: Cöln H.H. 4, München 3 S.; Rig. 17. Juli 05.]

Zur Entstehung des Kapitalismus in Venedig von Reinhard **Heynen.** Stuttgart & Berlin: J. G. Cotta Nachf. 1905. (129 S.) 8°
— **Studien,** Münchener Volkswirtschaftliche. St. 71. [o5. 14434 8

Heynen, Walther, approb. Arzt aus Lauban in Schlesien: **Aus d. patholog. Instituto zu Kiel. Ein Fall von primärem Krebs des Ductus choledochus.** *Kiel 1898: P. Peters.* (19 S.) 8°
Kiel, Med. Diss. v. [5. Sept.] 1898

Heyner, s.a. Heiner.

Heyner, der Abgeordnete Dr., gegen das moderne Muckerthum in Sachsen. Wortgetreuer Abdruck der von demselben bei Gelegenheit der Debatte über die Reichenbacher Beschwerde gegen den Diakonus Böttcher gehaltenen Reden. Leipzig 862. Friese. 8. (7 S.) 1 ngr.

Heyner, Eduard, Referendar: Das Rechtsverhältnis der Pflegekindschaft. Borna-Leipzig 1908: Noske. VI, 48 S. 8°
Halle, Jur. Diss. v. 27. Nov. 1908, Ref. v. Blume
[Geb. 8. Nov. 81 Roda, Sachsen-Altenburg; Wohnort: Halle a. S.; Staatsangeh.: Preußen u. Sachsen-Altenburg; Vorbildung: Realgymn. Gera Reife O. 02; Studium: Freiburg i. B. 1, Jena 2, Leipzig 1, Halle 3 S.; Rig. 31. Juli 08.] [U 09. 1589

Heyner, Fr. Chr., s. Schwabe: Über die Hindernisse ...

Heyner, Fr. Chr., († 1807.) Taschenbuch für Schulmeister in niedern u. Landschulen. 8. Freiberg 790. Craz u. G. 6 gr

— **Friedrich Christian** (Burgwerben/Thüring.), De damnatione ad metalla juris criminalis exercitatio. Lpz. (Solbrig) 5. VI. 1794. 34 S. (6.50) 15077

Heyner, Karl, das erste Bundesschießen in Deutschland abgehalten zu Frankfurt a. M. im Juli 1862. Treu nach den Erlebnissen mitgetheilt. (Abdr. aus den Frankfurter Familienblättern.) Mit 1 Stahlst. Frankfurt 863. Hermann'sche Buchhdlg. in Comm. 4. (92 S.) n. 10 ngr

—— Erinnerungen an Frankfurt. Führer durch Frankfurt a. M. und seine Umgebungen. Nebst kurzem Wegweiser zu Ausflügen in den Taunus und die Bergstrasse. Für Fremde und Einheimische. 2. Aufl. 32. (60 S. mit 6 eingedr. Holzschn., 1 Situationsplan und 1 Ansicht Frankfurts aus der Vogelperspektive in Holzschn. in 4.) Frankfurt a. M. 862, (Hermann'sche Buchh.)

Heyner, C., Erinnerung an Frankfurt. Führer durch Frankfurt a/M. u. seine Umgebgn. Nebst kurzem Wegweiser zu Ausflügen in den Taunus u. die Bergstrasse. Für Fremde u. Einheimische. 4. Aufl. Mit 8 (eingedr.) Holzschn., e. (lith.) Situations-Plan u. e. (lith.) Ansicht Erankfurts aus der Vogelperspective (in 4.) 32. (68 S.) Frankfurt a. M. 872. Hermann. — 75

Heyner, C., Erinnerung an Frankfurt. Führer durch Frankfurt am Main u. seine Umgebungen. Nebst kurzem Wegweiser zu Ausflügen in den Taunus u. die Bergstrasse. Für Fremde u. Einheimische. 6. Aufl., durchgesehen von W. Kaulon. Mit eingedr. Holzschn., einem (lith.) Situationsplan u. einer Ansicht Frankfurts aus der Vogelperspektive (Holzschntaf.). 16. (74 S.) Frankfurt a/M. 880. Diesterweg. n. 1. —

Kleines Gedenk-Buch für Frankfurt's grosse und kleine Kinder von C. **Heyner.** Frankfurt a. M.: Keller 1868. 68 S. 8°
Enth. auch die Stiftungsdaten der Frmrlogen. 138.

Heyner, Carl (Harras/Thüring.), De herpete. Diss. med.-chir. Bln. (Nietack) 9. V. 1837. 33 S. mit Biogr. (M.: Ch. Schomburgk.) (6.50) 15076
Oppon.: A. Dittmar, E. Perle, F. Quiring. — — Gew.: Jo. Christ. Gottf. Joerg. August Carus. Heinrich Schomburgk (Leipzig).

—- Souvenir de Francfort. Guide à Francfort sur-le-Mein et aux alentours. Suivi de l'itinéraire d'une excursion dans le Taunus et la Bergstrasse. Pour les étrangers et les indigènes. Traduit de l'allemand par G. Vignon. 32. (54 S. avec 6 gravures sur bois, un plan de Francfort et une vue de la ville à vol d'oiseau.) Francfort a. M. 863, Hermann'sche Buchh. *

— Souvenir de Francfort. Guide dans la ville de Francfort s. M., ses environs, ainsi que dans le Taunus et la Bergstrasse. Publié d'après la 4. éd. par J. Gambs. Avec 8 vues xylogr., une carte, et une vue de la ville à vol d'oiseau (Holzschntaf.) 16. (67 S.) Frankfurt a/M. 874. Diesterweg. n. 1. —

Heynhold, Gustav

— Clavis generum zur Flora von Sachsen von Fr. Holl u. G. Heynhold. Eine synoptische Darstellung der zu diesem Florgebiete gehörigen Gattungen der 1. Abthl. (Der Phanerogamen), zum erleichterten Bestimmen, nebst e. deutschen Register derselben. 8. Dresden 843, Naumann. ¼ ß

Heynhold, Gust., Flora von Sachsen. 1. Bd.: Phanerogamie, s. Holl, Fr.

—— und H. Ficinus, Flora der Gegend um Dresden, s. Ficinus.

Heynhold (G.) Nomenclator botanicus hortensis. Dresden, 1840. 8°.

—— **Nomenclator botanicus hortensis**, od. alphabet. u. synonym. Aufzählung der in d. Gärten Europa's cultivirten Gewächse, nebst Angabe ihres Autors, ihres Vaterlandes, ihrer Dauer u. Cultur, u. e. Vorr. v. Ludw. Reichenbach. (1 Hfte.) ½ gr. 4. (52 B.) Dresden u. Leipzig 841, Arnoldische Buchh.

—— **Nomenclator botanicus hortensis** od. alphabet. u. synonym. Aufzählung d. in den Gärten Europa's cultivirten Gewächse etc. 2. Bd. A. u. d. T.: Alphabet. u. synonym. Aufzählung d. in d. Jahren 1840—1846 in den europäisch. Gärten eingeführt. Gewächse, nebst Angabe ihres Autors, ihres Vaterlandes, ihrer Dauer u. Cultur. (5 Lfgn.) schmal Lex.-8. (50 B.) Leipzig 846, 47, Arnoldische Buchh. à L. 24 Ngr.) Thlr.
1. Bd. Ebendas. 1841. 5 Thlr. Beide Bde. nur 8 Thlr.

—— das natürliche **Pflanzensystem**. Ein Versuch, die gegenseit. Verwandtschaften d. Pflanzen aufzufinden, durch Andeut. ihrer Bildungsstufen, Uebergänge, Ausnahmen, mit Berücksichtigung d. arzneil. u. überh. anwendbaren Gewächse, nebst e. histor. Einleitung. Gemeinfaßl. dargest. u. zunächst für angeh. Apotheker, Aerzte rc. bearb. Mit e. Vorr. v. Heinr. Ficinus. gr. 8. (12 B.) Dresden u. Leipzig 840, Arnoldische Buchh.

Heynhold, Gust., das natürliche Pflanzensystem. Ein Versuch, die gegenseit. Verwandtschaften der Pflanzen aufzufinden rc. mit Berücksicht. der arzneilichen und überhaupt anwendbaren Gewächse nebst einer histor. Einleitung. Gemeinfaßlich dargestellt und zunächst für angehende Apotheker, Aerzte rc. bearb. Mit einer Vorrede von Heinr. Ficinus. 2. (Titel-)Ausg. gr. 8. (IV und 184 S.) Leipzig 850, Arnoldische Buchh.

Heynhold, Gust., die Rhodoraceae, s. Seidel, Traug. Jac.

Heynhold, R., s.: Lesebuch, Deutsches.

Heynich, ..., die armen getäuschten Juden, oder Moses u. Messias zum 2ten Mal enthüllt. 8. Hamb. 798. (Herold jun.) 22 gr

Heynich, die armen getäuscht. Juden, od. Moses u. Messias z. 2ten Mal enthüllt. 8. Hamburg, Vollmer. 798.

Heynig, Johann Gottlob

Heynig, Jh. Glo., Abriss einer Geschichte der Sclaven, insonderheit des Negersclavenhandels von den ältesten bis auf die neuesten Zeiten. 8°. Weissenfels, Graffé, 1806.

— kurzer Abriß e. vernunft-, natur- u. gottgemäßen Wissens- u. Thunslehre für alle Menschen. gr. 8. Freiberg 825. (Plauen, Schmidt). 4 gr

— kurzer Abriß e. vernunft-, natur- u. gottgemäßen Wissens- u. Thunslehre f. alle Menschen. gr. 8. Freiburg 825. (Central-Comt. in Leipz.)

Heynig, Jh. Glo., Afrika, geograph., histor. u. philosoph. betrachtet. 8. Leipz. 802. 2e A. 807. (W. Rauck). 14 gr

Heynig, Joh. Gottl. Andronikus Komnenus; historisches Gemälde aus der Zeit der Kreuzzüge. 2 Bde. 8. Berlin 1799.

— Andronikus, e. hist. Gemälde a. d. Zeit d. Kreuzzüge. 2 Thle. 8. Berlin, Rauck. (a. Lange.) 799.

— Andronikus, e. histor. Gemälde a. d. Zeit. d. Kreuzzüge. 2 Thle. 8. Berl. 799. (Reimer). 2 ℛ

Heynig, J G (Hrsg.), s. Ansichten, Einige, der schwersten Phänomene in d. Welt- u. Menschengeschichte

— Ansichten einiger der schwersten Phänomene in d. Weltgeschichte. 8. Leipz. 805. Schödel. (Schönian in Elberf.) 16 gr

— Ansichten einiger d. schwersten Phänomene in d. Weltges. 8. Leipz. Gruber u. Hoffm. 808.

— Ansichten einiger der schwersten Phänomene in der Weltgeschichte. 2te Aufl. 8. Ist Verlag von Büschler in Elberfeld.

— kurze Anweis. z. Kanzelberedsamkeit nach Reinhards Grundregeln. 8. Leipz. 802. Mit neuem Titel 809. (W. Rauck). 8 gr

— Anweis. z. Kanzelberedsamk. nach Reinhards Grundr. 8. Leipz. Sommer. 802.

Heynig, Johann Gottlob, s. Berichtigung d Urtheile

– s. Beschreibung von Wittenberg.

— Christian d. 4ste, s. Christian.

— abgepreßte Erklärung an d. Philosophen in Jena, d. angegriffene Kantische Philosophie zu vertheidigen. 8. Berl. 799. Dieterici. (Mittler). 6 gr

— Früchte vom Baum d. Wahrheit u. d. Lebens. Ein kleiner Beitrag zur Bemerkung e. bessern Standes u. Verhältnisses der Welt zur Natur u. zu Gott. (1s Bdchn.) Plauen 829. (Schmidt). 6 gr (2s Bdchn.) Neue Früchte rc. oder Mittel der Abhülfe des Mißstandes u. d. Mißverhältnisses unserer Welt zur Natur u. zum Schicksal u. zu Gott. gr. 8. Ebd. 830. (Schmidt). 6 gr

— histor. Gemälde v. Steigen d. Kultur u. d. Macht d. Brandenburg. u. Preuß. Länder. 8. Berl. 799. Belitz. 18 gr

— ein Gemälde unseres Zeitalters, zur warnenden Ansicht des neuen Jahrhunderts aufgestellt. 8. Leipz. 801. Graffé. 10 gr

— Genius d. Menschheit, oder d. wahre Revolution. 8. Zwickau 803. Schumann. 1 ℛ

— s. Heil, das, der Welt aus Norden.

(Heynig, Joh. Gtlo.,) das Heil d. Welt aus Norden. (1. Hft.) gr. 8. (5 B.) Plauen 836. (Hof, Grau.) *

—— das Heil d. Welt aus Norden. Das zu allgem. Erleuchtung d. Welt aufgesteckte 2. Licht. (Hft.) gr. 8. (5 B.) Hof 837, Grau. *

— Heraclius, e. oriental. Geschichte aus d. Zeiten. der Arabischen Weltrevolution. 8. Leipz. 803. Graffé. 1 ℛ 12 gr

— Herausforderung an Kant, seine Philosophie zu begründen oder zurückzunehmen. gr. 8. Altenb. 798. Petersen. 20 gr

— Ideen zur Geschichte d. großen Ganges d. Kultur u. Menschheit in d. Welt. 8. Zwickau 803. Schumann. 1 ℛ

– s. Isocratis Evagoras.

— kurzgefaßte Lebensgeschichte, nebst e. raisonnir. Verzeichniß seiner Schriften. 2e Aufl. 8. Straßb. (Wittenb.) 809. Verfass. 16 gr

– s. Magazin, psycholog.

— Moral u. Recht sind Eins, oder Grundlinien zur ersten Rechtsmoral. 8. Leipz. u. Zwickau 803.

— Natur u. Religion in Predigten. gr. 8. Leipz. 801. Graffé. 1 ℛ 12 gr

— Europens Pflicht, d. Türken wied. nach Asien zu treiben. 8. Leipz. Graffé. 801.

— Europas Pflicht, d. Türken wieder nach Asien zu treiben, u. Griechenland mit unserer christl. Welt zu vereinigen. 8. Dessau 811. 3e A. 828. (Leipz., Rein.) 12 gr

Heynig, Dr. Europas Pflicht, die Türken wieder nach Asien zu vertreiben. 1. u. 2. Aufl. 8. Leipzig 1821.

– s. Plato u. Aristoteles.

– s. Principe d. Fichteschen Philosophie

– s. Rechtmäßigkeit der Todesstrafen.

(Heynig, J. G.:) Die gerettete Rechtmässigkeit d. Todesstrafen, allen Obrigkeiten, Philosophen u. Juristen gewidmet. *Altenburg*. 797. 8.

– s. Frz. V. Reinhard: Religionsvortrag u. dess. Predigt am Neujahrst.

— der deutsche Socrates, s. Socrates.

(——) der deutsche Sokrates aus d. Voigtland in seinem Wirken f. Wahrheit u. Recht u. daraus kommende bürgerl. Freiheit u. Wohlfahrt. 13—21. Mittheil. od. 3. Bd. u. 4. Bd. 1—3. Hft. gr. 8. (à H. 5 B.) Plauen 828—32, (Schmidt.) à Hft. 6 Gr.

— d. Stimme d. deutschen Socrates in der Wüste. gr. 8. Plauen 831. (Schmidt). 6 gr

— Theorie d. sämmtlichen Religionsarten. 8. Leipz. 799. Graffé. 18 gr

— d. Unsterblichkeit d. menschl. Seele außer Zweifel gesetzt. 8. ... 2e A. 8. Erf. 809. (Wittenb.) Verf. 18 gr 3e Aufl. 8. Merseb. 818. 9e A. 8. Plauen 827. (Schmidt). 1 ℛ

— die Unsterblichkeit d. menschlichen Seele außer allem Zweifel gesetzt. 7te Aufl. 8. Schleusing. (Leipz. Klein.) 815.

— die Unsterblichkeit der menschlichen Seele außer allem Zweifel gesetzt ꝛc. 8te Aufl. 8. Leipzig, Kollmann. 818.

— d. Unsterblichkeit d. menschl. Seele außer allem Zweifel gesetzt. 9te Aufl. 8. Plauen 827. (Schmidt.)

Heynig, Jh. Glo., die Unsterblichkeit der menschl. Seele aus allem Zweifel gesetzt. 9e, durchaus umgearb. u. wesentl. verb. Aufl. gr. 8. Plauen 835. (Schmidt. Hof, Grau.) 1 ꝑ

J. Glo. **Heynig's** Vers. d. Begriffe d. Moral u. Relig. u. beider Verhältn. recht und fest zu bestimmen. *Jena* (*Lpz.*, Kollmann.) 820. 8° 5 gl

— Versuch, d. Begriffe d. Moral u. Religion beider Verhältnisse recht u. fest zu bestimmen. 8. Jena 820. (Plauen, Schmidt). 4 gl

— Versuch e. Propädeutik d. Geschichte. 8. Halle. (Erfurt, Verfasser.) 806.

Heynig, Jh. Glo., Versuch e. Propädeutik oder Vorwissenschaft d. Geschichte. 8. Halle 806. 2e Aufl. 8. Schleußing. 817. 3e A. 8. Leipz. 828. (Smidt in Plauen). 6 gl

Heynig, J. G., Versuch ein. Propädeutik, od. Vorwissenschaft d. Geschichte. 2te Aufl. 8. Schleusingen, Verfasser. 813.

— Versuch einer Propädeutik oder Vorwissenschaft der Geschichte. 3te Aufl. 8. Schleusingen. (Ebend. in C.) 818.

— Versuch einer Revision d. Kultur u. Aufklärung ꝛc. 8. Wittenb. 810. Verfass. 9 gl

— kurze Vertheidigung d. Philosophie wider d. finstern Geister d. Zeit, nebst einer Beantwortung d. alten Frage: Was ist Wahrheit? 8. Plauen 821. (Schmidt). 4 gl

— Thüring. Volksgeschichte. 1r Thl. Mit 1 Titelkpf. 8. Sulzb. 805. v. Seidel. 10 gl

Heynisch [Dr.]: Der Conjunctiv im Alexanderlied des Pfaffen Lamprecht. Meiningen, Druck d. Keyßner'schen Hofbuchdr., 1880; S. 3—22; 4°
Meiningen, G Bernhardinum, OP 1880

Heynisch, P[aul]: Bericht über eine Reise nach Griechenland. Meiningen 1910: Keyßner. S. 1—13. 4°
Meiningen, herz. G Bernhardinum P 1910 (968) [S 10. 179

Heynitz, Iwan Carol. Eduard. de, de litis contestationis in condemnatione effectu. Dissertatio inauguralis. 8. (61 S.) Berlin 866, (Puttkammer und Mühlbrecht.) *

Heynold, kurze Biographien aller bekannten griech. u. latein. Schriftst. vom Anfang d. Wissenschaften bis ins 5te Jahrh. gr. 8. Leipz. Klein u. Comp. (in Comm.) 809.

Heynold, R., deutsches Lesebuch, s. Lesebuch.

Heynrichs, J N [Übers.]
s. Ponson du Terrail, Pierre-Alexis Vte de: Der Ball der Schlachtopfer. 1868.

Heyns, Steph. Petri, Comment. praemio ornata de patrum apostolicor. doctrina morali. 4 maj. (13¼ B.) Lugd. Batav. 833, Luchtmans. (Lipsiae, Weidmann.) Thlr.

Heyns, S. P., Disputatio histor.-theolog. de Gregorio Nysseno. 4 maj. (24¼ B.) Lugduni Bat. 835, Cyfveer. (Lipsiae, libr. Weidmann.) *

Geschichte der Eutiner Liedertafel mit Voranstellung einer historischen Skizze der Entwickelung des mehrstimmigen deutschen Männergesanges. Eine Festgabe an den Verein zu dessen 50 j. Jubiläum v. Carl **Heynsen**. Eutin, 19. Aug. 1893. 8°

Heynsen, Ketel

Heynsen, K., Worte bei Pflanzung der Friedenseiche in Gettorf gesprochen am 16. April 1871. gr. 8. (7 S.) Kiel 871. Schwers. n. — 30

Heynsius, A., Studien des physiologischen Instituts zu Amsterdam, s. Studien.

Heynsius, A., über die Ursachen der Töne u. Geräusche im Gefässsystem. gr. 8. (90 S.) Leiden 878. Brill. n.n. 2.75

Heynsius, Daniel, aus Leiden (Holland): Ueber **Pyrrolbasen** der Camphergruppe. *Jena 1901: G. Neuenhahn.* (30 S.) 8°
Jena, Phil. Diss. v. (14. Juni) 1901

Heynssen, Berthold [app. Arzt aus Kroepelin i. M.]: Aus d. Laboratorium d. pharmakognost. Sammlung in Kiel. Beitrag zur Kenntnis der Wirkung des Cocaïnchlormethylat ... Kiel, Druck v. A. F. Jensen, 1895; 24 S. 8.
Kiel, Med. Fak., Inaug.-Diss. v. [21. Mai] 1895

Geschichtlicher Abriss und Personalbestand der Freimaurer-Loge Selene zu den drei Thürmen im Or. Lüneburg von 1809—1884. Zur Feier des 75jährigen Stiftungsfestes am 27. Dec. 1884. [Unterz.:] [Wilh.] Heypke. Lüneburg 1884: König. 37 S. 8° [Umschlagtit.]
Recens: Bh. 28 (1885) S. 38.
S. 27—37: Verzeichn. der Mitgl. der Loge von 1809—1884, zsgest. von D. J. A. Plesse.
25.

Heyrath, s.a. Heurath, u.: Heirath.

Heyrath, d. babylonische, e. physionomische Unterhalt. m. 24 K. ꝛc. 8. Leipz. Jub. C. 805.

Heyrath, die, durch Betrug, od. der intrigante Advokat. Lustsp. in 5 Aufz. nach dem Franz. v. Asimont. 8. Erlang. Heyder. 813.

Heyrath, die eigennützige, oder Geschichte der Miß Shenstone, 2 Theile, 8. Breslau, 776. Korn sen. 10 sgl.

— —, Die eigennützige, oder Geschichte der Miss Shenstone. Aus d. Engl. Breslau 1776. 8°. (1 Mk. 50 Pfg. Jul. Neumann, Magdeb., 1906.)

— die, des Figaro. Lustspiel. 8. 785. Ist jetzt Verlag von Lauffer in Leipzig, u. d. Preis

— d. siebenmal übel ger. u. einmal sehr wohlausgeschlag., e. Weibes. 8. Ebend. 731.

HEYRATH, Die zehenmal übelgerathene und einmal wohlgetroffene, eines Mannes. Mit vielen nöthigen, lustigen und nützlichen Anmerkungen vorgestellt von ihm selbst. Franckfurth 1731. 8°.

— d. zehnmal übel ger. u. einmal sehr wohl getroff., e. Mannes. 8. Leipzig, Weidmann. 731.

HEYRATH, Die Zehenmal Ubelgerathene Und Einmal Wohlgetroffene, Eines Mannes. (Pikanter Roman.) Mit vielen nöthigen, lustigen und nützlichen Anmerck. vorgestellet von Ihm selbst. Gedruckt zum drittenmal. Leipzig, 1735. Im Martinischen Buchladen. 8°. (In Berlin: an Yv 2616.)
8 Bll. Vorst. (incl. roth u. schwarz gedr. Titel) u. 480 SS. Ed. I: Franckf. u. Lpz., 1731. 8°. (In Berlin [Yv 2619], Dresden, München u. Stuttgart.) Tit. (roth u. schwarz), 7 Bll. Vorr. u. 480 S. (6 Mk. 50 Pfg. Klüber's Nachf., München, 1908.) — Vgl. auch Ehe .... eines Weibes, wohl nicht von demselben Autor.

— d. zehnmal übelgerathene u. einmal wohlgetroffene eines Mannes, u. die siebenmal übelgerathene u. einmal wohlausgeschlagene eines Weibes. 2 Thle. 8. Leipz. Fritsch. 735. (à 8 gr.)

Heyrath die, durch die Güter-Lotterie, Lustspiel in 1 Aufz. von C. Meisl. 8. Wien, Wallishauser. 817.

Die Heyrath durch Loos. Ein Lustspiel in dreyen Aufzügen. Im Jahr 1752. (Am Schluß:) Gedruckt bey Johann Heinrich Spieringk. 94 S.

— —, Die, nach der Mode. Lustspiel. Hamburg (Nürnb.) 1762.
Weller, fing. Druckorte. — Rar!

— die, nach der Mode, nach Hogarth, m. Kupf. 4. Hamburg, 771. Herold. 1 Rthl.

— die, nach der Mode, oder Briefe der Gräfin von Castelli an die Baronesse von Freville, aus dem Franz. des Herrn Dorville, 8. Leipzig, 789. Heinsius. 20 sgl.

— die, aus Rache, eine Novelle nach le Sage, 8. Danzig, 792 Brückners. 10 sgl.

— die seltsame; Posse, s. Lustspiele von Jul. v. Voß. 6r Bd.

— die uneigennützige, oder Geschichte des Herrn Franklane, a. d. Engl. in 2 Theilen, 8. Breslau, 776. Korn jun. 10 sgl.

HEYRATH-CONTRACT, Lustiger, des Franz Nikol. Tölpel mit der ehrbedürftigen Jungfer Urschel. O. O. u. J. 8°. (In München: L. eleg. m. 850, 9.) Rar!

Heyrathen, üb. die, als e. Pendant z. Abh. üb. d. Ehe. 2 Thle. 8 Potsd. Horvath. 779.

— — dasselbe. 8. Preßb. Patzko.

Heyrathscabinet

— —, Neu eröffnetes, Worinnen Freyledige Personen (beyderley Geschlechts) ihr bevorstehendes Heyraths-Glück erforschen können. Zum Zeit-Vertreib ans Licht gestellet von * * *. Sorau 1757. 8°. Rar!
Mart. Breslauer's Berliner Oct.-Auct. 1910, no. 1408.

Heyrathskabinet, neu eröffn. 8. Sorau, Hebold. 763.

HEYRATHS-CONTRACK (!), Wohlbedachter, von der Ehrbedürftigen, etc. etc., nebst einem Liedchen an die Schwester Lorchen. O. O. u. J. 8°. (In München: L. eleg. m. 850, 10.) Rar!

HEYRATHSCONTRAST, Der. Ein Buch für Verlobte. (Zahmer Roman, angebl. von einer Dame verfaßt.) 2 Thle. in 1 Bde. Mit 1 TVign. Leipzig, bey Friedr. Gotthold Jacobäer. 1785. Gr. 8°. (54 xr. Scheible, vor 1870.)
2 Bll. u. 436 S. (Th. 2 beg. mit S. 197.)

HEYRATHS-DISCURS, Rarer, von einem Kien-Bauern und seinem Sohn Hänssl, welcher neulich sich in ein Wiennerisches Mädl verliebt hat, und verlangt von seinem Vatern das Mensch zu Heyrathen. Nebst Continuation. O. O. 1707. 4 Bll. 4°. (7 Mk. Jacques Rosenthal, c. 1903.)
In Reimen. — Ungemein rar!

Heyrathsgeschenk, f. Neuverehlichte u. Verlobte. 16. Lpz. Seeger. 810.

Heyraths- u. Sterbekassen, üb. die, bes. üb. d. Cellischen. 12. Celle, Richter. 789.

Heyrathstempel, allgem., f. Verehlichte u. Unverehel. 8. Penig, Dienemann. Jahrg. 1801. u. 1802. (801. 1 Rthlr. 12 gr. 802. 2 Rthlr.)

Heyrenbach, Jos. Benedikt (Benjamin?)

Heyrenbach, Jos. Benj., Grundſ. d. ält. Staatsgesch. Oesterr. 8. Wien, Wappler. 777.

Heyrenbach, Jos. Bdkt., († d. 19. April 1779.) Grundsätze d. ältern Staatsgeschichte von Oesterreich. 8. Wien 778 Wappler. 10 K.

— Kaiser Friedrichs Tochter Kunigunde; ein Fragment aus d. Oesterr.-Baierischen Geschichte; sammt e. Codex probationum. 8. Wien 778.

— Diss. de salutationis angelicae in Sancta ecclesia usu. 8. Wien 773. Neue Aufl. mit e. Zusatz von Hier. Strelecki. 8. Ebd. 794.

Heyret, M., empfanget d. hl. Geist! E. Lehr- u. Gebetbüchlein als Andenken an d. hl. Firmg. u. f. fromme Verehrer d. hl. Geistes. 16. (XVI, 384 S. m. farb. Titel u. 1 Stahlst.) Salzburg (894). A. Pustet. — 72; feine Ausg. m. Titel u. 1 Farbendr. - 90

Héyret, M., die Jesuitenriecherei der „Los v. Rom"-Stürmer, s. a. Sammlung zeitgemäßer Broschüren. Nr. 11.

HÉYRET, M.
(F) Die Jesuitenriecherei der „Los von Rom"-Stürmer. Von M. Héyret. (Sammlung zeitgemässer Broschüren. 2. Auflage. Nr. 11.) Graz. 1901. Styria. 8°. 16 S. K —.10

Héyret, M., P. Marcus v. Aviano. Ein Rettungsengel in schwerer Zeit. Lebensbild. Mit Orig.-Zeichngn. v. A. Greil u. sehr vielen Illustr. Hrsg. v. der St. Josef-Bücher-Bruderschaft in Klagenfurt. (192 S.) 8. Klagenfurt 900. Buch- u. Kunsth. des St. Josef-Vereines. n. — 68

Heyret, M. Missionsbuch f. das katholische Volk. Mit e. Vorrede v. Andr. Jos. Müller. 16. (142, 804 S. m. 2 Bildern.) Münster i. W. 892, Alphonsus-Buchh. geb. — 75

— Neuacte u. Liebesaffecte d. Marcus v. Aviano aus d Kapuzinerorden, m. e. Lebensbilde desselben. 16. (VI, 218 S. m. 1 Bildn.) Graz 897. U. Moser. n. — 90; geb. n. 1. 20

Heyroth, A., die Unfallverhütungsvorschriften der gewerblichen Berufsgenossenschaften u. andere Bestimmungen f. den Arbeiterschutz. Vortrag, geh. in der ständ. Ausstellg. f. Arbeiterwohlfahrt. (14 S.) Lex.-8. Berlin 905. Polytechn. Buchh. A. Seydel. n. — 75
Sonderabdruck aus: „Gewerblich-techn. Ratgeber".

Heyroth, Anton, Referendar: Die L. 3 § 2 D. 2, 15 und das Recht des Bürgerlichen Gesetzbuches. Borna-Leipzig 1910: Noske. VIII, 44 S. 8°
Heidelberg, Jur. Diss. v. 21. Nov. 1910, Ref. Endemann
[Geb. 17. März 83 Berlin; Wohnort: Berlin; Staatsangeh.: Preußen; Vorbildung: Friedrichs-Werdersches Gymn. Berlin Reife O. 06; Studium: Berlin 6 S.; Rig. 3. Dez. 09.] [U 10. 1892

Heyroth, Paul: Wie haften dem Hypothekar die Versicherungsgelder nach dem Gesetzbuch? *Greifswald 1902: J. Abel.* (35 S.) 8°
Greifswald, Jur. Diss. v. [14. Juni] 1902

Heyrovsky, Leop., über die rechtliche Grundlage der Legos contractus bei Rechtsgeschäften zwischen dem römischen Staat u. Privaten. gr. 8. (VIII, 108 S.) Leipzig 881. Breitkopf & Härtel. n. 3. —

Heyrowsky, Joh., Ausweis des Domainen-Waldbesitzes im Kronlande Böhmen mit dessen Administrations-Nachweise als Beilage zu dem Forst- u. Jagdkalender für Böhmen auf das J. 1858. Budweis 858. Hansen in Comm. 12. (116 S.) n. 10 ngr.

Heyrowsky, Karl, *k. k. Professor in Příbram.* Ueber die Konstruktion eines Plungersatzes zum Anheben von augenblicklich zu verändernden Wasserquantitäten. *Prag* 1857. Druck der k. k. Hofbuchdruckerei von *Gottl. Haase Söhne.* 32 S., 8°. Mit einer lithogr. Tafel. Nicht ber.

Die Elektricität, ihre Erzeugung und Verwendung in allgemein verständlicher Darstellung von J. W[ilhelm] van **Heys,** Reg.Baumeister. Mit 432 Abb. Berlin: C. Heymann 1906. (VIII, 360 S.) 8° [07. 184

Heys, J. W. van, die Prüfung zum Lokomotivführer u. Heizer, s.: Gebhardt, L.

— dasselbe. s.: Siemenroth's Prüfungsbücher f. Eisenbahner. II.

Heyschneider, M. F., Taschenbuch der prakt. Weinwissenschaft. Eine Anleitung Weine in kurzer Zeit durch ganz unschädliche Mittel zu verbessern. Mit e. Anh. üb. Weinessig, Ausbruch- u. Champagner-Weine, Weingeist, Biere &c. In einfachen u. durch langjähr. eigene Erfahrung erprobten Rezepten hrsg. 16. (IV u. 32 S.) Wien 847, Volke in Comm. In Leinw. 2/3 Rthlr — 2. Aufl. 16. (IV u. 32 S.) Wien 850, Gerold. 12 ngr.

Heyse, Lehrplan, Pensenverteilung und Lehrbericht für die ein-, zwei- und dreiklassigen Volksschulen des Kreises Lötzen. Fol. (18 S.) Lötzen 883. (Königsberg, Gräfe und Unzer.) cart. **

Heyse, Pensen-Verteilung für die Halbtags- und einklassige Volksschule, auf grund der Allgemeinen Bestimmungen vom 15. Oktbr. 1872 entworfen. Fol. (10 S.) Breslau 886, Max und Comp. cart. *

—— dass. — für mehrklassige evangelische Volksschulen, auf Grund der allgemeinen Bestimmungen vom 15. Octbr. 1872 entworfen. Fol. (8 S.) Ebendas. 887. *

—— dass. — für mehrklassige katholische Volksschulen. Fol. (8 S.) Ebendas. 887. *

Heyse, A. G., Anweisung, die Harfe zu spielen. 8. Halle 808. 2e A. 821. Hendel. 10 gr.

Die Anschauungsmittel der Volksschule, ihre Auswahl und unterrichtliche Verwertung. Von B. **Heyse,** Ortsschulinsp. *Paschkerwitz, Kreis Trebnitz: Selbstverl. [1899].* (43 S.) 8° [F.] [00. 7446

Heyse, B., die Anschauungsmittel der Volksschule, ihre Auswahl u. unterrichtliche Verwertung. 8. (43 S.) Paschkerwitz (899). (Berlin, F. Kilkessen.) n. — 40; kart. n. — 50

Heyse, Ernst, Gerichtsassessor im Bez. d. Oberlandesgerichts zu Naumburg a. S.: Art und Zeit der Unterhaltsgewährung bei Verwandten nach dem Rechte des Bürgerlichen Gesetzbuchs für das Deutsche Reich. Sangerhausen 1908: L. Arendt. (51 S.) 8° [F.]
Halle, Jur. Fak., Ref. v. Blume, Diss. v. 27. März 1908
[Geb. 17. Febr. 80 Sangerhausen; Wohnort: Halle a. S.; Staatsangeh.: Preußen; Vorbildung: Gymn. Sangerhausen Reife O. 98; Studium: Leipzig 3, Berlin 1, Halle 4 S.; Rig. 11. März 08.]

Heyse, Fr.: „Analyse der neuen Stempelgesetze der Preussischen Monarchie, nebst einer vollständigen Uebersicht derselben", Magdeburg 1815 (Heinrichshofen).

Heyse, Fr., Analyse d. neuen Stempel-Gesetze für d. Preuß. Monarchie, nebst deren Uebersicht. gr. 8. Magdeb. 815. Heinrichshofen. 12 gr.

Heyse, Fr.: Analyse d. neuesten Stempelgesetze d. Preuss. Monarchie; nebst e. vollständ. Uebersicht ders. *Magdeburg*, Heinrichshofen. 815. 8. (12 Gr.)

Heyse, G., Schuld u. Sühne, s.: Michow-Bücher.

Heyse, Gustav *Roderich* [app. Arzt aus Erfurt]: Ein Beitrag zur mikroskopischen Anatomie der Ovarien Osteomalacischer ... (Aus: Arch. f. Gynäkol., Bd. 53 Heft 2.) Berlin, gedr. bei L. Schumacher, 1897; 26 S., 1 Taf. 8.
Halle, Med. Fak., Inaug.-Diss. v. 24. März 1897

Heyse, Gust., Beiträge zur Kenntniß des Harzes, seiner Geschichte und Literatur. Eine Reihe von Abhandlungen. 1. Heft. gr. 8. (VII und 118 S.) Aschersleben 857, [Carstedt.] *

Heyse, Gust., Beiträge zur Kenntniß des Harzes, seiner Geschichte und Literatur. Eine Reihe von Abhandlungen. 1. Heft. Aschersleben 857. Manniske. gr. 8. (VII, 118 S.)

Heyse, G. Beiträge zur Kenntniss des Harzes, seiner Geschichte und Literatur. Aschersleben, 1859.

Heyse, Gust., Beiträge zur Kenntniß d. Harzes, seiner Geschichte, Literatur u. seines Münzwesens. Eine Reihe v. Abhandlgn. 2., sehr verm. Ausg. Lex.-8. (VII, 156 S.) Aschersleben 874. Schnock. n. 3. —

Heyse, Gust., zur Geschichte der Brockenreisen. 4. verm. Ausg. Nebst einem Anhang: Uebersicht der Brocken-Literatur. 8. (IV, 63 S.) Aschersleben 875, Schnock's Buchh. *
Die 1.—3. Aufl. sind nicht in Buchform erschienen.

Heyse, Gust. Zur Geschichte der Brockenreisen. Nebst e. Anh.: Uebersicht der Brocken-Literatur. 5. Ausg. m. Nachtrag v. R. Steinhoff. 12. (VI, 87 S.) Harzb. 891, Stolle. cart. 1 —

Heyse, Gustav (Bearb.), s. Heyse, Johann Chrn. Aug.: Allgem. verdeutschendes u. erklärendes Fremdwörterbuch.

Heyse, G. Ueber den Muschelkalk und seine Versteinerungen in der Gegend von Aschersleben. (Einladungsschrift zur öffentlichen Prüfung der Schüler der höheren Bürgerschule.) Aschersleben. 1843. 4.

Heyse, Hermann, pract. Arzt aus Goldap: Anomalieen der Choanen und des Cavum pharyngo-nasale. *Leipzig 1900: B. Georgi.* (14 S.) 8°
Leipzig, Med. Diss. v. (4. Dez.) 1900

Heyse, Johann Christian August

— kurzer Abriß d. Verskunst d. deutschen Sprache. gr. 8. Hannov. 820. Hahn. 8 Gr. (Aus d. deutschen Sprachlehre besonders abgedr.)

Heyse, Jh. Chr. Aug., († d. 27. Jul. 1829.) Ansichten von Unterricht u. Bildung d. Jugend in öffentl. Lehranstalten, in kleinen Aufsätzen u. Reden. (A. u. d. T.: Samml. kl. Aufsätze u. Reden über Unterr. und Bildung ꝛc.) 8. Pirna 820. Friese. 18 Gr.

Heyse, Jh. Chr. Aug., Bemerkk. über Erziehung u. Unterricht d. Töchter, nebst fortgesetzte Nachricht über d. Schulen in Nordhausen. 8. Nordh. 812. Nitzsche. 6 Gr.

— Bildungsstoff für Geist u. Herz d. Jugend (von 12 bis 16 Jahren), u. für Lehrer zum Behuf zweckmäßiger Stylübungen. 8. Pirna 829. Friese. 14 Gr.

Heyse, Joh. Chrstn. Aug., Bildungsstoff f. Geist u. Herz d. Jugend (v. 12 b. 16 Jahren), u. f. Lehrer z. Behuf zweckmäß. Stylübungen. 1. Aufl. (9½ B.) 829. 14 Gr., (Neue Ausg.) (9½ B. u. 2 ill. Kpfr.) 8. Pirna, [Leipzig 835,] Friese.

Heyse, Joh. Chrstn. Aug., Bildungsstoff f. Geist u. Herz d. Jugend. Auch z. Behuf zweckmäß. Stylübungen. (Neue Ausg.) 8. (9½ B. u. 2 ill. Kpfr.) Leipzig 835, Friese.

— Blicke in Sparrs Leben u. Wirken, nebst fortgesetzter Nachricht über die Schulen in Nordhausen. 8. Nordh. 812. Nitzsche. 6 Gr.

Heyse, Johann Christian August, s. G. W. Crome: Handb. d. Naturgeschichte.

— kurzgefaßtes Fremdwörterbuch, oder Handbuch zum Verstehen u. Vermeiden d. in unserer Sprache mehr oder minder gebräuchl. fremden Ausdrücke, mit Bezeichnung d. Aussprache, Betonung u. d. nöthigsten Erklärung. 4e Ausg. gr. 8. Hannov. 825. Hahn. 1 Thlr 16 Gr. Fein Pap. 1 Thlr 20 Gr. 5e Aufl in 2 Abtheill. gr. 8. Ebd. 829. 6e Aufl. verb. v. K. L. W. Heyse. 833. (832.) Ebd. 2 Thlr 6 Gr.
1.-3. Aufl. s.: Heyse: Kurzgef. Verdeutschungswörterbuch...

—— allgem. Fremdwörterbuch, od. Handb. z. Verstehen u. Vermeiden d. in uns. Sprache mehr od. minder gebräuchl. fremden Ausdrücke, mit Bezeichn. d. Aussprache, d. Betonung u. d. nöthigsten Erklär. 2 Abthln. 5., rechtmäß. verm. u. verb. Ausg. ... 829. 2 Thlr., 6., rechtmäß., sehr verm. u. verb. A. (57 B.) 833. 2 Thlr. 6 Gr., 7., rechtmäß. ꝛc. A. (6. u. 7. Ausg. besorgt v. K. W. L. Heyse.) (65½ B.) gr. 8. Hannover 835, Hahn.

—— allgem. verdeutsch. u. erklär. Fremdwörterbuch, od. Handb. z. Verstehen u. Vermeiden der in uns. Sprache mehr od. minder gebräuchl. fremden Ausdrücke, mit Bezeichn. d. Aussprache, d. Betonung u. d. Abstammung. 2 Thle. 8., verm. u. verb. Ausg. gr. 8. Hannover 838, Hahn'sche Hofbuchh. [1. A—J. ((37⅛ B.), 2. K—Z. (36 B.) à 1⁵⁄₁₂ Thlr.]

Heyse, Joh. Chrstn. Aug., allgem. verdeutschendes u. erklärendes Fremdwörterbuch m. Bezeichn. der Aussprache u. Betonung der Wörter u. genauer Angabe ihrer Abstammung u. Bildung. Neu bearb. v. K. W. L. Heyse. 9., verm. u. verb. Ausg. Lex.-8. (53½ B.) Hannover 843, 44, Hahn'sche Hofbh.

Heyse, Joh. Chrstn. Aug., allgemeines verdeutschendes und erklärendes Fremdwörterbuch mit Bezeichnung der Aussprache und Betonung der Wörter und genauer Angabe ihrer Abstammung und Bildung. Neu bearb. von K. W. L. Heyse. 10., verm. und verb. Ausg. Lex.-8. (XVI und 883 S.) Hannover 848, Hahn'sche Hofbuchh.

Heyse, Joh. Chrn. Aug., allgemeines verdeutschendes u. erklärendes Fremdwörterbuch mit Bezeichnung der Aussprache und Betonung der Wörter und genauer Angabe ihrer Abstammung und Bildung. Neu bearb. von K. W. L. Heyse. 11. durchaus verb. u. sehr bereicherte Ausg. Hannover 853. Hahn. Lex.-8. (XVIII, 950 S.) 3 Thlr.

Heyse's, Joh. Christ. Aug., allgemeines verdeutschendes und erklärendes Fremdwörterbuch mit Bezeichnung der Aussprache und Betonung der Wörter, nebst genauer Angabe ihrer Abstammung und Bildung. 12. Ausg. Nach den früheren Bearbeitungen von K. W. L. Heyse neu verb. u. sehr bereichert herausg. von C. A. F. Mahn. Hannover 859. Hahn. gr. 8. (XVI, 978 S.) 3 Thlr.

Heyse's, Joh. Christ. Aug., allgemeines verdeutschendes und erklärendes Fremdwörterbuch mit Bezeichnung der Aussprache und Betonung der Wörter nebst Angabe ihrer Abstammung und Bildung. 13., neu bearb., vielfach bericht. und verm. Ausg. 6 Lfgn. Lex.-8. (XVI und 976 S.) Hannover 864,65, Hahn'sche Hofbuchh. à Lfg. 15 Ngr.

Heyse's, Joh. Christ. Aug., Allgemeines verdeutschendes und erklärendes Fremdwörterbuch mit Bezeichnung der Aussprache und Betonung der Wörter nebst genauer Angabe ihrer Abstammung und Bildung. 14. Ausg. Neu bearb., vielfach bericht. und verm. von Gust. Heyse und W. Wittich. 6 Lfgn. Lex.-8. (XVI, 982 S.) Hannover 869,70, Hahn'sche Hofbuchh. à Lfg. ℳ 1,50.

— dasselbe, m. Bezeichng. der Aussprache u. Betong. der Wörter nebst genauer Angabe ihrer Abstammg. u. Bildg. 15., einzig rechtmäß. Orig.-Ausg. Neu bearb., vielfach berichtigt u. verm. v. Gust. Heyse. In 10 Lfgn. gr. 8. (XVI, 992 S.) Hannover 872. 73. Hahn. à — 60

— dasselbe, mit Bezeichnung der Aussprache u. Betonung der Wörter, nebst genauer Angabe ihrer Abstammung u. Bildung. 16., einzig rechtmäß. Orig.-Ausg. Neu bearb., vielfach berichtigt u. verm. von Gust. Heyse. gr. 8. (XVI, 1016 S.) Hannover 879. Hahn. 6. —

Heyse's, Joh. Christ. Aug., allgemeines verdeutschendes u. erklärendes Fremdwörterbuch m. Bezeichng. der Aussprache u. Betong. der Wörter, nebst genauer Angabe ihrer Abstammg. u. Bildg. 17. einzig rechtmäß. Orig.-Ausg. Unter Berücksicht. der amtl. Erlasse üb. Verdeutschg. der Fremdwörter neu bearb. v. Otto Lyon. 10 Lfgn. gr. 8. (XII, 907 S.) Hannov. 892,93, Hahn. à Lfg. — 60; 6 —; geb. 7 50

— allgemeines verdeutschendes u. erklärendes Fremdwörterbuch m. Bezeichnung der Aussprache u. Betonung der Wörter nebst genauer Angabe ihrer Abstammung u. Bildung. Unter Berücksicht. der amtl. Erlasse üb. Verdeutschg. der Fremdwörter u. der neuen einheitl. Rechtschreibg. neu bearb., vielfach berichtigt u. vermehrt v. Otto Lyon. 18. Orig.-Ausg. (VII, 927 S.) gr. 8. Hannover 903. Hahn. Geb. in Leinw. 6. —; in Halbfrz. 6. 75

Heyse's, Joh. Christ. Aug., allgem. verdeutschendes u. erklär. Fremdwörterbuch m. Bezeichng. d. Aussprache u. Betong. der Wörter nebst genauer Angabe ihrer Abstammg. u. Bildg. Unter Berücksicht. der amtl. Erlasse üb. Verdeutschg. der Fremdwörter u. der neuen einheitl. Rechtschreibg. neu bearb., vielfach berichtigt u. vermehrt v. Otto Lyon. 19. Orig.-Ausg. (VIII, 937 S.) gr. 8. Hannover 910. Hahn. Geb. in Leinw. 6.75; in Halbfrz. 7.50

— allgemeines verdeutschendes u. erklärendes Fremdwörterbuch od. Handbuch zum Verstehen u. Vermeiden der in unserer Sprache gebräuchl. fremden Ausdr. m. der Bezeichng. der Aussprache, der Betong. u. Abstammg. Neue m. zeitgemäßen Zusätzen bearb. „Berliner" Ausg. 12 Lfgn. Lex.-8. (338 S.) Berlin 871—73. Cronbach. à — 50

—— allgemeines verdeutschendes und erklärendes Fremdwörterbuch oder Handbuch zum Verstehen und Vermeiden der in unserer Sprache gebräuchl. fremden Ausdrücke, mit der Bezeichnung der Aussprache, der Betonung und der Abstammung. Neue mit zeitgemäßen Zusätzen bearb. „Berliner" Ausg. 2. und 3. Ster.-Aufl. 20 Lfgn. Lex.-8. (VII, 840 S.) Berlin 875.76. Cronbach. à Lfg. 30 Pf.

—— dass. — 4.—6. Ster.-Aufl. gr. 8. (VIII, 840 S.) Ebendas. 878,79. cart. *

—— allgemeines verdeutschendes und erklärendes Fremdwörterbuch oder Handbuch zum Verstehen und Vermeiden der in unserer Sprache gebräuchl. fremden Ausdrücke mit der Bezeichnung der Aussprache, der Betonung und der Abstammung. Neue mit zeitgemäßen Zusätzen versehene Berliner Ausg. 7.—9. Ster.-Aufl. gr. 8. (VIII, 840 S.) Berlin 880—82, Cronbach. cart. *M* 5,50.; geb.

Heyse's, Dr. J. Chr. Aug., Allgem. verdeutschendes u. erklärendes Fremdwörterbuch oder Handbuch z. Verstehen u. Vermeiden der in unserer Sprache gebräuchl. fremd. Ausdrücke, mit d. Bezeichnung d. Aussprache, d. Betonung u. d. Abstammung. Neue mit Zusätzen bearb. Ausg. X. Stereotyp-Aufl. (Erscheint in 17 Lief.) gr. 8. Liefg. 1—11. (S. 1—528.) Wien, Hugo Engel. 1883

Heyse's, Dr. Joh. Chr. Aug., Allgemeines verdeutsch. u. erklärend. Fremdwörterbuch od. Handbuch zum Verstehen u. Vermeiden d. in unserer Sprache gebräuchl. fremden Ausdrücke etc. Neue mit Zusätzen bearb. Ausgabe. X. Stereotyp-Aufl. gr. 8. Liefg. 12—17. (S. 1—839.) Wien, Hugo Engel. à 20 kr. II. Subscrpts. 1 Lief. 20 kr. Compl. geb. 3 fl. 60 kr. 1885.

—— allgemeines verdeutschendes und erklärendes Fremdwörterbuch oder Handbuch zum Verstehen und Vermeiden der in unserer Sprache gebräuchl. fremden Ausdrücke mit der Bezeichnung der Aussprache, der Betonung und der Abstammung. Neue mit zeitgemäßen Zusätzen vers. Berliner Ausg. 10. und 13. gänzlich umgearb. Ster.-Aufl. gr. 8. (VIII, 839 S.) Berlin 885—87, Cronbach. geb. in Halbleinw.

— allgemeines verdeutschendes u. erklärendes Fremdwörterbuch. Neue m. zeitgemäßen Zusätzen verseh. Berliner Ausg. 12. Ster.-Aufl. gr. 8. (VIII, 840 S.) Berlin 886. Cronbach. geb. 5. 50

— allgemeines verdeutschendes u. erklärendes Fremdwörterbuch. Neue, mit zeitgemäßen Zusätzen verseh. Berliner Ausg. 14. Ster.-Aufl. gr. 8. (VIII, 840 S.) Berlin 889. Cronbach. cart. 5. 50; geb. 6. 50

— dasselbe. Neue m. zeitgemäßen Zusätzen verseh. Berliner Ausg. 15., gänzlich umgearb. Ster.-Aufl. gr. 8. (VIII, 840 S.) Berlin 893. S. Cronbach. Geb. in Leinw. 5. 50; in Halbfrz.: 6. 50

Heyse's, Joh. Christ. Aug., allgem. verdeutschendes u. erklärendes Fremdwörterbuch od. Handbuch z. Verstehen u. Vermeiden d. in uns. Sprache gebräuchl. fremden Ausdrücke m. d. Bezeichng. d. Aussprache, d. Betong. u. d. Abstammg. Neue m. zeitgem. Zusätzen verseh. Berliner Ausg. 16., gänzlich umgearb. Ster.-Aufl. gr. 8. (VIII, 840 S.) Berlin 896. S. Cronbach. Geb. in Leinw. 5. 50; in Halbfrz. 6. 50

Dr. Joh. Christ[ian] Aug. Heyse's Allgemeines verdeutschendes und erklärendes Fremdwörterbuch oder Handbuch z. Verstehen u. Vermeiden der in unserer Sprache gebräuchl. fremden Ausdrücke mit d. Bezeichnung d. Aussprache u. Betonung. Berliner Ausg., 20. Aufl., rev. u. verm. von Dr. Ed[uard] Loewenthal. *Berlin: S. Cronbach 1902.* (839 S.) 8° [F.] [04. 2090

—— Fremdwörterbuch. Durchaus neu bearb. und bis auf ca. 90,000 Worterklärungen erweitert von Carl Böttger. 1. Aufl. 1872,73, und 2. Aufl. 12 Lfgn. gr. 8. (IV, 892 S.) Leipzig 874, Fues's Verlag. à Lfg. 50 Pf.

—— Fremdwörterbuch. Durchaus neu bearb. und bis auf ca. 90,000 Worterklärungen erweitert von Carl Böttger. 3. und 4. Ster.-Aufl. gr. 8. (IV, 892 S.) Leipzig 875,77. Fues's Verlag. *M* 6.; geb.

Heyse's, Joh. Christ. Aug., Fremdwörterbuch. Durchaus neu bearb. und bis auf ca. 90,000 Worterklärungen erweitert von Carl Böttger. 5. Ster.-Aufl. (IV, 892 S.) 1879. *M* 6.; geb. *M* 7,20.; 6. Ster.-Aufl. Lex.-8. (IV, 892 S.) Leipzig 883, Fues's Verlag. **M* 4.; geb. *

Heyse's, Joh. Christ. Aug., Fremdwörterbuch. Durchaus neu bearb. und bis auf ca. 90,000 Worterklärungen erweitert von Carl Böttger. 7. und 8. Ster.-Aufl. Lex.-8. (IV, 892 S.) Leipzig 883,85, Fues's Verlag. *M* 4.—; geb.

— dass. — 9. Ster.-Aufl. Lex.-8. (IV, 892 S.) Ebendas. 887. **M* 5.—; cart. **M* 5.50.; geb. *

— dass. — Durchaus neu bearb. u. bis auf ca. 90,000 Worterklärgn. erweitert v. Carl Böttger. 10. Ster.-Aufl. gr. 8. (IV, 892 S.) Lpz. 891, Reisland. 5 —; cart. 5 50; geb. 6 —

Heyse's, Joh. Christ. Aug., Fremdwörterbuch. Durchaus neu bearb. u. bis auf ca. 90,000 Worterklärgn. erweitert v. Carl Böttger. 12. Ster.-Aufl. gr. 8. (IV, 892 S.) Leipzig 894. O. R. Reisland. Kart. 5. 50; geb. 6. —

Heyse's, Joh. Christ. Aug., Fremdwörterbuch. Durchaus neu bearb. u. bis auf ca. 90,000 Worterklärgn. erweitert v. Carl Böttger. 13. Ster.-Aufl. gr. 8. (IV, 892 S.) Leipzig 898. O. R. Reisland. Kart. 5. 50; geb. 6. —

Heyse's, Joh. Christ. Aug., Fremdwörterbuch. Durchaus neu bearb. v. Carl Böttger. 14. u. 15., durch e. Anh. auf ca. 100000 Worterklärgn. verm., Aufl. (à IV, 960 S.) gr. 8. Leipzig 903. 906. O. R. Reisland. Geb. in Leinw. 6. 50; in Halbfrz. 6. 40

Joh[ann] Christ[ian] Aug[ust] Heyses Fremdwörterbuch. Durchaus neu bearb. von Prof. Dr. Carl Böttger. 16. verm. Aufl. Leipzig: Reisland 1908. IV, 900 S. 8°

— kleines Fremdwörterbuch zur Verdeutschung u. Erklärung aller in unserer Schrift- und Umgangssprache üblichen fremden Ausdrücke, mit Bezeichnung der Aussprache u. Betonung und Andeutung ihrer Herkunft. Ein reichhalt. Auszug aus dem allgem. Fremdwörterbuche. gr. 8. Hannover 840. Hahn. 1⅓ ℛ

— kleines Fremdwörterbuch. E. Auszug aus Heyse's großem Fremdwörterbuch in d. Bearbeitg. v. O. Lyon. 14,000 Fremdwörter, nach ihrer Abstammg. erklärt u. verdeutscht. 2. Aufl. 12. (VIII, 448 S.) Hannover 897. Hahn. Geb. in Leinw. 1. 80

— kleines Fremdwörterbuch. Ein Auszug aus Heyse's großem Fremdwörterbuch in der Bearbeitg. v. O. Lyon. 14,000 Fremdwörter nach ihrer Abstammung erklärt u. verdeutscht. 3. Aufl. 12. (VIII, 448 S.) Hannover 900. Hahn. Geb. in Leinw. 1. 80

14000 Fremdwörter nach ihrer Abstammung erklärt und verdeutscht. J[ohann] Ch[ristian] G. [vielm. August] Heyse's Kleines Fremdwörterbuch. Ein Ausz. aus Heyse's grossem Fremdwörterbuch in d. Bearb. von Prof. Dr. O[tto] Lyon. 5. Aufl. Hannover & Leipzig: Hahn 1909. VIII, 462 S. 8° [10. 9933 7

— theoret.-prakt. deutsche Grammatik oder Lehrbuch zum reinen u. richtigen Sprechen, Lesen u. Schreiben. gr. 8. Hannov. 814. 2e A. 820. 3e A. 822. 4e A. 827. Hahn. 2 rß 8 gl

Heyse, Joh. Chrn Aug., Theoretisch praktische deutsche Grammatik oder Lehrbuch zum reinen und richtigen Sprechen, Lesen u. Schreiben der deutschen Sprache. 2. Aufl. Hannover 1820. 8.

Heyse, Joh. Chrstn. Aug., theoret.-prakt. deutsche Grammatik, od. Lehrb. z. reinen u. richtigen Sprechen, Lesen u. Schreiben d. deutschen Sprache, nebst e. kurzen Gesch. u. Verslehre derselben. Zunächst z. Gebr. f. Lehrer u. z. Selbstunterr. 5., völlig umgearb. u. verm. Ausg. 1. Bd. — A. u. d. T.: Ausführl. Lehrb. d. deutschen Sprache. Neu bearb. v. K. W. L. Heyse. 1. Bd. (3 Abthln.) gr. 8. (59 B.) Hannover (835—) 838, Hahn'sche Hofbuchh. Thlr.

—— theoret.-prakt. deutsche Grammatik, od. Lehrbuch z. reinen u. richtigen Sprechen, Lesen u. Schreiben d. deutschen Sprache, nebst e. kurz. Geschichte u. Verslehre derselben. Zunächst z. Gebr. f. Lehrer u. z. Selbstunterricht. 5., umgearb. u. verm. Ausg. (In 2 Bdn.) 2. Bd. (1. Abthl.) A. u. d. T.: Ausführl. Lehrbuch d. deutschen Sprache. Neu bearb. v. K. W. L. Heyse. 2. Bd. 1. Abthl. gr. 8. (21 B.) Hannover 844, Hahn'sche Hofbuchh.

—— theoretisch-praktische deutsche Grammatik oder Lehrbuch der deutschen Sprache, nebst einer kurzen Geschichte derselben. Zunächst zum Gebrauch für Lehrer und zum Selbstunterricht. 5., umgearb. und verm. Ausg. 2. Bd. (2. Abthl.; Schluß des Werkes.) A. u. d. T.: Ausführliches Lehrbuch der deutschen Sprache. Neu bearb. von K. W. L. Heyse. 2. Bd. 2. Abthl. gr. 8. (XII und S. 381—876.) Hannover 849, Hahn'sche Hofbuchh.
1. Bd. und 2. Bd. 1. Abthl. Ebendas. 1838—44. 4 Thlr. 10 Ngr.

— theoret.-prakt. Grammatik (Schulgrammatik.) Ein Auszug d. vorher. Buchs. gr. 8. Hannov. 816. 2e verb. u. mit e. Anh. über d. Verskunst verm. Aufl. 819. 10e (von K. W. L. Heyse besorgte) Aufl. gr. 8. Ebd. 832. 16 gl
Vgl. Heyse: Theoret.-prakt. dt. Schulgrammatik.

— kleine theoret.-prakt. Grammatik. Ein Auszug des vorher. Buchs. 2te verb. und mit einem Anhange über die Verskunst verm. Aufl. gr. 8. Ebend. 819.

— u. H. F. Fr. Sickel., theoret.-prakt. Handbuch aller verschied. Dichtungen, zunächst für d. obern Schulklassen, mit besonderer Hinsicht auf die weibl. Jugend. gr. 8. Magdeb. 821. Heinrichshofen. 1 rß 8 gl

—— Handwörterbuch d. deutschen Sprache, mit Hinsicht auf Rechtschreib., Abstamm. u. Bildung, Biegung u. Fügung d. Wörter, so wie auf deren Sinnverwandtschaft. Nach d. Grundsätzen seiner Sprachlehre angelegt; ausgeführt v. K. W. L. Heyse. 1. Thl. (3 Lfgn.) u. 2. Thl. 1. Lfg. gr. 8. (71½ B.) Magdeburg 831—35, Heinrichshofen. Für 2 Bde. Subscr.-Pr.

—— Handwörterbuch d. deutschen Sprache mit Hinsicht auf Rechtschreib., Abstamm. u. Bildung, Biegung u. Fügung d. Wörter, so wie auf deren Sinnverwandtschaft. Nach d. Grundsätzen seiner Sprachlehre angelegt; ausgeführt v. K. W. L. Heyse. 2. Thl. 2—7. Lfg. gr. 8. (60⅜ B.) Magdeburg 836—42, Heinrichshofen. 2 Bde. vollst. *

—— Handwörterbuch der deutschen Sprache m. Hinsicht auf Rechtschreibung, Abstammung u. Bildung, Biegung u. Fügung der Wörter rc. Nach d. Grundsätzen seiner Sprachlehre angelegt; ausgeführt v. K. W. L. Heyse. 2. Thl. 8—11. Lfg.: Strauß bis Wachtel. gr. 8. (10 B.) Magdeburg 843—46, Heinrichshofen. Preis d. ganz. Werks

—— Handwörterbuch der deutschen Sprache mit Hinsicht auf Rechtschreibung, Abstammung und Bildung, Biegung und Fügung der Wörter, so wie auf deren Sinnverwandschaft. Nach den Grundsätzen seiner Sprachlehre angelegt; ausgeführt von K. W. L. Heyse. 2. Thl. 12—14. Lfg. (Wachteln—Zwusel.) gr. 8. (27½ Bog.) Magdeburg 848—49, Heinrichshofen'sche Buchh. Ladenpreis des vollständ. Werkes

Heyse, Joh. Chrn Aug., Handwörterbuch der deutschen Sprache mit Hinsicht auf Rechtschreibung, Abstammung und Bildung, Biegung und Fügung der Wörter, sowie auf deren Sinnverwandtschaft. Nach den Grundsätzen seiner Sprachlehre angelegt. Ausgeführt von K. W. L. Heyse. Th. 1—3. Magdeburg 1833—49. 8. . . (BRO.; RPA.)
——, —— Ebda 1841—50. 8.

Heyse, J. C. A., Hülfsbuch z. Erlern. u. Beförd. einer richt. Ausspr. u. Rechtschr. 8. Hannov. Hahn. 803.

— Hülfsbuch für d. Unterricht in d. deutschen Aussprache u. Rechtschreibung. 8. Hannov. 803. (N. Ausg. 833.) Hahn. 6 gl

— Anl. z. zweckmäß. Gebr. d. Hülfsbuchs rc. 8. Ebend. 803.

—— Hülfsbuch f. d. Unterr. in d. deutschen Aussprache u. Rechtschreib.; auch als Stoff zu Vorschriften, nützl. Verstandes- u. Stil-Uebungen zu gebrauchen. Neue, verm. u. verb. Ausg. gr. 8. (6 B.) Hannover 833, Hahn.

— s. Jugendfreund, neuer.

Heyse, Johann Christian August: Ausführl. Lehrbuch d. dt. Sprache, s. Heyse: Theoret.-prakt. dt. Grammatik.

— kurzer Leitfaden zum gründlichen Unterricht in der deutschen Sprache, für höhere u. niedere Schulen nach d. größern Lehrbüchern d. deutschen Sprache. gr. 8. Hannov. 822. 9e A. 832. Hahn. 6 gl

— kurzer Leitfaden z. gründl. Unterricht in d. deutschen Sprache, f. höhere u. niedere Schulen nach d. größern Lehrbüchern d. deutschen Sprache. 3te Aufl. gr. 8. Hannover 825, Hahn. Rthlr.

—— Leitfaden z. gründl. Unterr. in d. deutschen Sprache f. höh. u. nied. Schulen, nach den (dess.) größ. Lehrbüchern d. deutschen Sprache. 5. u. 6., verb. Aufl. (à 8½ B.) 828, 30., 7—9., verb. A. (à 7 B.) gr. 8. Hannover 831, 32, Hahn. à

—— Leitfaden zum gründl. Unterricht in d. deutschen Sprache f. höh. u. nied. Schulen, nach dess. größeren Lehrbüchern d. deutschen Sprache. 11—13., größtenth. neu bearb. Aufl. gr. 8. (à 8¼ B.) Hannover 839—43, Hahn'sche Hofbuchh. à

—— Leitfaden zum gründl. Unterricht in d. deutschen Sprache f. höhere u. niedere Schulen, nach dess. größeren Lehrbüchern der deutschen Sprache. 13. Aufl. 843. u. 14., verb. Aufl. gr. 8. (à 8¼ B.) Hannover 846, Hahn'sche Hofbuchh. à

—— Leitfaden zum gründlichen Unterricht in der deutschen Sprache für höhere und niedere Schulen, nach den größeren Lehrbüchern der deutschen Sprache. 15. Aufl. (VIII und 124 S.) 1849. 7½ Ngr. und 16., umgestaltete und neubearb. Aufl. gr. 8. (VIII und 150 S.) Hannover 851, Hahn'sche Hofbuchh.

—— Leitfaden zum gründlichen Unterricht in der deutschen Sprache für höhere und niedere Schulen, nach den größeren Lehrbüchern der deutschen Sprache. 17. Aufl. (VIII und 150 S.) 1854. und 18., verb. Aufl. gr. 8. (VIII und 150 S.) Hannover 856, Hahn'sche Hofbuchh.

—— Leitfaden zum gründlichen Unterricht in der deutschen Sprache für höhere u. niedere Schulen nach den größeren Lehrbüchern der deutschen Sprache. 19. Aufl. 859. - -

—— Leitfaden zum gründlichen Unterricht in der deutschen Sprache für höhere und niedere Schulen nach den größeren Lehrbüchern der deutschen Sprache. 20. Aufl. 1863. und 21., verb. Aufl. gr. 8. (X und 150 S.) Hannover 868, Hahn'sche Hofbuchh.

—— Leitfaden zum gründlichen Unterricht in der deutschen Sprache für höhere und niedere Schulen nach den größeren Lehrbüchern der deutschen Sprache. 22. Aufl. 1872, und 23. verb. Aufl. gr. 8. (IX, 150 S.) Hannover 874, Hahn'sche Buchh.

—— Leitfaden zum gründlichen Unterricht in der deutschen Sprache für höhere und niedere Schulen, sowie zum Selbstunterrichte nach den größeren Lehrbüchern der deutschen Sprache. 25. verb. Aufl., besorgt von Otto Lyon. gr. 8. (VIII, 156 S.) Ebendas. 885. *

—— Leitfaden zum gründlichen Unterrichte in der deutschen Sprache f. höhere u. niedere Schulen, sowie zum Selbstunterr. nach den größeren Lehrbüchern der deutschen Sprache. 26. verb. Aufl., besorgt v. Otto Lyon. gr. 8. (VIII, 152 S.) Hannov. 891, Hahn. 1 20

— Leitfaden zum gründlichen Unterrichte in der deutschen Sprache f. höhere u. niedere Schulen, sowie zum Selbstunterrichte nach den größeren Lehrbüchern der deutschen Sprache. 27. verb. Aufl., besorgt v. Otto Lyon. (V, 157 S.) gr. 8. Ebd. 904. Geb. in Leinw. n. 1. 80

— fortgesetzte Nachricht über d. Schulen für d. weibl. Jugend in Nordhausen. 2 Hefte. 8. Hannov. 810, 11. Hahn. 8 𝒦

— Originalideen üb. d. Sprachen, u. d. deutsche Sprache. 8. Wittenberg, Verfasser. 811.

— s. G. Ramtour, der Examinator.

— Sammlung auserlesener Räthsel, Charaden und Logogryphen, zunächst zur Belehrung und Unterhaltung der gebildeten Jugend in und außer der Schule. Is Bändchen. 8. Magdeburg, Heinrichshofen. 820.
Geb.

– s. Fr. G. F. Schläger: Über d. hohen Werth.

Heyse, Johann Christian August: Gesammelte Schriften und Reden über Unterricht und Bildung, bes. der weibl. Jugend. [T. 1. 2.] — Quedlinburg & Leipzig: Basse; (2: Pirna: Friese) 1826–1829. 8°

1. **1826. VIII, 275 S.**
2. **[u. d. T.:] Ansichten v. Unterricht u. Bildung d. Jugend in öffentl. Lehranstalten. Neue Sammlung kl. Aufsätze u. Reden üb. Unterricht und Bildung bes. der weibl. Jugend. 1829. XII, 225 S.**

— theoret. prakt. Schulgrammatik, od. kurzgefaßtes Lehrbuch d. deutschen Sprache, mit Beispielen u. Aufgaben z. Anwend. d. Regeln. 7te verb. Ausg. gr. 8. Hannover 827, Hahn.
Vgl. Heyse: Theoret.-prakt. Grammatik.

—— theoret.-prakt. deutsche Schulgrammatik, od. kurzgef. Lehrbuch d. deutschen Sprache, mit Beispielen u. Aufgaben z. Anwend. d. Regeln. 9., verb. Ausg. 830., 10., verb. A. (Besorgt v. K. W. L. Heyse.) (à 22½ B.) gr. 8. Hannover 832, Hahn.

Heyse, Jh. Chr. Aug., theoretisch-prakt. deutsche Schulgrammatik, oder kurzgefaßtes Lehrbuch der deutschen Sprache, mit Beispielen u. Aufgaben zur Anwendung der Regeln. 11e Ausg. 834. 12e, größtentheils neu bearb. Ausg. (v. K. Heyse). gr. 8. Hannover 840. Hahn. 5/6 ℛ

Heyse, Johann Christian August. Theoretisch-praktische deutsche Schulgrammatik ... 12. Ausgabe. O.O. 1840. H: *Heyse, Carl Wilh. Ludwig.* (Ky)

— theoret.-prakt. deutsche Schulgrammatik oder kurzgefaßtes Lehrbuch der deutschen Sprache, mit Beispielen u. Aufgaben zur Anwendung der Regeln. 13. verb. Ausg. gr. 8. Hannover 842, Hahn'sche Hofbuchh. 5/6 ℛ — 14. verb. Ausg. gr. 8. Ebend. 844. 5/6 ℛ

— theoret.-prakt. deutsche Schulgrammatik oder kurzgefaßtes Lehrbuch der deutschen Sprache, m. Beispielen u. Aufgaben rc. 15. verb. Ausg. gr. 8. (XVI u. 416 S.) Hannover 847, Hahn. 5/6 ℛ — 16. verb. Ausg. gr. 8. (XVI u. 416 S.) Ebd. 849. 5/6 ℛ — 17. gänzlich umgestaltete u. sehr erweiterte Ausg. gr. 8. (XVIII u. 502 S.) Ebd. 851. 1 ℛ

—— deutsche Schulgrammatik oder kurzgefaßtes Lehrbuch der deutschen Sprache, mit Beispielen und Uebungsaufgaben. Neu bearb. von K. W. L. Heyse. 15. Aufl. 1847., 16. Aufl. 1849. 25 Ngr. und 17., umgestaltete und erweiterte Ausg. gr. 8. (XVIII und 502 S.) Hannover 851, Hahn'sche Hofbuchh.

—— deutsche Schulgrammatik oder kurzgefasstes Lehrbuch der deutschen Sprache, mit Beispielen und Uebungsaufgaben. Neu bearb. von C. W. L. Heyse. 18., verb. Ausg. gr. 8. (XVIII und 502 S.) Hannover 854, Hahn'sche Hofbuchh.

— deutsche Schulgrammatik oder kurzgefaßtes Lehrbuch der deutschen Sprache mit Beispielen u. Übungsaufgaben. In der Bearbeitung von K. W. L. Heyse. 19. Aufl. 859. — 20. verb. Aufl. Ebend. 864. gr. 8. (XLII, 486 S.) 1 ℛ

—— deutsche Schulgrammatik oder kurzgefaßtes Lehrbuch der deutschen Sprache mit Beispielen und Übungsaufgaben. In der Bearbeitung von K. W. L. Heyse. 20. Aufl. 1864. und 21., verb. Aufl. gr. 8. (XLII und 486 S.) Hannover 868, Hahn'sche Hofbuchh.

—— deutsche Schulgrammatik oder kurzgefaßtes Lehrbuch der deutschen Sprache mit Beispielen und Uebungsaufgaben. In der Bearbeitung von K. W. L. Heyse. 22. verb. Ausg. gr. 8. Hannover 873, Hahn'sche Buchh.

—— deutsche Schulgrammatik oder kurzgefaßtes Lehrbuch der deutschen Sprache mit Beispielen und Uebungsaufgaben. In der Bearbeitung von K. W. L. Heyse. 23. verb. Ausg. gr. 8. (486 S.) Hannover 878, Hahn'sche Buchh.

—— deutsche Grammatik oder Lehrbuch der deutschen Sprache. 24. Aufl. der Schulgrammatik. Neu bearb. von Otto Lyon. gr. 8. (XLIII, 498 S.) Hannover 886, Hahn'sche Buchh. *

— deutsche Grammatik od. Lehrbuch der deutschen Sprache. 25. Aufl. der Schulgrammatik Heyses. Vollständig umgearb. v. Otto Lyon. gr. 8. (XIV, 617 S.) Hannover 893. Hahn. n. 4. 50

Dr. Joh. Christ. Aug. **Heyses** Deutsche Grammatik oder Lehrbuch der deutschen Sprache. 26. Aufl. d. Schulgrammatik Heyses. Vollständ. umgearb. von Prof. Dr. Otto Lyon. *Hannover & Leipzig: Hahn 1900.* (XIV, 630 S.) 8° [F.]

Dr. Joh. Christ[ian] Aug. **Heyses** Deutsche Grammatik oder Lehrbuch d. deutschen Sprache. 27. Aufl. d. Schulgrammatik Heyses. Vollst. umgearb. von Prof. Otto Lyon. Hannover & Leipzig: Hahn 1908. (XVI, 629 S.) 8° [F.]
(al. 1908 II

— kurzgefaßtes Verdeutschungs-Wörterbuch zum Verstehen u. Vermeiden der in unserer Sprache mehr oder minder gebräuchl. fremden Ausdrücke. 8. Nordh. 807. 2e wohlf. Ausg. 8. Bremen 809. 3e mit Bezeichnung d. Aussprache u. Betonung u. d. nöthigen Erklärung verb. Aufl. gr. 8. Hannov. 819. Hahn. 1 ℛ 12 𝒦 4e Aufl., s. oben: Fremdwörterbuch.
1. Aufl. s. Heyse: Allgem. Wörterbuch...

— kurzgefaßtes Verdeutschungswörterbuch d. in unsrer Sprache mehr od. weniger gebräuchl. fremden Ausdrücke, nebst d. nöthigsten Erklärung. 3te wohlf. Ausgabe. gr. 8. Bremen, Müller. 812.

— Versuch einer Revision d. Kultur u. Aufklärung nach ihren Principien u. Entzwecken. 8. ... 810.

— wie u. wod. wird d. Jugend des gesitt. Bürgerstand. in öffentl. Anstalt. ihr. Bestimm. gemäß gebildet? 4. Oldenb. 792.

— allgem. Wörterbuch zur Verdeutschung d. in unserer Sprache gebräuchl. fremden Wörter u. Redearten. 2 Thle. gr. 8. Oldenb. 804. Schulze. 2 ₰ 16 gr. Neue Aufl., s. oben Verdeutschungswörterbuch.

— — dasselbe. (unt. d. Tit.: Verdeutschungs-Wörterb.) gr. 8. Bremen, Müller. 809.

Heyse, K. L., gemeinnütziger und praktischer Volks-Briefsteller. Ein bequemes Hülfsbuch, woraus man erlernen kann, wie man die verschiedensten Briefe abfassen muß. 16. (176 S.) Landsberg a. W. 868, (Volger und Klein.) 9 Ngr.; cart.

Heyse, K. L., gemeinnütziger und praktischer Volks-Briefsteller. Ein bequemes Hülfsbuch, woraus man erlernen kann, wie man die verschiedensten Briefe, als: Familienbriefe, Empfehlungsschreiben, Liebesbriefe rc. richtig und ordnungsgemäß abfassen muß. 2. Aufl. 8. (160 S.) Landsberg a. W. 879, Volger und Klein.

Heyse, K. L., gemeinnütziger und praktischer Volks-Briefsteller. Ein bequemes Hilfsbuch, woraus man erlernen kann, wie man die verschiedensten Briefe, als: Familienbriefe, Empfehlungsschreiben, Liebesbriefe, Glückwünsche, Dankschreiben, Briefe an Freunde und Bekannte, Mahnbriefe, Eingaben und Bittschriften an Behörden, sowie auch Contracte, Quittungen rc. richtig und ordnungsgemäß abfassen muß. 3. und 4. Aufl. 8. (160 S.) Landsberg a. W. 886,88, Volger und Klein. *

Heyse, Karl Wilhelm Ludwig

Heyse, K. W. L., s. Jh. Chr. A. Heyse, Handwörterbuch u. dessen deutsche Grammatik.

— s. J. C. Heyse, Handwörterbuch, dessen Fremdwörterbuch u. dessen Schulgrammatik.

Heyse, C. W. L., Quaestiones Herodoteae. I. De vita et itineribus Herodoti. Diss. 1826. 141 S. 2.50

Heyse, Car. Guil. Ludov. (geb. Oldenburg, Grossh. Oldenb. 15. 10. 1797): De Herodoti vita et itineribus. Berolini (1826). (144 S.) 8°
Berlin, Phil. Diss. v. 16. Dez. 1826

— Quaestiones Herodoteae. Part. I. de vita et itineribus Herodoti. 8mai. Berl. 827. Dümmler. 12 gr.

Heyse, Karl Wilhelm Ludwig (Hrsg.), s. Solger, K. W. F.: Vorlesungen ...

Heyse, K. W. L., System der Sprachwissenschaft. Nach dessen Tode herausg. von H. Steinthal. Berlin 856. Dümmler's Verlhdlg. gr. 8. (XX, 476 S.) n. 2 ₰. 15 ngr.

Heyse, K. W. L., kurzgefaßte Verslehre d. deutschen Sprache, z. Schul- u. Hausgebrauch. 2e Ausg. gr. 8. Hannov. 825. Hahn. 12 gr.

Heyse, M. L., Ansichten der Juden. 2., verm. Aufl. 8. (VIII, 29 S.) Chodziesen 876. (Berlin, Verlagshandlung F. Graf Behr.) n. — 40

—— dass. — 3. verm. Aufl. gr. 8. (VIII, 37 S.) Berlin 877, [Niendorf.] Verlagsh. Graf F. Behr.

Heyse, M. L. (Conrector), *Ansichten der Juden.* (Motto: Sie kamen wie die Lämmer, sie hauseten wie die Füchse u. wurden vertrieben wie die Wölfe.) 4. verm. Aufl. Herrschaft Chodziesen. 1880. Gr. 8°. — *A. E.*: Buchdr. von P. Matthias in Meseritz. Cart.
VIII—39 S. Wie schon das Motto zeigt, stark antisemitisch.

Heyse, Martin, aus Stettin: Hysteresis für schwache magnetisierende Kräfte mit besonderer Berücksichtigung starker Stahlmagnete und Einfluss der Hysteresis auf Dämpfungsbeobachtungen. *Halle a. S. 1901: C. A. Kaemmerer & Co.* (78 S.) 8°
Halle, Phil. Diss. v. 8. Juli 1901

Heyse, Max, Prof. Dr.: Über die Abhängigkeit einiger jüngerer Aeschines-Handschriften. Bunzlau 1904: Kgl. Waisenhaus-Druckerei. (S. 1—16.) 4°
Bunzlau, k. Waisen- und Schulanstalt, G P 1904 (218)

Heyse, Max, über die Abhängigkeit einiger jüngerer Aeschines-Handschriften. Progr. (16 S.) Lex.-8. Bunzlau 904. (G. Kreuschmer.) n. 1.—

Heyse, Max, de legationibus atticis. Dissertatio inauguralis. gr. 8. (72 S.) Göttingen 882, (Vandenhoeck nnd Ruprecht's Verlag.) *

Heyse, (Lothar) Otto (Heinr.) (geb. Kolberg 22. 4. 1859): Zur Casuistik der Blasensteine und Steinoperationen. Berlin (1882). (39 S.) 8°
Berlin, Med. Diss. v. 31. Okt. 1881

Heyse, Paul

— Abenteuer e. Blaustrümpfchens. Illustr. v. Carl Zopf. 2. Aufl. gr. 8. (130 S.) Stuttgart 897. C. Krabbe. n. 2. —; geb. in Ldr. n.n. 3. 50

— Abenteuer e. Blaustrümpfchens. Illustriert v. Carl Zopf. 3. Aufl. (180 S.) 8. Stuttgart (907). C. Krabbe. 2.—; geb. n 3. 50

[F.] Heyse, Paul: Abschiedsgruss an das alte Friedrich-Wilhelms-Gymnasium. *Berlin, gedr. in d. K. Hofbuchdr. v. E. S. Mittler & Sohn, 1890*; S. 1: fol.
Berlin, k. Friedrich-Wilhelms-G u. k. VS, Festzeitung 1890 **

Heyse, Paul, antologia dei moderni poeti italiani. Stuttgart 869. E. Hallberger. 8. (XII, 369 S. mit 1 Holzschntaff.) In engl. Einb. mit Goldschn. 2 ₰

Heyse, Paul (Hrsg.), s. Aristo, Lodovico: Satiren.

— l'Arrabbiata. Novelle. 5. Aufl. 8. (55 S.) Ebend. 880. geb. m. Goldschn. n. 2. 40
Vgl. Heyse: La Rabbiata.

— l'Arrabbiata. Novelle. 10. Aufl. 12. (51 S.) Ebd. 902. Kart. m. Goldschn. n. 1. 20; geb. m. Goldschn. n. 2. 40

— L'Arrabbiata. Novelle. 11. Aufl. (51 S.) kl. 8. Ebd. 905. Kart. n. 1. 20; geb. in Leinw. n. 2. 40

L'Arrabbiata. Novelle von Paul **Heyse.** 12. Aufl. Stuttgart & Berlin: Cotta 1910. 51 S. 8° [10. 1240

L'Arrabbiata u. andere Novellen. Von Paul **Heyse.** 9. Aufl. Stuttgart & Berlin: J. G. Cotta Nachf. 1905. (405 S.) 8° [F.] [05. 11373 II

— l'Arrabiata and other tales, s. Collection of German Authors.

— Barbarossa a. other tales, s.: Collection of german authors.

— die glücklichen Bettler. Morgenländ. Märchen in 3 Akten frei nach Carlo Gozzi für die Bühne bearb. Berlin 867. Hertz. 8. (VII, 99 S.) n. 25 ngr.

Das verschleierte Bild zu Sais. Drama in 3 Akten von Paul Heyse. New York: Lederer 1901. 96 S. 8°

Heyse, Paul, die Braut von Cypern. Novelle in Versen. Mit einem lyrischen Anfang. Stuttgart 856. Cotta. 16. (VIII, 273 S.) n. 1 ₰. 20 ngr.

Heyse, Paul: Martha's Briefe an Maria. Ein Beitrag z. Frauenbewegung, m. e. Vor- u. Nachw. hrsg. — Stuttgart: Cotta 1898. 80 S. 8°

Martha's Briefe an Maria. Ein Beitrag zur Frauenbewegung, mit e. Vor- u. Nachwort hrsg. v. Paul Heyse. 2. Aufl. *Stuttgart: J. G. Cotta 1899.* (80 S.) 8° [F.]

Heyse, Paul, die Brüder. Eine chinesische Geschichte in Versen. gr. 8. (33 S.) Berlin 852, Hertz. n. 1/3 ₰

Heyse, P., unter Brüdern, s.: Bloch's, E., Theater-Correspondenz.

—— Buch der Freundschaft. Novellen. 16. Sammlung der Novellen. 8. Ebendas. 883.
Inhalt:
David und Jonathan. — Grenzen der Menschheit. — Nino und Maso. 1.—3. Aufl. (320 S.)
—— dass. — Min.-Ausg. 1.—4. Aufl. 16. (313 S.) Ebendas. 883. ℳ 6.; geb. mit Goldschn. *
—— dass. — Neue Folge. 17. Sammlung der Novellen. 1.—3. Aufl. 8. (319 S.) Ebendas. 884. ℳ 6.; geb. *
—— dass. — Min.-Ausg. 4. und 5. Aufl. 16. (311 S.) Ebendas. 884. *ℳ 6.; geb. *

[F.] Buch der Freundschaft. Novellen v. Paul Heyse. 6. Aufl. *Berlin: W. Hertz 1895.* (3 Bl., 313 S.) 1 Bd 8.
— Heyse, Paul: Novellen. Sammlg 16.

Heyse, Paul, Buch der Freundschaft. Novellen. 7. Aufl. (899 S.) 8. Stuttgart 904. J. G. Cotta Nachf. n. 3. 60; geb. in Leinw. n. 4. 60

[F.] Der Bucklige von Schiras. Komödie in 4 Akten v. Paul Heyse. *Berlin: W. Hertz 1898.* (125 S.) 1 Bd 8.
— Heyse, P.: Dramat. Dichtungen. Bdch. 31.

—— Colberg. Histor. Schauspiel in 5 Akten. 3. Aufl. (Wohlf. Ausg.) 8. (98 S.) Berlin 887, Hertz. *

— Colberg. Histor. Schausp. in 5 Akten. 8. Aufl. (Wohlfeile Ausg.) 8. (98 S.) Ebd. 898. n. 1. —

— Colberg. Historisches Schauspiel in 5 Akten. 9.—17. Aufl. (Wohlf. Ausg.) 8. (à 98 S.) Ebd. 899—903. n. 1. —

Colberg. Hist. Schauspiel in 5 Akten von Paul Heyse. 29. Aufl. Stuttgart & Berlin: J. G. Cotta Nachf. 1904. (98 S.) 8° [F.]

— Colberg. Historisches Schauspiel in 5 Akten. 32.—56. Aufl. (Wohlf. Ausg.) (à 142 S.) 8. Stuttgart 905. 906. J. G. Cotta Nachf. n. 1. —; geb. n. 1. 35
18.—31. Aufl. (à 98 S.) 903—905. n. 1.—; geb. n. 1.35.

Colberg. Hist. Schauspiel in 5 Akten von Paul Heyse. (Wohlf. Ausg.) 35. Aufl. Stuttgart & Berlin: J. G. Cotta Nachf. 1905. (142 S.) 8° [F.]

Colberg. Hist. Schauspiel in 5 Akten von Paul Heyse. (Wohlfeile Ausg.) 57.—60. Aufl. Stuttgart & Berlin: J. G. Cotta Nachf. 1907. (142 S.) 8° [F.]

— Colberg. Histor. Schauspiel in 5 Akten. (Wohlfeile Ausg.) 57.—100. Aufl. (142 S.) 8. Stuttgart 907—10. J. G. Cotta Nachf. 1. —; geb. 1. 35

— Andrea Delfin, s.: Dichter, neuere, f. d. studierende Jugend.

— dasselbe, s.: Volksbücher der deutschen Dichter-Gedächtn.-Stiftg.

— italienische Dichter seit der Mitte d. 18. Jahrh. Uebersetzungen u. Studien. 1.—4. Bd. 8. Ebd. à n. 5. —; geb. à n. 6. —
1. Parini, Alfieri, Monti, Foscolo Manzoni. (XVI, 406 S.) 889.
2. Giacomo Leopardi, Gedichte u. Prosaschriften, deutsch v. P. H. 2. Aufl. (VIII, 374 S.) 889.
3. Drei Satirendichter. Giusti. Guadagnoli. Belli. 2. Aufl. (IX, 336 S.) 889.
4. Lyriker u. Volksgesang. (XX, 348 S.) 890.

— italienische Dichter seit der Mitte des 18. Jahrh. Uebersetzungen u. Studien. 5. Bd. Lyriker u. Volksgesang. Neue Folge. (XVIII, 471 S.) 8. Ebd. 905. n. 6. —; geb. in Leinw. 7. —

Heyse, Paul (Hrsg.), s.a. Dichterbuch, Neues Münchener.

— neues Münchener Dichterbuch. gr. 8. (VI, 341 S.) Stuttgart 882. Kröner. n. 5. 60; geb. m. Goldschn. n. 6. 80

— dramatische Dichtungen. Ebend. 864. 8.
1. Bdchn.: Elisabeth Charlotte. Schauspiel in 5 Akten. (VIII, 124 S.) n. 25 ngr.

— dramatische Dichtungen. 2—6. Bdchn. Ebend. 865—870. 8. Jedes Bdchn. n. 25 ngr.
2. Bdchn. Maria Moroni. Trauerspiel in 5 Akten. (III, 103 S.)
3. Bdchn. Hadrian. Tragödie in 5 Akten. (III, 107 S.)
4. Bdchn. Hans Lange. Schauspiel in 5 Akten. (III, 142 S.)
5. Bdchn. Colberg. Histor. Schauspiel in 5 Akten. (V, 135 S.)
6. Bdchn. Die Göttin der Vernunft. Trauerspiel in 5 Akten. (VII, 103 S.)
Das 7. Bdchn. bildet: Ehre um Ehre. Schauspiel in 5 Akten. Ebendas. 1875. *ℳ 2,60.

— dramatische Dichtungen. 4. Bdchn. Hans Lange. Schauspiel in 5 Akten. 2. Aufl. 8. (143 S.) Berlin 876. Hertz. n. 2. 60

— dramatische Dichtungen. 5. 8—10. Bdchn. 8. Berlin 877. 81. Hertz. à n. 2. 60
5. Colberg. Historisches Schauspiel in 5 Akten. 2. Aufl. (153 S.)
8. Graf Königsmark. Trauerspiel in 5 Akten. (108 S.)
9. Elfriede. Trauerspiel in 5 Akten. (117 S.)
10. Die Weiber von Schorndorf. Historisches Schauspiel in 4 Akten. (116 S.)

— dramatische Dichtungen. 11—16. Bdchn. 8. Ebend. à n. 2. 60
11. Das Recht d. Stärkeren. Schauspiel in 3 Akten. (120 S.) 883.
12. Alkibiades. Tragödie in 3 Akten. (VII, 90 S.) 883.
13. Don Juans Ende. Trauerspiel in 5 Akten. (VII, 110 S.) 883.
14. Drei einaktige Trauerspiele u. e. Lustspiel. [Unter Brüdern. Ehrenschulden. Frau Lucrezia. Simson.] (197 S.) 884.
15. Getrennte Welten. Schauspiel in 4 Akten. (140 S.) 886.
16. Die Hochzeit auf dem Aventin. Trauerspiel in 5 Akten. (104 S.) 886.

— dramatische Dichtungen. 17.—23. Bdchn. 8. Ebd. à n. 2. 60
17. Die Weisheit Salomo's. Schauspiel in 5 Akten. (VII, 110 S.) 886.
18. Gott schütze mich vor meinen Freunden. Lustspiel in 3 Akten. (118 S.) 888.
19. Prinzessin Sascha. Schauspiel in 4 Akten. (117 S.) 888.
20. Weltuntergang. Volksschauspiel in 5 Akten. (135 S.) 889.
21. 22. Kleine Dramen. 1. u. 2. Folge. (XI, 192 u. V, 162 S.) 889.
23. Ein überflüssiger Mensch. Schauspiel in 4 Akten. (VII, 131 S.) 890.

— dramatische Dichtungen. 24.—27. Bdchn. 12. Ebd. à n. 2. 60
24. Die schlimmen Brüder. Schauspiel in 4 Akten u. e. Vorspiel. (V, 124 S.) 891.
25. Wahrheit? Schauspiel in 3 Akten. (IV, 97 S.) 892.
26. Ein unbeschriebenes Blatt. Lustspiel in 4 Akten. (V, 119 S.) 893.
27. Jungfer Justine. Schauspiel in 4 Akten. (V, 127 S.) 893.

— dramatische Dichtungen. 28.—31. Bdchn. 8. Ebd. à n. 1. 60
28. Roland's Schildknappen od. d. Komödie v. Glück. Volksmärchen in 3 Akten u. e. Vorspiel (1865) 1895. (VIII, 119 S.) 896.
29. Vanina Vanini. Trauersp. in 4 Akten. (VII, 136 S.) 896.
30. Drei neue Einakter. (D. Stegreiftrunk. — Schwester Lotte. — Auf d. Dächern. (127 S.) 897.
31. Der Bucklige v. Schiras. Komödie in 4 Akten. 8. (125 S.) 898. n. 1. 60

— dramatische Dichtungen. 32.—34. Bdchn. 8. Berlin, J. G. Cotta Nachf. Zweigniederlassg. à n. 1. 60
32. Maria Magdala. Drama in 5 Akten. (VII, 102 S.) 899.
33. Das verschleierte Bild zu Sais. Drama in 4 Akten. (VII, 104 S.) 901.
34. Der Heilige. Trauerspiel in 5 Akten. (VII, 125 S.) 902.

— dramatische Dichtungen. 32 u. 35.—38. Bdchn. 8. Ebd. à n. 1. 60
32. Maria v. Magdala. Drama in 5 Akten. 2.—28. Aufl. (Je 116 S.) 903. 904.
35. Die thörichten Jungfrauen. (1903.) Lustspiel in 3 Akten. (VII, 128 S.) (905.)
36. Ein Canadier. (1904.) Drama in 3 Akten. (112 S.) 905.
37. 38. Sechs kleine Dramen. (240 S.) 905.

— Dramat. Dichtungen. 14. u. 32. Bdchn. 8. Stuttgart, J. G. Cotta Nachf. à 1.60; geb. à 2. 60
14. Drei einaktige Trauerspiele u. e. Lustspiel. (1883—1884.) Inhalt: Unter Brüdern. — Ehrenschulden. — Frau Lucrezia. — Simson. 2. Aufl. (198 S.) 910.
32. Maria v. Magdala. Drama in 5 Akt. 29. Aufl. (116 S.) 907.

—— das Ding an sich und andere Novellen. [12. Sammlung der Novellen.] 8. (381 S.) Ebendas. 879.

— das Ding an sich u. andere Novellen. 12. Sammlung der Novellen. 3. Aufl. 8. (VII, 371 S.) Ebend. 879. 6. —

— dasselbe. Min.-Ausg. gr. 16. (371 S.) Ebend. 879. 6. —

— Im Bunde der Dritte, bearb. v. Ph. Hangen, s.: Übungsbibliothek, englische.

— im Bunde der Dritte, s.: Uebungsbibliothek, französische. 19.

— Edziga festo en „Capri". Novelo. Rajtigita Esperanto traduko de L. E. Meier. Kun ilustrajoj de Fritz Bergen. (59 S.) 8. Stuttgart 907. Franckh. 1. —

—— Ehre um Ehre. Schauspiel in fünf Akten. 8. (116 S.) Berlin 875, Hertz. *

— einer v. Hunderten u. Hochzeit auf Capri, s. a. Sammlung Franckh.

Paul Heyse. Einer von Hunderten und Hochzeit auf Capri Ill. von Fritz Bergen. Stuttgart: Franckh [1898]. 137 S. 8°
(Sammlung Franckh. Bd 4.) (10. 11103

[F.] Elisabeth Charlotte. Schausp. in 5 Akten v. Paul Heyse. (Wohlfeile Ausg.) 2. Aufl. Berlin: W. Hertz 1896. (97 S.) 1 Bd 8. (96. 8177

— Elisabeth Charlotte. Schausp. in 5 Akten. 2. Aufl. (Wohlf. Ausg.) 8. (97 S.) Berlin 896. Besser. n. 1. —

— Das Ewigmenschliche. Erinnerungen aus. e. Alltagsleben v. * * *. Hrsg. v. H. — Ein Familienhaus. Novelle. 1.—4. Aufl. (275 S.) 8. Stuttgart 910. J. G. Cotta Nachf. 4. —; geb. in Leinw. 5. —

Heyse, Paul
Villa Falconieri. Und andere Novellen. 19. Sammlung der Novellen. 2. Aufl.
Berlin: Hertz 1888. 384 S. 8°

—— Villa Falconieri und andere Novellen. 19. Sammlung der Novellen. 1.—3. Aufl. 8. (384 S.) Ebendas. 888. * 6 — geb. * 7 20

—— dass. — Min.-Ausg. 4. Aufl. gr. 16. (375 S.) Ebendas. 888. *M 6.—.; geb. * 7 20

— die Fornarina, s.: Kennst du das Land?

Heyse, Paul, Francesca von Rimini. Tragödie in fünf Acten. (Den Bühnen gegenüber als Mscr. gedr.) 8. (130 S.) Berlin 850, Hertz.

— Frau v. F. u. römische Novellen. [Frau v. F. Die talentvolle Mutter Romulusenkel. Die Hexe vom Corso.] 13. Sammlung der Novellen. 8. (VII, 357 S.) Berlin Hertz. 881. 6. —

—— dass. — Min.-Ausg. 1. und 2. Aufl. 16. (VII, 350 S.) Ebendas. 881. geb. mit Goldschn. *

— der Friede. Ein Festspiel f. das Münchener Hof- u. National-Theater. gr. 8. (27 S.) München 871. Oldenbourg. n. — 50

Heyse, Paul, die Geburt d. Venus. Roman. 1.—5. Aufl. (325 S.) 8. Stuttgart 909. 10. J. G. Cotta Nachf. 4.—; geb. in Leinw. 5. —

—— Gedichte. 3. Aufl., aus dem „Skizzenbuch" und den „Versen aus Italien" verm. 12. (XIV, 427 S.) Ebendas. 885. * geb. in Leinw. *M 6.; in Ldr. *

— Gedichte. 4., neu durchgeseh. u. stark verm. Aufl. Mit e. (rad.) Bildniß. 8. (XIV, 544 S.) Ebd. 889. n. 3. 60; geb. in Leinw. m. Goldschn. n. 5. —; in Halbkalbldr. n. 6. 60

— Gedichte. 5., durchgeseh. Aufl. 8. (XIV, 544 S. m. Bildnis.) Ebd. 893. n. 3. 60; geb. m. Goldschn. n. 5. —

Heyse, Paul: Gedichte. 6. durchges. Aufl. Mit 1 Bildn. Berlin: Hertz 1895. XIV, 544 S. 8°

[F.] Neue Gedichte und Jugendlieder v. Paul Heyse. *Berlin: W. Hertz 1897.* (2 Bl., 414 S.) 1 Bd 8. (98. 33

— neue Gedichte u. Jugendlieder. 1. u. 2. Aufl. 8. (IV, 414 S.) Berlin 897. Besser. n. 5. —; geb. in Leinw. n. 6. 20

— Zwei Gefangene, s.: Reclam's Novellen-Bibliothek.

— zwei Gefangene, s.: Reuter's Bibliothek f. Gabelsberger Stenographen.

—— zwei Gefangene, s. Universal-Bibliothek Nr. 1000.

— in der Geisterstunde u. andere Spukgeschichten. 8. (V, 262 S.) Berlin 894. Besser. n. 4. —; geb. n. 5. —

— die Geschichte des Erstlingswerks, s.: Franzos, Karl Emil.

Getreu bis in den Tod. Erkenne dich selbst. 2 Novellen von Paul **Heyse.** Stuttgart & Berlin: J. G. Cotta Nachf. [1905]. (100 S.) 8° [F.]
— **Handbibliothek,** Cotta'sche. No 108. [05. 1863

[F.] Ueber allen Gipfeln. Roman v **Paul Heyse.** *Berlin: W. Hertz 1895.* (1 Bl., 441 S.) 1 Bd 8. [94. 39

Heyse, Paul, über allen Gipfeln. Roman. 8. Aufl. 8. (441 S.) Berlin 897. Besser. n. 5. —; geb. n. 6. —

Heyse, Paul
Ueber allen Gipfeln. Roman. 10. Aufl. Berlin: Hertz 1899. 300 S. 8°

Heyse, Paul, das Glück von Rothenburg. Novelle. 1. und 2. unveränd. Aufl. 8. (82 S.) Augsburg 881,82, Gebr. Reichel.
geb. mit Goldschn.

—— dass. — 3. unveränd. Aufl. gr. 8. (82 S.) Ebendas. 882. geb. mit Goldschn.

— das Glück v. Rothenburg. Novelle. Mit Illustr. v. Curt Liebig. 5. Aufl. gr. 8. (78 S.) Augsburg 897. Gebr. Reichel. n. 2. —; geb. 3. —

— Das Glück v. Rothenburg. Novelle. Mit Illustr. v. Curt Liebich. 6. Aufl. (78 S.) 8. Augsburg (907). Gebr. Reichel. 2.—; geb. in Leinw. m. Goldschn. 3. —

— das Glück v. Rothenburg u. andere Novellen. 2. Aufl. 8. (316 S.) Stuttgart 902. J. G. Cotta Nachf. n. 3.60; geb. in Leinw. n. 4. 60

— verrathenes Glück. Emerenz. Zwei Geschichten. Illustr. v. Carl Zopf. 8. (131 S.) Stuttgart 896. C. Krabbe. n. 2. —; geb. in Ldr. n.n. 3. 50

— verrathenes Glück. — Emerenz. Zwei Geschichten. Illustr. v. Carl Zopf. 2. Aufl. gr. 8. (131 S.) Stuttgart (900). C. Krabbe. n. 2. —; geb. n. 3. 50

— verratenes Glück. Emerenz. 2 Geschichten. Illustriert v. Carl Zopf. 3. Aufl. (131 S.) 8. Stuttgart (906). C. Krabbe. n. 2.—; geb. in Ldr. n. 3. 50

— Verratenes Glück. — Emerenz. 2 Geschichten. Illustr. v. Carl Zopf. 4. Aufl. (131 S.) 8. Stuttgart (910). C. Krabbe. 2.—; geb. in Ldr. n 3. 50

Das Goethe-Haus in Weimar. Von **Paul Heyse** *Berlin: W. Hertz [1896].* (2 Bl., 24 S.) 1 Bd 8. [96. 8198

— d. Goethe-Haus in Weimar. 3. Aufl. 12. (24 S. m. 21 Bild.) Berlin 897. Besser. n. 1. —

— Hermen. Dichtungen. Berlin 854. Hertz. 16. (4 Bl., 281 S.) n. 1 Thlr. 20 ngr.

—— romanische Inedita, s. Inedita, romanische.

— romanische Inedita auf italienischen Bibliotheken gesammelt. Berlin 856. Hertz. gr. 8. (XII, 175 S.) n. 1 Thlr. 20 ngr.

— Fräulein Johanne. — Auf der Alm. Zwei Novellen. Illustr. v. Fritz Reiß. gr. 8. (148 S.) Stuttgart (900). C. Krabbe. n. 2. —; geb. in Ldr. n. 3, 50

Heyse, Paul, Jorinde, s.: Reiselectüre.

Jugenderinnerungen und Bekenntnisse. Von **Paul Heyse.** *Berlin W. Hertz 1900.* (383 S.) 8° [F.] [00. 1078

— Jugenderinnerungen u. Bekenntnisse. 1.—3. Aufl. gr. 8. (ù V, 383 S.) Berlin 900. [Besser.] J. G. Cotta Nachf., Zweigniederlassg. n. 6. --; geb. in Leinw n. 7.—

Heyse, Paul (geb. 15. März 1830 in Berlin, seit 1854 in München), der Jungbrunnen. Neue Märchen von einem fahrenden Schüler Berlin, A. Duncker, k. Hofbuchh., 1850. 8° Eleg. roth. Hsrsb.
Vergriffene Orig. Ausg., später vom Dichter z. Theil vollständ umgearbeitet. Erste (anon.) Publikation desselben. Vorr. dat. In der Schweiz am 9. Sept. 1849. — Frontisp. VII—218 S. 1. Das Märchen von der guten Seele. 2. Glückspilzchen. 3. Das Märchen von Masje Morgenroth u. Jungfer Abendroth od. 4. Veilchen-Prinz. 5. Das Märchen von Handschuh. 6. Fedelint u. Funzfudelchen. 7. Epilog — Die 2. Aufl. erschien ibid. 1875. Gr 8°.

Heyse, Paul, der Jungbrunnen. Märchen eines fahrenden Schülers. 2. neu bearb. Aufl. gr. 8. (X, 198 S.) Berlin 878, Gebr. Paetel. * M 5.; geb. * 6 25
Die 1. Aufl. erschien 1850 anonym.

Heyse, Paul
Kinder der Welt. Roman. 2. Aufl. Bd 1.2. Berlin: Hertz 1873. 8°

— Kinder der Welt. Roman in 6 Büchern. 3 Bde. 3. Aufl. 8. (322, 371 u. 336 S.) Berlin 873. Hertz. 15. —

—— Kinder der Welt. Roman in 6 Büchern. 3 Bde. 4.—6. Aufl. 8. (309; 348; 314 S.) Berlin 874,75,77, Hertz. 15 —

— dasselbe. 2 Bde. 7. Aufl. 8. (365 u. 335 S.) Ebend. 880. n. 7. 20; geb. n. 9. 20

— Kinder der Welt. Roman. 2 Bde. 21. u. 22. Aufl. (à 365 u. 335 S.) 8. Stuttgart 903. 904. J. G. Cotta Nachf. n. 7. 20; geb. n. 9. 20; erm. Pr. n 4. 80; geb. n. 6. 80

— Kinder der Welt. Roman in 6 Büchern. 2 Bde. 23.—25. Aufl. (364 u. 334 S. m. Bildnis.) 8. Stuttgart 908. J. G. Cotta Nachf. 4.80; geb. in Leinw. 6. 80

— the dead lake and other tales, s. Collection of German Authors.

Heyse, P., Hans Lange. Schauspiel in 4 Akten. 3. Aufl. (Wohlf. Ausg.) 8. (80 S.) Berlin 887. Hertz. n. 1 —

— Hans Lange. Schausp. in 4 Akten. 4. Aufl. Wohlf. Ausg. 8. (80 S.) Ebd. 895. n. 1. —

Hans Lange. Schauspiel in 4 Akten von Paul **Heyse.** 5. Aufl. Stuttgart & Berlin: J. G Cotta Nachf. 1907. (80 S.) 8° [F.] [08. 11

Hans Lange. Schauspiel in 4 Akten von Paul **Heyse.** 6. Aufl. (Wohlfeile Ausg.) Stuttgart & Berlin: Cotta 1910. 80 S. 8° [10. 13545

— Helldunkles Leben. Novellen. 1.—4. Aufl. (302 S.) 8. Ebd. 909. 4.—; geb. in Leinw. 5. —

— s. Leopardi, Giac. —

—— himmlische und irdische Liebe. F. v. r. i. a. — Auf Tod und Leben. Novellen. 18. Sammlung der Novellen. 8. (316 S.) Ebendas. 886. M 6.—; geb. * 7 20
—— dass. — Min.-Ausg. 1.—4. Aufl. 12. (308 S.) Ebendas. 886. M 6.—; geb. * 7 20

— Liebeszauber. Orientalische Dichtg. Illustrationen v. Frank Kirchbach. Imp.-4. (40 S. m. Holzschn. u. Heliograv.) München 889. Hanfstaengl. geb. n. 20. —

—— italienisches Liederbuch. 16. (LI und 292 S.) Berlin 860, Hertz. 1 Thlr. 24 Ngr.; geb.

Heyse, Paul: Italien Liederbuch für eine Singstimme u. Klavier, s. Wolf, Hugo.

—— und E. Geibel, ſpaniſches Liederbuch, ſ. a. Liederbuch, ſpaniſches.

— ſpaniſches Liederbuch, ſ. a. Geibel, Eman.

—— Ludwig der Baier. Schauſpiel in 5 Akten. 8. (V und 140 S.) Berlin 862. Hertz. *

— die Macht der Stunde. — Broni. 2 Novellen. Illuſtr. v. Fritz Reiß. 8. (154 S.) Stuttgart 899. C. Krabbe. n. 2. —; geb. in Ldr. n.n. 3. 50

— Die Macht der Stunde. Broni. Zwei Nov. Illuſtr. v. Fritz Reiß. 2. Aufl. (154 S.) 8. Stuttgart (908). C. Krabbe. 2.—; geb. in Ldr. n 3. 50

— die Madonna im Oelwald. Novelle in Verſen. 8. (69 S.) Ebend. 879. geb. m. Goldſchn. n. 2. 70

Männertreu. Der Sohn s. Vaters. Zwei Novellen von Paul Heyse. Ill. von A. Langhammer. Stuttgart: Krabbe [1897]. 153 S. 8°
(Illustrierte Unterhaltungsschriften.) [10. 8403

— Männertreu. Der Sohn ſeines Vaters. Zwei Novellen. Illuſtriert v. A. Langhammer. 2. Aufl. (158 S.) 8. Stuttgart (904). C. Krabbe. n. 2. —; geb. in Ldr. n.n. 3. 50

— Männertreu. — Der Sohn ſeines Vaters. 2 Novellen. Illuſtr. v. A. Langhammer. 3. Aufl. (158 S.) 8. Ebd. (910). 2.—; geb. in Ldr. n 3. 50

— neue Märchen. 1.—3. Aufl. 8. (à V, 356 S.) Berlin 899. [Beſſer] J. G. Cotta Nachf. Zweigniederlaſſg. n. 5. —; geb. in Leinw. n. 6. —

— neue Märchen. 4. Aufl. (V, 356 S.) 8. Stuttgart 904. J. G. Cotta Nachf. n. 4. —; geb. in Leinw. n. 5. —

Heyse, Paul: Maria von Magdala. Drama in 5 Akten von –. Berlin: W. Hertz 1899. (102 S.) 8°
= Heyse Dramat Dichtungen. Bdch. 32.

Heyse, Paul
Marienkind.
Stuttgart: Engelhorn 1892. 151 S. 8°
(Engelhorns Allgemeine Romanbibliothek. Jg. 8. Bd 18)

— Marienkind, ſ. a. Engelhorn's allgemeine Romanbibliothek.

— Medea. Er ſoll dein Herr ſein. 2 Novellen. Illuſtr. v. René Reinicke. gr. 8. (130 S.) Stuttgart 898. C. Krabbe. n. 2. —; in weichem Ldrbd. n.n. 3. 50

— Medea. Er ſoll dein Herr ſein. Zwei Novellen. Illuſtr. v. René Reinicke. 2. Aufl. gr. 8. (130 S.) Stuttgart (901). C. Krabbe. n. 2. —; geb. in Ldr. n.n. 3. 50

— Medea. — Er ſoll dein Herr ſein. 2 Novellen. Illuſtr. v. René Reinicke. 3. Aufl. (130 S.) 8. Ebd. (910). 2.—; geb. in Ldr. n 3. 50

Meisternovellen aus Paul Heyse's Novellenschatz. (1.) Berlin Globus Verl. [1909]. 8° A 11. 10331

— Meleager. Eine Tragödie. Berlin 854. Hertz. 16. (4 Bl., 112 S.) n. 20 ngr.

— Meluſine u. andere Novellen. 4. Aufl. 8. (V, 440 S.) Berlin 895. Beſſer. n. 6. —; geb. n. 7. —

— Meluſine u. and. Novellen. 5. Aufl. 8. (V, 440 S.) Berlin 895. Beſſer. n. 6. —; geb. n. 7. —

— Menſchen u. Schickſale. Charakterbilder. 1.—4. Aufl. (352 S.) 8. Stuttgart 908. J. G. Cotta Nachf. 4.—; geb. in Leinw. 5. —

—— Merlin. Roman in 7 Büchern. 3 Bde. 8. (280; 312; 312 S.) Berl. 892, Hertz. * 12 —; geb. * 15 —

— Merlin. Roman in 7 Büchern. 5. Aufl. (Wohlf. Ausg.) 8. (568 S.) Ebd. 896. n. 3. 60; geb. in Leinw. n. 4. 60

— das litterarische München. 25 Porträtskizzen (in Lichtdr.). gr. 4. (VII, 8 S. Text.) München (899). Verlagsanstalt F. Bruckmann. Geb. in Leinw. 15. —

— Mutter u. Tochter, ſ. a. Univerſal-Bibliothek.

Mutter und Tochter. Drama in 3 Akten von Paul Heyse. (1905.) Leipzig: Reclam jun. [1909]. 68 S. 8°
(Universal-Bibliothek. 5144.) [10. 2178

Paul Heyse. Mythen und Mysterien. Stuttgart & Berlin: J. G. Cotta Nachf. 1904. (278 S.) 8° [F.] [06. 3600 11

— Mythen u. Myſterien. 1.—3. Aufl. (Je 278 S.) kl. 8. Ebd. 904. n. 3. —; geb. in Leinw. n. 4. —

Ninon und andere Novellen. Von Paul Heyse. *Stuttgart & Berlin: J. G. Cotta 1902.* (485 S.) 8° [F.]

— Ninon u. andere Novellen. 4. [Titel-]Aufl. (V, 465 S.) 8. Ebd. [902.] 904. n. 4. —; geb. in Leinw. n. 5. —

—— Novellen. 8. (V und 220 S.) Berlin 855, Hertz. *

— Novellen. 2. Aufl. Berlin 858. Hertz. 16. (2 Bl., 228 S.) n. 1 Thlr.

— Novellen. [1. Sammlung.] 4. Aufl. Ebend. 864. 16. (223 S.) 1 Thlr. 3 ngr.

— Novellen. 1. Sammlung. 6. Aufl. Berlin 870. Hertz. gr. 16. (223 S.) 1 Thlr. 3 ngr.; in engl. Einb. 1 Thlr. 15 ngr.

—— Novellen. 1. Sammlung. 7.—9. Aufl. 16. (227 S.) Ebendaſ. 871—83.

— Novellen. Auswahl fürs Haus. 3 Bde. 8. (329, 312 u. 304 S.) Berlin 890. Hertz. n. 7.50; geb. n. 10.

— Novellen. Auswahl fürs Haus. 3 Bde. 6. Aufl. 12. (329, 312 u. 304 S.) Ebd. 898. n. 7. 50; geb. in Leinw. n. 10. —

— Novellen. Auswahl fürs Haus. 10. u. 11. Aufl. 3 Bde. (329, 312 u. 304 S.) kl. 8. Ebd. 905. 906. n. 7. 50; geb. in Leinw. n. 10. —

Novellen von Paul Heyse. Auswahl fürs Haus. 12 u. 13. Aufl. 1–3. Stuttgart & Berlin: Cotta [1908]. 8°
1 L'Arrabbiata. Anfang u. Ende. Andrea Delfin. Unheilbar
2 Vetter Gabriel. Die beiden Schwestern. Er soll dein Herr sein. Der verlorene Sohn. Nerina.
3. Unvergeßbare Worte. Die Dichterin von Carcassonne. Das Glück von Rothenburg. Siechentrost [09. 13679

— **Novellen.** Auswahl fürs Haus. 3 Bde. 12. u. 13. Aufl. (329, 312 u. 304 S.) kl. 8. Stuttgart (908). J. G. Cotta Nachf. 7.50; geb. in Leinw. 10. —

— fünf neue **Novellen.** 6. Sammlung. 1. Aufl. 8. (V, 400 S.) u. 2. u. 3. Aufl. Ebend. 866, 68. 16. (427 S.) 2 ℛ; geb. mit Goldschn. 2 ℛ 12 ngr.

— fünf neue **Novellen.** [6. Sammlg. der Novellen.] 4. Aufl. 16. (419 S.) Berlin 872. Hertz. 6. —

Heyse, Paul, **Novellen vom Gardasee.** 1.—3. Aufl. 8. (à 435 S.) Stuttgart 902. J. G. Cotta Nachf. n. 4.50; geb. in Leinw. n. 5.50

Novellen vom Gardasee von Paul **Heyse.** 4. Aufl. Stuttgart & Berlin: J. G. Cotta Nachf. 1903. (434 S.) 8° [F.]

— **Novellen vom Gardasee.** 6. u. 7. Aufl. (294 S.) 8. Ebd. 909. 2.40; geb. in Leinw. 3.40

—— gesammelte **Novellen** in Versen. 8. (III und 261 S. Berlin 864, Hertz.

—— Gesammelte **Novellen** in Versen. 2., auf's Doppelte verm. Aufl. 8. (III, 584 S.) Ebendaf. 870. cart. *

—— Meraner **Novellen.** (5. Sammlung.) 1. Aufl. 8. (V und 425 S.) und 2. Aufl. 16. (III und 483 S.) Berlin 864, Hertz. 2 Thlr.; geb

—— Meraner **Novellen.** [5. Sammlung der Novellen.] 4. Aufl. 1868, und 5. Aufl. gr. 16. (452 S.) Ebendaf. 872. geb. mit Goldschn.

—— Meraner **Novellen.** 5. Sammlung der Novellen. 6. Aufl. 8. (448 S.) Ebendaf. 879.

—— Meraner **Novellen.** 5. Sammlung der Novellen. 7. Aufl. Min.-Ausg. gr. 16. (448 S.) Ebendaf. 888. 6 —

— Meraner **Novellen.** 10. Aufl. Mit Landschafts-Vignetten v. Carl Marr. 8. (428 S.) Ebd. 902. n. 3.50; geb. in Leinw. n. 4.50

Meraner Novellen von Paul **Heyse.** 10. Aufl. Mit Landschaftsvignetten von Karl Marr *Stuttgart & Berlin: J. G. Cotta Nachf. 1903.* (427 S.) 8°

— Meraner **Novellen.** 11. Aufl. Mit Landschafts-Vignetten v. Carl Marr. (428 S.) 8. Ebd. 907. 3.50; geb. 4.50

—— Moralische **Novellen.** 8. Sammlung. 1. Aufl. 8. (XXVIII, 411 S.), und 2. Aufl. gr. 16. (XXXIV, 442 S.) Ebendaf. 869. ℳ 6.; geb.

— neue **Novellen,** f. Volksbibliothek, deutsche.

— neue **Novellen.** 8. (V und 356 S.) Stuttgart 858, Cotta'sche Buchh.

—— dass. — 2. Aufl. 16. (V und 292 S.) Ebendaf. 858. geb. *

Heyse, Paul, neue **Novellen.** 3. Aufl. 862. (VII, 355 S.) 1 ℛ 18 ngr. — 4. Aufl. Stuttgart 864. Cotta. 16. (V, 302 S.) geb. n. 1 ℛ 20 ngr.

— neue **Novellen.** 5. Aufl. 16. (V, 302 S.) Stuttgart 871. Cotta. geb. m. Goldschn. n. 6. —

— neue **Novellen.** 6. Aufl. 16. (VII, 305 S.) Stuttgart 880. Cotta. n. 5. —; geb. m. Goldschn. n. 6. —

— neue **Novellen.** 7. Aufl. 8. (VII, 280 S.) Stuttgart 902. J. G. Cotta Nachf. n. 3.50; geb. n. 4.50

Heyse, Paul, **Annina.** Im Grafenschloß. Andrea Delfin. Auf der Alm. Neue Novellen. 4. Sammlung. 8. (V und 455 S.) Berlin (861)62, Hertz.

—— neue **Novellen.** 4. Sammlung. Annina. Im Grafenschloß. Andrea Delfin. Auf der Alm. 2. Aufl. 1862. und 3. Aufl. 16. (VII und 392 S.) Berlin 866, Hertz. geb. mit Goldschn

—— **Annina.** Im Grafenschloß. Andrea Delfin. Auf der Alm. Neue Novellen. 4. und 5. Aufl. 4. Sammlung der Novellen. 8. (379 S.) Ebendaf. 872,80.

— neue **Novellen.** Der Novellen 10. Sammlg. 8. (VIII, 323 S.) Ebend. 875. 6. —

— neue moralische **Novellen.** [11. Sammlung der Novellen.] 8. (308 S.) Ebendaf. 878. 6 —
— dass. — Min.-Ausg. 2. und 3. Aufl. 16. (286 S.) Ebendaf. 878 ℳ 6.; geb. * 7 20

—— **Novellen und Romane.** 40 Lfgn. oder 11 Bde. 8. Berlin 881,82, Hertz. à Lfg. ℳ 1.; à Bd. ℳ 3,60.; geb. à Bd. ℳ 1,60.

Inhalt:

Bd. 1. Novellen 1. Bd.: L'Arrabbiata. — Anfang und Ende — Marion. — Am Tiberufer. — Erkenne dich selbst. — Das Bild der Mutter. — Im Grafenschloß. — Unheilbar. (407 S.)
" 2. —— dass. — 2. Bd.: Das Mädchen von Treppi. — Die Blinden. — Maria Franziska. — Barbarossa. — Die Reise nach dem Glück. — Andrea Delfin. — Der Weinhüter. (399 S.)
" 3. —— dass. — 3. Bd. Die Einsamen. — Der Kreisrichter. — Die kleine Mama. — Kleopatra. Die Wittwe von Pisa. — Der Kinder Sünde der Väter Fluch. — Die Pfadfinderin. (III, 394 S.)
" 4. —— dass. — 4. Bd.: Die beiden Schwestern. — Franz Alzeyer. — Helene Morten. — Geoffroy und Garcinde — Das schöne Käthchen. — Lorenz und Lore. — Der letzte Centaur. — Lottka. — Auferstanden. (400 S.)
" 5. —— dass. — 5. Bd.: Annina. — Mutter und Kind. — Vetter Gabriel. — Die Stickerin von Treviso. — Beatrice. — Am todten See. — Ein Abenteuer. — Auf der Alm. — Der verlorene Sohn. (405 S.)
" 6. —— dass. — 6. Bd.: Er soll dein Herr sein. — Judith Stern. — Das Ding an sich. — Die Tochter der Excellenz. — Die Kaiserin von Spinetta. — Zwei Gefangene. — Beppe, der Sternseher. (348 S.)
" 7. —— dass. — 7. Bd.: Getreu bis in den Tod. — Die ungarische Gräfin. — Ein Märtyrer der Phantasie. — Nerina. — Das Seeweib. — Die Frau Marchesa. (282 S.)
" 8, 9. Romane 1. und 2. Bd.: Kinder der Welt. Roman in 6 Büchern. 2 Bde 7.—10. Aufl. (365; 335 S.)
" 10, 11. —— dass. — 3. und 4. Bd.: Im Paradiese. Roman in 7 Büchern. 2 Bde. 5.—7 Aufl. (VI, 303; 341 S.)

—— **Novellen und Romane.** 41.—51. Lfg. oder 12.—14. Bd. 8. Ebendaf. 886. à Lfg. *ℳ 1.—. * 11 —

Inhalt:

Bd. 12. Novellen. 8. Bd.: Frau v. F. — Die talentvolle Mutter. — Romulusenkel. — Die Hexe vom Corso. — Der lahme Engel. — Die Rache der Vizgräfin. — Der verkaufte Gesang. (360 S.)
" 13. —— dass. — 9. Bd.: Die Dichterin von Carcassonne. — Ehre über Alles. — Der Mönch von Montaudon. — Das Glück von Rothenburg. — Die Eselin. — Getheiltes Herz. — Unvergessene Worte. (315 S.)
" 14. —— dass. — 10. Bd. Buch der Freundschaft: David und Jonathan. — Grenzen der Menschheit. — Nino und Maso. — Siechentrost. — Die schwarze Jakobe. — Gute Kameraden. (398 S.)

Vgl.: Kraus, Otto, Paul Heyse's Novellen und Romane.

— **Novellen u. Terzinen.** 7. Sammlung. 1. Aufl. 8. (V, 413 S.) 867. u. 2. Aufl. Ebend. 868. gr. 16. (III, 355 S.) 2 ℛ; geb. mit Goldschn. 2 ℛ 12 ngr.

—— **Novellen und Terzinen.** 7. Sammlung der Novellen. 3. Aufl. (354 S.) 1870; 4. Aufl. 8. (351 S.) Ebendaf. 880.

— vier neue **Novellen.** (3. Sammlung.) 8. (VII und 349 S.) Berlin 859, Hertz.

—— Vier neue Novellen. 3. Sammlung. 4. Aufl. gr. 16. (295 S.) Berlin 870, Hertz. *M* 4,50.; geb.

—— vier neue Novellen. 3. Sammlung der Novellen. 5. Aufl. 8. (294 S.) Berlin 876, Hertz.

—— ein neues Novellenbuch: Barbarossa. Die Stickerin von Treviso. Lottka. Der letzte Centaur. Der verlorene Sohn. Das schöne Käthchen. Geoffroy und Garcinde. Die Pfadfinderin. gr. 8. (III, 659 S.) Ebendas. 871. *

— ein neues Novellenbuch. 2. Aufl. gr. 8. (III, 659 S.) Ebend. 871. n. 9. —

— dasselbe 2. Aufl. 16. (VII, 576 S.) Ebend. 871. n. 8. —; geb. n. 9. —

—— s. Novellenschatz.

— s.: Novellenschatz des Auslandes.

Heyse, Paul [Hrsg.]
s. Novellenschatz, Deutscher. 1875.

Heyse, Paul [Hrsg.]
s. Novellenschatz, Neuer deutscher. 1885.

—— Im Paradiese. Roman in 7 Büchern. 3 Bde. 1. Aufl. und 2.—4. Abdr. 8. (VI, 264; 373; 260 S.) Berlin 876, Hertz. 15 —

— im Paradiese. Roman in 7 Büchern. 2 Bde. 13. Aufl. (IV, 303 u. 341 S.) 8. Stuttgart 903. J. G. Cotta Nachf. n. 7. 20; geb. n. 9. 20

— Im Paradiese. Roman in 7 Büchern. 2 Bde. 13. Aufl. (308 u. 342 S.) 8. Ebd. (909). 4.80; geb. in Leinw. 6. 80

— La Rabbiata. Novelle. Berlin 858. Hertz. 16. (36 S.) n. 12 ngr.

—— La Rabbiata. Novelle. Min.-Ausg. 2.—4. Aufl. 16. (47 S. mit 1 Holzschn.-Illustr.) Ebendas. 862—75. cart. mit Goldschn.
5. Aufl. vgl.: L'Arrabiata.

— Rafael. Eine Novelle in Versen. Stuttgart 863. Kröner. 16. (66 S.) 15 ngr.

[J.] Das Räthsel des Lebens u. andere Charakterbilder v. Paul Heyse. *Berlin: W. Hertz 1897.* (3 Bl., 320 S.) 1 Bd 8. [97. 6.]

— das Räthsel des Lebens u. and. Charakterbilder. 1.—4. Aufl. 8. (V, 320 S.) Ebd. 897. n. 5. —; geb. in Leinw. n. 6. —

—— der Roman der Stiftsdame. Eine Lebensgeschichte. 1.—6. Aufl. 8. (376 S.) Berlin 887, Besser'sche Buchh. * 6 —
geb. * 7 —

— der Roman der Stiftsdame. 9. Aufl. 8. (275 S.) Berlin 893. Besser. n. 3. 60; geb. n. 4. 60

— der Roman der Stiftsdame. 12. Aufl. (275 S.) 8. Ebd. 903. n. 3. 60; geb. n. 4. 60

— Der Roman der Stiftsdame. 13. u. 14. Aufl. (258 S.) 8. Ebd. 909. 2.40; geb. 3. 40

Paul Heyse. Romane und Novellen. Wohlf. Ausg. Ser 1, Bd 1 *Stuttgart & Berlin: J. G. Cotta 1902.* 8° [J.]

— Romane u. Novellen. Wohlf. Ausg. 1. Serie: Romane. (In 8 Bdn.) 1.—3. Bd. 8. Ebd. 902. à n. 2. 40; geb. in Leinw. à n. 3. — ; auch in 48 Lfgn. à n. — 40
1. 2. Kinder der Welt. 2 Bde. (364 S. m. Bildn. u 334 S.)
3. Im Paradiese. I. (308 S.)

— Romane u. Novellen. Wohlf. Ausg. I. Serie: Romane. 7. u. 8. (Schluß-)Bd. 8. Ebd. à n. 2. 40; geb. in Leinw. à n. 3. — ; auch in 48 Lfgn. à n. — 40
4. Im Paradiese. II. (342 S.) 903. — 5. Der Roman der Stiftsdame. (253 S.) 903. — 6. 7. Merlin. I. u. II. (261 u. 280 S.) 903. — 8. Ueber allen Gipfeln. (280 S.) 903.

— Romane u. Novellen. Wohlfeile Ausg. I. Serie. Romane. 49.—67. Lfg. 8. Ebd. à — 40; auch in Bdn. à 2.40; geb. in Leinw. 3. —
IX. Bd. Gegen den Strom. (207 S.) 910. — X. Bd. Crone Stäudlein. (228 S.) 910. — XI. Bd. Die Geburt der Venus. (250 S.) 910. — XII. Bd. Das Ewigmenschliche. Ein Familienhaus. (S. 1—48.) (910.)

— dasselbe. II. Serie. Novellen. 1.—72. Lfg. 8. Ebd. à n. — 40; auch in Bdn. à n. 2. 40; geb. in Leinw. à n. 3. —
1. Bd Italienische Novellen. I. (396 S.) 904.
2. Bd. Italienische Novellen. II. (376 S.) 904.
3. Bd. Moralische Novellen. (360 S.) 904.
4. Bd. Neue moralische Novellen. (338 S.) 905.
5. Bd. Troubadour-Novellen. (276 S.) 905.
6. Bd. Buch der Freundschaft (376 S.) 905.
7. Bd. Frau v. F. u. andere Novellen. (370 S.) 905.
8. Bd. Neue Novellen. (314 S.) 905.
9. Bd. Geteiltes Herz u. andere Novellen. (346 S.) 906.
10. Bd. Kleopatra u. andere Novellen. (271 S.) 906.
11. Bd. Geschichten aus Italien. (288 S.) 906.
12. Bd. Meraner Novellen. (291 S.) 906.
13. Bd. Novellen vom Gardasee. (S. 1—16.) 906.

— dasselbe. II. Serie. Novellen. 73.—144. Lfg. 8. Ebd. à — 40; auch in Bdn. à 2.40; geb. in Leinw. 3. —
13. Bd. Novellen v. Gardasee. (S. 17—294.) 907. — 14. Bd. Tragische Novellen I. (285 S.) 907. — 15. Bd. Dasselbe II. (301 S.) 907. — 16. Bd. Dorfgeschichten. Frauenbilder I. (257 S.) 907. — 17. Bd. Frauenbilder I. (308 S.) 907. — 18. Bd. Dasselbe II. (324 S.) 908. — 19. Bd. Heitere Geschichten. (296 S.) 908. — 20. Bd. Märchen- u. Spukgeschicht. (363 S.) 908. — 21. Bd. Originale. (319 S.) 908. — 22. Bd. Auf Tod u. Leben u. andere Novellen. (286 S.) 909. — 23. Bd. Menschen u. Schicksale. 5. u. 6. Aufl. (283 S.) 909. — 24. Bd. Helldunkles Leben. 5. u. 6. Aufl. (258 S.) 910.

— die Sabinerinnen. Tragödie in 5 Akten. Berlin 859. Hertz. 8. (VIII, 109 S.) n. 25 ngr.

— — 2. Aufl. Ebend. 861. 16. (VIII, 149 S.) geb. n. 1 *₰* 6 ngr.

— die Sabinerinnen. Tragödie in 5 Akten. 3. Aufl. 8. (V, 108 S.) Ebend. 879. n. 2. 60

— der Salamander. Ein Tagebuch in Terzinen. 8. (91 S.) Ebend. 879. geb. m. Goldschn. n. 2. 70

— Der Salamander. Ein Tagebuch in Terzinen. 4. Aufl. (91 S.) kl. 8. Ebd. 908. 1.60; geb. in Lw. 2. 40

— König Saul, s.: Universal-Bibliothek.

Heyse, Paul: König Saul. Eine biblische Historie in 5 Akten von —. Leipzig: Reclam [1908]. 79 S. 8°
(Universal-Bibliothek. 5060.)

Roland's Schildknappen oder Die Komödie vom Glück. Volksmärchen in 3 Akten u. 1 Vorspiel von Paul Heyse. 1865. 1893. Als Ms. gedr (Berlin 1893: Schade.) 119 S. 8° [10. 1116]

[F.] Roland's Schildknappen oder Die Komödie vom Glück. Volksmärchen in 3 Akten u. e. Vorspiel v. Paul Heyse. 1805. 1895. *Berlin: W. Hertz 1896.* (4 Bl., 119 S.) 1 Bd 8.
— Heyse, P.: Dramat. Dichtungen. Bdch. 28. [98. 1409]

— der Schutzengel. Novelle. Illustr. v. C. Münch. gr. 8. (111 S.) Leipzig (900). E. Keil's Nachf. 1. —

—— Siechentrost. Novelle. 1. und 2. Aufl. 8. (102 S.) Augsburg 883,84, Gebr. Reichel. geb. mit Goldschn.

— Skizzenbuch. Lieder u. Bilder. 1. u. 2. Aufl. 8. (VIII, 265 S.) Ebend. 877. n. 5. —; geb. n.n. 6. —

Heyse, Paul: Der S o h n seines Vaters und andere Novellen. Von —. 1.–3. Aufl. Berlin: W. Hertz 1898. (3 Bl., 381 S.) 8°

—— der verlorene Sohn, s. Novellenschatz, neuer deutscher.

Der verlorene Sohn. Von Paul Heyse. Ill. von A. Dressel. *Berlin: Bong & Co. [1899].* (S. 39–93.) 8° [F.]
== Meister-Novellen d. XIX. Jahrh. Bd 2, [a.]
(Illustr. Klassikerbibl. Beigabe zu Zur Guten Stunde.) [04. 2839]

— der verlorene Sohn, s.a. Volksbücher. Wiesbadener.

Heyse, Paul. Der verlorene Sohn. Eine Erzählung. 60 S. 8. Wiesbaden, Verlag des Volksbildungsvereins (Buchh. Heinrich Staadt), 1901. (M. —.15)
Wiesbadener Volksbücher Nr. 10.
Schauplatz der Erzählung ist die Schweiz.

—— Spruchbüchlein. 12. (VII, 216 S.) Berlin 885, Besser'sche Buchh. (W. Hertz). *M 3.—; geb. * 4 —

Crone Stäudlin. Roman von Paul Heyse. 2. Aufl. Stuttgart & Berlin: J. G. Cotta Nachf. 1905. (335 S.) 8° [F.]

— Crone Stäudlin. Roman. 1.—4. Aufl. (à 335 S.) 8. Ebd. 905. n. 4. —; geb. in Leinw. n. 5. —

— Gegen den Strom. Eine weltl. Klostergeschichte. 1. u. 2.—4. Aufl. (266 S.) 8. Stuttgart 907. J. G. Cotta Nachf. 4.—; geb. in Leinw. 5. —

— dasselbe. 5. u. 6. Aufl. (207 S.) 8. Ebd. 909. 2.40; geb. in Leinw. 3. 40

Heyse, Paulus (geb. Berlin 1830): Studia Romanensia. Particula I. Berolini (1852). (47 S.) 8° ¶ Fortsetzung bis 1899 nicht erschienen.
Berlin, Phil. Diss. v. 10. Juni 1852

—— Studia romanensia. Particula I. Dissertatio inauguralis. Smaj. (48 S.) Berolini 851(52,) (Hertz.) **

—— Syritha. 8. (VII und 87 S.) Berlin 867, Hertz.

Tantalus. Mutter u. Kind. Zwei Novellen von Paul Heyse. Ill. von René Reinicke u. Fritz Reiss. Stuttgart: Krabbe [1901]. 156 S. 8° [10. 8406]

— Thekla, s.: Volksbibliothek, deutsche.

— Thekla. Ein Gedicht in 9 Gesängen. Stuttgart 858. Cotta. gr. 8. (2 Bl., 176 S.) n. 1 Thlr. 6 Ngr.

Thekla. Ein Gedicht in neun Gesängen. 2., neu durchgeseh. Aufl. Stuttgart 863. Cotta. 16. (III, 201 S.) geb. n. 1 Thlr. 12 Ngr.

—— Troubadour-Novellen. 14. Sammlung der Novellen. 8. Berlin 882, Hertz.
Inhalt:
Der lahme Engel. — Die Rache der Vizgräfin. — Die Dichterin von Carcassonne. — Der Mönch von Montaudon. — Ehre über Alles. — Der verkaufte Gesang. (347 S.)

—— dass. — Min.-Ausg. 1.—3. Aufl. 16. (334 S.) Ebendas. 882. geb. mit Goldschn.

Moralische Unmöglichkeiten u. andere Novellen. Von Paul Heyse. Stuttgart & Berlin: J. G. Cotta Nachf. 1903. (408 S.) 8° [F.]

— moralische Unmöglichkeiten u. andere Novellen. 2. u. 3. Aufl. (à 408 S.) 8. Ebd. 903. n. 4. 50; geb. in Leinw. n. 5. 50

—— Urica. 16. (46 S.) Berlin 851(52,) Hertz.

Vanina Vanini. Trauerspiel in 4 Akten von Paul Heyse. (1893.) Als Ms. gedr. (Berlin 1893: Schade.) 130 S. 8° [10. 1116]

[F.] Vanina Vanini. Trauersp. in 4 Akten v. Paul Heyse. *Berlin: W. Hertz 1896.* (4 Bl., 136 S.) 1 Bd 8.
— Heyse, P.: Dramat. Dichtungen. Bdch. 29. [98. 2410]

— Verse aus Italien. Skizzen, Briefe u. Tagebuchblätter. 8. (XII, 287 S.) Ebend. 880. n. 6. —; geb. n. 7. 20

Victoria regia u. a. Novellen von Paul Heyse. 2.–4. Aufl. Stuttgart & Berlin: J. G. Cotta Nachf. 1906. (322 S.) 8° [F.] [07. 17191]

— Victoria regia u. andere Novellen. 1. Aufl (322 S.) 8. Ebd. 906. n. 4. —; geb. in Leinw. n. 5. —

— San Vigilio. Novelle. Illustr. v. Fritz Reiß. gr. 8. (159 S.) Stuttgart (902). C. Krabbe. n. 2. —; geb. in Ldr. n.n. 3. 50

— aus den Vorbergen. Novellen. 8. (V, 369 S.) Ebd. 893. n. 5. —; geb. n. 6. —

—— Weihnachtsgeschichten. 8. (VII, 302 S.) Berlin 890. Besser'sche Buchh. n. 5. —; geb. n. 6. —

—— Weihnachtsgeschichten. 1.—4. Aufl. 8. (VII, 302 S.) Berl. 891.92, Hertz. * 5 —; geb. * 6 —

Heyse, Paul
Der Weinhüter von Meran. Novelle. Berlin 1864.
In: Roman-Zeitung, Deutsche. Bd 1.

— die Weisheit Salomo's. Schausp. in 5 Akten. 2. Aufl. Wohlf. Ausg. 8. (87 S.) Ebd. 896. n. 1. —

Heyse, Paul, Gesammelte Werke. 10 Bde. gr. 8. Berlin, Hertz. à Bd. *M 3,60. *
Inhalt:
Bd. 1. Gedichte. 1. Abdr. 1871. und 2. Abdr. (VIII, 335 S.) 872.
" 2. 3. Novellen in Versen. 2 Bde. (303; III, 322 S.) 872,73.
" 4—8. Novellen (in Prosa). 5 Bde. (407; 390; III, 394; 400; 405 S.) 872,73.
" 9. 10. Dramen. 2 Bde. (491; III, 477 S.) 872,73.

Heyse, Paul, gesammelte Werke. 2., 3., 4., 6 u. 8. Bd. 8. Berlin, Besser. à n. 3. 60; geb. in Leinw. à n. 4. 50
2. Novellen in Versen. 1. Bd. 5. Aufl. (371 S.) 896.
3. Dasselbe. 2. Bd. 5. Aufl. (341 S.) 897.
4. Novellen. 1. Bd. 8. Aufl. (407 S.) 898.
6. Dasselbe. 3. Bd. 6. Aufl. (395 S.) 897.
8. Dasselbe. 5. Bd. 6. Aufl. (407 S.) 897.

Heyse, Paul, gesammelte Werke. 5. Bd. Novellen. 2. Bd. 7. Aufl. 8. (391 S.) Berlin 899. [Besser.] J. G. Cotta Nachf., Zweigniederlassg. n. 3. 60

Heyse, Paul, gesammelte Werke. 4. Bd.: Novellen. 1. Bd. 9. Aufl. (V, 406 S.) 8. Stuttgart 905. J. G. Cotta Nachf. n. 3. 60; geb. n. 4. 50

Heyse, Paul, gesammelte Werke. Neue Serie. 1.—6. Bd. [Gesammelte Werke 11.—16. Bd.] 8. Berlin, Hertz. à Bd. *M 3,60.; geb. *

Inhalt:
Bd. 1. 2. Kinder der Welt. Roman in 6 Büchern. 2 Bde. 7.—10. Aufl. (365; 333 S.) 880—84.
- 3. 4. Im Paradiese. Roman in 7 Büchern. 2 Bde. 5.—7. Aufl. (VI, 303; 341 S.) 880—84.
- 5. 6. Novellen. 6. und 7. Bd. (348; 282 S.) 882.
1.—10. Bd. Ebendas. 1872,73. à *M 3,60.; geb. *M 4,80.

Heyse, Paul, gesammelte Werke. Neue Serie. 7.—11. Bd. [Gesammelte Werke 17.—21. Bd.] 8. Berlin, Besser'sche Buchh. (W. Hertz). à Bd. *M 3.60.; geb. *

Inhalt:
Bd. 7—9. Novellen. 8.—10. Bd. (360; 315; 398 S.) 885.
- 10. 11. Dramen. 3. und 4. Bd. (389; 369 S.) 886.
1.—10. Bd. und Neue Serie 1.—6. Bd. [Gesammelte Werke 1.—16. Bd.] Ebendas. 1872—84. à Bd. *M 3.60.; geb. *M 4.50.

Heyse, Paul, gesammelte Werke. Neue Serie. 12.—14. Bd. (Gesammelte Werke 22.—24. Bd.) 8. Berlin 893. Besser. à n. 3. 60; geb. à n. 4. 50
12. 13. Novellen. 11. u. 12. Bd. (363 u. 349 S.)
14. Der Roman der Stiftsdame. 9. Aufl. (275 S.)

— dasselbe. Neue Serie. 1.—6. u. 15. Bd. (Gesammelte Werke 11.—16. u. 25. Bd.) 8. Ebd. à n. 3. 60; geb. in Leinw. à n. 4. 50
1. 2. (11. 12.) Kinder d. Welt. Roman in 6 Büchern. 2 Bde. 17. Aufl. (365 u. 335 S.) 896.
3. 4. (13. 14.) Im Paradiese. Roman in 7 Büchern. (1876.) 2 Bde. 11. Aufl. (VI, 303 u. 341 S.) 896.
5. (15.) Novellen. 6. Bd. 3. Aufl. (349 S.) 896.
6. (16.) Dasselbe. 7. Bd. 3. Aufl. (283 S.) 897.
15. (25.) Merlin. Roman in 7 Büchern. 6. Aufl. (568 S.) 895.

— dasselbe. Neue Serie. 1.—4., 8., 14. u. 16.—19. Bd. (Gesammelte Werke. 11.—14., 18., 24. u. 26.—29. Bd.) 8. Berlin. Stuttgart, J. G. Cotta Nachf. à n. 3. 60; geb. à n. 4. 50
1. 2. Kinder der Welt. Roman in 6 Büchern. 2 Bde. 18. u. 19. Aufl. (à 365 u. 335 S.) 899. 901.
3. 4. Im Paradiese. Roman in 7 Büchern. (1876.) 2 Bde. 12. Aufl. (VI, 303 u. 341 S.) 899.
8. Novellen. 9. Bd. 2. Aufl. (316 S.) 902.
14. Der Roman der Stiftsdame. 11. Aufl. (275 S.) 899.
16. Ueber allen Gipfeln. Roman. 9. Aufl. (300 S.) 899.
17—19. Novellen. 13.—15. Bd. (413. 409 u. 407 S.) 899.

— dasselbe. Neue Serie. 3. 4. 9. 14. 20. u. 21. Bd. (Gesammelte Werke 13. 14. 19. 24. 30. u. 31. Bd.) 8. Ebd. à n. 3. 60; geb. in Leinw. à n. 4. 50
3. 4. Im Paradiese. Roman in 7 Büchern. (1876.) 2 Bde. 13. Aufl. (VI, 303 u. 341 S.) 903.
9. Novellen. 10. Bd. Buch der Freundschaft. 7. Aufl. (399 S.) 904.
14. Der Roman der Stiftsdame. 12. Aufl. (275 S.) 903.
20. Novellen. 16. Bd. Novellen vom Gardasee. 5. Aufl. (334 S.) 905.
21. Dasselbe. 17. Bd. Moralische Unmöglichkeiten u. andere Novellen. 4. Aufl. (313 S.) 905.

Heyse, Paul, gesammelte Werke. Neue Serie. 22.—26. Bd. (Gesammelte Werke 32.—36. Bd.) 8. Stuttgart, J. G. Cotta Nachf. 17.50; geb. in Leinw. 22. 50
22. Novellen. 18. Bd. Victoria regia u. and. Novellen. 4. Aufl. (322 S.) 907. 3.50; geb. 4. 50
23. Gegen den Strom. Eine weltl. Klostergeschichte. 4. Aufl. (268 S.) 908. 3.50; geb. 4. 50
24. Novellen. 19. Bd. Menschen u. Schicksale. Charakterbilder. (Umschlag: 4. Aufl.) (352 S.) 908. 3.50; geb. 4. 50
25. Die Geburt der Venus. Roman. 4. Aufl. (325 S.) 909. 3.50; geb. 4. 50
26. Novellen. 20. Bd. Helldunkles Leben. 4. Aufl. (302 S.) 910. 3.50; geb. 4. 50
Auch der Preis der Bände 1—22 ist auf à 3.50; geb. 4.50 ermäßigt.

Paul Heyse. Ein Wintertagebuch. ⟨Gardone 1901–1902⟩. *Stuttgart & Berlin: J. G. Cotta Nachf. 1903.* (138 S.) 8° [F.] [illegible]

Wolfram von Eschenbach. Ein Festspiel von Paul **Heyse**. München 1894: (Knorr & Hirth). 40 S. 8° [illegible]

Heyse, Paul, unvergeßbare Worte und andere Novellen. 15. Sammlung der Novellen. Min.-Ausg. 1.—3. Aufl. 16. (296 S.) Berlin 883, Hertz. geb. mit Goldschn. *

— unvergeßbare Worte und andere Novellen. 15. Sammlung der Novellen. 8. Ebendas. 883.

Inhalt:
Unvergeßbare Worte. — Die Eselin. — Das Glück von Rothenburg. — Getheiltes Herz. (307 S.)

Heyse, Paul, unvergeßbare Worte u. andere Novellen. 5. Aufl. (316 S.) 8. Stuttgart 903. J. G. Cotta Nachf. n. 3. 60; geb. in Leinw. n. 4. 60

Heyse, Theodor (Hrsg.), s. Aeschylus: Die Orestie.

Heyse. Thdr., s. Catull's Buch der Lieder.

Heyse, Th., s. Polybii historiarum etc.

Heyse, Thdr., Vergißmeinnicht, ein Kranz von 400 ausgewählten Stammbuchsversen, der Liebe und Freundschaft geweiht. 13. verb. Aufl. Einbeck (855.) Ehlers. 8. (64 S.) 3¾ ngr.

Heyse, Wilh., de Meklenbörger Burhochtid un Rosmarin un Ringelblomen. Berlin 862. Schotte & Co. 16. (VIII, 213 S.) n. 25 ngr.

Heyse, Wilh., de Meklenbörger Burhochtid un Rosmarin un Ringelblomen. 2., billige (Titel-)Ausg. Berlin (862) 865. Schotte & Co. 16. (VIII, 213 S.) 12 ngr.

— frische Kamiten ut Krischaon Schulten sin Mus'list. Ebend. 863. 8. (V, 205 S.) 25 ngr.

— Frische Kamiten ut Krischaon Schulten sin Mus'list. 2., billige (Titel-)Ausg. Ebend. (863)865. 8. (V, 205 S.) 12 ngr.

Heyse, Wilh., Klänge aus Vandalia. Gedichte, mit einer literarisch-biograph. Skizze von Heinr. Fischer. (3. Aufl.) gr. 8. (XVI, 98 S.) Neubrandenburg 883, (Rahmmacher.) *
1. und 2. Aufl. erschienen 1883 im Selbstverlage des Verfassers.

— Punschendörp. Plattdütsche Läuschens, Dichtels un Rimels in meckelnbörger Mundort. Neubrandenburg 861. Brünslow. 8. (X, 252 S.) n. 25 ngr.

Heyser, Chrstn., die Kirchen-Verfassung d. A. C. Verwandten im Großfürstenth. Siebenbürgen. Dargest. u. mit Urkunden belegt. gr. 8. (17⅛ B.) Wien 836, (Mayer u. Comp.) *

Heyser, Chr., vaterländische Schriften. 8. Kronstadt 846, Nemeth. n. ⅔ ₰

Heyser, Erich, Referendar zu Braunschweig: Die Naturalleistungen des städtischen Grundbesitzes in historischer Entwicklung insbesondere unter dem Einfluss der modernen Geldwirtschaft. T. 2. Die hist. Entwicklung in ihrer volkswirtschaftl. u. finanzpolit. Analysis. Göttingen 1908 (Stuttgart: Union). (32 S.) 8° ¶ (Erschien vollst. in: „Finanzarchiv" Jg. 25 Bd 1.)

Göttingen, Phil. Fak., Ref. Cohn, Diss. v. 4. März 1908

[Geb. 16. Sept. 81 Herzberg a. H.; Wohnort: Herzberg a. H.; Staatsangeh.: Preußen; Vorbildung: Neues Gymn. Braunschweig Reife M. 00; Studium: München 2, Göttingen 5 S.; Rig. 24. Juli 07.]

Schulgebete, eine Anregung z. Pflege d. Gebetes in d. Schule von Gustav Heyser. *Halle: E. Anton 1900.* (124 S.) 8° [ß.] (00. 1191) 3

Heyser, Gust., Schulgebete, e. Anregg. zur Pflege des Gebetes in der Schule. gr. 8. (IV, 124 S.) Halle 900. Leipzig, F. Hirt & Sohn. n. 1. 20

Heyser, G., Veranschaulichung im Rechnen, s.a. Studien, pädagog.

Veranschaulichung im Rechnen. Beitrag z. Neugestaltung d. Rechenunterrichts von G[ustav] **Heyser**. Leipzig: Siegismund & Volkening (1910). 84 S. 8°
(Pädagogische Studien. II. 190.) (11. 158)

Johann Jakob Heyser

De Hydrocela tunicae vaginalis testiculi. Wirceburgi 1818: Nitribitt. 74 S. 8°
Würzburg, Med. Diss. v. 1818

Heyser, Rudolf. Beiträge zur Kenntnis der Phenetidide und Anisidide der Thioglykolsäure. Diss. Phil. Basel. IV + 47 S. 8. Braunschweig, Vieweg, 1903.

Heysler: De vita et placitis M. Aurelii Imperatoris Phil. Stoicae sectatoris. 43 S. 8° – Brixen, Progr. 1858.

Heyß, Ign. Joh., die Kartoffel-Mehlbereitung im Großen, od. von den Kartoffeln, ohne außer der Speisung der Maschine eine Handarbeit zu bedürfen, das Stärkemehl nach Belieben ganz od. theilweise auszuziehen rc. 8. (60 S. m. 1 lith. Taf. in Fol.) Innsbruck 847. (Wagner.) 21 ngr

— der nach dem Lebengewichte des Rindes u. selbst nach dessen Quadrat-Maaß normalmäßig zu bestimmende Milchertrag od. das einfachste u. sicherste Mittel zur höchsten Veredlung u. Vervollkommnung der Rindviehzucht u. höchst möglichen Futterausnützung. Nach den neuesten in verschied. deutschen Ländern m. verschiedenen Rinder-Racen nach größeren Durchschnitten mehrjährig erprobten Erfahrungen. Zugleich als Versuch einer Anleitung, um bei erfolgter Auflassung der Frohndienste u. Zehente einerseits entgangenen minder kostspieligen Arbeitskräften, andererseits aber durch nun freie Bewirthschaftg. die höchst mögliche Grundrente zu erzielen. gr. 8. (62 S. mit 6 Tab. in 4. u. Fol.) Innsbruck 849. (Wagner.) n. 21 ngr

Heyß, Ignaz Jh., die Rindviehnutzung im Hochlande, oder mit 3 Viertheilen u. selbst der Hälfte des bisherigen Winterfutter-Bedarfes einen bedeutend höheren Milchertrag hervorzubringen, so wie auch das Vieh auf die mindest kostspielige Art u. mit dem sichersten Erfolg zu mästen. 8. (Mit 1 Taf.) Innsbruck 845, Wagner. 6¼ ngr

Heyßig, Johann: Der Weinbau, sein Bestand oder sein Ende. Wien: Selbstverl. 1892. 24 S. -- ÖNB*

Heyßig, Johann, Der Weinbau, sein Bestand oder sein Ende. 8. (24 S.) —.10
Wien: Lesk & Schwidernoch 1892.

Heyßler, Mor., Handbuch für die Geschwornen im österreich. Strafverfahren nach der provisor. Strafprozeß-Ordnung vom 17. Juni 1850. Eine prakt. Anleitg. z. Führung d. Geschwornenamtes. 16. (VIII u. 200 S.) Wien 850, Tendler & Co.

Heyssler, Mor., das Civilunrecht u. seine Formen. Wien 870. Gerold's Sohn. gr. 8. (III, 60 S.) n. 16 ngr

Heyst, D. van, Dissert. theol. inaug., de Judaeo-Christianismo ejusque vi et efficacitate, quam exeruit in rem christianam, seculo primo. 4 maj. (24 B.) gr. 8. (mit breitem Rande.) Lugd. Bat. 828. (Lipsiae, Weidmann.)

Heythausen, H., Aphorismen aus C. Tanner's Geistesübungen für Geistliche und Lehrer. 16. (IV und 73 S.) Münster 855, Deiters.

Heythausen, H., nur Eines thut Noth! Eine Auseinandersetzung der Ignatianischen Exercitien für kathol. Christen, welche eine gründliche Lebensbesserung anstreben. Nach dem Latein. der HH. A. Bellecius, u. Dr. C. W. Westhoff bearb. Münster 855. Deiters. 16. (XXIII, 288 S. u. 1 Lithogr.) n. 10 ngr

— — mit einem aus Tanner's Geistes-Uebungen geschöpften Anhange für Geistliche und Lehrer versehen. Ebend. 855. 16. (XXIII, 363 S. u. 1 Lithogr.) n. 15 ngr
Der Anh. (S. 291—363.) besonders abgedruckt u. d. T.:
Aphorismen aus C. Tanner's Geistesübungen...

Heywang, Rudolf Alfred, aus Wingen im Elsass: Synthese des Chromons. Strassburg 1905. 28 S. 8°. [21. VII. 05.]
Bern. Phil. Diss. 1905/1906.

Heywang, Rudolf Alfred. Synthese des Chromons. Diss. Phil. Bern. 28 S. 8. Strassburg, M. DuMont-Schauberg, 1905.

Heywood, Tho., Pleasant dialogues and dramma's, s.: Materialien zur Kunde des älteren englischen Dramas. III.

Heyzmann, Ulrich

Heyzmann, U., rechtshistorischer Beitrag zum Studium der kirchlichen Cölibatsgesetzgebung. 8. (... S.) Krakau 860, Friedlein.

Heyzmann, U., Balthazaris Behem codex picturatus a. 1505, continens privilegia et plebiscita urbis Cracoviae. Lex.-8. (69 S.) Wien 865, (Gerold's Sohn.) * *
Aus: Archiv für Kunde österreichischer Geschichtsquellen, besonders abgedruckt.

Hezel, Arthur [aus Königsberg]: Beiträge zur Kenntniss der Ketone. . . . Königsberg in Pr., Buchdr. v. R. Leupold, 1889; 2 Bl. + 49 S. + 1 Bl. 8°
Königsberg, Phil. Fak., Inaug.-Diss. v. 10. Dez. 1889

Hezel, Arth. Beiträge zur Kenntniss der Ketone. Diss. gr. 8. (49 S.) Königsb. i. Pr. 889. (Koch.) • 1 —

Hezel, Bernhard Gottfried (Schwäb. Hall), De salinis earumque inspectione magistratui civitatum imperialium competente. Diss. jur. Altdorf (Joh. Georg Meyer) 4. VI. 1750. 28 S., tlws. dtsch. (6.50) 15078

v. Hezel, Charl. Henr., geb. Schwabe, († d. 3. April 1817.), s. Wochenblatt f. d. schöne Geschlecht. 4 Hefte.

— **David Heinrich** (Olbernhau), De lactationis effectu in matrem et infantem. Diss. med. Lpz. (Staritz) 12. II. 1836. 28 Seiten. (6.20) 15079
Gew.: August Heinrich Braeuer, Friedrich Schwarzenburg.

Der Hesselberg. Von Eugen **Hezel**, stellv. Amtsrichter. (Ravensburg): Schwäb. Albver. (1896). (23 S.) 4° [F.]
Aus: Blätter d. Schwäb. Albver. 8. (1896.) 106. 11543

— **Ferdinand** (Schw. Hall), Kritik der neuen Methode des Dr. Pauli, den grauen Staar zu operiren. Diss. med.-chir Präs. Leopold v. Riecke. Ulm (Wagner) Jan. 1839. 30 S. (6.—) 15080

Hezel, Friedrich, Justizref.: Die fortgesetzte allgemeine Gütergemeinschaft des bürgerlichen Rechts. *Tübingen 1901: H. Laupp jr.* (60 S.) 8° [F.]
Tübingen, Jur. Diss. v. 1901

— **Georg Friedrich** (Schwäb. Hall), De immunitate civitatum imperialium a vectigalibus in rebus ad usum proprium publicum pertinentibus. Diss. jur. Altdorf (Jod. Wilh. Kohles) 22. VII. 1726. 28 S. (6.80) 15081

— **Georg Wilhelm** (Schwäb. Hall), De praesenti forma Sacri Imperii Romano Germanici. Disp. jur. Präs. Gottfried Daniel Hoffmann. Tübing. (Bauhof & Franck) Jan. 1759. 44 S. (6.80) 15082
Gew.: Jo. Friedrich Bonhoefer, Jo. Lorenz v. Iemgumer-Closter. — Widm. v. Präs.

Hezel, Hans, Beitrag zur Aetiologie, Pathologie u. Therapie der Gynatresien. Diss. gr. 8. (32 S.) Königsberg 900. Akadem. Buchh. v. Schubert & Seidel. —80

Hezel, Johann Friedrich.
Drey Satiren a. d. Latein. übersetzt. Altenb. 1767. 1770. Ü: *Schubart, Christian Frdr. Daniel.* (ML) (Ky) (GGr)

Hezel, Johann Karl Wilhelm Fr. von

— Grundlinien des ordentl. livländ. Civilprocesses. 8. Riga 812. (118 S.)

- Diatribe historico-juridica de remedii appellationis contra amplissimi Senatus Dorpatensis decreta olim interponendi indole et forma. 8. Dorpat 814. (29 S.)

v. *Hezel*, Jh. Karl Wlh. Fr., jus famulitii in Livonia obtinens. 8. Dorpat 807. (40 S.)

— Diss. de peculatu, stricte sic dicto, ejusque poena. 8. Dorpat. 810. (28 S.)

Hezel, Lorenz Friedrich

Hezel, Lor. Friedr., Grundsätze d. Wechsel- u. Handlungs-Rechts. Nach würtemberg. u. gem. Rechte. gr. 8. (33 ½ B.) Schwäb. Hall 838, Schwend.

Hezel, Lor. F.: Die Lehre von den Verträgen und Contracten nach d. in ganz Deutschland gelt. gemeinen Rechte; nebst ein. Anleit. zu Aufsätzen üb. jede Gattung derselb. mit 317 Formularen u. Notizen üb. die Viehmängel in Beziehung auf d. Handel. 7 Lief. *Schwäb. Hall.* Haspel. 837. 38. 8. (2 Thl. 8 Gr.)

—— die Lehre von d. Verträgen od. Contracten nach dem in ganz Deutschland gem. Rechte, nebst e. Anleit. zu Aufsätzen üb. jede Gattung ders. mit 317 Formularen, u. Notizen üb. d. Viehmängel in Bezieh. auf d. Handel. 7 Lfgn. (2 Hfte.) 8. (51 ½ B.) Schwäb. Hall 838, Haspel'sche Buchh.

Hezel, Lor. F., Repertorium d. würtemberg. Polizeigesetze. 6 Bde. 8. Gmünd 814—18. Ritter. 8 rthl 12 gr

Hezel, Lr. F.: „Repertorium der Württembergischen Polizey-Gesetze", 4 Bände, Gmünd 1815 bis 1818 (Ritter).

Hezel, Lorenz Friedr.: Repertorium der Polizeigesetze des Kgr. Wirtemberg. 10 Bde. Ellwangen und Gmünd: Ritter. [Bd. 7—10:] Ravensburg: Gradmann 1814—28.

—— Uebersicht der d. Gewerbe betreff. Gesetze u. Verordnn. in d. Kgr. Württemberg. 8. (20 B. incl. 1 Tab.) Heilbronn 839, Drechsler.

Hezel, Lor. Friedr., Uebersicht der die Gewerbe betreffenden Gesetze u. Verordnungen in dem Königr. Württemberg. 2., wohlf. Ausg. 8. (20 B.) Heilbronn 842, Drechsler'sche Buchh.

Hezel, Lor. F., Uebersicht d. Gesetze, welche d. sämmtl. Unterrichtsanstalten d. Königreichs Würtemberg betreffen. 8. Ravensburg 828. Gradmann. 1 rthl 12 gr

—— Uebersicht d. württemberg. Mühlen-Polizei-Gesetze. 8. (4 ⅛ B.) Schwäb. Hall 838, Haspel'sche Buchh.

— Unsterblichkeit u. Wiedersehen, eine Gedächtnißrede auf J. F. Bonhöfer. 8. Gmünd 813. Ritter. 4 gr

—— Zusammenstellung der d. Straßenbau u. die Straßen-Polizei betreff. Gesetze u. Verordnn. in d. Königr. Württemberg. 8. (7 B. incl. 1 Tab.) Heilbronn 839, [Landherr.]

Hezel, Lorenz Friedrich: Zusammenstellung der den Straßenbau und die Straßenpolizei betreffenden Gesetze und Verordnungen in dem Königreich Würtemberg. Heilbron. 1843. 8°

Hezel, Otto, die Zuckerkrankheit, s.: Bibliothek, medicinische, f. prakt. Ärzte. Nr. 148/52.

Hezel, Paul, appr. Tierarzt a. Cannstatt a. Neckar: Aus der Klinik für kleinere Haustiere der k. tierärztlichen Hochschule Stuttgart. Über Naphtha und Nafalan. Stuttgart 1904: Union. (40 S.) 8°
Gießen, Verein. Med. Fak., Ref. Geppert, Diss. v. 27. Okt. 1904
[Geb. 8. Okt. 78 Cannstatt; Wohnort: Cannstatt; Staatsangeh.: Württemberg; Vorbildung: Gymn. Cannstatt Reife O. 98; Studium: Stuttgart 7 S.; Rig. 5. Juli 04.]

Hezel, Wilhelm Friedrich

— Anleit. zur Bildung des Geschmacks für alle Gattungen d. Poesie. 2 Thle. gr. 8. Hildburgh. 791. (Cr. Fleischer in Leipz.) 1 rthl 4 gr

— Anl. zur Bildung des Geschmacks sonderl. für Werke der Poesie. 2 Thle. gr. 8. Hildburgh. Hanisch. 791.

— prakt. Anleit. zur Erklärung d. N. Testam. für Anfänger in exeget. Vorlesungen über d. Evangel. Johannis u. d. schwersten Paulin. Briefe als Beilage zu seinem Bibelwerke. 1e Hälfte des Evangel. Johannis. gr. 8. Frkf. a. M. 792. Andreä. 1 Rthlr. 16 gr.

— Anleit. zur arab. Sprache, bei Ermangelung d. mündl. Unterrichts, nach d. arab. Grammatik u. Chrestomathie. 2 Thle. 8. Leipz. 784 u. 85. (Cnobloch). 1 Rthlr. 12 gr.

Hezel, (Wilh. Friedr.) Anleit., wie man ohne Unterr. Arabisch lernen könne. 2 Thle. 8. Leipz. 784 u. 85, Böhme. (Cnobloch.)

— Anweis. zum Chaldäischen, bei Ermangelung alles mündl. Unterrichts. 8. Lemgo 787. Meyer. 6 gr.

— Anweis. zum Hebräischen, bei Ermangelung des mündl. Unterrichts. 8. Weimar 781. Hoffmann. 12 gr.

— Anw. zum Hebräischen bey Ermangelung des mündl. Unterrichts. 8. Weimar, Hoffmann. 805.

— grammat. Aetiologie d. französ. Sprache. gr. 8. Leipz. 793. (Lauffer). 8 gr.

— grammat. Aetiologie d. franz. Spr. gr. 8. Leipzig, H. Richter. (Günther in Glogau) 798.

— über Auslegungsart der Bibel. 8. Lemgo, Meyer. 789.

— Beitr. zur Vervollkommnung d. Bauart mit gestampfter Erde ꝛc. 2 Thle. (1r Thl. A. u. d. T.: populärer Unterricht in d. Bauart mit gestampfter Erde ꝛc. nach Cointeraux.) 8. Riga 806.

— d. Bergrede u. d. Gebet Jesu als Probe e. neuen Uebersetzung d. ganzen Bibel. 8. Dorpat 808.

— Betr. üb. d. babylon. Stadt- u. Thurmbau. 8. Hildburghausen, Hanisch. 774.
Vgl. Hezel: Gedanken...

— s. Bibel, die, in ihrer wahren Gestalt.

— d. Bibel in ihr. wahr. Gestalt, f. ihre Freunde u. Feinde. 3 Bde. m. K. gr. 8. Hannov. Hahn. 786—94.

— d. Bibel d. N. Testam., s. Testament, d. Neue.

— Bibel A. u. N. Testam. m. Anm. 10 Bde. gr. 8. Lemgo, Meyer. 786—92.

— — dies. im Ausz. in 2 Bd. v. Schenk. 8. Ebend. 782.

— s. Biblia. Lemgo.

Hezel, Wilhelm Friedrich, s. Biblia hebr. parva.

— carminum arabicorum Spec. I. 8maj. Lemgo 789. Meyer. 4 gr.

— s. Dialoge zur Erläuter. d. Bibel.

— s. J. C. W. Diederich: Hebr. Grammatik.

Hezel, (Jh.) Wlh. Fr., († d. 30. Juni 1824.) über d. Aechtheit d. Stelle Johannis (1 Joh. V. 7.) gr. 8. Gießen 793. Heyer. 6 gr.

— Einleit. in d. allgem. Sprachlehre, mit besond. Rücksicht auf d. deutsche ꝛc. 8. Riga 805. Meinshausen. 8 gr.

— Einleitung in die allgemeine Sprachlehre ꝛc. 8. Riga, Müller. (Meinshausen) 805.

— engl. Elementarw. od. engl. Sprachlehre. gr. 8. Lpz. Kleefeld. (Bauer) 804. Rthlr.

— engl. Elementarwerk, oder prakt. engl. Sprachlehre. gr. 8. Leipz. 804. 2e A. 811. Andrä. 16 gr.

— hebr. Elementarwerk. A. u. d. T.: neue hebr. Sprachlehre für Anfänger. 1r Curs. 8. Dorpat 804. Gauger. 20 gr.

Hezel, Wilh. Fr., hebräisches Elementarwerk. 1r Curs. 8. Dorpat, Gauger, 806.

— Elementarw. der französischen Sprache. 4 Thle. Gießen, Heyer.

— Anhang zum Elementarbuche d. französ. Sprache. 8. Mgrb. 800. Krieger. 20 gr.

— Entwickel. d. schwer. bibl. Begr. Geist und Fleisch. gr. 8. Gießen, Heyer. 793.

— Erklärung des Sündenfalls u. des schweren in Mosis Erzählung von Kains u. Abels Opfer u. Henochs Ausgang aus d. Welt. 8. Jena 777.

— Erläuterung einiger auserlesenen Oden des Pindar mit dem griech. Texte. 8. Riga 805. Hartmann. 1 Rthlr. 12 gr.

— paläographische Fragmente über d. Schrift d. Hebräer u. Griechen. gr. 8. Berl. 816. Schüppel. 20 gr.

— s. G. L. Gebhardt: Bibl. Wörterbuch.

— Gedanken über d. Babylonischen Stadt- u. Thurmbau. 8. Hildburgh. 774. Hanisch. 5 gr.
Vgl. Hezel: Betrachtung...

— Geist d. Philosophie u. Sprache d. alten Welt. 1r Thl. 8. Lübeck 794. Niemann. 1 Rthlr. 4 gr.

— Geneseos ex Onkelosi paraphrasi chaldaica. cap. 8. Lemgo, Meyer. 789.

— über Griechenlands älteste Geschichte u. Sprache. 8. Weißenf. 795. (Baumgärtner in Leipz.) 1 Rthlr.

— Geschichte d. hebräischen Sprache. 8. Halle, Hemmerde u. S. 776.

— Geschichte d. hebräischen Sprache u. Literatur, nebst e. Anhang über oriental. Dialekte. 8. Halle 776. Schwetschke u. S. 18 gr.

— erleichterte arabische Grammatik. 8. Jena, Böhme. 776.

— erleichterte arab. Grammatik für den ersten Cursus d. arab. Sprachunterrichts, nebst kleiner arab. Chrestomathie. 8. Jena 776. Nöthige Verbesserungen u. Zusätze dazu. 8. Jena 780. 2e verb. A. 8. Leipz. 825. Cnobloch. 18 gr.

Hezel, W. F., erleichterte prakt. engl. Grammatik, neue Aufl. gr. 8. Leipz. Bauer. 801.

— hebräische Grammatik. gr. 8. Lemgo. (Gebauer in Halle) 777.

— Hagar in d. Wüste, ein kleines Drama, französ. u. deutsch, zur Uebung d. französ. Sprache. gr. 8. Gießen 801. Heyer. 2 gr.

— Handbuch d. christl. Kirchen- u. Dogmengeschichte, führt fälschl. Hezels Namen u. ist von L. W. Wittich, s. Handbuch.

— Handbuch der christlichen Kirchen- und Dogmengeschichte nach alphabet. Ordnung. 1r Bd. gr. 4. Erfurt, Hennings. 800.

— der Hauslehrer nach Raffs Lehrart. 3 Thle. s. Hauslehrer.

— institutio philologi Hebraei; tironibus scripsit. 8maj. Halle 793. Gebauer. 12 gr.

— d. allgem. Judenbekehrung. 1e Lief. gr. 8. Gießen 793. Heyer. 5 gr.

— kleines französ.-deutsches Complimentirbuch. Eine Beilage zum Elementarwerke. 8. Gießen 803. Heyer. 2 gr.

— Kunst, auf d. geschwindeste Art französisch zu sprechen zu lernen. A. u. d. T.: neues Elementarwerk für französ. Schulen aller Klassen. 1r—4r Cursus. gr. 8. Gießen 798—800. (1r Curs. 2e A. 799.) (André in Leipz.) 2 Rthlr. Anhang dazu. 8. Marb. 800. Krieger. 20 gr.

— die Kunst geschwind französisch sprechen und schreiben z. lernen, oder franz. Elementarw. in 4 Curs. gr. 8. Leipz. Kleefeld. (Bauer) 799.

— Kunst auf die geschwindeste Art französisch sprechen zu lernen. (h. a. d. Titel: n. Elementarwerk für französische Schüler aller Classen) 4 Thle. gr. 8. Gießen, (Mayr in Salzb.) 800.

Hezel, (Jh.) Wlh. Fr., Lehrbuch d. Kritik d. A. Testam. gr. 8. Lpz. 783. Schwickert. 1 Rthlr. 6 gr.

— hebr. Lehrstunden für Anfänger. 8. Duisb. u. Essen 793. Bädeker. 6 gr.

— französ. Lesebuch, s. unten Unterricht ꝛc. 2r Thl.

– s. Leun: Handbuch d. kursor. Lektüre.

— le petit Mercure français; cont. des nouvelles politiques avec celles de musique et de la mode à l'usage de la jeunesse etc. 8. Giessen 798.

— politischer Merkur, oder neueste Zeitgeschichte, ein Lesebuch für Französisch lernende ꝛc. f. J. 1798–99. z. 4 Thln. 8. Gießen, Heyer. (à 1 Rthlr. 12 gr.)

— polit. Merkur, oder neueste Zeitgeschichte, ein Lesebuch zur Uebung für französ. Lernende ꝛc. 4 Thle. 8. Gießen 799. Heyer. 3 Rthlr.

— Nachricht für Eltern u. Erzieher in den kaiserl. russ. Staaten. Nebst Plan von e. Erzieh.-Institute. Nr. 1. 2. 8. Dorpat 802.

– s. Nachrichten u. Ausz. aus d. Handschriften etc.

— allgem. Nominalformenlehre d. hebräischen Sprache. gr. 8. Halle 793. Gebauer. 1 Rthlr. 6 gr.

— Orion, ein Blatt für Bibel und Religion 2 Stck. 8. Marburg, Krieger. 789.

— Orion, ein Blatt für Bibel u. Religion. 1r Bd., 1s, 2s Stück. 8. Gießen 789—90. Krieger. 10 gr.

— Paradigmata d. hebr. Zeitwörter u. Nennwörter. 4. Gießen 789.

— Paradigmen d. griech. Declin. und Conjug. in Tab. Querfol. Weißenf. Severin. 795. (ist a. d. griech. Sprachl. besonders abgedruckt.)

— Probe einer herauszugebenden sich selbst erklär. Bibel. 8. Ilmenau 779.

– s. Psalmen.

— die Psalmen, neu übersetzt. 8. Bremen, Müller. 800.

– s. Quelle d. Wohlstandes.

— über d. Quellen d. Mosaischen Urgeschichte. gr. 8. Lemgo 780. Meyer. 5 gr.

— bibl. Reallexikon über bibl. u. d. Bibel erläuternde alte Geschichte, Erdbeschreibung, Zeitrechnung, Alterthümer, morgenländ. Gebräuche ꝛc. 3 Bde, s. Reallexicon

– s. Salomo's hohes Lied.

— d. Schriftforscher, in e. Sonntagsblatte. 1r Jahrg., 4 Hefte. 2r Jahrg. 1s—3s Heft. gr. 8. Gießen 791—99. Heyer. 5 Rthlr. 8 gr.

– s. F. W. Schwabe: Kl. hebr. Bibel.

Hezel, Wilh. Fr., u. Labraise, gefälliger französ. Conseilleur. gr. 8. Altb. Petersen. 799. Rthlr.
Dass. s.a.: Labraisé

— allgem. französ. Sprachlehre. 13 Hefte. gr. 8. Chemn. 801, Starke.

— ausführl. griech. Sprachlehre, nebst Paradigmen d. französ. Declinationen u. Conjugationen, in 35 Tabellen. gr. 8. Weißenf. 795. (Baumgärtner in Leipz.) 1 Rthlr.

— ausf. griech. Sprachlehre. gr. 8. Weißenf. (Baumgärtner in Lpz. 799.

— ausführl. hebr. Sprachlehre nach berichtigt. Grundsätzen durch sorgfältige Vergleichung d. übrigen morgenländ. Dialekte. gr. 8. Halle 777. Gebauer. 1 Rthlr. 9 gr.

— kurze hebr. Sprachlehre für Anfänger. 8. Detmold 787. Bädeker in Essen. 12 gr.

Hezel, (Johann) Wilhelm Friedrich. Kürzere griechische Sprachlehre für Schulen . . . Weissenfels 1799. H: *Soldan, Chn Hnr. Chph.* (ErschDL) (Ky)

— kürzere griech. Sprachlehre für Schulen. Mit Paradigmen in 35 Tabellen, herausg. (v. H. Chr. Soldan). gr. 8. Weißenf. 799. (Baumgärtner in Leipz.) 12 gr ohne Paradigmen. 8. Ebd. 803. 9 gr

— neue hebr. Sprachlehre, s. oben Elementarwerk.

— syrische Sprachlehre rc., nebst den nöthigen Paradigmen in Tabellen. 4. Lemgo 783. Meyer. 1 Rthl. 20 gr

— syrische Sprachlehre. 4. Lemgo, Meyer. 788.

— allgem. französ. Sprachlehrer, s. Sprachlehrer.

— allg. franz. Sprachlehrer für Deutsche. gr. 8. Chemn. (Maute) 801.

— moral. Taschenbuch, oder Wegweiser für d. Jugend auf d. Reise durchs Leben. Mit e. Vorrede v. C. G. Salzmann. Mit 1 Kpf. 16. Hamb. (802.) Altenb. 808. Schnuphase. 16 gr

— moralisches Taschenbuch. m. Kpf. 16. Hamb. Kratzsch. 808.

— Uebersetzung und Erklärung des hohen Lied. Salomons. gr. 8. Bresl. Korn d. ält. 777.

— Uebungen im franz. Style (ist d. franz. Sprachlehre 3s — 13s Heft.)

— kleines französ. Uebungsbuch für solche, welche, auch ohne mündl. Unterricht, bald französ. sprechen lernen wollen. 1s Bdchen. 8. Riga 803.

— prakt. Unterricht im Französ., sowohl für Lehrer als für Schüler. 1r Thl. 8. Bremen 800. Fr. Wilmanns in Frkf. 18 gr 2r Thl. französ. Lesebuch zur Uebung rc. 8. Ebd. 800. 8 gr

— praktischer Unterricht im Französ. rc. 8. Frft. Willmanns. 809.

— freie Untersuchung d. Absicht d. hohen Liedes Salomons. 8. Jena 771.

— Versuch einer bibl. Kritik d. A. Testam. 8. Halle 780. Waisenh.-B. 5 gr

— neuer Versuch über den Brief an d. Hebräer, in Kritiken über Morus Uebersetzung d. Briefe an d. Hebräer. gr. 8. Leipz. 795. Schwickert. 6 gr

— s. Volksfreund, d. russ.

— novi foederis volumina sacra vir. clariss. opera etc. Vol. I. P. I. 8. maj. Halae, Gebauer. 788.

— novi foederis volumina sacra viror. clarissim. opera ac studio e scriptoribus graecis illustrata. Vol. I. 8maj. Halle 788. Gebauer. 3 Rthl.

— s. Vorlesungen über d. Federsche Logik.

— neue Warnung für alle Richter, nie dem Scheine zu trauen u. nie zu rasch zu verdammen. 8. Gießen 800.

— krit. Wörterbuch d. hebr. Sprache. 1r Bd., 1s Stück. gr. 8. Halle 793. Gebauer. 21 gr

— Zuruf an Rußlands Völker zur Einführung schönerer, wärmerer rc. Häuser. 8. Dorpat 805. Gauger. 3 gr

— Zuruf an Rußlands Völker üb. gute Häuser. 8. Dorpat. Gauger. 806.

Hezenmans, J. C. A., Cornelia, s.: Unterhaltungs-Bibliothek, katholische.

HEZMANSZKY, Romanus: Propagatio religionis christianae per totum orbem ejusque praesentem statum. — (1833) 92 S. 8° (Handschr.) Diss. 37
Diss. Wien, Univ.

Hezner, Laura [aus München]: Ein Beitrag zur Kenntnis der Eklogite und Amphibolite mit besonderer Berücksichtigung der Vorkommnisse des mittleren Ötztales. Mit zwei Tafeln und 5 Figuren im Text. Wien 1903. 110 S. 8°. (S.-A. aus „Tschermaks Mineralog. und Petrogr. Mitteilungen“. 22. Bd. H. 5. 6.) [22. X. 03.]
Zürich. Phil. Diss. II. S. 1903/1904.

Hezner, Laura. Ein Beitrag zur Kenntnis der Eklogite und Amphibolite, mit besonderer Berücksichtigung der Vorkommnisse des mittleren Ötztales. Diss. Phil. [II.] Univ. Zürich. Mit zwei Tafeln und 5 Figuren im Text. (Separatabdruck aus «Tschermaks Mineralog. und Petrograph. Mitteilungen, hrg. von Fr[iedrich] Becke», Band 22, Heft 5 u. 6.) IV + 110 S. 8. Wien, Alfred Hölder, 1903.

Hiacinthe, s.a. Hiazinthe

HIACINTHE und Camillo oder die Cisalpinier. Leipzig, v. Kleefeld. 1807. 8°.
Titel u. 670 S. Einiges etwas frei.

— — Dasselbe. Mit Titelkpfr. von G. Böttger sen. Ebd. 1808. 8°. (2 Mk., fleckiges Leihbibl.-Expl., Südd. Antiqu., München. 1907.)

— — Dasselbe. Neue Auflage. 2 Thle. Ebd. 1811. 8°.
Kayser, Roman-Verz. p. 58.

HJARDEMAAL, HENN., Nonnulla de staphylomate corneæ opaco sive vera. Diss. inaug. Kiliæ. 1838. P.

Hiärn, Thomae, ehst-, lyf- u. lettlaend. Geschichte, hrsg. v. C. E. Napiersky, s.a. Monumenta Livoniae antiquae.

Hiaern, Th., Ehst-, Lief- und Lettländische Geschichte. 1r (auch unt. dem Titel: Sammlung Ehst-, Lief- und Curländischen Gesch. 1r Bd. gr. 4. Mietau. (Gräff in Leipzig) 794.

Hiärne, oder Hiärn, Thom., († ...) Esth-, Lyf- u. Lettländ. Geschichte, herausg. v. Jh. Fr. v. Recke. 1r Thl., 1s—4s Buch bis 1525. (A. u. d. T.: Samml. Esth-, Lief- u. Kurländ. Geschichtschreiber. 1r Bd.) gr. 4. Mitau (Berl.) 794. (Wienbrack in Leipz.) 1 Rthl. 16 gr

Hiärns, Thomas. Ehst, Liv- und Lettländische Geschichte . . . Erster Theil. Mitau [Berlin] 1794. H: *Recke, Joh. Friedrich von der.* (MGT) (GGr) (R-N)

Hiatrophilus [Pseud.], s.a. Hellwig, Theodor Andreas von

Hiatrophili klug. u. lust. Medicus. 8. Zittau. 728.

Hiazinthe, s.a. Hiacinthe

Hiazinthe u. Camillo, od. d. Cisalpinier, m. K. 8. Lpz. Bauer. 808.

Hiazinthe u. Camillo, od. der Cisalpinier. 2 Thle. N. Aufl. 8. Leipz. 811. Andrä. 2 ᴛ 12 gr

Hiazinthe u. Camillo, oder der Cisalpier. 2te Ausg. in 2 Theilen. 8. Leipz. Bauer. 811.

Hibbeler, Conr., natürl.-sittl. Weltanschauung. Der Kirchengott u. d. menschl. Elend. Die Ungereimtheiten in s. Eigenschaften u. Werken u. die daraus fließ. gesellschaftl. Uebelstände. Anreg., z. Nachdenken viel nützl. Stoff biet. Betrachtgn. f. unbefangene, menschl. denk. Leser. gr. 16. (48 S.) Chicago (888). (Koelling & Klappenbach.) n. — 80

Hibbert, Harold, a. Manchester, England: Über Additionsprodukte von Trialkylphosphinen, -Arsinen und -Stibinen. Weida i. Th. 1906: Thomas & Hubert. (46 S.) 8°
Leipzig, Phil. Fak., Ref. Hantzsch-Beckmann, Diss. v. 22. Nov. 1906
[Geb. 22. Aug. 77 Manchester; Wohnort: Manchester; Staatsangeh.: England; Vorbildung: B.Sc. Manchester Univ. Juni 97, M.Sc. Juni 00; Studium: Manchester 9, Leipzig 4 S.; Rig. 1. Aug. 06.]

Hibbert, S., Andeutungen zur Philosophie d. Geister-Erscheinungen, oder Versuch, d. hierbei statthabenden Täuschungen auf ihre natürl. Ursachen zurückzuführen. Aus d. Engl. gr. 8. Weimar 825. Industr.-Compt. 2 ᴛ 6 gr

Hibeau, Bilder aus dem Leben od. die 10 Gebote, erläutert durch Erzählgn. f. die Jugend. Eine Festgabe f. Knaben u. Mädchen. 2. verb. Aufl. m. 6 Farbendruck-Bildern v. W. Schäfer. 8. (195 S.) Berlin 874. Meidinger. geb. 3. —

Hibeau, Adriana, s.a. Adriani, J.

[F.] Abu Hassan. Roman v. J. Adriani [d. i. Adriana Hibeau]. *Frankfurt a. O.: H. Andres & C. [1897].* (245 S.) 1 Bd 8. [98. 1575

Hibeau, L.

Hibeau, L. (Méron), Blücher in Höchst. Festspiel, zur 50jährigen Feier der Schlacht bei Leipzig. (Den Bühnen gegenüber Mscr.) gr. 8. (15 S.) Berlin 863, Rahn.

—— Adolf Diesterweg. Ein Nachruf. 8. (36 S.) Darmstadt 866, Zernin. *
Aus: Allgemeine Schulzeitung, besonders abgedruckt.

—— Episode aus dem J. 1813. (Den Bühnen gegenüber als Mscr. gedr.) gr. 8. (19 S.) Berlin 864, Rahn.

—— Erzählungen f. reifere Knaben. Enthalt.: Der Schmiedelehrling. — Thomas Holzendorf. — Freundschaft u. Kindesliebe. 16. (17½ B. u. 3 Bild.) Berlin 843. [Quien.] *

Hibeau, die zehn Gebote, erläutert durch Bilder aus dem Leben. Eine Festgabe f. Knaben u. Mädchen. 3., verb. Aufl. gr. 8. (III, 187 S. m. 6 Farbendr.) Berlin 889. H. J. Meidinger. geb. n. 3.

Hibeau, L., kleine theoretisch-practische Grammatik der deutschen Sprache für Volksschulen. gr. 8. (XII und 115 S.) Berlin 847, [Gury's Vrlgsh.]

Hibeau, L., kleine theoretisch-praktische Grammatik der deutschen Sprache für Volks-Schulen. 2., gänzlich umgearb. Aufl. gr. 8. (VIII und 88 S.) Leipzig 861, Gräbner. *

—— Großbeeren. Patriotische Episode aus dem Freiheitskriege in 1 Akt. (Den Bühnen gegenüber als Mscr. gedr.) gr. 8. (10 S.) Berlin 865, Rahn.

Hibeau, L., kleine Jugendbibliothek, mit Kpfrn. 1. Bd. 1. Heft. Der Schmiedelehrling. Pasewalk 854. Braune. 16. (1 Bl., 80 S. u. 1 Lithogr.) n. 5 ngr.

— — (6 Hefte.) Mit (4 lith.) Kpfrn. 2. Aufl. Pasewalk 858. Braune. 16. (279; 195 S.) 12 ngr.

Hibeau's, L., kleine Jugendbibliothek mit Kpfrn. 1. Bd. 1. Heft: Der Schmiedelehrling. 16. (80 S. mit 1 Stnt. in Tondr.) Pasewalk 854, Braune. *
Erschien 1843 bereits u. d. T.: Erzählungen für reifere Knaben.

—— kleine Jugendbibliothek. (6 Hefte.) 2. (Titel-)Aufl. 16. (474 S. mit 4 Stnt.) Pasewalk (854)58, Braune.

—— Iwan III., Czar von Rußland. Eine Erzählung f. reifere Knaben. (6½ B.) Ebds. 843. *

— Knospen u. Blüthen für die reifere Jugend. gr. 16. Berlin 843, Athenaeum. n. ⅔ ᴛ

—— Knospen und Blüthen für die reifere Jugend. gr. 16. (23⅛ B.) Berlin 843. [Quien.] *

—— der Kurfürst und die Pächterin. Lustspiel in 1 Act. (Den Bühnen gegenüber als Mscr. gedr.) gr. 8. (33 S.) Berlin 864, Rahn.

—— der kleine Robinson. Oder: Wunderbare Schicksale einer jungen Schweizerin. Für die weibl. Jugend. 8. (200 S. mit 1 Titelbilde in Holzschn.) Berlin 865, Meyer. cart.

—— ein weiblicher Robinson. Erzählung für die Jugend. 3. umgearb. Aufl. gr. 8. (216 S. mit 6 lithogr. Farbendr.-Bildern von W. Schäfer.) Berlin 869, Klönne und Meyer. cart. *

— ein weiblicher Robinson. Erzählung für die Jugend. 3., umgearb. Aufl. Mit 6 (lith.) Farbendruckbildern von W. Schäfer. Ebend. 869. gr. 8. (216 S.) cart. n. 1 ᴛ

— ein weiblicher Robinson. Erzählung f. die Jugend. 3. umgearb. Aufl. m. 6 Farbendruck-Bildern v. W. Schäfer. 8. (216 S.) Ebend. 874. geb. 3. —

— ein weiblicher Robinson. Schicksale u. Abenteuer e. jungen Mädchens, teilweis nach e. wahren Begebenheit erzählt. 4., verb. Aufl. gr. 8. (238 S. m. 80 Textbildern.) Ebd. 889. geb. n. 3. —

— der Sinai. Oder: Die zehn Gebote, erläutert durch Erzählungen aus der wirklichen Welt. Eine Jugendschrift für Knaben und Mädchen. Mit 11 (lith. u.) fein color. Bildern. Berlin. Mohr u. Co. gr. 16. (2 Bl., 188 S.) 1 ᴛ. 10 ngr.

— der Sinai. Oder: Die zehn Gebote, erläutert durch Erzählungen aus der wirklichen Welt. Eine Jugendschrift für Knaben und Mädchen. Mit feinen Bildern. 8. (III und 188 S. mit 11 ill. Stnt.) Berlin 854, Mohr und Comp.

— der Sinai, oder: die zehn Gebote, erläutert durch Erzählungen aus dem Leben. Eine Jugendschrift für Knaben und Mädchen. 2. verb. Aufl. gr. 8. (III, 196 S. mit 6 lithogr. Farbendr.-Bildern von W. Schäfer.) Berlin 869, Klönne und Meyer. [Meidinger.] cart. *

— dass. — (Neue Ausg.) 8. (216 S.) Berlin 874, Meidinger.

Hibeau, deutsche Sprachlehre. Die Kunst, richtig deutsch zu sprechen u. zu schreiben, wie es die Bildung von Jedermann erfordert. 8. (102 S.) Berlin 882. Klönne & Müller. 1. 25

— deutsche Sprachlehre für Erwachsene. Leicht faßlich dargestellt in 12 Vorträgen 1. u. 2. Aufl. Ebend. 869. 8. (104 S.) n. 12½ ngr.

— des Töpfers bester Ton. Eine Erzählung f. d. reifere Jugend. (9⅝ B.) Ebds. 843. *

— die Familie Walter. Eine Erzählung f. d. reifere Jugend. (7 B.) Ebds. 843. *

Hibeau, L., Dorf Wangenheim. Eine Erzählung f. Knaben v. 10 bis 15 Jahren. 16. (12½ B. u. 2 Bild.) Berlin 843. [Quien.]
Ill. *

— Dorf Wangenheim. Eine Erzählung für Knaben von 10 bis 15 Jahren. 16. (Mit 2 Bild.) Berlin 843, Scherk; Athenaeum. ⅔ ℛ — Illum. u. eleg. cart. n. ¾ ℛ

Hiber, Gravitation als Folge e. Umwandlung der Bewegungsform des Aethers im Inneren der wägbaren Materie. (44 S.) gr. 8. München 903. H. Lukaschik. n. 2.—

Hiberniae Regnum tam in praecipuas Ultoniae, Connaciae, Laceniae et Momoniae quam in minores earundem Provincias et Ditiones divisum, ex prototypo Guil. Petty-Visscheriano deductum et exhibitum à Joh. Bapt. Homanno Noribergae 1712? 1: 900,000. Bl.

Hibernoregius, (psdn.,) Däumling, s. Mährchen-Kranz No. 1.

Hibler, Eman. v., zur Kenntnis der anaeroben Spaltpilze u. deren Differentialdiagnose nebst e. Bestimmungsschlüssel in 2 Tabellen. (Mitteilung aus dem patholog.-anatom. Institut zu Innsbruck nach e. Vortrag in der Sitzg. des naturwissenschaftlich-medizin. Vereines vom 2. III. 1909.) (29 S.) 8. Jena (909). G. Fischer. — 60
Sonderabdruck aus: „Bericht d. naturwiss.-med. Ver. in Innsbruck".

Hibler, Eman. v., Untersuchungen üb. die pathogenen Anaëroben, üb. d. anatom. u. histolog. Veränderungen bei den durch sie bedingten Infektionserkrankungen des Menschen sowie der Tiere u. über einige nichtpathogene Anaërobenarten. Studien aus dem pathologisch-anatom. Institut der k. k. Universität Innsbruck. Mit 16 Crayon- u. 1 Farbendr.-Taf. (III, 438 S.) Lex. 8. Jena 908. G. Fischer. 25 —

Hibler, Ign. Joh., die bayerische Almwirtschaftsfrage m. besond. Beziehung auf Alm- u. Weiderechtsgebiete. (IV, 42 S.) gr. 8. Garmisch 910. J. Hibler. (Nur direkt.) 1. —

— Geschichte des oberen Loisachtales u. der Grafsch. Werdenfels. Auf Grund urkundl. Materials verf. u. m. Illustr. versehen. (IV, 224 S. m. 1 Karte.) gr. 8. Garmisch (908). (Regensburg, Verlagsanstalt vorm. G. J. Manz.) Geb. in Leinw. 3. 60

Hibner, H. B., Versuch einiger Gedichte. 8. St. Pölten. (Wien, Heubner in Comm.) 821.

Hibsch, Josef Emanuel

Hibsch, J. E., Bemerkungen über die Lagerungs- u. Altersverhältnisse der Braunkohlengebilde im Teplitzer Becken, s.: Schlosser, Max, e. untermiocäne Fauna aus dem Teplitzer Braunkohlenbecken.

Hibsch, J. E., Erläuterungen zur geolog. Karte d. böhm. Mittelgebirges. Blatt I (Tetschen). Bearb. m. Unterstützg. d. Gesellschaft zur Förderg. deutscher Wissenschaft, Kunst u. Literatur in Böhmen. [Aus: „Tschermak's min. u. petrogr. Mittheilgn."] gr. 8. (90 S. m. 1 farb. Karte.) Wien 896. A. Hölder. n. 3 —

Hibsch, Josef Emanuel [aus Hummel in Böhmen]: Ueber einige minder bekannte Eruptivgesteine des böhmischen Mittelgebirges .... (Aus: Mineralog. u. petrograph. Mittheilungen. Bd IX). Wien, Alfred Hölder, k. k. Hof- u. Univ.-Buchh., 1887; 41 S. + 1 Bl. 8°
Leipzig, Phil. Fak., Inaug.-Diss. v. 27. Okt. 1887

Hibsch, Josef Emanuel: Eine untermiocäne Fauna, s. Schlosser, M.

Hibsch, J. E., Geologie für Land- und Forstwirthe. gr. 8. (VIII, 343 S. mit 21 Fig. in Holzschn.) Wien 885, (Frick.) * 9 —

Hibsch J. u. Rumler O.: Über krystallinische Kalke in den azoischen Schichten der Silurformation Böhmens. (11. m. 2 Tafeln.) ibd. 80. Progr.

Hibsch, J. E., geologische Karte des böhmischen Mittelgebirges. Blatt II u. III. Bearb. u. hrsg. m. Unterstützg. der Gesellschaft zur Förderung deutscher Wissenschaft, Kunst u. Literatur in Böhmen. [Aus: „Tschermak's mineralog. u. petrograph. Mittheilgn."] gr. 8. Wien, A. Hölder. n. 8. — (I—III n. 11. —)
II. Rongstock-Bodenbach nebst Erläuterungen. (101 S. m. 10 Abbildgn. u. 1 geolog. Karte.) 899. n. 4. 80
III. Bensen nebst Erläutergn. (96 S. m. 9 Abbildgn., 1 Titelbild u. 1 geolog. Karte.) 897. n. 3. 20

— geologische Karte des böhmischen Mittelgebirges. Blatt IV u. XI. gr. 8. Wien, A. Hölder. n. 8. —; (I—V u. XI. n. 20. —)
IV. (Aussig.) Nebst Erläutergn. Bearb. u. hrsg. m. Unterstützg. der Gesellschaft zur Förderg. deutscher Wissenschaft, Kunst u. Literatur in Böhmen. (79 S. m. 23 Fig., 1 Taf. u. 1 geolog. Karte.) 904. n. 4. 40
XI. (Kostenblatt-Milleschau.) Nebst Erläutergn. Bearb. u. hrsg. m. Unterstützg. der Gesellschaft zur Förderg. deutscher Wissenschaft, Kunst u. Literatur in Böhmen. Mit 1 geolog. Karte, 1 Ansicht des Donnersberges u. 4 Textfig. (50 S.) 905. n. 3. 60
Sonderabdrucke aus: „Tschermak's mineralog. u. petrograph. Mittheilgn. — Blatt VI—X sind noch nicht erschienen.

Hibsch J. E.: Die Verbreitung der oligozänen Ablagerungen und die voroligozäne Landoberfläche in Böhmen (mit 1 Taf.). S. 122. I. 465 . . . . —.80
Separatabdruck

Hibsch, Otto Herm. (geb. Rothenburg in d. Lausitz 5. 4. 1841): De pulmonum tuberculosi. Berolini (1864). (32 S.) 8°
Berlin, Med. Diss. v. 22. Dez. 1864

Hiby, Walther, aus Altendorf (Westf.): **Azoniumverbindungen aus Chloramidodiphenylamin.** *Heidelberg 1900: J. Hanselky.* (49 S.) 8°
Heidelberg, Naturw.-math. Diss. v. 1900

HIC & H(A)EC oder die Kunst, die Vergnügungen der Liebe und der Wollust zu vermannigfachen, bewiesen von den Vätern der Gesellschaft Jesu und ihren Schülern. Boston u. London 1830. (187*.) Verlag von Chiavatutti e. C. 8°. (2 Rthl. Fischhaber etc., c. 1872.) Rar! — Abschrift auf 204 Bll. 8°, Lwdbd., in Wien: Stadtbibl.: Secr. I 500.)
Verboten vom L.-G. Wien, 13. Decbr. 1878. § 516.
Orig.: Hic et Hec ou l'art de varier les plaisirs de l'amour et de la volupté, enseigné par les R. P. Jésuites et leurs élèves. Londres 1830. 182 pp. 12°. „Bien écrit, mais d'une licence extrême". (Gay) Bibliogr. d'amour, II 479. — Ibid. eod. a. (Réimpression, 1854.) 187 pp. (2 Rthlr. Fischhaber; 12 Mk. Taussig, c. 1905.) — S. l. ni d. (Réimpr. c. 1870.) Avec 12 planches libres coloriées. (8 Mk. Theod. Ackermann, vor 1890; jetzt theurer!)

Hicfelt's, Meister Eberhard, Aucupatorium Herodiorum, s.a. **Weidwerk, altdeutsches.**

Hicfelt, Eberhard. Meister Eberhard Hicfelt's Aucupatorium Herodiorum. Eine deutsche Abhandlung über die Beizjagd aus der ersten Hälfte des 15. Jahrhundertes. Nach der einzigen erhaltenen Handschrift ... der k. k. Hofbibliothek zu Wien zum erstenmale im Urtexte herausgegeben, eingeleitet und commentiert von Ernst Ritter von Dombrowski ... Wien MDccclxxxv) (1886), Selbstverlag des Herausgebers .. Druck von Josef Roller & Comp
Vortit., Haupttit., lxxviii S. m. 3 Abb.; 2 Taf. 8°
(Altdeutsches Weidwerk. Erster Band.)
Harting, Bibliotheca accipitraria. London 1891 Nr. 88.

Hichens, Rob., Bella Donna, s.a. Collection of British authors.

Bella Donna. A novel. By Robert **Hichens**. Copyright ed. In 2 vol. Vol. 1. 2. Leipzig: Tauchnitz 1910. 8°
(Collection of British authors. Tauchnitz Ed. Vol. 4161/2.) [11. 8879

Hichens, Rob., Byeways, s.: Library, the English.

Hichens, Robert: The call of the blood, s.a. Collection of British authors.

The Call of the blood. By Robert **Hichens**. Copyright ed. In 2 vol. Vol. 1. 2. Leipzig: Tauchnitz 1906. 8°
(Collection of British authors. Tauchnitz Ed. Vol. 3919/20.) [11. 8688

– Felix, s.a. Collection of British authors.

Felix. Three years in a life. By Robert **Hichens**. Copyright ed. In 2 vol. Vol. 1. 2. Leipzig: Tauchnitz 1902. 8°
(Collection of British authors. Tauchnitz Ed. Vol. 3621/2.) [11. 8472

– Flames, s.a. Collection of British authors.

Flames. A London phantasy. By Robert **Hichens**. Copyright ed. In 2 vol. Vol. 1. 2. Leipzig: Tauchnitz 1899. 8°
(Collection of British authors. Tauchnitz Ed. Vol. 3370/1.) [11. 6584

– The garden of Allah, s.a. Collection of British authors.

The Garden of Allah. By Robert **Hichens**. Copyright ed. In 2 vol. Vol. 1. 2. Leipzig: Tauchnitz 1904. 8°
(Collection of British authors. Tauchnitz Ed. Vol. 3781/2.) [11. 8585

— Barbary Sheep, s.a. Collection of British authors.

Barbary Sheep. By Robert **Hichens**. Copyright ed. Leipzig: Tauchnitz 1909. 262 S. 8°
(Collection of British authors. Tauchnitz Ed. Vol. 4121.) [11. 8848

– The slave, s.a. Collection of British authors.

The Slave. A romance. By Robert **Hichens**. Copyright ed. In 2 vol. Vol. 1. 2. Leipzig: Tauchnitz 1900. 8°
(Collection of British authors. Tauchnitz Ed. Vol. 5419/20.) [11. 8398

– The black Spaniel, and others stories, s.a. Collection of British authors.

The black Spaniel, and other stories. By Robert **Hichens**. Copyright ed. Leipzig: Tauchnitz 1905. 319 S. 8°
(Collection of British authors. Tauchnitz Ed. Vol. 3851.) [11. 8636

— The spell of Egypt, s.a. Collection of British authors.

The Spell of Egypt. By Robert **Hichens**. Copyright ed. Leipzig: Tauchnitz 1910. 262 S. 8°
(Collection of Brit. Authors. Tauchnitz Ed. Vol. 4223.) [10. 1670]

— A spirit in prison, s.a. Collection of British authors.

A Spirit in prison. By Robert **Hichens**. Copyright ed. In 2 vol. Vol. 1. 2. Leipzig: Tauchnitz 1908. 8°
(Collection of British authors. Tauchnitz Ed. Vol. 4073/4.) [11. 8807

– The woman with the fan, s.a. Collection of British authors.

The Woman with the fan. By Robert **Hichens**. Copyright ed. In 2 vol. Vol. 1. 2. Leipzig: Tauchnitz 1904. 8°
(Collection of British authors. Tauchnitz Ed. Vol. 3734/5.) [11. 8555

Hichtel, Joh. Sam.: De Peccato in Spiritum Sanctum ..., s.a. Baumgarten, Siegm. Jakob (Praes.)

Hichtel, M. Jo. Samuel (Anhalt), De peccato in spiritum sanctum ad ductum loci classici Ebr. VI. 4. 5. 6. Diss. philol.-theol. Präs. Sigismund Jacob Baumgarten. Halle (Jo. Christian Hilliger) 17. VIII. 1740. 48 S. (6.80) 15084
Gew.: Johann Michael Schumann (Weissenfels). — Widm. v. Präs.

— — Dasselbe. 1748. (6.80) 15085

— — Dasselbe. Halle (Hendel) 1759. (6.80) 15086

Hick, Geo., Accorde der Seele. Dichtungen. 8. (VIII und 360 S.) Köln 863, DuMont-Schauberg'sche Buchh. *
geb. mit Goldschn. *

Hick, Geo., die Parias der Gesellschaft. Roman. Mit e. Vorwort v. Gust. vom See. 3 Bde. 8. (VII, 309; III, 324 u. III, 322 S.) Jena 872. Costenoble. 13. 50

—— Was mir die Stunden brachten. Dichtungen. br. 8. (VII, 157 S.) Köln 870, DuMont-Schauberg'sche Buchh. *

—— ein Wintermärchen. Epische Dichtung nach Shakespeare's gleichnam. Schauspiel. 16. (III, 197 S.) Köln 869, DuMont-Schauberg'sche Buchh. *

Hick, J., die Götterlehre der Griechen und Römer, bildlich dargestellt in Schach- oder Damenbrettform. Enthaltend 64 mythologische Figuren und Gruppen in Tondruck, nebst erläuterndem Texte. 4. (8 S. m. 1 Taf.) Prag, Lehmann. 1860. 47 kr.
feine Ausgabe 60 kr.

Hick, Jo. Wilhelm (Präs.), s. Grieger, Jo. Wilhelm: De cherubim paradisi.

Hicke, Martin, approb. Arzt aus Prettin: **Wie verhält sich die Zuckerausscheidung, wenn ein Diabetiker ein gleich großes Quantum Brot auf einmal am Tage oder auf den Tag verteilt verzehrt?** *Halle a. S. 1903: Plötz.* (19 S.) 8°
Halle, Med. Diss. v. 4. Aug. 1903

Hicke, W. Conservator der k. k. Centralcommission etc. Urkundenbuch der Stadt Aussig bis zum Jahre 1526. Vollendet von Dr. Adalbert **Horčička,** k. k. Professor. Mit 2 Lichtdrucktafeln. (Aus:) „Städte- und Urkundenbücher aus Böhmen. Herausgegeben im Auftrage des Vereines für Geschichte der Deutschen in Böhmen von Dr. Ludwig Schlesinger." III. Bd. 4, Prag 1896.

Hickel, J. Karl

Hickel, J. C. — Bilder und Klänge aus Marienbad. Gedichte von — —. 8. (72 S.) Eger. Druck und Verlag von J. Kobrtsch und Gschihay. 1854.

Hickel, J. C., österreichische Kaiserlieder. Gedichte. Dresden 855. R. Schäfer. (Prag, Kober u. Markgraf.) 32. (VI, 101 S.) n. 15 ngr.

—— der Minnehof. Ein Vademekum für Liebende, enthaltend eine poetische Blumendeutung, Stammbuchblätter, Liebesdevisen, Minnesang, poetische Liebesbriefe und humoristische Betrachtungen über Frauen und Bücher, Grüßen und Küssen. 18. (VII und 78 S.) Leipzig 855, Wengler.

Hickel, J. Carl, Radetzky-Feier. Dramatisches Gedicht in 2 Abthlgn. gr. 12. (62 S.) Prag 850, Calve'sche Brlgsb. –

Hickel, J. Karl [Hrsg.], s. Salon

Hickel, Jos., Caspar Hauser. Hinterlassenes Manuscript, nebst einer Selbstbiographie Caspar Hausers. Hrsg. u. mit Anmerkungen versehen von Jul. Meyer. Mit einem Lichtdr.-Bilde u. Fcsm. Caspar Hausers. gr. 8. (VI, 157 S.) Ansbach 881. Brügel & Sohn. n. 1. —

Hickel, Rudolf: Beiträge zur Morphologie und Physiologie des Soorerregers (Dematium albicans Robin)
Diss., Prag 1905/1906.

Hicketier, Franz Zur Betonung des Lateinischen auf der Schule.
4 (12 S.). Progr. Kgl. G. mit städt. Vsch. *Cüstrin* 1892 (72).

Hicketier, Fritz [wiss. Hilfsl. Dr.]: Zur Betonung des Lateinischen auf der Schule. Cüstrin, C. Nigmann's Buch- u. Steindr., 1892; 1—12 S. 4.
Cüstrin, k. G m. st. VS, P 1892 (72)

Hicketier, Fritz [aus Berlin]: Fünf Rätsel des Exodusbuches.... Halle a. S., Druck v. Ehrhardt Karras, 1888; 1 Bl. + 87 S. + 1 Bl. 8°
Berlin, Phil. Fak., Inaug.-Diss. v. 4. Mai 1888

Hickethier, G., Bilder aus der Gesteinslehre. Ein method. Leitfaden für den mineralog. Unterricht an Gymnasien. gr. 8. (V, 79 S.) Barmen 886, Klein. cart. * 1 25

Hickethier, G.: Bogen, Fläche u. Rotationskörper der Cissoide. 1869. 4° Diss. Jena.

Hicking, Albertus (Adolph. Joseph.) (geb. Werden an d. Ruhr 24. 4. 1838): De dysenteria. Berolini (1861). (32 S.) 8°
Berlin, Med. Diss. v. 31. Juli 1861

Hickl's jüdischer Volkskalender f. d. J. 5670 (1909—10). 8. Jahrg. (132 S.) gr. 8. Brünn, Verl. der „Jüd. Volksstimme". —80

Hickler, s.: Jäger-Kalender f. das Großherzogt. Hessen usw.

Hickmann

— s. auch Hikmann.

Hickmann, siehe Böhmen.

Hickmann, A. L., Atlas Universel politique, statistique, et du commerce. 8°. (71 S. mit 60 Karten) geb. K 4.50
Wien: Freytag & Berndt 1902.

Hickmann, A. L., Atlas Universel Politique, Statistique, Commerce. 1908. 8°. (71 S. mit 62 Karten) geb. K 4.80
Wien: Freytag & Berndt 1907.

Hickmann, A. L., Atlas Universel Politique, Statistique, Commerce. 3. Aufl. 1905. 8°. (71 S. mit 62 Karten) geb. K 4.80
Wien: Freytag & Berndt 1905.

Hickmann, A., L., Atlas Universel politique, statistique, Commerce. 7. Ed. 8°. (69 S. mit 63 Karten) geb. K 4.60
Wien: Freytag & Berndt 1908.

Hickmann's, A. L., geogr.-statist. Darstellgn. üb. die Bier- u. Weinproduktion, Verbrauch per Kopf, Ein- u. Ausfuhr, Besteuerung, Durchschnittspreis, Weinbaufläche etc. etc. im Deutschen Reiche u. in Österreich-Ungarn. 64×90,5 cm. Farbdr. Wien 898. G. Freytag & Berndt. n. 3. —

Hickmann, A. L., die geistige u. materielle Entwicklung Österreich-Ungarns im XIX. Jahrh. Mit 10 Farbendr.-Taf. gr. 8. (28 u. 12 S.) Wien 900. M. Perles. n. 1. 50

Hickmann, A. L., Forstkarte des Königr. Böhmen, nebst Angabe der Zuckerfabriken, Bierbrauereien und Mahlmühlen. [Graßsche Statistik von Böhmen V.] 1 : 600,000. Chromolithogr. Imp.-Fol. Reichenberg 879. (Prag, Dominicus.) *

Hickmann, A. L., Industrie-Atlas des Königr. Böhmen. 4 Lfgn. Imp.-Fol. (12 Chromolithogr. und 140 Sp. Text in Fol.) Prag 862—64, Mercy's Verlag. In Mappe à Lfg. * 2 Thlr. *
Einzelne Blatt *
Der Text apart *

Karte der Baumwoll-Industrie in Österreich unter d. Aegide d. 'Verb. d. Baumwoll-Industriellen Österreichs' verf. von Prof. A. L. **Hickmann,** Wien. [Nebst] Beilage. *(Wien): W. Braumüller 1901.* 1 Kartenbl. gr. 2° (61 × 84 cm); 1 Bd 8°
Beilage: = Verz. d. Oest. Baumwoll-Spinnereien, Baumwoll-Webereien ... [oe. 6334

Hickmann, A. L., Karte der Umgegend von Reichenberg. 1 : 115,2000. Kpfrst. Imp.-Fol. Reichenberg 876, Schöpfer. In Carton *

Hickmann, A. L., Karte der Verbreitungs-Gebiete der Religionen in Europa, nebst Angabe der Sitze der römisch- und griechisch-katholischen Erzbisthümer, Bisthümer und Abteien, der evangelischen, reformirten und anglikanischen, sowie der griechisch-orientalischen und muhamedanischen geistlichen Oberbehörden. Maßstab 1 : 7,500.000. Imp.-Quer-Fol. Chromolith. Gef. 1.20
Wien: Freytag & Berndt 1894.

— die Münzen der Welt. qu. 16. (32 S. m. farb. Abbildgn.) Wien (896). G. Freytag & Berndt. n. — 40

Hickmann, A. L., europäischer Münzenatlas. qu. 16. (14 Taf. in Gold- u. Silberdr.) Wien 893. G. Freytag & Berndt. n. — 20

— neueste Münzenkunde aller Staaten der Erde. Naturgetreue Darstellg. all. coursier. Münztypen, der. Prägungs- u. Umrechnungsverhältnisse, sow. Masse u. Gewichte, Flächeninhalte u. Einwohnerzahl sämmtl. Länder. M. geneigter Unterstützg. d. hohen k. u. k. Ministeriums d. kaiserl. Hauses u. d. Äussern, bezw. d. diesem Amte unterstch. Generalconsulate u. Consulate u. d. Consular-Vertretgn. fremder Staaten in Wien zusammengest. gr. 8. (42 farb. Taf. m. 43 Bl. Text, 1 Tab. u. 1 farb. Karte.) Ebd. 895. n. 2. —

— naturgetreu illustrierte u. vergleichende Münzentabelle, sowie die Masse u. Gewichte der wichtigsten Staaten der Erde, deren Grösse in Quadrat-Kilometern, ihre Einwohnerzahl, Kriegs- u. Handelsflaggen. Farbendr. 90,5×75,5 cm. Ebd. 892. In Schuber. n. 2.60

Hickmann's, A. L., vergl. Münztabelle der wichtigsten Staaten der Erde, deren Masse, Gewichte, Wappen, Kriegs- u. Handelsflaggen, deren Grösse usw., s.a. Mück's prakt. Taschenbücher.

Hickmann, A. L., vergleichende Münzen-Tabelle der wichtigsten Staaten der Erde. 9. bedeutend verm. Aufl. (1 farb. Taf.) 92×66,5 cm. Wien (908). G. Freytag & Berndt. 2.50; auf Leinw. m. Stäben n 5. —

Hickmann, Prof. A. L. Die Nationalitäten-Verhältnisse im Mannschaftsstande der k. u. k. gemeinsamen Armee. — Die Infanterie-Regimenter nach dem Prozentverhältnisse der in dem entsprechenden Ergänzungsbezirke wohnhaften Nationen. — Prozentueller Vergleich der Nationalitätenverhältnisse im Mannschaftsstande bei den einzelnen Waffengattungen der Landarmee und der Kriegsmarine nach dem 10 jährigen Durchschnitte der offiziellen ungarischen Veröffentlichungen. — Vergleichende Grösse der einzelnen Truppenkörper der k. u. k. gemeinsamen Armee im Jahre 1902. 8. Wien (1903).

— die Nationalitäten-Verhältnisse des Mannschaftsstandes der k. u. k. österr.-ung. gemeinsamen Armee. (1 farb. Taf.) 48,5×84,5 cm. Wien (904). G. Freytag & Berndt. n. — 60

— die polit. u. national. Parteigruppierungen des österr. Abgeordnetenhauses, nebst Sitzordg. im hohen Hause. XIII. Session, Septbr. 1897. 2 farb. Taf. qu. gr. 4. Ebd. 897. n. — 40

Hickmann, A. L., Geographical-statistic Universal Pocket Atlas. 2. Ed. 8°. (79 S. mit 64 Karten) geb. K 6.—
Wien: Freytag & Berndt 1908.

[Umschlagt.:] [Ant. u. Tit.] Prof. A. L. Hickmann. Das deutsche Sprachgebiet in Böhmen, Mähren und Schlesien (a. d. Kt.: ... in d. Sudetenländern) ... (Masst. 1 : 1,500.000.) *Wien & Leipzig: G. Freytag & Berndt 1898.* (1 Ktnbl.) 1 Bd 8. (98. 3790

[Umschlagt.:] G. Freytag's Reichsraths-Wahlkarte aller 5 Curien von Oesterreich nebst statist. Daten üb. d. Wahlen in d. Jahren 1873 bis 1897 v. Prof. A. L. Hickmann ... (nebst: Alphabetisches Verz. d. neugewählten Reichsraths-Abgeordneten f. d. Sess. 1897—1903.) *Wien: G. Freytag & Berndt 1897.* (1 Ktnbl.; 1 Tab., 31 S.) 1 Bd 8. (97. 3361

G[ustav] Freytags Reichsraths-Wahl-Karte aller 5 Curien von Oesterreich, nebst statist. Daten über d. Wahlen in d. J. 1873—1901 von Prof. A. L. Hickmann. *Wien: G. Freytag & Berndt 1901.* (2 Karten.) 8° [Umschlagt.] [farbig] (01. 9660

Hickmann, A. L. Die indogermanischen Sprachen Europas. Reichenberg, Handelsschule, 1870. 17 S. 4. Progr.

Hickmann, A.L.: Sprachen-Atlas. Ein Beitrag zur Nationalitäten-Sprachenfrage in Oesterreich-Ungarn. 6 Kt. nebst einem erl. Text. — Wien: Freytag & Berndt 1899. 4 S. 4°
Aus: Hickmann: Taschen-Atlas von Oesterreich-Ungarn.

HICKMANN, A., L.
Prof. A. L. Hickmann's Sprachen-Atlas. Ausgabe 1900. Separat-Ausgabe aus desselben Autors Taschen-Atlas von Österreich-Ungarn. Ein Beitrag zur Nationalitäten- und Sprachenfrage in Österr.-Ungarn. 6 Karten nebst einem erläuternden Text. Wien. 1900. Freytag & Berndt. 4°. 26 S. fl. —.50

— historisch-statistische Tafeln aus den wichtigsten Gebieten der geistigen u. materiellen Entwicklung der k. k. Reichshaupt- u. Residenzstadt Wien im 19. Jahrh. 41 geographisch-statist. Taf. in Farbendr., nebst großem Plan v. Wien 1800—1900 (im Umfang v. 6 Taf.). Im Auftrage der löbl. Stadtvertretg. verf. (VI, 66 S. Text.) Fol. Wien 903. A. Hölder. Geb. in Leinw. n. 10. 20; auch in 5 Lfgn. à n. 1. 80

Hickmann, Prof. A. L., Geograph.-statist. Taschen-Atlas. 40 Tafeln, mit Text. Gebroch. Qu.-4. (47 S.) Chromolith. In Lnwd. geb. 1.80
Wien: Freytag & Berndt 1894.

Hickmann, A. L., Geograph.-statist. Taschen-Atlas von Oesterreich-Ungarn. 42 Karten und Diagramme mit Text (52 S.) Kl.-4. Chromolith. Cartonirt 2.40
Wien: Freytag & Berndt 1895.

Prof. A. L. Hickmann's Geographisch-statistischer Taschen-Atlas von Österreich-Ungarn. *Wien & Leipzig: G. Freytag & Berndt 1900.* (77 S., 55 Karten u. Taf.) 8° (00. 1145

Hickmann, A. L., Geographisch-statistischer Taschenatlas von Österreich-Ungarn. 8. Aufl. 8°. (96 S. mit 60 Karten)
Wien: Freytag & Berndt 1910. geb. K 5.—

Hickmann, A. L.: Geographisch-statistischer Taschen-Atlas des Deutschen Reichs. Tl I.
Leipzig & Wien: G. Freytag & Berndt [1896]. 8°

Hickmann, A. L.: Geogr. statist. Taschenatlas d. dtsch. Reichs. 3 Tle. Leipzig u. Wien (1896–99)

Hickmann, Prof. A. L., Geographisch-statistischer Universal-Taschenatlas. Neue Ausgabe. 48 Tafeln und 64 Seiten Text. Gebrochen auf Kl.-8. Chromolithographie. In Lnwd. geb. Wien: Freytag & Berndt 1896. 1.80

Prof. A. L. Hickmann's Geografisch-statistischer Universal-Taschen-Atlas. Ausg. 1897. *Wien: G. Freytag & Berndt (1897).* (63 S., 48 Kt. u. Taf.) 1 Bd 8. (97. 624

Hickmann's, Prof. A. L., Geographisch-statistischer Universal-Taschen-Atlas. Ausgabe 1899. 8. (63 S. Text.) In Lnwd. geb.
Wien: Freytag & Berndt 1898. 2.—

HICKMANN, A. L.
Prof. A. L. Hickmann's Geographisch-statistischer Universal-Taschen-Atlas. Ausgabe 1900. Wien. Freytag & Berndt. 8°. 63 S. mit 59 Tafeln. Geb. K 4.50

Hickmann, A. L.: Geographisch-statistischer Universal-Taschen-Atlas. Ausg. 1902.
Wien & Leipzig: G. Freytag & Berndt (1902). (63 S., 62 Karten u. Taf.) 8°

Hickmann, A. L., Geographisch-statistischer Universal-Taschenatlas. 8°. (68 S. mit 62 Tafeln) K 4.50
Wien: Freytag & Berndt 1904.

Hickmann, A L . Prof. A. L. Hickmanns Geographisch-Statistischer Universal-Taschen-Atlas. (Ausgabe 1905.) 64 S. + 64 Tafeln u. Karten + *Verlagsanzeigen* 16 S. 8. Wien und Leipzig, G. Freytag & Berndt. [geb. M. 3. 80]
Darin die Schweiz betr.: S. 6. 8/10. 16 f. 44 f.; Taf 5. 36 und die meisten statistischen etc. Tafeln.

Prof. A. L. **Hickmanns** Geographisch-statistischer Universal-Taschen-Atlas. Wien & Leipzig G. Freytag & Berndt [1906]. (63 S., 64 Taf. u. Karten.) 8° [07. 4940

Hickmann, A. L., Geographisch-statistischer Universal-Taschenatlas. 1909. 8°. (68, 16 S. mit 65 Karten) geb. K 4.50
Wien Freytag & Berndt 1908.

Hickmann, A. L., Geographisch-statistischer Universal-Taschenatlas. 1910. 8°. (82 S. mit 65 Tafeln) geb. K 4.50
Wien: Freytag & Berndt 1909

— das Verhältnis Österreichs zu Ungarn. Ein Beitrag zur möglichst richt. Beurtheilg. der beiderseit. volkswirtschaftl Verhältnisse, insbesondere der Ausgleichs- u. der Quoten-Frage. In populär-graph. Darstellg. gr. 4. (6 farb. Bl. m. 1 Bl. Text in gr. 8.) Ebd. (901). Gebrochen in gr. 8. n. 1. 70

Verzeichnis der Oesterreichischen Baumwoll-Spinnereien, der bedeutenderen Baumwoll-Webereien, Druckereien, Bleichereien, Färbereien u. Appreturen ... Von Prof. A. L. **Hickmann** nach meist officiellen Quellen oder d. directen Angaben d. betr. Herren Firmaträger ... verf. *Wien: W. Braumüller 1901.* (23 S.) 8°
— **Hickmann** Karte d. Baumwoll-Industrie in Österreich. Beilage. [01. 4335

— Verzeichnis der österreich. Baumwoll-Spinnereien, der bedeutend. Baumwoll-Webereien, Druckereien, Bleichereien, Färbereien u. Appreturen; der gröss. Wirk-, Stick-, Strick- u. Spitzen-Erzeugungen etc. u. der Wachstuch-Fabrikation. Nach meist officiellen Quellen od. den directen Angaben der betreff. Herren Firmaträger unter der Aegide d. „Verbandes d. Baumwoll-Industriellen Oesterreichs" verf. u. nach Kronländern u. Standorten alphabet. geordnet. gr. 4. (23 S. m. 1 farb. Karte in Fol.) Wien 901. W. Braumüller. n. 10. —

— wie schreibe ich heute recht? Kleines Taschen-Wörterbuch f. die allgemeine deutsche Rechtschreibg. m. Angabe aller Neuergn. gr. 16. (38 S.) Wien 902. G. Freytag & Berndt. n.n. — 10

Hickmann, A., Wien im XIX. Jahrhundert. Lex.-8°. erscheint in 5 Lieferungen kompl. geb. K 12.—
Wien: Hölder 1903.

Hickmann, Adam Heinrich (Plauen i. V.), Dissertatio de praescriptione in statu naturali considerata. Präs. Christian Gottfried Weidlich. Lpz. (Breitkopf) 18. III. 1739. 16 S. (6.—) 15088

Hickmann, Barb., s. J. Gartler.

Hickmann, (Barb.,) Wiener Kochbuch, s. Kochbuch.

Hickmann, E., Über dem Gesetze. II. Teil. Böser Wille oder Unfähigkeit. Gr.-8°. (22 S.) K —.90

Hickmann, H. W

Hickmann, H. W., Bericht, s. Kahnis, K. F. A., das Werk der inneren Mission.

Hickmann, H., Bericht üb. die Thätigkeit d. Hauptvereins f. innere Mission, s.: Leonhardi, G., das königl. Priesterthum aller Christen.

Hickmann, H. W., innere Mission und Familie. Vortrag, gehalten am 13. Juni 1888 zur Jahresfeier der Thüringer Konferenz für innere Mission in Mühlhausen. gr. 8. (20 S.) Gotha 888, Schloeßmann. * — 40

Hickmann, H., drei Reden am Sedantage 1895. Weiherede, Festpredigt, Feldpredigt. gr. 8. (22 S.) Meißen 895. L. Mosche. n. — 30

— Vortrag geh. am Jahresfeste der Gesellschaft der Armenfreunde den 7. Januar 1872. gr. 8. (17 S.) Leipzig 872. Hinrichs' Verl. n.n. — 50

Hickmann, Hugo, der sociale Krieg. Vortrag. gr. 8. (IV, 36 S.) Dresden 872, (Naumann.) *

Hickmann, J. G., offenb. göttliche Lauterkeit der evang. Religion und Lehre. 8. Osnab. Fuhrmann. 713.

— **Jo. Dietrich** (Osnabrück), De potionibus mortiferis ad illustrandos varios s. scripturae locos in primis Marc. XVI, 18. Diss. I. Präs. M. Jo. Jacob Bose (Leipzig). Lpz. (Jo. Christian Langenheim) 22. IX. 1736. 44 S. (7.—) 15089
Gew. (v. Präs): Bernhard Freih. v. Zech (Schmorckau).

Hickmann, Joh. Nep., die Electricität als Prüfungs- u. Belebungsmittel im Scheintode. gr. 8. (6 B. u. 1 Stnt.) Wien 841, (Beck's Univ.-Buchh.) *
Vgl. Hikmann.

Hickmann, Joh. Wold. Ein Beitrag zum Rechenunterricht in den unteren Klassen der Realschule. 30 S. Rg. *Dresden-Neustadt* 1881
Progr.

Hickmann, N. L., das Königreich Böhmen in plastischer Darstellung. 1 : 864,000. Fol. Reichenberg 868, Schöpfer. In Carton *

Hickmann, Rhold., wertvolle Kunstgriffe u. Vorteile beim Schnellrechnen. Lehrb. aller prakt. Abkürzungs-Methoden zum raschen u. bequemen Bewältigen groß. Zahlen. Mit Anh.: Zahlenkunststücke u. arithmet. Geheimnisse 8. (47 S.) Leipzig 902. A. F. Schlöffel. n. 1. —

Hickmann, Rhold., wertvolle Kunstgriffe u. Vorteile beim Schnellrechnen. Lehrbuch aller prakt. Abkürzungs-Methoden zum raschen u. bequemen Bewältigen großer Zahlen. Mit Anh.: Zahlenkunststücke u. arithmet. Geheimnisse. 2. Aufl. (47 S.) 8. Leipzig 905. A. F. Schlöffel. n. 1. —

— **Wilhelm Heinrich** (Plauen i. V.), De qualitate actionum et exceptionum in processu executivo. Diss. jur. Präs. Tobias Jac. Reinharth. Erfurt (Hering) 28. IV. 1735. 32 S. (6.80) 15091
Gew.: Car. Gottfried Weidlich, Joh. Gottfried Boehm (Schleiz), Carl Ebelt (Plauen).

Der Alte Hickory: Aug 30– Sept ? 1852 Cincinnati, OH
Democratic campaign paper

Leo XIII. und der Satanskult. Von Hicks. Berlin 1897.
[TylKst. (Amer.) 22 (1907—1908) S. 416.]

Hicks, Frederick (London)
Midwifery and on medical education in generale. Inaug. Diss [lt. Dekanatsbuch handschriftlich eingereicht.]
Dr. med. Giessen 31.12.1842.

Hicks, George Dawes [M. A.]: Die Begriffe des Phänomenon und Noumenon in ihrem Verhältniss zu einander bei Kant. E. Beitr. z. Auslegg u. Kritik d. Transcendentalphilosophie ... Leipzig, W. Engelmann, 1897; 2 Bl., 276 S., 1 Bl. 8.
Leipzig, Phil. Fak., Inaug.-Diss. v. [31. Juli] 1897

Hicks, George Dawes (Shrewsbury i. Shropshire/England), Die Begriffe Phänomenon und Noumenon in ihrem Verhältniss zu einander b. Kant. Ein Beitrag zur Auslegung und Kritik der Transcendentalphilosophie. Diss. philos. Lpz. (Wilhelm Engelmann. Druck: Breitkopf & Härtel) 1897. 277 S. mit Biogr. (8.50) 15092

Hicks, J. Braxton, die combinirte äussere und innere Wendung. Aus dem Engl. und mit Zusätzen von Wilh. L. Küneke. gr. 8. (VI und 86 S.) Göttingen 865, Vandenhoeck und Ruprecht's Verlag. *

Hicks, Mary Dana, Prang's kurzer Lehrgang im Formstudium, s.: Clark, John S.

— s.: Über den Gebrauch v. Modellen.

Hicks, W(illiam) L.: Über einen Fall von „Desmotropie" beim Thiobisacetessigester. Jena 1907: A. Kämpfe. (36 S.) 8°
Jena, Phil. Fak., Ref. Knorr, Diss. v. 30. Juli 1907
[Geb. 2. Juni 84 Liverpool; Wohnort: Liverpool; Staatsangeh.: England; Vorbildung: College Liverpool bis Juli 01; Studium: Liverpool 8, Jena 4 S.; Rig. 27. Juli 07.]

Hickson, J(oseph) W(illiam) A(ndrew), aus Montreal: Robert Mayer's **Auffassung** des Causalprinzips und Begründung des Prinzips von der Erhaltung der Energie. *Halle a. S. 1900: Waisenhaus.* (48 S.) 8° ¶(Die vollst. Abh. über die Entwickelung d. Kausalprinzips seit Hume erscheint in: Vierteljahrsschrift f. wissensch. Philosophie.)
Halle, Phil. Diss. v. 1900

Hickson, Sydney J., Coralliidae, s.: Alcyoniden, die, der Siboga-Expedition.

Hicksville Presse: 1894?—1918?
Independent weekly. Published in English and German. Circulation: 1910—18, 500.
Hicksville, NY

Hidaka, Takashi [aus Tokio in Japan]: Beitrag zur Statistik der Staaroperation ... Halle a. S., Hofbuchdr. v. C. A. Kaemmerer & C., 1897; 30 S., 3 Bl. 8.
Halle, Med. Fak., Inaug.-Diss. v. 21. Mai 1897

HIDASSY, CORNELIUS: Hirtenbrief an die Gläubigen der Diöcese aus Anlaß seiner bischöflichen Inauguration. (Auch in latein. u. ungar. Sprache veröffentlicht). Budapest 1883. - 4°

Hidayette, Abdul-Hamid, révolutionaire, ou ce qu'on ne peut pas dire en Turquie. 8. (269 S. m. 1 Bildn.) Zürich 896. Art. Institut Orell Füssli, Verl. n. 3. —

Hidber, Basilius

Hidber, B[asilius]. Gesammelte kleinere historische Aufsätze. ⟨SA.⟩ 8. Bern 1864.

Hidber, [Basilius]. Gesammelte kleinere historische Aufsätze. [SA.] 8. [Bern 1871.]

Hidber, B., die Berner im Veltlin unter ihrem Heerführer Nikolaus von Mülinen. Der Veltlinermord und dessen Bedeutung. Berns und Zürichs Hülfszug für Graubünden zur Wiedereroberung Veltlins. gr. 4. (43 S. mit 1 lithogr. Portr.) Bern 862, [Fiala.] *

— Adrian von Bubenberg, s.a. Neujahrsblatt f. 1859.

Hidber, B[asilius]. Adrian von Bubenberg. Lebens- und Charakterbild eines bernischen Helden aus dem fünfzehnten Jahrhundert, mit Rücksicht auf Cultur und Sitten jener Zeit. [Mit 1 Tafel.] Njbl. Bern 1859. 4. Bern.

Hidber, B[asilius]. Renward Cysat (1545[–1614]), der Stadtschreiber zu Luzern. Lebensbild eines katholisch-schweizerischen Staatsmannes aus dem sechszehnten Jahrhundert. [SA.] 8. [Zürich 1862.]
[1. Hälfte. SA. aus: Archiv für Schweizerische Geschichte... Band 13.] — 2. *Hälfte s. in:* Archiv ... Band 20, Zürich 1876.

Hidber, B[asilius]. Diplomata helvetica varia = Vermischte Schweizerische Urkunden. Als Beilage zum Schweizerischen Urkundenregister hrg. von Dr. B. H'.... [Sep.-Ausg. von: Sch' U'.... Band 2, Heft 5.] 8. Bern 1873 (*Umschlag: 1874).

Hidber, B[asilius]. Schweizergeschichtliche Forschungen über Wilhelm Tell. [A.] 4. ([Augsburg] 1860.)

Hidber, B[asilius]. Der Goliath in Regensburg und die Goliath- und Gollattengassen überhaupt. ⟨SA.⟩ 8. Stadtamhof [1874].

Hidber, B[asilius]. Kampf der Walliser gegen ihre Bischöfe. ⟨Mit 2 Beilagen.⟩ – Der Goliath in Regensburg und die Goliath- und Gollattengassen überhaupt. [SA.] 8. Bern 1875.

Hidber, B[asilius]. Das erste Schiesspulver und Geschütz in der Schweiz. – Eine Schützenfahrt der alten Berner. – Unterhandlungen zum Wiedergewinn Veltlin's. Dem Wehrstande unsers Vaterlandes gewidmet. [Mit 1 Tafel.] 8. Bern 1866.

Hidber, B. Das erste Schießpulver und Geschütz in der Schweiz. Bern 1866. 8°. (Verm. Jähns.)

Hidber, B[asilius]. Der Schwaben- und Burgunderkrieg (*Umschlag: Die Ursachen des Burgunder- und Schwabenkriegs), Berns Stellung dazu und Mannschaftsrodel. Mit Urkunden. ⟨SA.⟩ 8. Bern 1857.

— die Schweizer in Italien, s.a. Neujahrsblatt für die bernische Jugend.

Hidber, B[asilius]. Die Schweizer in Italien und der bernische Feldhauptmann Albrecht vom Stein. Ein Zeit- und Charakterbild aus dem Anfange des sechszehnten Jahrhundert. [Mit 1 Porträt-Tafel.] Njbl. Bern 1860. 4. Bern.

Hidber, B., Schweizergeschichte für Schule u. Volk. (In 4 Hftn.) 1—3. Hft. gr. 8. (418 S.) Bern 878—82. Wyß. à n. 1. 60

Hidber, B., Schweizergeschichte für Schule und Volk. 2. Thl.: Von den italienischen Heerfahrten der Schweizer und der Reformation bis zum Untergange der alten Eidgenossenschaft. gr. 8. (V, 295 S.) Bern 888, Wyß. * 3 20

Hidber, B., der ehemalige sogenannte äußere Stand der Stadt u. Republik Bern, s.a. Neujahrsblatt f. 1858.

Hidber, B[asilius]. Der ehemalige sog. äussere Stand der Stadt und Republik Bern. [Mit 1 Tafel.] Njbl. Bern 1858. 4. Bern.

Hidber, B[asilius]. Doktor Thomas Murner's Streithandel mit den Eidgenossen von Bern und Zürich, mit Urkunden. Ein Beitrag zur Geschichte der schweizerischen Glaubensstreitigkeiten im XVI. Jahrhundert. [SA.] 8. [Zürich 1855.]

Hidber, B[asilius]. Diplomatisch-kritische Untersuchung der Berner Handfeste. 4. Bern 1891.
Festschrift zur VII. Säkularfeier der Gründung Berns. (Theil 6.)

(Hidber, B[asilius].) Schweizerisches Urkundenregister, hrg. (*Band 2:* mit Unterstützung der Bundesbehörden) von der allgemeinen geschichtforschenden Gesellschaft der Schweiz (redigirt von Dr. B. H'). 2 Bände. 8. Bern 1863–1877.
Band 1 (5 Hefte.) 1863(–1868).
Band 2. Mit einer Urkundenbeilage. (5 Hefte.) (1869–)1877. — Heft 5 *u. d. bes. Titel:* Diplomata helvetica varia = Vermischte Schweizerische Urkunden ... hrg. von Dr. B. H'.... Bern 1873.

Hidber, B[asilius]. Waadtland wird schweizerisch, oder die Eroberung der Waadt durch die Berner unter dem Oberbefehle des Feldhauptmanns (*Umschlag:* Waadt wird sch' durch die B' und den bernischen Feldhauptmann) Hans Franz Nägeli; mit einem Rückblick auf die ältere Geschichte der Westschweiz und Savoyens. Mit einem lithographirtem Portrait [Tafel]. [Sep. Ausg. von: Njbl. Bern 1861.] 4. Bern (1861).

— Waadtland wird schweizerisch oder die Eroberung der Waadt durch die Berner unter dem Oberbefehle des Feldhauptmanns Hans Frz. Nägeli mit einem Rückblick auf die ältere Geschichte der Westschweiz u. Savoyens. Mit 1 lith. Portr. Bern 861. Blom. gr. 4. (56 S.) n. 16 ngr.

Hidde, Carl, s. Hidde, Karl

Hidde, Justine, die Krankenkost. Eine kurze Anweisg., wie d. Kranken d. Speisen zu bereiten sind. Mitgeteilt aus 40jähr. eig. Erfahrg. Mit e. Vorwort v. Mart. Mendelsohn. 8. (XI, 136 S.) Wiesbaden 898. J. F. Bergmann. Kart. n. 2. —

Hidde, Karl

Hidde, Carl. Neue Synthese der Imidchloride. (Bern) Berlin, 1895.

Hiddemann, C., De Antiphontis, Andocidis, Lysiae, Isocratis, Isaei, oratorum iudicialium prooemiis. Diss. 1913. 64 S. 2.—

Hiddemann, Ernst [aus Wickede (Westfalen)]: Ueber die Behandlung der Uterusmyome während der Schwangerschaft und der Geburt. ... Würzburg, Paul Scheiner's Buchdr., 1889, 47 S. 8°
Würzburg, Med. Fak., Inaug.-Diss. v. 1889

Hiddemann, F., und H. Lüders, Illustrationen zu Fritz Reuter's Werken. In Holzschn. ausgeführt von R. Brend'amour, A. v. Steindel u. A. 1.—5. Heft. hoch 4. (59 Holzschntaf. mit Text.) Berlin 868—72, Grote'sche Verlagsb.
à Lfg. in Carton *ℳ 4. *
Mappe dazu *

—— —— dass. — Auswahl. 2. verb., theils verm., theils reducirte Aufl. Mit einer Einleitung von Otto Glagau. hoch 4. (XXIV, 36 Holzschntaf.) Ebendas. 872. geb. mit Goldschn. *
Daraus einzeln:

—— —— Illustrationen zu Fritz Reuter's Stromtid. 35 Zeichnungen und Titelblatt. hoch 4. Ebendas. 868. In Mappe *

Hiddemann, F., und H. Lüders, Illustrationen zu Fritz Reuter's Werken. In Holzschn. ausgeführt von R. Brend'amour, A. v. Steindel u. A. Mit einer Einleitung von Otto Glagau. 2. Aufl. gr. 4. (24 S. mit 15 Holzschntaf.) Berlin 876, Grote'sche Verlagsb.
geb. mit Goldschn. * 15 —

Hiddemann, F., u. H. Lüders, Illustrationen zu Fritz Reuter's Werken. In Holzschn. ausgeführt von R. Brend'amour, A. v. Steindel u. A. Mit einer Einleitung. 3., verb. Aufl. gr. 4. (24 S. m. 35 Holzschntaf.) Berlin 881. Grote. geb. m. Goldschn. n. 10. —

Hiddi-Geigei. Humoristisch-satyr. Zeitschrift. 1. Jahrg. 1874. 24 Nrn. (B. m. eingedr. Holzschn.) Fol. Prag 874. Steiner in Comm. n. 6. —

Hiddigeigei. Wöchentliches Unterhaltungsblatt. Redact.: J. Ulrich. Jahrg. 1886. 52 Nrn. (Bog. mit Illustr.) gr. 4. Zürich, Schmittner. * 3 20
—— dass. — Redact.: Ulr. Farner. Jahrg. 1887 und 1888. à Jahrg. 52 Nrn. (Bog. mit Illustr.) gr. 4. Zürich, Munk.
à Jahrg. * 4 —

Hiddigeigei. Wöchentliches Unterhaltungsblatt. Red.: Ulr. Farner. Jahrg. 1887—1889. à Jahrg. 52 Nrn. (B. m. Illustr.) gr. 4. Zürich, Munk. à Jahrg. n. 4. —

Hiddigeigei's lustige Blätter. Jahrg. 1892. 1893. à 52 Nrn. (à ca. 2 Bog. m. Abbildgn.) gr. 4. Zürich, U. Munk. à Jahrg. n. 6. —

Erschien früher u. d. T.: Hiddigeigei.

1735. *Gerlof Hiddinga* Anleitung zur Algebra speciosa. Hamburg. 8.

1744. *Gerlof Hiddinga* algebraische Aufgaben. Hamb. 8.

Hiddingh, Petrus (Arnheim)
Ueber die Zusammensetzung der Ackerproducte bei verschiedenen Arten der Cultivierung des Moorbodens.
Giessen: W. Keller 1879. 31 S. u.1 Tab.
Diss. phil. 1879. vorh. 26. 7.

Hidegh, Coloman, chemische Analyse der Quelle des Johannisbades in Baden bei Wien. Lex.-8. (10 S.) Wien 866, (Gerold's Sohn.) +
Aus: Sitzungsberichte der k. Akademie der Wissenschaften, besonders abgedruckt.

Hiden, Karl J.

Hidén, Carol. I., de casuum syntaxi Lucretiana. I. gr. 8. (XI, 122 S.) Helsingforsiae 896. (Berlin, Mayer & Müller.) n. 2. —

Hidén, Carol. I., de casuum syntaxi Lucretiana. II. gr. 8. (VIII, 152 S.) Helsingforsiae 899. (Berlin, Mayer & Müller.) n. 2. 50

Hiden, K J, Von einigen Uebereinstimmungen zwischen d. Latein. u. Finnischen. S.-A. 1900. 8 S. —.60

— De particularum quarundam usu Lucretiano. S.-A. 1900. 8 S.

Hiderlin, Moritz, s. Kiderlin, Moritz

Hidigeigei, (M. Ortner), s.: Glöckerl, Salzburger.

HIDVÉGHY, ÁRPÁD: Geschichte des Ursprungs des Schemnitzer Kalvarienberges. Seine heutige Beschaffenheit und die Andachten auf denselben. Übersetzt von Wilhelm Groeger. Selmecbánya (Schemnitz) 1901: August Joerges Witwe u. Sohn. 174 S. - 8°

Hie Bismarck, hie Windthorst! Ein Versöhnungswort. gr. 8. (31 S.) Berlin 885, Wilhelmi. * — 50

Hie deutsch! Dichterstimmen zu Schutz u. Trutz f. das Deutschtum in Böhmen. Hrsg. v. Herm. Thom. Lex.-8. (160 S.) Leipzig R. 1897. 98. P. Thom. n. 3. —; geb. in Leinw. n. 4. 80; in Elfenbein-Prachtbd. n. 7. 50

Hie gut Brandenburg allewеg! Geschichts- u. Kulturbilder aus der Vergangenheit der Mark u. aus Alt-Berlin bis zum Tode d. Großen Kurfürsten. Hrsg. v. Rich. George. Mit reichem Bilderschmuck nach geschichtlich überlieferten Originalen. gr. 8. (VII, 495 S.) Berlin 900. W. Dünnhaupt. Geb. in Leinw. n. 6. 50

Hie guet Brandenburg allewege. Blätter f. Heimatkunde. Hrsg. v. Walth. Specht. 1. Bd. 20 Nrn. (III, 160 S. m. Abbildgn.) gr. 8. Rathenow 902—904. M. Babenzien. Kart. n. 1. 75

— dasselbe. 2. Bd. 20 Nrn. (III, 160 S. m. Abbildgn.) gr. 8. Ebd. 906. Geb. in Leinw. n. 2. —

— gut Württemberg allewege! Ein litterar. Jahrbuch aus Schwaben. 1. Bd. 8. (VIII, 302 S. m. 4 Taf.) Heilbronn 898. E. Salzer. n. 3. 50; geb. n. 4. 50

Hie gut Württemberg allweg! Zur vierten Jubelfeier des Münsinger Vertrags vom 14. December 1482. Münsingen [1883]. V: *Nestle, Eberh.* (Heyd)

Hie gut Württemberg allweg! Ein Gedenkblatt für das württemberg. Volk zum 6. März 1889. Fol. (18 S. m. Illustr.) Stuttgart 889. Süddeutsches Verlags-Institut. n.n. — 50

Hie Herr und Gideon! Kirchenblatt für das protestantische Volk. Redig. von G. F. Haag. (1.) Jahrg. 1853. 12 Nrn. (à 1 Bgn.) Pforzheim. (Stuttgart, Scheitlin.) gr. 8. n. 12 ngr.

Hie Koch — hie Kneipp! Ein offenes Antwortschreiben an die „Frankfurter Zeitung". Von e. Menschenfreund. 8. (29 S.) München 891. L. Viereck. — 30

Hie Rom! Hie Wittenberg! Kirchliche Zeitfragen. gr. 8. (III, 68 S.) Gotha 881. Schloeßmann. n. 1. 20

Hie Schwert des Herrn u. Gideon! Zeugnisse u. Grüße aus dem evangel. Zion an das Concil der Bischöfe zu Rom in Reformationspredigten des J. 1868 aus verschied. Gebieten der deutschen evangel. Kirche gesammelt u. als Antwort auf die päbstl. Einladung zum Abfall hrsg. rc. von W. Quistorp. Ducherow 869. Berlin, E. Beck in Comm. gr. 8. (III. 68 S.) n. 8 ngr.

Hie Welf! Hamburg 1861. V: *Oppermann, Herm. Albert.* (Löwe, Bibl. der Hann. u. Braunschw. Gesch. Hann. 1908. S. 155.)

Hie Welf! 1. u. 2. Aufl. Hamburg 861. O. Meißner. gr. 8. (112 S.) 15 ngr.

Hie Welf! Stimmen des Rechts für Braunschweig und Deutschland. Ludwigslust 1885. V: *Prillwitz, B.* (Löwe, Bibl. d. Hannoverschen u. Braunschw. Gesch. Hann. 1908. S. 122.)

Hiebaum, Arth., die erste Hilfe bei plötzl. Erkrankgn. u. Unglücksfällen. 12. (27 S.) Prag 896. H. Dominicus. n. — 30

Hiebaum, Florian. Katechetik oder spezielle Methodik des katholischen Religions-Unterrichtes. Klgft., St. Josefs-Druck., 1908. 39 S

Hiebel, Alfred: Seezeichen, Leuchtfeuer und Schallsignale des Atlantischen Ozeans in ihrem Zusammenhang und ihrer Bedeutung für Wirtschaft und Kultur. Hamburg: Friederichsen 1908. VI, 287 S. 8° (¶ Ersch. auch als Buch ebd.)
Leipzig, Phil. Diss. v. 29. Sept. 1908, Ref. Partsch, Bruns
[Geb. 23. Juli 79 Penig; Wohnort: Dresden; Staatsangeh.: Sachsen; Vorbildung: Realgymn. Zwickau Reife O. 00; Studium: Leipzig 1, Tübingen 1, Jena 3, Leipzig 8 S.; Rig. 25. Juni 07.] [U 09. 2985

Hiebel, Alfr., Seezeichen, Leuchtfeuer u. Schallsignale des Atlantischen Ozeans in ihrem Zusammenhang u. ihrer Bedeutung f. Wirtschaft u. Kultur. Mit 1 Karte vom Atlant. Ozean. (287 S.) gr. 8. Hamburg 908. L. Friederichsen & Co. 6. —
Sonderabdr. a.: „Mittlgn. d. geogr. Gesellsch. in Hambg."

Hiebel, Charles, und Bernh. Miller, Auswanderer-Buch für Deutsche nach den Vereinigten Staaten von Nord-Amerika. Mit 1 Karte der Vereinigten Staaten von Nordamerika. 8. New-York 872. Hamburg, Richter. cart. *

Hiebel, Gustav Die geometrische Behandlung der topographischen Fläche. 8 (S. 3—25). K. k. Oberrsch. im II. Bezirk *Wien* 1888.
Progr.

Hiebel Gustav: Beitrag zur graphischen Bestimmung der Normale. 4. Steyr R. 96.
Progr.

Hiebel, Gustav: Einiges über das Rechnen mit periodischen Decimalbrüchen. S. 3—16. 8. Staatsrealschule in dem II. Bezirke *Wien* 1901.
Progr.

Hiebeler, Ant., Tabellen für die Gewinnstvertheilung bei Scheibenschießen mit einer Anleitung beim Gebrauche derselben und einer Erklärung über die Abzirkelung mittelst der Scala (Transversal-Maßstab.) Imp.-Fol. (27 Tab. mit VIII und 15 S. Text in gr. 8. und 2 Stnt. in gr. 8. und qu. Fol.) Innsbruck 854(59), (F. Rauch.) geb. Thlr. *

Hiebenthal, Gottlieb Tugendlieb

— Anweis. zu einem gesitteten u. vernünftigen Lebenswandel rc. Nebst e. kurzen Unterr. zur Erhaltung d. körperl. Wohls, von Jh. Karl Sybel. 8. Alt-Brandenburg 801. (Lauffer in Leipz.) 8 K

Hiebenthal, G. T., Unterricht in d. wicht. christlichen Glaubens- und Sittenlehren. 8. A. Brandenb. (Hessenland in Magd.) 804.

Hiebenthal, Gli. Tugendlieb, († d. 22. Febr. 1807.) Unterr. in d. wichtigsten christl. Glaubens u. Sittenlehren. 8. Alt-Brandenb. 804. (Lauffer in Leipz.) 6 K

Hieber

— u. v. Campe, Festreden, geh. bei der 20. Generalversammlung des Evangelischen Bundes am Lutherdenkmal in Worms am 2. X. 1907. v. H., u. in der Protestationskirche zu Speyer am 3. X. 1907 von v. C. (18 S.) 8. Leipzig 907. Halle, Verl. d. Evangel. Bundes. nn — 10

Hieber, Schlußansprache bei d. XI. General-Versammlg. d. Evang. Bundes, s.: Flugschriften d. Evang. Bundes.

Hieber, A. [pr. Arzt in Steinen]: Die Typhusepidemie in Hofen — Beitrag zur Lehre der Entstehung und Verbreitung dieser Infektionskrankheit. . . . Freiburg i. B., Univ.-Buchdr. v. H. M. Poppen & Sohn, 1890; 14 S. u. 1 Taf. 8°
Freiburg i. B., Med. Fak., Inaug.-Diss. v. 1890

Hieber, Alb., sündige Rechte. 3 Einakter. 8. (68 S.) Dresden 901. E. Pierson. n. 1. 50

Hieber, Alb., wie ist der Volksgesang zu verbessern? gr. 8. (8 S.) Freiburg i/B. 900. (F. P. Lorenz.) n.n. — 75; ermäss. Preis n.n. — 50

Hieber, Alfred, approb. Arzt aus Konstanz: Ein Beitrag zur pathologischen Anatomie der Streptokokken-Diphtherie der Bindehaut. *Freiburg i. B. 1903: K. Henn.* (45 S.) 8°
Freiburg i. B., Med. Diss. v. 1903

Hieber, Carlmann, s. Hieber, Karlmann

HIEBER, FRIEDRICH. Beiträge zur Kenntniss der Chinaalkaloïde, speciell des Chinidin's. Freiburg i. B., 1883.

Hieber, G., de cultu et veneratione s. s. eucharistiae. August. Vind. 1712. 8.

Hieber, Gel., gründl. Auslegung des katholischen Glaubens. 4. Ingolstadt, Krüll. 752.

— gepred. Religionshistorie üb. das ganze Leb. Christi. Fol. Augsb. Wolf.

Hieber, Herm., Johann Adam Seupel, s.a. Studien z. deutschen Kunstgeschichte.

Hieber, Hermann: Johann Adam Seupel ein deutscher Bildnisstecher im Zeitalter des Barocks. Straßburg 1907: J. H. Ed. Heitz. (42 S.) 8°
Heidelberg, Phil. Fak., Ref. Thode, Diss. v. 23. Juli 1907
[Geb. 26. Dez. 82 Freiburg i. B.; Wohnort: Achern i. B.; Staatsangeh.: Baden; Vorbildung: Gymn. Freiburg Reife M. 01; Studium: Basel 2, Berlin 1, Erlangen 1, Heidelberg 1, Bern 2, Straßburg 1, Heidelberg 2 S.; Rig. 21. Juni 07.]

Johann Adam Seupel. Ein deutscher Bildnisstecher im Zeitalter d. Barocks von Hermann Hieber. Strassburg: J. H. E. Heitz 1907. (42 S.) 8°
— Studien z. deutschen Kunstgeschichte. H. 88. [07. 11634

— David Friedrich Strauß als Denker u. Dichter. (IV, 64 S. m. 1 Bildnis.) 8. Ludwigsburg 909. J. Aigner. 1.50

Hieber, Johann

Hieber, J., s.: Bibliothek f. Politik u. Volkswirtschaft.

Hieber, das Gesetz über die Kaufmannsgerichte, s.a. Bibliothek für Politik u. Volkswirtschaft. 17. Hft.

Hieber, [Johann]: Das Gesetz über die Kaufmannsgerichte vom 6. Juli 1904. Von Prof. –. Berlin: W. Baensch 1904. (43 S.) 8°
= Bibliothek f. Politik u. Volkswirtschaft. H. 17.

Hieber, der Toleranzantrag des Centrums, s.a. Bibliothek f. Politik u. Volkswirthschaft. 2. Hft.

Der Toleranzantrag des Centrums. Dargest. nach d. Verhandlungen d. Reichstags von Prof. Dr. [Joh.] Hieber, Stuttgart. *Berlin: W. Baensch 1901.* (31 S.) 8° [F.]
— Bibliothek f. Politik u. Volkswirthschaft. H. 2. [04. 10045

Hieber, J.: Das Vereinsges. v. 19.4.08, St. 1908, s.a. Vereinsgesetz.

— u. W. Bazille, das Vereinsgesetz vom 19. IV. 1908, an Hand der Begründung des Entwurfs, der Verhandlgn. in Kommission u. Reichstag, sowie der bisher ergangenen Entscheidungen der einzelstaatlichen Verwaltungsgerichte, des Reichs- u. Kammergerichtes f. die Praxis erläutert. 2. Abdr. (XI, 254 S.) 8. Stuttgart 908. J. Heß. 2.40; geb. 2.80

— — dasselbe m. den Ausführungsbestimmungen von Preußen, Bayern, Sachsen, Württemberg, Baden, Hessen, Elsaß-Lothringen. 3. Abdr. (XI, 250 S.) 8. Ebd. 908. 2.40; geb. 2.80

— die württembergische Verfassungsreform v. 1906. Nebst 2 Anlagen m. dem amtlichen Wortlaut des Verfassungsgesetzes u. des Landtagswahlgesetzes vom 16. VII. 1906. (125 S.) 8. Stuttgart 906. K. A. E. Müller. n. 1.20

Hieber, K.: Versuch ein. Uebersetzung d. Psalmen Davids, aus dem Hebräisch. Grundtexte. 8°
Ingolst. (Linz, Haslinger.) 1810.

Hieber, P. K., Versuch einer Übersetzung der Psalmen Davids aus dem hebräischen Grundtexte zur Beförderung der Anbetung Gottes im Geiste u. in der Wahrheit als Gebet- u. Unterrichtsbuch eingerichtet. Regensburg, Manz, jetzt Verl.-Anst., 1810, 8°, 1 Mk.

Hieber, Karlmann

Hieber, Carlmann, die hohe Würde des kathol. Priesterthums. Eine Primiz-Predigt. Auf vielseit. Verlangen in Druck gegeben. 8. Augsburg 811, Schlosser. 1/12 ß

Hieber, Otto

Zur Abwehr. Eine Beleuchtung der Schrift des [Br. Herm.] Settegast: Die deutsche Freimaurerei, ihr Wesen, ihre Ziele und Zukunft im Hinblick auf den freimaurerischen Notstand in Preussen von O[tto] Hieber. Berlin: Mittler & S. 1892. 34 S. 8°

°[Dasselbe.] 2. Aufl. Ebendas. 1892. VIII, 34 S. 8°

[Dasselbe.] 3. Aufl. Ebendas. 1893. VIII, 34 S. 8°
Recens f. 1. Aufl.: Bbl. 6 (1892) S. 452—456 (E. Kelmann); FZ. 46 (1892) S. 371—373; Bh. 36 (1893) S. 8 (C. Gotthold); 3. Aufl.: Bbl. 7 (1893) S. 105—112 (A. W. Sellin).
cf. f. 1. Aufl.: H. 3 (1892) S. 103; O. 17 (1892) (H. Kálonki); Z. 23 (1893) S. 1—3.
1. Aufl. in 23; 3. in KB.

Acht Antithesen zu den Coburger Thesen des Brs [Rob.] Fischer von O[tto] Hieber. [Bützow 1898: Buhr.] 8 S. 4° [Kopftit.]
Aus: ML. 26 (1897—1898) S. 103—110.
Abgedr. in: BZC. 27 (1898) S. 74—75, 113—119.
Auszug in: FZ. 52 (1898) S. 81—85.

Ueber die Ausführung unserer rituellen Arbeiten. Von O[tto] **Hieber.** Als Hs. gedruckt. Berlin 1899: Mittler & S. 41 S. 8°
Recens: BZC. 28 (1899) S. 470—478 (W. E. Metzener).
Nur für die Logenmeister der G. L. L. bestimmt. Will die Würde der Arbeiten erhöhen und auf die Schäden der Ausführung hinweisen.

Herzbruch, Karl Jul. Ferd.: Gedächtnissrede für Br. Carl Jul. Ferd. Herzbruch gehalten bei der zu seiner Erinnerung veranstalteten Trauerloge am 27. Mai 1884 von Otto **Hieber.** Mit Genehmigung des höchstl. Landes-Grossmstrs als Ms. gedr. [Königsberg 1884: Rautenberg.] 15 S. 8°

Das freimaurerische Geheimnis. Von O[tto] **Hieber.** [Leipzig 1909.] 16 S. 8° [Kopftit.]
Aus: MitthVdF. 1908—1909 S. 44—59.
Etwas andere Bearb. in: Hieber, O.: D. Joh.-Lehrlingsgrad i. Vortr. 2 (1905) S. 186 bis 204.

Discreta: Geschichte der Andreas-Loge „Discreta". Festschrift zu deren hundertjährigem Stiftungsfeste am 30. November 1909. Auszug aus Geschichte der Vereinigten Johannis-Loge „Zum Totenkopf und Phönix" zu Königsberg i. Pr. von Otto **Hieber.** (Berlin 1909: Mittler & Sohn.) 39 S. 8°.
Vgl. W. 11044.

Geschichte der vereinigten Johannis-Loge zum Todtenkopf und Phönix zu Königsberg i. Pr. nebst Nachrichten über die mit derselben verbundenen höheren Ordensabteilungen von Otto **Hieber.** Ms. f. Brr. Königsberg i. Pr.: Selbstverl. 1897. III, 353 S. 5 Taf. 8°
Recens: ML. 25 (1896—1897) S. 119—120 (P. Henckel), 170 (O. Henckel); BrL. 14 (1896—1897) S. 80; Bbl. 11 (1897) S. 199—200 (A. W. Sellin); FZ. 51 (1897) S. 112 (K. Pilz); L. 20 (1897) S. 72; BZC. 26 (1897) S. 267—274 (F. Seckt).
cf. FT. 5 (1897) S. 77—79 (A. J. Lange); Z. 27 (1897) S. 36 (M. Amster).
In Annalenform. Nebst Verzeichn. der Mitgl., Beamten usw.

Der Johannis-Gesellengrad in Vorträgen von Otto **Hieber.** Hs. f. Brr Gesellen. Mit 1 Taf. in Steindr. Berlin: Mittler & S. 1906. VI, 166 S. 8° (Hieber, O.: Sammlung frmrischer Vorträge. 3.)
Recens: Bh. 50 (1907) S. 224 (Chr. Gotthold).
cf. BrL. 23 (1905—1906) S. 79—80 (F. Holtschmidt); ML. 34 (1905—1906) S. 130 (O. Henckel); Z. 36 (1905—1906) S. 419 (H. Glücksmann); Bbl. 20 (1906) S. 172 (G. Diercks); L. 29 (1906) S. 111 (P. Fischer); SL. 26 (1906) S. 43 (B. Hirsch); R. 33 (1906) S. 64 (G. Schauerhammer); V. 1 (1906 bis 1907) S. 189 (W. H. Denier v. d. Gon.).

Der Johannis-Lehrlingsgrad in Vorträgen von Otto **Hieber.** Hs. f. Brr Lehrlinge. T. [1. 2.] Berlin: Mittler & S. 1903—1905. 8°
[1.] Allgemeiner Teil. X, 369 S. 1903.
[2.] Spezieller Teil. VIII, 522 S. 1905.

[Hieber, Otto]: Zum Johannisfest. [9 Vorträge.] in: Hieber, O.: D. Joh.-Lehrlingsgrad. 1 1903 S. 301—360.

Der Johannis-Meistergrad in Vorträgen von Otto **Hieber.** Hs. f. Mstr. Berlin: Mittler & S. 1906. VI, 203 S. 8° (Hieber, O.: Sammlung frmrischer Vorträge. 4.)
Recens: ML. 34 (1905—1906) S. 218 (O. Henckel); Z. 37 (1906—1907) S. 32 (H. Glücksmann).
cf. ML. 34 (1905—1906) S. 197 (J. Bluhm); Bbl. 20 (1906) S. 476 (G. Diercks); L. 29 (1906) S. 240 (P. Fischer); SL. 26 (1906) S. 124 (H. Speck); BrL. 24 (1906—1907) S. 6 (F. Holtschmidt); V. 1 (1906—1907) S. 189 (W. H. Denier v. d. Gon); R. 34 (1907) S. 56 (G. Schauerhammer).

[Lied] Zum 22. März 1906 [in der Loge zum Totenkopf und Phönix in Königsberg i. Pr. Unterz.:] O[tto] **Hieber.** [Königsberg 1906.] 1 Bl. 8°. [Kopftit.]
„Hoch über Grab und Tod hinaus ..."

(Hieber, O. Sammlung frmrischer Vorträge. 1. 2.)
Recens f. T. 1: SL. 22 (1902) S. 186—187; A. (NF.) 22 (1903) S. 286 (P. Fischer); FZ. 57 (1903) S. 55—56 (K. Pilz); L. 26 (1903) S. 24 (R. Fischer); R. 30 (1903) S. 40; BZC. 32 (1903) S. 143—144; V. 1 (1906 bis 1907 S. 189 (W. H. Denier v. d. Gon).
f. T. 2: Bh. 48 (1905) S. 224; L. 28 (1905) S. 31 (P. Fischer); V. 1 (1906—1907) S. 98—102 (W. H. Denier v. d. Gon).

cf. f. T. 1: ML. 31 (1902—1903) S. 96 (O. Henckel); Bbl. 17 (1903) S. 134—135 (G. Diercks), Z. 34 (1903—1904) S. 114—115 (H. Glücksmann).
f. T. 2: BrL. 22 (1904—1905) S. 63 (F. Holtschmidt); Z. 35 (1904—1905) S. 344 (H. Glücksmann); Bbl. 19 (1905) S. 248 (G. Diercks); R. 32 (1905) S. 82 (G. Schauerhammer); SL. 25 (1905) S. 67—68 (B. Hirsch).

Sammlung freimaurerischer Vorträge von Otto **Hieber**. Mit landesgrossmeisterlicher Genehmigung als Hs. f. Brr gedruckt. Bd 1—4. Berlin: Mittler & S. 1903—1906. 8°
1. 2. D. Johannis-Lehrlingsgrad in Vorträgen. T. [1. 2.] 1903—1905.
1. Allgemeiner Teil. X, 369 S. 1903.
2. Spezieller Teil. VIII, 522 S. 1905.
3. D. Johannis-Gesellengrad in Vorträgen. VI, 166 S. 1 Taf. 1906.
4. D. Johannis-Meistergrad in Vorträgen. VI, 203 S. 1906.

F[el.] Possart's Schrift: „Was den deutschen Freimaurern noth thut", besprochen von O[tto] **Hieber**. 4°
Aus: ML. 17 (1888—1889) S. 91—96.

Hieber, Otto: Freimaur. Vorträge über den Lehrinhalt d. IX. Grades. 1910.
[H. 22 (1911) Nr 19.]

HIEBERL, Albert (Augsburg): Die systematische Stellung der Mittäterschaft im künftigen Reichsstrafgesetzbuch.- Augsburg: Hieber (1911). 83 S.
24.2.1911 - Chr 1910/11,21; U 11.3546
Diss.Ingolst.-Landsh.-Mchn.

Hiebfechtschule, deutsche, für Korb- u. Glockenrapier, s.a. Weber's illustr. Katechismen.

Hiebfechtschule, deutsche, für Korb- u. Glockenrapier. Eine kurze Anweisg. zur Erlernung d. an unseren deutschen Hochschulen gebräuchl. Hiebfechtens. Hrsg. vom Verein deutscher Universitätsfechtmeister. 8. (XII, 95 S.) Leipzig 887. J. J. Weber. geb. n. 2. —

Hiebl, Joh., das Bundesfest, s.a. Schul- u. Vereinsbühne, christl.

(F) **Hiebl**, J., Das Bundesfest. Einakter für Mädchenvereine. [Christl. Schul- und Vereinsbühne. Nr. 20.] 8°. (14 S.) K —.30
Linz-Urfahr: Verlag des Katholischen Pressvereines 1904.

— das gute Marienkind. Marianisches Vereinsbuch f. Jungfrauen. Für den öffentl. u. Privatgebrauch. 2. Aufl. (XVI, 309 S. m. farb. Titelbild u. 1 Farbdr.) 16. Münster 905. Alphonsus-Buchh. Geb. in Leinw. n. 1. —

— ein Viertelstündchen bei den Büchern, s.a. Schul- u. Vereinsbühne, christliche. Nr. 21.

(F) **Hiebl**, J., Ein Viertelstündchen bei den Büchern. Lustige Szene. [Christl. Schul- und Vereinsbühne. Nr. 21.] 8°. (15 S.) K —.24
Linz-Urfahr: Verlag des Katholischen Pressvereines 1904.

Hiebl, R. W., englische Konversations-Grammatik f. Privat- u. Schulgebrauch m. Bezugnahme auf den kaufmännischen Briefstil. I. u. II. Tl. 8. München, J. Lindauer. Geb. in Leinw. 5. 40
I. (Elementarstufe.) (XII, 121 u. 47 S.) 910. Geb. 2. 40
II. (Für Vorgerückte.) (VIII, 279 S.) 911. 2.60; geb. 3. -

Hiebl, R. W., Uebungsstücke zur Erlernung der englischen Spracheigenheiten. Mit besonderer Rücksichtnahme auf deren Anwendg. in der Umgangssprache. (IV, 138 S.) kl. 8. München 904. J. Lindauer. n. 1. 60; kart. n. 1. 80

— Übungsstücke zur Erlernung der englischen Spracheigenheiten. Mit besond. Berücksicht. des tägl. Verkehrs u. der Umgangssprache. 2. neubearb. Aufl. (VI, 236 S.) kl. 8. Ebd. 911. 2.—; geb. n 2. 30

Hiebler, Fr., Radiumstrahlen. Weltliche Verse. (32 S.) kl. 8. Graz 906. Leykam. n. — 60

Hiebner, Fr. Gli., († ...) histor. Nachricht von e. siebenjähr. Leibesfrucht. 8. Annab. 773.

Hiebner, H. Wh., Versuch einiger Gedichte. 8. St. Pölten 821. (Wien, Heubner). 16 K

Hiebner, Israel vollkommnes Geheimniß d. Sigillen, Kräuter und Steine in d. Cur und Heilung aller Krankheiten. 4. Frft. 735.

Hiebner, J., Mysterium sigillorum, herbarum et lapidum oder: Vollkommene Cur u. Heilung aller Krankheiten, Schäden u. Leibes- auch Gemüthsbeschwerungen ꝛc. ohne Arzney durch die himmlische Influentz mit Hülff der Kräuter u. Wurzeln. Aus den Metallen und Stein mit Hülff der 7 Sigillen etc. Mit Holzschnitten. Frkf. 1737. 4°.
1736

Hiebsch, Jos., Chorübungen f. Männerstimmen. Zun. f. d. Unterrichtsgebr. an Lehrerbildungsanst. zusammengest. 3 Thle. gr. 8. Wien 896. A. Pichler's Wwe. & Sohn. Geb. in Leinw. n. 9. 80
1. Elementar-, Lese- u. Vortragsübgn. Für d. 1. u. 2. Jahrg. (IV, 116 S.) n. 3. —
2. Ausgew. kirchliche Tonwerke. (IV, 168 S.) n. 3. 80
3. Patriot. Volks- u. volksthüml. Lieder, Chorgesänge class. Meister. (IV, 116 S.) n. 3. —

Hiebsch, Jos., Chorübungen f. Männerstimmen. Zunächst f. den Unterrichtsgebrauch an Lehrerbildungsanstalten zusammengestellt. I. u. II. Tl. Nach der neuen Rechtschreibung bericht., sonst unveränd. Abdr. gr. 8. Wien 905. A. Pichler's Wwe. & Sohn. Geb. n. 4. 60
I. Elementar-, Lese- u. Vortragsübgn. Für den 1. u. 2. Jahrg. 2. Aufl. (IV, 116 S.) n. 2. —
II. Ausgewählte kirchl. Tonwerke. 2. Aufl. (IV, 168 S.) n. 2. 60

Hiebsch, Jos., Chorübungen f. Männerstimmen. Zunächst f. den Unterrichtsgebrauch an Lehrerbildungsanstalten zusammengestellt. III. Tl. Patriotische, Volks- u. volkstüml. Lieder, Chorgesänge klass. Meister. 3. Aufl. Unveränd. Abdr. der 2. Aufl. (IV, 116 S.) gr. 8. Wien 909. A. Pichler's Wwe. & Sohn. Geb. 2. —

Hiebsch, Jos., Gesangbuch f. die österreichischen Lehrerbildungsanstalten. 2 Thle. gr. 8. (VI, 90 u. VI, 95 S.) Wiener-Neustadt 887. A. Folk. à n. 2. —

— Gesangbuch f. d. österreich. Lehrerbildungsanstalten (u. Mittelschulen). (Neue Ausg.) (In 2 Thln.) 2. Thl. gr. 8. (VI, 95 S.) Wiener-Neustadt 896. A. Folk. n. 1. —

Hiebsch, Jos. Gesangunterricht, s. Handbuch der spec. Methodik.

— s.: Handbuch d. spec. Methodik.

— Lehrbuch der Harmonie f. Lehrer- u. Lehrerinnen-bildungs-Anstalten. gr. 8. (VIII, 146 S.) Wien 894. A. Pichler's Wwe. & Sohn. n. 1. 80; geb. n. 2. 10

— Methodik d. Gesangunterrichts, s.: Handbuch der speciellen Methodik.

—— Methodik des Violinunterrichtes. gr. 8. (VIII, 236 S.) Wiener-Neustadt 887, Wedl. * 4 —

Hiebsch, Jos., allgemeine Musiklehre. Zum Gebrauche an Lehrer- u. Lehrerinnen-Bildungsanstalten. gr. 8. (IV, 84 S.) Wien 890. Pichler's Wwe. & Sohn. n. 1. —

— allgem. Musiklehre. Zum Gebrauch an Lehrer- u. Lehrerinnen Bildungsanst. 2. Aufl. Unveränd. Abdr. d. 1. Aufl. gr. 8. (IV, 84 S.) Wien 896. A. Pichler's Wwe. & Sohn. n. 1. —; geb. n. 1. 30

Hiebsch, Josef, Allgemeine Musiklehre. Zum Gebrauche an Lehrer- und Lehrerinnenbildungsanstalten. 3., nach der neuen Rechtschreibung berichtigte, sonst unveränderte, daher gemäß Min.-Erl. vom 2. Oktober 1903, Z. 30609, zulässige Auflage. Wien und Leipzig 1906. A. Pichlers Witwe & Sohn. Geh. K 1.—, geb. K 1.30.

Hiebsch, Jos., allgemeine Musiklehre. Zum Gebrauche an Lehrer- u. Lehrerinnen-Bildungsanstalten. 4. Aufl. Unveränd. Abdr. der 3. Aufl. (VI, 79 S.) 8. Wien 909. A. Pichler's Wwe. & Sohn. 1.—; geb. 1. 30

Hiebslac, O'Clarus, englische Sprach-Schnitzer. Gebrauch lächerl., anstöß., oft unanständ. Worte und Redensarten von Seiten englisch sprechender Deutscher. Ein humorist. Vortrag, gehalten im Londoner deutschen Athenäum. Mit einem Anhang über deutsche Familiennamen in England, Verhaltungsregeln in engl. Gesellschaft, Titel, Anrede, Briefadressen. 8. (IV, 92 S.) Straßburg 884, Trübner.

Hiebslac, O'Clarus, englische Sprach-Schnitzer. Gebrauch lächerl., anstöß., oft unanständ. Worte und Redensarten von Seiten englisch sprechender Deutscher. Zur Belehrung Erwachsener. Ein humorist. Vortrag, gehalten im Londoner deutschen Athenäum. Mit einem Anhang über deutsche Familiennamen in England, Verhaltungsregeln in engl. Gesellschaft, Titel, Anrede, Briefadressen, engl. Abkürzungen. 2. und 3. verm. Aufl. 8. (X, 156 S.) Straßburg 885,86, Trübner. * 2 —

Hiebslac, O'Clarus, englische Sprach-Schnitzer. Gebrauch lächerl., anstöß., oft unanständ. Worte u. Redensarten v. Seiten englisch sprech. Deutscher. Zur Belehrg. Erwachsener. E. humorist. Vortrag, geh. im Londoner deutschen Athenäum. M. e. Anh. üb. deutsche Familiennamen in England, Verhaltungsregeln in engl. Gesellschaft, Titel, Anrede, Briefadressen, engl. Abkürzungen. 4. Aufl. 8. (XI, 156 S.) Straßburg 896. K. J. Trübner, Verl. n. 2. —

Hiecke, C.: Historisch-kritische Würdigung der stöchiometrischen Lehrsätze des vorigen u. jetzigen Jahrhunderts. Lauenburg i. P. 4° 24 S. Schul-/Univ.-Schrift 1865.

Hiecke, Christian Ferdinand (Lützen), De suspensorum in vitam restitutorum morte subitanea ejusque causa. Diss. med. Jena (Korn & Co.) 17. IX. 1799. 23 S. (6.30) 15093
Gew.: Johann Michael Hiecke (Lützen; Vater).

— **Christian Heinrich** (Sachsen-Merseburg), Spicilegium ad variolarum vaccinarum insitionem. Diss. med. Jena (Prager & Co.) 21. IX. 1801. 48 S. (6.30) 15094
Gew.: Joh. Gottfr. u. Joh. Chph. Schulz.

Hiecke, H., griechisches Vocabularium. Zum Anschluß an K. W. Krüger's Grammatik zusammengestellt. gr. 8. (32 S.) Berlin 880. Gsellius. n. — 40

Hiecke, Hermann

Hiecke: Ueber den Hochverrath des Geschichtschreibers Thukydides. 26 S. – Berlin Werd. G., Progr. 1869.

Hiecke, Herm., de pace Cimonica. Dissertatio inauguralis philologica. gr. 8. (IV und 52 S.) Greifswald 863, (Bamberg.) *

Hiecke, Karl, d. Begriff v. Wort, s.a. Festschrift d. deutschen akadem. Philologen-Vereins in Graz.

Hiecke, Dr. Karl, Der Begriff vom Worte. (Gr.-8. (8 S.) —.25
Graz: Leuschner & Lubensky 1896.

*Hiecke, [Martin]: Englische Dichter der ersten Hälfte des 19. Jahrhunderts auf Reisen in Deutschland. S. 3—8. 8.
Zur Gedächtnisfeier f. d. Senator Ph. F. A. Just Gymn. *Zittau* 1908.
Progr.

Hiecke, Martin, a. Rammenau: Die Neubildung der Rumänischen Tiernamen. Leipzig: J. A. Barth 1906. (IV, 178 S.) 8° ¶(Aus: Jahresbericht des Instituts f. rumän. Sprache zu Leipzig. 12.)
Leipzig, Phil. Fak., Ref. Birch-Hirschfeld, Weigand, Diss. v. 13. März 1906
[Geb. 15. April 83 Rammenau, Oberlaus.; Wohnort: Kötzschenbroda; Staatsangeh.: Sachsen; Vorbildung: Wettiner Gymn. Dresden Reife O. 02; Studium: Genf 1, Leipzig 6 S.; Rig. 12. Dez 05.]

Hiecke, Rich., über die Deformation elektrischer Oscillationen durch die Nähe geschlossener Leiter. [Aus dem physikal. Institute der k. k. Universität in Graz.] Lex.-8. (33 S. mit 2 Taf. und 2 Holzschn.) Wien 887, (Tempsky.) * 1 50
Aus: Sitzungsberichte der k. Akademie der Wissenschaften, besonders abgedruckt.

Hiecke, Rich., Magnetisirung nach 2 Dimensionen u. Hysterosis im Drehfelde, s.: Grau, Aug.

—— Pendelversuche, s. Czermak, P.

Hiecke, Rob. Heinr., gesammelte Aufsätze zur deutschen Literatur. Hrsg. von G. Wendt. gr. 8. (VI und 331 S.) Hamm [Berlin] 864, Grote'sche Verlagsh.

Hiecke, Rob. Heinr., gesammelte Aufsätze zur deutschen Litteratur. Hrsg. v. G. Wendt. 2. Aufl. gr. 8. (VIII, 331 S.) Berlin 885. G. Grote. n. 3. 75

Hiecke, Rob. Heinr., Auswahl deutscher Gedichte für Bürgerschulen. In 3 Abthlgn. für das Alter von 10 bis 14 Jahren. gr. 8. (VI und 362 S.) Halle 850, Buchhandlung des Waisenhauses. Thlr. -

— Auswahl deutscher Gedichte für Bürgerschulen. In 3 Abtheilungen für das Alter von 10—14 Jahren. 2. unveränderte Aufl. Halle 863. Buchhdlg. des Waisenhauses. gr. 8. (VI, 362 S.) 15 ngr.

Hiecke: Über die Einheit des ersten Gesanges der Ilias. 12 S. – Greifswald, Progr. 1857.

Hiecke, über die Einheit des ersten Gesanges der Ilias. Greifswald 857. (Koch.) gr. 4. (1 Bl., 12 S.) n. 6 ngr.

Hiecke, Rob. Heinr., über die Einheit des ersten Gesanges der Ilias. gr. 4. (12 S.) Greifswald 858, (Koch's Verlagsbuchh.) *

Hiecke, R. H. Entwickelung des Ganges der Handlung in Göthe's Iphigenie. Erster Theil einer Kritik dieses Drama. 36 S. . . .

Progr. Zeitz 1834

Hiecke, R.H. Derselben zweiter Theil. . . . .

Progr. Zeitz 1837

Hiecke, R. H., und G. Ad. Wislicenus, Gedichte, Mährchen u. Parabeln, s. Auswahl v. Gedichten ꝛc.

Hiecke: Göthes Grösse in seinem bürgerlichen Epos ‚Hermann und Dorothea' Rede, dem Gymn. zu Stralsund zu dessen 3. Saecularfeier gewidmet. 3 S. 8°–Greifswald, Progr. 1860

– Göthe's Größe in seinem bürgerlichen Epos Hermann u. Dorothea. Rede gehalten im Verein für wissenschaftliche Vorträge in Greifswald. Leipzig 860. Werner in Comm. gr. 8. (VI, 35 S.) 7½ ngr.

— Schillers Größe in den Dichtungen seiner reiferen Jahre. Rede gehalten bei der Gymnasialfeier von Schillers 100jähr. Geburtstage in Greifswald am 10. Novbr. 1859. Greifswald. (Leipzig, Werner.) gr. 8. (30 S.) 7½ ngr.

Hiecke, Rob. Heinr., Handbuch deutscher Prosa f. obere Gymnasialclassen; enth. eine auf Erweiterung d. Gedankenkreises u. Bildung d. Darstellung berechn. Samml. auserles. Prosastücke. gr. 8. (27 B.) Zeitz 835. [Leipzig, Eisenach.]

Hiecke, Rob. Heinr., Deutsches Lesebuch. 1.—3. Stufe. gr. 8. Leipzig, Werner.

Inhalt:

Stufe 1. Erstes Lesebuch. 7. Doppel-Aufl. Hrsg. von O. Gandtner und G. Wendt. (XXIII, 320 S.) 873. *ℳ 2.

„ 2. Deutsches Lesebuch für die mittleren Klassen von Gymnasien und Realschulen, bestehend in einer auf Anregung der Phantasie und des Gemüthes, sowie auf Bildung der Darstellung berechneten Sammlung auserlesener Prosastücke. 9. Doppel-Aufl. Hrsg. von R. H. Hiecke. (XVI, 492 S.) 874. ℳ 3,30.

„ 3. Deutsches Lesebuch für obere Gymnasialklassen, enth. eine auf Erweiterung des Gedankenkreises und Bildung berechnete Sammlung auserlesener Prosastücke. 4. verm. und verb. Doppel-Aufl. Hrsg. von G. Wendt und O. Gandtner. (XVI, 740 S.) 874. ℳ 5.

Hiecke, Rob. Heinr., deutsches Lesebuch. 1—3. Stufe. gr. 8. Leipzig 874. Werner. n. 10. 30

1. Erstes Lesebuch. 7. Doppel-Aufl. Hrsg. v. G. Gandtner u. G. Wendt. (XXIII, 320 S.) n. 2. —
2. Deutsches Lesebuch f. die mittleren Klassen v. Gymnasien u. Realschulen, bestehend in e. auf Anregg. der Phantasie u. d. Gemüthes, sowie auf Bildg. der Darstellg. berechneten Sammlg. auserlesener Prosastücke. 9. Doppel-Aufl. Hrsg. v. R. H. Hiecke. (XVI, 492 S.) 3. 30
3. Deutsches Lesebuch f. obere Gymnasialklassen, enth. e. auf Erweiterg. d. Gedankenkreises u. Bildg. berechnete Sammlg. auserlesener Prosastücke. 4. verm. u. verb. Doppel-Aufl. Hrsg. v. G. Wendt u. O. Gandtner. (XVI, 740 S.) 5. —

Hiecke, Rob. Heinr., deutsches Lesebuch. 1. und 2. Stufe. gr. 8. Leipzig, Werner. * 6 30

Inhalt:

Stufe 1. Deutsches Lesebuch für die unteren Klassen von Gymnasien und Realschulen. 8. Doppel-Aufl. Hrsg. von R. H. Hiecke. (XXXIV, 430 S.) 876. *ℳ 3.

2. Deutsches Lesebuch für die mittleren Klassen von Gymnasien und Realschulen, bestehend in einer auf Anregung der Phantasie und des Gemüthes, sowie auf Bildung der Darstellung berechneten Sammlung auserlesener Prosastücke. 10. Doppel-Aufl. Hrsg. von R. H. Hiecke. (XVI, 492 S.) 878. *ℳ 3,30.

3. Stufe. Ebendas. 1874. *ℳ 5.

—— deutsches Lesebuch für obere Gymnasialclassen; enth. eine auf Erweiterung des Gedankenkreises und Bildung der Darstellung berechnete Sammlung auserlesener Prosastücke. 2., verm. und verb. Aufl. gr. 8. (X und 570 S.) Leipzig 847, Eisenach.

Hiecke, Rob. Heinr., deutsches Lesebuch für obere Gymnasialklassen; enthltd. eine auf Erweiterung des Gedankenkreises u. Bildung der Darstellung berechnete Sammlung auserlesener Prosastücke. 3., verm. u. verb. Aufl. Herzg. von G. Wendt u. O. Gandtner. Leipzig 866. Werner. gr. 8. (XIV, 721 S.) 1 ₰ 15 ngr.

Hiecke, Rob. Heinr., deutsches Lesebuch f. obere Gymnasialklassen, enth. e. auf Erweiterg. des Gedankenkreises u. Bildg. der Darstellg. berechnete Sammlg. auserlesener Prosastücke. 5. Doppel-Aufl. Hrsg. v. Th. Vogel u. Geo. Berlit. (XXIII, 756 S.) 8. Leipzig 883. J. Werner Verl. Geb. 5. —

—— deutsches Lesebuch f. d. mittl. Classen v. Gymnasien u. Realschulen, besteh. in e. auf Anregung d. Phantasie u. d. Gemüthes, so wie auf Bildung d. Darstellung berechn. Samml. auserles. Prosastücke. 8. (30 B.) Zeiz 837. [Leipzig, Eisenach.]

Hiecke, Rob. Heinr., deutsches Lesebuch für die mittleren Klassen von Gymnasien u. Realschulen, bestehend in einer auf Anregung der Phantasie u. d. Gemütes, sowie auf Bildung der Darstellung berechneten Sammlung auserlesener Prosastücke. 11. Doppel-Aufl. Hrsg. v. Th. Vogel u. Geo. Berlit. gr. 8. (XXVI, 646 S.) Leipzig 882. Werner. n. 4. —

— dasselbe, f. die unteren Klassen v. Gymnasien u. Realschulen. 8. Doppel-Aufl. Hrsg. v. R. H. Hiecke. gr. 8. (XXXIV, 430 S.) Ebend. 876. 3. —

Hiecke, Rob. Heinr., deutsches Lesebuch für die unteren Klassen v. Gymnasien u. Realschulen. 9. Doppel-Aufl. Hrsg. v. Th. Vogel u. Geo. Berlit. gr. 8. (XL, 516 S.) Leipzig 880. Werner. 3. 75

Hiecke, Rob. Heinr., deutsches Lesebuch f. die untern u. mittlern Classen von Gymnasien u. Realschulen, bestehend in einer auf Anregung der Phantasie u. des Gemüthes, sowie auf Bildung der Darstellung berechneten Sammlung auserlesener Prosastücke. 2., verm. u. verb. Aufl. gr. 8. (28 B.) Leipzig 844, Eisenach. Thlr. –

—— deutsches Lesebuch für die untern und mittlern Classen von Gymnasien und Realschulen, bestehend in einer auf Anregung der Phantasie und des Gemüthes, so wie auf Bildung der Darstellung berechneten Sammlung auserlesener Prosastücke. 3. Aufl. gr. 8. (VIII und 438 S.) Leipzig 850, Eisenach. –

Hiecke, Rob., deutsches Lesebuch für die untern und mittlern Classen von Gymnasien und Realschulen, bestehend in einer auf Anregung der Phantasie und des Gemüthes, so wie auf Bildung der Darstellung berechneten Sammlung auserlesener Prosastücke. 4. Aufl. Leipzig 856. Werner. gr. 8. (XII, 440 S.) 26¼ ngr.

— deutsches Lesebuch für die untern und mittlern Klassen von Gymnasien und Realschulen, bestehend in einer auf Anregung der Phantasie und des Gemüthes, so wie auf Bildung der Darstellung berechneten Sammlung auserlesener Prosastücke. 5. Aufl. Leipzig 860. Werner. gr. 8. (XIV, 429 S.) 27 ngr.

Hiecke, Rob. Heinr., deutsches Lesebuch für die untern und mittlern Klassen von Gymnasien und Realschulen, bestehend in einer auf Anregung der Phantasie und des Gemüthes, so wie auf Bildung der Darstellung berechneten Sammlung auserlesener Prosastücke. 6. Aufl. Hrsg. von O. Gandtner und G. Wendt. gr. 8. (XIV und 434 S.) Leipzig 865, Werner.

Hiecke's, R. H., deutsches Lesebuch f. höhere Lehranstalten. 10. Doppel-Aufl. Hrsg. v. G. Berlit. Ausg. A. 1. u. 2. Tl. Sexta u. Quinta. gr. 8. (XXXIV, VIII, 364 u. 184 S.) Leipzig 888. J. Werner. geb. à n. 2. 25

— dasselbe. 10. Doppel-Aufl. Ausg. B. 1. Stufe f. untere Klassen. gr. 8. (XLIV, 364 u. 184 S.) Ebd. 889. geb. n. 4. 20

Hiecke's, Rob. Heinr., deutsches Lesebuch f. höhere Lehranstalten. 12. Doppel-Aufl. Hrsg. v. Geo. Berlit. Ausg. A. 3. Tl. Quarta. gr. 8. (X, 109 S.) Leipzig 892. J. Werner. Geb. in Leinw. n. 2. 40

— Deutsches Lesebuch f. höhere Lehranstalten. Bearb. v. Geo. Berlit u. Osk. Dähnhardt. Ausg. A. 5 Tle. 8. Ebd. In 2 Bde. geb. 8. 20
1. 2. Sexta. 12. Doppelaufl. u. Quinta. 12. Aufl. (V, S. 3—204; V, S. 3—262 u. 104—113.) 904. 3. 50
3—5. Quarta. 13. Doppelaufl. Untertertia. 13. Doppelaufl. Obertertia. 13. Aufl. (VI, 240 S., IV, S. 3—239 u. S. 3—251.) 904. 4. 70

— dasselbe. Ausg. A. 5 Tle. m. Anh.: Poesie. 8. Ebd. Geb. 12. 50
1. Sexta. 12. Doppelaufl. (IV, 204 u. 88 S.) 904. 2. 35
2. Quinta. 12. Aufl. (VI, 262 u. 113 S.) 904. 2. 35
3. Quarta. 13. Doppel-Aufl. (VIII, 240 u. 112 S.) 902. 2. 60
4. Untertertia. 13. Doppelaufl. (V, 239 u. 107 S.) 904. 2. 60
5. Obertertia. 13. Aufl. (VI, 251 u. 112 S.) 904. 2. 60

Hiecke, Rob. Hnr., erstes Lesebuch. Für das Alter von 7—10 Jahren. 2. verm. Aufl. des Buchs: Auswahl von Gedichten rc. von R. H. Hiecke u. G. A. Wislicenus. gr. 8. Merseburg 846, Garcke. n. 1/2 ℛ

— erstes Lesebuch. Für das Alter v. 7—10 Jahren. 3. verm. u. verb. Aufl. 8. (XXIV u. 277 S.) Merseburg 850, Garcke. (Leipzig, Hebenstreit.) n. 1/2 ℛ

—— erstes Lesebuch. Für das Alter von 7—10 Jahren. 2. Aufl. (XXIV und 204 S.) 1847. und 3., verm. und verb. Aufl. gr. 8. (XXIV und 277 S.) Merseburg 850, Garcke'sche Buchh. *

Hiecke, Rob. Heinr., erstes Lesebuch. Für das Alter von 7—10 Jahren. 4., verm. und verb. Aufl. gr. 8. (XXVI und 277 S.) Leipzig 854, Hebenstreit. ½ Thlr. *

—— erstes Lesebuch. Für das Alter von 7—10 Jahren. 5., verm. und verb. Aufl. gr. 8. (XXIV und 318 S.) Leipzig 861, Werner. *

Hiecke: Über Lachmanns zehntes Lied der Ilias. 20 S. – Greifswald, Progr. 1859.

—— über Lachmann's zehntes Lied der Ilias. gr. 4. (20 S.) Greifswald 859, (Koch's Verlagsbuchh.) *

—— Shakspeare's Macbeth, erläut u. gewürdigt. gr. 8. (10½ B.) Merseburg 846. [Garcke.]

— Shakspeare's Macbeth, erläutert u. gewürdigt. gr. 8. Merseburg 846, Nulandt'sche Buchh. 3/4 ℛ

Hiecke, R. H. Commentatio de partibus orationis. Particula I. Merseburg, G., 1845. 16 S. 4. Progr.

Hiecke, R. H. Rede über den Ideengehalt in Uhlands Ballade: Des Sängers Fluch. 24 S.

Progr. Merseburg 1839

— Reden u. Aufsätze. Hersg. von G. Wendt. Hamm [Berlin] 865. Grote'sche Verlagsb. 8. (VIII, 245 S. mit Hiecke's lith. Portr.) 1 ℛ

Hiecke, Rob. Heinr., Reden und Aufsätze. Herausg. von G. Wendt. Mit Hiecke's (lith.) Portr. Hamm 865. Grote. 8. (VIII, 245 S.) 1 ℛ

Hiecke: Der gegenwärtige Stand der Homerischen Frage. 26 S. (Gratulationsschrift zur vierten Säcularfeier der Universität in Greifswald.) – Progr. Greifswald, 1856.

Hiecke, der gegenwärtige Stand der Homerischen Frage. Greifswald 856. (Koch.) gr. 4. (1 Bl., 26 S.) n. 10 ngr.

—— der gegenwärtige Stand der Homerischen Frage. gr. 4. (26 S.) Greifswald 857, (Koch's Verlagsbuchh.) *

Hiecke, zur Stellungnahme in der Bewegung gegen die Ortsschulaufsicht der Geistlichen. Vortrag, auf der Kirchen- u. Pastoralkonferenz zu Meißen den 11. V. 1903 geh. (39 S.) gr. 8. Leipzig 903. B. Richter. n. — 80

— der deutsche Unterricht auf deutschen Gymnasien. Ein pädagog. Versuch. gr. 8. Leipzig 842, Eisenach. n. 1⅓ ℛ

— der deutsche Unterricht auf deutschen Gymnasien. Ein pädagog. Versuch. 2. Abdr. gr. 8. (XVI, 232 S.) Ebend. 872. n. 4. —

— der deutsche Unterricht auf deutschen Gymnasien. Ein pädagog. Versuch. 3. Abdr. gr. 8. (XV, 260 S.) Ebd. 889. n. 5. —

—— Vorbemerkungen zu einer Parallel-Syntax der Casus im Deutschen, Griechischen und Lateinischen. (Programm des städt. Gymnasiums zu Greifswald.) gr. 4. (20 S.) Greifswald 854, (Koch's Verlag.) *

Hieckmann, s. Hiekmann

Hiederer, Joh., gepriesen sei die unbefleckte Empfängnis Mariae. Zum 50jähr. Jubiläum der feierl. Verkündigg. des Glaubenssatzes v. der unbefleckten Empfängnis Mariä. Gebetbüchlein (32 S.) 16. Regensburg 904. Rich. Kühlwein. (Nur direkt.) n.n. — 15

Hiederer, Joh. v. Gott, das bittere Leiden unseres Herrn Jesu Christi. In 4 Cyclen Kanzelvorträgen bearb. u. geh. gr. 8. (VI, 208 u. VI, 192 S.) Regensburg 901. F. Pustet. 3. 20; in 1 Halbfrz.-Bd. n. 4. 40.

— die Schreckenstage v. Stadtamhof im April 1809. Ein Beitrag zur Lokalgeschichte v. Stadtamhof, Steinweg u. Reinhausen. Vortrag, geh. im kathol. Männerverein Stadtamhof, am 4. u. 18. IV. 1899. 12. (60 S.) Regensburg 899. J. Habbel. n. — 20

Hiedl, Herm., Historie der drei Waldschlösser Englburg, Fürstenstein, Saldenburg. Genealogie der Schwarzensteiner Begräbnißstätten derselben u. der Grafen v. Taufkirchen. Geschichtliches üb. Neukirchen v. W. u. Tittling. 16. (86 S.) Passau 884. (Waldbauer.) n. 1. —

Hiedl, Herm., Sammlung geschichtlicher Notizen betr. I. die alte Grafschaft u. Burg, das spätere Benediktiner-Kloster u. nunmehrige Schloß Vormbach. II. Die Grafen von Neuburg am Inn u. Schloß daselbst, m. Neufels, Wernstein, Frauenhaus. III. Hals u. seine Dynasten [Röschenstein, St. Achazi]. IV. Anh.: Die ehemal. Veste Königstein unter Passau. Mit texterläut. Noten. 16. (183 S.) Passau 881. (Waldbauer.) n. 1. 50

Hiefelt's, Meister Eberhard, Aucupatorium Herodiorum, s.: Weidwerk, altdeutsches.

Journal der Goldschmiedekunst und verwandten Gewerbe. Red.: P. Hiehle. Jhg. 1—15. 1881—95. (Mit eingedr. Holzschn. u. Steintaff.) Leipzig. gr. 4.

Hieke, E: Die Wasserversorgung des heutigen Rom. München 1891

Hieke, Wenzel

Hieke, W., Literatur zur Geschichte der Industrie in Böhmen bis zum J. 1850, s.a. Beiträge zur Geschichte der deutschen Industrie in Böhmen.

Hieke, W., Literatur zur Geschichte der Industrie in Böhmen bis zum Jahre 1850. Gr.-8. (XX, 133 S.) 1.20
Prag: Dominicus Wenzel 1893.

Hieke, Wenzel, s. Mittheilungen des Vereins für Geschichte der Deutschen in Böhmen

— Prag u. seine Umgebung, s.: Städtebilder u. Landschaften aus aller Welt.

Hieke, W., s.: Urkundenbuch der Stadt Aussig.

Hiekel, Rud., Beiträge zur Morphologie u. Physiologie des Soorerregers (Dematium albicans Laurent = Odium albicans Robin). Ausgeführt m. Unterstützg. der Gesellschaft zur Förderg. deutscher Wissenschaft, Kunst u. Literatur in Böhmen. (39 S. m. 1 Fig. u. 2 Taf.) gr. 8. Wien 906. (A. Hölder.) n. 1. 85
Sonderabdruck aus: „Sitzungsber. d. k. Akad. d. Wiss."

Hiekert, W., gründl. Unterricht in d. Obstbaumzucht, mit besond. Rücksicht auf d. klimat. u. topograph. Verhältnisse d. Königreichs Baiern. Eine gekrönte Preisschrift. Mit 4 lithogr. Tafeln. gr. 8. München. (Landsh., Thomann).

Hiekisch, Carl, das System des Urals. Eine orograph. Darstellung des europäisch. asiat. Grenzgebirges. Inaugural-Dissertation. gr. 8. (VII, 254 S.) Dorpat 882. (Schnakenburg.) n. 3. —

— die Tungusen. Eine ethnolog. Monographie. Inaugural-Dissertation. gr. 8. (III, 120 S.) St. Petersburg 879. (Dorpat, Karow.) n. 2. —

— dasselbe. 2. (Titel-)Aufl. gr. 8. (120 S.) Dorpat (1879) 882. Schnakenburg. n. 3. —

Hiekisch, Carl, die Tungusen. Eine ethnolog. Monographie. 2. (Titel-)Aufl. gr. 8. (120 S.) Dorpat 882, (Schnakenburg's Verlag.) *

Hiekmann, Ernst, Armee u. Sozialismus. gr. 8. (39 S.) Warmbrunn 896. M. Leipelt. n. — 75

Hiekmann, Ernst, über dem Gesetze! I. u. II. Tl. Lex. 8. Trautenau 908. G. Lorenz. 1. 75
I. Mein Kampf gegen die königl. preuss. Staatsanwaltschaft in Breslau. (30 S.) 1. —
II. Böser Wille od. Unfähigkeit? (22 S.) — 75

[J.] Hiekmann, Johannes *Benjamin Friedrich* [Kammergerichtsref. aus Berlin]: Die Behandlung des von einem vollmachtlosen Stellvertreter abgeschlossenen Rechtsgeschäftes nach gemeinem Rechte und nach Handelsrecht ... Berlin, P. Stankiewicz' Buchdr., 1897; VI S., 1 Bl., 49 S., 1 Bl. 8.
Erlangen, Jur. Fak., Inaug.-Diss. v. [1. Juni] 1897

Hielbig, Carl, kritische Beurtheilung der Methoden, welche zur Trennung u. quantitativen Bestimmung der verschiedenen Chinaalkaloide benutzt worden. Inaugural-Dissertation. gr. 8. (86 S.) Dorpat 880. (Karow.) n. 1. —

Hjelm, s. Guide, new, to modern conversation.

—— and Witcomb, new guide to modern conversation in Danish and English. 16. (IX und 235 S.) Berlin 862, Behr's Buchh. cart.

—— s. Guide, nouveau, de conversations modernes.

Hjelm, nouveau guide de conversations modernes en six langues, s. Bellenger.

—— och Lipmanson, ny handbok för samtalsöfningar i danska och svenska spraken. 16. (IX und 235 S.) Berlin 862, Behr's Buchh. cart.

—— Lipmanson, Witcomb och Fischer, ny handbok för samtalsöfningar i danska, svenska, engelska och tyska spraken. 16. (XVI und 473 S.) Berlin 862, Behr's Buchh. cart.

——s.a. Sprachenführer, neuer.

Hjelm und Fischer, neuer Sprachenführer. Leitfaden der dänischen u. deutschen Conversations-Sprache, enthaltend Gespräche über Reisen, Eisenbahnen, Dampfschifffahrt 2c. Zum Gebrauch für Reisende u. diejenigen, welche diese Sprachen erlernen wollen. Berlin 862. Behr. 16. (IX, 235 S.) 15 ngr.

Hielm, Peter Jacob. Gedächtnissrede auf den Professor . . . Torbern Bergmann . . . A. d. Schwed. Greifsw. 1790. Ü: *Röhl, Lambert Heinrich.* (ML)

HJELM, PETER JACOB. Gedächtnissrede auf dem Herrn Torbern Bergman gehalten in der königlichen Wissenschafts-Akademie zu Stockholm den 3. May, 1786. Aus dem schwedischen übersetzt. Greifswald, 1790. pp. 92, sm. 4to. Medallion-portrait.
A biography and bibliography of 106 titles.

Hielm, P. J., Gedächtnißrede auf den Prof. Bergmann. Ausd. Schwed. 4. Greifsw. 790. (Knobloch in Leipz.) 12 gr.

Hielscher, Carl, s. Hielscher, Karl

Die ältere griechische Philosophie völker- und individual-psychologisch dargest. von Dr. Hans **Hielscher.** Mit 3 Kartenskizzen u. 4 Abb. Leipzig: W. Engelmann 1905. (226 S.) 8°
Aus: Archiv f. d. ges. Psychol. Bd 6. [illegible] 2

Hielscher, Johannes. Entwurf einer Erkenntnistheorie des Massenbegriffs, des räumlichen und zeitlichen Messens. Habilitationsschr. Phil. I. Univ. Zürich. 60 S. 8. Heidelberg, Carl Pfeffer, 1902.

Hielscher, Johannes. Untersuchungen zur geschichtlichen Entwickelung der Logik in den Prinzipien der Mechanik. Diss. Phil. I. Univ. Zürich. II + 85 S. 8. Leipzig, Wilhelm Engelmann, 1901.

Hielscher, Karl

Hielscher, Carl: Ueber den jährlichen Bastzuwachs einiger Bäume. Halle a. S. 1882: Karras. 24 S. 8° (4°)
Halle-Wittenberg, Phil. Diss. v. [29. Dez.] 1882
Geb. Fraustadt (Posen) 29. 5. 1859. V.
Ersch. vollst. in: Abhandlungen d. naturforsch. Gesellschaft zu Halle. Bd 16. Halle 1886. S. 111—139 und im Buchhandel Halle: Niemeyer 1883. 28 S. 4°

Hielscher, Carl, üb. den jährlichen Bastzuwachs einiger Bäume. [Aus: „Abhandlgn. d. naturforsch. Gesellsch. zu Halle".] gr. 4. (28 S.) Halle 883. Niemeyer. n. 1. —

Hielscher, Karl. Ueber den dem Gymnasial-Unterricht vorhergehenden Elementar-Unterricht. 20 S.
Posen, Fr. W., Progr. 1856

Hielscher: Der Handarbeitsunterricht in der Mädchenschule. Posen. 4. 11 S. 1865.
Schul-/Univ.-Schrift

Hielscher, Karl, die Mittel- oder niedere Bürgerschule, mit besonderer Berücksichtigung der Schulverhältnisse in der Stadt Posen. Posen 858. (Berlin, Mittler u. Sohn.) 8. (47 S.) n. 7½ ngr.

— Zur Mittelschulfrage. Ebd., 1874. 11 S. 4. Progr.

Hielscher, Kurt: Denkschrift über die zahnärztlichen Lehranstalten an den preussischen Universitäten. (Verf.: –. Berlin [1906] : Schmitz & Bukofzer.) 16 S. 8° [Umschlagt.]

Hielscher, Kurt Hans, Referendar: Die unzulängliche Schuldzahlung bei mehreren Forderungen. Borna-Leipzig 1909: Noske. X, 52 S. 8°
Breslau, Jur. Diss. v. 30. Jan. 1909, Ref. Schott-Fischer
[Geb. 27. Sept. 79 Saarawenze; Wohnort: Breslau; Staatsangeh.: Preußen; Vorbildung: Gymn. Beuthen (O.-S.) Reife M. 01; Studium: Breslau 1, Leipzig 1, Berlin 1, Breslau 3 S.; Rig. 3. Dez. 08.] [U 09. 483

Hielscher, Paul, Choralbuch f. das schlesische Prov.-Gesangbuch, s.: Dercks, Emil.

— Einzelstimmen aus dem Choralbuch f. das schlesische Prov.-Gesangbuch, s.: Dercks, Emil.

Hielscher, Paul, die Konzert-Tantieme keine Gefahr f. das Musikleben! Ein Wort zur Beruhigg. (20 S.) 8. Leipzig 904. (F. E. C. Leuckart.) n. — 15

Die Konzert-Tantième keine Gefahr für das Musikleben! Ein Wort z. Beruhigung von Paul **Hielscher**, Musikdir., Brieg. (Leipzig [um 1903]: C. G. Röder.) (20 S.) 8° [J.] [05. 6983

Hielscher, Paul: Totenklage aus Schillers Braut von Messina für Chor und Orchester von Georg Schumann. Op. 33. Thematisch erl. von –. Leipzig: F. E. C. Leuckart [1907]. (7 S.) 8°

— Geistliche Volkslieder, s.: Dercks, Emil.

Hielscher, Robert, aus Klettendorf (Schlesien): Ueber[!] α-Methylpyrrolin, n-Methyl-α-methylpyrrolin und n-Methyl-α-methylpyrrolidin. *Breslau 1898: R. Galle.* (34 S.) 8°
Rostock, Phil. Diss. v. [8. Aug.] 1898

Hielscher, T., Bericht über die im Auftrage des westpreussischen botanisch-zoologischen Vereins ausgeführten Excursionen, s. Schriften der naturforschenden Gesellschaft in Danzig.

Hielscher, Theodor. Ruf eines Nachtwächters. — Druck von J. Sittenfeld. 1 Bl. Fol.
Flugblatt. Berlin, 8. Juli 1848.

Hielscher, Theodor. Ruf eines Nachtwächters. Im Selbstverlage. 1 Bl. Fol.
Flugblatt. Berlin, 7. Sept. 1848.

Hielscher, Theodor. Volk von Berlin! Die Räuberbande von Jellachich — Gedruckt bei J. Sittenfeld. 1 Bl. Fol.
Flugblatt. Berlin, 4. Nov. 1848.

Hielscher, Theodor. Volk von Berlin! Volk! sage ich; — Gedruckt bei J. Sittenfeld : Bl. Fol.,
Flugblatt. Berlin, 21. Okt. 1848.

Hielscher, Traugott *(geb. Guteherberge bei Danzig 2. 1. 1857)*: Anatomie und Biologie der Gattung Streptocarpus. Breslau 1878. (22 S.) 8° *(Aus: Beiträge z. Biologie d. Pflanzen hrsg. v F. Cohn. Bd 3, H. 1. 1879, woselbst auch die zugehörigen 3 Tafeln)*
Breslau, Phil. Diss. v. 13. Nov. 1878

Hielscher-Panten, Elsa, Gedichte. (113 S.) 8. Schmargendorf-Berlin 907. Verlag „Renaissance". n. 2. —; geb. n. 3. –

Hielscher-Panten, Elsa, Gedichte. Neue Ausg. (116 S. m. Bildnis.) gr. 8. Jauer 909. Glogau, Hellmann. 1. 50

Hjelt, Arth., Mikael Agricola, der erste finnische Bibelübersetzer, s.: Studien, theologische.

Hjelt, Arth., die altsyrische Evangelienübersetzung u. Tatians Diatessaron, s.a. Forschungen z. Geschichte d. neutestamentl. Kanons u. der altkirchl. Literatur.

Die altsyrische Evangelienübersetzung und Tatians Diatessaron bes. in ihrem gegenseitigen Verhältnis unters. von Arthur Hjelt. *Leipzig: A. Deichert 1903.* (VIII, 166 S.) 8°
— Forschungen z. Geschichte d. neutest. Kanons u. d. altkirchl. Literatur. T. 7, H. 1. [03. 10386

Hjelt, Arth., Pflanzennamen aus dem Hexaëmeron Jacob's v. Edessa, s.: Studien, orientalische.

Hjelt, Aug., die Arbeiter-Versicherung in Finland, s.: Zacher, Die Arbeiter-Versicherung im Auslande.

Hjelt, Edvard, s.: Aus Jac. Berzelius' u. Gustav Magnus' Briefwechsel.

Hjelt, Edv., Berzelius—Liebig—Dumas. Ihre Stellg. zur Radikaltheorie 1832—1840. (86 S. m. 1 Abbildg.) Lex. 8. Stuttgart 908. F. Enke. 1. 20
Sonderabdr. a.: „Sammlg. chem. u. chem.-techn. Vortr."

Hjelt, Edv., Bruchstücke aus den Briefen F. Wöhlers an J. J. Berzelius. 8. (56 S.) Berlin 881, Oppenheim.

Hjelt, Edvard, Chemie d. fünfgliedr. heterocyklischen Systeme, s.: Brühl, Jul. Wilh.

— Chemie der sechsgliedrigen heterocyklischen Systeme, s.: Roscoe u. Schorlemmer's ausführl. Lehrbuch der Chemie. VII. 5.

— s.: Gadolin, Johan, in memoriam.

Hjelt, E., Grundzüge der allgem. organischen Chemie. gr. 8. (VIII, 210 S.) Berlin 887. Oppenheim. n. 3. 50

Hjelt, Edv., über die Laktone. (64 S.) gr. 8. Stuttgart 903. F. Enke. n. 2. 40
Sonderabdr. aus: „Sammlg. chem. u. chem.-techn. Vorträge".

— ausführl. Lehrbuch d. Chemie, s.: Roscoe, H. E.

— die Pflanzen-Alkaloide, s.: Brühl, Jul. Wilh.

—— die intramoleculare Wasserabspaltung bei organischen Verbindungen. Monographisch dargestellt. gr. 4. (66 S.) Helsingfors 886. (Berlin, O. Enslin.) * 2 50
Aus: Acta societatis scientiarum Fennicae, besonders abgedruckt.

Hjelt, F. W. G, De digammate. 1844. 50 S. 4°.

Hjelt, Otto, die Verbreitung der venerischen Krankheiten in Finnland. Mit besond. Berücksicht. der Statistik u. Gesetzgebg. der nord. Länder. Aus dem Schwed. übersetzt. Mit Tab. u. e. (chromolith.) Karte Finnlands. gr. 8. (VI, 87 S.) Berlin 874. Hirschwald. n. 4. —

Hjelt, Otto E. A., Gedächtnissrede auf Alexander von Nordmann, Prof. der Zoologie an der kaiserl. Alexanders-Universität zu Helsingfors, Mitglied der französ. Academie der Wissenschaften zu Paris etc. gehalten am Jahres- u. Festtage der finn. Gesellschaft der Wissenschaften, den 29. April 1867. Aus dem Schwed. übersetzt. Helsingfors 865. (Leipzig, Fritsch.) gr. 8. (61 S.) n.n. 12 ngr

Hjelt, Otto E. A., Gedächtnissrede auf Alexander v. Nordmann, Prof. emer. der Zoologie an der kaiserl. Alexanders-Universität zu Helsingsfors, Mitglied der französ. Academie der Wissenschaften zu Paris etc. gehalten am Jahres- und Festtage der finn. Gesellschaft der Wissenschaften, den 29. April 1867. Aus dem Schwed. übersetzt. gr. 8. (61 S.) Helsingfors 868. (Leipzig, Fritsch.)

Hjelt, Otto E. A., Carl v. Linné als Arzt und seine Bedeutung für die medicinische Wissenschaft. Ein Beitrag zur Geschichte der Medicin. gr. 8. (IV, 100 S.) Leipzig 882, Engelmann. *

Hjelt, Otto E. A., Carl v. Linné als Arzt u. medizinischer Schriftsteller, s.: Linné's, Carl v., Bedeutung als Naturforscher u. Arzt.

—— die Verbreitung der venerischen Krankheiten in Finnland. Mit besond. Berücksicht. der Statistik und Gesetzgebung der nord. Länder. Aus dem Schwed. übersetzt. gr. 8. (VI, 87 S. mit Tab. und 1 chromolithogr. Karte Finnlands.) Berlin 874, Hirschwald.

Hiemann, E. M., Wandtafelskizzen f. den Unterricht in der Vaterlandskunde. gr. 8. (16 S. u. Bl. 17—42 m. Abbildgn.) Leipzig 902. Dürr'sche Buchh. n. 2.· -

Hiemann, R. (Prakta), Bilanzen, s.: Sammlung kaufmännischer Unterrichtswerke.

Hiemann, R. Bilanzen, ihre Entstehung und ihr Zusammenhang mit der Materialienverwaltung, dem Lohnwesen und der Selbstkostenberechnung. Leipzig 1908.

— Der organisierende Korrespondent. Für die Schule u. die Praxis. (12 S. m. 18 Formularen.) gr. 8. Leipzig 907. O. Regel. 2.—

Hiemann, R., Leitfaden f. e. Geschäftsgang der Fabrikgeschäfts-Buchführung, Fabrikverwaltung u. -Organisation Für den Gebrauch an Handelshochschulen, höheren Handelsschulen u. Handelsschulen, techn. Lehranstalten, Gewerbeschulen u. f. die Praxis. Nach dem Buche: Prakta's Buchführg. f. Fabrikgeschäfte, unter besond. Berücksicht. der Verwaltg. derselben, bearb. (84 S) gr. 8. Leipzig 906. O. Regel. n. 1.20; kart. n. 1.40

— Die Organisation e. Fabrikkontores, s.a. Sammlung kaufmännischer Unterrichtswerke.

Hiemann R, die Organisation eines Fabrikkontores. (179 S) Leipzig 1909

HIEMCKE, A. H., Beschreibung einer neuen Art Gebläse, das einen ununterbrochenen Luftstrom den man willkürlich verstärken und schwächen kann von sich giebt. In Schmiede-Essen statt der gewöhnlichen Blasebälge wie auch in Schmelzhütten und Gieszereien zu gebrauchen. Nebst einer Kupfertafel. Altona. 1807. P.

Hiemenz, Carl, s. Hiemenz, Karl

Hiemenz, Hans: Der Reguliervorgang beim direkt gesteuerten hydrostatischen Turbinenregulator unter Berücksichtigung der Wirkung der Anschläge am Steuerventil. Berlin: Dietze 1909. 55 S. 8°
¶ Auch in: Dinglers Polytechn. Journal. Jg. 90. Bd 324.
Darmstadt, Dr.-Ing.-Diss. v. 10. 6. 1909

Hiemenz, Karl

Hiemenz, Carl [pr. Arzt aus Dieburg]: Die neueren Herzmittel. . . Jena, Frommannsche Buchdr. (Hermann Pohle), 1890. (1 Bl.) 35 (, 1 S. 8°
Jena, Med. Fak., Inaug.-Diss. v. [26. März] 1890

Hiemenz, K. s.a. Katalog des mathematischen Lesezimmers der Universität Göttingen.

Katalog des mathematischen Lesezimmers der Universität Göttingen. Bearb. von K[arl] Hiemenz. Mit e. Vorw. von F[elix] Klein. Leipzig: B. G. Teubner in Komm. 1907. (XI, 224 S.) 8° [F.] 04. 743

Hiemenz, Wilhelm: Über Nitroketotetrahydrochinoxaline und deren Reduktionsprodukte. 1906. 55 S. 8°
Darmstadt, Dr.-Ing.-Diss. v. 16. 10. 1906

Hiemer, Eberhard Friedrich

[-] ANTWORTSCHREIBEN an den Tit. Herrn Autorem Der Monatlichen Gesprächen etc. über die Materie Von Theologischer Bescheidenheit: Wobey zugleich Von denen dermahligen Unions-Vorschlägen zwischen denen Protestirenden überhaupt judicirt wird: Auffgesetzt von D. E. F. H. – o.O. 1720. 32 S.

Hiemer. E. F. Caput Medusae, utpote novum diluvii universalis monumentum, detectum in agro Würtembergico. Stuttgardiae. 4.

– CAPUT MEDUSAE detectum in agro Würtembergico. Ab Eberh. Frider. Hiemers. – Stuttgart [1724].

– KURTZE ERÖRTERUNG Der Frage, Ob und welchergestalten ein wahres Christenthum bey Hofe zu führen möglich seye? Zu Heilsamer Erweckung und Auffmunterung vorgestellet Von Eberhard Friedrich Hiemern, Th. D. Hochfürstl. Würtembergischen Consist.-Rath und Hof-Predigern. – Stuttgart 1721: Rößlin. 114 S.

– ORATIO DE BADELIS EVERSIONE. – Tubingae 1720.

– DER von dem Geist Gottes hoch-belobte und hoch-gepriesene GOTTESDIENST WAHRER CHRISTEN: Aus dem vier- und achtzigsten Psalmen; Bey Gelegenheit; Als Der Durchlauchtigste Fürst und Herr, Herr Eberhard Ludwig, Regierender Hertzog zu Würtemberg und Töck ... Die von Grund auf neu-erbaute Hof- und Schloß-Capell zu Ludwigsburg Christ-Evangelisch einzusegnen gnädigst befohlen: Den 31. Octobr. 1723. in einer Predigt vorgestellet, Von Eberhard Friderich Hiemer, SS. Theol. D. Hochfürstl. Hof-Predigern und Consistorial-Rathen. – Stuttgart: Rößlin (1723). 55 S.

– DE MODERATIONE THEOLOGICA. – Tubingae 1720.

Hiemer, Eberhard Friedrich (Schorndorff), De objecto legis personali. Diss. jur. natur. Präs. Christoph Friedrich Schott. Tübing. (Erhard) 15. X. 1760. 16 S. (6.20) 15095
Gew.: Johann Friedrich Hopfer.

– Dissertatio academica DE STATU HOMINIS NATURALI, variisque ejus apud scriptores delineatione. Praes.: Andreas Adam Hochstetter. – Tubingae 1700. 14 S.

– THESES INAUGURALES EX ARTE DICENDI. – Tubingae 1703.

[-] EVANGELISCHER UNTERRICHT, Von der Confirmation Derjenigen Kinder, welche das erste mal zum Heil. Abendmahl gehen. Samt dem hiebey vorgeschriebenen Formular und Anderem Anhang: Zu einem führohin beständigen, und, Gott gebe! Heilsamen Gebrauch Der gesamten Evangelisch-Würtembergischen Kirchen. – o.O. 1723. 94 S. *(Von Hiemer laut ADB »Hiemer«.)*
[-] – Stuttgart: Rößlin 1723. 46, 58 S.

– WUNSCH-GEBETT DER GLÄUBIGEN ZU GOTT, Um Verbesserung und Auferbauung seiner Kirche. Aus dem 102. Psalmen V. 14–17. Bey dem Anfang des löblichen Synodal-Convents Den 29. August 1721. In einer offentlichen Predigt abgehandlet, aus Befehl und Begehren zum Druck gegeben von D. Eberhard Friderich Hiemer, Hochfürstl. Würtembergischen Consistorial-Rath und Hof-Predigern. – Stuttgart (1721): Rößlin. 108 S.

Hiemer, Franz Karl: A b u Hassan, s. B r e i t k o p f & H ä r t e l ' s Textbibliothek.

Hiemer, Frz. Karl, († d. 15. Novbr. 1822.) dramat. Bagatellen. Aus d. Französ. 1r Bd. 8. Stuttg. 801. (Sonnewald). 18 Kr. Einzeln: 1) Adolph und Clara, oder die beiden Gefangenen. Schspl. in 1 A. nach Marselier. 6 Kr. 2) Dies Haus ist zu verkaufen; e. Oper in 1 Akt, nach Düval. 802. 6 Kr. 3) Das Singspiel. Ein Singspl. in 1 A. Neu bearb. 801. 6 Kr.

Hiemer, F. K., dramatische Bagatellen. 1s Bdchn. a. d. Franz. 8. Stuttg. Mag. f. Lit. 801.

— das Fest der Grazien; ein Prolog. 8. Stuttg. 807.

Hiemer, Franz Karl: Vetter J a k o b ; e. Oper in 2 Akt., nach Bouilly. 8° Stuttg. 1807.

Hiemer, Frz. Karl, die Rückkehr; ein Lstspl. in 1 Akt. 8. Stuttg. 807.

Hiemer, Franz Karl: S i l v a n a , s. B r e i t k o p f & H ä r t e l ' s Textbibliothek.

— die Verkleidung; ein Lstspl. in 1 Akt, nach Gersin. 8. Stuttg. 807.

— Apollo's Wettgesang; e. kom. Oper in 3 Akt. Frei nach dem Französ. 8. Stuttg. 807.

— **Jo. Fried.,** De jurisprudentia principum, ordinumque S. Rom. Imp. Germ. privata. Diss. jur. Präs. Jo. Jacob Helfferich. Tübing. (Joseph Sigmund) Juni 1730. 48 S. (7.—) 15096
Dieselbe Arbeit s a. Helfferich, Jo., Jacob 1740 (Nr. 14169). — Tl. II. s. Helfferich, J. F. (Nr. 14166).

Hiemer, Karl, Briefe eines Gläubigen an die Nichtgläubigen. Spaichingen 855. Kupferschmid. 8. (173 S.) n. 14 ngr.

— die Einführung des Christenthums in den deutschen Landen. 4 Thle. Schaffhausen 857, 58. Hurter. 8. 2 Thlr. 27 ngr.
1. Thl.: Die Einführung der deutschen Völker in das Christenthum. (XXV, 306 S.) 18 ngr.
2. 3. Thl.: Die Einführung des Christenthums im südwestlichen Deutschland. 2 Bdchn. (CCV, 319; VIII, 402 S.) 1 Thlr. 21 ngr.
4. Thl.: Die Einführung des Christenthums im mittlern Süddeutschland. (VII, 326 S.) 18 ngr.

Hiemer, Karl, die Einführung des Christenthums in den deutschen Landen. 5. u. 6. Thl. Schaffhausen 859, 61. Hurter. 8. 2 Thlr. 3 ngr.
5. Thl.: Die Einführung des Christenthums im mittelwestlichen u. mittlern Deutschland, enthaltend: das Leben u. Wirken des heiligen Bonifacius. (VII, 433 S.) 27 ngr.
6. Thl.: Die Einführung des Christenthums im westlichen und mittlern Nord-Deutschland. (VIII, 507 S.) 1 Thlr. 6 ngr.

Hiemer, Karl, Die Einführung der deutschen Völker in das Christenthum. Schaffhausen 1857. 8.
A. u. d. T.: Hiemer, Die Einführung des Christenthums in den deutschen Landen. Th. 1.

Hiemer, Karl, Zeit- und Lebensbilder. Erzählungen für das deutsche Volk. 2 Bdchn. 12. Freiburg im Br. 862, Herder'sche Verlagsh. [1. Bdchn. (485 S.) 18 Ngr., 2. Bdchn. (586 S.) 22½ Ngr.]
Hieraus einzeln à 3 Ngr.:
1. Der deutsche Apostat. (87 S.)
2. Karl der Große und seine erste Liebe oder der Einfluß des Weibes auf den Gang der Weltgeschichte. (41 S.)
3. Paul Warnefrid, der bescheidene Diakon, und die Erneuerung des abendländ. Kaiserthums. (36 S.)
4. Der Napoleonide und sein Sohn. (85 S.)
5. Der Middleman und der Kapitän. (72 S.)
6. Die Verlobten. (43 S.)
7. Graf Adolph. (85 S.)
8. Der Dichterbund, oder die Landshuter Schule. (70 S.)
9. Die Wohlthätigkeitsanstalten. (51 S.)
10. Die Industrie auf dem Härtsfelde. (51 S.)
11. Der Waisenknabe. (56 S.)
12. Rettung und Untergang. (48 S.)
13. Der Spieler. (80 S.)
14. Der Schwindler. (66 S.)
15. Der Frömmler. (12 S.)
16. Das Tischrücken. (38 S.)
17. Die Trinker. (69 S.)
18. Die Umkehr. (47 S.)

Hiemesch, Karl Heinr. u. Joh. Fr. Christiani. Fibel. 2 Tle. gr. 8. (à Tl. 48 S. m. Abbildgn.) Kronst. 890, Zeidner. cart. à Tl. * — 36; * — 72; cart. in 1 Bde. * — 52

— u. Joh. Fr. Christiani, Fibel. 2 Tle. gr. 8. (à 48 S. m. Abbildgn.) Kronstadt 891. H. Zeidner. Grün kart. à n. — 36

— — dasselbe. 2 Tle. in 1 Bd. gr. 8. (48 u. 32 S. m. Abbildgn.) Ebd. 891. Roth kart. n. — 52

— u. Joh. Fr. Christiani, Fibel. 2 Tle. 8. Brassó (Kronstadt) 904. H. Zeidner. Kart. à n. — 30
I. 5., nach der neuen Rechtschreibung verb., im übrigen unveränd. Aufl. (48 S. m. Abbildgn.) — II. 4. Aufl. (68 S.)

— u. Joh. Fr. Christiani, Fibel. (Umschlag: 1. Tl. 6., nach der neuen Rechtschreibg. verb., im übrigen unveränd. Aufl.) (48 S. m. Abbildgn.) 8. Brassó (Kronstadt) (907). H. Zeidner. Geb. — 30

— — dasselbe. II. Tl. 6. Aufl. (68 S.) 8. Ebd. 910. Geb. — 30

— — dasselbe f. Stadtschulen. (5. nach der neuen Rechtschreibg. verb., im übrigen unveränd. Aufl.) (52 S. m. Abbildgn.) 8. Ebd. (908). Kart. — 50

Hiemesch, Karl Heinr., der Gesinnungs-Unterricht im ersten Schuljahre nach seiner theoretischen Begründung u. praktischen Gestaltung. gr. 8. (III, 82 S.) Leipzig 895. E. Wunderlich. n. 1 —

Hiemesch, Karl Heinr., der Gesinnungs-Unterricht. Volksmärchen als Gesinnungsstoffe im 1. Schulj. (Präparationen). 2. verb. Aufl. (III, 77 S.) gr. 8. Leipzig 910. E. Wunderlich. 1. —

Hiemesch, Karl Heinr., Präparationen f. den Rechenunterricht in der Volksschule. gr. 8. (V, 62 S.) Langensalza 902. H. Beyer & Söhne. n. — 80

— — Präparationen f. den ersten Schreib-Leseunterricht. 2. verb. Aufl. (III, 55 S.) 8. Ebd. 904. n. — 50

Hiemesch, Karl Heinr., Rechenbuch f. Elementar- u. Volksschulen. gr. 8. (III, 117 S.) Kronstadt 898. H. Zeidner. Geb. n. — 90

— u. Mich. Teutsch, Rechenbuch f. d. Mittelstufe der Volksschulen, sow. f. d. unt. Klassen d. Bürgerschulen. 1. u. 2. Hft. gr. 8. Kronstadt, H. Zeidner. n. — 70
1. Unben., einfach- u. mehrfach benannte Zahlen im unbegrenzten Zahlenraum. (II, 47 S.) 898. n. — 40
2. Bruchrechng. (II, 35 S.) 899. n. — 30

— u. Michael Teutsch, Rechenbuch f. Volksschulen. 3. Tl. (Oberstufe). Die bürgerl. Rechnungsarten. (III, 46 S.) 8. Ebd. 902. n. — 45

Hiemesch, Karl Heinr., Rechenbuch f. Volksschulen. 1.—3. Heft. 2. verb. Aufl. Nach dem neuen Lehrplan bearb. 8. Brassó (Kronstadt) 907. H. Zeldner. n.n. — 95
1. Rechnen im Zahlenraum bis 100. (48 S.) n.n. — 25
2. Die vier Grundrechnungsarten im Zahlenraum bis 1000. Schriftliche Rechenformen. Metrische Maße u. Gewichte; Zeitmaß. (48 S.) n.n. — 35
3. Die vier Grundrechnungsarten im unbegrenzten Zahlenraum (ein- u. mehrfach benannte Zahlen). Einführung in die Bruchrechng., Dezimalbrüche. Von Hiemesch u. Mich. Teutsch. (56 S.) n.n. — 35

— u. Mich. Teutsch, Rechenbuch f. Volksschulen. 4. Heft. Dezimal- u. gemeine Brüche. (Flächenberechnungen.) 2., verb. Aufl. Nach dem neuen Lehrplan bearb. (45 S. m. Fig.) 8. Ebd. 908. — 40

— zur Reform des Unterrichts in der deutschen Sprachlehre. Vorschläge u. Präparationen f. die Volksschule. (III, 56 S.) gr. 8. Langensalza 906. H. Beyer & Söhne. n. — 75

— Die Robinsonerzählung als Gesinnungsstoff in der Volksschule. (IV, 48 S.) gr. 8. Ebd. 907. — 80

— — der erste Schreib-Leseunterricht. Ein Begleitwort zu der Fibel. gr. 8. (45 S.) Ebd. 891. n. — 30

— d. Willensbildung, s.a. **Magazin**, pädagog.

Hiemesch, Carl Heinr.: Die Willensbildung. E. psychol.-pädag. Betrachtg. Von Carl Heinr. Hiemesch, Lehrer in Kronstadt i. Siebenb. Langensalza: H. Beyer & Söhne 1896. (2 Bl., 41 S.) 1 Bd 8⁰
= Magazin, Pädagogisches. H. 81.

Hiemesch, Karl Heinr.: Die Willensbildung. Eine psychol.-pädag. Betrachtung. Von Karl Heinr. Hiemesch, Lehrer. 2. Aufl. Langensalza: Beyer 1910. 43 S. 8⁰
(Pädagogisches Magazin. H. 81.)

Hiemer, [Karl Theodor], Prof. Dr.: Die Römeroden des Horaz. Ellwangen 1905: Ipf- und Jagst-Zeitung. (S. 1—69.) 4⁰
Ellwangen, k. G P 1905 (704)

Hiemesch, Heinrich, a. Kronstadt in Siebenbürgen: Zur Kenntnis der α-ungesättigten Phenolketone. Halle a. S. 1907: C. A. Kaemmerer & Co. (39 S.) 8⁰
Halle, Phil. Fak., Ref. Volhard, Diss. v. 26. Nov. 1907
[Geb. 15. Febr. 81 Kronstadt; Wohnort: Halle a. S.; Staatsangeh.: Ungarn; Vorbildung: Staats-Oberrealsch. Kronstadt Reife Juni 00; Studium: Halle 14 S.; Rig. 7. Nov. 07.]

Hiemke, A. H., Beschreib. einer neuen Art Gebläse, das einen ununterbrochenen Luftstrom, den man willkürlich verstärken, oder schwächen kann, von sich giebt. Mit 1 Kpf. 8. Altona 808. Hammerich. 8 gl

Hiemmer, Johann

Lieder-Büchlein für frohe Gesellschaften zusammengetragen von Johann Hiemmer in Auern[illegible]. Den 26. December 1827.
o. O. (Bayern), o. J. (1828), 32 S., 16⁰ [illegible]
BHStA München M Inn [illegible]
Schenda VoB S. 469, 37[illegible]

Hjemmet og Vandringen. En Aarbog for 1847. Udgivet af P. Chr. Asbjørnsen. 8. (IV u. 245 S.) Christiania. (Leipzig, T. O. Weigel.) n. 28 ngl

Hiendlmaier, Heinrich, a. München: Verhalten von Ammoniak gegen Metallhydroxyde in Gegenwart schwacher Säuren. München 1907: E. Mühlthaler. (59 S.) 8⁰
München, Phil. Fak., Ref. v. Baeyer, Diss. v. 11. Jan. 1907
[Geb. 22. Nov. 78 Passau; Wohnort: München; Staatsangeh.: Bayern; Vorbildung: Wilhelms-Gymn. München Einj.-Freiw.-Zeugn. Juli 95, pharmazeut. Staatsexamen Juni 03; Studium: München 11 S.; Rig. 11. Jan. 07.]

Hiendlmayr, A: Beiträge zur Chemie der Chrom- und Kobalt-Ammoniake. Diss. Freising 1907

Hiendlmayr, Adolf: Beiträge zur Chemie der Chrom- und Kobalt-Ammoniake. 1907. 36 S. 8⁰ ¶ Vgl. Berichte d. Deutschen Chem. Gesellschaft. Jg. 37. 1904. 38. 1905. München, Dr.-Ing.-Diss. v. 15. 3. 1907

Hienlin, M. Wolffg. Friedr. (Essling.), De diarrhoea in febribus malignis, aliisque acutis morbis salutari. Diss. med.-pract. Präs. Friedrich Hoffmann. Halle 2. X. 1700. 32 S. (7.—) 15097
Widm. v.: Präs., Georg Ernst Stahl, Jo. Chr. Meurer (Stendal), Johann Heinrich Hagen (Magdeburg).

Hientzsch, Johann Gottfried

— Anweisung zu einem gründlichen u. umfassenden Leseunterrichte in den Volksschulen, von der untersten Stufe an bis zur höchsten. Mit besonderer Rücksicht auf das Elementar-Lesebuch. 8. Ebend. 845. n. 3/4 ℳ

— Auswahl d. bessern deutschen Volkslieder, 2, 3 u. 4stimmig eingerichtet. Mit Melodienbuch. 16 Hft. Frankf. a. d. O. 821, Hoffmann 18 gr. Das Melodienbuch apart

[Hientzsch, J. G.] Friedrich Wilhelm Berner ... nach seinem Leben und Wirken in der Musik dargestellt. (S.-A. aus der Eutonia.) Breslau 1829.

Hientzsch, Jh. Gfr., Elementar-Lesebuch in einer möglichst einfachen u. leichten, dabei genauen u. umfass. Stufenfolge, nach Pestalozzischen Grundsätzen u. mit Rücksicht auf die vorzügl. Schriften über das Lautwesen u. den ersten Leseunterricht. 8. Berlin 830. (Trautwein.) n. 5 gGr. — 1s Hft. 2e verb. Aufl. 8. Ebd. 840. ⅓ Thlr.

Hientzsch, Jh. Gttfr., Elementar-Lesebuch nach einem möglichst einfachen u. leichten, dabei genauen u. [illegible] Lehrgange, besond. für Elementar-Schulen mit mehreren [illegible] oder Abtheilungen. 2. Hft. gr. 12. Berlin 832. (C. Trautwein.) n. 6¼ ngr — 1. Hft. 3. verb. Aufl. 8. Potsdam 84?. Leipzig, Brauns. n. 3 ngr

—— über die Erziehung und den Unterricht der Blinden, von ihrer frühesten Jugend an bis zu ihrer Ausbildung durch den Besuch der Ortsschule und einer Blinden-Anstalt, insbesondere auch über ihre Lage und Beschäftigung nachher als Erwachsene und deren Bewahrung vor physischem und sittlichem Verderben, wie über Blinden-Anstalten und ihre zweckmäßige Einrichtung im Allgemeinen. gr. 8. (X und 100 S.) Berlin 851, (Vereins-Buchhandlung.)

Hientzsch, Joh. Gtfr., Eutonia, s.a. Eutonia.

Hientzsch, Jh. Gf., Eutonia, e. hauptsächl. pädagog. Musikzeitschrift für Alle, welche lehrend oder leitend d. Musik in Schulen u. Kirchen zu fördern haben, oder sich auf ein solches Amt vorbereiten. 1r—7r Bd. à 3 Hefte, mit Musikbeilagen. gr. 8. Bresl 828—32. (Leuckart; a. Graß, B. u. C.; a. Trautwein in Berl.) 8 Thlr. 12 gGr. 8r Bd. gr. 8. Bresl. 833. (Schulz u. C.) 1 Thlr. 6 gGr.

— Eutonia, eine hauptsächlich pädagog. Musik-Zeitschrift ꝛc. 8r u. 9r Bd. à 3 Hfte. gr. 8. Breslau 833 u. Berlin 834. Trautwein. (à Bd. 1 Thlr.) 2 Thlr. — 10r Bd. 1s Hft. gr. 8. Ebd. 836. 1 Thlr.

Hientzsch, J(oh.) G(ottfr.), Gedanken über eine zeitgemäße Reorganisation der evangel. Schullehrer-Seminare, besond. in Schlesien. 8. (48 S.) Breslau 848, [Trewendt und Granier.]

Hientzsch, J. G., Jahresschrift über das Blindenwesen im Allgemeinen wie über die Blinden-Anstalten Deutschlands insbesondere. Berlin 854. Vereins-Buchhdlg. in Comm. gr. 8. (VIII, 214 S.) 1 Thlr.

Hientzsch, J(oh.) G(ottfr.), Jahresschrift über das Blindenwesen im Allgemeinen wie über die Blinden-Anstalten Deutschlands insbesondere. gr. 8. (VIII und 261 S.) Berlin 854, Vereins-Buchh.

— alte u. neue geistl. Lieder u. kleine Motetten von verschied. Componisten. 1s u. 2s Heft. 4. Frankf. a. d. O. 821 u. 23. Hoffmann. 1 Thlr. 12 gGr.

— über den Musikunterricht, besond. im Gesange auf Gymnasien u. Universitäten. gr. 8. Bresl. 827. Max u. C. 10 gGr. (Auch bei Trautwein in Berl.) 10 gGr.

Hientzsch, J. Rechenschafts-Ber. üb. d. Absatz d. Schrift: Üb. d. Erziehg u. Unterr. d. Blinden. Berlin 1854.

— Samml. v. 43 Gesängen, Lieder, Motetten u. Chorále f. Männerstimmen. 1s Hft. gr. 4. Züllichau 822, Darnmann.

— Samml. v. 43 Gesängen, Lieder, Motetten u. Choräle, f. Männerstimmen. 1s Heft. gr. 4. Züllichau 822. (Fr. Fleischer, auch Baumgärtner in Leipz.) 14 gGr.

— Dess., 2s—4s Heft: Samml. zwei-, drei- u. vierstimm. Gesänge, Lieder, Motetten u. Choräle für Männerstimmen. gr. 4. Bresl. 825—28. (Gosohorsky). à 20 gGr. (Graß, B. u. Comp.) (Berl., Trautwein). à 18 gGr. 2 Thlr. 6 gGr.

Hientzsch, (J. G.,) Samml. 2, 3 u. 4stimm. Gesänge, Lieder, Motetten u. Choräle f. Männerstimmen, v. verschied. Componisten. 2s u. 3s Hft. gr. 4. Bresl. 825 u. 26. (Gosohorsky.) à 20 gr.

— Samml. drei- u. vierstimm. Kirchenlieder, von verschied. Componisten, zum Gebrauch in Schulen ꝛc. 1s Heft. 4. Bresl. 827. (Graß, B. u. C., a. Leuckart). (Trautwein in Berl.) 8 gGr.

— neue Samml. leichter Chöre u. Motetten von verschied. Componisten. 1s Heft. gr. 4. Bresl. 828. (Graß, B. u. C.; a. Henze). (Trautwein in Berl.) 16 gGr.

— Neue Samml. (71) zwei-, drei- u. vierstimmiger Schullieder v. verschied. Componisten. 1s Heft. Bresl. 827, Graß, Barth u. C.

—— neue Samml. zwei-, drei- u. vierstimm. Schul-Lieder v. verschied. Componisten. 2. Hft. 72 Lieder enth. In 2 verschied. Ausg., u. zwar in G- u. C-Schlüssel. 4. ... Breslau 8?9, Graß, Barth u. Comp.

—— Wochenblatt f. Volksschulwesen, s. 8. Bd.: Wochenblatt.

— einige freundl. Worte zur Veranlassung eines großen Musikfestes in Schlesien. gr. 8. Bresl. (Berl., Trautwein). 2 gGr.

Hiepe und Hieronymi oder Zwei Fliegen mit einer Klappe, eine lustige Beleuchtung lustiger Streiche. Frankfurt a. M. 864. Boelcker. gr. 8. (24 S.) n. 4 ngr

Hiepe, Carl, s. Hiepe, Karl

Hiepe, Christian August (Sangerhausen/Thür.), De jure praeventionis circa venationem. Von Recht der Vor=Jagd. Diss. jur. Präs. Jo. Fridemann Schneider. Halle (Christian Henckel) 3. X. 1715. 48 S. mit Widm. v. Präs. (7.—) 15099

Hiepe, Ed(uard) [Apotheker, Wetzlar]: Studien über die Bonna. Bern 1900. VII, 84 S. 8°.
Bern. Phil. Diss. 1900/1901.

Hiepe, Karl

Hiepe, Carl, Rede gehalten am Grabe des Herrn Christian Seibert am 18. Dezbr. 1864 auf dem Friedhofe zu Wiesbaden. Wiesbaden 865. Limbarth. 4. (4 S.) 1½ ngr

Hiepe, L., Kotzebue u. Sand. 12. Bamberg 820. Lachmüller. 4 gGr.

— **Sigismund Paul** (Wetzlar), De electione fori inter summa imperii tribunalia pacto inter status S. R. I. litigantes in perpetuum non definienda. Diss. jur. Götting. (Johann Georg Rosenbusch) 15. X. 1792. 48 S. (6.50) 15100

Hiepen, Christian August, De validitate actorum coram judice illegitimo, inhabili, putativo. Diss. jur. Rector Christoph Ignaz v. Guden. Präs. Conr. Wilh. Strecker. Erfurt (Grosch) 28. II. 1725. 31 Seiten. (7.—) 15101

Hiepp, Dominik [pr. Arzt aus Eufnach (Bayern)]: Ueber Myxosarcom der Wange ausgehend von der Submucosa. . . . Würzburg, Druck d. Bonitas-Bauer'schen k. b. Hofbuchdr., 1891; 19 S. 8°
Würzburg, Med. Fak., Inaug.-Diss. v. 1891

Hier bin ich! Eine Beleuchtung der Schrift: Wider die Freimaurerei für das Christenthum zur Aufklärung für Laien und Brüder von Wtg-Hgk. Leipzig 1893. V: *Waentig-Haugk, Felix.* (wolfstieg II, 141)

Hier bin ich! Eine Beleuchtg. der Schrift: Wider die Freimaurerei, f. das Christenthum. Zur Aufklärg. f. Laien u. Brüder v. Wtg.-Hgk. Zugleich als Antwort auf: Was sind die Freimaurer? gr. 8. (47 S.) Leipzig 893. J. G. Findel. n. — 80

Hier und dort, oder Vergleich zwischen Himmel und Erde. Bremen 860. Verlag des Tractathauses. 16. (48 S. m. Holzschn.) n. 4 ngr.

Hier gut Hohenzollern allewegel, s.: Geschichten u. Bilder fürs deutsche Volk.

Hier ist das mittelste Stockwerk zu vermiethen. Posse. 8. Berlin, Hartmann. (Steinacker in Leipz.) 797.

Hier ist der fröhliche Bildermann. qu. 4. (16 Chromolithogr. mit eingedr. Text.) Düsseldorf 881, A. Bagel's Verlag. cart.

Hier ist eine Wohnung zu vermiethen. Lustspiel in zwei Akten. A. d. Engl. Riga 1792. V: *Cobb, James.* (BrMm)

— ist eine Wohnung zu vermiethen. Lustsp. a. d. Engl. 8. Riga, (Hartknoch in Leipz.) 792.

Hier Schwert des Herrn und Gideon. (Richter 7,20.) In Verbindung mit mehr. Amtsbrüdern ... hrsg. von W. Hübener, Pastor. Jg. 1. Kolberg: Selbstverl. 1906. 4°

Hier sind angebracht in echte Knittel, Salzungens vielgepries'ne Mittel, nebst Allem, was v. Land u. Wasser, dem Kurgast not ist. Der Verfasser. gr. 16. (54 S.) Salzungen 892, (Scheermesser). * — 60

GLÜCKSTOPF. — Hier wird ein doppelter Glückstopf sein, ihr Jungfern waget brav darein, dieweil die Ziffer euch verspricht, was ihr einmal für Männer kriegt; will euch der erst nichts gutes pfeifen, so müsst ihr in den andern greifen. O. O. 1749. 12°.
In Versen. 7 Bog. Höchst selten!

Hierarchie, Benedictino-ecclesiast. luminaria majora, quorum sanctitate et doctrinis sancta mater Romana ecclesia illustratur. 4. Salzb. 754. Mayr. 20 gr

Hierarchie, Die, und ihre Bundesgenossen in Frankreich. Aarau 1823. V: *Jochmann, Carl Gustav.* (CLZür Forts. II) (Cat. d. Stadtbibl. Zürich. Zürich 1864—97.)

Hierarchie, die, u. ihre Bundesgenossen in Frankreich: Beiträge z. neuern Kirchengeschichte. gr. 8. Aarau 823, Sauerländer.

— u. Preßfreiheit, über, (v. J. Th. Roth). 8. Frankf. u. Leipz. 788. (Wienbrack). 2 gr

Hierarchie, die römische, u. die Revolution, u. der Protestantismus u. die Reformation. gr. 8. Darmstadt 846, Leske. 7/12 rthl

Hierarchie, Wahre göttliche, oder Grundriss des himmlischen Jerusalems . . . Frankfurt 1740. V: *König, Christian Gottlieb.* (ML) (BB)

Hierbrandt, Gustav

Schwäbische Mundart. Gedichte gesammelt v Gustav Hierbrandt. NY, 1892.

Hierholzer, Karl, Dr.: Über Kegelschnitte im Raume. 1870. 24 S. 8° ¶ Aus: Math. Annalen. Bd 2.
Karlsruhe Te. H., Hab.-Schr. v. 14. 3. 1870

Hieringer, Joh. Ed., leitende Sterne auf dem religiösen Pfade; ein Versbüchlein für die reifere kathol. Jugend. gr. 16. (44 S.) Regensburg 851, Pustet.

HIERL, Alois (München): Die Nachwährschaft für Hausthiere nach bayerischem Recht.- München: Hübschmann 1853. 55 S.
16.7.1853 - Urk (Titel: De animalium venditorum vitiis praestandis jure Bavarico.); F 49
Diss. Ingolst.-Landsh.-Mchn.

Hierl, Alois, die Nachwährschaft der Hausthiere nach bayerischem Recht. Inaugural-Dissertation. gr. 8. (55 S.) München 853, (Kaiser.)

Hierl, Constantin, s. Hierl, Konstantin

HIERL, Franz (Aschaffenburg): Ueber das Kindbettfieber.- München: Schurich 1860. 47 S.
29.3.1860 - Urk (Titel: De febri puerperali.); F 70
Diss. Ingolst.-Landsh.-Mchn.

Hierl, Frdr., Predigt, geh. bei der Feier d. ersten hl. Meßopfers d. hochwürdigen Hrn. Neomysten Johann Leitner in der Mariahilfbergkirche bei Amberg am 7. Juli 1890. 12. (24 S.) Amberg 890. (Pustet'sche Buchhandlung.) n.n. — 30

Hierl, J. G., Lieder aus dem Nordgau. (IV, 147 S.) 8. Dresden 906. E. Pierson. n. 2.—; geb. n. 3.—

— Seifried Schweppermann. Ein Sang aus alter Zeit. (146 S.) kl. 8. Neumarkt i. O. 904. J. M. Boegl. n. — 80

Hierl, J. G., Trausnitzlieder. Dichtungen. (120 S.) kl. 8. Nürnberg (907). C. Koch. 1.50

Hierl, Joh. Ed., Anleitung zur Waldwerths-Berechnung mit 16 Zinstabellen. Für Forstmänner und Waldbesitzer. 1. Thl. der forstlichen Mathematik. gr. 8. (IV und 171 S. mit 1 Tab. in qu. gr. 4.) München 852, (Finsterlin.) *

— Grundriß der mathematischen und physikalischen Geographie. 1. Thl.: die mathemat. Geographie. Mit 11 Fig. gr. 8. (123 S. mit 1 Steint. in 4.) München 852, (Finsterlin.) *

Hierl, Jh. Ed., Lehrbuch der höhern Vermessungskunde, oder: Anleitung zur trigonometrischen Bestimmung der Punkte auf der Erdoberfläche u. der Höhen der Berge. Mit 3 lithogr. Figuren-Taf. gr. 8. Augsburg 842, Kollmann. 1 rthl

HIERL, Johann Eduard: Forstliche Mathematik. - München 1852. Tl. 1: Anleitung zur Waldwerths-Berechnung mit 16 Zinstabellen. Für Forstmänner und Waldbesitzer. IV, 171 S., 1 Tab., 27 S.

— logarithmisch-trigonometrische Tabellen mit 6 Decimalen. br. 8. (LXXXII u. 407 S.) München 851. (Finsterlin. — Leipzig, Amelang.) n. 1⅓ ℛ

Hierl, Joh. Ed., logarithmisch-trigonometrische Tabellen mit 6 Dezimalen. Neue (Titel-)Ausg. Augsburg (851.) 854. Kollmann. 12. (XII, XXX, 114, XXIV, 296, XV, 87 S.) 1 ℛ. 3 ngr.

Hierl, J. E., Tafeln zu Höhenmessungen mit dem Barometer, berechnet. 8. Aschaffenburg 829. (München, Franz.) n. ⅓ ℛ

HIERL, Johann Lorenz (Döllnitz): De erysipelate in genere et erysipelate faciei in specie.- Landishuti: Thomann 1826. 12 S.
11.7.1826 - Pe 424, P 99
Diss. Ingolst.-Landsh.-Mchn.

Hierl, K. E., Abhandl. über d. Theorie u. den Gebrauch d. geradlinigten Transporteurs. Mit 1 Steintaf. 4. Bamb. 826. (Pergay in Aschaffenb.) 16 gr.

Hierl, (K. E.) Abhandl. üb. d. Theorie u. d. Gebrauch d. geradlinigten Transporteurs. 4. Mit 1 Steintaf. Bamberg 827, Dresch.

Hierl, Konst., die Bedeutung des kriegsgeschichtl. Studiums der napoleonischen Epoche, s.a. Beiheft zum Militär-Wochenblatt 1902. Hft. 4.

Die Bedeutung des kriegsgeschichtlichen Studiums der Napoleonischen Epoche. Von Konstantin Hierl, Lt. *Berlin: E. S. Mittler & Sohn 1902.* (S. 193–213.) 8° [F.]
— Militär-Wochenblatt. 1902. Beiheft 4. [1.]

—— die Gefahren des Deutschkatholizismus für seine nächste Zukunft. Ein offenes Wort an alle ernsten und wahren Freunde der gegenwärtigen religiösen Reform. gr. 8. (176 S.) Darmstadt 847, Jonghaus'sche Hofbuchh.

—— Zeugnisse deutsch-katholischen Geistes; Predigten. gr. 8. (220 S.) Darmstadt 847, Pabst.

Hierl, Constant., Ziele u. Wege f. das Studium der Kriegsgeschichte, s.a. Militär-Wochenblatt. 1910. Beiheft 12.

Hierl, Konstantin: Ziele und Wege für das Studium der Kriegsgeschichte. Von –. Berlin: Mittler (1910). S. 407–420. 8° [Umschlagt.]
(Militär-Wochenblatt. 1910, Beih. 12, [2.])

Hiermit entschuldiget sich abermahl gegen den neulichen Antrag an die Hirschbergischen Dichter, Einer ... Hirschberg 1740. V: *Glafey, Chn Gottlieb.* (Nent)

Hiermit entschuldigt sich gegen den klagenden Zacken der unschuldig mit beschuldigte G. Hirschberg 1737. V: *Glafey, Christian Gottlieb.* (LVS) (Nent)

Hierne, Urb., actor. chemicor. Holmiens. II Tom. 8. Stockholm 753. 1 ℛ 16 gr.

Hiero u. s. Familie, v. F. Rambach. 2 Bde. m. K. gr. 8. Berl. Himburg. 793.

Hiero u. seine Familie, von Fr. Rambach. 2 Bde. Mit Kpf. gr. 8. Berlin, Himburg. 794. (Reimer.)

Hierocles, oder Prüfung und Vertheidigung der christlichen Religion ... Halle 1785. V: *Paalzow, Christian Ludw.* (Winer) (Ky) (MGT)

Hierocles, oder Prüfung u. Vertheidigung d. christl. Religion, (v. Ch. L. Paalzow). 8. Halle 785. Gebauer. 1 ℛ 9 gr.

Hierocles, Ἀστεῖα, (Asteia) gr. et lat. recens. J. A. Schier. 8maj. Leipz. 761. Ed. II. 781. Löwe. 8 gr.

Hierocles, ἀστεῖα, gr. et lat. rec. Schier. 8. maj. Lps. Löwe. 768.

Hierocles. Ἀστεια, mit einem griechisch-deutschen Wortregister für Schulen. Berlin 1789. H: *Jördens, Carl Heinrich.* (Ky) (OL) (MGT) (NN)

— — mit e. griech. u. deutschen Wortregister, (v. K. H. Jördens). 8. Berl. 789. (Leipz., Wienbrack). 6 gr.

— — dass. m. e. griech. deutsch. Wortregister. 8. Leipzig, Gräff. 789.

Hierocles. Auslegung der goldenen Verse der Pythagoräer. Zürich 1778. Ü: *Schulthess, Johann Georg.* (BrMm)

— Auslegung d. gold. Verse des Pythagoras; aus d. Griech. von J. G. Schulthess. gr. 8. Zürich 778. Orell. 8 gr.

Hieroclis commentarius in aurea carmina Pythagoreorum, s.a. Stobaeus.

Hieroclis in aureum Pythagoreorum carmen commentarius. Recensuit et illustravit Frid. Guil. Aug. Mullachius. 8maj. (XL und 192 S.) Berolini 853, Geelhaar. *

Hierokles' ethische Elementarlehre nebst den bei Stobäus erhaltenen ethischen Exzerpten aus Hierokles, unter Mitwirkg. von W Schubart bearb. von H. v. Arnim, s.a. Klassikertexte, Berliner.

Hierocles [Stoicus] Ethische Elementarlehre (Ἠθικὴ στοιχείωσις). ⟨Papyrus 9780⟩ nebst den bei Stobäus erhaltenen ethischen Exzerpten aus Hierokles, unter Mitw. von W[ilhelm] Schubart bearb. von H[ans] v. Arnim. Mit 1 Lichtdrucktaf. Berlin: Weidmann 1906. (XXXVI, 76 S.) 4°(8°)
— Klassikertexte, Berliner. H. 4.

Hierocles. Scherzhafte Erzählungen. Leipzig 1747. Ü: *Kriegel, Chn Aug.* (DegG)

– Opera

— — Gr. et lat. c. not. ed. Schier. Lips. 750. 8. Ib. 768. 8. 3gr.

Hierocles. Scherzreden; aus dem Griechischen. Berlin 1782. Ü: *Ramler, Carl Wilhelm.* (GGr) (Ky)

— Scherzreden; aus d. Griech. (v. K. W. Ramler). 8. Berl. 782. Mylius. 2 gr.

Hierocles. Schnurren, nebst einem Anhange neuerer Schurren für lustige Leser. Leipzig 1789. Ü: *Jördens, Carl Heinrich.* (MGT) (OL) (NN)

HIEROKLES' Schnurren. Nebst einem Anhange neuerer Schnurren für lustige Leser. (Aus d. Griech. übersetzt von Carl Heinr. Jördens.) Leipzig, Heinrich Gräff, 1789. Taschenformat. (3 Ggr.)
Anzeige d. Verlegers. — Anon.-Lex. II. p. 284 (nach Meusel, Otto u. dem Neuen Nekrolog.)
Eine frühere Uebersetzg. der „Scherzreden" des *Hierokles* von Carl Wilh. Ramler, Berlin 1782, ist ebenda citirt (nach Goedeke u. Kayser).

— Schnurren; nebst e. Anhang neuer Schnurren für lustige Leser. Deutsch. 8. Berl. 789. (Leipz., Wienbrack). 3 Gr.

Hierociis synecdemus et notitiae graecae episcopatuum. Accedunt Nili Doxapatrii notitia patriarchatuum et locorum nomina immutata. Ex recognitione Gust. Parthey. Berlin 866. Nicolai's Verlag. gr. 8. (XIV, (385 S.) n. 3 Thlr.

Hierociis Synecdemus. Accedunt fragmenta apud Constantinum Porphyrogennetum servata et nomina urbium mutata, recensuit Aug. Burckhardt. 8. (XLIX, 88 S.) Leipzig 893. B. G. Teubner. n. 1.20

Hieroglyphen. 5 Theile. Mit Titelvignetten (nur zu 3—5). Berlin 1780—1784. V: *Hartmann, Friedrich Traugott.* (BGE III,

* **HIEROGLYPHEN.** (Hrsg. von Friedrich Traugott Hartmann, Lotteriesecretär in Berlin, dann Mitinhaber einer Buchhandlung in Elbing, Antisemit.) 5 Thle. Mit Titelvignetten (nur zu 3—5: 1 famose Radirung von C. L. Schmidt u. 2 einander gleiche allegor. Vignetten, Krüger jun. del.). Berlin (Selbstverlag), gedruckt bey Friedr. Wilhelm Birnstiel. 1780. 81. 82. 83. 84. 8°. So cplt. höchst selten! (Auch in Warmbrunn. Reichsgräfl. v. Schaffgotsch'sche Majoratsbibl.; 1—4 in Leipzig, Börsenvereinsbibl.) (1—4: 12 Mk. Max Harrwitz, Berlin, c. 1888.)
Wenig bekannte, vielfach interessante Publikation. Ueber Th. 1 Einiges in den „Annalen der Juden in den preuss. Staaten" (von Ant. Balthasar König). Berlin 1790. 8°. S. 313—315. — Hartmann gab auch eine Gegenschrift zu Dohm's „bürgerl. Verbesserung d. Juden" heraus, angebl. von Dohm im 2. Theil genannter Schrift widerlegt. (Vgl. Büsten berlinscher Gelehrten u. Künstler. Lpz. 1787. 8°. S. 115—117.)

* **HIEROGLYPHEN.** (Hrsg. v. F. T. Hartmann.) 5 Bde. Mit 3 Titelvignetten (Radirungen). Berlin, Selbstverlag, 1780—84. 8°. (5 Hfrzbde., 8 Mk., M. Edelmann, Nürnb., Cat. 21, [1904] no. 55.)
Sehr seltene u. interess. Sammlung, welche sittengeschichtl., schönwissenschaftl., satyrische (u. a. scharfe antisemitische), handelswissenschaftl. u. belehrende Aufsätze enthält. — Auch auf Berlin Bezügliches.

Hieroglyphen, 5 Thle. 8. Berl. Hesse. 780-85.

Hieroglyphen, (von Fr. Tr. Hartmann). 5 Thle. 8. Elbing. 782—85. (Hesse in Berl.) 2 Thlr. 18 Gr.

Hieroglyphen. (Verfaßt von *Friedr. Traugott Hartmann.*) Th. 4. Mit allegor. Titelvign. (Krüger jun. del.). Berlin (Selbstverlag), gedr. bey Friedr. Wilh. Birnstiel, 1783. 8°.
S. 198—219: Ob es ein Mittel wieder(!) den Kindermord giebt?

CUL de Paris. — *Hieroglyphen. (Hrsg. von Friedr. Traugott Hartmann.) Th. 5. Mit allegor. Titelvign. (Krüger jun. del.). Berlin (Selbstverlag), gedr. bey Friedr. Wilh. Birnstiel, 1784. 8°.

— od. Devis. f. Freundsch. und Liebe z. Sticken, Zeichnen rc. mit 12 ill. Blättern. Französisch und Deutsch, herausgegeben von C. Berrin. 4. Lpz. Ind. Comt. 802.

Hieroglyphen oder Blicke aus dem Gebiete der Wissenschaft in die Geschichte des Tages . . . Dresden u. Leipzig 1809 [1808]. Lpz. 1811. V: *Rühle v. Lilienstern, Joh. Jac. Otto Aug.* (MGT) (Ky) (Koner) (Hitzig)

— oder Blicke aus d. Gebiete d. Wissenschaften in d. Geschichte des Tages, von R. v. L. (Rühle v. Lilienstern). Mit 1 Karte. gr. 4. Leipz. 809. Hartknoch. 2 Thlr. 20 Gr. ohne Karte. gr. 4. Ebd. 809. 1 Thlr. 16 Gr.

Hieroglyphen. Oder: Magisches Gedenkbuch des ehrlichen Michels u. seines Vetters Hans. 1. Hft. 12. (135 S. mit Holzschn.) (Dillingen 849, Aulinger.) — 2. Hft. Oder: April-Launen. 8. (126 S. m. Holzschn.) Ebd. 849, in Comm. (à 1/4 Thlr.) 1/2 Thlr.

Hieroglyphen, Chinesische. Mannheim 1791. V: *Kellner, Georg Chph.* (Ky) (MGT)

— chinesische, (v. G. Chr. Kellner). Mit 1 Titelkpf. 8. Manh. 791. Schwan u. G. 1 Thlr. 6 Gr.

Hieroglyphen, galante, mit Blumen u. andern Verzierungen rc., s. a. Boreux.

HIEROGLYPHEN, Galante. Ein Secretär der Liebe, hrsg. von Boreux. 2 Hfte. Mit 24 illum. Tafeln u. mit deutschem u. französ. Texte. Stuttgart, Scheible (c. 1855). 4°. (1 fl. 36 xr. = 28 Sgr.)
Anzeige der Verlags-Firma.

Historische **Hieroglyphen** der Azteken, im Jahr 1803 im Königreich Neu-Spanien gesammlet von Alexander von Humboldt. 16 Tafeln. [Atlas zu (Seler): Die mexikanischen Bilderhandschriften Alexander von Humboldt's in der Königlichen Bibliothek zu Berlin. Erläutert von Eduard Seler.] Berlin 1893. Fol.

— u. Mysterien aus d. Reiche Gottes, oder Weisheitsspiegel für Christen. 16 Heft. 8. (Leipz. 824. Centr.-Compt.) 12 Gr.

— wiedergefundene, d. heil. Schrift. gr. 8. Frankf. u. Leipz. 793. Graffé. 8 Gr.

HIEROGLYPHICA, oder Denkbilder der alten Völker. In 63 Kap. u. so viel Kupfertafeln beschrieben u. vorgestellet. Ihrer Schönheit wegen ins Hochdeutsche übers. Amsterdam 1744. (Nebst Kupfertitel.) Gr. 4°. (6 Mk., tadelloses Expl., Ausrufspreis, R. Zinke's Dresdener März-Auct. 1906, no. 673.)
28 Bll. Vorr. u. Reg. u. 396 S. Text. Ausser den 63 sehr figurenreichen, zum Theil freien Kupfern des *Romeyn de Hooghe*, enthält das interessante Werk noch ein prächtiges Portrait dieses Künstlers und mehrere schöne Vignetten. — Selten!

Hierokles, s. a. Hierocles

Hierokles, Konstantinos Xantos [aus Argyropolis]: Ein Fall von Tumor colli congenitus . . . . Berlin, Druck v. M. Driesner (1886); 44 S. 8°.
Berlin, Med. Fak., Inaug.-Diss. v. 10. März 1886.

Hieronimi, Joseph [Gerichtsref. aus Cond a. d. Mosel]: Die Haftung des Eigentümers für seine Tiere nach römischem Recht . . . Erlangen, k. b. Hof- u. Univ.-Buchdr. v. F. Junge, 1897; VIII, 89 S. 8.
Erlangen, Jur. Fak., Inaug.-Diss. v. 1897

Hieronimus, s.a. Hieronymus

Hieronimus aus Korsika. Lstspl. in 2 Aufz. 8. Leipz. 816. (Weienbrack). 10 gl

Hieronimus von Stauf, Trauerspiel in 5 Aufz. von de la Motte Fouqué. 8. Berlin, Schlesinger. 819.

Hieronimus Wallfahrten, s. Wallfahrten.

Hieronimus, Georg: Geschichte der Bezirkssparkasse Mathildenstift, Friedberg, zsgest. für die 75jähr. Jubiläumsfeier am 27. Dec. 1908. [Mit 1 Tab.] Friedberg (1908): Bindernagel. 67 S. 8°

Hieronymi, E. G. v. (Hrsg.), s. Briefwechsel der Samaritaner zu Naplusa . . .

Hieronymi, Erich. I. Assistent des Veterinärinstituts der Kgl. Universität Breslau: Beiträge zur bakteriologischen Sputumuntersuchung bei der Lungentuberkulose des Rindes. (Aus dem Veterinärinstitut der Kgl. Universität Breslau. Professor Casper.) Berlin 1910. 50 S. 8°. S.-A. aus dem Archiv f. wissensch. u. prakt. Tierheilkunde. Band 36. 1910. Suppl.-Band. [4. III. 10.]

Bern. Vet med. Diss. 1909/10.

Hieronymi, Erich. Beiträge zur bakteriologischen Sputumuntersuchung bei der Lungentuberkulose des Rindes. Aus dem Veterinärinstitut der Kgl. Universität Breslau.... Diss. Vet.-Med. Bern. (Sonder-Abdruck aus dem Archiv f. wissensch. u. prakt. Tierheilkunde. Band 36. 1910. Suppl.-Band.) 50 S. 8. Berlin, L. Schumacher, 1910.

Georgius Dietericus Hieronymi

Merckwürdige und warhaffte Relation von der Cur einer fünff- jährigen krancken und sehr miserablen Weibes- Person aus erheblichen Ursachen an den Tag gegeben. Von Georgio Dieterico Hieronymi. o.O. 1711. 11 S. 8°

Hieronymi, (H. A.) Wilh., Gebete. 16. (VIII und 166 S.) Frankfurt a. M. 848, Meidinger. *

Jo. Frid. Henr. Hieronymi diss. inaug. exhibens Erasistrati Erasistrateorumque historiam. Jen. 1790. 8.

HIERONYMI, Karl
(F) Die Kanalfrage. Von Karl Hieronymi. Separatabdruck aus dem „Pester Lloyd" Nr. 197, 198, 199, vom 17., 18. und 20. August 1901. Budapest. 1901. [In Comm. Wien. Braumüller.] Gr.-8°. 29 S. K 1.20

HIERONYMI, Karl
(F) Die österreichischen Canalprojecte und unsere Wasserstrassen. Von Karl Hieronymi. Vortrag, gehalten in der ungarischen volkswirtschaftlichen Gesellschaft am 14. Mai 1901. Separatabdruck aus dem „Pester Loyd" Nr. 116, 117, 118 vom 15., 16. und 17. Mai 1901. Budapest. 1901. [In Comm. Braumüller.] Gr.-8°. 23 S. K 1.20

Hieronymi, Karl, die Theissregulirung. Autoris. deutsche Ausg. gr. 8. (48 S.) Budapest 888, Kilián's Universitäts-Buchh. * 2 —

— der deutsche Zolltarif. Vortrag, geh. am 16. I. 1902 in der Pester Lloyd-Gesellschaft. gr. 8. (42 S.) Wien 902. W. Braumüller. n. 1.—
3 Sonderabdrücke aus: „Pester Lloyd".

Kasper Franz Hieronymi

Casparus Franciscus Hieronymi: De Analysi urinae comparata. Gottingae (1829:) Baier. 49 S. 8°

Göttingen, Med. Diss. v. 7. Sept. 1829

Hieronymi, W., der Afterprotestantismus od. der unfehlbare papierne Papst u. seine Unterthanen. Nach e. Beispiel aus dem Leben geschildert. gr. 8. (34 S.) Wiesbaden 871. Limbarth. n. — 40

Hieronymi, Wilh., kritische Blicke des Zeitgeistes in die neueste Schrift des Herrn von Ketteler, Bischofs von Mainz: „Die Arbeiterfrage u. das Christenthum." Polemisch literarische Spitzkugeln. Darmstadt 864. Diehl in Comm. gr. 8. (64 S.) n. 6 ngr

— die Entwickelung des deutschen Bürgerstandes. Streiflichter von vergangenen auf gegenwärtige Zustände. Vorträge gehalten in geselligem Kreise. Wiesbaden 861. Limbarth. gr. 8. (62 S.) 7½ ngr

Hieronymi, Wilh., neue Erläuterungen zu alten Vorgängen. Veranlaßt durch eine Aeußerung des Herrn Abgeordneten Geh. Rath Dr. Seitz in der hess. 2. Kammer bei Gelegenheit der Verhandlungen über die Jesuiten in Mainz. Ein Wort der Vertheidigung. 2. Aufl. Wiesbaden 867. Limbarth. gr. 8. (16 S.) n. 2 ngr

— Freiheit oder Autorität? Was will die Kirche? Kritische Streiflichter auf die Schrift des Herrn W. Eman. Frhrn. v. Ketteler, Bischofs von Mainz: „Freiheit, Autorität u. Kirche." Darmstadt 862. Diehl. gr. 8. (64 S.) n. 6 ngr

—— Herr Reineke Fuchs in „Mainz im J. 1863." Bilder aus dem heil. Federkriege in Aetzmanier und Stahlfederstich ausgeführt. gr. 8. (58 S.) Darmstadt 863, Diehl. *

Hieronymi, W., Grundgedanken u. Unterscheidungs-Lehren der freireligiösen Gemeinden. Durchgesehen u. neu hrsg. v. Karl Voigt. 11.—20. Taus. gr. 8. (32 S.) Offenbach 894. (Th. Steinmetz.) n. — 40

Hieronymi, Wilh., die Hegelianer als Lichtfreunde, od. zwei Documente d. neuesten marburger Kirchenphilosophie, beleuchtet mit dem Lichte des prakt. Verstandes u. aus der hegelschen Sprache in die gewöhnl. deutsche übersetzt. gr. 8. (3 B.) Darmstadt 846, Pabst. *

Herr Herostrat-Lassalle, der ökonomische Kronprätendent, oder Agitation und Ehrgeiz. Ebend. 864. gr. 8. (55 S.) n. 6 ngr

—— Kein Papstthum! Kein Symbolzwang! Gründe u. Veranlassungen meines Uebertrittes zu der neuen deutsch-kathol. Kirche vor der Gemeinde in Magdeburg. gr. 8. (3¾ B.) Sudenburg-Magdeburg 845. [Schönebeck, Koch.]

Hieronymi, W., die Kirchennoth oder Unduldsamkeit u. Scheinheiligkeit in Wiesbaden, ein Wort f. Religion u. Christenthum. 8. (16 S.) Wiesbaden 882. Limbarth. n. — 20

Hieronymi, W., Nur keine Fallstricke!! Ein abgenöthigtes Schlußcapitel zum sog. Darmstädter Teufelsstreite. Wiesbaden 858. Limbarth. gr. 8. (43 S.) n. 5 ngr

—— die Orthodoxie gerüstet mit den Waffen der Vernunft, ein Widerspruch, als Zeiterscheinung hervortretend in der Schrift von Herm. Alex. Pistorius gegen Carl Bernh. König, u. gewürdigt von ein. unpartheiischen Kampfzeugen. gr. 8. (3 B.) Braunschweig 845, G. C. E. Meyer sen.

—— Predigt über Gal. 5, v. 1—15. Wie beweist die junge deutsch-kathol. Kirche, daß sie nach ihrem Geiste alt u. apostolisch sei? Gehalten in Chemnitz den 17. Juli 1845. 8. (1 B.) Mittweida. (Billig.) *

· die Reformation des 16. und die des 19. Jahrhunderts in ihren unterscheidenden Zuständen und Lehren, auch ein Beitrag zur Feier der 400jähr. Wiederkehr des Geburtstages Luthers. gr. 8. (68 S.) Ebendas. 883. *

—— die Religion der Erkenntniß. Gedankenbeiträge für die religiöse Gestaltung der Zukunft. 6 Lfgn. gr. 8. (400 S.) Wiesbaden 874, Limbarth. à Lfg. * 75 Pf. *

— die „Religion der Erkenntniß" u. Herr Prof. F. Michelis. Eine polem. Abhandlg. gegen e. literar. Mißhandlg. zur Abwehr u. Selbstvertheidigg. 8. (40 S.) Ebend. 876. n. — 35

— Stechpalmen, oder die thatsächliche Wiedereinführung des vernunftlosen Glaubenshasses in das deutsche Volk. Ein Gegenstück zu der Schrift des Hrn. Bischofs von Mainz: „Die thatsächliche Einführung des bekenntnißlosen Protestantismus in die kath. Kirche." Verfaßt u. mit heiter-ernsten Anmerkungen und Abschweifungen versehen. 8. (45 S.) Ebend. 877. n. — 50

—— Dr. David Strauß und die religiöse Bewegung der Gegenwart oder vom Glauben zum Denken, vom Denken zum Handeln. Eine krit. Studie. gr. 8. (87 S.) Wiesbaden 873, Limbarth. *

—— Im Theater und im Dome oder aus der Bühnenwelt auf die Weltbühne. Protest eines Mainzers, im Namen Vieler, gegen die Anschuldigungen des Herrn Bischof v. Ketteler in der neuesten Broschüre desselben: „Die öffentliche Beschimpfung der katholischen Kirche auf der Bühne". 2. Aufl. gr. 8. (23 S.) Ebendas. 868.

— Utopia, der „Zukunftsstaat" u. die „neue Gesellschaft" oder das gelobte Land der Communisten. Ein heiter-ernstes Zeitbild. 8. (44 S.) Mainz 879. Diemer. n. — 60

—— Vernunft und Kirchenglaube oder „Die freigemeindl. Bestrebungen unserer Zeit" vor dem Richterstuhle der „ersten bayer. Pastoralconferenz in Gunzenhausen". Polemische Schlaglichter. gr. 8. (46 S.) Ebendas. 870. *

—— was wollen wir? Rede gehalten nach seinem Uebertritte zu der neuen allgemein christl. Kirche vor der Gemeinde zu Magdeburg am 16. März 1845. 8. (1 B.) Magdeburg, Baensch. *

— die Wiederbelebung des Teufels in Darmstadt, ein Beitrag zur Lösung der alten Frage: Vernunft oder Glaube? 2. Aufl. Wiesbaden 858. Limbarth. gr. 8. (1 Bl., 66 S.) n. 5 ngr

Hieronymi de Rada, Apuli, Anna Maria Cominiatis. Carmina italoalbanica quinque transcripsit, vertit, glossario notisque instruxit Theoph. Stier. Brunsvigae 856. Schwetschke. gr. 4. (57 S.) n. 24 ngr

Hieronymus, s.a. Hieronimus

Hieronymus, s.a. Collombet, F. Z.

Hieronymus. Nachklänge einer spanischen Romanze. Berlin 1821. V: *Ferber, Otto.* (GGr)

Hieronymus und Augustinus im Streite über Gal. 2, 14. [Tübingen 1824.] V: *Möhler, Johann Adam.* (Gl)

Hieronymus Bonaparte weiland König von Westfalen. Vom Verf. der „Sphinx". Hamburg 861. O. Meißner. 8. (IV, 76 S.) 7½ ngr

Hieronymus aus Korsika, Lustsp. in 2 Aufz. 8. Leipz. Gräff. 816.

Hieronymus, d. heil., Leben, s.: Bibliothek der mittelhochdeutschen Litteratur in Böhmen.

Hieronymus a Sancta Fide [Pseud.], s.a. Gundling, Nic. Hieron.

Hieronymus a Sancta Fide (pseud. für Jo. Sigf. *Cleffel*, cand. jur., sonst auch dem N. Hier. *Gundling* zugeschrieben), Gründliche Abfertigung der unpartheischen Gedanken eines ungenannten Auctoris von der Lehre de crimine magiae des Chr. *Thomasius*. Frkf. a. M. 4°.
1703

Hieronymus Sanctus

Hieronymus, Brief an Läta u. an Gaudentius s.a. Sammlung der bedeutendsten pädagog. Schriften.

Hieronymus [Sanctus], Brief an Läta und an Gaudentius. [Aurelius] Augustinus Buch über d. Unterweisung d. Unwissenden [De catechizandis rudibus]. Übers. u. erl. zunächst f. Geistl. u. Lehrer von Konrad Ernesti. 2. Aufl. *Paderborn: F. Schöningh 1902.* (VI, 132 S.) 8° [F.]
— **Sammlung** d. bedeutendsten pädag. Schriften. Bd 3.

Hieronymus' Briefe, s. Sammlung der bedeutendsten pädagogischen Schriften aus alter und neuer Zeit.

Hieronymus, ausgewählte Briefe, s. Sammlung der vorzüglichsten mystischen Schriften.

Hieronymus, Chronicorum codicis Floriacensis fragmentum Leidensia, Parisina, Vaticana phototypice edita. Praefatus est Ludov. Traube, s.: Codices graeci et latini.

Hieronymus, Sanctus, qui deperditi hactenus putabantur commentarioli in psalmos, s.: Anecdota Maredsolana.

Hieronymi, *Dialogi Graeci*. Gr. et lat. c. notis varior. et suis edid. J. B. Carpzovius. Helmst. 758. 8. 10 gr. Altenb. 772. 8. 18 gr.

Hieronymi, D., duo dialogorum graeci c. annot. Barth et Daum. ed. I. P. Carpzov. 8. Altenb. (Academ. Bchhdl in Jena) 772.

Hieronymi, D., duo dialogorum graeci c. annot. Barth et Daum, ed. J. P. Carpzow. 8. Altenb. 772. (Hennings in Neisse). 18 gr

Hieronymi, Sancti Eusebii, epistulae, rec. Isidor. Hilberg, s.: Corpus scriptorum ecclesiasticorum latinorum, editum consilio et impensis academiae litterarum caesareae Vindobonensis. LIV.

Hieronymi, Sancti, Epistolae selectae. III Lib. 8. Budae, Typ. 762.

Hieronymus, S. Epistolae selectae. Heidelbergae 1789—91. H: *Canisius, Petrus.* (BrMm)

S. Eusebii **Hieronymi** Opera. ⟨Sect. 1, P. 1.⟩ Rec. Isidorus Hilberg. Vindobonae: Tempsky; Lipsiae: Freytag 1910. 8°
(Corpus scriptorum ecclesiasticorum Latinorum. Vol. 54.) (10. 8100

Hieronymi *Φιλοπονία.* Dialogus de sensu interno christiani et accepti baptismate. Graec. et lat. c. varior. notis et suis edid. J. B. Carpzov. Helmst. 769. 4. 10 gr.

Hieronymus, S. Φιλοπονία, dialogus de sensu interno christianismi . . . Helmst. 1769. H: *Carpzov, Joh. Bened.* (Hoff)

Hieronymus' ausgewählte Schriften, s.: Bibliothek der Kirchenväter.

— tractatus sive homiliae in psalmos, in Marci evangelium aliaque varia argumenta, s.a. Anecdota Maredsolana.

Sancti Hieronymi presbyteri Tractatus sive homiliae in Psalmos quattuordecim. Detexit, adjectisque commentariis crit. primus ed. D. Germanus Morin. Acc. ejusdem sancti Hieronymi in Esaiam tractatus duo et graeca in psalmos fragmenta. Item Arnobii junioris [Galli] expositiunculae in evangelium nunc primum ex integro ed. una cum praef. et ind. ad vol. 3, p. 2 et 3. *Maredsoli apud editorem; Oxonii: J. Parker & fil. 1903.* (XXI, 203 S.) 8°(4°)
— Anecdota Maredsolana. Vol. 3, 3. (04. 4481

Hieronymi Dial. de sancta trinitate. Gr. et lat. post F. Morelli, Chr. Daumii et J. A. Fabricii editt. cum annotationibus varior. ac suis ed. J. B. Carpzovius. Helmst. 768. 4.; zu 12 gr.

— u. **Gennadius,** de viris inlustribus, hrsg. v. Carl Albr. Bernoulli, s.: Sammlung ausgew. kirchen- u. dogmengeschichtl. Quellenschriften.

Hieronymi de viris illustribus liber. Accedit Gennadii catalogus virorum illustrium. Ex rec. Guil. Herdingii. 8. (XLIV, 112 S.) Leipzig 879. Teubner. n. 2. 40

Hieronymus, Sanctus, liber de viris inlustribus, hrsg. v. Ernest Cushing Richardson, s.a. Texte u. Untersuchungen zur Geschichte d. altchristl. Literatur.

Hieronymus [Sanctus] Liber de viris inlustribus. Gennadius [Massiliensis] Liber de viris inlustribus hrsg. v. Ernest Cushing Richardson, Universitätsbibl. in Princeton. Der sogenannte Sophronius (d. i. Hieronymus de viris inlustribus in griech. Übs.) hrsg. v. Oscar v. Gebhardt. *Leipzig: J. C. Hinrichs 1896.* (LXXII, 112, XXX S., 2 Bl., 62 S.) 8.
= **Texte** u. Untersuchgn z. Geschichte d. altchristl. Literatur. Bd 14. H. 1. (96. 6101

Hieronymus, A., Die gemeinsame Erziehung der Geschlechter in der Volksschule. Dresden 1906. 8°.
Aus: Pädagog. Schriften. Jg 21, H. 5.

Hieronymus, D., die gemeinsame Erziehung der Geschlechter in der Volksschule, s.: Zur Pädagogik der Gegenwart.

— Jenseits v. Gut u. Böse, s.a. Abhandlungen, pädagogische. X. 3.

Jenseits von Gut und Böse. (Ein Beitrag z. Beurteilung d. Philosophie Nietzsches.) Von D. **Hieronymus,** Rektor in Leer. Bielefeld: A. Helmich [1904]. (12 S.) 8° [F.]
= **Abhandlungen,** Pädagogische. N. F. Bd 10, H. 3. (05. 14480

[F.] Das erste **Lesebuch** und das Lesebuch von heute. Wie verhalten sich d. Fordergn, die Eberhard v. Rochow an e. Lesebuch stellte, zu d. Fordergn, die wir heute an e. gutes Lesebuch stellen? Von D. **Hieronymus,** Rektor . . . in Hatzum. *Leipzig: Siegismund & Volkening [1897].* (2 Bl., 34 S., 1 Bl.) 1 Bd 8.
— **Sammelmappe, Pädagogische.** H. 169. (Reihe 15, H. 1.) (98. 96

Hieronymus, D., Herbarts Regierung u. Zucht, od. Welche Bedeutg hat d. v. Herbart durchgef. Unterscheidg. v. Regierg. u. Zucht f. d. Pädagogik, u. wie ist sie zu beurteilen? gr. 8. (27 S.) Berlin 897. Buchh. d. deutschen Lehrer-Zeitg. n. — 50

Hieronymus, Eusebius, s. Hieronymus Sanctus

Hieronymus, G., Beiträge zur Kenntniss der europäischen Zoocecidien u. der Verbreitung derselben, s.: Jahresbericht, 68., der schles. Gesellschaft f. vaterländ. Cultur, Ergänzungshft.

Hieronymus, Geo., Beiträge zur Kenntniss der Centrolepidaceen. Mit 4 Kpfrtaf. [Aus „Abhandlgn. der naturf. Ges. zu Halle."] gr. 4. (108 S.) Halle 873. Schmidt. n. 8. —

—— s. Engler und Prantl, die natürlichen Pflanzenfamilien.

Hieronymus, Geo., s.: Hedwigia.

Hieronymus, Geo., icones et descriptiones plantarum, quae sponte in Republica Argentina crescunt. — Abbildungen und Beschreibungen von Pflanzen, welche in der Republik Argentina wildwachsend gefunden werden. 1. Lfg. gr. 4. (59 S. mit 10 Stnt. in Fol.) Breslau 885. (Berlin, Friedländer und Sohn.) ** 15 —
Sonderausg. mit lateinisch-deutschem Text aus den Actas de la Academia de ciencias de Córdoba, Bd. II.

— Juncaginaceae, Myzodendraceae, Santalaceae, Grubbiaceae, Restionaceae, Centrolepidaceae, Eriocaulaceae, s.: Engler, A., u. K. Prantl, die natürlichen Pflanzenfamilien.

—— über Rafflesia Schadenbergiana [Göppert]. Ein Beitrag zur Kenntniss der Cytinaceen. gr. 4. (10 S. mit 2 lithogr. Taf.) Breslau 885, (Schletter.) * 1 50

— Selaginellineae, s.: Engler, A., u. K. Prantl, die natürlichen Pflanzenfamilien. I. 4.

Hieronymus, Hartmann (Willingshausen)
Ueber das periodische Verschwinden vieler Vögel zur Herbstzeit.
[In: Journal für Ornithologie. Cassel. Bd 5 (1857), S. 385-399.]
Dr. phil. Giessen 20.11.1856.

Hieronymus, J., das gute Bekenntnis des Grafen Wolf v. Schönburg v. J. 1566, s.: Altes u. Neues aus der luth. Kirche. 7. Bdchn.

Hieronymus, J., aus der lutherischen Diaspora. Schildergn. aus d. Arbeitsgebieten d. ev.-luth. Gotteskasten. gr. 8. (36 S.) Bischofswerda 897. G. Schneider. n.n.n. — 10

Hieronymus, Jacobus. Dr. Erasmus Puff und Magister Peter Simpel: Ein Heldengedicht. Hudson City: McGregor & Goetze, 1869. GSP

Hieronymus, Jh. Fr., Reflexionen über Vorsehung. 8. Rauschenb. 792. (Krieger in Marb.) 6 ggr

Hieronymus, Karl, lebendige Kraft. Gedichte. 8. (VIII, 158 S.) Berlin 902. E. S. Mittler & Sohn. n. 1. 60; geb. in Leinw. n.n. 2. 75

Hieronymus, Karl, der Tugendräuber. Lustspiel in 1 Aufzug. (31 S.) gr. 8. Kassel 906. E. Hühn. n. — 50

Hieronymus, *Karl Friedrich* Die Bauhütten des deutschen Mittelalters. 4 (16 S.).
Progr. Ober-Rsch. u. techn. Fachsch. *Gleiwitz* O.-S. 1886 (200).

Hieronymus, Wolfgang, Arzt: Historisches und Statistisches zur Frauenparalyse. Rostock 1900: C. Hinstorff. (55 S.) 8°
Rostock, Med. Fak., Ref. Schuchardt, Diss. v. 25. März 1900
[Geb. 8. Aug. 81 Cordoba, Argentinien; Wohnort: Gehlsheim; Staatsangeh.: Preußen; Vorbildung: Prinz Heinrichs-Gymn. Schöneberg Reife M. 99; Studium: Berlin 2, Rostock 3, Freiburg i. B. 1, München 1, Rostock 2 S.; Coll. 19. Sept. 04; Approb. 1. Aug. 04.]

Hierophilus

— Anmerk. gegen Döderleins Vertheidigung d. evangel. Lehre von Vergebung d. Sünden. 8. Hamb. 756. Bohn. 5 ggr

— Bedenken von Vergebung d. Sünden. 8. Hamb. 754. Bohn. 3 ggr

— Erklärung d. 6ten Cap. d. Epist. Pauli an die Römer. 8. Lemgo, Meyer. 7+7.

— freie Gedanken über Fragstücke: Erscheinung Samuels, Azazel ꝛc. 8. Minden 777. Körber. 6 ggr

— Gedanken v. Gesetz u. Evang. u. beid. Verfass. 8. Hamb. Bohn. 75⁵.

— Gedanken von den Sakramenten. 8. Lemgo 752. Meyer. 4 ggr

Hierophilus, Jatr., ob d. Bekehrung d. Menschen vom Verstand oder vom Willen müßte angefangen werden. 8. Lemgo 751. Meyer. 7 ggr

— Passionsbetrachtt. 8. Lemgo 774. Meyer. 12 ggr

— natürl. Religion mit d. geoffenbarten Religion. 8. Minden 777. Körber. 7 ggr

— bibl. Spruchbuch. 8. Lemgo 772. Meyer. 6 ggr

— Untersuchung von d. Schriftwort oder Bibel. 8. Lemgo 752. Meyer. 6 ggr

Hiersch, Ant., Beitrag zur Kulturgeschichte der Gegenwart. gr. 8. (56 S.) Linz 867. (Leipzig, O. Wigand.) *

Hiersch, Augustin, Beichtlehren. Neu rev. u. hrsg. 4. Aufl. (VII, 102 S.) 8. Regensburg 908. Verlagsanstalt vorm. G. J. Manz. 1. —

Hiersch, Augustin, Bekennen od. Brennen. 2. Aufl. 7.—16. Taus. (VIII, 89 S.) 8. Regensburg 905. Verlagsanstalt vorm. G. J. Manz. n. — 30
1. Aufl. (VIII, 88 S.) 904. n. — 30.

— Glauben od. Schauen? (VIII, 116 S.) 8. Ebd. 905. n. — 30

— Die ewige Liebe im Tabernakel. In 12 Betrachtgn. dargestellt, nebst Gebetsanh. (224 S. m. 2 Lichtdr.) 12×7,7 cm. Einsiedeln 908. Verlagsanstalt Benziger & Co. Geb. in Leinw. 1.— u. 1.20; in Ldr. m. Goldschn. 1. 75

Hiersch, Augustin, St. Valentinus-Büchlein. Lebensgeschichte des hl. Valentin, Bischofs u. Märtyrers v. Terni, des großen Patrons der Gichtbrüchigen u. Fallsüchtigen, nebst e. vollständ. Gebetbuch f. seine Verehrer. (264 S. m. 1 Farbdr.) 16. Dülmen 906. A. Laumann. Geb. in Leinw. n. — 75

Hiersche, C., s. Hiersche, K.

Hiersche, Jos., auf zur Umgestaltg. des Zeichenunterrichtes an Volksschulen! Anreggn. hiezu. gr. 8. (69 S. m. Fig.) Leipa 898. (J. Künstner, Verl.) n. — 80

Hiersche, Josef Karl

Hiersche, J. K., Post-Handbuch für den Oesterreichischen Kaiserstaat. 8. Wien. Heubner. 820.

Hiersche, Jos. Karl, Post-Handbuch für den österreich. Kaiserstaat. gr. 8. Wien 821. Heubner. 1 Thlr 8 ggr

— Nachtrag zum Post-Handbuche für d. österreich. Kaiserstaat. Enthält d. Veränderungen bis Ende 1820. gr. 8. Ebd. 821. 6 ggr

Hiersche, K.

— der kleine und große Dorfschreiber. Für Landschullehrer ein method. Leitfaden bei dem Unterrichte in schriftl. Aufsätzen, für Dorfrichter u. Dorfschreiber ein Rathgeber bei Anfertigung von Geschäftsaufsätzen. 4s, für sich besteh. Heft der Ideen zu Stylübungen. 8. Leipzig 839. Gebhardt u. Reisland. ½ Thlr (1—4: 2½ Thlr)

— Geschichte d. Waisenanstalt zu Langendorf u. Darstell. d. Erziehungs- u. Unterrichtsweise in derselben. Mit 1 Steintaf. 8. Leipz. 827. Weygand. 12 ggr

— Ideen zu Stylübungen mit Andeutungen zum Gebrauch derselben beim Unterricht in obern Mädchenklassen d. Bürgerschulen, nebst Stylproben. 1e u. 2e Samml. (1e Samml. 821. 2e A.) 8 Leipz. 824 u. 27. Weygand. à 16 ggr 1 Thlr 8 ggr 3e Samml. A. u. d. T.: d. Briefsteller für Mädchen. 8. Ebd. 825. 16 ggr

Hiersche, C., Ideen zu Stylübungen, mit Andeutungen z. Gebr. ders. beim Unterr. in obern Mädchenklassen d. Bürgerschulen nebst beigefügten Stylproben. 2. Samml. 2. verb. u. sehr verm. Aufl. 8. (19 B.) Leipzig 835, [Gebhardt u. Reisland.]

—— dass. — 3. Samml. — A. u. d. T.: Der Briefsteller f. Mädchen. Ein Hand- u. Hilfsb. f. d. gebild. weibl. Jugend u. f. Lehrer beim Unterrichte ꝛc. 2., verb. u. verm. Aufl. 8. (13½ B.) Ebds. 835.

—— dass. — 4. Samml. — A. u. d. T.: Der kleine u. große Dorfschreiber. Für Landschullehrer e. method. Leitfaden bei d. Unterr. in schriftl. Aufsätzen. 8. (15 B.) Ebds. 839.
1. Samml. Ebendas. 1824. 16 Gr.

Hiersche, K. Mitgabe an junge Christinnen bei ihrem Eintritte in d. bürgerl. Leben. 8. Leipz. 824. (Weygand). 12 gl

— Vorschule d. Zeichnens in 96 Vorlegeblättern für Stadt- u. Landschulen. 4. Leipz., Weygand. 20 gl

— Wegweiser durch d. Gebiet d. allgem. Geographie. Eine Anweis. zum method. Verfahren in diesem Unterrichtsgegenstande für Lehrer; ein Hülfsbuch zum sichern Fortschreiten darin für Lernende. 8. Halle 826. Anton. 8 gl

— Wegweiser durch d. Gebiet der allgemeinen Geographie. Eine Anweisung zum method. Verfahren für Lehrer, ein Hülfsbuch zum sichern Fortschreiten für Lernende. 8. Leipzig 833. Weygand. 1 Thlr — 2e verb. u. verm. Aufl. 8 Halle 833. Anton. 1/3 Thlr

—— Wegweiser durch d. Gebiet d. Naturgeschichte u. Technologie. Eine Anleit. z. method. Verfahren f. Lehrer, e. Hilfsbuch z. sichern Fortschreiten f. Lernende. 8. (23 B.) Leipzig 833, Weygand. [L. Gebhardt.]

Hierschel Joachim — Aperçu historique et scientifique sur l'histoire et les procédés de la gravure à l'eau forte. Par — —. Vienne, 1856. Imprimerie de M. Auer. (12 S. Fol.)

Hierschel Joachim — Collection de Gravures à l'eau forte composées e gravées par — —. Fünf Hefte, jedes mit 6 Abbild. Vienne, 1856. Fol.)

Karl W. Hiersemann, Buchhändler u. Antiquar, Leipzig. Bibliotheca Americana. Th. 1–4. *Leipzig: K. W. Hiersemann 1897.* 4 Bde 8°
1. America im Allgemeinen. 2. Nord-America.
3. Central-Amerika u. Süd-America.
4. Die einzelnen Staaten von Süd-Amerika.
(Katalog 179–182.) 11

[Umschlagt.:] 300 künstlerische Buch-Einbände aus dem 14. bis 19. Jh. M. 16 Abb. auf 10 Taf. Zugleich e. Sammlg seltener u. werthvoller Bücher. Anhang: Literatur üb. Buch-Einbände. Katalog 215 v. Karl W. Hiersemann, Buchhändler u. Antiquar Leipzig. . . . *(Leipzig: Dr. v. E. Herrmannsen.)* [*1898*]. (1 Bl., 72 S., 1 Bl.) 1 Bd 8. 107

Hiersemann, Karl W.: 300 künstlerische Buch-Einbände aus dem 14. bis 19. Jahrhundert. Mit 16 Abb. Zugl. e. Sammlung selt. u. werthvoller Bücher. Anh.: Literatur über Buch-Einbände. Katalog 215 von –.
Leipzig: K. W. Hiersemann [1899]. (71 S.) 8°

Hiersemann's Handbücher. I. Bd. 1.—5. Lfg. gr. 8. Leipzig, K. W. Hiersemann à n. 3.—
Die Architektur v. Griechenland u. Rom. Eine Skizze ihrer histor. Entwickelg. Von W. J. Anderson u. R. Phené Spiers. Autoris. Uebersetzg. aus d. Engl. v. Konr. Burger. Mit 185 Abb. 5 Lfgn. (VIII, 375 S.) 905. Geb. in Leinw. n. 18.—

Hiersemann's Handbücher. II.—VII. Bd. 8. Leipzig, K. W. Hiersemann. Geb. in Leinw. 99. 80
Bouvier's, P. L., Handbuch der Ölmalerei f. Künstler u. Kunstfreunde. Nebst e. Anh. üb. Konservierg., Regeneration u. Restauration alter Gemälde. 8. Aufl. Nach der Bearbeitg. v. Ad. Ehrhardt rev. u. m. Einleitg. versehen v. Ernst Berger. (XX, 444 S. m. 31 Abb.) 910. (Bd. V.) Geb. 10. —
Doering, Osc., Deutschlands mittelalterliche Kunstdenkmäler als Geschichtsquelle. (XV, 414 S. m. 119 Abbildgn.) 910. (Bd. VII.) Geb. 12. —
Ehrhardt, Ad., die Kunst der Malerei. Eine Anleitg. zur Ausbildg. f. die Kunst. Nebst e. Anh. zur Nachhilfe bei dem Studium der Perspektive, Anatomie u. der Proportionen. Mit 53 Taf. u. Text-Illustr. in Holzschn. 3. Aufl. v. Ernst Berger. (XXV, 302 S.) 910. (Bd. VI.) Geb. 8. —
Kiesling, Ernst, Wesen u. Technik der Malerei. Ein Handbuch f. Künstler u. Kunstfreunde. Mit 10 Textabbildgn. u. 17 Vollbildern. (165 S.) 908. (Bd. II.) 3.60; geb. 4. 80
Kisa, Ant., das Glas im Altertume. Unter Mitwirkg. v. Ernst Bassermann-Jordan. Mit e. Beitrag üb. Funde antiker Gläser in Skandinavien v. Osk. Almgren. Illustr. durch 19 Taf., 6 in Farbendr., 6 in Autotypie, 7 Formentaf., u. 395 Abbildgn. im Texte. 3 Tle. (XXI, 979 S.) 908. (Bd. III.) 42.— ; geb. in Leinw. 45. —
Neugebauer, Rud., u. Jul. Orendi, Handbuch der orientalischen Teppichkunde. Mit e. Einführg. v. Rich. Graul. Mit 152 teilweise ganzseit. Textabb., 1 Titelbild, 16 mehrfarb. Taf., 12 Motivblättern, 1 Karte. (XII, 246 S.) 909. (Bd. IV.) Geb. in Leinw. 20. —
Bd. I. Ebd. 905. Geb. 18. -

Hiersemenzel, A., die evangelische Kirchengemeinde u. Synodalordnung vom 10. September 1873, sowie die General-Synodalordnung vom 20. Jan. 1876, nebst den hierzu ergangenen Staatsgesetzen, Verordnungen u. Instructionen. Aus den Motiven u. Kommissions-Berichten erläutert. gr. 8. (IV, 128 S.) Berlin 877. C. Heymann's Verl. n. 2. —

Hiersemenzel, A., das Reichs-Militairgesetz vom 2. Mai 1874 u. die dasselbe ergänz. Gesetze, nämlich: Das Gesetz üb. den Landsturm vom 12. Febr. 1875, u. das Gesetz, betr. die Ausübg. der militair. Kontrole üb. die Personen d. Beurlaubtenstandes, die Uebgn. derselben, sowie die gegen sie zuläss. Disciplinarstrafmittel vom 15. Febr. 1875. Unter Berücksicht. der Motive, Kommissionsberichte u. Reichstagsverhandlgn. erläutert. Mit vollständ. alphabet. Sachregister. 8. (130 S.) Berlin 875. C. Heymann's Verl. n. 2. —

Hiersemenzel, Carl Chr. Ed.

Hiersemenzel, C. C. E., Ergänzungen und Erläuterungen zum allgemeinen Landrecht, s. Ergänzungen.

— Preußisches Handels-Recht. Berlin 856. Hempel. gr. 8. (VI, 298 S.) n. 1 Thlr. 10 ngr.

Hiersemenzel, C. C. E., zur Lehre vom kaufmännischen Commissionsgeschäfte. Nach deutschem gemeinen, österreich. und preuß. Rechte. gr. 8. (IV und 140 S.) Leipzig 859. [Wittenberg, Reichenbach'sche Buchh.] *

Hiersemenzel, C. C. E., vergleichende Uebersicht des heutigen Römischen u. Preußischen gemeinen Privatrechts. (In 4 Thln.) 1. Thl. u. 2. Thl. 2 Abthlgn. gr. 8. (1: IV u. 236 S. 2: 208 S.) Berlin 852. 53, Hempel. (1: n. 1 1/4 Thlr 2, 1: n. 7/12 Thlr 2, 2: n. 1/2 Thlr) n. 2 1/3 Thlr

— vergleichende Uebersicht des heutigen Römischen und Preußischen gemeinen Privatrechts. II. Thls. 3. 4. Abth. Berlin 853, 54. Hempel. gr. 8. (4 Bl., S. 209—426.) n. 1 Thlr. 5 ngr.

—— die Verfassung des norddeutschen Bundes erläut. mit Hülfe und unter vollständ. Mittheilung ihrer Entstehungsgeschichte. gr. 8. (XIV und 264 S.) Berlin 867, Hempel. *

—— dass. — Nebst Ergänzungen und Erläuterungen. 2. Thl. A. u. d. T.: Das Verfassungs- und Verwaltungs-Recht des norddeutschen Bundes und des deutschen Zoll- und Handels-Vereins. 1. Bd. gr. 8. (XV und 463 S.) Ebendas. 868. *

Hiersemenzel, Conrad W., s. Hiersemenzel, Konrad W.

Hiersemenzel, E., demokratische Studien. Ein Vortrag gehalten vor den Wählern der Stadttheile Cölln und Berlin. gr. 8. (32 S.) Berlin 867, Jansen.
Aus: Vossische Zeitung, besonders abgedruckt.

— die Verfassung des norddeutschen Bundes erläut. mit Hülfe u. unter vollständ. Mittheilung ihrer Entstehungsgeschichte. Berlin 867. Hempel. gr. 8. (XIV, 264 S.) n. 1 ℛ 10 ngr.

— Nebst Ergänzungen u. Erläuterungen. 2. Thl. A. u. d. T.: Das Verfassungs- u. Verwaltungs-Recht des norddeutschen Bundes u. des deutschen Zoll- u. Handels-Vereins. 2 Bde. in 3 Abthlgn. Ebend. 868—70. gr. 8. (XV, 463 S.; XII, 466 S. u. VII, 378 S.) Jede Abthl. n. 1 ℛ 25 ngr.

Hiersemenzel, E., die Verfassung des norddeutschen Bundes. Nebst Ergänzungen und Erläuterungen. 3. Thl. A. u. d. T.: Das Verfassungs- und Verwaltungs-Recht des norddeutschen Bundes und des deutschen Zoll- und Handels-Vereins. 2. Bd. 2 Hälften. gr. 8. (XII, 466; VII, 378 S.) Berlin 869,70, Hempel. à Hälfte *M.* 5,50. *

Hiersemenzel, Konr. W., kurze Nachricht von d. Vorzeit v. Röchlitz. 8. Liegn. 794. Nachtrag dazu. 8. Ebd. 808.

Hiersemenzel, Conr. W., Predigten üb. d. Evang. gr. 4. Bresl. Korn d. ält. 791.

Hiersemenzel, Konr. W., († d. 31. Juli 1819.) Predigten über d. gewöhnl. Sonn- u. Festtags-Evangelien. Mit e. Vorrede v. Gerhard. gr. 4. Bresl. 791. J. F. Korn. 2 ℛ 8 gr.

Hiersemenzel, C. W., die Sonn- u. Festtagsepisteln kurz erklärt, umschrieben u. erläutert. 8. Liegnitz, Siegert. 812.

Hiersemenzel, ..., die Sonn- und Festtags-Epistel, kurz erklärt, umschrieb. u. erlaut. 8. 1812. Jetzt Heymann in Berlin. ⅚ ℛ

— d. Sonn- u. Festtags-Episteln kurz erklärt, umschrieben u. erläutert. Nebst e. Anhange von Ursprung, Alter u. Namen d. Sonn- u. Festtage. Für Volksschulen. 8. Liegn. 812. (Heymann in Glogau). 20 gr. Mit n. Titel. Leipz. 823. Hinrichs. 20 gr.

Hiersemenzel. Lebr., (eines deutschen Schulmeisters) Briefe aus u. über Italien. Herausg. v. Er. Raupach. 8. Lpz. 824. Cnobloch. 1 ℛ 12 gr.

Hierstedt, Samuel (Ostro-Gothus), Ingenium oratorium leviter adumbratura. Diss. gradualis. Präs. Peter Ekerman. Upsala 22. III. 1740. 24 Seiten. (6.30) Gew.: Gustav Celsing. 15102

Hjerta, G., und Alb. Schmidt, schwedische Unterrichts-Briefe für das Selbst-Studium nach der Methode Toussaint-Langenscheidt. 20 Briefe. gr. 8. (320 S.) Leipzig 883,84, Morgenstern. à Brief 50 Pf.

Hierta-Retzius, Frau Anna, Hirnentwicklung u. Erziehung. Zur Frage der Arbeitshygiene in der Schule. Vortrag an dem internationalen Frauenkongress in Berlin 1904. (12 S.) gr. 8. Stockholm 904. (C. E. Fritze.) n. — 40

— Modell-Sammlungen v. Handarbeiten aus schwedischen Arbeitsstuben f. Kinder. 25 Taf. in Lichtdr. m. erklär. Text. (VII, 9 S. m. 26 Bl. u. S. Erklärgn.) gr 4. Stockholm 904. (Jena, G. Fischer.) Geb. n. 15. —

Hierthes, Alb., Aufgaben aus d. Feldbefestigung m. Bearbeitg. u. Besprechg. z. Vorbereitg. f. d. Prüfg. in d. Kriegsakademie. M. 1 Uebersichtskarte, 5 Skizzen u. 2 Krokis in Steindr. gr. 8. (48 S.) Berlin 897. E. S. Mittler & Sohn. n. 1. 80

Hierthes, Ludw., Wörterbuch des schottischen Dialekts in den Werken v. Walter Scott u. Burns. 12. (X, 193 S.) Augsburg 882. Rieger. n. 3. —

Hierunda, ..., s. Geel, J., Forschung u. Phantasie. — Toiletten-Romane des Auslandes, 4. u. 5. Bdchn.

Hiesberger, L., im Finstern ist nicht gut zu tappen, und das Singspiel ohne Titel. 2 Opern. 8. Wien 791. Schaumburg u. C. 12 gr.

Hiesel, der baierische. Zum warnenden Exempel für Jung u. Alt neu erzählt von Ottmar F. H. Schönhuth. 12. Reutlingen 845, Fleischhauer u. Spohn. $^{1}/_{12}$ ℛ

—— der bayerische. Leben und Thaten des Wildschützen und Räuberhauptmannes Mathias Klostermayer. Ein Sittengemälde aus dem letzten Jahrh. 2.—6. Aufl. 8. (64 S. mit eingedr. Holzschn.) Reutlingen 868—75, Enßlin und Laiblin.

Hiesel, Der bairische. Wien [1900]. V: *Molitor, Therese.* (EB).

Hiesel, d. baierische, in ihrem gelehrten Frosch- u. Rattenkriege. (v. F. X. Sautermeister). 8. Wahrburg in Baiern 780.

Hiesel, der bayerische, der merkwürdigste u. verwegenste Raubschütz u. Räuberhauptmann in Mittel-Deutschland. Dessen grausames Leben u. Treiben, seine fürchterlichen Abenteuer u. sein schreckliches Ende. Wahre u. höchst interessante Begebenheit. Mügeln 865. (Leipzig, Senf.) 12. (48 S.) 5 ngr.

Hiesel, der bayerische, der merkwürdigste u. verwegenste Raubschütz u. Räuberhauptmann in Mittel-Deutschland Dessen grausames Leben u. Treiben, seine fürchterl Abenteuer u. sein schreckl. Ende. 16. (48 S.) Mügeln 872. (Leipzig G. Senf.) — 40

Deß Bayrischen Hiesel, nebst seinem Buben Verhör in der Gefangenschafft zu Dillingen. Flugblatt: Kupf... Joh. Mart. Will exc. Aug. Vind. Mit einem Gedicht von vier 8zeiligen ...sen. Kl.-Qu.-Fol.

Hieseln, Die baierischen, in ihrem gelehrten Frosch- und Rattenkriege. Wahrburg in Baiern 178c. V: *Sautermeister, Franz Xaver.* (Jes) (Wr) (Ky) (MGT)

HIESEMANN, M.: Lösung der Vogelschutzfrage nach Freiherr von Berlepsch. - Leipzig 1907. - 2. Aufl. ebd. 1907. VIII, 110 S. - 3. verm. u. verb. Aufl. ebd. 1909. X, 146 S., m. Abb., 2 Taf.

Hiesemann, Mart., Lösung der Vogelschutzfrage nach Freiherrn v. Berlepsch. Im Auftrage der „Kommission zur Förderung des Vogelschutzes", Obmann Gross. Schriftführer Max Rabe verf. 3. verm. u. verb. Aufl. (X, 146 S. m. Abbildgn. u. 2 farb. Taf.) 8. Leipzig 909. F. Wagner. Kart. p nn 1. 25

— Der Vogelschutz u. die Landwirtschaft. (23 S.) 8. Würzburg 908. F. Schöningh. — 80
Sonderabdruck aus: „Jahrb. d. internat. Frauenbundes f. Vogelschutz".

Hieser, Jos., Elementar-Curs der Ornamenten-Zeichnung. Für techn. Lehr-Anstalten u. zum Privat-Unterrichte. 1. Hft. (30 lith. Bl.) qu. Lex.-8. Wien 842. (Müller.) n. 1⅙ ₰

Hieser, Jos., die zeichnende Geometrie als Vorschule f. die Projectionslehre, das techn. Zeichnen u. die Feldmesskunst. Für Real- u. Gewerbeschulen. Mit 15 Steintaf. (in qu. Imp. 4.) gr. 8. (VI u. 103 S.) Wien 852, Seidel. n. 1⅓ ₰

Hieser, Jos., die zeichnende Geometrie als Vorschule für die Projectionslehre, das techn. Zeichnen und die Feldmesskunst. Für Real- und Gewerbeschulen. Mit 15 Steintaf. (in qu. Fol.) 2. Aufl. Wien 855. Seidel. gr. 8. (VI, 103 S.) n. 1 ₰.

Hieser, Jos., die zeichnende Geometrie als Vorschule für die Projectionslehre, das technische Zeichnen u. die Feldmesskunst. Für Real- u. Gewerbeschulen. Mit 15 Steintaf. (in 4.). 3. Aufl. Wien 864. Seidel & Sohn. Lex.-8. (VII, 71 S.) n. 1 ₰ 10 ngr.

——, G. Heider und R. v. Eitelberger, mittelalterliche Kunstdenkmale des österreichischen Kaiserstaats, s. Heider, G.

Hieser, J., Lehrbuch der beschreibenden (darstellenden) Geometrie, Schattenlehre und Perspektive. Für Realschulen. Lex.-8. (112 S. mit 145 in den Text gedr. Fig. in Holzschn.) Wien 861, Braumüller's Verlags-Conto. Thlr. *

Hieser: Der Zeichnungsunterricht im ersten J. der UR. 8 S.–Wien OR.Sch., Progr. 1855

Hiesinger, W.: Geognostische Beschreibung von Gottland. (Aus Karstens Arch. f. Bergbau. Vol. XVII.) Berlin. 1827. 8.

Hiesinger, W.: Versuch einer mineralogischen Geographie von Schweden. Umgearbeitete Auflage. Uebersetzt von F. Wöhler. Leipzig. 1826. 8.

Hieser, Otto, Embleme deutscher Gewerbe und Innungen. Entnommen einer Huldigungs-Adresse der Wiener Gewerbe-Genossenschaften an den Kronprinzen Erzherzog Rudolph und die Kronprinzessin Stephanie. Lichtdruck. Wien 1886. gr. 4.

Hiesl, Der politische. [Bozen 1904.]
V: *Oberkofler, Anton.* (margr)

Hiestand, Gottfried

Hiestand, Gfried., „Ich muß das Evangelium predigen." Synodalpredigt gehalten am 5. Novbr. 1867 in der St. Peterskirche in Zürich. gr. 8. (14 S.) Zürich 867, Schultheß.

Hiestand, Gottfried, von Richtersweil [Kt. Zürich]: Die Verjährung nach schweizerischem Obligationenrecht. Zür. F. Lohbauer Dr. 1889. 2 Bl., 104 S., 2 Bl. 8°.
Zürich, Jur. Diss. [v. 13. Juli 1889].

Hiestand, [Gottfried]. Worte beim Begräbnis der sel. verstorbenen Fräulein Emma Geilinger den 3. Februar 1887 gesprochen ... in Neumünster. 8. Zürich 1887.

Hiestand, G., Worte am Grabe d. sel. Ludwig Freiherrn v. Gablenz, k. k. General der Cavallerie, den 31. Jan. 1874 in Neumünster bei Zürich. gr. 8. (8 S.) Zürich 874. Schulthess. n. — 40

Hiestand, G., Pfr., Zwei Worte aus Neumünster. Eine Lokal- und Zeitpredigt. 8. Zürich, F. Schulthess. 1872. —. 45

Hiestand, Heinr., Handarbeit u. Schulreform. Referat vor d. Generalversammlg. d. schweiz. Vereins zur Förderg. d. Handarbeitsunterrichtes f. Knaben in Zürich am 3. VIII 1907. (23 S.) gr. 8. Zürich 907. (A. Bopp.) — 60

— s.: Jahrbuch der schweizerischen Gesellschaft f. Schulgesundheitspflege.

Hiestand, M. Das sokratische Nichtwissen in Platons ersten Dialogen. Diss. 1923. 111 S. 4.—

Hiestand, O[scar], von Hütten: [1.] Historische Entwicklung unserer Kenntnisse über die Phosphatide. [2.] Beiträge zur Kenntnis der pflanzlichen Phosphatide. Zürich 1906. 202 + XIII S. 8°. [18. X. 06.]
Zürich. Phil. Diss. II. 8. 1906/1907.

Hiestand, Paul, Grundzüge der privaten Unfallversicherung m. Berücksicht. der Haftpflichtversicherung. gr. 8. (VIII, 162 S.) Stuttgart 900. F. Enke. n. 3. 60

Hiestand, Paul, zur Lehre v. den Rechtsquellen im schweizerischen Staatsrecht. gr. 8. (88 S.) Zürich 891. (F. Schulthess.) n. 1. 40

Hiestand, Paul, d. Schadenersatzanspruch des Versicherers gegen d. Urheber d. Körperverletzg. od. Tötung d. Versicherten. gr. 8. (VI, 76 S.) Stuttgart 896. F. Enke. n. 2. 40

— Unterleibsbruch u. Unfallsbegriff. [Verländ. Sep.-Abdr. aus: „Zeitschr. für Versicherungs-Recht u. Wissenschaft".] gr. 8. (31 S.) Zürich 897. Art. Institut Orell Füssli. n. 1. –

Hiestand, Paul, Verstaatlichung der Mobiliarversicherung?, s.a. Publikationen, wirtschaftliche, der Zürcher Handelskammer.

Hiestand, Paul. Verstaatlichung der Mobiliarversicherung? 28 S. 8. Zürich, Arnold Bopp, 1910. (fr. 1. —)
Wirtschaftliche Publikationen der Zürcher Handelskammer. Heft 11. Juni 1910.

— dasselbe in der Schweiz, s.a. Schweizer-Zeitfragen.

Hiestand, Paul. Die Verstaatlichung der Mobiliarversicherung in der Schweiz. 77 S. 8. Zürich, Orell Füssli, 1910. (fr. 1.50)
Schweizer Zeitfragen, Heft 37. (1910.)

Hietling, Conr., peregrinus per terram sanctam et Hierosolym. conduct. fol. Graetz. 713.

Hietzing [Schlagwort]

– s. a.: Hand- u. Reisekarten. — Radfahrerkarten. — Spezialkarten. — Verkehrskarten.

Hietzing, s.a. Wien.

Hietzing. Karte des politischen Bez. Hietzing-Umgebung. 1 : 25,000. 2 Blatt à 57×94 cm. n. 2 Blatt à 65×94 cm. Farbdr. Wien 908. G. Freytag & Berndt. Auf Leinw. m. Stäben 35. —

— — des politischen Bez. Hietzing-Umgebg. 1 : 100,000. 80,5×47 cm. Farbdr. Ebd. (910). nn — 20

Hietzinger, Karl Berh(ard) von: Statistik der Militärgränze des österreichischen Kaiserthums. Ein Versuch. Th.1 - 2/1-2, gbd., Tab.

Wien: Gerold 1817 - 1823

JB 5.666

v. Hietzinger, K. Bh., Versuch einer Statistik d. k.k. Militärgrenze d. österreich. Kaiserthums. 1r u. 2r Bd., 1e u. 2e Abtheil., mit 1 Uebersichtskarte sämmtl. Grenzprovinzen in 2 Blättern. gr. 8. Wien 817—23. Gerold. 9 ₰ 16 g

Higashi, Katsukuma, „Jiu-Jitsu", s.: Tsutsumi, Masao.

Higashi, Katsukuma, das Kano Jiu-Jitsu (Jiudo), s.: Hancock, H. J.

Die Sagen des Sundgaues gesammelt von Maurice Higelin. Altkirch: Masson 1909. 221 S. 8° [09. 17623]

Die Altkircher Schulen von Maurice Higelin. Altkirch [1910]: Masson. 17 Bl. quer-4° [10. 11696]

Higer, Henrik Chaim, aus Warschau: Ueber die Unterschiedsempfindlichkeit der Netzhaut für extensive Grössen ohne und mit Betheiligung der Augenmuskelbewegungen.
Preisarbeit Dorpat 1889.

Higgins, Bryant, Protokolle d. Verhandlungen e. Privatgesellschaft in London, über d. neuern Gegenstände d. Chemie. Aus d. Engl. v. Ad. H. Meinecke. Mit e. Vorrede herausg. v. A. N. Scherer. Mit Kpf. gr. 8. Halle 803. Waisenh.-B. 18 g

Higgins, W., Versuch über d. Theorie u. Praxis d. Bleichens, nebst Erfahrr. über d. Schwefelkalk, als Stellvertreter d. Pottasche beim Bleichen. Aus d. Engl. 8. Halle 802. Renger. 7 g

Higginson, E: Mappe der Republik Perú sammt einer kurzen Beschreibung des Landes. Southampton 1903

Higginson, F. [vielm.: Thomas] W[entworth]: Die Frauenfrage und der gesunde Menschenverstand [Common Sense about women: 1882].

Aus d. Engl. ins Deutsche übers. v. Eugenie Jacobi. — Neuwied & Leipzig: Schupp 1895. 264 S. 8°

Higginson, T. W., die Frauenfrage u. d. gesunde Menschenverstand. Autor. deutsche Uebersetzg. v. Eugenie Jacobi. 2. Aufl. 8. (264 S.) Neuwied 895. München, A. Schupp. n. 2. 50; geb. n.n. 3. 20

Higginson, T. W., Geschichte der Vereinigten Staaten v. Nord-Amerika in populärer Darstellung. Autoris. deutsche Ausg. Mit mehreren (eingedr. Holzschn.-) Abbildgn. u. 3 histor. (chromolith.) Karten. gr. 16. (VI, 409 S.) Stuttgart 876. Auerbach. n. 4. —

Higham, Mary R., gegenüber. Eine Erzählung aus dem Amerikanischen. Deutsch von Marie Morgenstern. 8. (224 S.) Leipzig 887, Böhme Nachf. *ℳ 2.70.; geb. * 3 50

Higham, Mary R., wie wir uns fanden. Eine Erzählg. aus dem Amerikanischen. Deutsch v. Marie Morgenstern. 8. (III, 288 S.) Leipzig 887. J. Naumann. n. 2. 50; geb. n. 3. 50

Der Highland Bote: Jahrgang 1—11, June ? 1859 - Nov. 1869.

Independent weekly. Organ of Amerikanischer Schützen-Bund. Title varies: Highland Bote und Schützen-Zeitung, Jan. 5, 1866 - 1869. Continued from Der Erzähler. Continued as Madison County Bote (Edwardsville, Ill.). Circulation: 1869, 800. Edited by Peter Weis, & published by Peter Voegele, June 25 - Dec. 21, 1859; edited & published by Peter Voegele, Dec. 1859 - Apr. 1863 [edited by Heinrich Stiefel, Dec. 27, 1861 -- Aug. 15, 1862]; edited & published by Timothy Gruaz, Apr. 10, 1863 - June 12, 1868; edited by B. E. Hoffmann, & published by B. E. Hoffmann & Maurice Hügy, June 19, 1868 - Nov. 1869.
Highland, IL

High-Life. Zeitschrift f. die vornehme Welt. Red.: Ludw. Graf Westarp. 1. Jahrg. Dezbr. 1896. 8 Nrn. (à ca. 16 S.) gr. 4. Schöneberg-Berlin. Berlin, Goedecke & Gallinek. — 60

— dasselbe. 2. Jahrg. 1897. 36 Nrn. (à ca. 20 S.) gr. 4. Berlin, Goedecke & Gallinek. n. 8. —

— dasselbe. Hrsg.: Arth. Graf v. Pfeil. Chefred.: Hugo Neumann (Hugo Alphonse Revel). 3. Jahrg. 1898. 36 Nrn. (à ca. 16 S.) gr. 4. Ebd. n. 8. —
Kann auch vierteljährlich bezogen werden.

High-Life. Zeitschrift f. die vornehme Welt. Hrsg.: Osc. Marschall v. Bieberstein. Chefred.: H. Moltau. 4. u. 5. Jahrg. 1899 u. 1900. à 36 Nrn. gr. 4. (à ca. 16 S. m. Abbildgn.) Berlin (Goedecke & Gallinek.) G. Wattenbach. à Jahrg. n. 8. —

High-Life. Zeitschrift f. die vornehme Welt. Illustr. internationale Revue f. Wissenschaft, Kunst, Theater, Musik, Litteratur, Sport etc. Hrsg.: M. Baron v. Lasser. Chefred.: H. Moltau. 6.—8. Jahrg. Oktbr. 1900—Septbr. 1903. à 36 Nrn. gr. 4. (à ca. 12 S.) Berlin, G. Wattenbach. à Jahrg. n. 8. —

High-Life. Zeitschrift f. die vornehme Welt. Illustrierte internationale Revue für Wissenschaft, Kunst, Theater, Musik, Litteratur, Sport, Mode etc. Hrsg.: M. Baron v. Lasser. Chefred.: H. Moltau. Offizielles Organ des Unterstützungs-Vereins f. Frauen u. Töchter gebildeter Stände. 9. u. 10. Jahrg. Oktbr. 1903—Septbr. 1905. à 36 Nrn. (403 u. 294 S.) 4. Berlin, G. Wattenbach. à Jhrg. n. 8. —

— dasselbe. 11. Jahrg. 1906. 26 Nrn. (300 S.) 4. Ebd. n. 8. —

— Zeitschrift f. die vornehme Welt. Illustr. internationale Revue f. Wissenschaft, Kunst, Theater, Musik, Literatur, Sport, Mode etc. Chefred.: H. Moltau. 12.—15. Jahrg. 1907—1910. à 26 Nrn. IV, 304; IV, 304; IV, 296 u. IV, 310 S.) 32×24 cm. Berlin, G. Wattenbach. à Jahrg. 8. —

— 1903. Porträt-Kalender f. die elegante Welt. Hrsg. von G. v. Lieres u. Wilkau. 1. Jahrg. Mit 20 Lichtdr.-Taf. auf Elfenbein-Carton 12. (150 S. m. Abbildgn.) Halensee-Berlin, Highlife-Verlag. Geb. in Leinw. n. 3. —

— 1904. Porträt-Kalender f. die elegante Welt. Hrsg. von G. v. Lieres u. Wilkau. 2. Jahrg. 1.—2. Taus. Mit 20 Lichtdr-Taf. (264 S. m. Abbildgn.) 12. Halensee-Berlin [Highlife-Verlag.] Charlottenburg (Berlinerstrasse 77.) Frl. v. Lieres u. Wilkau.
Geb. in Leinw. n. 3. —; in Seiden-Prachtbd. n. 10. —

High-Life. Almanach der österr. Gesellschaft. 6. Jahrg. 1910. (XVI, 494 u. 422 S.) 8. Wien, Volkswirtschaftl. Verlag A. Dorn. Geb. in Leinw. 10. —

High-life, below stairs, d. i. d. vornehm thuenden Bedienten; od. d. große Welt in d. Bedientenstub.. Farce v. Townley, erläut. v. J. E. Huttner. gr. 8. Tubing. Cotta. 802.

— Wiener. Almanach der Wiener Gesellschaft. 1. Jahrg. 1905. (VIII, 536 S. m. 1 Bildnis.) 8. Wien (R. Lechner's Sort.) Geb. in Ldr. m. Goldschn. n.n. 12. —

High-Life, Wiener. Jetzt: Wien, Volkswirtsch. Verlag A. Dorn.

Hight, G., Ainslie, problems of common life. gr. 8. (104 S.) Leipzig 895. A. Twietmeyer. n. 2. —

Higl, A., d. Veredeln d. Reben, s.: Krauer-Widmer, H.

Higler, C., experimentelle Prüfung der psychophysischen Methoden im Bereiche d. Raumsinnes der Netzhaut. 8. (124 S. m. 1 Taf.) Dorpat 890. Karow, Verl.-Cto. n. 3. —

Higier, Heinr., üb. unilaterale Hallucinationen, s.: Klinik, Wiener.

Higier, Heinr., die die Neubildungen des Zentralnervensystems simulierenden Krankheitszustände, s.a. Sammlung klinischer Vorträge.

Higier, Heinrich: Die die Neubildung des Zentralnervensystems simulierenden Krankheitszustände. Von Dr. –. Leipzig: J. A. Barth 1910. 23 S. 8° [Umschlagt.] (Sammlung klinischer Vorträge. N. F. Nr 589.)

Higinbotham, Harlow N., die Erziehung zum Kaufmann. (Autoris. Uebertragg. v. Jos. Grabisch.) (157 S.) 8. Leipzig 907. C. E. Poeschel. 3.—; geb. 4. —

Higuchi, Shigeji, prakt. Arzt aus Niigata (Japan): Über die Verdoppelung des Uterovaginalkanals. *Rostock 1903: H. Winterberg.* (188 S.) 8°
Rostock, Med. Diss. v. [30. Aug.] 1902

Hihn, Anton Auslegung d. Regel d. heil. Ordensvaters Aurel. Augustin, 4. Würzb. Stahel. 754.

Hil, Jul., die Götterlehre der Griechen und Römer, bildlich dargestellt in Schach- oder Damenbrettform. Enthaltend 64 mythologische Figuren u. Gruppen in Tondruck nebst erläuterndem Text. Prag 860. Lehmann. gr. 4. (8 S. u. 1 lith. Taf. in Fol.) n. 6 ngr.; feine Ausg. n. 10 ngr.

Hikida, Naotaro, a. Japan: Ueber die Veränderungen im Kaninchen-Auge durch Härtung, Cadaverzustand und Naphthalinvergiftung. Rostock i. M. 1905: Adlers Erben. (50 S.) 8°
Rostock, Med. Fak., Ref. Peters, Diss. v. 5. Febr. 1905
[Geb. 12. Mai 68 Okayama (Japan); Wohnort: Okayama; Staatsangeh.: Japan; Vorbildung: Gymn. Okayama Reife O. 88; Studium: Hochsch. Okayama 8, Rostock 3 S.; Rig. 14. Dez. 04—14. Jan. 05.]

Hikmann

— s. auch Hickmann.

Hikmann, Barbara, allgem. wiener Kochbuch, s. Gartler, J.

Hikmann, Barbara, allgem. bewährtes Wiener Kochbuch rc., s. Gartler, J.
Vgl. Hickmann.

Hikmann, Barbara, Wiener Kochbuch, s.: Gartler, J.

Hikmet, Ahmed, türkische Frauen, deutsch v. Frdr. Schrader, s.: Bibliothek, türkische. 7. Bd.

Hilair, St., Colifischets, od. auserlesene Sylbenräthsel. 8. Altona. (Fleischer, auch Sommer in Lpz.) 799.
vgl. Hilaere, St.

Hilaire

— s.a. Saint-Hilaire.

Hilaire, F., L'Internationale. 16°. Fribourg, Haesler et Co., 1872.

Hilaire, G. St., et Cuvier, histoire naturelle des mammifères etc. voyez Histoire.

Hilaire, I. St., Exposition des familles et de la germination des plantes. IV Vol. 8. Paris et Strasb. Treuttel et W. 805.
gr. 4. av. planch. col.

Hilaire St. Marc Emil. Populäre Geschichte Napoleons. Uebers. von Streitfeld. Wien, Tendler 1852. 8.

Hilâl (Demi-lune)
(S) 1893 (B) Genève (?) (R) Halil Ganem (Q) Tunaya: Türkiyede Siyasî Partiler (İstanbul 1952), p. 158, qui donne l'indication suivante: Suisse 1893. (O) En langue turque.

Hilár, v. einem Metaphysiker u. d. übr. z. Belisar gehör. Stück. 8. Lpz. F. C. W. Vogel. 768.

— — dass. franz. 8. Ebend. 768.

Hilár, von einem Metaphysiker, nebst den übrigen Stücken, die Marmontel's Belisar betreffen. Aus d. Französ. 8. Leipz. 768. (W. Vogel). 12 gr. Dass., französ. 8. Ebd. N. Aufl. 768. 16 gr.

Hilâre, St., (Hein. Harries), Colefischets, oder auserlesene Sylbenräthsel. 8. Altona 799. Hammerich. (Aue). 8 gr.
vgl. Hilair, St.

Hilari, dr. Hümoristisch-illustriert Wucheblättle uf Milhüserdïtsch. Red.: E. Ruetsch. Jahrg. 1907. 52 Nrn. (à 16 S.) gr. 8. Mülhausen i/E., (C. Bahy.) 5. 20
Erscheint nicht mehr.

HILARI, Frater (ps.), Pimplhubers humoristische Illustrationen für die Reisenden zur Pariser Welt-Ausstellung. 1867.
Weller, Lex. Ps. p. 256.

Hilaria ante cineres. 8. Vien. Gerold. (et Barth, Lps.)

Hilaria Rhetorum Viennensium, sive ludus scenicus . . . Viennae Austriae 1703. V: *Purgstall, Albert Chn.* (Jes) (SO)

Hilaria, Justinia [Pseud.], s.a. Hilarius, Justus [Pseud.]

Hilaria, Justinia, (psdn.) s.a. Mann, d., im natürl. Gewande.

HILARIA, Justina, Der Mann im natürlichen Gewande. Ein Männerspiegel für das weibliche Geschlecht, worin sehr deutlich zu sehen und zu lesen, wie Männer sind und wie sie stets gewesen. Als Seitenstück zu dem „Weibe im natürlichen Gewande". Zum Theil aus eignen Lebenserfahrungen, zum Theil aus den besten Quellen deutscher, französischer, italienischer und englischer Schriftsteller und Schriftstellerinnen geschöpft und herausgegeben. Mit 1 allegorischen (color.) Kupfer (Steindruck). Meissen, bei F. W. Goedsche, Pesth, bei O. Wigand. 1830. 16°. 8 Bll. u. 176 S. (4 Mk. E. Frensdorff, 1907.)
Vgl. A. G. Schmidt, Gallerie etc.

Hilaribus Dom. Hulderici Eberhardi Keipfii . . . in festo Jubilaei Ministerialis 1758 pie celebratis accantat. Wetzlar. V: *König von Königsthal, Gust. Gg.* (MI.) (Will)

Hilarion, s.a. Hillarion

Hilarion. Bildergallerie weltlicher Missbräuche. Wien 1785. H: *Richter, Joseph* (ps. *F. A. Obermayr*). (Ky)

Hilarion, Bildergallerie weltlicher Mißbräuche, (herausg. v. F. A. Obermayr). Mit Kpf. 8. Wien 785. Kurzböck. 1 ß 4 gl

Hilarion oder das Buch der Freude . . . Leipzig 1804. V: *Benkowitz, Carl Friedrich.* (Ky) (EE) (MGT)

Hilarion, oder d. Buch d. Freude, (v. K. F. Benkowitz.) 8. Leipz. 804. (Wienbrack). 1 ß

Hilarion od. d. häusl. Leben, f. Alle, welchen Menschenwohl am Herzen liegt. 8. (16 B.) Frankfurt a. M. 829, [Grimma, J. M. Gebhardt.]

Hilarion, od. d. häusl. Leben f. alle, welchen Menschenwohl am Herzen liegt. *Frankf. a. M.*, Wilmans. 829. 8° 1 ß

— —, oder Stunden der Erheiterung. Eine Auswahl launiger u. scherzhafter Gedichte, hrsg. v. A. Ife. 1840. 8°. (1/3 Rthl.) (1 Mk. 25 Pfg., Origbd., Paul Alicke, Dresden, 1908, ohne Ortsangabe.)

Hilarion's gesellschaftl. Belustigungen zu Scherz u. Spaß in Gesellschaften. 16. Leipz. 826. (Central-Cptr.)

Hilarion, s.: Familienabend, der mißglückte.

Hilarion, die Grundsteinlegung s.a. **Treu zu Rom. Nr. 2.**

Hilarion, P., Die Grundsteinlegung. [Treu zu Rom Nr. 2.] 16°. (52 S.) Wien: St. Norbertus 1903. K —.10

— die Kirchweih, s.: Treu zu Rom. Nr. 3.

— der christliche Lehrbau s.a. **Treu zu Rom. Nr. 4.**

Hilarion, P., Der christliche Lehrbau. [Treu zu Rom. Nr. 4.] 16°. (64 S.) Wien: St. Norbertus 1905. K —.10

Hilaris, Frater, s. Hilarius

Hilaris, E., die Berliner Presse. Leipzig 863. Gerhard. gr. 8. (21 S.) n. 5 ngr.

† **Hilaris,** Dr. F., (Eust. Heinr. Wilh. Rudo. Kefner,) Cremor Tartari f. Hypochondristen. Eine Samml. v. Anekdoten, Schnurren u. Späßen. 8. (8 B.) Magdeburg 836, [Baensch.]

Hilarius u. Ferdinand, od. die Reise in's Schlaraffenland v. Th. D. Mit 25 Bildern. qu. 8. (13 color. Steintaf. m. Text.) Langensalza 874. Beyer & Söhne. geb. — 75

Hilarius, Frater [Pseud.]
s.a. Fentsch, Eduard

Hilarius, Frater, s. Albrecht, J.

Neuer Disteli-Kalender für 1876 von Frater Hilarius. St. Gallen, Expedition des N. Disteli-Kalender. —. 60

Hilarius, Frater, s.: Franz u. Anna.

HILARIUS (ps.), Der Hexensabbat. Mit (freiem(TKpf. (Der moderne Boccaccio. II.) Budapest. M. DCCC. LXXXIV. (1884.) (Rücks. d. color. Umschl.: Druck von Sam. Markus, Budapest.) Kl. 8°. 56 S.

Hilarius, s.a. **Jung-Wilhelm.**

Jung-Wilhelm. Heitere Bilder aus d. Jugendzeit Kaiser Wilhelms II. Verse von Hilarus. Zeichnungen von Max Lankeit. Berlin: Auerbach [1910]. 97 S. 4°

Hilarius, Frater, s.a. **Maipredigten.**

Hilarius, Frater, [Ed. Fentsch], Maipredigten. 5. Aufl. Eingeleitet v. Ludw. Steub. 8. (XVIII, 108 S.) Berlin 878. Oppenheim. n. 2. —; geb. n. 3. —

Hilarius, Frater, Maipredigten, sieben. Erinnerungsgabe an die Künstler-Maifeste zu München in d. J. 1839—1845 gehalten. 2. Aufl. Lex.-8. Darmstadt 845, Lange. n. 1/4 ß

Hilarius, Fr., Non possumus, s.a. **Album. Bibliothek deutscher Originalromane.**

— Non possumus. Roman. 3 Bde. 8. (158, 203 u. 264 S.) Leipzig 871. E. J. Günther. 7. 50

Hilaris, Frater, südliche Rache! Fresko-Abentheuer in 1 Akt. (Den Theatern gegenüber Manuscript.) gr. 8. (VI und 37 S.) München 848, [Rieger'sche Buchh.] *
Vgl. Franz und Anna.

Simon Magnus mit der Blase, von Hilarius. 784. 4.

Hilarius, s.a. **Taschenbüchlein des Witzes und Scherzes.**

HILARIUS (ps.), Taschenbüchlein des Witzes und Scherzes. 1853.
Weller, Lex. Ps. p. 256.

—— der deutsche Volkskrieg gegen die Franzosen in den J. 1870 und 1871. Mit den Bildnissen der hervorragendsten deutschen Heerführer, sowie einigen Karten und Plänen. 2 Bde. in 13 Lfgn. gr. 8. (248 S. mit 7 Stahlst.; 338 S. mit 6 Stahlst.) Darmstadt 873, G. G. Lange. à Lfg. 50 Pf.
Pracht-Ausg. in hoch 4. à Lfg. *M.* 1.
Der 1. Bd. von Fr. Hilarius und Max Gramming bearbeitet.

Hilarius, Amicus (pseud.). Humoristische Reden für die Feier des 4. Juli und ähnlichen Gelegenheiten. N. p., 1876.

Hilarius, Anthropos. Schlaraffiade; oder, Treuer Bericht Meister Urians über seine Reise in's Schlaraffenland. Reading, 1873.

HILARIUS A CONCEPTIONE B. M. V.: Maria zu Schiltern in der Insul Schütt, die von Gott und deren Menschen geliebte Mutter Christi Jesu. An dem fröhlichen Gedächtnuss-Tag dero glorreichen Himmelfahrt, den 15. Augusti, im Jahr 1749, als ihre Holdseelige uralte Bildnuss auf den unterschiedlichen Gutthätern neu-prächtig-verfertigten Alter mit neugemeiner Andacht übersetzet wurde. Mit geringfähiger Lob-Rede verehret. Pressburg 1749 gedr. bey Franz Anton Royer. 8 f. - 4°

HILARIUS, A CONCEPT(IONE) B. M. V.: Trauer-Flor über den Salomonischen Thron, und beyderseits stehende Löwen, oder Leich-Predig von dem Ruhm-seeligsten Lebens-Wandel und goldener Jugend-Zierde Ihro Hochgräflichen Excellentz des Wohlgebohrnen Herrn Gabrielis Antonii Erdödy von Monyokerék, durch 29 Jahr gewesten Erlauerischen Bischofs &c. bey dessen, seinen Verdiensten gemäss prächtigen Begräbniss in Erlau den 12. November 1744 vorgetragen. Gedr. zu Ofen, bey Veronica Nottensteinin, Wittib. 1744. 9 f. - 2°

Hilarii Litomericensis sermonem, ad senatum populumque Plznensem, e codice Offecano ed. M. X. Millauer. 8maj. Prag 820. (Eggenberger). 6 gl.

Hilarius Pfiffikus, Wunder über Wunder oder die enthüllten eleusinischen Geheimnisse. II. Aufl. Nordhausen 839. 12.

Hilarius Pictaviensis, de trinitate; de synodis sive de fide Orientalium, s.: Bibliotheca sanctorum patrum series V.

Hilarius Sanctus

Hillarii, S. Opera, studio et labore Monachorum ord. S. Benedicti etc. Congreg. S. Maurf castigata, auct. atq. illustr, II Tom. fol. Verona. (Eggenberger in Pest.) 730. compl.

Hilarii, S., opera omnia, ed. Frz. Oberthür, s. *Opera* patrum lat. Tom. VIII.—XI.

Hilarius, opera omnia. IV Tmi. 8. maj. Würzb. Stahel.

Hilarius' ausgewählte Schriften, s.: Bibliothek der Kirchenväter.

Hilarius, des heil., sämmtl. Schriften, s. Werke, sämmtl., der Kirchenväter. 8r—10r Bd.

Hilarii, Sancti, de trinitate libri XII, s.: Patrum, sanctorum, opuscula selecta.

Hilarii tractatus super psalmos, s.: Corpus scriptorum ecclesiasticorum latinorum.

Hilarius a la Santa Clara [Pseud.], s. Ruttenauer, B.

Hilarius a Sexten (Hilarius Gattoror), O. Cap.: Tractatus de censuris ecclesiasticis cum appendice de irregularitate, juxta probatissimos auctores et commentatores ad usum theologorum IV. anni et sacerdotum in vinea Domini laborantium concinnatus. gr. 8. (XII, 357 S.) Mainz 898. F. Kirchheim.
n. 5.—; Einbd. in Halbldr. n.n.n. 1.70

Hilarius, compendium theologiae moralis. Juxta probatissimos auctores ad usum confratrum theologorum III. anni concinnatum. 2 prts. gr. 8. Merani 889. (Regensburg, Verlags-Anstalt.) n. 9.60
I. Theologia moralis generalis. (XXVIII, 318 S.) n. 3.60
II. Theologia moralis specialis. (XVI, 542 S.) n. 6.—

— tractatus pastoralis de sacramentis juxta probatissimos auctores ad usum theologorum IV. anni et cleri in cura animarum concinnatus. gr. 8. (XX, 842 S.) Ebd. 895. n. 12.—

Hilarius, Anselmus, (Psdn.) s. Journalisten, die.

HILARIUS, D. (ps.), Demaskirter Fabel-Hanss. 1718.

— — Entlarvter astronomischer Polterhans. 1718.
Beides in Weller's Lex. Ps. p. 256. — Seltenheiten!

Hilarius, Fridolin [Pseud.], s.a. Scholand, Jon. Mathias

† Hilarius, Fridol., (Joh. Matth. Scholand,) was bedeutet mein heutiger Traum? od. d. scherzhafte Traumdeuter. Neues Traumbuch, in welchem alle Träume nach ihren Bedeutn. u. in alphabet. Ordn. zu finden sind. Ein unterhalt. Gesellschaftsspiel. 8. ($2\frac{1}{2}$ B.) Magdeburg 838, [Baensch.]

Hilarius, Jocosus [Pseud.], s.a. Bürger, Gottfried August

Hilarus, Jocosus, s.a. Kunst, die, binnen 24 Stunden e. praktischer Romanschriftsteller zu werden.

Die Kunst, binnen 24 Stunden ein perfekter Romanschriftsteller zu werden. Zu Nutz' u. Frommen aller schlummernden litter. Talente, zugl. e. Beitrag z. Erweiterung d. weibl. Erwerbsfähigkeit. Von Jocosus Hilarus. *Berlin: Berl. Verlagsanst. 1901.* (60 S.) 8° [F.] 1-3 1906

§ * **HILARIUS**, Jocosus (d. i. *Gottfr. Aug. Bürger*). — Neue weltliche hochteutsche Reime, enthaltend die ebentheyerliche doch wahrhaftige Historiam von der wunderschönen Durchlauchtigsten Kaiserlichen Prinzessin Europa und einem uralten heydnischen Gözen Jupiter, item Zeus genannt ..... durch M. *Jocosum Hilarium*. O. O. (Göttingen) 1777. 12°. 31 S. Rar! (20 Mk. Gustav Fock, Lpz., 1907.) (In München: P. o. germ. 206 c.)

Hilarius, Jokos., (G. A. Bürger), neue weltl. hochdeutsche Reime, enthalt. d. Historie d. Prinzessin Europa rc. 8. (Götting.) 777. Dieterich. 2 gl.

Hilarius, Jobocus, der „Herr General", s.: Vereinstheater, neues.

Hilarius, Jucundus [Pseud.], s. Steffen, Nicolas.

Hilarius, Julius, s. Hilarius, Justus

Hilarius, Justus [Pseud.], s.a. Hilaria, Justinia [Pseud.]

Hilarius, Justus [Pseud.], s.a. Schießler, Sebastian Willibald

Hilarius, Just., das Büchlein zum Lachen, s. Büchlein.

—— Judenkirschen, s.a. Judenkirschen.

Judenkirschen, frische. Eine Sammlung belustigender Anekdoten, Schwänke u. Schnurren von Juden u. Judengenossen. Hrsg. von *Justus Hilarius*. Mit (satyr.) TKpf. Meissen, bei Fr. Wilh. Goedsche. Kaschau, bei Otto Wigand, 1827. 12°. Lesespuren. Eleg. Hchgrb.
5 Bll. u. 245 S. Ganz saub. Expl. sind fast unauffindbar.

— Coulissen-Blitze ꝛc., s. Coulissen-Blitze.

— s. Samml. schöner Anekdoten.

— das Weib ꝛc., s.a. Weib.

Hilarius, Jul., (psd.) d. Weib im natürl. Gewande, od. d. schwere Kunst, d. Herz d. Frauen mit freiem Auge zu durchschauen. Ein nothwendiges Handbüchlein für d. Männerwelt überhaupt, insbesondere für Heiraths-Candidaten. Mit 1 Kpf. 16. Meißen 828. Goedsche. 20 gr

Hilarius, Peter [Pseud.], s.a. N i c o l a i, Carl Ludwig

Hilarius, Peter, s.: Aesculap, der lustige.

Hilarius, Pt., (Karl Nicolai), humorist. Reise durch e. hochselig. Königreich Westphalen. 2 Bde. 8. Quedlinb. 816. Basse. 2 ₰ 4 gr

Hilarius, S., Kurze doch wahrhafte Historie eines korsikanischen Sperlings, in deutsche Reimverse gebracht durch Meister —. Nebst zwei neuen Liedern. Gedruckt in diesem Jahr. O. O. 1813. 8°. 4 Bll.
Goedeke VII, 860, no. 157.

(F) Hilarius, S., Gute Unterhaltung! Eine Sammlung von 250 Aufgaben und Spielen für den geselligen Kreis und die Mußestunden der Jugend. 8°. (VIII, 231 S.) K 2.20, geb. K 3.30

Hilarowicz, Józef Nusbaum- s. Nusbaum-Hilarowicz.

Hilb, Emil, aus Stuttgart: Beiträge zur Theorie der Lamé'schen Funktionen. München 1903: F. Straub. (60 S.) 8°
München, Phil. Diss. v. 1903

Hilb, Emil, Dr. phil. a. Augsburg: Über Integraldarstellungen willkürlicher Funktionen. Leipzig 1908: B. G. Teubner. (66 S.) 8°
Erlangen, Phil. Fak., Hab.-Schr. v. [Febr.] 1908
(Nur in beschränkter Anzahl für den Austausch)

Hilbck, Alexander: Zum B e r g a r b e i t e r a u s s t a n d im Ruhrrevier von Alexander Hilbck, Landtags-Abg. Köln [1905]: M. Du Mont Schauberg. (34 S.) 8°

Hilbck, Clemens, s. H i l b c k, Klemens

Hilbck, Friedrich Alexand. (Iserlohn/Westf.), De jodio. Diss. med. Bln. (Nietack) 29. IV. 1833. 48 S. mit Biogr. (M.: Hösterey.) (6.80) 15103
Oppon.: L. Herbers, L. Elbers, H. Jacobi. — Gew.: Friedr. Hilbck (Vater).

Hilbe, Ferd., kurze Grammatik u. Wörterbuch d. Zahlensprache. Deutsch-weltsprachl. Thl. gr. 8. (VII, 57 S.) Innsbruck-Wilten (Speckbacherstr. 1/II.) 897. Selbstverlag. n. — 85

— kleiner Katechismus d. Zahlensprache. 8. (4 S.) Ebd. 897. Gegen Erstattg. d. Portos.

— die Zahlensprache. Neue Weltsprache auf Grund d. Zahlensystems m. e. selbständ., v. allen and. Sprachen unabhäng. Wortschatze m. Millionen festgeformter, unveränderl. Grundwörter. gr. 8. (XXXI S.) Innsbruck-Wilten (Speckbacherstr. 1/II.) 897. Selbstverlag. — 75

Hilbck, Klemens

Hilbck, Clemens (geb. Lippstadt in Westf. 9. 5. 1844): Die acute Phosphorvergiftung. Berlin (1867). (32 S.) 8°
Berlin, Med. Diss. v. 12. Okt. 1867

Hilbe, V., geologische Küstenforschungen zwischen Grado u. Pola am adriatischen Meere, nebst Mittheilungen üb. ufernahe Baureste. [Aus: „Sitzungsber. d. k. Akad. d. Wiss."] Lex.-8. (68 S. m. 1 Fig.) Wien 889. (Tempsky.) n. 1. 10

Hilbens, Hans [aus Alt-Rehse]: Über p-Trianisyl- und p-Triphenetylarsin und einige ihrer Derivate ... Rostock, C. Boldt'sche Hof-Buchdr., 1895; 39 S. 8.
Rostock, Phil. Fak., Inaug.-Diss. v. [19. Dez.] 1894

Hilbenz, Joh. K. Gottlob

Hilbenz, J. K. G., Festbüchlein f. d. Jubeltage d. Uebergabe d. Augsburg. Confession im Monat Jun. 1830. Eine Schrift f. d. evangel. Volk. gr. 8. (14 B.) Leipzig 830, Focke. Thlr.

Hilbenz, Jh. K. Glob., s. Luthers kl. Katechismus.

HILBER, Franciscus: De protoevangelii Jacobi apocryphi origine. — (1903) 104 S. 4° (Handschr.) Diss. 807
Diss. Wien, Univ.

Hilber, Joh., Pilgerreise in das heilige Land in den Jahren 1851/52. Bruneck 853. (Innsbruck, Pfaundler.) 8. (111 S.) n. 8 ngr.

Hilber, Joh. Anton, s.a. H i l b e r, Josef Anton

Hilber, Joh. Ant., Ehre Vater und Mutter! Kurzer Unterricht für Knaben und Mädchen über das vierte Gebot Gottes. Nebst Lebensspiegel für die Jugend, und einem Anh. auserlesener Morgen-, Abend-, Meß-, Beicht-, Kommunion-, Vesper- und anderer Andachten. 7. Aufl. 1869, und 8. Aufl. 16. (IX, 328 S. mit 1 Holzschntaf.) Lindau 873, Stettner. *
geb. * 80 Pf. und *

Hilber, Joh. Ant., ehre Vater u. Mutter! Kurzer Unterricht f. Knaben u. Mädchen üb. das 4. Gebot Gottes. Nebst Lebensspiegel f. die Jugend, u. e. Anh. auserlesener Morgen-, Abend-, Meß-, Beicht-, Kommunion-, Vesper- u. anderer Andachten. 8. Aufl. 16. (IV, 328 S. m. 1 Holzschntaf.) Lindau 873. Stettner. n. — 40; geb. n. — 80 u. n. 1. 20

— Maria, bitt für uns. Ein Gebetbuch besonders zur Verehrg. der seligsten Jungfrau Maria. Mit e. Anh.: die lauretan. Litanei in kurzen Betrachtgn. u. Gebeten erklärt. Mit e. Stahlst. 2. Aufl. 16. (XIV, 355 S.) Ebend. 873. — 90; geb. n. 1. 80; in Leder geb. n. 2. 80

Hilber, Josef Anton, s.a. H i l b e r, Joh. Anton

Hilber, Jos. Ant., die vier letzten Dinge des Menschen. Nachklänge zur Mission. Lehr- und trostreiche Betrachtungen über Tod, Gericht, Hölle, Himmel. Nebst Morgen-, Abend-, Meß-, Beicht-, ꝛc. Andacht und andern Gebeten und Litaneien. Mit 1 Stahlst. Augsburg 853. Schmid's Verlag. gr. 8. (XVI, 254 S.) 15 ngr.

Hilber, Jos. Ant., Ehre Vater und Mutter! Kurzer Unterricht für Knaben und Mädchen über das 4. Gebot Gottes. Nebst Lebensspiegel für die Jugend, und einem Anh. auserles. Morgen-Andachten ꝛc. 6. Aufl. 32. (304 S. mit 1 Stahlst.) Lindau 866, Stettner.

Hilber, Jos. Ant., ehre Vater u. Mutter! Kurzer Unterricht f. Knaben u. Mädchen über das 4. Gebot Gottes. Nebst Lebensspiegel für die Jugend u. einem Anhang auserlesener Morgen-, Abend-, Meß-, Beicht-, Kommunion-, Vesper- u. anderer Andachten. 9. Aufl. 16. (328 S. m. 1 Holzschntaf.) Lindau 879. Stettner. geb. m. Goldschn. n. — 80

Hilber, Jos. Ant., ehre Vater u. Mutter! Kurzer Unterricht f. Knaben u. Mädchen üb. das 4. Gebot Gottes. Nebst Lebensspiegel f. die Jugend, u. e. Anh. auserlesener Morgen-, Abend-, Meß-, Beicht-, Kommunion-, Vesper- u. anderer Andachten. 10., neubearb. Aufl. 32. (361 S. m. Titelbild.) Lindau 893. J. Th. Stettner. Geb. in Leinw. m. Goldschn. n. 1. —

— Himmelsklänge in Bibelsprüchen und Denkreimen über kathol. Glaubens- und Pflichtenlehren. Zum Gebrauch für Schulkinder, Lehrer, Katecheten rc. Nebst Morgen- und Abend-, Meß- rc. Andachten. Einsiedeln 854. Benziger. 32. (224 S. u. 6 Lithogr.) 3½ ngr.

Hilber, Jos. Ant., Lebensgeschichte der heiligen Jungfrau Verena. Nebst einer Beigabe auserlesener Gebete u. Andachtsübungen. Mit 5 Bildern (Holzschn.). Lindau 862. Stettner. 16. (XII, 243 S.) 9 ngr.

—— die lauretanische Litanei. In kurzen Betrachtungen und Gebeten erklärt. 16. (81 S.) Lindau 862, Stettner.

—— Maria, bitt' für uns! Ein Gebetbuch besonders zur Verehrung der seligsten Jungfrau Maria. Mit seinem Anh.: die lauretanische Litanei, in kurzen Betrachtungen und Gebeten erklärt. 16. (XIV und 353 S. mit 1 Stahlst.) Lindau 862, Stettner.

Hilber, Karl, 2750 Fragen, welche bei d. schriftl. Lehrbefähigungs-Prüfgn. f. allgem. Volks- u. Bürgerschulen v. d. österreich. Prüfungscommissionen in d. letzten Jahren gestellt wurden. Systemat. zusammengest. u. m. e. Einleitung hrsg. gr. 8. (VI, 195 S.) Znaim 895. Fournier & Haberler. n. 2. 60; kart. n. 3. —

Hilber, Karl [Hrsg.], s. Für die Jugend des Volkes

Hilber, Vinzenz

Hilber, V., Conchylien, s.a. Abhandlungen der k. k. geolog. Reichsanstalt. 7. Bd.

Hilber, Vinc., neue Conchylien aus den mittelsteierischen Mediterranschichten. Lex.-8. (49 S. mit 6 lithogr. Taf.) Wien 879, (Gerold's Sohn.) * 2 40
Aus: Sitzungsberichte der k. Akademie der Wissenschaften, besonders abgedruckt.

Hilber, Vinc., neue u. wenig bekannte Conchylien aus dem ostgalizischen Miocän. Mit 4 lith. Taf. [Abhandlungen der k. k. geolog. Reichsanstalt, 7. Bd. 6. Hft.] Imp.-4. (34 S. mit 4 Bl. Taf.-Erklärungen.) Wien 882. Hölder in Comm. n. 9. 60

Hilber, Vinc., Fauna der Pereiraïa-Schichten v. Bartelmae in Unter-Krain. [Aus: „Sitzungsber. d. k. Akad. d. Wiss."] Lex.-8. (28 S. m. 1 Taf.) Wien 893. (F. Tempsky.) n. — 80

— erratische Gesteine d. galizischen Diluviums. [Aus: „Sitzungsber. d. k. Akad. d. Wiss."] Lex.-8. (37 S.) Wien 889. (Tempsky.) n. — 70

—— Geologische Küstenforschungen zwischen Grado und Pola am adriatischen Meere, nebst Mittheilungen über ufernahe Baureste. Lex.-8. (68 S. m. 1 Fig.) (Ebd.) 889. * 1 10
Vorstehende 2 Schriften sind aus: Sitzungsber. d. k. Akad. d. Wissensch., besonders abgedruckt.

— diluviale Landschnecken aus Griechenland. Mit 1 (lith.) Taf. [Aus: „Denkschr. d. k. Akad. d. Wiss."] Imp.-4. (4 S.) Wien 879. (Gerold's Sohn.) n. — 60

— recente und im Löss gefundene Landschnecken aus China. I. Lex.-8. (40 S. mit 3 lithogr. Taf.) Wien 883, (Gerold's Sohn.)

dass. — II. Literatur über die chines. Landschnecken. [Fortsetzung.] Lex.-8. (44 S. mit 3 lithogr. Taf.) (Ebendas.) 884.
Vorstehende zwei Schriften sind aus: Sitzungsberichte der k. Akademie der Wissenschaften, besonders abgedruckt.

Hilber, Vinc., geologische Reise in Nordgriechenland u. Makedonien 1893. (Vorläuf. Bericht.) [Aus: „Sitzungsber. d. k. Akad. d. Wiss."] Lex.-8. (27 S.) Wien 894. (C. Gerold's Sohn.) n. — 50

— dasselbe 1894. (Vorläufiger Bericht.) [Aus: „Sitzungsber. d. k. Akad. d. Wiss"] Lex.-8. (8 S.) Ebd. (894). n. — 20

— dasselbe in Nord-Griechenland u. Türkisch-Epirus 1895 (vorläuf. Bericht). [Aus: „Sitzungsber. d. k. Akad. d. Wiss."] gr. 8. (20 S.) Ebd. 896. n. — 40

Hilber, Vinc., geologische Reisen in Nordgriechenland u. Makedonien 1899 u. 1900 (vorläufiger Bericht.) gr. 8. (12 S.) Wien 901. (C. Gerold's Sohn.) n. — 30
Sonderabdruck aus: „Sitzungsber. d. k. Akad. d. Wiss."

— s.: Studien, geologische, in den Küstenländern d. griech. Archipels.

— das Tertiärgebiet um Graz, Köflach u. Gleisdorf. [Aus: „Jahrb. d. geolog. Reichs-Anstalt 1893".] Lex.-8. (88 S.) Graz 894. (Leuschner & Lubensky.) n. 2. 70

Hilberer, Jules-Emile. Mon péché de jeunesse. Poésies. In-12°, 16 p. Bienne, imprimerie W. Gassmann. 1888.

Die Seeschlacht bei Lissa nach den Berichten u. Urteilen der engl. Presse. Hrsg. v. A. Hilberg. Mit 1 Bldn. Wien 1867. 230 S.

Hilberg, Arnold, nach Eski-Djumaia. Reise-Skizzen aus Bulgarien. Im Anhang: Bericht über die Messe von Eski-Djumaia im Mai 1876 von Sr. Exc. Graf Edm. Zichy. gr. 8. (63 S.) Wien 876, Hölder. * 1 40

Hilberg, Arnold, das erste Jahrhundert der Wiener Börse. Eine Skizze. gr. 8. (32 S.) Wien 871. Hügel. n. — 60

— das Jubiläum der Eisenbahn. [Aus: „Neues Wiener Tagebl."] gr. 8. (36 S.) Wien 875. v. Waldheim. n. — 40

Hilberg, Isidor

— Ein Accentgesetz d. byzantinischen Jambographen. S.-A. O. J. 29 S.

Hilberg, Isid., epistula critica ad Joannem Vahlenum per V lustra philosophiae doctorum clarissimum, de nonnullis scriptorum graecorum et romanorum locis emendandis explicandisve. gr. 8. (19 S.) Wien 877. Hölder. n. — 72

Hilberg Isidor: De Eustathio Macrembolita.
1874 PN 14 Diss. Wien. Univ. 1414

— das Gesetz der trochaeischen Wortformen im dactylischen Hexameter u. Pentameter der Griechen vom 7. Jahrh. v. Chr. bis zum Untergang der griechischen Poesie. gr. 8. (27 S.) Ebend. 878. n. — 80

Hilberg, Isidor, die Gesetze der Wortstellung im Pentameter des Ovid. gr. 8. (VIII, 892 S.) Leipzig 894. B. G. Teubner. n. 28. —

Hilberg, Isidor, s.: Hieronymi, Sancti Eusebii, epistulae.

Hilberg, J., Vorläufige Mitteilungen über die Tektonik des latein. Hexameters. S.-A. s. a. 18 S. 4°.

Philologie und Naturwissenschaft. Gel. 1898. 15 S. – .90

— s.: Primitiae Czernovicienses.

— das Princip der Silbenwägung u. die daraus entspringenden Gesetze der Endsilben in der griechischen Poesie. gr. 8. (284 S.) Ebend. 879. n. 8. —

Hilberg, J., Die Verstechnik des Ephraëmios. S.-A. 1888. 48 S.

Hilberg, L., s. XVIII. Bd. 2. Abthl. S. 664: Studien, Wiener. 8.—10. Jahrg.

Hilbert, s.: Pfarr-Almanach.

HILBERT, Arthur, Der Kreuzfahrer und das Saracenenmädchen oder: Der Treue weicht die Verführung. Eine Erzählung aus den Zeiten der Kreuzzüge. 2 Theile. Nordhausen, Fürst, 1838. 8°. (2 Mk. Frz. Teubner, Düsseldorf, c. 1898; 3 Mk. Julius Neumann, Magdeb., 1908.) 100 u. 171 Seiten. Theilweise anstössig.

Hilbert, Aug., Sach- u. Schlagwortregister, s.: Kayser's, Chrn. Glob., Bücher-Lexicon.

Hilbert, Carl Sigismund, s. Hilbert, Karl Sigismund

Hilbert, Christ. Gotth. Traug. (Königsberg/Pr.), De gravidarum regimine. Diss. med. Bln. (Johann Friedrich Starck) 16. X. 1822. 32 S. mit Biogr. (6.80) 15104
Oppon.: L. Miegel, I. Ollenroth, E. Gabler. — Gew.: Joh. Gust. Krantz, Joh. Chr. Bernhardi.

Hilbert, Dav., s.: Annalen, mathematische.

Hilbert, David, über die invarianten Eigenschaften spezieller binärer Formen, insbesondere der Kugelfunktionen. Inaugural-Dissertation. 4. (30 S.) Königsberg i. Pr. (Koch.) **

Q. D. B. V. Lectiones cursorias quas venia et consensu ordinis philosophorum ... David Hilbert phil. Dr.: Die Fortschritte in der Theorie der binären Formen ad docendi facultatem rite impetrandam die XX. Julii ... habebit indicit Carolus Pape phil. Dr. Prof. Publ. Ord. ordinis philosophorum h. t. Decanus. Regimonti Boruss., a. D. [illegible]: 2 Bl. 4°.

— Grundlagen der Geometrie, s.a. Festschrift zur Feier der Enthüllung des Gauss-Weber-Denkmals in Göttingen.

— Grundlagen der Geometrie s.a. Wissenschaft u. Hypothese. VII.

— Grundlagen der Geometrie. 2., durch Zusätze verm. u. m. fünf Anh. verseh. Aufl. (V, 175 S. m. Fig.) gr. 8. Leipzig 903. B. G. Teubner. n. 5. 20; geb. in Leinw. n. 5. 60

Hilbert, David: Grundlagen der Geometrie von Dr. David Hilbert, Prof. 3., durch Zusätze u. Literaturhinweise von neuem verm. u. mit 7 Anh. vers. Aufl. Mit zahlr. Fig. Leipzig & Berlin: Teubner 1909. VI, 279 S. 8°
(Wissenschaft u. Hypothese. 7.)

— über das Dirichlet'sche Princip, s.: Dedekind, R., üb. die Permutationen d. Körpers aller algebr. Zahlen.

Hilbert, Dav., die Theorie d. algebraischen Zahlkörper, s.: Jahresbericht d. deutschen Mathematiker-Vereinigg.

Hilbert, C. J., Predigt am 14. Sonntag nach Trinitatis gehalten in der Schloßkirche zu Altenburg nach dem am 24. Aug. erfolgten Brande des Herzogl. Residenzschlosses. gr. 8. (16 S.) Altenburg 864, Bonde.

Hilbert, Emil

Hilbert, E., die Faulbrut der Bienen, deren Wesen, Ursachen, Heilg. u. sichere Verhütg., auf Grundlage eigener Forschgn. mitgetheilt. 8. (48 S.) Maciejewo 889. (Leipzig, H. Voigt.) n. 1. 10

— die Federvieh-Cholera u. deren sichere Heilung, nach eigenen Erfahrungen zusammengestellt. 8. (15 S.) Ebd. 889. n. – 85

Hilbert, Edwin. (Ludov. Joan. Theod.) (geb. Berlin 30. 6. 1828): De humeri articulo. Berolini (1854). (38 S.) 8°
Berlin, Med. Diss. v. 21. Juli 1854

Hilbert, Ernst, was will und wirkt innere Mission? Ein Wort zum Wehren und Klären an die Gemeinden. Vortrag, gehalten auf der ersten Wanderversammlung des Vereins für innere Mission der Diöz. Weida S. W. 8. (15 S.) Gera 888, Bauch.

Hilbert, Gerh., allein durch den Glauben. 3 Predigten. (1. Die Reformation — e. Gottestat. 2. Gesetz u. Evangelium. 3. Die Heiligung durch den Glauben.) (39 S.) 8. Leipzig 905. J. C. Hinrichs' Verl. n. — 40

Hilbert, Gerh., „Der Christ u. seine Bibel". (8 S.) gr. 8. Leipzig 910. Seria. — 10

— Christentum u. Wissenschaft. 6 Vorträge. 1. u. 2., vielfach verb. Aufl. (176 S.) 8. Leipzig 908. 09. J. C. Hinrichs' Verl. 2. —; geb. in Leinw. 3. —

— Nietzsches Herrenmoral u. die Moral des Christentums. (54 S.) gr. 8. Leipzig 910. A. Deichert Nachf. — 80

— Kunst u. Sittlichkeit. (66 S.) gr. 8. Leipzig 906. A. Deichert Nachf. n. 1. —

— Der moderne Persönlichkeitskultus, s.a. Beiträge zu konservativer Politik u. Weltanschauung. 1. Heft.

Der moderne Persönlichkeitskultus. Von Pfarrer Gerhard Hilbert. Berlin: Hobbing [1910]. 19 S. 8°
(Beiträge z. konservativer Politik u. Weltanschauung. H. 1.) (10. 17901

Hilbert, Hans, a. Berlin: Die Kapitalanlagen der deutschen Privatversicherungsgesellschaften. Halle a. S. 1908 (Weimar: R. Wagner Sohn). (VIII, 32 S.) 8° ¶ (Erscheint 1908 vollst. b. G. Fischer, Jena.)
Halle, Phil. Fak., Ref. Conrad, Diss. v. 23. Juli 1908
[Geb. 23. Febr. 81 Berlin; Wohnort: Halle a. S.; Staatsangeh.: Preußen; Vorbildung: Friedrichs-Realgymn. Berlin Reife O. 01; Studium: Berlin 6, München 2, Halle 2 S.; Rig. 5. Mai 08.]

Hilbert, Hans: Die Kapitalanlagen der deutschen Privat-Versicherungsgesellschaften u. ihre Bedeutung f. d. deutschen Geld- u. Kapitalmarkt. Eine bank-techn. Studie von Dr. phil. –. Mit 3 Tab. Jena: G. Fischer 1908. (XII, 214 S.) 8°
[Ein T. erschien als Inaug.-Diss. Halle 1908.]

— Heinrich Abraham (Gera), De aequitate et usu practico. L. 2. C. de rescind. vend. Diss. jur. Präs. Johann Gottfried Schaumburg. Wittbg. (Gaeberdt) 12. XI. 1725. 32 S. (7.—) 15105
Gew.: Joh. Andreas Gleich. — Widm. v.: Präs., Friedrich Adolph v. Döring (Hohenstad/Misn.; dtsch.), David Schumann (dtsch.), Ephraim Lebe=Gott Kellner (Zehr. Misn.; dtsch.), Joh. Gottfried Hauschild (Altenburg; dtsch.).

Hilbert, Hermann [aus Gera]: Ueber die Einwirkung von Methylenchlorid auf [illegible] . . . Jena, Druck v. Julius Hossfeld, 1889; 32 S. + 2 Bl. 8°
Jena, Phil. Fak., Inaug.-Diss. v. 1889

Hilbert, Herm., ist der Krieg Gottes Wille od. Menschenwerk? Ein offenes Wort an alle Freunde u. Feinde des Krieges. (16 S.) kl. 8. Pohlitz-Köstritz i. Th. (906). Kaufmann Hilbert. n. — 10

— Ernste Zeiten! Kriege u. Geschrei von Kriegen oder Kann es so fortgehen? Es muß anders werden! Ein Mahnruf an alle Bewohner der Erde. 20. Aufl. (32 S.) 8. Ebd. (906). n. — 15

— Der Zukunftsstaat, sein Anfang u. Ende. Ein Bild aus dem Zukunftsstaate. 1000 Jahre Frieden. 4. Aufl. (16 S.) 8. Ebd. (906). n. — 10

Hilbert, J., Von Appetit, s.: Theater, neues Wiener.

Hilbert, Karl, Hilfs-Tabellen zur Berechnung d. durch Abstich zu ermittelnden Getränke-Inhalts in geeichten kreisrunden Fässern, nach dem Metermaße, wie sie im Amtsgebrauche der K. Württemb. Ortssteuer-Aemter sind, nebst Anweisg. zu Messg. v. ungeeichten kreisrunden u. ovalen Fässern u. Berechng. ihres Rauminhalts. gr. 8. (XII, 206 S.) Stuttgart 873. Schaber. n. 3. 80

Hilbert, Karl Sigismund

Hilbert, Carl Sigism., über das Prinzip der kleinsten Wirkung. (S. 125—139.) gr. 8. München 904. (G. Franz' Verl.) n. — 40
Sonderabdruck aus: „Sitzungsber. d. bayer. Akad. d. Wiss".

Hilbert, Karl Sigismund, aus Langenbielau i. Schles.: Das allgemeine quadratische Reciprocitätsgesetz in ausgewählten Kreiskörpern der 2ten Einheitswurzeln. *Göttingen 1900: Dieterich.* (IV, 72 S.) 8°
Göttingen, Phil. Diss. v. [11. Sept.] 1900

Hilbert, Karl Sigism., das allgemeine quadratische Reciprocitätsgesetz in ausgewählten Kreiskörpern der 2^{hten} Einheitswurzeln. Diss. Lex.-8. (IV, 72 S.) Göttingen 900. (Vandenhoeck & Ruprecht.) n. 1. 80

Hilbert, P., s.: Untersuchungen, chem. u. medicin.

Der Verein für wissenschaftliche Heilkunde in Königsberg i. Pr. 1851–1901. Zur Feier s. 50jähr. Stiftungsfestes aus d. Akten u. Protokollen zsgest. vom Schriftführer P[aul] Hilbert. *Königsberg i. Pr. (1901): R. Leupold.* (75 S.) 8°

Hilbert, Paul [prakt. Arzt]: Über das physiologische und chemische Verhalten des Acetanilids und einiger verwandter Substanzen im Tierkörper . . . . Königsberg in Pr., Druck v. R. Leupold, 1888; 38 S. + 1 Bl. 8°
Königsberg, Med. Fak., Inaug.-Diss. v. 18. Febr. 1888

Hilbert, P., s.: Verhandlungen des Vereins f. wissenschaftl. Heilkunde in Königsberg i. Pr.

Hilbert, P., über das physiolog. u. chemische Verhalten des Acetanilids und einiger verwandter Substanzen im Tierkörper. Inaug.-Diss. 8. (38 S.) Königsberg i. Pr. 888. (Koch.) n.n. — 60

Hilbert, Rich., zur Pathologie des Farbensinnes, s.a. Sammlung zwangloser Abhandlgn. aus d. Gebiete d. Augenheilkunde.

Hilbert, Richard: Die Pathologie des Farbensinnes. E. klin. Studie v. Dr. Richard Hilbert in Sensburg (Ostpr.) Halle a. S.: K. Marhold 1897. (69 S.) 8°
=Sammlung zwangl. Abhandlungen a. d. Gebiete d. Augenheilkunde. Bd II. H. 1.

Hilbert, Rich., das Verhalten der Farbenblinden gegenüber den Erscheinungen der Fluorescenz. Eine physikalisch-physiolog. Studie. gr. 8. (62 S.) Königsberg 882. Hartung. n. 2. —

Hilbert, Wilhelm, Hauptm. und Compagnie-Chef. Auszug aus der Geschichte des königl. bayer. 1. Jäger-Bataillons. (1815—1881.) (Mit 2 Karten.) 8. Kempten 1884.

Hilberth, A., Blüthen und Früchte. Freundliche Spende für liebe Kinder in 118 Erzählungen. 8. (IV und 204 S. mit 8 ill. Stnt.) Schwäbisch Hall 851, Nitzschke.

—— erzähle liebe Mutter! 85 kleine moral. Kindergeschichten für das Alter von 4 bis 8 Jahren. qu. 4. (70 S. und 8 ill. Stnt.) Schwäbisch Hall 851, Nitzschke.

Hilberth, A., Fibel oder erstes deutsches Schreiblese- und Leseschreibbuch Denk- und Sprachbuch nebst einer biblischen Geschichte für israelitische Schulen. Umarbeitung der Fibel von F. L. Schuler. Schw. Hall 854. (Stuttgart) Nitzschke. 8. (92 S. u. 22 lith. S.) n. 8 ngr.

—— und W. Keschnitz, das Kind im Spiel und Leben. Den lieben Kleinen freundlichst geboten. 4. (40 S. und 11 ill. Stnt.) Schwäbisch Hall 851, Nitzschke.

Hilberth, A., Lust und Freude braver Kinder in 30 Geschichten. Mit 8 (lith. u.) fein color. Bildern. Reutlingen (856.) Rupp u. Baur. 12. (52 S.) 12 ngr.

— Perlen und Rosen. Belehrung u. Unterhaltung für die Kleinen u. Großen. Mit 8 (lith. u.) fein color. Bildern. Ebend. (856.) 12. (54 S.) 12 ngr.

Hilberts, Karl, s.: Indianer- u. Volksbibliothek.

Der Millionär von New-Orleans. Eine Erzählung f. d. Jugend von Karl Hilborts. *Berlin: A. Weichert [1899].* (28 S.) 8° [J.]
= Indianer- u. Volksbibliothek. 354. [c3. 1400]

Hilbig, Franz, Gerichtsref. a. D. aus Breslau: Die gegenseitige Unterhaltspflicht zwischen Verwandten aufsteigender und absteigender Linie nach dem Recht des bürgerlichen Gesetzbuches. Borna-Leipzig 1905: R. Noske. (57 S.) 8° [J.]
Erlangen, Jur. Fak., Diss. v. 25. Juli 1904
[Geb. Breslau; Staatsangeh.: Preußen; Rig. 25. Juli 04.]

Hilbig, H., deutsch-russisches Taschen-Wörterbuch f. Techniker, zum Gebrauche f. Architecten, Ingenieure, Maschinen-Ingenieure u. Studirende der techn. Curse zusammengestellt. 16. (VI, 136 S.) Riga 893. A. Stieda. n. 5. —

Hilbing, Rudolf, appr. Arzt a. Crefeld: Beitrag zur Aetiologie und Pathogenese der Psoriasis. München 1905: C. Wolf & Sohn. (22 S.) 8°
München, Med. Fak., Ref. v. Bauer, Diss. v. 2. Aug. 1905
[Geb. 16. Mai 78 Crefeld; Wohnort: Crefeld; Staatsangeh.: Preußen; Vorbildung: Gymn. Crefeld Reife O. 00; Studium: Heidelberg 1, Berlin 4, München 4 S.; Coll. 31. Jan. 05; Approb. 23. Jan. 05.]

Hilbrand, August. Gruß aus Klgft. Marsch für Pianoforte. Klgft., Hanel, (1908.) Folio. 3 S.

Hilbrand, Aug., Kirchenliederbuch f. d. kathol. Jugend. Eine Sammlg. v. ausgew., zweistimm. Kirchengesängen m. e. Anh. v. Gebeten. 12. (IV, 32 S.) Graz 898. H. Wagner. Kart. n n. -- 30

Hilbrand, Aug., Kirchenliederbuch für Katholiken. Eine Sammlg. v. ausgewählten, zweistimmig. Kirchengesängen m. e. Anh. v. Gebeten. (XI, 152 S.) kl. 8. Klagenfurt 904. Buch- u. Kunsthandlung des St.-Josef-Vereins. Kart. n. — 90

— dasselbe. Auszug für die Schuljugend. (54 S.) kl. 8. Ebd. 904. Kart. n. — 82

— Liederbuch f. österreich. allgem. Volksschulen. 8. (IX, 85 S.) Ebd. 895. Kart. n. — 60

(F) **Hilbrand,** A., Liederbuch für österr. allgemeine Volksschulen. 3. Aufl. 8°. (76 S.) Wien: Pichler 1908. kart. K —.60

Hilbrand, Aug., Liederbuch f. österreichische allgem. Volksschulen. 4. Aufl. Unveränd. Abdr. der 3. Aufl. (IV, 76 S.) 8. Wien 911. A. Pichler's Wwe. & Sohn. Geb. — 60

Hilbrand, August. Orgelbuch zum Kirchenliederbuch für Katholiken. Klgft., St. Josefs-Druck., 1906. Quart. 96 S.

Hilbrand, P., was muß der Unteroffizier von der Marine wissen?, s.: Unteroffizier-Bibliothek.

Hilbrig, Hans, aus Zittau: Ueber den Einfluss supramaximaler Temperatur auf das Wachstum der Pflanzen. *Freiberg 1900: Gerlach.* (17 S.) 8°
Leipzig, Phil. Diss. v. [20. Sept.] 1900

HILBRINGHAUS, ALBERT. Beitrag zur Kenntnis des β-Naphtylcarbozins. Berlin, 1890.

Hilburg [Dr.]: Nachtrag V. *des Katalogs der Schulbibliothek.* (Forts. d. P-Beil. 1883, verf. v. Dr. Lemkes.) Köln, Druck v. J. P. Bachem, 1890; S. 21–26; 4°
Köln, RG u. VS, P 1890

Hilburg [Dr.]: Nachtrag VI *zum Katalog der Schulbibliothek.* (Nachtr. z. P-Beil. 1888, verf. v. Dr. Lemkes.) Köln, Druck v. J. P. Bachem, 1891; S. 22–24; 4°
Köln, RG u. VS, P 1891 (470)

Hilchen, Ludw. Heinr. Leo [Präs.] u. Joh. Chrn. Wernborner (Alzey)
Dissertatio inauguralis medica de dolore coxae.
Giessae Hass. [8.] Dec. 1735: E.H. Lammers. 36 S. 4°
pro licentia summos in arte salutari honores ... capessendi

Hilchen, Ludwig Heinrich Leo [Präs.] u. Friedr. Ludw. Nitsch (Dresden)
Dissertatio inauguralis de vulnerum in intestinis lethalitate.
Gissae Nov. 1743: E.H. Lammers. (4), 42 S. 4°
pro gradu doctoris

Hilchen, Ludw. Heinr. Leo [Präs.] u. Friedr. Ludw. Nitsch (Dresden)
Dissertatio inauguralis de vulnerum in intestinis lethalitate.
Giessae Nov. 1763: Eb. H. Lammers. (4), 42 S. 4°
pro gradu doctoris rite impetrando

Hilchen, Ludwig Heinr. Leo [Praes.] u. Karl Gottlob Naevius [Resp.]
Dissertatio inauguralis de phrenitide.
Gissae Juni 1742: E.H. Lammers. 40 S. 4°
pro gradu doctoris

Hilchen, Ludw. Heinr. Leo [Präs.] u. Joh. Heinr. Virmond (Waldbockelheim)
Dissertatio inauguralis medica de veneni dati signis diagnosticis.
Giessac Oct. 1748: Eberh. Heinr. Lammers. 35, (1) S. 4°
pro gradu doctoris summisque in medicina honoribus et privilegiis rite impetrandis.

Hilchen, Ludwig Heinr. Leo [Präs.] u. Friedr. Laur. Aug. Eckhard (Großen-Linden) [Resp.]
Theses inaugurales ex Emmenologia depromtae.
Gissae Dez. 1748: E.H. Lammers. 20 S. 4°
pro gradu doctoris.

Hilchen, Ludw. Heinr. Leo [Präs.] u. Joh. Heinr. Bender (Prakt. Arzt zu Schweinfurt) [Resp.]
Triga observationum medicarum.
Giessae 2. Mai 1748: Eberh. Heinr. Lammers. 4°
Observ. 1. De spasmo periodico cutis, paralysi lumborum et oculi sinistri coecitate juncto. 40 S.
2. De ira suppressa malorum multorum mortisque caussa.
3. De hernia intestinorum scrotali, ob varias circumstantias notatu digna.
pro supremi in arte medica honoris gradu

Hilchen, Ludw. Heinr. Leo [Präs.] u. Friedr. Laur. Aug. Eckhard (Großen-Linden) [Resp.]
Dissertatio de venenis.
Giessae 1748. 4°
(immatr. am 24. 10. 1748)

Hilchen, Ludw. Heinr. Leo [Präs.] u. Joh. Gottfr. Viselius (Usingen)
De venenis dissertatio secunda.
Gissae 13. Dez. 1748: Eberh. Heinr. Lammers. (4), 32 S. 4°
publico et placido eruditorum examini.

Hilchen, Ludw. Heinrich Leo [Präs.] u. Justus Friedr. Christian Rainer (Battenberg)
Dissertatio inauguralis medico - chirurgica de vulneribus cranii.
Giessae April 1748: Eberh. Heinr. Lammers. 40 S. 4°
pro supremi in arte medica honoris gradu et privilegiis doctoralibus rite .... assequendis.

Hilchenbach, Hubert Josef [aus Gervershagen '(Rheinl.)']: Prurigo ... Würzburg, Druck v. F. Fromme, 1894; 20 S., 1 Bl. 8.
Würzburg, Med. Fak., Inaug.-Diss. v. 1894

Hilchenbach, Karl Wilhelm

— Gedächtnißpredigt auf den Tod Leopolds II. 8. Wien 792. Schaumburg u. C. 4 K.

— s.a. Nachricht von d. Bildergallerie.

(HILCHENBACH Karl Wilhelm). Kurze Nachricht von der k. k. Bildergalerie zu Wien und ihrem Zustande im Jenner 1781 (von –). Eichenbergische Erben, Frankfurt a. M. o. J. (1781). 1 vol. 40 S.

Hilchenbach, Karl Wilh., († d. 13. April 1816.) Predigten auf d. Sr. königl. Maj. Leopold II. geleisteten Huldigung. 8. Wien 790. Schaumburg u. C. 4 g.

Hilcke, Herm., Redressur oder Behandlung der Mängel und Untugenden bei Reitpferden. 2. verb. Aufl. 8. (VII, 56 S.) Brünn 876, Knauthe. 1 80
Die 1. Aufl. erschien 1875 im Selbstverlag.

Hilcker, Wilhelm (pr. Arzt aus Rinteln a. W.): Versuche über die Fähigkeit der Schätzung nach der Tiefendimension bei den verschiedenen Brechungszuständen der Augen, bei Sehschärfeherabsetzung und beim Fehlen des binocularen Sehactes. . . . Marburg, Georg Schirling, Buchdr., 1880; 28 S. u. 7 Tab. 8°
Marburg, Med. Fak., Inaug.-Diss. v. (16. Aug.) 1880

Hild, s.a. Hildt

Hild, Ad., Froh u. Frei. Liederbuch f. d. turnende Jugend beiderlei Geschlechts ... Wander- u. Baderegeln u. ... Anleitung f. d. erste Hilfe. Stuttgart 1924. 120 S., 16°.

Hild, Ad., allgemeiner Kneip-Ratgeber f. humorvolle Turnerkneipen. Eine prakt. Anleitg. m. Winken, Ratschlägen, Kneip- u. Strafgesetzen zur Abhaltg. e. fidelen Kneipe. (69 S.) 16. Stuttgart 905. 906. W. Mähler. n. — 65

Hild, C. R. Militärchronik des Grossherzogthums Hessen. 1567 – 1813. 2 Bde. (XXVI. 514) 8. Darmstadt 1823. 30. 7,00.
vgl. Hild, F.

Hild, Caspar Anton, s. Hild, Kaspar Anton

Hild, Emilie Mar., Gedichte. 8. Darmst. 824.

Hild, F. Militär-Chronik des Großherzogtums Hessen. Mit Abb. T. 1. 2. Darmstadt 1828. 1830.
T. 1. 1567 – 1790. T. 2. 1790 – 1803.
vgl. Hild, C. R.

Hild, F., deutsches Sprachbuch für die Hand des Schülers. 8. (13 S.) Celle 879, Schulze'sche Buchh. * — 15

Hild, Ferd. (geb. Driedorf in d. Prov. Hessen 16. 7. 1845): De typho abdominali. Berolini (1867). (32 S.) 8°
Berlin, Med. Diss. v. 12. Apr. 1867

Hild, Friedrich

— hessische Blätter; Beitr. zur Unterhaltung u. Belehrung. 1r Jahrg. 1830. (Oct.—Dec.) 4. Darmst.

Hild, Friedr., Militär-Chronik d. Großhrzgth. Hessen, v. Anfang d. regier. Hauses bis auf d. neueste Zeit. 1. Thl. — A. u. d. T.: Aeltere Militair-Chronik v. 1567 b. 1790. Mit d. Bild. d. Landgraf Georg I. 8. (18 B.) Darmstadt 828, (Heyer, Brisch.) 1 Thlr. 8 Gr., Ldnp.

— dass. 2. Thl. — A. u. d. T.: Neue Militair-Chronik rc. 1. Thl., v. 1790 b. 1803. Mit d. Bildn. d. Großh. Ludwig I. 8. (16 B.) Ebds. 830. 1 Thlr., Ldnp.

Hild, Friedrich, a. Düsseldorf: Präsens (Indikativ) und Futur von Avoir nach 22 Blättern des Atlas linguistique de la France in historisch-phonetischer Behandlung. Neuchatel (Schweiz) 1905: P. Attinger. (127 S.) 8°
Bonn, Phil. Fak., Ref. Foerster, Diss. v. 20. Dez. 1905
[Geb. 25. Aug. 81 Düsseldorf; Wohnort: Düsseldorf; Staatsangeh.: Preußen; Vorbildung: Gymn. Düsseldorf Reife O. 01; Studium: Bonn 2, Tübingen 1, Marburg 2, Bonn 3 S.; Rig. 19. Juli 05.]

Hild, K. W., Musterblätter. Moderne Decken- u. Wand-Malereien. In freier Ornamentik m. besond. Berücksicht. des naturalistisch-pflanzl. Charakters. Für den prakt. Gebrauch des Dekorations- u. Zimmermalers. gr. Fol. (20 Taf.) Ravensburg (899). O. Maier. In Mappe n. 10. —; auch in 5 Lfgn. à n. 2. —

— die Praxis d. Dekorations- u. Zimmermalers. Sammlung moderner Plafonds- u. Wanddekorationen. Lex.-8. (50 z. Tl. farb. Taf.) Ebd. (899 – 901). In Mappe n. 18. —; auch in 10 Lfgn. à n. 1. 80

Hild, Kaspar Anton

Hild, Caspar Anton (ex Arce Olbruck), Vera institutionum j. R. textûs authoritas contra erroneam quorundam opinionem vindicatur. Disquis. histor.-jurid. Präs. Hubert Brewer. Bonn (Joh. Fried. Abshoven) Sept. 1784. 22 S. (5.—) 15107

Hild, Otto

Ich suche ... Gedichte von Otto Hild. Berlin-Leipzig: Wigand 1906. 110 S. 8° A 16. 10753

— ich suche . . . Gedichte. (112 S.) 8. Leipzig 906 Modernes Verlagsbureau. n. 3. —

Hild, Otto, die Jugendzeitschrift in ihrer geschichtl. Entwickelung, erziehlichen Schädlichkeit u. künstlerischen Unmöglichkeit. Mit einer Kritik der gangbarsten gegenwärt. Jugendzeitschriften. Hrsg. vom Gothaer Prüfungsausschuss für Jugendschriften. (IV, 88 S.) gr. 8. Leipzig 905. E. Wunderlich. n. 1. 20

Hild, Therese, Wiesenblumen. Erzählungen, Gedichte u. Mährchen. Mit 3 Bildern (in Tondr.) br. 8. (IV, 119 S.) Stuttgart 871. Schober. 1. 80

Hildanus, Guilhelmus Fabricius

s.: Fabricius Hildanus, Wilhelm

Hildbrand, Johannes. Wohlgegründetes Bedenken der Christlichen Gemeinde in und bey Ephrata von dem Weg der Heiligung. Germantown, 1743.

Hildburghausen [Schlagwort]

Hildburghausen. s.a. Deutschland. Karte (Abt. Preussen).

Hildburghausen, s.a.: Geologische Karten (Preussen).

– s.a. Preussen. Messtischblätter — Thüringen.

Hildburghausen. Karte der Umgegend v. Hildburghausen. 1 : 100,000. 41 × 38 cm. Farbdr. Hildburghausen 897. Kesselring. n. — 60; auf Leinw. n.n. 1. —

Hildburghausen. Plan von Hildburghausen. 1 : 7500. 21,5 × 33,5 cm. Farbdr. Nebst Plan des Stadttheaters auf dem Umschlag. Hildburghausen (900). F. W. Gadow & Sohn. n. — 20

Hildburghausen. Schönewolf, Ludw., Touristenkarte der weiteren Umgegend von Hildburghausen. 1 : 100,000. Kpfrst. u. color. qu. Fol. Hildburghausen 884. Kesselring. Auf Leinw. in Carton. n.n. 1. 50

Hilde-Brand, H., Kinder-Szenen. (104 S.) 8. Leipzig 907. Modernes Verlagsbureau. 1.50

Kinder-Szenen von H. **Hilde-Brand.** Berlin-Leipzig: C. Wigand 1907. (103 S.) 8° (ot. 5894

Hildeberg, M. J., Spiegelspiele. Erzählg. aus dem Leben e. jungen Frau. (156 S.) 8. Dresden 904. E. Pierson. n. 1.50; geb. n. 2.50

Hildebert, Archiep. Tmon., opera, acc. Marbodi, Redon episc. opuscula notis illustr. fol. Paris. 7.8.

Hildebold und Wibrade. Maria von Brabant. Chur 1776. V: *Bodmer, Joh. Jacob.* (ML) (GGr) »Zürich 1786«. (Ky)

Hildebold u. Wibrade u. Maria v. Brabant. Trspl. (v. Joh. Jak. Bodmer). Zürich 786. Orell. 4 gl.

Hildebold von Schwangau, Minnelieder zum erstenmal übers. und mit begleit. Text hrsg. von Johs. Schrott. gr. 8. (VIII, 85 S. mit 1 Holzschntaf.) Augsburg 871, Kollmann'sche Buchh. [Regensburg, Manz.] *M 2,50.; cart. *M 2,75.; geb. * geb. mit color. Titel und Bild *

Hildebrand. Ein historisches Drama. Frankfurt a. M. 855. Sauerländer's Verlag. 8. (196 S.) n. 26 ngr.

Hildebrand, s.a. Hildebrandt

— s. a. **Hiltebrand.**

Hildebrand: Ueber einige Anwendungen des Hilfswinkels. 12 S. 4° – Schweidnitz, G., Progr. 1871.

Hildebrand, Scholz, Wieting, das Arteriensystem des Menschen im stereoskopischen Röntgenbild, s.: Sammlung v. stereoskopischen Röntgenbildern. I.

— — — Deformitäten u. Missbildungen, s.: Sammlung v. stereoskopischen Röntgenbildern. VI.

Hildebrand, Scholz u. Wieting: Frakturen der oberen bezw. unteren Extremitäten, s. Sammlung v. stereoskop. Röntgenbildern.

— — — Fremdkörper, Sarkom u. Osteomyelitis des Schenkels, s.: Sammlung v. stereoskopischen Röntgenbildern. V.

Hildebrand, Handb. d. Handelskenntnisse. gr. 8. Stuttg. Erhard. 809.

— Heldenthaten der Väter. Rückerinnerungen aus d. Preußischen Geschichte zur Belebung der Vaterlandsliebe für Preußens Jugend. 12. Magdeb. 832. Heinrichshofen. 20 gl.

Hildebrand, Scholz u. Wieting: Die kongenitalen Hüftgelenksluxationen, s. Sammlung v. stereoskop. Röntgenbildern.

— Hülfsbuch zur Erklärung der Sonn- u. Festtags-Evangelien. Für Volksschulen. 8. Quedlinb. 830. Basse. 12 gl.

†**Hildebrand** [Nicol. Beets], die Familie Kegge, s. Universal-Bibliothek Nr. 648.

Hildebrand, ..., (Superintendent,) Predigt zur [illegible] der 3. Hauptversammlung des evangel. Vereins der Gustav-Adolf-Stiftung, am 11. [illegible] 1844 zu Oettingen geh. [illegible] Darmstadt 845. (Oettingen, Bautenhoeck u. R.) n. [illegible]

Hildebrand: Ueber Reihen. Mathematische Abhandlung. 16 S. Schweidnitz, Progr. 1857

— Jena's Verdienste um die Staatswissenschaften. Jena 872.

Hildebrand, A., s. Brigham: Bemerkungen.

Hildebrand, die Gesundheitslehre d. Mundes, s. Gesundheitslehre rc.

Hildebrand, A., s. Scott, Jh. Amariah: Über den Gesichtsschmerz.

Hildebrand, A. (Resp.): Diss. de cauto usu sternutatoriorum in apoplexia, s. Buechner, A. E. (Praes.)

Hildebrand, A., De verbis et intransitive et causative apud Homerum usurpatis. Diss. 1889. 40 S. 1.20

Hildebrand, Adam (Obhuso/Querfurt), De cauto usu sternutatoriorum in apoplexia. Disp. med. Präs. Andreas Elias Büchner. Halle (Hendel) 20. VI. 1761. 40 S. (6.80) 15108

Hildebrand, Adf., gesammelte Aufsätze. 1.—3. Taus. (103 S. m. Abbildgn.) 8. Strassburg 909. J. H. E. Heitz. 2.—; geb. b 2.50

Hildebrand, Adolf [Hrsg.] s. Michelsen, K.: Buchführung auf kleineren landwirtschaftlichen Besitzungen.

Hildebrand, A., üb. Desinfection durch Torfmull. (Internationaler land- u. forstwirthschaftl. Congress zu Wien 1890, 115. Hft.) gr. 8. (9 S.) Wien 890. (Frick.) n. — 40

Friedrich der Grosse als Landwirth. Von **A. Hildebrand.** (Separat-Abdruck aus der Deutschen Landwirthschaftlichen Zeitung und aus dem Hannoverschen Land- und Forstwirthschaftlichen Vereinsblatt.) Hildesheim. 1875. 8°.

Hildebrand, Adf., Grundriß des allgemeinen Acker- u. Pflanzenbaues, nebst Anh.: Wiesenbau, s.a. Unterrichtsbücher, landwirtschaftliche.

Hildebrand, Adf. Grundriß d. allgemeinen Acker- u. Pflanzenbaues, nebst Anh.: Wiesenbau. Zum Gebrauch an landwirthschaftl. Unterrichtsanstalten, sowie zum Selbstunterricht. gr. 8. (VII, 116 S. m. Abbildgn.) Lpz. 891, H. Voigt. * 2 —

Hildebrand, A., Grundriß des allgemeinen Acker- u. Pflanzenbaues, 3. Aufl., s.: Perfeke, K., allgemeine Ackerbaulehre.

— Handbuch d. landwirthschaftlichen Pflanzenbaues. Mit 233 Textabbildgn. gr. 8. (VIII, 484 S.) Berlin 889. Parey. geb. n. 8. —

Hildebrand, Adf., Lehrbuch der landwirthschaftlichen Tierproduktion. Ein Leitfaden für den Unterricht an Landwirtschaftsschulen u. zum Selbstunterrichte. gr. 8. (VII, 266 S.) Hildesheim 882. Lax. n. 5. —

Hildebrand, Adf., das Problem der Form in der bildenden Kunst. 8. (127 S.) Strassburg i/E. 893. J. H. E. Heitz. n. 2. —

Hildebrand, Adf., das Problem d. Form in d. bild. Kunst. 2. vorb. Aufl. 8. (127 S.) Strassburg 897. J. H. E. Heitz. n. 2. —

Hildebrand, Adf., das Problem der Form in der bildenden Kunst. 3. vorb. Aufl. 8. (136 S.) Strassburg 901. J. H. E. Heitz. n. 2. —

Das Problem der Form in der bildenden Kunst von Adolf **Hildebrand.** 4. unveränd. Aufl. Straßburg: J. H. E. Heitz 1903. (135 S.) 8° [illegible]

Hildebrand, Adf., das Problem der Form in der bildenden Kunst. 5. unveränd. Aufl. (135 S.) 8. Strassburg 905. J. H. E. Heitz. n. 2. —

Das Problem der Form in der bildenden Kunst von Adolf **Hildebrand.** 6. verm. Aufl. Strassburg: J. H. E. Heitz 1908. (XIV, 104 S.) 8° [illegible]

— Das Problem der Form in der bildenden Kunst. 7. u. 8. verm. Aufl. (XIV, 177 S.) 8. Ebd. 910. 3.—; geb. 3. 50

— Le problème de la forme dans les arts figuratifs. Traduit de l'allemand par Geo. M. Baltus. (XX, 161 S.) 8. Ebd. (903). n. 2. 40

Hildebrand, Alfr., s.: Adressen-Register der Gross-inserenten u. Reklame treibenden Firmen Deutschlands.

Hildebrand, Aloys [aus Lengenfeld u. Stein]: Über luetische auf die Tunica vaginalis propria testis beschränkte Neubildungen und deren Beziehungen zur Entstehung der Hydrocele ... Halle a. S., Hofbuchdr. v. C. A. Kaemmerer & C., 1895; 22 S., 2 Bl. 8.
Halle, Med. Fak., Inaug.-Diss. v. 7. Aug. 1895

Hildebrand, Arnold, Kurländer. Versuche über die Innervation der Glandula submaxillaris beim Hunde. Diss. Dorpat. 8°. 40 pp. 1865.

Hildebrand, Aug., Boëthius und seine Stellung zum Christentume. gr. 8. (VII, 314 S.) Regensburg 885, Verlags-Anstalt, vormals G. J. Manz. *

Hildebrand, Aug., an der Jahreswende 1883. 8. (15 S.) Habelschwerdt 883, Franke's Buchh. †

Hildebrand, Augustus [Wernigerodanus]: De verbis et intransitive et causative apud Homerum usurpatis. . . . Halis Saxonum, form. descr. E. Karras, 1880; 40 S. 1 Bl. 8°
Halle, Phil. Fak., Inaug.-Diss. v. [21. Aug.] 1880

Hildebrand, Aug. Frz., Trauben v. Escol, in Betr. üb. Spr. der heil. Schr. 2 Thle. 8. Lemgo, Meyer. 740 — 65. (à 10 gr.)

Hildebrand, B. Glossen zu den Rentabilitäts-Aussichten der Bodenseebahnen des Dr. Hildebrand. St. Gallen 1853.

Hildebrand, B. Über die Rentabilität einer Bötzbergbahn. Zürich 1855.

Hildebrand, B. Über die Rentabilität der verschiedenen von Zürich über Winterthur nach dem Bodensee projectierten Eisenbahnen. Zürich 1854. 4.

Hildebrand, Bernhard [app. Arzt aus Freiburg i. B.]: Statistisches und Klinisches über Scharlach. Aus d. medicin. Klinik zu Freiburg i. B. ... [Aus: Ber. d. Naturf. Ges. zu Freiburg i. B., Bd 7, 1893.] Freiburg i. B., Buchdr. v. C. A. Wagner, 1893; 2 Bl., 47 S. 8.
Freiburg i. B., Med. Fak., Inaug.-Diss. v. 1893

Hildebrand, Bruno, de antiquissimae agri Romani distributionis fide. gr. 4. (10 S.) Jena 862, (Fr. Frommann.) *

Hildebrand, Bruno, die statistische Aufgabe der landwirthschaftlichen Vereine. Ein Vortrag, am 1. Juni 1863 in der Versammlung thüringischer Land- u. Forstwirthe zu Jena gehalten. (Abdr. aus Hildebrand's Jahrbüchern für Nationalökonomie etc.) Jena 863. Mauke. gr. 8. (15 S.) 3 ngr.

Hildebrand, Br. Die kurhessische Finanzverwaltung. gr. 8°. Kassel 1860.

Hildebrand, Bruno, s.: Jahrbücher f. Nationalökonomie u. Statistik.

Hildebrand, Bruno, s. Keyserrecht, das

Hildebrand, Bruno, statistische Mittheilungen über die volkswirthschaftlichen Zustände Kurhessens. Nach amtlichen Quellen. Berlin 853. Trautwein'sche Buchhdlg. gr. 8. (VIII, 208 S.) n. 1 Thlr. 15 ngr.

Hildebrand, Bruno. Mitteilungen über die Verwendung des zur Bekämpfung des Alkoholismus bestimmten Alkoholzehntels in den Jahren 1889 bis und mit 1903. Separatabdruck aus der «Zeitschrift für schweizerische Statistik», Jahrg. 41, 1905. 11 S. 4. [Bern, Stämpfli & Cie.]

Hildebrand, Bruno, die Nationalökonomie der Gegenwart und Zukunft. 1. Bd. gr. 8. (XII und 329 S.) Frankfurt a. M. 848, Literarische Anstalt.

Hildebrand, Bruno, Dr. der Philosophie und Rechte, Prof. zu Zürich. Statistische Mittheilungen über die volkswirthschaftlichen Zustände Kurhessens. Nach amtlichen Quellen. 8. Berlin 1853.

Hildebrand, Bruno: De veterum Saxonum re publica. P. 2. Vratislaviae (1836). (33 S.) 8° *[P. 1 ist Berliner phil. Diss. v. 30. 3. 1836; vollst. Buchausg. 1836 bei Friedlaender in Breslau.]*
Breslau, Phil. Fak., Hab.-Schr. v. 29. Aug. 1836

Hildebrand, Bruno, Statistik Thüringens. Mittheilungen des statist. Bureau's vereinigter thüring. Staaten. 1. Bd. 3 Lfgn. Fol. (XI und 472 S. mit 1 Stnt. in qu. Fol.) Jena 866,67, Fr. Frommann. à Lfg. * 1 Thlr. 10 Ngr. *

Hildebrand, Bruno, Statistik Thüringens. Mittheilgn. d. statist. Bureaus verein. Thüring. Staaten. 2. Bd. Agrarstatistik. 1. Hälfte. Fol. (VIII, 190 S.) Jena 871. (E. Frommann.) n. 5. — (I—II, 1.: n. 17. —)

Hildebrand, Bruno, Statistik Thüringens. Mittheilungen des statist. Bureaus vereinigter thüring. Staaten. 2. Bd. Agrarstatistik. 2. Hälfte. Fol. (VIII u. S. 191—362.) Jena 878. (E. Frommann.) n. 5. — (I. u. II.: n. 22. —)

— siehe: Urkundensammlung der Universität Marburg.

Hildebrand, C., s.a. Hildebrand, Karl

Hildebrand, C., zur Characterisirung der 18. allgemeinen deutschen Lehrerversammlung, die in der Pfingstwoche 1860 zu Berlin getagt hat. 1. u. 2. Aufl. Neusalz a. O. 860. Lange. 8. (34 S.) n. 4 ngr.

[F.]. Der wilde Fritz. Von C. Hildebrand. *Berlin: Christl. Zeitschriftenver. 1896.* (40 S.) 1 Bd 8.
— Jugend-Bibliothek [d. Christl. Zeitschriftenvereins]. [No] 5.

— dasselbe, s.a. Jugend-Bibliothek.

— dasselbe, s.a. Rickmeyer, M., Friedel.

Hildebrand, C. C. G., s. Hildebrand, K. Christian Gottlob

Hildebrand, Carl Adolph, s. Hildebrand, Karl Adolph

Hildebrand, Carl August, s. Hildebrand, Karl August

Hildebrand, Christian, die Bergpredigt, e. Unterricht über die wahre u. falsche Frömmigkeit, zu unsrer ersten Kirchweihe ausgelegt u. dem kleinen Häuflein aus Herz gelegt. Mit e. Predigt Luthers üb. die Liebe. (IV, 156 S.) 8. Essegg (906). Pfarrer Hildebrand. n.n. 1.80

Hildebrand, Christian, wie feiern wir das Reformationsfest nicht m. Worten u. Zungen sondern in der That u. Wahrheit. Eine Predigt üb. Psalm 93,5. (12 S.) gr.8. Essegg 907. (Melczicz, Christl. Antiquariat „Salem".) — 25

(—). — An dem Grabe unsers verewigten Lehrers **M. Christian Gottlieb Hildebrand.** — Er entschlief am 9. Julius 1799. Lpz. (Karl Tauchnitz). 4 Bl. mit 2 S. Namen d. Verfasser. (6.—) 15111

(—). — Memoriam viri plurimum reverendi M. **Christiani Gottlieb Hildebrand** (Oschatz) diaconi et collegae extraordinarii ad aedem scholamque Portensem officiose celebrant collegae et amici. Weissenfels (Friedrich Severin) 1799. 16 S. mit Biogr. (M.: Ch. R. Kirbach.) (7.—) 15112
Verfasser: C. W. E. Helmbach, J. Ch. C. Schmieder, E. C. Herbst, B. Weiske, C. Ch. E. Charitius, J. H. Fleischmann, J. G. Schmidt, A. Prinet, D. F. Moebius, C. D. Weniger.

Hildebrand, Christian Wilhelm

Brüggemann

— **J. H. Th.,** Zu d. oeffentlichen Prüfung d. Schüler d. hies. Gymnasiums. — Praem. est comment. de Platonis dialogo, qui Phaedon inscribitur, auct. Chr. Wilh. Hildebrand. Düsseldorf (J. C. Dänzer) 14./15. IX. 1826. 34 S., mit Schulnachr. (Namen). (3.50) 4268

Hildebrand, Chr.G. Friderico Wilhelmo regio principi salutem dicit. (Oda.) 4 S.

Progr. Düsseldorf 1833

Hildebrand, Ch. W. Orationes quaedam Thucydidis (I. 80; II. 35 sqq. 60 sqq.; 87; 89.) et comment. Xenophontis de Hercule in bivio, in lat. serm. conversae. 16 S.

Progr. Düsseldorf 1832

Hildebrand, C. W. De praecipuis quae veterum philosophorum de summo bono fuerunt sententiis. Part. II. 18 S.

Düsseldorf, Progr. 1847

Hildebrand, Christoph, s. Hildebrandt

Hildebrand, Constantin August, s. Hildebrand, Konstantin August

Hildebrand, E., unsere Soldaten, s.: Braun, G.

Hildebrand, E., Wallenstein u. seine Verbindungen m. den Schweden. Aktenstücke aus dem schwed. Reichsarchiv zu Stockholm. gr. 8. (XI, 80 S.) Frankfurt a/M. 885. Literar. Anstalt. n. 2. —

[Hildebrand, Emil.] Das Appenzellerland. Führer durch Appenzell und den Alpstein. [Von Dr. med. E. H.] Gratis-Ausgabe des Verkehrsvereins Appenzell. 32 [+ *Anzeigen* 32] S. 8. [Appenzell, Genossenschafts-Buchdr., 1905.]

Hildebrand, Emil [d. i. Fritz Bolger]: Ein gefangener Dichter, s. Liebhaber-Bühne, Neue.

Hildebrand, Emil [pract. Arzt in Appenzell]: Aus der medizin. Universitätsklinik in Zürich. Direktor: Prof. Dr. Eichhorst. Ueber das Fieber der Hysterischen. Appenzell 1902. 43 S. 8°.
Zürich Med. Diss. 1901 1902

Hildebrand, Emil. Ueber das Fieber der Hysterischen. Diss. Med. Univ. Zürich. *Kopftitel:* Aus der mediz. Universitätsklinik in Zürich. Direktor: Prof. Dr. [Hermann] Eichhorst. 43 S. 8. Appenzell, Genossenschafts-Buchdr., 1902.

fürs Militär laß ich mein Leben, s.: Theater-Album, militärisches.

—— die Herren Gelehrten, s. Wallner's allgemeine Schaubühne.

Hildebrand, Emil, vom Congo, s. Liebhaber-Bühne, neue.

Hildebrand, Emil, e. Kriegslist, s.: Theater-Album, militärisches.

—— Kutschke in Afrika, s. Theater-Album, militärisches.

— im Lager vor Paris od. Füsilier Kutschke, s.: Wallner's allgem. Schaubühne.

Hildebrand, Emil: Nur nicht empfindlich, s. Wallner's allgem. Schaubühne.

— Pechmüller, s.: Liebhaber-Bühne, neue.

Hildebrand, Emil: Das rauchlose Pulver, s. Theater-Album, Militärisches.

— acht Tage nach der Hochzeit, s.: Wallner's allgemeine Schaubühne.

Hildebrand, Erich, a. Schönebeck a. d. E., Unterarzt b. Magdeb. Pionier-Bat. Nr. 4: Psychogene Lähmungen. Berlin (1907): E. Ebering. (36 S.) 8°
Berlin, Med. Fak., Ref. v. Leyden, Diss. v. 13. Juli 1907
[Geb. 24. Aug. 81 Schöneheck a. d. Elbe; Wohnort: Schönebeck; Staatsangeh.: Preußen; Vorbildung: Domgymn. Magdeburg Reife O. 01; Studium: Berlin K. W. A. 9 S.; Coll. 10. Juli 07; Approb. 13. Mai 07.]

Hildebrand, Ernestus (Benjaminus) *(geb. Bärsdorf in Schles. 11. 11. 1815):* De cohaesionis et ponderis specifici commutationibus, quae in nonnullis fluidis vi caloris efficiuntur. Vratislaviae (1844). (26 S., 1 Taf.) 8°
Breslau, Phil. Diss. v. 26. März 1844

Hildebrand, Ernst, Ref. in Halle a. S.: Die juristische Natur des Reportgeschäfts. Halle a. S. 1905: C. A. Kaemmerer. (VII, 58 S.) 8°

Leipzig, Jur. Fak., Diss. v. 9. Jan. 1906

[Geb. 17 Nov. 78 Quedlinburg; Wohnort: Halle; Staatsangeh.: Preußen; Vorbildung: Gymn. Quedlinburg Reife O. 98; Studium: Berlin 1, Halle 1, Berlin 1, München 1, Halle 2 S.; Rig. 22 März 02.]

Hildebrand, P., epistolar. centuriae V. 12. Lps. Dyk. 715.

— Synopsis historiae univers. etc. 8. Frft. Fuhrmann. 703. -

Hildebrand, (F. A.), kleines Hülfsbuch für den Unterricht im Lateinischen in Stadtschulen. Dem Bedürfniß solcher Schulen angepaßt. 8. (30 S.) Crossen 852, [Ehrlich und Comp.] *

Hildebrand, kleines Hülfsbuch f. den Unterricht im Lateinischen in Stadtschulen. Dem Bedürfniß solcher Schulen angepaßt. 8. (30 S.) Crossen 852, Range. n. 2 ngr

— Leitfaden für den ersten Unterricht in der Geographie, besonders für Stadtschulen und mit Berücksicht. des Regulativs vom 1. Oktbr. 1854 bearb. 2. Cursus. 8. (92 S.) Zielenzig 856, Range. *

Hildebrand, F. A., Leitfaden für den ersten Unterricht in der Geographie für Stadt- und Landschulen und mit Berücksicht. des Regulativs vom 1. Oktbr. 1854 bearb. 1. Cursus. 8. (94 S.) Zielenzig 858, Range'sche Buchh. *

Hildebrand, F. G. K., das medicinische Hausbuch. Populäre Unterhaltungen über die Fortpflanzung, die Entwickelung und die Lebensverrichtungen des Menschen. Den gebildeten Männern aller Stände gewidmet. 1—16. Lfg. gr. 8. (S. 1—768.) Berlin 860—61, Hollstein. à Lfg. * 5 Ngr. *

Hildebrand, F. G. K., das medicinische Hausbuch. Eine populäre Physiologie. 17.—46. (Schluß-)Lfg. gr. 8. (VIII und S. 769—2200.) Berlin 862—64, Hollstein. à Lfg. * 5 Ngr. *

HILDEBRAND, Dr. F. G. K. Mann und Weib. Gemeinverständliche Darlegung der wichtigsten Punkte des menschlichen Geschlechtslebens auf naturwissenschaftlicher Grundlage. Berlin, J. Schäfer (1885). 8°.

Hildebrand, F. G. K., die Wunder der Zeugung. Nach den neuesten Forschungen der Wissenschaft populär dargestellt. Des medizin. Hausbuchs 3. Aufl. Berlin 865—66. Hollstein. gr. 8. (2200 S. mit eingedr. Holzschn.) n. 7 $ 20 ngr

Hildebrand, F. G. K., die Wunder der Zeugung. Nach den neuesten Forschungen der Wissenschaft populär dargestellt. Neue illustr. Ausg. 1.—40. Lfg. gr. 8. (S. 1—1920 mit 25 Stnt.) Berlin 874, Burmester und Stempell. à Lfg. 50 Pf.

Hildebrand, F. G. K., die Wunder der Zeugung. Nach den neuesten Forschungen der Wissenschaft populär dargestellt. Neue, illustr. Ausg. 41.—46. (Schluß-)Lfg. gr. 8. (S. 1921—2200 mit 3 Stnt.) Berlin 876, Burmester und Stempell. à Lfg. 50 Pfg.

Hildebrand, F. P., Baumstudien, s.: Kirmse, G.

— Rund um Elbflorenz. 25 Rundfahrten f. Radler. Mit 1 Übersichtskarte u. 25 Strassenprofilen. 12. (XV, 68 S.) Dresden (902). G. A. Kaufmann, Verl. Geb. n. 1.25

Hildebrand, F. W., die Kistenfabrikation u. die Confection der Cigarre. Praktisches Handbuch f. die Kisten- u. Cigarrenfabrikation. gr. 8. (31 S.) Herford 901. Selbstverlag. 3 —

— **Felix Heinrich,** De speciali juris feudalis altero fructus et meliorationes extincti vel amissi feudi nunc considerante. (Collegii feudalis ad b. Stryckii examen juris feud. cap. XXIII. disp. XV.) Präs. Heinrich Hildebrand (Vater). Altdorf (Jod. Wilh. Kohles) Dez. 1715. 8 S. (5.—) 15114

— — (Altdorf), De probatione per stemmata genealogica sive Vom Beweiß durch Stamm=Bäume und Geschlechts-Register. Diss. jur. Altdorf (Jod. Wilh. Kohles) 8. V. 1719. 36 S. (7.—) 15115
Widm. v.: Lorenz Heister.

— — Dasselbe. 1729. (7.—) 15116

— — Dasselbe. Ed. III Altdorf (Stephan Grebner) 1750. 38 S. (7.—) 15117

Hildebrand, Fr., s.a. Hildebrandt, Georg Friedrich

Hildebrand, Fr., s.: Diktate zu den Paragraphen der „Regeln f. die deutsche Rechtschreibung".

Hildebrand, Fr., der praktische u. wohlerfahrene Conditor. Eine gründl. Anleitung zum Conditoreibetriebe in seinem ganzen Umfange unter Berücksichtigung aller in neuester Zeit erfundenen Maschinen u. Gerätschaften zur Schnell- u. Massenfabrikation der Conditoreifabrikate. Nebst prakt. Anweisung zur Herstellung u. Behandlung des geläuterten Zuckers in den verschiedenen Graden, der Glasuren u. Farben, des Dragants etc., sowie der Chocoladenfabrikation u. Pastetenbäckerei. Mit vielen erprobten Recepten u. e. Anh. über Ersatz verschiedener Rohprodukte durch künstl. Surrogate u. nützl. Mittheilungen. Mit 12 Abbildungen (in eingedr. Holzschn.) der neuesten Maschinen. Berlin 870. Mode. 8. (VIII, 219 S.) 25 ngr.

Hildebrand, Franz

Hildebrand, Frz., logisch gegliedertes Grundgerüst d. dtschn. Grammatik u. Interpunktionslehre f. Privat- u. Schulgebrauch. (24 S.) 8. Berlin (908). W. Latte. — 25

— Ausführliches, logisch gegliedertes Memorier-System u. Repertorium der französischen Grammatik (unter Berücksicht. des Ministerialerlasses vom 26. II. 01) f. Prüfung u. Schulpraxis. Tl. Syntax. (II, 48 S.) 8. Lankwitz-Berlin 908. (Berlin, W. Latte.) — 60

Hildebrand, Friedrich, s.a. Hildebrandt, Georg Friedrich

Hildebrand, Frdr., über Ähnlichkeiten im Pflanzenreich. Eine morphologisch-biolog. Betrachtg. gr. 8. (IV, 66 S.) Leipzig 902. W. Engelmann. n. 1.60

Hildebrand, Friedrich (Prof. Dr.): Alexandre le Macédonien. Drama des Grafen Gobineau in metrischer Übersetzung. Osterode 1907: Giebel & Oehlschlägel. (78 S.) 8° [F.]
Osterode am Harz, RG P 1907 (402)

Hildebrand, F., einige Beobachtungen aus dem Gebiete der Pflanzen-Anatomie. gr. 4. (III und 80 S. mit 2 Stnt.) Bonn 861, [Cohen und Sohn.] *

Hildebrand, Frdr., die Gattung Cyclamen L., eine systemat. u. biolog. Monographie. M. 6 lith. Taf. gr. 8. (III, 190 S.) Jena 898. G. Fischer. n. 8. —

Hildebrand, Frdr., die Farben der Blüthen in ihrer jetzigen Variation u. früheren Entwickelung. gr. 8. (III, 83 S.) Leipzig 879. Engelmann. n. 1. 60

Hildebrand, Friedr., Flora von Bonn. [Aus: Verhandlungen des naturhistor. Vereins der preussischen Rheinlande u. Westphalens.] Bonn 866. Cohen & Sohn. gr. 16. (XXXI, 212 S.) n. 20 ngr.

—— die Geschlechter-Vertheilung bei den Pflanzen und das Gesetz der vermiedenen und unvortheilhaften stetigen Selbstbefruchtung. gr. 8. (IV und 92 S. mit 62 Fig. in eingedr. Holzschn.) Leipzig 867, Engelmann.

— üb. d. Geschlechtsverhältnisse bei d. Compositen. [Aus: „Nova acta acad. caes. Leopoldino-Carolinae germanicae naturae curiosorum".] gr. 4. (104 S. m. 6 Taf.) Dresden 869. Freiburg i/B., Lorenz & Waetzel.) 8. —

Hildebrand, Frdr., üb. d. Geschlechtsverhältnisse bei den Compositen. Mit 6 (lith.) Taf. gr. 4. (104 S.) Dresden 869. (Jena, Fr. Frommann.) n. 8. —

Hildebrand, Frdr., die hanseatischen Konferenzen im Herbste 1806, s.a. Beiträge f. die Geschichte Niedersachsens u. Westfalens. 4.

Hildebrand, Friedrich: Die hanseatischen Konferenzen im Herbste 1806. Hildesheim 1906: A. Lax. (84 S.) 8° [F.]
Münster, Phil. Fak., Ref. Erler, Diss. v. 5. Sept. 1906
[Geb. 22. Juli 81 Bremen; Wohnort: Münster; Staatsangeh.: Bremen; Vorbildung: Gymn. Bremen Reife M. 00; Studium: Tübingen 3, Kiel 1, Münster 6 S.; Rig. 4. Mai 06.]

Die hanseatischen Konferenzen im Herbste 1806. Von Dr. Friedrich **Hildebrand.** Hildesheim: A. Lax 1906. (84 S.) 8° [F.]
— **Beiträge** f. d. Geschichte Niedersachsens u. Westf. Jg. 1, H. 4. (06. 1906)

Hildebrand, Frdr., die Lebensverhältnisse der Oxalisarten. Mit 5 lith. Taf. Imp.-4. (IV, 140 S. m. 5 Bl. Erklärgn.) Jena 884. Fischer. n. 18. —

Hildebrand, Friedr. Ueber einige Pflanzenbastardierungen. Mit 2 Taf. gr. 8. (III, 136 S.) Jena 889, Fischer. 4 —
Aus: Jenaische Zeitschrift f. Naturwissenschaft, besonders abgedruckt.

Hildebrand, Fridericus: Über das französische Sprachelement im Liber Censualis Wilhelms I. von England (Exchequer- und Exon-Domesday-Book). Halis Saxonum 1884: Karras. 42 S. 8°
Halle-Wittenberg, Phil. Diss. v. [11. Nov.] 1884
Geb. Wernigerode 25. 1. 1862. V.
Aus: Zeitschrift f. roman. Philologie. Bd 8. Halle 1884. S. 321—362.

—— über den Trimorphismus der Blüthen in der Gattung Oxalis. gr. 8. (24 S.) Berlin 866. (Bonn, Cohen und Sohn.) *
Aus: Monatsberichte der k. Akademie der Wissenschaften zu Berlin, besonders abgedruckt.

—— anatomische Untersuchungen über die Stämme der Begoniaceen. gr. 4. (34 S. mit 8 Stnt.) Berlin 859, A. Hirschwald. *

—— die Verbreitung der Coniferen in der Jetztzeit und in den frühern geologischen Perioden. gr. 8. (200 S. mit 2 Tab., 1 chromolithogr. Karte und 8 Stnt. in gr. 8. und qu. Fol.) Bonn 861, (Cohen und Sohn.) *
Aus: Verhandlungen des naturhistorischen Vereins für Rheinland und Westphalen, besonders abgedruckt.

— die Verbreitungsmittel der Pflanzen. Mit 58 Fig. in (eingedr.) Holzschn. gr. 8. (IV, 162 S.) Leipzig 873. Engelmann. n. 4. —

Hildebrand, *Friedrich* [Dr.]: Verzeichnis der Lehrer-Bibliothek des Realgymnasiums zu Osterode a. Harz. 1897. Osterode a. H., Druck v. Giebel & Oehlschlägel, *1897;* 1 Bl., 66 S. 8.
Osterode a. H., RG, P 1897 (345)**

Hildebrand, Frid. Armin. Gust. (geb. Kostin [illegible] 1835): De caulibus Begoniacearum, imprimis iis, qui vasorum fasciculis in parenchymate medullari dispersis sunt praediti. Berolini (1858). [illegible]
Berlin, Phil. Diss. v. 30. Juli 1858

Hildebrand, Friedrich Bruno, s. Hildebrand, Bruno

Hildebrand, Frdr. Otto, wenn das Leben winkt. (224 S.) 8. München (908). Etzold & Co. 3.—; geb. 4. —

Hildebrand, Dr. med. G., Kreisphysikus zu Osnabrück. Whatelys Grundlagen der Rhetorik. 8. Gotha 1881.

Hildebrand, G. F.

Hildebrandt, G. F. Ueber einige Abweichungen im Sprachgebrauche des Cicero, Cäsar und Livius und über den Gebrauch des Infinitivus, der Supina und der Conjunctionen quoniam und quin bei diesen Schriftstellern. 28 S.
Dortmund, Progr. 1854

Hildebrand, G. F., s. Apuleii, L., Opera etc. — Arnobii. adversus nationes libri VII.

Hildebrand: Beiträge zum Sprachgebrauche des Livius und zur Feststellung des Textes seiner Historien.
27 S.—Dortmund, Progr. 1865

Hildebrand, G. F., lateinische Chrestomathie für Realgymnasien und höhere Bürgerschulen herausgegeben. 1. Thl. Für die mittleren Klassen bestimmt. Göttingen 853. Dieterich. (VIII, 280 S.) n. 20 ngr.

— — 2. Thl. Für die oberen Klassen bestimmt. Ebend. 853. gr. 8. (VI, 462 S.) n. 28 ngr.

—— Glossarium latinum bibliothecae Parisinae antiquissimum saec. IX., s. Glossarium.

Hildebrand G. Specimen lexici Liviani. 16 S.
Dortmund, Progr. 1857

Hildebrandt, F. G. Ueber diejenigen Zeitwörter, welche bei Cicero, Cäsar und Livius mit dem bloßen Ablativ und mit den Präpositionen a de ex verbunden werden. Abth. 1. 37 S. — Abth. 2. 22 S.
Dortmund, Progr. 1858, 1859.

Hildebrand, G. V.

— Initia Inst. Prolegomena seu clinicarum 8. ibid. 807.

Hildebrand, G. V., Institutiones Pharmacologiae sive materiae medicae. gr. 8. Viennae. (Liebeskind in Lps.) 802.

Hildebrand, Georg, Rechtsprakt.: Scheckvertrag, Guthaben und Widerruf. Beiträge zum internen Scheckrecht im Anschlusse an das Scheckgesetz vom 1. April 1908. Straßburg i. E. 1910: Du Mont Schauberg. VI, 119 S. 8°
Freiburg i. B., Rechts- u. staatsw. Diss. v. 1910, Ref. Rosin
[Geb. 22. Mai 83 Weinheim a. d. B.; Wohnort: Kehl; Staatsangeh.: Baden; Vorbildung: Gymn. Mannheim Reife Juli 01; Studium: Lausanne 2, München 3, Freiburg i. B. 4 S.; Rig. 28. Febr. 10.] [U 10. 937

Hildebrand, Georg Christoph

Hildebrand, Geo. Cph., Bemerkk. üb. den Krätzausschlag. 8. Hannov. 798. Hahn. 3 gl.

Hildebrand, Georg Conrad, s.
Hildebrand, Georg Konrad

Hildebrand, Georg. Ern. (geb. Berlin 11. 5. 1834): De chorea, quae fuerit ejus cognitio inde ab ineunte decennio quarto hujus saeculi usque ad hoc tempus, 1830–1858. Berolini (1858). (24 S.) 4°
Berlin, Med. Diss. v. 1. Sept. 1858

Hildebrand, Georg Konrad

— **Georg Conrad** (Hannover), **De methodo scabiei verae medendi ratione et usu comprobata. Diss. med. Götting. (Johann Georg Rosenbusch) 29. X. 1796. 32 S. (6.50) 15118**

Hildebrand, Gerh., die Erschütterung der Industrieherrschaft u. des Industriesozialismus. (VIII, 244 S.) gr. 8. Jena 910. G. Fischer. 6. —

— **Gottfried Friedrich** (Schafstad/Thüring.), **Regulae si vinco vincentem te, vinco te ipsum, perperam in concursu creditorum locum dari. Präs. Heinrich Gottfried Bauer. Lpz. (Klaubarth) 21. I. 1783. 16 S. (6.—) 15119**
Gew.: Johann Jacob Frh. v. Hohenthal (Doelckau . . .).

Hildebrand, Gotthelf Heinrich

— — De herede infante ad dicendam caussam ex jure Romano pro Paulo ad Gal. IIII, 1. 2. Präs. Joh. Friedrich Frisch. Lpz. (Breitkopf) April 1745. 32 S. (7.—) 15121

— **Gotthelf Friedrich** (Dresden), **Vindiciae Weissenburgensis coenobii secundum veram originem et fortunam datae in ill. Afraneo. Präs. M. Theophil Grabener (Rector). Meissen (Loewe) 18. XII. 1741. 4 Bl. (5.—) 15120**

Hildebrand, Ghold., Cyrenaika, das Gebiet künftiger Besiedelung. Eine Landeskunde m. besond. Berücksichtigung der wirtschaftl. Verhältnisse. Mit e. Vorrede v. Theob. Fischer, e. ausführl. Literaturverzeichnis u. 4 Karten. (XV, 384 S.) gr. 8. Bonn 904. C. Georgi. n. 8. —

Hildebrand, Gotthold, aus Schlesisch-Drehnow: Die **Grundzüge der Landesnatur von Barka als Gebiet europäischer Besiedelung.** *Marburg 1902: (C. Georgi in Bonn).* (V, 95 S.) 8°
¶ (Erscheint vollst. u. d. T.: Cyrenaika als Gebiet künftiger europ. Besiedelung.)
Marburg, Phil. Diss. v. [31. Dez.] 1902

Hildebrand, Gotthold: Schillers 'Maria Stuart' im Verhältnis zu den historischen Quellen. (T. 1.) Strehlen 1909: Schwarzer. 25 S. 4°
Strehlen, k. Kaiser-Wilhelms-G P 1909 (289) [S 09. 193

Hildebrand, Gli., nützl. Erfindung, auf e. leichte u. wohlfeile Art das Russische Sohlleder so zu bereiten, daß es dauerhafter wird, als das Englische ꝛc. gr. 8. St. Petersb. 798.

Hildebrand, Gust., d. deutsche Fabrikant v. Schlössern, Schlüsseln, Thürdrückern, Riegeln, Fitschen, Charnieren, Baseules, Thürfedern, Gehängen, Möbel-, Wagen- u. Bau-Beschlägen, welcher nur m. Grossisten, Exporteuren u. Commissionairen arbeitet resp. arbeiten will. Ausg. 1896/97. gr. 8. (II, 76, 36 u. 7 S.) Berlin, O. Elsner. Geb. in Leinw. 6. –

Hildebrand, Gust., Herr, mach' uns frei! Roman. (424 S.) 8. Leipzig-Gohlis 908. B. Volger. 3. 50

— Und Raben flogen um Dohna . . . Roman. (626 S.) 8. Berlin 910. O. Janke. 4. —

— Gustav Friedrich (Halle), **Commentationis de vita et scriptis Appuleii epitome. Halle (Ploetz) 21. II. 1835. 32 S. (6.40) 15122**
Oppon.: Leop. Krahner, Heinr. Knoche, Wilh. Hertzberg.

Hildebrand, G[ustavus] F[redericus]: • De vita et scripsit Appuleji. 33 Bl. 4° (2°) Gedruckt und verteidigt wurde ein Auszug: Hildebrand, Gustavus Fredericus: Commentationis de vita et scriptis Appuleii [!] epitome. Halis 1835: Ploetz. 30 S. 8°
Halle-Wittenberg, Phil. Diss. v. 21. Febr. 1835
Geb. [Halle a. d. S. 26. 8. 1812]
Auch vermehrt in dess. Ausg. L. Apuleii Opera omnia. Rec G. F. Hildebrand. P. 1. Lipsiae: Cnobloch 1842. 8° S. XVII—LVIII.

Hildebrand, H., Aphorismen über die theologischen Streitpunkte des Predigers Dr. Wolterstorff wider Kämpfe mit Rücksicht auf Uhlich u. die protestant. Freunde in ihrer Stellung zur theolog. Wissenschaft. gr. 8. Magdeburg 846, Falkenberg u. Comp. 3 ngl

Hildebrand, Armenpflege, siehe Schriften f. Armenpflege.

Hildebrand, H., s. Handelsgesetze des Erdballs.

Hildebrand, H., introd. in juris principia secund. ord. institution. 8. Altorf, Kohles. 717.

— juridictio universa etc. 4. ibid. 754.

Hildebrand, H., die Mitwirkung der Frauen in der öffentl. Armenpflege. Vortrag, geh. am 23. IV. 1900. gr. 8. (28 S.) Bremen 900. G. A. v. Halem. n. — 40

— Die Nonne. Eine Geschichte aus alter Zeit. (126 S.) 8. Leipzig (909). R. Sattler. 2. --; geb. 2. 50

— die Stellung der ehrenamtlichen Organe in der Armenpflege. s.: Kayser.

Hildebrand, H., Vom Turnen der Taubstummen zu Dresden, 132 S., 8°.

Hildebrand: Der Turnunterricht an den höh. Schulen.
28 S.–Magdeburg D., Progr. 1859

Hildebrand, H., die Ueberschwemmungen und ihre Bekämpfung. Ein Beitrag zur Lösung der Hochwasserfrage. gr. 8. (7 S.) Frankfurt a. M. 883. (Offenbach, Strauss.) *

* HILDEBRAND, H. Der Alchemist Basilius Valentinus. Einladungschrift des Herzogl. Francisceums in Zerbst zu den am 5. und 6. April abzuhaltenden öffentlichen Prüfungen der Gymnasial-, Real- und Vorklassen. Zerbst, 1876. pp. 38, 4to.

— Wo die Warthe rauscht. Novellen aus dem Posener-Lande. Titelzeichnung v. G. Leistikow. (171 S.) 8. Ebd. (910). 3.—; geb. 4. —

Hildebrand, H. R., vom deutschen Sprachunterricht in der Schule, s.a. Vorträge u. Abhandlungen, pädagogische.

Hildebrand, H. R.: Vom deutschen Sprachunterricht in der Schule. Lpz. 1867. 80 p.
Schul-/Univ.-Schrift

Hildebrand, Hans. Ich habe gelogen. Eine Charakter-Studie. 8. (48 S.) Berl. 891, [Issleib.] Schuhr. * 1 —

Hildebrand, Hans, s.: Schuldbuch, das Rigische.

Hildebrand, Hans, wie Menschen lieben können! Kurze Erzählgn. (68 S.) 8. Leipzig 908. Modernes Verlagsbureau. 2. —

— das heidnische Zeitalter in Schweden. Eine archaeologisch-histor. Studie. Nach d. 2. schwed. Originalausg. übersetzt von J. Mestorf. Mit 44 in den Text gedr. Holzschn. u. e. (chromolith.) Karte (in qu. 4.) gr. 8. (XII, 228 S.) Hamburg 873. O. Meissner. 6. —

Hildebrand, Heinrich

– (Praes.), s. Beck, Joh. Jodocus: Prolegomena juris universi.

– (Praes.), s. Beck, Joh. Jodocus: De quarta decimationis.

Hildebrand, Heinrich (Präs.), s. Büchelein, Johann Jacob: De resignatione homagii . . .

Hildebrand, Heinrich [Praes.], s. Deinlin, Georg Friedrich: De speciali juris feudalis altero obligationem ex quasi contractu feudali sive debita feudi innuente.

— — (Pfalz-Sulzbach'- u. Nürnberg'scher Rat), De denegatione servitiorum feudalium. Von Versagung der Ritter= oder Lehen=Dienste. Commentatio. Altdorf (Stephan Grebner) 1749. 48 S. (7.—) 15124

Hildebrand, Heinrich (Präs.), s. Eckebrecht, Hieronymus: Collegii feudalis ad B. Stryckii examen juris feud. . . .

— — De equo sequelae et ad alia servitia destinato atque de equo equestri et feudali. Vom Heer=Dienst=Ritter= und Lehen=Pferde. Commentatio. Altdorf (Stephan Grebner) 1749. 39 S., tlws. dtsch. (7.—) 15125

Hildebrand, Heinrich (Präs.), s. Fürer von Haimendorf, Joh. Christoph: Annus decretorius 1624 . . .

Hildebrand, Heinrich (Präs.), s. Garisch, Christoph Friedrich: Legem commissoriam venditioni adjectam.

Hildebrand, Heinrich (Präs.), s. Goldschmid, Jakob Friedr.: De speciali juris feudalis altero jus vasalli erga dominum et in feudo ipsi competens nunc indicante.

Hildebrand, Heinrich (Präs.), s. Grams, Johann Heinrich De evictione pignoris tam constituti . . . ,

Hildebrand, Heinrich (Präs.), s. Grötzsch, Chrn. Ludwig: De Obligatione inter patrem et filium.

Hildebrand, Heinrich (Präs.), s. Hagen, Wolffgang Adam (Resp.): De speciali juris feudalis altero acquisitionem feudi quae fit successione nunc tradente.

Hildebrand, Heinrich (Präs.), s. Haller von Hallerstein, Johann Joachim: De visitatione finium provincialium atque publicorum.

Hildebrand, Heinrich (Präs.), s. Hartmann, Veit Andreas: De conservatione ferarum nociva.

Hildebrand, Heinrich (Präs.), s. Hautzsch, Joh. Gottfr.: De Praenumeratione expensarum parti adversae, lite pendente, facienda.

Hildebrand, Heinrich [Praes.], s. Hildebrand, Felix Heinrich: De speciali juris feudalis altero fructus et meliorationes extincti vel amissi feudi nunc considerante.

Hildebrand, *Otto* Heinrich [pr. Arzt in Hagen]: Sechsundsechzig Magnetoperationen mit erfolgreicher Extraction von 53 Eisensplittern aus dem Augeninnern. . . . Wiesbaden, L. Schellenberg'sche Hof-Buchdr., 1891; 48 S. 8°
Marburg, Med. Fak., Inaug.-Diss. v. [28. Mai] 1891

Hildebrand, Heinrich (Red.), s. Radfahr-Humor.

Hildebrand, Heinr., d. Tempel Ta-chüeh-sy (Tempel d. grossen Erkenntniss) bei Peking. Aufgenommen u. beschrieben. Hrsg. v. d. Vereinigg. Berliner Architekten. Mit 87 Abb. im Text, 8 Taf. in Photolith. u. 4 Taf. in Photograv. gr. 4. (VIII, 36 S.) Berlin 897. A. Asher & Co. n. 10. —

Hildebrand, Herm., die Chronik Heinrichs v. Lettland. Ein Beitrag zu Livlands Historiographie und Geschichte. gr. 8. (V und 174 S.) Berlin 865, Mittler und Sohn. *

Hildebrand, Herm., Livonica, vornämlich aus dem 13. Jahrh., im Vaticanischen Archiv. gr. 8. (71 S.) Riga 887, Deubner. *

Hildebrand, Hermann: Ueber die Polymerisation des asymmetrischen Diphenylaethylens. Strassburg 1909: Goeller. 37 S. 8°
Straßburg, Math.-naturwiss. Diss. v. 8. Febr. 1909, Ref. Thiele
[Geb. 23. Mai 84 Illkirch-Grafenstaden; Wohnort: Illkirch Grafenstaden; Staatsangeh.: Elsaß-Lothringen; Vorbildung: Lyz. Straßburg Reife Sommer 03; Studium: Straßburg 11 S.] [U 09. 3869

Hildebrand, Herm., das Rigische Schuldbuch [1286—1352]. gr. 4. (LXXIX, 153 S. mit 1 Tab. in qu. Fol.) St. Petersburg 872. Leipzig, Voss. *

Hildebrand, Herm., s.: Urkundenbuch, liv-, est- u. kurländisches.

Hildebrand, Hugo, unsere Glaubenssätze in neuer Auslegung. [Dreieinigkeit. Abendmahl. Maria < Jesus. Schöpfung. Jüngster Tag.] gr. 8. (31 S.) Leipzig 888. Fock. *

Hildebrand, Hugo, Aristoteles' Stellung zum Determinismus und Indeterminismus. Inaugural-Dissertation. gr. 8. (63 S.) Leipzig 884, (Fock.) 4

Hildebrand, J., ars bene moriendi s. praxis circa moribundos. Helmst. 1661; rec. 1719. 4.

— de veterum concionibus. Helmst. 736. 4.

Hildebrand, J., meine Erlebnisse aus der Praxis. 2 Bde. (656 S.) 8. Braunschweig 900. (Steinstr. 2), Direktor J. Hildebrand. Geb. in Leinw. n. 4.–

Hildebrand, J., (Helmst. 1719. 4.) de jejunio.

Hildebrand, J., de invocatione et precibus. Helmst. (s. a.) 4.

— de precibus vett. Christianorum. Helmst. 1656; rec. 1702, 1740. 4.

— Rede am Tage d. Primiz des Weltpriesters Jos. Ulbich. 8. Bresl. 793. J. Fr. Korn. 2 gl.

Hildebrand, J., de ritibus sacris. Helmst. 1655; rec. 1697 et 1713. 4.

Hildebrand, J., rituale eucharistiae vet. ecclesiae. Helmst. 1702. 4.

Hildebrand, J., rituale poenitentiae eccl. vet.; ed. Chrysander. Kilon. 1751. 4.

— de priscae et primitivae ecclesiae sacris publicis, templis et diebus festis. Helmst. 1652; rec. 1702, 1735, 1740. 4.

Hildebrand, J., de primitivae ecclesiae templis. Helmst. 1702. 4.

Hildebrand, J., Trauerrede auf d. Aebtissin Demuth. 4. Glogau 804. C. F. Günther. 4 gl.

Hildebrand, J. And., Katechismuspredigten. 2 Thle. 4. Frankf. 705.

Hildebrand, J. B., nach Jerusalem. Erinnerungsblätter. (208 S.) 8. Luzern 907. Baeßler, Drexler & Co. 2.—

Hildebrand, J. E. Albrecht

1783. * Die höhere Geometrie besonders die Lehre von den Kegelschnitten zum Gebrauch beym Unterricht in der Real-Schule kurz abgefaſst von *J. E. A. Hildebrand*, Lehrer bey der Königl. Realschule. Berlin, in der Buchhandlung der Realschule. 8 Bog. 3 Kupft. 8. (8 gr.)

Hildebrand, J. E. Albr., Lehrbuch d. Arithmetik, Geomet. u. eb. Trigonometrie. 2 Thle. m. K. 8. Berl. Realschulbchhdl. 793. 805. (1r 20 gr. 2r 1 Rthlr. 16 gr.)

J. H. **Hildebrand's** Unterhaltungen f. Freunde d. popul. Philosophie. *Halle*, Franke. 788. 8° 20 gl

Hildebrand, Jo. Nexum sententiarum Laelii explicuit et annotationem perpetuam adjecit. 26 S. . . .

Sagan, Progr. 1844

Hildebrand, Jo. Carl Samuel, s. Hildebrand, Jo. Karl Samuel

Hildebrand, Jo. Friedrich

— — Academici templi dedicationem. Wittbg. (Carl Christian Dürr) 8. VIII. 1770. 16 Seiten. (3.50) 15169

— — De commodis elegantiorum literarum in jure naturae exemplo Grotii disputat. Wittbg. (Ephraim Gottlob Eichsfeld) Nov. 1750. 32 S. (6.50) 15164

— M. Jo. Friedrich (Oehringen/Franken), De eruditione Saxonis Carolini. Tl. I. Präs. Jo. Wilhelm v. Berger. Wittbg. (Ephraim Gottlob Eichsfeld) 1741. 32 S. (6.50) 15162
Tl. II s. Kleeditz, Dav. Heinr. 1741.

— — Explicato prius loco M. Antonini difficili. Wittbg. (Carl Christian Dürr) 1782. 16 Seiten. (3.50) 15171

— — De modo restituendi studia optima. Wittbg. (Carl Christian Dürr) 1771. 16 S. (3.50) 15170

— — De papilione ferali nonnulla disserit ad Ovid. Metam. XV. v. 372 sqq. Wittbg. (Ephraim Gottlob Eichsfeld) 1761. 24 S. (6.—) 15166

— — Cursus vivendi magistrorum in acad. Vitemberg. — De praesidis melioris fortunae Vitembergaę urbi fatali expectandis oratio. Wittbg. (Ephraim Gottlob Eichsfeld) 1761. 68 Seiten. (7.50) 15165
Biographien von: Christian Timotheus Raschig (Senftenberg; M.: J. E. Fickoldt), Christian Kaschub (Danzig; M.: C. Detloff), Johann Martin Schüler (Maebendorf b. Suhl; M.: A. B. Günzler), Christian Ernst Groebel (Langensalza; M.: Mentz), Christian Friedrich Ihle (Wolkenstein; M.: B. S. Rupp), Johann Lorenz Albrecht (Goermar b. Mühlhausen / Thür.; M.: H. Kloz), Johann Gottlieb Zierhold (Ragoesae / Saxon.), Johann Andreas Spitzner (Ober-Albertsdorf b. Werdau; M.: Ch. S. Boerner), Johann Ernst Spitzner (Ober-Albertsdorf b. Zwickau; M.: J. S. Heifel), Christian Gotthold Herrmann (Caemmerswalda/Sa.; M.: R. Ch. Schubardt), Jo. Gottfried Schmidel (Zoeblitz), Johann Gottfried Grill (Radeburg; M.: J. Thieme), Johann Theodor Richter (Guben; M.: C. S. Busch), Johann Friedrich Oehm (Hayna [= Grossenhain]; M.: M. M. Teuscher), Johann Christian Lebrecht Porsius (Niemegk; M.: Mucho), Johann Christian Benedictsohn (Leipzig; M.: A. J. Hopff), Heinrich August Boeckel (Dabrun b. Wittenbg.; M.: Ch. S. Ottleb), Gottfried Benjamin Flemming (Jüterbog; M.: A. M. Magnus), Gottlob Ernst Ottomar Baumeister (Görlitz; M.: J. E. F. Haferung), Johann Carl Anton Philipp Friderici (Treffurt; M.: F. D. H. Ellenberger), Johann Ehrenfried Wagner (Frauenstein), Christian Gottfried Lobeck (Franckenhusa-Misnicus; M.: D. S. Winckler), Christian Heinrich Hecht (Dresden; M.: M. R. Suadebach), Jo. Friedrich Lippold (Jessen), Christian Samuel Gottfried Grohmann (Wittenberg), Ernst Wolffgang Behrisch (Dresden; M.: S. Ch. Loescher), Matthias August Hase (Wittenberg; M.: R. S. Goetz), Traugott Lebrecht Mylius (Wurzen; M.: E. S. Koenig), Gottlieb August Cunigham (Rahnsdorf; M.: J. M. Ziemer), Fried. Gottlieb Barth (Wittenberg), Johann Abraham Gottlieb Frenzel (Eigen/Schoenau/Ob.-Laus.; M.: R. S. Schuster), Carl Gottlob Laurentius (Sonnewalde), Elias Richter

(Steinigt-Wolmsdorff b. Stolpen; M.: M. Pech), Christoph Jo. Gottfr. Haymann (Pforta; M.: Koetteritz), Johann Friedrich Rissmann (Jüterbog; M.: Thürmann), Johann Gottfried Wachsmuth (Kemberg; M.: J. D. Müller), Johann Benjamin Steltzner (Zeithayn/Misn.; M.: J. Ch. Fritsch), Immanuel Gotthold Goebel (Striesen; M.: A. Ch. Reichel), Johann Philipp Gross (Wildbach b. Schneeberg), Gottfried Winckler (Glauchau; M.: J. Tittmann), Gottfried Herklotz (Richstad/Misn.; M.: M. Giezelt), Jo. Jacob Dieterich (Leipzig), Jo. Gottfried Bodinus (Frankenhausen/Schwarzbg.; M.: M. D. Helbing), Georg Friedrich Vogler (Dresden; M.: Mük), Christian Adolph Topf (Langeroda b. Wiehe/Thür.; M.: A. Ch. Bertuch), Johann Friedrich Graebner (Weisbach/Zschopau; M.: J. Ch. Fehr), Samuel Gottlob Wagner (Saathain/Misn.; M.: M. C. Nicolai), August Christian Gottfried Hederich (Barby; M.: S. M. Noeldechen), Johann Benjamin Hahn (Dresden), Johann Georg Mühle (Weesenstein/Misn.; M.: R. Bezold), Johann Georg Praedico (Wittenberg; M.: A. Ch. Burck), Johann Gottfried Wilhelm Hofmann (Radefeld b. Delitzsch; M.: Ch. S. Huls), Johann Christoph Richter (Wittenberg; M.: M. S. Gempel), Johann Plietzsch Liebsdorff / Vogtld.; M.: S. Müller), Daniel Friedlieb Jung (Schildau; M.: E. S. Stockmann), Johann Gottlob Ludewig (Dresden; M.: A. R. Roth), Johann Gottlieb Nitzsche (Dresden), Christian Ludwig Wendler (Schoenborn; M.: D. Ch. Greller), Christian Gottlob Graf (Eilenburg).

— — Racematio in Tacito XXXVIII. Wittenbg. (Carl Christian Dürr) 1790. 8 Bl. (3.—) 15172

— — (Rector zu Wittenbg.), De Saxonibus Christo subjectis. Wittbg. (Ephraim Gottlob Eichsfeld) 1746. 16 S. (5.—) 15163

— — Utilitas poetarum praestantior in philosophia quam historicorum. Wittbg. (Carl Christian Dürr) 1766. 20 S. (4.—) 15167

— — Orationem ab Joanne Carolo Rugero (Thurma/Schoenburg). — Via compendiaria discendae linguae latinae spec. III. Wittbg. (Carl Christ. Dürr) 1770. 4 Bl. (3.—) 15168

Hildebrand, Jo. Karl Samuel

Hildebrand, Jo. Car. Sam., praes. J. C. A. Mayer, Diss. sistens analecta ad artem obstreticiam pertinentia de dilaceratione velamentorum artificiali et de convulsionibus parturientium. 19 pp. Traj. ad V. 8°. 1784

Hildebrand, Joachim

— Anm. üb. d. Propheten Hoseas. 8. Crossen. 715.

Hildebrand, Ioach., antiquitates ex universa scriptura sacra selectae 4. Helmst. Reussner. 735.

Hildebrand, J., de diebus festis libellus. Helmst. 1701; rec. 1718, 1722. 4.

— — De diebus festis libellus. Helmstedt (Georg Wolfgang Hamm) 1701. 128 S. mit Register. (12.50) 15134

— — Dasselbe. Ed. nov. Helmstedt (Schnorr) 1735. 94 S. (12.50) 15135

— — De donatione Constantini imperatoris facta, ut aiunt, Sylvestro, Papae. Tractatio histor.-juris publ. Halle (Johann Christian Hilliger) 1739. 52 Seiten. (7.—) 15136

— Joachim, Tractatus de hierarchia veteris ecclesiae. Helmstedt 20. XI. 1661. (Hermann Daniel Hamm) 1721. 112 S. mit Register. (10.—) 15126

— — Dasselbe. Ed. nov. Helmstedt (Schnorr) 1737. (10.—) 15127

Hildebrand, J., de nuptiis vett. Christianorum. Helmst. 1656; rec. 1661, 1702, 1714, 1717, 1733. 4.

— — De nuptiis veterum Christianorum libellus. Helmstedt 1662 (Georg Wolfgang Hamm) 1701. 68 Bl., tlws. dtsch. (15.—) 15128
Gew.: Hildebrand Christoph v. Hardenberg (Hardenberg, Geismar, Widerstet).

— — Dasselbe. Ed. nov. Helmstedt (Paul Dietrich Schnorr) 1733. 114 S.ohne Widm. (15.—) 15129

— de nuptiis vet. Christianor. 4. Quedlinb. Reussner. 733.

— offertorium pro defunctis h. e. de veterum oblationibus, missis, precibus, eleemosynis pro defunctis. Helmst. 1707; rec. 1741. 4.

— offertorium prim. ecclesiae pro defunctis 4. Quedlb. Ernst. 741.

— — De religiosis eorumque variis ordinibus tractatus. Ed. nov. Helmstedt (Schnorr) 1741. 76 S. mit 2 Registern. (9.—) 15137

— — Rituale baptismi veteris publicis lectionibus olim dicatum & nunc iisdem denuo destinatum à Johann Andreas Schmidt. Helmstedt 30. III. 1699. Ed. II (Georg Wolfgang Hamm) 1711. 4 Bl., 120 S. mit Register. (9.—) 15132

— — Dasselbe. Ed. nov. Helmstedt (Schnorr) 1736. 62 S. ohne Register. (8.50) 15133

— rituale orantium. Ibid. 1656; rec. 1694, 1713, 1740. 4.

— rituale orantium vel compend. vet. orandirituum. 4. Helmst. 740.

— schediasma de vocatione interna. 4. Berlin, Nicolai. 740.

Hildebrand, Joan. (Franc. Nepomucenus) (geb. Altwasser bei Glogau 3. 9. 1811): Philosophiae gnosticae origines. Berolini (1839). (X, 78 S.) 8°
Berlin, Phil. Diss. v. 5. Okt. 1839

Hildebrand, J., Philosophiae gnosticae origines. Dissert. historico-philos. 8. Berolini 839. Burmeister et St. n. 1/2 Rthlr

Hildebrand, Johann. Untersuchungen über Form und Stärke der Metacarpalknochen der Pferde und Feststellung des Wertes der Röhrenumfangmessungen. Aus dem Institute für Tierzucht der Kgl. Tierärztl. Hochschule zu Hannover.... Diss. Vet.-Med. Bern. [Mit 4 Tafeln und 1 Tabelle.] 37 S. 8. Hannover, M. & H. Schaper, 1909.

Hildebrand, Joh. Ein ruffende Wächterstimme an alle Seelen die nach Gott und seinem Reich hungernd sind. Germantown: Saur, 1747. HSP

Hildebrand, Joh., s.: Wunder, das, u. das Christentum.

Hildebrand, Johann Andreas Carl, s. Hildebrandt, Christoph

Hildebrand, Johann Andreas Christoph, s. Hildebrandt, Christoph

Hildebrand, Johann Carl Theophil, s. Hildebrand, Johann Karl Theophil

— **Johann Christian** (Liegnitz / Schles.), De herede fidejussoris occasione l. ult. C. de Evict. Disp. jur. Präs. Joh. Bernhard Friesen (Pösen). Jena (Werther) Dez. 1704. 24 S. (6.80) 15139

Hildebrand, Jh. Cph., Handbuch für Buchdrucker-Lehrlinge. Enthaltend unentbehrl. Nachweisungen, Vorschriften, Berechnungen, nützliche Winke, Geschichtliches d. Kunst, auch Lebens- u. Wanderregeln, nebst e. alphabet. Verzeichnisse von 719 Druckereien in 317 Städten. 8. Eisenach 835. Bärecke. ½ ℛ

— **Johann Daniel** (Ortrant), De solutione triennali, ad l. quicunque 3. c. de apochis publ. Diss. jur. Präs. Conr. Wilhelm Strecker. Erfurt (Hering) 9. V. 1737. 20 S. (6.50) 15140

Hildebrand, Joh. Fr.

— für Bekenner u. Freunde Jesu Christi. 8. Leipz. 790.

— das Buch f. Religionslehrer in Schulen ꝛc. 8. Leipz. 784. Weygand. 12 gℓ

Hildebrand, Joh. Fr., s. Buch f. Schüler.

— Paulus; od. Beitr. zur Vertheidigung der Apostel Jesu. 2 Thle. 8. Quedlinb. 793, 94. Ernst. 1 ℛ 16 gℓ

– s.a. Unterhaltungen für Freunde der populär. Philosophie.

— Unterhaltung. f. Freunde der popul. Philosophie. 8. Halle, Franke. 788.

— dieselben. 8. Görlitz, Anton. 788.

– s. Wie hat sich ein Prediger etc. zu verhalten.

Hildebrand, Jh. Fr., († d. 17. Jan. 1800.) wie können deutsche u. besond. preuß. Unterthanen für die französ. Revolution sein? 8. Quedlinb. 793. Ernst. 6 gℓ

Hildebrand, Johann Heinrich

– s. Cicero, vom Alter.

– s. Seneca, v. Zorn.

– s. J. W. Streithorst, hinterlass. Aufsätze.

— **Johann Heinrich** (Leipzig), De transitu et admissione legati. Exercit. juris gentium. Präs. D. Christian Rau. Lpz. (Carl Tauchnitz) 6. IV. 1797. 42 S. mit Widm. v. Präs. (6.30) 15173

– s. Victor Aurelius, röm. Geschichte.

Hildebrand, Johann Karl Theophil

— **Johann Carl Theophil** (Dresden), De colocynthide ejusque praesertim in hydrope usu. Diss. med. Präs. Christian Gotthold Eschenbach. Lpz. (Elberti) 24. VIII. 1821. 32 S. (6.50) 15161
Gew.: Carl Lang (Wackerbarthsruh).

Hildebrand, Joh. Ludw., Preisschrift, auf welche Weise alle Armen, Wittwen u. Waysen in jedem Land versorget, dem Umlauf der Bettler gesteuert werde. 8°. Frankfurt u. Leipzig, 1766.

— **Johann Martin** (Tübingen), De resignatione supremae voluntatis. Disquis. jur. Präs. Ferdinand Christoph Harpprecht. Tübing. (Johann Cunrad Reis) Jan. 1704. 60 S. (7.—) 15174
Gew.: Johann Hiller v. u. zu Gärtringen.

Hildebrand, Johannes Fridericus: Observata et cogitata quaedam de cancro. Vratislaviae 1814. (15 S.) 4°
Breslau, Med. Diss. v. [9. Nov. 1813]

Hildebrand, Jul., die Grundlinien der Vernunftreligion Kants. gr. 8. (44 S.) Cleve 875. Char. n. 1. --

Hildebrand, J. J. J. Rousseau vom Standpunkte der Psychiatrie. Ein Beitrag zur Beurteilung seines Charakters. Cleve, G., 1884. 48 S. 4. Progr.

Hildebrand, Jul., Jean Jacques Rousseau vom Standpunkte der Psychiatrie. Ein Beitrag zur Beurtheilung seines Charakters. 4. (48 S.) Berlin 884, Gaertner's Verlag. *

Hildebrand, J., die Schlacht bei Pr. Eylau am 7. u. 8. II. 1807. Hrsg. im Auftrage des Kreisausschusses d. Kreises Pr. Eylau. 2. Aufl. (45 S. m. 1 Karte.) 8. Quedlinburg 906. H. C. Huch. — 80

Hildebrand, Julius: Die Schlacht bei Pr. Eylau am 7. und 8. Februar 1807. Von Dr. J[ulius] Hildebrand, Pfarrer in Schmoditten. Hrsg. im Auftr. d. Kreisausschusses d. Kr. Pr. Eylau. 2. verb. Aufl. Quedlinburg: H. C. Huch 1907. (46 S.) 8°

Hildebrand, K. Christian Gottlob

Hildebrand, K. Chr. Glo., einige Anekdoten aus dem französ. Kriege. 8. Neustadt a. d. O. 181.

Hildebrand, C. C. G., Vers. einiger Pred. in Versen. gr. 8. Neust. an d. Orla, Wagner. (Fr. Bruder in Lpz.) 808.

Hildebrand, Karl

Hildebrand, C., das Heil kommt von den Juden. Drei schlichte Vorträge für schlichte Christenleute über das Wort unsers Herrn: Ev. Johannis 4, 22; gehalten im evangel. Verein zu Berlin. Berlin 869. (E. Beck.) gr. 8. (40 S.) n. 5 ngr.

Hildebrand, Karl, üb. die **Conditionalsätze** u. ihre Conjunctionen in der älteren Edda. gr. 8. (III, 62 S.) Leipzig 872. Lorentz in Comm. n. 1. –

— s.: **Lieder, die, der älteren Edda.**

Hildebrand, K., die Lieder der älteren Edda, s. Bibliothek der ältesten deutschen Litteratur-Denkmäler.

Hildebrand, Karl, Nachweis der Urkraft der Welt m. der Erklärung des ganzen Weltgebäudes u. aller Naturerscheinungen durch die Wirkungen e. einzigen Kraft. Naturwissenschaftliche Studie. (158 S.) 8. Strassburg 909. Strassburger Druckerei u. Verlagsanstalt. 4. 50

— **Väter, Mütter! lasset uns unsere Kinder christlich erziehen.** Ev. Marci 10, 13–16. Worte der Liebe an Eltern u. Erzieher, wie an alle, die es mit der Kinderpflege zu thun haben. Vorträge, gehalten im evangel. Verein zu Berlin. Neusalz a. O. 870. Lange. 8. (64 S.) n. 6 ngr.

Hildebrand, Karl: Die versteilung in den Eddaliedern. Halle 1873: Waisenhaus. 29 S. 8°
Halle-Wittenberg, Phil. Hab.-Schr. v. 11. Juli 1873
Ersch. vollst. in: Zeitschrift für deutsche Philologie. Erg. Bd. Halle 1874. S. 74–139.

HILDEBRAND, KARL. Ueber das gelbe und rote Xanthorrhœa (Akaroid) Harz. (Bern) Friedberg, 1897.

Hildebrand, Karl Adolph

Hildebrand, Carlos Adolphus: De favo. Halis Saxonum (1853): Gebauer-Schwetschke. 32 S. 8°
Halle-Wittenberg, Med. Diss. v. 5. März 1853
Geb. Merseburg 11. 12. 1826. V.

— **Carl Adolph** (Merseburg), De favo. Diss. med. Halle (Gebauer-Schwetschke) 5. III. 1853. 32 S. mit Biogr. (M.: Ch. Weber.) (6.20) 15109
Oppon.: H. Schrader, H. Tiefftrunk. — Gew.: E. Blasius, Felix v. Baerensprung.

Hildebrand, Karl August

— **Carl August** (Königsbrück b. Dresden; Leipzig), Chloroscos pathologiam et therapiam complectens. Diss. med. Bln. 25. IV. 1826. 30 S. mit Biogr. (M.: Ch. D. Warnatz.) (6.80) 15110
Oppon.: Ed. v. Siebold, F. Funck, G. Reinhard. — Gew.: Friedrich Wilhelm Kranichfeld, Friedrich Gottlob Hoere.

Hildebrand, Konstantin August

— **Constantin Aug.** (Wehlau/Preuss.), De auri potissimum auri muriatici usu in medicina. Diss. med. Königsberg (Hartung) 18. X. 1827. 35 S. mit Biogr. (M.: S. B. Cholev.) (7.—) 15113
Oppon.: J. A. G. Kleeberg (Kutnano [= Kutno] / Polen), A. Rosenbaum (Königsberg). — Gew.: Carl Fried. Burdach, Carl Unger.

Hildebrand, L., das k. k. Belvedere, s.: **Barockpaläste,** Wiener.

Hildebrand, E. P., Sieges-, Dank-, Friedens- u. Huldigungspredigt, herausg. v. Friedrich. gr. 8. Frkf. a. M. 816. Bosselli. 3 ℳ

Hildebrand, M. T. W., die Geschichte der Apostel Jesu nach Lucas. gr. 8. Leipzig, Barth. 821.

— — das **Verhältniß** der Stadt Zwickau zur Kirchenreformation) bey Gelegenheit des 3ten Jubiläums im Jahre 1317 dargestellt. 8. Zwickau. (Leipzig, Dyk in C.) 818.

— — **Versuch** über den Sinn und die Verheißung Christi bey der Stiftung des heiligen Abendmahls. 8. Freyberg, Craz und Gerlach. 817.

Hildebrand, Max (geb. Drossen 30. 4. 1850): Ueber die Augenuntersuchung der dienstpflichtigen Mannschaft. Berlin (1880). (29 S.) 8°
Berlin, Med. Diss. v. 1. Mai 1880

Hildebrand, Max (geb. Elbing 8. 7. 1844): Ein Beitrag zur Casuistik der Sclerose des Rückenmarks. Berlin (1869). (34 S.) 8°
Berlin, Med. Diss. v. 21. Dez. 1869

— **Michael Friedrich** (Grafschaft Wolffstein), De tempore paschatis anno C. 1744 rite determinando. Disp. mathemat. Präs. M. Gotthard Haffner (Ulm). Altdorf (Joh. Georg Meyer) 23. II. 1742. 12 Bl. (6.50) 15142

Hildebrand, Otto, s.: **Archiv f. klinische Chirurgie.**

Hildebrand, Otto [Arzt]: Beitrag zur Lehre von der Aetiologie der Meningitis traumatica suppurativa . . . Jena, Frommannsche Buchdr. (Hermann Pohle), 1886; 38 S. 8°.
Jena, Med. Fak., Inaug. Diss. v. 16. Jun. 1886

— **Allgemeine Chirurgie,** s.a. **König's,** Frz., Lehrbuch der Chirurgie.

Hildebrand, Otto: Allgemeine Chirurgie von Dr. Otto Hildebrand, Prof., Berlin. 3. neu bearb. Aufl. Mit 438 Abb. Berlin: Hirschwald 1909. XII, 996 S. 8°
(König, Franz: Lehrbuch d. Chirurgie f. Ärzte u. Studierende. Bd 4.)

Hildebrand, Otto: Ueber die Einwirkung von Phosphorsulfochlorid auf Phenole. *Freiburg i. B. 1898: Ch. Lehmann's Nachf.* (57 S.) 8°
Freiburg i. B., Phil. Diss. v. 1898

Hildebrand, Otto: Die Entwicklung der plastischen Chirurgie. Festrede, gehalten am Stiftungstage der Kaiser Wilhelms-Akademie für das Militärärztliche Bildungswesen, 2. Dezember 1908 von –. Berlin: Hirschwald 1909. 36 S. 8°

Hildebrand, Otto, Grundriss der chirurgisch-topographischen Anatomie m. Einschluss der Untersuchungen am Lebenden f. Ärzte u. Studirende. Mit e. Vorwort v. Frz. König. gr. 8. (XII, 324 S. m. 92 z. Tl. farb. Abbildgn.) Wiesbaden 894. J. F. Bergmann. n. 7. —; geb. n. 8. —

Hildebrand, Otto, **Grundriss der chirurgisch-topographischen Anatomie** m. Einschluss der Untersuchungen am Lebenden. Mit e. Vorwort v. Frz. König. 2. verb. u. verm. Aufl. Mit 98 teils mehrfarb. Abbildgn. im Text. gr. 8. (XX, 336 S.) Wiesbaden 900. J. F. Bergmann. n. 7. —

— s.: **Jahresbericht** üb. die chirurg. Abteilung u. d. chirurg. Poliklinik des Spitals in Basel.

Hildebrand, s.: **Jahresbericht** üb. d. Fortschritte d. Chirurgie.

— Lehrbuch der Chirurgie, s.: **König,** Frz.

— die Lehre von den ischämischen Muskellähmgn. u. Kontrakturen, s.a. Sammlung klinischer Vorträge. Nr. 437.

Die Lehre von den ischämischen Muskellähmungen und Kontrakturen. Von O[tto] **Hildebrand** (Berlin). Leipzig: Breitkopf & Härtel 1906. (26 S.) 4°
= **Sammlung** Klinischer Vorträge. N. F. No 437. (o6. 14300

Hildebrand, Otto, das Pianino, sein Bau u. seine Behandlung, s.: Mayer's Bibliothek der Praxis. 6. Bd.

— s.: Sammlung klinischer Vorträge.

— Tuberculose u. Scrophulose, s.a. Chirurgie, deutsche. 13.

Hildebrand, Otto. Tuberculose und Scrophulose. Von Dr. Otto Hildebrand, ord. Prof.... [in] Basel. CLVIII + 292 S. 8. Stuttgart, Ferdinand Enke, 1902. [M. 15.—]
Deutsche Chirurgie.... Hrg. von E[rnst] v. Bergmann und P[aul] v. Bruns. Liefg. 13....

Hildebrand, Otto: Petrographische Untersuchung einiger Steinwerkzeuge aus Westpreußen. 8°
Aus: Schriften d. Naturf. Gesellschaft in Danzig. N. F. Bd 11. 1903. (03. 11651 B

Hildebrand, Otto Heinrich, s. Hildebrand, Heinrich

Hildebrand, P., Jugendklänge. Wald- u. Liebeslieder. 16. (IV, 61 S.) Berlin 888. M. Hartmann. n. 1.—; geb. n. 2.25

Hildebrand's, P., Radfahrer-Reisebuch. 1. Hft. gr. 16. München 890. (Scherzer.) n. — 30
München. (12 S. m. 4 Karten.)

Hildebrand, Paul, a. Leobschütz (Schles.): Die Datierung in der Geschichtsschreibung des 10. Jahrhunderts. Greifswald 1908: H. Adler. (92 S.) 8°
Greifswald, Phil. Fak., Ref. Bernheim, Diss. v. 31. März 1908
[Geb. 16. Mai 83 Wilkau O.-S.; Wohnort: Leobschütz; Staatsangeh.: Preußen; Vorbildung: Gymn. Leobschütz Reife O. 04; Studium: Greifswald 1, Breslau 1, München 1, Greifswald 4 S.; Rig. 28. Nov. 07.]

Hildebrand, Paul *(geb. Münsterberg in Schles. 29. 9. 1845)*: Zusammenstellung von 177 Fällen von Brucheinklemmung, welche in der Breslauer chirurgischen Klinik und Poliklinik behandelt worden sind. Breslau 1869. (35 S.) 8°
Breslau, Med. Diss. v. 26. Nov. 1869

Hildebrand, Peter, approb. Arzt aus Trier a. d. Mosel: Aus d. Universitäts-Frauen-Klinik zu Giessen. (Dir.: Geh. Med.-Rat Prof. Dr. Löhlein.) Ueber den Vorfall der Extremitäten unter der Geburt. *Giessen 1900: v. Münchow.* (55 S.) 8°
Giessen, Med. Diss. v. 1900

Hildebrand, Philipp, appr. Arzt aus Köln a. Rh.: Aus d. Kgl. Universitäts-Augenklinik zu Greifswald. Zur Klinik und pathologischen Histologie der Conjunktivaltransplantation. *Greifswald 1902: F. W. Kunike.* (30 S.) 8°
Greifswald, Med. Diss. v. 11. Febr. 1902

Hildebrand, Graf Ferdinand v. Zeppelin, s.a. Persönlichkeiten. 2. Heft.

Graf Ferdinand von Zeppelin von Hauptmann **Hildebrand.** Charlottenburg: Virgil-Verl. [1908]. (33 S.) 8°
= **Persönlichkeiten.** Illustr. Essays. H. 2. (o8. 3113

HILDEBRAND, R., Materialien zur Geschichte des deutschen Volksliedes. Leipzig 1900. (Citirt O. Schell.)

Hildebrand, R., Polizei-Handbuch, s.: Grotefend, G. A.

Hildebrand, Richard (aus Rosenthal, Kreis Frankenberg, Assistenzarzt an d. med. Poli Klinik zu Marburg): Zwei Fälle von primären malignen Lungentumoren im Anschluss an Lungen Tuberkulose .... Marburg, Druck v. Georg Schirling, 1887; 31 + 1 S. 8°
Marburg Med. Fak., Inaug.-Diss. v. [22. Dez.] 1887

Hildebrand, Richard, zwei Fälle von primären malignen Lungentumoren im Anschluss an Lungen-Tuberkulose. Diss. Marburg 1887, N. G. Elwert'sche Univ.-Buchh. 8°. 31 S.

Hildebrand, R. Die britische Post. 8°. Jena 1864.

Hildebrand, Rich., üb. das Problem e. allgemeinen Entwickelungsgeschichte des Rechts u. der Sitte. Inaugurations-Rede, geh. am 15. Novbr. 1893. Lex.-8. (33 S.) Graz 894. Leuschner & Lubensky. n. 1.—

Hildebrand, Rich., Recht u. Sitte auf d. verschied. wirthschaftl. Kulturstufen. 1. Tl. gr. 8. (IV, 191 S.) Jena 896. G. Fischer. n. 5.—

Hildebrand, Rich., Recht u. Sitte auf den primitiveren wirtschaftlichen Kulturstufen. 2., wesentlich umgearb. Aufl. (VIII, 191 S.) gr. 8. Jena 907. G. Fischer. 5.—

Hildebrand, Rich., das Chequesystem und das Clearinghouse in London. Ein Beitrag zur Kenntniss des engl. Bankwesens. gr. 8. (44 S.) Jena 867, Mauke. *

Hildebrand, Rich., die Theorie des Geldes. Kritische Untersuchungen. gr. 8. (V, 146 S.) Jena 883, Fischer. *

Hildebrand, Rudolf

Hildebrand, Rud., gesammelte Aufsätze u. Vorträge zur deutschen Philologie u. zum deutschen Unterricht. gr. 8. (VI, 335 S.) Leipzig 890. Teubner. n. 8.—

Hildebrand, Rud., Beiträge zum deutschen Unterricht, s: Zeitschrift f. den deutschen Unterricht.

— Gedanken üb. Gott, die Welt u. das Ich. Ein Vermächtnis. (Hrsg. v. Geo. Berlit.) (479 S.) gr. 8. Jena 910. E. Diederichs. 8.—; geb. 10.—

Hildebrand, Rud., s. Grimm, Jak. und Wilh., deutsches Wörterbuch.

Hildebrand, Rud., Grundzüge der Physik, s.: Crüger, Joh.

Hildebrand, Rud., Lehrbuch d. Physik, s.: Crüger, Johs.

Hildebrand, Rud., Materialien zur Geschichte des deutschen Volkslieds, s.a. Zeitschrift f. den deutschen Unterricht. 5. Erg.-Hft.

Hildebrand, Rudolf: Materialien zur Geschichte des deutschen Volkslieds. Aus Universitäts-Vorlesungen von —. Hrsg. von G(eorg) Berlit. T. 1. Leipzig: B. G. Teubner 1900. 8°
= Zeitschrift f. d. deutschen Unterricht. Jg 14. Erg. H. 5.

— Naturlehre, s.: Crüger, Johs.

Hildebrand, Rud., s.: Sachsenspiegel.

Hildebrand, Rud., vom deutschen Sprachunterricht in der Schule u. v. deutscher Erziehung u. Bildung überhaupt. 2., verm. Aufl. m. einem Anh. über Fremdwörter u. ihre Behandlung in der Schule. gr. 8. (VI, 197 S.) Leipzig 879. Klinkhardt. n. 2. —

— vom deutschen Sprachunterricht in der Schule u. von deutscher Erziehung u. Bildung überhaupt, mit einem Anh. üb die Fremdwörter u. e. neuen Anh. üb. das Altdeutsche in der Schule. 3., verb. Aufl. gr. 8. (VIII, 276 S.) Leipzig 887. Klinkhardt. n. 3. —

Hildebrand, Rud., vom deutschen Sprachunterricht in der Schule u. v. deutscher Erziehung u. Bildung überhaupt, m. e. Anh. üb. die Fremdwörter u. e. neuen Anh. üb. das Altdeutsche in der Schule. 4., nachgebesserte, wenig verm. Aufl. gr. 8. (VIII, 278 S.) Leipzig 890. Klinkhardt. n. 3. —

Hildebrand, Rud., vom deutschen Sprachunterricht in d. Schule u. v. deutscher Erziehg. u. Bildg. überhaupt, m. e. Anh. üb. d. Fremdwörter u. e. üb. d. Altdeutsche in d. Schule. 6. Aufl. gr. 8. (VIII, 279 S.) Leipzig 898. J. Klinkhardt. n. 3. —

— vom deutschen Sprachunterricht in der Schule u. v. deutscher Erziehung u. Bildung überhaupt, m. e. Anh. üb. die Fremdwörter u. e. üb. das Altdeutsche in der Schule. 7. Aufl. gr. 8. (VIII, 279 S.) Leipzig 901. J. Klinkhardt. n. 3. —; geb. n.n. 3. 60

— vom deutschen Sprachunterricht in der Schule u. von deutscher Erziehung u. Bildung überhaupt. Mit e. Anh über die Fremdwörter u. e. über das Altdeutsche in der Schule. 8.—10. Aufl. (à VIII, 279 S.) gr. 8. Leipzig 903—906. K. Klinkhardt. n. 3. —

— Vom deutschen Sprachunterricht in der Schule u. v. deutscher Erziehung u. Bildung überhaupt. Mit e. Anh. üb. die Fremdwörter u. e. üb. das Altdeutsche in der Schule. 11. u. 12. Aufl. (VIII, 279 S.) 8. Leipzig 908. 10. J. Klinkhardt. Geb. in Leinw. 3. 60

Hildebrand, Rud., Tagebuchblätter e. Sonntagsphilosophen. Gesammelte Grenzbotenaufsätze. 8. (VIII, 385 S.) Leipzig 896. F. W. Grunow. n. 4. —

Hildebrand, Rudolf [aus Leipzig]: Untersuchungen ueber [sic!] den Einfluss der Feuchtigkeit auf Holzer und Elfenbein . . . Leipzig, Johann Ambrosius Barth, 1888; 41 S. u. 1 Taf. 8°

Würzburg, Phil. Fak., Inaug. Diss. v. 1888

— über Walther v. der Vogelweide. Eine Jugendarbeit (aus dem J. 1848). Hrsg. v. Geo. Berlit. gr. 8. (39 S.) Leipzig 900. B. G. Teubner. n. —60
Sonderabdruck aus: „Zeitschr. f. d. deutschen Unterricht".

— deutsches Wörterbuch, s.: Grimm, Jac.

— über Grimm's Wörterbuch in seiner wissenschaftlichen u. nationalen Bedeutung. Vorlesung gehalten am 24. April 1869 zum Antritt einer ausserordentl. Professur für deutsche Litteratur. Leipzig 869. Hirzel. gr. 8. (13 S.) n. 5 ngr

— s.: Zeitschrift f. den deutschen Unterricht.

HILDEBRAND, Simon (Schwarzhofen): De lithontripticis.- Landishuti: Storno 1821. 30 S.,4 Bl.
17.2.1821 - Po 986; P 58
Diss.Ingolst.-Landsh.-Mchn.

HILDEBRAND, Sune Hildebrand.
Die Discourse der Mahlern. Zürich 1721—23, und Der Mahler der Sitten. Zürich 1746, sprachlich verglichen. Ein Beitrag zur Geschichte der nhd. Schriftsprache in der Schweiz. Inaugural-Dissertation von Sune Hildebrand. Uppsala 1909. 8:o. xix + 129 s.
Diss. Uppsal. phil.

Hildebrand, T. E., die Rhein-Weser-Eisenbahn-Actien-Gesellschaft in ihrem Zerwürfniß. Ein Wort an die mit den Zahlungen zurückgeblieb. Actionaire u. ein warnender Zuruf an Actien-Gesellsch. überhaupt. gr. 8. (2½ B.) Magdeburg 842, Baensch.

Hildebrand, Theodor, s.a. Hildebrandt

Hildebrand, Theodorus [Wernigerodensis]: Quaestiones de Furiis poetis ... Halis Sax., form. Kaemmererianis, 1892; 51 S. 8.
Halle, Phil. Fak., Inaug.-Diss. v. [11. Juni] 1892

Hildebrand, Traugott W.

Hildebrand, Tr. W., Antrittspredigt am 16ten Sonnt. n. Trin. 1822 zu St. Maria in Zwickau. 8. Leipz. 822. Weygand. 2 gr

Hildebrand, Tr. W., Archiv f. Parochialgesch., s.a. Archiv.

Hildebrand, Tr. W., Archiv für Parochialgeschichte der einzelnen Kirchen und Schulen des deutschen Vaterlandes; enthalt. merkwürd. Urkunden und Nachrichten aus alter und neuer Zeit. Herausg. in Verbindung mit Andern. 1r Bd. 1s—5s Heft. 8. Zwickau 834—36. Gebr. Schumann. (à ⅓ ℛ) 1⅔ ℛ

— s. Archiv merkwürd. Urkunden.

— vierfache Auswahl bibl. Parallel-Stellen, zu d. gewöhnl. Sonn- u. Festtags-Evangelien u. Episteln d. ganz. Jahres. gr. 8. Zwickau 826. (Cnobloch in Leipz.)

— Beicht-Reden zur Vorbereitung auf die Feier des heiligen Abendmahls, für Jünglinge auf Universitäten und gelehrten Schulen. 8. Leipzig 833. Hartmann. ½ ℛ

— Beicht-Reden z. Vorbereitung auf d. Feier d. heil. Abendmahls, f. Jünglinge auf Universitäten u. gelehrten Schulen. 8. (7¾ B.) Leipzig 834, Hartmann.

— Eutaxia, s. Eutaxia.

— Formulare zu Kirchengebeten an Sonn- u. Festtagen u. bei verschied. Gelegenheiten, so wie zu amtl. Handlungen bey d. mannigfalt. Casualfällen, mit Berücksichtigung verschied. Gemeinden. Nebst e. Anh. v. Antiphonieen u. Collecten bey besond. Fällen. 2 Thle. gr. 8. (37 B.) Leipzig 830, Hartmann.

— die Geschichte der Apostel Jesu, nach Lucas in einzelnen Betrachtungen homilet. bearb. gr. 8. Leipz. 821. Barth. 1 ℛ 16 gr

— die Geschichte d. Apostel Jesu nach Lucas, exeget.-hermeneut. bearb. gr. 8. Leipz. 824. Barth. 2 ℛ 15 gr

— neue Mittheilungen an Prediger. Neue Folge. 1r u. 2r Bd. à 4 Hfte. gr. 8. Lpz. 823 u. 24. Weygand. à 1 ℛ 8 gr 2 ℛ 16 gr

— neue Mittheilungen für Prediger u. Schullehrer rc. 1r Bd. 4 Hefte. gr. 8. Altenb. 821. (Weber in Ronneb.) 1 ℛ

Hildebrand, Tr. W., die für den evangelischen Gottesdienst im Königr. Sachsen verordn. neuen Perikopen, in einem bescheid. crit. Gutachten beleuchtet. 8. Zwickau 839. Richter. n. 1/6 ₰

—— die Reform d. evangel. Kirchenwesens im Königr. Sachsen. Ein Votum, basirt auf d. ält. christl. Kirchenverfassung u. auf d. Bedürfnisse d. gegenwärt. Zeit. 8. (4 B.) Zwickau 832, Richter.

— Repertorium ꝛc., s.a. Repertorium.

— Repertorium f. die Angelegenheit e. d. evangel.-christl. Predigtamts. 1r, 2r Jahrg. à 3 Hfte. 8. Meißen 825, 26, Goedsche. (à Hft. 10 ℊ) 2 ₰ 12 ℊ

—— die Hauptkirche St. Mariä zu Zwickau v. Zeit ihrer Begründ. bis auf d. Gegenwart, histor. beschrieben, nebst Nachrichten üb. die an ihr angestellten Geistlichen, Cantoren ꝛc. 8. (9¾ B. u. 4 Stnt.) Zwickau 841, (Richter'sche Buchh.)

Hildebrand, Traugott W., s. Schneider, Chr. Fr.: Wörterbuch üb. d. bibl. Sittenlehre.

— das Verhältniß d. Stadt Zwickau zur Kirchenreformation, bei Gelegenheit des 3ten Jubiläums im Jahre 1817 dargestellt. 8. Zwickau 818. (Druck in Leipz.) 4 ℊ

Hildebrand, Tr. W., Versuch über den Sinn u. die Verheißung Christi bei der Stiftung des heil. Abendmahls. 8. Frberg 816. Craz u. G. 6 ℊ

Hildebrand, W. De praecipuis vet. philosophor. de summo bono sententiis. 12 S. . . . .

Progr. Düsseldorf 1837

Hildebrand, W. Bernhard

Hildebrand, W. B., der Gottesbegriff in seiner Neugestaltung als Grundlage christlicher Weltanschauung u. ihrer Harmonie mit der Wissenschaft unserer Zeit. Mit e. Vorwort v. Kohlschütter. gr. 8. (VI, 78 S.) Dresden 874. Kaufmann. n. 1. 20

Hildebrand, W. Bernh., was können u. sollen wir Geistlichen thun zur Förderung der neuen Kirchenvorstands- u. Synodalordnung? Vortrag gehalten auf der Ephoralconferenz in Auerbach. Dresden 868. Naumann. gr. 8. (32 S.) n. 3 ngr.

Hildebrand, Walter, Referendar: Über die **Rechte** und Pflichten, die dadurch, daß ein Handlungsagent ein Geschäft im Namen des Geschäftsherrn mit einem Dritten abgeschlossen hat, unter sämtlichen Beteiligten regelmäßig begründet werden. *Greifswald 1904: J. Abel.* (45 S.) 8° [F.]

Greifswald, Jur. Diss. v. [25. Juli] 1904

Hildebrand, Wilhelm (Red.), s. Radfahr-Humor.

Hildebrand, Willy, aus Brumath i. E.: Ueber die **Condensation** des Acetylacetons mit bernsteinsaurem Natrium unter Mitwirkung von Essigsäureanhydrid. *Straßburg i. E. 1902: C. & J. Goeller.* (50 S.) 8°

Straßburg, Math.-naturw. Diss. v. 1902

Hildebrand, Wolfg.

— — Wahre — Entdeckung der furnemsten Articul von der Zauberey. Leipz. 704. 4.

Hildebrand, Wolfg., Kunst- und Wunderbuch. 4. Frkft 704.

Hildebrand-Weinheim, G., Die Entwicklung der Handelsmüllerei und die Mühlenumsatzsteuer. Charlottenburg 1906. 8°.

Hildebrandi schedae, s. Fügner, Frz. Lexicon Livianum.

Hildebrandslied, das, s.a. Bötticher, G., u. K. Kinzel, Denkmäler der älteren deutschen Litteratur.

Hildebrandslied, dasz, hrsg. von Al. Vollmer und K. Hofmann. Lex.-8. (22 S.) Leipzig 850, G. Mayer.

Hildebrandslied, das, nach der Handschrift von Neuem hrsg., kritisch bearb. und erläutert, nebst Bemerkungen über die ehemal. fulder Codices der casseler Bibliothek von C. W. M. Grein. gr. 8. (42 S. mit 1 Stnt.) Göttingen 858, Wigand. *

Hildebrandlied u. Waltharilied nebst den „Zaubersprüchen" u. „Muspilli" als Beigaben, übers. u. erläutert v. Ghold. Bötticher, s.a. Denkmäler der älteren deutschen Literatur. I, 1.

[F.] Hildebrandlied und Waltharilied [Waltharius] nebst d. '(Merseburger) Zaubersprüchen' u. 'Muspilli' als Beigaben übs. u. erl. v. Dr. Gotthold Bötticher. 4. Aufl. *Halle a. S.: Waisenhaus 1896. (VIII S., 1 Bl., 65 S.) 1 Bd 8⁰*

= Denkmäler d. Älteren deutschen Litteratur f. d. litteratur-geschichtl. Unterr. an höh. Lehranst. [Abth.] 1. [Bd] 1. [96. 1960

[F. u. Ant.] **Hildebrandlied** und Waltharilied nebst den 'Zaubersprüchen' u. 'Muspilli' als Beigabe übs. u. erläut. v. Dr. Gotthold Bötticher. 5. verb. Aufl. Halle a. S.: Waisenhaus 1899. (VIII S., 1 Bl. 67 S.) 1 Bd 8⁰

= Denkmäler d. Älteren deutschen Litteratur. [Abth.] 1. [Bd] 1.

Hildebrand[s]lied und Waltharilied [Verf.: Ekkehardus I. Sangallensis] nebst den (Merseburger) 'Zaubersprüchen' u. 'Muspilli' als Beigaben übers. u. erl. von Gotthold Bötticher. Mit 1 Abb. 7. verb. Aufl. *Halle a. S.: Waisenhaus 1903. (69 S.) 8⁰*

= **Denkmäler** d. älteren deutschen Literatur. 1, 1. [04. ...

Hildebrand[s]lied und Waltharilied [Verf.: Ekkehardus I. Sangallensis] nebst den (Merseburger) 'Zaubersprüchen' u. 'Muspilli' als Beigaben übers. u. erl. von Gotthold Bötticher. Mit 1 Abb. 8. verb. Aufl. *Halle a. S.: Waisenhaus 1904. (VIII, 69 S.) 8⁰*

= **Denkmäler** d. älteren deutschen Literatur. 1, 1. [04. 14037

Hildebrandlied und Waltharilied [Verf.: Ekkehardus I. Sangallensis] nebst den (Merseburger) 'Zaubersprüchen' u. 'Muspilli' als Beigaben übers. u. erl. von Gotthold Bötticher. Mit 1 Abb. o. verb. Aufl. Halle a. S.: Waisenhaus 1905. (X, 69 S.) 8⁰

= Denkmäler d. Älteren deutschen Literatur f. d. literaturgesch. Unterr. an höh. Lehranst. 1, 1.

Hildebrandlied und Waltharilied [Verf.: Ekkehardus I. Sangallensis] nebst den (Merseburger) 'Zaubersprüchen' u. 'Muspilli' als Beigaben übers. u. erl. von Gotthold Bötticher. Mit 1 Abb. 11. Aufl. Halle a. S.: Waisenhaus 1908. (X, 69 S.) 8° [F.]

= **Denkmäler** d. älteren deutschen Literatur. 1, 1. [08. 11500 3

Hildebrandlied und Waltharilied [Verf.: Ekkehardus I Sangallensis] nebst den (Merseburger) 'Zaubersprüchen' und 'Muspilli' als Beigaben übers. u. erl. von Gotthold Bötticher. Mit 1 Abb. 13. u. 14. Aufl. Halle a. S.: Waisenhaus 1910. X, 69 S. 8°

(Denkmäler d. älteren deutschen Literatur f. d. literaturgesch. Unterr. an höh. Lehranst. 1, 1.) [11. 13674

Hildebrandslied, das, die Merseburger Zaubersprüche und das fränkische Taufgelöbniss mit photograph. Facs. (auf 4 Taf.) nach den Handschriften hrsg. von Ed. Sievers. Imp.-4. (16 S.) Halle 872, Buchh. des Waisenhauses. *

Hildebrandsson, H. H., internationaler meteorologischer Kodex, s.: Hellmann, G.

— **Ueber den Werth der Messungen von Zugrichtung und Höhe der Wolken für die meteorologische Wissenschaft.** (Aus d. Arch. d. Deutsch. Seew. 1891. No. 5.) Hamburg 1891.

Hildebrandsson, H. H., W. Köppen u. G. Neumayer, Wolken-Atlas. gr. 4. (10 Taf. in Farbendr. u. 2 in Lichtdr. m. 4 S. deutschem, engl., französ. u. schwed. Text.) Hamburg 890. G. W. Seitz Nachf., Besthorn Gebr. Verl. In Mappe. n. 12. --

Hildebrandsson, H., A. Riggenbach, L. Teisserenc de Bort, internationaler Wolken-Atlas, hrsg. im Auftr. d. internat. meteorolog. Comités. [M. französ., engl. u. deutschem Text.] 4. (31 S. m. 14 Taf. in Photochromotyp.) Paris 896. Gauthier-Villars et Fils. n.n. 12. —

Hildebrandt, s.a. Hildebrand

Hildebrandt. Mathematische Abhandlung [über Reihen.] 16 S.
Schweidnitz, Progr. 1857

Hildebrandt, (Thierarzt) Bericht, betreffend die von ihm in Angelegenheiten der Pferdezucht im hiesigen Regierungs-Bezirk unternommenen Reise nach Vorpommern und Mecklenburg, nebst gutachtlichen Aeußerungen üb. das, was von den für Rechnung des Pommerschen Meliorations-Fonds in England angekauften Pferden in Bezug auf die Veredelung der Pferdezucht des Cösliner Reg.-Bez. zu erwarten steht. 8. Cöslin 836. Hendeß. [illegible]

Hildebrandt, Gebt unserm Gott die Ehre! Predigt im Feldgottesdienst am 4. Septbr. 1870 nach Eingang der Nachricht von Bonaparte's Gefangennahme vor dem königl. General-Commando des 2. Armeecorps u. der königl. 3. Infanterie-Division gehalten. Stettin 870. v. der Nahmer. 8. (8 S.) 1½ ngr.

Hildebrandt, Komissions-Bericht (der 2. Kammer) über die Vereinbarung der großherzogl. (badischen) Regierung mit dem päpstl. Stuhle, s. Landtag, badischer.

Hildebrandt, fünf Monate im geistlichen Amt auf Capri. Vortrag, im Gustav-Adolf-Verein zu Steglitz geh. am 31. X. 1902. (23 S.) 8. Berlin 903. Lewent'sche Buchdr n. — 80

Hildebrandt, Nervendehnung, Neurektomie und Nervennaht. Ein Beitrag zur Nervenchirurgie. gr. 8. (27 S. mit 10 lithogr. Taf.) [Berlin 884, Th. Fischer.] Leipzig, G. Thieme. *

Hildebrandt. Irländische Preisschrift, auf welche Weise alle Armen, Wittwen und Waisen in jedem Lande versorgt werden. *Frankfurt u. Leipzig.* 1766

Hildebrandt, Sammlung der f. das Elementar-Schulwesen d. Reg.-Bez. Düsseldorf gültigen Bestimmungen. 8. (XX, 510 S.) Düsseldorf 886. A. Bagel. n. 8. —

Hildebrandt, Sammlung der f. das Volksschulwesen des Reg.-Bez. Düsseldorf gültigen Bestimmungen. 1. u. 2., verm. Aufl. gr. 8. (XV, 416 S.) Düsseldorf 892. A. Bagel. n. 4. 50; geb. in Halbfrz. n. 5. 40

Hildebrandt's Taschenbuch für den Lokal-Verkehr v. Leipzig u. dessen Umgebung. 1878. 1. Hft. gr. 16. (IV, 60 u. 16 S.) Leipzig 878. Hildebrandt & Co.? n. — 20

Hildebrandt, am Verdursten. Aus den Erinnergn. e. alten Afrikanders. (85 S.) 8. Salzgitter (907). (Goslar, J. Brumby Verl.) — 75

Hildebrandt, Verordnungen betr. das Volksschulwesen, s.a. Giebe.

Hildebrandt, was thut den evangelischen Gemeinden Magdeburgs not? Ein offenes Wort an die berufenen Vertreter u. an die Mitglieder der Gemeinden Magdeburgs. 8. (74 S.) Halle 890. Strien. n. 1. —

Hildebrandt, österreichischer Weinbaukatechism. od. Unterr. v. Weinbau in Oesterr. 8. Lpz. Comt. f. Ltr. 777. Rthlr. -

Hildebrandt, A., s. Journal für Kinderkrankheiten.

Hildebrandt, A., Juda's Verhältniss zu Assyrien in Jesaja's Zeit nach Keilinschriften und Jesajanischen Prophetieen. Ein Beitrag zur histor. Exegese des Jesaja. gr. 8. (84 S.) Marburg 874. Ehrhardt. n. 2. 50

Hildebrandt, A., über mechanische Vorrichtungen zum Heizen der Dampfkessel etc. Mit 19 (eingedr. Holzschn.-)Abbildungen. gr. 8. (29 S.) Berlin 879. Burmester & Stempell. n. 1. —

Hildebrandt, Adolf Matthias

Hildebrandt, A. M., Ahnentafel zu 32 Ahnen der Nachkommen des Friedr. Karl Ludw. Georg von Rohr, geb 1770. Farbendruck. gr. fol.

Hildebrandt, Ad. M., Album der deutschen Reichs- u. Staatswappen, Flaggen u. Kokarden. M. beschreib. Text. 4. (25 farb. Taf. m. 8 S. Text.) Leipzig 895. Stuttgart, Hobbing & Büchle. Geb. in Leinw. n. 5. —

Hildebrandt, Ad. M., heraldisches Alphabet. gr. 4. (8 S. m. 24 Chromolith.) Görlitz 875. Starke. In Mappe. 5. —

Hildebrandt, Adf. Matthias, heraldisches Alphabet. 2. verm. Aufl. gr. 4. (25 Chromolithogr. und 3 S. Text und chromolithogr. Titel.) Frankfurt a. M. 881, Rommel. cart.

— 25 neue herald. Bücherzeichen. gr. 8. (25 z. Tl. farb. Taf. m. 1 Bl. Text.) Berlin 898. J. A. Stargardt. n. 4. —

Hildebrandt, Ad. M., heraldische Bücherzeichen. 25 Ex-Libris. gr. 8. (III S. u. 25 Blatt.) Berlin 892. J. A. Stargardt. n. 4. —

— dasselbe. II. Sammlg. gr. 8. (5 S. m. 25 Blatt.) Ebd. 894. n. 4. —

— s.: Festschrift zur Feier des 25jährigen Bestehens des Vereins f. Wappen-, Siegel- u. Familienkunde „Herold"

Hildebrandt, Ad. M., s.: Geschichtsblätter der Familien vom Stamme Hildebrant.

Hildebrandt, Ad. M., die Grabsteine und Epitaphien adeliger Personen in und bei den Kirchen der Altmark. Wortgetreue Copien der an denselben befindl. Inschriften und Beschreibung der Wappen. 1. Heft: Die Kreise Salzwedel und Gardelegen umfassend. gr. 8. (123 S. mit 8 lithogr. Abbild. in Tondr.) Gardelegen 868. (Berlin, Stargardt.) *

— s. Grünenberg, des Conrad, Ritters und Burgers zu Costenz, Wappenpuch.

AD. M. HILDEBRANDT, Katalog der heraldischen Ausstellung zu Berlin 1882. Berlin 1882. Carl Heymann. 8°.
2° Aufl. ib. 1882. —

Hildebrandt, Ad. M. s.: Lebenslauf, mein.

— s. Meisterwerke, heraldische.

— Heraldische Meisterwerke von der internationalen Ausstellung für Heraldik in Berlin 1882. (60 T) fol Berlin 1882

Hildebrandt, Ad. M., heraldisches Musterbuch. Für Edelleute, Kunstfreunde, Architekten rc. 6 Lfgn. Fol. (IV, 44 S. m. 47 Steintaf.) Berlin 872—74. Mitscher & Röstell. à n. 3. 60

— heraldisches Musterbuch. Für Edelleute, Kunstfreunde, Architecten, Bildhauer, Holzschneider, Graveure, Lithographen, Wappenmaler rc. 2. Aufl. gr. 4. (II, 43 S. mit 48 Stnt.) Berlin 884, Mitscher und Röstell.

— Heraldisches Musterbuch f. Wappenbesitzer, Kunstfreunde, Architekten u. s. w. 3., durchgesch. Aufl. gr. 4. (VI, 49 S. m. 48 Taf.) Berlin 897. Mitscher & Röstell. n. 24. —

— Rückblicke auf die heraldische Ausstellung zu Berlin 1882. [Aus: „Deutscher Herold".] gr. 8. (54 S. m. 1 Lichtdr.-Taf.) Berlin 882. (Görlitz, C. A. Starke.) n. 1. —

Hildebrandt, A. M., Schriften-Magazin, s.: Mettenleiter, J. E.

— s.: Siebmacher's, J., Wappenbuch.

— Stammbuch-Blätter des norddeutschen Adels. Aus Stammbüchern d. 16. u. 17. Jahrh. gesammelte wortgetreue Copieen der Inschriften u. genaue Beschreibung der Wappen. Ein Beitrag zur Adels-Culturgeschichte. gr. 8. (XV, 486 S.) Ebend. 874. 75. n. 12. —

— Stammbuch-Blätter des norddeutschen Adels. Aus Stammbüchern des 16. und 17. Jahrh. gesammelte wortgetreue Copieen der Inschriften und genaue Beschreibungen der Wappen. Ein Beitrag zur Adels- und Culturgeschichte. 2. (Titel-)Aufl. gr. 8. (XVI, 486 S.) Berlin 884, Mitscher und Röstell.

Hildebrandt, Adolf Matthias: Stammtafeln der Familie Ganz . . ., s. Ragotzky

— Tafel der deutschen Reichs- u. Staatswappen. 53×64,5 cm. Farbendr. Mit Text: Kurze Beschreibung der deutschen Reichs- u. Staatswappen. 12. (13 S.) Leipzig 892. P. Hobbing. n. 5. —

— s.: Vierteljahrsschrift f. Wappen-, Siegel- u. Familienkunde.

Hildebrandt, A. M., Wappenalbum der gräflichen Familien Deutschlands, Oesterreich-Ungarns etc., s. Gritzner, M.

— Wappenbuch d. westfäl. Adels, s.: Spiessen, Max v.

— bürgerliches Wappenbuch, s. Siebmacher's, J., grosses und allgemeines Wappenbuch.

— s.: Wappenbuch v. den Ersten, genannt „Codex Seffken".

— Wappenfibel. Kurze Zusammenstellg. der hauptsächlichsten herald. u. genealog. Regeln. Im Auftrage d. Vereins „Herold" hrsg. Mit 27 Illustr. u. 3 Taf. 1. u. 2. Aufl. 8. (56 S.) Frankfurt a. M. 887. Rommel. n. 1. —

— dasselbe. 3. Aufl. 8. (64 S.) Ebd. 887. n. 1. —

— Wappenfibel. Kurze Zusammenstellg. der hauptsächlichsten herald. u. genealog. Regeln. Im Auftrage d. Vereins „Herold" hrsg. Mit 28 Illustr. u. 4 Taf. 4., durchgeseh. u. verm. Aufl. 8. (V, 58 S.) Frankfurt a/M. 893. H. Keller. n. 1. 50

— Wappenfibel. Kurze Zusammenstellg. der hauptsächlichsten herald. u. genealog. Regeln. Im Auftrage des Vereins Herold hrsg. 6. durchges. u. verm. Aufl. (V, 65 S. m. 28 Abbildgn. u. 4 Taf.) kl. 8. Frankfurt a/M. 905. H. Keller. n. 1. 50

— Wappenfibel. Kurze Zusammenstellg. der hauptsächlichsten herald. u. genealog. Regeln. Im Auftrage des Vereins Herold hrsg. 7. durchges. u. verm. Aufl. (V, 73 S. m. 28 Abb. u. 4 Taf.) kl. 8. Frankfurt a/M. 909. H. Keller. 1. 50

—. Desselbe. 9. unter Mitwirkung von Stephan Kekule v. Stradonitz durchges. u. verm. Aufl. Frankfurt a. M., Heinrich Keller 1916.
V + 81 S. m. Abb.; 4 Taf. 8°.

—. Desselbe. Kurze Zusammenstellung der wichtigsten heraldischen Grundsätze . . . Hrsg. vom „Herold" zu Berlin, Verein für Geschlechter-, Wappen- und Siegelkunde. 14 Aufl. Görlitz. Verlag für Sippenforschung und Wappenkunde C. A. Starke 1943.
VIII + 93 S. m. Abb., 1 farb. Taf., 1 farb. Falttaf. 8°

Hildebrandt, Alfred, aus Lamspringe (Hann.): Über Di- und Triacetyl-mesitylen, deren Homologe und Derivate. *Rostock 1902: C. Boldt.* (76 S.) 8°
Rostock, Phil. Diss. v. [6. März] 1902

Die Luftschiffahrt nach ihrer geschichtlichen und gegenwärtigen Entwicklung. Von A[lfred] **Hildebrandt,** Hauptm. Mit 1 Titelbild . . ., 230 Textabb. u. 1 Taf. München & Berlin: R. Oldenbourg 1907. (V, 426 S.) 8° [ed. 3904 8

Hildebrandt, A., die Luftschiffahrt nach ihrer geschichtlichen u. gegenw. Entwicklung. 2. verm. u. verb. Aufl. Mit 1 Titelbild (1 Farbenphotogr. vom Ballon aus, v. Miethe) u. 292 Textabbildgn. (VII, 456 S.) gr. 8. München 910. R. Oldenbourg. Geb. in Leinw. 12. —

— Über Militärluftschiffahrt, s.: Linke, Frz., die Luftschiffahrt von Montgolfier bis Graf Zeppelin.

— Die Brüder Wright. Eine Studie üb. die Entwicklg. der Flugmaschine v. Lilienthal bis Wright. (64 S. m. 44 Abb.) gr. 8. Berlin 909. O. Elsner. — 50

Hildebrandt, Arno, Referendar a. Zella St. Bl.: Die Annahme eines Vertragsantrags. Borna-Leipzig 1907: R. Noske. (VIII, 55 S.) 8°
Jena, Jur. Fak., Ref. Thon, Diss. v. 5. März 1907
[Geb. 27. Febr. 82 Zella St. Bl.; Wohnort: Ohrdruf; Staatsangeh.: S.-Coburg-Gotha; Vorbildung: Gymn. Gotha Reife O. 01; Studium: Jena 8 S.; Rig. 29. März 05.]

Hildebrandt, Arnold, approb. Arzt aus Hankensbüttel: Beitrag zur Lehre vom Ulcus corneae serpens. *Kiel 1899: P. Peters.* (12 S.) 8°
Kiel, Med. Diss. v. [7. März] 1899

Hildebrandt, Arthur *Albert* [aus Berlin]: Über Tabes dorsalis in den Kinderjahren . . . Berlin, Buchdr. v. G. Schade, *1892;* 31 S. 8.
Berlin, Med. Fak., Inaug.-Diss. v. 5. Okt. 1892

Hildebrandt, August [cand. med. aus Hankensbüttel]: Experimentelle Versuche über subconjunctivale Injectionen ... München, kgl. Hof- u. Univ.-Buchdr. v. Dr. C. Wolf & Sohn, 1892; 18 S. 8.
München, Med. Fak., Inaug.-Diss. v. [22. Juli] 1892

Hildebrandt, die Verwundungen durch die modernen Kriegsfeuerwaffen, s.a. **Bibliothek v. Coler. 21. Bd.**

— **Die Verwundungen durch die modernen Kriegsfeuerwaffen,** s.a. Graf.

Die Verwundungen durch die modernen Kriegsfeuerwaffen, ihre Prognose und Therapie im Felde. Von Stabsarzt Dr. [August] **Hildebrandt** (2: Von Stabsarzt Dr. [Ernst] Graf u. Dr. Hildebrandt.) (Vorr.: [Franz] König.) Mit 2 Taf. u. Abb. Bd 1. 2. Berlin: A. Hirschwald 1905–07. 2 Bde 8°
1. Allgem. Teil. 1905. 2. Spezieller Teil. 1907.
— Coler, v., Bibliothek. Bd 21. 22. [07. 16751]

Hildebrandt, C., auf der Suche nach dem Glück. Vortrag. 1.u.2.Aufl. (16S.) 8. Leipzig 909. Th. Leibing. — 30

Hildebrandt, C. G., die Blutseuche der Schafe, deren Ursachen u. Vorbeugung. Mit einem Vorworte von Aug. Andreae. gr. 12. Berlin 841, Morin. ½ ℛ

Hildebrandt, C. G., die Blutseuche der Schaafe, deren Ursachen und Vorbeugung. Mit Vorwort von Aug. Andreae. 2. Ausg. 12. (VIII und 110 S.) Quedlinburg 847, Ernst'sche Buchh.

Hildebrandt, C. G., über das Fleisch der schlachtbaren Hausthiere in gewerblicher und sanitäts-polizeilicher Beziehung. Ein Handbuch für Polizei- und Ortsbehörden, Sanitäts- und Militair-Intendantur-Beamte, Thierärzte, Fleischer, Viehbesitzer rc., sowie ein Leitfaden bei dem Unterrichte in den Fortbildungsschulen für das Fleischergewerk und bei der Meister-Prüfung. Magdeburg 855. Heinrichshofen. 8. (XII, 144 S.) 20 ngr

Hildebrandt, C. Th. H., die Argonauten. Ein griechisch. Märchen f. große u. kleine Kinder. 8. (164 S. m. 1 Holzschntaf.) Gütersloh 875. Bertelsmann. n. 2. —

Hildebrandt, Carl, s. Hildebrandt, Karl

Hildebrandt, Carl Wilhelm Heinrich, s. Hildebrandt, Karl Wilhelm Heinrich

Hildebrandt, Chr. H.

Hildebrandt, Ch. H., Burgsdorfs Stud. rc. s.a. **Burgsdorf.**

Hildebrandt's, Chr. H., Burgsdorfs Studien u. Campagneleben. 8. Gießen 807. Müller. 1 ℛ

— Papiere aus meinem Feldpredigerleben. 8. Gießen 807. Müller. 1 ℛ (Beide sind wahrscheinlich ein Buch mit verschied. Tit.)

Hildebrandt, Christian, s. Hildebrandt, Christoph

Hildebrandt, Christoph

— interessante Abentheuer eines Türkensclaven, od. die schönen Favoritinnen d. Pascha's v. Caramanien. 3 Thle. 8. Quedlinb. 830. Basse. 3 ℛ

Merkwürdige Abentheuer des Grafen Alex. v. Cagliostro und anderer. Nach authent. Quellen bearb. von C[ristoph] Hildebrandt. Quedlinburg: Basse 1839. 8°
TB. 283a.

Hildebrandt, C., (J. Andr. Cph.), das nächtl. Abentheuer. — Treue bis z. Tode, u. and. Erzählungen. 8. Quedlinb. 824. Basse. 1 ℛ

— Adolph, od. die glückl. Folgen e. Fehltritts. 8. Königsb. ... N. A. 817. Unzer. 1 ℛ

— Agathe, od. d. Entschwur. Eine Klostergeschichte. 3 Thle. 8. Quedlinb. 825. Basse. 3 ℛ 4 gr

— der Unherr, od. d. Gespenst in d. Felskluft. Ritter- u. Geistergeschichte. 3 Thle. 8. Quedlinb. 823. Basse. 3 ℛ 6 gr

— Anekdoten u. Charakterzüge a. d. Leben Friedrichs d. Gr., s. Anekdoten.

— Auguste du Pert, od. Geschichte e. Unglücklichen. 2 Thle. 8. Königsb. 799. Unzer. 1 ℛ 12 gr

— der Bankerott; die Hiobspost u. and. Schwänke. 8. Quedlinb. 821. Basse. 1 ℛ

— Götz v. Berlichingen, der furchtbare Ritter mit der eisernen Hand. Ein geschichtl. Gemälde d. Mittelalters. 2 Thle. Mit 1 Kpf. 8. Quedlinb. 826. Basse. 2 ℛ 12 gr

— Berthold v. d. Nidda, od. die Herde im Schwarzwalde. Ein Gemälde aus d. letzten Hälfte des 30jähr. Krieges. 3 Thle. Mit 1 Kpf. 8. Quedlinb. 826. Basse. 3 ℛ

Hildebrandt, Christoph
Schwarze Bilder aus der Vorzeit.
Quedlinburg, Leipzig: Basse 1821. 188 S. 8°

— Blüthen aus Friedrichs II. Siegeskranze. Ein Volksbuch. 8. (14 B. u. Friedrichs II. Bildn.) Braunschweig 829. [Halberstadt, Helm.]

Hildebrandt, Christoph, s. Briefe üb. die Schlacht bei Belle-Alliance

— Brömser v. Rüdesheim, od. die Todtenmahnung. 3 Thle. 8. Quedlinb. 820.

— Brömser v. Rüdesheim, od. d. Todtenmahnung, Ritter-Roman a. d. 12. Jahrh. 3 Thle. 2. Aufl. 8. (40½ B. u. 1 Titkpfr.) Quedlinburg 831, Basse.

— colonie de Robinson trad. de l'allemand pr. S. H. Catel, av. fig. 8. Leipz. 808. (Wienbrack). 1 ℛ

— der preuß. Dragoner. Eine Gesch. aus d. siebenjähr. Kriege. 8. (11½ B.) Quedlinburg 841, Basse.

— die heilige Eiche u. andere Erzählungen aus dem Mittelalter. 8. Quedl. 825. Basse.

Hildebrandt, Joh. Andr. Crph., der Einsiedler u. der Sclav. Zwei Erzählungen. (Neue Titel-Ausg.) 8. (331 S. m. 6 color. Kpfrn.) Leipzig (828) 849, Baensch. 1⅓ ℛ

Hildebrandt, C., der Einsiedler und der Sclav. Zwei Erzählungen. (Neue Titel-Ausg.) 8. (331 S. mit 6 ill. Kpfrn.) Leipzig 850, [Bänsch.]

— der Einsiedler auf Spitzbergen. 8. Quedlinb. 818. Basse. 1 ℛ

— Erzählungen. 8. Greifsw. 824, Mauritius.

- s.a. Familienscenen.

– Familienscenen

— — (von *Joh. Andr. Carl Hildebrandt*). Halberstadt 1800.
Enth. den Roman „Benjamin Reinhold". — Anon.-Lex. II. p .88.

— Fodor u. Athanasia, od. die Schreckensnächte in d. Qualgefängnissen der 7 Thürme in Constantinopel; e. Schaudergemälde aus d. jetzigen Freiheitskriege der Griechen. 4 Bde. 8. Quedlinb. 822. Basse. 4 ℛ

— der Freibeuter. histor. Roman. 3 Thle. 8. Quedlinb. 827. Basse. 3 ℛ 4 ℊ

—— Friedrich II. Geschichtl. Darstellungen aus d. siebenjähr. Kriege. Zur 100jähr. Jubelfeier d. Thronbesteigung Friedrichs II. dem preuß. Volke dargebracht. (Neue Ausg.) 8. (14 B. u. F's. II. Portr.) Halberstadt 840, Helm.

Hildebrandt, C. Friedrich II. Geschichtl. Darstellungen aus dem siebenjähr. Kriege. 2 Thl. (14 B.) 8. Hamburg 1842. 1,00.

– s.a. Dan. Fuchs.

Fuchs, Daniel, der grosse Staatsmann. Ein satyrisch-komischer Roman aus den Zeiten der Regierung des unvergesslichen Königs Hieronymus. (Vf.: *Joh. Andreas Hildebrandt.*) Cöln 1815 bei Peter Hammer, dem jüngern (Quedlinburg, Basse). 8°. 255 S. (2 Mk. Ausrufspreis, R. Zinke's Dresdner März-Auct. 1906.)
Anon.-Lex. II. p. 130 (nach Goedeke u. Weller).

-- Gallerie romant. Dichtungen, f. die erwachsene Jugend. 1r Bd. Auch u. d. T.: der Einsiedler, od. Wilhelms wunderbare Abenteuer u. der Sklav. Zwei Erzähll. zur belehrenden Unterhaltung für die erwachsene Jugend. Mit 6 sauber ill. Kpf. 8. Magdeb. 828. Rubach. 1 ℛ 12 ℊ

— Gallerie romantischer Dichtungen für die erwachsene Jugend. 2r Bd. A. u. d. T.: Der junge Negersklav und die geraubten Kinder. 2 Erzählungen. Mit 6 ill. Bildern. 8. Magdeburg 834. Rubach in Berlin. 1 ℛ (Der 1e Bd. kostet 1 1/2 ℛ Vgl. Thl. III. S. 142.)

— histor.-romant. Gallerie merkwürd. Begebenheiten aus der Geschichte berühmter Krieger. 1r u. 2r Theil. A. u. d. T.: Mar. v. Markotsch u. Cäcilia v. Törreck, oder Verrath u. Treue, e. Gesch. aus d. Zeiten des 7jähr. Kriegs. 2 Thle. 8. Leipz. 824, Hartmann.

— die Geheimen des Bundes. 3 Thle. 8. Quedlinb. 818. Basse. 3 ℛ 12 ℊ

Hildebrandt, Karl, s.a. Geister d. Schauerhöhle.

— die Geister d. Schauerhöhle, od. das Wunderblümchen. Erzählungen. 8. Quedlinb. 822. Basse. 1 ℛ

— die Gemächer des Unglücks, oder die Geprüfte. 3 Thle. 8. Quedl. 824, Basse.

— histor.-romant. Gemälde merkwürd. Begebenheiten aus der Geschichte berühmter Krieger. 1r u. 2r Thl. Auch u. d. T.: Mar. v. Warkotsch u. Cäcilia v. Törreck, od. Verrath u. Treue; e. Geschichte aus d. Zeiten d. 7jähr. Krieges. 2 Thle. 8. Leipz. 824. (Lehnhold). 2 ℛ 12 ℊ

— Hannchens Geschichte, od. die Folgen mütterl. Thorheiten. 2 Thle. 8. Berl. 816. Stuhr. 2 ℛ 16 ℊ

HILDEBRANDT, Carl (nicht Christoph), 1763—1846), Hannchens Geschichte oder die Folgen mütterlicher Thorheiten. 2 Thle. Mit 2 Kpfrn. Quedlinburg 1816. 8°. (4 Mk., geles. Expl., Südd. Antiqu., München, 1907.) Zahm.
Auch alle andern Romane dieses fruchtbaren Landpredigers sind harmlosen Inhalts und haben nur hin und wieder „vielversprechende" Titel. Langes Verzeichnis bei Goedeke VI, 402—3, wo aber no. 40 zu streichen, weil dem hier gleich folgenden Vielschreiber Theodor H. zugehörig.

Hildebrand, a. Hildebrandt, (Jh. Andr.) Cph., Geschichte des 7jähr. Krieges. Ein Volksbuch. Mit 6 Portr. 8. Halberst. 827. (Weinedel in Leipz.) 16 ℊ

— Geschichte eines Verfolgten. 2 Thle. 8. Königsb. 802. N. A. 818. Unzer. 2 ℛ

— kleine Geschichten zur belehrenden Unterhaltung für Knaben und Mädchen, von 8 bis 12 Jahren. Mit 8 ill. Bildern. 8. Magdeburg 834. Rubach in Berlin. 3/4 ℛ

— Heinrich d. Vogelsteller u. die Hunnen; ein histor.-romant. Gemälde aus d. 10n Jahrhund. 8. Quedlinb. 826. Basse. 1 ℛ 4 ℊ

—— Heldenthaten d. Väter. Rückerinnerungen aus d. Preuß. Geschichte z. Belebung d. Vaterlandsliebe f. Preußens Jugend. 12. (3 3/4 B.) Magdeburg 832, Heinrichshofen.

— die Burg Helfenstein, od. das feurige Racheschwerdt. 2 Thle. 8. Quedlinb. 819.

—— die Burg Helfenstein, od. d. feurige Racheschwert. 2 Thle. 2. Aufl. 8. (22 1/2 B.) Quedlinburg 830, Basse.

—— Hülfsbuch zur Erklärung d. Sonn- u. Festtags-Evangelien. Für Volksschullehrer. 8. (13 B.) Quedlinburg 830, Basse

—— Hülfsbuch z. Erklärung d. Sonn- u. Festtags-Episteln. Für Volksschullehrer. 8. (11 1/2 B.) Quedlinburg 836, Basse.

—— Hülfsbuch z. Erklärung d. Bibel. Für Schullehrer auf d. Lande. 8. (10 B.) Quedlinburg 838, Basse.

— der Husar. Roman in 3 Thlen. 8. Quedlinb. 819. Basse. 3 ℛ 8 ℊ

— das merkwürdigste Jahr aus d. Leben e. alten Kriegers. Ein histor. Roman. 2 Thle. 8. Halberst. 830. Helm. 2 ℛ

— Julie, od. die Abenteuer einer schönen Witwe. Mit 1 Portrait. 8. Berlin 825, Lüderitz.

— Iwan u. Feodore, oder d. Entführte; eine Geschichte aus den Zeiten des 7jährigen Kriegs. 2 Thle. 8. Leipz. 823, Hartmann.

— Iwan u. Feodore, od. die Entführte; e. Geschichte aus den Zeiten d. 7jähr. Krieges. 2 Thle. 8. Leipz. 823. (Lehnhold). 2 ℛ

Hildebrandt, (Joh. Andr.) C(hrstph.), das Karthäuserkloster, od. Theodora, die Geprüfte. Roman. 2 Bde. 8. (30 B.) Quedlinburg 837, Basse. Thlr.

— neuer Kinderfreund. 1s u. 2s Bdchn. 8. Leipz. 809, 10. (Wienbrack). 1 Rthlr Schrbp. 1 Rthlr 8 gGr

Hildebrandt, C., die Kinder-Welt. Eine Unterhaltung für wißbegierige Kinder. 16. (15 B.) Magdeburg 845, Falckenberg u. Comp.

—— die Kinder-Welt. Eine Unterhaltung für wißbegierige Kinder. 2. (Titel-)Aufl. gr. 16. (235 S.) Berlin 850, Brandis.

— der Klausner im Schwarzwalde. 2 Thle. 8. Quedlinb. 821. Basse. 1 Rthlr 16 gGr

Hildebrandt, C., Robinsons Colonie, s.a. Campe, J. H., Robinson, fortges. von Hildebrandt.

— Robinson's Colonie; auch u. d. T.: J. H. Campe's Robinson, d. Jüngere, fortgesetzt. 8. Leipz. 807. 2e Aufl. 12. 819. Wienbrack. 18 gGr Mit Kpf. 1 Rthlr

HILDEBRANDT, C. *Robinson's Kolonie.* Fortsetzung von Campe's Robinson. Ein unterhaltendes Lesebuch für Kinder. 5. vollständig umgearb. Auflage. Glogau, C. Flemming [ca. 1845]. 2 Bl. 252 S. mit 6 getönten Lithographien. 12°. Chamoisfarb. Orig.-Kartonbd. m. lithogr. Illustr. in brauner Farbe. 24.— Im Stil weniger lehrhaft als Campe. Hübsches Buch in wohlerhaltenem, nur unbedeut. am Rücken lädiertem Orig.Einband.

Hildebrandt, C., Robinson's Kolonie. Fortsetzung von Campe's Robinson. Ein unterhalt. Lesebuch für Kinder. 6. Aufl. Glogau 867. Flemming. 16. (252 S. mit 6 Steintaff. in Tondr.) cart. 22½ ngr.

— die Colonie auf St. Helena. 2 Thle. 8. Quedlinb. 817. Basse. 1 Rthlr 12 gGr

— s. O. v. Kotzebue's Reise.

— die furchtbaren Kreuzritter. Oder Guido v. Flemmingen u. Prinzessin Mathilde. Ein geschichtl. Gemälde aus d. 12ten Jahrhundert. 3 Thle. 8. Leipz. 826, Hartmann.

Hildebrandt, C., (J. Andr. Cph.), Kuno v. Schreckenstein, od. die weissagende Traumgestalt. 3 Thle. 8. Quedl. 821. Basse. 3 Rthlr 12 gGr

Hildebrandt, Cph. (Jh. Andr. Cph.), Kuno von Schreckenstein oder die weissagende Traumgestalt. Rittergeschichte. 2. Aufl. Mit 1 Titelkpf. 8. Quedlinburg 840, Basse. 3½ Rthlr

— Kunz v. Kaufungen, od. d. Prinzenraub; e. Gemälde aus d. 15n Jahrhund. 8. Quedlinb. 825. Basse. 22 gGr

Hildebrandt, G. C., kleine Leseübungen f. Kinder von 5—12 Jahren rc. 8. Quedlinb. Basse. 811.

— kleine Leseübungen für Kinder v. 5—12 Jahren, enthalt. eine Samml. von Erzähll. zur Beförderung guter Gesinnungen u. zur Schärfung d. Verstandes. 8. Quedlinb. 814. Basse. 8 gGr

— Lilienström u. Nordenstern. Ein geschichtl. Gemälde aus den Kriegen Karls d. Zwölften. 3 Thle. 8. Leipz. 827. Kollmann. 3 Rthlr

— Fernando Lomelli, der kühne Räuber. 3 Thle. 8. Quedlinb. 821. Basse. 3 Rthlr 4 gGr

— die Familie v. Manteuffel. Ein histor.-romant. Gemälde aus d. Zeiten des 7jähr. Krieges. 3 Thle. 8. Leipz. 820. Kollmann. 3 Rthlr

— die Familie v. Manteufel. Ein hist.-romant. Gemälde aus den Zeiten des 7jähr. Kriegs. 3 Thle. 8. Leipzig 826, Kollmann.

— Marie, das Mädchen der Danielshöhle; e. Geschichte aus d. 12n Jahrhund. 8. Quedlinb. 821. Basse. 1 Rthlr

— s. Maximilian's Reise nach Brasilien

Prinzessin Mathilde. Ein geschichtl. Gemälde aus d. 12n Jahrhund. 3 Thle. 8. Quedlinb. 826. Basse. 3 Rthlr

— d. Mord am Hochaltar; e. Geschichte aus d. 15n Jahrhund. 2 Thle. 8. Quedlinb. 825. Basse. 1 Rthlr 16 gGr

— Wilhelm Müller. 8. Leipz. 805. Wiebrack. 20 gGr

— der Negersclave. 2 Thle. 8. Quedlinb. 817. Basse. 2 Rthlr 12 gGr

— Eduard Nordenpflicht; eine Familiengeschichte. 3 Thle. Mit Kpf. 8. Königsb. 800—804. 2e A. 819, Unzer. 3 Rthlr

— die Novize v. St. Marienheim; e. romant. Klostergeschichte aus der neuern Zeit. 2 Thle. 8. Greifsw. 827. Mauritius. 1 Rthlr 18 gGr

— der 18. October, od. das eiserne Kreuz. 3 Thle. 8. Quedlinb. 816. Basse. 3 Rthlr 12 gGr

— Papiere aus meinem Feldpredigerleben. 8. Gießen 807. (Ferber). 1 Rthlr

— Ritterrache u. die Vehme. Gemälde d. Vorzeit. 8. Quedlinb. 824. Basse. 1 Rthlr

— Rollino, der furchtbare Räuberhauptmann in d. Apenninischen Felsklüften. 3 Thle. Mit 1 Kpf. 8. Quedlinb. 824. Basse. 3 Rthlr 16 gGr

— Rollino, der furchtbare Räuberhauptmann in den Apeninischen Felsklüften. 3 Thle. 2e Aufl. 8. Quedlinburg 836. Basse. 3 Rthlr

Hildebrandt, Christpph

Die schwarzen Ruinen oder das unterirdische Gefängniß des Klosters Barbara Eremita. Roman. Bd.chen 1.2. Quedlinburg, Leipzig: Basse 1813. 8°

— Saladin, Sultan v. Aegypten; od. die deutschen Kreuzritter in d. Gefangenschaft d. Saracenen; e. Geschichte aus d. Zeiten d. Kreuzzüge. 8. Quedlinb. 827. Basse. 1 Rthlr 4 gGr

— Fürst Scanderberg, d. Unüberwindliche, od. d. furchtbare Aufstand der Albanier gegen d. Sultan Amurreth rc. 2 Thle. 8. Quedlinb. 828. Basse. 2 Rthlr 4 gGr

— der Schiffbruch. 8. Quedlinb. 817. Basse. 1 Rthlr 4 gGr

Hildebrandt, Christoph

Der Schleier. Zwei Erzählungen von C. Hildebrandt und H. Müller. Quedlinburg, Leipzig: Basse 1821. 214 S. 8°

— Schreckensscenen aus d. Leben d. unglückl. Rosaura Morano. 2 Thle. 8. Quedlinb. 814. Basse. 1 Thlr. 16 Gr.

Hildebrandt, C(hrstn.)., Ritter Franz v. Sickingen, od. Rittersinn u. Fürstenrache. Geschichtl. Roman a. d. 16. Jahrh. (Seitenstück zu d. Roman: Götz v. Berlichingen.) 2 Thle. M. 1 Stndr. 8. (30 B.) Quedlinburg 832, Basse.

— die beiden Silowsky's. Ein Gemälde aus Polens Geschichte. 2 Thle. 8. Quedlinburg 835. Basse. 2 1/3 Thlr.

Hildebrandt, C., der Sclave. Eine Erzählung für die Jugend. 16. (169 S. mit 4 ill. Kpfrn.) Zerbst 853. [Leipzig.] Wallerstein.

— der Sklave. Eine Erzählung für die Jugend. Mit 4 sauber color. Kpfrn. Zerbst 854. Wallerstein. (Leipzig, Mertens.) 16. (2 Bl., 169 S.) 15 ngr.

— die Sclavin in Anadolis Wüste; eine Geschichte aus d. Freiheitskriege Griechenlands. 3 Thle. 8. Quedl. 823. Basse. 3 Thlr.

Hildebrandt, C., Robinsons letzte Tage. Ein unterhaltendes u. belehr. Buch f. die Jugend. (Fortsetz. v. J. H. Campe's „Robinson d. Jüngere.") 12. (9 1/4 B.) Quedlinburg 840, Basse. Thlr.

— Karl v. Tellheim u. Minna v. Barnhelm. 3 Thle. 8. Quedlinb. 822. Basse. 3 Thlr. 8 Gr.

— der Theaterschneider. 3 Thle. 8. Quedlinb. 820. Basse. 3 Thlr. 12 Gr.

— Tonni, od. d. Zigeunermädchen. 2 Thle. 8. Quedlinb. 825. Basse. 2 Thlr.

— die Todtenhügel, e. Schauergemälde aus d. 15n Jahrhund. 2 Thle. 8. Quedlinb. 822. Basse. 2 Thlr. 8 Gr.

Hildebrandt, Christoph
Die Todtenhügel. Ein Schaudergemälde aus dem funfzehnten Jahrhundert. Th. 1. 2.
Quedlinburg, Leipzig: Basse 1823. 8°

— die Urselinerinnen od. d. Geständniß in d. Todesstunde. 2 Thle. 8. Quedlinb., Basse. 1 Thlr. 16 Gr.

Das Vehmgericht, oder Die unsichtbaren Oberen. Roman von C[arl] Hildebrandt. Bd 1—3. Quedlinburg: Basse 1824. 8°
TB. 235. Die Tit. von 44 grösstenteils dreibändigen Schauer-Romanen sind angeführt in: Goedeke: Grundriss zur Gesch. d. deutschen Dichtung. 3 1881 S. 143.

— d. Veteran; ein belehrendes Volksbuch f. Westphalens künftige Krieger. gr. 12. Rudolst. 811. Hofbuchh. 21 Gr.

— Ferdinand v. Walbau u. Auguste, od. Trennung u. Wiedersehen. Ein Gemälde aus d. Zeiten Friedrichs d. Zweiten. 3 Thle. 8. Leipz. 825. Kollmann. 2 Thlr. 21 Gr.

– s.a. Waldenfels, Amalie

WALDENFELS, Amalie, eine Unterhaltung für erwachsenere Töchter. Vom Vf. der Winterabende *(Joh. Andreas Carl Hildebrand)*. Halberst., bey Joh. Heinr. Groß. 1804. 8°. VI—280 S. Zahm.
Kayser p. 130 hat „Breslau, Groß, 1804". (?)

— der Weihnachtsbaum. Eltern u. Jünglingen gewidmet. 16. Magdeburg 845, Falckenberg u. Comp. 18 ngr.

— der Weihnachtsbaum. Eltern und Jünglingen gewidmet. 2. (Titel-)Aufl. gr. 16. (285 S. und 1 Stnt.) Berlin 850, Brandis.

– s.a. Gustav Wildheim.

WILDHEIM, Gustav. (Roman von *Joh. Carl Andreas Hildebrandt*). Halberstadt 1799.

— der Winter auf Spitzbergen. Mit 4 ill. Kpf. 8. Leipz. 828. 8. Schumann. 1 Thlr. 4 Gr. 2e A. 830. Ebd. 21 Gr. color. 1 Thlr. 4 Gr.

– Dass., s.a. Sonntagsbibliothek

— der Winter auf Spitzbergen. Ein Buch für die Jugend. 3e Ausg. Mit 4 ill. Bildern. gr. 12. Leipzig 837. u. 840. Künzel. 1 1/6 Thlr. Schwarz 7/8 Thlr.

— der Winter auf Spitzbergen. Ein Buch für die Jugend. Mit 4 Kpfrn. 4. verb. Aufl. 8. (VI u. 234 S.) Braunschweig 847, Westermann. In Engl. Einb. n. 1 Thlr. 6 ngr.

– s. Winterabende, Die.

—— die Wunderlampe, od. d. schreckl. Zauberbilder. 2 Bde. 8. (28 B.) Quedlinburg 837, Basse.

—— Zeichnungen merkwürd. Abentheuer. Histor. Erzähln. f. d. Jugend. 8. (9 1/4 B. u. 4 ill. Abbild.) Neuhaldensleben 839, Eyraud.

– Zeichnungen

* — — aus dem Leben berühmter Abentheurer. Ein Beitrag zu der Geschichte wirklicher Begebenheiten. Von C. H. (d. i. *Joh. Andr. Chph. Hildebrandt*). Neuhaldensleben 1833. 8°. (In Berlin: Yx 2111.)
Anon.-Lex. IV. p. 426 (nach Kayser).

Hildebrandt, E., s. Hildebrandt, Christoph

Hildebrandt's, Ed., Aquarelle. Auf seiner Reise um die Erde nach der Natur aufgenommen in Egypten, Indien, China etc. Chromo-Facsimiles von R. Steinbock. 6 Lfgn. gr. Fol. (34 Blatt.) Berlin 871—74, Wagner.

Kasten dazu **
Mappe dazu **
à Lfg. (oder 6 beliebige Blatt auf einmal bezogen à Bl. M 10.)

Inhalt:
Lfg. 1. Nr. 1. Verdeckte Straße in Cairo. M 12. 2. Moschee in der Abendsonne. M 12. 3. Straße in Bombay. M 12. 4. Benares am Ganges. M 12. 5. Sonnenuntergang in Siam. M 12. 6. Hafen und Stadt Macao. M 12.
" 2. Nr. 7. Rangun. Der Elephant. M 9. 8. Siamesische Familie etc. M 9. 9. Schwimmende Gewürzläden. M 12. 10. Dorf auf den Philippinen. M 12. 11. Hongkong. Queen's Road. M 12. 12. Straße in St. Francisco. M 12.
" 3. Nr. 13. Alexandria. Nadel der Cleopatra. M 12. 14. Suez. Platz in der Stadt. M 12. 15. Ceylon. Point de Galle. M 12. 16. Hongkong. Piratenstraße. M 12. 17. Macao. Theater Sing Song. M 12. 18. Whampoa. Sonnenuntergang. M 12. 19. Nagasaki. Der Hafen. M 12. 20. Straße in Jokohama. M 12.
" 4. Nr. 21. Rangun. Goldene Pagode. M 12. 22. Singapore. Der Hafen. M 12. 23. Japanische Dschunke. M 12. 24. Straße in Tientsin. M 18. 25. Ladrone Inseln. M 12.
" 5. Nr. 26. Ceylon. Watawell. M 15. 27. Siam. Bangkok. M 15. 28. Macao. Opfertempel. M 15. 29. Runde Straße in Peking. M 15. 30. St. Francisco. Der Hafen. M 15.
" 6. Nr. 31. Straße in Alexandrien. M 15. 32. Ceylon. Colombo. M 15. 33. Hafen von Foo-choo-foo. M 15. 34. Brücke bei Peking. M 15.

Hildebrandt's Ed., Aquarelle. Auf seiner Reise um die Erde nach der Natur aufgenommen in Egypten, Indien, China etc. Chromo-Facsimiles v. R. Steinbock. 2. u. 3. Lfg. gr. Fol. (Blatt 7—20.) Berlin 872. R. Wagner. 120. — (1—3.: 174. —)
Blatt 7 u. 8. einzeln à 9. —, — 9—20. einzeln à 12. —.

— dasselbe. 2. Serie. 1—3. Lfg. gr. Fol. Ebend. 873—75. 182. —
1. (Bl. 21—25.) n. 54. —. — 2. (Bl. 26—30.) n. 60. —. — 3. (Bl. 31—34.) 48. —.

Hildebrandt, E., Aquarelle. Neue Folge. Chromo-Facsimiles v. R. Steinbock u. Loeillot. gr. Fol. (5 Chromolith.) Berlin 880. Lubarsch & Co. In Mappe. n. 50. —; einzelne Blätter à n. 12. —
1. Markt in Kairo. — 2. Pyramiden v. Gize u. Sphinx. — 3. Genua. — 4. Villa d'Este in Tivoli. — 5. Sörösen. Mitternacht.

Hildebrandt, Ed., Aquarelle. Neue Folge. Chromo-Facs. von R. Steinbock und Loeillot. 1.—3. Serie. gr. Fol. (à Serie 5 Chromolithogr.) Berlin, Stilke.
In Mappe à Serie *ℳ 50. *
Einzeln à Bl. *
Inhalt:
Serie I. 1. Markt in Kairo. — 2. Pyramiden von Gize und Sphinx. — 3. Genua. — 4. Villa d'Este in Tivoli. — 5. Sörösen. Mitternacht. 880.

Hildebrandt, Ed., Aquarelle etc.
Serie II. 6. Luzerner See. — 7. Rom. — 8. Neapel. — 9. Dorf am Nil. — 10. Jerusalem. 883.
» III. 11. Schloss Windsor. — 12. Athen. — 13. Cadix. — 14. Grotte des Posilippo. — 15. Sevilla. 883.

Hildebrandt's, Ed., Aquarelle. Neue Folge. 2—4. Serie. gr. Fol. (à 5 Chromolith.) Berlin 883—85. Mitscher. In Mappe. à 50. —; einzelne Blätter à 12. —
II. 6. Luzerner See. — 7. Rom. — 8. Neapel. — 9. Dorf am Nil. — 10. Jerusalem. — III. 11. Schloss Windsor. — 12. Athen. — 13. Cadix. — 14. Grotte d. Posilippo. — 15. Sevilla. — IV. 16. Madeira. Funchal. — 17. Küste v. Rio. Sonnenuntergang. — 18. Norwegische Küste. Mondschein. — 19. Pilgerbad im Jordan. — 20. Genua Nr. 2. Hafenpartie.

Hildebrandt, Ed., Aquarelle. Neue Folge. 4. Serie. gr. Fol. (5 Chromolithogr.) Berlin 885, Mitscher. In Mappe *
Einzelne Bl. à *
Inhalt:
16. Madeira. Funchal. — 17. Küste von Rio. Sonnenuntergang. — 18. Norwegische Küste. Mondschein. — 19. Pilgerbad im Jordan. 20. Genua Nr. 2. Hafenpartie.
Neue Folge. 1.—3. Serie. Berlin 1880—83, Stilke. à Serie *ℳ 50.—.

Hildebrandt's, Ed., Aquarellen. Auf seiner Reise um die Erde nach der Natur aufgenommen in Egypten, Indien, China rc. Chromo-Facsimiles von R. Steinbock. 1. Liefg. 6 Blatt. Berlin 868. Wagner. gr. Fol. 18 Thlr.;
in Mappe n. 22 Thlr. 20 ngr.;
einzelne Bl. à 4 Thlr.

— aus Europa. Neue Sammlg. v. Aquarellen. (In ca. 4 Lfgn.) 1. Lfg. (5 Chromolith.) Imp.-Fol. Ebend. 876. 60. —; einzelne Blätter à 15. —
Windsor-Castle. — Walter Scott's Monument in Edinburgh. — Mitternachtssonne am Nordcap. — Hexentanzplatz im Harz. — Palazzo Vecchio in Florenz.

Hildebrandt, Ed., aus Europa. Neue Sammlung von Aquarellen. 3 Lfgn. (14 Chromolithogr.) Imp.-Fol. Berlin, [R. Wagner.] Stilke. (*ℳ 156.) *
In Mappe (*ℳ 168.) *
Einzelne Blätter à (ℳ 15.) *
Inhalt:
Lfg. 1. Windsor-Castle. — Walter Scott's Monument in Edinburgh. — Mitternachtssonne am Nordcap. — Hexentanzplatz im Harz. — Palazzo Vecchio in Florenz. 876.
» 2. La Penta Cintra. — Freshwaterbay. — Drontheim. — Potsdam. — Mondscheinlandschaft. 877.
» 3. Blankenburg. — Bodoë. — The Needles. — Eaton College. 877.

— aus Europa. Neue Sammlung v. Aquarellen. 2. u. 3. (Schluß-)Lfg. (9 Chromolith.) Imp.-Fol. Berlin 877. R. Wagner. 108. — (cplt. 168. —) einzelne Blätter à 15. —
2. La Penta Cintra. — Freshwaterbay. — Drontheim. — Potsdam. — Mondscheinlandschaft.
3. Blankenburg. — Bodde. — The Needles. — Eaton College.

Hildebrandt's, Ed., Reise um die Erde. Nach seinen Tagebüchern und mündl. Berichten erzählt von Ernst Kossak. 3 Bde. gr. 8. (XVIII und 1022 S.) Berlin 867, Janke. *

— 2., mit dem Portr. des Verf. (in Holzschn.) u. einer (chromolith.) Karte (in gr. Fol.) verm. Aufl. 3 Bde. Ebend. 869. 8. (XII, 211; 215 u. 223 S.) n. 1 Thlr. 15 ngr.

— **Reise um die Erde. Nach seinen Tagebüchern u. mündl. Berichten erzählt v. Ernst Kossak. 3. m. dem Portrait d. Verf. auf e. Holzschntaf. u. e. (chromolith.) Reise-Karte (in gr. Fol.) verm. Aufl. gr. 8. (XII, 574 S.) Berlin 872. Janke.** n. 4. 50

— dass. — 4. Aufl. (180; 206; 188 S.) 1873, und 5. mit dem Portr. des Verf. (auf einer Holzschntaf.) und mit einer (lithogr.) Reise-Karte (in Fol.) verm. Aufl. 3 Thle. in 1 Bde. gr. 8. (172; 197; 184 S.) Ebendas. 875. *
Vgl.: Arndt, F.

— Reise um die Erde. Nach seinen Tagebüchern u. mündlichen Berichten erzählt v. Ernst Kossak. 6., m. dem Portr. des Verf. (in Holzschn.) u. einer (lith.) Reisekarte verm. Aufl. 3 Thle. in 1 Bde. 8. (VII, 172; V, 197 u. VI, 184 S.) Berlin 879. Janke. n. 5. —

— Reise um die Erde. Nach seinen Tagebüchern und mündl. Berichten erzählt von Ernst Kossak. 7. Aufl. Mit dem (Holzschn.-)Portr. des Verf. und 1 (chromolithogr.) Reisekarte. gr. 8. (XVI, 683 S.) Berlin 882, Janke.

Hildebrandt's, E., Reise um die Erde. Nach seinen Tagebüchern u. mündl. Berichten erzählt v. E. Kossak. 8. Aufl. Mit dem Portr. d. Verf.'s u. 1 Reisekarte. gr. 8. (XVI, 683 S.) Berlin 888. Janke. n. 6. —

Hildebrandt, Ed., Vorgesetztentum u. Organisation in der Reichs-Post- u. Telegraphenverwaltung. (III, 250 S.) 8. Charlottenburg 908. (Eberswalde, R. Schmidt.) 1. 50

Hildebrandt, Edm., Leben, Werke u. Schriften des Bildhauers E.-M. Falconet 1716—1791, s.a. Zur Kunstgeschichte des Auslandes. 63. Heft.

Hildebrandt, Edmund: Leben, Werke und Schriften des Bildhauers E. M. Falconet, 1716–1791. Von –. Mit 21 Lichtdrucktaf. Strassburg: Heitz 1908. XII, 155 S. 4° (8°) (Zur Kunstgeschichte d. Auslandes. H. 63.)

Hildebrandt, Edmund: Friedrich Tieck. Ein Beitrag zur Geschichte der deutschen Plastik in der ersten Hälfte des 19. Jahrhunderts. T. 1: Tiecks Jugendjahre und erste Werke ⟨1776—1805⟩. *Berlin (1898): E. Ebering.* (84 S.) 8°
Berlin, Phil. Diss. v. 6. Aug. 1898

Hildebrandt, Edm., Friedrich Tieck. Ein Beitrag zur deutschen Kunstgeschichte im Zeitalter Goethes u. der Romantik. Mit 17 Abbildgn. auf 10 Taf. (XX, 183 S.) Lex.-8. Leipzig 906. K. W. Hiersemann. n. 8.—

Hildebrandt, Eduard, Postdir. a.D.: Die hauptsächlichsten Mängel im Reichspost- und Telegraphenwesen. Dargest. von –. Berlin: 'Deutsche Stimmen' 1905. (27 S.) 8° [F.]

Hildebrandt, Ed[uard], Postdir. a.D.: Die hauptsächlichsten Mängel im Reichspost- und Telegraphenwesen. Dargest. von –. 2. Aufl. Berlin: A. Duncker 1906. (43 S.) 8° [F.]

Hildebrandt, Eduard (Stettin), De notione methodi antiphlogisticae. Nonnulla fragmenta amplioris commentationis, a facultate medica universitatis Fridericae Guilelmae laude nominatae. Diss. med. Bln. (Friedlaender) 29. IV. 1837. 32 S. mit Biogr. (M.: H. Hoffmann.) (6.50) 15143
Oppon.: H. Sachs, L. Klein, E. Angely.

Hildebrandt, Eduard, Postdir. a.D.: Das Postwesen. Zur Reorganisation von Verwaltung u. Betrieb. Von –. 2. Aufl. Berlin: W. Baensch 1904. (39 S.) 8⁰ [F.]

Hildebrandt, E[duard], Postdir. a.D.: Vorgesetztentum und Organisation in der Reichs-Post- und Telegraphenverwaltung. Von –. Charlottenburg: Selbstverl.; R. Schmidt-Eberswalde in Komm. 1908. (250 S.) 8⁰ [F.]

Hildebrandt, Eduard(us) Ferdin(andus): De inversione uteri. Halis (1837): Ploetz. 34 S. 8°
Halle-Wittenberg, Med. Diss. v. 13. Nov. 1837
Geb. Suckzyn bei Danzig 28. 3. 1812. V.
Verf. erlebte die Diplomerneuerung 1887 als Sanitätsrat und 1. Arzt des Marien-Krankenhauses in Danzig. 1897 beglückwünschte ihn, als emerit. Geh. Sanitätsrat, in Zoppot wohnend, die Fakultät zum 60jährigen Dr.-Jubiläum.

Hildebrandt, Emil, Ablösung vor! Solo-Posse m. Gesang. Musik v. F. Jäger. gr. 8. (8 S.) Berlin (885). M. Böhm. 1.—

— das lachende Berlin, s.: Braun, Gust.

Hildebrandt, Emil, mein Kopf! Posse in 1 Aufzuge. 8. (14 S.) Berlin 894. M. Böhm. 1.

— **Mädchenstreiche.** Schwank in 1 Aufzuge. 8. (21 S.) Ebd. 894. 1.50

— auf d. Polizei-Gericht. Kom. Genre-Bild m. Gesang in 1 Akt. 8. (12 S.) Berlin (887). M. Böhm. 1.50

Stuben-Arrest, od.: Von Vogel zu Vogel. Militär. Schwank in 1 Akt. 12. (21 S.) Ebd. (894). 1.50

— u. Jul. Keller, der Trompeter v. Säkkingen. Romant. Schauspiel m. Gesang in 3 Acten u. 7 Bildern. Musik v. Brenner. gr. 8. (48 S.) Ebd. 892. 3.—

Hildebrandt, Erik, Regierungsrefer.: Die rechtliche Natur der Kirchensteuer nach der preußischen Kirchensteuergesetzgebung. Greifswald 1909: Abel. 68 S. 8°
Greifswald, Jur. Diss. v. 20. Aug. 1909, Ref. Hubrich
[Geb. 31. Jan. 80 Bremen; Wohnort: Stettin; Staatsangeh.: Preußen; Vorbildung: König-Wilhelm-Gymn. Stettin Reife O. 05; Studium: Heidelberg 1, Leipzig 2, Berlin 1, Greifswald 2 S.; Rig. 3. Juli 09.] [U 10. 1519

Holz- u. Bau-Industrie Ernst **Hildebrandt**, Act.-Ges., Maldeuten Ostpr. Wie baut man die besten Dungstätten. *(Allenstein [1901?]: W. E. Harich.)* (18 S.) 8° [Ant. u. F.]
[Umschlagt.:] Neueste Dungstätten-Anlage von E. Hildebrandt. [03. 5051 10

Holz- u. Bau-Industrie Ernst **Hildebrandt**, Act.-Ges., Maldeuten Ostpr. Wie sollen Schweineställe gebaut werden? *Allenstein (1902): W. E. Harich.* (34. 21 S.) 8° [Ant. u. F.] [03. 5053 10

Hildebrandt, Ernst Jul., Freuden und Leiden des Feldzuges 1870—71 und der Okkupation. Memorandum. 12. (III, 106 S.) Berlin 886, E. Prager. *

Hildebrandt, F., s.a. Hildebrandt, Georg Friedrich

Hildebrandt, F., „amerikanischer Bluff". Bericht des schwed. Stadtfiskalbeamten Lars Stendahl üb. die Oelliefergn. der Vacuum Oil Company Aktiebolag in Stockholm. Zusammengestellt u. m. e. Einleitg. versehen. (15 S.) Lex. 8. Berlin 910. Schöneberg, Verlag f. Fachliteratur. — 75
Sonderabdruck aus: „Petroleum".

Hildebrandt (F.). Geschlechtsverhaeltnisse bei den Compositen. Dresden, 1869. 4°.

Hildebrandt, F., afrikanische Jagdgeschichten. Erzählungen aus meiner Dienstzeit in Deutsch-Ostafrika. (40 S. m. 9 Abbildgn.) gr. 8. Berlin 902. E. S. Mittler & Sohn. n. 1.—

— eine deutsche Militärstation im Innern Afrikas. (IV, 80 S. m. Abbildgn. u. 1 Taf.) gr. 8. Wolfenbüttel 905. Heckner. n. 2.25; geb. n. 3.—

Hildebrandt, F., De Hecyrae Terentianae origine. Diss. 1884. 51 S.

— **Die Hamburger Staatsanwaltschaft u. die deutsche Vacuum Oil Company.** 1.—6. Aufl. (Je 38 S.) gr. 8. Ebd. 910. 1.—

Hildebrandt, F. G., s. Hildebrand, G. F.

Hildebrandt, F. R., De itineribus Herodoti europaeis et africanis. Diss. 1883. 67 S. 4.50

Hildebrandt, Ferdinand, Der Turn-Unterricht an den höheren Schulen (Progr. d. Domgymnas. zu Magdeburg Ostern 1859, S. 1—28), Magdeburg 1859, 28 S., Gr.-8⁰.

Hildebrandt, Ferdinand Richard, s. Hildebrandt, Richard

Hildebrandt, Frz., Anmerkungen, s.: Lesebuch, deutsches, f. höhere Lehranstalten.

Hildebrandt, Franz: Beitrag zur Aetiologie der Herzfehler, bearbeitet nach den Krankengeschichten der II. medicinischen Klinik des kgl. Charitékrankenhauses in Berlin. *Berlin (1898): E. Ebering.* (58 S.) 8°
Berlin, Med. Diss. v. 7. Jan. 1898

Hildebrandt, Franciscus: De Hecyrae Terentianae origine. Halis Saxonum 1884: Frommann in Jena. 51 S. 8°
Halle-Wittenberg, Phil. Diss. v. [31. Jan.] 1884
Geb. Kammin (Pomm.) 23. 4. 1858. V.
Im Buchhandel Halis Sax. (Jena: Pohle; Leipzig: Fock) 1884.

Hildebrandt, Friedrich

s.a.: **Hildebrandt, Georg Friedrich**

Standhaftigkeit: Ueber die Standhaftigkeit. Eine Rede, in d. g. u. v. F[rei] M[aurer] Loge Libanon zu den drei Cedern [in Erlangen] gehalten am Johannistage 1808 von Frieder. Hildebrandt. Erlangen [1808]: Junge. 16 S. 8⁰ [Umschlagtit.]
Kl. 1152 b. Selten.

Vortrag des Mstrs v. St. der g. u. v. Lorge Libanon zu den drei Cedern [in Erlangen, d. i. Friedr. **Hildebrandt**] am Johannistage 1803. [Erlangen 1803.] 2 Bl. 4⁰ [Kopftit.]
Kl. 1138. Selten. Üb. Zweck d. Frmrbundes.

Einige Worte, am lezten Abende des Jahres 1807 in der g. u. v. Loge L[ibanon] z. d. d[rei] C[edern in Erlangen] zu den Brůdern und Schwestern gesprochen von Friedr. **Hildebrandt.** Erlangen [1807]: Junge. 13 S. 8⁰ [Umschlagtit.]
Üb. die Pflichten der Frauen u. Aufklärung üb. die Tätigkeit des Mr.

Barthe, Jean: Einige Worte an dem Grabe unsers abgeschiedenen [Br.] Jean Barthe am 14. April d. J. gesprochen von Friedr. **Hildebrandt.** Erlangen 1810. 8 S. 8⁰ [Umschlagtit.]

Hildebrandt, Friedrich Wilhelm

Hildebrandt, F. W., Festpredigt am 8. Juni 1880, dem Vorabend der 200jähr. Jubelfeier des Anfalls Magdeburgs an das Churfürstenth. Brandenburg, in der St. Johanniskirche in Magdeburg geh. 8. (14 S.) Magdeburg 880. Heinrichshofen's Verl. n. — 30

Hildebrandt, F. W., Fruchtkörner aus dem Vorrathe der Kirche Christi. Sechs Predigten. gr. 8. (VI u. 80 S.) Magdeburg 850, Heinrichshofen. 1/3 ℛ

—— Gast und Arbeiter. 2 Predigten in Magdeburg gehalten. gr. 8. (30 S.) Magdeburg 847, Heinrichshofen'sche Buchh. *

—— einer von den Gevattersleuten an den Domprediger Neuenhaus. 8. (21 S.) Halle 847, Knapp, Vrlgsh. *

Hildebrandt, F. W., Joab. Trauerspiel in 5 Aufzügen. 8. (III, 189 S.) Magdeburg 890. Creutz. n. 2. —; geb. n. 3. --

Hildebrandt, F. W., Karpathenbilder. 8. (XV und 199 S. mit 1 lithogr. Karte des Tatragebirges in 4.) Glogau 863, Flemming.

Hildebrandt, F. W., Karpathenbilder. Mit 1 (lith.) Karte des Tatragebirges (in 4.). Glogau 863. Flemming. 8. (XV, 199 S.) 22⅔ ngr.

Hildebrandt, F. W., das Kirchenjahr des Täufers. Vollständiger Jahres-Cyclus von Taufhandlungen nach kurzen Texten aus den Sonn- u. Festtagsperikopen. gr. 8. Magdeburg 846, Heinrichshofen'sche Buchh. 2 ℛ

—— Predigten f. Unbefangene. g. 8. (13 B.) Magdeburg 844, Heinrichshofen.

— der Strom der evangelischen Wahrheit. Predigt im Gottesdienste des Gustav-Adolph-Vereins am 10. Novbr. 1852 in Magdeburg gehalten. gr. 8. (15 S.) Magdeburg 852, Heinrichshofen. 1/6 ℛ

Hildebrandt, F. W., der Traum und seine Verwerthung für's Leben. Eine psycholog. Studie. gr. 8. (60 S.) Leipzig 875, [Schloemp.] L. Senf. (* ℳ 1.)

Hildebrandt, F. W., der Traum u. seine Verwerthung für's Leben. Eine psycholog. Studie. gr. 8. (60 S.) Leipzig 881. Gebr. Senf. n. — 50

Hildebrandt's, G., Berliner Fabrikate. Nachschlage-Werk f. alle Berliner Export-Artikel. gr. 4. (152 S.) Berlin 888. (Kühl.) n.n. 6. —

Hildebrandt, G., experimentelle Untersuchungen über das Eindringen pathogener Mikroorganismen von den Luftwegen und der Lunge aus. Inaug.-Diss. 8. (38 S.) Jena 888. (Königsberg i. Pr., Koch's Antiq.) n.n. — 60

Hildebrandt, G. C., s. Hildebrandt, Christoph

Hildebrandt, G. F., s. Hildebrand

Hildebrandt, Georg Friedrich

Hildebrand, Fr., Abbildung chemischer Werkzeuge zu d. Encyklopädie d. Chemie. Fol Erlang. Heyder.

Hildebrandt, Georg Friedrich: Anfangsgründe der Chemie. Bd 1 - 2, gbd.

Erlangen: Walther 1794

JB 332

— Anfangsgründe d. Chemie. 3 Thle. gr. 8. Erlang. 794—802. (Heyder). 3 ℛ 8 gr.

— Anfangsgr. d. Metallurgie. gr. 8. Erl. 806. (Heyder). 2 ℛ 8 gr.

— Anfangsgründe d. Metallurgie. gr. 8. Erlangen, Walther. 806.

— Anfangsgründe der allgem. Naturlehre. 2 Thle. Mit Kpft. gr. 8. Erlang. 807. 3 ℛ 2e Aufl. 2 Thle., mit 7 Kpft. gr. 8. Ebd. 821. Heyder. 5 ℛ

Hildebrandt, (Georg) Friederich: Anfangsgründe der dynamischen Naturlehre. 377 S., gbd., 4 Taf.

Erlangen: Walther 1807

JB 213

— — Anfangsgründe d. dynamischen Naturlehre. 2 Thle. Mit 7 Kupfert. in 4. 2te Aufl. gr. 8. Ebend. 821.

— Anfangsgründe d. allgem. Pathologie. Vom Verf. selbst aus d. Latein. übersezt. 8. Erlang. 797. (Heyder). 4 gr.

Hildebrandt, F., Anhang zu dem Lehrbuch der Chemie; abgefaßt von Dr. Bischof. gr. 8. Erlangen, Palmsche Verlagsbuchh. 819.

— Anzeige seiner Wintervorlesungen, nebst e. Abhandl. vom lebendigen Kalk. 8. Götting. 786.

— über d. Arzneikunde. 8. Erlang. 795. Palm. 6 gr.

Hildebrandt, Friedr. (Präs.), s. B e c k e r, Johann Gottfried : De sale amaro.

Georg Friedrich Hildebrandt

G[eorg] Friederich Hildebrandt. Bemerkungen und Beobachtungen über die Pocken in der Epidemie d. Jahrs 1787. Braunschweig: Schul-Buchh. 1788. 224 S. 8°

Hildebrandt, Geo. Fr., Bemerkk. u. Beobachtt. über die Pocken in d. Epidemie des J. 1787. 8. Braunschw. 793. Schulbuchhandl. 10 ggr

— Bemerkungen ü.d. die Pocken in d. Epidemie 1787. 8. Ebend. 788.

— chem. Betrachtt. der Lohgärberei. 8. Erl. 795. (Heyder). 4 ggr

— chem. Betr. d. Lohgärberey. 8. Erl. Walther. (auch Breuning) 795.

— s. K. W. Böckmann, Versuche ꝛc.

Hildebrandt, F. Die Chemie als Wissenschaft und Kunst. Erlangen, 1816.

— Progr. Commentationes de alcali minerali sanguinis humani. Part. I. 8 maj. Erlang. 793.

Hildebrandt, Georg Friedrich.
Encyclopädie der gesammten Chemie. Erlangen, 1799–1806. 9 vols., 8vo, and Supplement, 1807. Fifteen plates.
Zweite ganz umgearbeitete Auflage. Erlangen, 1809.
Erstes Supplement. Erlangen und Leipzig, 1815.

— Encyklopädie der gesammten Chemie. 16 Hefte. (1s—5s, 2e Aufl. 808—15.) gr. 8. Erlang. 799—810. (Heyder). 14 rthl 4 ggr 1s Suppl.-Hft. gr. 8. Ebd. 814. 12 ggr

Georg Friedrich Hildebrandt

[Georg] Friederich Hildebrandt, Über die Ergiessungen des Samens im Schlafe, Braunschweig: Schulbuchh. 1792. 45 S. 8°

— Erklärung der Abbildungen zur Encyklopädie der Chemie. Mit 15 Kpft. gr. 8. Erlang. 807. (Heyder). 1 rthl 20 ggr

— Erklärung d. Abbildungen zur Encyklopädie d. Chemie. m. K. gr. 8. Erl. Walther. 807.

Gehört der Freimaurerorden zu den eigentlich geheimen Verbindungen? Und ist er den Maassregeln unterworfen, die der Staat gegen diese zu nehmen für gut findet? Ein Wort des Zeitbedürfnisses, am Johannisfeste 1812, vor der Loge Libanon zu den 3 Cedern in Erlangen. [Von Georg Friedr. Hildebrandt.] [Erlangen 1812.] 12 S. 8° [Umschlagtit.]

Kl. 1174, Tt. 2067. Darlegung von Begriff u. Zweck des Frmrbundes, zum Beweise, dass dieser dem Wohle der Gesellsch. nicht zuwider sei.

Hildebrandt, Georg Friederich: Chemische und mineralogische Geschichte des Quecksilbers. 476 S., gbd.

Braunschweig: Schulbuchhandlung 1793

JB 331

Hildebrandt, G(eorg) Friederich: Geschichte der Unreinigkeiten im Magen und den Gedärmen. Bd 1 - 3, gbd.

Braunschweig: Schulbuchhandlung 1789 - 1790

JB 2.275

Hildebrandt, Georg Friedrich. Grundriss der allgemeinen Krankheitslehre; a. d. Latein. . . . Nürnb. 1796. Ü: *Feiler, Johann.* (MGT) (Ky)

— Grundr. d. allgem. Krankheitsgesch. a. d. Latein. 8. Nrnb. Monath. (a. Breuning in Erl.) 796.

Hildebrandt, (Geo.) Friedr., Handbuch d. Anatomie d. Menschen. 4., umgearb. u. sehr verm. Ausg., besorgt v. Ernst Heinr. Weber. 4 Bde. Lex.-8. Braunschweig, [Vieweg.]
Bd. 1. Allgem. Anatomie. (20¾ B. u. 2 Kpfrt.) 830. 3 Thlr.
" 2. Beschreibung d. Knochensystems, d. Muskelsystems u. d. Haut. (34½ B.) 830. 1 Thlr. 16 Gr.
" 3. Das Gefäß- u. Nervensystem. (35 B.) 831. 2 Thlr. 16 Gr.
" 4. Die Eingeweidlehre u. Entwickelungsgeschichte d. Menschen. (38 B.) 832. 3 Thlr. 16 Gr.

— Handbuch der reinen Größenlehre, in 2 Theilen. Mit Kpf. 8. Götting. 785. Dieterich. 1 rthl 3 ggr

— Handbuch d. Physiologie. 6., verb. u. verm. Ausg. Nach d. Tode d. Verf. hrsg. v. C. Hohnbaum. gr. 8. (36 B.) Erlangen 828, Palm.

— üb. die blinden Hämorrhoiden. 8. Erl. 795. (Heyder). 10 ggr

— dulcis mercurii laudes. 8 maj. Erlang. 793. Palm. 4 ggr

— dulces mercurii laudes. gr. 8. Erl. Palm. 794.

Hildebrandt, Geo. Fr., († d. 23. März 1816.) Lehrbuch der Anatomie d. Menschen. 4 Bde. gr. 8. Braunschw. 789—92. 2e Aufl. 800. 3e verb. A., in 4 Bdn. gr. 8. Ebd. 803 u. 4. Schulbuchh. 6 rthl 4e Aufl., besorgt v. Er. H. Weber. 4 Bde. Mit 2 Kpft. Lex.-8. Ebd. 830, 32. Vieweg. (Schulbuchh.) 11 rthl 16 ggr

— Lehrbuch der Chemie; nach des Verf. Tode von K. G. C. Bischoff vollendet. gr. 8. Erlang. 816. Palm. 4 rthl Anhang, s. K. G. C. Bischoff, Lehrbuch ꝛc.

— Lehrbuch d. Chemie als Wissenschaft u. als Kunst. gr. 8. Erlang. Palmsche Verlagsbuchh. 816.

— Lehrbuch d. Physiologie des menschl. Körpers. 8. Erlang. 796. 2e Aufl. 799. 3e Aufl. 803. 4e Aufl. 809. 5e Aufl., mit dessen Leben u. letzter Krankheitsbeschreib., von C. Hohnbaum. gr. 8. Ebd. 817. 6e Aufl. v. demselb. 823. Palm. 2 rthl 4 ggr Dess. Leben u. letzte Krankheit apart. gr. 8. Ebd. 816. 1 rthl 1 ggr

Georg Friedrich Hildebrandt

Lehrbuch der Physiologie abgefaßt von [Georg] Friederich Hildebrandt. 6.,verb.u.verm.Ausg. Nach d.Tode d.Verf. hrsg. von Carl Hohnbaum, Erlangen: Palm 1828. XIV S.,S. 16-576. 8°

— primae lineae pathol. general 8. Erl. 795. (Heyder). 4 𝔤𝔯

— primae lineae Pathologiae general. 8. Erl. Walther. (et. Breuning) 795.

— de motu iridis quaedam disserit et praelectiones habendas indicat. 8. Braunschw. 786.

— Diss. inaug. med. de pulmonibus. 4. Götting. 783. Dieterich. 2 𝔤𝔯

— Diss. chem. de metallorum nobilium puritate. 8. Erl. 796. Palm. 5 𝔤𝔯 Schrbp. 6 𝔤𝔯

— Diss. de sale amaro. 8 maj. Erlang. 796.

— Taschenbuch für d. Gesundheit auf d. J. 1801. 12. Erlang. 800. N. Aufl. 8. 801 u. 3. 4e verm. Aufl. 807. 5e Aufl. 813. 6e Aufl. 8. Ebd. 820. Heyder. 1 ℛ 8 𝔤𝔯

— physikal. Untersuchung des Mineralwassers im Alexandersbade bei Sichersreuth in Franken. 8. Erlang. 803. Palm. 8 𝔤𝔯

— Versuch einer philosoph. Pharmakologie. 8. Braunschw. 787. Schulbuchh. 1 ℛ 8 𝔤𝔯

Hildebrandt, G(eorg) Friederich: Versuch einer philosophischen Pharmakologie. 642 S., gbd.

Braunschweig: Waisenhausbuchhandlung 1786

JB 1.370

— Versuch e. philosoph. Pharmakologie. 8. Ebend. 787.

Hildebrandt, Gotth.: Geschichten aus Sperlingslust v. Knut Hjörring [d.i. Gotth. Hildebrandt]. M. Bildern v. Paul Colanus. Berlin: W. Pauli's Nachf. 1896. (VIII, 232 S.) 1 Bd 8. [F.]

Denkschrift z. Säcular-Feier d. Pommerschen Landschaft am 13. März 1881. Kurze Darstellung d. Entstehung u. Entwickelung d. Pommerschen Landschaft von G[ustav] Hildebrandt, Gen.-Landsch.-Synd. [Nebst] Nachtrag. (Stettin) 1881–1906. 2 Bde 4° [F.]
Nachtrag ... v. 13. März 1881 f. d. folgende Vierteljahrh. bis 13. März 1906. [illegible]

Hildebrandt, Gustav [pract. Arzt]: Experimentelle Untersuchungen über das Eindringen pathogener Mikroorganismen von den Luftwegen und der Lunge aus .... Jena, Gustav Fischer, 1888; 2 Bl. + 38 S. + 1 Bl. 8°
Königsberg, Med. Fak., Inaug.-Diss. v. 26. März 1888

—— dass. — s.a. Beiträge zur pathologischen Anatomie und Physiologie.

Hildebrandt, Gust., experimentelle Untersuchungen über das Eindringen pathogener Mikroorganismen von den Luftwegen und der Lunge aus. Inaugural-Dissertation. 8. (38 S.) Jena 888. (Königsberg i. Pr., Koch's Antiq.) **

Hildebrandt's, Gust., Verzeichniss d. Exporteure, Einkäufer, Export-Agenten, Export-Musterläger u. Export-Commissions-Firmen v. Deutschland, Oesterreich-Ungarn u. d. Schweiz m. Angabe d. Export-Länder u. der nach dort ausgef. Waaren, Strassen- u. Telephon-Bezeichnung. (2. Aufl.) qu. gr. 8. (III, 134 S.) Berlin 897. O. Elsner. n. 6. —; erm. Preis n. 3. —

Hildebrandt, H. Bausteine f. das eigene Heim. Ein Erinnerungsbuch an die Hochzeit u. and. Gedenktage d. Lebens. gr. 4. (197 S. m. 1 Titelb.) Wolfenb. 8[illegible]1, Zwißler. 3 —; geb. 4 40; m. Goldschn. 6 —

—— s. Bericht über die Ereignisse in der königl. gynäkologischen Universitäts-Klinik zu Königsberg i. Pr.

Hildebrandt, H., über abnorme Haarbildung beim Menschen. Vortrag, geh. am 7. Decbr. 1877. [Aus: „Schriften der physik.-ökonom. Gesellsch."] gr. 4. (8 S. m. 2 Steintaf.) Königsberg 879. (Koch.) n. 1. —

Hildebrandt, H., über den Katarrh der weiblichen Geschlechtsorgane, s. Sammlung klinischer Vorträge.

Hildebrandt, H., Kompendium der Toxikologie. gr. 8. (VII, 60 S. m. 3 Abbildgn.) Freiburg i/B. 893. J. C. B. Mohr. n. 1. 40; geb. in Leinw. n.n. 2. 40

— die Krankheiten der äusseren weiblichen Genitalien, s.: Handbuch der Frauenkrankheiten.

—— dass. — s. Handbuch der allgemeinen und speciellen Chirurgie.

Hildebrandt, H.: Über fibröse Polypen d. Uterus, s. Sammlung klin. Vorträge.

Hildebrandt, H., Rechtschreibschule f. Unter- u. Mittelklassen. Diktatstoffe in d. Form. sachl. Einheiten. gr. 8. (VIII, 132 S.) Gera 897. Th. Hofmann. n. 1. 20

Hildebrandt, H., Rechtschreibschule f. Unter- u. Mittelklassen. Diktatstoffe in der Form sachl. Einheiten. 2. Aufl. gr. 8. (X, 162 S.) Leipzig 902. Th. Hofmann. n. 1. 20

Hildebrandt, H., über Retroflexion d. Uterus, s. Sammlung klinischer Vorträge.

— die neue gynäkologische Universitätsklinik u. Hebammen-Lehranstalt zu Königsberg i/Pr. Bericht unter Beihilfe s. Assistenzärzte Bluhm, Münster, Weger bearb. u. hrsg. Mit 3 (lith.) Grundrissen (in qu. gr. 4.) gr. 8. (IV, 132 S.) Leipzig 876. Breitkopf & Härtel. n. 5. —

Hildebrandt, H., s.: Zeit, unsere.

Hildebrandt, Hans, die Architektur bei Albrecht Altdorfer, s.a. Studien zur deutschen Kunstgeschichte.

Hildebrandt, Hans, Dr.: Die Architektur bei Albrecht Altdorfer. Straßburg 1908: J. H. Ed. Heitz. (110 S.) 8°
¶ (Erscheint m. Lichtdrucktaf. als: „Studien z. Deutschen Kunstgeschichte" H. 98.)
Heidelberg, Phil. Fak., Ref. Thode, Diss. v. 7. Juli 1908
[Geb. 29. Jan. 78 Staufen; Wohnort: Mannheim; Staatsangeh.: Baden; Vorbildung: Gymn. Mannheim Reife M. 96; Studium: Freiburg i. B. 1, Heidelberg 2, Freiburg i. B. 1, Berlin 1, München 1, Rom 1, Heidelberg 1, München 4, Heidelberg 2 S.; Rig. 2. März 08.]

Hildebrandt, Hans: Über die Beeinflussung der Willenskraft durch den Alkohol. Leipzig: Quelle & Meyer 1910. 91 S. 8°
Königsberg, Phil. Diss. v. 1. April 1910, Ref. Ach
[Geb. 16. Sept. 83 Bartenstein; Wohnort: Königsberg i. P.; Staatsangeh.: Preußen; Vorbildung: Gymn. Bartenstein Reife O. 03; Studium: Königsberg 10 S.; Rig. 29. Juli 08.] [U 10. 2004

Über die Beeinflussung der Willenskraft durch den Alkohol. Von Dr. phil. H[ans] **Hildebrandt**. Leipzig: Quelle & Meyer 1910. 91 S. 8°
[Ersch. auch als Inaug.-Diss. Königsberg 1910.]
(Untersuchungen z. Psychologie u. Philosophie. Bd 1, H. 2.) [11. 1910

[F.] Bilderbuch eines Schwermütigen. Momentaufnahmen auf Druckpapier von Gregor VII. [d. i. Hans **Hildebrandt**]. *Stolp i. Pom.: H. Hildebrandt [1896].* (78 S.) 1 Bd 8. [96. 40

Erinnerungen an berühmte Virtuosen der Gegenwart. Briefe e. kassubischen Konzert-Arrangeurs an seinen Freund in der Residenz. Hrsg. v. Friedrich Günther [d. i. Hans **Hildebrandt**]. *Stolp: H. Hildebrandt 1892.* (56 S.) 8° [F.] [03. 2205

Hildebrandt, Hans, ohne Feigenblatt. Realistische Erzählungen. 8. (199 S.) Berlin 888, Jacobsthal. *

Hildebrandt, Hans, s.: Gregor VII.

— Die Provence. Landschafts- u. Architekturskizzen. Umschlag v. Lily Hildebrandt. (112 S. m. 25 Vollbildern.) 8. Straßburg 909. J. H. E. Heitz. 2.50; geb. 3.50

— Regensburg, s.a. **Kunststätten, berühmte.**

Hildebrandt, Hans: Regensburg. Von —. Mit 197 Abb. Leipzig: E. A. Seemann 1910. VI, 267 S. 8°
(Berühmte Kunststätten. Bd 52.)

[F.] Neue Sünden. Zweite Folge der Tannhäuserlieder v. Gregor VII. [d. i. Hans **Hildebrandt**]. 2. Aufl. (Darin: Das nervöse Jahrhundert ... v. Gregor VII. (H. Hildebrandt) ... 1892.) *Stolp: H. Hildebrandt 1896.* (147 S., 5 Bl., 30 S.) 1 Bd 8. [96. 41

HILDEBRANDT, Hans, Tannhäuserlieder. Erotisches Sündenregister. Budapest, Gustav Grimm. 1888. Kl. 8°. (2 Mk. Rich. Kaufmann, Stuttg., 1898.)
152 S., 2 Bll. Inh.: 1. Frau Venus. 2. Schön Hadwig aus der Pfalz. 3. Margarete. 4. Annuschka. 5. Jenny. 6. Mischmasch. — Einiges ziemlich frei.

— Tannhäuserlieder, 2. Aufl., s.: Sünden, neue.

— wahre Worte u. schöne Lieder. Eine Anthologie. 12. (VI, 194 S.) Stolp i/P. 888. H. Hildebrandt. n. 2. —; geb. n. 3. —

— Heinrich Wilh. (Wernigerode), Nonnulla de secretionibus vicariis disquisita. Diss. med. Bln. (Aug. Wilh. Schade) 20. II. 1826. 28 S. mit Biogr. (M.: Buechting.) (6.50) 15145
Oppon.: Faber, Aschersohn, Kersten.

Hildebrandt, Herm., neuere Arzneimittel. Beziehungen zwischen deren chem. Konstitution u. pharmakolog. Wirkg. m. Berücksicht. synthetisch hergestellter Arzneimittel. Für Chemiker, Pharmazeuten u. Mediziner dargestellt. (VI, 168 S.) gr. 8. Leipzig 907. Akadem. Verlagsgesellschaft. 4.20; geb. 5. —

Hildebrandt, Hermann [aus Magdeburg]: Beiträge zur vergleichenden Anatomie der Ambrosiaceen und Senecionideen .... Marburg, Univ.-Buchdr. (R. Friedrich), 1887; [illegible] S. u. 1 Taf. 8°.
Marburg, Phil. Fak., Inaug.-Diss. v. [illegible] März 1887

Hildebrandt, Hermann, Gerichtsass.: Die Eintragungsfähigkeit und Eintragungsbedürftigkeit der öffentlich-rechtlichen Eigentumsbeschränkungen unter Zugrundelegung badischen Rechtes. Heidelberg 1910: Rössler & Herbert. 66 S. 8°
¶(Ersch. vollst. als Buch ebd.)
Heidelberg, Jur. Diss. v. 30. Juni 1910, Ref. Endemann
[Geb. 16. Aug. 82 Mannheim; Wohnort: Mannheim; Staatsangeh.: Baden; Vorbildung: Gymn. Mannheim Reife Juli 00; Studium: München, Genf, Rom, Freiburg i. B., Berlin, Heidelberg zus. 7 S.; Rig. 7. März 10.] [U 10. 1893

Hildebrandt, Hermann [aus Breslau]: Aus d. pharmakolog. Institut d. Univ. Breslau. Zur Kenntniss der physiologischen Wirkung der hydrolytischen Fermente. . . . (Aus: Arch. f. pathol. Anat. u. Physiol. u. f. klin. Med. 121. Bd. 1890.) Berlin, *Druck u. Verl. v. Georg Reimer*, 1890; 8 Bl. + 48 S. 8°
Breslau, Med. Fak., Inaug.-Diss. v. 28. Jun. 1890

Hildebrandt, H., Lehrbuch der anorganischen Chemie. (IV, 201 S. m. 103 Fig.) gr. 8. Hannover 903. Dr. M. Jänecke. Geb. in Leinw. n. 3. 20

— Lehrbuch der Metallhüttenkunde. (XVI, 531 S. m. 333 Fig.) gr. 8. Ebd. 906. n. 13. —; geb. in Leinw. n. 14. —

Hildebrandt, Herm., der Schiffsbauingenieur, s.: Was willst Du werden? Nr. 60.

Hildebrandt, Hermann, Dr. med., Assistent am Pharmakol. Inst. zu Halle a. S.: Pharmakologische Studien über synthetisch hergestellte Basen aus der Piperidinreihe. Straßburg: K. J. Trübner 1904. (41 S.) 8°
Halle, Med. Fak., Hab.-Schr. v. 1904

Hildebrandt, J., Bilder aus Stettin vom Anfange des 16. Jahrhunderts. Zwei Vorträge. gr. 8. (87 S.) Stettin 857, Nagel. *

Hildebrandt, J., Cubik-Tabellen für Metermaass. Tabellarisch geordnete Berechng. d. cub. Inhalts parallelepiped. u. cylindr. Körper, insbesondere vierkant. u. runder Hölzer etc. Ein prakt. Handbuch f. Techniker, Forstbeamte, Waldbesitzer etc. Nach den Bestimmgn. u. m. Genehmigg. d. königl. Marine-Ministeriums bearb. Mit 4 (eingedr.) Holzschn. gr. 12. (XX, 381 S. u. 2 Tab. in qu. 4.) Danzig 871. Kafemann. n. 5. —; geb. n. 6. —

Hildebrandt, J., Philipp Melanchthon. Sein Leben u. Wirken, für die Gebildeten aller Stände, auf Veranlassung der 300jährigen Wiederkehr seines Todestages dargestellt. Stettin 859. Graßmann. 8. (83 S.) n. 10 ngr.

Hildebrandt, J. G., das Glück der Seidenzucht. Ein romant. Bild der Wirklichkeit. 8. (VIII und 268 S.) Frankfurt a. d. O. 862. (Crossen, Ehrlich und Comp.)

Joachim Ernst Albrecht Hildebrandt

Die höhere Geometrie, besonders die Lehre von den Kegelschnitten, zum Gebrauch beym Unterricht in der Realschule, kurz abgefasset von J[oachim] E[rnst] A[lbrecht] Hildebrand [Hildebrandt]. Berlin: Buchh. der Realschule 1783. 122 S. 8°

— die höhere Geometrie, besond. die Lehre von d. Kegelschnitten. Mit Kpf. 8. Berl. 783. Reimer. 6 gr

Hildebrandt, Joach. Er. Albr., († d. 8. April 1828.) Lehrbuch der Arithmetik, Geometrie u. ebenen Trigonometrie. 2 Thle. Mit Kpf. 8. Berl. 793, 805. Reimer. 2 rthl 12 gr

Hildebrandt, Joach. Mart., die Geschichte vom reichen Müller seinem Affen. Humoreske. (1—4. Aufl.) gr. 16. (36 S.) Leipzig 878. Hildebrandt & Co.? n. — 30

Hildebrandt, Joan. Albert. (geb. Berlin 1828): De chorea St. Viti Berolini (1853). (31 S.) 8°
Berlin, Med. Diss. v. 9. Aug. 1853

Hildebrandt, Johann Andreas, Romanschriftsteller, s. Hildebrandt, Christoph

Hildebrandt, Johann Andreas Carl, Romanschriftsteller, s. Hildebrandt, Christoph

Hildebrandt, Johann Andreas Christoph, Romanschriftsteller, s. Hildebrandt, Christoph

HILDEBRANDT, Johann Ludwig: Auflösung der Preisfrage: Welches sind die leichteste und sicherste Mittel, den Wachsthum der Bäume in den Forsten, ohne Nachtheil der Festigkeit des Holzes, zu verbessern und zu beschleunigen? - Frankfurt a. M. 1777. 32 S.

Hildebrandt, Johannes Paul, s. Hildebrandt, Paul

Hildebrandt, Julius

Hildebrandt, J., des Seelsorgers Abschiedswort. Predigt, am 18. Sonntage nach Trinitatis 1894 in der Parochie Babbin geh. gr. 8. (12 S.) Stettin 894. H. Dannenberg. n. — 50

Hildebrandt, J., Allein durch den Glauben. Evangel. Predigten. gr. 8. (VII, 215 S.) Berlin 901. K. Siegismund. 2. 40; geb. in Leinw. n. 3. —

Hildebrandt, Jul., Festpredigten. An den kirchlichen Hauptfesten gehalten vor der Garnisongemeinde zu Stettin. gr. 8. (III, 122 S.) Stettin 877. v. der Nahmer. n. 2. 50

Hildebrandt, K., die Armenhaus-Grete. Roman aus dem Leben. 20 Bde. gr. 8. (2396 S. m. je 5 Vollbildern.) Berlin (901). Berliner Roman-Verlag. à — 50; auch in 100 Lfgn. à — 10

Hildebrandt, Karl, Romanschriftsteller, s. Hildebrandt, Christoph

Hildebrandt, *Carl* [Dr.]: Über die Ausbildung des Kunstsinnes auf den höheren Lehranstalten, insbes. durch Geometrie u. Zeichnen. Braunschweig, Druck v. J. H. Meyer, 1897; 27 S. 4.
Braunschweig, herz. RG, OP 1897 (719)

Hildebrandt, Bibliographie der Staats- und Rechtswissenschaften. Die Erscheinungen des deutschen Buchhandels auf dem Gebiete der Staats- u. Rechtswissenschaften, Politik, Statistik und National-Oekonomie, ... Bd. 1. Von der Gründung des deutschen Kaiserreiches bis September 1876. Leipzig 1877. 8.

Hildebrandt, C., Eisenbahn-Güter-Tarifbuch. Auf Grund der amtl. Tarif-Materialien der Eisenbahn-Verwaltungen bearb. und hrsg. Verkehrs-Centrum: Hamburg-Altona. 1. Thl.: Deutsches Reichsgebiet und Oesterreich-Ungarn. 8. (347 S.) Hamburg 884, J. F. Richter. cart. *

Hildebrandt, Karl, a. Halle a. S.: Zur Kenntnis phenylierter Cumarone. Rostock 1906: C. Boldt. (45 S.) 8°
Rostock, Phil. Fak., Ref. Stoermer, Diss. v. 28. Juni 1906
[Geb. 17. Dez. 78 Halle a. S.; Wohnort: Halle; Staatsangeh.: Preußen; Vorbildung: Stadtgymn. Halle Prima-Reife O. 99; Studium: Halle 5, Würzburg 4, Rostock 5 S.; Rig. 25. Juni 06.]

Hildebrandt, Carl, über die stationäre elektrische Strömung in einer unendlichen Ebene u. einer Kugeloberfläche. Inaugural-Dissertation. gr. 4. (18 S. m. 1 Steintaf.) Gandersheim 881. (Göttingen, Akadem. Buchh.) n. 1. 50

—— Berliner Tarif-Buch. Alphabetische Zusammenstellung der Eisenbahn-Güter-Tarife etc. zwischen Berlin einer- und deutschen Eisenbahnstationen, Fluss- und Seehäfen andererseits. Auf Grund der dienstl. Materialien der kgl. Eisenbahn-Direction Berlin und anderer betr. Verwaltungen bearb. und hrsg. 8. (IV, 156 S.) Berlin 883, v. Decker's Verlag. cart.

Hildebrandt, Carl, Berliner Tarifbuch. [2. Aufl.] Alphabetische Zusammenstellung des Eisenbahn-Güter-Tarifs etc. zwischen Berlin einerseits und deutschen Eisenbahnstationen, Fluss- und Seehäfen andererseits. Auf Grund der dienstl. Materialien der Königl. Eisenbahn-Direction und anderer betr. Verwaltungen bearb. und hrsg. gr. 8. (VIII, 127 S.) Berlin 887, R. v. Decker's Verlag. cart. *

Hildebrandt, Carl, Waaren-Verzeichniss vom 1. Jan. 1885 zum Gesetz betr. die Statistik des Waarenverkehrs des deutschen Zollgebiets mit dem Auslande. Unter Angabe der laufenden statist. Nummern. In alphabet. Ordnung nach Massgabe des amtl. Waarenverzeichnisses zum Zolltarif des deutschen Zollgebietes. 2. unveränd. Aufl. 8. (172 S.) Berlin 885, Funcke und Naeter. Subscr.-Pr. *
Ladenpr. *ℳ 1.25.; geb. *

—— dass. — 1. Nachtrag. Nach Massgabe der vorläuf. Aenderungen für die Zeit vom 1. Juli 1885 ab. 8. (23 S.) Ebendas. 885. *

Hildebrandt, Karl Wilhelm Heinrich

(Hildebrandt, Carl Wilh. Heinr.,) s. 8. Bd.: † Norden, C.

Hildebrandt, Kurt, appr. Arzt a. Florenz: Aus dem Pathologischen Institut der Universität zu Berlin. (Direktor: Geh. Med.-Rat Prof. Dr. Joh. Orth.) Zur Kenntnis der gliomatösen Neubildungen des Gehirns mit besonderer Berücksichtigung der ependymären Gliome. Berlin (1906): E. Ebering. (45 S.) 8°
Berlin, Med. Fak., Ref. Orth, Diss. v. 16. Mai 1906
[Geb. 12. Dez. 81 Florenz; Wohnort: Berlin; Staatsangeh.: Preußen; Vorbildung: Gymn. zum Kloster Magdeburg Reife O. 00; Studium: Göttingen 1, München 3, Genf 1, Berlin 4 S.; Coll. 8. Febr. 06; Approb. 28. Apr. 05.]

Hildebrandt, Louis

Hildebrandt, Verordnungen, betr. das Volksschulwesen, die Mittel- u. höh. Mädchenschule, sowie die Fortbildungsschule in Preußen. 1898—1900. 1. Nachtrag zur 5. Aufl. der Sammlg. v. „Verordngn." v. Giebe-Hildebrandt. gr. 8. (VII, 334 S.) Düsseldorf 901. L. Schwann. n. 6. —; geb. in Halbfrz. n. 7. 50

Hildebrandt, Verordnungen, betr. das Volksschulwesen, die Mittel- u. höhere Mädchenschule, sowie die Fortbildungsschule in Preußen. 1900—1903. 2. Nachtrag zur 5. Aufl. der Sammlung v. „Verordngn." v. Giebe-Hildebrandt. (VII, 276 S.) gr. 8. Düsseldorf 903. L. Schwann. n. 6. —; geb. in Halbfrz. n. 7. 50
Hauptwerk u. 1. Nachtr. Ebd. n. 21. —; geb. n. 24. 50.

Verordnungen betreffend das Volksschulwesen in Preußen bearb. von [Louis] Hildebrandt, weil. Geh. Reg.-R., u. Dr. [Wilhelm] Quehl, Reg.R. (6. Aufl.) Düsseldorf: Schwann 1908. XIII, 1274 S. 8°

Verordnungen betreffend das Volksschulwesen in Preussen, bearb. von [Louis] Hildebrandt, weil. Geh. Reg.- u. Schulr., u. Dr. [Wilhelm] Quehl, Reg.- u. Schulr. [Nebst] Nachtr. Düsseldorf: Schwann 1908–10. 8°
[Hauptwerk.] 1908. Nachtr. 1908–1910. 1910. (11. 1730 6

Hildebrandt, Verordnungen, betr. das Volksschulwesen im Reg.-Bez. Wiesbaden. (VII, 484 S.) gr. 8. Düsseldorf 904. L. Schwann. n. 6.50; geb. in Halbfrz. n. 8.—

Hildebrandt, Ludwig [app. Arzt aus Göttingen]: Ueber Aneurysmen der Brustaorta . . Göttingen, Druck d. Dieterich'schen Univ.-Buchdr., 1895; 27 S. 8.
Göttingen, Med. Fak., Inaug.-Diss. v. [21. Dez.] 1894

Hildebrandt, Ludw., üb. Aneurysmen d. Brustaorta. Diss. gr. 8. (27 S.) Göttingen 895. (Vandenhoeck & Ruprecht.) n. — 80

Hildebrandt, Martin

—— Ohne Bismarck. Eine nüchterne Betrachtg. der Lage. gr. 8. (47 S.) Ebd. 890. * 1 —

Hildebrandt, Martin: Vater Martins Briefe an seinen kleinen Michel. Von –. 5.–10. Taus. Charlottenburg: Netto 1909. 119 S. 8°

Hildebrandt, Mart., Gift! Satyrische Streitschrift in zwanglosen Heften. 1. Dosis. 8. (30 S.) Berlin 886, Funcke und Naeter. *
Nicht weiter erschienen.

Hildebrandt, Mart., s.: Ketzerbriefe.

Hildebrandt, Mart., wider die Communisten am geist. Eigenthum. (Umschlag: Zur Revision des Urheberrechts. Ein Aufruf an Schriftsteller, Componisten u. bild. Künstler.) gr. 8. (47 S.) Berlin 899. [Deutscher Autoren-Verlag.] J. Harrwitz Nachf. n. 1.—

Hildebrandt, Mart. Nicht gegen den Kaiser! Zur socialen Bewegg. gr. 8. (36 S.) Berl. 890, Hein. — 60

Hildebrandt, Martin: Die Reichs-Schwiegermutter. Aus d. Geheimnissen einer polit. Ehe geplaudert von Einem Hausfreund. Von –. 6. Aufl. Leipzig: C. F. Müller 1892. (31 S.) 8° [F.]

Hildebrandt, Mart., Stimmungen. (Einbd. u. Buchschmuck: Florenze Jessie Hösel.) (78 S.) 8. Charlottenburg 908. Schriftsteller-Genossenschaft. Kart. 2.—

Die Setzmaschinenfabrik Typograph. Ein Gedenkblatt aus Anlaß d. Fertigstellung d. 2000. Maschine. (Verf.: Martin **Hildebrandt**. Berlin: Eckstein 1908.) (56 S.) 8° [08. 17912

Hildebrandt, Max

Hildebrandt, M., Kranken-Blätter. Aus seinem Nachlaß. 8. (112 Bl.) Magdeburg 893. Creutz. In Umschlag. n. 1.50; in Calico-Decke n.n. 2.—

Hildebrandt, M., Kranken-Blätter. Aus seinem Nachlaß. 2. Aufl. (50 Nrn. à etwa 4 S. u. IV S.) 8. Halle (904). E. Strien. In Karton n. 1.50

Hildebrandt, Max, Untersuchungen üb. die Eiszeiten der Erde, ihre Dauer u. ihre Ursachen. gr. 8. (XVI, 128 S. m. 1 Taf.) Berlin 901. L. A. Kuntze. n. 6.—; geb. in Leinw. 7.50

Hildebrandt, Max(imilian) Erdmann Eduard (geb. Berlin 25. 6. 1854)
Ueber eingeklemmte Brüche. Berlin (1879). (30 S.) 8°
Berlin, Med. Diss. v. 5. Juli 1879

Hildebrandt, N., Geschäfts-Anleitung f. Gemeinde-Vorsteher, Orts-Erheber u. Gemeinde-Schreiber, auf Grund d. neuen Landgemeinde-Ordng. vom 3. Juli 1891 u. der zugehör. Ausführungs-Anweisgn. m. Muster-Formularen zum prakt. Gebrauche dargestellt. 8. (XI, 222 S.) Rawitsch 893. R. F. Frank. n. 2.50; kart. n. 2.65

Hildebrandt, Oskar [aus Sachsen]: Die vaginale Total-Exstirpation des carcinomatösen Uterus mit Anwendung der Müller'schen Zangen nebst casuistischen Beiträgen . . . . Greifswald, Druck v. Carl Sell, 1887; 31 + 1 S. + 1 Bl. 8°.
Greifswald, Med. Fak., Inaug.-Diss. v. 12. Aug. 1887.

Hildebrandt, Oskar, die vaginale Total-Exstirpation des carcinomatösen Uterus mit Anwendung der Müller'schen Zangen nebst casuistischen Beiträgen. Diss. Greifswald 1887, Jul. Bindewald. 8°. 31 S.

Hildebrandt, Otto

Hildebrandt, O., Heissstroppen mit Schlipp-Vorrichtung für Boote. Blatt 1. (Ein Blatt mit Zeichnungen.) [Berlin 1869.] In plano.

Hildebrandt, Otto, praktisches Lehrbuch für junge Seeleute. gr. 8. (XII und 181 S. mit 5 Stnt. und 4 Blatt Erläuterungen in gr. 8., 4. und qu. Fol.) Danzig 863, Kasemann. *

Hildebrandt, Otto, praktisches Lehrbuch f. junge Seeleute der Kriegs- und Kauffahrtei-Marine. 3., sehr verm. u. verb. Aufl. Mit 10 lith. Taf. (in qu. Fol.) gr. 8. (XVI, 354 S. m. 10 Tabellen in 8. u. 4.) Danzig 872. Kasemann. geb. n. 6.—

Hildebrandt, Otto, praktisches Lehrbuch für junge Seeleute der Kriegs- u. Kauffahrtei-Marine. Mit Genehmigung Sr. königl. Hoh. d. Prinzen Adalbert v. Preußen, General-Inspecteur der Marine ꝛc. hrsg. 4., vollständig umgearb. u. verb. Aufl. Mit 10 lith. Taf. gr. 8. (XVI, 401 S.) Danzig 879. Gruihn. geb. n. 7.—

Hildebrandt, Otto, praktisches Lehrbuch f. junge Seeleute der Kriegs- u. Kauffahrtei-Marine. 5., umgearb. Aufl. gr. 8. (VII, 430 S. m. 10 Taf. u. 10 Tab.) Danzig 893. E. Gruihn. n. 7.—; kart. n. 8.—

Hildebrandt, P., Erste Auswanderung der Mennoniten aus dem Danziger Gebiet nach Südrußland. Halbstadt 1888
Dasselbe in: Zwei Dokumente. Winnipeg 1908, Echo-Verlag. Bd. 14

Hildebrandt, Paul: Bemerkungen zu André Chénier. Berlin, R. Gaertner, 1897; 22 S. 4.
Berlin, Berlinisches G z. grauen Kloster, OP 1897 (51)

Hildebrandt, Paul, lustige Chansons f. die verschiedenen kaufmännischen Branchen. Humoristisches Reklame-Handbuch. Frühj. 1904. (28 S. m. Abbildgn. u. 1 Taf.) 8. Berlin (W. 8, Markgrafenstr. 59). P. Hildebrandt. n. 1.—
Wird nur zu 1000 Stück abgegeben.

Hildebrandt, Paul, die Kunst, das Stiefkind der Gesellschaft. [Aus: „Wochenberichte f. Kunst, Kunsthandel u. Kunstgewerbe".] gr. 8. (16 S.) Berlin 893. Amsler & Ruthardt. — 50

Hildebrandt, Paul. Neues Schweizer Liederbuch. 32 S. 8. Berlin, Paul Hildebrandt, Selbstverlag, [1906]. [M. —.35]

Hildebrandt, Paul (geb. Speck in Pomm. 12. 6. 1850): De Noma. Berlin (1873). (32 S.) 8°
Berlin, Med. Diss. v. 25. Juli 1873

Hildebrandt, Paul, prakt. Arzt aus Erfurt **Sandtherapie.** Technik, physiol. Wirkung, Indicationen. *Berlin (1900): G. Schade.* (30 S.) 8°
Berlin, Med. Diss. v. 10. Aug. 1900

Hildebrandt, Paul, s.: Scholia in Ciceronis orationes Bobiensia.

Hildebrandt, *Ioannes* Paulus [Berolinensis]: De scholiis Ciceronis Bobiensibus ... Berlin, Mayer & Mueller, 1894; 2 Bl. 63 S., 1 Bl. 8.
Göttingen, Phil. Fak., Inaug.-Diss. v. [13. Sept.] 1894

— das Spielzeug im Leben des Kindes. (XIX, 421 S. m. 93 Abbildgn.) 8. Berlin 904. G. Söhlke Nachf. n. 4. 50; geb. n. 6. —

Hildebrandt, R., Kirchenordnung f. die evangelischen Gemeinden der Prov. Westfalen u. der Rheinprovinz, s.: Richter, A.

Hildebrandt, R., Studien auf dem Gebiete der römischen Poesie u. Metrik. I. Vergil's Culex. 8. (VIII, 176 S. m. 1 Tab.) Leipzig 887. Zangenberg & Himly. n. 2. 40

Hildebrandt, R. [Assistenzarzt d. Univ.-Augenklinik in Zürich]: Experimentelle Untersuchungen über Antisepsis bei der Staroperation. '(Aus d. Züricher Univ.-Augenklinik)' ... '(Hamburg, L. Voss)', 1893; 1 Bl., 28 S. 8.
Freiburg i. B., Med. Fak., Inaug.-Diss. v. 1893

Hildebrandt, R., experimentelle Untersuchungen üb. Antisepsis bei der Staroperation. Diss. [Aus: „Beiträge zur Augenheilkde."] gr. 8. (28 S.) Hamburg 893. L. Voss. n. 1. —

Hildebrandt, Rich., ein Beitrag zur Deutung der Gorgonen, s. Commentationes Philologae quibus Ottoni Ribbeckio congratulantur Discipuli Lipsienses.

Hildebrandt, Richard, Dr.: **Beiträge zur Erklärung des Gedichtes Aetna.** *Leipzig: Dürr in Komm. 1900.* (37 S.) 4°
Leipzig, Nicolai-G, OP 1900 (578)

Hildebrandt, Richard: Bemerkungen zum lateinischen Pensum der Sexta. Magdeburg, Druck v. E. Baensch jun., 1892; 1—50 S. 4.
Magdeburg, Pd z. Kloster Unser Lieben Frauen, OP 1892 (238)

Hildebrandt, Richard: Zur Stilistik des Aeschylus. *Magdeburg 1902: E. Baensch jun.* (S. 3—32.) 4°
Magdeburg, Pd zum Kloster U. L. Fr., OP 1902 (265)

—— Studien auf dem Gebiete der römischen Poesie und Metrik. I. Vergils Culex. 8. (VIII, 176 S. mit 1 Tab.) Leipzig 887, Zangenberg und Himly. *

Hildebrandt, Rud., s. Grimm, J. und W., deutsches wörterbuch.

Hildebrandt: T. Lucretii de primordiis doctrina. 36 S. –Magdeburg D., Progr. 1864

Hildebrandt, Th., Auslegung der alten und in Hannover gebräuchlichen Episteln des Kirchenjahres für Lehrer und Prediger. 1. Hälfte: Umfassend den Weihnachts- und Osterkreis. gr. 8. (VI, 229 S.) Clausthal 884, Grosse. *

Hildebrandt, Th., Auslegung der alten und der in Hannover gebräuchlichen Episteln des Kirchenjahres für Lehrer und Prediger. 2. Hälfte, umfassend den Pfingstkreis und die Trinitatiszeit. gr. 8. (230 S.) Clausthal 885, Grosse. *

Hildebrandt, Th., kurze Beleuchtung der von dem Jesuiten Pottgeißer zu Göttingen gehaltenen Predigten vom Standpunkte der evangelischen Kirche aus. Göttingen 862. Deuerlich in Comm. gr. 8. (24 S.) n. 3 ngr.

— das Kirchenjahr in seiner Gliederung u. Bedeutung. gr. 8. (IV, 75 S.) Hildesheim 886. Gerstenberg. n. — 80

Hildebrandt, Th., Schicksalsnacht, oder das menschliche Ungeheuer; und: Die Hütte am See. Zwei Novellen. 8. Berlin 821. (H. Schultze.) 1 ƒ

— Wie sind die Leichenreden von uns nach Inhalt und Form zweckmäßig einzurichten? Eine Konventsarbeit. gr. 8. (38 S.) (Ebendas.) 883.

Hildebrandt, Thdr., Abentheuer im Schlosse Brück; e. Geschichte aus d. Hugonotten-Kriegen. 2 Thle. 8. Leipz. 824. Lauffer. 2 ƒ 8 gr (A. u. d. T.: Die Kamisardenbraut; aus d. Französ. d. Dinoncourt ꝛc.)

— Abentheuer des Grafen v. Hohenstein; e. alte Rittergeschichte nach neuer Manier. Als Anh.: die seltsamen Brautleute. Eine Erzähl. 2 Thle. 8. Leipz. 826. Kollmann. 2 ƒ 6 gr

— Aurora, od. das unglückl. Opfer durch Mutterleichtsinn. Ein Roman aus der vornehmen Welt. 2 Thle. 8. Leipz. 826. Kollmann. 2 ƒ

— d. Brillant, od. die Räuberhöhle im Schwarzwalde. 2 Thle. 8. Leipz. 826. Kollmann. 2 ƒ

Hildebrand, Thdr., der Brillant oder die Räuberhöhle im Schwarzwalde. Ein Roman. 2. Aufl. 2 Thle. 8. (165 u. 166 S.) Leipzig 848. 49, Kollmann. 1½ ƒ

Die Carbonari. Eine Geschichte aus der spanischen Revolution von Th. Hildebrand. Bd. 1. 2. Berlin: Hayn 1827. 8°

Hildebrandt, Thdr., die Doppelehe, od. d. Gespenst zu Reichenstein. 2 Thle. 8. Leipz. 826. Kollmann. 2 ƒ 9 gr

— die Entführung, od. die Abentheuer in Madrid. 2 Thle. 8. Leipz. 829. Kollmann. 2 ƒ 12 gr

— die Erscheinungen im Schlosse Morano, od. die geheimnißvolle Rache. 2 Thle. Mit 1 Steindr. 8. Berl. 826. Lüderitz. 2 ƒ

— das unterird. Felsengemach, od. die Männer des Schreckens. 2 Bde. 8. Berl. 827. Lüderitz. 2 ƒ

— das Geisterschloß, od. die Auferstehung im Todtengewölbe. 3 Thle. Mit 3 Kpf. u. 3 Vign. 8. Leipz. 824. Kollmann. 3 ƒ 12 gr

HILDEBRANDT, Theod., Julie oder die Abentheuer einer schönen Wittwe. Mit Titelkpf. (Portr.) Berlin, Lüderitz, 1825. 8°. Zahm. (3 Mk. Franz Teubner, c. 1868.)

— Julie u. Sophie, od. Land- u. See-Abentheuer dreier Liebenden. 8. Berl. 826. (Curths). 1 ƒ 12 gr

— die Kamisarten-Braut ꝛc., s. Dinocourt.

Hildebrandt, Thdr., Kriegs-Handwörterbuch, od. Erklärung d. vorzüglichsten u. gebräuchlichsten in dem Kriegswesen vorkomm. Gegenstände u. Kunstausdrücke. Mit 8 Kpft. u. 2 Tabb. gr. 8. Erlang. 820. Palm u. Enke. 2 ʄ 8 gr

— —. Marie oder das eifersüchtige Gespenst. 3 Bde. Mit 3 Titelkpfrn. Leipzig 1827. 8°.
Geschichte zweier jungen Mädchen und ihrer adelichen Verführer.

— Marie, od. das eifersüchtige Gespenst. Ein Roman. Mit 3 Kpf. 3 Bde. 8. Leipz. 827. Kollmann. 3 ʄ

— Mord u. Rache, od. das blutige Haupt d. Brautvaters als Hochzeitgeschenk. Roman aus d. Ritterzeiten. 2 Thle. Mit 1 Kpf. 8. Leipz. 825. Kollmann. 2 ʄ

— der Nebenbuhler, od. die Schrecken im Schauergewölbe. 2 Thle. 8. Leipz. 824. Kollmann. 2 ʄ

— die funfzig Psalmen. Ein schott. Roman, frei nach d. Engl. 2 Thle. 8. Leipz. 823. Kollmann. 2 ʄ

Hildebrandt, Theodor

Die Funfzig Psalmen. Ein Schottischer Roman, frei nach dem Engl. Th. 1. 2.
Leipzig: Kollmann 1824. 8°

— Romolini, der furchtbare Räuberhauptmann im Appenninengebirge. 8. Berl. 826. Lüderitz. 1 ʄ

— Schicksalsnacht, oder das menschl. Ungeheuer u. die Hütte am See. Zwei Novellen. 8. Rathenow 825, Flick. Platen

— die geheimnißvollen Schlösser; od. d. Geist des Ermordeten. Ein span. Roman. 2 Thle. 8. Leipz. 829. Kollmann. 2 ʄ 12 gr

— der Vampyr, od. die Todtenbraut. Nach neugriech. Volkssagen. 2 Thle. 8. Leipz. 828. Kollmann. 1 ʄ 18 gr

— das Wirthshaus im Urithale. 2 Thle. 8. Leipz. 827. Kollmann. 1 ʄ 18 gr

Hildebrandt, Theoph. Eduard, s. Hildebrandt, Eduard

Die güldne Sonne. Text nach Paul Gerhardt ⟨Choralmelodie von Joh. Georg Ebeling-Stettin 1666⟩ von H. Leonhardt. Choralkantate f. Soli, Chor, großes Orchester u. Orgel komp. von Ulrich Hildebrandt. Op. 15. [Textbuch.] Leipzig: Kistner [1910]. 8 S. 8°
[11. 1910]

Hildebrandt, W., Novellen. Mit e. einl. Briefe v. P. Lindau. 2. Aufl. 8. (240 S.) Berlin 887. Rosenbaum & Hart. n. 2. —

Hildebrandt, W., Novellen. Mit e. einleit. Briefe von Paul Lindau. 3. (Titel-) Aufl. 8. (VII, 240 S.) Berlin (887) 895. Rosenbaum & Hart. n. 2. —

Hildebrandt, W. [aus Göttingen]: Ueber den therapeutischen Werth der Borsäure bei Mittelohreiterungen .... Göttingen, Druck d. Univ.-Buchdr. v. W. Fr. Kästner, 1888; 27 S. 8°
Göttingen, Med. Fak., Inaug.-Diss. v. 13. Febr. 1888

Hildebrandt, W., über den therapeut. Werth der Borsäure bei Mittelohreiterungen. Inaug.-Diss. gr. 8. (27 S.) Göttingen 888. Vandenhoeck & Ruprecht's Verl. n. — 80

Abenteuer im Goldlande. Eine Erzählung aus d. Golddistrikten Kaliforniens. Von Werner v. **Hildebrandt**. *Berlin: A. Weichert [1899].* (32 S.) 8° [5.] — Indianer- u. Volksbibliothek. 358.
[05. 1899]

Hildebrandt, Werner [aus Ballenstedt]: Nervöse Störungen im Gefolge von Magenkrankheiten. ... Berlin, Buchdr. v. Gustav Schade (Otto Francke) (1890); 30 S. 1 Bl. 8°
Berlin, Med. Fak., Inaug.-Diss. v. 21. März 1890

Hildebrandt, Wilhelm, approb. Arzt aus Peine: **Aus d. anat. Institut zu Freiburg** i. B. Die erste **Leberentwickelung beim Vogel.** Mit 57 Fig. im Texte. *Wiesbaden: J. F. Bergmann 1903.* (49 S.) 8°
Freiburg i. B., Med. Diss. v. 1902

Hildebrandt, Wilh., Schema des Rumpfes. Grosse Ausg. 95×120 cm. München (907). J. F. Lehmann's Verl. 3. —

— dasselbe. Mittlere Ausg. (19 Bl.) 21×32,5 cm. Ebd. (907). 1. 80

— dasselbe. Taschenausg. (20 Bl.) 18×21 cm. Ebd. (907). 1. 20

— dasselbe. Ein neues Schema zum Einzeichnen physikal. Untersuchungsbefunde. (10 S. m. Abbildgn.) gr. 8. Ebd. (908). — 40
Sonderabdruck aus: „Münch. medizin. Wochenschr."

Hildebrandt, Wilhelm, Assistenzarzt der medizinischen Klinik: Aus der medizinischen Klinik zu Freiburg i. B. Studien über Urobilinurie und Ikterus. Ein Beitrag zur normalen und pathologischen Physiologie der Leber. [Berlin: A. Hirschwald 1906.] (94 S.) 8° ¶(Sonderabdruck aus der Zeitschrift für klinische Medizin Bd 59 H. 2/4. 1906.)
Freiburg i. B., Med. Fak., Hab.-Schr. v. 1906

Hildebrandt, Wilhelmine, Briefe an ein junges Mädchen über die griechische u. römische Mythologie. Querfurth 855. Schmid. 8. (X, 171 S.) n. 20 ngr

Hildebrandt, Wilhelmine, (Dies Buch gehört der Frauenwelt.) Wer hat Recht? Keine Erzählung. 8. (III und 262 S.) Leipzig 858, Kollmann.

Hildebrandt, Wolffgang

— — Das Buch der alten natürlichen Magie oder Kunst- und Wunderbuch, darin enthalten viele wunderbare Geheimnisse und Kunststücke, welche durch die natürlichen und himmlischen Kräfte ausgeführt werden können. Baltimore, o. J. 8°. (3 Mk. Scheible, Cat. 155.)

— — Magia Naturalis .... 4 Thle. Ebd. 1622. 4°. (5 Mk. Th. Ackermann, 1887.)

— — Dasselbe. 4 Thle. Mit Kpfrn. Nebst (*Jac. Frhrn. v. Lichtenberg's* Erklärung fürnehmer Artikel der Zauberey von Zauberern, Unholden und Hexen. Ebd. 1704. 4°. (In Carlsruhe: Zb 47.) (10 Mk., nur 2 Thle., Th. Ackermann, 1887.)

Hildebrandt, X. August., wiadmości niektóre o dawniejszym archidyakonacie pomorskim a teraz znacznéj części dyecezyi Chełmińskiéj. Danzig 862. Kafemann in Comm. gr. 8. (80 S.) n. 10 ngr

Hildebrandt-Mieste, Ad. M., die Grabsteine u. Epitaphien adeliger Personen in u. bei den Kirchen der Altmark. Wortgetreue Copien der an denselben befindlichen Inschriften u. Beschreibung der Wappen. 1. Heft. Die Kreise Salzwedel u. Gardelegen umfassend, mit 8 (lith.) Abbildungen (in Tondr.). Gardelegen 868. (Berlin, Stargardt.) gr. 8. (123 S.) n. 20 ngr.

— über Wappen u. Banner des deutschen Reichs. Berlin 870. Mitscher & Röstell. gr. 8. (16 S. mit 2 chromolith. Taff.) n. 10 ngr.

Hildebrandt-Strehlen, das Buch vom alten Hildebrant, dem deutschen Ulysses. Dem deutschen Volke gewidmet. Mit 4 Vollbildern nach Aquarellen v. W. Zweigle. gr. 8. (VIII, 135 S.) Stuttgart 888. Süddeutsches Verlags-Institut. cart. n. 3. —

Hildebrandt-Strehlen, romantische Erzählungen aus Thüringens Vorzeit f. das deutsche Volk, nach alten Chroniken hergestellt u. hrsg. 1. u. 2. 8. (100 u. 117 S. m. 1 Holzschn.) Freiburg a/U. 885. 86. Kellner. geb. à n. 1. —

—— romantische Erzählungen aus Thüringens Vorzeit für das deutsche Volk, nach alten Chroniken hergestellt und hrsg. 3 Bde. 12. Freiburg a. U., Kirchner. geb. à Bd. *M 1.—. * 3 —

Inhalt:
Bd. 1. Der Schmied zu Ruhla. 2. Aufl. (100 S.) 888.
„ 2. Die Förster. 1. und 2. Aufl. (117 S.) 886,87.
„ 3. Die Grafen von Gleichen. Erzählung aus Erfurt im Jahrhundert der Hohenstaufen. 2. Aufl. (125 S.) 887.

Hildebrandt-Strehlen, 40 Fabeln. Illustriert durch 24 Farbendr.-Bilder von J. B. Sonderland. Mit Anhang, enthaltend: Gebete, Sprüche und Glückwünsche. 1. und 2. Aufl. gr. 8. (32 S.) Wesel 873,81, Düms. geb.

— 40 Fabeln. Illustriert durch 24 Farbendr.-Bilder v. J. B. Sonderland. Mit Anh., enth.: Gebete, Sprüche u. Glückwünsche. gr. 8. (56 S.) Wesel 887. Düms. geb. 1. 50

Hildebrandt-Strehlen. Der alte Jahn in Freyburg a. d. Unstrut. 8. (78 S.) Lpz. 889, Ed. Strauch. * 1 —

— die Kinder des Communisten. Eine Erzählung für seine alten u. jungen Cameraden. 8. (166 S.) Ebend. 878. n. 1. 50

— Kinder-Dramen. Theaterstücke, Puppenspiele xc. m. ethischer Tendenz zur Darstellg. durch Kinder. Ein Beitrag zur Förderg. u. Verschönerg. gemütvollen Familienlebens. gr. 8. (III, 129 S.) Freiburg a/U. 888. Kirchner. geb. n. 2. —

—— Märchen aus fremden Landen. Der Jugend erzählt. Illustr. v. E. Schaller. gr. 16. (VI, 80 S.) Halle a. S. 891, Peter. cart. 1 20

—— s. Märchenbuch, neues.

Hildebrandt-Strehlen, Hans Martin. Eine thierfreundl. Erzählg. f. die Jugend. 8. (112 S. m. 8 Chromolith.) Wesel 876. Düms. 2. 50

— Hans Martin. Eine tierfreundl. Erzählung für die Jugend. Neue Ausg. Mit 6 feinen Farbendr.-Bildern nach Aquarellen v. W. Schäfer. 8. (118 S.) Wesel 889. Düms. geb. 1. —

— Hans Martin. Eine tierfreundl. Erzählg. f. die Jugend. Neue Ausg. 14.—16. Taus. Mit 6 Farbendr.-Bildern nach Aquarellen v. W. Schäfer. 8. (118 S.) Wesel 894. W. Düms. Geb. 1. —

Hildebrandt-Strehlen, Hans Martin. Eine tierfreundl. Erzählung für die Jugend. Neue Ausg. Mit 6 feinen Farbendr.-Bild. nach Aquarellen v. W. Schäfer. 17.—19. Taus. 8. (118 S.) Wesel 898. W. Düms. Geb. 1. —

Hildebrandt-Strehlen, Hans Martin. Eine tierfreundl. Erzählg. f. die Jugend. Mit (2) Farbendr.-Bildern v. W. Schäfer. 20.—29. Taus. 3. Ausg. (118 S.) gr. 8. Wesel (904). W. Düms. Geb. — 75

— Parzival u. die Wunder d. heiligen Grales. Der reiferen Jugend erzählt. Mit 6 Holzschn. nach Orig.-Zeichngn. v. Konr. Weigand. gr. 8. (VI, 214 S.) Leipzig 892. O. Spamer. n. 3. —; geb. in Leinw. n.n. 4. —

— Parzival u. d. Wunder d. hl. Grales. D. reif. Jugend erz. 2. (Titel-) Aufl. M. 6 Holzschn. n. Orig.-Zeichngn. v. Konr. Weigand. gr. 8. (VI, 214 S.) Leipzig (892) 897. O. Spamer. n. 3. —; geb. in Leinw. n.n. 4. —

— sie hat Talent, s.: Universal-Bibliothek.

— Volks- u. Jugendschriften-Sammlung. I—IV. Mit Farbendr.-Bildern von Paul Wagner. 8. Ebend. 880. cart. à 1. —

1. Daheim. Bunte Jugendbilder. (96 S.) — 2. Robin Hood. (95 S.) — 3. Der gehörnte Siegfried. (96 S.) — 4. Roland. Eine deutsche Sage. (96 S.)

—— Volks- und Jugendschriften-Sammlung. I—IV. Mit Farbendr.-Bildern von Paul Wagner. 2. Aufl. 8. Wesel 885, Düms. geb. à 75 Pf. 3 —

Inhalt:
I. Daheim. Bunte Jugendbilder. (96 S.)
II. Robin Hood. (95 S.)
III. Der gehörnte Siegfried. Neu erzählt. (96 S.)
IV. Roland. Eine deutsche Sage. (96 S.)

— Walther v. Aquitanien. N. d. Heldengedicht d. Ekkehard frei bearb. Mit 4 Farbdr.-Bild. v. Alfr. Greiner. — Die tapfere Herta. gr. 8. (III, 154 S.) Stuttgart 895. W. Nitzschke. Geb. n. 3. —

— was willst Du werden. Ein lebendiges Bilderbuch. gr. 4. (6 Chromolith. m. 6 S. Text.) Ebend. 880. geb. n. 4. 50

— Kaiser Wilhelm II., s.: Hohenzollern-Kaiser, drei.

Hildeck, Leo [Pseud.]
s.a. Meyerhof, Leonie [Wirkl. Name]

— Bis ans Ende. Roman. 8. (290 S.) Berlin (899). Vita. n. 3. 50

Hildeck, Leo (Leonie Meyerhoff), Feuersäule. Die Geschichte e. schlechten Menschen. 2. [Titel-] Aufl. 8. (309 S.) Dresden (895) 898. H. Minden. n. 3. —; geb n.n. 4. —

— Herbstbeichte. Ein Liebesroman. 8. (284 S.) Berlin 900. Schuster & Loeffler. 3. 50; geb. 5. —

Hildeck, Leo, eigensinnige Herzen, s.a. Kürschner's Bücherschatz.

Eigensinnige Herzen. Roman von Leo Hildeck (d. i. Leonie **Meyerhof**). Berlin, Leipzig: H. Hillger [1906]. (127 S.) 8° [F.]
= **Bücherschatz**, Kürschners. No 508.

Hildeck, Leo. Der goldene Käfig u. andere Novellen. 8. (V, 218 S.) Dresd. 892, Pierson. 3 —

— Libellen. 8. (VII, 259 S.) Ebd. 898. n. 3. —; geb. n.n. 4. —

— Mittagssonne. Roman. 8. (192 S.) Dresden 895. H. Minden. n. 2. —; geb. n.n. 3. —

Hildeck, L., ungleiche Pole, s.: Album für Liebhaber-Bühnen.

—— sie hat Talent, s. Universal-Bibliothek Nr. 2427.

—— Silhouetten. Drei Erzählungen aus der Gegenwart. 12. (147 S.) Hameln 886, Fuendeling. * 2 —
geb. mit Goldschn. * 3 —

— abseits vom Wege. 2 Erzählgn. 8. (VII, 201 S.) Ebd. 894. n. 2. —; geb. n. 3. —

— Wollen u. Werden. Roman. 8. (269 S.) Dresden 897. H. Minden. n. 3. —; geb. n.n. 4. —

Hildeck, Leonie, s. a.: Meyerhof-Hildeck, Leonie.

Hildegard von Hohenthal. Berlin 1795—96. V: *Heinse, Johann Jac. Wilhelm.* (GGr) (MGT) (Ky)

Hildegard, die schönste Maske, oder Einige galante Abenteuer der schönen Friederike aus München. Nach dem wirklichen Leben von P. de Kock. Hamburg 854. (Altona, Verlags-Bureau.) gr. 8. (8 S.) n. 2 ngr.

Hildegarde, die Gemahlin Karl's des Grossen. Ein episches Gedicht . . . Kreuznach 1811. V: *Schmitt, Stanisl.* (Ky) (GGr) (EE)

Hildegarde, die Gemahlin Karl's des Großen. Ein episches Gedicht in 16 Gesängen, (v. Stan. Schmitt). 3 Bde. gr. 8. Kreuznach 811. (Bei in Nürnb.) 3 ₰

Hildegardis, Die heil., eine Legende. [Leipzig 1820.] V: *Ahlefeld, Charl. Sophie Louise Wilh. v. geb. von Seebach.* (schl)

Hildegardis, Königinn von Norwegen oder die grossmüthige Liebe. Aus d. Französ. Leipzig u. Lauban 1754. V: *Teneliére, Eustache Lenoble.* (BGE III[2], 268)

Hildegardis, der Königinn v. Norwegen, Lebensbeschreibung. 8. Lauban, Schill. 754. Rthlr.

Hildegardis [sanctae] Causae et curae. Ed. Paulus Kaiser, (Berlin). *Lipsiae: B. G. Teubner 1903.* (V, 254 S.) 8°
(Bibliotheca script. graec. et rom. Teubneriana.)

Hildegardis, die neun Chöre der seligen Geister. Aus dem Scivias. Im Urtext mit den Varianten der Wiesbadener Handschriften, nebst Uebersetzung, Erläuterung und einer Einleitung über die Sehergabe der Heiligen. Von J. Ph. Schmelzeis. gr. 8. (84 S.) Regensburg 870, Manz.

Hildegard, das Leben des heiligen Rupertus, Herzogs von Bingen. Aus dem Latein übers. u. mit einer histor.-krit. Einleitung, sowie einer kurzen Geschichte der Reliquien des Heiligen versehen von A. J. Weidenbach. Mainz 858. Kirchheim. gr. 8. (24 S.) n. 5 ngr.

— Leben und Schriften, s. Sammlung mystischer Schriften.

S. Hildegardis opera, s.: Pitra.

Hildegunde u. Siegbertsky. Rittermährchen in 5 Aufz. v. Gleich. 8. Wien, Wallishäußer.

Hildemann, Curt, s. Hildemann, Kurt

Hildemann, Emil: Geschichte der evangelischen Kirchengemeinde A. B. Asch. Dargest. von Emil Hildemann, Pfarrer. Asch: Berthold 1899 II, 154 S. 8°

Hildemann, Kurt

Hildemann, Curt (Triptis/Sachs.-Weimar), Zur Casuistik der Radikaloperation der Hernien. Diss. med.-chir. Bln. (Gust. Schade [O. Francke]) 18. VII. 1890. 32 S. mit Biogr. (5.50) 15146
Oppon.: Spilker, Vogel, Nordhof.

Hilden, Anna, s.: Erzählungen f. Schulkinder.

– Die Gräfin Hallstein, s.a. Bibliothek für junge Mädchen.

Hilden, Anna: Die Gräfin Hallstein. Von –. M. 3 ganzseit. Tonbild. u. 10 Textill. v. F. Schwormstädt. M. Gladbach & New York: A. Riffarth [1898]. (140 S., 3 Taf.) 1 Bd 8°
= Bibliothek f. junge Mädchen. Bdch. X.

Hilden, Anna, Stephan Dergels Kinder. Erzählung f. die Oberstufe. (Jugend-Bücherei des Vereins kathol. deutscher Lehrerinnen.) (160 S.) kl. 8. Münster (904). Alphonsus-Buchh. Geb. n. — 80

— Herzog Leopold u. sein Töchterlein, s.a. Erzählungen f. Schulkinder.

Herzog Leopold und sein Töchterlein. Von Anna Hilden M. Gladbach & New-York: A. Riffarth [1898]. (8 S.) 8°
= **Erzählungen** f. Schulkinder. [Ser. 1.] H. 2.

Hilden, Anna, Großmamas Plagegeister, s.: Jugendbücherei des Vereins kathol. deutscher Lehrerinnen.

Sonntagskind. Von Anna Hilden. *Boppard: Marienheim [1899].* (16 S.) 8° [Umschlagt. F.]
= **Erzählungen** f. Schulkinder. Ser. 2, H. 2.

— die hl. Theresia, s.: Erzählungen f. Schulkinder. VI. 11.

— Thorwaldsen, s.: Erzählungen f. Schulkinder. VII. 8.

Hilden, Anna, Dorlie W e r n e r. Rosels Geheimnis,
s.a. B i b l i o t h e k für junge Mädchen.

[J.] Dorlie Werner. Rosels Geheimnis. Erzählgn f. junge Mädchen v. **Anna Hilden.** M. 3 ganzseit. Tonbild. u. 10 Textill. v. O. Herrfurth. *M. Gladbach & New York: A. Riffarth [1897].* (127 S., 3 Taf.) 1Bd 8.
— **Bibliothek** für junge **Mädchen.** Bdch. IV. 98. 4370

Hildenbrand's Kalender für bayerische Gymnasial-Lehrer auf das Schulj. 1884/85. 3. Jahrg. gr. 16. (III, 156 S.) Miltenberg, Halbig. geb.
1. und 2. Jahrg. s. Kalender für bayerische Gymnasial-Lehrer.

Hildenbrand's Kalender für bayr. Gymnasiallehrer, 4. Jahrg. und folg., s. Kalender für die bayr. Gymnasialprofessoren 2c.

Hildenbrand, Carl, s. H i l d e n b r a n d , Karl

Hildenbrand, Franc. T. ab, Animadversiones in constitutionem morbor. stationar. ejusque cum siderum laboribus necessitudinem. 8maj. (5½ B.) Vindobonae 831, Heubner.

v. *Hildenbrand*, Fr. T., Annales scholae clinicae med. Ticinensis. Pars I. II. Lex.-8. Papiae 826—31. (Heubner in Wien). (à 1 ₰ 16 𝔤𝔯) 3 ₰ 8 𝔤𝔯

Hildenbrand, Franz (Xaver) von (Ed.):

s.: Hildenbrand, (Johann) Valentin von: Institutiones practico medicae. Tom.1 - 4. Viennae Austriae: 1816 - 1825

JB 2.393

Hildenbrand, Franz (Xaver) von (Ed.):

s.: Hildenbrand, (Johann) Valentin von: Institutiones practico medicae pyretologiam complectentes. Editio altera emendata. Tom.1 - 2. Viennae Austriae: 1833

JB 2.394

Hildenbrand, Friedrich Johann

Hildenbrand, F. J., Amorbach und der östliche Odenwald. Mit dem (lithogr.) Bilde der Stadt und 2 (lithogr.) Karten. 12. (VII, 120 S.) Amorbach 883. (Aschaffenburg, Krebs'sche Buchh.) *

Hildenbrand, Friedrich Johann: Die Kurfürstliche Kriegs- und Real-Festung Frankenthal in der Unteren Pfalz. Behandelt von F. J. H. Mit 11 Plänen und Abbildungen. 8 (52 S.). **Progr.** Kgl. Prg. *Frankenthal* 1896.
Nicht im Tauschverkehr.

Geschichte der Stadt Frankenthal in der Pfalz. Kurzer Ueberblick von Friedr. Joh. **Hildenbrand.** Mit 9 Ill. Frankenthal: Christmann 1893. VIII, 24 S. 8° 11. 7314

Hildenbrand, Frdr. Joh., das neue Gymnasialgebäude zu Speyer, nebst e. Rückblick auf die Geschichte des Speyerer Gymnasiums. Progr. (51 S. m. Abbildgn., 1 Taf. u. 7 Grundrissen.) Lex.-8. Speyer 904. Jäger. n. 1.60

Die Kollyrien-Stempel der gallisch-römischen Augenärzte I. Nebst Anhang: Recueil de sept cachets d'oculistes etc. und einer Tafel. — Von Friedr. Joh. Hildenbrand. — 1900, Frankenthal, Fr. Albeck. — P. 3—16.
Progr. Frankenthal, Progymn.

S. Properti elegiarum librum primum. Commentariis grammaticis instruxit — F. J. Hildenbrand. — 1885, Frankenthaliae, Fr. Albeck. — Pag. 3—37.
Progr. Frankenthal (Pfalz), Kgl. isolierte Lateinschule

Hildenbrand, Friedrich Johann [Hrsg.], s. M o n a t s s c h r i f t des Frankenthaler Altertumsvereines

Hildenbrand, Friedr. Joh., königl. Gymnasiallehrer in Frankenthal (Pfalz). Das Oesterreicher-Denkmal unfern Amorbach in Franken. Eine Festgabe zur hundertjährigen Gedenkfeier am 12. September 1897. (Mit 1 Abbildung.) 8. Amorbach 1897.

Matthias Quad und dessen Europae universalis et particularis descriptio. Ein Beitrag z. Geschichte d. deutschen Kartographie von Friedr. Joh. Hildenbrand. (In 2 T.) Frankenthal 1892: Albeck. 48, 58 S. 8°
Programme d. Gymn. zu Frankenthal 1890 u. 1892. A 13. 13887

Hildenbrand, Frdr. Joh., Matthias Quad u. dessen Europae universalis et particularis descriptio. Ein Beitrag zur Geschichte der deutschen Karthographie gr. 8. (48 u. 58 S.) Frankenthal 892. Leipzig, G. Fock. n. 2.—

Quellen zur Geschichte der Stadt Frankenthal mit Einleitungen herausgegeben. I. Teil: Die erste und zweite Kapitulation 1562 und 1563, die Bauordnung 1569 und die Festungsverträge von 1620 und 1622. Nebst vier Abbildungen. Von Fr. Joh. Hildenbrand. — S. 3—30. — 1894, Frankenthal, Göhring u. Cie.
Progr. Frankenthal, Kgl. Progymnasium

Signaculum medici ocularii Romani in agro Frankenthalensi repertum et primum in quaestionem vocatum — per Frider. Joh. Hildenbrand. — 1897, Frankenthalii, typis Albeckianis. — P. V—VIII. (Viro illustri Friderico Ohlenschlager, gymnasii Spirensis rectori, doctoris philosophiae, honorem nuper Heidelbergae acceptum collegii Frankenthalensis nomine gratulatur et hunc libellum dedicat editor.)
Progr. Frankenthal, Progymn.

Die Überreste der romanischen Abteikirche zu Frankenthal in der Pfalz in ihrer kulturgeschichtlichen und architektonischen Bedeutung. Mit 6 Tafeln. — Von Fr. Joh. Hildenbrand. — 1899, Frankenthal, Friedr. Albeck. — P. 3—19.
Progr. Frankenthal, Progymn.

Hildenbrand, H., Erinnerungen aus meiner Romfahrt. 2. verm. u. verb. Aufl. 2 Bde. gr. 8. (XI, 678 S. m. 77 Illustr.) Ravensburg (899). Dorn. n. 7.60; **in 1 Leinw.-Bd.** n. 9.—

Hildenbrand, Hans, das lebende Modell, s.: Kan, Ludw. v.

Hildebrand, Heinrich [Präs.], s. H e s s e , Julius Dietrich: De Usu et non usu juris circa feloniam domini extantis.

Hildenbrand, Johann Valentin von

v. Hildenbrand, Val. Jh., (+ d. 31. Mai 1818.) das Buch f. die Wundärzte in d. Oesterr. Staaten. 8. Leipz. 789. Gröll. 5 𝔤𝔯

— initia institutionum clinicarum, seu Prolegomena in praxin clinicam, tironum in usum edidit. 8. Wien 807. Binz. (Liebeskind in Leipz.) 1 ₰

— institut. pharmacologiae sive mater. medicae, in usum tironum. 8 maj. Wien 802. Binz. (Liebeskind in Leipz.) 2 ℛ︎ 8 𝒢︎

— Institut. pharmacologiae s. materiae med. 8. maj. Vien. Binz. 804.

Hildenbrand, (Johann) Valentin von: Institutiones practico medicae, edidit, redegit ac propriis lectionibus adcommodavit...Franz (Xaver) von Hildenbrand. Tom.1 - 4, gbd.

Viennae Austriae: Heubner 1816 - 1825

JB 2.393

Hildenbrand, (Johann) Valentin von: Institutiones practico medicae pyretologiam complectentes. Quas continuavit, ac usu academico adcommodavit...Franz (Xaver) von Hildenbrand. Editio altera emendata. Tom.1 - 2, gbd.

Viennae Austriae: Heubner 1833

JB 2.394

HILDENBRAND J[ohann] V[alentin] [von]. -, ... über die Macht der Fürsten über die bürgerliche Freyheit. Ein Buch für's deutsche Volk. Kommissionsvlg., Mößle. [Wien] 1793. 1 vol. 198 S. + Holzschnitt.

— über die Pest. Ein Handbuch für Wundärzte. 8. Leipzig. Liebeskind. 799.

Hildenbrand, Joh(ann) Val(entin)von: Ueber die Pest. Ein Handbuch für Aerzte und Wundärzte, welche sich dem Pestdienste widmen... in zwo Vorlesungen entworfen. 165 S., gbd.

Wien: Doll 1799

JB 4.869

* Hildenbrand, Joh. Val. de, Ratio medendi in Schola practica Vindobonensi. II Part. 8maj. Viennae, Binz. 804.

Hildenbrand, (Johann) Valentin von: Ratio medendi in schola practica Vindobonensi. Pars 1 - 2, gbd., Abb.

Viennae Austriae: Binz 1809 - 1814

JB 2.392

— üb. d. ansteckenden Typhus, n. einigen Winken z. Beschränk. od. gänzl. Tilgung d. Kriegspest und mehr. anderer Menschenseuchen. gr. 8. Wien, Binz. (Liebesk. in Lpz.) 810.

— üb. den ansteckenden Typhus, nach einigen Winken z. Beschränkung od. gänzlichen Tilgung der Kriegspest u. mehrerer anderer Menschenseuchen. gr. 8. Wien 810. (Volcke). 1 ℛ︎ 20 𝒢︎ Velinp. 2 ℛ︎ 8 𝒢︎ 2e A. gr. 8. Ebd. 814. (Lpz., Liebeskind). 1 ℛ︎ 8 𝒢︎

Hildenbrand, Johann Valentin von: Über den ansteckenden Typhus. Nebst einigen Winken zur Beschränkung oder gänzlichen Tilgung der Kriegspest, und mehrerer anderer Menschenseuchen. 2. vom Verfasser selbst verbess. und verm. ächte Aufl. 298 S., gbd.

Wien: Camesina 1815

JB 5.091

— — über den ansteckenden Typhus. gr. 8. 815. Hat jetzt Volke in Wien

— klinische Vorkenntnisse, od. Einleit. in die klin. Heilkunde. gr. 8. Wien 808. Binz. (Liebeskind in Leipz.) 20 𝒢︎

— ein Wink z. näh. Kenntn. und Heilart der Hundswuth. gr. 8. Wien, Tendler. 797.

Hildenbrand, Karl

Hildenbrand, Car., de bona fide rei propriae debitori ad temporis praescriptionem haud necessaria. 8 maj. (3⅝ B.) Monachii 813, Literar.-artist. Anstalt. *

Hildenbrand, Karl, Geschichte und System der Rechts- und Staatsphilosophie. 1. Bd. Das klassische Alterthum. Leipzig 860. Engelmann. Lex.-8. (XX, 642 S.) 3 ℛ︎ 7½ ngr.

HILDENBRAND, Karl (München): De jurejurando quod ad diluendam criminum suspiciones jure communi receptum est, ex legistarum quos vocant, doctrina oriundo.- Monachii: Wolf 1841. 22 S. 28.1.1842 - Urk; F 49
Diss. Ingolst.-Landsh.-Mchn.

Hildenbrand, Karl, die Purgatio canonica u. vulgaris. Eine von d. Juristenfacultät an d. Ludw.-Maximil.-Universität zu München gekr. Preisschr. Mit e. Vorw. v. Geo. Phillips. gr. 8. (12½ B.) München 841, Literar.-artist. Anstalt.

Hildenbrand, Carl, Untersuchungen über die germanischen Pönitentialbücher, mit besond. Beziehung auf den von der Recordcommission in den ancient laws and instituts of England hrsg. „liber poenitentialis Theodori a. C. e." gr. 8. (VIII und 132 S.) Würzburg 851, Stahel'sche Buchh. *

Hildenbrand, Richard, a. Erligheim: Gotthilf Samuel Steinbart. Ein Beitrag zur Geschichte der Popularphilosophie im achtzehnten Jahrhundert. Herne (1900): C. Th. Kartenberg. (156 S.) 8°
Tübingen, Phil. Fak., Ref. Maier, Diss. v. 18. Febr. 1907
[Geb. 17. Jan. 69 Heidenheim a. Br.; Wohnort: Erligheim, O.-A. Besigheim; Staatsangeh.: Württemberg; Vorbildung: Seminare Maulbronn u. Blaubeuren Reife M. 87; Studium: Tübingen 8 S.; Coll. 22. Nov. 06.]

Hildenbrand, Valentin Johann

s.: Hildenbrand, Johann Valentin von

Hildenhagen. Die Lebensversicherung nach ihrem ethischen Princip und ihrer normalen Organisation. Halle 1864.

Hildenhagen, Ernst

Hildenhagen, religiöse Reden, bei patriotischen Anlässen geh. (46 S.) gr. 8. Guben 903. A. Koenig. n. 1. —

Hildenhagen, L., die Fortbildungs-Schule für die Landbewohner. Ein Wort an den Bauernstand in der Provinz Sachsen. gr. 8. (21 S.) Halle 848, Knapp, Vrlgsh. *

Hildenhagen, L., die Geschichte der christlichen Kirchenverfassung, eine Erinnerung an das Wort: „Die Kirche soll sich aus sich selbst erbauen!" Vortrag, im deutschen Protestanten-Verein zu Halle a/S. am 9. Febr. 1879. geh. gr. 8. (28 S.) Halle 879. Niemeyer. n. — 50

Hildenhagen, L., Kirchenverbesserung durch Kirchenverfassung. Ein Wort zur Reformationsfeier 1862 an die St. Ulrichs-Gemeinde zu Halle a/S. Halle, Schmidt's Verlag in Comm. 16. (VI, 28 S.) n. 5 ngr.

Hildenhagen, Ldw., zwei Vorträge gehalten am 6. Aug. ꝛc., s. Schwarz, Karl.

Geschichte der unter Constitution der Ehrw. Gr. Loge von Hamburg arbeitenden St. Johannis-Loge zu den drei Ankern im Or. zu Bremerhaven, gestiftet am 2. Mai 1861. Zur Feier des fünfundzwanzigjährigen Stiftungsfestes im Auftr. des Beamten-Collegiums zsgest. von [Rich.] Hildenhagen. [Geestemünde 1886: Remmler & v. Vangerow.] 50 S. 8⁰
Nebst Verzeichn. säntl. Mitgl. von 1861—1886.

Hildenhagen, Rich., Heinrich IV. von 1090 - 1092. Inaugural-Dissertation. gr. 8. (35 S.) Potsdam 876. (Jena, Deistung.) n. — 60

Hildenstab, Ernst, approb. Arzt aus Graben: **Magenerkrankungen** bei Cholelithiasis. *Heidelberg 1903: J. Hörning.* (43 S.) 8°
Heidelberg, Med. Diss. v. 1903

.Hildeprandt, Feldmarschall-Lieutenant Anton Edler von. Wien 1890. V: *Hildeprandt, O.* (Hr)

Hilder, G., ein friedlicher Feldzug. Tagebuch-Blätter aus dem J. 1866. gr. 8. (44 S.) Berlin 870. (Königsberg, Bon's Buchh.) *
Aus: Der Soldatenfreund, besonders abgedruckt.

[Gedicht.] Sr. Majestät dem Könige Wilhelm I. unsrem Allerdurchlauchtigsten Protector zu seinem 25 jährigen Maurer-Jubiläum in tiefster Ehrfurcht gewidmet von der Loge Immanuel Or. Königsberg i. Pr. [Unterz.:] G. Hilder. [Königsberg 1865: Dalkowski.] 2 Bl. 8⁰ [Umschlagtit.]
„Ein Viertelhundert Jahre sind verronnen . . .“

— die Mitrailleuse. Für Militärs und Nichtmilitärs populär bearb. 8. (32 S. mit 1 Stnt. in qu. 4.) Danzig 870, Saunier's Buchh.
— dass. — Populär bearb. 2. verm. und verb. Aufl. 8. (38 S. mit 1 lithogr. Taf. in qu. 4.) Ebendas. 871.

Hilder, G., Nichte u. Fräulein Nichte, s.: Wallner's allgemeine Schaubühne.

— **über militairische Verhältnisse in Schweden. Ein Vortrag gehalten in der militair. Gesellschaft zu Königsberg. Berlin 869. Mittler & Sohn. gr. 8. (55 S.)** n. 8 ngr.

Hilder, G. O.: Das Duell und die Offiziere, s.a. Flugschriften-Sammlung, Eckstein'sche.

Hilder, G. O.: Das Duell und die Offiziere. Zeitgemäße Betrachtungen. (Ecksteinsche Flugschriftensammlung. Nr. 5.) Berl. 1887.

Hilder, G. O., im Hauptquartier des Königs von Schweden. Manöver-Skizzen. gr. 8. (91 S.) Berlin 879. F. Luckhardt. n. 2. —

Hilder, G. O.: Unsere Officiere a. D., s.a. Flugschriften-Sammlung, Eckstein'sche.

Hilder, G. Unsere Offiziere a. D. Ein Schattenbild aus dem sozialen Leben.
Berlin 1888. 48 S.

– Der Reserveoffizier als Kaufmann, Studierter und Staatsbürger, s.a. Flugschriften-Sammlung, Eckstein'sche.

Hilder, G. O. Der Reserveoffizier als Kaufmann, Studierter und Staatsbürger.
Berlin 1888. 56 S.

Hildermann, Joh. Steph., die evangelische Glaubenslehre. Aus Sprüchen der heil. Schrift nach Anleitung der fest- u. sonntäglichen Evangelien vorgestellt, u. der Alt-Cremper Gemeinde zur Erbauung hrsg. Neuer Abdr. 12. (132 S.) Kropp 881. Buchh. „Eben-Ezer“. n. — 80

Hilders. s.: Preussen. Messtischblätter.

Hilderscheid, Heinrich, aus Bingen a. Rh.: Die **Niederschlagsverhältnisse** Palästinas in alter und neuer Zeit. *Leipzig 1901: Breitkopf & Härtel.* (28 S.) 8° ¶(Enth. nur Th. 2 u. 3; die gesamte Arbeit erscheint in: Zeitschrift d. Deutschen Palästina-Vereins, Bd 25.)
Münster, Phil. Diss. v. (23. Dez.) 1901

Hilderscheid, N., vollständiges Handbuch für Gerichtsvollzieher oder Beschreibung und Erklärung sämmtlicher beim Gerichtsvollzieher-Amte vorkommenden Arbeiten nebst 140 verschiedenen Aktenformularen u. einem Anhange enthltd. sämmtliche zu beobachtende Fristen ꝛc. Coblenz 856. Hölscher. 12. (VIII. 191 S.) 15 ngr.

Hildesage sieh Gudrun- und Hildesage.

Hildesheim [Sachliches OW]

Hildesheim. Ein Führer etc., 6. Aufl., s.: Küsthardt, Frdr.

Hildesheim. Ein Führer f. Einheimische u. Fremde. 8. Aufl. Unter Mitw. hervorrag. Fachleute zsgest. von Architekt Ludwig Haaß. Mit d. Plan d. Stadt u. zahlr. Abb. u. Grundrissen. Hildesheim: Gerstenberg 1909. 190 S. 8⁰

Hildesheim. Die schönsten Bauwerke, Denkmäler, Ansichten u. s. w. (50 Bromsilberphotogr. m. Titelblatt.) 19,5×24,5 cm. Berlin-Steglitz 906. Neue photograph. Gesellschaft. In Mappe 25.—; einzelne Blatt — 50

Hildesheim, das Bisthum, in geograph., statist. u. topograph. Hinsicht. 8. Berl. 802. (Petsch u. W.) 22 gr. Hbg. Pr. 12 gr.

Hildesheim, Fürstbischöwen, Dichtergeist u. Frömmigkeit. 8. Helmst. 798. Fleckeisen. 2 gr.

— **u. nächste Umgebung. Plan u. Wegweiser. 12. (32 S. mit chromolith. Plan.) Hildesheim 881. Fincke. n. 1. —**

Hildesheim und seine Umgebung. Ein Führer für Einheimische und Fremde. 8. (IV und 75 S. mit lithogr. Plänen.) Hildesheim 866, Gerstenberg'sche Buchh. *

Hildesheim u. seine Umgebung. Ein Führer f. Einheimische und Fremde. Mit dem (lith.) Plane der Stadt (in qu. 4.) 2. Aufl. gr. 16. (IV, 102 S.) Hildesheim 875. Gerstenberg. n. 1. - -

Hildesheim u. seino Umgebung. Ein Führer für Einhoimischo u. Fromdo. Mit dem (lith.) Plane dor Stadt u. 3 Kirchongrundrisson (Steintaf.). 8. (VIII, 102 S.) Hildeshoim 880. Gorstenborg. n. 1. --

Hildesheim u. s. Umgebung, nobst o. Abriss s. Kunst- u. polit. Geschichte. Ein Führer f. Einheimische u. Fromde. Zusammongestellt v. horvorrag. Fachleuten. Mit d. Plano d. Stadt u. zahlr. Abb. u. Grundrissen. 5. Aufl. 12. (VIII, 151 S.) Hildeshoim 895. Gorstenberg. n. 1. - -

Hildesheim [Schlagwort]

Hildesheim, Reg.-Bez., s.a. Braunschweig, Herzogt.

— s. a.: Deutschland, Karte. (Abt. Preussen.)

— s.a. Heimatskärtchen. 16.

— s.a. Radfahrerkarten. Ravenstein.

Hildesheim, s.a. Woerl's Reisehandbücher.

Hildesheim, Reg.-Bez. Entfernungskarte, amtliche, des Reg.-Bez. Hildesheim. Nach amtl. Ermittelgn. u. unter Bonutzg. dor Messtischblättor der Landosaufnahmo boarb. im J. 1906 durch dio Katasterverwaltg. dor königl. Rogiorung zu Hildesheim. Hrsg. von R. Mittolbach. 1 : 50,000. Farbdr. Leipzig (906). Mittelbach. n. 8. —
Kreise: Duderstadt. 57×48 cm. 1. 50. — Einbeck. 46,5×54 cm. 1. 50. — Göttingen Stadt u. Land. 63×65 cm. 2. — . — Hildesheim Stadt u. Land. 53×42 cm. 1. 50. — Uslar. 57×63 cm. 1. 50.

Hildesheim, Reg.-Bez. Entfernungskarte (Umschlag: Entfernungs- u. Reisekarte), amtliche, des Reg.-Bez. Hildesheim. Nach amtl. Ermittelgn. u. unter Benutzg. der Messtischblätter der Landesaufnahme bearb. im J. 1906 durch die Katasterverwaltg. der königl. Regierg. zu Hildesheim. Hrsg. v. R. Mittelbach. Farbdr. Leipzig, Mittelbach.
Kreise:
Alfeld. 1 : 50,000. 45×67 cm. (908.) 1. 50. — Goslar. 1 : 50,000. 67×57 cm. (908.) 2. —. — Gronau. 1 : 50,000. 44×50 cm. (908.) 1. 50. — Ilfeld. 1 : 50,000. 49×51 cm. (908.) 1. 50. — Marienburg. 1 : 75,000. 59×45 cm. (908.) 2. —. — Northeim. 1 : 50,000. 46×63 cm. (908.) 1. 50. — Osterode. 1 : 75,000. 60,5×81,5 cm. (907.) 1. 50. — Peine. 1 : 75,000. 52×42 cm. (908.) 1. 50. — Zellerfeld u. das zum Kreis gehörige Amt Elbingerode. 1 : 75,000. 55×68,5 cm. (907.) 1. 50.

Hildesheim, Kreis. Gier, H., Karte der Kreise Hildesheim u. Marienburg, topographisch bearb. Chromolith. gr. Fol. Hildesheim 889. Lax. n. 3. —

Hildesheim, Stadt. Gier, H., Plan der Stadt Hildesheim. Lith. u. color. gr. Fol. Hildesheim 889. Lax. n. 3. —

Hildesheim — Charte vom Fürstenthum — und den angränzenden Ländern. Mit der neuesten geographischen Verfassung u. s. w. herausgegeben von Homanns Erben. Nürnberg. 1806. 1 : 300,000. 1 Bl.

— Kloppenburg, H., Karte des Reg.-Bez. Hildesheim. 1 : 75,000. 4 Blatt à 93×80 cm. Farbdr. Hildesheim (904). L. Steffen. Auf Leinw. n.n. 18. —

Hildesheim, Stadt. Liebenow, W., Touristen- u. Verkehrskarte v. Hildesheim u. Umgebg. m. angrenzend. Gebieten der Weser u. des Harzes. 1 : 300,000. 38,5×29,5 cm. Farbdr. Hildesheim (909). L. Steffen. — 75

Hildesheim, Stadt. Müller, Gust., Specialkarte der Umgegend v. Hildesheim. 1 : 75,000. Bearb. auf Grundlage der neuesten Generalstabs-Aufnahmen. 2. bericht. Aufl. 47×77,5 cm. Farbdr. Hildesheim 902. Gerstenberg. n. 1. 25; auf Leinw. n. 2. —

— Plan der Stadt Hildesheim u. des Fleckens Moritzberg, nach amtl. Material bearb. 1 : 5000. 64×80 cm. Lith. Nebst Strassenverzeichnis. qu Fol. (1 Bl.) Hildesheim (901). F. Borgmeyer. n. 3. —

— Plan von Hildesheim m. nächster Umgebg. 1 : 12,500. 25×31 cm. Farbdr. Mit: Kurzer Rundgang durch die Stadt u. Strassenverzeichnis (auf dem Umschlag). Hildesheim (907). A. Lax. — 25

— Spezialkarte der Umgegend v. Hildesheim. (Nach den neuesten Generalstabskarten bearb. f. Radfahrer u. Touristen.) 1 : 75,000. 61×70 cm. Farbdr. Ebd. 899. n. 1. —; auf Pappe n. 1. 50; auf Leinw. in Pappetui n. 1. 75; in Celluloidetui n. 2. 50

Hildesheim. Urkundenbuch des Hochstifts H., hrsg. v. Janicke. Thl. 1. Leipzig 896.

— Wege-Karte der Umgegend von Hildesheim. 1 : 100,000. 29,5×48 cm. Steindr. Hildesheim (899). Gerstenberg. — 25

— Wuster u. Feddeler, Handkarte von Hildesheim u. Umgegend, f. d. Schulgebrauch gezeichnet. 1 : 150,000. 22×24,5 cm. Farbdr. Mit Text an den Seiten. Hildesheim (899). H. Helmke. n.n. — 15

Hildesheim [Verfasser]

Hildesheim, Carl Wilhelm Ludwig August, s. Hildesheim, Wilhelm

Hildesheim, F. Vitae Joachimi II. electoris et Joannis, marchionis Brandenburgensis. 4. Francofurti ad Viadr. 1592.

Vorschläge zu einem neuen Konnossementsformular. Von Dr. [James] **Hildesheim.** Hamburg 1906. (23 S.) 8° [F.]
Aus: Hamburgischer Correspondent. 1906.

Hildesheim, Johann von, s.a. Johannes von Hildesheim

v. Hildesheim, Johann, s. Legende von d. heil. drei Königen.

Hildesheim, Wilh., das Haar u. seine Krankheiten. Eine patholog. u. therapeut. Abhandlung 2c. zur Abwehr d. Charlatanismus. gr. 8. Berlin 846, Reichardt u. Co. n. 1/3 ℳ

Hildesheim, Wilh., das Haar u. seine Krankheiten. Eine pathol. u. therapeut. Abhandlung über die krankhaften Zustände der Haare u. ihrer Bildungsorgane, nach eigenen Untersuchungen zur Abwehr des Charlatanismus. gr. 8. (4 1/4 B.) Berlin 846. [Leop. Schlesinger.]

Hildesheim, W., die Normal-Diät. Physiologisch-chemischer Versuch zur Ermittelung der normalen Nahrungsbedürfnisse der Menschen, behufs Aufstellung einer Normal-Diät, mit besonderer Rücksicht auf das Diät-Regulativ des neuen Reglements für die Friedens-Garnison-Lazarethe, und die Natural-Verpflegung der Soldaten sowie auf die Verpflegung der Armen. Berlin 856. A. Hirschwald. gr. 8. (1 Bl., 118 S.) n. 1 ß.

Hildesheim, (Car. Guil. (Ludov. Augustus) (geb. Brieg 8. 3. 1819): De typhaemia. Berolini (1841). (26 S.) 8°
Berlin, Med. Diss. v. 24. Juni 1841

Hildesheimer, der antike Silberfund, s. Holzer, Heinr.

Hildesheimer, Arnold: Ueber einige Derivate der α-Amido-n-Buttersäure. Zur Kenntnis des o-Cyanbenzylmerkaptans. (Berlin 1900: Ebering.) 51 S. 8°
Berlin, Phil. Diss. v. 14. Okt. 1909, Ref. E. Fischer
[Geb. 3. Nov. 85 Berlin; Wohnort: Berlin; Staatsangeh.: Preußen; Vorbildung: Gymn. z. Grauen Kloster Berlin Reife O. 04; Studium: Berlin Techn. Hochsch. 1, Univ. 9 S.; Rig. 29. Juli 09.] [U 10. 173

Hildesheimer Arnold: Über Kondensation von Isobutyraldehyd mit p-Oxybenzaldehyd und p-Äthoxybenzaldehyd. S. 110. Bb. 42 . . . . vgr.
Separatabdruck

Hildesheimer, H., de libro qui inscribitur de viris illustribus urbis Romae quaestiones historicae. Accedunt variae lectiones trium codicum adhuc in usum non vocatorum. gr. 8. (121 S.) Berlin 880. Mayer & Müller. n. 2. —

Hildesheimer, Hirsch, Beiträge zur Geographie Palästinas. gr. 8. (XX, 93 S.) Berlin 886, Rosenstein. * 4 —

Hildesheimer, Hirsch, s.: Presse, die deutsche.

Hildesheimer, Hirsch, s.: Presse, die jüdische.

Hildesheimer, J., le petit chansonnier. Sammlung französ. Gedichte, bekannten Melodien angepasst u. f. d. Schulgebrauch zusammengestellt. 2 Hfte. gr. 8. (à 40 S.) Berlin 896. F. A. Herbig. à n. — 70

Hildesheimer, J., le petit chansonnier. Sammlg. französ. Gedichte, bekannten Melodien angepasst u. f. den Schulgebrauch zusammengestellt. 1. Heft. 2. verb. Aufl. (40 S.) 8. Berlin 905. F. A. Herbig. n. — 70

Hildesheimer, J., die astronomischen Kapitel in Maimonidis Abhandlung über die Neumondsheiligung. Uebers. u. erläutert. gr. 8. (64 S. mit 1 autogr. Taf.) Berlin 882. (Stuhr.) n. 2. —

Hildesheimer, J., die jüdische Solidarität. Vortrag, gehalten im Gesath=Emeth=Verein. 8. (35 S.) Berlin 880. Benzian. n. — 50

Hildesheimer, Israel, s. Jubelschrift z. siebzigsten Geburtstag.

Hildesheimer, Israel, die Geiger'sche Broschüre „Nothwendigkeit u. Maaß einer Reform des jüdischen Gottesdienstes" beurtheilt. (Abdr. aus der Zeitschrift: „der Israelit.") Mainz 861. Le Roux. 8. (56 S.) n. 7½ ngr.

Hildesheimer, Israel: * De vetere testamento recte interpretando. 55 S. 4°
Halle-Wittenberg, Phil. Diss. v. 4. Aug. 1846
Geb. Halberstadt 18. 5. 1820. V. [hebr.]
Verf. erlebte die Diplomerneuerung 1896 als Rabbiner und Seminardirektor in Berlin, vgl. Anh. Nr. 605.

Hildesheimer, L., alphabetisches Verzeichniss der sich in J. Schmidt's Mondkarte befindlichen Objecte. Zusammengestellt nach der „Kurzen Erläuterung zu Schmidt's Mondkarte". gr. 8. (10 S.) Odessa 885. Selbstverl. d. Verf. gratis.

Hildesheimer, M., s.: Festschrift zum 70. Geburtstage A. Berliner's.

Hildesheimer, Meier, aus Berlin: [Hebr.] Sefer pelita le-Marqa. [Ant.] Des Samaritaners Marqah Buch der Wunder. Nach einer Berliner Hs. hrsg., übers. u. mit Noten u. Anm. versehen. *Berlin 1898: H. Itzkowski.* (61 S.) 8°
¶ (Enth. nur einen Teil d. eingereichten Arbeit.)
Giessen, Phil. Diss. v. 1898

Hildesheimer, M., des Samaritaners Marqah Buch d. Wunder. Nach e. Berliner Handschrift hrsg., übers. u. m. Noten u. Anmerkgn. versehen. gr. 8. (61 S.) Berlin 898. Mayer & Müller. n. 2. —

Hildesheimer, Salomon, Med.-Praktikant: Ein Beitrag zur Kenntnis der Akromegalie mit besonderer Berücksichtigung der Sehnervenbeteiligung. Freiburg i. B. 1908: Henn. 41 S. 8°
Freiburg i. B., Med. Diss. v. 1908, Ref. Axenfeld
[Geb. 9 Nov. 82 Berlin; Wohnort: Freiburg i. B.; Staatsangeh.: Preußen; Vorbildung: Gymn. z. Grauen Kloster Berlin Reife O. 02; Studium: Berlin 8, Freiburg i. B. 2 S.; Coll. 31 Mai 07; Approb. 18 Mai 0[illegible]] [U [illegible]

Hildesheimischer Stadt=Verordnn., Circulare, Confirmationen, Constitutionen, Declarationen, Edikte, gemeine Bescheide, Patente ꝛc. zum Drucke befördert v. Ph. Jak. Hillebrandt. 4. Hildesh. 791.

Hildesiensis — Episcopatus — nec non vicinorum Statuum delineatio Geographica, per Gerhard. Just. Arenholdum Hildesiensem Jur. et Math. Stud. opera Haered. Joh. Bapt. Homanni. Norimbergae. 1726? 1:300,000. 1 Bl.

Hildibraht u, Hadhubraht. Das Bruchstück eines altdeutschen Sagenliedes aus handschriftl. Verderbniß in die Urform wieder hergestellt u. erläutert v. Christ. Wilbrandt. gr. 8. (3¾ B.) Rostock 846. (Stiller'sche Hof-Buchh.) *

Hilbing, J. G. L., der Saga Saal, e. nord. Dichtung in drei Gesängen. 8. (3 B.) Halle 841, (Heynemann.)

Hilditch, Jac., Fräulein England, s.: Bibliothek, Langen, II.

Hildmann, Adf., „Savourys". Hand-Rezeptbuch üb. warme, kalte u. kombinierte Käsespeisen. (72 S.) 8. München (905). Braun & Schneider.
Geb. in Leinw. n. 1. 50

Hildner, Jonathan, aus Freedom, Michigan, Nordamerika: Untersuchungen über die Syntax der Konditionalsätze bei Burchard Waldis. Ein Beitrag zur Grammatik d. Frühnhd. *Leipzig-Reudnitz 1899: A. Hoffmann.* (98 S.) 8°
Leipzig, Phil. Diss. v. [14. Aug.] 1899

Hildour, Trait du caractère et des moeurs des anciens Normands. (Imité du Danois de Samsöe.) 8. Kopenh. 825. Bonnier. (Wienbrack in Leipz.) 12 gr. Fein P. 16 gr.

Hildreth, Richard, s.a. Aehrenlese unterhalt. Romane

— s.a. Lese-Cabinet, belletrist.

— der weiße Sklave s.a.: Bibliothek, Amerikanische, 17 — 19. Bd.

Hildreth, R., ein weißer Sklave oder Denkwürdigkeiten eines Flüchtlings. Aus dem Engl. v. F. C. Nordstern. 5 Hfte. Mit 5 Holzschn. 8. (1. Bd.: 207 S. 2. Bd.: 219 S.) Wien 852, Wenedikt. (à 1/4 ₰) 1 1/4 ₰

Hildreth, Richard

Der weiße Sklave, oder Denkwürdigkeiten eines Flüchtlings. Eine Geschichte aus dem Sklavenleben in Virginien u.s.w. Hrsg. von R.Hildreth. (Seitenstück zu Onkel Tom's Hütte.). Nach der 17.amerikan.Aufl. aus dem Engl. Vollst. Stereotyp-Ausg.
Leipzig: Friedlein 1853. 259 S. 8°

(Neue Volks-Bibliothek. Bd.2.)

Hildreth, R., der weiße Sklave. Eine Erzählung aus Virginien. Deutsch von Wm. E. Drugulin. 2. Aufl. 2 Bde. Leipzig 853. Kollmann. 16. (331; 302 S.) 15 ngr.

Hildreth, R., der weiße Sklave. Aus dem Engl. von F. C. Nordstern. 2 Bde. 8. (426 S. mit 5 Holzschn.) Wien 853, Wenedikt. Thlr.

– s.a. Volksbibliothek, Neue.

Hildt, s.a. Hild

HILDT, Johann Adolph: Beschreibung in- und ausländischer Holzarten zur technologischen Kenntniß und Waarenkunde, Charakteristik und Synonimik aller Kunst-, Farbe- und Apothekerhölzer. - Weimar 1798 u. 1799. 2 Tl. i. e. Bd. - Tl. 1: XII, 164 S. - Tl. 2: VIII, 251 S., m. Reg. - Dazu e. Samml. v. Holzarten, 144 zweizöll. Fournierstücke i. Stücken z. 5-6 Zoll

Hildt, J. Adolph, Handlungszeitung, s. Handlungszeitung.

— Magazin d. Handels, s. Magazin.

Hildt, Joh. Adlf, Sammlung in- und ausländischer Holzarten zur technologischen Kenntniss, Charakteristik u. Waarenkunde aller Kunst-, Farbe- und Apothekerhölzer. Weimar 1798. 4. 144 zweizoll. Fournierstücke. Beschreibung dazu. Th. 1. 2. Ebda 1798—99. 8. . . . .

— neue Zeitung f. Kaufleute, s. Zeitung.

Hildwein's, W., Chemiker und Droguist. Central-Organ für Chemiker, Apotheker, Droguen-, Farbwaaren- und Vegetabilien-Handlungen, Maschinen-Fabrikanten etc. Oesterreich-Ungarns. 1.—3. Jahrg. 1882—1884. à Jahrg. 24 Nrn. (Bog.) 4. Wien, Administration.

Hilf . . . ., s. a.: Hülf . . . .

Hilf dir selbst. Dein eigener Lehrer.

— dasselbe. Der kaufmänn. Briefwechsel auf zeitgem. Grundlage. Vollst. Lehrgang f. d. ges. Gebiet d. Handelsgewerbes, nebst ausführl. Beispielsammlg. Von e. erfahrenen Geschäftsmann. schmal gr. 8. (44 S.) Ebd. 898. n. — 50

— dasselbe. Doppelte Buchführung. Zum Selbstunterr. f. Lernende u. zur Benutzung f. Lehrende in neuer u. populärer Weise dargestellt v. e. alten Praktiker, dem d. Buchhaltungskunst zur Wissenschaft geworden ist. schmal gr. 8. (64 S.) Ebd. 898. n. — 50

— dasselbe. Einfache Buchführung. Zum Selbstunterr. f. Lernende u. z. Benutzg. f. Lehrende in neuer u. populärer Weise dargest. v. e. alten Praktiker, dem d. Buchhaltungskunst z. Wissenschaft geworden ist. schmal gr. 8. (40 S.) Ebd. 898. n. — 50

— dasselbe. Amerikan. Buchhaltung u. Geheim-Buchführg. Zum Selbstunterr. f. Lernende u. z. Benutzg. f. Lehrende in neuer u. populärer Weise dargest. v. e. alten Praktiker, dem d. Buchhaltungskunst zur Wissenschaft geworden ist. schmal gr. 8. (46 S. m. 3 Tab.) Ebd. 898. n. — 50

— dasselbe. D. Lehre v. Wechsel. D. gezog. Wechsel od. d. Tratte. Bearb. n. d. allgem. deutschen Wechselordng. v. Onstein. schmal gr. 8. (27 S.) Ebd. 898. n. — 50

— dasselbe. Mutterfreuden, Muttersorgen. (1.) Die Pflichten d. Mutter sich selbst gegenüber. Von Geo. Drechsler. schmal gr. 8. (24 S.) Ebd. 898. n. — 50

— dasselbe. (2.) Pflege dein Kind! Kindespflege im ersten Lebensalter. Von Geo. Drechsler. schmal gr. 8. (23 S.) Ebd. 898. n. — 50

— dasselbe. Schreibe richtig Deutsch! Ein Hilfsbüchlein z. Selbstunterr. v. K. Lammenett. schmal gr. 8. (44 S.) Ebd. 898. n. — 50

— dasselbe. Sprich richtig Deutsch. Ein Hülfsbüchl. z. Selbstunterr. v. K. Lammenett schmal gr. 8. (39 S.) Ebd. 898. n. — 50

Hilf dir selbst. Dein eigener Lehrer. Rechne richtig! Rechnen m. unbenannten u. benannten ganzen Zahlen, gemeinen u. Dezimalbrüchen. Z. Selbstunterr. bearb. v. W. Schjerning. schmal gr. 8. (40 S.) Aachen 898. C. H. Georgi. n. — 50

— dasselbe. Kaufmänn. Rechnen. Zum Selbstunterr. f. Lernende u. z. Benutzg. f. Lehrende in populärer Weise dargest. v. e. alten Praktiker, dem d. Rechenwissenschaft zur Kunst geworden ist. schmal gr. 8. (47 S.) Ebd. 898. n. — 50

— dasselbe. Tabellen z. Diskont- u. Zinsenberechnung v. Carl Heicke. schmal gr. 8. (40 S.) Ebd. 898. n. — 50

Hilf dir selbst. Dein eigener Lehrer. Wie pflege ich meine Blumen? Anleitung z. Pflege d. Blumen im Zimmer. Von Carl Heicke. schmal gr. 8. (39 S.) Aachen 898. C. H. Georgi. n. — 50

— dasselbe. Wie schreibe ich meine Briefe? Anleitg. u. Beispiele zur Abfassung v. Geschäftsbriefen, Gesuchen u. Eingaben f. alle Fälle des prakt. Lebens. Für Handwerker, Gewerbtreibende u. Stellesuchende. schmal gr. 8. (39 S.) Ebd. 898. n. — 50

Hilf dir selbst! Dein eigener Lehrer. Nr. 15—29. schmal gr. 8. Aachen, C. H. Georgi. à n. — 50

15. Wie benehme ich mich? Allgemeingültige Regeln zu e. gesitteten u. gefälligen Betragen. (24 S.) 899.
16. Das Zimmer-Aquarium, seine Tiere u. Pflanzen, seine Anlage u. Unterhaltg. Ein kurzer Leitfaden f. Aquarienfreunde. Von Schulte vom Brühl. Mit 6 Orig.-Zeichngn. des Verf. (32 S.) 899.
17. Die Lungenschwindsucht, ihr Wesen, Verhütg. u. Behandlg. Von Moeller. (16 S.) 899.
18. Anleitung zur Beurteilung u. Voraussage der Witterg. Von P. Polis. (Umschlag: Was haben wir morgen f. Wetter? Gemeinverständl. Witterungskunde.) (47 S. m. 24 Abbildgn. u. 3 Tab.) (900.)
19. Der Festredner. Toaste u. Reden zu Jubiläums-, Vereins- u. öffentl. Festlichkeiten. Nebst e. prakt. Einführung in die Kunst der Festrede. Von J. Reimbold. (36 S.) (900.)
20. Trinksprüche u. Reden zu allen Familienfestlichkeiten. Nebst e. prakt. Einführg. in die Kunst d. Festrede. Von J. Reimbold. (35 S.) (900.)
21. Vereinfachte Stenographie. System Stolze-Schrey. Vollst. prakt. Lehrgang zum Selbstunterricht. (28 S.) (900.)
22. Wie verbessere ich meine Handschrift? Anleitung zur Erlangg. e. schönen Handschrift in deutscher u. lateinisch. Schrift in 12 Unterrichtsstunden. Zum Selbstunterricht. Von Mich. Klinkhammer. (55 S. m. Abbildgn.) (900.)
23. Das Frauenrecht des deutschen bürgerl. Gesetzbuches. Von Ernst Schumann. (32 S.) (900.)
24. Was telegraphiere od. schreibe ich zu festl. Gelegenheiten? 600 Depeschen u. Postkarten in Prosa u. Reimen. In Druck gegeben säuberlich v. Fridolin Depescherich. (39 S.) (900.)
25. Wie entferne ich Flecke jeder Art? Ein Hilfsbüchlein f. alle Hausfrauen. Von G. Gärtner. (23 S.) (900).
26. Die Likörbereitung f. den Hausgebrauch. Von Geo. Gärtner. (31 S.) (900).
27. Lehrbuch, vollständiges, der Gabelsberger'schen Stenographie zum Selbstunterricht, nebst beigefügtem Schlüssel zu den stenograph. Taf. (32 u. 6 S.) (901).
28. Wie lerne ich leicht u. gut Arithmetik u. Algebra? Die Regeln der Arithmetik u. Algebra in kurzgefaßter, leicht erlernbarer Form. Bearb. v. e. prakt. Schulmanne. (51 S.) (902).
29. Regeln, welche, muß ich wissen, um gute lateinische Extemporalien machen zu können? Lateinischer Extemporale-Regelnschatz m. übersetzten Musterbeispielen, enth. fast sämtliche lateinisch-syntakt. Regeln in kurzgefaßter, sehr leicht erlernbarer Form u. e. reiche Anzahl maßgeb. syntakt. Erscheingn. m. Muster-Übersetzg. ins Deutsche, um Sicherheit u. Gewandtheit zu erlangen in der Anfertigg. „latein. Klassenarbeiten". In zum Auswendiglernen geeigneter Form bearb. v. e. erfahrenen Schulmanne. (48 S.) (902).

Hilf dir selbst! Dein eigener Lehrer. Nr. 30, 30a, 31 u. 32. schmal gr. 8. Aachen, C. H. Georgi. à n. — 50

30. 30a. Schlagwort-Lexikon zur französischen Handelskorrespondenz auf neuer praktischer Grundlage. Von R. Gauthier. (106 S.) (904.)
31. Die selbständige Anfertigung des Aufsatzes. Theoretisches u. prakt. Lehrbuch zum Selbstunterrichte f. Lernende u. zur Benutzg f. Lehrende. In moderner u. gemeinverständlicher Weise dargestellt. Von Johs. Siebert. (IV, 58 S.) (904.)
32. Der Handwerker vor der Meister-Prüfung. Ein unentbehrl. Leitfaden f. Lernende u. Lehrende, Examinanden u. Examinatoren. Von Aug. Heckelmann. (48 S.) (904.)

Hilf, G. M., der leidende Heiland, das Vorbild der Christen. 50 Betrachtungen über das Leiden Christi, für die heil. Fastenzeit. Nebst einem Anh. von Gebeten. 16. (X und 334 S.) Mainz 866, Kirchheim.

Hilf, G. M., der leidende Heiland, das Vorbild des Christen. 50 Betrachtungen über das Leiden Christi, für die heil. Fastenzeit. Nebst einem Anhang von Gebeten. 2. Aufl. gr. 16. (VIII, 320 S.) Mainz 879. Kirchheim. 1. 50

—— Herr, gib ihnen die ewige Ruhe! Ein Büchlein für Alle, welche die armen Seelen lieb haben. Nach den bewährtesten Schriftstellern bearb. 16. (VI und 317 S. mit 1 Stahlst.) Mainz 866, Kirchheim.

—— die Nachfolge des allerheiligsten Herzens Jesu in 33 Betrachtungen, Beispielen und frommen Uebungen. Nach dem Französ. bearb. 16. (XVI und 237 S. mit 1 Stahlst.) Mainz 865, Kirchheim.

Hilf, G. M., die Nachfolge d. allerheiligsten Herzens Jesu in 33 Betrachtgn., Beispielen u. frommen Uebgn. Nach dem Franz. bearb. Mit 1 Stahlst. 2. Aufl. gr. 16. (XVI, 237 S.) Mainz 876. Kirchheim. 1. —

Hilf, Gustav [app. Arzt aus Lorch i. Rheingau]: Über putride Intoxication im Wochenbett ... Würzburg, P. Scheiner's Buchdr., 1892; 29 S. 8.

Würzburg, Med. Fak., Inaug.-Diss. v. 1892

Hilf, M., Kreuzweg-Andacht f. Ordenspersonen u. f. fromme Christen. (22 S.) 16. Saarlouis 906. F. Stein Nachf. — 10

Hilf, M., der eiserne Oberbau — System Hilf — für Eisenbahn-Geleise. Technisch u. finanziell eingehend erörtert. Mit 6 (lith.) Fig.-Taf. (in qu. gr. Fol.), Zeichngn. im Text (in Holzschn.) u. 2 Tab. Lex.-8. (65 S.) Wiesbaden 876. Kreidel. n. 4. —

Hilf, Samiel, der fidele Kaufmann in der Reise- u. Westentasche. Zum allgem. Vergnügen auf der leipziger Messe ausgepackt. 8. (6½ B.) Nordhausen 845, Fürst.

Hilfe, s.a. Hülf

Hilfe, die. Gotteshilfe, Selbsthilfe, Staatshilfe, Bruderhilfe. Hrsg.: Friedr. Naumann. 1. u. 2. Jahrg. 1895—1896. à 52 Nrn. (à 8 S.) Fol. Frankfurt a/M. (Hann. Münden, R. Werther.) à Jahrg. 4. —

— dasselbe. 3. Jahrg. 1897. 52 Nrn. (à ca. 2 Bog.) Fol. Berlin. Ebd. n. 4. 50

Das 1.—3. Quartal kosteten je n. 1. —; das 4. in gr. 4. n. 1. 50

— dasselbe. 4. Jahrg. 1898. 52 Nrn. (à 2 Bog.) gr. 4. Ebd. n. 6. —

Kann auch vierteljährlich bezogen werden.

Hilfe, die. Gotteshilfe, Selbsthilfe, Staatshilfe, Bruderhilfe. Hrsg.: Frdr. Naumann. Schriftleiter: M. Maurenbrecher. 5. u. 6. Jahrg. 1899 u. 1900. à 52 Nrn. gr. 4. (à ca. 16 S.) Berlin. Schöneberg-Berlin, Verlag der Hilfe. à Jahrg. n. 6. —

— dasselbe. Nationales Volksblatt. Hrsg.: Frdr. Naumann 7. Jahrg 1901. 52 Nrn. gr. 4. (à ca. 8 S.) Ebd. n. 5. 50

— dasselbe. Nationalsoziales Volksblatt. Hrsg.: Frdr Naumann. Red.: Gerh. Hildebrand. 8. Jahrg. 1902. 52 Nrn. gr. 4. (à ca. 8 S.) Ebd. n. 4. —

Hilfe, die. Nationalsoziales Volksblatt. Hrsg.: Frdr. Naumann. Red.: Gerh. Hildebrand. 9. Jahrg. 1903. 52 Nrn. (III, 520 S.) gr. 4. Berlin. Schöneberg-Berlin, Verlag der Hilfe. n. 4. —

— dasselbe. Schriftleitung: Eug. Katz. 10. Jahrg. 1904. 52 Nrn. (IV, 624 S.) gr. 4. Ebd. n. 5. 50

— dasselbe. 11. u. 12. Jahrg. 1905 u. 1906. à 52 Nrn. (IV, 624 u. IV, 624 S.) gr. 4. Ebd. à Jhrg. n. 6. —; geb. n. 8. —

Hilfe, die. Wochenschrift f. Politik, Literatur u. Kunst. Hrsg.: Frdr. Naumann. Verantwortlich: Thdr. Heuß u. Paul Zschorlich. 13.—16. Jahrg. 1907—1910. à 52 Nrn. (VIII, 830; VIII, 856; VIII, 858 u. VIII, 842 S.) 31×23 cm. Berlin-Schöneberg, Buchverlag der Hilfe. 1907: 6.—; 1908—10 à Jahrg. 8.—; geb. 10. —

Hilfe für alle, die an der gülde- nen Ader oder an Hämorrhoidal-Zufällen leiden. Hamb. 1809. V: *Albrecht, Johann Friedrich Ernst.* (MGT)

— f. die Bauern, vom Bauernhause Achaz. 4. Aufl. 1. Hft. Organisation des landwirtschaftl. Absazes. (!) gr. 8. (45 S.) Graz (899). (P. Cieslar.) n. — 40

Hilfe gegen Cholera, f. Stadt- u. Landbewohner. Leitfaden f. Behörden und Gemeinden. Populär bearb. Wien, F. Djörup. 30 kr. 1884.

Hilfe der Christen. Ein Lese- und Gebetbuch für Katholiken, auf alle Festtage der Mutter Gottes anwendbar, und besonders den Mitgliedern des Gebet-Vereins zur Verehrung des heil. u. unbefleckten Herzens Maria nützlich. Mit 1 Stahlst. Wien 854. (Mechitharisten-Congreg.-Buchhdlg.) 16. (2 Bl., 376 S.) 12 ngr.

Hilfe der Christen. Ein Lese- und Gebetbuch für Katholiken auf alle Festtage der Mutter Gottes anwendbar und besonders den Mitgliedern des Gebet-Vereines zur Verehrung des heiligen und unbefleckten Herzens Maria nützlich. G. W. Mit einem Stahlstiche. 8. (1 Blatt, 376 S.) Wien. Druck und Verlag von Karl Ueberreuter. 1854.

Hilfe der Christen. Ein Lese- und Gebetbuch für Katholiken, auf alle Festtage der Mutter Gottes und als Mai-Andacht anwendbar. Eigenthum des G. W. 3te Aufl. Wien, 1858 (1857.) Druck und Verlag von Karl Ueberreuter. (438 S. 2 Bl. 8.)

— erste. Taschenkalender 1902. 24. (62 S.) München, Seitz & Schauer. n. — 10; geb. in Leinw. n. — 25

— erste, Fortsetzg., s.: Erste Hilfe-Taschenkalender.

— erste. Organ der Rettungs-Vereiniggn. Oesterreichs Halbmonatsschrift f. Rettungswesen, Hygiene u. öffentl. Gesundheitspflege. Hrsg.: L. Brügel u. A. Breuer. Verantwortlich: L. Brügel. 2. Jahrg. 1904. 24 Nrn. (à ca. 16 S. m. Abbildgn.) hoch 4. Wien (J. Eisenstein & Co.) n. 8. —

— erste ärztliche. 14 Vorträge, geh. v. S. Alexander, M. Borchardt, A. Hoffa. R. Kobert, Fr. Kraus, R. Kutner, L. Landau, E. Mendel, George Meyer, J. Rotter, H. Senator, E. Sonnenburg, Th. Ziehen. Nebst Einleitg. v. M. Kirchner. Hrsg. vom Zentralkomitee f. das ärztl. Fortbildungswesen in Preussen, in dessen Auftrage red. v. R. Kutner. (III, 392 S. m. 20 Abbildgn.) gr. 8. Jena 906. G. Fischer. n. 6. —; geb. n. 7. —

— dasselbe bei plötzlichen Erkrankungen u. Unfällen. In Verbindg. m. E. v. Bergmann, C. Gerhardt, O. Liebreich, A. Martin bearb. u. hrsg. v. George Meyer. 2. Aufl. (XVI, 466 S. m. 4 Abbildgn.) 8. Berlin 905. A. Hirschwald. Geb. in Leinw. n. 8. —
1. Aufl. (XVI, 438 S.) 903. Geb. n. 8. —.

— erste ärztliche. Leitfaden f. Arzte. Unter Mitwirkg. u. Förderg. der Herren klin. Vorstände: O. Chiari, Rud. Chrobak, Ant. Frh. v. Eiselsberg u. a. hrsg. v. Heinr. Charas. (XII, 346 S. m. 16 Abb.) 8. Wien 909. W. Braumüller. Geb. in Leinw. 5. —

Erste Hilfe bei Unfällen. Der Lehrkörper der Mittelschulen, der Lehrer- und Lehrerinnen-Bildungsanstalten und der gewerblichen Lehranstalten, sowie die Lehrerschaft der Volks- und Bürgerschulen werden auf die im Wiener k. k. Schulbücher-Verlage erschienene, vom k. k. Armenarzte Dr. Samuel Kohn in Wien verfaßte Wandtafel: „Erste Hilfe bei Unfällen", zur Anschaffung besonders aufmerksam gemacht. (Min.-Erl. v. 6. März 1897, Z. 3123.) Preis —.20, auf Holzstäbe aufgespannt —.40

— die erste, bei Unglücksfällen. Anleitung zu Hilfeleistgn. Nach den Anweisgn. der Samariterschulen v. Esmarch. (32 S. m. Abbildgn.) 8. Reutlingen (906). Enßlin & Laiblin. 25

Hilfe, die, des Herrn. Erzählung aus dem Jahre 1870—1871 von J. M.-Z. 16. (64 S.) Stuttgart 878. Buchhandlung der Evangelischen Gesellschaft. n. — 30

Hilfe, e., od. e. Hindernis; welches v. beiden? Von C. H. M. 12. (8 S.) Vohwinkel 894. (Elberfeld, J. Faßbender.) n. — 5

Hilfe! Hülfe! ein Aufruf der Lutherischen Religionslehrer an gute Fürsten und edle Menschen . . . Halle 1802. V: *Georgi, Wilhelm Gottlieb.* (MGT) (Ky)

— letzte! Wichtige Rathschläge f. Kranke. Red.: Joh. Großhauser. Juni 1901—Mai 1902. 12 Nrn. gr. 8. (à ca. 8 S.) Cleve. (Bonn, Plaß & Schrödinger.) n. 2. 40

Hilfe, Militairische, bei Strikes. [Chemnitz 1873.] V: *Roscher, Carl.* (Kat. d. stat. Bureaus. Dresden 1890.)

Hilfe, Die, in der Noth oder das eiserne Kreuz . . . Ulm 1826. V: *Schmid, Joh. Christoph.* (Ky)

Hilfe in der Noth oder eine sichere Radicalkur der k. k. österreich. Finanzen von einem erfahrenen und aufrichtigen Vaterlandsfreunde. gr. 8. (16 S. mit 2 Tab. in qu. gr. 4.) Jungbunzlau 867. (Kaaden, Uhl.) *

Hilfe in der Noth, Das ist: S. Franciscus Xaverius Soc. Jesu, Der Indianer Apostel, In Schwären Anligen . . . Wienn 1720. V: *Knauff, Gottfried.* (Jes) (So)

— sachgemäße, bei Verletzungen u. Erkrankungen der Pferde u. Leitsätze f. Hufpflege u. Hufbeschlag. Für alle Pferdebesitzer, Kutscher, Pferdeführer u. Leute, die m. Pferden zu tun haben. Hrsg. v. der Pferdeschutzvereinigg. üb. ganz Deutschland. (36 S.) kl. 8. Berlin 907. (A. W. Hayn's Erben.) p nn — 30

Hilfe, Sichere, für alle diejenigen, welche an Unterleibsbeschwerden und schlechter Verdauung leiden. Quedlinburg 1822. 2. Aufl. 1823. V: *Westphal, Carl.* (EngM) (Ky) (MGT) (Call)

Hilfe, Sichere, für alle diejenigen, welche an Verschleimung ... leiden. 2. Aufl. Quedlinburg 1823. V: *Westphal, Carl.* (Call)

Hilfe, Sichere, für Schwindsüchtige. Handbuch für alle, die an dieser Krankheit leiden. Hamb. 1809. V: *Albrecht, Joh. Friedrich Ernst.* (MGT) »1810« (Call)

Hilfe, Sichere, gegen Stuhl-Verstopfung... Kiel [1899]. V: *Reinert, A.* (Berl)

— sichere, gegen Stuhl-Verstopfung. Hrsg. v. einem Geheilten (A. Reinert). gr. 8. (80 S.) Kiel (899). (E. Marquardsen.) n. — 40

Hilfe gegen Verarmung und Armut. 8°. Caunstatt 1881.

Hilfe, Die wunderbare. (Cassel: J. G. Oncken Nachf. [1902].) (8 S.) 8° [Kopft.]
= [Traktate d. Christl. Traktat-Gesellschaft.] Neue Serie. No 108.

Hilfe, K. Die leitenden Grundsätze des heutigen deutschen Militär-Strafverfahrens. Berlin 1868. 143 S.

Hilfe-Almanach f. d. J. 1907. (196 S.) kl. 8. Berlin-Schöneberg, Verlag der „Hilfe". n. — 40

Hilfe-Almanach f. d. J. 1909. 3. Jahrg. (212 S.) kl. 8. Berlin-Schöneberg, Verlag der „Hilfe". Geb. in Leinw. —. 60.

Hilfe-Almanach 1911 m. dem Ergebnis der letzten Reichstagswahlen 1907—1910. (VIII, 188 S.) 8. Berlin-Schöneberg, Buchverlag der „Hilfe". 1.—; geb. 1.50

Hilfeleistung, Erste, auf dem Lande, organisirt vom »Rothen Kreuz« ... Paris 1900. V: *Kleist, Berthold.* (Berl)

Hilfeleistung, d. Wienert'sche, durch Ludw. Dahmen, Elberfeld, Johannisstr. 5. Zusammenstellg. d. Berichte üb. Heilerfolge d. Hrn. Dahmen, wie sie d. auf Beschluß zweier Volksversammlgn. gebild. Ausschuß in Sache Dahmen aus d. weitesten Kreisen d. Bürgerschaft eingesandt worden sind. gr. 8. (32 S.) Elberfeld 895. (J. Faßbender.) n. — 20

Hilfenhaus, Franz Joseph [K. Seminarlehrer]: Die pädagogischen Bestrebungen Johannes Kromayers. Ein Beitrag zur Geschichte der pädagogischen Zustände im XVII. Jahrhundert. . . . Leipzig-Reudnitz, Druck v. Max Hoffmann, 1889; 64 S. + 1 Bl. 8°
Leipzig, Phil. Fak., Inaug.-Diss. v. 30. Dez. 1889

Hilfer, W.: Über ein Attractionsproblem. Diss. Rostock 1872. 8°

Hilfer, Wilhelm Über die Methoden, die Fortpflanzungsgeschwindigkeit des Schalles in den gasförmigen Körpern zu bestimmen. 42 S. Progr. *Schweidnitz* 1880.

Hilferding, A. v., Bosnien, s. Zustände, türkische.

— die sprachlichen Denkmäler der Drevjaner und Glinjaner Elbslaven im Lüneburger Wendlande. Aus dem Russ. von J. E. Schmaler. Bautzen 857. Schmaler. gr. 8. (4 Bl., 50 S.) 15 *ngr.*

— Geschichte der Serben und Bulgaren. Aus dem Russ. 1. Abth. Bautzen 856. Schmaler. gr. 8. (IV, 164 S.) 24 *ngr.*

Hilferding, A., Geschichte der Serben und Bulgaren. Aus dem Russischen von J. E. Schmaler. 2. Abth. Bautzen 864. Schmaler & Pech. gr. 8. (104 S.) 18 *ngr.*

Hilferding. Der Kampf der Deutschen und Slaven an den Küsten der Ostsee im Mittelalter. 1861.

Hilferding, Rud., Böhm-Bawerks Marx-Kritik. (III, 61 S.) gr. 8. Wien 904. Wiener Volksbuchh. n. 1. 20
Sonderabdruck aus: „Marx-Studien".

Hilferding, Rud., das Finanzkapital. Eine Studie üb. die jüngste Entwicklg. des Kapitalismus. (XII, 477 S.) gr. 8. Wien 910. Wiener Volksbuchh. 7. 50
Sonderabdruck aus: „Marx-Studien".

— s.: Marx-Studien.

Hilferding, R.: Marx-Studien. s. Adler, M.

Hilferuf, Armeniens, an das Schweizervolk. Zürich 1896. V: *Scholder-Develay, Heinrich.* (Cat. d. Stadtbibl. Zürich. Zürich 1864—97.)

Hilferuf der Heidenwelt an das kathol. Deutschland. Ein Wort der Liebe über die Missionen unter den Heiden an alle Freunde des Reiches Gottes auf Erden. gr. 12. (6½ B. u. Titelvign.) Neuburg a. D. 842, Prechter.

Hilferuf (Der) der deutschen Jugend. Monatsschr., hrsg. von W. Weitling, 4 Nrn., Genf 1841.
Forts. u. d. T.: Die junge Generation.

Hilff, Franciscus [Guestfalus]: Observationes criticae et exegeticae ad Silii Italici Punicorum l. v—x pertinentes ... Monasterii, ex typogr. I. Bredt, 1893; 38 S., 2 Bl. 8.
Münster, Phil. Fak., Inaug.-Diss. v. [17. Juni] 1893

Hilfiker. [Jacob]. Ausgleichung des Längennetzes der Europäischen Gradmessung. SA. 4. Kiel 1885.

Hilfiker, J., Bericht der Abteilung f. Landestopographie an die schweiz. geodätische Kommission üb. die Arbeiten am Präzisionsnivellement der Schweiz in den J. 1893—1903. Publiziert v. der schweizer geodät. Kommission. (VI, 89 S. m. 1 Karte.) 4. Zürich 905. (Fäsi & Beer.) n. 2. 50

Hilfiker, J. Über die Bestimmung der Constante der Sonnenparallaxe. Bern 1878.

Die Fixpunkte des schweizerischen Präcisionsnivellements. Les repères du Nivellement de précision de la Suisse. Hrsg. d. d. Eidgen. topogr. Bureau ... (Vf.: Dr. J. **Hilfiker** u. Ingenieur O. Straub.) Lfg 1—5. [Aufgekl.:] *Basel, Genf: Georg & C. 1891—96.* 5 Bde 2. [Lithogr.]
1. Bern-Olten-Zürich. 1894. (4 Bl., 48 S.)
2. Stadt Zurich, Zürich-Steckborn-Rheinegg. Rorschach-Heiden-Rheinegg. 1895. (4 Bl., 47 S.)
3. Genève-Lausanne-Berne. 1895. (4 Bl., 43 S.)
4. Sargans-Rheinegg-Lindau, Altstätten-Gäbris. 1895. (4 Bl., 47 S.)
5. Eglisau-Frauenfeld-Bischofszell-Wil, Frauenfeld-Matzingen-Wil-Wildhaus-Werdenberg. 1896. (4 Bl., 50 S., 1 Bl.) [97. 2410

Hilfiker, J., die astronomischen Längenbestimmungen, mit besonderer Berücksichtigung der neuern Methoden. Auf Grundlage der Publikationen der europäischen Gradmessung dargestellt. gr. 8. (82 S.) Aarau 882. Sauerländer. n. 1. 60

Hilfiker, J. Sur la marche de la pendule astronomique Winnerl de l'Observatoire de Neuchatel. Neuchatel 1886.

Hilfiker, J[acob]. Ein neues Präzisionsnivellement auf den Grossen St. Bernhard. Separatabdruck aus der Vierteljahrsschrift der Naturforschenden Gesellschaft Zürich. Jahrg. 52. 1907. I S. + S. 364—381. gr.-8. Zürich, Zürcher & Furrer, 1907.

— Untersuchung der Höhenverhältnisse der Schweiz im Anschluss an den Meereshorizont. Im Auftrag der Abteilg. f. Landestopographie des schweizer. Militärdepartements bearb. (95 S. m. 1 Karte.) gr. 8. Bern 902. (A. Francke.) Geb. in Leinw. n. 2. 80

Hilfiker, J. Vergleichung des definitiven Cataloges der Mondsterne von Löwy mit dem System des Berliner Jahrbuches und der Astronom. Gesellschaft. 1886. 4.

Hilfreich, O., d. kranke Hund. Ein gemeinverständl. Ratgeber f. Hundebesitzer, insbes. f. Jäger. gr. 8. (77 S. m. 8 Abb.) Neudamm 895. J. Neumann. n. 1. ; geb. n. 1. 50

Hilfreich, O., der kranke Hund. Ein gemeinverständl. Ratgeber f. Hundebesitzer, insbesondere f. Jäger. 2., sehr stark verm. Aufl. gr. 8. (94 S. m 26 Abb.) Neudamm 901. J. Neumann. n. 1. 20; geb. in Leinw. n. 2. —

Hilfreich, O., das kranke Schwein. Ein gemeinverständl. Ratgeber zur Erkenng., Behandlg. u. Verhütg. der Schweinekrankheiten, sowie zur Beurteilg. des Fleisches kranker Schweine. gr. 8. (94 S. m. 25 Abbildgn. u. 1 farb. Taf.) Neudamm 895. J. Neumann. Kart. n. 1. 50

— d. kranke Schwein. E. gemeinverständl. Ratgeber z. Erkenng., Behandlg. u. Verhütg. d. Schweinekrankheiten, sow. z. Beurteilg. d. Fleisches kranker Schweine. 2., verb. Aufl. gr. 8. (90 S. m. 25 Abb. u. 1 Farbdr.) Ebd. 899. Kart. n. 1. 60

Hilfsarbeiter: Graphischer Hilfsarbeiter — L'ouvrier auxiliaire des arts graphiques
① Organ des Verbandes der Hilfsarbeiter und -Arbeiterinnen im graphischen Gewerbe der Schweiz – Organe de la Fédération des ouvriers et ouvrières auxiliaires des arts graphiques de la Suisse ④ Der Papierarbeiter – Le Travailleur du Papier ⑤ Oktober (?) 1906—1910 (?) ⑥ 4° (1906—1907); 2° (1908—1910) ⑦ monatlich 2× ⑧ Bern: Genossenschafts-Buchdruckerei (1906—Februar 1907—?); Basel: Buchdruckerei des Schweizerischen Typographenbundes: R. Akermann (?—15. 4. 1907—1910) ⑨ Verband v. ① ⑪ Zentralvorstand (1906—1907). Ernst Schafroth. Biel (1908). Fr. Leuenberger, Chur (1909) ⑫ sozialistisches Verbandsorgan ⑭ Bs: WA (1907—1909).

Hilfsarbeiterwesen, das, in der preussisch-hessischen Staatseisenbahnverwaltung. (32 S.) gr. 8. Berlin (908). (Polytechn. Buchh. A. Seydel.) — 60

Das **Hilfsarbeiterwesen** in der preußisch-hessischen Staatseisenbahnverwaltung. Berlin: Seydel in Comm. [1910]. 32 S. 8° [11. 441

Hilfs-Berechnungs-Tabellen, Zwanzig, für Gold- und Silber-Arbeiter ... Quedlinb. 1848. V: *Rienecker, Carl.* (Ky)

„Hilfsbereit", s.: Familienblatt, illustriertes, „Hilfsbereit".

Hilfsbote, der. Zweimonatsschrift f. Prediger des Evangeliums u. Bibelforscher. Begründet v. Jos. Lehmann u. Herm. Liebig. In Gemeinschaft m. H. Alberts, J. G. Fetzer, F. W. Herrmann u. a. hrsg. v. Gust. Gieselbusch u. Alfr. Scheve. 24. Jahrg. 1904. 6 Nrn. (VI, 236 S.) gr. 8. Berlin, Missionsbuchh. Bethel. n. 2. —

— dasselbe. 25. u. 26. Jahrg. 1905 u. 1906. à 6 Nrn. (VI, 236 u. VI, 200 S.) gr. 8. Ebd. à Jhrg. n.n. 2. 50

Hilfsbote, der. Zweimonatsschrift f. Prediger des Evangeliums u. Bibelforscher. Begründet v. Jos. Lehmann u. Herm. Liebig. In Gemeinschaft m. F. W. Herrmann, A. Heß, J. Herrmann u. a. hrsg. v. Gust. Gieselbusch u. Alfr. Scheve. 27. bis 30. Jahrg. 1907—1910. à 6 Nrn. (à ca. 32 S.) gr. 8. Berlin, Missionsbuchh. Bethel. à Jahrg. nn 2. 50

Hilfsbuch, s. a. Hülfsbuch.

Hilfsbuch für Alle, die an der güldenen Ader ... leiden ... Hamb. [1809]. V: *Albrecht, Joh. Frdr. Ernst.* (Call)

Hilfsbuch für Alle, die an Schwäche der Geschlechtstheile leiden ... Hamb. 1807. V: *Albrecht, Joh. Frdr. Ernst.* (Call)

Hilfsbuch, Allgemeines, für's männliche Geschlecht. Th. 2. 2. Aufl. Hamb. u. Altona [1809]. V: *Albrecht, Joh. Frdr. Ernst.* (Call) S. a. Von der Krankheit und Heilart der Pollutionen.

— für schriftstellerische Anfänger, s. a. Schriftsteller-Bibliothek. Nr. 4.

Hilfsbuch für schriftstellerische Anfänger. Hrsg. von d. Redaktion d. 'Feder'. Berlin: Federverl. [1905]. (VIII, 133 S.) 8° [06. 1008; 11

Hilfsbuch für schriftstellerische Anfänger. Hrsg. von d. Red. d. 'Feder'. 2. verm. u. verb. Aufl. Berlin: Federverl. [1909]. VIII, 144 S. 8°
(Schriftstellerbibliothek. Nr 4.)

— zur Anfertigung v. Projekten u. Kostenanschlägen f. elektrische Beleuchtung u. Kraftübertragung. Hrsg. v. der allgemeinen Elektricitäts-Gesellschaft Berlin. qu. gr. 4. (VII, 37; 19, 21, 16, 15, 10, 17, 20, 14, 8, 41 u. 7 S. m. Abbildgn., 1 Farbendr. u. 3 farb. Karten.) Berlin 894. (J. Springer.) Geb. in Celluloid. n.n. 20. —

Hilfsbuch der Anweisung, vorzüglich für den Bürger und Landmann ... Neustadt 1819. V: *Bauer, J. H.* (EngM)

Hilfsbuch zum Betriebe der Gymnastik und des Bajonettfechtens für Offiziere und Unteroffiziere der deutschen Infanterie, von v. S., 7. verb., 11., 14.—16. umgeänd. Aufl., Nordhausen 1873, 1883, 1887, 1890, 16°. 5 Bde.

— zum Betriebe d. Turnens u. d. Bajonettfechtens f. Offiziere u. Unteroffiziere der deutschen Infanterie. Von v. S. 18., nach den neuesten Vorschriften vollständig umgeänd. Aufl. 32. (43 S.) Nordhausen 892. J. Koppe. Kart. n. — 30

Hilfsbuch zum Betriebe des Turnens u. des Bajonettirens für Offiziere u. Unteroffiziere der deutschen Infanterie. Von v. S. 24. Aufl. Nach den neuesten Bestimmgn. bearb. v. H. 16. (45 S.) Nordhausen 902. F. Koppe. n. — 30

— zum Betriebe des Turnens u. des Bajonettirens f. Offiziere u. Unteroffiziere der deutschen Infanterie. Von v. S. 25. Aufl. Nach den neuesten Bestimmgn. bearb. v. H. (50 S.) 16. Nordhausen 904. J. Koppe. n. — 30

—— zum Betriebe des Turnens der Truppen zu Pferde. Für die Unteroffiziere bearb. nach den Vorschriften vom 17. Septbr. 1878 u. der kriegsministeriellen Verfügung vom 28. Aug. 1883. 3. Aufl. 32. (39 S.) Potsdam 891, Döring. * — 30

Hilfsbuch für den Berliner Buchhandel. Im Auftrage d. Korporation der Berliner Buchhändler zusammengestellt von Friedr. Wreden. 1892. gr. 8. (104 S.) Berl. 892, Korporation d. Berliner Buchhändler. Nicht im Handel.

Hilfsbuch f. den Berliner Buchhandel. Hrsg. vom Vorstande der Korporation der Berliner Buchhändler. 1894. gr. 8. (4 u. 180 S.) Berlin, Korporation der Berliner Buchhändler. Kart. n.n.n. 1. —

Hilfsbuch für die Bureau - Assistenten - Prüfung beim Magistrat zu Berlin. Hrsg. von Dr. R[ichard] O[tto] Seydler. (Vorr.: Dr. [Franz] Kremski, Magistr.-Assess.) Berlin: Selbstverl.: J. M. Spaeth in Komm. 1902. (VII, 167 S.) 8°

Hilfsbuch für den Bürger und Landmann in Hinsicht auf die Gesundheit ... Neustadt 1819. V: *Bauer, J. H.* (Ky)

Hilfsbuch für Eltern, den Kindern in rechter Weise bei den häuslichen Schularbeiten zu helfen. Verfaßt von erfahrenen Lehrern. Eckernförde. 1909. 8°

Hilfsbuch, engl.-franz.-deutsches, f. Guide de la Conversation.

Hilfsbuch zur schnelleren Erlernung der ... Verben der italienischen Sprache. Berlin 1897. V: *Vitucci, E.* (Berl)

— z. schnelleren Erlerng. d. regelmäß. u. gebräuchlichsten unregelmäß. Verben d. italienischen Sprache. (Von E. Vitucci.) gr. 8. (55 S.) Berlin 897. E. S. Mittler & Sohn. n. — 80

—— zur schnellen und leichten Ermittlung von Taglöhnen für die practische Benutzung bei Oeconomie-, Forstwirthschafts-, Fabriks- und Bau-Unternehmungen. Tabellen zur Bestimmung der Verdienstbeträge, die einem Arbeiter bei dem Tagelohne von 20 Kreuzer bis 2 Gulden für 1 bis 40 Arbeitstage und für jedes Zehntel dieser Tage gebühren. gr. 8. (II, 37 S.) Wien 883, Manz'sche Hofverlagsh. cart. *

Hilfsbuch f. Forsttaxatore. Hrsg. vom balt. Forstverein. (XV, 280 S.) schmal Lex.-8. Riga 903. (J. Deubner.) Geb. in Leinw. n. 12. —

Hilfsbuch für Frauenzimmer, oder Vorbauungs- und Heilungsmittel gegen alle Schwächen ... Hamb. u. Altona [1807]. V: *Albrecht, Joh. Frdr. Ernst.* (Call)

Hilfsbuch f. d. Handarbeitsunterricht in Volks-, Bürger- u. höh. Mädchenschulen. Hrsg. v. d. Vorstehern u. Handarbeitslehrerinnen d. Mädchenschulen z. Dessau. gr. 8. (35 S. m. 4 Taf.) Dessau 895. P. Baumann. n. — 40

Hilfs- und Handbuch für Offiziere und Unteroffiziere der Preuß. Infanterie z. Gebrauch b. Ausbildung d. Mannschaft im Turnen u. Bajonettfechten, v. e. Preuß. Offizier, 7. Aufl., Potsdam 1877, VI u. 138 S., 16°.

Hilfsbuch f. den deutsch-russischen Handelsverkehr. Unter freundl. Mitwirkg. hervorrag. Fachmänner hrsg. v. russ. Transport- u. Speditionshaus M. Breslau & Co. Berlin NW. 7. (Deutsch u. russisch.) 1. Jahrg. 1904. (322 S.) gr. 4. Berlin (Leipzig, G. Hedeler.) n. 5. —

— für den Infanterie-Unteroffizier zum Gebrauch bei Ausbildung der Mannschaft im Turnen u. Bajonettiren. Zusammengestellt nach den Vorschriften üb. das Turnen vom 27. Mai 1886 u. der Bajonettir-Vorschrift vom 15. Aug. 1889. 6. Aufl. 16. (56 S.) Potsdam 892. E. Döring. n. — 30

— f. d. Infanterie-Unteroffizier z. Gebr. b. Ausbildg. d. Mannschaft im Turnen u. Bajonettiren. Zusammengest. nach d. Vorschriften üb. d. Turnen v. 24. X. 1895 nebst Nachtrag u. d. Bajonettir-Vorschrift v. 15. VIII. 1889. 9. Aufl. 16. (65 S.) Berlin 898. R. Schröder. n. — 30

Hilfsbuch für den Infanterie-Unteroffizier zum Gebrauch bei Ausbildung der Mannschaft im Turnen und Bajonettieren. Zsgest. nach d. Vorschriften über d. Turnen v. 24. Okt. 1895 nebst Nachtrag u. d. Bajonettier-Vorschrift v. 10. Jan. 1901. 10. Aufl. Berlin: R. Schröder 1905. (79 S.) 8° [F.] [illegible]

— kleines, f. das Kegelschieben. Programm u. Reglement f. 23 d. schönsten u. beliebtesten sogen. „Kegel-Partien" nebst Kegel-Ordng., Klub-Statuten, etc. 3. Aufl. v. Frz. v. Gutholz. (Neue Ausg. v. Benedikt's Spielbüchern.) (88 S.) 16. Wien (909). F. C. Mickl. — 50

Hilfsbuch, Kleines, beim ersten Unterricht in der lateinischen Sprache für die sechste Klasse des Lyceums zu Celle. Celle 1829. V: *Miller, L.* (Ky)

Hilfsbuch zum Gebrauche für die Compagnie-[Escadrons-]Schreibschulen enth. den Lese-, Schreib- und Rechnen-Unterricht. Von dem Verf. des „Handbuchs für Mannschaftsschulen." gr. 8. (147 S. mit 4 lithogr. Vorlegeblättern zum Schönschreiben.) Wien 865, Leo's Verlags-Expedition. *

Hilfsbuch zum ersten und zweiten Cursus des griechischen Elementarbuchs von Fr. Jacobs ... 7. Aufl. O. O. 1817. Ü (3. Cursus): *Weikert, Joh. Carl.* Ü (3. 4. Theil): *Weikert, Johann Carl.* H (3. Aufl. 1823): *Grosse, Georg Frdr. Wilhelm.* (Ky)

Hilfsbuch zum ersten und zweiten Cursus des lateinischen Elementarbuchs von Fr. Jacobs und Döring. Chemnitz 1812. H: *Weikert, Johann Carl.* (Ky)

Hilfsbuch für die evangelischen Lehrer der Provinz Westpreußen zum Gebrauch bei Vertretung des Pfarrers in liturgischen Handlungen. Hrsg. von d. Kgl. Konsist. d. Prov. Westpr. Danzig 1906: A. Schroth. (27 S.) 8° [F.] (07. 417)

—— beim Lesenlernen, nach strenger Stufenfolge. 2. u. 3., verb. u. m. 1 Vorschriftenblatt verm. Aufl. 8. (à 4 B.) Leipzig 833, 41, (Serigsche Buchh.) à ·
Vgl. Hülfsbuch.

Hilfsbuch beim Lesenlernen nach strenger Stufenfolge. 5., unveränd. Aufl. Leipzig 858. Serig. 8. (64 S.) n. 1¾ ngr; geb. n. 3 ngr

Hilfsbuch für Liturgen und Organisten in den Brüdergemeinen. 2. Ausg. des »Hilfsbüchleins .... Gnadau 1891. B: *Erxleben, Theodor.* (Berl)

Hilfsbuch f. Liturgen u. Organisten in den Brüdergemeinen. 2., neu bearb. Ausg. d. „Hilfsbüchleins f. Liturgen u. Organisten". gr. 8. (VIII, 143 S.) Gnadau 891. Unitäts-Buchh. n. 2. 70

Hilfsbuch für Lotteriespieler in der Königlich Sächsischen Landes-Lotterie, worin die Einrichtung dieses Glückspiels beschrieben und mancher nützliche Rath und Wink ertheilt wird. Mit 1 Gewinntabelle. Leipzig 860. Wengler. 16. (32 S.) 5 ngr

— f. den einjährig-freiwilligen Mediziner im 1. Halbjahre (2. Aufl. v. Marschner's Hilfsbuch), s. a. Publikationen, militärärztliche, Nr. 98.

Hilfsbuch für den Einjährig-freiwilligen Mediciner im ersten Halbjahre. Unter Benützung der in Kraft stehenden einschlägigen Dienstbücher und Vorschriften nach der Instruction für Truppenschulen des k. u. k. Heeres, I. Theil, § 87 zusammengestellt und mit Bewilligung des k. u. k. Reichs-Kriegs-Ministeriums, Erlass, Abtheilung 14, Nr. 288 vom 14. Februar 1901, herausgegeben von Dr. Johann Marschner. Marburg. [1901.] In Comm. Blanke. 8°. 111 S. K 1.50 netto.

Hilfsbuch für Pfarrer der Preussischen Staaten bei ihrem Geschäftsverkehr mit Gerichtsbehörden nebst einer Zusammenstellung der betreffenden Gesetze und Rescripte. Langensalza 1854. V: *Grabe, J.* (zu)

— für Pfarrer der Preußischen Staaten bei ihrem Geschäftsverkehr mit Gerichtsbehörden nebst einer Zusammenstellung der betreffenden Gesetze und Rescripte. Langensalza 854. Schulbuchhandlung. gr. 8. (2 Bl., 24 S.) 3¾ ngr

HILFSBUCH FÜR REDNER DES BUNDES DER LANDWIRTE. Eigentum des Bundes der Landwirte. Als Manuskript gedruckt. Berlin. Verlag der Verkaufsstelle des Bundes der Landwirte. 8°.

—— für Referendare in der ersten Zeit des Vorbereitungsdienstes. Zugleich e. Einführg. in den Strafprozeß f. Kandidaten der Rechtswissenschaft. 3. durchgeseh. u. verm. Aufl. 8. (VIII, 112 S.) Friedeberg Nm. 891, Wundermann. 1 80

Hilfsbuch für den Religionsunterricht in evangelischen Elementarschulen. Im Auftrage der städt. Schul-Deputation zu Breslau bearb. 10. Aufl. Mit 1 (lithogr.) Karte von Palästina zur Zeit Jesu. gr. 8. (IV, 108 S.) Breslau 877, Korn. *
Die frühern Aufl. erschienen u. d. T.: Auszug aus der heiligen Schrift, dem luther. Katechismus und dem Breslauischen Gesangbuch.

Hilfsbuch für den Religionsunterricht in evangelischen Elementarschulen. Im Auftrage der städt. Schuldeputation zu Breslau bearb. 11.—13. Aufl. Mit 1 Karte von Palästina zur Zeit Jesu. (IV, 100 S.) 1881—83; 14. Aufl. 8. (V, 100 S.) Breslau 884. Korn.

— für den Religionsunterricht in evangelischen Elementarschulen. Im Auftrage der städt. Schuldeputation zu Breslau bearb. 14. Aufl. Mit e. Karte v. Palästina zur Zeit Jesu. gr. 8. (II, 100 S.) Breslau 884. Korn. n. — 35

Hilfsbuch für den evangelischen Religionsunterricht. Hrsg. v. Lehrerverein zu Danzig. 4. Aufl. (Nebst Begleitwort f. d. Hand d. Lehrers.) Danzig: Rohleder & Neteband 1901. (60 S., 1 Bl.) 8° [F.] (01. 434) 10

Hilfsbuch beim evangelischen Religions-Unterricht für Lehrer und Seminaristen. 1. Thl.; 2. Thl. 2 Abthlgn. und 3. Thl. gr. 8. Breslau, Dülfer's Verlag. * M 10.; geb. *
Inhalt:
Thl. 1. Kahle, F. Herm., die Geschichte des Reiches Gottes im alten und neuen Bunde. Ein Hilfsbuch für Seminaristen und Lehrer zum Studium und zur unterrichtl. Behandlung der biblischen Geschichte wie der Sonntags-Evangelien. 2. verm. und verb. Aufl. (VIII, 422 S.) 872. * M 3,80.; geb. * M 4,50.
» 2. 1. Abthl.: Bock, Ed., Unterricht im kleinen Katechismus Luther's für Schule und Haus. 4. verb. Aufl. (234 S.) 872. * M 2,40. 2. Abthl.: Schultz, Frz., und Rob. Triebel, 40 Kirchenlieder für die Schule erläut. mit einem Abriß der Entwickelungs-Geschichte des deutschen Kirchenliedes. (158 S.) 873. * M 1,60. Geb. * M 4,60.
» 3. Schultz, Frz., und Rob. Triebel, die gebräuchlichsten Lieder der evangelischen Kirche als Grundlage zur Veranschaulichung der kirchlichen Dichtung für die Schule erläutert. 2. umgearb. und verm. Aufl. (XV, 207 S.) 875. * M 2,20.; geb. * M 2,75.

— dasselbe. 1. Thl. gr 8. Ebend. 876. n. 4. 50; geb. n. 5. 10
Die Geschichte d. Reiches Gottes im Alten u. Neuen Bunde. Ein Hilfsbuch f. Seminaristen u. Lehrer zum Studium u. zur unterrichtl. Behandlg. der bibl. Geschichte wie der Sonntags-Evangelien v. F. Herm. Kahle. 3. verm. u. verb. Aufl. (XVI, 438 S.)

—— beim evangelischen Religions-Unterricht für Lehrer und Seminaristen. 3 Thle. gr. 8. Breslau, Dülfer's Verlag. * geb. in 1 Halbfrzbd. *
Inhalt:
Thl. 1. Kahle, F. Herm., die Geschichte des Reiches Gottes im Alten und Neuen Bunde. Ein Hilfsbuch für Seminaristen und Lehrer zum Studium und zur unterrichtl. Behandlung der bibl. Geschichte wie der Sonntags-Evangelien für Präparanden und Seminaristen. 3. verm. und verb. Aufl. (XVI, 484 S.) 876. * M 4,50.; geb. * M 5,10.
» 2. —— der kleine Katechismus Luther's anschaulich, kurz und einfach erklärt, sowie mit den nöthigen Zusätzen aus der Glaubens- und Sittenlehre versehen für Präparanden, Seminaristen und Lehrer. 2. verb. Aufl. (XVI, 234 S.) 880. * M 2,65.; geb. * M 3,20.
» 3. Schultz, Frz. und Rob. Triebel, die gebräuchlichsten Lieder der evangelischen Kirche als Grundlage zur Veranschaulichung der Geschichte der kirchlichen Dichtung für die Schule erläutert. 3. und 4. verm. Aufl. (XVI, 223 S.) 877,79. * M 2,35.; geb. * M 2,90.

—— beim evangelischen Religions-Unterricht für Lehrer und Seminaristen, wie auch zum Gebrauch in Lehrerinnen-Bildungsanstalten. 3 Tle. gr. 8. Breslau, Dülfer's Verlag. * geb. in 2 Bde.
Inhalt:
Tl. 1. Kahle, F. Herm., die Geschichte des Reiches Gottes im alten und neuen Bunde. Zum Studium und zur unterrichtl. Behandlung der bibl. Geschichte wie der Sonntagsevangelien für Präparanden, Seminaristen und Lehrer. 4. verb. Aufl. (XXIV, 436 S.) 880. * M 4,50.; geb. * M 5,10.; 5. verb. Aufl. (XXXII, 413 S.) 883. * M 4,70.; geb. * M 5,30.
» 2. —— der kleine Katechismus Luthers, anschaulich, kurz und einfach erklärt, sowie mit den nöt. Zusätzen aus der Glaubens- und Sittenlehre versehen, für Präparanden, Seminaristen und Lehrer. 3. und 4. Aufl. (XVI, 236 S.) 881,82; 5. verb. Aufl. (XVI, 243 S.) 883. * M 2,65.; geb. * M 3,20.
» 3. Schultz, Frz., und Rob. Triebel, die gebräuchlichsten Lieder der evangelischen Kirche, als Grundlage zur Veranschaulichung der Geschichte der kirchl. Dichtung für Schulen erläutert. 5.—7. Aufl. (XVI, 223 S.) 880—83. * M 2,35.; geb. * M 2,90.

Hilfsbuch beim evangelischen Religions-Unterricht für Lehrer und Seminaristen, wie auch zum Gebrauch in Lehrerinnen-Bildungsanstalten. 3 Tle. gr. 8. Breslau, Dülfer's Verlag. *ℳ 9.70; geb. ** 11 35

Inhalt:

Tl. 1. Kahle, F. Herm., die Geschichte des Reiches Gottes im alten und neuen Bunde. Zum Studium und zur unterrichtl. Behandlung der bibl. Geschichte wie der Sonntags-Evangelien für Präparanden, Seminaristen und Lehrer. 6. und 7. verb. Aufl. (XXXII, 443 S.) 885,88. *ℳ 4.70.; geb. *ℳ 5.30.

" 2. —— der kleine Katechismus Luthers, anschaulich, kurz und einfach erklärt, sowie mit den nöt. Zusätzen aus der Glaubens- und Sittenlehre versehen, für Präparanden, Seminaristen und Lehrer. 6. und 7. verb. Aufl. (XVI, 245 S.) 885,86; 8. Aufl. (XVI, 239 S.) 887. *ℳ 2.65.; geb. **ℳ 3.15.

" 3. Schultz, Frz., und Rob. Triebel, die gebräuchlichsten Lieder der evangelischen Kirche, als Grundlage zur Veranschaulichung der Geschichte der kirchl. Dichtung für die Schule erläut. 8. und 9. Aufl. (XVI, 222 S.) 886,88. *ℳ 2.35.; geb. **ℳ 2.90.

— beim evangelischen Religions-Unterricht f. Lehrer u. Seminaristen, wie auch zum Gebrauch in Lehrerinnen-Bildungsanstalten. 3 Tle. gr. 8. Breslau, Dülfer. n. 9. 70; geb. n.n. 11. 25

1. Die Geschichte d. Reiches Gottes im alten u. neuen Bunde. Zum Studium u. zur unterrichtl. Behandlung der bibl. Geschichte wie der Sonntags-Evangelien. Von F. Kahle. 7., verb. Aufl. (XXXII, 443 S.) 888. n. 4. 70; geb. n.n. 5. 20

2. Der kleine Katechismus Luther's, anschaulich, kurz u. einfach erklärt, sowie mit den nöt. Zusätzen aus der Glaubens- u. Sittenlehre versehen. Von F. Kahle. 9. Aufl. (XVI, 239 S.) 887. n. 2. 65; geb. n.n. 3. 15

3. Die gebräuchlichsten Lieder der evangelischen Kirche, als Grundlage zur Veranschaulichung der Geschichte der kirchlichen Dichtung f. die Schule erläutert v. F. Schultz u. R. Triebel. 10. Aufl. (XVI, 222 S.) 890. n. 2. 35; geb. n.n. 2. 90

—— beim evangelischen Religions-Unterricht für Lehrer u. Seminaristen, wie auch z. Gebrauch in Lehrerinnen-Bildungsanst. I. u. II. Tl. gr. 8. Bresl., Dülfer. * 9 70; geb. ** 11 40 bezw. ** 10 90

I. Kahle, Herm. F. Die Geschichte d. Reiches Gottes im alten u. neuen Bunde. Zum Studium u. zur unterrichtlichen Behandlg. der bibl. Geschichte wie der Sonntags-Evangelien. 8. durchgeseh. Aufl. (XXXII, 443 S.) 891. * 4 70; geb. ** 5 30.

II. 1. —— Der kleine Katechismus Luthers, anschaulich, kurz u. einfach erklärt, sowie m. den nötigen Zusätzen aus der Glaubens- u. Sittenlehre versehen. 10. Aufl. (XVI, 239 S.) 891. * 2 65; geb. * 3 20.

II. 2. Schultz, Frz. u. Rob. Triebel. Die gebräuchlichsten Lieder der evangelischen Kirche, als Grundlage zur Veranschaulichg. d. Geschichte der kirchlichen Dichtung für die Schule erläutert. 11. Aufl. (XVI, 222 S.) 892. * 2 35; geb. * 2 90. (II. 1. u. 2. in 1 Bd. geb. * 5 60.)

— beim evangelischen Religions-Unterricht f. Lehrer u. Seminaristen, wie auch zum Gebrauch in Lehrerinnen-Bildungsanstalten. I. Tl. u. II. Tl. 1. u. 2 Abtlg. gr. 8. Breslau, C. Dülfer. n. 9. 70; geb. n.n. 11. 40

I. Die Geschichte d. Reiches Gottes im alten u. neuen Bunde. Zum Studium u. zur unterrichtl. Behandlg. der bibl. Geschichte wie der Sonntags-Evangelien. Von F. Herm. Kahle. 8., durchgeseh. Aufl. (XXXII, 443 S.) 891. n. 4. 70; geb. n.n. 5. 30

II, 1. Der kleine Katechismus Luthers, anschaulich, kurz u. einfach erklärt, sowie m. den nöt. Zusätzen aus der Glaubens- u. Sittenlehre versehen. Von F. Herm. Kahle. 12. Aufl. (XVI, 239 S.) 894. n. 2. 66; geb. n.n. 3. 20

II, 2. Die gebräuchlichsten Lieder der evangelischen Kirche, als Grundlage zur Veranschaulichung der Geschichte der kirchlichen Dichtung f. die Schule erläutert v. Frz. Schultz u. Rob. Triebel. 12. Aufl. (XVI, 222 S.) 894. n. 2. 36; geb. n.n. 2. 90

— d. evangel. Religions-Unterricht f. Lehrer u. Seminaristen, wie auch zum Gebr. in Lehrerinnen-Bildungsanst. 1. Bd. gr. 8. Breslau 896. C. Dülfer. n. 4. 80; geb. in Halbldr. n.n. 5. 50

D. Geschichte d. Reiches Gottes im alten u. neuen Bunde. Z. Studium u. z. unterrichtl. Behandlg. d. bibl. Geschichte wie d. Sonn- u. Festtags-Evangelien für Präparanden, Seminaristen u. Lehrer. Von F. Herm. Kahle. 9., durchgesch. u. verm. Aufl. (XXXII, 460 S. m. 8 Karten.)

— dasselbe. II. Bd. 2 Abtlgn. gr. 8. Ebd. 897. n. 5. —; geb. in Leinw. n.n. 6. 20; in 1 Halbldrbd. n.n. 5. 70

1. D. kleine Katechismus Luthers anschaulich, kurz u. einf. erklärt, sow. m. d. nöt. Zusätzen aus d. Glaubens- u. Sittenlehre vers., f. Präparanden, Seminaristen u. Lehrer. Von F. Herm. Kahle. 13. Aufl. (XXIV, 239 S.) n. 2. 60; geb. n.n. 3. 20

2. D. gebräuchlichsten Lieder d. evang. Kirche als Grundlage z. Veranschaulichg. d. Geschichte d. kirchl. Dichtg. f. d. Schule erläut. von Frz. Schultz u. Rob. Triebel. 13., durchgef. u. verm. Aufl. (VIII, 243 S.) n. 2. 40; geb. n.n. 3. —

— beim evangelischen Religions-Unterricht f. Lehrer u. Seminaristen, wie auch zum Gebrauch in Lehrerinnen-Bildungsanstalten. I. u. II. Tl. à 2 Abtlgn. gr. 8. Breslau, C. Dülfer's Verl. n. 10. —; geb. in Leinw. n.n. 12. 40

I. 1. Die Geschichte des Reiches Gottes im alten Bunde. Zum Studium u. zur unterrichtl. Behandlg. der bibl. Geschichte f. Präparanden, Seminaristen u. Lehrer. Von F. Herm. Kahle. Mit 12 Abbildgn. u. 4 (farb.) Karten. 10. verb. Aufl., neu bearb. v. O. Harnisch. (XII, 264 S.) 900. n. 2. 60; geb. n.n. 3. 20

2. Die Geschichte des Reiches Gottes im neuen Bunde. Zum Studium u. zur unterrichtl. Behandlg. der bibl. Geschichte, wie der Sonn- u. Festtags-Evangelien f. Präparanden, Seminaristen u. Lehrer. Von F. Herm. Kahle. Nebst kirchengeschichtl. Anh. Mit 4 (farb.) Karten. 10. verb. Aufl., neu bearb. v. O. Harnisch. (V, 235 S.) 900. n. 2. 20; geb. n.n. 2. 80; (I. Tl. kplt. in 1 Halbfrzbd. n.n. 5. 60)

II. 1. Der kleine Katechismus Luthers anschaulich, kurz u. einfach erklärt, sowie m. den nöt. Zusätzen aus der Glaubens- u. Sittenlehre versehen, f. Präparanden, Seminaristen u. Lehrer. Von F. Herm. Kahle. 16. verm. Aufl., neu bearb. v. E. Fischer. (XV, 270 S.) 903. n. 2. 80; geb. n.n. 3. 40
14. u. 15. Aufl. (à XXIV, 239 S.) 899. 901. n. 2. 60; geb. n.n. 3. 20.

2. Die gebräuchlichsten Lieder der evangelischen Kirche als Grundlage zur Veranschaulichung der Geschichte d. kirchlichen Dichtg. f. die Schule erläutert. Von Frz. Schultz, u. Triebel. 14. u. 15. Aufl. (à VIII, 243 S.) 899, 901. n. 2. 40; geb. n.n. 3. —

— beim evangelischen Religions-Unterricht in Lehrer- u. Lehrerinnen-Bildungsanstalten, wie auch zum Gebrauch f. Lehrer u. Lehrerinnen. II. Tls. 1. u. 2. Abtlg. gr. 8. Breslau, C. Dülfer. n. 5. 20; geb. in Leinw. n.n. 6. 40

1. Der kleine Katechismus Luthers anschaulich, kurz u. einfach erklärt, sowie m. den nöt. Zusätzen aus der Glaubens- u. Sittenlehre versehen, f. Präparanden, Seminaristen u. Lehrer. Von F. Herm. Kahle. Bearb. v. E. Fischer. 17. verb. Aufl. (61–65. Taus.) (XVI, 272 S.) 905. n. 2. 80; geb. n. 3. 40

2. Die gebräuchlichsten Lieder der evangelischen Kirche als Grundlage zur Veranschaulichung der Geschichte der kirchlichen Dichtung f. die Schule erläutert. Von Frz. Schultz u. Rob. Triebel. 16. verm. Aufl. (VIII, 255 S.) 904. n. 2. 40; geb. n.n. 3. —

— beim evangel. Religionsunterricht in Lehrer- u. Lehrerinnen-Bildungsanstalten, wie auch z. Gebrauch f. Lehrer u. Lehrerinnen. II. Tls. 1. u. 2. Abtlg. gr. 8. Breslau, C. Dülfer. 5.20; geb. in Leinw. 6. 40

II, 1. Der kleine Katechismus Luthers anschaulich, kurz u. einfach erklärt, sowie m. den nöt. Zusätzen aus der Glaubens- u. Sittenlehre versehen, f. Präparanden, Seminaristen u. Lehrer. Von F. Herm. Kahle. Bearb. u. hrsg. v. E. Fischer. 18. verb. Aufl. (69.—73. Taus.) (VIII, 288 S.) 908. 2.80; geb. in Leinw. 3. 40

2. Die gebräuchlichsten Lieder d. evangel. Kirche als Grundlage z. Veranschaulichung der Geschichte d. kirchl. Dichtung f. die Schule erläut. Von Frz. Schultz u. Rob. Triebel. 17. Aufl. (62.—66. Taus.) (VIII. 255 S.) 907. 2.40; geb. 3. —

— für den Religionsunterricht in evangelischen Schulen. Unter Zugrundelegg. des v. den königl. Regiergn. m. dem königl. Konsistorium u. dem königl. Provinzial-Schul-Kollegium der Prov. Schlesien vereinbarten einheitl. Memorier-Stoffes. Mit 1 Karte v. Palästina. 21. Aufl. 8. (96 S.) Breslau 894. W. G. Korn. n. — 30

Hilfsbuch f. d. Religionsunterricht in evang. Schulen. Unt. Zugrundelegg. d. v. d. kgl. Regiergn. m. d. kgl. Konsistorium u. dem kgl. Prov.-Schul-Kollegium d. Prov. Schlesien vereinb. einheitl. Memorier-Stoffes. M. 1 Karte von Palästina. 24. Aufl. 8. (96 S.) Breslau 897. W. G. Korn. n. — 30; Einbd. n.n.n. — 13

Hilfsbuch f den Religionsunterricht in evang. Schulen. Unter Zugrundelegg. des v. den königl. Regiergn. m. dem königl. Konsistorium u. dem königl. Prov.-Schul-Kollegium der Prov. Schlesien vereinbarten einheitl. Memorier-Stoffes. Mit 1 Karte v. Palästina. 28 Aufl. 8. (96 S.) Breslau 901. W. G. Korn. n. — 30; Einbd. n.n.n. — 13

Hilfsbuch für den Religionsunterricht in evangelischen Schulen. Unter Zugrundelegung des von d. Kgl. Regierungen mit d. Kgl. Konsistorium... d. Prov. Schlesien vereinbarten einheitl. Memorierstoffes. 29. Aufl. Breslau. W. G. Korn 1904. (96 S.) 8° [F.] (o3. 1544) 2

— f den Religionsunterricht in evangelischen Schulen. Unter Zugrundelegg. des v. den königl. Regiergn. m. dem königl. Konsistorium u. dem königl. Prov.-Schul-Kollegium der Prov. Schlesien vereinbarten einheitl. Memorier-Stoffes. 30. Aufl. (96 S.) 8. Breslau 905. W. G. Korn. n. — 30; Einbd. n.n.n. — 13

Hilfsbuch f. d. Religionsunterricht in evang. Schulen. Unter Zugrundelegg. d. v. den königl. Regiergn. m. d. königl. Konsistorium u. d. königl. Prov.-Schul-Kolleg. der Prov. Schlesien vereinbarten einheitl. Memorier-Stoffes. 32. Aufl. (96 S.) 8. Breslau 908. W. G. Korn. — 30; geb. n — 45

—— für den Religionsunterricht in den evangelischen Volksschulen Breslaus. 19. Aufl. 8. (IV, 88 S.) Bresl. 891, Korn. * — 30

— für Schüler in Volksschulen. Hrsg. v. der Konferenz brem. Landschullehrer. 3. Aufl. (587 S.) 8. Bremen 905. Rühle & Schlenker. Geb. n. 1. 80

Hilfsbuch f. den Schulgebrauch des kleinen Lutherischen Katechismus. 19.—60. Taus. (Ster.-Aufl.) (80 S.) 8. Hannover 910. C. Meyer. — 25; geb. — 40

— für die Selbsteinschätzung zur Einkommensteuer nebst den wichtigsten Bestimmungen des Gesetzes u. den dazu ergangenen Entscheidungen. I. Tl.: Die wichtigsten Bestimmgn. des Einkommensteuer-Gesetzes vom 24. VI. 1891 u. der bisher ergangenen Entscheidgn. II. Tl.: Formulare zur Aufstellg. der Einschätzg. f. 5 Jahre ausreichend. (6, 8, 8, 8, 8 u. 8 S.) 4. Minden (905). F. Knapp. Kart. n. 2. —

— dasselbe. Schul-Ausg. (II. Tl. Formulare zur Aufstellg. der Einschätzg. f. 1 Jahr ausreichend.) (6 u. 8 S.) 4. Ebd. (905). Kart. n. — 50

Hilfsbuch der französischen Sprache, zur Einrichtung in ihre Elemente. Stuttgart 1822. V: *Zoller, C. A.* (MGT) (Ky) (Gi)

—— für den deutschen Sprachunterricht in der 2. und 3. Classe der Volksschulen, von einem praktischen Lehrer. 3. Aufl. 8. (95 S.) Olmütz 860, Slavik.
Vgl.: Hilfsbuch.

—— für den deutschen Sprachunterricht in der 2. und 3. Klasse der Volksschulen. Bearb. von einem prakt. Lehrer. 4. Aufl. 8. (95 S.) Olmütz 862, Große. *

—— für den deutschen Sprachunterricht in den Volksschulen. Bearb. von einem prakt. Lehrer. 7., verm. und verb. Aufl. 8. (103 S.) Olmütz 870, Grosse. geb. *

— zum Studium der Pandekten, insbesondere zu Dernburg's Pandekten. Von e. Verwaltungsbeamten. 1. u. 2. Abth. gr. 8. Berlin, H. W. Müller. n. 3. —
1. Allgemeiner Thl. u. Sachenrecht. (XIII, 140 S.) 893. n. 2. —
2. Obligationenrecht. (110 S.) 894. n. 1. —

— zum Studium d. Pandekten, insbes. zu Dernburg's Pandekten u. z. Einführg. in d. bürgerl. Gesetzbuch. V. e. Verwaltungsbeamten. 1. u. 3. (Schluß-) Abth. gr. 8. Berlin, H. W. Müller. n. 3. 20
1. Allgem. Theil u. Sachenrecht. 2., verm. u. verb. Aufl. (XV, 155 S.) 897. n. 2. 20
3. Familien- u. Erbrecht. (101 S.) 895. n. 1. —

— f. den französischen Unterricht in Sexta, Quinta, Quarta, im Anschluss an K. Kühns Lehrbücher v. den Fachlehrern der Liebig-Realschule zu Frankfurt a. M. (X, 140 S.) gr. 8. Marburg 904. N. G. Elwert's Verl. n. 1. 60; geb. in Leinw. n. 2. —

Hilfsbuch für den Unterricht in der Geographie, Geschichte, Naturbeschreibung und Naturlehre in Volksschulen. Im Auftrage der städt. Schuldeputation zu Breslau verfaßt von prakt. Schulmännern. gr. 8. (VIII, 174 S.) Breslau 879, Morgenstern. * ℳ 1.; geb. ** 1 15

— für den Unterricht in Geographie, Geschichte, Naturbeschreibung u. Naturlehre in Volksschulen. Im Auftrage der städtischen Schuldeputation zu Breslau verfaßt von praktischen Schulmännern. 2., verb. Aufl. gr. 8. (VIII, 170 S.) Breslau 880. Morgenstern. n. 1. —

— für den Unterricht in Geographie, Geschichte, Naturbeschreibung u. Naturlehre in Volksschulen. Im Auftrage der städt. Schuldeputation zu Breslau verf. v. prakt. Schulmännern. 3. verb. Aufl. gr. 8. (VIII, 175 S.) Breslau 883. Morgenstern. n. 1. —; geb. n. 1. 15

—— für den geographischen Unterricht über den Kreis Landeshut in Schlesien. Verfaßt von einem Lehrer des Kreises. kl. 8. (22 S.) Liebau 885, Förster und Webel. — 15

— f. den geometrischen Unterricht in den obern Klassen der Mittelschule. gr. 8. (46 S.) Hermannstadt 894. W. Krafft. n.n. — 80

Hilfsbuch für den Unterricht in der Geschichte u. in der Naturgeschichte. [Nach dem Münchener Lehrplan bearb.] Hrsg. vom Bezirkslehrer-Verein München. gr. 8. (208 S.) München 887. Kellerer. geb. n. 75; einzeln geb. à n. 35
1. Geschichte. (76 S.) — 2. Naturgeschichte (126 S.)

— f. den Unterricht in der Geschichte. (Nach dem Münchener Lehrplan bearb.) Hrsg. vom Bezirkslehrer-Verein München. 2., umgearb. Aufl. 8. (48 S.) München 898. M. Kellerer. Kart. n. — 80

—— für den Unterricht in den weiblichen Handarbeiten in den städtischen Elementar-Schulen in Mülhausen im Elsaß. [Ausgabe für Schüler.] 4. (47 S. m. eingedr. Abbildgn.) Mülhausen i. E. 889, (Detloff). geb. * 1 —
Bemerkungen für die Lehrerin, s. XVIII. Bd. 2. Abthl. S. 741: Unterricht, der, in weiblichen Arbeiten.

— für den Unterricht in der Religion, enth. 40 Gesänge, den luther. Katechismus, 120 Sprüche und 20 Gebete. 8. (46 S.) Greifswald 875, Bamberg. * — 25

—— für den Unterricht in der Religion. 2. Aufl. 8. (50 S.) Greifswald 884, Bamberg. *

—— für den Unterricht in der Religion. 3. Aufl. 8. (IV, 44 S.) Greifswald 889, Bamberg. * — 25

Hilfsbuch für den Unterricht in der deutschen Sprache . . . Wien 1855. V: *Spitzer, Jac.* (Ky)

Hilfsbuch für den Vermessungsdienst. - Berlin, Bad Liebenwerda o.J. 98 S.

— f. den Zeichen- u. Kunstunterricht. Für den Schulgebrauch unter Mitwirkg. v. Ed. Brechler, Ernst Kühlbrandt, Karl Schmid u. a. hrsg. v. Alois Raim. Hein. (In 4 Hftn.) 1. u. 3. Hft. gr. 8. Wien, W. Braumüller. Geb. in Leinw. n. 3. 30
1. Geometrische Formenlehre. Von A. R. Hein. — Perspective u. Schattenlehre. Von Ernst Kühlbrandt. Mit 54 Fig. im Texte. (XII, 99 S.) 900. n. 1. 50
3. Anatomie u. Proportionslehre. Von Ant. Stefanowicz. — Kunsttechnologie. Von A. R. Hein. — Geschichte d. technischen Künste. Von Heinr. Zoff. Mit 65 Fig. im Texte. (VI, 127 S.) 900. n. 1. 80
Hft. 2 ist noch nicht erschienen.

Hilfsbücher

— f. d. Geschichtsunterricht an höh. Mädchenschulen u. d. weiterführenden Anstalten, bearb. nach den Bestimmungen v. 12. XII. 1908. 1. Abtlg. Vorstufe zum Leitfaden d. Geschichte f. höh. Mädchenschulen v. E. Brockmann u. J. Kösters. Nach d. Bestimmgn. v. 12. XII. 1908 bearb. v. E. Brockmann. 2 Tle. 8. Münster 910. H. Schöningh. à — 80; in 1 Bd. geb. 1. 60
1. Erzählungen aus d. Sage u. Bilder aus d. vaterländ. Geschichte. (Lehrpensum d. VII. Klasse d. höh. Mädchenschule.) (VI, 72 S. m. Abb.)
2. Lebensbilder aus allen Teilen d. Weltgeschichte. (Lehrpensum d. VI. Klasse d. höh. Mädchenschule.) (IV. 72 S. m. 30 Abb.)

— dasselbe. 2. Abtlg., Leitfaden d. Geschichte f. höhere Mädchenschulen. Bearb. v. E. Brockmann u. J. Kösters. 4 Bde. gr. 8. Ebd. 910. Geb. à Bd. 1. 80
1. Geschichte d. Altertums. (Lehrpensum d. V. Klasse d. höher. Mädchenschule.) (VI, 108 S. m. 45 Abb. u. 6 farb. Karten.)
2. Deutsche Geschichte bis zum Ausgange d. Mittelalters. (V, 128 S. m. 38 Abb. u. 6 farb. Karten.)
3. Neuere Geschichte von d. Reformation bis zur französischen Revolution. (Lehrpensum d. III. Klasse d. höh. Mädchenschule.) (IV, 128 S. m. 33 Abb. u. 6 farb. Karten.)
4. Neuere Geschichte v. d. französ. Revolution bis z. Jetztzeit. (Lehrpensum d. II. Klasse d. höh. Mädchenschule.) (V, 118 S. m. 21 Abb. u. 6 farb. Kart.)

— dasselbe. 3. Abtlg. Quellenbuch z. Geschichte. E. Hilfsmittel f. Unterricht u. Studium. In 4 Tln. hrsg. v. Fr. Zurbonsen. IV. Lesestoffe aus allen Teilen d. Geschichte. (VII, 294 S.) gr. 8. Ebd. 910. Geb. in Leinw. 3.20
Vergl.: Zurbonsen, Quellenbuch z. Geschichte.

— zur Kunde des alten Orients. 1. u. 2. Bd. gr. 8. Leipzig, J. C. Hinrichs' Verl. à n. 3. —; geb. in Leinw. à n. 3. 50
1. Keilinschriftliches Textbuch zum Alten Testament. Von Hugo Winckler. 2. neu bearb. Aufl. (IV, 130 S.) 903.
2. Auszug aus der vorderasiatischen Geschichte. Von Hugo Winckler. (IV, 86 S.) 905.

— zur Kunde d. Alten Orients. 1. u. 3. Bd. gr. 8. Leipzig, J. C. Hinrichs' Verl. à 3.—; geb. à 3. 50
Meissner, Bruno, kurzgefasste assyrische Grammatik. (V, 80 S.) 907. (Bd. 3.)
Winckler, Hugo, keilinschriftl. Textbuch zum Alten Testament. 3., neubearb. Aufl. m. e. Einführg. (XX, 118 S.) 909. (Bd. 1.)

— f. die gerichtliche Praxis. Hrsg. v. Wilib. Peters. I—VII. 8. Berlin, O. Häring. n. 45. —; geb. in Leinw. n. 51. 60
I. Die Vollstreckungsthätigkeit des Amtsgerichts m. Ausschluß der Zwangsvollstreckung in das unbewegl. Vermögen. Von Boß. (X, 161 S.) 900. n. 3. —; geb. n. 3. 80
II. Das Eltern- u. Vormundschaftsrecht in der gerichtl. Praxis. Von Wilh. Boschan. (XVIII, 401 S.) 900. n. 8. —; geb. n. 9. —
III. Die gerichtliche Praxis in Strafsachen. Darstellung der gesammten Thätigkeit der Staats- bezw. Amtsanwaltschaft u. der Gerichte in Strafsachen m. Entwürfen f. Verfüggn., Beschlüsse, Urtheile ꝛc. Von Delius. (XXI, 462 S.) 900. n. 9. —; geb. n. 10. —
IV. Die Zwangsvollstreckung in das unbewegliche Vermögen in der gerichtl. Praxis nach dem Reichsgesetz üb. die Zwangsversteigerung u. die Zwangsverwaltung vom 24. III. 1897. Von Paul Badstübner. (XXII, 406 S.) 902. n. 8. —; geb. n. 9. —
V. Die Konkurssachen in der gerichtlichen Praxis. Von Paul Schellhas. (XIII, 423 S.) 902. n. 8. —; geb. n. 9.
VI. Das Urtheil in bürgerlichen Rechtsstreitigkeiten nach der Civilprozeßordnung f. das Deutsche Reich in der Fassung v. 20. V. 1898. Von W. Marwitz. (X, 163 S.) 902. n. 3. —; geb. n. 3. 80
VII. Die Nachlaßsachen in der gerichtlichen Praxis. Von Wilh. Boschan. 1. Thl.: Der Erbschein u. das Recht der Erbfolge. (XVII, 329 S.) 903. n. 6. —; geb. n. 7.

Hilfsbücher für die gerichtliche Praxis. Hrsg. v. Willb. Peters. VIII—XI. 8. Berlin, O. Häring. n. 30. —; geb. n. 34. —
VIII. Die Nachlaßsachen in der gerichtlichen Praxis. Von Wilh. Boschan. 2. Tl.: Die gesamte Tätigkeit des Nachlaßgerichts. (XV, 384 S.) 905. n. 6. —; geb. n. 7. —
IX. Die Grundbuchsachen in der gerichtlichen Praxis. Von A. Brand. (XVI, 509 S.) 904. n. 9. —; geb. n. 10. —
X. Die Registersachen in der gerichtlichen Praxis. Von A. Brand. (XVI, 502 S.) 906. n. 9. —; geb. n. 10. —
XI. Die bürgerlichen Rechtsstreitigkeiten nach der Zivilprozeßordnung des Deutschen Reiches. Von L. Fischer. (VIII, 322 S.) 906. n. 6. —; geb. n. 7. —
I—VII. Ebd. 900—903. n. 45. —; geb. n. 51. 60.

— für den gerichtlichen Sekretariats- u. Kassendienst; hrsg. v. Kelsch. I. Bd. gr. 8. Königshütte, K. Vater. n. 2. 50; kart. n. 2. 60
Anhang zu der Geschäftsordnung f. die preußischen Amtsgerichte Von Weidlich. (V, 177 S.) 906.

— f. den gerichtl. Sekretariats- u. Kassendienst; hrsg. v. Kelsch. II. Bd. u. III. Bd. 1. Lfg. gr. 8. Königshütte, K. Vater. 4. —
Pörschel, Osk., das Kostenfestsetzungsverfahren. Nach der Rechtsprechg. d. Reichsgerichts u. d. deutsch. Oberlandesgerichte f. d. Praxis dargestellt. (IV, 122 S.) 907. (II. Bd.) 2.50; geb. 3.—
Seiffert, die Geschäftsordnung f. die Gerichtsschreibereien d. preuß. Amtsgerichte, m. Erläutergn. u. e. Anh. Für d. Handgebrauch in d. Praxis bearb. unter Mitwirkg. v. Kelsch u. Weidlich. (In 4 Lfgn.) 1. Lfg. (80 S.) 907. (III. Bd.) 1. 50
Bd. I. Ebd. 906. 2. 50

Hilfsbücher f. d. deutschen Sprachunterricht. Heft Nr. 1 u. 2. 8. Sternberg, A. R. Hitschfeld. — 65
Parr, Adf. Karl, das Wichtigste aus der deutschen Litteratur nebst e. Anh. aus der Metrik u. Poetik. 1. Aufl. (1.—6. Taus.) (60 S.) 910. (Heft 2.) — 40
Schreier, Gottfr., deutsche Sprachlehre f. Volks- u. Bürgerschulen. 1. Aufl. (1. bis 15. Taus.) (63 S.) 907. (Heft 1.) — 25

Hilfsbücher f. den deutschen Unterricht. Auf Grundlage der vom hohen k. k. Ministerium f. Cultus u. Unterricht f. die österreich. Schulen festgestellten Rechtschreibg. bearb. Hrsg. v. Karl Stejskal. 1.—3. Bdchn. 8. Wien 892. Manz. Geb. in Leinw. n. 5. 40
1. Regeln u. Wörterverzeichnis f. die deutsche Rechtschreibung. Von F. Stejskal. 2., verb. Aufl. (X, 167 S.) 892. n. 1. 40
2. Dictierbuch f. den Unterricht in der deutschen Rechtschreibung. Von F. Stejskal. 5., verb. Aufl. (XII, 214 S.) 892. n. 1. 60
3. Einführung in die Geschichte der deutschen Literatur. Von K. F. Kummer u. Karl Stejskal. (VIII, 270 S.) n. 2. 40

Hilfsbücher f. d. deutschen Unterricht. Hrsg. v. Karl Stejskal. 3 Bdchn. 8. Wien, Manz. Geb. in Leinw. n. 5. 80
1. Regeln u. Wörterverzeichnis f. d. deutsche Rechtschreibg. Auf Grundlage d. v. hohen k. k. Ministerium f. Cultus u. Unterr. f. d. österr. Schulen festgest. Rechtschreibg. bearb. von Karl Stejskal. 4., verb. Aufl. (X, 167 S.) 897. Geb. n. 1. 60
2. Dictierbuch f. d. Unterricht in d. deutschen Rechtschreibg. Auf Grundlage d. v. hohen k. k. Ministerium f. Cultus u. Unterr. f. d. österr. Schulen festgest. Rechtschreibg. bearb. von Karl Stejskal. 7., verb. Aufl. (XVI, 214 S.) 896. Geb. n. 1. 60
3. Einführg. in d. Geschichte d. deutschen Litteratur. Von K. F. Kummer u. Karl Stejskal. 4., verb. u. verm. Aufl. (X, 295 S.) 898. Geb. n. 2. 60

Hilfsbücher f. den deutschen Unterricht. Hrsg. v. Karl Stejskal. 1.—5. Bdchn. 8. Wien, Manz.
Kart. u. geb. n.n. 10. 56

1. Regel- u. Wörterbuch für die deutsche Rechtschreibung. Von Karl Stejskal. 7., umgearb. u. verm. Aufl. II. Tl.: Wörterbuch. (VI, 231 S.) 902. n.n. 1. 92; (I. u. II. Tl. in 1 Bd. geb. n. 2. 80)
2. Diktierbuch f. den Unterricht in der deutschen Rechtschreibung. Von Karl Stejskal. 10., umgearb. Aufl. (XII, 231 S.) 902. n. 2. 20
3. Einführung in die Geschichte der deutschen Literatur. Von Karl Ferd. Kummer u. Karl Stejskal. 5. unveränd. Aufl. (X, 298 S.) 902. n. 2. 60
4. Entwürfe zu deutschen Aufsätzen. Auf Grund der deutschen Lesebücher v. Kummer-Stejskal u. v. Lampel f. die Unterstufe d. Mittelschulen bearb. Von Fidelis Perktold. 1. Thl. (XII, 203 S.) 900. n. 1. 92
5. Dasselbe. 2. Thl. (VI, 205 S.) 900. n. 1. 92

Hilfsbücher f. den deutschen Unterricht. Hrsg. v. Karl Stejskal. 1.—6. Bdchn. 8. Wien, Manz.
Geb. in Leinw. n. 13. 85

1. Regel- u. Wörterbuch f. die deutsche Rechtschreibung. (Mit einheitl. Schreibweisen.) Von Karl Stejskal. 8., verb. Aufl. (X, 321 S.) 904. n. 2. 20
2. Diktierbuch f. den Unterricht in der deutschen Rechtschreibung. Von Karl Stejskal. 13., im wesentlichen unveränd. Aufl. (XII, 231 S.) 906. n. 1. 90
3. Einführung in die Geschichte der deutschen Literatur. Von Karl Ferd. Kummer u. Karl Stejskal. 8., verb. Aufl. (X, 334 S.) 906. n. 2. 35
4. Deutsche Verslehre. Von Karl Stejskal. (XVI, 272 S.) 906. n. 2. 20
5. Entwürfe zu deutschen Aufsätzen. Auf Grund der an österreich. Mittel- u. Bürgerschulen zumeist eingeführten deutschen Lesebücher bearb. Von Fidelis Perktold. 1. Tl. 2., umgearb. Aufl. (XIII, 255 S.) 906. n. 2. 60
6. Dasselbe. 2. Tl. 2., umgearb. Aufl. (VIII, 256 S.) 906. n. 2. 60

— f. d. deutschen Unterricht. Hrsg. v. Karl Stejskal. 3. u. 7. Bdchn. 8. Wien, Manz. Geb. in Leinw. 4. 75

Engl, Frz., deutsche Poetik. (XII, 247 S.) 907. (7. Bdchn.) Geb. 2.40
Kummer, Karl Ferd. v., u. Karl Stejskal, Einführung in d. Geschichte d. deutschen Literatur. 12. durchges. Aufl. (X, 346 S.) 910. (3. Bdchn.) Geb. 2. 35

— für den erdkundlichen Unterricht für die Hand des Lehrers. III. gr. 8. Leipzig, G. Lang. n n. 1. 50

Methodik d. erdkundlichen Unterrichts in zeitgemäßer Gestaltung. Von Ludw. Hohmann. (VII, 138 S.) 901.

— für den Unterricht an kaufmännischen u. gewerblichen Fach- u. Fortbildungsschulen, an kaufmännischen u. gewerblichen Fortbildungskursen, sowie zur Vorbereitg. auf die Gesellen- u. Meisterprüfg. 1. Bd. gr. 8. Stuttgart, F. Lehmann. n. 3. —; geb. n. 3. 60

Volkswirtschaftliche u. gesetzliche Belehrungen. Von Geo. Baer. (XI, 342 S.) 902.

— f. den Unterricht an kaufmännischen u. gewerblichen Fach- u. Fortbildungsschulen, an kaufmännischen u. gewerblichen Fortbildungskursen sowie zur Vorbereitung auf die Gesellen- u. Meisterprüfung. 2.—4. Bd. 8. Stuttgart, F. Lehmann. n. 7. 10; geb. in Leinw. 8. 80

2. Geschäftsaufsatz u. Geschäftskorrespondenz m. dem Postwesen u. dem Telegraphen- u. dem Telephonwesen. Lehr- u. Lesebuch. Von Geo. Baer. (XI, 265 S.) 905. n. 2. 60; geb. in Leinw. n. 3. 20
3. Gewerbliche u. kaufmännische Buch- u. Rechnungsführung. Lehr- u. Lesebuch. Von Geo. Baer. (VIII, 157 S.) 905. n. 2. —; geb. in Leinw. n. 2. 60
4. Wirtschaftsgeographie. Lehr- u. Lesebuch. Von Geo. Baer. (IX, 200 S.) 905. n. 2. 50; geb. in Leinw. n. 3. —

Hilfsbücher für den geschichtlichen Unterricht in höheren Lehranstalten. 1.—5. Heft. gr. 8. Heidelberg, C. Winter's Universitäts-Buchh. geb. * 5 60

Inhalt:

Heft 1. Abicht, K., alte Geschichte, [für Quarta] bearb. (88 S. mit 3 Karten.) 888. *ℳ 1.20.
„ 2. Dittmar, G., deutsche Geschichte bis zum westfälischen Frieden [für Untertertia]. (82 S. mit 2 Karten.) 888. *ℳ 1.20.
„ 3. —— brandenburgisch-preußische Geschichte seit 1648, im Zusammenhang mit der deutschen Geschichte [für Obertertia]. (92 S. mit 2 Karten.) 888. *ℳ 1.20.
„ 4. Abicht, K., griechische Geschichte [für Untersekunda]. (60 S. mit 2 Karten.) 889. *ℳ 1.—.
„ 5. —— römische Geschichte [für Obersekunda]. (68 S. mit 1 Karte.) 889. *ℳ 1.—.

— für den Unterricht in den weiblichen Handarbeiten in den städtischen Elementar-Schulen in Mülhausen im Elsaß. [Ausg. f. Schüler.] 4. (47 S. m. eingedr. Abbildgn.) Mülhausen i/E. 889. (Detloff.) geb. n. 1. —

— für den Unterricht in der Naturgeschichte. (Nach dem Münchener Lehrplan bearb.) Hrsg. vom Bezirkslehrer-Verein München. 2., umgearb. Aufl. 8. (126 u. VI S.) München 893. M. Kellerer. Kart. n. — 50

Hilfsbücher für den naturkundlichen Unterricht. Bearb. v. W. Henck und S. Schlitzberger. Ausg. A für gehobene Schulen. 1. Cassel: Baier & Co. 1899. 8°

— für den Unterricht in der Religion, enth. 40 Gesänge, den luther. Katechismus, 120 Sprüche u. 20 Gebete. 8. (46 S.) Greifswald 875. Bamberg. n. — 25

— für den Unterricht in der Religion. 2. Aufl. 8. (60 S.) Greifswald 884. Bamberg. n. — 25

— f. den Unterricht in der Religion. 3. Aufl. 8. (IV, 44 S.) Greifswald 889. Bamberg. n. — 25

— f. d. Unterricht in d. Religion. 4. Aufl. 8. (III, 44 S.) Greifswald 895. L. Bamberg. n. — 25

Hilfsbüchlein zum Betriebe der Gymnastik u. des Bajonettfechtens der Infanterie von Th. H. 16. (80 S.) Eichstätt 877. Stillkrauth. n. — 20

Hilfsbüchlein für den Bürger und Landmann, enthaltend eine Verdeutschung und Erläuterung der in den gerichtlichen Acten und in der Gerichtssprache vorkommenden lateinischen Ausdrücke ... Itzehoe 1849. V: *Lövenskiold.* (Ky)

Hilfsbüchlein gegen die Cholera morbus (morgenländische Brechruhr)... St. Gallen 1854. V: *Helbing, B.* (BSchwLk V 8, 2)

Hilfsbüchlein, Erstes [und zweites], zu Stolzes deutscher Schnellschrift. [Zürich 1856.] V: *Däniker, Joh. Conr.* (Zuwachsverz. der Bibliotheken in Zürich 1898 ff.)

Hilfsbüchlein, Gemeinnütziges, für Schenk- und Landwirthe, Handels- und Gewerbsleute ... Vermehrte ... Aufl. Karlsruhe 1830. V: *Vögelein.* (BaBb)

Hilfsbüchlein beim Kopfrechen-Unterricht in Mädchenschulen, zugleich Vorschule der Sammlg. arithmet. u. geometr. Aufgaben zur Vorbereitg. auf die Lehrerinnen-Prüfg. Bearb. v. e. ehem. Mitgliede zweier Prüfungs-Kommissionen. 2., verm. Aufl. (Neueste Orthographie.) (50 S.) 8. Leipzig (902). Jaeger. n. — 80; Lösungsheft. (14 S.) n. — 40

Hilfsbüchlein für die Missionsarbeit in den heimathlichen Gemeinden. Breslau 1867. V: *Strehle*, *F.* (Russell III, 648)

Hilfsbüchlein für die Missions-Arbeit in den heimathlichen Gemeinden. 8. (VI und 99 S.) Breslau 867, Morgenstern.

Hilfsbüchlein f. die Mitglieder der Missionskonferenz in der Prov. Sachsen. 8. (41 S.) Halle a/S. 890. (Fricke's Verl.) n. – – 50

Hilfsbüchlein f. die Mitglieder der Missionskonferenz in der Prov. Sachsen. 2. Ausg. 12. (58 S.) Halle 894. (J. Fricke's Verl.) n.n. — 50

Hilfsbüchlein zum Gebrauche für Müller und Mehlhändler, verf. u. herausg. von R. R. Wien (855.) Sallmayer u. Co. in Comm. 8. (77 S.) n. 15 ngr.

— beim Rechnen-Unterricht nebst einer Erläuterung des Metersystems. gr. 16. (18 S.) Ungar.-Weisskirchen 888. Hopke. n. — 20

—— beim Rechnen-Unterricht, nebst e. Erläuterg. d. Metersystems. 16. (18 S.) Ung.-Weißkirchen 891, Hepke. * — 25

Hilfsbüchlein zum Religionsunterrichte in der ersten Abtheilung d. Volksschule. 8. (VI, 57 S.) Spaichingen 871. Kupferschmid n. — 30

— für den evangelischen Religions-Unterricht, enth. Luthers Katechismus, Gebete, Lieder, Liederverse und Sprüche. Für den Schulgebrauch zusammengestellt im Anschluß an die Allgemeinen Bestimmungen des Cultus-Ministers vom 15. Octbr. 1872. 2. veränd. und verm. Aufl. der „Gebete, Lieder und Sprüche". gr. 8. (32 S.) Breslau 874, Trewendt und Granier. geb. *

— f. den Religionsunterricht in evangelischen Volksschulen, enth. die v. der königl. Regierg. zu Düsseldorf zur Einübg. vorgeschriebenen Choralmelodien, die nach dem neuen „Lehrplan f. den Religionsunterricht in den evangel. Schulen der Rheinprovinz" zu behandelnden Kirchenlieder u. zu lern. Bibelsprüche, Psalmen u. Bibelabschnitte, sowie e. Anzahl Gebete, welche im tägl. Schulleben Anwendg. finden. Zusammengestellt v. Düsseldorfer evangel. Lehrern. 8. (79 S.) Düsseldorf 894. H. Michels. Kart. n.n. — 40

Hilfsbüchlein f. d. Religionsunterricht in evang. Volksschulen, enth. d. v. d. königl. Regierg. zu Düsseldorf z. Einübg. vorgeschrieb. Choralmelodieen, d. nach d. neuen „Lehrplan f. d. Religionsunterr. in d. evang. Schulen d. Rheinprovinz" zu behand. Kirchenlieder, d. zu lern. Bibelsprüche, Psalmen, Bibelabschnitte u. Katechismusfragen, sow. e. Anzahl Gebete, welche im tägl. Schulleben Anwendg. finden. Zusammengest. v. Düsseldorfer evang. Lehrern. 2. Aufl. 8. (92 S.) Düsseldorf 898. H. Michels. Kart. n.n. — 45

Hilfsbüchlein f. den Religionsunterricht in evangel. Volksschulen, enth. die v. der königl. Regierg. zu Düsseldorf zur Einübg. vorgeschrieb. Choralmelodieen, die nach dem neuen „Lehrplan f. den Religionsunterricht in d. evangel. Schulen der Rheinprovinz" zu behandelnden Kirchenlieder, die zu lern. Bibelsprüche, Psalmen, Bibelabschnitte u. Katechismusfragen, sowie e. Anzahl Gebete, welche im tägl. Schulleben Anwendg. finden. Zusammengestellt v. Düsseldorfer evangel. Lehrern. 3. Aufl. 8. (92 S.) Düsseldorf 902. H. Michels Nachf. Kart. n.n. — 45

Hilfsbüchlein f. d. Religionsunterricht in evang. Volksschulen, enth. d. v. d. königl. Regierg. zu Düsseldorf z. Einübg. vorgeschriebenen Choralmelodien, die nach d. neuen „Lehrplan f. d. Religionsunterricht in d. evangelischen Schulen der Rheinprovinz" zu behandelnden Kirchenlieder, die zu lern. Bibelsprüche, Psalmen, Bibelabschnitte u. Katechismusfragen, sowie e. Anzahl Gebete, welche im tägl. Schulleben Anwendg. finden. Zusammengestellt v. Düsseldorfer evang. Lehrern. 5. Aufl. (92 S.) 8. Düsseldorf 909. H. Michel's Nachf. Kart. nn — 50

Hilfsbüchlein für die evangelischen Sonntagsschulen in Württemberg. 5., verb. Aufl. gr. 8. (60 S.) Marbach 888. (Eßlingen, A. Lung.) Kart. n.n. — 75

— f. den sprachlichen Unterricht in der Volksschule. Mit e. Wörterverzeichnisse. 4., verb. Aufl. 8. (48 S.) Aachen 890. A. Jacobi & Co. n. – 20

— f. den sprachlichen Unterricht in der Volksschule. Mit e. Wörterverzeichnisse. 5., verb. Aufl. 8. (48 S.) Aachen 893. A. Jacobi & Co. n. — 20

— f. den sprachlichen Unterricht in der Volksschule. Mit e. Wörterverzeichnisse. 9., verb. Aufl. in neuer Rechtschreibg. (64 S.) 8. Aachen 904. A. Jacobi & Co. n. — 20

Hilfsbüchlein bei Verfertigung schriftlicher Aufsätze oder geordneter Stoff zu Lese-, Schön- und Rechtschreib-Übungen . . . Bamberg 1838. V: *Baumann*, *K.* (Ky)

Hilfsbüchlein, wohlfeilstes, bei dem orthograph. Unterrichte; den Schülern in die Hände zu geben. 2. Aufl. 8. ($1\frac{3}{8}$ B.) Schneeberg 813. [Gärtner.] *

Hilfscomite: Internationales Hilfscomite für Kriegsgefangene in Basel
① Bericht über seine Thätigkeit in Empfang und Verwendung der ihm anvertrauten Hilfsmittel ⑤ 10. 12. 1870—20. 3. 1871 (?) ⑥ 8° ⑦ Monatsblatt ⑧ Basel: G. A. Bonfantini ⑪ Be: L (Nrn. 2, 3).

Hilfs-Fibel zu Vogl's praktischem Lehrgang des Lautir-Unterrichtes auf Grundlage der in den kathol. Volksschulen Oesterreichs eingeführten Fibel. 8. Gratz 860, Hesse's Buchh.

Hilfs-Fibel zu Vogl's praktischem Lehrgang im Lese-Unterricht nach der Lautir-Methode auf Grundlage der in den katholischen Volksschulen Oesterreich's eingeführten Fibel. 2., verm. Aufl. Gratz 863. Hesse. 16. (28 S.) n. $2\frac{1}{2}$ ngr.

Hilfsgenossenschaft, die. Zeitschrift für Krankenkassen jeder Art, für Berufsgenossenschaften und Vereinigungen zur Hebung der wirthschaftl. Lage. Unter Mitwirkung von Verwaltungsbeamten, Gelehrten und im gewerbl. Leben stehenden Männern hrsg. von Geo. Hiller. 1. Jahrg. April 1885—März 1886. 12 Nrn. (à Nr. 1—2 Bog.) gr. 8. Leipzig, A. Duncker. 12 —

—— dass. — Sozialpolit. Zeitschrift. Insbesondere für Krankenkassen jeder Art, für Berufsgenossenschaften und Vereinigungen zur Hebung der wirthschaftl. Lage. Redact.: Geo. Hiller. 2. Jahrg. 1886/87. 12 Nrn. (Bog.) gr. 8. Ebendas. * 12 —
Nicht weiter erschienen.

Hilfs-Geräte f. Beaufsichtigung u. Vervollkommnung d. Betriebes v. Ziegeleien u. ähnl. Werken. (150 S. m. 115 Fig.) kl. 8. Berlin 907. Tonindustrie-Ztg. 1. —

Hilfsgesellschaften, die gegenseitigen, in d. Schweiz im J. 1903. Veröffentl. durch d. schweiz. Industriedepartement. (III, 50, 335 S. m. 1 eingedr. Kurve.) 30,5×25 cm. Berlin 907. (A. Francke.)
2.50; französ. Ausg. 2. 50

Hilfs-Hand-Wörterbuch, kleines, deutsch-französisch u. französisch-deutsch f. den Handel in Tabak, Zigarren- u. Zigaretten. Enth. die gebräuchlichsten techn. Ausdrücke u. Wortwendgn. 2. verm. Aufl. (V, 72 S.) kl. 8. Bremen 904. G. Winter. n. 3. —

Hilfs- und Schreib-Kalender, altenburgischer, für die J. 1873—1875. Hrsg. von Rich. Glaß. 18.—20. Jahrg. 16. (à 250 S.) Altenburg, Schnuphase'sche Hofbuchh. à Jahrg. geb. **
Durchschossen à Jahrg. *

Hilfs- und Schreib-Kalender, altenburgischer, für die J. 1876—1880. Hrsg. von Rich. Glaß. 21.—25. Jahrg. gr. 16. (192, 56; 192, 64; IV, 192, 64; 192, 66; 192, 64 S.) Altenburg, Schnuphase'sche Hofbuchh.
Jahrg. 1876—1879 geb. à ** 1 50
geb. und durchschossen à Jahrg. * 2 —
Jahrg. 1880 geb. * 2 —

Hilfs- und Schreibkalender, Altenburgischer, für die J. 1881—1885. Hrsg. von Rich. Glaß. 26.—30. Jahrg. gr. 16. (IV, 260; IV, 192, 72; 272; 276; 192, 69 S.) Altenburg, Schnuphase'sche Buchh. geb. à Jahrg. *

Hilfs- und Schreibkalender, altenburgischer, für die J. 1886—1889. Begründet von Rich. Glass, hrsg. von Max Lippold. 31.—34. Jahrg. gr. 16. (266; 274; 208, 71; 208, 48 S.) Altenburg, Schnuphase'sche Hof-Buchh.
geb. à Jahrg. * 2 —

Hilfs- u. Schreibkalender, altenburgischer, für d. J. 1890—1893. Begründet von Rich. Glass, hrsg. von Max Lippold. 35.—38. Jahrg. gr. 16. (à Jahrg. 208, 60 S.) Altenburg, Schnuphase. geb. in Leinw. à Jahrg. * 2 —

Hilfs- u. Schreibkalender, altonburgischor, f. d. J. 1895. Begründot v. Rich. Glass, hrsg. v. Max Lippold. 40. Jahrg. gr. 16. (208 u. 60 S.) Altonburg, Schnuphaso. Gob. in Leinw. n. 2. —

Hilfs- u. Schreibkalender, altonburgischor f. d. J. 1899. Begründ. von Rich. Glass, hrsg. von Max Lippold. 44. Jahrg. gr. 16. (192 u. 60 S.) Altonburg, Schnuphase Gob. in Leinw. n. 2. —

Hilfs- u. Schreibkalender, altenburgischer, f. d. J. 1903. Begründet von Rich. Glass, hrsg. von Max Lippold. 48. Jahrg. gr. 16. (192 u. 63 S.) Altenburg, Schnuphase. Geb. in Leinw. n. 2. —; durchsch. n. 2.25

Hilfs- u. Schreibkalender, altenburgischer, f. d. J. 1907. Begründet v. Rich. Glass, hrsg. v. Max Lippold. 52. Jahrg. (192 u. 64 S.) 16. Altenburg, Schnuphase. Geb. in Leinw. n.n. 1. 50; m. landwirtschaftl. Tagebuch n.n. 2. —; durchsch. n.n. 2.25

Hilfs- u. Schreibkalender, altenburgischer, f. d. J. 1910. Begründet v. Rich. Glass. 55. Jahrg. (272 S. m. 1 Bildnis u. 1 Plan.) 16. Altenburg, R. Fuchs. Geb. in Leinw. nn 1.75; m. landwirtsch. Tagebuch nn 2.—: durchsch. nn 2. 25

Hilfskalender f. Helfer u. Helferinnen an evang. Sonntagsschulen,
s.a. Helferkalender f. d. deutschen Kindergottesdienste.

Hilfskalender für Helfer u. Helferinnen an evangelischen Sonntagsschulen u. Kindergottesdiensten auf die J. 1890—1893. Hrsg. von F. Westphal u. W. Reinhard. 2.—5. Jahrg. gr. 16. (à Jahrg. 128 S.) Cöthen, Schriften-Niederl. d. ev. Vereinshauses. geb. à Jahrg. ** — 40

Hilfskalender f. Helfer u. Helferinnen an evangel. Sonntagsschulen u. Kindergottesdiensten auf d. J. 1895. Hrsg. v. F. Westphal u. W. Reinhard. 7. Jahrg. gr. 16. (128 S. m. 1 Abbildg.) Cöthen, Schriften-Niederlage des evang. Vereinshauses. Geb. in Leinw. n.n. — 40

Hilfskalender f. Helfer u. Helferinnen an evang. Sonntagsschulen u. Kindergottesdiensten auf d. J. 1899. Hrsg. v. F. Westphal u. W. Reinhard. 11. Jahrg. gr. 16. (128 S.) Dessau, Buchh. d. Ev. Vereinshauses.
Geb. in Leinw. n.n. — 40

Hilfskalender f. Helfer u. Helferinnen an evangel. Sonntagsschulen u. Kindergottesdiensten auf d. J. 1902. Hrsg. v. F. Westphal u. W. Reinhard. 13. Jahrg. gr. 16. (128 S.) Dessau, Buchh. des ev. Vereinshauses.
Geb. in Leinw. n.n. — 45

Hilfs- und Schreibkalender

— landwirtschaftl., s.: Mentzel u. v. Longerke.

Hilfs- und Schreib kalender

— — für Buchhändler. Unter Mitwirkung von Fachgenossen hrsg. von Herm. Weissbach. 1. Jahrg. auf das J. 1881. gr. 16. (VII, 128; 135 S.) Weimar, Weissbach.
geb. in Leinw. * ℳ 2.; in Ldr. **

— — dass. — 2. und 3. Jahrg. auf die J. 1882 und 1883. à 2 Thle. gr. 16. (VI, 128, 128; VIII, 234 S.) Ebendas.
geb. in Leinw. und geh. à Jahrg. **
geb. in Ldr. à Jahrg. **
Fortsetzung u. d. T.: Buchhändler-Kalender, deutscher.

Hilfs- und Schreib kalender

— — für Hebammen. 1890—1893. Im Auftrage des deutschen Aerztevereinsbundes hrsg. von L. Pfeiffer. 13.—16. Jahrg. (Ausg. A. für nichtpreußische Staaten.) 12. (139; LVIII, 91; LVIII, 97; 61, LXXIV S. mit Abbildgn.) Weim., Böhlau. geb. à Jahrg. * 1 —

— dass. — 1890—1893. Ausg. (B.) für das Königreich Preußen, bearb. von Abegg. 12. (XXVIII, 143; LXXX, 91; LXXX, 97; 64, LXXXII S. m. Abbildgn.) Ebd. Jahrg. 1890—1892 à * 1 20
Jahrg. 1893 * 1 —

— dass. — 1892. Ausg. (C.) für das Königr. Bayern. 12. (LXIV, 97 S. m. Abbildgn.) Ebd. geb. in Leinw. * 1 —

— dass. — 1893. Ausg. (C.) für das Königreich Sachsen. 12. (64, LXXXII S. m. Abbildgn.) Ebd. geb. in Leinw. * 1 —

Hilfs- und Schreib kalender

— für Lehrer, s.: Kutzner.

Hilfs- und Schreib kalender

— — auf d. J. 1895 f. Präparanden. Von Th. Mass. 2. Jahrg. 16. (190 S.) Kappeln, Th. Mass. Geb. in Leinw. n. — 75

— — für Präparanden auf d. J. 1898. Von Th. Mass. 5. Jahrg. 16. (190 u. 5 S.) Frankfurt a/M., J. Rosenheim. Geb. in Leinw. n. — 75

Hilfs- und Schreib kalender

— — auf d. J. 1895 f. Seminaristen. Von Th. Mass. 2. Jahrg. gr. 16. (190 S.) Ebd. Geb. in Leinw. n. — 75

— — für Seminaristen auf das J. 1898. Von Th. Mass. 5. Jahrg. 16. (190 u. V S.) Ebd.
Geb. in Leinw. n. — 75

Hilfskasse, Die, des schweizerischen Feuerwehr-Vereins . . . Solothurn 1901. V: *Rauschenbach, Hnr.* (Zuwachsverz. d. Bibliotheken in Zürich 1898 ff.)

Hilfskassen, die unter staatlicher Aufsicht stehenden. f. Arbeitnehmer. Berlin 1876

Hilfskassen, die unter Aufsicht stehenden gewerbl., im preuss. Staat. Hrsg. v. Kön. Stat. Bureau. Berlin 877.

Hilfskassen (Die gewerblichen) in den im Reichsrath vertretenen Ländern. gr. 8°. Wien 1880.

Hilfs- und Unterstützungskassen. (Schr. d. Zentralst. f. Arb.-Wohlf. 4) Berlin 1893

Hilfskassengesetz v. 1. 6. 84. Leipzig. Rossberg.

HILFS-KONFRATERNITAETS-BUECHEL. – der diesem Institute einverleibten Herren Handlungsdiener . . . o. V. (Wien) 1795. 1 vol. 16 Bl.

Hilfslehren, theoretische, f. Praxis d. Bau- u. Erhaltungsdienstes d. Eisenbahnen, red. v. Ludw. Hess, s.: Bahnmeister, der. I.

Hilfslexikon, theologisches. Bearb. unter Leitung der Red. von Perthes' Handlexikon für evangel. Theologen. (In 2 Bdn. von zusammen 24 Lfgn.) 1.—14. Lfg. gr. 8. (65 Bog.) Gotha 891,92, F. A. Perthes. Subskr.-Pr. à Lfg. * 1 —; * 14 —

Hilfslexikon, theologisches, bearb. unter Leitg. der Red. v. Perthes' Handlexikon f. evangel. Theologen. 2 Bde. gr. 8. Gotha 894. F. A. Perthes. à n. 12. —; geb. à n. 14. —

1. Chronologische Tafel. Kirchlicher Kalender. Synchronistische Tabellen. Neutestamentliches Wörterbuch. Alttestamentliches Wörterbuch. (IV, 493; 256, 62, 56 u. 93 S.)
2. Kirchengeschichtliches Ortslexikon. Kirchenstatistisches Lexikon. Statistische Tafeln. Vereine u. Anstalten der inneren Mission. Liturgische Tabellen. Verwaltungstabellen. (IV, 419; 175, 72, 104, 95 u. 36 S.)

Erschien in 24 Lfgn. à n. 1.—.

Hilfsmittel

— **zur Bestimmung der mitteleuropäischen Zeit auf Grund v. Beobachtungen an Sonnen-Uhren, Sonnen-Loten u. drgl., bestehend in Tabellen zur genäherten Berechng. der Zeitgleichg. nebst Gebrauchs-Anweisgn. (12 S.) gr. 8. Berlin 904. F. Dümmler's Verl. n. — 75**
Sonderabdruck aus: „Mittlgn. d. Vereinigg. v. Freunden d. Astronomie u. kosm. Physik".

Hilfsmittel, Praktisch bewährte, zur Vertilgung der Feldmäuse. 2. . . . Aufl. Leipzig 1831. V: *Kupfer, Carl Aug.* (Ky) (Engoec)

Hilfsmittel f. Bibelkunde, Geschichte, Naturgeschichte, Geographie, deutsche Sprache u. Rechnen, nebst Volksliedertexten u. e. Anh., enth. den luth. Katechismus u. Gebete. 17., verb. Aufl. 8. (48 S.) Berlin 894. Liebel. Kart. n.n. — 25

Hilfsmittel für Bibelkunde, Geschichte, Naturgeschichte, Geographie, deutsche Sprache u. Rechnen, nebst Volksliedertexten u. e. Anh., enth. d. luther. Katechismus u. Gebete. 18., verb. Aufl. 8. (48 S.) Berlin 898. Liebel. Kart. n.n. — 25

Hilfsmittel für Bibelkunde, Geschichte, Naturgeschichte, Geographie, deutsche Sprache u. Rechnen, nebst Volksliedertexten u. e. Anh., enth. den luther. Katechismus u. Gebete. 19. verb. Aufl. 8. (48 S.) Berlin 902. Liebel. Kart. n.n. — 25

— neue, II. Ausg. (1908—1910) zur Bestimmung der mitteleuropäischen Zeit auf Grund v. Beobachtgn. an Sonnen-Uhren, Sonnen-Loten, Sonnen-Spiegeln, Sonnen-Rohren, usw., bestehend in Tafeln zur Berechng. d. Zeitgleichg. f. zwei Näherungs-Stufen, nebst Gebrauchs-Anweisgn. (12 S.) gr. 8. Berlin 908. F. Dümmler's Verl. — 75
Sonderabdr. aus: „Mittlgn. d. Vereinigg. v. Freunden d. Astronomie u. kosm. Physik".

Hilfsmittel, Neuerfundene praktisch bewährte, zur Vertilgung der Ratten, Hamster, Haus- und Feldmäuse . . . Leipzig 1824. V: *Kupfer, Carl Aug.* (Engoec) (Ky)

Hilfsmittel, Neuerfundenes sehr einfach bewährtes, zur Vertilgung der Gartenraupen . . . 2. Aufl. Leipz. 1831. V: *Kupfer, Carl Aug.* (Engoec.) (Ky)

— z. evang. Religionsunterricht f. ev. Religionslehrer u. Pfarrer, Studierende, Seminaristen u. reif. Schüler höh. Lehranstalten. Unt. Mitwirkg. e. Anzahl Fachgenossen hrsg. von M. Evers u. F. Fauth. 2., 3. u. 5. 16. Hft. gr. 8. Berlin, Reuther & Reichard. n. 11. 55

2. 3. Die Gleichnisse Jesu. Von M. Evers. 2., verb. u. bereich. Aufl. (II, [illegible] S.) 896. n. 1. 20
5. (II. Abtlg. 13. Stück.) Israels Prophetentum. 1. Allgem. Charakteristik. 1. Hälfte. Von M. Evers. (IV, 42 S.) 896. n. — 60
6. (II. Abtlg. 13. Stück. 2. Hälfte.) Israels Prophetentum. 2. D. Schriftpropheten bis z. Ende d. Exils. Von F. Fauth. (27 S.) 896. n. — 40
7. (IV. Abtlg. 19. Stück.) D. Sittenlehre Jesu, 1. Von W. Koppelmann. (76 S.) 896. n. 1. —
8. (IV. Abtlg. 20. Stück.) D. Sittenlehre Jesu, 2. Von W. Koppelmann. (II, [illegible] S.) 896. n. — 60
9. 10. D. Volksgeschichte Israels. Von W. Schultze. (III, 164 S.) 897. n. 2. 40
11. D. katholischen Briefe. Von F. Hupfeld. (IV, 76 S.) 897. n. 1. 20
12–14. Deutsche Synopse. Vergleich. Zusammenstellg. d. drei ersten Evangelien. (D. Leidensgeschichte m. Beifügg. d. Joh.-Ev.) Im genauen Anschl. an d. revid. Lutherbibel geordnet u. m. erläut. Stellen d. Urtextes verseh. Von W. Koppelmann. (VII, 192 S.) 897. n. 2. 60
15. Die gottesdienstl. Einrichtgn. der evang. Kirche. Von Karl Schirmer. (VI, 47 S.) 898. n. — 75
16. D. Philipperbrief, f. d. Unterr. auf d. Oberstufe höh. Lehranst. erläut. Von Rud. Peters. (56 S.) 898. n. — 80

— zum evangelischen Religionsunterricht, f. ev. Religionslehrer u. Pfarrer, Studierende, Seminaristen u. reifere Schüler höh. Lehranstalten. Unter Mitwirkg. e. Anzahl Fachgenossen hrsg. v. M. Evers u. F. Fauth. 1.—6. u. 17.—21. Hft. gr. 8. Berlin, Reuther & Reichard. n. 10. 85

1. Die Bergpredigt. (Matth. 5—7.) Von M. Evers. 3. u. 4., durchweg verb. u. verm. Aufl. (68 S.) 899. n. 1. —
2. 3. Die Gleichnisse Jesu. Von M. Evers. 3. verb. u. bereicherte Aufl. (VI, 120 S.) 902. n. 2. —
4. Die apostolische Urgemeinde nach der Apostelgeschichte u. anderen zeitgeschichtlichen Quellen. Von F. Hupfeld. 2., verm. u. verb. Aufl. (V, 74 S.) 900. n. 1. 20

5. Israels Prophetentum [Alten u. Neuen Testaments]. Von M. Evers. 1. Allgemeine Characteristik. 1. Hälfte. 2. verb. u. verm. Aufl. (VI, 99 S.) 902. n. 1.75
6. Israels Prophetentum. Von A. Fauth. 2. Die Schriftpropheten bis zum Ende des Exils. 2., verb. Aufl. (32 S.) 900. n. — 50
17. Die Augsburgische Konfession. Hrsg. u. erklärt von Frdr. Hoffmann. (64 S.) 899. n. — 80
18. Der Römerbrief. Von F. Hupfeld. (IV, 50 S.) 901. n. 1.
19. 20. Neuere Kirchengeschichte (von 1555 bis zur Gegenwart). Von Heinr. Liedtke. (VI, 85 S.) 901. n. 1.60
21. Glaubenslehre auf Grund der Lehre Jesu. Nebst einleit. Darstellg. der natürl. Gotteserkenntnis. Von W. Koppelmann. (VII, 62 S.) 901. n. 1.10

Hilfsmittel zum evangelischen Religionsunterricht f. ev. Religionslehrer u. Pfarrer, Studierende, Seminaristen u. reifere Schüler höherer Lehranstalten. Unter Mitwirkg. e. Anzahl Fachgenossen hrsg. v. M. Evers u. F. Fauth. 7—10. 15. 17. 18. u. 22—24. Heft. gr. 8. Berlin, Reuther & Reichard. n. 11.50
Hoffmann, Frdr., die augsburgische Konfession. Hrsg. u. erklärt. 2. verb. Aufl. (68 S.) 904. (Hft. 17.) n. — 90
Hupfeld, F., der Römerbrief. 2., verm. u. verb. Aufl. (VI, 59 S.) 905. (Hft. 18.) n. 1.20
Koppelmann, W., die Sittenlehre Jesu nebst einleitender Erörterung der sittlichen Grundbegriffe. 2., verb. Aufl. (VIII, 66 S.) 906. (Hft. 7. 8.) n. 1.20
Liedtke, Heinr., Kirchengeschichte im Zeitalter der Reformation. 1517—1555. (IV, 80 S.) 903. (Hft. 22.) n. 1.25
— alte u. mittlere Kirchengeschichte. Hrsg. v. M. Evers. (VIII, 113 S.) 906. (Hft. 24.) n. 1.60
Schirmer, Karl, die gottesdienstlichen Einrichtungen der evangelischen Kirche. 2. Aufl. (66 S.) 904. (Hft. 15.) n. 1. —
Schulze, Wilh., Volksgeschichte Israels. 2., verb. u. erweit. Aufl. I. Urgeschichte. (III u. S. 1—38.) 905. (Hft. 23.) — 75; m. dem 9. u. 10. Heft in 1 Bd. geb. 4. —
— Dasselbe. II. Von Mose bis zum Exil. (III u. S. 39—164.) 905. (Hft. 9.) 2. —
— Dasselbe. III. Die nachexil. Zeit. (III u. S. 165—244.) 905. (Hft. 10.) n. 1.40

— z. evang. Religionsunterricht, begründet v. M. Evers u. F. Fauth. 1.—3. 6. 17. u. 25. Heft. gr. 8. Berlin, Reuther & Reichard. 7.40
Evers, M., die Bergpredigt. (Math. 5—7.) 5. Aufl., neu bearb. v. Herm. Marx. (VI, 61 S.) 907. (Heft 1.) 1.20
— Die Gleichnisse Jesu. 4. erw. Aufl., neu bearb. v. Herm. Marx. (V, 144 S.) 908. (Heft 2. 3.) 2.50
— u. F. Fauth, Israels Prophetentum. 2. Die geschichtl. Entwicklg. d. Prophetentums. 3. Aufl., völlig neu bearb. v. Gust. Rothstein. (IV, 62 S.) 908. (Heft 6.) 1.20
Hoffmann, Frdr., die Augsburg. Konfession. Hrsg. u. erklärt. 3. verb. Aufl. (82 S.) 910. (Heft 17.) 1. —
Schuster, Herm., der erste Korintherbrief. Nebst e. Anh.: Ausgewählte Kapitel aus dem zweiten Korintherbrief. (VI, 82 S.) 907. (Heft. 25.) 1.50

Hilfs- und Rettungsmittel

I. für Ertrunkene . . . Augsburg 1782. V: *Baur, Gilbert.* (Ky) (MGT)

— f. das studium der finnisch-ugrischen sprachen. I u. II. gr. 8. Helsingfors. (Leipzig, O. Harrassowitz.) à n.n. 1.60
I. Kleine lappische chrestomathie u. glossar. Von K. B. Wiklund. (VIII, 128 S.) 894.
II. Wotjakische chrestomathie m. glossar. Von Yrjö Wichmann. (V, 135 S.) 901.

Hilfsmittel f. d. studium d. finnisch-ugrischen sprachen. III u. IV. gr. 8. Helsingfors. (Leipzig, O. Harrassowitz.) nn 4. —
Anleitung zur karelischen Sprache. Sprachproben, Glossar u. Beispiele aus d. Gebiete d. Lautlehre. (In finn. Sprache.) (VIII, 129 S.) 907. (III.) nn 1.60
Paasonen, H., mordwinische Chrestomathie m. Glossar u. grammatikalischem Abriss. Hrsg. m. Unterstützg. d. kais. Alexandersuniversität in Finnland. (V, 159 S.) 909. (IV.) nn 2.40
I u. II. Ebd. 894. 901. nn 3.20

— z. Studium d. nichteuropäischen Sprachen. Katalog 15. (290 S.) 8. Leipzig 908. R. Haupt. 1. —

— technische, der Kriegführung u. deren Verwertung. Behelf f. takt., taktisch-techn. u. operative Arbeiten. 1. u. 2. Thl. gr. 8. Brünn 900. (C. Winkler.) — (Wien, L. W. Seidel & Sohn.) n.n. 5.40
1. (VI, 114 S. m. 1 Taf.) n. 2.40
2. Thematik. Mit Beilagen u. kartograph. Skizzen. (S. 115—256.) n.n. 3. —

Hilfsmittel, Technische, der

Kriegsführung. 2. Aufl. Wien 1901. V: *Gutter, Joseph Ritter von.* (EB)

Hilfsmittel, Technische, der Kriegführung und deren Verwertung. Behelf für taktische, taktisch-technische und operative Arbeiten. 1. Theil. Mit 1 Beilage. 2. Theil. Thematik. Mit (12) Beilagen und kartographischen Skizzen. Die moderne Waffenwirkung und ihr Einfluss auf Gefechtstechnik und Gefechtsführung, Anhang zur 2. Auflage. (3 Bde.) 8. Wien 1900—1901.

— dasselbe, Anh., s.a. Waffenwirkung, die moderne.

— f. d. staats- u. gesellschaftskundl. Unterricht, s.: Magazin, pädagogisches.

Hilfsmittel zur Vorbereitung auf die Prüfung für das Lehramt des Französischen. 8°. (8 S.) K —.20
Wien: Manz'sche K. u. K. Hof- Verlags- u. Univ.-Buchdlg. 1905.

— zur Vorbereitung auf die Prüfung aus modernen Sprachen. (8 S.) 8. Wien (905). (Manz.) n. — 20

Hilfsschule, die. Organ d. Verbandes d. Hilfsschulen Deutschlands. Monatsschr. f. d. ges. Interessen d. Hilfsschule u. ihrer Lehrer. Im Auftr. d. Verbandsvorstandes hrsg. v. A. Henze u. E. Schulze. 1. bis 3. Jahrg. 1908—1910. à 12 Hefte. (IV, 148; IV, 342 u. IV, 336 S.) gr. 8. Halle, C. Marhold. à Jahrg. 5. — ; f. Verbandsmitgl. 3. —

Hilfsschule, die, f. Schwachbefähigte, s.: Jahresbericht üb. d. Werktags-Volksschulen d. kgl. Haupt- u. Residenzstadt München.

Hilfs-Tabelle zur Berechnung v. Gagen f. einz. Tage e. Monats nach Reichsmark u. Pfennigen von 1—250 Mark. 4. (27 S.) Hamburg 896. Eckardt & Messtorff. n. — 75

— zur Berechnung von Gagen f. einzelne Tage e. Monats nach Reichsmark u. Pfennigen v. 1—250 Mark. (27 S.) 4. Hamburg 904. Eckardt & Messtorff. n. — 75

Hilfstabelle z. Berechnung d. Interesse in augsburger Rechnungs-Auszügen. Fol. Ulm 841, (Wagner'sche Vrlsh.)

—— zur Berechnung d. Interesse in Rechnungs-Auszügen, u. d. Disconto. Fol. Ulm 841, (Wagner'sche Vrlsh.)

Hilfstabelle zur Berechnung des Reinertrages der Parcellen, deren Flächen im metrischen Maasse ausgewiesen sind, auf Grund der in Gemässheit des Gesetzes vom 24. Mai 1869, R.-G.-Bl. Nr 88, für ein niederösterreichisches Joch festgesetzten Tarife. Fol. (39 S.) 1.40
Wien: Hof- und Staatsdruckerei 1892.

Hilfstabelle zur Berechnung des Reinertrages der Parzellen, deren Flächen im metrischen Maße ausgewiesen sind, auf Grund der von der Central commission für die Revision des Grundsteuerkatasters festgesetzten jochweisen Tarifsätze. Folio. (91 S.) Wien: Hof- und Staatsdruckerei 1898. 1.40

Hilfs-Tabelle zur Einhebung der Brandversicherungsbeiträge dann der Umlage von den Beischlagsverhältniß-Capitalien nach der Pflichtigkeit zu 1 Heller bis 30 Kreuzer einschlüssig vom Hundert, also für jede der bestehenden vier Klassen anwendbar. Landshut 853. Thomann. Fol. (31 S.) n. 15 ngr.

Hilfstabelle des Sortimenters für Lager und Kundenverkehr. gr. 16. (111 S.) Weimar 885, Weissbach. geb. ** 1 —
Aus: Weissbach, deutscher Buchhändler-Kalender für 1885, besonders abgedruckt.
—— dass. — 2. Aufl. gr. 16. (114 S.) Ebendas. 885. ** 1 —
—— dass. — 3. Aufl. Zugleich 2. Tl. des Deutschen Buchhändler-Kalenders für 1886. gr. 16. (165 S.) Ebendas. 886. geb. ** 1 75
Für Abnehmer des „Deutschen Buchhändler-Kalenders für 1886" ** 1 —

Hilfs-Tabelle zur Umrechnung des niederösterreichischen Flächenmasses in das nach dem Gesetze vom 23. VII. 1871 zur Anwendung kommende Flächenmass nach dem Meter-System. (44 S.) schmal Fol. Wien 874. (Hof- u. Staatsdruckerei.) n. 3. —

—— zur Werthbestimmung der Coupons russischer zinstragender Papiere nach Abzug der 5% Kapitalrentensteuer, vollständig berechnet für Summen bis 100 Rbl., mit Benutzung der vorhandenen Decimalstellen auch anwendbar für Summen bis 10,000 Rbl. (Russ. und deutsch.) gr. 8. (14 S.) Riga 885, Kymmel's Verlag. * 1 20

Hilfs-Tabellen. Bestimmung des Werthes e. Quadratmeters v. Brettern u. Bohlen in den Stärken von 10—105 mm bei dem Preise von 20—100 Mark pro cbm. Umrechnung des Werthes der gangbarsten Dimensionen Kanthölzer bei e. Preise von 20—100 Mark pro cbm auf das lauf. Meter. 4. Aufl. (35 S.) 12. Bunzlau (902). (G. Kreuschmer.) Kart. n. — 75

Hilfs-Tabellen zu den Abschätzungs-Grundsätzen der schlesischen Landschaft vom 14. März 1859 bis 25. Aug. 1871. gr. 8. (134 S.) Breslau 875, (Korn.) * 1 50

Hilfstabellen zur Arzneymittellehre Bd. 1—6. Prag 1827. V: *Hahnemann, Sam.* (Tübz 16, 27)

Hilfstabellen zur Berechnung des körperlichen Inhaltes und des Werthes des Bau- und Werkholzes . . . Darmstadt 1820. V: *Pabst, Carl Ernst* & *Heinrich Toser.* (EngMt) (HS) »Hilfstafeln« (Ky)

Hilfstabellen z. Berechng. d. Küchenzettels in d. k. u. k. Militärspitälern. (Zu § 85, Punkt 15, d. Reglement f. d. Sanitätsdienst d. k. u. k. Heeres [Dienstbuch N—13] II. Thl.) gr. 4. (37 S.) Wien 896. (Hof- u. Staatsdruckerei.) n. 1. —

Hilfstabellen zur leichtern Berechnung verschiedener Geldsorten . . . Leipzig 1822. V: *Müller, Immanuel.* (cb)

Hilfstabellen f. statische Berechnungen. Aus d. Praxis. Für d. Praxis. Enth. üb. 340 vollst. ausgerechnete Belastungsbeispiele mit Belastungsschema. 1.—5. Taus. (Hrsg. v. Karl Ottnad.) (47 Bl.) 34,5×22,5 cm. Wiesbaden (910). (Glauchau, A. Peschke.) In Mappe 3. 50

Hilfstabellen f. statist. Berechnungen. Jetzt: Glauchau, O. Streit.

— f. Geflügelzüchter. Ergänzungsheft zum Kalender f. Geflügelzüchter. (127 S.) kl. 8. Berlin (905). F. Pfenningstorff. n. — 50

Hilfstabellen, technische, für hamburg. Mass u Gewicht berechnet. Hamburg 1856

Hilfs-Tafel zur Berechnung der, durch das Finanzgesetz vom 13. Septbr. 1843 f. die Jahre 1844 u. 1845 ausgeschriebenen neuen Grundsteuern, nach Höhe 9 Pfennigen von jeder Steuer-Einheit, unter Berücksichtigung der bestehenden Anordnung: Bruchpfennige von ½ u. mehr für einen ganzen Pfennig, unter ½ aber gar nicht zu rechnen. Fol. Bautzen 844, Reichel.

Hilfstafeln. A. zur Verwandlg. der Acker u. Feldmesser-Qu.-Ruthen in Hektar, Ar u. Qu.-Meter, B. zur Verwandlg. d. Hektar u. Ar in Acker u. Feldmesser-Qu.-Ruthen. Hrsg. v. kgl. sächs. Finanzministerium. Beigedruckt ist d. Verordng., d. Anwendg. d. neuen Längen- u. Flächenmaasses b. Grundstücksthei1gn. betr. v. 21. XI. 1871. 5. Aufl. gr. 8. (50 S.) Dresden 898. (C. Heinrich.) n. — 80

Hilfstafeln. A. zur Verwandlung der Acker u. Feldmesser-Qu.-Ruten in Hektar, Ar u. Qu.-Meter, B. zur Verwandlung d. Hektar u. Ar in Acker u. Feldmesser-Qu.-Ruten. Hrsg. v. königl. sächs. Finanzministerium. Beigedr. ist d. Verordng., d. Anwendg. d. neuen Längen- u. Flächenmasses bei Grundstücksteilgn. betr., v. 21. XI. 1871, sowie d. Verordng., d. Dismembrationsanbringen bei Grundstücksteilgn. betr. v. 25. VI. 1903. 6. Aufl. (54 S.) gr. 8. Dresden (907). C. Heinrich. 1. —

Hilfstafeln, Arithmetische, für Rechnungs-Beamte und Hauswirthe oder Mühe und Zeit sparende Resultaten-Tabellen . . . Gmünd 1805. V: *Mühlreiter.* (Ky) (EngOec)

Astronomische Hülfstafeln [Hilfstafeln] für ... Hrsg. von H[einrich] C[hristian] Schumacher. 1826–29. Copenhagen (1826–29:) J. H. Schultz. 8°
1826: (1826.)
1827: (1827.)
1828: (1828.)
1829: (1829.)

[S.] Hilfstafeln zur Inhaltsbestimmung von Bäumen und Beständen der Hauptholzarten. Hrsg. nach d. Arbeiten d. Vereins deutscher Versuchsanst. (Vorr.: Dr. [Friedrich] Grundner, [Carl] Schuberg [&] Dr. [Adam] Schwappach.) *Berlin: P. Parey 1898.* (IV S., 1 Bl., 64 S.) 1 Bd 8.

Hilfstafeln u. die bisherigen Schriften der königl. Sternwarte Bogenhausen bei München. Zwei Abhandlgn. [Aus: „Annalen d. Sternwarte zu München".] gr. 4. (24 u. 21 S.) München 891. (G. Franz' Verl.) n.n. 3. —

Hilfstafeln zur deutschen Sprachlehre. (8 S.) 8. Nagyszeben (Hermannstadt) 904. (W. Krafft.) n.n. — 25

Hilfstafeln für alle Stände, besonders für Kaufleute und Rechnungsführende ... Marburg 1796. V: *Königstein, F. C.* (Ky)

Hilfsthätigkeit, die freiwillige, im Großherzogthum Baden im Kriege 1870/71. Rechenschaftsbericht der verein. Hilfskomités des bad. Frauenvereins unter dem Protektorate Ihrer königl. Hoheit der Großherzogin Luise von Baden und des Männerhilfsvereins zu Karlsruhe. gr. 4. (VI, 247 S. mit 8 Stnt. und 2 chromolithogr. Karten in qu. Fol.) Karlsruhe 872, Braun'sche Hofbuchh. **

—— die freiwillige, im Königr. Bayern in den J. 1870—1871. Gemeinschaftlicher Rechenschaftsbericht des bayer. Vereins zur Pflege und Unterstützung im Felde verwundeter und erkrankter Krieger und des bayer. Frauenvereins. gr. 4. (VI, 364 S. mit 1 chromolithogr. Karte in qu. gr. Fol.) München 872, (Literarisch-artistische Anstalt.) **

Hilfs-Verein, Oesterreichischer patriotischer, zur Unterstützung von verwundeten Kriegern, Militär-Witwen und -Waisen, unter dem Protectorate Sr. k. k. Hoheit des durchlauchtigsten Herrn Erzherzogs Albrecht, Feldmarschall. Denkschrift und Statuten. (Mit 32 Seiten und 3 Tabellen.) 8. Wien 1867.

Hilfszahlen, abgerund., f. d. Handgebr. Die wichtigst. Zahlenangaben f. d. Dienstgebr. aller Waffen. (Von Keller.) (14 S.) 10,3×7,2 cm. Oldenburg 907. G. Stalling's Verl. — 20

Hilgard, (Präsident)..., Rede bei Eröffnung d. Assise des II. Quartals 1832. 8. Zweibr. 832. Ritter. 1¼ gGr

Hilgard, die hundert Tage. Ein Epos. br. 8. (III, 158 S.) Stuttgart 868, (Grüninger.) *

Hilgard, A., Die griech. Studienreise badischer Philologen. S. A. 1892. 8 S.

Hilgard, *Alfred* [Dr.]: *Bericht über die Feier des 25jährigen Amtsjubiläums des Geh. Hofraths Direktor Dr. Gustav Uhlig als Leiter der Anstalt.* Heidelberg, Buchdr. v. E. Geisendörfer, 1897; 12—16 S. 4.
Heidelberg, G, P 1897 (631)

Hilgard, Alfr., excerpta ex libris Herodiani technici. gr. 4. (38 S.) Heidelberg 887. (Berlin, Calvary und Comp.) * 2 —

Hilgard, *Alfred* Festrede am Geburtstag S. M. des deutschen Kaisers. 4 (S. 8—17).
Über die allmählige Verwirklichung des Gedankens der allgemeinen Wehrpflicht in Preussen. **Progr.** G. *Heidelberg* 1889 (574).

Hilgard, Alfred: Des Urbanus von Belluno Institutionum in linguam Graecam grammaticarum libri duo. 4 (S. 29—31).
Festschrift z. 350jähr. Jubelfeier des Grofsh. G. *Heidelberg* 1896.
Nicht im Tauschverkehr.
Progr.

Hilgard, Alfr. De artis grammaticae ab Dionysio Thrace compositae interpretationibus veteribus in singulos commentarios distribuendis. Accedunt explanationes ineditae. 52 S.
Progr. G. *Heidelberg* 1880.

Hilgard, Alfr., de artis grammaticae ab Dionysio Thraco compositae interpretationibus veteribus in singulos commentarios distribuendis. Accedunt explanationes ineditae. gr. 4. (52 S.) Leipzig 880. Teubner in Comm. n. 2. —

Hilgard, [Alfred]: [Über die wissenschaftlichen Leistungen Peter Egenolffs.] (Aus: Südwestdeutsche Schulblätter.) S. 1—2. 4.
Progr.

Hilgard, Alfr., s.: Scholia in Dionysii Thracis artem grammaticam.

—— s.a. Urkunden zur Geschichte der Stadt Speyer.

Urkunden zur Geschichte der Stadt Speyer. Dem historischen Verein der Pfalz zu Speyer gewidmet von Heinrich Hilgard-Villard. Gesammelt und herausgegeben von ALFRED HILGARD. (Mit Tafeln.) Strassburg 1885. Karl J. Trübner. 4°.

Hilgard, Carl Emil, s. Hilgard, Karl Emil

Hilgard, E. Th., Traité sur la question de savoir si, et en quel sens, les donations entre-vifs de biens présens font passer au donatire les dettes et charges au donateur. 4. Heidelb. Engelmann et M. 812.

Hilgard, Eug. W., üb. den Einfluss des Klimas auf die Bildung u. Zusammensetzung d. Bodens. Nach e. an das meteorolog. Bureau d. Ackerbauministeriums der Ver. Staaten gerichteten Bericht übers. u. neu bearb. [Aus: „Forschgn. auf d. Gebiete d. Agrikulturphysik".] gr. 8. (VII, 92 S.) Heidelberg 893. C. Winter. n. 2. —

Hilgard, G. S., Unterricht in der Religion f. Christen. 8. Erft. Wanrhefer. 786.

Hilgard, G. S., Vertheidigung d. geoffenbarten christl. Religion gegen den Unglauben d. Deisten u. Naturalisten. 8. (Manh.) 792. Schwan u. G. 12 gGr. Dass. 8. Heidelb. 792. Braun. 16 gGr

Hilgard, Karl Emil

Hilgard, K. E., üb. neuere Fundierungs-Methoden m. Betonpfählen. (14 S. m. 56 Abb.) 31,5×23,5 cm. Zürich 907. Rascher & Co. 1. 40
Sonderabdr. a.: „Schweiz. Bauzeitg."

— Neue Konstruktionstypen v. Staumauern u. Standämmen. (15 S. m. Abb.) 31,5×23 cm. Ebd. 910.
Sonderabdr. a.: „Schweiz. Wasserwirtsch." nn 1. 30

Hilgard, C[arl] E[mil]. Ueber Walzenwehre. Von Ingenieur K. E. Hilgard ... in Zürich. (Mit 9 Textbildern.) Sonder-Abdruck aus der «Schweizerischen Bauzeitung» Band 43 Nr. 6 und 7. II + 6 S. 4. Zürich, Ed. Raschers Erben, 1904. (fr. —.50)

Hilgard, Th., s. Annalen d. Rechtspflege in Rheinbaiern.

Hilgard, Th.: Ueber Beibehaltung oder Abschaffung der Todesstrafe. Mit bes. Bez. auf Mittermaiers letzte Schrift über diesen Gegenstand. Stuttgart 1868.

Hilgard, Th[eodor]: Frauenrechte. — Washington 1869: Schriftgießer. 15 S. 8°

Hilgard d. Aelt., Thdr., fünf Paragraphen über Deutschlands National-Einheit u. ihr Verhältniß zur Freiheit. gr. 12. (40 S.) Zweibrücken 849, Ritter. 1/6 Thlr

— 12 Paragraphen über Pauperismus u. die Mittel, ihm zu steuern. gr. 8. (56 S.) Heidelberg 847, Groos. n. 6 Ngr

— eine Stimme aus Nordamerika. Zehn Paragraphen über verfassungsmäßige Monarchie u. Republik. gr. 8. (63 S.) Heidelberg 849. (Groos.) n. 6 Ngr

Hilgard, Th., wer soll über Krieg oder Frieden entscheiden? Kaiserslautern 860. (Rohr.) 8. (14 S.) n. 2 ngr.

Hilgard-Villard, Heinr., Lebenserinnerungen. Ein Bürger zweier Welten. 1835—1900. (VIII, 528 S. m. 8 Taf.) gr. 8. Berlin 906. G. Reimer. n. 10.—; geb. in Leinw. n. 11.50

Hilgart, A., Anleitung zur vereinfachten doppelten Buchführung „Reform", bestehend aus Tages-Buch u. Konto-Buch. Sofortige Ermittelg. des Gewinnes od. Verlustes zu beliebiger Zeit u. ohne Inventur. Sofortige Ermittelg. des Schulden- u. Forderungenstandes. Strengste Kontrolle u. genaueste Uebersicht. Grosse Arbeitsersparnis. Ueberall anwendbar u. leicht zu erlernen. Unentbehrlich f. jeden, der praktisch Buch führen will. (VIII, 46 S.) gr. 8. Eisenstein (Böhmen) 904. Teplitz, A. Hilgart. (Nur direkt.) 2.40; kart. 2.80; erm. Pr. n. 1.—; geb. n. 1.30

Hilgemann, Wilhelm, Gerichtsreferendar a. Ibbenbüren in Westf.: Die Teilnahme an der Teilnahme. Berlin 1908: R. Trenkel. (x, 50 S.) 8°
Münster, Rechts- u. staatsw. Fak., Ref. Rosenfeld, Diss. v. 11. Juni 1908
[Geb. 5. Juni 83 Ibbenbüren; Wohnort: Dortmund; Staatsangeh.: Preußen; Vorbildung: Gymn. Rheine Reife O. 02; Studium: Münster 3, Berlin 3 S.; Rig. 25. Jan. 08.]

Hilgemeier, Carl [cand. med.]: Bericht über einen Pseudotumor als e. Beitr. z. Casuistik d. Abdominaltumoren beim weiblichen Geschlechte ... Leipzig, G. Fock, 1894; 1 Bl., 31 S. 8.
Würzburg, Med. Fak., Inaug.-Diss. v. 1893

Hilgenberg, August

Hilgenberg, zwei Briefe üb. d. Glaubensbekenntniss. gr. 8. (46 S.) Cassel 897. E. Hühn. n. —50

— dasselbe. 3. u. 4. Brief. gr. 8. (47 S.) Ebd. 897. n. —50

— dasselbe. 5. u. 6. Brief. gr. 8. (à 69 S.) Ebd. 898. à n. —50 (1.—6.: n. 2.—)

Hilgenberg, Aug., 7. u. 8. Brief üb. das Glaubensbekenntniss. gr. 8. (40 u. 60 S.) Cassel 899. E. Hühn. à n. —50

Hilgenberg, Aug., 10. u. 12. Brief üb. das Glaubensbekenntnis (der assyrische Rummel). (26 u. 52 S.) gr. 8. Cassel 903. 905. E. Hühn. à n. —50

— die Briefe üb. das Glaubensbekenntniss u. das alte Testament. gr. 8. (128 S.) Ebd. 902. n. 2.—

Hilgenberg, A., die Erschaffung d. Menschen nach der Lehre der wahren Kirche u. einige Worte üb. Gnaden- u. Zorneswahl. (85 S.) 8. Cassel 908. (E. Hühn.) —50

Glaubensbekenntnis der wahren Kirche. Von A[ugust] Hilgenberg. Cassel: E. Hühn in Komm. 1906. (28 S.) 8° [06. 30389 4

— Kleine Rundschau v. Standpunkte des Glaubensbekenntnisses der wahren Kirche aus. (26 S.) gr. 8. Ebd. 907. —50

Hilgenberg, C., König Enzio der letzte der Hohenstaufen. Ein Gedicht in 5 Gesängen. 8. (1¼ B.) Wolgast 813. (Greifswald, Bamberg.) *

Hilgenberg, G., Verloosungs-Tabelle von Obligationen u. Grundschuldbriefen der Zechen u. industriellen Werke im Oberbergamtsbezirk Dortmund. 1882. gr. 8. (11 S.) Essen 882. Bädeker. n. 1.—

Hilgenberg, Gustav, a. Kassel: Über Derivate des 4,4'-Dijoddiphenyls mit mehrwertigem Jod. Freiburg i. B.: Speyer & Kaerner 1907. (30 S.) 8°
Freiburg i. B., Phil. Fak., Ref. Gattermann, Diss. v. 1907
[Geb. 29. März 81 Kassel; Wohnort: Freiburg i. B.; Staatsangeh.: Preußen; Vorbildung: Gymn. Linden Reife O. 00; Studium: T.H. Hannover 3, Darmstadt 2, Hannover 2, Univ. Straßburg 1, Freiburg i. B. 3 S.; Rig. 18. Jan. 07.]

Hilgendorf, F., s.: Archiv f. Naturgeschichte.

— s.: Bericht üb. etc. Entomologie.

Hilgendorf, F., s.: Bericht üb. die wissenschaftlichen Leistungen im Gebiete der Entomologie.

— die Land- u. Süsswasser-Decapoden, s.: Deutsch-Ost-Afrika.

Hilgendorf, F., Planorbis multiformis im Steinheimer Süsswasserkalk. Ein Beispiel von Gestaltveränderung im Laufe der Zeit. gr. 8. (36 S. mit 1 Stnt. in 4.) Berlin 867. (Weber.) *

— Symbolae physicae, s.: Hemprich, Frider. Guilelm., et Chrn. Godofr. Ehrenberg.

— s.: Zeitschrift, deutsche entomologische.

Hilgendorff, Augustus Rud. (geb. Maulbeerwalde in d. Mark 22. 3. 1829): De corporibus alienis ex cavis quibusdam instrumento novo extrahendis. Berolini (1859). (32 S.) 8°
Berlin, Med. Diss. v. 6. Aug. 1859

Hilgendorff, Friedrich: Drei Fälle von „Exostosis cartilaginea" ... München, J. F. Lehmann, 1891; 16 S. 8.
München, Med. Fak., Inaug.-Diss. v. [26. Nov.] 1891

Hilgendorff, Gustav, aus Parchim: Über schwefelhaltige Derivate ungesättigter Ketone. *Parchim 1901: G. Gerlach.* (40 S.) 8°
Greifswald, Phil. Diss. v. 9. Dez. 1901

Hilgenfeld, A. v., mein Recht. Eine gemeinfaßlich zusammenhäng. Darstellg. der wichtigsten Paragraphen des bürgerl. Gesetzbuches üb. täglich vorkomm. Rechtsfragen. Mit zahlreichen Beispielen. (221 S.) 8. Mülheim a/R. (904). J. Bagel. 1.50

Hilgenfeld, A., P. Sulpicius Quirinius. S.-A. 1892. 81 S.

Hilgenfeld, Adolf

Hilgenfeld, Adf., s.: Acta apostolorum.

Hilgenfeld, A., die jüdische Apokalyptik in ihrer geschichtlichen Entwickelung. Ein Beitrag zur Vorgeschichte des Christenthums nebst einem Anhang über das gnostische System des Basilides. Lex.-8. (XII und 808 S.) Jena 857, Mauke. *

Hilgenfeld, Adolph, Bardesanes, der letzte Gnostiker. gr. 8. (XI und 155 S.) Leipzig 864, T. O. Weigel. *

— s. Barnabae epistula.

Hilgenfeld, Adf., historisch-kritische Einleitung i das neue Testament. gr. 8. (VIII, 828 S.) Leipzi 875. Fues. n. 13. -

—— die Propheten Esra und Daniel und ihre neuesten Bearbeitungen. gr. 8. (X und 102 S.) Halle 863. [Leipzig, Fues' Verlag.] *

— die Propheten Esra und Daniel und ihre neuesten Bearbeitungen. Halle 863. Pfeffer. gr. 8. (X, 102 S.) n. 15 ngr.

— die Evangelien, nach ihrer Entstehung und geschichtl. Bedeutung. Leipzig 854. Hirzel. gr. 8. (VIII, 355 S.) 1 ℛ︀. 24 ngr.

Hilgenfeld, Adolf, das Evangelium und die Briefe Johannis, nach ihrem Lehrbegriff dargestellt. gr. 8. (VIII und 356 S.) Halle 849. [Braunschweig,] Schwetschke und Sohn.

—— der Galaterbrief, übersetzt, in seinen geschichtl. Beziehungen untersucht und erklärt. Nebst Untersuchungen über die Paschastreitigkeiten und die Chronologie der apostol. Wirksamkeit des Paulus. gr. 8. (VIII und 230 S.) Leipzig 852, Breitkopf und Härtel.

—— die Glossolalie in der alten Kirche, in dem Zusammenhang der Geistesgaben und des Geisteslebens des alten Christenthums. Eine exegetisch-histor. Untersuchung. gr. 8. (VII und 152 S.) Leipzig 850, Breitkopf und Härtel.

—— s. Hermae Pastor.

— s.: **Ignatii Antiocheni et Polycarpi Smyrnaei epistulae et martyria.**

Hilgenfeld, Adf., Judenthum und Judenchristenthum. Eine Nachlese zu der „Ketzergeschichte des Urchristenthums". gr. 8. (122 S.) Leipzig 886, Fues's Verlag. * 2 40

—— der Kanon und die Kritik des Neuen Testaments in ihrer geschichtlichen Ausbildung und Gestaltung nebst Herstellung und Beleuchtung des Murator. Bruchstücks. gr. 8. (XVI und 240 S. mit 1 Tab. in qu. Fol.) Halle 863. [Leipzig, Fues' Verlag.] *

— die Ketzergeschichte d. Urchristenthums. Urkundlich dargestellt. gr. 8. (X, 642 S.) Ebend. 884. n. 12. —

Hilgenfeld, A., libellum de aleatoribus inter Cypriani scripta conservatum, ed. et commentario critico, exegetico, historico instruxit A. H. gr. 8. (87 S.) Freiburg i/Br. 889. J. C. B. Mohr. n. 2. —

—— das Markus-Evangelium, nach seiner Composition, seiner Stellung in der Evangelien-Literatur, seinem Ursprung und Charakter dargestellt. gr. 8. (VII und 133 S.) Leipzig 850, Breitkopf und Härtel.

Hilgenfeld, Adph., Messias Judaeorum, libris eorum paulo ante et paulo post Christum natum conscriptis illustratus. gr. 8. (LXXVI, 492 S.) Leipzig 869, Fues's Verlag. *

—— **der Paschastreit der alten Kirche nach seiner Bedeutung für die Kirchengeschichte und für die Evangelienforschung urkundlich dargestellt. gr. 8. (XII und 410 S.) Halle 860, Pfeffer.** *

—— die göttingische Polemik gegen meine Forschungen, in sittl. und in wissenschaftl. Hinsicht gewürdigt. gr. 8. (72 S.) Leipzig 851, Breitkopf und Härtel.

... Rectore academiae magnificentissimo ... Carolo Alexandro ... prorectore ... Rudolpho Hirzel ... ex decreto ordinis theologorum decanus Adolfus Hilgenfeld ... in virum venerabilem Carolum Ottonem Foertsch ... doctoris theologiae dignitatem iura et privilegia honoris causa contulit, collata publico hoc diplomate ... promulgari iussit. Ienae idibus Martiis a. 1890. *Ienae*, typ. Neuenhahni, *1896*; 1 Bl. 2.
(Nicht für den Austausch)

—— die clementinischen Recognitionen und Homilien, nach ihrem Ursprung und Inhalt dargestellt. gr. 8. (XII und 340 S.) Jena 848, (Hochhausen's Buchh.)

—— **Rückblick auf das letzte kirchliche Jahrzehend Deutschlands. gr. 8. (IV und 88 S.) Jena 859, Mauke.**
Aus: Zeitschrift für wissenschaftliche Theologie, 2. Jahrg., 1. Heft, besonders abgedruckt.

Hilgenfeld, Adolph Bernhard Christoph Christian: Commentatio qua Spinozae systema exponitur et dijudicatur.

Halle-Wittenberg, Phil. Diss. v. 25. Mai 1846

Geb. [Stappenbeck (Kr. Salzwedel) 2. 6. 1823]

Ms. fehlt. — Verf. erlebte die Diplomerneuerung 1896 als D. theol., Kirchenrat und ordentlicher Professor der Theologie in Jena, 1906 auch das 60 jährige Dr.-Jubiläum.

—— s. a. Testamentum, Novum.

— **Novum Testamentum extra canonem receptum. 4 Fasciculi. Leipzig 866. T. O. Weigel. gr. 8.**

Fasc. 1. Clementis Romani epistulae. Edidit, commentario critico et adnotationibus instruxit; Mosis assumptionis quae supersunt primum edita et illustrata addidit Ad. Hilgenfeld. (XL, 116 S.) n. 1 ℛ︀ 12 ngr.

Fasc. 2. Barnabae epistula. Integram graece primum edidit, veterem interpretationem latinam, commentarium criticum et adnotationes addidit Ad. Hilgenfeld. (XIV, 81 S.) n. 28 ngr.

Fasc. 3. Hermae Pastor. Graece codicibus Sinaitico et Lipsiensi scriptorumque ecclesiasticorum excerptis, collatis versionibus latina utraque et aethiopica, libri clausula latine addita, restituit etc. Ad. Hilgenfeld. (XXIII, 176 S.) n. 1 ℛ︀ 24 ngr.

Fasc. 4. Evangeliorum secundum Hebraeos, secundum Petrum, secundum Aegyptios, Matthiae traditionum, Petri et Pauli praedicationis et actuum, Petri apocalypseos, Didascaliae apostolorum antiquioris quae supersunt, addito libro qui appellatus est: „Duae viae vel judicium Petri" collegit, disposuit, edidit et adnotationibus illustravit Ad. Hilgenfeld. (III, 123 S.) n. 1 ℛ︀ 6 ngr.

Hilgenfeld, Adph., Evangeliorum secundum Hebraeos, secundum Petrum, secundum Aegyptios, Matthiae traditionum, Petri et Pauli praedicationis et actuum, Petri apocalypseos, Didascaliae apostolorum antiquioris quae supersunt, addita Doctrina XII apostolorum et libello qui appellatus „Duae viae" vel „Judicium Petri", collegit, disposuit, emendata et aucta iterum edidit et adnotationibus illustravit. Edit. II., aucta et emendata. [Novum Testamentum extra canonem receptum, fasc. IV.] gr. 8. (129 S.) Leipzig 884, T. O. Weigel. *

—— kritische Untersuchungen über die Evangelien Justin's, der clementinischen Homilien und Marcion's. Ein Beitrag zur Geschichte der ältesten Evangelien-Literatur. gr. 8. (XII und 470 S.) Halle 850. [Braunschweig,] Schwetschke und Sohn. Thlr.

— das Urchristenthum in den Hauptwendepuncten seines Entwickelungsganges mit besonderer Rücksicht auf die neuesten Verhandlungen der Herren DD. Hase u. v. Baur. Jena 855. Mauke. 8. (135 S.) n. 12 ngr.

—— die apostolischen Väter, Untersuchungen über Inhalt und Ursprung der unter ihrem Namen erhaltenen Schriften. gr. 8. (VIII und 311 S.) Halle 853, Pfeffer. *

— die Lehninische Weissagung üb. die Mark Brandenburg, nebst der Weissagg. von Benedictbeuern üb. Baiern. Untersucht, hrsg. u. erklärt. gr. 8. (V, 127 S.) Leipzig 875. Veit & Co. n. 2. 40

Hilgenfeld, Adf., s.: Zeitschrift f. wissenschaftliche Theologie.

Hilgenfeld, Bernhard: La Correspondance entre Racine et Boileau. ⟨T. 1.⟩ *Wohlau 1900: Schulze.* (18 S.) 4°
Wohlau, k. G, P 1900 (224)

Hilgenfeld, Bernhard: La Correspondance entre Racine et Boileau. ⟨T. 2.⟩ *Wohlau 1901: Schulze.* (19 S.) 4° ¶[Forts. d. P-Beil. 1900.]
Wohlau, k. G, P 1901 (227)

Hilgenfeld, Emma, Frau Kätzchen. Ein Märchen dem Volksmunde nacherzählt. Mit 12 Bildern (in Holzschn.) nach Zeichnungen von Fedor Flinzer. Chemnitz 870. Focke. gr. 4. (10 S. Text.) cart. oder in losen Blättern n. 1 ℳ
Erschien zu gleichem Preise mit engl. Text.

—— Mrs. Tabby Cat. gr. 4. (10 S. mit 12 Bildern in Holzschn.) Ebendas. 870. cart.

Hilgenfeld, Heinr., textkrit. Bemerkgn. zur Taš ītâ de Mār Jabalaha patriarka wad Raban Ṣauma. [Geschichte d. Herrn Patriarchen Jabalaha u. d. Raban Ṣauma.] (Habilitationsschrift.) gr. 8. (39 S.) Leipzig 894. (Jena, Frommann's Sort.) n. 2. —

Hilgenfeld, Henricus [Jenensis]: L. Annaei Senecae epistulae morales quo ordine et quo tempore sint scriptae collectae editae . . . (Aus: Jahrb. f. class. Philol. Suppl.-Bd. XVII.) Lipsiae, typ. B. G. Teubneri, 1890; 1 Bl. + S. 601–648. 8°
Jena, Phil. Fak., Inaug.-Diss. v. 1890

Hilgenfeld, H., L. Annaei Senecae epistulae morales quo ordine et quo tempore sint scriptae, collectae, editae. [Aus: „Jahrbb. d. class. Philol.“ 17. Suppl.-Bd.] gr. 8. (S. 601–675.) Leipzig 890. Teubner. n. 2. —

Hilgenfeld, Heinr., s.: Giwargis Warda v. Arbel, des, ausgewählte Gesänge.

— s.: Patrum Nicaenorum opera.

— s.: Verzeichnis der v. Adolf Hilgenfeld verfassten Schriften.

Hilgenfeld, J. C., kleine deutſche Sprachlehre. Ein Leitfaden f. Elementarſchulen, fortgeh. v. Leichtern z. Schwerern, v. Bekannten z. Unbekannten. 8. (6½ B.) Neuhaldensleben 854, Eyraud.

Hilgenfeld, R., s.: Jabalaha III., catholici nestoriani, vita.

Hilgenfeldt, C. L., Johann Sebastian Bach's Leben, Wirken und Werke. Ein Beitrag zur Kunstgeschichte des 18. Jahrh. Als Programm zu dem am 28. Juli 1850 eintretenden Säculartage des Todes von J. S. Bach. Imp.-4. (X und 183 S. mit einer genealog. Tab. in Fol. und 6 S. Notenbeilagen.) Leipzig 850, Hofmeister sen. *

Hilgenreiner, Heinr., die Geschwülste u. die erworbenen Fisteln des Magendarmkanals, s.: Lieblein, Vikt.

[Hilgenreiner, Karl:] Zur Frage deutscher Bisthümer in Böhmen. Ein Wort z. Aufklärg u. Beruhigg aus d. Mitte d. dt. Clerus Böhmens. 2. Aufl. Prag '02. 106 S.

Hilgenreiner, Karl, die kirchliche Vorcensur u. das Partikularrecht, s.: Vorträge u. Abhandlungen, hrsg. v. der Leo-Gesellschaft. 17. Hft.

Hilgenstock, G. Die Zusammensetzung der Thomas-Schlacke und ihre Begründung. Hoerde, 1886.

Hilgenstock, Julius [app. Arzt aus Werden a/d. Ruhr]: Ueber Carcinoma uteri. . . . Jena, Druck v. G. Neuenhahn, 1890; 30 S. 8°
Jena, Med. Fak., Inaug.-Diss. v. [17. März] 1890

Hilgenstock, Karl: Über Lohntarife im britischen und rheinisch-westfälischen Steinkohlenbergbau. Hierzu 2 Taf. Essen-Ruhr: Ver. f. d. bergbaulichen Interessen im Oberbergamtsbez. Dortmund [1907]. (39 S.) 4° [Umschlagt.]
Aus: Glückauf. Berg- u. Hüttenmänn. Zeitschrift. Jg. 43, No 49–52. 1907.

Hilgenstock, Karl [aus Dortmund]: Der Schwefel im Eisen . . . Erlangen, k. b. Hof- u. Univ.-Buchdr. v. F. Junge, 1893; 44 S. 8.
Erlangen, Phil. Fak., Inaug.-Diss. v. 1893

Hilgenstock, [Karl], Bergass., Dahlhausen ⟨Ruhr⟩: Untersuchungen über wechselnde Kohlenfestigkeit und ihren Einfluß auf das Lohnwesen. Ein Beitrag zur Frage der Lohntarife im Steinkohlenbergbau. 1909. 25 S. 4° ¶ Aus: Glückauf. Jg. 45.
Aachen, Dr.-Ing.-Diss. v. 8. 11. 1909

— Untersuchungen über wechselnde Kohlenfestigkeit und ihren Einfluss auf das Lohnwesen. Ein Beitrag zur Frage der Lohntarife im Steinkohlenbergbau. Diss. 4°. Aachen 1910.

Der Prozess [Ewald] Hilger – (Franz) Krämer vor der Strafkammer Trier ... 1905. Trier 1905: Paulinus-Dr. (242, V S.) 8° [F.] [о. г.]

Hilger, Albert

Hilger, A. Über die Acharner des Aristophanes. 9 S.
Progr. Rg. Pet. *Danzig* 1884.

Hilger, Albert: Beiträge zum Reifungsprocess der Weintrauben. Würzburg o. J. 8 S., 1 Taf. Aus: Hilger und Nies: Mittheilungen aus dem agriculturchemischen Laboratorium zu Würzburg. —— 21*

Hilger, A., s.: Bericht üb. die 11. Versammlung der freien Vereinigung bayerischer Vertreter der angewandten Chemie.

HILGER, A., R. KAYSER, und T. WEIGLE.
See Bericht über die 1. Versammlung der freien Vereinigung Bayerischer Vertreter der angewandten Chemie.

—— und Kayser (R.). Bericht über die vierte Versammlung der Freien Vereinigung Bayrischer Vertreter der angewandten Chemie zu Nürnberg am 7. und 8. August 1885. Berlin 1886. 8.

Hilger, A., s. Bericht über die 10. Versammlung der freien Vereinigung bayer. Vetreter d. angewandt. Chemie.

HILGER, A.
Blicke in die Vergangenheit und Gegenwart der Chemie. Erlangen, 1887. 4to.

Hilger, A., die Chemie der Pflanze, s. Jahresbericht über die Fortschritte auf dem Gesammtgebiete der Agricultur-Chemie.

Hilger, Albert: Ernährung und Nahrungsmittel, s. Pettenkofer, M.

s.: Forschungs-Berichte über Lebensmittel etc.

Hilger, A., Handbuch d. Chemie, s.: Gmolin, Leop.

Hilger, A., s.: Jahresbericht üb. die Fortschrit auf dem Gesammtgebiete der Agricultur-Chemie.

Hilger, A., s.: Mittheilungen aus dem pharmaceutischen Institute u. Laboratorium f. angewandte Chemie der Universität Erlangen.

—— s. Mittheilungen aus dem chemischen Laboratorium.

Hilger, A., die wichtigsten Nahrungs- u. Genussmittel, deren wesentl. Bestandtheile, Verfälschungen nebst Prüfung. [Aus: „Martius' deutschen Medizinal-kalender 1879".] 8. (14 S.) Erlangen 879. Besold. n. — 80

— die Pflanzenstoffe in chemischer, physiologischer, pharmakologischer u. toxikologischer Hinsicht, s.: Husemann, A.

Hilger, Alb., Rede, beim Antritt des Prorectorats der königl. bayer. Friedrich-Alexanders-Universität Erlangen am 4. Novbr. 1887 gehalten. (Blicke in die Vergangenheit und Gegenwart der Chemie.) gr. 4. (12 S.) Erlangen 887, (Metzer.) * — 60

Hilger, Albert, und F. Nies: Der Röth Unterfrankens und sein Bezug zum Weinbau. Würzburg 1873. 11 S. Aus: Hilger und Nies 'Mittheilungen aus dem agriculturchemischen Laboratorium zu Würzburg'. -- 21 *

Hilger, Alb., über die Verbindungen des Jod mit den Pflanzen-alcaloïden. Ein Beitrag zum Nachweis der Alcaloïde. gr. 8. (41 S. mit 12 lithogr. Abbild. auf 6 Taf.) Würzburg 869, Stuber.

—— Vereinbarungen betreffs der Untersuchung und Beurteilung von Nahrungs- und Genussmitteln, sowie Gebrauchsgegenständen. Hrsg. im Auftrage der Freien Vereinigung bayer. Vertreter der angewandten Chemie. gr. 8. (XII, 283 S. mit 8 in den Text gedr. Holzschn. und 1 lithogr. Taf.) Berlin 885, Springer. * 8 —

— Verfälschung der Nahrungs- u. Genussmittel, s.: Handbuch der speciellen Pathologie u. Therapie.

s.: Vierteljahrsschrift üb. d. Fortschritte auf d. Gebiete d. Chemie d. Nahrungs- u. Genussmittel.

— s.: Zeitschrift f. Untersuchung der Nahrungs- u. Genussmittel.

Hilger, Constantin, s. Hilger, Konstantin

Hilger, Ernst [approb. Arzt aus Lennep]: Aus d. Nervenpoliklinik des Herrn Prof. Dr. Rumpf in Bonn. Ueber Lähmung verschiedener Rückenmuskeln, besonders des Musculus serratus anticus major .... Bonn, Univ.-Buchdr. v. Carl Georgi, 1888; 49 [1 S. [1 Bl. 8°
Bonn, Med. Fak., Inaug. Diss. v. 12. März 1888

Hilger, Fr., Aufgabenbuch zum Gebrauche beim Rechenunterrichte zunächst in Taubstummen-Anstalten. 1.—5. Stufe. 8. Elberfeld, Faßbender's Buchh.
Inhalt:
Stufe 1. Zahlenkreis von 1—20. (54 S.) 882. * 40 Pf.
„ 2. Zahlenkreis von 1—100. (72 S.) 882. * 60 Pf.
3. Zahlenkreis von 1—1000. (151 S.) 883. * ℳ 1.
„ 4. Der höhere Zahlenkreis. (79 S.) 883. * 60 Pf.
„ 5. Die Grundrechnungsarten mit mehrfach benannten Zahlen. [Münzen, Maße und Gewichte.] (88 S.) 884. * 30 Pf.

Hilger, Fr., Aufgabenbuch zum Gebrauche beim Rechenunterrichte ꝛc.
Stufe 6. Die Dezimalbruchrechnung, die gemeine Bruchrechnung, bürgerl. Rechnungsarten, Flächen- und Körperberechnung. (77 S.) geb. * 50 Pf.

Hilger, Fr., Aufgabenbuch zum Gebrauche beim Rechenunterrichte zunächst in Taubstummen-Anstalten. III—VI. Stufe. 8. Elberfeld 883—85. Faßbender. n. 2. 60 (I—VI.: n. 3. 60)
III. Zahlenkreis von 1—1000. (151 S.) n. 1. —. — IV. Der höhere Zahlenkreis. (79 S.) n. — 60. — V. Die Grundrechnungsarten m. mehrfach benannten Zahlen. [Münzen, Maße u. Gewichte.] (88 S.) geb. n. — 50. — VI. Die Dezimalbruchrechnung, die gemeine Bruchrechnung, bürgerl. Rechnungsarten, Flächen- u. Körperberechnung. (77 S.) geb. n. — 50

Hilger, Fr., Aufgabenbuch zum Gebrauche beim Rechenunterrichte zunächst in Taubstummen-Anstalten. 2. und 6. Stufe. 8. Elberfeld 885, Faßbender. geb. à Stufe * 50 Pf. * 1 —
Inhalt:
Stufe 2. Zahlenkreis von 1 bis 100. 2. Aufl. (IV, 86 S.) * 30 Pf.; geb. * 50 Pf.

Hilger, Fr., Aufgabenbuch zum Gebrauche beim Rechenunterrichte, zunächst in Taubstummen-Anstalten. 1.—4. Stufe. 8. Elberfeld. Guben, A. Koenig. Kart. n. 2. 75
1. 3. Aufl. (63 S.) 892. n. — 50. — 2. 2. Aufl. (85 S.) 894. n. — 50. — 3. 2. Aufl. (144 S.) 894. n. 1. —. — 4. 2. Aufl. (94 S.) 894. n. — 75.

Hilger, Fr., Aufgabenbuch zum Gebrauche beim Rechenunterrichte, zunächst in Taubstummen-Anstalten. V. Stufe: Decimalbruchrechng. Die gemeinen Brüche. Regeldetri. Zeitrechnung. Aufgaben aus den bürgerl. Rechnungsarten (Zinsrechng., Gewinn u. Verlust, Rabatt in Hundert, Verteilungs- u. Gesellschaftsrechng.). Aus den Unterrichtsgebieten. Flächen- u. Körperberechngn. Alters- u. Invalidenversicherg. Unfallversicherg. 2. Aufl. 8. (64 S.) Guben 899. A. Koenig. n. -- 60

Hilger, G., der Obstbau in den östlichen Provinzen. Anleitung zur Pflanzg. u. Pflege des Obstbaumes, zur Sortenwahl u. Verwertg. des Obstes. Für den Selbstunterricht u. zum Gebrauch an Schulen bearb. gr. 8. (VI, 72 S. m. Abb.) Berlin 902. P. Parey n. 1. —

H. Hilger, Über die Zusammensetzung versch. Weinbergsböden Frankens.
Ber. d. agr.-chem. Labor. für Unterfranken — Aschaffenburg.
1872 Würzburg

Hilger, Jos., bunte Blätter. Neue Gedichte. (202 S.) 8. Mayen (907). L. Schreder.
Geb. in Leinw. m. Goldschn. nn 3. —

Hilger, Jos., Dichterklänge v. Laacher See u. s. Umgebg. 8. (55 S.) Mayen 897. L. Schreder. n. — 60

Hilger, Jos., Gedichte. 12. (X, 268 S.) Dresden 894. E. Pierson. n. 3. —; geb. in Leinw. m. Goldschn. n. 4. —

Hilger, Joseph: Geschichte von Mayen, s. Brink, Ludwig

— zur Jubelfeier d. 100. Geburtstages Kaiser Wilhelms d. Großen am 22. III. 1897. 8. (15 S.) Ebd. 897.
n. — 30; in Partien à n. — 10

Hilger, Konstantin

Studien über die Schaumünzen der Markgrafen von Baden aus der Zeit der Renaissance. Von Dr. Constantin **Hilger**. Aarau: Sauerländer 1904 (1905). 30 S. 2°(4°)
(Bally, Otto: Beschreibung von Münzen u. Medaillen d. Fürstenhauses u. Landes Baden. T. 2, Lfg 1.) (11. 5786

Hilger, Lina, s.: **Mädchenbildung, die höhere.**

Hilger, Wilhelm [prakt. Arzt aus Lennep]: (Aus dem physiolog. Laboratorium zu Bonn.) Beitrag zur Titration des Harnstoffs nach Rautenberg .... Bonn, Univ.-Buchdr. v. Carl Georgi (1887); [nur Titelbl., Vita u. Thesen.] 2 Bl. 8°.
Bonn, Med. Fak., Inaug.-Diss. v. 30. Apr. 1887.

Hilger, W[ilhelm]: Die Hypnose und die Suggestion. Ihr Wesen, ihre Wirkungsweise u. ihre Bedeutung u. Stellung unter d. Heilmitteln. Von Dr. –. Jena: Fischer 1909. 194 S. 8°

Hilger, Wilhelm [prakt. Arzt aus Lennep]: (Aus d. physiolog. Laboratorium zu Bonn.) Ueber die Titration des Harnstoffs mit Mercurinitrat nach der Methode von Rautenberg und Th. Pfeiffer .... Bonn, Univ.-Buchdr. v. Carl Georgi (1887); 30 S. + 1 Bl. 8° [vgl. 1886/87 Bonn Nr. 38]
Bonn, Med. Fak., Inaug.-Diss. v. 30. Apr. 1887

Hilger, Xav., Skizze zur Bearbeitung einer ewig neu bleibenden Grundsteuerbeschreibung f. das Herzogth. Baiern u. Pfalz ꝛc. 8. Landsh. 803. Weber in München. 4 fl.

Hilgermann, Robert, prakt. Arzt: Aus d. Universitäts-Poliklinik f. Ohren-, Nasen- u. Kehlkopfkranke in Breslau. Die Betheiligung des Ganglion Gasseri bei Mittelohreiterungen. *Wiesbaden: J. F. Bergmann 1901.* (26 S.) 8° ¶(Aus: Zeitschrift f. Ohrenheilkunde, Bd 40.)
Breslau, Med. Diss. v. 27. Dez. 1901

Hilgermann, Rob., Formaldehyddesinfektion v. Eisenbahnabteilen u. Droschken nach dem Autan-B-, Autoform- u. Formalin-Kaliumpermanganatverfahren. (24 S.) gr. 8. Jena 909. G. Fischer. — 80
Sonderabdr. a.: „Klin. Jahrb."

— Taschenbuch f. die chem. Untersuchung v. Wasser u. Abwasser. s.: **Dost, Karl.**

Hilgers, Karl der Große und die natürlichen Grenzen Frankreichs. Deutsche Beleuchtung des französ. Versuches, das vermeintl. Recht auf die sogenannten natürl. Grenzen geschichtlich zu begründen. gr. 8. (IV und 41 S.) Saarlouis 866, Stein.

Hilgers: Wissenschaftliche Thätigkeit, Unterricht u. Erziehung in Rom nach den Zeiten des Domitianus. Saarlouis. 1865.
Schul-/Univ.-Schrift

Hilgers, Bernhard Josef

Hilgers, B. Jos., Beantwortung der von J. J. H. Schumacher hrsg. theolog. Beurtheilung meiner Schrift: „Symbolische Theologie". gr. 8. (2 B.) Bonn 842, Habicht.

Hilgers, B. Jos., krit. Darstellung d. Häresen u. d. orthodoxen dogmat. Hauptrichtungen in ihrer genet. Bildung u. Entwicklung, v. Standpuncte d. Katholicismus aus. 1. Bd. 1. Abthl. gr. 8. (16 B.) Bonn 837, Habicht.

Hilgers, Bernard Jos., Homilien gehalten in der Kapelle des St. Johanneshospitals zu Bonn. Nach dem Tode des Verf. hrsg. gr. 8. (IV, 152 S.) Bonn 874, Weber. *

Ad audiendam ... orationem de Desiderio Erasmo homine et theologo pro aditu muneris prof. ord. in ordine theol. cath. Bonnensi d. XX Jun. ... habendam ... invitat Bernardus Josephus **Hilgers** ... — Inest commentatio de Gregorii II P. M. in seditione inter Italiae [!] populos adversus Leonem Isaurum imperatorem excitata negotio. Coloniae et Novesii, L. Schwann 1849. 15 S. 4.

Sacram memoriam ... Friderici Gvilelmi III vniversitatis Fridericiae Gvilelmiae Rhenanae conditoris ... ab eadem vniversitate d. III m. Avg. a. 1855 ... celebrandam victorvmqve renvntiationem e litt. certaminibvs prodevntivm indicit Bernhardvs Iosephvs **Hilgers**, ord. theol. cath. h. a. decanvs. — Praemissa est de Hermetis Trismegisti Poimandro commentatio. Bonnae, litt. C. Georgianis (1855). 17 S. 4.

Hilgers, B. J., Symbolische Theologie, oder die Lehrgegensätze des Katholicismus u. Protestantismus dargestellt u. gewürdigt. Bonn, Habicht, 1841, gr. 8°, 3,50 Mk.
Recens. Archiv f. theol. Litt. (Regensb., Manz) 1843, S. 3–32 u. 97–128.

Hilgers, Bern. Jos., Über das Verhältnis von Leib und Seele im Menschen, mit besonderer Beziehung auf sittliche Freiheit und Zurechnung. Bonn, (Habicht,) 1834, gr. 8°, 111 S., 2 Mk.
Recens. (Bonner) Ztschr. f. Philos. u. kath. Theol. 1831, Heft 9 S. 261—5.

Hilgers, E., die Bau-Unterhaltung in Haus u. Hof. Handbuch zum Beurtheilen u. Veranschlagen von Neu- u. Reparatur-Arbeiten an Wohn- u. Wirthschafts-Gebäuden. gr. 8. (XII, 151 S.) Wiesbaden 882. Rodrian. cart.
n. 2. 80

Hilgers, E., die Bau-Unterhaltung in Haus und Hof. Handbuch zum Beurtheilen und Veranschlagen von Neu- und Reparatur-Arbeiten an Wohn- und Wirthschafts-Gebäuden. (VII, 151 S.) 1882. cart. *ℳ 2,80.; 2. verb. und verm. Aufl. gr. 8. (VIII, 199 S.) Wiesbaden 883. (Rodrian.) *

Hilgers, E., Bau-Unterhaltung in Haus und Hof. Handbuch zum Beurtheilen und Veranschlagen von Neu- und Reparatur-Arbeiten an Wohn- und Wirthschafts-Gebäuden. 3. verb. und verm. Aufl. gr. 8. (VIII, 271 S. mit zahlr. Holzschn.) Wiesbaden 885, Bechtold und Comp. geb. *

—— dass. — 4. verb. und verm. Aufl. gr. 8. (VI, 333 S. mit zahlr. Holzschn.) Ebendas. 886. *ℳ 5.—.: geb. *

Hilgers, E., Bau-Unterhaltung in Haus u. Hof. Handbuch zum Beurteilen u. Veranschlagen v. Neu- u. Ausbesserungs-Arbeiten an Wohn- u. Wirtschafts-Gebäuden. 5., verm. Aufl. gr. 8. (VIII, 378 S. m. Holzschn.) Wiesbaden 890. Bechtold & Co. n. 5. —; geb. n. 6. —

Hilgers, E., Bau-Unterhaltung in Haus u. Hof. Handbuch zum Beurteilen u. Veranschlagen v. Neu- u. Ausbesserungs-Arbeiten an Wohn- u. Wirtschafts-Gebäuden. 6. Aufl. Bearb. v. O. v. Ritgen. gr. 8. (VIII, 411 S. m. Holzschn.) Wiesbaden 893. R. Bechtold & Co. n. 5. — geb. n. 6. —

Hilgers, E., Bau-Unterhaltung in Haus u. Hof. 7. Aufl. Bearb. von O. v. Ritgen. gr. 8. (VIII, 426 S. m. Abbildgn.) Wiesbaden 899. R. Bechtold & Co. n. 5. —; geb. in Leinw. n. 6. —

Hilgers, E: Bau-Unterhaltung in Haus und Hof. Bearb. von O. v. Ritgen. 8. Aufl. Wiesbaden 1907

— Herstellung der v. Ueberschwemmung betroffenen Gebäude. [Aus: „Die Bau-Unterhaltung".] 8. (15 S.) Ebd. 888. n. — 40

Hilgers, Engelbertus Ios. (geb. 1805 in Lommersum Rgbz. Köln): De Quinti Horatii Flacci epistola ad Pisones ... Bonnae, litt. C. Georgii 1840. 2 Bl., 58 S., 1 Bl. 8. ¶ Erschien 1841 selbständig bei König in Bonn.
Bonn, Phil. Fak., Diss. v. [23 Dez.] 1840

Hilgers, Engelb. Ios., de Q. Horatii Flacci epistola ad Pisones. Smaj. (4 B.) Bonnae 841, Koenig. *

Hilgers, Franc. Leonh. (geb. [Gusdorf im Rheinl.] (1. 6. 1841): De valvulae tricuspidalis insufficientia et stenosi. Berolini (1866). (32 S.) 8°
Berlin, Med. Diss. v. 8. Juni 1866

Hilgers, Gustav. Ueber das Auftreten der Krystalle von oxalsaurem Kalk im Parenchym einiger Monocotylen. Jena, 1866.

Hilgers, Hedwig: Die Wortstellung in Sanson von Nantuils altfranzösischer Bearbeitung der Proverbia Salomonis. Halle a. S. 1910: Hohmann. 103 S. 8°
Halle, Phil. Diss. v. 8. März 1910, Ref. Suchier
[Geb. 9. Juni 74 St.-Vith; Wohnort: Halle a. S.; Staatsangeh.: Preußen; Vorbildung: Realgymn. Aachen Reife M. 05, Studium: München 3, Paris 1, Halle 5 S.; Rig. 22. Nov. 09] [U 10. 1751

Hilgers, Hermann *Joseph Otto* [aus Köln a. Rh.]: Zur Geschichte des Fluoresceïns ... Göttingen, Druck d. Univ.-Buchdr. v. E. A. Huth, 1895; 75 S., 1 Bl., 1 Tab. 8.
Göttingen, Phil. Fak., Inaug.-Diss. v. [28. Aug.] 1895

Hilgers, I.: Populäre Darstellung der Aufgabe der Real- und höheren Bürgerschulen. Saarlouis 1867.
Schul-/Univ.-Schrift

Hilgers, J. C., kurzer Leitfaden zum Unterricht im Deutschen, s.: Clausing, J.

Hilgers, J. L.

— Sind nicht in Shakespeare noch manche Verse wiederherzustellen, welche alle Ausgaben des Dichters als Prosa geben? Aachen. H. B. u. G. S., 1852. 44 S. 4. Progr.

Hilgers, J. L. Der dramatische Vers Shakespeare's. 2 Teile. Aachen. R., 1868. 20 S. 4. 1869. 25 S. 4. Progr.

Hilgers, Jos., S. J., die neuesten Ablaßbewilligungen. Ergänzung zum „kleinen Ablaßbuch". (VIII, 72 S.) 12. Paderborn 903. F. Schöningh. n. — 60

— kleines Ablaßbuch. Auszug aus Frz. Beringers größ. Werke „D. Ablässe, ihr Wesen u. Gebrauch". 8. (XXX, 458 S.) Ebd. 896. 3. —; geb. n. 4. —

— kleines Ablaßbuch m. den neuesten Ablaßbewilligungen, bearb. nach dem größeren Werke v. Frz. Beringer „Die Ablässe, ihr Wesen u. Gebrauch". 2. Ausg. (XXX, 458, VIII u. 72 S.) 12. Ebd. 903. n. 3.40; geb. n. 4.40

Hilgers, Jos., S. J., die Ablässe, s.: Beringer, Frz.

Hilgers, Jos., S. J., Ablaßgebetbuch. 16. (XXVI, 305 S.) Paderborn 898. F. Schöningh. n. — 80; geb. n. 1.80

— Die Bücherverbote in Papstbriefen. Kanonist.-bibliograph. Studie. (VIII, 107 S.) Lex. 8. Freiburg i/B. 907. Herder. 2.50; geb. in Leinw. 3.40

— Das goldene Büchlein f. Priester u. Volk. Die Ablässe u. Privilegien d. Herz-Jesu-Andacht. (VIII, 220 S. m. Titelbild.) kl. 8. Regensburg 910. F. Pustet. 1.20; geb. in Leinw. 1.60

Das goldene Jahr. Jubiläumsbüchlein von Joseph Hilgers, Priester d. Ges. Jesu. Kevelaer: Butzon & Bercker 1899. (224 S.) 8° [illegible] 5

Hilgers, Jos., S. J., das goldene Jahr. Jubiläumsbüchlein. 2. verm. Aufl. 16. (297 S. m. Titelbild.) Kevelaer 899. Butzon & Bercker. Geb. in Leinw. — 75

— der Index der verbotenen Bücher. In seiner neuen Fassg. dargelegt u. rechtlich-historisch gewürdigt. (XXI, 638 S.) Lex.-8. Freiburg i/B. 904. Herder. n. 9. —; geb. in Halbfrz. n. 11.50

— Jubiläumsbüchlein. Nebst Jubiläumsandacht. 16. (121 u. 30 S. m. Abbildgn.) Ebd. 899. — 30

— Maria der Weg zu Christus. Gebet- u. Andachtsbuch. (X, 606 S. m. 1 Farbdr.) 16. Freiburg i/B. 907. Herder. 1.60; geb. in Leinw. 2. —

Hilgers, Iosephus (geb. am 17 Dez. 1828 in Kohlscheid bei Aachen): In Dionis Chrysostomi orationem Alexandrinam observationes ... Bonnae, form. F. P. Lechneri 1851. 2 Bl., 32 S. 8.
Bonn, Phil. Fak., Diss. v. 22 März 1851

Hilgers, Max [Referendar in Köln]: Die rechtliche Natur der remuneratorischen Schenkung ... Köln, *Kölner Verl.-Anst. u. Druckerei*, 1897; 25 S. 8.
Erlangen, Jur. Fak., Inaug.-Diss. v. 1897

Hilgers, Paul, approb. Arzt aus Essen: Aus d. inneren Abt. d. Landkrankenhauses zu Cassel. Ein Fall von akuter gelber Leberatrophie. *Leipzig 1902: B. Georgi.* (35 S.) 8°
Leipzig, Med. Diss. v. (17. Juni) 1902

Hilgers, Rud., das Fleischer- oder Metzger-Gewerbe mit allen seinen Nebenzweigen auf der Stufe jetziger Vervollkommnung. 5. Aufl. von Thon's Fleischer- od. Metzger-Gewerbe, verb. u. hrsg. Mit 32 Abbildungen (auf 2 Steintaf.). 8. (XV, 336 S.) Weimar 879. B. F. Voigt. 3. —

Hilgers, Rud., das Fleischer- od. Metzgergewerbe m. allen seinen Nebenzweigen auf der Stufe jetziger Vervollkommnung. 6. verb. u. verm. Aufl. v. Jul. Todzi. 8. (XVI, 411 S. m. 32 Abbildgn. auf 2 Taf.) Weimar 892. B. F. Voigt. 4. —

Hilgers, Sophie: Der Lautstand in den Proverbia Salomonis von Samson von Nantuil. Halle a. S. 1910: Hohmann. 79 S. 8°
Halle, Phil. Diss. v. 15. März 1910, Ref. Suchier
[Geb. 14. Mai 77 St.-Vith; Wohnort: Halle a. S.; Staatsangeh.: Preußen; Vorbildung: Realgymn. Aachen Reife M. 05; Studium: München 3, Paris 1, Halle 5 S.; Rig. 8. Nov. 09.] [U 10. 1752

Hilgers, Wilhelm: Ueber einen Fall von sogenanntem 'Lupus pernio' mit besonderer Berücksichtigung seiner Beziehung zur Tuberkulose. Strassburg i. E. 1910: Manias. 28 S. 8°
Straßburg, Med. Diss. v. 21. Febr. 1910, Ref. Madelung
[Geb. 19. Sept. 82 Wiesbaden; Wohnort: Straßburg; Staatsangeh.: Preußen; Vorbildung: Gymn. Koesfeld Reife O. 03; Studium: Freiburg i. B. 1, München 6, Straßburg 1, München 1, Straßburg 1 S.; Coll. 30. Dez. 09; Approb. 14. Mai 09.] [U 10. 4048

Hilgert, Anton

Hilgert, A., s. Abhandlungen a. d. staatswissenschaftl. Seminar zu Münster i. W.

Hilgert gt. Lenfert, Anton: Die Ausgabewirtschaft der Stadt Münster i. W. von 1816—1908. Leipzig 1910: Hirschfeld. VI, 144 S. 8° ¶ (Ersch. vollst. u d. T.: Die Finanzen d. St. Münster v. 1816—1908, als: Abhandlungen aus d. staatswiss. Sem. zu Münster i. W. H. 9.)
Münster, Rechts- u. staatsw. Diss. v. 28. Febr. 1910, Ref. v. Heckel, Schmöle
[Geb. 6. Juni 77 Gaupel; Wohnort: Münster i. W.; Staatsangeh.: Preußen; Vorbildung: Gymn. Koesfeld Reife O. 00; Studium: Münster 9 S.; Rig. 6. Juli 09.] [U 10. 3743

Das Finanzwesen der Stadt Coesfeld von 1815 bis 1909. Von Dr. Anton **Hilgert** gt. Lenfert. Leipzig: Hirschfeld 1910. X, 99 S. 8° [10. 13470

Hilgert gt. Lenfert, Ant., die Finanzen d. Stadt Münster i. W. v. 1816—1908, s. a. **Abhandlungen aus** dem staatswissensch. Seminar zu Münster i. W. 9. Heft.

Hilgert, Anton: Die Finanzen der Stadt Münster i. W. von 1816–1908. Von Dr. Anton Hilgert gt. Lenfert. Leipzig: Hirschfeld 1910. X, 211 S. 8°
(Abhandlungen aus d. Staatswiss. Seminar zu Münster i. W. H. 9.)

HILGERT, Carl: Katalog der Collection von Erlanger in Nieder-Ingelheim am Rhein. - Berlin 1908. VIII, 527 S. (Wiss. Verz. m. Literaturnachweisen üb. d. umfangr. Samml. europ. u. exotischer Vögel)

Hilgert, Carl, Katalog der Collection v. Erlanger in Nieder-Ingelheim a. Rh. (VII, 527 S. m. 1 Bildnis.) gr. 8. Berlin 908. R. Friedländer & Sohn. 4. —

Hilka, Alfons: Zur Alexandersage. Zur Textkritik von Alexanders Brief an Aristoteles über die Wunder Indiens. Breslau 1909: Nischkowsky. XX S. 4°
Breslau. k. kath. St. Matthias-G OP 1909 (254) [S 09. 194

Hilka, Alfons, Dr.: Kulturgeschichtliche Bedeutung indogermanischer Personennamen unter besonderer Berücksichtigung altindischer Namengebung. Oppeln 1905: Erdm. Raabe. (S. 1 - XII.) 4°
Oppeln, k. kathol. G P 1905 (212)

Hilka, Alfons, Beiträge zur Kenntnis der indischen Namengebung. Die altind. Personennamen, s. a. Forschungen, indische.

Beiträge z. Kenntnis d. indischen Namengebung. Die altindischen Personennamen von Dr. Alfred **Hilka,** Oberl. Breslau: Marcus 1910. XI, 160 S. 8°
(Indische Forschungen. H. 3.) [10. 17833

— Das Leben u. die Sentenzen des Philosophen Secundus des Schweigsamen in der altfranzös. Literatur nebst krit. Ausg. d. latein. Übersetzg. des Willelmus Medicus, Abtes v. Saint-Denis. (42 S.) gr. 8. Breslau 910. G. P. Aderholz. 1. —
Sonderabdr. a.: „Jahresber. d. schles. Gesellsch. f. vaterl. Cultur".

Hilka, Alfons, aus Walzen O.-S.: Die direkte **Rede** als stilistisches Kunstmittel in den Romanen des Chrestien de Troyes. (A. Einleitung.) *Breslau 1902: Schles. Volkszeitungs-Buchdr.* (63 S.) 8° ¶ (Soll später vollst. erscheinen.)
Breslau, Phil. Diss. v. 25. Apr. 1902

Hilka, Alfons, die direkte Rede als stilistisches Kunstmittel in den Romanen des Kristian v. Troyes. Ein Beitrag zur genet. Entwicklg. der Kunstformen des mittelalterl. Epos. (177 S.) gr. 8. Halle 903. M. Niemeyer. n. 3. 60

Hilka, Alfred, s. Hilka, Alfons

Hilken, Friedrich Wilhelm

Hilken, die Erziehung der Einjährig-Freiwilligen aller Waffen zum Reserve-Offizier-Aspiranten. Grundlagen f. das Bestehen der Prüfgn. u. f. die Gesamtausbildg. der Reserve-Offiziere. Feldartillerie-Ausg. Die feldartillerist. Kapitel bearb. v. Zwenger. Mit 3 lith. Taf. gr. 8. (XXVII, 180 S.) Neuwied 890. Heuser's Verl. n. 4. 50

— dasselbe. Infanterie-Ausg. gr. 8. (XXVII, 226 S. m. 3 lith. Taf.) Ebd. 890. n. 4. 50

— dasselbe. Kavallerie-Ausg. Mit 3 lith. Taf. gr. 8. (XXVII, 220 S.) Ebd. 890. n. 4. 50

— dasselbe. Train-Ausg., bearb. v. Hilken u. Kiesling. Mit 4 lith. Taf. gr. 8. (XXVII, 180 S.) Ebd. 891. n. 4. 50

Hilken, die Erziehung der Einjährig-Freiwilligen aller Waffen zum Reserve-Offizier-Aspiranten. Grundlagen f. das Bestehen der Prüfgn. u. f. die Gesamtausbildg. der Reserve-Offiziere. Feldartillerie-Ausg., bearb. v. Zwenger. 2., vollständig umgearb. Aufl. 8. (VII, 160 S. m. Abbildgn. u. 3 Taf.) Berlin 894. Liebel. n. 2. 50; geb. n. 3. 25

— dasselbe. Fußartillerie-Ausg., s.: Gerwien.

— dasselbe. Infanterie-Ausg. 2., durchgeseh. Aufl. gr. 8. (XXVII, 226 S. m. 3 Taf.) Neuwied 892. Berlin Liebel. n. 3. —

— dasselbe. Pionier-Ausg. gr. 8. (XXVII, 256 S. m. 3 lith. Taf.) Ebd. 892. [4. 50] n. 3. —

Hilken, u. v. d. **Mülbe,** d. Erziehg. d. Einjährig-Freiwilligen aller Waffen z. Reserve-Offizier-Aspiranten. Grundlagen f. d. Bestehen d. Prüfgn. u. f. d. Gesamtausbildung d. Reserve-Offiziere. Infanterie-Ausg. 3., vollst. umgearb. Aufl. 8. (VIII, 147 S. m. Abb. u. 3 Taf.) Berlin 896. Liebel. n. 2. 50

— kurzgefaßte Geschichte d. Infanterie-Regiments Herzog Ferdinand v. Braunschweig (8. Westfälisches) Nr. 57. 2., bericht. u. verm. Aufl. 8. (VI, 119 S. m. 1 Bild.) Wesel 889. Kühler. n. 1. —

Hilken, kurzgefaßte Geschichte des 8. Westfälischen Infanterie-Regiments Nr. 57. Auf Veranlassung des Regiments zusammengestellt für Unteroffiziere u. Mannschaften, sowie für frühere Angehörige des Regiments. 8. (IV, 95 S.) Wesel 881. Kühler. n. — 75

Mittheilungen über den Nord-Ostsee-Kanal. F. d. Theilnehmer an d. Fahrt v. 27. Mai zsgest. durch d. Schriftführer Hauptm. z. D. [Friedrich Wilhelm] Hilken ... Hrsg. v. Vorstande. *Berlin: ([Dr. v.] A. W. Hayn's Erben) 1895.* (13 S.) 1 Bd 4.
(Centralver. f. Hebg d. Deutschen Fluss- u. Kanal-Schiffahrt.) [98. 9796

— aus der Praxis f. die Praxis. Exerzirhülfen f. die Einzelausbildg. u. das Exerziren im Trupp. Für jüngere Vorgesetzte aller Waffengattgn. 8. (VII, 80 S.) Ebd. 894. n. — 75; kart. n. — 90

Hilken, aus der Praxis f. die Praxis. Exerzierhilfen f. die Einzelausbildg. u. das Exerzieren im Trupp. Für jüngere Vorgesetzte aller Waffengattgn. 2., neubearb. Aufl. v. (H.) Hilken. (VIII, 86 S.) 8. Berlin 904. Liebel. n. 1. —; kart. n. 1. 20
117

— der Unteroffizier im Terrain. Kenntniß des Terrains, Verständniß eines Planes und einer Karte, Orientiren, Schätzen und Messen der Entfernungen, Croquiren, Recognosciren, Führung einer Truppenabtheilung im Terrain. Ein Handbuch für den Unteroffizier der Infanterie und Cavallerie. 6. vollständig umgearb. und bedeutend verm. Aufl. 8. (96 S. mit 5 lithogr. Plan- und Fig.-Taf.) Berlin 883, Liebel'sche Buchh. geb.

praktische Winke für Einjährig-Freiwillige u. deren Eltern, Vormünder ꝛc. Wahl der Waffengattung u. des Truppenteils, nebst den einschläg. gesetzl. Vorschriften der Wehr- u. Heerordnung. gr. 8. (38 S.) Neuwied 890. Heuser's Verl. n. — 60

Hilken, praktische Winke f. Einjährig-Freiwillige u. deren Eltern, Vormünder ꝛc. Wahl der Waffengattg. u. des Truppenteils, Zusammenstellg. der Kosten. 2. verb. Aufl. v. Werner. (23 S.) 8. Berlin 904. Liebel. n. — 50

Hilken, Friedrich Wilhelm, s. Zeitschrift f. Binnenschiffahrt

Hilkenkamp, Johann Heinrich Jakob Ludwig (Osnabrück)
Ueber die Zersetzungsprodukte von Nitrobenzol und Nitroluol durch schwefeligsaures Ammoniak.
[In: Annalen d. Chemie u. Pharmacie Bd 95 (1855) 86.]
Dr. phil. Giessen 11.11.1854.

Hilker, Arthur, Gerichtsassessor in Cöln: Die Aufrechnung des Gläubigers im Konkurse des Schuldners. Cöln 1906: H. Elkan. (80 S.) 8°
Leipzig, Jur. Fak., Diss. v. 20. Dez. 1906
[Geb. 12. Nov. 77 Cöln a. Rh.; Wohnort: Cöln; Staatsangeh.: Preußen; Vorbildung: Gymn. an d. Apostelkirche Cöln Reife O. 97; Studium: Bonn 8 S.; Rig. 14. Dez. 06.]

Hilker, C., Studier over Pompejanske Decorationer. 1 u. 2. Hft. Imp. Fol. (à 4 lith. Taf.) Kopenhagen 847, Bing. (à 2 *ß*) 4 *ß*

Hilker's, Heinr., Adreßbuch umliegender Städte u. Orte v. Zwickau, Sa. Mit Angabe der örtl. Behörden. Hrsg. u. zusammengestellt auf Grund amtl. Unterlagen. 1907—1909. (623, XVI, 56 S. u. S. 56a—d.) gr. 8. Wilkau i/S. (907). Selbstverlag. Geb. nn 6. 50

Hill, A., Diana, s.: Universal-Bibliothek.

Hill, Ada, Kranz u. Schleier. Eine vorzügl. Sammlg. v. Kranz- u. Schleier-Gedichten zu Polterabenden. 8. (32 S.) Crossen a/O. 893. F. Appun. — 50

Hill, Adolf, von Basel: Ueber die quantitative Bestimmung des Zinks in seinen Erzen durch Titrimetrie und Electrolyse. Zür. Juchli & Beck Dr. 1897. 2 Bl., 61 S., 1 Bl. 8°.
Zürich, Phil. Diss. [v. 26. Oct. 1897].

Hill, Adolf [Referendar aus Battenberg]: Der subsidiäre Charakter der Nöthigung ... Marburg, Univ.-Buchdr. '(R. Friedrich)', 1895; VIII, 57 S. 8.
Marburg, Jur. Fak., Inaug.-Diss. v. [10. Dez.] 1895

Hill, Adf., d. subsidiäre Charakter d. Nöthigung. gr. 8. (VIII, 67 S.) Marburg 895. N. G. Elwert's Verl. n. 1. —

Hill, Anna, Erlkönig. Schwank in 4 Akten. gr. 8. (44 S.) Frankfurt a/M. 900. Mahlau & Waldschmidt. n. 1. —

— in Feindes Land. Scene aus dem deutsch-französ. Krieg in 1 Akt. 8. (80 S.) Ebd. 899. n. 1. —

Hill, Arthur E., aus Newark, N. J. (U.S.A.): Zur Kenntnis der aromatischen Sulfinsäuren und Aldehyde. *Freiburg i. B.: Speyer & Kaerner 1904.* (32 S.) 8°
Freiburg i. B., Phil. Diss. v. 1904

Hill's, B. L., Handbuch der homöopathischen Heilkunde. Für Familien und Haus. 32. (124 S.) Detroit 866. (Philadelphia, Schäfer und Koradi.) geb. *

Hill, Bruce Vickroy, aus Amerika: Ueber die kalorimetrischen Eigenschaften der ferromagnetischen Körper und das magnetische Verhalten der Nickel-Kupfer- und Nickel-Zinn-Legierungen. *Berlin (1902): E. Ebering.* (37 S.) 8°
Berlin, Phil. Diss. v. 30. Juli 1902

Hill, Carl Heinz, s. Hill, Karl Heinz

Hill, Carl Joh. Daniel, s. Hill, Karl Joh. Daniel

Hill, Constance, s. Hill, Konstanze

Daniel Hill's [Practical Observations on the use of oxygen or vital air in the cure of diseases. Deutsch:] Beobachtungen und Versuche über die Heilkräfte des Sauerstoffgas oder der Lebensluft. Aus d. Engl. übers. u. mit... Anm. begleitet von E[rnst] H[einrich] W[ilhelm] Münchmeyer. Th. 1. Göttingen: Schröder 1801. 8°
Th. 1: 1801.

Hill, Emil, plattdütsche Schnurren un Vertellzel. 12. (III, 108 S.) Anklam 899. H. Wolter. n. 1. —

Hill, Franz Der achaeische Bund seit 168 v. J. Chr. 25 S. OR. *Elberfeld* 1883.
Progr.

Hill, Franz [aus Fulda]: Ueber das Metrum in der Chanson de Roland. Strassburg 1874. 8. 36 S.

Hill, Fritz, Apotheker aus Giessen: Aus dem Institut zur Erforschung der Infektionskrankheiten. Direktor: Prof. Dr. Tavel. Die Bakterienflora in Bierpressionen. [Mit 2 Tabellen u. einer Tafel.] Giessen 1906. 68 S. 8°. [4. VII. 06.]
Bern. Phil. Diss. 1906/1907.

Hill, Fritz. Die Bakterienflora in Bierpressionen. Diss. Phil. Bern. [Mit 2 Tabellen und 1 Tafel.] *Kopftitel:* Aus dem Institut zur Erforschung der Infektionskrankheiten [in Bern]. Direktor: Prof. Dr. [Ernest] Tavel. 68 S. 8. Giessen, Heppeler & Meyer, 1906.

Hill, Headon, um e. Haares Breite, s.a. Engelhorn's allgem. Romanbibliothek.

Hill, Headon [d. i. F. Grainger]: Der verrätherische Hammer. Berlin: Vita [1898]. (S. 71–95.) 8°
= Geschichten, Kurze. 1, 11, [4.]

Hill, Heinr., Lehrbuch zum Schreibleseunterrichte nach den neuesten Methotikern 7., verb. Aufl. 8. (64 und 8 lithogr. S.) Fulda 849, Müller'sche Buchh. *

Hill, H., Lehrbuch zum Schreiblese-Unterrichte nach den neuesten Methodikern. 9. verb. Aufl. (Hierzu 11 Wandtafeln.) Fulda 854. (Müller.) 8. (64 S.) n. 3 ngr.

Hill, J. C., die chinesische Armee in ihrer Neu-Organisation u. Neu-Uniformierung. Nach der amtl. Ausg.: „Ta Ch'ing Kuo Lu Chün Yi Chih Tu Shuo" (Die Uniformen der chines. Armee des „Lu Chün Pu") bearb. Mit 16 Taf. Abb. in lith. Farbendr. (in Leporelloform). (24 S. Text.) 8. Leipzig (910). M. Ruhl. 2.50; geb. n 3. —

Hill, J. W.: Ueber carcinoma uteri. Strassburg. Buchdruckerei von R. Schultz & Comp. (Berger-Levrault's Nachfolger), 1878. 8. VI. 63 S.

Hill, Jak., chirurg. Beobacht., den Krebs betreffend; aus d. Engl. gr. 8. Leipz. 777. (Hahn). 12 gr
vgl. Hill, Jo.

— Beschreib. der äußerl. Theile d. Pflanzen, od. Einleit. in die Botanik; aus dem Engl. Mit Kpf. gr. 8. Leipz. 782. Compt. f. Litt. 1 Thlr 16 gr ill. 2 Thlr 12 gr

— Kräfte d. Salbei zur Verlängerung des Lebens; aus d. Engl. 8. Altenb. 779. (Hennings in Neisse). 5 gr

Hill, Jenny, Wahrheit u. Schein. Roman aus der russ. Gesellschaft. (227 S.) 8. Braunschweig 904. Leipzig, R. Sattler. n. 2.80; geb. n. 3.80

Hill, Jo., Chir. Beob., welche hauptsächlich den Krebs u. die Verletzungen des Kopfes betreffen. A. d. Engl. Lpz. 8°. 1777.
vgl. Hill, Jakob

Hill, Jh., Es geht gut, oder Gedanken des Glaubens über schwere göttliche Führungen. Aus dem Engl., von A. Beck. 16. Zürich 842, Hanke. 1/8 Thlr

Hill, Joh., Es geht gut, oder Gedanken des Glaubens über schwere göttliche Führungen. Aus dem Engl. v. A. Beck. 2. aufs Neue durchges. Aufl. 8. (84 S.) Zürich 850, Hanke. 4 ngr.

Hill, Joh., Es geht gut, oder Gedanken des Glaubens über schwere göttliche Führungen. Aus dem Engl. von A. Beck. 3. Aufl. Zürich 861. Hanke. 16. (84 S.) n. 4 ngr.

— Johann Bogislaus (Stolp/Pom.), De jure & onere reficiendi ecclesias. Diss. jur. Präs. Justus Henning Böhmer. Halle (Johann Grunert) 1. III. 1721. 64 S. (7.—) 15149

— — Dasselbe. Halle (Johann Friedrich Grunert) 1744. (7.—) 15150

[Sir] John Hill
1716–1775

Hill, John, Prakt. Abhdl. üb. d. Natur u. Cur der Krankheit, welche man die Milzkrankh. od. Hypochondrie nennt. A. d. Engl. 46 S. Brem. 8°.
1767

— Abhandl. vom Schlafe der Pflanzen. gr. 8. Nürnb. 768. (Monath u. K.) 4 gr

— — dasselbe mit Anmerk. v. Hahn. mit K. 8. Frkft. Gebhard u. K. 776.

— Dass., mit Anmerkk. v. H. J. Hahn. 8. Karlsr 778. Macklot. (Gebhardt u. K. in Frankf.) 6 gr

— Abhandl. v. Ursprung u. Erzeugung junger treibender Blumen. Mit Kpf. gr. 8. Nürnb. 768. (Monath u. K.) 8 gr

— Abhandl. v. d. Ursprung u. d. Erzeugung prolifirirender Blumen etc. Mit 7 Kpf. gr. 8. Nürnberg, 1768. (Recknagel.) — 10

— Art u. Weise, durch Ordnung der Kultur gefüllte Blumen aus einfachen zu ziehen. Aus d. Engl. Mit 8 Kpf. gr. 8. Nürnb. 766. (Campe). 12 gr ill. 1 Thlr

Hill (J.). Beschreibung der aeusserlichen Theile der Pflanzen oder . . . Einleit. in die Botanik. Leipzig, 1781. 8°.

— Decades of Plants. fol. ibid.

— Eden. fol. London. (Weidmann, Lps.)

Hill, John. Entwurf eines Lehrgebäudes von Erzeugung der Pflanzen. A. d. Engl. . . . Nürnberg 1761. Ü: *Reinhard (Reinhardt), Martin.* (ML) (Adel)

— Entwurf e. Lehrgebäudes v. Erzeugung der Pflanzen. Aus d. Engl. Mit 6 Kpf. 8. Nürnb. 761. Campe. 8 gr ill. 16 gr

[The Fabrick of the eye. Deutsch:] Die Fabric [Fabrik] oder Bildung des Auges und die verschiedenen Unordnungen welche das Gesicht verletzen oder verderben; ... [Verf.: Sir John Hill.] Aus d. Engl. übers. von Theodor Arnold. Lemgo 1760: Meyer. 86 S. 8°

— Fossils. fol. London. (Weidmann, Lps.)

— Gesch. der Fossilien und ihr. Tugend. in d. Arzneykunst. 1r Theil. 8. Gotha, Dieterich. 766.

— herbarium britannic. II Tomi. cum fig. 8. maj. Lond. (Weidmann, Lps.) 769–70.

— Insects. fol. ibid.

LVCINA SINE CONCVBITV, d. i. ein Brief an die königl. Societät der Wissenschaften, worinn auf eine unwidersprechliche Art, sowol aus der Vernunft, als aus der Erfahrung bewiesen, dass ein Frauenzimmer ohne Zuthun eines Mannes schwanger werden, u. ein Kind zur Welt bringen könne. Aus d. Engl. (des Sir *John Hill*) übersetzet. Frkft. u. Lpz. 1751. 8°. (In Marburg, Univ.-Bibl.: XVI. C 924.) (10 Mk. Paul Neubner, Cöln, 1892; 8 Mk. Wilh. Scholz, Braunschw., 1896.)
— — Dasselbe. (Andrer Druck.) Ibid. eod. a. 8°. 63 S. (incl. Titel u. Nachschrift, S. 59 ff.).

* — — Dasselbe, titulo: . . . . Sendschreiben . . . . (wie oben). 4. vermehrte u. verbess. Auflage. Leipzig, Heinsius, 1768. 8°. 8 Bll. u. 88 S. (6 Mk. Adolf Weigel, 1808; 26 [!] Mk. E. Frensdorff, 1905.)
O. M. V. 1768. S. 966; Cat. Monath II. Nrnb. 1783. 8°. p. 665.

[The Sleep of plants. Deutsch:] Der Schlaf der Pflanzen und die Ursache der Bewegung an dem Fühlkraut erklärt von [Sir] J[ohn] Hill in e. Briefe an Carl Linnaeus. Aus d. Engl.übers. Nürnberg: Monath 1768. 86 S. 8°

Angeb.an: Hoppe, Tobias Konrad: Abhandlung von der Begattung der Pflanzen. Altenburg 1773.

Hill, John, von d. Tugend d. Baldrianwurzel. gr. 8. Nürnb. 765. (Campe). 8 gl

[Valerian. Deutsch:] Valeriana oder von denen Tugenden der Baldrian-Wurzel in denen Krankheiten u. Zufällen der Nerven nebst denen Kennzeichen wodurch die wahre von der unächten kan unterschieden werden. Aus d. Engl. des [Sir] John Hill ins Teutsche übers. ... Nürnberg: Wirsing 1765. 31 S. 8°

— Vegetabile syst. XXI Vol. fol. Lond. (Weidmann, Lps.) 2:

— — the same Book. 4. ibid.

Hill, Joseph Adna [aus Stewartstown in New Hampshire (V. St. v. A.)]: Das „Interstate Commerce"-Gesetz in den Vereinigten Staaten ... (Aus: Jahrb. f. Nationalök. u. Stat., 3. Folge IV. — Der Schluss erscheint ebd.) Halle a. S., *Frommannsche Buchdr. in Jena,* 1892; 49 S. 8.
Halle, Phil. Fak., Inaug.-Diss. v. [5. Dez.] 1892

Hill, Karl Heinz

Hill, Carl Heinz: H e c k e r o s e . Neue Gedichterchen in Gelnhäuser Mundart von –. Gelnhausen: O. Wettig 1907. (43 S.) 8°

Hill, Karl Heinz: H e i m s t a t t der Literatur Gelnhausens. Hrsg. von –. H. 1. Gelnhausen: Wettig 1910. 8°

Hill, Karl Heinz, Pastille gege Grille. Hesse-Nassauer Geschichtercher un Gedichtercher. (182 S. m. Abbild.) kl. 8. Darmstadt (910). H. L. Schlapp. 2.—

Hill, Carl Heinz, Verschercher un Lieder. (84 S.) kl. 8. Gelnhausen 905. Jean Kalbfleisch. (Nur direkt.) n. 1.—

Hill, Carl Heinz, lustige Verse zu den Fresken im Muschelsaal des Wiesbadener Kurhauses. (31 S. m. 5 Postkarten.) kl. 8. Wiesbaden 909. W. Herz. 1.—

Hill, Karl Joh. Daniel

Hill, Car. Jh. Ds., Conatus Theoriam linearum Parallelarum stabiliendi praecipui, quos recensuit novisque superstruxit fundamentis atque auxit. 4maj. (Mit 2 lithogr. Taf.) Lundae 814. (Greifswald, Koch.) n. 5/6 ℛ

—— Matheseos universalis formulae fundamentales a C. A. Augustinson. MDCCCXLI publice defensae. qu. gr. 4. (1¼ B.) Lundae 841. (Gryphisvaldae, Koch.) *

Hill, Car. Joh. Dan., matheseos fundamenta nova analytica. Pars I.: Mathesin universalem, in usum praelectionum adornatam, comprehendens. 4. (274 S.) Lund 861. (Greifswald, Akademische Buchh.) *

— (Allmänna Storhetslärans grundformler (Matheseos universalis formulae fundamentales a C. A. Augustinson. MDCCCXLI publice defensae. qu. gr. 4. ibid. 841. n. 1/6 ℛ

Hill, Car. Joh., Introductio in elementor. functionum ellipticor. theoriam. S. I—III. 4maj. (11¾ B.) Lundae 835. (Stralsund, Löffler'sche Buchh.) *

—et G. C. Ax. Söderbergh, meditationum mathematicarum prima. (Mit schwed. Anmerkk.) 4. Lond.-Gothor. 825. (Strals., Löffler). 6 gl

—— Regulae derivandi et differentiandi generales. Sect. I. 4maj. (5¼ B.) Lundae 841. (Gryphisvaldae, Koch.) *

Hill, Karl Jh. Ds., specimen exercitii analytici, functionem integralem $^x\!f_0 \frac{dx}{x}$ L (1 + 2 x Ca + x²) = Dᵃ x tum secundum amplitudinem, tum secundum modulum comparandi modum exhibentis. Respondente J. Westenberg, P. Gust. Bergh, J. N. Åhstring, C. Mart. Boivie, J. G. Nordquist, Chr. G. Hagermann. VII Part. gr. 4. London - Gothor. 830. (Strals., Löffler). 1 ℛ 3 gl

Hill, Katharine St., Grammatik der Handlesekunst. Uebers. v. Klara Muche. (184 S. m. 18 Abb.) kl. 8. Oranienburg (910). W. Möller. 1.50; geb. 2.—

Hill, Konstanze

Hill, Constance, die Fürstin Orsini. Camerera-Mayor am Hofe Philipps V. v. Spanien. Übersetzt v. Frida Arnold. Mit 1 Titelkpfr. u. 6 Portr. gr. 8. (XI, 168 S.) Heidelberg 908. C. Winter, Verl. n. 7.—; geb. in Leinw. n. 8.—; in Kalbldr. n. 16.—

Hill, Moritz

Hill, Mor., Anleitung z. Selbstunterricht taubstummer Kinder. Für Pfarrer u. Lehrer bearb. gr. 8. (24 B.) Essen 810, Bädeker.

—— vollständ. Anleitung z. Unterricht taubstummer Kinder im mechan. Sprechen, Absehen, Schreiben u. Lesen, f. Volksschullehrer. gr. 8. (8 B. u. 1 Stnt.) Essen 839. Bädeker.

Hill, M., vollständige Anleitung zum Unterricht taubstummer Kinder im mechanischen Sprechen, Absehen, Schreiben u. Lesen. 2., umgearb. Aufl. gr. 8. (III, 96 S.) Essen 872. Bädeker. n. 1. 50

Hill's, M., vollständige Anleitung zum Unterricht taubstummer Kinder im mechan. Sprechen, Absehen, Schreiben und Lesen, neu hrsg. von Fr. Köbrich. 3. verm. Aufl. gr. 8. (IV, 189 S.) Essen 886, Bädeker. *

Hill, M., Beleuchtung der in den Preußischen Gesetzen enthaltenen singulären Bestimmungen in Betreff taubstummer Personen, nebst darauf bezüglichen Verbesserungs-Vorschlägen. Leipzig 861. Merseburger. gr. 8. (73 S.) 9 ngr.

—— Bildersammlung f. Taubstumme. Ein Hülfsmittel f. d. Unterr. d. Taubstummen im Sprechen, Absehen, Schreiben u. Lesen. 1. u. 2. Lfg., enth. d. Kupferbogen 1—24. kl. Fol. Nürnberg 840, 41, Fr. Campe'sche Buchh. à L. * ⅓ Thlr., ill. *

Hill, Mor., Bildersammlung für Taubstumme. 2. Aufl. Leipzig (858.) Merseburger. (24 lith. u. color. Bgn. in Fol.) n. 2 ℛ

Hill, M., Bildersammlung für Taubstumme. Ein Hülfsmittel für den Unterricht der Taubstummen im Sprechen, Absehen, Schreiben und Lesen, enth. 24 (lithogr. und) ill. Taf. Neue Aufl. Fol. Leipzig 864, Merseburger. *

Hill, M., Bildersammlung f. Taubstumme. Hilfsmittel f. den Unterricht der Taubstummen im Sprechen, Absehen, Schreiben u. Lesen, enth. 24 farb. Tafeln. Durchgesehen v. Fr. Köbrich. 4. Aufl. qu. gr. Fol. (2 S. Text.) Leipzig 889. Merseburger. n. 6. 80

Hill, M., Bilder-Sammlung f. Taubstumme. Hilfsmittel f. den Unterricht des Taubstummen im Sprechen, Absehen, Schreiben u. Lesen, enth. 24 farb. Taf. (384 Einzelbilder). Durchgesehen v. A. Gutzmann. 5. (Jubiläums-)Aufl. 87×44,5 cm. Leipzig (903). C. Merseburger. n.n. 6. 80

Hill, M., Elementar-Lese- und Sprachbuch für Taubstumme, (angeschlossen an die Bildersammlung von Hill, Nürnberg 1841. 2 Lfgn.) 2 Bdchn. gr. 8. (XI und 242 S.) Leipzig 852, Merseburger. à Bdchn. 12 Ngr.

—— Elementar-Lese- und Sprachbuch für Taubstumme, (angeschlossen an die Bildersammlung von Hill, 2. Aufl., 1858.) 1. Bdchn. 2., verb. Aufl. gr. 8. (VII und 120 S.) Leipzig 858, Merseburger.

—— Elementar-Lese- und Sprachbuch für Taubstumme, (angeschlossen an die Bildersammlung von Hill, 2. Aufl., 1858). 2 Bdchn. 3. Aufl. gr. 8. (VII und 120 S., VI und 122 S.) Leipzig 864.67, Merseburger. à Bdchn. 12 Ngr.

— Elementar-Lese- u. Sprachbuch f. Taubstumme, [angeschlossen an die Bildersammlg. v. Hill, 2. Aufl. 1858]. 1. Bdchn. 4. Aufl. gr. 8. (VII, 120 S.) Leipzig 870. Merseburger. 1. 20

Hill, M., Elementar-Lese- u. Sprachbuch für Taubstumme [angeschlossen an die Bildersammlung von Hill]. 1. Bdchn. 5., verb. Aufl. 8. (VIII, 121 S.) Leipzig 878. Merseburger. 1. 20

—— Elementar-Lese- und Sprachbuch für Taubstumme, neu bearb. von Fr. Köbrich. 2 Bdchn. gr. 8. Leipzig, Merseburger. à Bdchn. ℳ 1.20.

Inhalt:
Bdchn. 1. 1.—3. Schuljahr (angeschlossen an die Bildersammlung von Hill.) 6. Aufl. (VIII, 108 S.) 886.
„ 2. 4.—6. Schuljahr. 4. Aufl. (VI, 110 S.) 887.

Hill's, M., Elementar-Lese- u. Sprachbuch f. Taubstumme, neu bearb. v. Fr. Köbrich. 1. u. 2. Bdchn. 8. Leipzig 897. C. Merseburger. n. 1. 80
1. 2.—4. Schulj. 7. Aufl. (VIII, 89 S.) n. — 80; geb. n.n. 1. —
2. 4. 6. Schulj. 5. Aufl. (IV, 112 S.) n. 1. —

— Elementar-Lese- u. Sprachbuch f. Taubstumme, neu bearb. v. Fr. Köbrich. 1. Bdchn. 2.—4. Schulj. 8. Aufl. (VIII, 89 S.) 8. Ebd. 905. n. — 80; geb. n.n. 1.—

— Entwurf e. Reglements f. das preussische Taubstummen-Bildungs-Wesen. gr. 8. (57 S.) Weimar 874. Böhlau. n. 1. 20

— kleine Erzählungen für Kinder. 2. verm. Aufl. Mit 28 Abbildungen (auf 14 lith. Taf.) Ebend. 859. 8. (IV, 92 S.) 15 ngr.

— kleine Erzählungen f. Kinder. 3. Aufl. Mit 28 Abbildgn. (auf 14 Steintaf.) br. 8. (IV, 92 S.) Leipzig 872. Merseburger. 1. 50

Hill, M., kleine Erzählungen für Kinder. 4. verb. Aufl. 8. (96 S. mit 28 lithogr. Abbild.) Leipzig 883, Merseburger. geb.

Hill, M., kleine Erzählungen f. Kinder (insbesondere f. Taubstummenanstalten). 5., verb. Aufl. 12. (96 S. m. 28 Abbildgn.) Leipzig 893. C. Merseburger. Geb. in Leinw. n. 1. 20

Hill, M., kleine Erzählungen f. Kinder. 6., verb. Aufl. (96 S. m. 28 Abb. auf 14 Taf.) kl. 8. Leipzig 911. C. Merseburger. Geb. in Leinw. 1. 20

— die Geistlichen u. Schullehrer im Dienste der Taubstummen. Rathschläge für diesen Dienst. Weimar 868. Böhlau. gr. 8. (VII, 166 S.) n. 16 ngr.

— die Geistlichen u. Schullehrer im Dienste der Taubstummen. Rathschläge f. diesen Dienst. 2. Aufl. gr. 8. (VIII, 148 S.) Weimar 871. Böhlau. n. 1. 80

Hill, die Geistlichen u. Schullehrer im Dienste der Taubstummen. Rathschläge für diesen Dienst. 3., verb. Aufl. Nach dem Tode des Verf. besorgt von Karl Oehlwein. gr. 8. (VIII, 143 S.) Weimar 882. Böhlau. n. 1. 60

Hill, M., biblische Geschichten des alten und neuen Testaments mit passenden Sprüchen versehen, zunächst für Taubstumme. 8. (VIII und 292 S.) Halle 847, Anton.

— biblische Geschichten aus dem alten und neuen Testamente für Volksschulen bearb. und mit Aufgaben zur Bearbeitung in Schule u. Haus versehen. Leipzig 853. Merseburger. gr. 8. (VI, 162 S.) n. 6 ngr; geb. n. 7½ ngr.

—— biblische Geschichten aus dem Alten und Neuen Testamente für Volksschulen bearb. und mit Aufgaben zur Bearbeitung in Schule und Haus versehen. 2. Aufl. 8. (VIII und 200 S.) Leipzig 864, Merseburger.

— biblische Geschichten aus dem alten u. neuen Testamente f. Volksschulen bearb. u. m. Aufgaben zur Bearbeitg. in Schule u. Haus versehen. 3. Aufl. 8. (VIII, 200 S.) Leipzig 872. Merseburger. n. — 80

— biblische Geschichte aus dem Alten und Neuen Testament, für Volksschulen bearb. und mit Aufgaben zur Bearbeitung in Schule und Haus versehen. 4. Aufl. 8. (VIII, 200 S.) Ebendas. 876. * 80 Pf.; geb. * 1 5

— biblische Geschichten f. evang. Volksschulen, neu bearb. v. Fr. Köbrich. 6. Aufl. 8. (VII, 160 S.) Ebd. 890. n. — 80; geb. n.n. 1.

— biblische Geschichten f. evang. Volksschulen, neu bearb. v. Fr. Köbrich. 7. Aufl. 8. (VIII, 160 S.) Ebd. 897. n. — 80; geb. n.n. 1. —

— Biblische Geschichten f. evang. Volksschulen, neu bearb. v. Fr. Köbrich. 8. Aufl. (VIII, 160 S.) 8. Ebd. 907. — 80

—— Grundzüge eines Lehrplans für Taubstummen-Anstalten und der den Unterricht in denselben betreffenden Einrichtungen. gr. 8. (IV und 84 S.) Weimar 867, Böhlau. *

Hill, J., das heilige Kraut, oder die Kräfte der Salbey, f. Raritäten, antiquarische.

— Leitfaden für den Unterricht der Taubstummen. Besond. Abdruck aus Diesterweg's Wegweiser für deutsche Lehrer. gr. 8. Essen 838. Bädeker. ¼ ℛ

—— Lese- und Sprachbuch für Oberklassen in Taubstummen-Anstalten. 2. Aufl. gr. 8. (IV und 120 S.) Leipzig 852, Merseburger.

— Lese- u. Sprachbuch für Oberklassen in Taubstummen-Anstalten. 4., in der neuen Orthographie gedr., verb. u. verm. Aufl. gr. 8. (IV, 127 S.) Ebend. 881. n. 1. 20

—— Lesefibel z. Gebr. beim Unterr. taubstummer Kinder im mechan. Lesen u. Schreiben. gr. 8. (2 lith. u. $1\frac{1}{4}$ gedr. B.) Essen 839, Baedeker.

— Lesefibel für Volksschulen und Taubstummen-Anstalten bearb. 2. verb. Aufl. Leipzig 858. Merseburger. gr. 8. (V, 74 S.) 5 ngr.

—— Lesefibel für Volksschulen und Taubstummen-Anstalten bearb. 3. Aufl. gr. 8. (V, 74 S.) Leipzig 869, Merseburger. *

— der Unterricht der Taubstummen in der Volksschule. [Aus: „Die Geistlichen u. Schullehrer im Dienste der Taubstummen."] Weimar 869. Böhlau. gr. 8. (VI, 10 S.) 3 ngr.

Hill, Mor., die neuesten Vorschläge zur Förderung des Taubstummen-Bildungs-Wesens. gr. 8. (117 S.) Weimar 872, Böhlau. *

— erstes Wörter- und Sprachbuch für Taubstumme. Angeschlossen an die Bildersammlung. 2 Liefgn. Leipzig 853. Merseburger. gr. 8. (VII, 46 S. u. 1 lith. Taf.) 6 ngr.

—— erstes Wörter- und Sprachbuch für Taubstumme. Angeschlossen an die Bildersammlung von Hill. 2., verb. Aufl. gr. 8. (VII und 46 S. mit 1 Stnt.) Leipzig 861, Merseburger.

— erstes Wörter- u. Sprachbuch f. Taubstumme. Angeschlossen an die Bildersammlg. v. Hill. 3. Aufl. 8. (46 S.) Leipzig 874. Merseburger. — 60

—— der gegenwärtige Zustand des Taubstummen-Bildungs-Wesens in Deutschland. Eine Mahnung an die Taubstummen-Lehrer und ihre Vorgesetzten, die Communal- und Kreis-Schulbehörden etc. gr. 8. (XXI und 326 S.) Weimar 866, Böhlau. *

Hill, Nicholas, was wir fühlen. Gedichte. (111 S.) 8. Straßburg 908. J. Singer. 2.50

Hill, Octavia, aus der Londoner Armenpflege. [Homes of the London Poor.] Uebersetzt im Auftrage Ihrer königl. Hoheit der Großherzogin von Hessen. 8. (V, 110 S.) Wiesbaden 878. Niedner. n. 1. 60

Hill, Rud., lütte Schnurren. Plattdeutsche Gedichte. Prenzlau 868. Vincent. 8. (VI, 156 S.) n. $12\frac{1}{2}$ ngr.

Hill, Rud., lütte Schnurren. Plattdeutsche Gedichte. 2., verm. Aufl. 12. (VI, 163 S.) Prenzlau 877. Vincent. n. 1. —; geb. n. 1. 50

Hill, S. S., Reise in Sibirien, s. Länder- und Völkerkunde.

Hill, Theodor, approb. Arzt aus Mühlheim a. M.: Aus d. pathol. Institut zu Giessen. Ueber Residuen des Dotterganges in der Darmwand. *Giessen 1901: Hof- u. Universitätsdruckerei.* (30 S.) 8°

Giessen, Med. Diss. v. 1901

Hill, Walter, Referendar: Die Notrechte zum Schutze des unmittelbaren Sachbesitzes. Borna-Leipzig 1908: Noske. XII, 73 S. 8°

Rostock, Jur. Diss. v. 10. Okt. 1908, Ref. Matthiaß

[Geb. 19. April 83 Hildburghausen; Wohnort: Hamburg; Staatsangeh.: Hamburg; Vorbildung: Gymn. Hamburg Reife M. 01; Studium: Tübingen 3, Berlin 1, Kiel 2, Göttingen 2 S.; Rig. 8. Sept. 08.] [U 09. 3663

Hill-Hill, s.: Im gold. Drachen zu Tilipu.

Hilland, Willy, aus Gaben: [I.] Über p-Nitrobenzylnitramin und Isonitramin sowie deren Äther. [II.] Über die Alkylierung des Hydroxylamins. *Würzburg 1898: Becker.* (48 S.) 8°

Würzburg, Phil. Diss. v. 1898

Hillar, Josef, appr. Arzt a. Raikau (Westpreußen): Über die Entwickelung der Mammaorgane bei den Säugetieren und über die Milchleiste als Beitrag zur Erklärung der Hyperthelie und Hypermastie beim Menschen. Würzburg 1906: P. Scheiner. (19 S.) 8°

Würzburg, Med. Fak., Ref. v. Rindfleisch, Diss. v. 15. Jan. 1906

[Geb. 25. Okt. 68 Raikau; Wohnort: Lindenthal; Staatsangeh.: Preußen; Vorbildung: Gymn. Nakel Reife O. 93; Studium: München 2, Würzburg 3, Breslau 2, Leipzig 3 S.; Coll. 20. Dez. 05; Approb. 24. Dez. 02.]

Hillardt, F. K., mértani faltáblák az algymnasium számára. A magas cs. k. közoktatási ministerium meghagyásából a maga pontrajzi módszere szerint tervezé s fejtegeté etc., magyarítá Dier Lajos. Az I. II. szállítmányu hat tábla 2. javitott kiadásához. Wien 856, 57. Seidel in Comm. gr. 8. (31, 36 S. u. 12 lith. Taf. in gr. Fol.) Jede Liefg. n. $22\frac{1}{2}$ ngr.

Hillardt, Frz. Karl, der Gewerbsmann. Technolog. Vorunterricht f. Alle, welche d. Werth u. d. Vorzüge d. Gewerbstände richtig zu schätzen, die Arten d. Urproducenten, Manufacturisten u. Handelsleute nach ihren Leistungen zu kennen wünschen, u. durch d. Wahl e. Gewerbes glückl. u. brauchb. Menschen werden wollen. 8. (12 B. u. 1 Tab., gr. Fol.) Prag 839, Borrosch u. André. Thlr. *

Hillardt, F. K., die deutsche Kurrentschrift nach der stigmographischen Methode, f. den Elementar-Unterricht dargestellt u. normirt. Mit 9 (lith.) Taf. gr. 8. (VII, 30 S.) Wien 871. Pichler's Wwe. & Sohn. 1. 20

— die Lateinschrift nach der stigmographischen Methode f. den Elementar-Unterricht auf 8 (lith.) Taf. dargestellt. gr. 8. Ebend. 871. — 60

(——) stigmographisches Schreibheft. qu. kl. 4. (8 Bl.) Prag 839, (Borrosch u. André.)

der Schreib-Unterricht nach der stigmograph. Methode f. den Elementar-Unterricht dargestellt u. normirt. Mit 9 (lith.) Taf. Kurrentschrift u. 8 (lith.) Taf. Lateinschrift. 2. Ausg. gr. 8. (VII, 28 S.) Ebend. 874. n. — 80

Hillardt, Frz. Karl, der österreich. Staatsbürger, oder: Was soll jeder österreich. Staatsbürger von der Einrichtung, den Gesetzen u. Anstalten seines Staates wissen, um sich darin glücklich zu fühlen, Fürst u. Vaterland desto höher zu schätzen u. die Pflichten gegen Beide desto freudiger zu erfüllen? (1. Hft.) 8. Wien 845, Beck. $\frac{1}{2}$ ß

Hillardt, Frz. Karl, der österreichische Staatsbürger, od.: Was soll jeder österreich. Staatsbürger v. der Einrichtung, den Gesetzen u. Anstalten seines Staates wissen, um sich darin glücklich zu fühlen, Fürst u. Vaterland desto höher zu schätzen u. die Pflichten gegen Beide desto freudiger zu erfüllen? (1. Hft.) 8. ($7\frac{7}{8}$ B.) Wien 846, Beck'sche Universit.-Buchh.

— Stigmographie, oder das Schreiben und Zeichnen nach Punkten. Eine neue Methode zur schnellen u. geistbild. Erlernung des Schreibens mit Anwendung derselben auf das Zeichnen. (Mit 10 Erläuterungs-Tafeln.) 4. Prag 839. (Borrosch u. André.) n. $\frac{2}{3}$ ß

—— Stigmographie, od.: Das Schreiben u. Zeichnen nach Punkten. Eine neue Methode zur schnellen u. geistbild. Erlernung des Schreibens, mit Anwendung ders. auf d. Elementar-Unterricht im Lesen, im Rechnen, in der Musik, u. s. w. 2., verb. u. verm. Aufl. gr. 4. ($7\frac{1}{2}$ B. u. 31 Stnt.) Wien 846, Müller.

GV61
19

Hillardt, F. K., geometrische Tafeln für den Elementar-Unterricht. Nach der stigmograph. Methode entworfen und erläutert. 24 Stnt. mit 403 Fig. 1. Aufl. 1866. * 1 Thlr. 10 Ngr. und 2., unveränd. (Titel-)Ausg. gr. 4. (120 S.) Wien 868, Lechner's Universitäts-Buchh. Sortiment-Conto. *

— acht stigmographische Vorlagen zur „deutschen Kurrentschrift." gr. 8. (8 Steintaf.) Ebend. 871. — 40

Hillardt, F. C., geometrische Wandtafeln für Unter-Gymnasien. Im Auftrage des hohen k. k. Unterrichts-Ministeriums nach der stigmograph. Methode entw. und erläutert. 1. Lfg. 2., umgearb. Aufl. und 2. Lfg. Mit Text in 8. (83 S. mit 12 Stnt. in gr. Fol.) Wien 853, (Seidel.) à Lfg. ** 22½ Ngr. **

—— dass. — 3. Lfg. Mit Text in 8. (45 S. mit 6 Stnt. in gr. Fol.) Ebds. 854. *

— diagraphischer Zeichenapparat, welcher es einem jeden im Zeichnen Ungeübten möglich macht, jeden Gegenstand in naturgetreuen Umrissen abzuzeichnen und Abbildungen aller Art zu copiren. Erfunden, beschrieben u. mit 4 erläut. Abbildd. versehen. gr. 8. Prag 840. (Dirnböck's Buchh.) n. 1/6 ß (Der Apparat selbst, in Form eines mäßigen Folio-Bandes, circa 4 Pfund wiegend, kostet n. 5 ß)

—— diagraph. Zeichenapparat, welcher es e. jeden im Zeichnen Ungeübten möglich macht, jed. Gegenstand in naturgetr. Umrissen abzuzeichn. u. Abbildungen aller Art zu copiren. gr. 8. (1 B. u. 4 Abbild., 1 Blatt.) Prag 840, (Schulz's Wwe.) *
(Der Apparat selbst, in Form eines mäßigen Fol.-Bds., ca. 4 Pfund wiegend, kostet * 5 Thlr.)

— perspektivischer Zeichen-Apparat, welcher es einem Jeden möglich macht, die Theorie der Perspektive aus leicht anzustellenden Beobachtungen abzuleiten, alle Gesetze derselben durch Beispiele zu veranschaulichen, Auge und Hand im perspektivischen Auffassen und Darstellen zu üben und richtige Umrisse von beliebigen Natur- u. Kunstgegenständen zu erhalten. Erfunden, beschrieben u. mit 1 lith. Erläuterungstaf. (in qu. Fol.) versehen. Wien 858. Seidel. gr. 8. (23 S.) nn. 10 ngr

—— die kleinen Zeichner. 250 stigmograph. Abbild. zur angenehmen und nützl. Selbstbeschäftigung für die Jugend. Nach seiner Methode entworfen. 4 Hefte. (à 10 Stnt. und 13 S. Text in 8.) qu. 4. Wien 868, Lechner's Universitäts-Buchh. à Heft * ℳ 1,20. *
Punktirte Bogen dazu à

Hillardt-Stenzinger, Gabriele

Hillardt, Gabriele, die Arbeitslehrerin u. ihr Pflichtenkreis. Kurzer Abriß d. Wichtigsten aus der Schulpädagogik u. der Unterrichtslehre in besond. Beziehg. auf den Handarbeits-Unterricht. Mit e. Anh. gr. 8. (II, 172 S.) Wien 887. Pichler's Wwe. & Sohn. n. 2. —

— dasselbe. Anhang. Darstellung d. Handarbeitsunterrichtes nach dem Lehrgange der Übungsschule an der k. k. Lehrerinnen-Bildungsanstalt in Wien. Mit 52 Abbildgn. gr. 8. (95 S.) Ebd. 888. n. 1. 60

Hillardt-Stenzinger, Gabriele, die Arbeitslehrerin u. ihr Pflichtenkreis. Kurzer Abriß d. Wichtigsten aus d. Schulpädagogik u. d. Unterrichtslehre in bes. Beziehung auf d. Handarbeits-Unterr. M. e. Anh. 2. Aufl. gr. 8. (II, 172 S.) Wien 897. A. Pichler's Wwe. & Sohn. Geb. n. 2. —

Hillardt-Stenzinger, Gabriele, die Arbeitslehrerin u. ihr Pflichtenkreis. Kurzer Abriß des Wichtigsten aus der Schulpädagogik u. der Unterrichtslehre in besond. Beziehg. auf den Handarbeits-Unterricht. 3. Aufl. (IV, 172 S.) 8. Wien 906. A. Pichler's Wwe. & Sohn. n. 2. —

Hillardt, Gabriele, Die weibliche Handarbeit in der Poesie. Ausgew. Gedichte, der fleißigen Frauenwelt gewidmet. Mit vielen Leisten, darstellend Motive aus weiblichen Handarbeiten; höchst elegant ausgestattet. kl. 8. (335 S.) geh. 2 fl.
— Dasselbe in Original-Einband. Mit Carton. 2 fl. 75 kr.

— Handarbeitskunde f. Lehrerinnen-Bildungsanstalten u. zum Selbstunterrichte. 4 Abtheilungen m. ca. 300 Abbildungen. Wien 878. 79. Bloch & Hasbach. n. 4. 54
1. Das Häkeln. Mit 51 (eingedr.) Holzschn.-Abbildgn. (VII, 39 S.) n. 1. —
2. Das Stricken. Mit 88 (eingedr. Holzschn.-)Abbildungen. (50 S.) n. 1. 10
3. Das Nähen. Mit 75 Abbildungen. (52 S.) n. 1. 20
4. Das Netzen. Das Ausnähen. Das Sticken. Mit einem Anhang: Anleitung zur Anfertigung der gebräuchlichsten weiblichen Handarbeiten. Mit 97 (eingedr. Holzschn.-)Abbildungen. (IV, 74 S.) n. 1. 24

— dasselbe. 3. Abth. Das Nähen. Mit 75 (eingedr.) Abbildgn. 2. Aufl. gr. 8. (III, 62 S.) Ebend. 883. n. 1. —

Hillardt, Gabriele, Handarbeitskunde f. Lehrerinnen-Bildungsanstalten u. zum Selbstunterrichte. Mit besond. Bezugnahme auf das Organisations-Statut der Bildungs-Anstalten f. Lehrerinnen an den öffentl. Volksschulen in Oesterreich. 1. Abth. Das Häkeln. Mit 65 (eingedr.) Abbildgn. 2. Aufl. gr. 8. (VII, 47 S.) Wien 883. Bloch & Hasbach. n. — 90

— dasselbe. 3., unveränd. Aufl. gr. 8. (IX, 47 S.) Ebend. 886. n. 1. —

— dasselbe. 2. Abth. Das Stricken. Mit 59 (eingedr.) Abbildgn. 2. Aufl. gr. 8. (IV, 84 S.) Ebend. 884. n. 1. 20

— dasselbe. 4. Abth. Das Netzen. Das Ausnähen. Das Sticken. Mit e. Anh.: Anleitung z. Anfertigg. der gebräuchlichsten weibl. Handarbeiten. Mit 192 (eingedr.) Abbildgn. 2. Aufl. gr. 8. (III, 92 S.) Wien 884. Bloch & Hasbach. n. 1. 60

—— Handarbeitskunde für Lehrerinnen-Bildungsanstalten und zum Selbstunterrichte. Mit besond. Bezugnahme auf das Organisations-Statut der Bildungs-Anstalten für Lehrerinnen an den öffentl. Volksschulen in Österreich. 5 Abthlgn. gr. 8. Wien, Bloch und Hasbach. *
Inhalt:
Abthl. 1. Das Häkeln. 3. unveränd. Aufl. (IX, 47 S. mit 65 Abbild.) 886. * ℳ 1.—.
" 2. Das Stricken. 3. unveränd. Aufl. (IV, 84 S. mit 59 Abbild.) 887. * ℳ 1.20.
" 3. Das Nähen. 3. unveränd. Aufl. (III, 62 S. mit 75 Abbild.) 886. * ℳ 1.12.
" 4. Das Netzen. Das Ausnähen. Das Sticken. Mit einem Anhang: Anleitung zur Anfertigung der gebräuchlichsten weibl. Handarbeiten. 3. unveränd. Aufl. (III, 92 S. mit 192 Abbild.) 889. * ℳ 1.60.
" 5. Die Spinnstoffe und Gewebe nach Art, Güte und den Bezugsquellen. (VI, 53 S. mit 24 Abbild.) 886. * 96 Pf.

Hillardt, Gabriele, Handarbeitskunde f. Lehrerinnen-Bildungsanstalten u. zum Selbstunterrichte. Mit besond. Bezugnahme auf d. Organisations-Statut der Bildungs-Anstalten für Lehrerinnen an den öffentl. Volksschulen in Österreich. [In 5 Abthlgn.] 1.—4. Abthlg. gr. 8. Wien, Hasbach. n. 5. —
1. Das Häkeln. 4. Aufl. Mit 65 Abbildgn. (IX, 47 S.) 890. n. 1. —; cart. n. 1. 20
2. Das Stricken. 3. Aufl. Mit 59 Abbildgn. (IV, 84 S.) 889. n. 1. 20
3. Das Nähen. 4. Aufl. Mit 75 Abbildgn. (III, 62 S.) 891. n. 1. 20; cart. n. 1. 32
4. Das Netzen. Das Ausnähen. Das Sticken. Mit e. Anh.: Anleitung zur Anfertigung der gebräuchlichsten weibl. Handarbeiten. Mit 192 Abbildgn. gr. 8. n. 1. 60

— Handarbeitskunde für Lehrerinnen-Bildungsanstalten u. zum Selbstunterrichte. Mit besond. Bezugnahme auf das Organisations-Statut der Bildungs-Anstalten für Lehrerinnen an den öffentl. Volksschulen in Österreich. [In 5 Abthlgn.] 1.—3. Abthl. Ebd. * 3 48; cart. * 4 —
1. Das Häkeln. Mit 65 Abbildgn. 4. unveränd. Aufl. (IX, 47 S.) 890. * 1 —; geb. * 1 20. — 2. Das Stricken. Mit 59 Abbildgn. 4. unveränd. Aufl. (IV, 84 S.) 892. * 1 28; cart. * 1 48. — 3. Das Nähen. Mit 75 Abbildgn. 4. unveränd. Aufl. (III, 62 S.) 891. * 1 20; cart. * 1 32.
4. u. 5. Abthl. Ebd. 1886,89. * 2 86.

Handarbeitskunde f. Lehrerinnen-Bildungsanst. u. z. Selbstunterr. Mit bes. Bezugnahme auf d. Organisations-Statut d. Bildungsanstalten f. Lehrerinnen an d. öffentl. Volksschulen in Österreich. (In 4 Abthlgn. m. 391 Abb.) 2. u. 3. Abth. gr. 8. Ebd. 895. Kart. n. 2. 80
2. Das Stricken. 5. Aufl. (IV, 84 S. m. 59 Abb.) n. 1. 48
3. Das Nähen. 6. Aufl. (63 S. m. 75 Abb.) n. 1. 32

Hillardt-Stenzinger, Gabriele, Handarbeitskunde f. Lehrerinnen-Bildungsanstalten u. zum Selbstunterrichte. Mit besond. Bezugnahme auf das Organisations-Statut der Bildungsanstalten f. Lehrerinnen an den öffentlichen Volksschulen in Österreich. 4 Abthlgn. gr. 8. Wien, A. Pichler's Wwe. & Sohn. Kart. n. 5. 88
1. Das Häkeln. Mit 65 Abbildgn. 6. Aufl. Unveränd. Abdr. der 2. Aufl. (48 S.) (900). n. 1. 20
2. Das Stricken. Mit 59 Abbildgn. 6. Aufl. Unveränd. Abdr. der 2. Aufl. (IV, 84 S.) 900. n. 1. 48
3. Das Nähen. 6. umgearb. Aufl. (VI, 72 S. m. 75 Abb.) 901. n. 1. 40
4. Das Netzen. Das Ausnähen. Das Sticken. Mit e. Anh.: Anleitung zur Anfertigg. der gebräuchlichsten weibl. Handarbeiten. Mit 192 Abbildgn. 5. Aufl. Unveränd. Abdr. der 2. Aufl. (III, 91 S.) 899. n. 1. 80

— Handarbeitskunde f. Lehrerinnen-Bildungsanstalten u. zum Selbstunterrichte. Mit besond. Bezugnahme auf das Organisations-Statut der Bildungsanstalten f. Lehrerinnen an den öffentl. Volksschulen in Oesterreich. In 4 Abtlgn. 8. Ebd. Kart. n. 5. 88
1. Das Häkeln. 7. Aufl. (48 S. m. 65 Abbildgn.) 904. n. 1. 20
2. Das Stricken. Mit 59 Abbildgn. 6. Aufl. Unveränd. Abdr. der 2. Aufl. (IV, 84 S.) 905. n. 1. 48
3. Das Nähen. 7. Aufl. Nach der neuen Rechtschreibg. bericht., sonst unveränd. Abdr. der 6. Aufl. (VI, 72 S. m. 75 Abbildgn.) 905. n. 1. 40
4. Das Netzen. Das Ausnähen. Das Sticken. Mit e. Anh.: Anleitung zur Anfertigg. der gebräuchlichsten weibl. Handarbeiten. Mit 192 Abbildgn. 6. Aufl. Nach der neuen Rechtschreibg. bericht., sonst unveränd. Abdr. der 2. Aufl. (III, 91 S.) 905. n. 1. 80

Hillardt-Stenzinger, Gabriele, Handarbeitskunde f. Lehrerinnen-Bildungsanstalten u. z. Selbstunterrichte. Mit besond. Bezugnahme auf das Organisations-Statut der Bildungsanstalten f. Lehrerinnen an den öffentl. Volksschulen in Österreich. (In 4 Abtlgn. m. 391 Abb.) 1., 2. u. 4. Abtlg. 8. Wien, A. Pichler's Wwe. & Sohn. Kart. 4. 48
1. Das Häkeln. 8. Aufl. Unveränd. Abdr. der 2. Aufl. (48 S. m. 65 Abb.) 907. Kart. 1. 20
2. Das Stricken. 7. Aufl. Unveränd. Abdr. der 6. Aufl. (IV, 84 S. m. 59 Abb.) 909. Kart. 1. 48
4. Das Netzen. Das Ausnähen. Das Sticken. Mit e. Anh.: Anleitung zur Anfertigg. der gebräuchlichsten weibl. Handarbeiten. 7. Aufl. Unveränd. Abdr. der 6. Aufl. (IV, 91 S. m. 192 Abb.) 910. Geb. 1. 80

Hillardt, Gabriele, der Handarbeits-Unterricht an Volks- und Bürgerschulen [mit besond. Rücksicht auf Oesterreich]. Mit einer Einleitung von Frz. Lucas. gr. 8. (V, 44 S.) Wien 878, Bloch und Hasbach. * — 80

— neues Heft zum Schnittzeichnen. Mit Masstabellen u. Schnittmustern. gr. 4. (23 S.) Ebd. (900). n. — 40

— neues Heft zum Schnittzeichnen m. Masstabellen u. Schnittmustern. 2. Aufl. (23 S. m. Fig.) 31×23,5 cm. Ebd. (909). — 40

— Heft zum Schnittzeichnen ohne Punkte. 3. Aufl. gr. 4. (31 S.) Ebd. 896. n. — 32

— dasselbe m. Punkten. 8. Aufl. gr. 4. (31 S.) Ebd. 896. n. — 32

— Heft zum Schnittzeichnen. Mit Punkten. 10. Aufl. gr. 4. (31 S.) Ebd. (901). n. — 32

— Heft zum Schnittzeichnen. Ohne Punkte. 4. Aufl. (29 S.) gr. 4. Ebd. (903). n. — 24

— dasselbe. Mit Punkten. 11. Aufl. (31 S.) 4. Ebd. (904). n. — 32

— Heft zum Schnittzeichnen m. Punkten. 13. Aufl. (31 S.) 31×23,5 cm. Ebd. (908). — 32

— kurzgefaßter Leitfaden der Erziehungs- u. Unterrichtslehre f. Handarbeitslehrerinnen. gr. 8. (V, 49 S.) Ebd. 891. n. — 80; kart. n. 1. —

— kurzgef. Leitfaden d. Erziehungs- u. Unterrichtslehre f. Handarbeitslehrerinnen. 2., verb. Aufl. gr. 8. (70 S.) Ebd. 896. Kart. n. 1. —

— Kurzgefaßter Leitfaden der Erziehungs- u. Unterrichtslehre f. Handarbeitslehrerinnen. 3. Aufl. Nach der neuen Rechtschreibg. hergestellter, sonst unveränd. Abdr. der 2. Aufl. (70 S.) 8. Ebd. 908. Geb. 1. —

Hillardt-Stenzinger, Gabriele, s. Mädchen-Kalender, Fromme's österreichischer.

— Methodik des Handarbeits-Unterrichtes f. Lehrerinnen-Bildungsanstalten u. zur Fortbildung für Arbeitslehrerinnen an Volks- u. Bürgerschulen. Mit 18 (eingedr.) Abbildgn. gr. 8. (VII, 75 S.) Ebend. 879. n. 1. 24

— Methodik des Handarbeits-Unterrichtes für Lehrerinnen-Bildungsanstalten und zur Fortbildung für Arbeitslehrerinnen an Volks- und Bürgerschulen. 2. veränd. Aufl. gr. 8. (VII, 72 S. mit 18 Abbild.) Ebendas. 885. *

— Methodik d. Handarbeits-Unterrichtes f. Lehrerinnen-Bildungsanstalten u. zur Fortbildung f. Arbeitslehrerinnen an Volks- u. Bürgerschulen. 3., gänzlich umgearb. u. verm. Aufl. Mit e. Anh. üb. den Handarbeitsunterricht der Blinden. Von Anna Spolz. gr. 8. (VII, 396 S. m. 287 Abbildgn.) Ebd. 892. Geb. in Leinw. n. 6. 40

— Methodik d. Handarbeits-Unterrichtes f. Lehrerinnen-Bildungsanst. u. z. Fortbildg. f. Arbeitslehrerinnen an Volks- u. Bürgerschulen. M. 270 Abb. 4., veränd. Aufl. Mit e. Anh. über d. Handarbeits-Unterricht der Blinden. Von Anna Spolz. gr. 8. (VII, 391 S.) Ebd. 897. n. 6. —; geb. n. 6. 40

— Methodik des Handarbeits-Unterrichtes f. Lehrerinnen-Bildungsanstalten u. zur Fortbildg. f. Arbeitslehrerinnen an Volks- u. Bürgerschulen. Mit 270 Abbildgn. 5., unveränd. Aufl. Mit e. Anh. üb. den Handarbeits-Unterricht der Blinden. Von Anna Spolz. (VII, 391 S.) gr. 8. Ebd. 903. n. 6. —; geb. n. 6. 40

— Methodik d. Handarbeits-Unterrichts f. Lehrerinnen-Bildungsanstalten u. z. Fortbildg. f. Arbeitslehrerinnen an Volks- u. Bürgerschulen. 6., unveränd. Aufl. Mit e. Anh. üb. den Handarbeitsunterricht der Blinden. Von Anna Spolz. (VII, 389 S. m. 270 Abb.) 8. Ebd. 908. 6. —

— Schnittmusterbuch. Anleitung z. Schnittzeichnen u. Zuschneiden der Wäsche z. Gebr. an Volks- u. Bürgerschulen f. Mädchen. gr. 8. (IV, 42 S. m. 120 Abb.) Wien u. Prag 897. F. Tempsky. — Leipzig, G. Freytag. Kart. n. — 60

— Spinnstoffe u. Gewebe. Anleitung zur Kenntniß der Fabrikation, Art, Güte u. der Bezugsquellen derselben. Zur Anwendung bei dem Handarbeits-Unterrichte an Lehrerinnen-Bildungsanstalten u. Volks- u. Bürgerschulen, sowie zum Selbstunterrichte. gr. 8. (VI, 53 S.) Ebend. 880. n. 1. —

Hillardt, Gabriele. Stickmuster in altdeutschem Stile fur Leinenstickerei (Holbeintechnik) und Lochleinstickerei in Verbindung mit Fullstichen und Plattstich ... zusammengestellt . Leipzig 1683. Leipziger Lehrmittel-Anstalt von Oskar Schneider
2 Abt. 4°
I: Tit., 3 Bl. m. 10 Holzschn.; 10 farb. Taf
II: Tit., 2 Bl. m. 11 Holzschn., 10 farb. Taf

— Stigmographie. Ein Beitrag zur Geschichte des Schreib- u. Zeichenunterrichtes im XIX. Jahrh. (58 S. m. 1 eingedr. Bildnis.) gr. 8. Dresden-Blasewitz 907. R. v. Grumbkow. 1. —

—— Vorlagen für die 1. und 2. Stufe des Musterhäkelns. qu. 4. (à Stufe 18 Taf.) Wien 885, Pichler's Wwe. und Sohn. à Stufe *

— Wien! Du schöne Kaiserstadt! Neue Märchen f. die Jugend. Mit 13 Bildern, davon 10 Orig.-Illustr. v. Rosa Wichtl. (III, 228 S.) kl. 8. Wien (908). H. Kirsch. Geb. in Leinw. 3. 60

Hillarion, s.a. Hilarion

Hillarion, Stunden des Frohsinns. Eine Auswahl launiger u. scherzhafter Gedichte älterer u. neuerer Dichter Deutschlands. Herausg. v. Jodocus Grillenfeind. 12. Berl. 840. Hayn. 1⅙

Hillarius, s. Hilarius Sanctus

William Hillary
† 1763

Wilhelm Hillery's [Observations on the changes of the air. Deutsch:] Beobachtungen über die Veränderungen der Luft und die damit verbundenen epidemischen Krankheiten auf der Insel Barbados, nebst e. Abhandlung von dem faulichten Gallen- oder dem sog. gelben Fieber [A Treatise on the putrid bilious, commonly called the yellow fever.Deutsch],u. von andern Krankheiten, die in den westindianischen Inseln, oder im heißen Erdgürtel einheimisch sind. Aus d. Engl. ... übers., nebst e. Vorr. u. einigen erklärenden Anm. von Joh[ann] Christian Gottlieb Ackermann. Leipzig: Weidmann 1776. XI,430 S. 8°

Plan der Stadt Husum nach den amtlichen Karten des Magistrats gez. v. Hillbrecht im Jahre 1900. 1 : 2500. Husum. (1901.) Lithogr., kol. 1 Bl. Imp.-Fol., 75/102 cm. zusammengef. in Buchdeckel. Fol.

Hille, zur Behandlg. der Rhachitis im Anfangsstadium. gr. 8. (3 S.) Leipzig 900. B. Konegen. n. 1. —
Sonderabdruck aus: „Der Kinder-Arzt".

Hille, s.: Bericht der XVI. Kommission üb. den Entwurf e. Gesetzes, betr. die Abänderung der Gewerbeordnung.

Hille, s.: Kellner, W., Handreichung zum Studium des Kirchenrechts rc.

Hille, A.

— 7 Fasten- u. einige andere Predigten. gr. 8. Prag 823. Widtmann. 16 gGr

Hille, A., Handtafel zur Übung der französ. Verbalformen u. Redeweisen. 2. Aufl. (3 farb. Bl. m. 1 Bl. Text.) 8. Bremen (908). G. Winter, Verl. — 50

Hille, A., die kathol. Lehre v. Ablasse. gr. 8. Leitmeritz 826. Medau. (Leipz., Leich). 8 gGr

Hille, A., System der logischen Beziehungen des französischen Verbs. Konjugationstafel. Ein Lehrmittel zur Uebg. der Verbalformen. Das ganze Gebiet umfassend. Imp. qu. Fol. Farbdr. Bremen (899). G. Winter. n. 6. —

— dasselbe. Handtafel f. die Schüler u. den Privatgebrauch zur method. Uebg. der Formen u. Redeweisen u. f. häusl. Aufgaben. 8. (4 [3 farb.] Bl.) Ebd. (899). n. — 60

— dasselbe. Text. gr. 8. (16 S.) Ebd. 899. n. — 30

Hille, Adolf *Eduard* [aus Tetschen in Böhmen]: Hundert vaginale Totalexstirpationen der Gebärmutter aus der Hallenser Frauenklinik vom 1. April 1894 bis zum 30. September 1896 ... Halle a. S., Druck v. Wischan & Wettengel, 1897; 1 Bl., 21 S., 1 Bl. 8.
Halle, Med. Fak., Inaug.-Diss. v. 3. März 1897

HILLE, Alois: Dissertatio in inspirationem s. s. librorum V. T. — (1839) 76 S. 8° (Handschr.) Diss. 18
Diss. Wien, Univ.

— „Übung der Redeweisen". Ergänzungstafel zu „System der log. Beziehgn. des französ. Verbs". Konjugationstafel. Imp.-Fol. Farbdr. Ebd. 899. n. 4. —

Hille, August *Gerhard* [cand. med. aus Osnabrück]: Über die Bedeutung einer genauen Anamnese in chirurgischen Fällen ... Greifswald, Druck v. J. Abel, 1895; 29 S. 8.
Greifswald, Med. Fak., Inaug.-Diss. v. 13. März 1895

Hille, Augustin Bartholomeus

Hille, A. B., Deus, lux, laetitia et salus mea, s.: Deus lux, laetitia et salus mea.

Hille, Augustin Barthol om., Predigt beim Festgottesdienste am 2. Septbr. 1873, s. Berendt, Altarrede.

— Predigten, s.: Charitas.

(Hille, Augustin Barthol.,) Soll die Scheidewand unter Katholiken u. Protestanten noch länger fortbestehen? Oder: Über die Beweggründe der Reformation u. der Rückkehr zur kath. Kirche. Ein Wort der Liebe an alle, welche die kath. Kirche nicht kennen oder gar mißkennen. Vierte ganz umgearb. Ausg. v. Simon Buchfelner. Regensburg. Manz (jetzt Verlagsanst.), 1839, 8°, 329 S., 4. Aufl., 2,25 Mk.
1. Aufl. 1818, Augsburg, Doll. Recensi. Felders Littztg 1822, Bd. I S. 236—42. Katholik 1839, Bd. 73 S. 207—8. Sion 1839, Litt. Anzeiger S. 53.

Hille, C. A., s.a. Hille, Karl August

Hille, C. A., De scribis Atheniensium publicis. Diss 1873. 45 S.

Hille, Carl August, s. Hille, Karl August

Hille, Carl Christian, s. Hille, Karl Christian

Hille, Carl Gottfried, s. Hille, Karl Gottfried

Hille, Carl Johann Wilhelm Otto, s. Hille, Karl Johann Wilhelm Otto

Hille, Carl Julius, s. Hille, Karl Julius

Hille, Curt, s. Hille, Kurt

Hille, Ed., Choral-Melodieen z. evang.-luther. Gesangbuch d. Hannoverschen Landeskirche. gr. 8. (94 S.) Hannover 896. A. Nagel. n. — 40

Hille, Ed., 25 Lieder v. Goethe, Schiller, Uhland, Heine u. A. f. große u. kleine Kinder zweistimmig m. Begleitg. d. Pionoforte in Musik gesetzt. Op. 40. gr. 8. (31 S.) Göttingen 876. Vandenhoeck & Ruprecht's Verl. n. 1. —

Hille, Ed., 25 Lieder von Goethe, Schiller, Uhland, Heine u. A. für große u. kleine Kinder zweistimmig mit Begleitung des Pianoforte in Musik gesetzt. Op. 40. gr. 8. (III, 81 S.) Göttingen 880. Vandenhoeck & Ruprecht's Verl. n. 1. —

Hille, Ed., Ordnung d. Haupt-Gottesdienstes an Sonn- u. Festtagen in der evangelisch-lutherischen Landeskirche der Prov. Hannover. Im musikal. Teile bearb. Lex.-8. (IV, 32 S.) Hannover 889. A. Nagel. n. — 40

HILLE, Ed., Scherz u. Humor. Sammlung scherzhafter u. humoristischer deutscher Volkslieder. Mit Notenbeispielen. Göttingen 1875. 8°. (50 Pfg. Th. Ackermann, München. 1913.)

—— deutsche Volkslieder für Schule und Leben. 8. (IV und 40 S.) Göttingen 868, Vandenhoeck und Ruprecht's Verlag. * *

Hille, Ed., deutsches Volksliederbuch für Schule und Haus. 3 Hefte. 8. (à 40 S.) Göttingen 867, Vandenhoeck und Ruprecht's Verlag. à Heft * * $2^1/_2$ Ngr. * *

Hille, F., Rezept-Taschenbuch f. Krankenkassen-Aerzte. Kurze Zusammenstellung der empfehlenswertesten Arzneiverordngn. zur Verwendung im Bereiche von Krankenkassen jeder Art. 12. (47 S.) Strassburg 889. Trübner, Verl. geb. n. 1. 20

Hille, Georg: Die Ansprüche der Stadt Kiel an den Kieler Hafen. Hist. Bericht, erstattet Schleswig, d. 18. März 1896, vom Staatsarchivar, Geh. Archivr. Dr. –. Schleswig 1900: Buchdr. d. Prov.-Taubstummen-Anst. (61 S.) 4°

—— Prosperi Aquitani chronici continuator Hauniensis. gr. 8. (37 S.) Berlin 866, Weidmann'sche Buchh. *

Hille, Geo., de continuatore Prosperi a. 641 Hauniensi. Dissertatio inauguralis historica. gr. 8. (39 S.) Berlin 866, (Mittler und Sohn.) *

Die Grundsätze bei Aktenkassationen v. Georg Hille. Besonders abgedruckt aus dem „Korrespondenzblatt des Gesammtvereins der deutschen Geschichts- und Alterthumsvereine". Jg. 49. Berlin. 1901. 4°.

Die Haf- und Hafen-Gerechtigkeit der Stadt Flensburg. Ein Bericht von Dr. Georg Hille, Dir. zu Schleswig. Kiel 1905: A. F. Jensen. (36 S.) 8°
[Umschlagt. J.]
Aus: Zeitschrift d. Ges. f. Schlesw.-Holst. Geschichte. Bd 35.

Hille, G., Registrum König Christian I., s.: Urkundensammlung der Gesellschaft f. schlesw.-holst.-lauenburg. Geschichte.

Hille, Geo., Übersicht üb. die Bestände des k. Staatsarchivs zu Schleswig, s. a. Mitteilungen der k. preuss. Archivverwaltung. 4. Hft.

Übersicht über die Bestände des k. Staatsarchivs zu Schleswig. Von Dr. Georg Hille, Archivdir. *Leipzig: S. Hirzel 1900.* (53 S.) 8°
= Mittheilungen d. K. Preussischen Archivverwaltung. H. 4.

Hille, Heinrich Julius (Marburg)
Ueber Elphantiasis; nach eigenen Beobachtungen in Westindien.
[In: Wochenschrift für die gesammte Heilkunde. 1841, S. 433-442, 457-463.]
Dr. med. Giessen 3.5.1841.

Hille, Hermann, aus Moelln i. Lbg.: Ueber das primäre und sekundäre symmetrische Hydrazid der Propionsäure und Valeriansäure. *Heidelberg 1900: J. Hörning.* (42 S.) 8°
Heidelberg, Naturw.-math. Diss. v. 1900

Hille, Hugo: Über die platonische Lehre vom Eros. Welche ethischen Anfordergn stellt Plato in dieser Lehre an d. Philosophen? In wie weit hat d. Persönlichkeit Platos diesen Anfordergn entsprochen? Liegnitz, Druck v. O. Heinze, *1892;* 45 S. 4.
Liegnitz, k. RAk, OP 1892 (104)

Hille, J., prakt. Abhandl. von d. Natur u. Heilart der Milzsucht. 8. Bremen ... 2e Aufl. ... Müller. 3 ℳ

Hille, J., neue Geschichten u. Gedichte für Klein u. Groß, Schule u. Haus. Mit 4 (lith. u.) color. Bildern von Th. Hosemann. Berlin 870. Winckelmann & Söhne. 8. (IV, 163 S.) geb. 18 ngr.

Hille, J., Geschichtenbüchlein f. erzählende Mütter u. kleine Leser, nebst einem Anhange, Fest-Gedichte f. kleine u. größere Kinder enthaltend. 8. ($9^3/_4$ B. u. 8 ill. Kpfrt.) Berlin 845, Amelang'sche Sort.-Buchh.

Hille, J., Geschichtenbüchlein für erzählende Mütter und kleine Leser, nebst einem Anhange, enth. Fest-Gedichte für kleine und größere Kinder. 2., verb. und verm. Aufl. 8. (162 S. und 8 ill. Kpfrt.) Berlin 849, Amelangsche Sortimentsb.

Hille, J., Geschichtenbüchlein für erzählende Mütter und kleine Leser, nebst einem Anhang, enthaltend Fest-Gedichte für kleine und größere Kinder. 3. Aufl. 8. (160 S. mit 8 ill. Stnt.) Berlin 857, Gaertner. Thlr.

Hille, J., povídky, jež matka svým dítkám vypravuje. Přeložil Jos. Sokol. Wien 862. Gorischek. 8. (VII, 112 S. u. 8 lith. Taf.) n. 24 ngr.

Hille, J. H. C., Predigt bey der 3ten Reformationsfeyer den 31. Oct. 1817. 8. Braunschweig, Lucius.

Hille, J. W. L., praktische Anleitung zum naturgemässen Betreiben d. Schulgesanges. gr. 8. (IV, 83 u. Musikbeilage 4 S.) Hamburg 893. A. Stefański. n. 1. —

Hille, J. W. L. Der Gesang u. Gesangunterricht in der Schule, sowie die musikalisch-aesthet. Bildung d. Volkes überhaupt. Eine systemat. Darstellg. der Theorie u. Praxis dieses Unterrichtsfaches m. gelegentl. Hinblick auf verwandte Disciplinen. gr. 8. (V, 378 S.) Hamb. 889, Stefánski. * 5 — ; Notenheft dazu (70 S.) * 1 20

Hille, Joh. Fr. Konrad

— Anleit. zu einem heilsamen Nachdenken üb. das geendigte Jahrhundert: e. Predigt. 8. Braunschw. 801. Reichard; (a. Vieweg). 3 ℳ Schrbp. 4 ℳ

Hille, Jh. Fr. Konr., über d. Einfluß der Tugend auf die Leiden. 8. Braunschw. 787. Waisenh. = B.

— Gelegenheits-Predigt. gr. 8. Züllichau, Frommann. 795.

— Gelegenheits-Predigt. 8. Brschw. Thomas. 796.

— Gelegenheitspredigten. 8. Goslar 794.

— neue Gelegenheitspredigten. (A. u. d. T.: Predigten bei Veränderung s. Amts gehalt.) kl. 8. Braunschw. 806. Reichard. 6 gr.

— Gelegenheitspredigten über d. Zeitumstände. gr. 8. Züllichau 795. Frommann in Jena. 14 gr.

— 2 Gelegenheitspredigten. 8. Braunschw. 795. Thomas. 4 gr. 2e Aufl. 8. Goslar 799.

— üb. das geendigte Jahrhundert. eine Predigt. 8. Ebend. 801.

Schreiby.

— Predigten am Feste wegen d. Antritts d. Regierung des Königs v. Westphalen, Hieronymus Napoleon. gr. 8. Jena 808. Frommann. 3 gr.

— 4 Predigten. 8. Züllichau 791. Frommann in Jena. 6 gr.

— über verlorne Zeit. 8. Braunschw. 802. Reichard. 4 gr. (Vieweg). 3 gr.

Hille, Karl, und Ernst Meurin

Hille u. Meurin, Geschichte der preuß. Eisenbahntruppen. I. Tl. Von 1859 bis zur Beendigg. des deutsch-französ. Krieges. Auf dienstl. Veranlassg. bearb. (VII, 192 S. m. 42 Abb., 9 Taf., 3 [1 farb.] Karten u. 2 Längenprofilen.) Lex. 8. Berlin 910. E. S. Mittler & Sohn. 3.—; geb. n 4. 50

Hille, Karl, Prof. Dr.: Zur Pflege des Schönen. Beiträge aus d. Unterrichte in d. Mittelklassen d. Gymnasiums. *Dresden 1903: B. G. Teubner.* (34 S.) 4°
Dresden-Neustadt, k. G, OP 1902 (597)

Hille, Karl, zur Pflege des Schönen. Beiträge aus dem Unterrichte in den Mittelklassen des Gymnasiums. 2., verb. u. verm. Aufl. (80 S.) 8. Paderborn 904. F. Schöningh. n. 1.—

Hille, Karl August

Hille, Car. Aug., s. Alii Ben Isa monitorii oculariorum etc.

Hille, Carl August (Marklissa), De medicis Arabibus ocularii prolegomena ad Alii Ben Isa monitorium oculariorum ex cod. mst. in linguam latinam vertendum edendumque. Diss. histor.-med. Leipzig 8. IV. 1845. Dresden (Blochmann). 46 S. mit Literatur. (6.20) 15151

Hille, C. A., Skizzen, gesammelt auf einer wissenschaftl. Reise durch Deutschland, Frankreich und England, mit besond. Berücksicht. der operativen Chirurgie, der Lehre von der Syphilis, den Augen- und Haut-Krankheiten, in den J. 1845—1847. br. gr. 8. (VI und 138 S.) Leipzig 849, Arnoldische Buchh.

Hille, Karl Chrstn., Beobachtungen üb. d. asiat. Cholera, gesamm. auf e. nach Warschau im Auftrage d. K. S. Landesregierung unternomm. Reise. M. 1 lith. Kärtch. u. Grundr. 8. (9¾ B.) Leipzig 831, Barth.

Karl Christian Hille

Portal's Beobachtungen über die Natur und Behandlung der Epilepsie. Nach d. Franz. frei bearb. u. mit Zusätzen versehen von Karl Christian Hille. Leipzig: Hartmann 1828. XXXII, 477 S.

(= Bibliothek der ausländischen Literatur für praktische Medizin. Bd 7.)

— s. 1) Bibliothek d. ausländ. Litt. d. Medic. 6r, 7r Bd.

— das Dampfbad, seine Einrichtung, Wirkung u. Anwendung, mit Bezug auf diese Anstalten in Dresden dargestellt. Mit 2 Steint. 8. Dresd. 829. Arnold. 14 gr.

— **Carl Christian** (Dresden), Deformationis partium genitalium externarum descriptionem. Diss. anatom.-pathol. Präs. Adam Michael Birkholz. Lpz. (Adolph Deutrich) 26. VIII. 1817. 12 S. u. 2 Abb. (6.20) 15152

Hille, Karl Chrstn., die Heilquellen Deutschlands u. d. Schweiz. Ein Taschenb. f. Brunnen- u. Badereisende. 1. Thl. 1—4. Hft. 8. Leipzig, Brockhaus.

A. u. d. Titln.:
Hft. 1. Die Heilquellen in allgem. wissenschaftl. Beziehung u. deren zweckmäß. Benutzung. (9 B.) 837. * 12 Gr.
" 2. Die Bäder u. Heilquellen d. Königr. Böhmen u. d. Markgrafschaft Mähren. (14 B. m. 2 Kärtch. u. 1 Plane.) 837. * 20 Gr.
" 3. Die Bäder u. Heilquellen Schlesiens u. d. Grafschaft Glatz. (12¾ B. u. 2 Kärtch.) 838. * 16 Gr.
" 4. Die Nord- u. Ostsee-Bäder. (16½ B. u. 3 Kärtch.) 839. * 1 Thlr.

—— das Kgl. Krankenstift zu Dresden, nach seiner Geschichte, Einricht. u. seinen Leistungen dargestellt. gr. 8. (2½ B.) Dresden 833, (Arnold.)

— s. R. B. Sabatier, operative Chirurgie.

Hille, Karl Gabriel, Referendar: Das deutsche Immen- und Zeidelrecht. Borna-Leipzig 1909: Noske. IX, 90 S. 8°
Leipzig, Jur. Diss. v. 26. Juli 1909
[Geb. 8. Nov 82 Plauen i. V.; Wohnort: Schirgiswalde; Staatsangeh.: Sachsen; Vorbildung: Kgl. Gymn. Dresden-N. Reife M. 02; Studium: Leipzig 6, Straßburg 2 S.; Rig. 4 Juli 07.] [U 09. 2517

Hille, Karl Gottfried

— **Carl Gottfried** (Elsterwerda), De herniis. Diss. chir. Präs. Burcard Wilhelm Seiler. Wittenbg. (Friedrich Immanuel Seibt) 6. X. 1809. 26 Seiten. (6.30) 15153
Gew.: Frh. v. Spillner (Pretzschendorf), Wilhelm August Lampadius (Freiberg). — Widm. v.: Carl Gottlob Friedrich Schultius (Annaburg).

— — (Wien), De immodicarum donationum querela. Diss. jur. Marburg (Bayrhoffer) 22. III. 1828. 64 S. (6.50) 15154
Gew.: Carl Follen.

Hille, Karl Johann Wilhelm Otto

Hille, Carolus Joannes Guilelmus Otto: De indicationibus bronchotomiae. Halae (1854): Hendel. 28 S. 8°
Halle-Wittenberg, Med. Diss. v. 29. Mai 1854
Geb. Helmstedt 1831 [vielmehr: 12. 3. 1832]. V.

— **Carl Johann Wilhelm Otto** (Helmstedt), De indicationibus bronchotomiae. Diss. med. Halle (O. Hendel) 29. V. 1854. 28 S. mit Biogr. (M.: A. Stegmann.) (6.—) 15155
Oppon.: Adolph Roehrssen, Julius Fincke, Alfred Graefe. — Gew.: Wilhelm Hille (Vater).

Hille, Karl Julius

— **Carl Julius** (Freiberg), Rarioris morbi elephantiasi partiali similis historiam. Diss. med. Präs. Christian Friedrich Schwaegrichen. Lpz. (Gust. Naumann) 25. XI. 1828. 39 S. u. 1 Abb. (gez. Kluge, Steindr. F. W. Thümeck, Lpz.) (6.80) 15156
Gew.: Burkard Wilhelm Seiler (Dresden), Carl Gottfried Hille (Freiberg), Johann Carl Pienitz (Pirna).

Hille, Kurt

Hille, Curt: Aristophanes und die politische Komödie des 19. Jahrhunderts. Leipzig: Quelle u. Meyer 1907. (VI, 39 S.) 8° ¶(Erscheint vollst. in: Breslauer Beiträge zur Literaturgeschichte Bd 12.)
Breslau, Phil. Fak., Ref. Koch, Diss. v. 27. Juli 1907
[Geb. 26. März 82 Posen; Wohnort: Posen; Staatsangeh.: Preußen; Vorbildung: Marien-Gymn. Posen Reife O. 03; Studium: Breslau 2, Berlin 2, Göttingen 1, Breslau 4 S.; Rig. 8. Juni 07.]

Hille, Curt, die deutsche Komödie unter der Einwirkg. des Aristophanes, s.a. Beiträge, Breslauer, zur Literaturgeschichte. N. F. 2.

Die deutsche Komödie unter der Einwirkung des Aristophanes. Ein Beitrag z. vergleich. Literaturgeschichte. Von Curt Hille. Dr. phil. Leipzig: Quelle & Meyer 1907. (VI, 180 S.) 8°
[Ein T. erschien als Inaug.-Diss. Breslau 1907.]
= **Beiträge**, Breslauer, z. Literaturgeschichte. 12. [07. 1484]

Hille. Mart. Gust. (geb. Liepe bei Rathenow 17. 2. 1837): De acido arsenicoso. Berolini (1862). (32 S.) 8°
Berlin, Med. Diss. v. 29. März 1862

Hille, Paul, gebet dem Kaiser, was d. Kaisers ist, u. Gotte, was Gottes ist. Zur Frage nach dem Verhältniß v. Staat u. Kirche. Rede, vor der allgem. Cöth. Prediger-Versammlg. am 19. Juni 1872 geh. gr. 8. (15 S.) Köthen 872. Schulze. n. — 30

— dasselbe. 2. erweit. Aufl. gr. 8. (24 S.) Ebend. 873. n. — 40

Hille, P., was fordert das Pfingstfest v. unserem christlichen Gemeindeleben? Predigt üb. 1. Cor. 12, 1—12, geh. am 10. Juni 1889. 8. (11 S.) Cöthen 889. Schettler's Erben, Verl. n. — 25

— auf dem Wege v. Hohenzollern nach Rom. Protestantische Blätter. Geschichtliche Merkwürdigkeiten u. denkwürdige Reiseziele. gr. 8. (VII, 176 S.) Ebd. 888. n. 2. 50; geb. n. 3. 50

Hille, Paul, auf d. Wege v. Hohenzollern nach Rom. Protestantische Blätter. Geschichtl. Merkwürdigkeiten u. denkwürd. Reiseziele. 2., ergänzte Aufl. (VII, 188 S.) gr. 8. Leipzig (910). A. Strauch. 2. —

Hille, Pet., aus dem Heiligtum der Schönheit, s.a. Universal-Bibliothek.

Hille, Peter: Aus dem Heiligtum der Schönheit. Aphorismen u. Gedichte von —. Mit e. einl. Essay hrsg. von Fritz Droop. Mit d. Bildn. P. Hilles. Leipzig: Reclam [1909]. 60 S. 8°
(Universal-Bibliothek. 5101.)

Hille, Pet., Cleopatra. Ein egypt. Roman. schmal 8. (96 S. m. Abbildgn.) Berlin (902). C. Messer & Co. n. 1. —

— Semiramis. (81 S.) schmal 8. Berlin (901). Verlag f. mod. Literatur. n. 1. —

— dasselbe. — Cleopatra. Ein ägypt. Roman. (77 u. 92 S. m. Abbildgn.) schmal 8. Berlin (905). Norddeutsche Verlagsanstalt L. Hohenstein & Co. n. 2. —

[F.] Des Platonikers Sohn. Erziehgstragödie in 5 Vorgängen v. Peter **Hille.** *Berlin: E. F. Conrad 1896.* (76 S.) 1 Bd 8. [97 719

Hille, Peter, die Sozialisten. Roman. 8. (II, 395 S.) Leipzig 886. Friedrich. n. 6. —

Hille, Pet., Gesammelte Werke. Hrsg. v. seinen Freunden 4 Bde. 8. Berlin, Schuster & Loeffler. à n. 2. —; geb. à n. 3. —
1. Blätter vom fünfzigjährigen Baum. (XIII, 157 S. m. Bildnis.) 904.
2. Gestalten u. Aphorismen. (210 S. m. Bildnis.) 904.
3. Dramatische Dichtungen. (VIII, 230 S. m. Bildnis.) 904.
4. Die Hassenburg. Roman aus dem Teutoburgerwalde. (180 S. m. Bildnis.) 905.

Hille, Phpp., Erinnerungsblätter aus d. Geschichte d. kathol. St. Hedwig Krankenhauses zu Berlin. 1846. — 14. Septbr. — 1896. Zur Feier d. 50jähr. Bestehens dargeboten. gr. 8. (153 S. m. 7 Abb.) Berlin 896. Germania. Kart. n. 1. 50

Hille, R. Dorett., Geschichte d. gräfl. Familie v. R. gr. 8. Küneb. 800. Schulze in Celle. 10 gr

Hille, Reinhold, städt. Tierarzt in Dresden: Aus d. anatom. Institut d. Kgl. Tierärztl. Hochschule zu Dresden. Direktor: Medizinal-Rat Prof. Dr. Baum. Untersuchungen über das Vorkommen der Keimzentren in den Lymphknoten von Rind, Schwein, Pferd und Hund und über den Einfluß des Lebensalters auf die Keimzentren. Mit 10 Abb. Dresden 1908: O Franke. (63 S.) 8°
Leipzig, Med. Fak., Ref. Baum, Diss. v. 3. Juli 1908
[Geb. 21. Nov. 81 Neugersdorf (Sachsen); Wohnort: Dresden; Staatsangeh.: Sachsen; Vorbildung: Realgymn. Dresden-N. Reife O. 01; Studium: Tierärztl. Hochsch. Dresden 7 S.; Coll. 26. Juni 08; Approb. 14. März 05.]

Hille, Vinzenz, Wunder d. Schöpfung im Großen, s.: Volksaufklärung.

— **Wunder d. Schöpfung im Kleinen, s.: Volksaufklärung.**

Hille, Waldemar, a. Lehre bei Braunschweig: Über arylsulfonierte Säureamide, Nitrile und Thioamide. Straßburg i. E. 1904: C. Müh & Cie. (66 S.) 8°
Straßburg, Math.-naturwiss. Fak., Ref. Thiele, Diss. v. 1904
[Geb. 31. Mai 77 Lehre b. Braunschweig; Wohnort: Straßburg i. E.; Staatsangeh.: Braunschweig; Vorbildung: Gymn. Wolfenbüttel bis Obersekunda M. 94; Studium: Braunschweig T.H. 6, Straßburg 2 S.; Rig. 20. Juli 04.]

Hille, Wilh., über das Dasein Gottes. Eine Antwort auf das Glaubensbekenntnis des Kaisers Wilhelm II. (64 S.) gr. 8. Braunschweig (908). W. Hille. (Nur direkt.) n. 1. 50

Hille, Wilh., Hermann u. Thusnelda. Vaterländ. Schauspiel in 5 Akten. 8. (83 S.) Braunschweig 898. F. Wagner. n. 2. —

Hille, W., das Kirchenjahr. Gebete zur Altarliturgie bei den sonn- und festtägigen Hauptgottesdiensten evangelisch-lutherischer Kirchen wie zur häuslichen Erbauung mit Rücksicht auf die Perikopen der Kirche abgefaßt. Lex.-8. (88 S.) Berlin 858, J. Schneider. *

— Leonatus. Ein Trauerspiel in 5 Akten. (118 S.) gr. 8. Braunschweig 904. (Ramdohr.) n. 1. 60

Hille, Wlh., oratiunculae synodales. 8maj. Helmstadii 844. (Fleckeisen.) n. 1/4 ₰

Hille, W., Predigt zur Empfehlung der Sache des Gustav-Adolph-Vereins, gehalten am 19. Sonnt. nach Trinit. 1844 zu Helmstedt. gr. 8. (1 B.) Helmstedt. (Fleckeisen'sche Buchh.) *

—— Predigten u. geistliche Reden. gr. 8. (18 B.) Helmstedt 845, (Fleckeisen'sche Buchh.) *

—— was hofft die evangel. Kirche von unserm Gustav-Adolph-Bunde? Predigt. gr. 8. (1 1/4 B.) Wolfenbüttel 845. (Holle'sche Buchh.)

—— Zeugnisse von Christo. Reden an Geistliche über das geistliche Amt. gr. 8. (114 S.) Braunschweig 859, Leibrock.

— **Wilhelm Heinrich** (Minden/Westf.), De jurisdictionis allodialis et feudalis conflictu ac utriusque ratione feudorum competentia. Diss. jur. Präs. Tobias Jac. Reinharth. Erfurt (Grosch) 26. I. 1730. 24 S. (7.—) 15157
Gew.: Heinrich v. Bünau (Seiseliz . .), Heinrich v. Bünau (Dahlen . .), Otto Heinr. v. Berlepsch (Stohsen, Groebiz).

Hillebrand, s.a. Hillebrandt

Hillebrand, oder wie könnte man wohl zu einer Pfarre gelangen? ein Kandidatenspiegel. Leipzig 1785. V: *Grosse, Gottfried.* (Ky) (MGT)

Hillebrand, od. wie konnte man wohl zu einer Pfarre gelangen, (von Gf. Große). 2 Thle. 8. Leipz. 785. Weygand. 1 ₰ 14 gr

Hillebrand: Aeschylus Agamemnon und die gleichnamige Tragödie des Tragikers Seneca. Parallele. 12 S. – Hermannstadt, kth., Progr. 1859.

Hillebrand: Explicationes et emend. Aeschineae. 18 S. – Weilburg, Progr. 1868.

Hillebrand, Aloys., († ...) acroamata poëtica tripartita. 8. Augsb. 774. Rieger. 12 gr

Hillebrand, B., christl. Gedanken. 8. Bamb. 761. Frkf. a. M., Wesché. 6 gr

Hillebrand, Barthel (geb. am 8 Febr. 1850 in Münstereifel): Ueber Hypertrophie der Prostata ... Bonn, Druck v. C. Georgi 1874. 21 S., 1 Bl. 8.
Bonn, Med. Fak., Diss. v. 15 Aug. 1874

Hillebrand, Carl, s. Hillebrand, Karl

Hillebrand, Caspar, s. Hillebrand, Kaspar

Hillebrand, Christian (geb. Varenholz in Lippe-Detmold 2. 2. 1842): Ueber Tumoren in den vorderen Hirnlappen. Berlin (1868). (32 S.) 8°
Berlin. Med. Diss. v. 30. Juli 1868

Hillebrand, *E.* (Stadtbauinsp.) Das Schulgebäude. 4 (2 S., 6 Taf.).
Progr. Höh. Bürgersch. II. *Hannover* 1887 (317).

Hillebrand, E. [Hrsg.], s. Ungewitter, G. G.: Land- und Stadtkirchen

Hillebrand, Eberh., evang. Kirchen u. Pfarrhäuser. (60 Taf. m. 10 S. Text.) 45,5×43,5 cm. Dresden (909). G. Kühtmann. In Mappe 30. —

Hillebrand, Franz

Hillebrand, F., üb. die specifische Helligkeit d. Farben, Beiträge zur Psychologie der Gesichtsempfindungen, m. Vorbemerkgn. v. E. Hering. [Mit 2 Holzschn. u. 1 Taf.] Aus dem physiolog. Institute der deutschen Universität zu Prag. [Aus: „Sitzungsber. d. k. Akad. der Wiss."] Lex.-8. (51 S.) Wien 889. (Tempsky.) n. 1. 20

Hillebrand, Frz. Über die specifische Helligkeit d. Farben, Beiträge zur Psychologie der Gesichtsempfindungen, m. Vorbemerkgn. von E. Hering. [Mit 2 Holzschn. u. 1 Taf.] Aus dem physiolog. Institute der deutschen Universität zu Prag. Lex.-8. (51 S.) Wien 889, (Tempsky). ₰ 1 20
Aus: Sitzungsber. d. k. Akad. der Wissensch., besonders abgedruckt.

Hillebrand, Frz., zur Lehre v. d. Hypothesenbildung. [Aus: „Sitzungsber. d. k. Akad. d. Wiss."] gr. 8. (69 S.) Ebd. 896. n. 1. 50

Franz HILLEBRAND Synechologische Probleme der Scholastik
Phil. Diss., Prag 1882-1886

Hillebrand, Frz., Theorie der scheinbaren Grösse bei binocularem Sehen. gr. 4. (53 S. m. 17 Fig.) Ebd. 902. n. 4. —
Sonderabdruck aus: „Denkschr. d. k. Akad. d. Wiss."

Hillebrand, Frz., die neuen Theorien der kategorischen Schlüsse. Eine log. Untersuchg. gr. 8. (VI, 102 S.) Wien 891. A. Hölder. n. 2. 40

Hillebrand, Franz (geb. am 17 Mai 1860 in Köln): Aus d. geburtshülfl. Klinik zu Bonn. — Untersuchungen über die Milchzufuhr und über die Jodkaliumausscheidung des Säuglings ... Leipzig, Druck v. A. Th. Engelhardt 1885. 33 S. 8. ¶ Sonderabdr. aus d. Arch. f. Gynaekol. XXV 1885 S. 453 ff.
Bonn, Med. Fak., Diss. v. 31 März 1885

Hillebrand, H., s. Handelsgesetze des Erdballs.

J. Hillebrand: philosophiae gnosticae origines; dissert. hist.-philos. *Berl.*, Burmeister u. Stange. 839. 8° 12 gl

Hillebrand, J. A., Limburg a. d. Lahn unter Pfandherrschaft 1344—1624. Vortrag, geh. 1898 in der Generalversammlung des nass. Alterthumsvereins zu Wiesbaden, m. Zusätzen u. Quellennachweisen. 12. (36 S.) Limburg 899. (Limburger Vereinsdruckerei.) n. — 30

Hillebrand, Josef

Hillebrand, J., Anleitung z. Gebrauche des Elementar-Lesebuches f. den Schreib-Lese-Unterricht. Für Eltern u. Lehrer nach dem gegenwärt. Standpunkte der Wissenschaft bearb. gr. 8. (5 B.) Mainz 844, Faber'sche Buchh.

—— Anleitung z. Gebrauche d. Leitfadens beim Unterricht im Französischen. 1. Hft. Der Unterricht bei Schülern von 7—9 Jahren. Mit einem Nachwort von F. Kieffer. gr. 8. (6½ B.) Mainz 845, Faber'sche Buchh.

—— dass. 2. Hft.: Anweisung zum Unterricht im Französ. bei Schülern von 9—10 Jahren (u. Nachklänge v. F. Kieffer). 8. (18¾ B.) Ebds. 846.

Hillebrand, J., Anleitung zum Gebrauche des Leitfadens beim Unterricht im Französischen. 3. Heft: Der Unterricht im Französ. bei Schülern von 10—11 Jahren. Lex.-8. (62 S.) Bingen 848, Halenza'sche Buchh. *

—— dass. — 4. Heft: Schlüssel zu den Uebungen des 4. Kursus. gr. 8. (23 S.) Mainz 849, Faber. *

—— dass. — 5. und 6. Heft: Schlüssel zum 5. und 6. Kursus. gr. 8. (à 43 S.) Ebds. 850—51. à Heft 5 Ngr.
1. und 2. Heft. Mainz 845—46. 1 Thlr. 6¼ Ngr.

— Anthropologie als Wissenschaft. 1r Thl. A. u. d. T.: Allgem. Naturlehre d. Menschen. 832. 1 ₰ 2r Thl. A. u. d. T.: Besondere Naturlehre d. Menschen, oder Somatologie u. Psychologie. 822. 1 ₰ 16 gr 3r Thl. A. u. d. T.: Pragmat. Anthologie. 823. 1 ₰ 8 gr gr. 8. Mainz 822, 23. Kupferberg. 4 ₰

– Neue Aergernisse ... beleuchtet. s. a. Kirche, Die katholische. 1. Hft.

Hillebrand, Jos., Neue Ärgernisse, oder: Der sog. katholische Priester Joh. Ronge u. sein Schmähartikel gegen den hl. Rock des Erlösers in Trier, beleuchtet u. zurechtgewiesen. Münster, Theissing, 1844, 8°, 1. u. 2. Aufl., 40 S., 20 Pf. (Heft 1 aus: Die kath. Kirche verteidigt gegen d. Angriffe d. Gegner. Sammlung zeitgemäßer Schriften &c., das.)

Hillebrand, Jos., Aesthetica literar. antiqua class., sive antiquor. scriptor. cum graecor. tum latinor. de arte literaria praecepta et placita, collecta, ordine systematico disposita adnotationibusque passim instructa. 8 maj. (31 B.) Moguntiae 828, Kupferberg.

— Deutschland u. Rom, oder üb. das Verhältniß der deutschen Nation zum röm. Stuhle, histor. u. rechtlich entwickelt. gr. 8. Frkf. a. M. 818. (Gebhardt in Grimma). 16 gr

HILLEBRAND, Jos.: Deutschl. u. Rom, od. üb. die Verhältnisse d. deutschen Nation z. röm. Stuhle, histor. u. rechtl. entwickelt. *Frkf. a. M.*, Wilmans. 818. 8.

— über die Einheit der Zeit u. den Zusammenhang der Ereignisse in derselben &c. gr. 8. Heidelb. 818. Groos. 4 gr

— u. Fr. Kieffer, Elementarbuch für die Mittelklassen der deutschen Volksschulen. Nach den psychologischen Bedürfnissen der Schüler von 8—10 Jahren eingerichtet. gr. 8. Mainz 846, v. Zabern. n. 8 ngr

— — das 3. u. 4. Schuljahr. Anleitung zum Gebrauche des Elementarbuches f. die Mittelklassen deutscher Volksschulen. gr. 8. Ebend. 846. n. ⅔ ₰

Hillebrand, J., Elementarbuch für die Mittelklassen der deutschen Volksschulen. 2. stark verm. Aufl. Mainz 853. Faber. gr. 8. (1 Bl., 166 S.) n. 6 ngr

— — Schlüssel dazu. Ebend. 853. gr. 8. (16 S.) 1½ ngr

—— Elementar-Lesebuch für den Schreib-Lese-Unterricht. 1. Cursus: Lesebuch f. das erste Schuljahr. 2. Aufl. 843 u. 3., m. vielen Tabellen verm. Aufl. 8. (3 B. u. ¾ B. mit Schreibschrift.) Mainz 845, Faber'sche Buchh. *

—— 2. Curs. Lehr- u. Lesebuch f. d. 2. Schuljahr. 2. Aufl. 8. (1 B.) Ebds. 844. *

—— Elementar-Lesebuch für den Schreib-Lese-Unterricht. 1. Kursus: Uebungsbuch für das erste Schuljahr. 6. Aufl. 8. (48 und 4 lithogr. S.) Mainz 852, Faber'sche Buchh. *

—— dass. — 2. Kursus: Uebungsbuch für das zweite Schuljahr. 4., sorgfältig durchgesehene Aufl. 8. (71 S.) Ebds. 852. *

—— dass. — 3. Kursus: Uebungsbuch für das Lesen und Schreiben erweiterter und zusammengesetzter Sätze. 2., verm. Aufl. 8. (85 S.) Ebds. 852. *

—— Schlüssel zum 3. Kursus des Obigen. gr. 8. (16 S.) Ebds. 852.

Hillebrand, J., Elementar-Lesebuch für den Schreib-Lese-Unterricht. 1. und 2. Kursus. 8. Mainz 858, Faber'sche Buchh. geb. *
Inhalt:
Kurs. 1. Uebungsbuch für das erste Schuljahr. 9. Ster.-Aufl. (48 S.) * 3 Ngr.
" 2. Uebungsbuch für das zweite Schuljahr. 6., sorgfältig durchgeseh. Aufl. (71 S.) * 3½ Ngr.

Hillebrand, J., Elementar-Lesebuch für den Schreib-Lese-Unterricht. 2. Kursus: Uebungsbuch für das 2. Schuljahr. 7., sorgfältig durchgeseh. Aufl. 8. (71 S.) Mainz 867, Faber. *

Hillebrand, Jos., Germanikus; ein histor. Roman. 2 Thle. gr. 8. Frankf. a. M. 817. Varrentrapp. 2 ₰ (auch Streng). 3 ₰ 8 gr

Hillebrand, Joseph: Zur Geschichte der Stadt und Herrschaft Limburg a/L. I. Teil. 20 S. Hadamar, Progr. 1883.

– Zur Geschichte der Stadt und Herrschaft Limburg a. d. Lahn. II. Teil. 26 S. Hadamar, Progr. 1887 (365)

Hillebrand, Joseph [Oberl. Prof.]: Zur Geschichte der Stadt und Herrschaft Limburg a. d. Lahn. III. Teil. Limburg a. d. Lahn, Druck v. Gebrüder Goerlach, 1889; S. 1—22, 1 Tab. 4°
Hadamar, k. G, OP 1889 (365)

Hillebrand, Joseph [Prof.]: Zur Geschichte der Stadt und Herrschaft Limburg a. d. Lahn. IV. Tl. [Forts. d. P-Beil. 1883. 87. 89.] Limburg a. d. Lahn, Druck v. Gebr. Goerlach, 1893; 1 Bl., 22 S., 1 Tab. 4.
Hadamar, k. G, P 1893 (391)

***Hillebrand**, Joseph [Prof.]:* Gerlach u. von Isenburg. ([Umschlagt.:] ... m. bes. Rücks. auf seine Besitzgn. (Zur Geschichte d. Stadt u. Herrschaft Limburg a. d. Lahn. v. Tl).) [Forts. d. P-Beil. 1883. 87. 89. 93.] Hadamar, J. W. Hörter, Lithogr., Buch- u. Steindr., 1896; 1—20 S. 4.
Hadamar, k. G, P 1896 (398)

Hillebrand, J., Geschichte und Methodologie der Philosophie. Heidelb. 819. 8. (Ist die zweite Abtheilung seiner Propädeutik).

Jos. **Hillebrand's** Grundr. d. Logik u. philos. Vorkenntnisslehre z. Gebr. bei Vorless. *Heidelb.*, Groos. 820. gr 8° 1 ß 8 gl

– Herodes u. Pilatus, s. a. K i r c h e , Die katholische. 3. Hft.

—— **Herodes u. Pilatus**, oder: Joh. Ronge u. sein Advokat in der Trierer Sache. Das. 1845, gr. 8°, 128 S., 50 Pf. (Heft 3.)

– Kampf u. Sieg der kathol. Kirche, s. K i r c h e , Die katholische. 7. Hft.

—**Lehrbuch d. Literar-Aesthetik, od. Theorie d. Geschichte d. schönen Litt. 2 Bde. gr. 8. Mainz 827. Kupferberg.** 2 ß 12 gl

H i l l e b r a n d , (Jos.,) Lehrbuch d. theoret. Philosophie u. philosoph. Propädeutik, z. Gebrauche bei akadem. Vorlesungen. gr. 8. Mainz 826, Kupferberg.

—— L e i t f a d e n beim Unterricht im Französischen. Nach den jeweiligen psycholog. Bedürfnissen der Schüler vom 7. Jahre an. 1. Curs. Uebungsbuch f. Schüler v. 7—9 Jahren. gr. 8. (5¾ B. u. 2 Bl. m. Schreibschrift.) Mainz 845, Faber'sche Buchh.

—— dass. 2. Curs. Uebungsbuch f. Schüler v. 9—10 Jahren. 8. (17½ B.) Ebds. 846.

—— Leitfaden beim Unterricht im Französischen. Nach den jeweiligen psycholog. Bedürfnissen der Schüler vom 7. Jahre an geordnet. 3. Kurs. A. u. d. T.: Praktischer Lehrgang beim ersten Unterricht im Französischen für die Unterklassen der Real- und höh. Bürgerschulen, Gymnasien rc. 1. Thl.: Uebungsbuch für Schüler von 10—11 Jahren. gr. 8. (287 S.) Bingen 848, Halenza'sche Buchh.

—— dass. — 4. Kurs. A. u. d. T.: Praktischer Lehrgang beim ersten Unterricht im Französischen für die Unterklassen der Real- und höh. Bürgerschulen, Gymnasien rc. 2. Thl.: Uebungsbuch für die obere Abtheilung. gr. 8. (254 S.) Mainz 849, Faber'sche Buchh.

—— dass. — 5. und 6. Kurs. A. u. d. T.: Praktischer Lehrgang beim Unterricht im Französischen für die Mittelklassen der Realschulen, und ähnl. Anstalten. 2 Thle. gr. 8. Ebds. [1. Thl. (295 S.) 851., 2. (284 S.) 852. à 22½ Ngr.]
1. und 2. Kursus. Ebendas. 1845—46. 1 Thlr.

—— **Leitfaden beim Unterricht im Französischen. Nach den jeweiligen psycholog. Bedürfnissen der Schüler vom 7. Jahre an geordnet. 1. Kursus. 2., verm. Aufl. gr. 8. (93 und 4 lithogr. S.) Mainz 852, Faber'sche Buchh.**

Hillebrand, J., Leitfaden beim Unterricht im Französischen. Nach den jeweiligen psycholog. Bedürfnissen der Schüler vom siebenten Jahre an geordnet. 1. Stufe. 3. verb. Aufl. 8. (62 S.) [Bonn 875, Habicht's Verlag.] Leipzig, Lesimple's Verlag. * — 75

—— **L e i t f a d e n z. vergleichenden Unterricht in d. engl. Sprache f. höhere Unterrichtsanstalten u. z. Selbstunterr. nach Becker's System bearb. Mit e. vollständ. Wörterbuche zu den deutschen Uebungen. gr. 8. (13 B.) Mainz 844, Faber'sche Buchh.**

Hillebrand, Jos., Missionsbüchlein für alle Stände. Ausführlicher Unterricht über die Generalbeichte. 2. verb. u. verm. Aufl. Paderborn 857. Schöningh. 8. (2 Bl., 74 S. u. 1 Holzschn.) n. 4 ngr.

Hillebrand, Jos., Missionsbüchlein für alle Stände. Ausführl. Unterricht über die Generalbeichte. 2. Aufl. 1858. und 3., verb. und sehr verm. Aufl. 8. (75 S. mit 1 Holzschn.) Paderborn 860, Schöningh.

H i l l e b r a n d , Jos., Missionsvorträge. 2 Bde. gr. 8. (XIV, 532; V, 495 S.) Paderborn 870, Schöningh.

— über Deutschlands Nationalität u. Nationalbildung. gr. 8. Frankf. a. M. 818. (Gebhardt in Grimma). 1 ß 12 gl

Hillebrand, Dr. Jos., (in [illegible],) [illegible] literatur seit dem Anfange [illegible] 18. [illegible], [illegible] seit Lessing, bis auf die Gegenwart, [illegible] kritisch dargestellt. 1.—3. Thl. [illegible] 845, 46, Fr. u. A. Perthes. 1. u. [illegible] Thl. (a) u. [illegible] 3. Thl. n. 2 ß 16 ngl

Hillebrand, Jos., die deutsche Nationalliteratur seit dem Anfange des 18. Jahrh., besonders seit Lessing, bis auf die Gegenwart, historisch u. ästhetisch-kritisch dargestellt. 3 Bde. 2. verb. u. mehrfach umgearb. Ausg. gr. 8. 1. Bd.: Die deutsche Nationalliteratur im 18. Jahrh. bis auf Göthe u. Schiller. (VIII u. 472 S.) — 2. Bd.: Göthe, Schiller u. die Literatur ihrer Zeit (IV u. 662 S.) Ebd. 851. — 3. Bd.: Die deutsche Nationalliteratur in der ersten Hälfte des 19. Jahrh. (IV u. 481 S.) Hamburg u. Gotha 850. 51, Fr. & Andr. Perthes. (5 u. 2 ß) u. 6 ß

Hillebrand, Jos., die deutsche Nationalliteratur im 18. u. 19. Jahrhundert. Historisch u. ästhetisch-kritisch dargestellt. 3. Aufl., durchgesehen u. vervollständigt v. K a r l H i l l e b r a n d. 3 Bde. gr. 8. (XVI, 498; VI, 696 u. 492 S.) Gotha 875. F. A. Perthes. n. 20. —; geb. n.n. 23. 60

— **der Organismus der philosophischen Idee in wissenschaftl. u. geschichtlicher Hinsicht. gr. 8. Dresden u. Leipzig 842, Arnold. 2½ ß**

— der Organismus der philosophischen Idee in wissenschaftl. u. geschichtl. Hinsicht. 2. (Titel-)Ausg. gr. 8. (VIII u. 478 S.) Leipzig (842) 850, Arnold. 12 ngl

HILLEBRAND, Jos., P a r a d i e s u n d W e l t. Ein (zahmer) Roman. (Motto: 2 Versz. aus „Hamlet", Akt 3.) 2. Ausg. Mainz, 1823. Bei Florian Kupferberg. Gr. 8°. (Mk. 5—.)
I: 3 Bll. Vorst. (incl. 3 Bll. Zuschr. an B e r n h a r d E r i c h F r e u n d , reg. Herzog v. Sachsen-Meiningen) u. 415 S. II: 373 S.

Hillebrand, Jos., Philosophie des Geistes, oder Encyklopädie der gesammten Geisteslehre. 1e Abthl. Ontologische u. psychologische Betrachtung des Geistes. gr. 8. Heidelberg 835. Oswald. 2⅓ ß — 2e Abthl. Pragmatologie des Geistes. Philosophie der Geschichte u. spekulat. Theologie. gr. 8. Ebd. 836, jetzt Bensheimer in Mannheim. 1⅔ ß (Beide Abthll. ungetrennt nur 3⅓ ß

— **Philosophie des Geistes, oder Encyclopädie der gesammten Geisteslehre. 2 Abtheil. 2. Ausg gr. 8. Mannheim 842, Bensheimer. 2⅓ ß**

— universal-philosoph. Prolegomena, od. encyklop. Grundzüge d. gesammten Philosophie. gr. 8. Mainz 820. Kupferberg. 15 gl

—— **universal-philosoph. Prolegomena, od. encyklopäd. Grundzüge d. gesammten Philosophie. gr. 8. (11 B.) Mainz 830, Kupferberg.**

— Propädeutik der Philosophie. 2 Thle. (1r Thl.: Encyklopädie der Philosophie. 2r Thl.: Geschichte u. Methodologie.) gr. 8. Heidelb. 819. Groos. 3 ß

– Reichthum, Würde u. Seligkeit des christl. Berufes, s. K i r c h e , Die katholische. 8. Hft.

Hillebrand, Jos., Rette deine Seele! oder Missionsbüchlein für alle Stände. Ueber die Generalbeichte. 8. (IV und 56 S.) Paderborn 854, Schöningh. *

— Eugenius Severus, oder einige Stationen aus der Lebensreise e. Philosophen. 2 Thle. 8. Dresd. u. Leipz. 819. Hartknoch. 2 ℛ

— die Tanzbelustigungen, beurtheilt nach der Lehre der heiligen Schrift, der Kirchenversammlungen, der Kirchenväter, sogar der Weltleute u. auch der täglichen Erfahrung. Mit besonderer Rücksicht auf Hochzeiten, Fastnachtstage, Schützenfeste ꝛc. nebst Antworten auf alle von den Tanzliebhabern gemachten Einwendungen. 862. — 2. verb. u. verm. Aufl. Ebend. 863. gr. 8. (XIV, 223 S.) n. 15 ngr.

— erstes Uebungsbuch zur leichten und schnellen Erlernung der englischen Sprache. Mit besonderer Berücksichtigung der Umgangssprache bearb. Mainz 855. Faber. gr. 8. (96 S.) 10 ngr.

— Schlüssel dazu. Ebend. 855. gr. 8. (16 S.) 2½ ngr.

— Schlüssel zu den Uebungen von Hillebrand's Leitfaden zum vergleich. Unterricht in der engl. Sprache. A. u. d. T.: Lesestücke zur Einübung der engl. Formen- u. Satzlehre. Nach Becker's System stufenmäßig geordnet. gr. 8. Mainz 845. (Faber.) n. ⅓ ℛ

Hillebrand, Jos., Versuch e. allgem. Bildungslehre, wissenschaftlich dargestellt aus d. Principe der Weisheit, für Gelehrte u. Gebildete. gr. 8. Braunschw. 816. Vieweg. 1 ℛ 12 gℓ

— Alte und neue Vorurtheile bei Gelegenheit des Rongestreites, s.a. Kirche, Die katholische. 9. Hft.

—— Alte u. neue Vorurteile bei Gelegenheit des Rongestreites beleuchtet. Dai. 1846, gr. 8°, 124 S., 50 Pf. (Heft 9.)

Hillebrand, Jul., s.a. Brand, Jul.

Hillebrand, Julius
Über die gänzliche und theilweise Entziehung der bürgerlichen Ehre nach den deutschen Rechtsbüchern des Mittelalters. Inaug. Diss.
Giessen 1844. 46 S.
Diss. jur. 17. August 1844. vorh. 26.11.
Δ.

Hillobrand, Julius, approb. Arzt aus Hennersdorf (Schlesien): **Stieltorsionen** von Ovarientumoren nebst Anführung von 6 Fällen. *Greifswald 1900: J. Abel.* (23 S.) 8°
Greifswald, Med. Diss. v. 27. Juli 1900

Hillebrand, Jul. Hubert, Lehrbuch des heutigen gemeinen deutschen Privatrechts mit Einschluß des Handels- und Lehnrechts. gr. 8. (XX und 772 S.) Leipzig 849, Fr. Fleischer, Verlag.

Hillebrand, Jul. Hub., Lehrbuch des heutigen gemeinen deutschen Privatrechts mit Einschluß des Handels- u. Lehenrechts. 2. umgearb. Aufl. 1. Abth. Zürich 864. Meyer & Zeller. gr. 8. (IV, 346 S.) 1 ℛ 22½ ngr.

Hillebrand, Jul. Hub., Lehrbuch des heutigen gemeinen deutschen Privatrechts mit Einschluss des Handels- u. Lehenrechts. 2., umgearb. Aufl. 2. Abthl. Zürich 865. Meyer & Zeller's Verlag. gr 8. (XVI, u. S. 349—800.) n. 1 ℛ 27½ ngr.

Hillebrand, Jul. (Hubert), Lehrbuch der deutschen Staats- und Rechtsgeschichte mit Ausschluß der Geschichte der Privatrechtsinstitute. gr. 8. (XII und 656 S.) Leipzig 855(56,) Fr. Fleischer.

— deutsche Rechtssprichwörter. Gesammelt u. erläutert. Zürich 858. Meyer u. Zeller. gr. 8. (XXIII, 247 S.) n. 1 ℛ 10 ngr.

Hillebrand, Carl, die Anwendung der Beugungserscheinungen auf astronomische Messungen. gr. 8. (37 S. m. 3 Fig.) Wien 901. (C. Gerold's Sohn.) n. — 80
Sonderabdruck aus: „Sitzungsber. d. k. Akad. d. Wiss."

Hillebrand, Carl, üb. die wahrscheinl. Bahnform u. den Ursprung der Kometen. (70 S.) 31,5×24,5 cm. Wien 907. (A. Hölder.) 5. 20
Sonderabdruck aus: „Denkschr. d. k. Akad. d. Wiss."

Hillebrand, K, Beleuchtungsverhältnisse bei totalen Mondesfinsternissen, s.: Vorträge des Vereines zur Verbreitung naturwissenschaftlicher Kenntnisse in Wien, 44. Jhrg. 7. Heft.

Hillebrand, Carl, über die Berechnung der rechtwinkeligen heliozentrischen Koordinaten e. Planeten mittels numerischer Integration u. e. darauf gegründ. Differenzenmethode f. Ephemeridenrechngn. (22 S.) 31,5×24,5 cm. Wien 909. (A. Hölder.) 2. 10

Hillebrand, Karl, s. Briefe, zwölf, eines ästhetischen Ketzers.

Hillebrand, Carl, üb. d. Einfluss d. Elasticität auf die Schwankungen d. Polhöhe. [Aus: „Denkschr. d. k. Akademie d. Wiss."] gr. 4. (28 S.) Wien 897. (C. Gerold's Sohn.) n. 1. 60

Hillebrand, aus u. über England. Berlin 876.

Hillebrand, Carl, die Erscheinung 1892 des periodischen Kometen Winnecke. gr. 4. (32 S.) Wien 898. (C. Gerold's Sohn.) n. 2. —
Sonderabdruck aus: „Denkschr. d. k. Akad. d. Wiss."

Hillebrand, Karl, *Frankreich u. die Franzosen* in d. 2. Hälfte d. XIX. Jahrhunderts. Eindrücke u. Erfahrungen. Berlin 1873. 8°. Hirzel.
4 Bll., 343 S.

Hillebrand, Frankreich u. d. Franzosen. 3. Aufl. Berlin 886.

[F.] Frankreich und die Franzosen. Von Karl Hillebrand. 4. verb. u. verm. Aufl. *Strassburg: K. J. Trübner 1898.* (XXII, 462 S.) 1 Bd 8.
— Hillebrand, C.: Zeiten, Völker und Menschen. Bd 1. [98. 6631 Ki

Hillebrand, Karl, Geschichte Frankreichs währ. d. Julikönigtums (1830—1848), nebst Einleitg.: D. Julirevolution u. ihre Vorgeschichte. Register. (Geschichte der europ. Staaten, hrsg. v. A. H. L. Heeren, F. A. Ukert, W. v. Giesebrecht u. K. Lamprecht.) gr. 8. (68 S.) Gotha 898. F. A. Perthes. n. 1. 60
(Kplt. m. Suppl. z. 1. Bd. u. Register: n. 34. —)

Hillebrand, K., Geschichte Frankreichs von der Thronbesteigung Louis Philipp's bis zum Falle Napoleon's III., s.a Geschichte der europäischen Staaten.

[F.] Geschichte Frankreichs von der Thronbesteigung Louis Philipp's bis zum Falle Napoleon's III. Von Karl Hillebrand. (Register: Gesch. Frankr. während d. Julikönigtums '(1830—1848)' ... v. ... Hillebrand.) Th. 1, [nebst] Ergänzgsheft. 2. Register. *Gotha: F. A. Perthes 1877—98.* [Mehr nicht erschienen.] 4 Bde 8.
1. Die Sturm- u. Drangperiode d. Julikönigthums. '(1830—1837.)' 1877. (III—XV S., 2 Bl., 737 S.)
Ergänzgsheft [m. d. Umschlagt.:] Die Julirevolution u. ihre Vorgeschichte. '(1814—1830.)' Einl. zu d. Gesch. Frankreichs unterm Julikönigthum v. ... Hillebrand. 1881. (XVII—CXLVIII S.)
2. Die Blüthezeit d. parlamentar. Monarchie. '(1837—1848.)' 1879. (III—VII S., 2 Bl., 706 S., 1 Taf.)
Register. 1898. (68 S.)
— Geschichte d. europäischen Staaten. [Bd 20.] [98. 4787

Hillebrand, Carl. Aus dem Jahrhundert der Revolution von Karl Hillebrand. 3. Aufl. — *A. u. d. T.:* Zeiten, Völker und Menschen von Karl Hillebrand. Band 5.... XII + 366 S. 8. Strassburg, Karl J. Trübner, 1902. (br. M. 4. —, geb. M. 5. —)
Darin S. 216—248: Henry Costa de Beauregard; — *s. auch S. 112 f 117—121. 154. 156. 160. 164 etc.*

—— s. Italia.

—— - die Julirevolution und ihre Vorgeschichte (Ergänzungsheft zur Geschichte Frankreichs), s. Geschichte der europäischen Staaten.

— Eine Methode der Ephemeridenrechnung mittelst numerischer Integration. (19 S.) 31,5><25 cm. Ebd. 908. 1. 80
2 Sonderabdr. a.: „Denkschr. d. k. Akad. d. Wiss."

— Uber diffuse Reflexion bei ausgedehnten Lichtquellen. (18 S. m. 1 Fig.) gr. 8. Ebd. 909. — 50
Sonderabdr. a.: „Sitzungsber. d. k. Akad. d. Wiss."

— Die dynamische Theorie der Gezeiten auf einem Maclaurinschen Ellipsoid. D 89. 401 . 4.—
Separatabdruck

Hillebrand, Karl, Wälsches und Deutsches. Berlin 1874. 8. . . . . (D.)
A. u. d. T.:
—— Zeiten, Völker u. Menschen. Bd. 2.

Hillebrand, Karl, Zeiten, Völker u. Menschen. 1—3. Bd. gr. 8. Berlin 874—76. Oppenheim. n. 17. —
1. Frankreich u. die Franzosen in der zweiten Hälfte d. 19. Jahrhunderts. Eindrücke u. Erfahrgn. 2. umgearb. u. verm. Aufl. (XVI, 384 S.) n. 5. —
2. Wälsches u. Deutsches. (XII, 468 S.) n. 6. —
3. Aus u. üb. England. (VIII, 408 S.) n. 6. —

Hillebrand, Karl, Zeiten, Völker u. Menschen. 4—6. Bd. gr. 8. Berlin 878—82. Oppenheim. à n. 6. —
4. Profile. (VII, 376 S.)
5. Aus dem Jahrhundert der Revolution. (VII, 408 S.)
6. Zeitgenossen u. Zeitgenössisches. (VII, 400 S.)

— dasselbe. 1. Bd. A. u. d. T.: Frankreich u. die Franzosen in der 2. Hälfte des XIX. Jahrhunderts. Eindrücke u. Erfahrungen. 3., gänzlich umgearbeit. Aufl. gr. 8. (XX, 396 S.) Ebend. 879. n. 6. —

Hillebrand, Karl, Zeiten, Völker und Menschen. 1. und 4.— 7. Bd. 8. Berlin, Oppenheim. à Bd. *ℳ 6.—. *
geb. à Bd. *ℳ 7.—. *
Inhalt:
Bd. 1. Frankreich und die Franzosen. 3. stark verm. Aufl. 2. (Titel-) Ausg. mit einem Nachrufe von Heinr. Homberger. (LXXII, 396 S.) 886.
Bd. 4. Profile. 2. (Titel-)Ausg. (VII, 376 S.) 886.
" 5. Aus dem Jahrhundert der Revolution. 2. (Titel-)Ausg. (VII, 467 S.) 886.
" 6. Zeitgenossen und Zeitgenössisches. 2. (Titel-)Ausg. (VII, 400 S.) 886.
" 7. Culturgeschichtliches. Aus dem Nachlasse. Hrsg. von Jessie Hillebrand. (XI, 335 S. mit dem Bildnisse des Verf. in Holzst. nach der Büste von Adf. Hildebrand in Florenz.) 885.
2. und 3. Bd. Ebendas. 1875,76. à *ℳ 6.—.

Hillebrand, Karl, Zeiten, Völker u. Menschen. 2. u. 3. Bd. 2., verb. u. verm. Aufl. gr. 8. Straßburg i/E. 892. K. J. Trübner Verl. à n. 4. —; geb. in Leinw. à n. 5. —
2. Wälsches u. Deutsches. (XIV, 458 S.)
3. Aus u. üb. England. (VII, 419 S.)

— Zeiten, Völker u. Menschen. 1. Bd. Frankreich u. d. Franzosen. 4., verb. u. verm. Aufl. 8. (XXII, 462 S.) Straßburg 898. K. J. Trübner. n. 4. —; geb. n. 5. --

— Zeiten, Völker u. Menschen. 5. Bd. Aus dem Jahrhundert der Revolution. 3. Aufl. 8. (IX, 366 S.) Straßburg 902. K. J. Trübner. n. 4. —; geb. n. 5. —

Hillebrand, Karl, Zeiten, Völker u. Menschen. 4. u. 6. Bd. 8. Straßburg 907. K. J. Trübner. à 4.—;
geb. in Leinw. à 5. —
4. Profile. 3. Aufl. (VII, 381 S.)
6. Zeitgenossen u. Zeitgenössisches. 3. Aufl. (VII, 389 S.)

Hillebrand, Kaspar

Hillebrand, Caspar [pr. Arzt, aus Westfalen]: Ein Fall von Ulcus Noma ... Greifswald, Druck v. J. Abel, 1894; 24 S. 8.
Greifswald, Med. Fak., Inaug.-Diss. v. 15. Sept. 1894

Hillebrand, M., katechet. Anleitung z. Sprach- u. Rechtschreibelehre, Naturlehre, Naturgeschichte u. Geographie für Landschulkinder. 8. Wörth. 830. (Thomann in Landsh.) 3 gl

Hillebrand, Mich., das kleine ABC der Landwirthschaft. Leitfaden in der Boden- und Düngerkenntniß für deutsche Volksschulen nebst einem Anhang über landwirthschaftl. Bodenführung. 16. (28 S.) Landshut 858, Thomann'sche Buchh.

— Sprach-, Rechtschreib- und Aufsatzlehre in vier Stufen für deutsche Volksschulen. 2 Bdchn. Landshut 856. Thomann. 8. (56, 68 S.) 4 ngr.

Hillebrand, Mich., Vorschriftenheft zunächst für Werk- u. Feiertags-Schüler in den Volksschulen, enth. einen gedrängten Auszug aus der bibl. Geschichte. (Mit 30 lith. Bl.) qu. 4. Landshut 846, Thomann. 6 ngl

Hillebrand, Mich., Vorschriftenheft zunächst für Werk- und Feiertags-Schüler in den Volksschulen, enthalt. einen gedrängten Auszug aus der bibl. Geschichte. qu. 4. (15 S. Text und 30 lithogr. Bl.) Landshut 847, Thomann'sche Buchh.

Hillebrand, Philipp Jakob, s. Hillebrandt

Hillebrand, Rudolf, Referendar in Hannover: Das eigenhändige Testament im Bürgerlichen Gesetzbuch unter besonderer Berücksichtigung des Erfordernisses der Datierung. *Borna-Leipzig 1904: R. Noske.* (VIII, 92 S.) 8° [S.]
Leipzig, Jur. Diss. v. 1904

Hillebrand, Silvia, über die chemische Konstitution der Sodalith- u. Nephelingruppe, s.: Mitteilung, 8., üb. die Darstellung der Kieselsäuren.

Hillebrand, Silvia, Serpentin u. Heulandit. (4. Mitteilg. üb. die Darstellg. der Kieselsäuren.) (25 S. m. 1 Fig.) gr. 8. Wien 906. (A. Hölder). n. — 80
Sonderabdruck aus: „Sitzungsber. d. k. Akad. d. Wiss."

Hillebrand, Wilhelm (Giessen)
Ueber Form und Ursache des schrägverengten Beckens.
Giessen: Schild 1849. 23 S. u. 1 Taf. (in Δ mit Thesen)
Diss. med. 9.1.1850. vorh. 7.Δ.

Hillebrand, Guil. (geb. Nieheim in Westf. 13. 11. 1821): De vi partum movente. Berolini (1844). (30 S.) 8°
Berlin, Med. Diss. v. 10. Okt. 1844

Hillebrand, Will., flora of the Hawaiian Islands: a description of their phanerogams and vascular cryptogams. Annotated and publ. after the author's death by W. F. Hillebrand. gr. 8. (XCVI, 673 S. m. 1 Holzschntaf. u. 4 Karten.) Heidelberg 888. C. Winter. geb. n.n. 25. —

Hillebrand, William F.

Hillebrand, W. F., Analyse der Silikat- u. Karbonatgesteine. Deutsche Ausg., unter Mitwirkg. des Verf. übers. u. besorgt v. Ernst Wilke-Dörfurt. 2., stark verm. Aufl. der „Prakt. Anleitg. zur Analyse d. Silikatgesteine" v. W. F. Hillebrand, dtsch. v. E. Zschimmer, Leipzig 1899. (XVI, 258 S. m. 25 Fig.) gr. 8. Leipzig 910. W. Engelmann. 6.—; geb. in Leinw. 7.—

Hillebrand, W. F., prakt. Anleitung zur Analyse der Silikatgesteine nach den Methoden der geolog. Landesanstalt der Verein. Staaten. Nebst e. Einleitg., enth. einige Prinzipien der petrograph.-chem. Forschg. v. F. W. Clarke u. W. F. Hillebrand. Übers. u. f. den Gebrauch in Laboratorien hrsg. v. E. Zschimmer. gr. 8. (IV, 86 S. m. 1 Fig.) Leipzig 899. W. Engelmann. n. 2.—; geb. n. 2.60

Hillebrandt, s.a. Hillebrand

Hillebrandt, Alfred

Inclutissimae Universitati Regiae Fridericianae Christianiensi ... per dies V usque ad VII mensis Septembris sollemniter celebranti diem, quo ante hos centum annos natus est filius magnus Nicolaus Henricus Abel ... gratulatur ... Universitas Vratislaviensis interprete Alfredo **Hillebrandt** h. t. rectore et senatu academico. Dabamus die v mensis Augusti anni MCMII. *Vratislaviae (1902): W. Friedrich.* (1 Bl.) gr. 2°
(Nicht für den Austausch)

Hillebrandt, Alfr., üb. die Göttin Aditi. [Vorwiegend im Rigveda.] gr. 8. (51 S.) Breslau 876. Aderholz. n. 1.25

Hillebrandt, Alfr., Alt-Indien. Kulturgeschichtliche Skizzen. 8. (V, 195 S.) Breslau 899. M. & H. Marcus. Geb. in Leinw. n. 5.—

— Altindien u. die Kultur des Ostens. Rede, geh. beim Antritt des Rektorates der Universität Breslau am 15. X. 1901. gr. 8. (35 S.) Ebd. 901. n. 1.—

Hillebrandt, Alfr., zur Bedeutung von Gandharva. (8 S) gr. 8. Breslau 906. G. P. Aderholz. n. —80
Sonderabdruck aus: „84. Jahresber. d. schles. Gesellsch. f. vaterländ. Cultur".

Hillebrandt, Alfr., Brahmanen u. Çudras, s.: Abhandlungen, germanist.

Hillebrandt, Alfr., s.: Forschungen, indische.

Hillebrandt, Alfred: Die Götter des Rgveda. Eine euhemeristische Skizze v. Fritz Bonsens [d. i. Alfred Hillebrandt]. Breslau: W. Koebner 1894. (14 S., 1 Bl.) 1 Bd 8°

— Über das Kautilyasastra u. Verwandtes. (30 S.) gr. 8. Breslau 908. G. P. Aderholz. 1.—
Sonderabdr. aus: „86. Jahresber. d. schles. Gesellsch. f. vaterl. Cultur".

Hillebrandt, Alfr., vedische Mythologie. 1. Bd. Soma u. verwandte Götter. gr. 8. (X, 547 S.) Breslau 891. W. Koebner. n. 24.—

— vedische Mythologie. 2. u. 3. Bd. gr. 8. Ebd. 34.—; (vollständig n. 58.—)
2. Usas Agni. Rudra. (IV, 254 S.) 899. n. 12.—
3. (XXII, 468 S.) 902. n. 22.—

— Vedische Mythologie. Kleine Ausg. (VIII, 200 S.) 8. Breslau 910. M. & H. Marcus. 5.60; geb. 6.40

Hillebrandt, Alfr., das altindische Neu- u. Vollmondsopfer in seiner einfachsten Form, mit Benutzung handschriftlicher Quellen dargestellt. gr. 8. (XVII, 199 S.) Jena 880. Fischer. n. 7.—

Hillebrandt, Alfr., nationale Opfer in Alt-Indien, s. Festgruss an Otto v. Böhtlingk.

Ritual-Litteratur. Vedische Opfer u. Zauber, s.a. Grundriss d. indo-arischen Philologie u. Altertumskunde.

Ritual-Litteratur. Vedische Opfer u. Zauber v. Alfred **Hillebrandt.** *Strassburg: K. J. Trübner 1897.* (186 S., 2 Bl.) 8.
— Grundriss d. indo-arischen Philologie u. Altertumskunde. Bd III. H. 2. [58. 3085

Hillebrandt, Alfr., die Sonnwendfeste in Alt-Indien. Eine Untersuchg. [Aus: „Romanische Forschungen".] gr. 8. (46 S.) Erlangen 889. (Fr. Junge.) n. 1.50

— Tiere u. Götter im vedischen Ritual. Sitzung der orientalisch-sprachwissenschaftl. Sektion vom 17. III. 1904. (14 S.) gr. 8. Breslau 905. G. P. Aderholz. n. —80
Sonderabdruck aus: „83. Jahresber. der schles. Gesellsch. f. vaterländ. Cultur".

Hillebrandt, Alfred: Varuna als Himmelsgott und Herr über Tag und Nacht. Breslau 1877. (31 S.) 8° *[Erweit. Buchausg. 1877 bei Aderholz in Breslau unt. d. T.: „Varuna und Mitra".]*
Breslau, Phil. Fak., Hab.-Schr. v. 12. Mai 1877

— Varuna u. Mitra. Ein Beitrag zur Exegese d. Veda. gr. 8. (VIII, 159 S.) Breslau 877. Aderholz. n. 4.—

—— Vedachrestomathie. Für den ersten Gebrauch bei Vedavorlesungen hrsg. und mit einem Glossar versehen. gr. 8. (VI, 130 S.) Berlin 885, Weidmann'sche Buchh. *

— Vedainterpretation. gr. 8. (21 S.) Breslau 895. M. & H. Marcus. n. 1.20

Hillebrandt, C. E., Geschichte d. Gräfin v. Aveyro, nunmehr. Herzogin Cadaval. 8. Manh. 814. Löffler. 14 gr.

[F.] **von Hillebrandt,** Hans *Carl Hugo Victor* [Referendar]: Die unberechtigte Erhebung einer fremden Sparkassenforderung ... Greifswald, Druck v. J. Abel, 1896; 44 S. 8.
Greifswald, Jur. Fak., Inaug.-Diss. v. 1896

Hillebrandt, Jh. Bapt., Empfehlung d. christl. Tugend aus d. Evangelien od. d. Leben u. d. Lehre Jesu. 6 Thle. gr. 8. Würzb. 789—94. Stahel. 5 ℛ︀ß
vgl. Hillenbrandt

Hillebrandt, Josef, s. Hillebrand

Hillebrandt, Philipp Jakob

Hillebrandt, Ph. Jak., s. Hildesheimische Verordnn., Circulare rc.

HILLEBRAND: Samml. d. Stadt Hildesheim Verordnn. *Hildesheim*, 791. 8.

Hillebrandt, Philipp Jakob, s.a. Taschenbuch für Brüder Freimaurer

Taschenbuch für Brüder Freimaurer enthaltend sämmtliche mit der g. u. v. St. Joh. Loge Pforte zur Ewigkeit i. O. v. Hildesheim theils correspondirende, theils derselben seit 5794 bekannt gewordene Logen, als Ms. f. Brr. Frmr. [Hrsg. von Phil. Jak. Hillebrandt.] Hildesheim 1796: Tuchtfeld. 130 S. 8°
Kl. 120.

Verzeichniss bekannter s. e. w. Freymaurer-Logen imgleichen sämmtlicher Beamten der mit der Loge Pforte zur Ewigkeit im Or. zu Hildesheim verbundenen und correspondirenden s. e. w. Logen aus den bisher eingegangenen neuesten Listen und sonst erhaltenen Nachrichten zusammengetragen [von Phil. Jak. Hillebrandt] und bestimmt für Freymaurer auf das Jahr 5794. Hildesheim [1794]: Schlegel. 76 S. 8°
[2.] in: Taschenbuch f. Frmr. 1794.

Hillebrandt, Roderich, Gerichtsrefer.: Begriff der Eigenschaft. Breslau 1909: Schlesische Druck.-Genoss. 102 S. 8° ¶(Ersch. auch erweit. als Buch u. d. T.: Die Eigenschaften einer Person oder Sache, b. Marcus, Breslau 1910.)
Breslau, Jur. Diss. v. 20. Dez. 1909, Ref. Fischer, Schott
[Geb. 21. Juni 84 Breslau; Wohnort: Breslau; Staatsangeh.: Preußen; Vorbildung. Johannes-Gymn. Breslau Reife M. 02; Studium: Breslau 3, Bonn 1, Breslau 1, München 1, Breslau 1 S.; Rig. 3. Juni 07.] [U 10. 495

Hillebrandt, Roderich: Die Eigenschaften einer Person oder Sache. Ein Beitrag zur Auslegung von § 119 u. § 459 BGB. Von Dr. –. Breslau: Marcus 1910. 98 S. 8°
Erschien auch als Breslauer Inaug.-Diss. u. d. T.: Begriff der Eigenschaft.

Hillebrecht, Skrophulose u. Tuberkulose, e. einheitl. Krankheitsbild. [Aus: „Ärztl. Rundschau".] gr. 8. (23 S.) München 897. Seitz & Schauer. n. — 75

Hillebrecht, Albert, Med.-Prakt.: Ueber das Chronischwerden von akuten Mittelohreiterungen. Berlin 1909: Sittenfeld. 18 S. 8° [Nachträglich geliefert.] ¶(Aus: Mediz. Klinik. Jg. 5.)
Göttingen, Med. Diss. v. 15. Juni 1909, Ref. Bürkner, Braun
[Geb. 27. Mar. 85 Hevensen; Wohnort: Göttingen; Staatsangeh.: Preußen; Vorbildung: Gymn. Göttingen Reife O. 03; Studium: Göttingen 10 S.; Coll. 28. Jan. 09; Approb. 15. Juni 09.] [U 10. 1377

Hillebrecht, Fr., der Hofgarten zu Düsseldorf u. der Schlosspark zu Benrath, s.: Redlich, O. R.

Hillebrecht, Georg *Michael Ferdinand* [aus Benrath a. Rh.]: Experimentelle Beiträge zur Bedeutung der Alloxurkörper im Eiweisstoffwechsel. '(Aus d. II. medicin. Universitätsklinik d. Hrn Geheimr. Gerhardt in Berlin.)' ... Berlin, C. Vogts Buchdr., *1896;* 48 S., 1 Bl. 8.
Berlin, Med. Fak., Inaug.-Diss. v. 21. Juli 1896

Hillebrecht, H[ans]: Über eine aus Kettenbruchentwicklungen abgeleitete Reihe zur Berechnung von Quadratwurzeln. *Remscheid 1902: H. Krumm.* (S. 91–94.) 8°
Remscheid, RG m. R (Reform-S), Festschr. 1902 (541)

Hillebrecht, Hermann [aus New-York]: Ueber syphilit. Gelenkerkrankungen ... Würzburg, A. Memminger'sche Buchdr., 1886; 86 S. 8°.
Würzburg, Med. Fak., Inaug.-Diss. v. 1886.

Hillebrecht, Hermann Lewis Otto: Die Lullusquelle zu Hersfeld. Von Dr. [Hermann Lewis Otto] Hillebrecht, prakt. Arzt. Hersfeld: Hoehl [1909]. 48 S. 8°

Hillebrecht, Otto, Referendar: Die Verletzung der Anzeigepflicht nach dem Reichsgesetz über den Versicherungsvertrag. Göttingen 1910: Kaestner. VIII, 108 S. 8°
Gießen, Jur. Diss. v. 22. Juni 1910, Ref. Leist
[Geb. 16. Juli 86 Göttingen; Wohnort: Göttingen; Staatsangeh.: Preußen; Vorbildung: Gymn. Göttingen Reife O. 04; Studium: Göttingen 10 S.; Rig. 31. Jan. 10.] [U 10. 1116

Hillecke, C., Verzeichnis der Käfer des nordöstlichen Harzrandes soweit dieselben bisher v. Mitgliedern d. entomologischen Vereins f. Quedlinburg u. Umgegend aufgefunden wurden. Hrsg. v. dem entomol. Verein f. Quedlinburg u. Umgegend. (40 S.) gr. 8. Quedlinburg 907. (H. Schwanecke.) 1. —

Hillegeer, Josse

Hillegeer, J., S. J., durch Kampf zum Sieg. Nach der 2. Aufl. aus dem Vläm. übers. v. Th. Bonsmann. 12. (116 S.) Paderborn 901. Junfermann. n. — 65; geb. in Leinw. n. — 85

Hillegeer, J., Etwas f. Alle. Nach der 4. Aufl. ins Deutsche übers. v. Th. Bonsmann. 2. Aufl. 16. (128 S.) Paderborn 894. Junfermann. n. — 50

Hillegeer, J., Etwas für Jedermann. Nach der 4. Aufl. in's Deutsche übers. von Th. Bonsmann. Paderborn 862. Junfermann. 32. (132 S.) n. 4 ngr.

Hillegeer, S. J., Krankentrost. Unterweisungen u. Gebete f. Seelsorger, Kranke u. ihre Pfleger. Nach der 2. Aufl. des Vlämischen bearb. v. W. Cramer. (203 S. m. Titelbild.) 16. Essen (905). Fredebeul & Koenen. Geb. in Leinw. n. — 50

Hillegeer, J., Krankentrost. Kurze u. anziehende Unterweisungen für Kranke u. ihre Pfleger. Nach der 2. Aufl. des Vlämischen übersetzt von W. Cramer. 16. (263 S.) Paderborn 882. Bonifaciusdruckerei. n. — 60

— die Kunst gut zu sterben. Nach dem Vlämischen frei bearb. von Th. Bonsmann. 16. (288 S.) Paderborn 880. Junfermann. — 75

Hillegeer, J., die große Reise. Ein Mahn- und Trostbüchlein. 16. (271 S.) Münster 876, Aschendorff'sche Buchh. * — 50

— Seelentrost. Ein Mahn- u. Trostbüchlein für den katholischen Christen. Nach dem Vlämischen bearb. u. m. einigen passenden Gebeten versehen von Th. Bonsmann. 16. (157 S.) Münster 879. Aschendorff. — 30

Hillegeer, J., die Tugend der Eltern. Nach der 3. Aufl. in's Deutsche übers. von Th. Bonsmann. 12. (108 S.) Freiburg im Br. 860, Herder'sche Verlagsbuchh.

— die Tugend für alle Stände. Nach der 6. Aufl. in's Deutsche übers. von Th. Bonsmann. Mit einem Vorwort. von v. Essen. Nebst Anhang, enthaltend Gebete. 12. (XVIII und 463 S.) Freiburg im Br. 860, Herder'sche Verlagsbuchh.

— die Tugend für alle Stände. Nach der 10. Orig.-Aufl. aus dem Vlämischen übersetzt von Thdr. Bonsmann. 2. Aufl. 16. (479 S.) Ebend. 877. — 90

— die Tugend f. alle Stände. Nach der 10. Orig.-Aufl. aus dem Vläm. übers. v. Th. Bonsmann. 3. verb. Aufl. 16. (VIII, 604 S. m. 1 Stahlst.) Dülmen 902. A. Laumann. Geb. in Leinw. n. 1. 50

—— des Menschen Ziel und End'. Christkatholisches Gebet- und Tugendbüchlein für Jedermann. Nach dem Vläm. bearb., mit Zusätzen und einer reichhaltigen Auswahl von Gebeten vermehrt von Th. Bonsmann. 16. (259 S.) Paderborn 861, Schöningh.

— die Zunge. Nach der 3. Aufl. des Vlämischen übersetzt von W. Cramer. 16. (119 S.) Ebend. 881. n. — 35

Hillel, Erich, aus Breslau: (Aus d. Zoolog. Institute zu Leipzig.) Ueber die Vorderextremität von Eudyptes chrysocome und deren Entwickelung. Mit 2 Taf. *Jena: G. Fischer 1904.* (47 S.) 8° [Aus: Jenaische Zeitschr. f. Naturwiss. Bd 38.]
Leipzig. Phil. Diss. v. 1904

Hillel, F., Festpredigten. 1. Heft. Pessach & Schuwuaus. (52 S.) 8. Leipnik 904. (Frankfurt a/M., J. Kauffmann.) n. 1. —

— dasselbe. 2. Heft. (52 S.) 8. Frankfurt a/M. 905. J. Kauffmann. n. 1. 20

Hillel, F., Festpredigten. 3. Heft. Persach, Wochenfest, Neujahrsfest, Abend d. Versöhnungstages. (53 S.) 8. Frankfurt a/M. 908. J. Kauffmann. 1. 50
1. u. 2. Heft. Ebd. 904. 05. 2. 20

Hillel, *Feivel:* Die Nominalbildungen in der Mischnah … Berlin, Druck v. H. Itzkowski, 1891; 2 Bl., 53 S. 8.
Leipzig, Phil. Fak., Inaug.-Diss. v. [15. Dez.] 1891

Hillel, F., die Nominalbildung in der Mischnah. gr. 8. (52 S.) Frankfurt a/M. 891. J. Kauffmann. n. 1. 50

Hillel, Hirsch, Gustav, prakt. Arzt aus Rogasen: **Myxoedem, Syphilis und Tabes dorsalis.** *Berlin 1902: M. Silberberg.* (32 S.) 8°
Leipzig, Med. Diss. v. (14. Juli) 1902

Hillel, Karl, d. Versöhng. d. Judentums m. d. Christentum. gr. 8. (59 S.) Frankfurt a/M. 898. Gebr. Knauer. n. — 80

Hillemanns, unsere Kolonien im J. 1900. gr. 8. (19 S.) Berlin 902. W. Süsserott. n. — 60
Sonderabdruck aus: „Beiträge zur Kolonialpolitik u. Kolonialwirtschaft".

Hillemanns, Max [aus Burtscheid]: Aus d. Augenklinik zu Bonn. Ueber die Augenaffectionen der an Influenza Erkrankten. … Bonn, Univ.-Buchdr. v. Carl Georgi, 1890; 42 S. 1 Bl. u. 1 Taf. 8°
Bonn, Med. Fak., Inaug.-Diss. v. [28.] Jul. 1890

Hillen, Wilhelm Theodor

— Apologetik des Christenthums oder christliche Welt- und Lebensanschauung dargelegt vom Standpuncte des Opfers. Ebend. 863. gr. 8. (IV, 300 S.) 1 *Rthlr* 10 *ngr.*

Hillen: Clemens Alexandrinus quid de libris sacris novi testamenti sibi persuasum habuerit. 24 S. – Coesfeld, Progr. 1867.

Hillen, Wilh. Thdr., Clementis Alexandrini de s. s. eucharistia doctrina. Dissert. inaug. Warendorf 861. (Schnell.) 8. (43 S.) 7½ *ngr.*

Hillen, Guil. Theod., De Herculis Romani fabula et cultu. Diss. inaug. Münster 1856.

Hillen, Wilhelm: Die alttestamentliche Kochma, der platonisch-philonische Logos und der chinesische Tao. 23 S. *Coesfeld* 1882.
Progr.

Hillen: Quid de peccati originalis natura et propagatione iudicaverit S. Augustinus. 28 S. – Warendorf, Progr. 1858.

Hillen, W., Über das Schöne vom christlichen Standpunkte. Coesfeld 1877, 4°, 26 S., Programm des Gymn.

Hillen, W. Die Sprache vom Standpunkt des Christenthums betrachtet. Coesfeld, G., 1842. 23 S. 4. Progr.

Hillen, W., Die Sprache vom Standpunkt des Christentums. Coesfeld, 1872, 4°, Progr. des Gymnas.

Hillen, Wilh. Theod., Die religiösen Vorstellungen im Anfange der Geschichte der Menschheit. Coesfeld 1880, 4°, 19 S., Gymn.-Progr.

Hillenberg, *Willi* Bernhard [app. Arzt]: Aus d. patholog. Institute zu Kiel. Ein Fall von primärem Lungenkrebs … Kiel, Druck v. L. Handorff, 1893; 22 S., 1 Bl. 8.
Kiel, Med. Fak., Inaug.-Diss. v. [15. März] 1893

Hillenbrand, Emil, Referendar a. Ulm a. D.: Der Scheinkaufmann. Leipzig: O. Wigand 1906. (69 S.) 8°
Leipzig, Jur. Fak., Diss. v. 17. Sept. 1906
[Geb. 1. Aug. 82 Ulm a. D.; Wohnort: Ulm; Staatsangeh.: Württemberg; Vorbildung: Gymn. Reutlingen Reife Juli 00; Studium: Tübingen 3, Leipzig 2, München 1, Leipzig 2 S.; Rig. 22. Jan. 06.]

Hillenbrand, Emil, der Scheinkaufmann. (69 S.) 8. Leipzig 906. (Ulm, L. Frey.) 1. 50

Hillenbrand, H. J., Die Kindheit Jesu. Herausgegeben von K. A. Leimbach. Paderborn, Schöningh, 1898, gr. 8°, VII, 130 S., 3 Mk.
In großer Übersichtlichkeit bespricht der Verf. auf verhältnismäßig engem Raume die wichtigsten dogmat.-exeget. Fragen aus d. Kindheit Jesu u. giebt dabei mancherlei Aufschluß zum bessern Verständnis derselben, sowie zur Lösung der namentlich in unsern Tagen von der ungläubigen Kritik erhobenen Einwendungen u. Schwierigkeiten. P. Einig, Pastor bonus 1898, S. 582.

Hillenbrand, Hermann, Rechtspraktikant aus Annweiler: **Der Verlags-Vertrag.** *Annweiler 1903: H. Hübner.* (151 S.) 8° [F.]
Erlangen, Jur. Diss. v. 12. Juni 1902

Hillenbrand, Ludwig: Die Anlehnung romanischer Wörter im Englischen an die gelehrten Grundformen. Darmstadt 1909: Otto. VIII, 58 S. 8°
Gießen, Phil. Diss. v. 22. Juni 1909, Ref. Horn
[Geb. 13. April 84 Bensheim; Wohnort: Oppenheim; Staatsangeh.: Hessen; Vorbildung: Gymn. Bensheim Reife O. 04; Studium: Heidelberg 2, Gießen 5 S.; Rig. 13. Okt. 08.] [U 09. 1210

Hillenbrand, Ludwig [cand. med. aus Volkach a/M.]: Ueber gutartige Neoplasmen im hinteren Teile der Mundhöhle. … Würzburg, Buchdr. d. „N. Bayer. Landeszeitung", 1889; 22 S. 8°
Würzburg, Med. Fak., Inaug.-Diss. v. 1889

Hillenbrandt, J. Bapt., Empfehlung d. christlichen Tugend a. d. Evangel. od. d. Leben u. d. Lehre Jesu. 5 Theile. gr. 8. Würzb. Stahel. 789.-94. (à 1 Rthlr.)
vgl. Hillebrandt

Hillenkamp, Inschriften u. Denkmäler d. Willibrordikirche in Wesel. gr. 8. (47 S.) Wesel 893. (Fincke & Mallinckrodt.) n.n. — 50

Hillenkamp, die Nürburg, m. Situationsplan. (19 S.) kl. 8. Andernach (906). J. St. Weinand. n. — 40

Hillenkamp, Armin. (geb. Neustadt bei Nordhausen 13. 6. 1838): De resectione ossium tarsi subperiostali. Berolini (1862). (32 S.) 8°
Berlin, Med. Diss. v. 31. Juli 1862

Hillenkamp, Ernst [Gerichts-Ref.]: Das Lagerrecht nach dem Entwurf des neuen Handels-Gesetzbuchs ... Berlin, Druck v. M. Driesner, 1897; 55 S. 8.
Marburg, Jur. Fak., Inaug.-Diss. v. [8. Juli] 1897

Hillenkamp, Ferd. (geb. Gesecke 24. 8. 1801): De generalibus vitae oriundae conditionibus. Berolini (1824). (31 S.) 8°
Berlin, Med. Diss. v. 27. Apr. 1824

Hillenkamp, Ferdinand. (geb. am 30 Juni 1841 in Gesecke Westf.): De rvptvris choroideae ... Bonnae, typ. F. Krvegeri (1865). 25 S., 1 Bl. 8.
Bonn, Med. Fak., Diss. v. 31 Juli [nach d. Akten v. 1 Aug.] 1865

Hillenkamp, Josef, Gerichts-Ref. aus Lippstadt i. W.: Das Richteramt des Bundesrats auf Grund des Artikels 76, 1 der Reichsverfassung, unter besonderer Berücksichtigung des Bundesratsbeschlusses vom 5. Januar 1899. *Halle a. S. 1901: C. A. Kaemmerer & Co.* (48 S.) 8°
Leipzig, Jur. Diss. v. 1901

Hillenkamp, Wilhelm [aus Bielefeld]: Zur Lehre vom Erbschein. ... Göttingen, Druck d. Univ.-Buchdr. v. W. Fr. Kästner, 1889; 2 Bl. + 53 + 1 S. 8°
Göttingen, Jur. Fak., Inaug.-Diss. v. 11. Jul. 1889

Hillenkamp, W., zur Lehre vom Erbschein. Inaug.-Diss. gr. 8. (55 S.) Göttingen 889. (Vandenhoeck & Ruprecht's Verl.) n. 1. 40

Hilleprandt, Ant. v., u. Ottmar Jelussig, organische Bestimmungen f. das k. u. k. Heerwesen. Vollinhaltlich zusammengestellt u. m. den neuesten Berichtiggn. versehen. 2 Bde. 8. (VIII, 439 S. m. 35 Tabellen in 8. u. 4. u. XXV, 208 S. m. 10 Tabellen in 8. u. 4.) Wien 872. Seidel & Sohn. n. 9. —

Hilleprandt, Anton Edl. v., Hauptm. im k. k. Generalstabe. Der Feldzug in Ober-Italien im Jahre 1848. Nach amtlichen Quellen im Jahre 1864 und 1865 bearbeitet. Mit 25 Karten und Pläne (fehlen). Separat-Abdruck aus der österreichischen militärischen Zeitschrift. 8. Wien 1867.

Hiller, Eduard, s. Haeberlin, C.

Hiller, Feldherr, in seinen Thaten geschildert. (Mit 1 Bilde.) 8. Wien 1813.

Hiller, Jh. Adm.: eine Würdigung seiner Verdienste, s. Karl Naumann.

Hiller, Philipp Friedrich, der Sänger von Steinheim. Berlin 863. (Beck.) 8. (16 S.) 1½ ngr.

Hiller, ..., s. Lesebuch f. Elementarschulen.

Hilleri, Raccmationes in Tacito. Viteb. 790 sq. 39 Progr. 4.

(——) erstes Sprach- u. Lesebuch, s. 8. Bd.: Sprach- u. Lesebuch.

Hiller, ..., unterhaltendes ökonom. Taschenbuch. Zum Nutzen u. Gebrauch f. Geschäftsmänner. 12. Elberf. 811. Mannes. 12 gr.

Hiller Albert: Das Verhältnis des Reiches zu England unter Adolf von Nassau.
M. 1910 PN 2941 **Diss.** Wien, Univ. 1038

Hiller, Arnold

Hiller, A. 4 Abhandl. über Hitzschlag. [1]) Üb. Erwärmung u. Abkühlung. des Infant. a. d. Marsche u. d. Einfluß d. Kleidung darauf. 1885. — [2]) Weitere Beitr. z. Wärmeökonomie d. Infant. a. d. Marsche u. z. Behandl. d. Hitzschlages. 1886. — [3]) D. Hitzschlag a. Märschen, seine Ursachen u. seine Verhütung. Vortrag 1887. — [4]) D. Hitzschlag. Veröffentl. üb. Krankengeschichte u. Leichenbefunde a. d. Garnison-Lazaretten. No. 10. Berlin 1891.

Hiller, A., die Gesundheitspflege des Heeres. Ein Leitfaden f. Offiziere, Sanitätsoffiziere u. Studierende. (XV, 406 S. m. 138 Abb.) Lex.-8. Berlin 905. A. Hirschwald. n. 8. —

Hiller, A., der Hitzschlag, s.: Veröffentlichungen üb. Krankengeschichten u. Leichenbefunde aus den Garnisonlazarethen.

Hiller, A., der Hitzschlag auf Märschen, s.a. **Bibliothek v. Coler. 14. Bd.**

Der Hitzschlag auf Märschen. Mit Benutzung d. Akten d. Med.-Abth. d. Preuss. Kriegs-Minist. Von Dr. A[rnold] Hiller, Oberstabsarzt z. D. u. Privatd. Mit 6 Holzschn. u. 3 Curven. Berlin: A. Hirschwald 1902. (284 S.) 8°
= Color, v., Bibliothek. Bd 14.

Hiller, A., der Hitzschlag auf Märschen, seine Ursachen u. seine Verhütung, s.a. **Beiheft zum Militär-Wochenblatt.**

Hiller, Dr. Arnold, Stabsarzt. Der Hitzschlag auf Märschen, seine Ursachen und seine Verhütung. Vortrag, gehalten vor dem Officierscorps des 2. schlesischen Grenadier-Reg. Nr. 11. Hierzu ein Anhang: Ueber Erkennung und Behandlung des Hitzschlages. Beihft. z „Milit.-Wochenblatt". — Berlin 1887.

Hiller, Arnold, die Lehre von der Fäulniss. Auf physiologischer Grundlage einheitlich bearb. gr. 8. (XII, 547 S.) Berlin 879. Hirschwald. n. 14. —

Hiller, Arnold (geb. Seehausen in d. Altm. 22. 12. 1847): Untersuchungen über die Contagiosität purulenter Secrete. Berlin (1871). (40 S.) 8°
Berlin, Med. Diss. v. 22. Dez. 1871

— die Wirkungsweise der Seebäder. Ein Wegweiser f. Aerzte u. Gebildete aller Stände. 2. Aufl. Mit e. Uebersichtskarte. gr. 8. (VI, 62 S.) Berlin 890. Hirschwald. n. 1. 60

Hiller, Arnold, Zimmergymnastik ohne Geräte. 40 tägl. Übgn. f. die gesamte Körpermuskulatur, zur Erhaltg. der Gesundheit u. Förderg. der Gewandtheit. (59 S. m. 41 Abbildgn.) gr. 8. Leipzig 909. G. Thieme. 1. 60

Hiller, Arthur, Assist. am anat. Inst.: Aus d. anat. Institut zu Königsberg No 38. Über die **Fossula** vermiana des Hinterhauptsbeines (Fossa occipitalis mediana) (mit 1 Taf.). *Königsberg i. Pr. 1903: M. Hiller.* (36, III S.) 8°
Königsberg, Med. Diss. v. 10. Mai 1903

Hiller, Blas. Chr. s.a. Allerlei durch einander

— Allerlei durch einander, zur Unterhaltung gesammelt. Enthalt. kurze Geschichten, Erzähll., Anekdoten, witzige Einfälle rc. 8. Augsb. 803. Kranzfelder. 6 gr.

Hiller, Blas. Chr., Christenlehrpredigten üb. die Gebote, für d. Landvolk. 8. Augsb. 792. Kranzfelder. 18 gl

Hiller, Blas., Christenlehrpredigten üb. die Gebote. 8. Augsburg, Wolf. 792.

— Gelegenheitspredigten bei verschiedenen Feierlichkeiten. 7 Bde. 8. Augsb. 791—98. (Kranzfelder). 3 rß 8 gl

— drei Predigten üb. landesherrl. Verordnungen. 8. Augsb. 805. N. Aufl. 807. Kranzfelder. 4 gl

— prakt. Predigten für d. Landvolk, auf d. Festtage. 2 Jahrgg., in 2 Bden. 8. Augsb. 791, 92; a. 793 u. 802. Wolff. 1 rß 16 gl

— prakt. Predigten f. das Landvolk auf alle Sonntage. 2 Jahrgg. od. 4 Thle. 8. Augsb. 790, 91; a. 793 u. 802. Wolff. 2 rß 16 gl

— katechet. Reden üb. die Gebote Gottes u. d. Kirche rc. 8. Augsb. 813. Kranzfelder. 14 gl

Hiller, Bruno, aus Berlin: Abälard als Ethiker. *Erlangen 1900: A. Vollrath.* (76 S.) 8° [F. u. Ant.]
Erlangen, Phil. Diss. v. 31. Jan. 1900

Hiller, C. H., de abusibus opificum, od. von Handwerksmißbräuchen in Deutschland. 8. Tübing. 729.

Hiller, Carl, s. Hiller, Karl

Hiller, Chrn Hnr., De abusibus opificum, oder von Handwerksmissbräuchen in Deutschland. Tubingae 1725. 4. . . . . (D.)

Hiller, Chr. Henr.: „Tractatus jur.-polit. abusibus, qui in Germania nostra in collegiis vigent opificum, deque medelis contra eosdem adhibendis. Von denen Handwercks-Missbräuchen in Teutschland", Tubingae 1729. — Vorh.: Kammergericht Berlin — Ee. 220.

— — Collationis juris civilis Romani, cum recessibus Imperii Rom. Germ. maximè per differentias principes sectionem VII. Quà jus ad rem, aut obligationum, oriundarum ex contractibus consensualibus: in specie emptione frumentorum in herbis. Disp. jur. Präs. Michael Grass. Tübing. April 1716. 36 S., tlws. dtsch. (7.—) 15159
Widm. v.: Gabriel Schweder, Präs., Jacob David Moegling, Joh. Bernh. Gaupp (Esslingen), Wolfgang Jacob Pichler (Biberach), Wolf. Paul Burgermeister.

— — De concursu et electione utiliori, remediorum, contra sententias, in supremis imperii tribunalibus latas. Disp. jur. Präs. Gabriel Schweder. Tübing. (Johann Conrad Reis) 13. IX. 1717. 90 S. (8.20) 15160

Hiller, Christian Heinrich (Biberach / Schwaben), Figmentum tutelae speciei quartae; pactitiae sive conventionalis succincto discursu juridico. Tüb. (Joseph Sigmund) [1716]. 40 S. (7.—) 15158
Gew.: Daniel Hiller (Vater).

Hiller, Clementine, s. Hiller, Klementine.

Hiller, E., Beiträge zur Textgeschichte der griechischen Bukoliker. gr. 8. (132 S.) Leipzig 888. Teubner. n. 3.20

Hiller, E., Bericht über die griechische Litteraturgeschichte für die Jahre 1874 und 1875. S.-A. 26 S. —.90

Hiller, E., Hieronymi Rhodii peripatetici fragmenta. Gel. 1880. 84 S. 4°.

Hiller, E., Ueb. die Lesarten der Tibull-Handschriften Scaligers. S.-A. 1874. 10 S. —.60

Hiller, E., De Aristophanis Avium locis quibusdam. Pr. 1875. 10 S. 4°. 1.—

Hiller, E., Zu den Nachrichten üb. die Anfänge der Tragoedie. S.-A. 1884. 18 S. —.90

Hiller, E., De Sophoclis Phaedra et de Euripidis Hippolyto priore. S.-A. 1869. 15 S.

Hiller, E., Sakadas der Aulet. S.-A. 1876. 18 S.

Hiller, E., Die litterar. Thätigkeit der sieben Weisen. S.-A. 1878. 12 S. —.75

Hiller, Ed., s.: Anthologia lyrica.

Hiller, Ed. (I.), Gedichte. 2. (Titel-)Aufl. gr. 16. (VII und 310 S.) Stuttgart (861)63, Quack.

Hiller, Ed., Gedichte. 2. (Titel-)Aufl. Stuttgart 863. Quack. 16. (VII, 310 S.) 1 rß 6 ngr.

Hiller, Eduard, die Genußmittel der Völker, s.a. Haus-Bibliothek, praktische, des schweizer. Familien-Wochenblattes. Nr. 2.

Hiller, Eduard. Die Genussmittel der Völker. II + 48 S. 8. Zürich, Erhard Richter, 1907 (*Innentitel:* 1906). (fr. —. 90)
Praktische Haus-Bibliothek des Schweizerischen Familien-Wochenblattes. № 2.

Hiller, Edvardvs (geb. am 14 Apr. 1844 in Frankfurt a. M.): Qvaestiones Herodianeae ... Bonnae, typ. C. Georgii 1866. 2 Bl., 70 S., 2 Bl. 8. ¶ In Komm. bei Cohen & Sohn in Bonn.
Bonn, Phil. Fak., Diss. v. 16 März 1866

Hiller, Ed., Stimmen vom Krankenlager. Gedichte. gr. 16. (VII und 310 S.) Stuttgart 861, Quack.

Hiller, E., naive Welt. Schwäbische Lieder u. Idyllen. 12. (VII, 246 S.) Stuttgart 890. Robert Lutz. n. 2.50

Hiller, Ed., naive Welt. Schwäbische Lieder u. Idyllen. 12. (VII, 246 S.) Stuttgart 891. R. Lutz. n. 2.50

— dasselbe. 2., verm. Aufl. 12. (VIII, 261 S. m. Bildnis.) Ebd. 893. n. 2.50; geb. n.n. 3.50

Hiller, Ed., naive Welt. Schwäb. Lieder u. Idyllen. 3. Aufl. 12. (VIII, 261 S. m. Bildn.) Stuttgart 896. R. Lutz. n. 2.50; geb. in Leinw. n.n. 3.50

Hiller, Eduard, naive Welt. Schwäbische Lieder u. Idyllen. 4. Aufl. (VIII, 262 S. m. Bildnis.) 12. Stuttgart 904. R. Lutz. n. 2.50; geb. in Leinw. m. Goldschn. n.n. 3.50

Hiller, Ed., Wintergrün. Hochdeutsche und schwäb. Gedichte. 3. neugestaltete Aufl. 16. (XIV, 355 S.) Stuttgart 886, Greiner und Pfeiffer. geb. *

— Wintergrün. Poetische Bilder aus Natur u. Leben (Hochdeutsch u. Dialekt). 4. Aufl. gr. 16. (XVI, 356 S. m. Bildn.) Ebd. 897. n. 2.50; geb. n.n. 3.50

Hiller, Erich, a. Berlin: Aus der inneren Abteilung des städt. Krankenhauses Charlottenburg-Westend. Dirig. Arzt: Prof. Dr. E. Grawitz. Beiträge zur Morphologie der neutrophilen Leukozyten und ihrer klinischen Bedeutung. Kiel 1905: Schmidt & Klaunig. (27 S.) 8°
Kiel, Med. Fak., Ref. Graf Spee, Diss. v. 7. Juli 1905
[Geb. 16. Aug. 80 Berlin; Wohnort: Berlin; Staatsangeh.: Preußen; Vorbildung: Gymn. Gartz a./O. Reife O. 00; Studium: Kiel 1, Berlin 3, Kiel 1, Berlin 4 S.; Coll. 6. Juni 05; Approb. 3. Apr. 05.]

Gesellschaft für Palästina-Forschung. — (1.) Die archäologische Erforschung Palästinas. Vortrag, gehalten am 12. Dezember 1910 von ERNST HILLER. Nachdruck nur mit Genehmigung des Verfassers gestattet. (Wien I. Druck von J. & W. Schwarzinger's Nachf.) 8°.

Hiller, Ernst [aus Schlesien]: Ueber die Hydrazinverbindung der Orthotoluidin-parasulfonsäure und die Orthotoluidin-paradisulfonsäure und einige ihrer Derivate. . . . Greifswald, Druck v. Julius Abel, 1886; 39 S. 8°.
Greifswald, Phil. Fak. Inaug.-Diss. v. 9. Jun. 1886.

Hiller, Ernst, über die Hydrazinverbindung der Orthotoluidin-parasulfonsäure und die Orthotoluidin-paradisulfonsäure und einige ihrer Derivate. Diss. Greifswald 1886, Jul. Bindewald. 8°. 39 S.

Hiller, Eugen [cand. med. aus Breslau]: Ueber ein Sarcom der Clavicula. . . . Würzburg, Buchdr. d. „N. Bayer. Landeszeitung", 1889; 29 S. 8°.
Würzburg, Med. Fak., Inaug.-Diss. v. 1889.

Hiller, F., s. Guttentag's Sammlung.

Hiller, Ferdinand

Hiller, Fd., s. ABC-Buch für kleine u. für große Kinder.

Hiller, Ferd., Ludwig van Beethoven. Gelegentliche Aufsätze. gr. 8. (V, 112 S.) Leipzig 871. Leuckart. n. 2. —

Hiller, Ferd. Briefe von Moritz Hauptmann ... an Ludwig Spohr und Andere. Neue Folge der Hauptmann'schen Briefe. Leipzig 1876.

Hiller, Ferd., Briefe an eine Ungenannte. gr. 8. (196 S.) Köln 877. Du Mont-Schauberg. n. 4. —

Hiller, Ferd., Erinnerungsblätter. gr. 8. (257 S.) Köln 884, DuMont-Schauberg'sche Buchh. *

— Künstlerleben. gr. 8. (VII, 308 S.) Ebend. 880. n. 6. —

—— Goethe's musicalisches Leben. gr. 8. (V, 86 S.) Ebendas. 883. *

Hiller, Ferd. (II.), Lehrbuch der Chemie. Mit 171 Originalzeichnungen in (eingedr.) Holzschn. (In 3 Lfgn.) 1. und 2. Lfg. Lex.-8. (640 S. mit 1 Chromolithogr.) Leipzig 861, Engelmann. à Lfg. * 2 Thlr. *

Hiller, Ferd., Lehrbuch der Chemie. Mit 171 Origin.-Abbildungen in Holzschn. u. 1 Tab. in Farbendr. Leipzig 863. Engelmann. Lex.-8. (XL, 960 S.) n. 6 Thlr 10 ngr.

Hiller, Ferd. (I.), Lehrbuch der Chemie. Mit 171 Orig.-Abbild. in (eingedr.) Holzschn. und 1 Taf. in Farbendr. 3. (Schluss-)Lfg. Lex.-8. (XL und S. 641—960.) Leipzig 863, Engelmann. cplt. cart. *
1. und 2. Lfg. Ebendas. 1861. * 4 Thlr.

— Felix Mendelssohn-Bartholdy. Briefe u. Erinnergn. gr. 8. (XII, 196 S.) Köln 874. Du-Mont-Schauberg. n. 4. —

—— Felix Mendelssohn-Bartholdy. Briefe und Erinnerungen. 2. Aufl. gr. 8. (XII, 188 S.) Köln 878, Du-Mont-Schauberg'sche Buchh. * 4 —

Hiller, Ferd., die Musik und das Publikum. Vortrag. Köln 864. Du Mont-Schauberg. gr. 8. (34 S.) n. 6 ngr.

— **Musikalisches u. Persönliches.** 8. (VIII, 288 S.) Leipzig 876. Breitkopf & Härtel. 5. —

Hiller, Ferd., aus dem Tonleben unserer Zeit. Gelegentliches. 2 Bde. Leipzig 868. Mendelssohn. 8. (IX, 602 S.) n. 2 Thlr; geb. n. 2 Thlr 10 ngr.

—— **Aus dem Tonleben unserer Zeit.** Gelegentliches. Neue Folge. Mit dem Portr. des Verf. (in Holzschn.) nach einer Originalzeichnung von Adf. Neumann. 8. (IX, 189 S.) Leipzig 871, Leuckart. * M 3; geb. *
Inhalt:
Zu viel Musik. Musikalische Briefe 1—3. Erinnerungsfeier an Joh. Seb. Bach. Nachruf an Moritz Hauptmann. Nachruf an Rossini. Ludwig van Beethoven. Zum 17. December 1870. Zur 100jährigen Geburtsfeier L. van Beethoven's. Biographische Skizze. Aus den letzten Tagen L. van Beethoven's. Beethoven's Clavier-Sonaten.
I. Folge. 2 Bde. Leipzig 1867, Mendelssohn. * M 6.
Hieraus einzeln:

Hiller, Ferd. (I.), Uebungen zum Studium der Harmonie und des Contrapunktes. (2., unveränd. Aufl.) gr. 8. (III und 145 S.) Köln 860, Du Mont-Schauberg'sche Buchh. *

—— **Uebungen zum Studium der Harmonie und des Contrapunktes.** 5. Aufl. Köln 874, DuMont-Schauberg'sche Buchh. *

—— Uebungen zum Studium des Contrapunktes. 6. Aufl. (145 S.) 1876; 7. Aufl. gr. 8. (III, 145 S.) Köln 877, DuMont-Schauberg'sche Buchh. * 4 —

—— Uebungen zum Studium der Harmonie und des Contrapunktes. 8. und 9. Aufl. gr. 8. (III, 145 S.) Ebendas. 880. *
—— dass. — Durch ausgeführte Aufgaben verm. 10. und 11. Aufl. gr. 8. (III, 163 S.) Ebendas. 883,84. *

Hiller, Ferd., Uebungen zum Studium der Harmonie und des Contrapunktes. Durch ausgeführte Aufgaben verm. 12. und 13. Aufl. gr. 8. (III, 163 S.) Köln 886,88, DuMont-Schauberg'sche Buchh. *

Hiller, Ferd., Uebungen zum Studium der Harmonie u. d. Contrapunktes. Durch ausgeführte Aufgaben verm. 14. u. 15. Aufl. gr. 8. (III, 163 S.) Köln 891. 894. M. DuMont-Schauberg. n. 4. 40

[Ant. u. F.] Uebungen zum Studium der Harmonie und des Contrapunktes v. (Dr.) Ferdinand Hiller. Durch ausgeführte Aufgaben verm. 16. Aufl. ... *Köln: M. Du Mont-Schauberg 1897.* (2 Bl., 163 S.) 1 Bd 8.
[97. 8296]

Hiller, Ferd., Uebgn. z. Studium d. Harmonie u. d. Contrapunktes. Durch ausgeführte Aufgaben verm. 17. Aufl. gr. 8. (III, 163 S.) Köln 899. M. Du Mont-Schauberg. n. 4. 40

Hiller, Ferd., Uebungen zum Studium der Harmonie u. des Contrapunktes. Durch ausgeführte Aufgaben verm. 19. u. 20. Aufl. (à III, 163 S.) gr. 8. Köln 903. 905. M. Du Mont-Schauberg. n. 4. 40

Hiller, Ferd., Ubungen zum Studium der Harmonie u. des Contrapunktes. Durch ausgeführte Aufgaben verm. 21. u. 22. Aufl. (III, 163 S.) gr. 8. Köln 907. 10. M. Du Mont-Schauberg. 4. 40

— Vor Saorum oder die Gründung Rom's, s.: Breitkopf & Härtel's Textbibliothek.

Hiller, Ferd., Vorwort zu Ludwig van Beethoven's sämmtlichen Claviersonaten. Fol. (4 S.) Ebendas. 874. *

Weihgesang zur Feier des fünfzigjährigen Jubelfestes der □ zur aufgehenden Morgenröthe gedichtet von Heinr. Schwarzschild, comp. von Ferd. **Hiller.** [Frankfurt a. M. 1858.] 2 Bl. 8°. [Umschlagtit.]
Ohne Noten: „In des Weltenmeisters Händen ...“

— wio höron wir Musik? 12. (44 S.) Loipzig 881. Gorhard. n. — 60

Hiller, Fr., nützliches Andenken f. Consirmirte neu herausgeg. von H. Betulius. 12. Winnenden 845. (Stuttgart, J. F. Steinkopf.) n. 1/4 ℔

Hiller, Franz, praktisches Elementarbuch zur schnellsten und leichtesten Erlernung der französischen Sprache mit Regeln und Uebungen über die Aussprache, grammatikal. Erläuterungen, zahlreichen Aufgaben und Lesestücken. 1. Cursus. 2., verm. Aufl. 8. Preßburg 860, Wigand.

Hiller, Franç., Entretiens d'un maître avec ses élèves sur les éléments de la langue française. Ouvrage mis à la portée des commençants par demandes et par réponses avec la traduction allemande en regard. — Unterredungen e. Lehrers m. fein. Zöglingen üb. die Grundregeln der französ. Sprache. gr. in-8. (11½ B.) Presbourg 843, Wigand. Thlr.

Die Rache der Omahas. Eine Erzählung f. d. Jugend von **Franz Hiller**. *Berlin: A. Weichert [1901].* (32 S.) 8° [J.]
— Indianer- u. Volksbibliothek. 367.

—— Recueil des Homonymes franç. les plus usités, ou vocabulaire alphabét. des mots pareils, qui expriment des choses différentes, etc. Sammlung d. gebräuchlichsten franz. Homonyme, od. alphabet. Verzeichniß solcher Wörter, die in d. Aussprache ähnlich, in der Bedeutung aber verschieden sind. gr. 8. (7 B.) Preßburg 815, Wigand.

Hiller, Franz Carl, Gebete für Kinder. 8. (52 S.) Wiesbaden 847, Schellenberg'sche Hofbuchh.

Hiller, Frdr., Blütensträußchen, gepflückt in Gottes Garten u. auf der Erden Flur. (IV, 92 S.) 8. Albertshofen (905). (Kitzingen, A. Wirth.) Geb. in Leinw. n.n. 1. 30

Hiller, Frdr., Gewerbeordnung f. das Deutsche Reich, s.: Berger, T. Ph. u. L. Wilhelmi.

Hiller, Fritz

Hiller, F. v., die Ausbildung der Kompagnie zum Gefecht. Für das praktische Bedürfniß nach den bestehenden Reglements zusammengestellt. gr. 8. (VIII, 79 S.) Hannover 880. Helwing's Verl. n. 1. 50

Hiller, Fritz v., Geschichte des Feldzuges 1814 gegen Frankreich unter bes. d. Berücksicht. der Antheilnahme der Königl. württembergischen Truppen. Hrsg. v. der württemberg. Kommission f. Landesgeschichte. gr. 8. (XII, 461 S. m. 4 Karten u. 13 Plänen.) Stuttgart 893. W. Kohlhammer. n. 6.—

Hiller, Geo., s.a. Apostelgeschichte, die, St. Lucae in Predigten u. Homilien.

Hiller, Geo., d. Apostelgeschichte St. Lucä in Predigten u. Homilien. E. Sammlg. bibl. Zeugnisse v. Wilh. Baur, Max Frommel, K. Gerok u. A. Hrsg. v. H. 2 Hlftn. gr. 8. Bremen, C. E. Müller. Kplt. n. 7. 50; geb. in Halbfrz. 9. 50
1. (VII, 384 S.) 896. n. 3. 60
2. (XV u. S. 385–862.) 897. n. 4. —

Hiller, G., Beispiele u. Erzählungen zu den Episteln des Kirchenjahres, s.: Kneschke, J.

Hiller, Geo., Bestechungsgelder im Handel. 10. Denkschrift des Verbandes deutscher Handlungsgehülfen zu Leipzig. Im Auftrage des Vorstandes bearb. (32 S.) gr. 8. Leipzig 906. Verband deutscher Handlungsgehilfen. — 25

— dasselbe, s.a. Denkschrift des Verbandes deutscher Handlungsgehilfen zu Leipzig. 10.

— Geschichte d. Dorfes Dittelsdorf in d. sächs. Oberlausitz. gr. 8. (80 S. m. Titelbild.) Zittau 895. (A. Graun.) Kart. n. 1. —

Hiller, Georg: Handlungsgehülfenkammern. Vortrag von Georg Hiller, 1. Vorsteher d. Verb. Deutscher Handlungsgehülfen. Leipzig: Verband 1902. (22 S.) 8°
= Denkschrift d. Verbandes Deutscher Handlungsgehülfen. 6.

– Homilet. Hilfsbuch, s. Kneschke, J.

— Vide: Hilfsgenossenschaft (Die).

Hiller, Geo., kaufmännisches Jahrbuch für 1888. Ein Handbuch für Kaufleute und Industrielle, enthaltend deutsche Gesetze und Verordnungen aus dem J. 1887, Reichsgerichtsentscheidungen, Verzeichnis der Amtsgerichte, Posttarif, Eisenbahntarif, Eisenbahnvorschriften im Verkehr mit dem Auslande, Notizen über Münzen, Maße und Wertzeichen, Reichs-Zolltarif, Konsulats-Verzeichnis, handelsgeschichtl. Übersicht aus dem J. 1887 über Verträge, Verordnungen, Zollwesen aller Länder, besondere Ausfuhrvorschriften für einzelne Länder, Handels- und Verbrauchs-Statistik. gr. 8. (240 S.) Leipzig, Hirt und Sohn. *
geb. *

—— kaufmännisches Jahrbuch. Ein Handbuch für Kaufleute und Industrielle, enthaltend deutsche Gesetze und Verordnungen aus den J. 1887 und 1888, Reichsgerichtsentscheidungen, Verzeichnis der Amtsgerichte, Posttarif, Eisenbahntarif, Eisenbahnvorschriften im Verkehr mit dem Auslande, Notizen über Münzen, Maße und Wertzeichen, Reichs-Zolltarif, Konsulats-Verzeichnis, handelsgeschichtl. Übersicht aus den J. 1887 und 1888 über Verträge, Verordnungen, Zollwesen aller Länder, besondere Ausfuhrvorschriften für einzelne Länder, Handels- und Verbrauchs-Statistik. 2. Ausg. gr. 8. (262 S.) Ebendas. 889. *
geb. *

Hiller, Georg: An die Jungmannschaft des deutschen Kaufmannsstandes. Ein Wort an d. kaufmänn. Lehrlinge u. solche, die es werden wollen. (Verf.: –.)
Leipzig: Verband Deutscher Handlungsgehülfen [1904]. 15 S. 8°
(Schrift d. Verbandes Deutscher Handlunggehülfen zu Leipzig. 9.)

Hiller, Geo., Die Lage der Handlungsgehülfen. gr. 8°. Leipzig, Alex. Duncker in Comm., 1890. 87 S.

Hiller, Georg [Hrsg.], s. Verbandsblätter

— die Zukunft der Handlungsgehülfen, s.a. Denkschrift des Verbandes deutscher Handlungsgehülfen. 7.

Drei Reden. Die Zukunft der Handlungsgehülfen. Von Georg **Hiller**. Handelsinspektoren. Von Felix Marquart. Die kommunale Sozialpolitik u. d. Handlungsgehülfen. Von Georg Müller. Leipzig: Verband Deutscher Handlungsgehülfen (1903). (39 S.) 8° [F.]
= **Denkschrift** d. Verbandes Deutscher Handlungsgehülfen zu Leipzig. 7. (07. 13379 10

Hiller, Gli., († d. 9. Jan. 1826.) Gedichte u. Selbstbiographie. 2 Thle. Mit sm. Bildniß. 8. Köthen 805 u. 808. Aue. 3 ℛ (1r Thl. bei Arnold in Dresd.; auch bei Er. Fleischer in Lpz.) 1 ℛ 8 g (bei Calve in Prag). 12 g 2r Thl. Auch u. d. T.: Reise durch einen Theil von Sachsen, Böhmen, Oesterreich rc. Ebd. (auch Wien, Geistinger. 18 g)

Hiller, Glieb., Gedichte und Selbstbiographie. 2 Bände. 8. Cöthen, Aue. 805–808. (1r 1 Rthlr. 8 gr. 2r 1 Rthlr. 16 gr.) F. W. Kummer, L.

Hiller, Gottl., Gedichte u. Selbstbiographie. Mit des Verf. Bildniß. 8. Köthen, Aue. 812.

Hiller, religiöse Oden und Lieder der besten deutschen Dichter, mit Melodie f. Clavier. Q. Fol. Lüneburg, Herold und W. 790. Rthlr.

— Reise durch einen Theil von Sachsen, Böhmen rc. als 2r Thl. seiner Gedichte. 8. Ebend. 812.

— Reise durch einen Theil von Sachsen, Böhmen, Oesterr. und Ungarn. 8. Wien, Geistinger.

Weisheit. Stärke. Schönheit: **„Es blühen drei Rosen". Gedicht von Hans Georg Thenau. [Komponiert von] Hans Hiller. o. O. u. J. 1 Bl. 8°. [Kopftit.]**
Mit Noten: „Es blühen drei Rosen am dornigen Strauch" ...
Weisheit, Schönheit, Stärke.

E. Hahn. Zwei Abhandlungen vom Münzwesen von Heinrich **Hiller**, Münzmeister d. Stadt St. Gallen, aus d. Jahren 1755 u. 1756. Genf 1910: Jarrys. 32 S. 8° [Umschlagt.]
Aus: Schweiz. Numismat. Rundschau. T. 16. (11. 5143

Hiller, (M.) J. C., auf den schnellen u. sel. Heimgang des Kurfürstl. Würtemb. Oberhofprediger u. Consistor.-Rath G. C. Storr. Deutsch u. latein. Stuttg., Hoffmann. 3 g

Hiller, J. F., der unentbehrl. Führer durch d. Klippen d. Lebens. gr. 12. Wien 839. Mausberger. (Leipzig, Hunger.) 1/4 ℛ

Hiller, J. F., de obligatione ad martyrium. Viteb. 1754. 4.

Hiller, J. F., de proverbio: Priscis cedendum. Viteb. 1775. 4.

Hiller, **J. Zach., epicedia, ed. J. W. Hilliger. 8. Wittenb. 771.**

Hiller, Jacob [pr. Arzt aus Kolberg]: Die Hydrotherapie des Hippokrates ... Freiburg i. B., Buchdr. v. Chr. Ströcker, 1892; 34 S. 8.
Freiburg i. B., Med. Fak., Inaug.-Diss. v. 1892

Hiller, Johann Adam

— s. J. Adelung, Anleit.

– s. Anekdoten z. Lebensgeschichte d. Gelehrten u. Regenten rc.

— Anweis. zum musikal. richtigen Gesange. 4. Leipz. 779. 2e A. 798. (Brockhaus). 1 ℛ 6 g

— Anweis. zum musikal. zierlichen Gesange. 4. Leipz. 780. (Brockhaus). 1 ℛ 4 g

— Anweis. z. Singekunst in d. deutschen u. italien. Sprache, für Schulen. 4. Leipz. 773.

— Anweis. z. Singen, f. Schulen in Städten u. Dörfern. 4. Lpz. 792. (Brockhaus). 16 g

— Anweis. zum Violinspielen f. Schulen; nebst e. Lexicon d. fremden Wörter u. Benennungen in d. Musik. 4. Lpz. (792). Breitkopf u. H. 16 g Schrbp. 20 g

— Arien u. Duetten d. deutschen Theaters, z. Uebung. 4. Leipz. 781. (Brockhaus). 1 ℛ

— 6 italien. Arien von verschied. Componisten, mit d. Art, sie zu singen u. zu verändern; nebst e. kurzen Anleit. für die, die d. italien. Sprache nicht kundig sind. 4. Lpz. 778. (Brockhaus). 1 ℛ

— Beitrr. zur Kirchenmusik, s. J. A. Hasse.

Hiller's, J. A., vollständiges Chor, auch mit hinzugefügten neueren Melodien für Kirchen- u. Schulchöre in 4 einzelnen Stimmheften hrsg. von F. M. Gast. Sopran. 2., verb. Aufl. 8. (IV, 60 S.) Plauen 878. Schröter. — 60

Hiller's, (Joh. Adam), vollständiges Choralbuch mit hinzugefügten neueren Melodien für Kirchen- u. Schulchöre in 4 einzelnen Stimmheften herausg. von M. Gast. Plauen 864. Schröter. 8. Jedes Heft (à VIII, 60 S.) 6 ngr.

— vollständiges Choralbuch mit hinzugefügten neueren Melodien für Kirchen-, Schul-, und Gesangvereins-Chöre wie auch besonders für Organisten an evangel.-luther. Kirchen bearb. 8. (XVI und 212 S.) Plauen 867, Hohmann. *

— vollständiges Choralbuch, mit hinzugefügten neueren Melodien, für Kirchen-, Schul- u. Gesangvereins-Chöre, wie auch besonders für Organisten an evangelisch-luther. Kirchen bearb. von F. M. Gast. 2., verb. u. verm. Aufl. 8. (XVI, 190 S.) Plauen 881. Hohmann. n. 1. 80

Hiller, Jh. Adm., († d. 16. Juni 1804.) allgem. Choralmelodienbuch f. Kirchen u. Schulen rc. 4. Leipz., Hinrichs. 3 ℛ 16 g Anhang v. Hymnen dazu. 4. 16 g

— Nachtrag z. Choral-Melodienbuch. 4. Ebendas.

Hiller's Choral-Melodieenbuch in ganz ursprüngl. Form, Ordnung u. Harmonie; mit Einstreuung der neueren Melodieen, welche in den evangel. Kirchen gewöhnlich worden sind. Hrsg. v. Joh. Heinr. Lobegott Müller. qu. Roy.-4. (22 3/4 B.) Meißen 844. (Leipzig, C. H. Reclam sen.) *

– s. Elise

– Der Erntekranz, s. Mode's, G., Operntextbibliothek.

— Exempelbuch d. Anweis. zum Singen. 4. Leipz. 774. (Brockhaus). 6 gr

— musikal. Handbuch f. die Liebhaber des Gesangs u. Claviers. 1r Thl. 4. Leipz. 773.

– Die Jagd, s.a. Mode's, G., Operntextbibliothek.

Hiller, Joh. Adam, die Jagd, Dichtung v. Christian Fel. Weiße, s.a. Universal-Bibliothek.

Hiller, Johann Adam: Die Jagd. Komische Oper in 3 Akten von Chr. Fel. Weisse. Mus. v. –. Text d. Gesänge. Leipzig: Breitkopf & Härtel [1893]. (24 S.) 8°
= Textbibliothek, Breitkopf & Härtel's. No 197.

— 44 Kinder- und Volkslieder mit Pianofortebegleitung. Gesammelt, gesichtet, transponirt, zum Theil vervollständigt u. herausg. von Rob. Schaab. Leipzig 865. Klinkhardt. 8. (V. 38 S.) 4½ ngr.

— Lebensbeschr. berühmter Meister. gr. 8. Leipz. Dyk. 784.

— Lebensbeschreibb. berühmter Musikgelehrter u. Tonkünstler. 1r Thl. gr. 8. Leipz 784. Dyck. 20 gr

— Lieder u. Arien aus Sophiens Reisen rc. gr. 4. Leipz. 779. (Brockhaus). 1 ℛ 16 gr

Hiller, Jh. Adm., geistl. Lieder e. vornehmen Kurländ. Dame, mit Melodien. 4. Leipz. 780. (Brockhaus). 16 gr

— geistl. Lieder f. Kinder. 4. Leipz. 774. (Brockhaus). 16 gr

— Lieder mit Melodien. 4. Leipz. 772. (Brockhaus). 1 ℛ

— Meisterstücke des italien. Gesanges in Arien, Duetten u. Chören, mit deutschen geistl. Texten. gr. Fol. Leipz. 791. Gleditsch. 1 ℛ 12 gr

— der Messias nach d. Worten d. heil. Schrift, in Musik gesetzt v. Händel; nebst angehängten Betrachtt. darüber rc. 8. Lpz. 787.

— üb. Metastasio u. seine Werke rc. gr. 8. Leipz. 786. Dyck. 1 ℛ Schrbp. 1 ℛ 8 gr

Hiller, Joh. Adam. Über die Musik und deren Wirkungen [aus dem Französ.] mit Anmerkungen. Leipzig 1781. V: *Chabanon, Nic. de.* Vgl. Ersch II, 2 (1840), Nr. 4597. (DARP)

— üb. die Musik u. ihre Wirkungen. 8. Lpz. 781. (Aue in Altona). 12 gr

— religiöse Oden u. Lieder d. besten deutschen Dichter, mit Melodien f. Clavier. qu. Fol. Lüneb. 790. Herold u. W. 1 ℛ

— Samml. der vorzügl. u. noch ungedruckten Arien u. Duetten d. deutschen Theaters, v. verschied. Componisten. 1e—6e Samml. 4. Leipz. 776—80. (Brockhaus). 6 ℛ

— Samml. 4stimm. Motetten u. Arien rc. 5 Thle. Fol. Leipz. 776—84. Dyck. 3 ℛ 18 gr 6r Thl., 4stimm. latein. u. deutsche Chorgesänge. Fol. Ebd. 791. 20 gr

— Violinschule. 4. Grätz, Ferstl. 795.

— Was ist wahre Kirchenmusik? 4. Leipz. 789.

Hiller, Joh. Friedr. [Präs.], s. Böhme, Carl August: Prosopopoeiam multorum errorum gravissimorum effectricem.

Hiller, Jh. Fr., († d. 24. Juli 1790.) curriculum philosophiae ejusque logicum compl. III Ptes. 8. Wittenb. 760—67. Zimmermann. 2 ℛ 6 gr

Hiller, Jo. Fr., Curriculum philosophiae, ejusdem pars III cosmologiam complexa et psychologiam empiricam. Servestae. 8°.
1767

Hiller, Johann Friedrich (Präs.), s. Hase, Matthias August: De mirabili phantasiae varietate e poetis.

Hiller, Johann Friedrich (Präs.), s. Haymann, Christoph Joh. Gottfr.: Aeneida curae dei de coloniis imaginem.

Hiller, Johann Friedrich (Präs.), s. Henrici, Johann Christian: De genio natalium praeside.

Hiller, Joh. Frdr., De Saxonibus Christo subjectis ex Albini judicio disputat ..., resp. G. G. Schmidt. Vitembergae 1741. 4. . . . .

Hiller, Jos., der Deklamator. 125 heitere u. ernste Gedichte. Gesammelt u. hrsg. v. H. 12. (VI, 202 S.) Bregenz 897. (J. N. Teutsch.) n. — 80

— das große Rettungswerk. 88 zeitgemäße Trinkergeschichten aus dem Leben f. Jung u. Alt. 12. (96 S.) Ebd. (899.) n. -- 24

Hiller, Josef [app. Arzt aus Unterrammingen]: Zur Statistik und Aetiologie der Gallensteine ... München, Buchdr. v. M. Ernst, 1892; 23 S. 8.
München, Med. Fak., Inaug.-Diss. v. [18. Mai] 1892

— **Julius** (Rheinsberg/Mark), De Tartari stibiati in organismum humanum efficacia. Diss. med.

Bln. (Nietack) 9. I. 1833. 32 S. mit Biogr. (M.: W. Behrends.) (6.50) 15179
Oppon.: C. Drescher, R. Schweitzer, A. Schotte. — Gew.: Jos. Buettner, C. Lange.

Hiller, Julius: Physikalische Übungen und Aufgaben im Anschluß an den Unterricht. M. 1 Taf. *Berlin: R. Gaertner 1898.* (18 S. mit Taf.) 4°
Berlin, Luisenstädt. OR, OP 1898 (116)

Hiller, Karl

Hiller, Carl, Beitrag zur Methode der Wärme-Messung beim kranken und gesunden Menschen. Inaugural-Dissertation. gr. 8. (40 S.) München 882, (Th. Ackermann.) *

Hiller, Carl [aus Holzkirchen]: Ein Beitrag zur infektiösen Myocarditis beim Kinde ... München, Buchdr. v. M. Ernst, 1892; 39 S. 8.
München, Med. Fak., Inaug.-Diss. v. 1892

— Briefe von u. an ihm. 8. Halle 790. Dreyssig. 4 gr.

Hiller, Karl, die Disciplinarstrafen in den österreichischen Strafanstalten u. Gerichtsgefängnissen. In rechtsvergleich. Darstellg. gr. 8. (XVI, 174 S.) Wien 894. F. Deuticke. n. 4. —

Hiller, Karl, die Rechtmässigkeit der Amtsausübung im Begriffe d. Vergehens der Widersetzlichkeit [§. 113 d. R.-Str.-G.-B.] gr. 8. (VI, 88 S.) Würzburg 873. Stahel. n. 1. 60

Hiller, Karl. Soll die Trunksucht als solche strafrechtlich verfolgt werden? Gutachten. Berlin 1891.

Hiller, Karl, s. Theater-Almanach, Rigaer.

Hiller, Karl: Die Vorentscheidung des bayerischen Verwaltungs-Gerichtshofs bei Amtspflichtverletzungen. München 1910: Vereinigte Kunstanstalten. 100 S. 8°
Würzburg, Jur. Diss. v. 27. Juni 1910, Ref. Mendelssohn-Bartholdy
[Geb. 13. Mai 83 München; Wohnort: München; Staatsangeh.: Bayern; Vorbildung: Gymn. München Reife Juli 02; Studium: München 8 S.; Rig. 23. Juni 09.] [U 10. 4302

Hiller, Klementine

Hiller, Clementine, erster Morgengruß am Weihnachtsfeste an alle guten Kinder. 8. (3½ B. u. 4 col. Kpfr.) Reutlingen 835, [Mäcken, Sohn.]

Hiller, Klementine, die Spiele meiner Erholungsstunden im Gebiete d. Wahrheit u. Phantasie, in e. Reihe Erzähln. u. Gedichte. M. 6 Kpfr. gr. 12. (11½ B.) Stuttgart 830, [Beck u. Fränkel.] Thlr.

Hiller, Klementine, die Spiele meiner Erholungsstunden im Gebiete d. Wahrheit u. Phantasie, in e. Reihe Erzähll. u. Gedichte. Mit 5 Kpf. gr. 12. Stuttg. 830. Löflund u. S. 1 rf 8 gr.

Hiller, Kurt, Referendar a. Königsberg i. Pr.: Das beschränkte Akzept nach der Allgemeinen Deutschen Wechselordnung. Borna-Leipzig 1906: R. Noske. (VIII, 58 S.) 8°
Leipzig, Jur. Fak., Diss. v. 8. Nov. 1906
[Geb. 25. Juni 80 Königsberg i. Pr.; Wohnort: Königsberg; Staatsangeh.: Preußen; Vorbildung: Altstadt. Gymn. Königsberg Reife O. 99; Studium: Freiburg i. B. 1, Königsberg 7 S.; Rig. 17. Dez. 02.]

Hiller, Kurt, Berlin: Die kriminalistische Bedeutung des Selbstmordes. Heidelberg: C. Winter 1908. (42 S.) 8°
Heidelberg, Jur. Fak., Ref. v. Lilienthal, Diss. v. 1908
[Geb. 17. Aug. 85 Berlin; Wohnort: Berlin; Staatsangeh.: Preußen; Vorbildung: Askanisches Gymn. Berlin Reife M. 03; Studium: Berlin 1, Freiburg i. B. 1, Berlin 5 S.; Rig. 27. Nov. 07.]

Hiller, Kurt, das Recht über sich selbst. Eine strafrechtsphilosoph. Studie. (V, 114 S.) gr. 8. Heidelberg 908. C. Winter. Verl. 3. —

Hiller, M. L. Wegweiser für Mennoniten u Colonisten zur Reise nach Amerika. NY, 1874.

(Hiller, Matth.:) System d. Amnestie u. dess. Anwend. auf d. Frage: Sind d. höchst. u. hohen Stände d. R. noch heut zu Tage schuldig, ihren Unterthanen alles sammt Zinsen etc. zurückzustellen, was sie diesen währ. d. 30jähr. Kr. etc. nahmen etc.? *Freib.* im Breisgau. 783. 8.

Hiller, Matthaeus

— comm. in difficil. loca et cap. S. S. hebr. codicis. 4. ibid. 747.

Hiller, Matthæus, Neulichst mit sonderem Fleisz revidirt- und vielvermehrtes Erklärungs-Register aller Nahmen in der Heil. Bibel. Wandesbeck. 1712. 4.

— hierophyticon s. comment. in loca S. S. de plantis. 4. Traj. 725.

— institut. linguae sanctae. II pts. 8. Tüb. Cotta, 760.

— onomasticon sacrum s. de nomin. propr. II partes. 4. Tübing. 706.

Hiller, Matth., syntagmata hermeneutica. 4. Tübing. Cotta. 711.

Hiller, Olga, ich habe verstanden. Novelle. schmal 8. (94 S.) Berlin 897. R. Taendler. n. 1. —

Otto Neitzel's neues Klavier-Concert. Von Paul Hiller-Köln a. Rh. (Leipzig: C. F. Kahnt Nachf.) 1900. (8 S.) 8° [F.]
Aus: Neue Zeitschrift f. Musik. 1900, No 29. [07. 9141

Hiller, Philipp Friedrich

– KURZE UND ERBAULICHE ANDACHTEN bey der Beicht. - Tübingen & Stuttgart 1763. 253 S. *(mit 9 Beicht- und 13 Abendmahlsliedern.)*
– – Tübingen & Stuttgart [um 1768]. 168 S.
– – Kurze und erbauliche Andachten bey der Beicht und Heil. Abendmahl, aufgesetzt von Philipp Friedrich Hiller. 3. Aufl. - Tübingen: Sigmund; Stuttgart: Mezler 1782. 186 S.
– – Mit einem Anhang von Abendmahls-Liedern von verschiedenen Verfassern. Neu durchges. und stark verm. Ausg. - Reutlingen: Fischer 1830. 184 S.

Hiller, Phil. Fr., († d. 24. April 1769.) Andachten bei der Beichte u. dem Abendmahl. 8. Stuttg. 764. Mezler. 4 gr.

– NÜZLICHES ANDENKEN FÜR CONFIRMIRTE, auf Begehren verfertiget von M. Philipp Friedrich Hiller. – Stuttgart: Metzler 1768. 200 S.
– – Stuttgart: Mezler 1776. 200 S.
– – Neu hrsg. von H. Betulius. – Winnenden (Selbstverl.); Stuttgart: Steinkopf (in Komm.) 1845. 168 S.

– – nützl. Andenken für Konfirmirte. 8. Stuttg. 785. N. A. 791. Mezler. 5 gr.

— nützl. Andenken f. Confirmirte. 8. Ebend. 791.

Hiller, Phil. Friedr., nützliches Andenken f. Confirmirte, neu neu hrsg. v. H. Betulius. 12. (7⅙ B.) Winnenden 845. (Stuttgart, J. F. Steinkopf.)

Hiller, Philipp Friedrich: Annutationes irenicae, s. Hoffmann, Gottfried

– BEITRÄGE ZUR ANBETUNG GOTTES im Geist und in der Wahrheit, oder Morgen- und Abend-Andachten, nach dem Gebet des Herrn. in gebundener Schreibart, nebst einigen andern Gebeten und Liedern von M. Ph. Fr. Hiller, Pfarrer in Steinheim, bei Heidenheim. – Stuttgart: Erhard 1785. *(enthält außer den Morgen- und Abendandachten je 8 Morgen- und Abendlieder).*
– 2. Aufl. - Stuttgart: Erhard 1804.
– – Neueste mit einem - die lezten Reden Jesu und sein hoherpriesterliches Gebet enthaltenen Anhange, stark verm. und neu durchges. Ausg. - Reutlingen: Heerbrandt 1837. VIII. 373 S.

– Betrachtung des Todes, der Zukunft Christi, und der Ewigkeit … auf alle Tage des Jahrs; oder: GEISTLICHES LIEDERKÄSTLEIN, ZWEITER THEIL. Denen, die die Erscheinung Christi lieb haben, zum Dienst aufgesezt von Philipp Friedrich Hiller. – Stuttgart: Metzler 1767.

— Betrachtung des Todes d. Zuk. Christi ꝛc. 16. Stuttg. Metzler. 771

— Choral-Melodieenbuch in ganz ursprüngl. Form, Ordnung u. Harmonie; mit Einstreuung der neueren Melodieen, welche in den evangel. Kirchen gewöhnlich worden sind. Herausgeg. von Jh. Hnr. Lobegott Müller. qu. Roy.-4. Meißen 844. (Leipzig, C. H. Reclam sen.) n. $2^1/_2$ ℛ︀

— Gedächtnißreimen d. Bücher d. Neuen Testaments. 8. Tübing. 753.

– GEDÄCHTNISSREIMEN, worein die evangelische Geschichten nach der summarischen Verzeichniß der 288 Punkten im Tit. Herrn D. und Consistorialrath Bengels Harmonie kürzlich gefasset seynd. – Tübingen: Löffler 1752.
– – Tübingen 1754. 16 S.

Hiller, (Phil. Frdr.), Glaube, Liebe, Hoffnung. Ermunterungen für's tägliche Leben aus des Verf. Liederkästlein in 80 Blättern. Aufs Neue herausg. Reutlingen 860. Kurtz. 64. n. 4 ngr; feine Ausg. n. 8 ngr

Hiller, Ph. Fr., Himmelsbrot. 90 Bibelsprüche mit Liederversen. 32. (90 Bl.) Stuttgart 885, Buchh. der Evangel. Gesellschaft. In Leinw.-Futteral *

— Kern geistlicher Gebete aus Arndts Paradiesgärtl. gez. u. in Lieder übers. 8. Tübing. Heerbrand. 747.

Hiller, Phil. Fr., d. evang. Konfirmationsbüchlein f. Württemberg, z. Aufmunterg. u. Erweckg. d. Jugend in Verse gebracht. gr. 16. (64 S.) Stuttgart 897. Buchh. d. Evang. Gesellschaft. n. — 20

– DAS LEBEN JESU CHRISTI des Sohnes GOttes, unsers HErrn; in gebundener Schreibart, nach den einstimmigen Schriften der heiligen Evangelisten verfasset von M. Philipp Friedrich Hiller. T. 1. [2.] – Heilbronn: Eckebrecht 1752. 630, 362 S.
T. 1: bis auf die grosse Woche.
T. 2: bis zur Himmelfahrt.
– – Tübingen: Löffler 1752.

— Leben Jesu Christi in gebundn. Schreibart. 2 Theile. 8. Heilbronn, Eckebrecht. 753.

– DAS LEBEN JESU CHRISTI in gebundener Schreibart. – Tübingen 1758.

– DAS LEBEN JESU CHRISTI. – o.O. 1775.

Hiller's, Phl. Fr., sämmtliche geistliche Lieder, zum ersten Mal vollständig gesammelt und, nebst einem Abriß seines Lebens mit Zustimmung der Enkel-Söhne des Dichters, unverändert herausgeg. v. Karl Chr. Eberh. Ehmann. Lex.-8. Reutlingen 844, Mäcken jun. $1^3/_8$ ℛ︀

– SÄMMTLICHE GEISTLICHE LIEDER nebst einem Abriß seines Lebens. Unveränd. hrsg. von Carl Chr. Eberhard Ehmann. – Stuttgart: Ev. Bücherstiftung 1858. XXXIV, 657 S.

Hiller, Philipp Friedrich: Geistliches Liederkästlein.

– GEISTLICHES LIEDERKÄSTLEIN zum Lobe GOttes, bestehend aus 366 kleinen Oden über so viel biblische Sprüche, Kindern GOttes zum Dienst aufgesezt von M. Philipp Friedrich Hiller. Bd 1 [auf alle Tage des Jahres]. – Stuttgart: Mezler 1762. 366 S.

– GEISTLICHES LIEDERKÄSTLEIN. – Stuttgart 1768–1771.

— geistl. Liederkästlein, zum Lobe Gottes, besteh. aus 366 Oden üb. so viel bibl. Sprüche. 8. Stuttg. 764. N. Aufl., in 2 Thln. 16. Ebd. 775. N. Aufl. 792. Metzler. 12 gr N. Aufl. 16. Reutling. … Fischer. 8 gr Dass. kl. Druck. 6 gr

– GEISTLICHES LIEDERKÄSTLEIN. 2., verb. Aufl. – Stuttgart: Mezler 1775–1778.
– – Th. 1. 2. – Stuttgart 1784–1786.

— geistliches Liederkästlein ꝛc. 2 Thle. 16. Stuttgart, Metzler. 792.

– GEISTLICHES LIEDERKÄSTLEIN. – Stuttgart: Macklot 1805.
– – Stuttgart: Macklot 1810.
– – Bd 1. 2. – Reutlingen: Lorenz & Co. 1817. 366, 366, 80 S.
– – Basel: Müller 1819.
– – Basel: Müller 1819–1820.
– – Neue sorgfältig durchges. Aufl. T. 1. 2. – Stuttgart: Macklot 1820. 366, 366, 64 S.
– – 1821.

– GEISTLICHES LIEDERKÄSTLEIN. Bd 1. 2. – Reutlingen: Bofinger 1824. X, 366, VI, 366 S.
– – T. 1. 2. – Reutlingen: Kalbfell 1824. X, 366, VI, 366 S.

– GEISTLICHES LIEDERKÄSTLEIN. T. 1. 2. – Reutlingen: Kalbfell 1827. X, 366, VI, 366 S.
– – Reutlingen: Lorenz & Heerbrandt [1831]. X, 366, VI, 366 S.
– – T. 1. 2. – Stuttgart: Macklot 1832. XVI, 879 S.
– – Neue sorgfältig durchges. Aufl. – Reutlingen: Kalbfell 1833. XVI, 879 S.
– – Bd 1. 2. – Stuttgart: Müller 1833. IV, 410, VIII, 388 S.
– – Reutlingen: Kalbfell 1837.
– – Reutlingen: Kalbfell 1842.
– – Stuttgart: Müller 1842.

— geistliches Liederkästlein zum Lobe Gottes, bestehend aus 366 kleinen Oden über so viel bibl. Sprüche. kl. 8. 1833. (Stuttgart, Steinkopf.) n. $^5/_{12}$ ℛ︀

Hiller, Phil. Fidr., geistliches Liederkästlein zum Lobe Gottes, bestehend aus 732 kleinen Oden über so viel biblische Sprüche. Kindern Gottes zum Dienst aufgesetzt. In 2 Thln. Neue, sorgfältig durchgesehene Aufl. Vermehrt mit einem Register über sämmtl. Liederverse. qu. 16. (XVI u. 879 S.) Reutlingen 819, Kurtz. $^3/_8$ ℛ︀ — Neue sorgfältig durchgesehene Aufl. Vermehrt mit einem Register üb. sämmtl. Liederverse. qu. 16. (XVI u. 881 S.) Ebd. 851. 12 ngr; Velinpap. 16 ngr

Hiller, Phil. Friedr., geistliches Liederkästlein zum Lobe Gottes, bestehend aus 732 kleinen Oden über so viel biblische Sprüche. Kindern Gottes zum Dienst aufgesetzt. In 2 Thln. Neue, ꝛc. Aufl. Verm. mit e. Register üb. sämmtliche Liederverse. Reutlingen (856.) Kurtz. 16. (XVI, 879 S. u. 1 Lithogr.) n. 12 ngr

– GEISTLICHES LIEDERKÄSTLEIN. – Stuttgart: Evang. Bücherstiftung 1862. 366, 494 S.

Hiller, Phil. Friedr., geistliches Liederkästlein zum Lobe Gottes, bestehend aus 732 kleinen Oden über so viel bibl. Sprüche. Kindern Gottes zum Dienst aufgesetzt. In 2 Thln. Neue, sorgfältig durchgeseh. Aufl. qu. 16. (XXVIII und 890 S. mit lithogr. Portr.) Reutlingen 864, Kurtz.

Hiller, Phil. Friedr., geistliches Liederkästlein zum Lobe Gottes, bestehend aus 732 kleinen Oden über so viel bibl. Sprüche. Kindern Gottes zum Dienst aufgesetzt. In 2 Thln. Neue sorgfältig durchgesehene Aufl., verm. mit verschiedenen Morgen- u. Abendliedern. Reutlingen 866. Rupp. qu. 16. (XVI, 891 S. mit 1 Bildnisse des Verf. in Holzschn.) 12 ngr

— — 2 Thle. in 1 Bde. Neue, sorgfältig durchgeseh. Aufl. Verm. mit dem Lebenslauf, sowie (lith.) Bildniß des Verf. u. e. Register über sämmtliche Liederverse. Ebend. 869. qu. 16. (XXVIII, 890 S.) n. 12 ngr

Hiller, Phil. Friedr., geistliches Liederkästlein zum Lobe Gottes, bestehend aus 732 kleinen Oden über so viel bibl. Sprüche. Kindern Gottes zum Dienst aufgesetzt. In 2 Thln. Neue Aufl. 1869, und Neue, sorgfältig durchgeseh. Aufl. Vermehrt mit dem Lebenslauf, sowie (lithogr.) Bildniß des Verf. und einer Regel über sämmtl. Liederverse. 12. (XXVIII, 890 S.) Reutlingen 873, Kurtz. *ℳ 1,20.; geb. *

Hiller, Phpp. Frdr., geistliches Liederkästlein zum Lobe Gottes, bestehend aus 732 kleinen Oden üb. so viel biblische Sprüche. Kindern Gottes zum Dienst aufgesetzt. In 2 Thln. Mit e. Anh.: Morgen- u. Abend-Andachten u. dem Lebenslauf d. Verf. 16. (936 S. m. 1 Holzschn.-taf.) Stuttgart 873. Rupser. n. 1. 5

Hiller, Phpp. Frdr., geistliches Liederkästlein zum Lobe Gottes, bestehend aus 733 kleinen Oden über so viel bibl. Sprüche. Kindern Gottes zum Dienst aufgesetzt. In 2 Thln. Neue, sorgfältig durchgeseh. Aufl. Vermehrt mit dem Lebenslauf, sowie (lith.) Bildniß d. Verf. u. einem Register über sämmtl. Liederverse. qu. 16. (XXVIII, 890 S.) Reutlingen 879. Kurtz. n. 1. 20; geb. n.n. 1. 70

— dasselbe. (2 Thle. m. Anh.) 8. (VIII, 366; IV, 396 u. 66 S.) Stuttgart 881. Buchh. der Evangel. Gesellschaft. n. 1. 80

– – (mit 1 Bildnis). Mit einem Anhang: Morgen- und Abend-Andachten und dem Lebenslauf des Verfassers. – Stuttgart: Rupfer [1885]. 936 S.

— geistliches Liederkästlein zum Lobe Gottes, bestehend aus 732 kleinen Oden über so viel biblische Sprüche. Kindern Gottes zum Dienst aufgesetzt. In 2 Thln. Neue, sorgfältig durchgesehene Aufl. Ebend. 864. qu. 16. (XXVIII, 890 S. u. lith. Portr.) n. 12 ngr

Hiller, Phpp. Frdr., geistliches Liederkästlein zum Lobe Gottes, bestehend aus 732 kleinen Oden üb. so viele bibl. Sprüche. Kindern Gottes zum Dienst aufgesetzt. In 2 Tln. (in 1 Bde.). Neue sorgfältig durchgesch. Aufl. Vermehrt m. dem Lebenslauf, sowie Bildnis d. Verf. u. e. Register üb. sämtl. Liederverse. 16. (940 S.) Reutlingen 892. Fleischhauer & Spohn. n. 1. —; geb. in Halbfrz. n. 1. 60

— dasselbe. In 2 Tln. (in 1 Bde.). Mit Hillers Bild u. Lebenslauf, sowie e. Verzeichnis der Materien, Bibelstellen u. aller Liederverse. 8. Aufl. 12. (XX, 887 S.) Stuttgart 892. Buchh. d. Evang. Gesellsch. Geb. in Halbfrz. n. 1. 60; in Halbfrz. m. Leinw.-Decke n. 2. —; in Chagrin m. Goldschn. n. 3. 20

– GEISTLICHES LIEDERKÄSTLEIN. Mit 1 Bildnis und mit einem Anhang: Morgen- und Abend-Andachten und dem Lebenslauf des Verfassers. – Stuttgart: Rupfer [1899]. 936 S.

Hiller, Philipp Frdr., geistliches Liederkästlein zum Lobe Gottes, bestehend aus zweimal 366 kleinen Oden über ebenso viele Bibelsprüche, Kindern Gottes zum Dienst aufgesetzt. 2 Tle. in 1 Bde. Mit dem Lebenslauf des Verf. u. e. Anh. v. Morgen- u. Abend-Andachten. gr. 16. (938 S. m. Bildnis.) Reutlingen (902). Enßlin & Laiblin. Geb. in Leinw. od. Halbfrz. 2. —

Hiller, Philipp Frdr., geistliches Liederkästlein zum Lobe Gottes, bestehend aus zweimal 366 kleinen Oden üb. so viele bibl. Sprüche, Kindern Gottes zum Dienst aufgesetzt. In 2 Tln. (in 1 Bde). Mit Hillers Bild u. Lebenslauf, sowie e. Verzeichnis der Materien, Bibelstellen u. aller Liederverse. 9. Aufl. (XX, 892 S.) kl. 8. Stuttgart 904. Buchh. der ev. Gesellschaft. Geb. in Halbfrz. n. 1. 60; m. Leinw.-Decke. n. 2. —; in Chagrin m. Goldschn. n. 3. 20

— Morgen- u. Abendandachten, nach den sieben Bitten des Unser Vater im Wechsel für zwei Wochen. gr. 8. Karlsruhe 840. Holtzmann. 1/8 rß

— Morgen- u. Abendandachten nach d. Gebet d. Herrn, und dess. sieben Bitten. 8. Stuttg. ... N. Aufl. 804. (Hofmann). 1 rß 6 gl

— Morgen- und Abendandachten nach d. Gebet d. Herrn. in gebundn. Schreibart. 8. Stuttg. Erhard. 805.

– MORGEN- UND ABEND-ANDACHTEN nach dem Gebet des Herrn. – Colmar 1823.

– M. Philipp Friedrich Hillers Weil. Pfarrers in Steinheim bei Heidenheim MORGEN- UND ABEND-ANDACHTEN, nach dem Gebet des Herrn und dessen sieben Bitten, in gebundener Schreibart ausgeführt. – Cannstadt: Ehinger 1825. 80 S.

– MORGEN- UND ABENDANDACHTEN nach dem Gebet des Herrn. – Stuttgart 1862.

– M. Philipp Friedrich Hillers GOTT-GEHEILIGTE MORGEN-STUNDEN zur Poetischen Betrachtung des Thaues nach etlichen Sprüchen Heil. Schrifft angewendet und mit einem Probstück *(S. 82–96)* von dem Leben JEsu Christi unsers Herrn, nach einstimmiger Beschreibung der vier Evangelisten begleitet. – Tübingen: Löffler 1748. 96 S.

– JOH. ARNDS PARADISS-GÄRTLEIN IN LIEDERN. Neu aufgelegt. 1. 2. – (1730).

(–) – Joh. Arnds Paradiss-Gärtlein in erbauliche, geistreiche und mit lauter bekannten Melodien versehene Lieder, zur Beförderung der Haus-Andacht abgefasst von einem durchs Creutz Probirten Freund des Heilands. – Nürnberg: Zimmermann 1745. 524, 117 S.

– JOH. ARNDS PARADIES GÄRTLEIN geistreicher Gebeter in Liedern. 4. Druck. – Tübingen 1785.

– DIE REYHE DER VORBILDER JESU CHRISTI IM ALTEN TESTAMENT, in ihrer biblischen Ordnung und Zusammenhang zur Verehrung der göttlichen Weisheit aufgestellt. Schattenstück 1–6. – Stuttgart: Metzler 1756–1757. 910 S.
1–4. 1756.
5–6. 1757.

— Reihe der Vorbilder Christi im A. Test. 8 Schattenstücke. 8. Ebend. 756–58.

— die Reihe der Vorbilder Christi im Alt. Test., in ihrer biblischen Ordnung u. Zusammenhang 2c. aufgestellt. 6 Schattenstücke. 8. Stuttg. 756—58. Mezler. 20 gl Alle 6 unter folg. Titel zusammengedruckt: neues System aller Vorbilder Jesu im Alt. Testament. 6 Stcke. 8. Ebd. 756—59. 1 rß

Die eherne Schlange als ein wahres Vorbild Jesu Christi in einer Antwort an ... D. Huth in Erlangen als einer Zugabe zu den Schattenstücken ... vertheidigt. Stuttgart, J. B. Mezler, 1759. 3 Bl. 106 S. HPgt. d. Z.

– HILLERS SELBSTBIOGRAPHIE. – in: Hoerner, O. F.: Nachrichten von den Liederdichtern des Augsburgischen Gesangbuchs. 2. Aufl., Schwabach 1775. S. 119–129.

– NEUES SYSTEM ALLER VORBILDER JESU CHRISTI DURCH DAS GANZE ALTE TESTAMENT, in ihrer vollständigen Schriftordnung und verwunderlichen Zusammenhang nach den beeden Oeconomiezeiten, zur Verehrung der göttlichen Weisheit aufgestellt in sechs Schattenstücken samt einem Anhang und Beleuchtung von M. Philipp Friedrich Hillern, Pfarrern zu Steinheim bey Heidenheim. Bd 1. 2. – Stuttgart: Mezler; Tübingen: Cotta 1756–1767.
beigef.: Hiller: Die Prophetische Vorbilder JEsu Christi im Alten Testamente, als ein Anhang der Reyhe der Priesterlichen und Königlichen aufgestellt samt einer Beleuchtung der Schattenstücke von M. Philipp Friedrich Hillern. Stuttgardt: Mezler 1757 (S. 783–940).
Bd 2 u.d.T.: Die Vorbilder der Kirche neuen Testaments in dem alten Testament, als der Zweyte Theil seines Systems zur Verehrung der mannigfaltigen Weisheit GOttes an seiner Gemeinde abgehandelt von M. Philipp Friedrich Hiller.
Bd 1. Stuttgart: Mezler 1756–1758 (St. 1. 1758; St. 2–4. 1756; St. 5–6. 1757.). XIV, 940 S.
Bd 2. Tübingen: Cotta 1766–1767 (St. 1. 1766; St. 2–4. 1767.). 576 S.

– Bd 1. 2. Neue verb. Aufl. mit einem biographischen Vorwort von Albert Knapp *(S. III–XXIV).* – Ludwigsburg: Riehm 1858–1859. XXIV, 606, VIII, 355 S.
T. 2 u.d.T.: Die Vorbilder der Kirche des neuen Testaments im alten Testament.

– TROST- UND SIEGSLIED für treue Bekenner Jesu in der widerchristlichen Zeit, nach der Offenbarung Johannis. [Kopftitel]. – o.O. u.J. [verm. Berlin um 1800]. 4 S.

Hiller, Philipp Friedrich. Nöthige Verantwortung seines Systems der Vorbilder Jesu Christi. Nebst einem poetischen Versuch von der Reihe der Vorbilder im Alten Testament. Stuttgart und Tübingen, J. B. Mezler, 1759. 8°. 2 Bl., 90 S., 4 Bl., 106 S. —

— Verantwortung seines Systems der Vorbilder Jesu Christi. 8. Tübing. 759. (Osiander). 3 gr

— levitischer Versöhnungstag; vorbildlich ausgelegt. 8. Stuttg. 762. Mezler. 16 gr

– DIE LEVITISCHE VERSÖHNUNG vorbildlich ausgelegt; wobey aus der heiligen Schrift sowohl die Gründe als auch die Regeln der wahren Typologie auf das neue befestigt werden von M. Philipp Friedrich Hiller. – Stuttgart: Mezler 1762. 600 S.

— die Vorbilder der Kirche des N. Testaments in d. Alt. Testam., als d. 2te Thl. seines Systems. 1s — 4s Stck. 8. Tübing. 766 — 68. v. Cotta. 20 gr

— die Vorbilder der Kirche des neuen Testaments im alten Testament. Neue verb. Aufl., mit einem Vorw. von Alb. Knapp. 2. Thl. vom „Neuen System aller Vorbilder Jesu Christi." Ludwigsburg 859. Riehm. gr. 8. (VIII, 355 S.) n. 24 ngr

Hiller, Philipp J.

— Uebersichts-Tabellen der deutschen u. lateinischen Formen- u. Satzlehre, ein Beitrag zur erleichternden u. parallelen Behandlung beider Sprachen, f. untere Klassen höherer Lehranstalten. 2. vielfach verm. u. verb. Aufl. gr. 4. (VIII u. 44 S. m. 1 Tab. in gr. Fol.) Würzburg 848, Stahel. n. 12 ngr

Hiller, Ph. J., Uebersichts-Tabellen der deutschen und lateinischen Formen- und Satzlehre, ein Beitrag zur erleichternden und parallelen Behandlung beider Sprachen, für untere Klassen höherer Lehranstalten. 2., vielfach verm. und verb. Aufl. gr. 4. (VIII und 44 S. mit 1 Tab. in gr. Fol.) Würzburg 852, Stahel'sche Buchh. *

Hiller, Ph. J., Uebersichts-Tabellen der deutschen und lateinischen Formen- und Satzlehre. Ein Beitrag zur erleichternden und parallelen Behandlung beider Sprachen, für untere Klassen höherer Lehranstalten. 3. vielfach verm. u. verb. Aufl. Würzburg 861. Stahel. gr. 4. (VIII, 50 S.) n. 12 ngr

Hiller, Reinert, aus Berlin: Die Absorptionsstreifen des Blutes und seiner Derivate im Ultraviolett. *Rostock 1904: C. Boldt.* (32 S.) 8°
Rostock, Phil. Diss. v. [22. Dez.] 1903

Hiller, Rich., die Latein-Methode d. J. A. Comenius. gr. 8. (46 S.) Zschopau 883. Raschke. n. — 90

— **Robert** (Unterschwöditz/Prov. Sachs.), Ueber d. Elasticität der Aorta. Diss. med.-chir. Halle (Plötz [R. Nietschmann]) 4. XI. 1884. 34 S. mit Biogr. (M.: F. Koehler.) (5.—) 15180
Referent: Ackermann. — Oppon.: Friedrich Pfeifer, Hugo Huch. — Imprim.: J. Bernstein.

— Im Sturm erobert. Lustspiel in 3 Akten. (64 S.) 8. Ebd. 910. 1.50

Hiller, Rob., Bad Linda-Pausa. 8. (24 S. mit 2 Illustr. in Lichtdr. und 1 Karte der Umgebung.) Plauen 887, Kell. **

Hiller, Rob., die Stadt Pausa u. ihre nächste Umgebung. Im Auftrage d. Vereins f. Ortskunde hrsg. 7. u. 8. Lfg. Mit e. Plane der Stadt, e. Karte der Umgebg. u. 8 Ansichten in Lichtdr. gr. 8. (VIII u. S. 321–415.) Pausa 889. 890. (Plauen i/V., A. Kell.) à n. — 50 (kplt.: n. 4. —)
1–6 Lfg., s. Pausa: Die Stadt

Hiller, Rob., der Scheidungsgrund. Schwank in 3 Akten. (69 S.) 8. Berlin-Friedenau (910). Bureau Fischer. 1.50

Hiller, Rob., das Vogtland. Materialien zur Heimatskunde in den Volksschulen des königl. sächs. Vogtlands. 16. (56 S.) Pausa 880. (Plauen, Kell's Buchh.) cart. n. — 50

Hiller, Th[eodor], Assistenzarzt am Diakonissenhause in Stuttgart: **Zur Operation** der Nabelbrüche. *Tübingen: H. Laupp 1898.* (28 S.) 8° ¶ (Aus: Beiträge zur klinischen Chirurgie, Bd 22, H. 1.)
Tübingen, Med. Diss. v. 1898

Hiller, Wilhelm, aus Gleiwitz: **Beiträge** zur **Kenntnis** der Ceriterden. *(Berlin 1904: G. Schade.)* (79 S.) 8°
Berlin, Phil. Diss. v. 14. Mai 1904

Hiller, Wilhelm, approb. Arzt aus Leutkirch (Württemb.): **Ueber** die **Fälle** von Perityphlitis in der Abteilung 1 der medizin. Klinik in München von 1889—1899. *München 1902: C. Wolf & Sohn.* (29 S.) 8°
München, Med. Diss. v. 1902

Hiller, Wilh., hygienische Winke f. Bergtouren. (32 S.) 8. Stuttgart 906. E. H. Moritz. n. — 50

Hiller, Wilh., hygienische Winke f. Bergtouren. 2. verb. Aufl. (6.—8. Tauf.) (47 S.) kl. 8. Stuttgart 908. E. H. Moritz. — 75

Hiller-Bombien, Otto, Beiträge zur Kenntniss der Geoffroyarinden. Diss. gr. 8. (70 S.) Jurjew (Dorpat) 892. (E. J. Karow.) n. 1. 50

Hiller v. Gaertringen u. v. Schirmeister, Geschichte des Kürassier-Regiments v. Seydlitz [Magdeburgisches] Nr. 7. Im Auftrage dargestellt. Mit Bildnissen, e. Uebersichtskarte u. Skizzen. gr. 8. (VIII, 191 S.) Berlin 890. Mittler & Sohn. n. 6. 50

Hiller v. Gaertringen, Frdr. Freiherr v., Archilochosdenkmal aus Paros. (7 S.) Lex.-8. Berlin 904. (G. Reimer.) n. — 50
Sonderabdruck aus: „Sitzungsber. d. preuss. Akad. d. Wiss."

Hiller v. Gaertringen, F. Frhr., Ausgrabungen in Griechenland. Vortrag, geh. am 12. XI. 1900 in der Aula der Universität Rostock zum Besten der Errichtg. e. Bismarcksäule. gr. 8. (39 S. m. 1 Titelbild.) Berlin 901. G. Reimer. n. 1.

Hiller v. Gaertringen, Frdr. Frhr., klimatologische Beobachtungen aus Thera, s.: Wilski, P.

— üb. eine jüngst auf Rhodos gefundene Bleirolle, enth. d. 80. Psalm. [Aus: „Sitzungsber. d. preuss. Akad. d. Wiss."] gr. 8. (7 S. m. 1 Taf.) Ebd. 898. n. — 50

— s.: Boeckh, A., u. K. O. Mueller, Briefwechsel über e. attische Inschrift.

— Wilh. Frhr. **Hiller v. Gaertringen,** Familiengeschichte der Freiherrn Hiller v. Gaertringen. (X, 340 S. m. 119 Abbildgn., 7 Taf. u. 1 Stammbaumtaf.) 33,5×25,5 cm. Berlin 910. Weidmann. 20.—; geb. 24. —

Genealogie der Freiherrn Hiller v. Gaertringen. Aus Anlass d. Hochzeit von Karl F^{rh.} Hiller v. Gaertringen, k. preuss. Oberlt. im 1. Garde-Reg. zu Fuss, u. Elisabeth v. Bismarck vorläufig zsgest. von Friedrich F[rh.] **Hiller** v. Gaertringen. Berlin 5. Dez. 1901. Für d. Angehörigen d. Familie als Ms. gedr. *(Jena 1901: Frommann.)* (3 Bl.) quer 8° [02. 657

Gesetz von Nisyros. Für d. Mitgl. d. archaeol. Gesellsch. in Berlin als Ms. gedr. (Hrsg.: F[riedrich] **Hiller** v. Gaertringen.) *(Berlin 1895.)* (2 Bl.) 8° [04. 1841

Hiller v. Gaertringen, F. Frhr., die Götterkulte v. Thera. Eine histor. Skizze auf Grund der Ausgrabgn. von 1896—1900. Lex.-8. (16 S.) Leipzig 901. Dieterich. n. — 90
Sonderabdruck aus: „Beiträge z. alten Geschichte."

— Inschriften v. Priene. (Königl. Museen zu Berlin.) Unter Mitwirkg. v. C. Fredrich, H. v. Prott, H. Schrader, Th. Wiegand u. H. Winnefeld hrsg. Mit 81 Abbildgn. im Text u. 8 Beilagen. (XXIV, 312 S.) 4. Ebd. 906. Geb. n.n. 25. —

— s.: Inscriptiones graecae insularum maris Aegaei.

Hiller v. Gaertringen, Frdr., zur arkadischen Königsliste d. Pausanias. [Aus: „Festschr. zur Feier d. 25jähr. Gymnasialjubiläums".] gr. 8. (19 S.) Jauer 891. (P. Guercke.) n. 1, 20

Hiller v. Gaertringen, Friedr. Frhr., die archaische Kultur d. Insel Thera. Vortrag, geh. am 30. IX. 1897 auf d. 44. Versammlg. deutscher Philologen u. Schulmänner zu Dresden. gr. 8. (33 S.) Berlin 897. G. Reimer. n. — 60

— Ὁ ἀρχαικὸς πολιτισμὸς τῆς νήσου Θήρας. übersetzt v. Ἰ. Ν. Δελένδα. Gel. 1898. 86 S. 1.—

Hiller de Gaertringen, Fridericus [Silesius]: De Graecorum fabulis ad Thraces pertinentibus quaestiones criticae .... Berolini, typ. expr. Julius Sittenfeld (1886); 2 + 36 S. 8°.
Berlin, Phil. Fak., Inaug.-Diss. v. 8. Mai 1886.

Hiller de Gaertringen, Friedr., de Graecorum fabulis ad Thraces pertinentibus quaestiones criticae. gr. 8. (84 S.) Berlin 886, Haude und Spener. *

— u. P. Wilski, Stadtgeschichte v. Thera, s.a. Thera. III.

Stadtgeschichte von Thera. Unter Mitw ... dargest. von F[riedrich] Frh. Hiller v. Gaertringen u. P[aul] Wilski. Mit 15 Taf., 259 Abb. u. Beil. u. 2 Pl. Berlin: G. Reimer 1904. (XII, 292 S.) 4°
= Thera. Untersuchungen, Vermessungen u. Ausgrabungen in d. J. 1895–1902. Bd 3.

— s.: Thera.

Hillern, Herm. v., Streitfragen aus dem Autorrecht m. Bezug auf zwei Entscheidgn. d. Reichsoberhandelsgerichts. gr. 8. (81 S.) Freiburg i/Br. 876. Wagner. n. 1. 70

Hillern, Hermine v., um Eid u. Ehr'. Erzählungen aus alter Zeit. Mit Illustr. v. M. Zeno Diemer. 8. (185 S.) Stuttgart 888. Krabbe. n. 4. —; geb. n. 5. —

Hillern, Hermine v., Jugendträume. 12. (VIII, 104 S.) Stuttgart 881, Krabbe. *M 2,40.; geb.

—— der Skalde. Episches Gedicht. 8. (30 S.) Berlin 882, A. Duncker. *M 1.; geb.

Hillern, Wilhelmine v., geb. Birch, guten Abend. Dramatischer Scherz in 1 Akt. br. 8. (20 S.) Berlin 873. Lassar. n. 2. —

— dasselbe, s.a. Bloch's, E., Theater-Correspondenz.

Hillern, Wilhelmine von
Ein Arzt der Seele. Roman. Bd 1-3. Berlin 1869.
s.a. Roman-Zeitung, Deutsche. Bd 1.2.

Hillern, Wilhelmine v., geb. Birch, ein Arzt der Seele. 4 Bde. Berlin 869. Janke. 8. (275 S., 261 S. 347 S. u. 243 S.) n. 2 ₰ 20 ngr.

— ein Arzt der Seele. Roman. 2. Aufl. 4 Thle. in 2 Bdn. 8. (216, 207, 276 u. 195 S.) Berlin 871. Janke. n. 8. —

—— ein Arzt der Seele. 4 Bde. 1. Aufl. (275; 261; 347; 243 S.) 1869, und 2. Aufl. 4 Thle. in 2 Bdn. 8. (216; 207; 276; 195 S.) Berlin 872, Janke. *

Hillern, Wilhelmine v., geb. Birch, ein Arzt der Seele. Roman. 3. Aufl. 4 Thle. in 2 Bdn. 8. (206; 197; 264; 183 S.) Berlin 876, Janke. *

Hillern, Wilhelmine v., geb. Birch, e. Arzt der Seele. Roman. 4. Aufl. 4 Thle. in 2 Bdn. 8. (206, 197, 264 u. 183 S.) Berlin 886. Janke. n. 10. —

Hillern, Wilhelmine v., geb. Birch, ein Arzt der Seele. Roman. 5. Aufl. Mit e. Vorwort der Verf. (VIII, 482 S.) 8. Berlin 906. O. Janke. n. 4. —

Hillern, Wilhelmine v., geb. Birch, die Augen der Liebe, s.: Universal-Bibliothek.

Hillern, Wilhelmine v., geb. Birch, s.: Aus Wald und Grund.

— ein Autographensammler, s.: Bloch's, E., Dilettanten-Bühne.

Hillern, Wilhelmine v., (geb. Birch), Doppelleben. Roman. 2 Bde. 8. (VIII und 664 S.) Berlin 865, Janke.

— Doppelleben. Roman. 3 Bde. 2. Aufl. 8. (216, 234 u. 253 S.) Berlin 880. Janke. n. 10. —

Hillern, Wilhelmine v., geb. Birch, Friedhofsblume. Novelle. 8. (211 S.) Berlin 883, Gebr. Paetel. *ℳ 4.; geb.

—— die Geier-Wally. Eine Geschichte aus den Tiroler Alpen. 2 Bde. 1.—3. Aufl. 8. (160; 178 S.) Berlin 875,76, Gebr. Paetel.
geb. in 1 Bd. *

— die Geier-Wally. Eine Geschichte aus den Tyroler Alpen. 4. Aufl. (Volks-Ausg.) gr. 8. (VII, 174 S.) Berlin 881. Paetel. n. 2. —; geb. n. 3. —

— die Geier-Wally. Eine Geschichte aus den Tyroler-Alpen. 5. Aufl. 8. (VII, 268 S.) Ebend. 883. n. 2. 50; geb. n.n. 3. 50

Hillern, Wilhelmine v., geb. Birch, die Geyer-Wally. Eine Geschichte aus den Tyroler Alpen. 6. Aufl. 8. (VII, 268 S.) Berlin 891. Gebr. Paetel. n. 3. —; geb. in Leinw. n.n. 4. —

Hillern, Wilhelmine v., geb. Birch, die Geier-Wally. Eine Geschichte aus den Tyroler Alpen. 7. Aufl. 8. (VII, 268 S.) Berlin 901. Gebr. Paetel. n. 3. —; geb. in Leinw. n. 4. —

— der Gewaltigste. Roman. 1.—3. Aufl. 8. (à 402 S.) Stuttgart 901. J. G. Cotta Nachf. n. 3. 50; geb. n. 4. 50

Hillern, Wilhelmine v., geb. Birch, der Gewaltigste. Roman. 4. Aufl. (386 S.) 8. Stuttgart 907. J. G. Cotta Nachf. 3.50; geb. 4. 50

Hillern, Wilhelmine v., geb. Birch, höher als die Kirche, s.a. Paetel's Miniatur-Ausgaben-Collection.

— höher als die Kirche. Eine Erzählung aus alter Zeit. 1. u. 2. Aufl. 16. (92 S.) Ebend. 877. n. 2. —; geb. m. Goldschn. n. 3. —

— höher als d. Kirche. E. Erzählg. aus alter Zeit. 4. Aufl. 12. (85 S.) Berlin 896. Gebr. Paetel. n. 2. —; Geb. in Leinw. m. Goldschn. n. 3. —

— the hour will come, s.: Collection of german authors.

— Jugendträume. 12. (VIII, 104 S.) Stuttgart 881. Krabbe. n. 2. 40; geb. n. 3. —

Hillern, Wilhelmine v., aus eigener Kraft, s.a. Romanbibliothek der Gartenlaube.

— aus eigener Kraft. Roman in 3 Bdn. 8. (VIII, 255; 271 u. 235 S.) Leipzig 872. Keil. 9. —

—— aus eigener Kraft. Roman in 3 Bdn. 2. Aufl. 8. (VIII, 252; 267; 228 S.) Leipzig 886, Keil's Nachf. 9 —
geb. * 11 —

— aus eigener Kraft. Roman in 2 Bdn. 3. Aufl. 8. (VIII, 279 u. 275 S.) Leipzig 896. E. Keil's Nachf. 6. —; in 1 Leinw.-Bd. geb. n. 7. —

— Aus eigener Kraft. Roman in 2 Bdn. 5. Aufl. (279 u. 275 S.) 8. Stuttgart (908). Union. 6.—; in 1 Leinw.-Bde. 7. —

— am Kreuz. Ein Passionsroman aus Oberammergau. 2 Bde. gr. 8. (VIII, 234 u. VI, 383 S.) Stuttgart 890. Union. n. 10. —; geb. n. 12. —

— am Kreuz. Ein Passionsroman aus Oberammergau. Ausg. in 1 Bde. 8. (498 S.) Stuttgart (900). Union. n. 5. —; geb. in Leinw. n. 6. —

— Am Kreuz. Ein Passionsroman aus Oberammergau. Ausg. in 1 Bde. 2. Aufl. (497 S.) 8. Ebd. (909). 5.—; geb. in Leinw. 6. —

— Reis am Weg. E. Geschichte aus d. Isarwinkel. 8. (120 S.) Stuttgart 897. J. G. Cotta Nachf. n. 1. 50; geb. n. 2. 50

— der Skalde. Episches Gedicht. 8. (30 S.) Berlin 882. A. Duncker. n. 1. —; geb. n. 2. —

— ein Sklave der Freiheit. Roman in 6 Büchern. 1.—3. Aufl. (Je 544 S.) 8. Stuttgart 903. J. G. Cotta Nachf. n. 5. —; geb. in Leinw. n. 6. —

ein alter Streit. Roman aus d. bayer. Volksleben d. sechziger Jahre. 1.—3. Aufl. 8. (à 336 S.) Ebd. 898. n. 3. —; geb. n. 4. —

— und sie kommt doch! Erzählung aus einem Alpenkloster des 13. Jahrh. 1—3. Aufl. 3 Bde. 8. (127, 152 u. 162 S.) Berlin 879. Paetel. n. 9. —; in 1 Bd. geb. n. 11. —

Hillern, Wilhelmine von

Und sie kommt doch! Erzählung. Aus einem Alpenkloster des 13. Jh. 4. Aufl. Th. 1-3.
Berlin: Paetel 1895. 349 S. 8°

— und sie kommt doch! Erzählung aus e. Alpenkloster des 13. Jahrh. 5. Aufl. 3 Tle. in 1 Bde. (310 S.) 8. Berlin 903. Gebr. Paetel. n. 5. —; geb. in Leinw. n. 6. —

— Und sie kommt doch! Erzählung aus e. Alpenkloster des 13. Jahrh. 6. Aufl. 3 Tle. in 1 Bde. (291 S.) 8. Berlin 907. Gebr. Paetel. 5.—; geb. in Leinw. 6. —

— the vulture maiden [die Geier-Wally], s.: Collection of german authors.

Hillers, Jos(ef), approb. Arzt aus Velen i. Westf.: Aus d. Universitäts-Augenklinik in Gießen. Ein Beitrag zur Kasuistik der embryonalen Glaskörperstränge (Arteria hyaloidea, Cloquet'scher Kanal) mit anatomischem Befund in einem Fall. Mit 2 Taf. *Gießen 1903: v. Münchow.* (29 S.) 8°
Gießen, Med. Diss. v. 1903

Hillers, Wilhelm: Über den Einfluss des Gasdruckes auf elektrische Ströme, die durch Röntgenstrahlen hervorgerufen werden. *Leipzig: J. A. Barth 1899.* (42 S.) 8°
Jena, Phil. Diss. v. (4. März) 1899

Hillers, Wilhelm: Neubestimmungen der Loschmidt'schen Zahl. Hamburg 1910: Baumann. 58 S. 8°
Hamburg, RG d. Johanneums P 1910 (1001) [S 10. 180

Hillers, Wilh., Neubestimmungen der Loschmidt'schen Zahl. Progr. (58 S.) gr. 8. Hamburg 910. (Herold.) nn 1. 50

Hiller's romant. Begebenheiten u. Abentheuer auf seiner Reise von Erfurt nach Lissabon u. der Rückkehr ins Vaterland, von Fr. Hartger. 8. Magdeburg, v. Schütz. 817. Rthlr.

Hillersberg, M., der dankbare Indianer. Eine Erzählung aus Amerika. 8. (62 S.) Hamburg 884, Kramer.

Hillersberg, M.: Der dankbare Indianer. Eine Erzählung aus Amerika. Von –. Berlin: A. Weichert [1900]. (62 S.) 8°
= Indianer- u. Volksbibliothek. 112.

Hillert, A., De casuum syntaxi Sophoclea. Diss. 1896. 32 S. 1.20

Hillert, Adolph

Hillert, A., **Alladin.** Neue Mährchen und Fabeln, für Knaben und Mädchen erzählt. (Mit 11 ill. Bildern.) 16. Berlin 837. Winckelmann u. Söhne. 3/4 ℛ

—— allerlei **Bilder** u. Lieder f. Kinder. gr. 8. (3 1/4 B. u. 12 Taf.) Berlin 839, Lüderitz'sche Vrlsbuchh. 1/2 Thlr., ill.

Hillert, Ad., neue große **Bilderfibel** mit 72 color. Bildern u. erklärenden Versen. Ein Unterhaltungsbuch für kleine Knaben u. Mädchen, nebst einem Leitfaden zum Lesenlernen. 8. Berlin 842, Morin. 3/4 ℛ

—— das **Buch** d. schönsten Sagen u. Mährchen nach unbenutzten Quellen f. d. Jugend erzählt. M. 6 Kpfrt. 8. (9 3/4 B.) Berlin 839, Schlesinger'sche Buchh.

— s. **Charakterbilder** für die reifere Jugend.

– s. De Foe, Robinson's Leben u. Abentheuer.

—— **Gegensätze**, dargestellt in der Geschichte eines guten u. bösen Kindes. Ein Buch f. kleinere Kinder, welche gern lesen. gr. 12. (1 1/2 B. u. 8 ill. Taf.) Berlin 842. [Leipzig, Brauns.]

— zwölf kleine **Geschichten.** Mit 12 ill. Bildern. 16. Berlin 839. Hasselberg. 1/3 ℛ

—— der **Guckkastenmann.** M. 34 ill. Bildern v. Th. Hosemann. 16. (4 B.) Berlin 839. Hasselberg.

—— die **Handwerker.** Dargest. in 12 (ill.) Bildern m. Text (Gedichte.) 8. (1 1/2 B.) Berlin 837, Winkelmann u. Söhne.

– s. **Hegel's** Philosophie in Auszügen.

— der **Kikeriki-Hahn.** Die beste Fibel zum Lesenlernen nach der Stephanischen Lautmethode. Mit mehr als 100 Bildern. 8. Berlin 841. Schlesinger. 1/4 ℛ

— der **Kikeriki-Hahn.** Die beste Handfibel zum Lesenlernen nach der Stephanischen Lautirmethode. Nebst vielen (mehr als 100 eingedr.) Bildern. 8. Berlin 841, Schlesinger'sche Buchh. 1/4 ℛ — Illum. geb. 1/2 ℛ

—— der **Kikeriki-Hahn.** Die beste Handfibel z. Lesenlernen nach der Stephanischen Lautirmethode. Nebst viel. (mehr als 100) Bildern. 8. (3 1/2 B.) Berlin 842, Schlesinger'sche Bh. Ill.

Hillert, Ad., **Kinder** u. Thiere im Wechselgespräch, nebst e. Anh. neuer Fabeln. M. 50 ill. Bildern. 8. (7 1/2 B.) Berlin 838, Winckelmann u. Söhne. Thlr.

— **Kinder-Kalender** in Spielen, Bildern u. Liedern, für jeden Monat u. alle Jahre. Für die Jugend gesammelt. (Mit 12 Bildern von Jul. Böhmer.) 16. (Mit Einfassung.) Berlin 842, Cornelius. n. 1/2 ℛ — color. n. 2/3 ℛ

—— **Kinder-Kalender** in Spielen, Bildern u. Liedern, für jeden Monat u. alle Jahre. Für d. Jugend gesammelt. (Mit 12 Bild. v. Jul. Böhmer.) 16. (12 1/2 B. m. Einfass.) Berlin 842. [Danz.] * 15 Ngr.; col *

—— **Kinder-Scherze.** Dargest. in 12 (ill.) Bildern m. Text. 8. (1 1/2 B.) Berlin 837, Winckelmann u. Söhne.

Hillert, A., **Kinder-Scherze.** Dargestellt in 12 (ill.) Bildern (in Holzschn.), mit Text. 6. Aufl. 8. (23 S.) Berlin 865, Winckelmann und Söhne. cart.

— **Lesebuch** der Preuß. Geschichte für Schule u. Haus. Eine Auswahl vorzügl. Lesestücke zur Belebung des Nationalgefühls u. wahrer Vaterlandsliebe. 8. Berlin 844, C. Fr. Amelang. 5/6 ℛ

—— u. K. Riedel, neues histor. **Lese-Buch** f. d. Jugend. Auswahl anziehender Darstellungen aus d. Werken alter u. neuer Geschichtschreiber. 3 Thle. Alte, mittlere, neuere Geschichte. gr. 8. (73 B.) Berlin 843, Sander'sche Buchh.

— neues naturgeschichtl. **Lesebuch**, in Beschreibungen u. Erzählungen aus dem Thierreich. Für die Jugend bearb. Mit eingedr. Holzschnitten. gr. 16. Berlin 841, Sander'sche Buchh. (G. E. Reimer.) geb. n. 1 1/3 ℛ

—— **Novellen** f. d. reif. weibl. Jugend. M. 6 Bildern v. Th. Hosemann. br. 8. (13 1/2 B.) Berlin 838, Winckelmann u. Söhne.

— der **Schwanenorden.** Seine Geschichte, Statuten u. Bedeutung. Nebst 1 color. Abbild. des Schwanenordens. gr. 8. Berlin 844. (Voß'sche Buchh.) n. 1/6 ℛ

—— **Sprachschatz** f. d. Jugend, s. Sprachschatz.

—— kleine **Thiergespräche** f. Kinder. M. 8 col. Bildern. gr. 16. (2 B.) Berlin 841. [Leipzig, Brauns.]

—— **Weihnachtsblumen.** Ein Geschichten-Buch f. Knaben u. Mädchen, welche gern lesen. M. 6 ill. Bildern. Lex.-8. (4 1/2 B.) Berlin 840, Lüderitz'sche Vrlsbuchh.

Hillert, Alfredus [Posnaniensis]: De casuum syntaxi Sophoclea ... Berolini, Kroll's Buchdr., 1896; 2 Bl., 32 S., 1 Bl. 8.
Berlin, Phil. Fak., Inaug.-Diss. v. 1. Febr. 1896

W. Hillert. Zwei Beilagen: 1. System der Arithmetik. I. Teil. S. 1—18. 2. Lehre von negativen Zahlengrössen oder Lehre von entgegengesetzten Zahlengrössen. II. Teil. S. 19—32. Schwetzingen, P 1851

Hillesheim [Schlagwort]

Hillesheim, s.: Deutschland. Karte (Abt. Preussen.)

Hillesheim [Verfasser]

Hillesheim, Aloys Fr. Wilhelm

— s. Jh. Arnd, Paradiesgärtlein.

v. Hillesheim, Aloys Fr. Wlh., Beiträge z. Salzkunde. Mit e. Plan. 8. Manh. 798. Schwan u. Götz. 8 ℳ

– s. Briefe üb. die Geschichte.

– s. Erdbeschreib., Pfalzbaier.

— Gesundheitswochenschrift z. Belehrung aller Stände, unter d. Leitung e. Arztes herausgeg. 1r, 2r Bd., à 8 Stücke. gr. 8. München 802—5.

Hillesheim, Aloys Fr. Wilhelm [Hrsg.], s. Hausvater, Der baierisch-ökonomische

v. Hillesheim, Aloys Fr. Wlh., die veredelte Seidenkanincherei in Deutschland. 8. Gießen 797. Heyer. 4 ℳ

Hillesheim, W. v. Ausführliche Nachrichten von den Salzwerken zu Reichenhall und Traunstein. 8°. Mannheim 1798.

Hillgenberg, A., Gesetzgebung über die Besteuerung der Wechsel in Norddeutschland nebst Ausführungs-Bestimmungen und dem norddeutschen Wechselstempel-Tarif. Zum prakt. Gebrauch zusammengestellt. 1.—8. Aufl. gr. 8. (26 S. mit 1 Tab. in gr. Fol.) Berlin 870, (Jahncke.) *
Der Tarif apart *

—— Kommentar zu den k. preuß. Stempel-Gesetzen, s. Schmidt, O. K. F. G.

Hillgenberg, Egon, Märchen f. Märchenseelen. (72 S.) 8. Leipzig-Gohlis 910. W. Volger. 1. —

Verzeichnis der Büchersammlung der ger. u. vollk. St. Johannis-Loge „Zur heissen Quelle" im Or. Hirschberg i. Schl. Systemat. zsgest. nach dem Bestande vom 1. Jan. 1908 von Georg **Hillger.** Hirschberg i. Schl. 1908: General-Anzeiger f. d. Riesengebirge. V, 211 S. 8°
Recens: Al. 34 (1908) S 146 (H. Keller); Bbl. 22 (1908) S. 575 (G. Diercks).

Hillger, Herm., Amerika u. die Columbische Welt-Ausstellung, Chicago 1893. Geschichte u. Beschreibg. gr. Fol. (504 S. m. Abbildgn.) Chicago 894. (Leipzig, A. Twietmeyer.) Geb. n. 68. —; auch in 10 Lfgn. à n. 6. 50

— die erste nationale Ausstellung Bulgariens in Philippopel 1892. Denkschrift, den Handels- u. Gewerbekammern d. Deutschen Reiches überreicht. Mit e. statist. Anh. gr. 8. (24 S.) Wien 892. M. Perles. n. — 50

Hillger's, Herm., Depeschenkürzer. Hrsg. v. George Bernays u. Herm. Hillger. (VIII, 352 S.) 8. Berlin 904. H. Hillger. Geb. in Leinw. n.n. 8. 50

Hillger, H. [Hrsg.], s.a. Frauenjahrbuch, Hillgers illustriertes.

— illustriertes Frauen-Jahrbuch 1904/1905. Kalender, Merk- u. Nachschlagebuch f. die Frauenwelt. (XII S. u. 982 Sp. m. Abbildgn.) 8. Ebd. n. 1. —; geb. in Leinw. n. 1. 50

— Die Krankheiten des Kindes. Ihre Entstehg., Verhütg. u. Heilg. (84 S.) (909.) (Bd. 116.)

— s.: Kürschner's, Jos., deutscher Litteratur-Kalender.

— s.: Kürschner's, Jos., Staats-, Hof- u. Kommunal-Handbuch.

— die Länder u. Staaten der Erde 1905. Geographisch-statist. Handbuch. (VI, 281 S. m. Abbildgn.) 16. Berlin, H. Hillger. n. — 80

— Die Länder u. Staaten der Erde 1908. Geographisch-statist. Handbuch. Zugleich kleines Hof- u. Staatshandbuch der Welt. (VI, 304 S. m. Abbildgn.) 10,7×7,2 cm. Ebd. (908). Kart. — 80

— Die Organe des menschlichen Körpers in ihren Verrichtgn. (Die Physiologie des Menschen.) Mit 14 Illustr. (84 S.) (907.) (Bd. 82.)
Fortsetzung s.: Bücher des Wissens.

— s.: Reichstag, deutscher.

— Deutscher Reichstag, s.: Kürschner.

Hillger's, Herm., Sammlung illustr. Kriminalromane. 1.—25. Bd. 8. Berlin, H. Hillger. à Bd. — 50

Chesney, Weather by, der gebrandmarkte Prinz. Autor. Übersetzung aus dem Engl. v. B. Treumann-Koner. Mit Illustr. v. W. Roegge jr. (104 S.) 907. (Bd. 8.)

Gibney, Sommerville, verurteilt! Kriminalroman. Aus dem Engl. übertr. v. J. Cassirer. Mit Illustr. v. E. Fiedler. (150 S.) (908.) (Bd. 14.)

Hering, Henry A., der Klub der Einbrecher. Einzig berecht. Übersetzg. von F. v. Holtzendorff. Mit 6 Illustr. v. H. Townsend. 2 Tle. (120 u. 122 S.) (908.) (Bd. 20. 21.)

Hyan, Hans, Va banque. Kriminalroman. Mit Illustr. v. W. Roegge. (247 S.) (908.) (Bd. 16. 17.)

Klinck-Lütetsburg, F., am Hexenweg. Roman. Mit Illustr. v. H. Binde. (156 S.) 907. (Bd. 4.)

Lermina, Jules, ein Dämon. Roman (Umschlag: Kriminalroman.) Mit Illustr. v. E. Fiedler. (176 S.) 907. (Bd. 18.)

Milbach, Karl, ohne Spuren. Mit Illustr. von R. Mauff. (134 S.) (907.) (Bd. 1.)

Mitchell, E., dunkle Mächte. Roman. Autor. Übersetzung v. C. Wessner. Mit Illustr. v. H. Binde. (158 S.) (907.) (Bd. 9.)

Morrisson, Arth., der rote Triangel. Kriminalroman. Autor. Übersetzg. u. Bearbeitg. v. Siegfr. B. Lutz. Mit Illustr. von H. Binde. (221 S.) (907.) (Bd. 2. 3.)

Oakley, John, das Geheimnis v. Hampstead. Autoris. Übersetzg. von F. v. Holtzendorff. (128 S.) (909.) (Bd. 25.)

Ottomeyer, L., Sherlock Holmes. Eine Detektiv-Komödie in 3 Handlgn. nach Conan Doyle's Erzählgn. Mit Illustr. von Arth. Lewin. (124 S.) 907. (Bd. 5.)

Robertson, Fl., ein verschwundener Millionär und andere Abenteuer des Detektivs Addington Peace. (182 S. m. Abb.) (908.) (Bd. 15.)

— Tauberts Diamant u. andere Abenteuer des Detektivs Addington Peace. Mit 12 Illustr. (142 S.) (907.) (Bd. 12.)

Senna-Hoi, das Auge des Tigers. Aus den Erlebnissen e. Gentleman-Detektiv. (128 S.) (908.) (Bd. 22.)

Stevenson, L., das Ende e. Diamanten. Kriminalroman. Deutsch von Max Pannwitz. Mit Illustr. von Willy Blanck. (108 S.) (908.) (Bd. 19.)

— Ein merkwürdiger Klub. Kriminalroman. Deutsch v. Max Pannwitz. (110 S.) 908. (Bd. 18.)

Thieme, Frdr., Doktor Ohlhoffs Geheimnis. Kriminalroman. Mit Illustr. von A. v. Schrötter. (252 S.) 907. (Bd. 10. 11.)

— Der Einäugige. Kriminalroman. Mit Illustr. v. A. Lewin. (240 S.) (907.) (Bd. 6. 7.)

Wertmeister, Karl Herm., der Indizienbeweis. Kriminalroman. (190 S.) (908.) (Bd. 23. 24.)

— **illustrierte Volksbücher.** Eine Sammlg. v. gemeinverständlichen Abhandlgn. aus allen Wissensgebieten. Hrsg. v. der Vereinigg. „Die Wissenschaft f. Alle". 1.—66. Bd. kl. 8. Berlin, H. Hillger. à n. — 30; geb. à n. — 50

Amberg, Gust., die Elektrizität. Mit 70 Illustr. (95 S.) (904.) (Bd. 17.)

Berg, Alfr., die deutschen Kolonien. Mit 6 Illustr. (100 S.) (906.) (Bd. 54.)

— allgemeine Völkerkunde. Mit 30 Illustr. (80 S.) (905.) (Bd. 27.)

Bergemann, Paul, Volksbildung. Mit 14 Illustr. (93 S.) (904.) (Bd. 3.)

Blumenthal, Herm., allgemeine Weltgeschichte. (95 S.) (904.) (Bd. 4.)

Brenner, Leo, die Bewohnbarkeit der Welten. Mit 50 Illustr. (96 S.) (905.) (Bd. 20.)

Bungartz, J., das Kaninchen u. seine Zucht. Mit 4 vom Verf. gezeichneten Taf. (80 S.) (906.) (Bd. 44.)

Chelius, Carl, Grundzüge der Bergbaukunde. Mit 44 Illustr. (104 S.) (906.) (Bd. 48.)

Damm, Osk., Geschichte des deutschen Volkes von den ältesten Zeiten bis zur Gegenwart. Mit 37 Abbildgn. (112 S.) (905.) (Bd. 30.)

Eckstein, Carl, spezielle Tierkunde. Mit 81 Abbildgn. (96 S.) (905.) (Bd. 34.)

Engeln, Wilh., Telegraphie u. Fernsprechwesen. Mit 19 Illustr. (95 S.) (906.) (Bd. 57.)

Engels, Aug., richtig Deutsch. Die Hauptschwierigkeiten der deutschen Sprache. (96 S.) (906.) (Bd. 45.)

Gebauer, J. H., Geschichte des 30jähr. Krieges (1618—1648). Mit 33 Illustr. (86 S.) (906.) (Bd. 59.)

Gerling, Reinh., die Naturheilkunde. Diätetisch-physikalische Therapie. Mit 41 Illustr. (94 S.) (904.) (Bd. 10.)

Groß, H., die Luftschiffahrt. Mit 46 Illustr. (107 S.) (904.) (Bd. 9.)

Guenther, Konr., die Entwicklg. der Tierwelt. Mit 18 Illustr. (89 S.) (906.) (Bd. 46.)

Haacke, Wilh., die Menschenrassen. Mit 26 Illustr. (80 S.) (904.) (Bd. 12.)

— allgemeine Tierkunde. Mit 24 Illustr. (76 S.) (905.) (Bd. 25.)

Haentzschel, W., die Dampfmaschine. Mit 35 Illustr. (96 S.) (904.) (Bd. 5.)

Heiderich, J. H., Geld-, Bank- u. Börsenwesen. (112 S.) (906.) (Bd. 53.)

Hitomi, J., Japan. Land u. Leute. Autoris. Uebersetzung v. Wilh. Thal. Mit 10 Illustr. u. 1 Karte. (112 S.) (904.) (Bd. 2.)

Holle, Frau Luise, die Hauswirtschaft. Mit 27 Illustr. (95 S.) (904.) (Bd. 13.)

Jakobi, Siegfr., die Eisenhüttenkunde. Eine Beschreibung der wichtigsten Prozesse der Eisenhüttentechnik. Mit 22 Illustr. (62 S.) (906.) (Bd. 42.)

Jantzen, Herm., deutsche Literaturgeschichte in den Grundzügen ihrer Entwickelung. Mit 20 Illustr. (100 S.) (904.) (Bd. 18.)

Josephi, W., Geschichte der Baukunst. Mit 24 Illustr. (96 S.) (905.) (Bd. 23.)

Kaiser, Paul E., einheimische Nutzpflanzen aus Garten, Feld u. Flur. Mit 31 Illustr. (96 S.) (905.) (Bd. 24.)

Katscher, Leop., das Postwesen einst u. jetzt. Mit 28 Illustr. (95 S.) (906.) (Bd. 62.)

Kisa, Ant. C., Geschichte des Kunstgewerbes von seinen Anfängen bis zur neuesten Zeit. Mit 61 Illustr. (92 S.) (906.) (Bd. 50.)

Klein, Jos., die Obstbaumzucht. Mit 25 Illustr. (91 S.) (906.) (Bd. 56.)

Knauer, Frdr., die Kakteen. Mit 30 Illustr. (95 S.) (906.) (Bd. 65.)

— unser heimisches Vogelleben. Mit 34 Illustr. (112 S.) (904.) (Bd. 15.)

— der Vogelzug u. seine Rätsel. Mit 1 Vollbild u. 13 Illustr. im Text. (107 S.) (905.) (Bd. 41.)

Koenig, Emil, das Wesen des Lebens. Mit 26 Illustr. (96 S.) (906.) (Bd. 52.)

Kutna, G., Geschichte der Malerei. Mit 31 Illustr. (99 S.) (905.) (Bd. 29.)

Lampe, Karl, Geschichte der Stenographie. Mit 14 Illustr. u. Schriftproben u. 7 Taf. (84 S.) (906.) (Bd. 47.)

Leichtentritt, Hugo, Geschichte der Musik. Mit 36 Abbildgn. (112 S.) (905.) (Bd. 36.)

Marcuse, Julian, kleine Gesundheitslehre. Mit 14 Illustr. (93 S.) (904.) (Bd. 16.)

Martens, P. Ch., Rechenschule f. das praktische Leben, nebst Raumberechng. Mit 10 Illustr. (78 S.) (904.) (Bd. 7.)

Metze, Osk., Bienenleben u. Bienenzucht. Mit 35 meist vom Verf. nach d. Natur gezeichneten Illustr. (104 S.) (905.) (Bd. 35.)

Meyer, M. Wilh., die Gesetze der Bewegungen am Himmel u. ihre Erforschung. Mit 13 Illustr. (96 S.) (904.) (Bd. 1.)

Meymund, Kurt, Zimmergärtnerei. Mit 64 Illustr. (90 S.) (904.) (Bd. 14.)

Migula, W., allgemeine Pflanzenkunde. (88 S.) (904.) (Bd. 8.)

Morgan, Camille (René de la Pré), die jagdbaren Tiere Mitteleuropas. Mit 23 Illustr. (96 S.) (906.) (Bd. 49.)

Neuburger, Alb., anorganische Chemie. Mit 18 Illustr. (91 S.) (906.) (Bd. 19.)

Neumann-Hofer, Adf., Einführung in die Volkswirtschaftslehre. (100 S.) (906.) (Bd. 66.)

Otteni, E., die Zähne, deren Erkrankungen, Pflege u. Ersatz. Mit 26 Illustr. (90 S.) (906.) (Bd. 58.)

Pabst, Wilh., Grundzüge der Mineralogie u. Gesteinskunde. Mit 40 Abbildgn. (92 S.) (905.) (Bd. 26.)

— Grundzüge der allgemeinen Witterungskunde. Mit 26 Abbildgn. (94 S.) (904.) (Bd. 6.)

Pape, Rich., die Handwerksorganisation. (84 S.) (906.) (Bd. 55.)

Posener, Paul, das Familienrecht. (78 S.) (906.) (Bd. 60.)

— der deutsche Staatsbürger u. sein Recht. Zugleich e. Einführg. in die Grundbegriffe des Rechtes u. seine Geschichte. (95 S.) (906.) (Bd. 43.)

Raydt, H., Volks- u. Jugendspiele. Mit 40 Illustr. (90 S.) (905.) (Bd. 21.)

Regel, Fritz, die Nordpolarforschung. Mit 28 Illustr. (108 S.) (905.) (Bd. 33.)

Reventlow, Graf E., die deutsche Flotte u. ihre Aufgaben. Mit 16 Illustr. (88 S.) (905.) (Bd. 28.)

Schwier, Karl, die Liebhaberphotographie. Mit 68 Illustr. (124 S.) (905.) (Bd. 31.)

Sievert, Paul, Grundzüge der Geologie. Mit 40 Illustr. (98 S.) (904.) (Bd. 11.)

Steinel, Osk., allgemeine Geographie. Mit 37 Abbildgn. (94 S.) (905.) (Bd. 22.)

Ströse, Carl, der gestirnte Himmel. Mit 52 Illustr. (94 S.) (905.) (Bd. 39.)

— unser Sonnensystem. Mit 39 Illustr. (98 S.) (906.) (Bd. 61.)

Teichert, Kurt, die Bakterien. Mit 20 Illustr. (87 S.) (905.) (Bd. 40.)

Traugott, Frdr., Geschichte der Philosophie, dargestellt in ihren Hauptsystemen. Mit 17 Illustr. (100 S.) (905.) (Bd. 37.)

Vieweg, Walt., organische Chemie od. Chemie der Kohlenstoffverbindungen. Mit 19 Illustr. (80 S.) (906.) (Bd. 51.)

Weiß, J. E., der Haus- u. Küchengarten. Mit 72 Illustr. (127 S.) (905.) (Bd. 38.)

Zehden, Geo., der Bau d. menschlichen Körpers. Mit 41 Illustr. (101 S.) (906.) (Bd. 63.)

— die erste Hilfe bei Unglücksfällen, plötzlichen Erkrankungen u. Vergiftungen. Anweisung zum Helfen bis der Arzt kommt. Mit 31 Illustr. u. 2 Taf. (112 S.) (905.) (Bd. 32.)

Zink, Thdr., die Volksschule. Ihre Stellg. u. Aufgabe in den wichtigsten Kulturstaaten. Mit 16 Illustr. (96 S.) (906.) (Bd. 64.)

— **illustrierte Volksbücher.** Eine Sammlg. v. gemeinverständl. Abhandlgn. aus allen Wissensgebieten. Hrsg. v. der Vereinigg. „Die Wissenschaft f. Alle". 67.—134. Bd. kl. 8. Ebd. à Bd. — 30; erh. Pr. — 50

Alexander-Katz, W., der gesunde Arbeiter. (64 S.) (908.) (Bd. 101.)

Berg, Alfr., besondere Völkerkunde. (Die Völker der Erde.) Mit 28 Illustr. (84 S.) (908.) (Bd. 96.)

Bilecki, Alois, das Gold. Seine Eigenschaften, Vorkommen, Gewinng. u. Verarbeitg. Mit 26 Illustr. (88 S.) (908.) (Bd. 91.)

Braeckein, William, der gewerbliche Arbeitsvertrag. Entstehung, Kündigg., Austritt u. Entlassg. Ein Ratgeber f. Arbeitgeber u. Arbeitnehmer, m. dem Muster e. Arbeitsordng. als Anh. (65 S.) (909.) (Bd. 120.)

Buchwald, Conr., graphische Künste. Mit 21 Bildern. (120 S.) (907.) (Bd. 87.)

Busse, Max, einfache Buchführung f. Handel u. Gewerbe. (88 S.) (908.) (Bd. 93.)

Buttlar, Wilh. v., Instinkt u. Verstand d. Tiere. Mit 20 Illustr. (78 S.) (907.) (Bd. 70.)

Damm, Osk., die französische Revolution 1789—17:5. Mit 26 Illustr. (96 S.) (907.) (Bd. 75.)

Friedlaender, S., Logik. Die Lehre vom Denken. (79 S.) (907.) (Bd. 67.)

— Psychologie. (Die Lehre v. der Seele.) (72 S.) (907.) (Bd. 78.)

Gesetzbuch, bürgerliches, f. das Deutsche Reich nebst dem Einführungsgesetz zum bürgerl. Gesetzbuche vom 18. VIII. 1896. (371 S.) (909.) (Bd. 117. 118.)

Goethe, Worte der Weisheit. Ausgewählt v. Herm. Kölling. Mit biograph. Einleitg. (96 S.) (909.) (Bd. 126.)

Günther, Rhold., allgemeine Kulturgeschichte. (86 S.) (907.) (Bd. 72.)

— Kulturgeschichte des späten Mittelalters. Mit 20 Illustr. (88 S.) (909.) (Bd. 132.)

Haese, A., Recht u. Schriftwerk im Geschäftsleben. Der Handelskauf. (96 S.) (908.) (Bd. 105.)

Hausschatz, politischer, der Deutschen. I. Bismarck. (112 S.) (908.) (Bd. 94.)

— dasselbe. II. Peez, Alex. v., Stein. (76 S.) (908.) (Bd. 102.)

Hedin, Sven v., Reise in Tibet. Mit Erlaubnis der Verlagsbuchh. F. A. Brockhaus in Leipzig Hedins Orig.-Werk „Im Herzen v. Asien" entnommen. Mit 11 Illustr. (92 S.) (907.) (Bd. 76.)

Holland, Otto, Handlungslehrling u. Handlungsgehilfe. (96 S.) (908.) (Bd. 109.)

Hollatz, Harry, Strafgesetzbuch f. das Deutsche Reich nebst den gebräuchlichsten strafrechtl. Bestimmungen anderer Reichsgesetze. Mit ausführl. Sachregister. (119 S.) (909.) (Bd. 123.)

Holle, Luise, die Kochkiste, e. unentbehrliches Hilfsmittel jeder Küche. (78 S.) (907.) (Bd. 71.)

Ichak, Frida, aus dem Haushalte der Natur. (Die Lehre v. der Energie.) Mit 13 Illustr., 3 Porträts u. 1 Tab. (84 S.) (907.) (Bd. 86.)

— Optik. (Die Lehre vom Licht.) Mit 83 Illustr. (112 S.) (908.) (Bd. 100.)

Josephi, W., Geschichte der Bildhauerkunst. Mit 25 Illustr. (92 S.) (908.) (Bd. 95.)

Katsch, Gerh., Charles Darwin. Sein Leben u. seine Lehre. Mit 23 Illustr. (96 S.) (909.) (Bd. 125.)

Klein, Alb., Friedrich der Große. Mit 27 Illustr. (95 S.) (907.) (Bd. 79.)

— Deutsche Kulturgeschichte. Mit 10 Illustr. (100 S.) (908.) (Bd. 106.)

Kleinertz, Ludw., unsere Nahrungs- u. Genußmittel. (76 S. m. Fig.) (907.) (Bd. 88.)

Klett, Alfr., das Auge. Seine normale Funktion, seine Erkrankgn. u. ihre Behandlg. Mit 34 Illustr. (96 S.) (909.) (Bd. 129.)

Knauer, Frdr., das Aquarium. Herstellg., Einrichtg., Bepflanzg. u. Instandhaltg. des Süßwasser-Aquariums. Mit 29 Illustr. im Text. (92 S.) (909.) (Bd. 114.)

— Tier- u. Pflanzenleben des Meeres. Mit 2 Vollbildern u. 37 Bildern im Texte. (96 S.) (909.) (Bd. 115.)

Knetsch, Berth., allgemeine Musiklehre. (87 S.) (909.) (Bd. 130.)

Knortz, Karl, die Vereinigten Staaten v. Amerika. Mit 17 Illustr. (96 S.) (907.) (Bd. 81.)

Kohn, Emerich, Urgeschichte des Menschen. Mit 46 Illustr. (87 S.) (907.) (Bd. 69.)

Kuhn, Karl A., unsere Beleuchtung in Vergangenheit u. Gegenwart. Mit 80 Illustr. (168 S.) (908.) (Bd. 111. 112.)
Lembke, Fr., Genossenschaften auf dem Lande. Eine Gabe zur Feier des 25jähr. Bestehens des Reichsverbandes der deutschen landwirtschaftl. Genossenschaften. (96 S.) (908.) (Bd. 104.)
— Das Schriftwerk des Landwirts u. Handwerkers auf dem Lande. I. Versicherungen, Vereine u. Genossenschaften. (84 S.) (909.) (Bd. 133.)
Lenz, Osk., Marokko. Geschichte, Land u. Leute. Mit 16 Illustr. (76 S.) (907.) (Bd. 85.)
Loebell, A. v., das deutsche Heer. Mit 11 Illustr. (96 S.) (908.) (Bd. 92.)
Ludwig, Curt, die Gedächtnislehre. (56 S.) (908.) (Bd. 90.)
Most, Otto. Grundzüge der Wirtschaftsgeographie. (95 S.) (908.) (Bd. 108.)
Neumann-Hofer, Adf., die volkswirtschaftliche Produktion. (Der Volkswirtschaftslehre 2. Tl.) (88 S.) (908.) (Bd. 97.)
Opitz, P., aus der Werkstatt des Tapezierers u. Dekorateurs. (96 S. m. Abbildgn.) (909.) (Bd. 121.)
Ost, F., William Shakespeare. Mit 9 Illustr. (88 S.) (909.) (Bd. 131.)
Pape, Rich., die Arbeiterfrage f. Arbeitgeber u. Arbeitnehmer gemeinverständlich dargestellt. (98 S.) (908.) (Bd. 99.)
— Erwerbs- u. Wirtschaftsgenossenschaften. (95 S. m. 1 eingedr. Bildnis.) (907.) (Bd. 73.)
Posener, P., das Handelsrecht. (80 S.) (907.) (Bd. 77.)
Regel, Fritz, die Südpolarforschg. Mit 21 Illustr. u. 4 Karten. (95 S.) (907.) (Bd. 68.)
Reh, Wilh., Anleitg. zur Erlerng. der vereinfachten deutschen Einigungs-Stenographie Stolze-Schrey. (68 S.) (909.) (Bd. 127.)
Rösiger, F., Geschichte Griechenlands. Mit 15 Illustr. (84 S.) (907.) (Bd. 83.)
Schiller, Worte der Weisheit. Ausgewählt v. Herm. Kölling. Mit biograph. Einleitg. (96 S. m. Abb.) (909.) (Bd. 119.)
Schmid, Jgn., d. Knaben-Handarbeit nach ihrem dermaligen Stande, zunächst in Deutschland. Mit 20 Illustr. (96 S.) (908.) (Bd. 107.)
Schmidt, H., die Kostenberechnung im Handwerk. (108 S.) (909.) (Bd. 128.)
Siepert, Paul, die vulkanischen Kräfte des Erdinnern. Mit 41 Illustr. (94 S.) (907.) (Bd. 84.)
Skowronnek, Fritz, der Angelsport. Mit 83 Bildern im Texte. (93 S.) (909.) (Bd. 124.)
— Das deut. Weidwerk. Mit 8 Illustr. (96 S.) (909.) (Bd. 131.)
Stenger, Herm., das Hypothekenrecht. (87 S.) (908.) (Bd. 110.)
Stober, Frdr., Mythologie. Die Religionen der Kulturvölker des Altertums. Babylonier—Assyrer—Ägypter—Perser—Griechen—Römer—Germanen. Mit 43 Illustr. (96 S.) (907.) (Bd. 80.)
Teichert, Kurt, das Leben der Pflanze. Mit 17 Illustr. (92 S.) (909.) (Bd. 122.)
Wehrhan, K., mit Gunst! Sitten, Bräuche u. Feste des deutschen Handwerks. (96 S.) (908.) (Bd. 113.)
Werner, J., Geschichte der französ. Literatur. Mit 25 Illustr. (88 S.) (907.) (Bd. 89.)
Wulf, Arth., prakt. Geflügelzucht f. Stadt u. Land. Mit 76 Illustr., meist nach Zeichngn. d. Verf. (112 S.) (907.) (Bd. 74.)
— Der Kanarienvogel als Hausfreund der deutschen Familie. Ein Beitrag zur Förderg. des Verständnisses f. seine Haltg., Zucht u. Gesangeskunde. Mit 33 Illustr. (72 S.) (908.) (Bd. 103.)
Zehden, Geo., die Bekämpfung der Volksseuchen. Mit 15 Illustr. (76 S.) (908.) (Bd. 98.)

— Wegweiser f. die Reichstagswahl. Hrsg. v. Arth. Blaustein u. Herm. Hillger. (159 S.) 8. Berlin 907. H. Hillger. —50

— die deutsche Welt-Ausstellung v. 1897. Eine Forderg. u. e. gutes Recht der deutschen Nation! gr. 8. (18 S.) Berlin 892. H. Steinitz' Verl. n. — 60

—— Die deutsche Weltausstellung der Zukunft. gr. 8. (12 S.) Berl. 892, S. Fischer, Verlag. * -- 50

— die Columbische Welt-Ausstellung Chicago 1893. Geschichte u. Beschreibg. (Deutsche Ausg.) (In 20 Nrn.) Nr. 1. Fol. (24 S. m. Abbildgn.) Chicago 894. (Leipzig, A. Twietmeyer.) n. 4. —

Hillger, *Friedrich* [Dr.]: *Festrede am Geburtstage Sr. Maj. des Kaisers 1892 üb. d. wichtigsten sozial-polit. Reformen der Hohenzollern.* Danzig, Druck v. E. Groening, 1892; 17—20 S. 4.
Jenkau b. Danzig, RPG (v. Conradisches Prov.-Schul- u. Erz.-Inst.), OP 1892 (49)

Hillger, Friedrich: Das Verhältniss des Hugo Falcandus zu Romuald von Salerno. Th. 1 u. 4. Ein Beitrag zur unteritalischen Geschichte. Halle a/S. (1878): Karras. 64 S. 8°
Halle-Wittenberg, Phil. Diss. v. 30. März 1878
Geb. Kalbe a. d. S. 20. 11. 1853. V.

Hillger, Jos., Briefe u. Reden, s.: Dürr's deutsche Bibliothek. 6 B.

Hilliard d'Auberteuil, Michel René. Historischer und politischer Versuch über die Anglo-Amerikaner, und die Staats-Verfassung in Nord-Amerika . . . a. d. Franz. Hamburg u. Kiel 1783. Ü: *Wittenberg, Albrecht.* (MGT)

HILLIARD D'AUBERTEUIL, Michel René 1751 - 1785
Historischer und politischer Versuch über die Anglo-Amerikaner und die Staats-Veränderung in Nord-Amerika
In zwölf Büchern
Aus dem Französischen des Herrn Hilliard D'Auberteuil
übersetzt [von Albrecht Wittenberg].
Hamburg-Kiel: Bohn. 1783. 4 Tle. in 2 Bänden. 8°.
Sächsische Landesbibliothek Dresden
Übers. v. Essais historiques et politiques sur les Anglo-Américains, Brüssel 178
Frankfurt-Leipziger Meßkatalog, Ostermesse 1783, S. 523.
Sabin 31902 u. Palmer: mit Übersetzer.
Albrecht Wittenberg, 1728 - 1807

Hillier, G. L., u. T. H. S. **Walker,** die Kunst des Trainirens für Radwettfahren. Deutsch, Englisch u. Französisch. Lex.-8. (VII, 89 S. m. Illustr.) Leipzig 888. L. Weber, Sportverl. geb. n. 5. —

Hillier, George Lacy, u. T. H. S. Walker, die Kunst des Trainirens f. Radwettfahren. 2. Aufl. 8. (V, 65 S.) Leipzig 894. W. Malende. Geb. n. 5. —

Hillig, Gebr., lose Blätter. Gedichte ernsten und heiteren Inhalts. 16. (V und 82 S.) Chemnitz 851, Ernesti. *

Hillig, C., s. Hillig, Kurt

Hillig, Christian Gottfried (Leipzig), De causis matrimonii annullandi. Disp. II. Präs. Johann August Apel. Lpz. (Carl Tauchnitz) 15. I. 1799. 66 Seiten. (6.80) 15181

— — De vi et usu legis XXXII statuti cambialis Lipsiensis in judicanda praescriptione cambiorum trassatorum observationes quaedam. Disp. jur. Lpz. (Carl Tauchnitz) 21. III. 1805. 55 S. (6.80) 15182

Hillig, Chr. Karl Gli., tabellar. Handbuch z. Berechnung der Interessen zu 5 pro Cent von 1 Pf. bis mit 1 Rthlr., u. v. 2 Rthlr. bis mit 10,000 Rthlr., auf einen Tag bis mit 365 Tagen. Nebst Anweis., d. Interessen zu ½ bis 4½ pro Cent zu berechnen, u. dies auch auf andere, z. B. aus Gulden u. Gülden bestehende Kapitalien anzuwenden. gr. 8. Annab. 824. Hasper. (Leich in Leipz.) 1 ℛ 6 gℛ

Hillig, C. W., u. C. A. **Mücke,** erste Leseübungen in methodischer Stufenfolge nebst einer Sammlg. kleiner Denksprüche. Zusammengestellt f. die untern Klassen der Volksschulen zunächst der Leipziger Raths-Freischule. 8. (IV u. 188 S.) Leipzig 852, Fr. Fleischer. n. 8 ngr

Hillig, Eduard

Hillig, Ed., das Frachtgeschäft der Eisenbahnen nach Abschnitt 1. und 2. Tit. V. Buch IV. des allgemeinen deutschen Handelsgesetzbuchs mit besonderer Bezugnahme auf die Reglements des Vereins deutscher Eisenbahn-Verwaltungen. Leipzig 864. Roßberg. gr. 8. (IV, 76 S.) 15 ngr

Hillig, Hugo, technische Anstriche, s.a. Bibliothek der gesamten Technik.

Hillig, Hugo: Technische Anstriche. Von –. Mit 15 Abb. Hannover: M. Jänecke 1906. (251 S.) 8°
= Bibliothek d. gesamten Technik. Bd 34.

Hillig, Hugo: Grundzüge der Mal- und Anstrichtechnik. Hamburg (1910)

— Die Hygiene der Arbeiterwohnung. (31 S.) 8. Berlin 910. Buchh. Vorwärts. — 50

— Um die Zukunft der Dekorationsmalerei. Eine Studie üb. die Ausbildg. des Dekorationsmalers, Kritiken u. Vorschläge. (94 S.) gr. 8. Stuttgart 907. J. F. Steinkopf. 1.20
Sonderabdr. aus: „Der Maler".

Hillig, Joh. Ambr., Anatomie der Seelen. 2 Theile. 8. Lpz. Georgi. 737.

— Johann Ambrosius (Döbeln), De verbo dei scripto sive scriptura sacra. Disp. theol. Präs. Gottlieb Wernsdorf. 22. XI. 1708. Ed. II. Wittbg. (Wwe. Gerdes) 1721. 44 S. (7.—) 15183

Hillig, Kurt

Hillig, C., Hypothekenbankgesetz v. 13. VII. 1899, s.a. Handbibliothek, Leipziger juristische.

Hypothekenbankgesetz vom 13. Juli 1899. Handausg. mit Anm. u. Sachreg. von C. Hillig. *Leipzig: Rossberg & Berger 1900.* (XX, 155 S.) 8° [F.]
— Handbibliothek, Leipziger Juristische. Bd 106. (00. 8185 9

— das Verlagsrecht, s.: Mittelstaedt, Johs.

Hillig, Th., „Militaria." Eine Sammlung und systematische Zusammenstellung militärischer Notizen, Uebersichten und Schema's als Hülfs- und Nachschlagebuch für Feldwebel, Zahlmeister-Aspiranten, Bataillonsschreiber, Unteroffiziere rc. Neuwied 857. (Heuser.) 8. (VIII, 360 S.) n. 25 ngr.

Hilliger und F. W. Rühl. Anton André, Grossh. Hess. Capellmeister. (Besonderer Abdruck aus dem Frankfurter Conversationsblatt.) Offenbach a. M. 1844.

Hilliger, August Gotthelff (Dresden), De veris delictis ministrorum principis. Präs. Augustin Leyser. Helmstedt (Hermann Daniel Hamm) Sept. 1719. 80 S. (8.—) 15184
Gew.: Jacob Heinrich v. Flemming.

— — De legitimatione ex damnato coitu natorum. Diss. jur. Präs. Just. Henning Böhmer. Halle (Johann Grunert) 22. III. 1727. 56 S. (7.—) 15185
Gew.: Gottlob Hieronymus v. Leipziger (Heyda). — Widm. v.: Christian Thomasius, Präs., D. Georg Samuel Ludovici, Johann Christoph Marci.

— — Dasselbe. Halle (Jo. Christ. Grunert) 1735. (7.—) 15186

Hilliger, Benno. Katharina von Medici u. die Zusammenkunft in Bayonne, s. Taschenbuch, historisches.

Hilliger, B[enno]: Der Schillingswert der Ewa Chamavorum und der Lex Frisionum. 8° Aus: Historische Vierteljahrsschrift. [illegible], H. 4.

Hilliger, Benno, d. Urbare v. S. Pantaleon in Köln, s.a. Publikationen d. Gesellsch. f. rhein. Geschichtskunde. XX.

Die Urbare von S. Pantaleon in Köln. Hrsg. von Benno Hilliger. *Bonn: H. Behrendt 1902. (CIV, 725 S.) 8°*
= Urbare, Rheinische. Bd 1.
= Publikationen d. Gesellschaft f. rhein. Geschichtskunde. Bd 20
[illegible]

Hilliger, *Julius* Benno: Die Wahl Pius' V. zum Papste. . . . (Ersch. vollst. in Buchform.) Leipzig, G. Fock, 1891; 2 Bl., 50 S., 1 Bl. 8°
Leipzig, Phil. Fak., Inaug.-Diss. v. [23 Apr.] 1891

Hilliger, Georg, Benno Betke und Alexander Nolte

Hilliger, Betke u. Nolte, das Acetylen u. seine techn. Verwendg. Die Acetylen-Anlagen u. ihre Bewartg. Ein Wegweiser f. die Ingenieure des Zentralverbandes der preuß. Dampfkessel-Ueberwachungs-Vereine bei Ausübg. der Überwachg. der Acetylen-Anlagen. Bearb. auf Veranlassg. des Ausschusses des Zentralverbandes, nebst e. Verzeichnis der vom deutschen Acetylen-Verein bisher geprüften u. m. Attest verseh. Typen v. Acetylen-Apparaten u. den Vorschriften des D. A.-V. f. Acetylen-Apparate. (27 S.) 8. Berlin (909). C. Heymann. p nn — 75

Hilliger, J. Z., de psalmorum hymnorum atque odarum sacrarum discrimine. Viteb. 1720. 4.

Hilliger, J. Z., de justo temporis concionum spatio. Viteb. 1734. 4.

Hilliger, J. Z., de tibicinibus in funere adhibitis. Viteb. 1717. 4.

— institut. isagog. ad univ. theologiam. 8. Gedani, Knoch. 734.

Hilliger, I. Zach., institut. logicae elect. 8. Vittb. Knoch. 725.

— pnevmatica ecclesiast. 8. Vittb. Zimmermann. 726.

— rhetorica eccles. 8. ibid. 729.

Hilliger, Joh. Friedrich

— — (Seydensis-Saxo.), Recognitionem et litis contestationem in libello simul inepte peti. Präs. Ernst Gottfr. Christian Klügel. Wittbg. (Gerdes) 17. II. 1769. 16 S. (6.—) 15188

Hilliger, Johann Gottfried

— — Actuarius peccans circa inquisitionem generalem. Spec. I. Präs. Gustav Heinrich Mylius. Lpz. (Langenheim) 27. III. 1737. 8 S. (6.30) 15190
Gew.: Sigismund Gottlieb Hilliger, Carl Gottlob Marbach.

Hilliger, Jh. Wlh. I., († d. 22. April 1807.) Bemerkk. üb. einige Stellen aus d. Evangelium Matthäi. 8. Wittenb. 765

Hilliger, Jh. Wlh. II., Gebetbuch f. den Landmann. 8. Berl. 805. Maurers B. 4 gl.

— s. J. Zach. Hiller, epicedia.

— **M. Johann Wilhelm,** *ΣΩΜΑ ΤΟΥ ΘΑΝΑΤΟΥ* Rom. VII. 24. illustratum. Präs. August Lebrecht Wilke. Wittbg. (Ephraim Gottlob Eichsfeld) 18. III. 1762. 19 S. (6.—) 15192

— **Johann Zacharias** (Chemnitz), Institutionum jurisprudentiae naturalis lib. III. tit. 3. 4. 5. Präs. Carl Otto Rechenberg. Lpz. (Andreas Martin Schede) 29. IV. 1713. 14 Bl. (6.30) 15193

— — De laceratione vestium apud Hebraeos usitata ad illustr. varia S. Codicis Oracula. Präs. Johann Christoph Wichmannshausen. Wittbg. (Wwe. Gerdes) 11. IV. 1716. 48 S. (7.—) 15194
Gew.: Casp. Theodor Naevius (Naumburg). Paul Matthaei (Haganoensium = Großenhain). — Widm. v. Präs.

— — (Niedergoersdorf-Saxo.), Observationum de poenis illarumque finibus ex placitis juris naturae recte aestimandis. Specim. VI. Präs. Carl Friedrich Triller. Wittbg. (Adam Christian Charisius) 23. XI. 1795. 16 S. (6.—) 15195
Gew.: Johann Wilhelm Hilliger (Seydensis; Vater). Johann Wilhelm Hilliger (Seifersdorf; Bruder).

Hilliger, Julius Benno, s. Hilliger, Benno

Hilliger, Karl, 1848—49. Historisch-polit. Zeitbilder aus der Provinz Pommern, insbesondere aus der Stadt u. dem Kreise Stolp u. den Nachbarkreisen, nebst allgem. Beiträgen a. d. Geschichte von 1848—49. Mit 1 Portr. u. Fesm. Lothar Buchers u. 1 Portr. des Landraths Runge, weil. Bürgermeisters v. Stolp. gr. 8. (156 S.) Stolp 898. Selbstverlag. n.n. 2. 50

Hilliger, Sigismund Gottlieb

— — Ad orationem ob professionem ordinariam juris feudalis communis et Saxonici invitat. Lpz. (Immanuel Titius) 20. XI. 1715. 8 Bl. (4.—) 15199

Hilliger, Sigismund Gottlieb (Präs.), s. Gärtner, Johann August: De necessitate consensus vasalli . . .

Hilliger, Sigismund Gottlieb (Präs.), s. Heringen, Hans Heinrich von: De vasallo contra dominum feudi propria autoritate sibi jus dicente.

— — (Dresd.), De jure et modis testem renitentem legitime compellendi. Positiones jurid. Lpz. (Joh. Sam. Fleischer) 10. IX. 1711. 40 Seiten. (6.80) 15198

— **Sigismund Gottlieb,** De retentione actorum advocato ob salarium non solutum competente. Präs. Jo. Fried. Troppanneger. Lpz. (Joh. Casp. Müller) 3. IV. 1710. 16 Bl. mit Widm. v. Präs. (6.50) 15197

Hilliger, W., s. Hilliger, Johann Wilhelm

Hilliges, Land- und Stadtgerichts-Assessor, zwei Abhandlungen aus d. Gebiete des schlesischen Provinzial-Rechts: über 1) den sechsten Zinsthaler in Schlesien, 2) d. Rechtsverhältnisse, welche zwischen den Rittergutsbesitzern und den Rustikal-Besitzern in Niederschlesien in Beziehung auf diejenigen Mineralien u. Fossilien, welche sich auf den Grundstücken der letztern vorfinden u. nicht zum Bergregal gehören, Statt finden. schmal gr. 8. Glogau 838. Prausnitz. n. 1/6 ß

Hilliges, Ern. Henr. Max, s. Hilliges, Max

Hilliges, M., das Oderbruch vor u. nach den Eindeichungen, m. geschichtl. u. industriellen Anmerkgn., u. m. e. (lith. u. color.) Karte vom Oderbruche (in qu. 4.) gr. 8. (59 S.) Wriezen 874. Barthol in Comm. 1. 50

Hilliges, (Ern. Henr.) Max. (geb. Neumarkt in Schles. 13. 3. 1839): De sarcoptis scabiei anatomia et physiologia. Berolini (1862). (31 S.) 8°
Berlin, Med. Diss. v. 23. Dez. 1862

Hilling, Nikolaus

Hilling, N., Beiträge zur Geschichte der Verfassung u. Verwaltung des Bist. Halberstadt im Mittelalter. 1. Tl.: Die Halberstädter Archidiakonate. gr. 8. (148 S.) Lingen 902. R. van Acken. n. 4. —

Hilling, Nicolaus: Die Westfälischen Diözesansynoden bis zur Mitte des 13. Jahrhunderts. Ein Beitrag zur geistlichen Verfassungsgeschichte der Bistümer Münster, Paderborn, Osnabrück und Minden. *Lingen 1898: R. van Acken.* (64 S.) 8° [F.]
Münster, Phil. Diss. v. [12. März] 1898

Hilling, Nikolaus, (Phil. Dr., Presb. Dioec. Osnabr.): Die Entstehungsgeschichte der Münsterschen Archidiakonate. *Münster 1902: Regensberg.* (76 S.) 8° [F.]
Münster, Kath.-theol. Diss. v. 31. Juli 1902

Hilling, Nikol., s.: Festgabe usw. Heinrich Finke gewidmet.

— die römische Kurie, s.a. Seelsorger-Praxis. XVI.

Die römische Kurie. Ein kurzes Handbuch f. d. Kenntnis d. gegenwärt. Verfassung u. e. kanonist. Führer f. d. prakt. Verkehr mit d. obersten päpstl. Behörden in Rom. Von Dr. Nikolaus **Hilling**, Prof. Paderborn: F. Schöningh 1906. (XII, 324 S.) 8° [F.]
— **Seelsorger-Praxis.** 16. (07. 813. 6

Hilling, Nik., die Reformen des Papstes Pius' X. auf d. Gebiete der kirchenrechtl. Gesetzgebung. (X, 188 S.) 8. Bonn 909. P. Hanstein. 2. —

Die Reformen des Papstes Pius' X. auf dem Gebiete der kirchenrechtlichen Gesetzgebung. Von Nikolaus **Hilling**, Prof. Bd [1.] 2. Bonn: Hanstein 1909—12. 8° A 12, 4103

— Die römische Rota u. das Bist. Hildesheim am Ausgange des Mittelalters (1464—1513), s.a. Studien u. Texte, reformationsgeschichtl. 6.

Die römische Rota und das Bistum Hildesheim am Ausgange des Mittelalters (1464-1513). Hildesheimische Prozeßakten aus d. Archiv d. Rota zu Rom. Von Dr. Nikolaus **Hilling**, Prof. Münster i. W.: Aschendorff 1908. (VII, 140 S.) 8°
= **Studien**, Reformationsgeschichtliche, u. Texte. H. 6. (08. 1380 3

Hillinger, Heinr., Ernst Heubach, Fritz Geck, über d. Einrichtg. e. regelmäss. Betriebes auf künstl. Wasserstrassen, s.a. Verbandsschriften d. deutsch-österreichisch-ungar. Verbandes f. Binnenschiffahrt.

Über die Einrichtung eines regelmässigen Betriebes auf künstlichen Wasserstrassen. Vorträge v. k. k. Hofr. Heinrich **Hillinger**-Wien, kgl. Bauamtsassess. Ernst Heubach-Speyer [&] Ing. Fritz Geck-Hannover. *Berlin: Siemenroth & Troschel 1897.* (36 S.) 1 Bd 8.
= Deutsch-Oesterreichisch-Ungarischer Verband für Binnenschiffahrt. Verbands-Schriften. No 15. (98. 4615

Hillinger, Jo. Theophil (Goldb. Schles.), De *ΕΧΘΡΟΦΙΛΙΑ* seu amore erga inimicos. Disp. exeget.-moralis. Präs. Joh. Schmid. Lpz. (Immanuel Titius) 28. III. 1719. 48 S. (7.50) 15201

Hillinger, Johann Gottlieb

— Betr. üb. nöth. St. z. Wiedergeburt der Seele. 8. Jena, Ritter. (a. Cröcker.) 736.

Hillinger, I. Glieb., gradus decretorum, od. Betr. d. Rathschl. Gottes. 8. Jena, Cröcker. 737.

MEMORIA AQVILINA Das Leben des berühmten und Hennebergischen THEOLOGI, CASPARIS AQVILÆ, als Ersten Saalfeldischen Superintendentens, meistentheils aus SILVESTER Liebens Manuscript gesammlet und nebst dessen Erbaulichen Catechismo dem Druck überlassen von Johann Gottlieb Hillingern. JENA, Verlegts J. R. Cröker, 1731. 8°.

— Prozeß d. Gnaden ꝛc. 8. Ebend. 735.

Hillingers, Joh. Gtl., Prozeß d. Rechtfertigung d. armen Sünders vor Gott durch d. Glauben an Christum. Neue Aufl. 8. (3½ B.) Nürnberg 837, Raw'sche Buchh.

— Recht des geistl. Pilgrims ꝛc. 8. Ebend. 737.

Hillinger, Karl. Bericht über die bestandenen u. jetzt noch bestehenden Frischfeuer in Kärnten. Klgft., Leon, 1873. 41 S.

Hillinger, Wallfried, ars bene dicendi de suggestu eccles. s. Rhetorica sacra. 8. Augsb. 770. Rieger. 5 gr

— s. Liguori; Lob- u. Sittenreden, u. dess. geistreiche Sittenreden.

Hillinger, Wallfried, rhetorica sacra. 8. Augsb. Rieger. 770.

Frz. v. Sales, Geisteseinöde. — Dess. Schilderung. — Dess. Einsamkeit. — Dess. Kern

— trauervolle Schaubühne des leidend. u. sterb. Welterlösers, mit Sinnbildern beleuchtet. 8. Augsb. 776.

— Stimme des guten Hirten Jesu. 2 Thle. 8. Augsb. 772. Rieger. 13 gr

Hillisch, Josef Hermann —. Gedichte von — —. (Gedichte eines Handwerksburschen.) Linz, 1855. Gedruckt bei Friedrich J. Eurich's Witwe. (4 Bl. 96 S. (XCVI.) 16.)

Hillischer, H. Th., Sammlung v. Vorträgen u. Aufsätzen üb. Schlafgas. Lex.-8. (62 S. m. Abbildgn.) Wien 891. W. Frick. n. 2. —

Hillischer, H. Th., über die allgemeine Verwendbarkeit der Lustgas-Sauerstoffnarkosen in der Chirurgie und den respirator. Gaswechsel bei Lustgas und Lustgas-Sauerstoff. Vortrag, gehalten in der 59. Versammlung deutscher Naturforscher und Aerzte zu Berlin am 21. Septbr. 1886. Lex.-8. (82 S.) Wien 886, Frick. * 1 —

Hillker, Geo., der Lehrer, die Schule u. die Tierschutzsache. gr. 16. (32 S.) Paderborn 898. Bonifacius-Druckerei. — 15

Hillkowitz, Gabriel, aus Retaven (Russisch Lithauen): Beiträge zur Kenntnis des β-Brom-γ-Amidochinolins und des β-γ-Dibromchinolins. *Bonn 1899: C. Georgi.* (47 S.) 8°
Bonn, Phil. Diss. v. 21. Jan. 1899

Hillmann, Predigt, geh. im Festgottesdienst in d. Brüdernkirche zu Braunschweig. Sedantag 1898. gr. 8. (8 S.) Braunschweig 898. J. Neumeyer. n. — 20

Hillmann, August: Vergleichend-anatomische Untersuchungen über das Rosaceenhypanth. Dresden 1910: Heinrich. 49 S. 8°
Kiel, Phil. Diss. v. 13. Juni 1910, Ref. Reinke
[Geb. 1. Okt. 88 Heiligenstadt, Eichsfeld; Wohnort: Kiel; Staatsangeh.: Preußen; Vorbildung: Gymn. Heiligenstadt Reife O. 07; Studium: Halle 2, Kiel 4 S.; Rig. 12. Febr. 10.] [U 10. 2504

Der Kronenaufzug. Von Bruno Hillmann. Mit 30 Abb. Halle a. S.: Knapp 1910. VII, 37 S. 8°
(Fachbibliothek f. Uhrmacher. Bd 1.) [11. 3884

Hillmann, Bruno, der Zylindergang. Konstruktion u. Reparatur. (92 S. m. Abbildgn.) gr. 8. Leipzig 904. W. Diebener. n. 1. 50

Hillmann, C., s. Hillmann, Karl

Hillmann, Emil, wissenschaftl. Lehrer in Stralsund: Geschichte der Accentsetzung im Französischen seit der Erfindung des Buchdrucks. Halle 1907 (Greifswald: J. Abel). (XII. 105 S.) 8°
Halle, Phil. Fak., Ref. Suchier, Diss. v. 30. Sept. 1907
[Geb. 2. Juni 80 Lübben (Lausitz); Wohnort: Stralsund; Staatsangeh.: Preußen Vorbildung: Realgymn. Frankfurt a. O. Reife M. 79; Studium: Berlin 8 S.; Rig. 25. Juni 07]

Hillmann, Eug., Gesetzbüchlein f. christliche Eltern od. solche, die es werden wollen. 16. (80 S.) Bonn 891. P. Hauptmann. n. — 40

— dasselbe. 2. Aufl. 16. (78 S.) Ebd. 892. n. — 40

Hillmann, Eug., Gesetzbüchlein f. christl. Eltern oder solche, die es werden wollen. 3. Aufl. 16. (80 S.) Donauwörth 896. L. Auer. n.n. — 25

Hillmann, Frz., s.a. Walden, Frz.

Hillmann, Frz., Lena S., s.: Theater, kleines.

Hillmann, Frz., Revanche, s.a. Theater, kleines, 366. Heft.

Revanche. Lustspiel in 2 Aufz. von Franz Hillmann. Paderborn: B. Kleine [1906]. (24 S.) 8° [F.]
— Theater, Kleines. H. 366. [06. 13635

Hillmann, Friedr., de arte critica in Orphei argonauticis factitanda capita II. Dissertatio inauguralis philologica. gr. 8. (74 S.) Leipzig 883, Matthes. *

Hillmann, Friedrich, aus Thun-Dellbrück: Das Eigentum. *Berlin 1899: (H. Theissing, Köln).* (76 S.) 8°
Berlin, Phil. Diss. v. 1. Febr. 1899

Hillmann, Heinrich: Über ektopische Schwangerschaft und ihr Vorkommen in den verschiedenen Lebensaltern speciell im jugendlichen. *Leipzig 1897: A. Edelmann.* (52 S.) 8°
Leipzig, Med. Diss. v. 28. Sept. 1897

Hillmann, Joh., zwei Predigten, geh. am 1. u. 14. I. 1900 in der Kirche der deutschen evangel.-reform. Gemeinde zu Hamburg. gr. 8. (16 S.) Hamburg 900. Herold. n. — 50

Hillmann, Joh., d. evang. Gemeinde Wesel u. ihre Willibrordkirche. Beiträge z. Geschichte derselben. gr. 8. (VI, 208 S. m. 1 Grundriß u. 4 Taf.) Düsseldorf 896. A. Bagel. Geb. n. 2. 25

Hillmann, Karl

Hillmann, Carl, praktische Emanzipationswinke. Ein Wort zur Förderg. der Gewerksgenossenschaften. 8. (24 S.) Leipzig 873. Genossenschaftsbuchdr. — 30

Hillmann, Carl. Liederbuch und Wanderstab. Ernste u. heitere Gedichte. 2. Sammlung. 8. (112 S.) Lübeck 892, Lübcke u. Hartmann. cart. * 1 50; geb. in Leinw. * 2 —
Die 1. Sammlung erschien u. d. T.: Hillmann, Carl. An Wegen u. Stegen. Ebd. 1886. * 1 —.

— die Organisation der Massen. Ein Wort zur Klärg. u. Befestigg. Eine Gefängnißarbeit, den deutschen Gewerksgenossenschaften gewidmet. 8. (52 S.) Ebend. 875. — 50

Hillmann, Kurt, aus Wittichsfelde: **Raubbau und Ersatzwirtschaft auf norddeutschem Sandboden.** *Berlin (1902): E. Ebering.* (72 S.) 8°
Berlin, Phil. Diss. v. 9. Aug. 1902

Hillmann, Matthias (geb. am 20 Febr. 1832 in Bonn): Annotationes historicae et practicae de dolorum parturientium metastasi ... Bonnae, typ. C. Krüger 1855. 2 Bl., 31 S., 1 Bl. 8.
Bonn, Med. Fak., Diss. v. 14 Aug. 1855

Hillmann, Otto, Deutsch-kroatisches Gesprächbuch, s.: Taschenbibliothek „Quelle". Nr. 3. 4.

Hillmann, Otto, a. Barmen: Über Methylanilinolutidine. Parchim 1900: H. Freise. (44 S.) 8°
Rostock, Phil. Fak., Ref. Michaelis, Diss. v. 3. Febr. 1906
[Geb. 4. Dez 69 Barmen; Wohnort: Barmen; Staatsangeh.: Preußen; Vorbildung: Garniersche Lehr- und Erziehungsanstalt Friedrichsdorf Obersek.-Reife M. 86; Studium: Rostock 9 S.; Rig. 31. Jan. 06.]

Hillmann, Paul *Karl Thomas* [aus Rastorf]: Beiträge zur Kenntnis des Einflusses des Labferments auf die Eiweissstoffe der Milch und zur Bewertung der Milch für Käsereizwecke ... Leipzig, Druck v. Sellmann & Henne, 1895; 64 S., 2 Bl., 6 Bl. Tab. 8.
Leipzig, Phil. Fak., Inaug.-Diss. v. [21. Aug.] 1895

Hillmann, P., mustergültige Einführung des Torfstuhlverfahrens, s.: Fraenkel, Carl.

Leitfaden der Zoologie für niedere landwirtschaftliche Schulen. Von R. Hillmann u. A. Wolschner, Lehrern zu Annaberg i. Erzg. Mit 112 Abb. *Berlin: P. Parey 1902.* (IV, 108 S.) 8° [F.]
= Unterrichtsbücher, Landwirtschaftliche. [44.] [illegible]

Hillmann, P., die deutsche landwirtsch. Pflanzenzucht, s.a. Arbeiten der deutschen Landwirtschafts-Gesellsch. 168.

Hillmann, Paul [Hrsg.]: Die deutsche landwirtschaftliche Pflanzenzucht. Im Auftr. d. Vorstandes d. Deutschen Landwirtschafts-Gesellsch. hrsg. von Dr. –. Mit 1 Farbentaf., 1 Kt. u. 340 Abb. Berlin: Deutsche Landw.-Ges. 1910. XXXVI, 603 S. 8°
(Arbeiten d. Deutschen Landwirtschafts-Gesellschaft. H. 168.)

— die Vererbung des ländlichen Grundbesitzes in der Prov. Pommern, s.: Housselle.

Hillmann, P., wie sollen wir Sorten unserer Kulturpflanzen zum Anbau auswählen. Vortrag, geh. in der Ökonom. Gesellschaft im Königr. Sachsen, Dresden, am 9. XI. 1906. (14 S.) gr. 8. Leipzig 906. Berlin, R. C. Schmidt & Co. n. — 60

Hillmann, P., wie sollen wir Sorten uns. Kulturpflanzen zum Anbau auswählen. Jetzt: Leipzig, Fritzsche & Schmidt.

Hillmann, R., u. A. Wolschner, Leitfaden der Zoologie f. niedere landwirtschaftliche Schulen. (Landwirtschaftliche Unterrichtsbücher.) 8. (IV, 108 S. m. 112 Abbildgn.) Berlin 902. P. Parey. Geb. in Leinw. n. 1.40

Hillmann, R., u. A. Wolschner, Leitfaden der Zoologie f. landwirtschaftl. Schulen. (Landwirtschaftl. Unterrichtsbücher.) 2., verm. u. verb. Aufl. (VII, 127 S. m. 134 Abb.) 8. Berlin 907. P. Parey. Geb. in Leinw. 1.40

Hillmann, Rob., Anton Greiner, s.a. Danner's, G., deutsche Volksbühne.

Hillmann, Robert: Anton Greiner. Volksstück in 3 Akten von –. Mühlhausen i. Th.: Danner [1909]. 40 S. 8°
(Danner's deutsche Volksbühne. Nr. 12.)

Hillmann, Rob., aus Kantor Simsens Studienjahren. Eine heitere Reimerei in 9 Abenteuern. (VIII, 51 S.) 12. Erfurt (908). W. Schenker. n. — 60

— Der Südpolforscher od. Ein toller Tag, s.: Dilettanten-Theater. Neue Folge.

— **Das Verhängnis des 1. Mai, s.: Dilettanten-Theater. Neue Folge.**

Hillmann, Wilhelm, a. Holdenstedt (Provinz Hannover): England und Schottland in den englisch-schottischen Volksballaden. Halle a. S. 1906: C. A. Kaemmerer. (99 S.) 8°
Halle, Phil. Fak., Ref. Wagner, Diss. v. 8. Aug. 1906
[Geb. 9. Sept. 82 Holdenstedt, Hannover; Wohnort: Halle a. S.; Staatsangeh.: Preußen; Vorbildung: Realgymn. Kassel Reife O. 01; Studium: Leipzig 3, Halle 7 S.; Rig. 31. Mai 06.]

Hillmar, J. [Pseud.], s. Jüterbock, Richard

Hillmar, M., durch List, s.a: Eckstein's humor. Bibliothek. Nr. 102.

Hillmar, M.: Durch List. Humoristisches von –. Berlin: R. Eckstein Nachf. [1900]. (151 S.) 8°
= Bibliothek, Ecksteins humoristische. No 102.

Hillmar's Briefe v. Lande, (v. J. G. Pahl). 8. Nördl. 794. Beck. 9 K

— Geständnisse, (v. J. G. Pahl). 12. Basel 794. (Neukirch). 8 K

Hillmayer, Leo, die ersten Schritte. Gedichte. (307 S.) 8. Straßburg 906. J. Singer. 3.50; geb. in Leinw. 4.50

Hillmayr, Wilh. R. v., Bestimmung der Bahn des Kometen 1854 III. gr. 4. (44 S.) Wien 902. (C. Gerold's Sohn.) n. 2.80
Sonderabdruck aus: „Denkschr. d. k. Akad. d. Wiss."

Hillmayr, Wilhelm: Über die Gefrierpunkte verdünnter Schwefelsäure. S. 106. II a. 5 .... vgr.
Separatabdruck

Hillmer, G. R., s. Hillmer, Gottlob Friedrich

Hillmer, Gtlo. Friedr., Altes u. Neues, eine Gabe d. Herzens, zur Belehrung u. Erbauung. 8. Nürnberg 835. Raw'sche Bh.

Hillmer, G. F., Bemerk. z. Bericht. der deutsch. Sprache. 8. Berlin, Realsch. 793.

Hillmer, Gtlo. Fr., Bemerkk. u. Vorschläge zur Berichtigung der deutschen Sprache. 8. Berl. 793. Reimer. 6 K

— der heil. Bund, geschlossen zu Paris 14/26. Sept. 1815. 8. Nürnb. 819. Raw. 1 K

— s. 1) J. Newton's, Uebersicht.

Oden und Lieder moralischen Inhalts. In Musik gesetzt und des Prinzen Friedrich August von Braunschweig Hochfürstl. Durchlaucht zugeeignet von Gottlob Friedr. **Hillmer.** Frankfurt a. O.: Straus i. Comm. 1781. 28 S. 2°
Recens: Frmr-Bibliothek. 2. Aufl. 3 (1793) S. 230—232.
Kl. 1553.

— dreißig Psalmen, David u. Assaph nachgesungen; herausgeg. u. mit e. Vorr. begleit. von K. F. Hoffmann. 8. Bunzlau 829. (Julien in Sorau). 4 gl.

Hillmer, Glo. Fr. s. a. Zeitschrift für Christen.

— — christliche Zeitschrift für Christen. 5r Jahrg. 1s—4s u. 6r Jahrg. 1s Hft. 8. Ebend. 817—20. (à 12 Gr.)

Hillmer, (G. R.) christliche Zeitschrift f. Christen. 6r Jahrg. 2s Quartal. 8. Nürnberg 822, Raw.

— dess. 6r Jahrg. 3s u. 4s Quartal. u. 7r Jahrg. 1s Quartal. 8. Ebend. 822 u. 24. à
(Die ersten 5 Jahrgg. 1806, 10, 11, 15, 20, jeder v. 4 Heften (à 12 gr.) kosten 10 Rthlr.)

—— christl. Zeitschr. f. Christen. Zur Beförder. d. evangel. Glaubens u. Lebens. 7. Jahrg. 2—4. Quart. u. 8. J. 1—3. Quart 8. Nürnberg 830, 32, 35, Raw. à Quart. 1—7. Jahrg. 1. Quart. Ebendas. 1806—26., hrsgs. Pr. à J. 1 Thlr.

Hillmer, Theodor, aus Cloppenburg, Referendar am Gh. Amtsgericht zu Cloppenburg: Der Notweg nach römischem Recht und seine Weiterentwicklung im gemeinen Recht und dem Bürgerlichen Gesetzbuch. *Borna-Leipzig 1904: R. Noske.* (VIII, 86 S.) 8°
Erlangen, Jur. Diss. v. 21. Okt. 1903

Hillna, Hans, Wally oder weiches Herz, reiches Herz. Ländliche Geschichte aus Thüringen. 8. (228 S.) Leipzig 884, Böhme. *ℳ 2.; geb.

Hillner, G., der Kaiserbesuch im Rigaer Dom. (8 S.) 8. Riga 910. Jonck & Poliewsky. —40
Sonderabdr. a.: „Mittlgn. u. Nachr. f. d. ev. Kirche in Rußl."

— s.: Mitteilungen u. Nachrichten f. die ev. Kirche in Rußland.

— Bischof Carl Christian Ulmann. Ein Gedenkblatt zur 50jähr. Jubelfeier der Unterstützungskasse f. evangelisch-luther. Gemeinden in Rußland. (Rigaer Volksschriften zur livländ. Kirchengeschichte.) (32 S. m. 1 Bildnis.) 8. Riga 909. Jonck & Poliewsky. —25

Hillner, Herm., s.: Tirocinium Caesarianum.

Hillner, Joh., volksthümlicher Brauch u. Glaube bei Geburt u. Taufe im Siebenbürger Sachsenlande. Ein Beitrag zur Kulturgeschichte. gr. 4. (52 S.) Schässburg 877. Hermannstadt, Michaelis in Comm. n. 1. 35

Hillner, Wilh., die Herstellung des verlorenen Friedens in der Welt. Predigt am 1. Pfingsttage 1849 über das Evangel. Joh. 14, 23—31. Nebst einem Nachwort über innere Mission und Wichern's Schriften über dieselbe. 8. (22 S.) Mitau 850, (Reyher'sche Vrlgsb.)

Hillquit, Morris, Geschichte des Sozialismus in den Vereinigten Staaten. Autoris. Uebersetzg. v. Karl Müller-Wernberg. (XVI, 358 S.) 8. Stuttgart 906. J. H. W. Dietz Nachf. n. 2. 50; geb. n. 3. —

Hillquit, Morris, der Sozialismus, seine Theorie u. seine Praxis. Vom Verf. durchgesehene Ausg., übers. v. Adf. Hepner. (VII, 287 S.) gr. 8. München 911. E. Reinhardt. 4.—; geb. in Leinw. 5. —

Hillringhaus, Albert [aus Barmen] Beitrag zur Kenntnis des β-Naphtylcarbizins. . Berlin, Buchdr. v. Gustav Schade (Otto Francke), (1890), 88 S. 1 Bl. 8°
Berlin, Phil. Fak., Inaug. Diss. v. 21. Jan. 1890

HILLRINGHAUS, E. Ueber einige organische Borverbindungen. Rostock, 1896

Hillringhaus (d. i. /Hillringhaus), Fritz [aus Barmen]: Über einige organische Borverbindungen ... Rostock, C. Hinstorffs Buchdr., 1896; 39 S. 8.
Rostock, Phil. Fak., Inaug.-Diss. v. [12. Aug.] 1896

Hillsboro Anzeiger: Jahrgang 1 10, no. 49, July 15, 1887 Dec 3, 1897
Weekly published in interests of Mennonites. Small folio, then large quarto, each issue 4 - 10 pages but during a period of "hard times," published irregularly, as no. 39 42, Mar 16 Apr 13, 1888, a joint issue. Title varies MARION COUNTY ANZEIGER, July 15, 1887 Apr 13, 1888 Place of publication varies Marion, Kans., July 15, 1887 Apr 13, 1888. Merged with KANSAS VOLKSBLATT (Newton Kans.).
Published a supplement, DER BOTE AUS ZION, which bears sub title Evangelische Quartalschrift aus dem Syrischen Waisenhaus in Jerusalem, Redaktion Pastor Th. Schneller Jerusalem this supplement appeared at least during 1891
Circulation 1890, 375 1895, 600. Edited & published by J. F. Harms. 1887 97 although, the printing was done by the Westliche Publikations-Gesellschaft
Hillsboro, KS

Hillsboro Journal: Jahrgang 1 40, no. 39, Jan 1902 Sept 24, 1953.
Weekly. published in English and German, 1942 - 53. Sub title Ein Familienblatt für das deutsche Haus, 1931 1953? Organ of Mennonitische Brüdergemeinde. Title varies HILLSBORO JOURNAL Jan 1902 June 14 1909. HILLSBORO JOURNAL UND VORWÄRTS, June 24 Nov 5, 1909. VORWÄRTS, Nov 12, 1909 1914? HILLSBORO JOURNAL, 1915? VORWÄRTS, 1916?—Jan. 9, 1942. HILLSBORO JOURNAL, Jan. 15, 1942 Sept 24, 1953.
Volume numbering is unusual. With Jahrgang 40, no. 2, Jan. 9, 1942 announcement is made of decision to suspend VORWÄRTS for duration of war subscribers will receive HILLSBORO JOURNAL, four pages of which will be in pattern of VORWÄRTS numbering then begins as follows vol. 40 III, no. 3, Jan. 15, 1942, and continues through vol. 41 – XIV, no. 39 Sept 24, 1953.
Edited by H. A. Unger, Jan. 1902? Feb. 1909, H. H. Fast, Mar 5--Apr 16, 1909 J. G. Ewert, Apr 23, 1909 July 7, 1911 George Jacobson, July 14, 1911 —Feb. 6, 1914 A. L. Schellenberg, Feb. 13, 1914 Sept. 12, 1919 J. D. Fast, Sept. 19, 1919 Sept. 22, 1923, A. L. Schellenberg, Sept. 29, 1923 June 6, 1930; P. H. Berg, June 13, 1930- Sept. 24, 1953,. Associate editors P. H. Berg, early in 1930 J. W. Vogt, in 1934 Orlando Harms & A. J. Voth, 1942 53 Wilbur Reimer 1952 53.
Published by Journal Publishing Co., Jan. 1902—1910?; by Vorwärts Printing Co., 1911—1913?, Mennonite Brethren Publishing House, 1914--53.
Hillsboro, KS

Hillsboro Post Jahrgang 1 5, no. 4, Jan 1898- Jan 24, 1902
Weekly of interest to Mennonites. For supplement, see CHRISTLICHER HAUSFREUND. Only paper published in Hillsboro, 1900 02. Place of publication varies Newton, Kans. Oct 25, 1901 Jan. 1902. Circulation Aug. 1900, 2568 (Editor's statement). Edited by H. H. Fast & published by Post Publishing Co., Jan. 1898- July 13, 1900; edited & published by H. H. Fast, July 20 Oct. 18, 1901 edited by H. P. Krehbiel, & published by Western Book & Publishing Co., Oct. 25, 1901 Jan. 1902.
Hillsboro, KS

Hillsboro Presse: 1902? 1904?
Weekly Edited by Peter F. Duerksen, & published by Central Publishing Co., 1902 -04.
Hillsboro, KS

Hillscher, Alfredus *Rudolfus* [Posnaniensis] Hominum litteratorum graecorum ante Tiberii mortem in urbe Roma commoratorum historiae criticae pars selecta . (Vollst ersch. in. Jahrb. f. class. Philol. Suppl.-Bd. XVIII. S. 353 ff.) Lipsiae, typ. B. G. Teubneri, 1891, 2 Bl., 89 S. 8°
Greifswald, Phil. Fak., Inaug. Diss. v. 14. Apr. 1891

Hillscher, Alfred, Dr.: Die Verfasserfrage im althochdeutschen Tatian. T. 1. *Posen 1901: Merzbach.* (43 S.) 4°
Posen, k. Marien-G, P. 1901 (177)

Hilm, Carl, Giordano Bruno. Ein Drama in 5 Aufzügen. 2. Taus. (111 S.) 8. Schmargendorf-Berlin 903. Verlag „Renaissance". n. 1. —; geb. n. 2. —

Hilm, Carl (Porges), die Erlösungsidee. Nach e. Vortrage, geh. zu Frankfurt a. M. im März 1908. (Bibliothek der Aufklärg.) (32 S.) 8. Frankfurt a/M. 908. Neuer Frankfurter Verlag. — 50

Hilm, Karl: Hypatia. Ein Drama in 5 Aufz. u. e. Nachspiel von —. Schmargendorf-Berlin: Renaissance 1903. (172 S.) 8⁰

— **Kain. Ein Drama in 3 Aufzügen. (53 S.) 8. Ebd. 904.** n. 1. —; geb. n. 2. —

— **Satan. (Buchschmuck v. Fidus.) (259 S.) 8. Wien 908. M. Braunschweig.** 5. —

Carl **Hilm**. Satan. Wien, Leipzig: 'Lumen' 1908. 256 S. 8° [11. 3728

Hilm, Carl, der Sklavenkrieg. Ein Trauerspiel in 5 Aufzügen. 8. (306 S.) Wien 901. W. Braumüller. n. 2. —

Hilm, Karl: Der Sklavenkrieg. Ein Trauerspiel in 5 Aufz. Umschlagszeichn. von Fidus. Neue Ausg. Schmargendorf-Berlin: Renaissance 1904. (300 S.) 8⁰

Hilmar, der Rathgeber für junge Kaufleute . . . Augsburg 1800. V: *Karrer, Philipp Jacob.* (Ky) (MGT) (NN)

Hilmar, ..., der Rathgeber für junge Kaufleute, oder moral. Taschenbuch f. Handlungszöglinge, (v. P. J. Karrer). 8. Augsb. 800, v. Jenisch u. St. 1 ß

Hilmar, B., Gedichte. (88 S.) 8. Straßburg 908. J. Singer. 2. —

Hilmar, J., die Braut aus Frankreich,
—— ein Ehrenritt,
—— Pfaffenliebste,
—— Schloßgärtners Anna,
—— Verkannt,
} f. Eisenbahn-Unterhaltungen.

Hilmer, Gott ist mein Lied. Predigt, geh. am 26. Septbr. 1894 in der Marktkirche zu Hannover zum 12. deutschen evangel. Kirchengesang-Vereinstage. gr. 8. (12 S.) Hannover 894. H. Feesche. — 30

Hilmer, Predigt zum Gedächtniß Sr. Majestät des Königs Georg V., geh. in dem Trauergottesdienst der Aegidienkirche am 16. Juni 1878. 3. Aufl. 8. (20 S.) Hannover 878. Brandes in Comm. n. — 50

Hilmer, H. C. Étude sur le pronom personnel français. Oldenburg, G., u. Diss. Rostock 1873. 28 S. 4.

Hilmer, Heinrich

Hilmer, H. Zur altnordhumbrischen Laut- und Flexionslehre. I. Lautlehre. Goslar, Rg., 1880. 50 S. Progr.

Hilmer, H. Ueber die Sprache der altenglischen Story of Genesis and Exodus. I. Laut- und Flexionslehre. Sondershausen, G., 1876. 34 S. 4. Progr.

Hilmer, *Heinrich* Übersicht über die Veränderungen, welche seit 1840 im Bestande des Lehrerkollegiums der hiesigen höheren Bürgerschule bezw. des Progymnasiums stattgefunden haben. 8 (S. 119—121).

Progr.

Hilmer, Herm., Gedächtnißrede; zum Andenken d. am 15. Febr. 1883 entschlafenen Seniors Geo. Wilh. Ludw. Flügge, 1. Pastors an der St. Aegidienkirche zu Hannover, geh. am 19. Febr. 1883 bei der Trauerfeier in der Aegidienkirche. gr. 8. (10 S.) Hannover 883. (Brandes.) n. — 50

Hilmer, Herm., amerikan. u. deutsche Volksbildung. (Ein Vergleich.) Vortrag, geh. in d. Freien Studentenschaft zu Leipzig. (38 S.) 8. Leipzig 907. Teutonia-Verlag. — 60

Hilmer, L. G. Ein Blick hinter d Vorhang; oder, Unglaublich scheinende Erfahrungen eines dten Methodistenpredigers. N. p., n. d.

Hilmers, Carl, s. Hilmers, Karl

Hilmers, Johs., Die von Gott gewürdigte Lob-Eck als die heilsame Reformation Lutheri in Lübeck 1529 einen wunderbaren Anfang genommen. Nebst Benennung derer Lutherischen Prediger von der Zeit an bis auf den heutigen Tag. Lübeck. 1716. (U. B.).

Hilmers, Johannes Herm[annus]: De Christi statu duplici. Halis 1847: Plötz. 35 S. 8°
Schrift („Diss. theol.") f. d. Lewejus-Stipendium v. 1847

Hilmers, Karl

Hilmers, Carl, a. Kiel: Zur Kenntnis der Collosphaeriden. Kiel 1906: C. Schaidt. (93 S.) 8°
Kiel, Phil. Fak., Ref. Brandt, Diss. v. 13. März 1906
[Geb. 30. Nov. 81 Buttel bei Brunsbuttel; Wohnort: Kiel; Staatsangeh.: Preußen; Vorbildung: Oberrealsch. Kiel Reife O. 02; Studium: München 1, Kiel 6 S.; Rig. 3. Febr. 06.]

Hilner, Joh, Samuel

— Leitfaden z. Unterricht in d. christl. Religion. 8. Mitau 815. (Reyher). 2 ½

Hilner, Jh. Sam., drei wichtige Wahrheiten d. Christenthums, betrachtet in Verbind. des Rationalismus u. Supernaturalismus. gr. 8. Mietau 821. (Reyher). 20 ½

Hilpert, Christine, die Raubmörderin. gr. 8. (15 S.) Ansbach 851, Gummi. n. 2 ngr

Hilpert, A., Gedichte religiösen Inhalts. 8. Berlin 837. Nastorff u. Comp. ½ ß

Hilpert, August: Die Verwendbarkeit der Azetylen-Sauerstoff-Schweissung im Maschinenbau. 1908. 34 S. 4°
Berlin, Dr.-Ing.-Diss. v. 26. 6. 1908

Hilpert, Bruno, d. Besteuerg. musikal. Aufführungen in Elsass-Lothringen durch d. Agenten d. „Société des auteurs, compositeurs et éditeurs de musique" in Paris. Zur Belehrg. u. Warng. aller Betheiligten. gr. 8. (63 S.) Strassburg 896. Strassburger Druckerei u. Verlagsanstalt. n. — 60

Hilpert, Christ. Zur Methodik des physikalischen Unterrichts, namentlich in der Realschule. 16 S. Progr. *Mittweida* 1876.

Hilpert, Felix. Anleitung zur Ziegenzucht und Ziegenhaltung mit Berücksichtigung der Schweizer Ziegen. 4. vermehrte und verbesserte Aufl. Mit 12 Textabbildungen [und illustriertem Umschlag]. 40 S. 8. Berlin, Paul Parey, 1901. [M. —. 75]

Hilpert, Felix, üb. Ziegenzucht u. Ziegenhaltg. m. Berücksicht. d. Schweizer Ziegen. 2., verm. u. verb. Aufl. 8. (47 S. m. 1 Abb.) Berlin 896. Deutscher Verl. — 40

Hilpert, Frz., der Bauernbaron, s.: Bibliothek, neue, f. das deutsche Theater. Nr. 8.

Hilpert, Frz., der Kanzler von Tirol. Trauerspiel in 5 Akten. Nach Herm. v. Schmid's histor. Roman: „Der Kanzler von Tirol." Für die Bühne bearb. 8. (70 S.) Landshut 878. (Krüll.) n. 1. —

Hilpert, Frz., d. Kanzler v. Tirol. Trauerspiel in 5 Akten. 8. (70 S.) Landshut 878. München, Rubinverlag. n. 1. —

— u. Rich. Manz, d. Krenkl selig. Phantast. Posse m. Gesang in 5 Abthlgn. (7 Bild.) 16. (88 S.) Ebd. (898). n. 1. —

— d. Raubschütz. Volksstück in 4 Akten. 4. (167 autograph. S.) Ebd. (898). n. 2. 50

Hilpert, F., Schubart, s.: Bibliothek, neue, f. das deutsche Theater.

Hilpert, Frz., d. verzaub. Prinzessin Sieglinde od. Der Sieg d. Königs Ahar. Dramat. Orig.-Zaubermärchen in 6 Bild. gr. 8. (57 S.) München 886. (Rubinverlag.) n. 1. —

Hilpert, Georg: Über die Trägheit der von elektrischer Energie beeinflußten Massen und ihre einfache Ermittlung auf graphischem Wege. 1905. 17 S., 9 Taf. 4°
¶ Auch in: Elektr. Bahnen u. Betriebe. Jg. 4. 1906.
Berlin, Dr.-Ing.-Diss. v. 14. 7. 1905

Hilpert, Hans, a. Windsheim: Die historische Entwickelung der Frage nach dem Wesen des Karstphänomens. Würzburg 1907: Memminger. (126 S.) 8°
Würzburg, Phil. Fak., Ref. Regel, Diss. v. 20. Aug. 1907
[Geb. 20. April 78 Windsheim; Wohnort: Kaiserslautern; Staatsangeh.: Bayern; Vorbildung: Gymn. Erlangen Reife Juli 98; Studium: München 2, Erlangen 4 S.; Rig. 22. Juni 07.]

Hilpert, J. L. C., Nachklänge aus Dianens Reiche. Ein Kranz, Jägern u. Jagdfreunden gewunden. gr. 12. Erlang. 823. Palm u. E. 1 ℛ

HILPL, Johann Nepomuk (Haderstadl): De tumoribus lymphaticis.- Landishuti: Thomann 1816. 24 S. 3.9.1816 - Po 352; P 57
Diss. Ingolst.-Landsh.-Mchn.

Hilpert, Johann Wolfgang

——— zum Andenken an Dr. Jac. Sturm, den Ikonographen der deutschen Flora und Fauna. Enthaltend die bei dessen Beerdigung am 1. Decbr. 1848 gehalt. Rede und eine Aufzählung seiner literar. und artist. Arbeiten. Von der naturhistor. Gesellschaft zu Nürnberg ihren Mitgliedern gewidmet. gr. 8. (24 S. mit Sturm's Portr. in Kpfrst.) Nürnberg 849. (Leipzig, Hinrichssche Buchh.) **

Hilpert, Joh. Wolfg., Geschichte der Entstehung u. Fortbildung des protestantischen Kirchen-Vermögens der Stadt Nürnberg. gr. 4. (90 S.) Nürnberg 848, Riegel & Wießner. 21 ngr

Hilpert, Jos. Leonh., a Dictionary of the English and German languages. Vol. I. English and German. — T. u. d. T.: Engl.-Deutsches u. Deutsch-Engl. Wörterbuch. 1. Bd. Engl.-Deutsch. 2 Abthln. A—Z. gr. 4. ($139^{1}/_{4}$ B.) Karlsruhe 828—31, Braun. 7 Thlr. 12 Gr., Schrbp.
Ist auch in 27 Lfgn. à $6^{2}/_{3}$ Gr., Schrbp. 8 Gr., ausgegeben worden.

Hilpert, Jos. Leonh., a dictionary of the english and german, and the german and english language. — Englisch-deutsches und deutsch-englisches Wörterbuch. Neue im Preis ermäßigte Ausg. 2 Thle. in 4 Abthlgn. gr. 4. (XL und 2756 S. mit Nachträgen 85 S.) Carlsruhe 857, Braun'sche Hofbuchh. Schreibp.
Englisch-deutscher Thl. 2 Abthlgn. 8 Thlr.; Schreibp.
Deutsch-englischer Thl. 2 Abthlgn. 6 Thlr.; Schreibp.

Hilpert, Jos. Leonh., englisches Handwörterbuch, s. Pocket-Dictionary.

— s. Oberlin's, J. J., vollständige Lebensgeschichte und Schriften.

Hilpert, Jos. Leonh., Pocket-dictionary of the english and german languages founded upon the larger work of (the same author.) II Parts. (English and german. — German and english.) Englisch-deutsches und deutsch-englisches Hand-Wörterbuch bearb. unter Zugrundelegung des größern Werkes von (demselben Verf.) 2 Bde. (Englisch-deutsch. — Deutsch-englisch.) gr. 8. (VIII und 1907 S.) Karlsruhe 851, Braun'sche Hofbuchh.

Hilpert, J. L., deutsch-englisches Wörterbuch. I. Bd. (2 Abthln.) A—K. gr. 8. (82 B.) Carlsruhe 836—39, Braun. $4^{7}/_{8}$ Thlr., Schrbp.

—— engl.-deutsches u. deutsch-engl. Wörterbuch. Mit Vorrede v. E. Kärcher. 2. Bd. Deutsch-Englisch. 2. Abthl. L—Z. gr. 4. (129 B.) Karlsruhe 845, Braun. 5 Thlr. $18^{3}/_{4}$ Ngr. — Schreibp.
1. Bd. Ebendas. 1836—39. 4 Thlr. $26^{1}/_{4}$ Ngr. Schrbp. 5 Thlr. 25 Ngr.

— Englisch-Deutsches u. Deutsch-Englisches Wörterbuch. Mit Vorrede von E. Kärcher. 2.—4. (letzter) Bd. gr. 4. Karlsruhe 845—47, Braun. à $5^{5}/_{8}$ ℛ — Schreibp. $6^{1}/_{6}$ ℛ (Alle 4 Bde.: 18 ℛ — Schreibp. 21 ℛ) Engl.-deutscher Thl. 8 ℛ Schreibp. $9^{1}/_{2}$ ℛ — Deutsch-engl. Thl. $12^{5}/_{8}$ ℛ Schreibp. $14^{5}/_{8}$ ℛ

Hilpert, Jos. Leonh., Englisch-Deutsches und Deutsch-Englisches Wörterbuch. — A Dictionary of the English and German, and the German and English language. — 2 Thle. à 2 Abthlgn. Neue, im Preis ermäßigte (Titel-)Ausg. Karlsruhe 857. Braun. gr. 4. (XX, 658; 2 Bl., 1010 S.; XVI, 464 S. u. Nachtr. 29 S.; 2 Bl., 624 S. u. Nachtr. 56 S.) 8 ℛ.; Schreibp. 10 ℛ.; Englisch-deutscher Theil einzeln 3 ℛ.; Schreibp. 4 ℛ. — Deutsch-englischer Theil 6 ℛ.; Schreibp. 7 ℛ.

Hilpert, Siegfried, a. Straßburg i. E.: Chemische Lichtwirkungen. Über Reaktionen des 4-Amido-2-nitrostilbens. (Berlin 1905: A. W. Schade.) (45 S.) 8°
Berlin, Phil. Fak., Ref. Fischer, Nernst, Diss. v. 29. Juli 1905
[Geb. 18. März 83 Straßburg i. E.; Heimatsort: Wilmersdorf bei Berlin; Staatsangeh.: Preußen; Vorbildung: Kaiser-Wilhelmsgymn. Hannover Reife O. 02; Studium: Berlin 6 S.; Rig. 10. Juli 05.]

Hilpisch, zum 50jährigen Jubiläum der Genossenschaft der barmherzigen Brüder v. Montabaur am 29. VI. 1906. Ein Rückblick auf ihre Entstehg. u. die Errichtg. des Mutterhauses zu Montabaur. (34 S.) 8. Limburg 906. Limburger Vereinsdruckerei. n. — 30

Hilpisch, G., Karl Klein, Bischof v. Limburg. Eine Skizze seines Lebens u. Wirkens, zu Hochdessen goldenem Priesterjubiläum am 4. Novbr. 1891 gezeichnet. 8. (100 S. m. 1 Bildnis.) Frankfurt a/M. 891. A. Foesser Nachf. n. — 50

— Karl Nicolaus Franz Klein, Bischof v. Limburg. E. Skizze s. Lebens u. Wirkens. 8. (15 S. m. Bildn.) Limburg 898. Limburger Vereinsdruckerei. — 10

Hilpisch, G., s.: Lehrerinnen-Kalender, kathol.

— Trauer-Rede auf d. hochwürd. Mutter Maria Kasper, Gründerin u. Generaloberin d. Kongregation d. armen Dienstmägde Jesu Christi, in d. Klosterkirche zu Dernbach am 5. II. 1898. 8. (38 S. m. Bildn.) Limburg 898. Glaesser. n. — 40

— Dominicus Willi, S. Ord. Cist., Bischof v. Limburg. E. Skizze s. Lebens u. Wirkens, z. Feier s. Bischofsweihe verf. 8. (28 S. m. Abb. u. 1 Bildn.) Ebd. 898. n. — 30

Hilpisch, Geo., kurze Geschichte der katholischen Pfarrei Wiesbaden v. den ältesten Zeiten bis zur Gegenwart. Mit dem photograph. Bilde der Pfarrkirche. 8. (IV, 55 S.) Wiesbaden 873. Killinger & Comp. n. 1. 20

— Josephine, die kleine Heilige v. neun Jahren. Eine Lebensbeschreibg. aus dem Franz. übertragen. 16. (83 S.) Ebend. 874. n. — 60

Hilpmann, Predigt üb. Ev. Matth. 4, 4, geh. am Bibelfeste zu Nürnberg, 7. VI. 1899, in der St. Aegydienkirche. gr. 8. (13 S.) Nürnberg 899. G. Löhe. n. — 20

Hilpmann, Joh. Lor., Schul-Lieder. 1. Heft: Lieder für Elementar- und Mittelklassen. Ansbach 859. Seybold in Comm. 8. (40 S.) n. 2⅓ ngr.

Hilpoltstein [Schlagwort]

Hilpoltstein, gem. 1825. grav. 1828. Vom K. St. K. 1:2,500. 1 Bl.

Assyriaca. Eine Nachlese auf d. Gebiete d. Assyriologie von Dr. H[erm.] V[ollrat] Hilprecht. T. 1. *Boston: Ginn & Co., Halle a. S.: M. Niemeyer 1894. 8°*
— Publications of the University of Pennsylvania. Ser. in Philol., Literat. and Archaeol. Vol. 3, No 1. [94. 11

Hilprecht, Herm. V., die Ausgrabungen in Assyrien u. Babylonien. 1. Tl. Bis zum Auftreten De Sarzecs. (VIII, 208 S. m. 50 Abb. u. 1 Karte.) gr. 8. Leipzig 904. J. C. Hinrichs' Verl. n. 4. —; geb. in Leinw. n. 5. —

Hilprecht, Herm. V., die Ausgrabungen der Universität von Pennsylvania im Bêl-Tempel zu Nippur. Ein Vortrag. Mit 56 Abbildgn. u. 1 Karte. (76 S.) gr. 8. Leipzig 903. J. C. Hinrichs' Verl. n. 2.—; kart. n. 2.50

Hilprecht, H. V., the Babylonian expedition of the university of Pennsylvania. Series A: Cuneiform texts. Vol. I. Part I, plates 1—50. [Aus: Transactions of the Amer. Philos. Society".] gr. 4. (54 S.) Philadelphia 893. (Erlangen, R. Merkel.) n.n. 20. —

— the Babylonian expedition of the university of Pennsylvania. Series A: Cuneiform texts. Vol. I. Part II, plates 51—100. [Aus: „Transactions of the Amer. Philos. Society".] gr. 4. (68 S.) Philadelphia 896. (Erlangen, R. Merkel.) n.n. 20. —

— dasselbe. Cuneiform texts. Vol. IX. gr. 4. Ebd. 898. n.n. 25. — (I, 1., 2 u. IX.: n.n. 65. —)
Business documents of Murashû sons of Nippur, dated in the reign of Artaxerxes I. (464—424 b. C.) by H. V. Hilprecht and A. T. Clay. (90 S. m. 92 Taf.)

Hilprecht, Herm., Freibrief Nebukadnezar's I, Königs von Babylonien, ca. 1130 v. Chr., zum ersten Male veröffentlicht, umschrieben und übersetzt. Inaugural-Dissertation. hoch 4. (IX, 15 S.) Leipzig 883, (Fock.) *

Hilprecht, H. V., der neue Fund zur Sintflutgeschichte aus der Tempelbibliothek v. Nippur. (Nach d. engl. Original The earliest version of the Babylonian deluge story etc. by H. V. Hilprecht übers. v. Rud. Zehnpfund.) (64 S. m. 6 Abb.) gr. 8. Leipzig 910. J. C. Hinrichs' Verl. 2. —

— Proper names of the time of Artaxerxes I. from cuneiform tablets found in Nippur. [Aus: „H., the babylonian expedition."] gr. 4. (43 S.) Ebd. 898. n.n. 4. —

Hilprecht, Hermann Volrath, s. Studien, Assyriologische und archäologische

— Mathematical, metrological and chronological tablets from the temple library of Nippur, s.: Expedition, the, Babylonian, of the university of Pennsylvania. XX, 1.

Hilschéns, Hans *Wilhelm* [app. Arzt aus Pössneck (S.-M.)]: Über Netzhautablösung bei Fällen von hochgradiger Myopie ... Leipzig, G. Fock, 1897; 17 S. 8.
Leipzig, Med. Fak., Inaug.-Diss. v. 3. Febr. 1897

Hilscher, ..., s. *Almanach* d'Adresse de la Ville de Coblence.

Hilscher, Bedingungen e. gedeihlichen Bienenzucht, s.: Zeitfragen. Beiblatt zur Leipziger Bienen-Zeitg. 1. Hft.

[Umschlagt.:] Hand- und Reisekarte der Kreise Schweidnitz-Reichenbach m. Theilen d. angrenz. Kreise: Frankenstein, Neumarkt, Neurode ... v. A. Hilscher in Liegnitz. Massst. 1:150,000. *Schweidnitz: L. Heege [1896].* (1 Ktnbl.) 1 Bd 8. [96. 3385

Hilscher, A., Karte des Kreises Landsberg a. W. Zum Schul- und Privatgebrauch entworfen. 1:40,000. 8 Bl. Chromolithogr. und color. gr. Fol. Landsberg a. W. 879, Schaeffer und Comp. *

Karte des Kreises Lissa. F. d. Schul- u. Privatgebr. entw. v. A. Hilscher in Liegnitz. Maassst. 1:50,000. *Lissa: F. Ebbecke [1897].* 1 Ktnbl. quer-gr. 2. in 6 Bl. (). [98. 4163

Hilscher, A.: Karte des Kreises Sorau. 1:150 000. 1 Bl. c. L. Ff.

Hilscher, A. Kreiskarten für den Schul- und Privatgebrauch.
a. Kreis Tost-Gleiwitz. 1:40000. Liegnitz.
b. Kreise Beuthen, Kattowitz, Zabrze und Tarnowitz. 1:37750. Gleiwitz.
c. Kreis Oppeln. 1:50000. Oppeln.
d. „ Kosel. 1:40000. Kosel.
e. „ Ratibor. 1:40000. Ratibor.
Je 6 Bl. c. L.

Hilscher, Alfr., hominum litteratorum Graecorum ante Tiberii mortem in urbe Roma commoratorum historia critica. [Aus: „Jahrbb. f. class. Philologie".] gr. 8. (S. 353—444.) Leipzig 891. B. G. Teubner. n. 2. —

HILSCHER, Ch. (Pastor in Rengersdorf), 120 sonderbare Bauer-Exempel, oder merckwürdige Erzählungen und Historien von Bauers-Leuten. Budissin 1725. 8°. 160 S. (1 Mk. 20 Pfg. Theod. Ackermann, München, 1888; jetzt theurer!)
Stellenweise derb. Auch mit Liedern.

Hilscher, F. L., de angelo luctante cum Christo. Lips. 1731. 4.

Hilscher, Frz., s.: Eisenbahn-Kalender f. Oesterreich-Ungarn.

Hilscher, Frz., das österreichisch-ungarische u. internationale Eisenbahn-Transportrecht, s.a. Schriften üb. Verkehrswesen. II. 1.

Das österreichisch-ungarische und internationale Eisenbahn-Transportrecht. Von Dr. Franz Hilscher, Doz. in Wien. *Wien: A. Hölder 1902.* (XX, 316 S.) 8°
= Schriften über Verkehrswesen. Reihe 2, Bd 1.

Hilscher, Frz., Predigt über die Gemeinschaft der Heiligen auf das Fest Allerheiligen. gr. 8. (14 S.) Breslau 865, (Aderholz' Buchh.)

Hilscher, Frz., u. Ferd. Winkler, die rechtl. Stellung des Arztes in Gegenwart u. Zukunft nach österreich. Rechte. Ein Beitrag zur Reform des ärztl. Standes. (41 S.) gr. 8. Wien 910. M. Perles. 1.20
Sonderabdr. a.: „Wiener med. Wochenschr."

Hilscher, Friedrich: Über gelbe und violette Salze und Sulfosäuren von Aminoazobenzolen. Weida i. Th. 1908: Thomas & Hubert. 48 S. 8°
Leipzig, Phil. Diss. v. 30. Sept. 1908, Ref. Hantzsch-Beckmann
[Geb. 12. Juni 85 Chemnitz; Wohnort: Chemnitz; Staatsangeh.: Sachsen; Vorbildung: Gewerbe-Akad. Chemnitz Reife M. 05; Studium: Leipzig 6 S.; Rig. 22. Juli 08.] [U 09. 2986

— **Jo. Friedr. u. Joh. Gottfr. Strauss**, De schola Alexandrina. Lpz. (Breitkopf) 25. IX. 1776. 36 Seiten. (6.80) 15205

Hilscher, Jh. Fr., († d. 14. Aug. 1817.) s. Literatur u. Geschichte. 16 Hft. 8. Leipz. 780. Hilscher. 6 gr.

— geistlicher Pilgrim; od. Reise e. Christen nach der Ewigkeit; aus d. Evangel. 4. Dresd. 769. Richter. 20 gr.

— s.: [illegible], Sündenregister.

— erbaul. Todesbetracht. über Sonn- u. Festtags-Evangelien. 4 Thle. gr. 8. Leipz. 769—71. Hilscher in Dresd. 2 Rthlr 12 gr.

Hilscher, Jos. Eman., Dichtungen, s.a. Sammlung gemeinnütziger Vorträge.

Hilscher's, Jos. Em., Dichtungen, Originale u. Uebersetzungen aus Byron, Moore, Goldsmith, Southey, Waller, Lamartine, Ariosto, Foscolo. Herausg. mit einem biograph. Vorworte von Ldw. Aug. Frankl. Mit dem Portrait des Dichters. gr. 12. Pesth 840. Heckenast. 2 fl.

Hilscher, Jos. Eman., Gedichte. Originale u. Uebersetzungen. Red. von Ludw. Aug. Frankl. 2. verm. Aufl. Mit dem (lith.) Portr. u. der (lith.) Abbildg. des Denkmals des Dichters. Prag 863. (Mercy.) gr. 8. (XLVII, 364 S.) n. 1 Rthlr 20 ngr.

Hilscher, M., Hans und Käthchen. Ein neues Buch für Knaben und Mädchen. Mit vielen Bildern und Gedichten. 4. (32 S. mit Chromolithogr.) Dresden 883, Schwager. geb. *

Hilscher, P. C., de Chresto, cujus mentionem Suetonius facit. Lips. 1798. 4.

Hilscher, Paul Christian

— — wegen des zur Fastenzeit u. Osterzeit eingerissenen Aberglaubens. ebd. 708. 8.

Beschreibung, Des so genannten Todten-Tanzes, Wie selbiger An unterschiedlichen Orten, Sonderlich an Hertzog Georgens Schlosse in Dressden ... zu finden. Dressden u. Leipzig 1705. V: *Hilscher, Paul Christian.* (MN)

[Hilscher, P. C.] Beschreibung Des so genannten Todten-Tantzes Wie selbiger An unterschiedlichen Orten / Sonderlich an Hertzog Georgens Schlosse in Dreßden Als ein curiöses Denck-Mahl Menschlicher Sterbligkeit zu finden. Dreßden und Leipzig / Bey Johann Christoph Miethen 1705.
128 S., 1 Doppeltaf. in Kupferst. von M. Bodenehr. 8°.
Der Dresdener Totentanz, ein Sandsteinrelief befand sich ursprünglich am Schloss und wurde 1721 auf den Neustädter Kirchhof versetzt.

Beschreibung des sogenannten Todten-Tantzes Wie selbiger In Dressden an Hertzog Georgens Schlosse, ... zu finden. Dresden 1723. V: *Hilscher, Paul Christian.* (BrMm) (MN)

Hilscher, Paul Chrn., Familien-Tempel. Andachts- und Erbauungsbuch in Betrachtungen u. Gebeten nach den Sonn- und Festtags-Episteln. Schandau. (Zittau 856. Schöps.) gr. 8. (242 S. u. 15 Lithogr.) n. 22½ ngr.

*Hilschers, P. C., Cur. Gedanken vom wüthenden Heere. Aus dem Lat. von M.-M. Dreßd. u. Leipz. 702. 8.

— Gerichte Gottes üb. Zungensünden. 8. Ebend. 719.

— Glaubensübung der Gottseligkeit üb. d. apost. Symbolum. 8. Ebend. 747.

Hilscher, Paul C., evangel. Herzensschrift od. Erklär. d. Evangel. 4. Dresd. Gerlach. 717.

Hilschers, Paul Christ., Nachricht von Lutheri Spiritu familiari. Dreßd. 730. 8.

Hilschers, Paul Christ., Nachricht von der aus ihrem Grabe wieder auferstandenen Goldschmiedsfrau zu Dresden. Dresd. 723. 8.

— geistl. Pilgrim od. Reise eines Chr. nach d. Ewigk. aus d. Evangel. 4. Dresden, Richter. 769.

— kleine deutsche Schriften. 8. Dresden, Hilscher. 748.

— andächt. Sterbegesellschaft in d. Evangel. gewies. m. K. 4. Dresd. Gerlach. 732.

Hilscher, P. C., de superstitione paschatis tempore. Lips. 1694. 4; deutsch: vom Aberglauben zur Osterzeit. Dresd. 1708. 8.

— Todesbetr. üb. Evangel. 4 Thle. gr. 8. Lpz. Hilscher. 769—71.

— guter Wandel eines rechtsch. Christen aus d. Evangel. 4. Dresden, Gerlach. 731.

Hilscher, P. C., der Weihnachtsaberglaube nach seiner Art, Ursprung, Betrug u. Abschaffung. Dresd. 1722. 8.

— — der Weihnachts-Aberglaube. ebd. 726. 8.

HILSCHER, Paul Chr. (mit vorigem* identisch?), Welt-Kind, oder das Leben eines Gottlosen, aus den Sonn- und Fest-Tags-Evangeliis betrachtet. Dreßden 1739. 4°. (18 gr.) Starker Band.

Cat. univ. d. Buchdlg. d. Waisenhauses in Züllichau (174°).

* vgl. Hilscher, Ch.

Hilscher, Paul Otto., Bilder-Gallerie zur sächs. Geschichte rc., s. Bildergallerie.

— s. Byron, hebr. Gesange.

—— ausführliche Chronik v. Dresden, s. Chronik.

Hilscher, Paul Otto., Chronik von Dresden, s. Klemm, Gust.

— Etwas z. Kirchenhist. in Altdresd. 1s und 2s Stück. 8. Dresd. Hilscher. 721–28.

—— Dresdens Museen, s. Dresdens Museen.

—— der Sammler aller Merkwürdigkeiten rc., s. Sammler.

—— allgem. Schauplatz der Natur, s. Schauplatz etc.

Hilscher, Rud., s. Gottwalt, Paul.

Hilscher, Simon Paul

Hilscher, S. P., resp. Jo. B. **Muller,** De abusu potus Caffee in sexu sequiori. 12 pp. Jen. 4°. 1727

Simon Paul Hilscher

Aeger sphacelo scroti venereo cum febri symptomatica acuta coniuncto laborans feliciter curatus. [Resp.:] Iohannes Georgius Fischerus [Fischer, 1719] Ienae (1739:) Croeker. 21 S. 8°

Jena, Med. Diss. v. 7. Febr. 1739

Simon Paul Hilscher

De artuum Amputatione rite administranda. Vor Abloesen der Glieder. [Resp.:] Michael Matthias Ludolphus [Ludolff]. Ienae (1718:) Heller. 38 S. 8°

Jena, Med. Disp. v. Apr. 1718

Hilscher, Sim. P., resp. H. A. **Scholvin,** Diss. de apoplexia. 32 pp. Jen. 4°. 1739

— — Prolusio I de aqua vitali cordiali microcosmica. — Publ. invitat. ad dissertationem inaug. de colica. Jena (Croeker) 20. IX. 1739. 4 Blatt mit Biogr. v. Tobias Gottfried Strelin (Oettingen; M.: M. E. Kobelt.) (5.50) 15208

— — Prolusio I de aethiope minerali. — Publ. invitat. ad dissertationem inaug. de odontalgia. Jena (Tennemann) 6. X. 1748. 8 S. mit Biogr. v. Cornelius Schütte (Quackenbrück/Osnabrück; M.: L. M. Volkers.) (6.—) 15215

—, resp. **Hoffmann,** De auditu. Jen. 4°. 1746

Simon Paul Hilscher

De Cancro mammarum. [Resp.:] Io[annes] Christianus Schaedel. Ienae (1746:) Schill. 32 S. 8°

Jena, Med. Diss. v 22 Mai 1746

Hilscher, S. P., resp. J. A. **Provansal,** De mutuo animae cum corpore commercio et illius cogitatione alte defixa agoniam protrahente. 8 pp. Jen. 4°. 1744

Sim. Paul Hilscher diss. de cura strumarum contactu regio facta. Jenae 1730. 4.

Hilscher, Sim. Paul., Diss. Curatio paucitatis lochiorum et dolorum post partum peracta. Jen. 4°. 1742

Simon Paul Hilscher

Prolusio de dignitate ventriculi in medicina. (Jena 1732:) Müller. 6 Bl. 8°

[Einladungsschrift zur Dr. med.- Promotion von Tobias Benjamin Fuchsius. Jena, 3. Aug. 1732.]

Hilscher, Sim. Paul., Diss. de dolore febrium acutarum. Jen. 4°. 1738

— — Prolusio exhibens explicationem effati medici pulsus bonus, urina bona et aeger moritur. — Publ. invitat. ad dissertationem inaug. de peste. Jena (Croeker) 24. I. 1740. 8 S. m. Biogr. v. Georg Nagy (Ottevinii in comitatu Jauriniensi [= Raab]). (5.—) 15209

Hilscher, Sim. Paul, De fractura cranii cum vulnere. Jen. 4°. 1710

— — Prolusio de gramine dactylo latiore folio ejusque semine Germanis Schwaden vel Manna dicto. — Publ. invitat. ad dissertationem inaug. de anodynis stricte sic dictis. Jena (Croeker) Juni 1747. 8 S. mit Biogr. v. Wilh. Simon Christ. Hirsching (Windsheim/Frk.; M.: A. A. M. Petz.) (6.—) 15214

Sim. Paul. Hilscher (resp. A. Raesved) historia variarum methodorum defendendi homines a variolis iisdemque medendi. Jen. 1745. 4.

Hilscher, Sim. Paulus, De oculis sanitatis et morborum indicibus. Jen. 4°. 1745.

Simon Paul Hilscher

Simon Paulus Hilscherus [Hilscher]: Programma de veris insalubritate et salubritate in genere. Ienae (1738:) Ritter. 8 S. 8°

[Einladungsschrift zur Dr. med.- Promotion von Christoph Friedrich Alkoferus. Jena, 10. Mai 1738.]

Simon Paul Hilscher

Simon Paulus Hilscherus [Hilscher]: Prolusio de animi laboribus, egregio sanitatis, vitae longae ac honorum praesidio. ([Jena] 1742:) Schill. 8 S. 8°

[Einladungsschrift zur Dr. med.- Promotion von Johann Ernst Greding, 1718 - 1775, Jena, 25. Nov. 1742.]

Hilscher, S. P., resp. Ant. Chr. **Rupitz,** Diss. de lethargo. 32 pp. Jen. 4°. 1734

Hilscher, Sim. P., Diss. de lipothymia. Jen. 4°. 1746

Simon Paul Hilscher de longaevitate hominum antediluvianorum. Jen. (1732) 1733. 4.

Simon Paul Hilscher

Prolusio qua demonstratur medicum non esse debere haemophobum.([Jena] 1748:) Tennemann. 8 S. 8°

[Einladungsschrift zur Dr. med.- Promotion von Johann Friedrich Arnold Vordanck, Jena, 22. Dez. 1748.]

Hilscher, S. B., resp. J. B. **Muller,** De melancholia. 40 pp. Jen. 4°. 1727

Sim. Paul Hilscher progr. de methodo Ciceronis tuendi valetudinem. Jen. 1734. 4.

Simon Paul Hilscher

De fonticulorum Natura, usu et abusu. [Resp.:] Ioannes Guilielmus Crause. Ienae (1729:) Fickelscherr. 36 S. 8°

Jena, Med. Diss. v. Aug. 1729

— — Prolusio de medicamentorum diluentium natura et cauto usu. — Publ. invitat. ad dissertationem inaug. de modo agendi medicamentorum in genere. Jena (Croeker) 19. VII. 1744. 8 S. mit Biogr. v. Johann Hermann Wille (Buxtehude; M.: A. M. Frick.) (6.—) 15211

Simon Paul Hilscher

Peculiares sistens observationes de sene lethifera cachexia correpto. [Resp.:] Samuel Gottlieb Rasig. Ienae (1746:) Croeker. 23 S. 8°

Jena, Med. Diss. v. Sept. 1746

— — Prolusio de permutatione linteorum in morbis acutis et noxia et salubri. — Publ. invitat. ad dissertationem inaug. de modo agendi medicamentorum terreorum. Jena (Croeker) 1745. 8 S. mit Biogr. v. Georg Jacob Biermann (Augsburg; M.: C. Habisreidinger.) (6.—) 15212

Simon Paul Hilscher

De Peste. [Resp.:] Georgius Nagy. Ienae (1740:) Croeker. 32 S. 8°

Jena, Med. Diss. v. Jan. 1740

— — Prolusio de insigni quodam raucedinis remedio. — Publ. invitat. ad dissertationem inaug. de paregoricis. Jena (Croeker) 16. IV. 1747. 4 Bl. mit Biogr. v. Rudolph Christian Pfaff (Friemar b. Gotha; M.: S. M. Gotter.) (5.—) 15213

Hilscher, S. P., resp. Jo. Chr. **Themel,** Prolusio I. de remissione animorum magno sanitatis in literatis praesidio. 12 pp. Jen. 4°. — Prol. II, resp. Jo. W. **Wedel.** 8 pp. Jen. 1735. 4°.

—, Pr. I et II, De remissione animorum magno sanitatis praesidio. Jen. 4°. 1742

Hilscher, Sim. Paul, De sensu corporis sanitatis conservandae et redintegrandae consiliario. Jen. 4°.

1729

Simon Paul Hilscher

Simon Paulus Hilscherus [Hilscher]: Prolusio de situ corporis inter studendum vario.([Jena] 1747:) Croeker. 8 S. 8°

[Einladungsschrift zur Dr. med.- Promotion von Johann Nikolaus Frisch, Jena, 28. Juni 1747.]

Hilscher, S. P., resp. J. A. **Schlung,** De recto capiendo somno pro tuenda valetudine. 39 pp. Jen. 4°. 1728

Simon Paul Hilscher

De Sterilitate mulierum. [Resp.:] Ioannes Samuel Ackermann. Ienae (1734:) Müller. 50 S. 8°

Jena, Med. Diss. v. Mai 1734

— — Prolusio de tempore partus humani naturali ac ordinario. — Publ. invitat. ad dissertationem inaug. de variolis ut febre inflammatoria. Jena (Schill) 14. VII. 1741. 4 Bl. mit Biogr. v. Johann Joseph Berger (Ostheim/Frk.; M.: A. Laubinger.) (6.—) 15210

Hilscher, Sim. Paul, resp. Jo. Chr. **Schull,** Diss. de tenesmo. 32 pp. Jen. 4°. 1748

Simon Paul Hilscher

Simon Paulus Hilscherus [Hilscher]: Prolusio de insigni faucium tumore et angore, molestissimo circa salivationem mercurialem symptomate, evitando. ([Jena] 1741:) Litteris Schillianis. 11 S. 8°

[Einladungsschrift zur Dr. med.- Promotion von Johann Siegmund Kreysel, Jena, 19. Juni 1741.]

Hilscher, Simon Paul: De recto et non recto vini circa febres usu. [Resp.:] Joannes Gottlieb Fischer. Jenae: Mvller 1733. 27 S. Jena, Med. Diss. v. 3.10. 1733 -- 11°. 29

Hilscher, Sim. Petr., resp. L. **Engel,** Diss. de frequentiori hominum imbecillium salubritate, prae robustis. Jen. 4°. 1713

Hilscher, Wilhelm, Kammergerichtsref.: Die Unterschiede des dinglichen Vorkaufsrechts von dem durch Vormerkung gesicherten obligatorischen Vorkaufsrechte bei Grundstücken nach dem bürgerlichen Gesetzbuche für das Deutsche Reich. *Rostock 1903: C. Hinstorff.* (50 S.) 8° [J.]
Rostock, Jur. Diss. v. [12. Mai] 1903

Hilscher-Heft. Zum 100. Geburtstag d. Dichters. Inh.: Josef Emanuel *Hilscher* v. Sp[iridion] Wukadinovic. Proben aus Hilschers Dichtgn u. Übers. Prag ('06). (Dt. Dichtg u. Kunst. 7.) (Sammlg gemeinnütz. Vortr. 337/338.)

Hilscher's (des verstorb. markgräfl. Culmbachischen Leibchirurgen) chirurgischer Lebenslauf; aus e. Schreiben desselben an J. Tode im J. 1777, jetzt aber erst bekannt gemacht. 8. Kopenh. 804. Schubothe. 4 gr. (A. Tode's Journal 5r Bd., 4s Stck. abgedr.)

Hilschmann, Frz., das Körper-Zeichnen in der Volksschule u. seine methodische Behandlung. In leichtfassl. Art im Anschlusse an die neue Lehrordng. hrsg. (78 S. m. 100 Fig. u. 12 Taf.) gr. 8. Ludwigshafen 906. (F. Baumgartner.) Kart. n.n. 2. —

Hilschmann, Frz., das Zeichnen in Klasse I—V der Volksschule. Lehrziel, Stoff, Methode, Unterrichtsproben u. das Wichtigste aus der Farbenlehre. (Entwurf f. d. Teilnehmer d. Zeichenkurse.) Im Anschluß an d. neue Lehrordng. dargestellt. Mit 8 Taf. Illustr. 2. Aufl. (15 S. m. 1 Fig.) 8. Ludwigshafen 907. F. Baumgartner. nn — 75

Hilsdorf, Thdr., der Darmstädter Arbeitsunterricht. Eine aus langjähr. prakt. Versuchen entstandene Anleitg. zur Einführg. des Arbeitsunterrichts in der Schule. (155 S. m. Abbildgn.) gr. 8. Darmstadt 910. Lehrer Th. Hilsdorf. (Leipzig, Fritzsche & Schmidt.) Geb. in Leinw. 3. —

Hilsdorf, Thdr., die zeichnerische u. körperl. Darstellung im physikal. Unterricht. 1. Tl.: Mechanik u. Akustik. Eine prakt. Anleitg. zur Erteilg. des sogen. Handfertigkeitsunterrichts. Mit 180 Orig.-Zeichngn. Fol. (IV, 116 S.) Darmstadt 902. L. Saeng. n. 7. 50

— ist der darstellende Unterricht (sogenannter Handfertigkeitsunterricht) Unterrichtsgrundsatz od. Unterrichtsfach? Eine Darlegg. der Grundsätze, nach welchen der darstell. Unterricht in der hies. Stadtknabenschule 1 erteilt wird. gr. 8. (33 S. m. 6 Fig.) Ebd. 900. n. — 50

Hilse, B[enno]: Der Bauschwindel und die geeigneten Mittel zu seiner Bekämpfung. (Leipzig 1893.) 8°

Hilse, Benno, Beiträge zur Kenntniß der kirchlichen und Rechts-Alterthümer in Deutschland. Eine Quellenarbeit. 1. Heft. A. u. d. T.: Das Gottes-Urtheil der Abendmahlsprobe. Ein Beitrag zur Rechts- und Kirchen-Geschichte. gr. 8. (51 S.) Berlin 867, Calvary und Comp. *

Hilse, Benno, Entwürfe zu Bauverdingungs-Verträgen. gr. 8. (16 S.) Berlin 883, Expedition der Baugewerks-Zeitung. *

Hilse, Benno, Formularbuch f. freiwillige u. streitige Gerichtsbarkeit. 1. u. 2. Thl. gr. 8. Berlin 900. C. Heymann's Verl. Geb. in Leinw. n. 14. —
1. Freiwillige Gerichtsbarkeit. 9. Aufl. Neubearb. v. Adf. Weißler (XV, 294 S.) n. 8. —
2. Streitige Gerichtsbarkeit. 4. Aufl. Neu bearb. v. Eug. Berth. Auerbach. (VII, 285 S.) 900. n. 6. —

Formularbuch für freiwillige und streitige Gerichtsbarkeit. Von Dr. Benno **Hilse**. (10. Aufl.) Th. 1. *Berlin: C. Heymann 1900.* 8° [F.] [... 4791

Hilse, Benno, Formularbuch f. die freiwillige u. streitige Gerichtsbarkeit. I. Tl. Freiwillige Gerichtsbarkeit. Neu bearb. von Adf. Weißler. 11. Aufl. (8. Bearbeitg. von Weißler.) (XVI, 369 S.) gr. 8. Berlin 904. C. Heymann. Geb. in Leinw. n. 8. —

(Benno) **Hilses** Formularbuch für streitige Gerichtsbarkeit. 4. Aufl. Neu bearb. von Eugen Berthold Auerbach. *Berlin: C. Heymann 1900. (285 S.) 8°*
— **Hilse**: Formularbuch f. freiw. u. streit. Gerichtsbarkeit. Th. 2. [... 3366 0

— dasselbe f. streitige Gerichtsbarkeit. 5. Aufl. Neu bearb. v. Eug. Berth. Auerbach. (VIII, 279 S.) gr. 8. Ebd. 905. Geb. in Leinw. n. 6. —

Hilse's Formularbuch f. streitige Gerichtsbarkeit. 6. Aufl. Neu bearb. v. Eug. Berth. Auerbach. (VIII, 284 S.) 8. Berlin 910. C. Heymann. Geb. in Leinw. 7. —

— Formulare für Handlungen der freiwilligen Gerichtsbarkeit. Zum Gebrauche der richterl., Verwaltungs-, Konsular-Beamten ꝛc. entworfen u. aus den Gesetzen u. der Wissenschaft erläutert. Berlin 870. C. Heymann. gr. 8. (XXIV, 355 S.) 2 ₰

Hilse, Benno, Formulare f. Handlungen der freiwilligen Gerichtsbarkeit. Zum Gebrauche der richterl. Verwaltungs-, Konsular-Beamten, Auditeure, Notare u. Privatpersonen entworfen u. aus den Gesetzen u. der Wissenschaft erläutert. 2. verm. u. verb. Aufl. gr. 8. (XVI, 415 S.) Berlin 876. C. Heymann's Verl. n. 7. 50

Hilse, Benno, Formulare für Handlungen der freiwilligen Gerichtsbarkeit. Zum Gebrauche der richterl., Verwaltungs-, Konsular-Beamten, Auditeure, Notare und Privatpersonen entworfen und aus den Gesetzen und der Wissenschaft erläutert. 2. verm. und verb. Aufl. (XVI, 415 S.) 1876; 3. verm. und verb. Aufl. gr. 8. (XVI, 451 S.) Berlin 878, C. Heymann's Verlag. cart. * ℳ 7,50.; geb. *

Hilse, Benno, Formulare für Rechtshandlungen der freiwilligen u. streitigen Gerichtsbarkeit. 2 Thle. gr. 8. Berlin 879. 81. C. Heymann's Verl. geb. n. 14. —
1. Formulare für Rechtshandlungen der freiwill. Gerichtsbarkeit. Zum Gebrauche für Richter, Anwälte, Auditeure ꝛc. entworfen u. aus den Gesetzen, der Rechtsprechung u. Rechtswissenschaft erläutert. 4., verm. u. verb. Aufl. (XVIII, 518 S.) n. 6. —
2. Formulare für Rechtshandlungen der streitigen Gerichtsbarkeit. (XVIII, 278 S.) n. 8. —

—— Formulare für Rechtshandlungen der freiwilligen und streitigen Gerichtsbarkeit. 2 Thle. gr. 8. Berlin, C. Heymann's Verlag. geb. *

Inhalt:
Thl. 1. Formulare für Rechtshandlungen der freiwilligen Gerichtsbarkeit. Zum Gebrauche für Richter, Anwälte, Auditeure ꝛc. entworfen und aus den Gesetzen, der Rechtsprechung und Rechtswissenschaft erläutert. 4. verm. und verb. Aufl. (XVIII, 518 S.) 881. * ℳ 6.; 5. verm. und verb. Aufl. (XVIII, 537 S.) 884. * ℳ 8.
" 2. Formulare für Rechtshandlungen der streitigen Gerichtsbarkeit. 2. verm. und verb. Aufl. (XVIII, 321 S.) 883. * ℳ 7.

Hilse, Benno, Formulare für Rechtshandlungen der freiwilligen und streitigen Gerichtsbarkeit. Zum Gebrauche für Richter, Anwälte, Auditeure, Konsular-Beamte, Anwärter zum Richteramte, Gerichtsschreiber und Privatpersonen entworfen und aus den Gesetzen, der Rechtsprechung und Rechtswissenschaft erläut. 2 Thle. gr. 8. Berlin 887, Heymanns Verlag. geb. * 18 —

Inhalt:
Thl. 1. Freiwillige Gerichtsbarkeit. 6. umgearb. Aufl. Hrsg. von Herm. Krecke. (XIX, 439 S.) 887. * ℳ 8.—.
" 2. Formulare für Rechtshandlungen der streitigen Gerichtsbarkeit, 3. Aufl. Hrsg. von Herm. Krecke. (XV, 501 S.) 889. * ℳ 10.—.

Hilse, Benno, Formulare f. Rechtshandlungen der freiwilligen u. streitigen Gerichtsbarkeit. Zum Gebrauche f. Richter, Anwälte, Auditeure, Konsular-Beamte, Anwärter zum Richteramte, Gerichtsschreiber u. Privatpersonen entworfen u. aus den Gesetzen, der Rechtsprechg. u. Rechtswissenschaft erläutert. 1. Tl.: Freiwillige Gerichtsbarkeit. 7., verm. Aufl. Hrsg. v. Herm. Krecke. gr. 8. (XVI, 480 S.) Berlin 891. C. Heymanns Verl. Geb. in Leinw. n. 10. —

Hilse, Benno, Formulare z. Rechtshandlgn. d. freiwill. u. streit. Gerichtsbarkeit. Zum Gebr. f. Richter, Anwälte, Auditeure ꝛc. entworfen u. aus d. Gesetzen, d. Rechtsprechg. u. Rechtswissenschaft erläut. 1. Thl.: Freiwill. Gerichtsbarkeit. 8. Aufl. Hrsg. v. Herm. Krecke. gr. 8. (XVI, 551 S.) Berlin 896. C. Heymann's Verl. Geb. in Leinw. n. 10. —

Hilse, Benno: Pflichten d. Grundbesitzers aus d. öffentlichrechtl. Versicherung d. Bauarbeiter. Leipzig 1892. 8°

—— die Rechtsprechung des Gerichtshofes zur Entscheidung der Kompetenz-Konflikte seit seinem Bestehen systematisch und chronologisch dargestellt. gr. 8. (IX, 353 S.) Berlin 874, C. Heymann's Verlag. *

— die Reichs-Gewerbe-Ordnung in der Fassung d. Reichs-Gesetzes vom 1. Juni 1891. Textausg. ohne Anmerkgn. 12. (96 S.) Berlin 891. Exped. d. Baugewerks-Zeitg. Kart. — 75

—— Versicherungspflicht u. Beschäftigung der Gefangenen. gr. 8. (23 S.) Berl. 890, C. Heymann. * — 50
Aus: Preuß. Verwaltungsblatt, besonders abgedruckt.

Hilse, Karl, Bauführung und Baurecht, s. Krüger.

—— Bau-Polizei-Ordnung für den Stadtkreis Berlin vom 15. Januar 1887, unter Berücksicht. der Rechtsprechung und der einschlagenden Bestimmungen der übrigen deutschen Bauordnungen erläut. 8. (VII, 136 S.) Berlin 887, C. Heymanns Verlag. cart. * 3 —

Hilse, Karl, die Betriebsunfälle auf den deutschen Strassenbahnen während der 4 Jahre 1882 bis 1885 in verkehrspolizeilicher u. gesellschafts-wirthschaftlicher Beziehung, sowie das Verhältniss der erhobenen Versicherungsprämie zu der aufgewendeten Schadensvergütigg. Bearb. f. die Direktion der Grossen Berliner Pferde-Eisenbahn-Aktien-Gesellschaft. hoch 4. (III, 80 S.) Berlin 886. H. S. Herrmann. n. 3. —

—— Einfluß der Kranken- und Unfall-Fürsorge auf den Ersatzanspruch des Verletzten gegen den Beschädiger. Ein Rechtsgutachten für die Straßenbahn-Berufsgenossenschaft. gr. 8. (53 S.) Berlin 888, C. Heymanns Verlag. * 1 —

Hilse, Karl: D. Gemeindegewerbebetrieb u. dessen Grenzen. Leipzig 1892. 8°

—— die leitenden Grundsätze des heutigen deutschen Militär-Strafverfahrens in ihrer Berechtigung, die Grundlagen eines nothwendigen neuen Militär-Strafverfahrens-Gesetzes abzugeben. gr. 8. (VI, 145 S.) Berlin 869, Expedition der Militärischen Blätter. *

— Die Haftpflicht der Eisenbahnen u. sonstigen Fuhrbetriebe. Lex.-8°. Berlin, Heymann's Verl., 1888.

— die Haftpflicht der Eisenbahnen u. sonstigen Fuhrbetriebe. Lex.-8. (VII, 215 S.) Ebd. 889. n. 4. —

Hilse, Karl, Haftpflicht der Kraftfahrzeuge (Automobile, Motorwagen). Vortrag, geh. in der jurist. Gesellschaft zu Berlin am 11. XI. 1899. Stenogramm m. Anmerkgn. gr. 8. (43 S.) Berlin 900. M. Krayn. n. 1. 50

Hilse, Karl. Die Haftpflicht der Straßenbahnen u. sonstigen Fuhrbetriebe. Lex.-8. (VII, 215 S.) Berl. 889, C. Heymann. * 4 —

Hilse, Karl, Handbuch der Straßenbahnkunde, zugleich als Unterlage f. seine Vorlesgn. an der königl. techn. Hochschule zu Berlin. 2 Bde. gr. 8. München, R. Oldenbourg. n. 27. 70
1. Straßenbahnrecht u. Straßenbahnpolitik. 2 Lfgn. (XI, 40[illegible] S.) 891. 892. n. 10. 60
2. Straßenbahnpolitik, -Wirthschaftslehre u. -Betriebslehre. 2 Lfgn. (XVI. 658 S.) 892. 893. n. 17. 10

Hilse, [Karl]. Dr. phil.: De legitimatione liberorum non legitimorum iure Borussico concessa. Berolini (1866): Draeger. 63 S. 8°
Halle-Wittenberg, Jur. Diss. v. 11. Jan. 1866
Geb. [Schmiedeberg (Kr. Hirschberg; Schles.) 25. 6. 1838]

—— de legitimatione liberorum non legitimorum jure borussico concessa. Dissertatio inauguralis. gr. 8. (64 S.) Berlin 866, (Calvary und Comp.) *

Hilse, Carol., de legitimatione liberorum non legitimorum. Editio altera. 8. (63 S.) Berlin 867, Calvary und Comp. *

Hilse, Karl: Unabweisbare Nothwendigkeit zur Ausdehnung der Haftpflicht auf Automobile. Vortrag geh. zu Berlin 1899 vom Synd. Prof. –. Stenogr. mit Anm.
Berlin 1900: M. Oldenbourg. (43 S.) 8°

—— de praedibus eorumque indole, origine et historia scripsit. Editio altera. 8. (43 S.) Berlin 867, (Calvary und Comp.) *

—— quidnam patres Triburienses in canone secundo concilii inhibuerint atque disposuerint commentatus est. 8. (68 S.) Berlin 867, (Calvary und Comp.) *

— Schutzbedürfniß der Pferdebahnen im Strafrechtsgebiete. gr. 8. (159 S.) Ebd. 890. n. 3. —

— Sonntagsfeier und Normalarbeitstag im Strassenbahngewerbe. gr. 8°. Berlin, Heymann's Verl., 1889.

— Strassenbahnkunde. 1. Bd. Strassenbahnrecht u. Strassenbahnpolitik. München 892.

— Tragweite der Haftpflicht beim Betriebe der Großen Berliner Pferde-Eisenbahn-Aktien-Gesellschaft 1887—1896. Berlin 1897.

— das Unfalls-Gefahren-Gesetz in den deutschen Straßenbahn-Betrieben. Eine eisenbahnstatist. Untersuchg. Lex.-8. (XII, 331 S.) Wiesbaden 889. Bergmann. n. 9. —

—— Verstaatlichung der Straßenbahnen. Eine eisenbahn-polit. Untersuchung. gr. 8. (128 S.) Ebd. 889. * 2 70

— Verstadtlichung der Straßenbahnen. Eine eisenbahnpolit. Untersuchg. gr. 8. (128 S.) Ebd. 889. n. 2. 70

Hilse, Karl, Civil- u. Misch-Ehe. Eine Untersuchung der Fragen wegen Einführung der Civilehe u. Freigabe der Mischehen zwischen Christen u. Juden. Nebst Entwurf e. Eheschließungsgesetzes mit Materialien. Berlin 869. C. Heymann. gr. 8. (XIV, 198 S.) 25 ngr.

Hilsebein, Emil [aus Grimma]: Einwirkung von Fünffach-Chlorphosphor auf Mekon-Säure .... Leipzig, Druck v. Metzger u. Wittig, 1885; 27 + 1 S. 8°.
Leipzig, Phil. Fak., Inaug.-Diss. v. 1. Sept. 1885.

Hilsenbeck, Adolf, a. Nördlingen: Johann Wilhelm, Kurfürst von der Pfalz vom Ryswicker Frieden bis zum spanischen Erbfolgekrieg 1698—1701. München 1905: R. Oldenbourg. (46 S.) 8° [J.] ¶[Aus: Forschungen zur Geschichte Bayerns Bd 13.]
München, Phil. Fak., Ref. v. Heigel, Diss. v. 21. Juli 1904
[Geb. 23. Juli 73 Kimratshofen b. Kempten; Wohnort: München; Staatsangeh.: Bayern; Vorbildung: St. Anna-Gymn. Augsburg Reife Juli 93; Studium: Erlangen 4, München 4 S.; Rig. 21. Juli 04.]

Hilsenbeck, Fritz, Aristophanes u. die deutsche Literatur des 18. Jahrh., s.a. Beiträge, Berliner, zur germanischen u. romanischen Philologie. XXXIV.

Hilsenbeck, Fritz (Reallehrer in Fürth): Aristophanes und die deutsche Literatur des 18. Jahrhunderts. ⟨Teildruck.⟩ Berlin 1908: E. Ebering. (43 S.) 8° ¶ (Erschien vollst. als: Berliner Beiträge z. german. u. roman. Philol. 1908.)
München, Phil. Fak., Ref. Muncker, Diss. v. 11. Mai 1907
[Geb. 4. März 84 Öttingen a. R.; Wohnort: Fürth; Staatsangeh.: Bayern; Vorbildung: Gymn. St. Anna Augsburg Reife Juli 02; Studium: München 3, Tübingen 1, München 6 S.; Rig. 11. Mai 07.]

Aristophanes und die deutsche Literatur des 18. Jahrhunderts. Von Dr. Fritz **Hilsenbeck**. Berlin: E. Ebering 1908. (97 S.) 8°
— **Beiträge**, Berliner, z. german. u. roman. Philologie. 34. German. Abt. No 21. [08. 7781 2

Hilsenbeck, Wilh., die Deckung der Kosten des Krieges in Südafrika von 1899/1902 auf Seite Englands, s.a.: Studien, Münchener volkswirtschaftliche. 66.

Hilsenbeck, Wilhelm, aus Ulm a. D.: Die **Deckung** der Kosten des Kriegs in Südafrika von 1899 1902 auf Seite Englands. *Stuttgart 1904: Union.* (100 S.) 8° ¶ (= Münchener volkswirtsch. Studien, Stück 66.)
München, Staatswirtsch. Diss. v. 1903

Hilsenbeck, Wilhelm: Die Deckung der Kosten des Kriegs in Südafrika von 1899–1902 auf Seite Englands. Von Dr. –. Stuttgart & Berlin: J. G. Cotta 1904. (100 S.) 8°
= Studien, Münchener Volkswirtschaftliche. Stück 66.

Hilsenberg, Carl Philipp (Heiligenstadt/Eichsfeld), De gangraena nosocomiali. Diss. med.-chir. Bln. (August Petsch) 2. IV. 1828. 24 S. mit Literatur u. Biogr. (M.: Mande.) (6.80) 15216
Oppon.: A. Mueller, C. Schlegnitz, C. Iseke. — Gew.: Carl Hilsenberg (Vater).

(**Hilsenberg, Louis,**) Taschenbuch f. Zöglinge d. Buchhandels, s. Taschenbuch.

Hilsenheim [Schlagwort]

Hilsenheim. s.: Preussen. Messtischblätter.

Hilsheimer, Karl, a. Seckenheim: Die Entwickelung des Leichenbestattungswesens der Stadt Mannheim. Borna-Leipzig 1905: R. Noske. (52 S.) 8° [J.]
Tübingen, Staatsw. Fak., Ref. v. Jolly, Diss. v. 20. Apr. 1905
[Geb. 31. Aug. 80 Seckenheim; Wohnort: Seckenheim b. Mannheim; Staatsangeh.: Baden; Vorbildung: Einj. Freiw. Prüf. (II. 96?); Studium: Handelshochsch. Cöln 2, Leipzig 2, Tübingen 2 S.; Rig. 9. März 05.]

Hilsinger, O. Praktisches Sprachbuch f. Volksschulen, s. Behling, D.

Hilsmann, Frz. Jos., Geschichte der Stadt Belecke a. d. Möhne. gr. 8. (VI, 48 S.) Arnsberg i/W. 899. Selbstverlag. n. — 30
Sonderabdruck aus: „Zeitschr. f. Geschichte u. Alterthumskunde Westfalens".

Hilsmann, Frz. Jos., d. Ruhr-Lippe-Kleinbahn. Zugleich e. Rückblick auf d. Geschichte d. v. d. Bahn berührten Städte u. Ortschaften. (Umschlag: Festschrift z. Eröffng. d. Ruhr-Lippe-Kleinbahn am 1. V. 1898.) 8. (45 S.) Arnsberg 898. Selbstverlag. n. — 50

Hilsmann, Friedr. Emil Theodor: Ein Beitrag zur hypodermatischen Injection des Morphium. Arnsberg, Druck von H. F. Grote, (1874). 8. 36 S.

Hilsmann, Frdr. Jos., physiologische Studien u. Entdeckungen an Lebenden durch Beobachtungen bei chirurgischen Operationen. Ein Beitrag zur Physiologie des 19. Jahrh. 1. Hft. gr. 8. (VIII, 88 S.) Paderborn 881. F. Schöningh. n. 1. 50

Hilsmann, Stephan, prakt. Arzt, aus Winkhausen i. W.: **Untersuchungen** über die Beförderung der Speisen aus dem Magen in den Darm unter verschiedenen Einflüssen. *Erlangen 1900: E. Th. Jacob.* (24 S.) 8°
Erlangen, Med. Diss. v. 24. Juli 1900

Hilß, J., der Reichspalast zu Ingelheim. Zur elfhundertjährigen Erinnerung an die Erbauung desselben durch Karl den Großen [zwischen 768 und 774]. gr. 8. (V, 46 S.) Ober-Ingelheim 868. (Mainz, Le Roux'sche Buchh.)

Hilse, Jul., s.: Fichte's, Joh. Gottl., Worte.

Hilt, Frz., d. heil. Gregor v. Nyssa Lehre vom Menschen, systematisch dargestellt. Diss. gr. 8. (X, 850 S.) Köln 890. (Bachem.) n. 5. —

Hilt, Karl Joseph

Bericht über die Entstehung und Entwicklung der Vereinigungsgesellschaft für Steinkohlenbau im Wurm-Revier (in Aachen) erstattet z. Erinnerung an das 50. Jahr des Bestehens d. Gesellschaft von [Karl Josef] Hilt. — Aachen 1886: Urlichs. 32 S., 8 Tab. 4°

Hilt, K. J., Grubenwasser und Grubenbrand in dem Erzbergwerk Neu-Diepenbrock III bei Selbeck. Essen-Ruhr, 1907. 10 S. mit 3 Abb. [Fe 1711]

Hiltbrunner, Ernst. Die Sektion Oberaargau S. A. C. (*Umschlag: Festschrift zum fünfundzwanzigjährigen Bestehen der Sektion Ob' S. A. C. = [des] Schweizer Alpen Club ...). 1881—1906. Verfasst von Dr. E' H'. [Mit Illustrationen und 1 Tafel.] 48 S. 8. Langenthal, Buch- und Akzidenzdr. Merkur A.-G., 1906.

Hiltbrunner, Ernst, die Ischias u. ihre Behandlung. Diss. gr. 8. (167 S.) Bern 898. (Basel, B. Schwabe.) n. 2. 40

Hiltebrand

— s. a. **Hildebrand(t).**

Hiltebrandt, F., generis dracocephali monographia. Cum tabb. aeri incisis. 8 maj. Götting. 805. Dieterich. 12 gl

Hiltebrand, J. L.: „Neue Beiträge zur Verbesserung der Staats- und Landes-Oekonomie", Frankfurt 1771 (Schäfer).

Hiltebrand, J. L., irrländ. Preisschrift, wie Arme versorgt u. dem Betteln gesteuert werden könne. 8. Frankf. a. M. 767. Eßlinger. 8 gl

Hiltebrand, Joach. Christ., De in-et exculpatione vulnerati moribundi. Vulgo Von der Be- und Entschuldigung eines sterbenden Verwundeten. Diss. jur. Präs. Johann Klein. Rostock (Joh. Weppling) 1. VI. 1695. 91 S. (8.—) 15218

— — Dasselbe. Güstrow (Joh. Michael Rudiger) 1705. 35 Bl. (7.50) 15219

Hiltebrandt, Jodocus Andreas

HILTEBRANDTS, Jodoci Andr., Gewissens-Frage: Ob es einem Ehe-Mann, der ein Christ sein will, erlaubet sey, sein Eheweib zu schlagen. Stargard i. Pomm., b. d. Gebr. Ernst u. Joh. Mich. Jenisch. 1710. 12°.
Lpz. O. M. V. 1710. C 2 b. — War auch ohne Ortsangabe in der Bibl. Cypriani II. Lips. 1724. p. 296, und in der Bibl. J. A. Fabricii IV. Hbg. 1741. p. 152.

— — Dasselbe. O. O. 1719. 12°. (In Stralsund, Rathsbibl.)

— — Dasselbe. Leipzig 1747. 8°. 3 Bogen. (Cat. Meissner.)

— — Gewissensfrage, ob es einem Ehemanne erlaubet sey, an sein Eheweib, welches entweder warhaftig böse ist oder welches er aus ungegründeten Ursachen für böse hält, entweder mit Ohrfeigen, oder mit Prügeln, Karbatschen .... Handanzulegen? Leipzig 1752. 8°. 48 S. (4 Mk. 50 Pfg. Jacques Rosenthal, München, c. 1903.)

Hiltebrandt, Jodocus Andreas, Der unwürdige Communicant, anno 1704. Der Gemeinde zu St. Marien vorgetragen nebst einem *Anhang*, Was von Schmincken, Schön-Flecken, Haar-Zöpffen, nacketem Halse, blossen Brüsten etc. des Welt-gesinneten Frauen-Zimmers zu halten? STARGARDT, Druckts Johann Nicolaus Ernst. (1715.) 8°. Titel, 1 Bl., 92 S. (In Berlin: Bibl. Lipperheide no. 3450e.) (8 Mk. E. Frensdorff, 1905.)

— — *Jodoci Andreae Hiltebrandts* („Predigern zu St. Marien in Stargardt in Pommern") Erbauliche Schrifften .... Franckfurth und Leipzig, Bey Joh. Großens sel. Erben, 1731. 12°. (In Breslau, Stadtbibl.: 8° S 1649.)
Enth. 6 Stücke mit besondern Titeln und Seitenzählungen. Das letzte: Ob es einem Ehemann, der ein Christ sein will, erlaubet sey, an sein Eheweib, ... entweder mit Ohrfeigen, oder mit Prügeln, Karbatschen und andern dergleichen gewaltthätigen Mitteln Hand anzulegen .... 72 S. (incl. Titel).

Hiltebrandt, Karl Ephr., s. Philosoph v. Afrika.

Hiltebrandt, Philipp, aus Racot: **Heinrich von Navarra und Deutschland (1585–1586).** Kap. 2. *Halle a. S. 1903: C. A. Kaemmerer & Co.* (57 S.) 8° ¶ (Kap. 1 'die Seguiniansche Gesandtschaft von 1583/84' erscheint in: Neues Archiv f. sächs. Gesch.)
Berlin, Phil. Diss. v. 10. Okt. 1903

Hiltebrandt, Philipp, die polnische Königswahl v. 1697 u. die Konversion Augusts des Starken. (66 S.) Lex. 8. Rom 907. Loescher & Co. nn 2. 40

— Die römische Kurie u. die Protestanten in der Pfalz, in Schlesien, Polen u. Salzburg. (84 S.) gr. 8. Ebd. 910. 2. 40

— Preussen u. die römische Kurie in der 2. Hälfte des 17. Jahrh. (43 S.) gr. 8. Ebd. 908. nn 1. 60
3 Sonderabdrucke aus: „Quellen u. Forschgn. a. italien. Archiven".

— Preussen u. die römische Kurie. Im Auftrage des kgl. preuss. histor. Instituts nach den röm. Akten bearb. 1. Bd.: Die vorfriderizian. Zeit (1625—1740). (XIII, 443 S.) Lex. 8. Berlin 910. A. Bath. 20, —

— Eine Relation des Wiener Nuntius üb. seine Verhandlungen m. Leibniz (1700). (11 S.) Lex. 8. Rom 907. Loescher & Co. nn — 80
Sonderabdr. a.: „Quellen u. Forschgn. a. italien. Archiven".

Hiltel, C., und L. Lincke, moderne Musterblätter für Tapezierer und Decorateure, s. Lincke, L.

Hiltenbrand, A(nton)

s.: Hiltenbrandt, Anton

Hiltenbrand, J. W. v., s. Hildenbrand.

Hiltenbrandt, Anton

Hiltenbrand, Ant., erste Anfangsgr. d. z. Landwirthsch. nöthigen Mechanik. 8. Wien 779. Mit n. Titel. 783. v. Mößle. 6 Kr.

Hiltenbrandt, Ant., Anfangsgr. z. d. Mechanik der Landwirthsch. 8. Wien, Mößle. 784.

— s.a. Anleit. zur Kenntniß d. Dinge.

Hiltenbrand, Anton: Anleitung zur richtigen Erkenntniß der ... natürlichen Dinge. Zum gebrauche der deutschen Schulen in den k. k. Staaten [von –]. Deutsche Schulanstalt, Wien. 1. Theil Naturlehre 1794. 2. Theil Naturgeschichte 1795. 2 vol.

Hiltenbrandt, A(nton) (Übers.):

s.: Bienville, J.D.T.de: Die Nymphomanie oder Abhandlung von der Mutterwuth. (La Nymphomanie ou traité de la fureur utérine. Dt.) Wien: 1782

JB 4.442

— Gedanken üb. latein. Schulen. 8. Wien 777.

— historia physica seu cognitiones historicae ad physicam necessariae. 8. Wien 780.

— Kirchenpolizei. 8. Wien 781.

— s. v. Martini, Lehrbegriff.

— s. Planimetrie.

— s. Schreiben e. Geistlichen.

— Versuch eines Katechismus der natürl. Religion. 8. Wien 784.

Hiltenbrand, A[nton]: Oesterreichischer Weinbaukatechismus oder Kurzer Unterricht vom Weinbaue in Oesterreich. Leipzig: Hilscher 1777. 156 S. -- 12.17.25*. Frei 100*
Heinsius: Hiltenbrandt, Ant. -- Thienemann: Leipzig 1774. -- Weber: Hildebrand, A.
--- Dass. Neue Aufl. Ebd. 1782. 156 S. -- Stiftsbibliothek Klosterneuburg*
--- Dass. Neue Aufl. Wien: Doll 1796. -- [Zit. nach BJ]

Hiltenkamp, Aug., Handfibel für den Unterricht im Lesen nach einer zweckmäßigen Stufenfolge. Soest 855. Nasse. 8. (39 S.) n. 3 ngr.

Hiltenkamp, Aug., Handfibel für den Unterricht im Lesen nach einer zweckmäßigen Stufenfolge. 5. Aufl. 8. (48 S.) Münster 874, Nasse'sche Verlagsh. *

Hiltenkamp, Aug., der Kinderfreund. Ein Denk-, Sprech- u. Lesebuch für die mittleren Klassen der Volksschulen. Soest 864. Nasse's Verlag. 8. (202 u. 8 lith. S.) n. 6 ngr.

— zwölf zweistimmige Kinderlieder für Schule und Haus. 1. Heft. Ebend. 855. 8. (16 S.) n. 2 ngr.

Hiltenkamp, Aug., kleine deutsche Sprachlehre für Elementarschulen. 8. (46 S.) Lippstadt 881. Rempel. n. — 25

Hiltenkamp, Erich, a. Stuttgart: Die württembergischen Bodenkreditinstitute und der von ihnen gewährte Grundkredit. 1826 1904. Stuttgart 1906: Buchdruckerei des Neuen Tagblatts. (53 S.) 8° [F.]

Heidelberg, Phil. Fak., Ref. Gothein, Diss. v. 19. Okt. 1906

[Geb. 17. Juli 83 Mainz; Wohnort: Stuttgart; Staatsangeh.: Preußen; Vorbildung: Gymn. Mülhausen i. E. Reife M. 02; Studium: Freiburg i. B. 2, Heidelberg 5 S.; Rig. 28. Febr. 06.]

Hiltensberger, Joh. v., Leitfaden zum Unterricht in der katholischen Religion für Latein- und Gewerbschulen, Pro- und Real-Gymnasien rc. gr. 8. (VIII, 168 S.) Kempten 868, Kösel'sche Buchh. *

Hiltensberger, Joh. v. Matha, Leitfaden zum Unterrichte in der katholischen Religion f. Latein- u. Gewerbschulen, Pro- u. Real-Gymnasien rc. 2. Aufl. gr. 8. (VIII, 190 S.) Kempten 877. Kösel. n. 1. 50

Hiltensperger, Joh. Jost., die Sempacher Schlacht im Luzernergebiet, so geschehen Anno 1386. 6 Blatt in Holzschnitt aus den J. 1772 u. 1780. gr. Fol. Mit Text. 8. (3 S.) Zug 886. (Luzern, Räber.) 1. 20

Hiltensperger, Joh(ann) Jost. Die Sempacher Schlacht im Luzernergebiet, so geschehen Anno 1386. (Holzschnitt) Von H' Joh. Jost. 1772 & 1780. ([Mit] Beschreibung des Bildes von Dr. Theodor von Liebenau....) [Neue Ausgabe.] 1 Bl. fol., *zus.-gefaltet*, + 3 S., *in Umschlag*, 8. Zug, Blunschi, [1904]. [fr. 1. 50]

Hilter, Dietrich Karl

SCHICKSALE, Verwirrte und bedenkliche, einiger reisenden Personen beiderlei Geschlechts zu Wasser und zu Lande (von *Dietrich Carl Hilter*). Mit Titelkpfr. Regensburg 1774. 8°.

Anon.-Lex. IV. p. 33 (nach Heine, Roman in Deutschland. Halle a. S. 1892. S. 35).

Hiltermann, August [aus Langen]: Die Verwitterungsproducte von Gesteinen der Triasformation Frankens . . . München, M. Rieger'sche Univ.-Buchh. Gustav Himmer , 1880; 25 S. 8°

Erlangen, Phil. Fak., Inaug.-Diss. v. 1880

Hiltermann, Bernhard, appr. Arzt: Beitrag zur Kasuistik der Larynxsarkome. München 1908: Wolf. 30 S. 8°

München, Med. Diss. v. 11. Dez. 1908, Ref. v. Müller

[Geb. 7. Jan. 79 Amsterdam; Wohnort: München; Staatsangeh.: Preußen; Vorbildung: Gymn. Munstereifel Reife Juli 97; Studium: Göttingen 5, Kiel 3, München 5 S.; Coll. 11. Dez. 08; Approb. 15. Juni 07.] [U 09. 3337

Hiltermann, Caspar, s. Hiltermann, Kaspar

Hiltermann, Ignaz [aus Hovestadt '(Westf.)']: Über Metastase eines Gallertkrebses des Magens in die Lungen ... Würzburg, P. Scheiner's Buchdr., 1895; 20 S. 8.

Würzburg, Med. Fak., Inaug.-Diss. v. 1895

Hiltermann, Kaspar

Hiltermann, Caspar (Füchtorf i. Westf.), **Ueber verschiedene Formen der tabes dorsalis und ihre Behandlung. Diss. med.-chir. Halle (Lipke) 11. VIII. 1873. 32 S. mit Biogr. (M.: C. Pröbsting.) (6.—)** **15220**

Oppon.: **Schmitz, Zollenkopf. — Gew.: P. Hiltermann.**

Hiltermann, Paul, approb. Arzt aus Osnabrück: Aus d. pathol. Institute zu Kiel. Drei Fälle von vollkommen glattwandig ausgeheilten grossen Lungenkavernen. *Kiel 1902: Schmidt & Klaunig.* (15 S.) 8°

Kiel, Med. Diss. v. [27. Apr.] 1902

Hiltermann, Paulus (geb. am 17 Sept. 1831 in Füchtorf Westf.): De paralysi inferiorum extremitatum ... Bonnae, typ. Carthausianis 1857. 31 S., 1 Bl. 8.

Bonn, Med. Fak., Diss. v. 11 Aug. 1857

Hiltermann, Th. J. B., u. Th. G. **Dentz van Schaick,** in Sachen Hollands. Offener Brief an den Redacteur d. „Kulturkämpfor". gr. 8. (18 S.) Aachen 883. Barth. n. — 30

(**Hiltl.**) Von der Elbe bis zur Tauber. Der Feldzug der preuss. Main-Armee im Sommer 1866, vom Berichterstatter des „Daheim". Mit Karten und vielen Illustrationen.

gr. 8. Bielefeld und Leipzig 1867.

Hiltl, Carl, s. Hiltl, Karl

Hiltl, George, auf immer verschwunden. Historischer Roman. 3 Bde. 8. (366, 410 u. 375 S.) Berlin 878. Janke. n. 15. —

Hiltl, George, die Bank des Verderbens. Historischer Roman. 4 Bde. 1. Aufl. 1870, und 2. Aufl. 8. (298; 288; 278; 351 S.) Berlin 871, Hausfreund-Expedition. *

Hiltl, Geo., die Bank d. Verderbens. Historischer Roman. 4 Bde. 2. Aufl gr. 8. (298, 288, 278 u. 351 S.) Berlin 871. Posen, Merzbach. n. 16. —

— die Damen v. Nanzig. Historischer Roman. 5 Bde. 8. (271, 273, 215, 245 u. 294 S.) Berlin 874. Wedekind & Schwieger. 18. —

— der alte Derfflinger, s. a. Jugend- und Hausbibliothek, neue.

— der alte Derfflinger u. sein Dragoner. Lebensbilder aus den Tagen der Franzosenkriege, v. Rathenow, Fehrbellin u. Stettin. Historische Erzählg. f. Volk u. Heer, insbesondere f. die vaterländ. Jugend bearb. 2 Thle. in 1 Bd. 2. durchgeseh. Aufl. Mit 6 Tonbildern, e. bunten Titelbilde u. 120 Text-Illustr. gr. 8. (VIII, 212 u. IV, 218 S.) Leipzig 877. Spamer. n. 6. —; geb. n. 7. —

Hiltl, Geo., d. alte Derfflinger u. s. Dragoner. Lebensbilder aus d. Tagen d. Franzosenkriege, v. Rathenow, Fehrbellin u. Stettin. Histor. Erzählg. f. Volk u. Heer, insbes. f. d. vaterländ. Jugend bearb. 5. [Titel-]Aufl. M. 91 Text-Abb. u. e. [illegible] u. Orig.-Zeichngn. v. Herm. Lüders u. a. gr. 8. ([illegible], 434 S.) Leipzig (892) 899. O. Spamer. n. 6. —; geb. in Leinw. n. 7. —

Hiltl, Geo., der alte Derfflinger u. sein Dragoner. Erzählung aus der Zeit des Großen Kurfürsten. 6. Aufl. Mit 8 Farbendr.-Bildern nach Aquarellen v. Rich. Knötel. Lex.-8. (VI, 451 S.) Leipzig 903. O. Spamer. n. 4.50; geb. in Leinw. n. 6. —

Hiltl, Geo., der alte Derfflinger u. sein Dragoner. Erzählg. aus der Zeit des Großen Kurfürsten. 7. [Titel-]Aufl. Mit 8 Farbendr.-Bildern nach Aquarellen v. Rich. Knötel. (VI, 451 S.) gr. 8. Leipzig [903] 907. O. Spamer. Geb. in Leinw. n. 6. —

Hiltl, George

Ein Duell unter Robespierre. Roman. Bd 1.2. Berlin: Janke 1882. 8°

— unter der rothen Eminenz. Historischer Roman. 2 Bde. Berlin 869. Hausfreund-Expedition. 8. (III, 253 u. III, 259 S.) n. 2 a 10 ngr

—— die Freier der Markgräfin. Historische Novelle. [Welt-Bibliothek.] 8. (184 S.) Berlin 868, Lesser. [Leipzig, Schulze und Comp.]

— unser Fritz, deutscher Kaiser u. König v. Preußen. 4., umgearb. Aufl. v. H. Müller-Bohn. Mit Lichtdr.-Portr. u. zahlr. Holzschn. gr. 8. (IV, 275 S.) Ebd. 888. n. 2. —; geb. n. 3.—

— dasselbe. 5. Aufl. v. H. Müller-Bohn. 8. (VII, 280 S. m. Lichtdr.-Bildnis u. vielen Holzschn.) Ebd. 890. n. 2. —; geb. n. 3. —

Hiltl, Geo. Unser Fritz, deutscher Kaiser u. König v. Preußen. 5. umgearb. Aufl. Von Herm. Müller-Bohn. 8. (VII, 280 S. m. Holzschn. u. Portr. in Lichtdr.) Berl. 891, Kittel. * 2 —; geb. * 3 —

Hiltl, George, unser Fritz, Kronprinz des Deutschen Reiches und von Preußen. 3. vollständ. umgearb. und verm. Aufl. von Herm. Müller-Bohn. 2 Ausg. 8. (III, 200 S. mit 1 Portr. in Lichtdr. und 14 Holzschn.) Kottbus 887, Kittel.
Ausg. I. *ℳ 1.75.; geb. * 2 50
Ausg. II. *ℳ 2.—.; geb. * 3 —

—— ein Gefangener der Bastille, s. Eisenbahn-Unterhaltungen.

—— das Geheimniß des Fürstenhauses. Historischer Roman. 2 Thle. 8. (621 S.) Berlin 868, Hausfreund-Expedition. *

Hiltl, G., das Geheimnis des Fürstenhauses. Novelle. 2 Tle. 8. Karlsruhe 904. Buchdr. Fidelitas. à 1. —
I. (153 S.) — II. Die Gräfin v. Wartenberg. (160 u. 5 S.)

— historische Geschichten. 2 Bde. br. 8. (III, 249 u. III, 264 S.) Berlin 872. Posen, Merzbach. n. 8. —

Hiltl, George & C. F. Schindler. Preussens Heer. Seine Laufbahn in historischer Skizze entrollt von Georg Hiltl ... Seine heutige Uniformirung und Bewaffnung gezeichnet von C. F. Schindler. Berlin, Verlag von H. J. Meidinger ... [1875—1876].
Tit., 3 Bl., 32 S. m. 30 Holzschn. nach Menzel, Burger, Lüders u. a.; 50 Taf. in kol. Lithogr. von C. F. Schindler. gr 2°

Hiltl, Georg. Preussens Heer. Seine Laufbahn in historischer Skizze. Mit zahlreichen Illustrationen im Holzschn. nach Skizzen von Menzel, Burger, Lüders, u. a. Seine heutige Uniformirung und Bewaffnung, gezeichnet von C. F. Schindler. Auf 50 pantographirten Chromos aus der Kunst-Anstalt von G. W. Seitz in Wandsbeck. 2. Aufl. Armee-Ausgabe. 4. Berlin (1881).

— der Hochverräther. Historischer Roman. 2 Bde. gr. 8. (191 u. 204 S.) Berlin 873. Wedekind & Schwieger. 7. —

Hiltl, G., die Jagd nach der Wittwe, s. Bühnen-Repertoir des Auslandes, von L. W. Both.

— eine Cabinets-Intrigue. Historischer Roman. 2 Bde. gr. 8. (275 u. 340 S.) Ebend. 871. n. 8. —

— der Kammerdiener des Kaisers. Eine Hofgeschichte. (Weltbibliothek.) Berlin 867. R. Lesser. 8. (148 S.) n. 10 ngr

—— die Kelter, s. Both's, L. W., Bühnen-Repertoir.

— preußische Königsgeschichten. Denkwürdige Tage u. Ereignisse aus dem Leben der preuß. Könige. Der Jugend u. dem Volke erzählt. Mit 8 Tonbildern (Holzschntaf.) v. Fritz Schulz. gr. 8. (IV, 452 S.) Bielefeld 875. Velhagen & Klasing. n. 6. —

—— der Copist, s. Kühling's, A., Album für Liebhaberbühnen.

— der böhmische Krieg. Nach den besten Quellen, persönlichen Mittheilungen u. eigenen Erlebnissen geschildert. Mit Karten u. vielen Illustr. 3 Abthlgn. Bielefeld 867. Velhagen & Klasing. gr. 8. (447 S. mit eingedr. Holzschn., 10 Holzschntaff. u. 3 chromolith. Karten in 1.) Jede Abthlg n. 1 ₰

— — 2. u. 3. unveränd. Aufl. Illustr. von O. Fikentscher, C. v. Grimm, Fr. Kaiser u. A. Ebend. 867. gr. 8. (447 S. mit eingedr. Holzschn., 9 Holzschntaff., 1 chromolith. Uebersichtskarte des Kriegsschauplatzes u. 2 chromolith. Spezialkarten der Schlachten von Trautenau, Nachod, Skalitz, Schweinschädel u. Königgrätz in 8. u. 4.) n. 3 ₰; geb. n. 3 ₰ 20 ngr

—— der böhmische Krieg. Nach den besten Quellen, persönlichen Mittheilungen und eigenen Erlebnissen geschildert. Mit Karten und vielen Illustr. 3 Abthlgn. gr. 8. (447 S. mit eingedr. Holzschn., 10 Holzschntaf. und 3 chromolithogr. Karten in 4.) Bielefeld 867, Velhagen und Klasing. à Abthl. * 1 Thlr. *

—— dass. — 2. und 3., unveränd. Aufl. Illustrirt von O. Fikentscher, C. v. Grimm, Fr. Kaiser u. A. gr. 8. (447 S. mit eingedr. Holzschn., 9 Holzschntaf., 1 chromolithogr. Uebersichtskarte des Kriegsschauplatzes und 2 chromolithogr. Specialkarten der Schlachten von Trautenau, Nachod, Skalitz, Schweinschädel und Königgrätz in 8. und 4.) Ebendas. 867. *
geb. *

— der böhmische Krieg u. der Main-Feldzug. Nach den besten Quellen, persönl. Mittheilgn. u. eigenen Erlebnissen geschildert. 4. verm. u. verb. Aufl. Illustrirt v. O. Fikentscher, Fr. Kaiser, E. Hünten, Fritz Schulz u. A. Mit Uebersichtskarten u. Specialplänen. gr. 8. (IX, 452 S. m. eingedr. Holzschn. m. 4 Holzschntaf. u. 7 Chromolith. in gr. 8. u. qu. 4.) Ebend. 873. n. 8. —; geb. n. 9. 50

— der französische Krieg v. 1870 u. 1871. Nach den besten Quellen, persönl. Mittheilgn. u. eigenen Erlebnissen geschildert. Illustr. v. W. Friedrich. Mit Karten u. Plänen. 4 Abthlgn. gr. 8. (742 S. m. eingedr. Holzschn., 7 Holzschntaf. u. 8 Chromolith. in gr. 8. u. qu. Fol.) Ebend. 872. 73. à n. 3. —

—— der französische Krieg von 1870 und 1871. Nach den besten Quellen, persönl. Mittheilungen und eigenen Erlebnissen geschildert. Illustrirt von Wold. Friedrich. Mit Karten und Plänen. 2. Aufl. 4 Abthlgn. gr. 8. (742 S. mit eingedr. Holzschn., 7 Holzschntaf. und 8 chromolithogr. Karten in gr. 8. und qu. Fol.) Ebendas. 875. à Abthl. *ℳ 3. *
geb. *

—— dass. — Illustrirt von Wold. Friedrich u. A. Mit 1 Uebersichtskarte des Kriegsschauplatzes und Specialkarten der Schlachten von Weißenburg, Wörth, Saarbrücken, der drei Schlachten um Metz rc. 3. durchweg umgearb. und verb. Aufl. 12 Lfgn. Lex.-8. (755 S. mit 293 Abbild. in eingedr. Holzschn., und 8 chromolithogr. Karten in gr. 8. und qu. Fol.) Ebendas. 876.
à Lfg. *ℳ 1. *
geb. *

—— der französische Krieg von 1870 und 1871. Nach den besten Quellen, persönlichen Mitteilungen und eigenen Erlebnissen geschildert. Illustriert von Woldemar Friedrich und andern. 4. und 5. Aufl. gr. 8. (IV, 754 S. mit zahlreichen Illustr., 1 Übersichtskarte des Kriegsschauplatzes und Spezialkarten der Schlachten von Weißenburg, Wörth, Saarbrücken-Spichern, der 3 Schlachten von Metz, der Schlacht von Sedan, der Operationen der Nordarmee, der Schlacht bei Orleans, der Operationen auf dem südöstl. Kriegsschauplatz, der Schlacht bei Le Mans, der Kämpfe an der Lisaine und vor Belfort, der Operationen vor Paris und 1 Plan zur Belagerung von Straßburg.) Bielefeld 884,88, Velhagen und Klasing. geb. * 15 —

—— Der französische Krieg v. 1870 u. 1871. Nach den besten Quellen, persönl. Mitteilgn. u. eigenen Erlebnissen geschildert. Illustriert von Wold. Friedrich u. a. Mit zahlreichen Illustr., 1 Uebersichtskarte des Kriegsschauplatzes u. Spezialkarten der Schlachten u. 1 Plan zur Belagerung v. Straßburg. 6. Aufl. gr. 8. (IV, 754 S.) Bielef. 892, Velhagen u. Klasing. geb. in Hlbfrz. * 15 —

Hiltl, Geo, d. französische Krieg v. 1870 u. 1871. N. d. besten Quellen, persönl. Mitteilgn. u. eig. Erlebnissen geschild. M. zahlr. authent. Abb., 1 Übersichtskarte d. Kriegsschauplatzes u. Spezialkarten d. Schlachten v. Weißenburg, Wörth, Saarbrücken-Spichern, d. 3 Schlachten um Metz, d. Schlacht v. Sedan, d. Operationen d. Nordarmee, d. Schlacht b. Orleans, d. Operationen auf d. südöstl. Kriegsschauplatz, d. Schlacht b. Le Mans, d. Kämpfe an d. Lisaine u. v. Belfort, d. Operationen v. Paris u. 1 Plan z. Belagerg. v. Straßburg. 7., neu bearb. Aufl. Jubiläums-Ausg. gr. 8. (IV, 844 S.) Bielefeld 895. Velhagen & Klasing. in 6 Abthlgn.: à n. 2. —; geb. in Halbfrz.: n. 15. —
erschien auch in 25 Lfgn. à n. — 50.

— unser Kronprinz, Friedrich Wilhelm Nicolaus Carl, Kronprinz des Deutschen Reichs u. Kronprinz von Preußen. Eine Festschrift zu dessen Geburtstagsfeier. Mit einem Portr. (in Lichtdr. m. Facsm.). 2. Aufl. gr. 8. (60 S.) Berlin 879. Militaria. n. 1. —

— der Große Kurfürst u. seine Zeit. Mit authent. Bildnissen u. Beilagen u. 155 erläut. Abbildungen im Text. gr. 8. (VIII, 450 S.) Bielefeld 880. Velhagen & Klasing. n. 9. —; geb. in Leinw. n. 10. —; in Hlbfr. n. 12. —

— der große Kurfürst u. seine Zeit. Mit authent. Bildnissen u. Beilagen u. 155 erläut. Abbildgn. im Text. 2. unveränd. Aufl. gr. 8. (VIII, 458 S.) Ebd. 887. Geb. in Leinw. n. 7. —

— dasselbe. Mit zahlreichen Bildnissen u. Beilagen, sowie 161 erläut. Abbildgn. im Text. 3., umgearb. Aufl. gr. 8. (VIII, 447 S.) Ebd. 893. Geb. in Leinw. n. 8. —

—— der Münzthurm. Historischer Roman in 2 Abthlgn. br. 8. Ebendas. à Abthl. *M* 9.
Inhalt:
Abthl. 1. Das Erzbild des Kurfürsten. 3 Bde. (282; 332; 174 S.) 871.
" 2. Der Sturz des Meisters. 2 Bde. (335; 333 S.) 872.

—— historische Novellen. 2 Bde. 8. (274; 263 S.) Berlin 872, Wedekind und Schwieger. *

— historische Novellen. 1. Reihe. 2 Bde. 8. (274 u. 263 S.) Berlin 873. Wedekind & Schwieger. n. 8. —

— dasselbe. 2. Reihe. 8. (342 S.) Ebend. 876. n. 5. —

— s.: Preussen's Heer.

— das Roggenhaus-Complott. Historischer Roman. gr. 8. (327 S.) Berlin 873. Wedekind & Schwieger. 4. —

—— das Roggenhaus-Complott. Historischer Roman. gr. 8. (327 S.) Ebendas. 874.

— der Roland von Berlin. Fol. (28 S. m. eingedr. Holzschn.) Berlin 878. Mittler & Sohn. n. 1. 50

—— die Schloßdiebe, } s. Eisenbahn-Unterhaltungen.
—— Sylvia, }

— um Thron u. Leben. Historischer Roman. 2 Bde. gr. 8. (III, 289 u. III, 255 S.) Berlin 872. Posen, Merzbach. n. 8. —

— Waffen-Sammlung Sr. Königl. Hoh. des Prinzen Carl von Preussen. Mittelalterliche Abtheilung. Beschrieben u. zusammengestellt, sowie mit historischen Bemerkungen u. Erläuterungen versehen. Fol. (V, 195 S. m. 2 Steintaf.) Berlin 877. Moeser. cart. n. 20. —; geb. n. 25. —

— gefahrvolle Wege. Historischer Roman aus der Zeit Ludwig's XIV. 4 Bde. Berlin 865. Lemke. 8. (à Bd. ca. 320 S.) 2 *ℛ* 20 *ngr.*

— gefahrvolle Wege. Historischer Roman. 2. Aufl. 4 Bde. gr. 8. (318, 324, 340 u. 344 S.) Ebend. 872. 15. —

— Wetterwolken. Roman aus der vaterländ. Geschichte. 2 Bde. 8. (336 u. 295 S.) Ebd. 875. Ermäß. Preis n. 3. —

— aus der Zeit des Großen Kurfürsten. Der alte Derfflinger u. sein Dragoner. Lebensbilder aus den Tagen der Franzosenkriege von Rathenow, Fehrbellin u. Stettin. Historische Erzählung, für Volk u. Heer, insbesondere für die vaterländische Jugend bearb. 3., durchgeseh. Aufl. Mit 160 Text-Illustr., Tonbildern u. einem bunten Titelbilde. gr. 8. (XII, 450 S.) Leipzig 883. Spamer. n. 6. —; geb. n. 7. —

— aus der Zeit d. Großen Kurfürsten. Der alte Derfflinger u. sein Dragoner. Lebensbilder aus den Tagen der Franzosenkriege, v. Rathenow, Fehrbellin u. Stettin. Historische Erzählg., f. Volk u. Heer, insbesondere f. die vaterländ. Jugend bearb. 4., durchgeseh. Aufl. Mit 91 Text-Abbildgn. u. 1 Titelbilde nach Orig.-Zeichngn. v. Herm. Lüders u. a. gr. 8. (XII, 434 S.) Leipzig 892. O. Spamer. n. 6. —; geb. in Leinw. n. 7. —

Hiltl, Karl

Hiltl, Carl, das Bachergebirge. Eine monograph. Studie m. besond. Berücksicht. der Forst- u. Jagdwirtschaft u. Touristik. Mit 1 Terrain- u. 1 Cultur- u. Bestandskarte. gr. 8. (VIII, 195 u. LXXIX S.) Klagenfurt 893. (A. Raunecker.) n.n. 6. —°

Hiltl, Carl, das Reh. 8. (64 S. mit Illustr.) Klagenfurt 885, Leon sen. * 1 50

Hiltmann, Eduard: Die in der Universitätsaugenklinik zu Jena im Jahre 1907 ausgeführten Operationen mit besonderer Berücksichtigung der Fälle von Wundbehandlung perforierender Verletzungen mit Bindehautdeckung. Jena 1909: Frommann. 36 S. 8°
Jena, Med. Diss. v. 26. Jan. 1909, Ref. Wagenmann
[Geb. 7. Aug. 83 Frankfurt a. O.; Wohnort: Frankfurt; Staatsangeh.: Preußen; Vorbildung: Gymn. Frankfurt M. 02; Studium: Würzburg 3, Berlin 2, Würzburg 1, Berlin 1, Jena 3 S.; Coll. 1. Febr. 08; Approb. 31. Jan. 10.] [U 10. 2295

Hiltner, Lorenz

— u. G. Ihssen, über das schlechte Auflaufen u. die Auswinterung des Getreides infolge Befalls des Saatgutes durch Fusarium, s.: Jahrbuch, landwirtschaftliches, f. Bayern.

Hiltner L.: Beiträge z. Mycorhizafrage. 1. 1903. [Rostr. Saml.].

Hiltner, Lor., Bericht über die Ergebnisse der im J. 1903 in Bayern ausgeführten Impfversuche m. Reinkulturen v. Leguminosen-Knöllchenbakterien (Nitragin). (48 S. m. Abbildgn.) gr. 8. Stuttgart 904. E. Ulmer. n. 1. —

Hiltner, L., s.: Bericht üb. die Tätigkeit der kgl. agrikulturbotan. Anstalt in München.

— s.: Bericht üb. die Tätigkeit der Futtermittel- u. Samenkontroll-abteilungen der kgl. agrikulturbotan. Anstalt.

— s.: Blätter, praktische, f. Pflanzenbau u. Pflanzenschutz.

Hiltner, L., über neuere Ergebnisse auf dem Gebiete der Bodenbakteriologie. Vortrag, geh. in der ökonom. Gesellschaft im Königr. Sachsen, Dresden, am 7. II. 1902. gr. 8. (19 S.) Dresden 902. Leipzig, G. Schönfeld. n. — 60

Hiltner, Lorenz: Die Keimungsverhältnisse der Leguminosensamen und ihre Beeinflussung durch Organismenwirkung. Von —. Mit 4 Abb. Berlin: P. Parey, J. Springer 1902. (102 S.) 4°
= Arbeiten aus d. Biolog. Abtheilung f. Land- u. Forstwirthschaft am Kais. Gesundheitsamte. Bd 3, H. 1.

Hiltner, Lorenz [Assist. d. Kgl. pflanzenphysiolog. Versuchsstation Tharand]: Einige durch Botrytis cinerea erzeugte Krankheiten gärtnerischer und landwirthschaftlicher Culturpflanzen und deren Bekämpfung ... M. e. Anh.: Untersuchgn üb. d. Gattg Subularia. (Anh. aus: Engler's bot. Jahrb., Bd VII Heft 3.) Tharand, Buchdr. v. B. Weisser, 1892; 2 Bl., 44; 9 S., 1 Taf. 8.
Erlangen, Phil. Fak., Inaug.-Diss. v. 8. Juli 1891

Hiltner, L., Pflanzenschutz, nach Monaten geordnet. Eine Anleitg. f. Landwirte, Gärtner, Obstbaumzüchter rc. (VII, 438 S. m. 138 Abbildgn.) kl. 8. Stuttgart (909). E. Ulmer. Geb. in Leinw. 4. 50

Studien über die Bakterienflora des Ackerbodens, mit bes. Berücks. ihres Verhaltens nach e. Behandlung mit Schwefelkohlenstoff u. nach Brache. Von Dr. L[orenz] **Hiltner** u. K. Störmer. Mit 2 Taf. u. 4 Abb. *Berlin: P. Parey 1903.* (S. 446–545.) 4°(8°)
— **Arbeiten** aus d. Biolog. Abteilung f. Land- u. Forstwirtschaft am Kais. Gesundheitsamte. Bd 3, H. 5. [03. 11832 3]

Untersuchungen über die Keimlingskrankheiten der Zucker- und Runkelrüben. Von Dr. L[orenz] **Hiltner** ⟨Referent⟩ u. Dr. L. Peters. *Berlin: P. Parey 1904.* (S. 207–253.) 4°(8°)
— **Arbeiten** aus d. Biolog. Abteilung f. Land- u. Forstwirtschaft am Kais. Gesundheitsamte. Bd 4, H. 3, [1.] [04. 12640]

Neue Untersuchungen über die Wurzelknöllchen der Leguminosen und deren Erreger. Von Dr. L[orenz] **Hiltner** ⟨Referent⟩, Reg.R. a. D., u. K. Störmer, früher Hülfsarb. im Kais. Gesundheitsamte. Mit 4 Taf. u. 5 Abb. *Berlin: P. Parey 1903.* (IV S., S. 151–307.) 4°(8°)
— **Arbeiten** aus d. Biolog. Abteilung f. Land- u. Forstwirtschaft am Kais. Gesundheitsamte. Bd 3, H. 3. [03. 13164]

Hiltner L.: Untersuchungen üb. die Gattung *Subularia*. 1886. [Rostr. Saml.].

Hiltner, L., s.: Versuchs-Stationen, d. landwirtschaftl.

— s.: Zeitschrift, naturwissenschaftl., f. Land- u. Forstwirtschaft.

Hiltor, Hatto v., kurze praktische Anleitung zum feldmäßigen Darstellen d. Terrains [Krokiren] f. die jüngeren Officiere u. Officier-Aspiranten. gr. 8. (VIII, 40 S. m. eingedr. Holzschn. u. 1 Steintaf. in Fol.) Berlin 872. Schropp. n. 1. 20

Hiltor, Hatto v., sechs Vorlegeblätter zum Planzeichnen. qu. gr. 8. (6 Steintaf.) Berlin 873. Schropp. In Carton. n. 2. —

Hiltrop, P., process. judicar. 4. Col. Meucher. 709.

Hiltrop, F. W., üb. die Gesetzkraft d. auf das Großherzogthum Berg angewandten franz. Gesetze. 8. Dortmund, Mallinckrodt. 813.

Hiltrop, F. W., üb. die Gesetzkraft der, durch d. kaiserl. Dekret v. 17. Dec. 1811 die Justizorganisation betr., auf das Großherzogthum Berg angewandten französ. Gesetze. 8. Dortmund 813. N. Aufl. (?) 824. (Wundermann in Hamm). 4 gr.

Hiltrop, Julius

Hiltrop, J., Beiträge zur Statistik des Oberbergamtsbezirks Dortmund mit besonderer Berücksichtigung der Ansiedlungsbestrebungen der Grubenbesitzer fur die Belegschaft ihrer Werke. Berlin, 1875. 45 S.

Hiltrop, Julius: Zur socialen Frage, s. Materialien, betr. die Besserung der gewerblichen u. socialen Verhältnisse.

Hiltrop, J., Gutachten üb. Alters- u. Invalidenkassen f. Arbeiter, s.: Schriften f. Socialpolitik.

Hiltrop, zum Unfallversicherungsgesetz, s. Materialien, betreffend die Besserung der gewerblichen und socialen Verhältnisse.

Hiltrop, J.,
— Ueber die Reorganisation der Knappschaftsvereine, mit Hinblick auf die Bildung von Versicherungsgenossenschaften für Arbeiter und andere Gewerbe. Mit einer Nachschrift der Redaction, Statistik der Knappschaften von 1867. (S.-A. aus Zeitschr. d. K. preuss. statist. Bureaus, Bd. 9, 1869.) gr. 8°. Berlin, C. Heymann, 1869.

—— über die Reorganisation der Knappschafts-Vereine mit Hinblick auf die Bildung von Versicherungs-Genossenschaften für Arbeiter andrer Gewerbe. gr. 8. (55 S.) Berlin 869, C. Heymann. [Imme's Verlag.] *

— Zum Unfallversicherungsgesetz. 8°. Berlin, C. Heymann's Verl., 1881.

Hiltrop, Wilhelm [aus Hagen in Westfalen]: Beiträge zur Magenchirurgie. (Vier Fälle von Anlegung einer Ernährungsfistel am Magen.) ... Greifswald, Druck v. Julius Abel, 1887; (1 S. 8°
Greifswald, Med. Fak., Inaug.-Diss. v. 29. Febr. 1888

Hilty, Professor Dr. Karl. Lausanne 1910. V: *Bonnard, Emile.* (BBullschw 12, S. 300)

Hilty, der moderne Gesindovertrag. 2. Aufl. gr. 8. (23 S.) Chur 893. Hitz. — 60

Hilty, Carl, s. Hilty, Karl

Hilty, David Heinrich, s.a. Hilty-Kunz, David

Hilty, Dav. Heinr. Geschichtliches über Burg, Stadt u. Burgerschaft Werdenberg. S.-A. a. d. „Werdenberger u. Obertoggenburger". Kl. 8°. 60 S. m. 1 Bildc. Buchs, J. Kuhn. 1899. — 50

Hilty, David Heinrich. Die Werdenbergischen Gotteshäuser, ihre Geschichte und Sagen. [SA. aus dem Werdenberger und Obertoggenburger, Jahrg. 37.] 59 S. 8. Buchs, Buchdr. B' A.-G., 1906.

Hilty, David Heinrich. Weg und Steg im alten Werdenberg. [SA. aus dem Werdenberger und Obertoggenburger, Jahig. 38.] II + 13 S. 8. Buchs, Buchdr. B' A.-G., 1907.

[Hilty, Edgar.] Neue Versicherungszweige. 4 S. 8. [Bern, H. Spahr, 1906.]

[Hilty, Edgar.] Das schweizerische Wasserrecht. Heft 1: Die Benutzung der Gewässer (Le régime des eaux). Juristisch und technisch beleuchtet. 15 S. 8. [Bern, Genossenschaftsbuchdr., 1906.]

Hilty, Heinrich. Untersuchungen über die Evolution und Involution der Uterusmucosa vom Rind. Diss. Vet.-Med. Bern. Mit [1 Figur und] 5 Tafeln. [Sep.-Abdr. aus: Schweizer Archiv für Tierheilkunde.... Band 50, 1908, Heft 5 u. 6.] *Kopftitel:* Aus dem veterinär-anatomischen Institut der Universität Bern. 119 S. 8. Zürich. Orell Füssli, 1908.

Hilty, Johann Ulrich, von Werdenberg [Kt. St. Gallen]: Der innere Callus, seine Entstehung und Bedeutung. Zür. E. Kiesling Dr. 1852. 36 S., 2 Bl. 8°.
Zürich, Med. Diss. [v. 11. Sept. 1852].

Hilty, Karl: Die Aufgabe der akademischen Jugend im Kampfe gegen den Alkoholismus. Oeffentl. Vortrag geh. am 7. Febr. 1893 zu Bern von Nationalrat Dr. Karl Hilty, Prof. in Bern. Bern: W. Kaiser [1893]. (31 S.) 8°

Hilty, C., die Aufgabe der akademischen Jugend im Kampfe gegen den Alkoholismus. Vortrag. 8. (31 S.) Bern 893. (Leipzig, K. F. Koehler's Sort.) n. — 35

Hilty, Carl, die Aufgabe der akadem. Jugend im Kampfe gegen den Alkoholismus. — Mäßigkeit od. Abstinenz? Zwei Kundgebgn. (58 S. m. Bildnis.) 8. Bern 910. K. J. Wyß. 1.20

— Bausteine, Aphorismen u. Zitate aus alter u. neuerer Zeit, gesammelt. Mit dem Bildnis des Autors nach e. Orig.-Zeichng. v. Dav. Burnand. 1.—15. Tauf. (148 S. m. Bildnis.) kl. 8. Aarau 910. E. E. Meyer.
Geb. in Leinw. 1.80; in Ldr. n 3.50

Hilty, Carl, der Boerenkrieg. Politische u. kriegsrechtl. Betrachtgn. Eine akadem. Vorlesg. gr. 8. (69 S.) Berlin 900. W. Bobach & Co. n. 1.20

Hilty, Carl, Briefe. (Die Kunst der Erziehg. Ueber die Freundschaft. Dante. Wie kommt das Reich Gottes.) 11.—15. Tauf. (III, 318 S.) 8. Leipzig 908. J. C. Hinrichs' Verl. — Frauenfeld, Huber & Co. n. 3.—; geb. in Leinw. n. 4.—; in Ldr. m. Goldschn. n. 5.50
1.—10 Tauf. (III, 317 S.) 903 zu gleich. Preise.

— neue Briefe. („Recht od. Mitleid"? Glück im Unglück. Für u. gegen die Frauen. Anh.: Katharina v. Genua. Intensiveres Christentum. Paradiso. Anh.: Aus den Schriften v. Jean de Bernières-Louvigni.) 1.—10. Tauf. (IV, 361 S.) 8. Ebd. 906. n. 3.—;
geb. in Leinw. n. 4.—; in Ldr. n. 5.50

— die Bundesverfassungen der schweizerischen Eidgenossenschaft. Zur 6. Säcularfeier d. ersten ewigen Bundes vom 1. Aug. 1291, geschichtlich dargestellt im Auftrag d. schweizer. Bundesrathes. gr. 8. (469 S. m. 2 Fksm.-Taf.) Bern 891. (K. J. Wyß.) n.n. 3.—;
französ. Ausg. (479 S.) zu gleichem Preise.

— — Französ. und italien. Ausgabe. Ebd. à 3 — 1891.

— Das Evangelium Christi. Mit einigen erläut. Anmerkgn. (Bestimmungsgemäß nach Hiltys Tode hrsg. v. A. R.) (XV, 316 S.) kl. 8. Leipzig 910. J. C. Hinrichs' Verl. — Frauenfeld, Huber & Co. 3.—;
geb. in Leinw. 4.—; in Ldr. 5.50

Hilty, Carl, d. orientalische Frage. [Aus: „Polit. Jahrb. d. schweiz. Eidgenossensch."] gr. 8. (71 S.) Bern 896. K. J. Wyss. n. 1.20

[Hilty, Karl:] Frauenstimmrecht. — [Bern: Wyss 1897.] 133 S. 8°
Aus: Polit. Jahrbuch d. schweizer. Eidgenossenschaft. Jg. 11. 1897.

Hilty, der ewige Friede, seine Wünschbarkeit und Möglichkeit. [Aus: „Schweiz. Monatsschr. f. Offiziere aller Waffen".] gr. 8. (35 S.) Frauenfeld 890. Huber. n. — 60

— einige Gedanken üb. d. Gründg. christlich-socialer Vereine. gr. 8. (40 S.) Bern 896. [A. Siebert.] Steiger & Co. n. 1.—

— Das Geheimnis der Kraft. 1.—15. Tauf. (108 S.) kl. 8. Ebd. 910. Geb. 1.20; in Ldr. 3.50

— Glück. 8. (VII, 184 S.) Frauenfeld 891. J. Huber's Verl. — Leipzig, J. C. Hinrichs' Verl. n. 2.40; geb. n. 3.—; in Liebhaberbd. n. 5.—
Erstere Firma für Baden, Bayern, Württemberg, Elsaß-Lothringen u. die Schweiz.

— dasselbe. 2., verm. Aufl. 8. (V, 212 S.) Ebd. 891. n. 2.80; geb. n.n. 3.80; in Liebhaberbd. n. 5.—

— Glück. 3. verm. Aufl. 8. (V, 244 S.) Frauenfeld 892, Huber. — Lpz., Hinrichs' Verl. * 3 —; geb. * 4 —; in Liebhaberbd. * 5 50
Erstere Firma für den Vertrieb in Baden, Bayern, Württemberg, Elsaß-Lothringen u. der Schweiz. — 1. Aufl. 891. * 2 40; 2. Aufl. 891. * 2 80.

— dasselbe. 3.—5. Aufl. 8. (III, 244 S.) Ebd. 894. n. 3.—; geb. in Leinw. n. 4.—; in Liebhaberbd. n. 5.50

— dasselbe. 2. Tl. 1.—6. Aufl. 8. (III, 303 S.) Ebd. 895. n. 3.—; geb. n. 4.—; in Liebhaberbd. n. 5.50

— Glück. 1. u. 2. Tl. 8. Frauenfeld 898. J. Huber's Verl. — Leipzig, J. C. Hinrichs' Verl. à n. 3.—; geb. à n. 4.—; in Liebhaberbd. à n. 5.50
1. 30.—34. Tauf. (III, 244 S.) — 2. 21.—25. Tauf. (III, 326 S.)

— Glück. 1.—3. Tl. 8. Leipzig, J. C. Hinrichs' Verl. — Frauenfeld, Huber & Co. à n. 3.—; geb. à n. 4.—; in Liebhaberbd. à n. 5.50
1. 35.—50. Tauf. (à III, 244 S.) 900—902.
2. 26.—35. Tauf. (à III, 326 S.) 900—901.
3. 1.—20. Tauf. (III, 360 S.) 899—902.
Auslieferung f. Firmen in Baden, Bayern, Württemberg, Elsaß-Lothringen u. der Schweiz durch Huber & Co.

— Glück. 1.—3. Tl. 8. Ebd. à. n. 3.—; geb. à n. 4.—; in Liebhaberbd. à n. 5.50
1. 51.—55. Tauf. (III, 244 S.) 905.
2. 36.—40. Tauf. (III, 326 S.) 904.
3. 21.—25. Tauf. (III, 359 S.) 903.

— Glück 3 Tle. 56.—60. Tauf. (III, 244 S.) 8. Ebd. à 3.—; geb. in Halbleinw. à 4.—; in Liebhaberbd. à 5.50
1. 56.—65. Tauf. (III, 244 S.) 907. 10. — 2. 41.—45. Tauf. (III, 326 S.) 907. — 3. 26.—30. Tauf. (III, 359 S.) 907.

Hilty, C., die Hauptdifferenzen der französisch- u. deutsch-schweizerischen Civilgesetzgebung, s.: Carrard, H.

Hilty, Carl. Ueber die hauptsächlichsten Hindernisse der Alkoholbewegung. Vortrag von Prof. Dr. C' H' in der Versammlung des Alkoholgegnerbundes in Bern 22. Oktober 1904. Separat-Abdruck aus « Für's Heim » ... [Jahrg. 1, 1904, No. 46—48. Mit 1 Porträt.] 16 S. 8. Basel, Verlag « Für's Heim ». fr. —. 10

— üb. d. Höflichkeit. 3. Taus. 12. (132 S.) Bern 898. K. J. Wyß. Geb. in Leinw. n. 2. —

— s.a. Jahrbuch, politisches, der schweizerischen Eidgenossenschaft.

Hilty, Carl, politisches Jahrbuch der Schweizerischen Eidgenossenschaft. (1. Jahrg.) 8. (IV, 672 S.) Bern 886. Wyss. n. 7. —

— Politisches Jahrbuch der schweizerischen Eidgenossenschaft. 2. Jahrg. 1887. 8. (III, 822 S.) Bern, Wyss. n. 6. 40; geb. n.n. 8. —

— dasselbe. 3. Jahrg. 1888. 8. (III, 945 S.) Ebd. n. 8. —; geb. n. 10. 40

— dasselbe. 4. Jahrg. 1889. 8. (III, 769 S.) Ebd. n. 6. 40

— dasselbe 5. Jahrg. 1890. 8. (III, 1132 S.) Ebd. n. 9. 60

— Ideen u. Ideale schweizerischer Politik. Academischer Vortrag. gr. 8. (39 S.) Bern 875. Fiala. n. — 80

— Lesen u. Reden. 8. (116 S.) Frauenfeld 895. J. Huber's Verl. — Leipzig, J. C. Hinrichs' Verl. n. 1. 40; geb. n. 2. 40
Erstere Firma für Baden, Bayern, Württemberg, Elsaß-Lothringen u. die Schweiz.

— Lesen u. Reden. 4. Taus. 8. (116 S.) Frauenfeld 895. J. Huber's Verl. — Leipzig, J. C. Hinrichs' Verl. n. 1. 40; geb. n. 2. 40

Hilty, C. Lesen u. Reden. 6. Taus. 8°. 124 S. Frauenfeld, J. Huber. 1899. 1 75; geb. 3 —

— Lesen u. Reden. 8.—11. Taus. 8. (130 S.) Frauenfeld 900. Huber & Co. — Leipzig, J. C. Hinrichs' Verl. n. 1. 40; geb. in Leinw. n. 2. 40
Auslieferung f. Firmen in Baden, Bayern, Württemberg, Elsaß-Lothringen u. d. Schweiz durch Huber & Co.

— Lesen u. Reden. 12. Taus. (126 S.) 8. Leipzig 906. J. C. Hinrichs' Verl. — Frauenfeld, Huber & Co. n. 1. 40; geb. in Leinw. n. 2. 40

— Lesen u. Reden. 13. u. 14. Taus. (128 S.) 8. Leipzig 909. 11. J. C. Hinrichs' Verl. — Frauenfeld, Huber & Co. 1.40; geb. in Leinw. 2. 40

— für schlaflose Nächte. 1.—15. Taus. 12. (388 S.) Leipzig 901. J. C. Hinrichs' Verl. — Frauenfeld, Huber & Co. n. 3. —; geb. in Leinw. n. 4. —; in Ldr. n. 5. 50
Auslieferung f. Firmen in Baden, Bayern, Württemberg, Elsaß-Lothringen u. der Schweiz durch Huber & Co.

— für schlaflose Nächte. 16.—25. Taus. (388 S.) kl. 8. Ebd. 903. 905. n. 3. —; geb. in Leinw. n. 4. —; in Ldr. n. 5. 50
Auslieferung der bei Huber & Hinrichs gemeinsam erschienenen Hilty'schen Schriften f. Firmen in Baden, Bayern, Württemberg, Elsaß-Lothringen u. der Schweiz durch Huber & Co.

— Für schlaflose Nächte. 26.—30. Taus. (383 S.) kl. 8. Ebd. 908. 3.—; geb. in Leinw. 4.—; in Ldr. 5. 50

— über Neurasthenie. 8. (105 S.) Bern 897. K. J. Wyß. n. 1. 60

— La neurasthénie. Traduit sur la 3. éd. allemande. Avec une préface de Chatelain. 8. (VIII, 120 S.) Ebd. 897. n. 1. 60

Hilty, Karl: Über Neurasthenie. Von Prof. Dr. –. 5. Taus. Bern: K. J. Wyss 1898. (116. S.) 1 Bd 8°

— Ueber Neurasthenie. 8.—10. Taus. (115 S.) 8. Bern 908. K. J. Wyß. 1.60

— die Neutralität der Schweiz in ihrer heutigen Auffassung. 2. Aufl. gr. 8. (91 S.) Ebd. 889. n. 1. —

—— La neutralité de la Suisse. Considérations actuelles. Traduit par F. H. Mentha. 8. (90 S.) Ebd. 889. 1 20

— la neutralité de la Suisse. Considérations actuelles. Traduit par F. H. Mentha. 8. (90 S.) Ebd. 890. n. 1. 20

Hilty, C., Revision u. Reorganisation. Rectoratsrede. gr. 8. (82 S.) Bern 882. Fiala. n. 1. 40

[Hilty, Carl.] Die Schweiz und die Haager Verträge. (Separatabdruck aus dem Politischen Jahrbuch der Schweizerischen Eidgenossenschaft <Jahrg. 1901>. Hrg. von Professor Dr. C. Hilty.) II + 96 S. 8. [Bern, K. J. Wyss, 1901.]

— Kranke Seelen. Psychopathische Betrachtgn. 1.—10. Taus. (92 S.) 8. Leipzig 907. J. C. Hinrichs' Verl. — Frauenfeld, Huber & Co. 1.20; geb. in Ldr. 3. 50

— De senectute. Traduit de l'allemand avec l'autorisation de l'auteur. 12. (61 S.) Ebd. 898. n.n. 1. —

— de senectute. — Frauenstimmrecht. 12. (III, 239 S.) Bern 900. K. J. Wyss. n. 2. —; geb. in Leinw. n. 3. —

— d. weiße Sklavenhandel. Rede, geh. am internat. Sittlichkeitskongreß in Bern, 16. IX. 1896. gr. 8. (8 S.) Leipzig 897. A. Lorentz. n. — 30

Hilty, C[arl]. Sub specie aeternitatis <Ewiges Leben>. 1. bis 6. Tausend. 59 S. 8. Leipzig, J. C. Hinrichs; Frauenfeld, Huber & Co., 1909. [fr. 1. 25, geb. Leder 3. 50] N 7064

— Sub specie aeternitatis. (Ewiges Leben.) 1.—10. Taus. (59 S.) kl. 8. Ebd. 909. Kart. 1.—; geb. in Ldr. 3. —
Auslieferung der bei Huber u. Hinrichs gemeinsam erschienenen Hilty'schen Schriften f. Firmen in Baden, Bayern, Württemberg, Elsaß-Lothringen u. der Schweiz durch Huber & Co.

— Berner Staatsgedanken. Academischer Vortrag. gr. 8. (46 S.) Ebend. 877. n. — 80

— über Statuten v. Actiengesellschaften nach dem neuen Obligationenrecht. gr. 8. (31 S.) Bern 882. Fiala. n. — 80

— Studien. Ausgewählte Aufsätze aus dem polit. Jahrbuch der schweizer. Eidgenossenschaft. (IV, 420 S. m. Bildnis.) 8. Bern 905. K. J. Wyß. Geb. in Leinw. n. 5. 50

—— Theoretiker und Idealisten der Demokratie. Entgegnung auf die von Herrn Bundesrath Dr. Dubs verfaßte Schrift über die Fortentwicklung der schweizer. Demokratie. 8. (28 S.) Bern 868, (Jent und Reinert.) *

Hilty, C[arl]. Traite blanche. Separatabzug aus dem Politischen Jahrbuch der Schweizerischen Eidgenossenschaft 1901. II + 94 S. 8. Bern, K. J. Wyss, 1901.

—— öffentliche Vorlesungen über die Helvetik. gr. 8. (801 S.) Ebendas. 878. *

— Vorlesungen üb. die Politik der Eidgenossenschaft. gr. 8. (336 S.) Ebend. 875. n. 6. 50

— d. beste Weg. 12. (31 S.) Zürich 896. Berlin (sw, Blücherplatz 1). Heils-Armee, Nationales Hauptquartier. n.n. — 20

— der beste Weg. 4. Aufl. 12. (31 S.) Berlin (S.W., Blücherstr. 1) 899. Nationales Hauptquartier der Heilsarmee. n. — 20
Sonderabdruck aus: „Der Kriegsruf".

— der beste Weg. 4. Aufl. (31 S.) kl. 8. Berlin (906). Heilsarmee-Grundstücksgesellschaft. n. — 20

—— über die Wiedereinführung der Todesstrafe. Oeffentliche Vorlesung. gr. 8. (49 S.) Ebendas. 879. *

Hilty, Carl [Dr., Professor des Bundesstaatsrechts]: Die Zukunft der Schweiz. Rektoratsrede, gehalten an der Stiftungsfeier der Universität Bern am 16. November 1901. (S.-A. aus dem Politischen Jahrbuch der schweizerischen Eidgenossenschaft. Bd. XVI.) Bern 1902. 39 S. 8°.
Keine offizielle Publikation.

Hilty, Carl. Die Zukunft der Schweiz Rektoratsrede gehalten an der Stiftungsfeier der Universität Bern am 16. November 1901. (Separatabdruck aus dem Politischen Jahrbuch der schweiz. Eidgenossenschaft, Band 16.) 39 S. 8. Bern, K. J. Wyss, 1902.

Hilty, Otto, Geschichte u. Gehirn der 49jährigen Mikrocephalin Cäcilia Gravelli, s.a. Arbeiten aus dem hirnanatomischen Institut in Zürich. 2.

Hilty, Otto, med. pract. aus Werdenberg (Ct. St. Gallen): Aus dem Hirnanatomischen Institute der Universität in Zürich. (Prof. Dr. v. Monakow). Geschichte und Gehirn der 49jährigen Mikrocephalin Cäcilia Gravelli. Beitrag zur Kenntnis der Mikrocephalia vera. Mit 54 Abbildungen im Text u. 2 Tafeln. Wiesbaden 1906. VI + 116 S. 8°. — S.-A. aus „Arbeiten aus dem hirnanatomischen Institut in Zürich hg. von C. v. Monakow. Heft 2. [17. IX. 06.]
Zürich, Med. Diss. 1906/1907

Geschichte und Gehirn der 49jährigen Mikrocephalin Cäcilia Gravelli. Beitrag z. Kenntnis d. Mikrocephalia vera von Dr. Otto Hilty. Mit 54 Abb. u. 2 Taf. Wiesbaden: J. F. Bergmann 1906. (S. 210–324.) 4°(8°)
— Arbeiten aus d. hirnanatom. Institut in Zürich. H. 2, [2.] [26. 11.06]

Hilty-Kunz, David, s.a. Hilty, David Heinrich

Hilty-Kunz, Dav., Hans und Beti oder der Werdenberger Freiheitsmorgen. 1798. Vaterländisches Drama in fünf Akten. 115 S. 8. Buchs, J. Kuhn. 1877. 1. 50

Hilty-Kunz, Dav., Herz u. Ziel od. Paul u. Lina, s.a. Bibliothek vaterländ. Schauspiele.

Hilty-Kunz, David. Herz und Ziel, vaterländisches Drama mit Gesang in 4 Aufzügen. (Vide Bibliothek vaterländischer Schauspiele.) Aarau, H. R. Sauerländer. 1883.

Hilty-Kunz, David, Konrad u. Bertha od. Freiherr Joh. Philipp v. Hohensax zu Forstegg, s.a. Bibliothek vaterländischer Schauspiele.

Hilty-Kunz, Dav. Konrad und Bertha, oder die Freiherrn von Hohensax zu Sax und Forstegg. Historisches Drama mit Gesang in 3 Aufzügen. In-8°, 100 S. Buchs-Werdenberg, J. Kuhn 1 50
1879.

Hilty-Kunz, Dav., Graf Rudolf v. Werdenberg od. der Appenzeller Freiheitskampf, s.a. Bibliothek vaterländ. Schauspiele. 30.

Hilty-Kunz, David. Graf von Werdenberg oder der Appenzeller Freiheitskampf. Historisches Schauspiel mit Gesang in 3 Aufzügen. (Band 30 der Bibliothek vaterl. Schauspiele.) Kl. in-8°, 108 S. Aarau, Sauerländer. 1886. 1 —

Hilverkus, J. C., Lehrplan üb. den elementaren Zeichenunterricht m. Bezugnahme auf die allgemeinen Bestimmgn. d. koenigl. preuss. Ministers der geistl. Unterrichts- u. Medicinal - Angelegenheiten vom 15. Octbr. 1872 nebst Anweisg. zu der im Commissions-Verlag der Wilberg - Stiftung erschienenen Zeichenschule. gr. 8. (8 S.) Elberfeld 873. Wilberg-Stiftung. — 30

Hilverkus, J. C., Vorlegeblätter z. Zeichnen, f. den Schul- u. Privatunterricht. 1. Hft. 54 lith. Blätter in 16 u. ½ Bog. Verwert in 8. Duisburg 842, Schmachtenberg.

Hilverkus, J. C., 24 (lith.) Wandtafeln für den Unterricht im freien Handzeichnen. Elberfeld (858.) Wilberg-Stiftung in Comm. qu. Fol. n. 3 ngr.

Hilverkus, J. C., Zeichenschule. 1—5. Heft. Elberfeld 862. (Wilberg-Stiftung.) qu. 4. Jedes Heft (à 12 lith. Bl.) nn. 2½ ngr.

Hilz, Heinrich, approb. Arzt aus Passau Syringomyelie mit Bulbaersymptomen. *München 1900: Kastner & Lossen.* (44 S.) 8°
München, Med. Diss. v. 1901

Hilz, Jakob, approb. Arzt aus Neuhütte: Ein Fall von chronischer Glutaealphlegmone im Anschluss an Periproktitis. *München 1902: C. Wolf & Sohn.* (22 S.) 8°
München, Med. Diss. v. 1902

Hilz, sen., Max, d. Buch f. Zwiesel u. Umgeg. im bayer. Wald v. J. 830 bis 1890. gr. 8. (126 S.) Zwiesel (890). (L. Pongratz.) n. 1. 20

Hilzheimer, J. s.a. Auflösungen d. in Uflakers Exempelbuch vorkomm. Aufgaben.

J Hilzheimer

Allgemeine und besondere Auflösungen der in Uflakkers [Johann Christian Bernstorf Uflackers] Algebraischen Exempelbuche vorkommenden Aufgaben, denen noch andere beygefügt worden. [Verf.: J. Hilzheimer.] Braunschweig: Reichard 1801. VI, 136 S. 8°

Hilzheimer, Max, Beitrag zur Kenntnis der nordafrikan. Schakale nebst Bemerkungen üb. deren Verhältnis zu den Haushunden, insbesondere nordafrikan. u. altägypt. Hunderassen, s.a. Zoologica. 53.

Hilzheimer, Max, Dr.: Beitrag zur Kenntnis der nordafrikanischen Schakale nebst Bemerkungen über deren Verhältnis zu den Haushunden insbesondere nordafrikanischen und altägyptischen Hunderassen. <Aus d. Sammlung d. Zoolog. Instituts zu Strassburg.> Mit 10 Taf. u. 4 Tab. Stuttgart: Schweizerbart 1908. 111 S., 4 Tab., 10 Taf. 4° ¶ Auch als: Zoologica. 11. 53.
Stuttgart Te. H., Hab.-Schr. v. 15. 11. 1907

— Die Haustiere, s.: Wegweiser, naturwissenschaftliche. A. 11.

Hilzheimer, Max, aus Berlin. Studien über den Hypopharynx der Hymenopteren. *Jena: G. Fischer 1901.* 132 S. 8°
München, Phil. Diss. v. 1903.

FSC
www.fsc.org
MIX
Papier | Fördert
gute Waldnutzung
FSC® C083411

Kolibri 360 GmbH
Ferdinand-Jühlke-Straße 7
99095 Erfurt, Deutschland
produktsicherheit@kolibri360.de